中国传统建筑木作技艺图解

数千幅实景图和实操图
传统建筑木作技艺的详细解说和图解

汤崇平　周彬　著

全国百佳图书出版单位
化学工业出版社
·北京·

内容简介

本书共分七章。第一章为中国传统木构建筑的基础知识，主要介绍传统木构建筑的历史演变、传承及清代官式建筑的外形特点、构造构成、应用范围和建筑尺度等。第二章为清官式建筑木构架，从木构架的构造原理入手，分析了其独特的受力方式、木构架的各种类型以及清代官式建筑中各类木构架的构造组合、区别及木构件的种类和名称。第三章为清官式建筑翼角，主要介绍清代官式建筑翼角的位置、构件组成、名称、尺度来源等。第四章为清官式建筑斗栱，主要介绍斗栱的起源、演变、功能、尺度及构造。第五章为清官式建筑木装修，主要介绍木装修的演变、尺度来源、纹饰图形及细节做法。第六章为清官式建筑木作的制作与安装，主要介绍大木作、斗栱作、小木作的制安操作工序流程及具体的实操方法。第七章为清官式建筑榫卯，主要介绍榫卯的起源、功能原理和品类及细部尺度、做法等。

本书内含数千幅实景、实操的直观照片，同时配以翔实、准确的文字讲述，对古建筑领域的研究人员、施工技术人员和高等院校师生等有较好的参考作用。

图书在版编目（CIP）数据

中国传统建筑木作技艺图解 / 汤崇平，周彬著．北京 ： 化学工业出版社，2025. 4. -- ISBN 978-7-122-47332-5

Ⅰ．TU366.2-64

中国国家版本馆 CIP 数据核字第 2025H20D43 号

责任编辑：徐　娟　　　　装帧设计：中图智业
责任校对：王　静　　　　封面设计：尹琳琳

出版发行：化学工业出版社（北京市东城区青年湖南街13号　邮政编码100011）
印装：河北尚唐印刷包装有限公司
889mm × 1194mm　1/16　印张 31　字数 790 千字　2026 年 1 月北京第 1 版第 1 次印刷

购书咨询：010-64518888　　　　售后服务：010-64518899
网　　址：http://www.cip.com.cn
凡购买本书，如有缺损质量问题，本社销售中心负责调换。

定　　价：258.00元

前言

自2016年8月《中国传统建筑木作知识入门》(以下简称《入门》)第一册出版，至2022年1月第四册出版，至今已有八年多的时间。在这八年多的时间里，我收到了多位读者的反馈，收集了一些指导意见，同时也有同行反映这四本书内容有些分散，使用起来不太方便。正在此时，出版社也向我询问是否有意再编写一本木作技艺方面的图书。由于我已年近七旬，预知自己的精力、体力已无法应对重新编纂的繁重工作，又加上自己也希望能在有生之年再完成一本内容更丰富、超越《入门》的收官之作，于是便找到弟子周彬，请他一同参与撰写本书。

自1974年我进入古建行当，至今已有五十余年。几十年来锛凿斧锯、摸爬滚打的经历让我体会到了古建工匠的不易，特别是老一辈匠师口传心授、技艺传承的艰难。我清楚地记得1975年冬天我在天坛东、西配殿修缮，第一次在屋面上给同班组一个中年师傅打下手。在整修东北角屋面的翼角时，这位师傅指着这些构件告诉我这个叫“角梁”、那个叫“翘飞”，还一脸神秘地指向角梁后尾上那一段段均匀排列的墨线段以及上面标记的9、8、7、6、5……的数字标识，问我知不知道这是什么。那时我刚参加工作一年多，当然不知道了。我满心崇拜地看着他，他说：“这可不是什么简单的学问，木匠里没有几个人懂！知道怎么画出来的吗？也就是我告诉你，这都是有口诀的：方八、八四、六方五……”接着他又把我拉到翘飞椽前，说：“这也是有口诀的：冲三、翘四、撇半椽……”可能当时他心情很好，又加上我毕恭毕敬地请教，于是他又给我讲了谁谁当年放角梁、放翘飞，熬了一晚上放不出来，最后只好来求他，还有谁谁放的翘飞上了架子钉不上，全废了重做……听得我恨不得尊他为神！就在我顺势问他方八、八四、六方五这些口诀是什么意思时，他一下子转了神情，一脸不屑地说：“跟你说也说不明白。”我还接着追问，他转了脸看着别处嘴里嘟囔着“方八、八四、六方五，叉四、插五、方框六，垂七、昂八、奁拉十……”就不理我了。后来，别的师傅告诉我“垂七、昂八、奁拉十”是做斗栱的口诀。几个月后我的父亲告诉我“叉四、插五、方框六”是老的一种查字典的“四角号码”方法。

有幸的是，我刚工作不到两年就进入单位办的“七·二一”大学学习。虽然赶上了特殊时期，但在有限的脱产学习时间里，张海青、王德宸、房庆福等前辈老师傅的口传心授，张三来、林伟生、董均亭等多位学长的上手示范，程万里老师系统的历史理论和识图、制图知识的讲解，都让我对中国古建筑有了深刻的理解。更有幸的是，1984 年我被推荐到北京市第二房屋修建工程公司古建设计研究所制作模型，直接受教于马炳坚老师；1985 年被推荐到北京市房屋定额管理处参与编写《房屋修缮工程施工定额》，得到了金荣川老师古建知识的无私传授，他赠与我的宋《营造法式注释（复印件）》和前辈赵正之先生的《中国建筑营造图集（复印件）》让我至今受益。还有博学多识、多才多艺的王希富老师，认真严谨的刘大可老师，古建处的孙永林老师都给予了我无私的帮助；以及北京故宫博物院的赵崇茂、戴季秋、李永革几位老师，我也听过他们的课，至今仍在受益。这里要着重提一下马炳坚老师在 20 世纪 90 年代初出版的《中国古建筑木作营造技术》，这本书中更多、更系统、更易懂的古建知识让我有了一种开窍的感觉，也让我有了今天。感恩这些老师，感恩他们对我无私的帮助！

修建古建筑是一个手艺行当，师徒相授，受旧传统、旧意识影响较深。特别是 20 世纪 70 年代前，各门派间很少有技艺交流，“一个师傅一个传授”，这大大地限制了既美观合理又省工结实做法的传承和统一。所以，我们今天从事古建行业的古建人一定要摒弃那种狭隘观念，要虚心体会、学习各门派技艺的精华，博采众长，这样才能百尺竿头，更进一步。

本书的定位就是“下里巴人”，就是编写一本工匠们能用的浅显易懂的“看图学艺”书，让现在有这种需求的人不会再像我当年那样遇到“叉四、插五、方框六”时一头雾水，我的目的就达到了，这就是我一个木工工匠的淳朴心愿。

当1992年第34期《古建园林技术》上发表我的第一篇拙作《历代帝王庙大殿构造》时，我的心里就有一个目标渐渐清晰起来：就是用这种方法来圆自己当年立下的心愿，把自己所学到、所掌握的木作知识、操作技艺整理出来，用浅显的语言、直观的图片奉献给大家，希望能对同行们，特别是对初学入门的同行们有所帮助。

在此特别要感谢的是行内木作、瓦作、彩画作大师马炳坚、刘大可、边精一先生和王希富大师！几十年中，我一直努力去学他们的专业知识，去学他们的人品……虽然只是学到了皮毛，但受益终身！尤其是马炳坚、刘大可两位老师，《入门》四本书出版前，两位老师均认真详细地指导、审改并撰写序言加以推荐，再次感恩！

本书由我和周彬共同完成。在撰写过程中，同事郭美婷、李影、董丽娜等参与了具体的工作并提供了许多珍贵的照片，让这本书更加易读、易懂、雅俗共赏，在此深表感谢！

感谢我的工匠师父张平安，他不但教会了我锛凿斧锯、刮拉砍凿的木工技艺，更教会了我如何做人做事。感谢极富实操经验的师弟、同事王建平、甄智勇等，除耐心教授外还逐图逐字审稿指正，倾注了大量的心血。感谢北京故宫博物院工程管理处、修缮技艺部、古建部尚国华、王辉、付卫东、郭泓、赵鹏几位处长及夏荣祥、王丹毅、黄占均、卓媛媛等多位老师给予的帮助。感谢北京交通运输职业学院（原北京房地产职工大学）田维民校长、徐立启主任及董铮、苏芳群、王红梅、刘昱几位老师为本书编写提供的场地、教具模型等帮助。感谢为制作教具模型提供帮助的蔡焕初、陈来宝、赵凤新、陈海流、郝明合几位好友。感谢北京大学考古文博学院继续教育项目主任张蓉芳女士、班主任马靖女士，感谢中国标准化协会传统工艺技术委员会培训处副主任、中国建筑劳动学会古建筑专委会副秘书长闫霓女士，同时感谢“哲匠之家”这个平台给予我的各种帮助。感谢我的多位老友顾准、董晓星、吴世昌、罗力成、刘畅、贾占清、董瑞华、祝小明及刘大可老师、查群老师、刘敬丽女士、宋慧杰女士为本书提供的照片及各种帮助。最后要感谢化学工业出版社的重视和编辑、校对、审稿等工作人员细致、认真、高效的工作，让这本书能尽快并相对完美地呈现给读者。

最后要说明的是，本书中许多细部做法及观点也只是一家之言，恳请各位专家和读者一如既往地提出指正意见！

2025年6月

目录

第一章

中国传统木构建筑基础知识

中国传统木构建筑的构造和外形特点鲜明，在世界建筑体系中占有重要的地位。

第一节　中国传统木构建筑的起源、发展与演变

一、起源

根据中国在地球上所处位置——亚洲东南部的气候及资源，决定了中国的建筑是以土、木结构为主。中华民族的发祥地在黄河中游，也就是中原一带。这个地区当时的气候比较温暖和湿润，土质肥沃，生长着茂密的森林，用木材盖房取材方便、经济、实惠；同时，中国又是一个多地震的国家，而木结构的房屋其抗震性能很强；再者，木结构的房屋组合起来也比较随意和方便……种种这些优点，决定了木结构的房屋成为中国传统建筑结构的首选。

中国建筑的起源有两个源头，一是黄河流域，二是长江流域。

黄河流域是由穴居逐渐发展到夯土及土木混合的宫室建筑，如图 1-1～图 1-3 所示。

长江流域是由巢居逐渐发展到干栏式建筑，如图 1-4 所示。

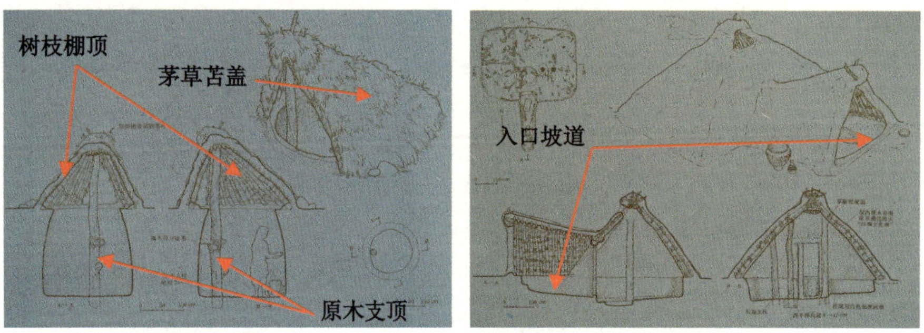

（a）无入口及坡道台阶　　（b）有入口及坡道台阶

图 1-1　穴居原状

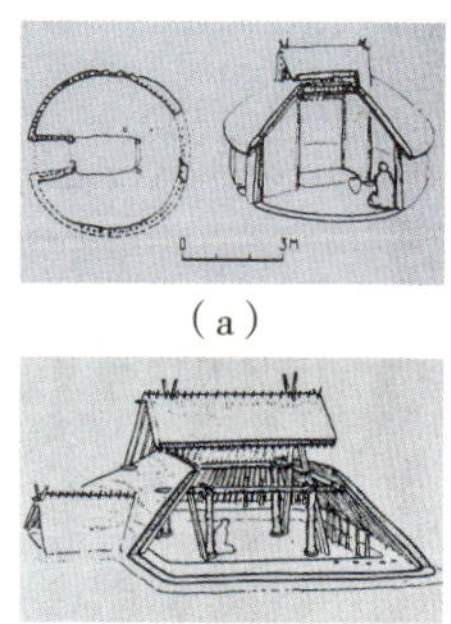

（a）

（b）

图 1-2　由穴居走上地面

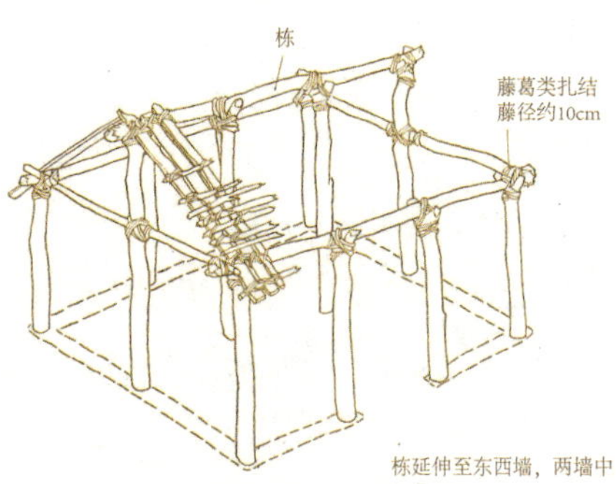

图 1-3　土木混合宫室建筑雏形

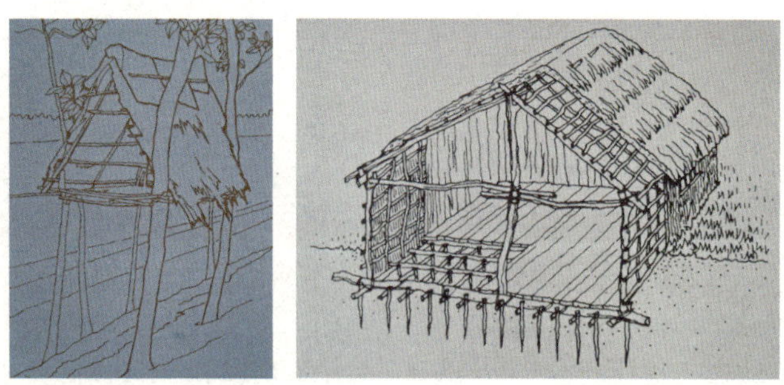

（a）　　（b）

图 1-4　“构木为巢”——干栏式建筑雏形、进化

中国传统木构建筑的历史久远，据目前所知，在浙江余姚河姆渡出土的房屋遗迹距今约有 7000 年（图 1-5），西安半坡村出土的房屋遗迹距今也有了 5000 余年。

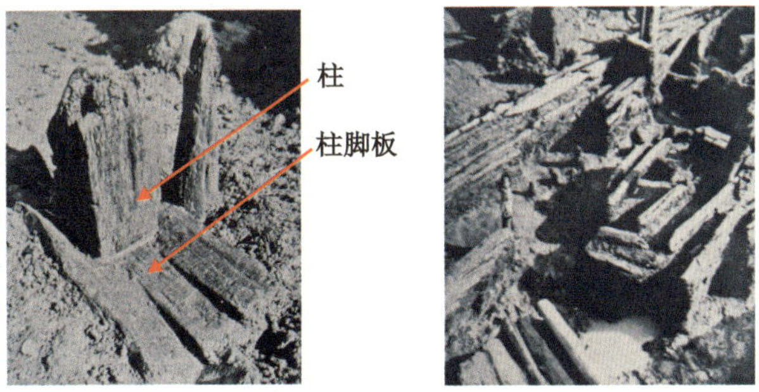

（a）　　　　　　（b）

图 1-5　浙江余姚河姆渡出土的约 7000 年前的房屋木构残件

二、发展

在中国历史上，传统木构建筑的发展经历了五个阶段：

① 萌生阶段——原始社会；

② 形成阶段——春秋战国；

③ 发展阶段——秦汉、两晋；

④ 成熟阶段——隋、唐、宋、金；

⑤ 丰富和充实阶段——元、明、清。

三、演变

在以上这五个阶段中，每个阶段分别有着各自不同的建筑风格，并且都有着非常鲜明的细部特点。在中国现存的唐、宋、元、明、清建筑中，就能明显看到不同时期建筑的不同风格和特点，同时通过这些特点的比较，就能大致梳理出中国传统木构建筑从唐代到清代演化的脉络。

（一）各时期建筑的风格

唐代建筑的特点是古拙雄浑，简洁明快。

宋、辽、金、元代建筑的特点是华丽精巧，富于变化。

明、清代建筑的特点是更加程式化、制度化，装饰更加华丽。

各朝代建筑分别见图 1-6～图 1-14。

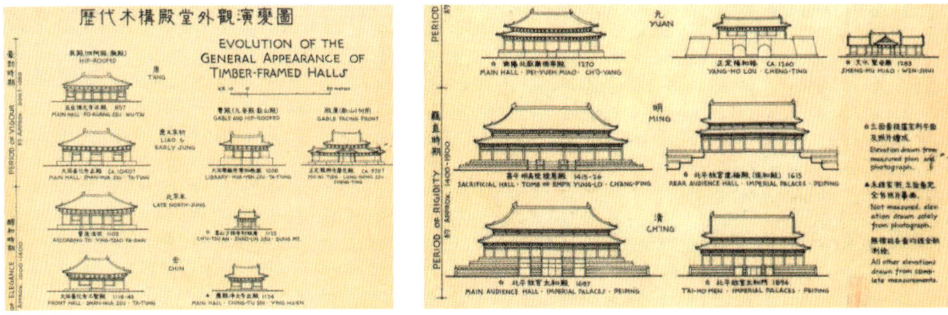

（a）　　　　　　（b）

图 1-6　历代木构殿堂外观演变图

注：引自《中国建筑史》——梁思成手绘图。

（a）　　　　（b）

图 1-7　唐代建筑——山西五台县南禅寺

注：建于公元 782 年，风格、特点：古拙雄浑、简洁明快。

（a）　　　　（b）

图 1-8　唐代建筑——山西五台山佛光寺东大殿

注：建于公元 857 年，风格、特点：古拙雄浑、简洁明快。

（a）　　　　（b）

图 1-9　仿唐建筑

注：建于公元 2011 年，风格、特点：古拙雄浑、简洁明快。

（a）　　　　（b）

图 1-10　辽、宋、金、元建筑——山西太原晋祠圣母殿

注：建于公元 1023 年，风格、特点：华丽精巧、富于变化。

（a）　　　　（b）

图 1-11　辽、宋、金、元建筑——山西朔州崇福寺弥陀殿

注：建于公元 1143 年，风格、特点：华丽精巧、富于变化。

（a）　　　　（b）

图 1-12　辽、宋、金、元建筑——河北曲阳北岳庙

注：建于公元 1270 年，风格、特点：华丽精巧、富于变化。

(a)

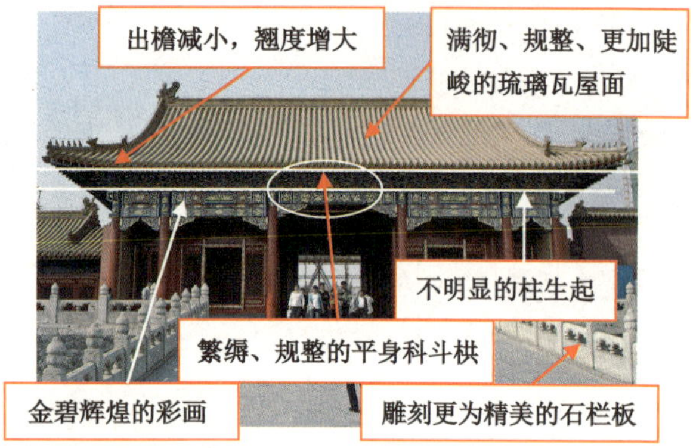

(b)

图 1-13 明、清建筑——北京故宫中右门

注：始建于公元 1405 年，风格、特点：繁缛规整、金碧辉煌。

(a)

(b)

图 1-14 明、清建筑——北京太庙享殿

注：建于公元 1421 年，风格、特点：繁缛规整、金碧辉煌。

（二）演化脉络

概括地说，中国传统木构建筑的演化是由简至繁，从注重结构到注重装饰；从朴实大方到崇尚奢华。

第二节 中国传统木构建筑的特点、构成与构造形式

一、特点

中国传统木构建筑构造和外形的特点鲜明，在世界建筑体系中占有重要的地位，它是石、砖、木混合的结构形式，是以土、石为基座，以木结构为骨架，以砖、瓦、油、彩、木装修为衣饰的建筑。

二、构成

中国传统木构建筑主要由三部分构成：台基、木构架（殿身）、屋顶，再细分又包括墙身、地面、木装修、油漆彩画、室内木装饰、家具及陈设。

由以上十个部分组成了完整的、原汁原味的中国传统木构建筑，只有置身在其建筑当中才能更深切地体会出中国传统文化的深刻内涵（图 1-15～图 1-18）。

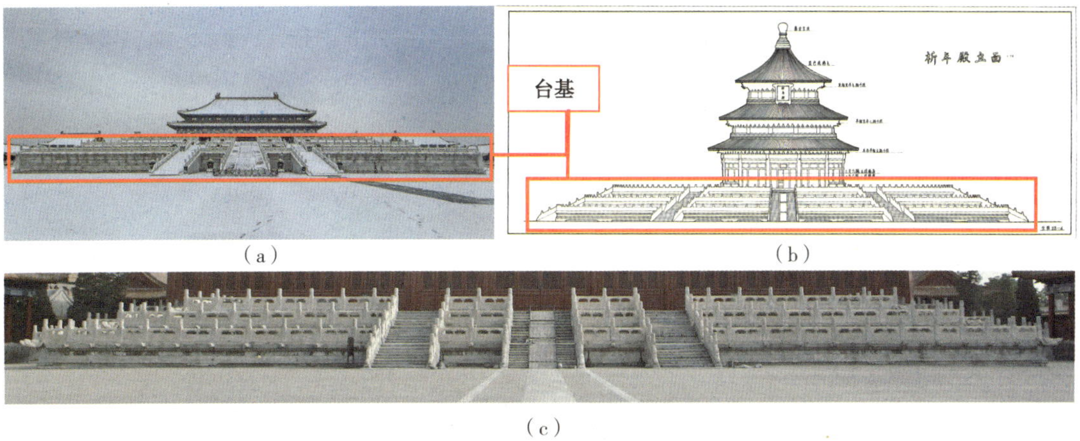

图 1-15　中国传统木构建筑构成——台基

图 1-16　中国传统木构建筑构成——殿身（木构架）

图 1-17　中国传统木构建筑构成——屋面、地面、墙身、斗栱、油漆彩画

图 1-18　中国传统木构建筑构成——油漆彩画、内外檐装修、室内木装饰、家具及陈设

通过以上介绍，我们对中国传统木构建筑有了大致的了解。为了让读者对木构建筑有一个自己的定位，下面展示几张国外经典建筑的照片（图 1-19～图 1-21）。通过这些照片我们可以体会到中国传统建筑主要以木结构为主构建出使用空间（图 1-22），西方传统建筑主要以石材为主构建出使用空间，以及这两种建造手段的明显不同。

（a）法国卢浮宫

（b）法国圣心大教堂

（c）法国巴黎圣母院

（d）法国国家歌剧院

图 1-19　以石材为结构主体的西方经典建筑

（a）卢浮宫内景

（b）卢浮宫栱券穹顶

（c）巴黎圣母院

（d）凡尔赛宫内景

（e）“老佛爷”店钢材穹顶

图 1-20　西方建筑石材拱券穹顶及钢材结构构成室内空间

（a）　（b）　（c）

图 1-21　法国某传统建筑及屋顶木结构、屋面瓦做法

（a）　（b）

图 1-22　中国传统木构建筑与西方石材建筑不同的建造方式

三、构造形式

（一）种类

中国传统木构建筑经历了长达 7000 多年的演变、进化过程，留存和延续下来的构造形式基本有三种：抬梁式、穿斗（干栏）式、井干式（图 1-23）。

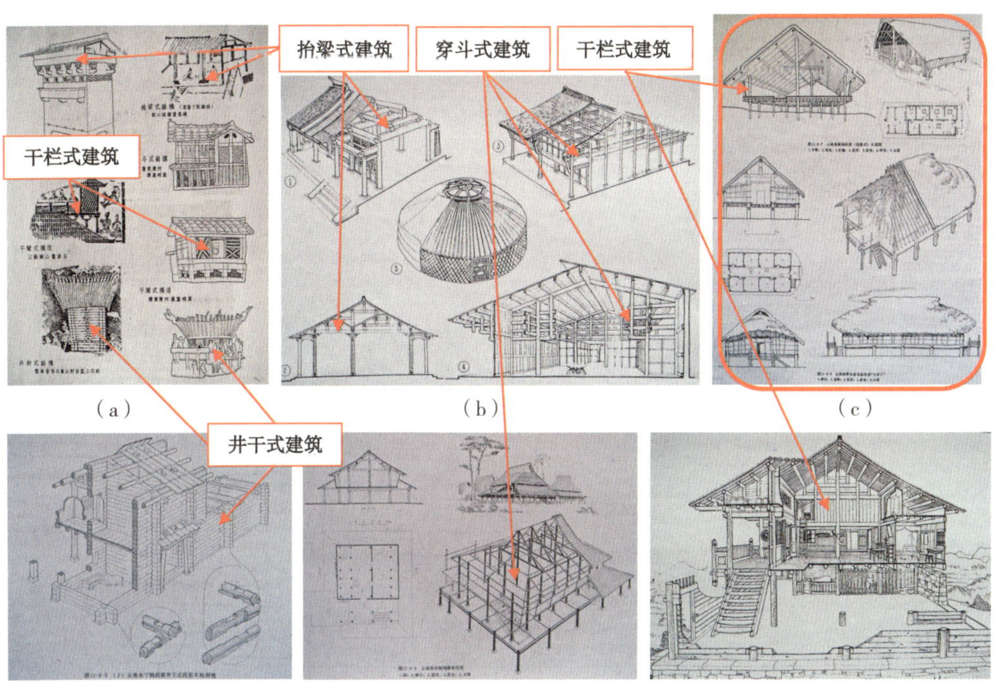

（a）　（b）　（c）

（d）　（e）　（f）

图 1-23　构造形式——抬梁式、穿斗（干栏）式、井干式

（二）形成原因

中国地域辽阔，同一个季节，南北方的地理、环境及气候差别很大。

北方气候寒冷，房屋朝向多为朝南，有较厚的外墙及屋顶。这主要是为了取暖和保温。由于房屋自身的荷载及风、雪荷载的需要，出现了北方多为抬梁式结构及木构件尺寸硕大的现象（图 1–24 和图 1–25）。

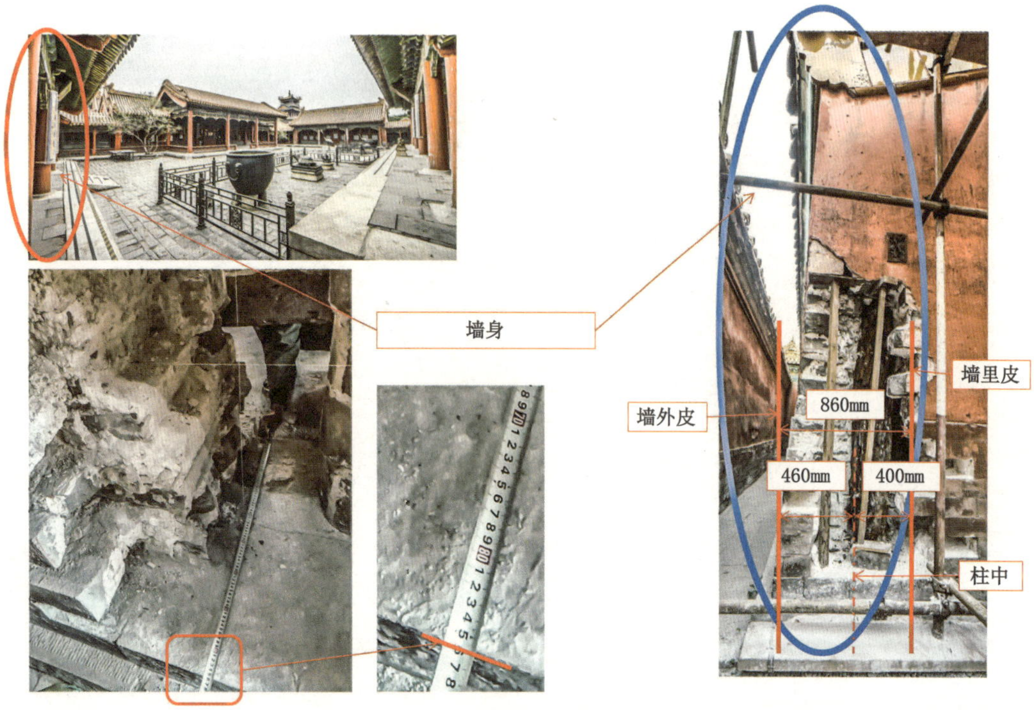

（a）官式建筑的墙身做法

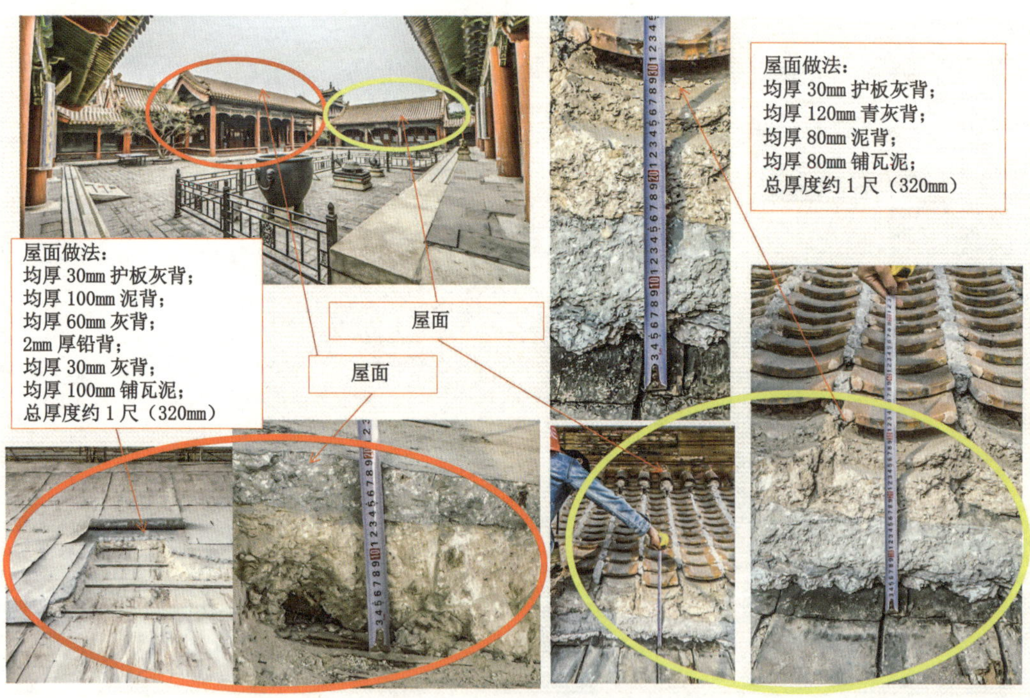

（b）官式建筑的屋面做法

图 1–24　官式殿堂建筑墙身、屋面做法参考

南方气候温暖潮湿，房屋朝向多为朝南或东南，以接受夏季凉爽的海风。由于气候温暖，不需要过厚的屋顶和墙身来保温，又不用考虑雪等荷载，因此南方地区建筑多为穿斗式（干栏式）结构及木构件尺寸纤细。为使空气流通，减少潮湿并防止虫兽侵袭，把房屋的下部分架空，又出现了穿斗式（干栏式）这种房屋结构（图 1-26）。

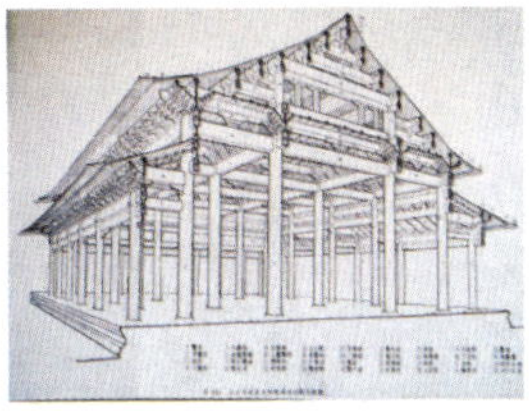
（a）抬梁式重檐庑殿建筑——故宫太和殿

（b）抬梁式七檩前后廊建筑

（c）抬梁式重檐庑殿建筑——太庙享殿

图 1-25　抬梁式建筑木构架

（a）

（b）

（c）

（d）

（e）

图 1-26　穿斗式建筑木构架

在森林地区，为了防御野兽的侵袭，需要把房屋建造得很严密，同时建房木料随处可见，得来容易，因地制宜就出现了井干式这种房屋结构（图 1-27）。

（a）

（b）

（c）

图 1-27　井干式建筑木构架

除上面所介绍的南北方气候的差异原因，还有南北方居住环境差异和南北方人文差异等原因。以上这些，就形成了北方多为抬梁式结构，南方多为穿斗式（干栏式）结构，森林地区多为井干式结构这些有着明显差异的南、北方建筑的结构形式（图 1–28 和图 1–29）。

（a）北方民居建筑院落

（b）南方民居建筑院落

图 1–28　北方、南方建筑——院落形式区别

（三）特点

这三种构造形式分别落足于中国不同的地区，又分别适应这些不同地区的不同气候，与当地的人文环境融为一体。

笼统地说，南方建筑外形轻灵精巧，木构件尺寸普遍纤细，建筑物内部可利用的空间略小；北方建筑尤其是宫殿建筑外形硕大雄浑，木构件尺寸普遍偏大，建筑物内部可利用的空间较大。

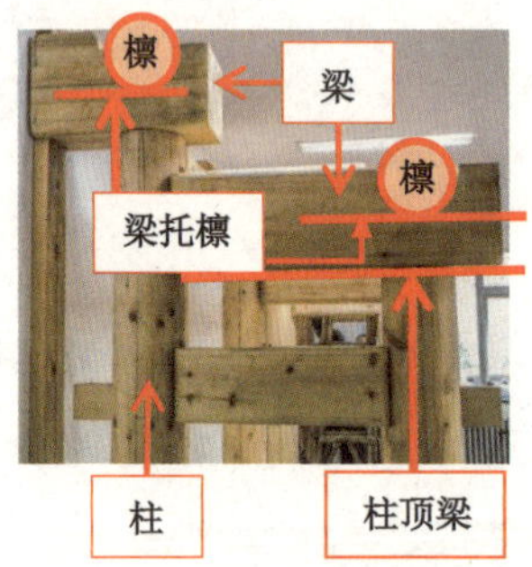

（a）

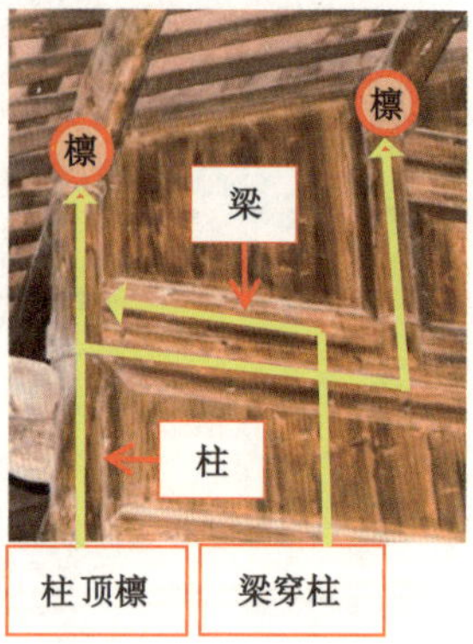

（b）

图 1–29　抬梁、穿斗式建筑——梁架结构特征区别

注：抬梁式结构特征：柱顶梁、梁托檩；穿斗式结构特征：柱顶檩、梁穿柱。

第三节　中国传统木构建筑的主要建筑形式

一、主要建筑形式

中国传统木构建筑的建筑形式主要是指屋顶部分的造型，细分起来种类很多，但主要是下面所列的前四种，其他的各种造型都是从这四种主要的造型中演化、组合而来的：① 庑殿；② 歇山；③ 悬山；④ 硬山；⑤ 攒尖；⑥卷棚；⑦盝顶；⑧盔顶；⑨单坡顶；⑩平顶；⑪ 勾连搭；⑫ 重檐（多重檐）；⑬ 复合（组合）型。详见图 1–30 和图 1–31。

明、清建筑曾有“四大法则”之说，就是指前四种类型的木结构权衡尺度，其等级以庑殿为最高，依次歇山、悬山、硬山。

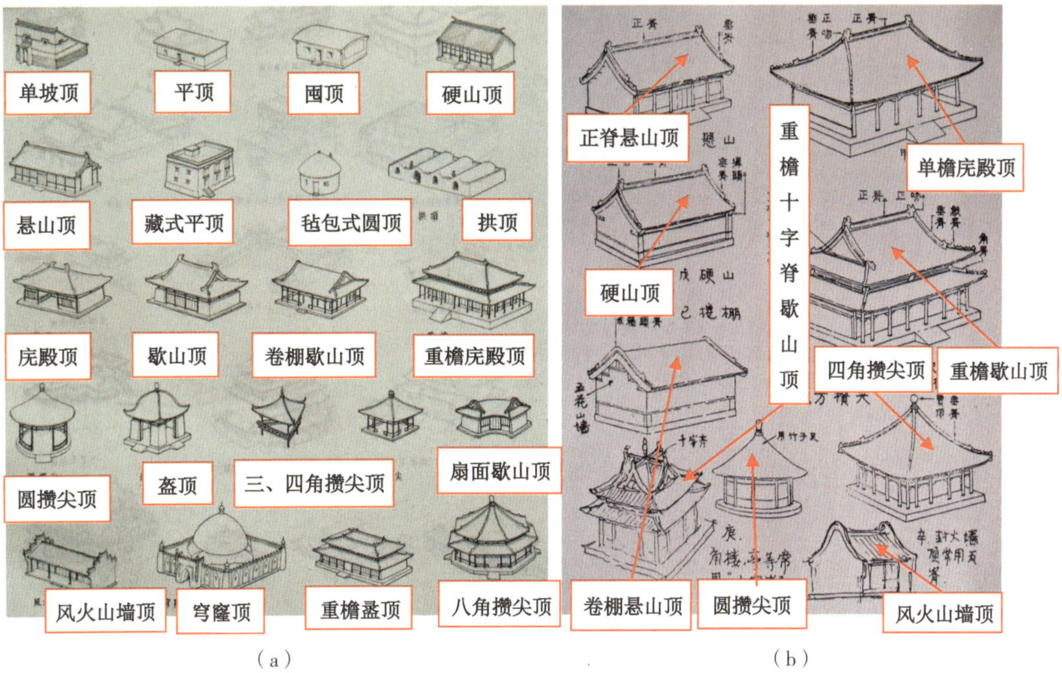

图 1-30　中国明、清传统建筑的建筑形式 1

图 1-31

(k)　(l)　(m)

图 1-31　中国明、清传统建筑的建筑形式 2

注：部分照片为吴世昌先生拍摄。

二、主要建筑形式的应用及外形特征

（一）硬山建筑

1. 应用及特征

在中国传统木构建筑中硬山建筑是应用非常普遍的建筑形式，形制等级虽然较低，但因其外形端庄且实用，在民居、殿堂、庙宇、府邸、衙署、园林中都有大量的应用。

硬山建筑以小式居多，也有大式。大式硬山建筑中有带斗栱和不带斗栱两种。大式硬山建筑在体量、规模、用材等上明显高于小式建筑（图 1-32）。

(a)　(b)　(c)　(d)　(e)　(f)　(g)　(h)　(i)

图 1-32　大式硬山建筑［(a)～(d)］和小式硬山建筑［(e)～(i)］

2. 外形特征

硬山建筑的屋面只有前后两坡，两侧山墙与屋面相交一平，两山桁檩梁架全部封砌在山墙内

（图 1–33）。

（a）　　（b）

图 1–33　硬山建筑外形特征

（二）悬山建筑

1. 认识及应用

悬山建筑在中国传统木构建筑中是应用较为普遍的建筑形式，在民居、园林、寺庙中也常有使用。

悬山建筑大小式及杂式都有，大式悬山建筑中有带斗栱和不带斗栱两种。大式悬山建筑在体量、规模、用材等上明显高于小式建筑（图 1–34）。

（a）　（b）　（c）　（d）　（e）　（f）　（g）　（h）　（i）

图 1–34　悬山建筑

注：图（a）～（d）为大式悬山建筑；（e）为小式悬山建筑；（f）～（i）为杂式悬山建筑。

2. 外形特征

悬山建筑的屋面也只有前后两坡，一坡到顶。与硬山不同之处在于悬山建筑屋面两端悬出两侧山墙，两山桁檩梁架外露，象眼柁当封堵象眼板，或山墙随梁架举折砌五花山墙，或墙身封砌到顶，仅露明出梢檩及燕尾枋、三岔头（图 1-35）。

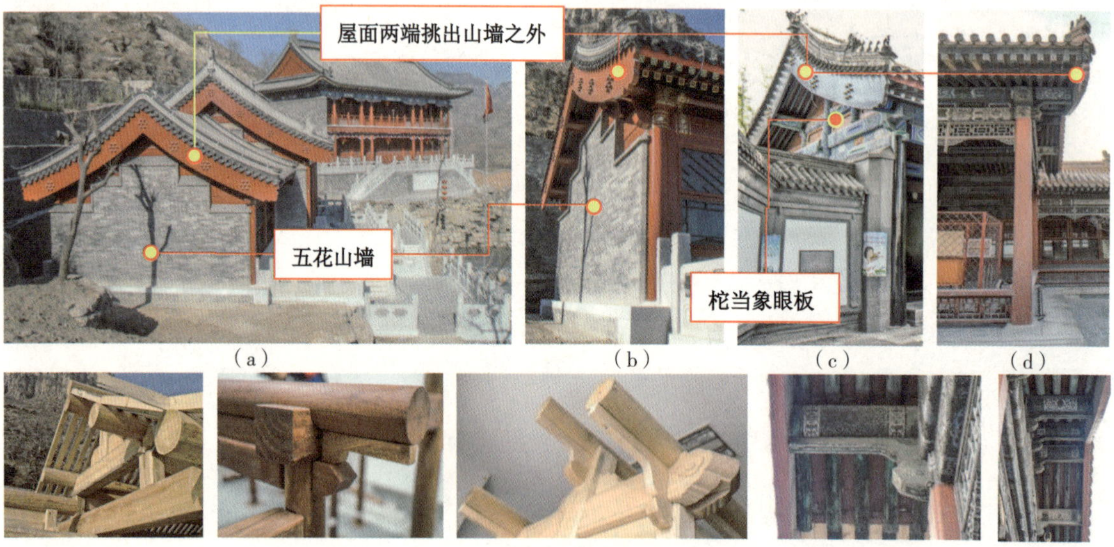

（a） （b） （c） （d）
（e） （f） （g） （h） （i）

图 1-35 悬山建筑外形特征

这种做法最为可取的地方是既让木构件暴露在外，有利于木构件的通风防腐，又改变了山墙单调死板的外形，丰富了山墙的立面效果。

在悬山做法中，一种是墙身封砌到顶，仅露明出梢檩、燕尾枋及三岔头；还有一种是山墙只砌到大柁下，所有大柁以上的木构件全部外露，梁架的象眼柁当封堵象眼板。这两种做法各有优缺点。

（三）歇山建筑

1. 认识及应用

歇山建筑是中国传统木构建筑中形制等级仅次于庑殿建筑的一种建筑形式，既有着灵动外形又不失威严，在宫殿、庙宇、府邸、衙署、皇家园林中都得到大量的使用（图 1-36）。

歇山建筑中大式及杂式做法都有，大式歇山建筑中有带斗栱和不带斗栱两种，在体量、规模、用材等上明显高于小式建筑。歇山杂式做法中也有带斗栱和不带斗栱两种，通常用于庭院园林中，体量普遍较小。

（a）唐、仿唐单、重檐带斗栱歇山建筑 （b）宋、元单檐带斗栱歇山建筑 （c）仿宋、辽重檐带斗栱歇山建筑

（d）大式歇山建筑

（e）明清单檐带斗栱大式歇山建筑

（f）明、清重檐带斗栱大式歇山建筑

（g）三重檐带斗栱大式歇山高台建筑

（h）三重檐歇山十字脊建筑

（i）杂式歇山建筑（敞轩）

（j）宫殿内的歇山建筑

图 1-36 各式歇山建筑

注：部分图片为吴世昌先生拍摄。

2. 外形特征

歇山建筑的屋面形式有四坡，前后两坡屋面一坡到顶，两山屋面分为两段，下半段檐头屋面与前后坡檐头屋面四面相交，呈庑殿形式；上半段直上直下，呈悬山形式。歇山建筑是在悬山建筑和庑殿建筑木构架中发展进化出来的一种构造形式，是悬山屋面与庑殿屋面的有机结合——上半段是悬山前后两坡屋面，下半段是庑殿四角翘起的四坡相交屋面（图 1-37 和图 1-38）。

（a） （b）

图 1-37

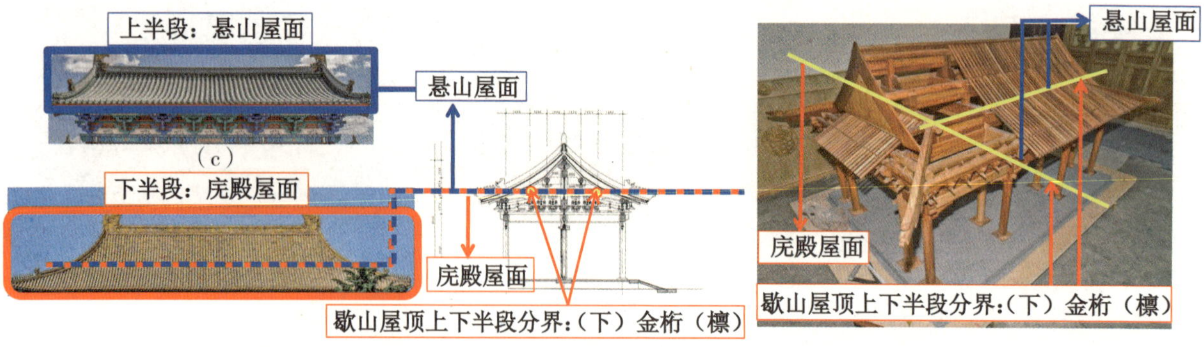

（d）　　（e）　　（f）

图 1-37　歇山建筑的外形特征

（a）　　（b）

图 1-38　歇山建筑两山做法对比参考

注：宋、元与明、清宋、元悬出部分露明，自柱中梁架封堵（a）；明、清悬出部分不露明，自悬出梁架（草架柱、穿梁）、山花板、博缝板封堵（b）。

（四）庑殿建筑

1. 认识及应用

庑殿建筑在中国传统木结构大式建筑中型制是最高的，只是在宫殿、坛庙中轴线上的主要建筑物上才允许使用。庑殿建筑中通常都带有斗栱，等级较其他类型建筑要高（图 1-39）。

图 1-39　唐（仿）宋、辽、元、明、清代的单、重檐庑殿建筑

注：图（a）为刘大可先生提供；图（b）为吴世昌先生拍摄。

2. 外形特征

庑殿建筑的屋面形式有四坡，前后两坡屋面相交，形成一条正脊，两山的坡屋面与前后两坡屋面四坡相交形成四条垂脊，相加一起为五条脊。因此，庑殿建筑也称四大坡、四阿殿或五脊殿。

庑殿建筑的屋面在外形上还有一个特征，其四坡屋面的坡度明显不一样，两山屋面的坡度大于前后两坡屋面，四条垂脊不随坡度直线与正脊相接，而是明显向两山外扬，形成一道陡峻弯折的曲线，称为“旁囊”（图 1-40 和图 1-41）。

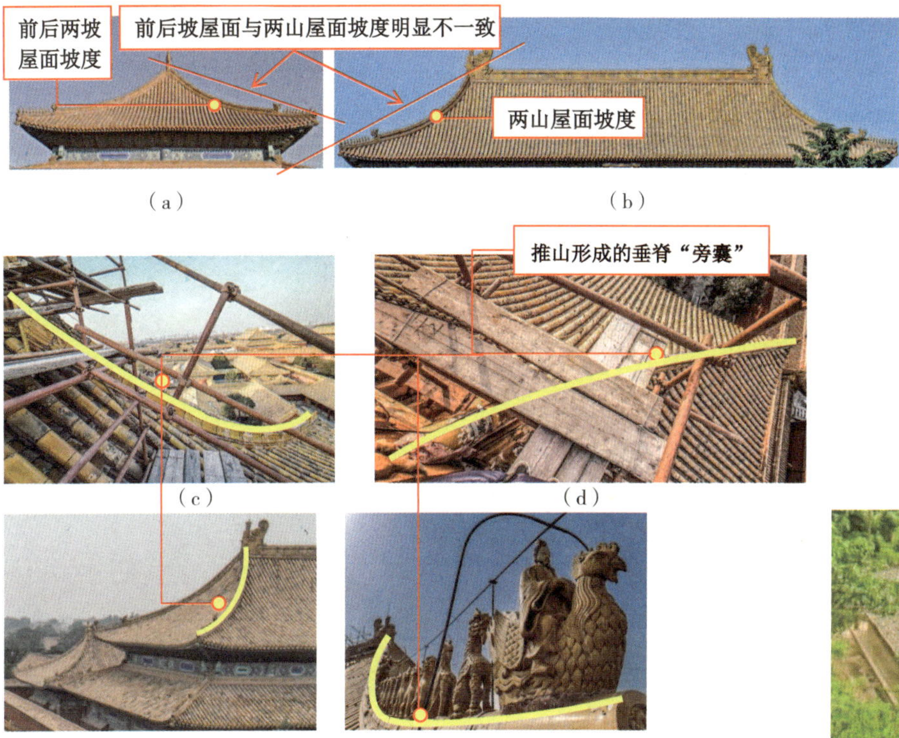

（a）　（b）　（c）　（d）　（e）　（f）

图 1-40　明清庑殿建筑——推山屋面

图 1-41　唐庑殿建筑——不推山屋面

注：部分图片为顾准先生、吴世昌先生拍摄。

（五）攒尖建筑

1. 认识及应用

攒尖建筑与庑殿建筑从平面上看，一个是正方形、正多边形，另一个是矩形；从屋顶上看都是坡屋面相交，攒尖建筑的屋面、垂脊交汇于一点——宝顶，而庑殿建筑的屋面、垂脊分别与正脊的两侧、两端相交，这就是它们之间的不同所在。

攒尖建筑有大式做法，也有杂式做法，大式做法的攒尖建筑通常坐落于宫殿、坛庙的主要轴线上。在杂式建筑中常以四、六、八方亭等形式出现于园林庭院中（图 1-42）。

（a）明、清带斗栱大式单檐无廊四方攒尖建筑

（b）明、清带斗栱大式重檐周围廊四方攒尖建筑

（c）清带斗栱大式重檐周围廊四方攒尖建筑

图 1-42

（d）清带斗栱大式重檐周围廊八方攒尖建筑

（e）清带斗栱大式单檐无廊圆攒尖建筑

（f）明、清带斗栱大式三重檐无廊圆攒尖建筑

（g）明、清带斗栱杂式重檐圆形组合（双环）攒尖建筑

（h）清杂式单檐四方、带斗栱杂式重檐四方攒尖建筑

（i）单檐杂式四方组合形（方胜）攒尖建筑

（j）重檐、三重檐带斗栱八方、杂式攒尖建筑

图 1-42　各式单、重檐攒尖建筑

2. 攒尖建筑的外形特征

攒尖建筑的屋面形式呈四坡或多坡形，各坡面相交形成垂脊，各垂脊交会于屋顶的中心点——宝顶。

攒尖建筑屋面的举折曲线与其他建筑类同，用通俗的话说就是去掉正脊的庑殿建筑，由于位于四边或多边形角度平分线上的各条垂脊交会于一点，所以也就没有了庑殿垂脊的推山曲线（图 1-43）。

（a）

（b）

图 1-43　攒尖建筑特征——屋面无推山垂脊

第四节　清官式建筑做法与地方做法以及大式建筑与小式建筑、杂式建筑的做法区分

一、做法的分类

依据不同的营造做法，建筑做法分为地方做法和官式做法两种。地方做法就是地方工匠们根据

自己的营造经验结合当地习惯做法总结出来的营造做法。官式做法就是统治机构以法规形式规定的营造做法。

二、各式建筑的应用范围

大式建筑多用于宫殿、庙宇、府邸、衙署、皇家园林等建筑。小式建筑多用于民居四合院等建筑。小式大作建筑多指细部做法为小式，但建筑物体量、尺度、规模、用材、做工等均明显高于小式的建筑。

杂式建筑多用于园林中的亭台廊榭等建筑。图 1–44 为大式、小式、杂式建筑的主要区别及明显特征。

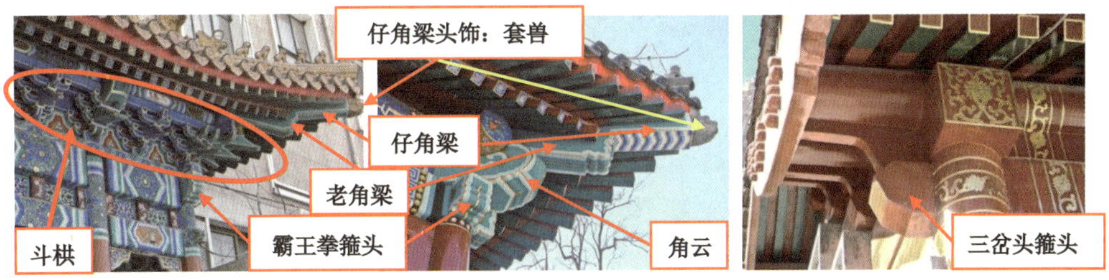

（a）大式建筑　（b）小式建筑 1　（c）小式建筑 2

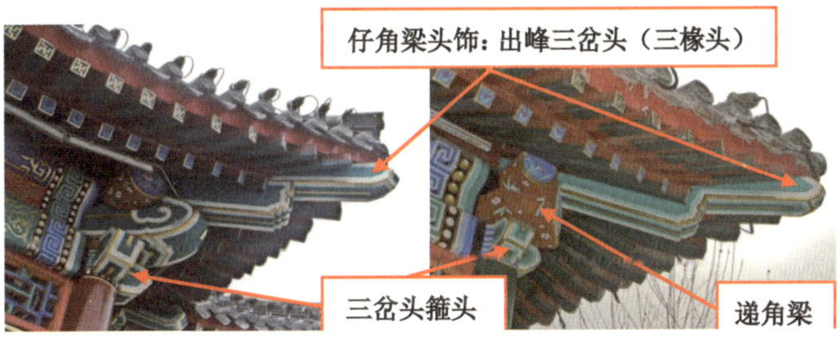

（d）杂式建筑 1　（e）杂式建筑 2

图 1–44　大式、小式、杂式建筑的主要区别及明显特征

三、各式建筑的做法区分

（一）宏观区别

各式建筑做法的宏观区别表现在建筑规模、群体组合方式、单体建筑体量、平面繁简、建筑形式的难易、构件用材的大小、做工的粗细及在用砖、瓦、石、脊饰、油漆、彩画做法的选择等方面。

（二）微观区别

各式建筑做法在木构件的使用和造型上也有以下特征可以进行参考。

1. 大式建筑木构件上的主要特征

有斗栱、翼角，角柱箍头处做霸王拳、仔角梁头做套兽榫安装套兽；无斗栱、翼角的建筑同小式建筑做法，但建筑的体量、构件的断面大小明显大于小式建筑。

2. 小式建筑木构件上的主要特征

无斗栱，无翼角，角柱箍头处做三岔头。

3. 小式大作建筑木构件上的主要特征

无斗栱，有的有翼角，有的无翼角（又称大式小做法）。角柱箍头处做三岔头。仔角梁头做出峰三岔头头饰。

4. 杂式建筑木构件上的主要特征

或有或无斗栱，有翼角（又称小式大做法）。角柱箍头处做三岔头或霸王拳。仔角梁头做出峰三岔头头饰或做套兽榫安装套兽。

第五节　清官式建筑的模数与权衡制度

中国传统木构建筑无论是在唐、宋、辽、金，还是元、明、清、民国时期，包括现在，基本是按照古人在宋《营造法式》、清工部《工程做法》等经典著作中总结制定出的一整套建筑物的权衡标准来进行营建的。这些标准对各式建筑的权衡尺度、构件尺寸及规矩做法都做了详细的规定，给我们带来了极大的方便。从建筑结构的安全和外观尺度上说，几千年风雨天灾的结构考验与世道轮回的审美比较，也证明了传承至今的权衡法度的可靠性，这一点毋庸置疑。

从唐到清，社会在不断进化，人们的审美观也在不断变化，从建筑物的外形经历了从屋面的和缓到陡峻、出檐由大变小等的演变，再从木构件尺寸大小来讲，柱子也经历了由“胖——梭柱”到“瘦——收分柱”的变化过程；而梁的断面高宽比则从 2∶1 到 3∶2 再到 10∶8 甚至 12∶10……这些明显地反映出各朝代之间演变的脉络。这里暂且不说这样的变化是否合理，但至少说明每个时代的人都在以自己对建筑的理解来对前人传留下来的做法做出修改，这就是《营造法式》和《工程做法》之间做法标准差异形成的缘由。

清工部《工程做法》是颁布于清雍正十二年（公元 1734 年）的一部权威的建筑法典，也是中国历史上仅存的两部由官方颁布的完整、权威的建筑标准之一。这个做法标准详细列出了 27 种式样建筑的权衡尺度、构件尺寸（包括规矩做法），给后人的传承、借鉴和使用带来了极大的便利。

需要说明的一点是，以上记录、总结的这些权衡尺度的规定只是一些基本的框架规定，使用时应综合考虑不同的使用要求、当地的建筑习俗、不同建筑材料的使用和地形、气候、风土人情等因素，在确保安全的前提下对这些规定进行合理的修改补充，以求尽善尽美。

一、模数

模数是古代房屋整体及各部位、各构件尺寸的一个基本计量单位。

在《营造法式》中规定了房屋的基本计量单位是材分°。

在《工部做法》中规定了房屋的基本计量单位是斗口和柱径。在清代带斗栱大式建筑中，房屋的基本计量单位称“斗口”，无论是什么形式的建筑，它的外形尺度、构件大小等都以斗口为计量单位；在清代小式建筑和不带斗栱的大式建筑中，房屋的基本计量单位称“柱径”，无论是什么形式的建筑，它的外形尺度、构件大小等都以柱径为计量单位。

二、模数的等级规定

在古代建筑中，官方将建筑群的规模、单体房屋的建筑形式、间量大小、台基栏杆、斗栱脊瓦、彩画装修甚至于木构件的截面尺寸等都做出严格的等级划分，如清代，官方就将清式建筑中官式（大式）建筑的所有尺度划分为 11 个等（材）级：6 寸（1 寸 =32mm，下同）、5.5 寸、5 寸、4.5 寸、4 寸、3.5 寸、3 寸、2.5 寸、2 寸、1.5 寸、1 寸，每半寸为一个等级，每个等级就算是 1 个斗口，当按清代的等级规定选定了欲建房屋的等级后，就成为这个欲建房屋的模数等级或称为"基数"，房屋各部位及各种构件的所有尺寸都以这个基数作为计量单位，称"斗口"×寸。

在清官式建筑的权衡规定中规定了常见清官式（大式）各类建筑的用材标准，具体如下。

高台建筑（城阙、角楼）用材：五至四等材（斗口 0.4～0.45 尺，1 尺 =320mm，下同）。

平地建筑（殿座、厅堂）用材：九至七等材（斗口 0.2～0.3 尺）[重建于康熙三十四年（1695 年）的故宫太和殿斗口 90mm，不到 3 寸；东华门斗口 115mm，约 3.5 寸]。

（清《工程做法注释》中记载："太和门是太和殿的正门，太和殿的斗口材分° 0.3 尺，正门减为 0.28 尺，两侧昭德、贞度门 0.26 尺，南庑为太和殿周围廊庑一部分，用 0.25 尺材依次降杀"体现了体制严明的等差关系。）

在《工程做法》中规定，在清代小式建筑和不带斗栱的大式建筑中，各式房屋按等级不同定出明间面宽（由明间面宽计算出柱径，方法见后）：

九檩大木前后廊做法明间面宽为 13 尺；

七檩大木前后廊做法明间面宽为 12 尺；

六檩大木前出廊做法明间面宽为 11 尺；

五檩大木无廊做法明间面宽为 10 尺。

（也有说：无斗栱大式明间面宽为 9～17 尺不等；小式建筑明间面宽不人于 10.5 尺。）

三、权衡

权衡即为比例。在清代，官方将房屋的各部位（面宽、进深、高度、出檐等）尺寸及各种构件的尺度都在模数的基础上规定了一个比例倍数（图 1–45），尽管这个比例倍数现在看来有些许刻板，甚至有一些谬误，但它确实是经过了几百年的风雨天灾对结构的考验和人们审美观点不断演变而对建筑的外形和结构产生过重大的影响而传承至今的。"存在即为合理"，到目前在没有出现更好、更合理、更完整的权衡规定前，仍然还需遵循《工程做法》所规定的权衡尺度和做法来进行营建。

有一点需要加以说明的是：清代的这个制度不仅规定了清代的建筑尺度，更由于明代没有留下类似前朝《营造法式》和后朝《工程做法》这个法典类的史记资料，而明代建筑在权衡尺度上更接近清代，所以，在接触明代建筑时也通常用清代的这个尺度标准来参考借鉴。

建筑分类	斗口材分	间架柱位平面布局（地盘）						
		面 阔（横广）				进 深（纵深）		
		明间	两次间	两梢间	左右廊子	两山明间	两山次间	前后廊子
九檩单檐庑殿周围廊单翘重昂斗口二寸五分大木做法	斗口二寸五分	斗科七攒 77斗口	各斗科六攒 66斗口	各斗科六或五攒 66或55斗口	各斗科二攒 22斗口	斗科四攒 44斗口	各斗科四攒 44斗口	各斗科二攒 22斗口
		通面阔385或363斗口				通进深176斗口		
九檩单檐歇山转角前后廊单翘单昂斗口三寸大木做法	斗口三寸	斗科五攒 55斗口	各斗科四攒 44斗口	各斗科四或三攒 44或33斗口		斗科九攒 99斗口		各斗科二攒 22斗口
		通面阔231斗口				通进深143斗口		

（a）《工程做法》大木大、小式做法通例（间架结构定分通则）表（节选）

建筑分类	斗口材分	间架柱位平面布局（地盘）						
		面 阔（横广）				进 深（纵深）		
		明间	两次间	两梢间	左右廊子	两山明间	两山次间	前后廊子
七檩大木前后廊做法		12尺	酌定	酌定		12尺		各3尺
						通进深8尺		
六檩大木前出廊做法		11尺	酌定	酌定		12.8尺		3.2尺
						通进深16尺		
五檩大木做法		10尺	酌定	酌定		通进深12尺		

（b）

前後廊七檩小式大木名件權衡表

名稱		權衡	附註
1 明間面濶		X	工部例以1丈5寸為例
2 次間面濶		$X_1 = X$ or $X-\frac{X}{5}$ or $X-\frac{X}{10}$	減以5寸為單位
3 進深		$Y = 16D$, or $1\frac{1}{3}X$	
4.廊步:	進深	$T = 5D$, or T_1	
	舉高	$R = 0.5T$	
5.金步:	步架	$T_1 = \frac{1}{4}Y$	
	舉高	$R_1 = 0.7T_1$, or $0.65T_1$	
6.脊步:	步架	$T_2 = T_1$	
	舉高	$R_2 = 0.9T_2$ or $0.8T_2$	
7.檐柱:	高	$H = \frac{4}{5}X$, or X	柱高不得過面濶
	徑	$D = \frac{7}{100}X$	外加上下榫長各$\frac{3}{10}D$
8.金柱:	高	$H_1 = H + R$	〃 〃 〃 〃 〃 〃 〃 $\frac{3}{10}D$
	徑	$D_1 = D + \frac{1}{10}D$	
9.山柱:	高	$H_2 = H_1+R_1+R_2+P_h+\frac{1}{2}D$	外加上下榫長各$\frac{3}{10}D$
	徑	$D_2 = D_1$	
10.抱頭梁:	長	$B_l = D+T+\frac{1}{2}D_1+\frac{1}{2}D$	B_l即通長不另加榫
	寬	$B_w = D_1$	
	高	$B_h = 1\frac{1}{5}D_1$	
11.單步梁:	長	$B^1_l = T_2 + D$	
	寬	$B^1_w = B^2_w - \frac{1}{5}D$	工部例內$\frac{1}{5}D$原作2寸
	高	$B^1_h = B^2_h - \frac{1}{5}D$	同上
12.雙步梁:	長	$B^2_l = T_1 + T_2 + D$	
	寬	$B^2_w = D_2 + \frac{1}{10}D$	工部例內$\frac{1}{10}D$作1寸
	高	$B^2_h = 1\frac{1}{5}B^2_w$	
13.三架梁:	長	$B^3_l = 2T_2 + 2D$	
	寬	$B^3_w = B^5_w - \frac{1}{5}D$	工例$\frac{1}{5}D$原作2寸
	高	$B^3_h = B^5_h - \frac{1}{5}D$	同上

名稱		權衡	附註
14.五架梁:	長	$B^5_l = Y + 2D$	小式以五架為限
	寬	$B^5_w = D_2 + \frac{1}{10}D$	工例$\frac{1}{10}D$原作1寸
	高	$B^5_h = 1\frac{1}{5}B^5_w$	
15.金瓜柱:	高	$H_0 = R_1 - B^5_h$	外加上下榫長各$\frac{3}{10}D$
	徑	$D_0 = B^3_w - \frac{1}{10}D$	工例$\frac{1}{10}D$原作1寸
16.脊瓜柱:	高	$= R_2 - B^3_h + P_h + \frac{1}{5}D$	
	徑	$= D_0$	
17.穿插枋:	長	$S_l = T + D + \frac{1}{2}D_2 + \frac{1}{2}D$	
	寬	$S_w = S'_w$	
	高	$S_h = S'_h$	
18.金脊檐枋:	長	$S'_l = X - D - \frac{1}{2}D$	次間者長以X_1代X
	寬	$S'_w = D - \frac{1}{5}D$	如金脊枋不用墊板
	高	$S'_h = D$	高寬俱檐枋各減[illegible]
19.墊板:	長	$P_l = X - B_w + \frac{1}{5}B_w$	
	寬	$P_w = \frac{3}{10}D$	
(平水)	高	$P_h = S'_h - \frac{1}{5}D$	
20.檩木:	長	$L_l = X$	梢間者一端加$\frac{1}{2}D$
	徑	$L_d = D$	
21.出檐		$E = \frac{3}{10}H$	如作封護檐$E=0$
22.簷椽:	長	$= (E+T)1.15$	1.15五舉因
	(或方)徑	$= \frac{3}{10}D$	後檐椽同此
23.花架椽:	長	$= 1.25T_1 + \frac{1}{2}D$	1.25七舉因
	(或方)徑	$= \frac{3}{10}D$	
24.腦椽:	長	$= 1.35T_2 + \frac{3}{10}D$	1.35九舉因
	(或方)徑	$= \frac{3}{10}D$	
25.連檐:	長	$= X$	梢間者$X_1+1\frac{1}{2}D$
	方	$= \frac{3}{10}D$	
26.瓦口:	長	$= X$	梢間者$X_1+1\frac{1}{2}D$
	[illegible]	[illegible]	[illegible]

（c）

表四 枋

枋	大式		小式	
	高	厚	高	厚
大额枋	6.6斗口	5.4斗口		
小额枋	4.8斗口	4斗口		
重檐上大额枋	6.6斗口	5.4斗口		
单额枋	6斗口	5.5斗口		
平板枋	2斗口	3.5斗口		
檐枋（老檐枋同）			同檐柱径	$\frac{4}{5}D$
金（脊）枋	3.6斗口	3斗口	$D-2$寸	$\frac{4}{5}D-2$寸
燕尾枋	3斗口	1斗口	$\frac{2}{3}D$	$\frac{1}{6}D$
支条	2斗口	1.5斗口		
贴梁	2斗口	1.5斗口		
天花枋	6斗口	4.8斗口		
承椽枋	7斗口	5.6斗口		
雀替	长$=\frac{明间净面阔}{4}$	高$=1\frac{1}{4}$柱径	厚$=\frac{2}{3}$柱径	

注：D=檐柱径。

（d）

表十 歇山、悬山各部

	大式		小式	
	高	厚，径，或见方	高	厚，径，或见方
榻角木	4.5斗口	3.6斗口		
穿梁	2.3斗口	1.8斗口		
草架柱	2.3斗口	1.8斗口		
燕尾枋	3斗口	1斗口	$\frac{1}{2}D$	$\frac{4}{5}D$
山花板		1斗口		
博风板	8斗口	1.2斗口	$1\frac{4}{5}D$	$\frac{1}{4}D$
博脊板		$\frac{1}{10}$高		

注：D=檐柱径。

（e）

表三 柱

柱	大式		小式	
	高	径	高	径
檐柱	60斗口	6斗口（收分$\frac{1}{1000}$）	$\frac{4}{5}$面阔或11径	$\frac{1}{11}$高
金柱	60斗口+廊步五举	6.6斗口	$\frac{4}{5}$面阔+廊步五举	檐柱径加1寸
重檐金柱		7.2斗口		
童柱		6.6斗口		
中柱		7斗口		
山柱				檐柱径加2寸

（f）

图 1–45 清权衡的若干规定

注：图（a）（b）为清工部《工程做法》中面阔、进深尺寸的权衡规定；图（c）～（f）为梁思成《清式营造则例》和赵正之《中国建筑营造图集》中总结归纳的木构件尺寸权衡规定。

四、模数与权衡制度的由来

现在沿用的清代模数与权衡制度源自宋代，宋代的模数称“材分°”。宋《营造法式》中关于材分°的规定是这样的（图 1-46）：“材——凡构屋之制，皆以材为祖，材有八等，度屋之大小，因而用之。各以其材之广（注：即高）分为十五分°，以十分°为其厚。凡屋宇之高深，名物之短长，曲直举折之势，规矩绳墨之宜，皆以所用材之分°，以为制度焉。梨广六分°，厚四分°，材上加‘梨’者，谓之足材。”这段文字的意思是：宋代建房，以“材”为单位，房屋所有的高宽深广、曲直举折、构件尺寸等都是以“材”为单位进行计算的（等同于清代的柱径或斗口）。

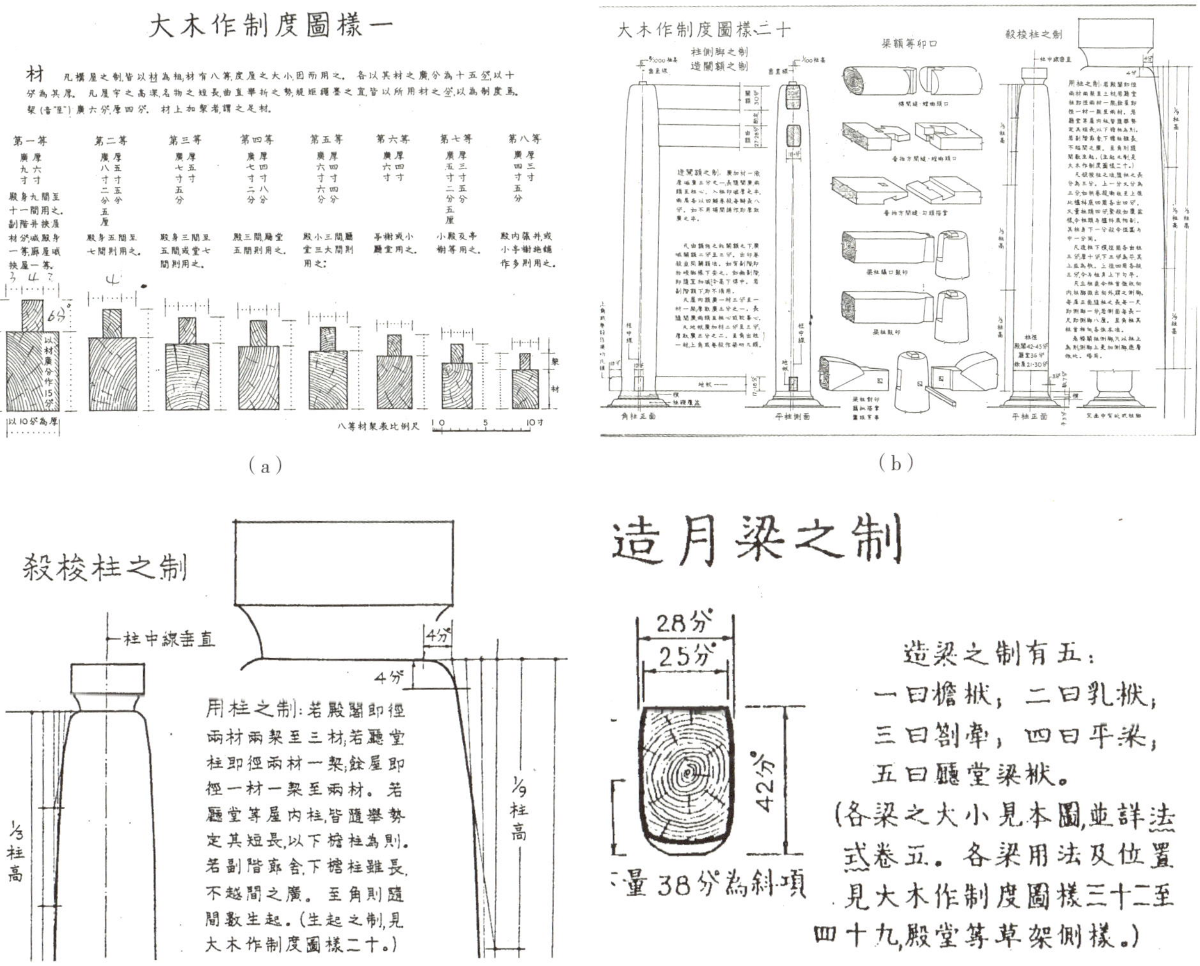

（a） （b） （c） （d）

图 1-46 《营造法式》：模数材分°及柱、梁尺寸、做法的图解示意

宋代的“材”分为八个等级（与清代的 11 个等级异曲同工），每“材”的尺寸是有规定的：厚为 10 分°，高（广）为 15 分°（不像清代斗口只规定了厚度尺寸）。由于各等级“材”的尺寸跨度较大，又设立了“梨”来补充细化，因此“梨”的尺寸也是有规定的：厚为 4 分°，高（广）为 6 分°。在清代做法中，称某部位或某构件的尺寸为 × 或 ×. × 斗口、柱径，而在宋代做法中称 × 材、× 分° 或 × 材、× 梨。其实，这些叫法大同小异，就像我们现在使用的人民币，1.53 元也可称为一元五角三分一样。通过以上的分析，我们可以清楚地看出模数与权衡制度的传承脉络，也可以从另一个侧面看出宋代木构件断面的高厚比基本固定在 1.5：1 这个相对更为合理的受力尺寸上。

相关知识

宋《营造法式》中关于材分°等级的使用规定如下。

材分如下八等。

第一等：广九寸，厚六寸以六分为一分°。

“殿身九间至十一间用之；副阶并挟屋材分°减殿身一等；廊屋减挟屋一等。”

第二等：广八寸二分五厘，厚五寸五分（以五分五厘为一分°）。

“殿身五间至七间则用之。”

第三等：广七寸五分，厚五寸（以五分为一分°）。

“殿身三间至五间，或厅堂七间则用之。”

第四等：广七寸二分，厚四寸八分（以四分八厘为一分°）。

“殿身三间，厅堂五间则用之。”

第五等：广六寸六分，厚四寸四分（以四分四厘为一分°）。

“殿小三间至五间，或厅堂三大间则用之。”

第六等：广六寸，厚四寸（以四分为一分°）。

“亭、榭或小厅堂则用之。”

第七等：广五寸二分五厘，厚三寸五分（以三分五厘为一分°）。

“小殿及亭、榭等用之。”

第八等：广四寸五分，厚三寸（以三分为一分°）。

“殿内藻井或小亭、榭施铺作多则用之。”

五、清代建筑权衡尺寸的通则

清代建筑权衡尺寸的通则中涉及木作的几个主要方面是：柱径与斗口；面宽与进深；分部高与通高；收分与侧脚；上檐出与下出。另有各类木构件断面的尺度权衡、硬山建筑的硬山法则、悬山建筑的悬山法则、歇山建筑的收山法则、庑殿建筑的推山法则等其他权衡通则。为方便理解、使用，将这部分的内容安排在相应的章节中，本部分不做阐述。

（一）柱径与斗口

柱径和斗口是中国传统建筑中的一个模数，前者对应小式建筑和不带斗栱的大式建筑及部分杂式建筑；后者对应带斗栱的官（大）式建筑。无论在什么形式的建筑中，各部位的通则尺寸、各构件的断面尺寸都是以模数作为基数再根据权衡规定计算出来的，都是模数的若干倍，而这个倍数也就是权衡规定的制定源于千百年来历代的能工巧匠们对力学、美学的实践、总结和归纳。

1. 名词解释

（1）柱径。柱径指前檐（廊）柱根部的直径（图 1–47）。在小式建筑和不带斗栱的大式建筑及部分杂式建筑中，通常以这个直径尺寸为 1，其他尺寸都为它的倍数。也可以说，只要有了“柱径”的尺寸，就可以根据古人“模数倍数”的这个权衡规定来计算出小式建筑和不带斗栱的大式建筑及部分杂式建筑各部位、各构件的详细尺寸。

（2）斗口。斗口指斗栱构件“坐斗”面宽方向的刻口，这个刻口的宽度尺寸也就是斗口的尺寸（图 1-47）。同样也可以说，只要有了“斗口”的尺寸，也就可以根据古人权衡的规定来计算出带斗栱官（大）式建筑各部位、各构件的详细尺寸。

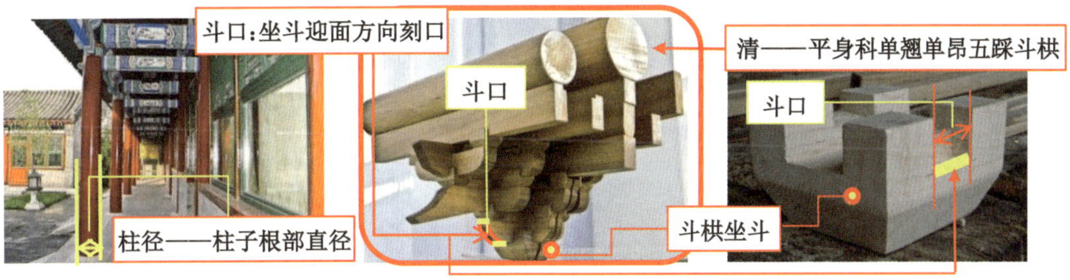

（a）　（b）　（c）

图 1-47　柱径与斗口

2. 柱径与斗口的权衡规定

（1）柱径。小式或无斗栱大式建筑的柱径通常为柱高（柱高根据面宽确定）的 1/11。带斗栱大式建筑的柱径通常为 6 斗口（根据本节“二、模数的等级规定”计算而定）。

（2）斗口。高台建筑（城阙、角楼）用材：五至四等材（斗口 0.4～0.45 尺，120～144mm）。平地建筑（殿座、厅堂）用材：九至七等材（斗口 0.2～0.3 尺，64～96mm）。

（二）面宽（面阔）与进深（纵深）

1. 名词解释

（1）面宽（面阔）：建筑物迎面（长向）两柱间的水平距离（图 1-48）。

（2）进深（纵深）：建筑物侧面（短向）两柱间的水平距离（图 1-48）。

（3）明间：建筑物居中的间，也叫当心间。

（4）次间：建筑物明间两侧的间。

（5）梢间：无廊建筑最外侧的间。

（6）廊间：建筑物外侧的廊间。

（7）攒：斗栱的单位名称。

（8）攒当：相邻两攒斗栱中到中的水平距离。

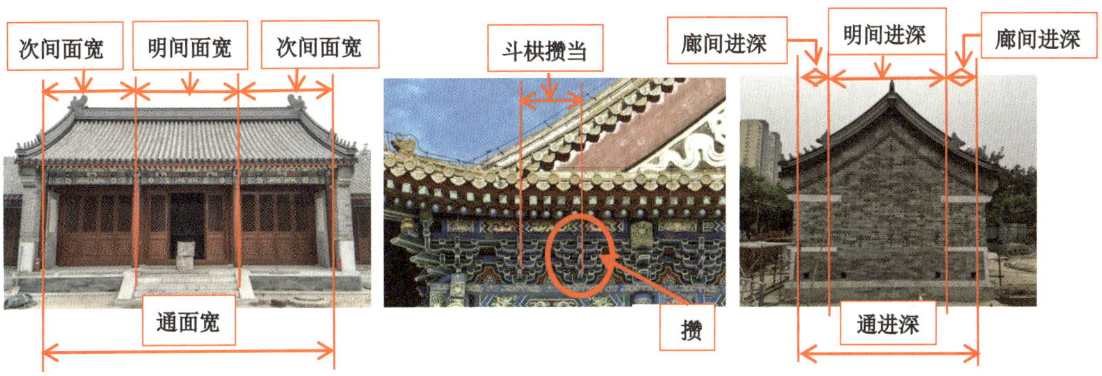

（a）　（b）　（c）

图 1-48

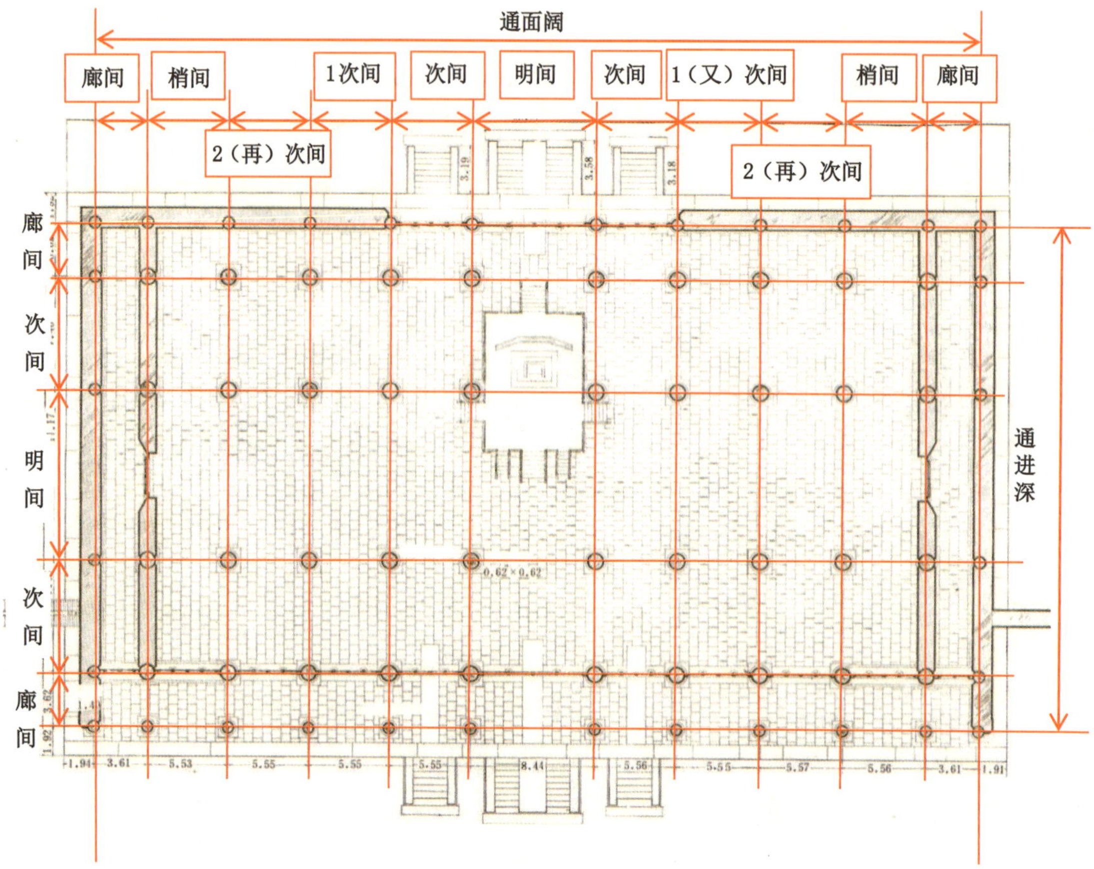

（d）北京故宫太和殿平面图（引自《中国古代建筑技术史》）

图 1-48　面宽（面阔）与进深（纵深）

2. 面宽与进深的权衡规定

（1）面宽间数的确定。取单（阳）数，3 间、5 间、7 间、9 间、11 间。

（2）面宽尺寸的确定。受以下五个因素制约：① 形制的要求；② 实际需要；③ 结构用材的大小；④ 等级制的限制；⑤ 传统观规矩的束缚（如：门尺，门尺上 1、4、5、8 为好位置……）。

（3）大式建筑面宽的确定。在清官式建筑的权衡规定中规定了常见清官式（大式）各类建筑的用材标准，它规定如下。

高台建筑（城阙、角楼）用材：五至四等材（斗口 0.4～0.45 尺，120～144mm）。

平地建筑（殿堂、厅堂）用材：九至七等材（斗口 0.2～0.3 尺，64～96mm）。

大式建筑的面宽有两种确定方法，以五开间带斗栱大式庑殿、歇山转角周围廊建筑为例，斗口尺寸为 2.5 寸，按此尺寸确定如下。

① 以斗栱攒数确定面宽。明间设置六攒斗栱（取双数）；次间递减一攒设置五攒斗栱；梢间斗栱攒数同次间（或可再递减一攒）设置五攒；廊间通常设置一攒（但也有根据需要而加大的）。按每攒斗栱空当尺寸 11 斗口计，明间斗栱六攒七攒当，77 斗口；两次、两梢间各五攒六攒当，计 264 斗口；两廊间各一攒二攒当，计 44 斗口，总计 385 斗口，合 962.5 寸，30800mm。

② 以面宽尺寸反推斗口尺寸。参考无斗栱大式建筑各间面宽尺寸的规定，然后根据形制要求、使用需要定好房屋的间数、房屋各间的面宽尺寸，再按此尺寸根据“明间设置六攒斗栱（取双数）；次间递减一攒设置五攒斗栱；梢间斗栱攒数同次间（或可再递减一攒）设置五攒；廊间通常设置一

攒（或可二攒）；斗栱每攒当11斗口”的规定反算出斗口尺寸，在尺寸反算中可根据使用需要对斗口、攒当、面宽尺寸做适当调整（权衡利弊关系）。

在定尺过程当中有以下几点可做调整。

a. 斗栱攒当尺寸不少于9.6斗口或大于11斗口。

b. 斗栱的横栱长度可做适当调整。

c. 斗口尺寸可按需要调整为公制整数。

d. 角科斗栱可采用连瓣做法来调整梢间或廊间的尺寸。

e. 面宽尺寸在允许的情况下可做调整。

在定尺过程中有以下几点不可做调整。

a. 明间面宽尺寸一定要大于两侧各间的面宽尺寸（突出明间）。

b. 明间斗栱攒数一定要取双数（攒当为单数）。

（4）无斗栱大式及小式建筑面宽的确定方法

① 明间面宽按清《工程做法》规定：九檩大木前后廊做法明间面宽为13尺；七檩大木前后廊做法明间面宽为12尺；六檩大木前出廊做法明间面宽为11尺；五檩大木无廊做法明间面宽为10尺（或无斗栱大式明间面宽为9～17尺不等；小式建筑明间面宽不大于10.5尺）。

② 明间面宽和柱高的比例是10∶8。

③ 次间面宽是明间面宽的0.8倍（或酌定）。

④ 梢间与次间面宽之比为1∶1或为10∶8（或酌定）。

⑤ 廊间面宽通常为4～5倍柱径。

（5）进深间数的确定方法。进深间数为单、双数均可（根据房屋的结构形式确定进深的间数）。

（6）进深尺寸的确定方法。进深尺寸受以下三个因素制约，即比例权衡的要求、实际需要和材料大小。

（7）大式带斗栱建筑进深尺寸的确定方法

① 根据已定的房屋面宽尺寸确定进深尺寸。根据明间面宽尺寸与进深（不含前后廊）尺寸之比为1∶（1.6～1.8）（或为5∶8），得出房屋的进深；又可根据通面宽尺寸与通进深（含廊）尺寸之比为2∶1（或为8∶5）（根据通面宽间数酌定），得出房屋的通进深尺寸。

② 根据已定好的斗口尺寸在进深各间反推斗栱攒数，有明间的还是取双攒单当，其余各间单双均可。

（8）大式不带斗栱建筑及小式建筑进深尺寸的确定方法

① 根据明间面宽尺寸与进深尺寸之比——不含前后廊的为1∶（1.2～1.4），含前后廊的为1∶（1.6~1.8），得出房屋的进深。

② 可根据通面宽尺寸与通进深尺寸近似比（8～9）∶5（根据通面宽间数及进深是否带廊间酌定），得出房屋的通进深尺寸。

（9）小式建筑进深与结构梁架的关系。一般小式建筑的梁架（进深）均不超过五檩四步架，若需要增加进深，则通过增加前后廊的办法来解决，如五檩变六檩、七檩、八檩等（图1-49～图1-51）。

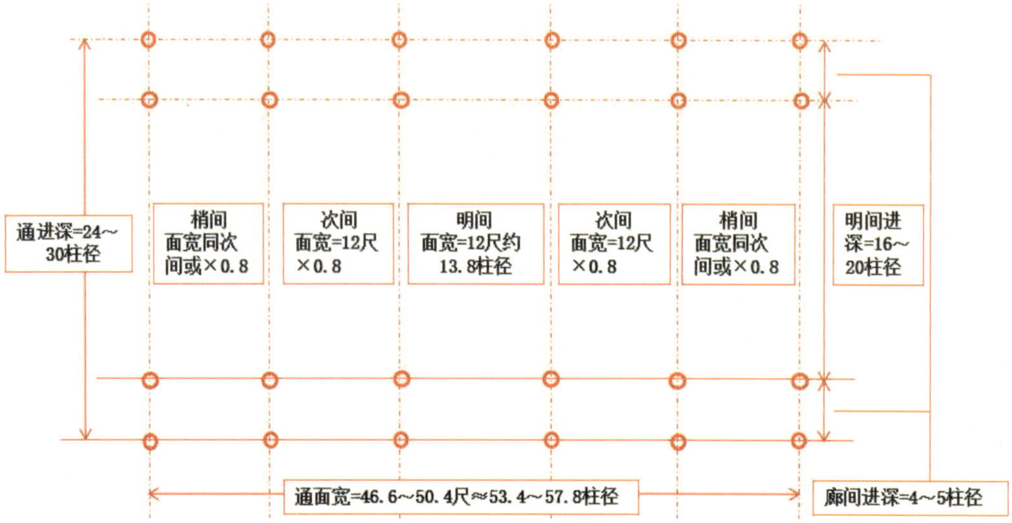

图 1-49　七檩硬山前后廊建筑平面权衡定尺

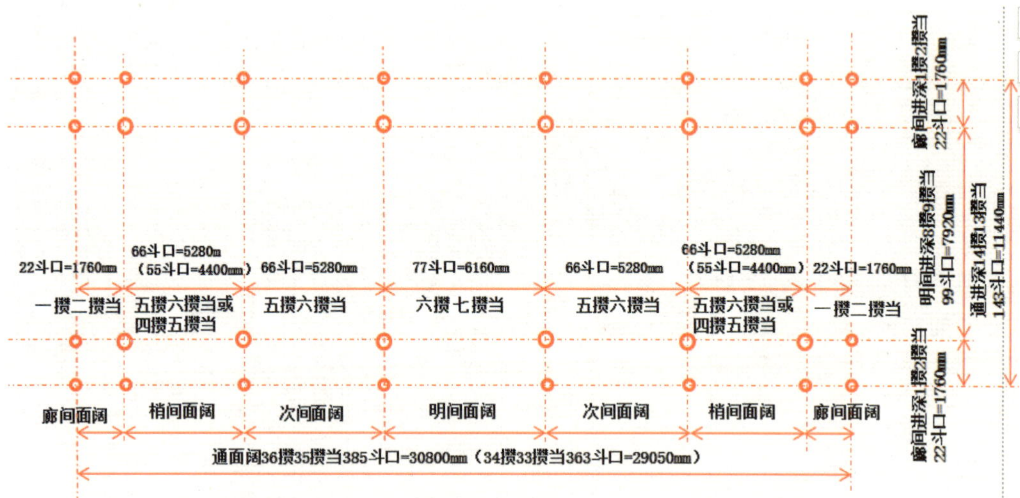

图 1-50　大式七檩单檐歇山周围廊带斗栱建筑平面权衡定尺

（a）

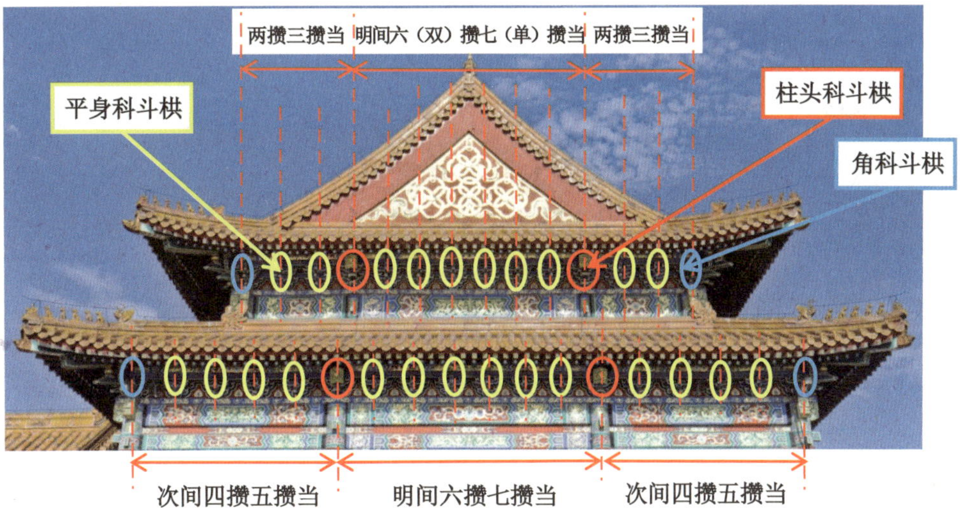

（b）

（c）

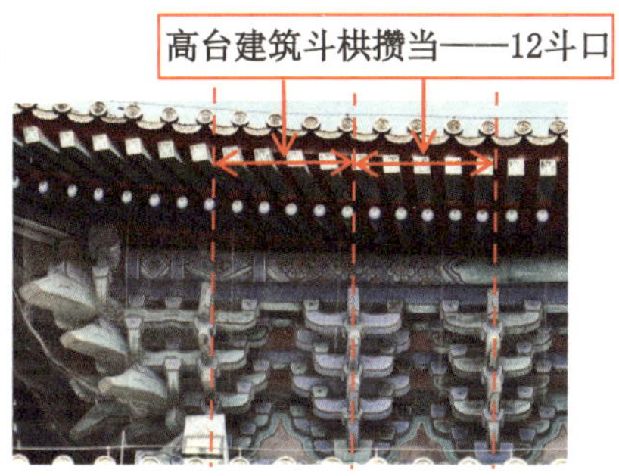

（d）

（e）

（f）

（g）

（h）

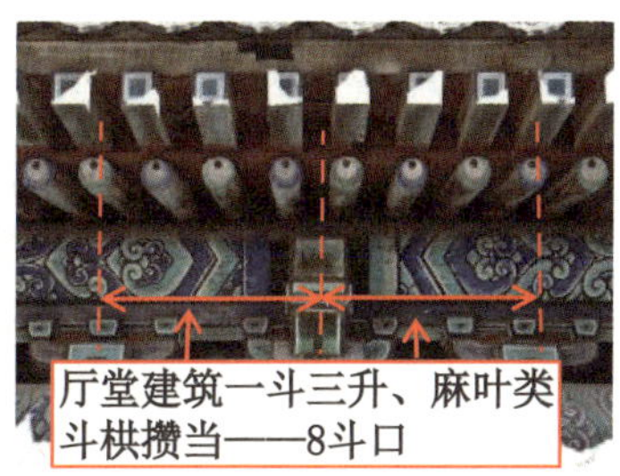

（i）

图 1–51　大式带斗栱建筑面宽、进深

（三）分部高与通高

传统建筑整体木构架的通高由柱高、斗栱高、檐高和梁架高等几部分构成（图 1–52）。

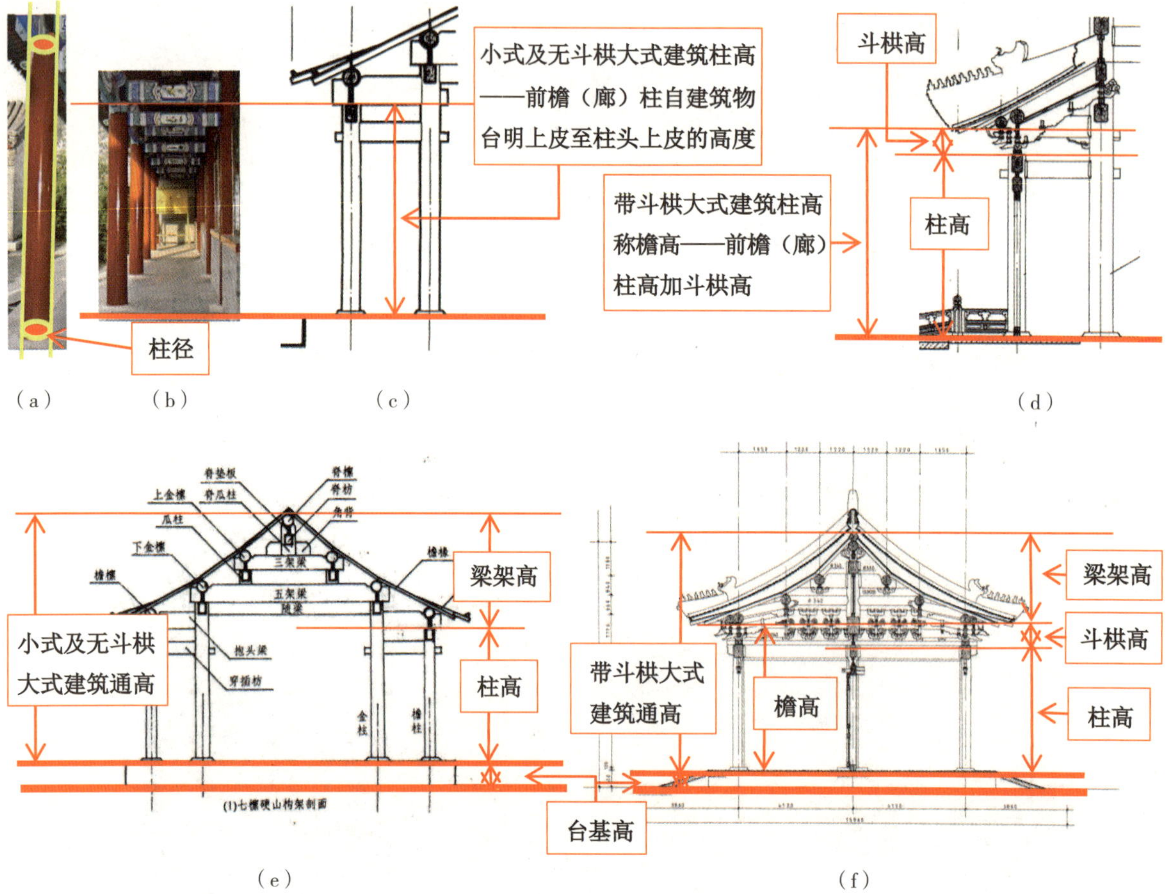

图 1-52　通高、柱高、檐高、斗栱高、梁架高

1. 名词解释

（1）小式及无斗栱大式建筑柱高：前檐（廊）柱自建筑物台明上皮至柱头上皮（含鼓径高）的高度。

（2）带斗栱大式建筑柱高称檐高：前檐（廊）柱高（含鼓径高）加斗栱高。

（3）斗栱高：柱头上皮至斗栱挑檐桁（檩）下皮的高度。

（4）小式及无斗栱大式建筑梁架高：前檐（廊）柱柱头上皮至脊桁（檩）、扶脊木上皮的高度。

（5）大式及带斗栱大式建筑梁架高：斗栱挑檐桁（檩）下皮至扶脊木上皮的高度。

（6）小式及无斗栱大式建筑通高：柱高加梁架高。

（7）大式及带斗栱大式建筑通高：檐高加梁架高。

2. 通高的权衡定尺

传统建筑整体木构架的通高由柱高、斗栱高、檐高和梁架高等几段构成。其中小式及无斗栱大式建筑的柱高和带斗栱大式建筑的檐高都与房屋明间的面宽有着一定的权衡比例关系（图 1-53）。从立面上看，中国传统木构建筑由三部分构成，一是基座（台基），二是柱身，三是屋顶。这三部分的分界轮廓分别是：地平与基座（台基）外沿线；基座（台基）外沿线与屋面檐口线；屋面檐口线与屋顶屋脊线。这三部分每一部分的高度都是有比例的，在传统的权衡尺度中规定：基座（台基）高与柱高的比例是 1：（5～7）；柱高与屋顶高的比例约为 1：0.9。其中虽然柱高的定位与屋面檐口线定位的高度不同，但在小式和不带斗栱的大式建筑中这两者高度差距不大且较为规律，所以这段高度就以柱高的高度来定。而在带斗栱的大式建筑中，这段高度除去柱子本身高度外还要加上斗栱的高度，这才与檐口线基本吻合，这就是檐高，等同于小式和不带斗栱的大式建筑的柱高。

（1）小式及无斗栱大式建筑的柱高——以建筑物明间面宽尺寸按比例确定

① 小式七或六檩建筑明间面宽与柱高之比通常为 10∶8，即柱高八尺，面宽一丈。

② 小式五或四檩建筑为 10∶7。

③ 无斗栱大式建筑明间面宽尺寸与柱高之比通常为 10∶8.6（6/7）。

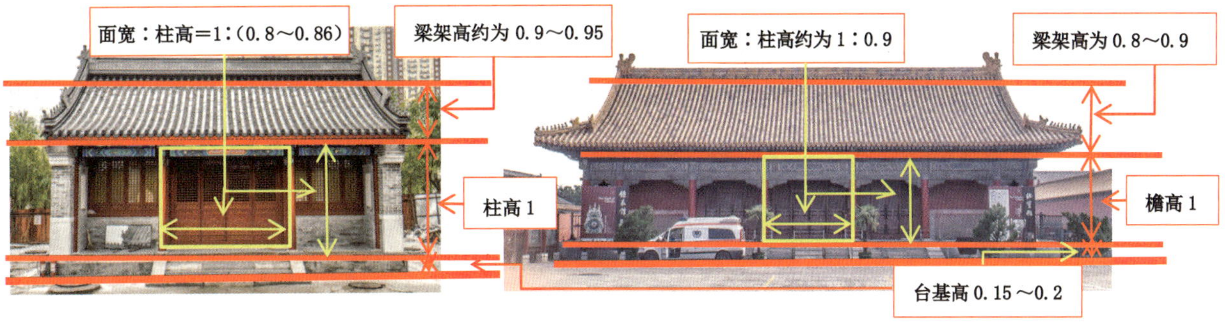

（a）　　（b）

图 1-53　柱高、檐高、梁架高及与面宽的权衡比例

（2）斗栱高——根据不同等级斗栱的踩数确定

① 三踩斗栱高 9.2 斗口。

② 五踩斗栱高 11.2 斗口。

③ 七踩斗栱高 13.2 斗口。

④ 九踩斗栱高 15.2 斗口。

图 1-54 所示为三、五、七、九踩斗栱高。

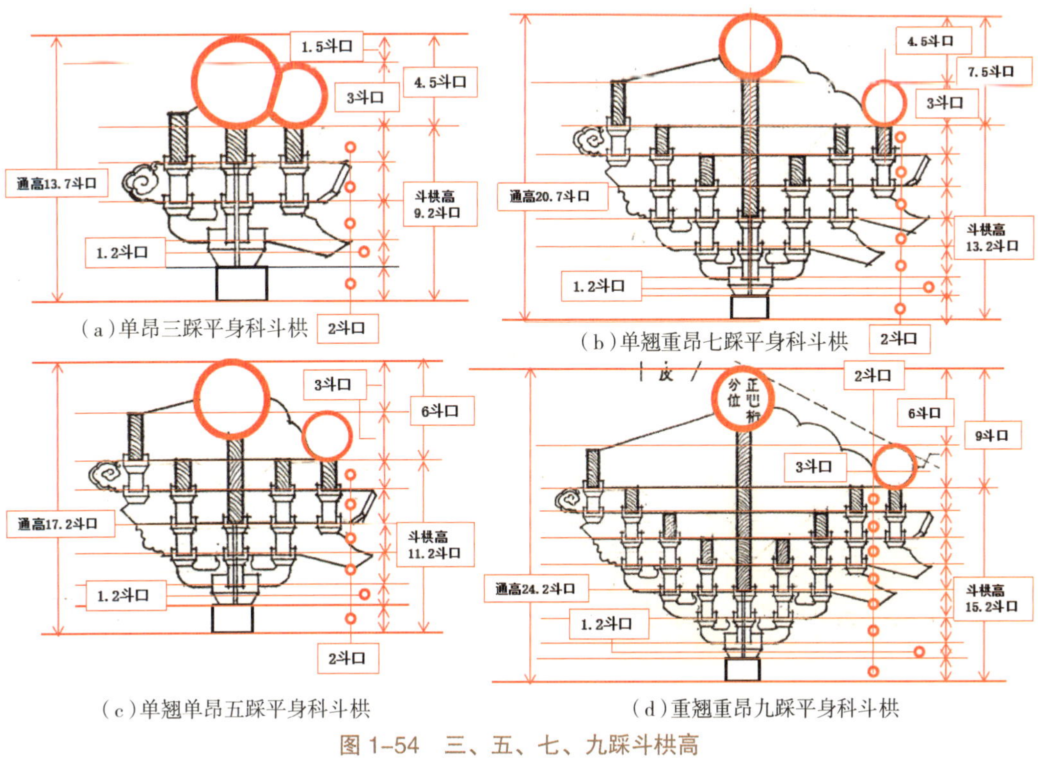

图 1-54　三、五、七、九踩斗栱高

（3）带斗栱大式建筑檐高——以权衡定尺确定

① 檐高以 70 斗口定高（如减掉斗栱和平板枋高，以三踩斗栱计则檐柱净高为 60.8 斗口；五踩斗栱计则檐柱净高为 58.8 斗口；七踩斗栱计则檐柱净高为 56.8 斗口）。

② 檐高与明间面宽的比例约为 0.9∶1。

檐高详见图 1–55。

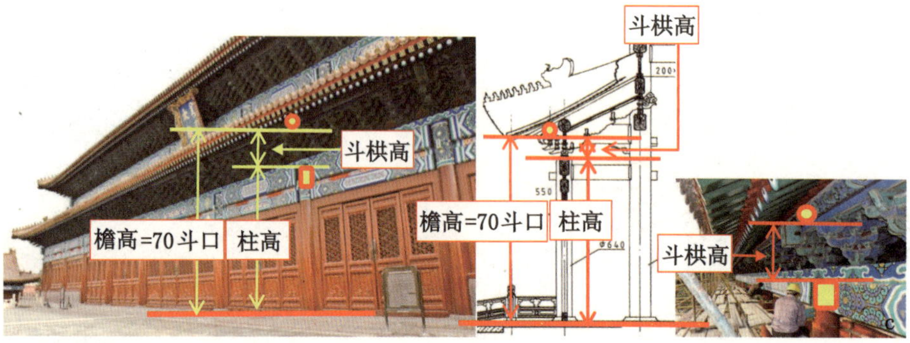

（a）　　（b）　　（c）

图 1–55　檐高

注：斗栱高根据自身踩数确定：三踩斗栱高 9.2 斗口；五踩斗栱高 11.2 斗口；七踩斗栱高 13.2 斗口；九踩斗栱高 15.2 斗口。

（4）梁架高——以权衡定尺确定。梁架高根据各步架尺度按照各步举架的权衡系数计算而定。

① 名词解释

a. 步架。相邻两檩之间的水平距离称步架。步架中，檐檩中与（老檐、下）金檩中之间的水平距离称檐步架；（下、中）金檩中与（中、上）金檩中之间称（下、上）金步架；（上）金檩与脊檩之间称脊步架；双脊檩卷棚建筑两脊檩之间称顶步架。

b. 举高。相邻两檩下皮之间的垂直距离称举高，各步举高同对应步架称檐、金、脊举高。

注：举高在各檩径相同情况下以各檩下皮为准，在各檩径不同情况下以各檩上皮为准。

c. 举架。举高与步架之间的比值称举架。若步架为 1、举高为 0.5 时举架即称为五举；步架为 1、举高为 0.7 时举架即称为七举……以此类推。

② 步架、举高与举架的权衡排序、定尺

a. 五檩房。步架：檐、脊步架尺寸相同（可做适当调整），通常为 4~5 柱径。

举架：檐步举架五举，脊步举架七举。

b. 大、小式七檩房。步架：檐、金、脊步架尺寸相同（可根据使用要求对进深分间、分步做适当调整），通常为 4~5 柱径。

举架：檐步举架五举，金步举架七举（或六五举），脊步举架九举（八五举）。

c. 大式九檩房。步架：各部步架同七檩房。

举架：檐、下金、上金、脊步举架顺序为五、六五、八、九或五、六、七、九，再或五、六五、七五、九举，以屋面曲线合理和顺为准。

d. 大、小式卷棚房。步架：顶步架尺寸通常不小于 2 柱径。

举架：参考五、七檩房，脊步举架可略低。

e. 带斗栱建筑。步架：步架为 22 斗口（可根据使用要求对进深分间、分步做适当调整）。

举架：各步举架与不带斗栱建筑举架排序相同。

图 1–56 为步架、举高与举架。

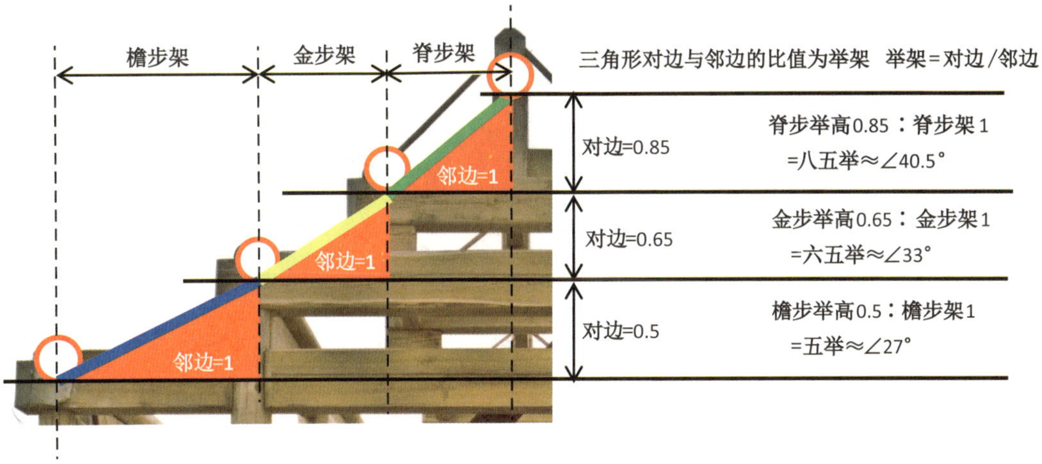

（a）小式及大式不带斗栱建筑

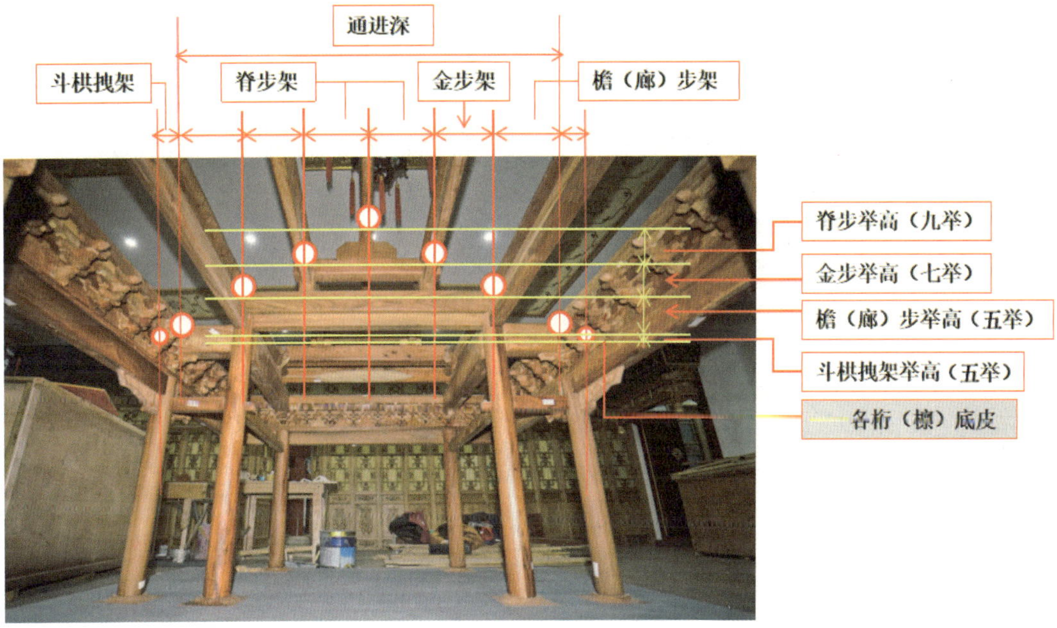

（b）七檩前后廊带斗栱建筑

图 1–56　步架、举高与举架

（四）收分与侧脚

1. 名词解释

（1）收分（掛、溜）——柱子根部与头部的直径不一，下大上小。

（2）侧脚（掰升）——柱脚外移，使木构架更为稳固。

收分与侧脚见图 1–57。

2. 收分、侧脚的权衡定尺

（1）通常小式建筑柱子收分为柱高的 1/100；大式建筑柱子收分为柱高的 7/1000。

（2）大小式建筑的侧脚尺寸与收分尺寸相同（通常说的图纸平面尺寸是指柱头部位木构架的平面尺寸，而柱脚的平面尺寸则大于这个尺寸，这个尺寸就是加了侧脚尺寸。施工中，由石工在图纸尺寸基础上按木作规矩向外掰升码柱顶，掰升后的平面尺寸与图纸不一致）。

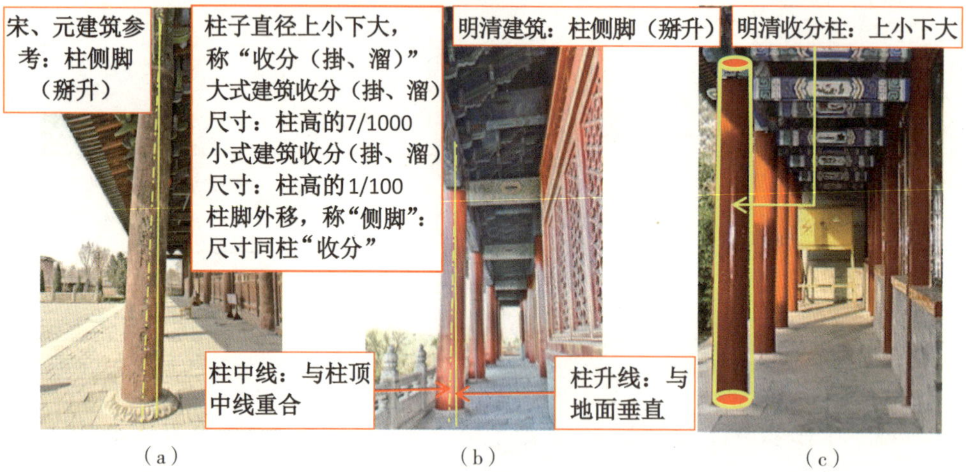

图 1-57　收分与侧脚

（五）上檐出与下出

1. 名词解释

（1）小式及不带斗栱大式建筑

① 上檐出（又称檐平出、上出）：檐（廊）柱中至飞椽椽头外棱的水平距离，含老檐出、小檐出。

② 老檐出：有檐、飞椽建筑中檐檩（桁）中至檐椽椽头挑出的水平长度。

③ 小檐出：有檐、飞椽建筑中檐椽椽头至飞椽椽头挑出的水平长度。

④ 下出：檐（廊）柱中至台基外皮的水平距离。

（2）带斗栱建筑

① 上檐出：檐（廊）柱中至飞椽椽头外棱的水平距离，含斗栱拽架平出、老檐出、小檐出。

② 斗栱拽架平出：正心檩（桁）中至挑檐檩（桁）中的水平距离。

③ 老檐出：挑檐檩（桁）中至檐椽椽头外棱的水平距离。

④ 小檐出：檐椽椽头至飞椽椽头外棱的水平距离。

⑤ 下出：檐（廊）柱中至台基外皮的水平距离。

2. 上檐出的权衡尺度

（1）小式及不带斗栱大式建筑

① 上檐出：檐（廊）柱高的 1/3。

② 老檐出：通常为 2/3 上檐出。

③ 小檐出：有檐、飞椽的上檐出中檐椽椽头至飞椽椽头挑出的水平长度。

（2）带斗栱建筑

① 上檐出：通常为 21 斗口［上层檐另加（吐水）2 斗口或 1 椽径］另加斗栱出踩拽架的斗口数。

② 斗栱拽架平出：斗栱前后相邻两栱之间中至中的水平距离为 1 拽架，正心檩至挑檐檩之间的水平距离按不同规格斗栱拽架数相加，三踩斗栱 1 拽架；五踩斗栱 2 拽架；七踩斗栱 3 拽架；九踩斗栱 4 拽架；每 1 拽架通常定为 3 斗口。

③ 老檐出：挑檐檩（桁）中至檐椽椽头外棱的水平距离，通常为 2/3 上出 14 斗口（重檐建筑相应增加）。

④ 小檐出：檐椽椽头至飞椽椽头外棱的水平距离，通常为 1/3 上出 7 斗口（重檐建筑相应增加）。

上檐出的另一个规定是："檐不过步"，即小式及不带斗栱大式建筑上檐出尺寸不得大于檐（廊）步架尺寸；带斗栱大式建筑上檐出尺寸除斗栱拽架平出尺寸外，不得大于 21 斗口。

3. 下出的权衡尺度

（1）小式及不带斗栱大式建筑

① 下出：4/5 上檐出或 2.4 倍檐柱径。

② 山出：墙厚尺寸 + 金边尺寸，通常为 2 寸。

（2）带斗栱建筑。下出：3/4 上檐出。

图 1-58 为小式及大式不带斗栱、带斗栱建筑上檐出、老檐出、小檐出、拽架平出、下出、山出示意。

在使用古人以上权衡定尺的规定进行木构房屋的设计、建造时，不应机械地全盘照搬，应遵循以下原则：根据使用的要求，参考周围的环境，借鉴古人建房的尺度权衡，决定房屋的朝向位置、屋顶造型、台基基座、开间尺度、层数层高、斗栱脊瓦、油漆彩画、门窗装修等。

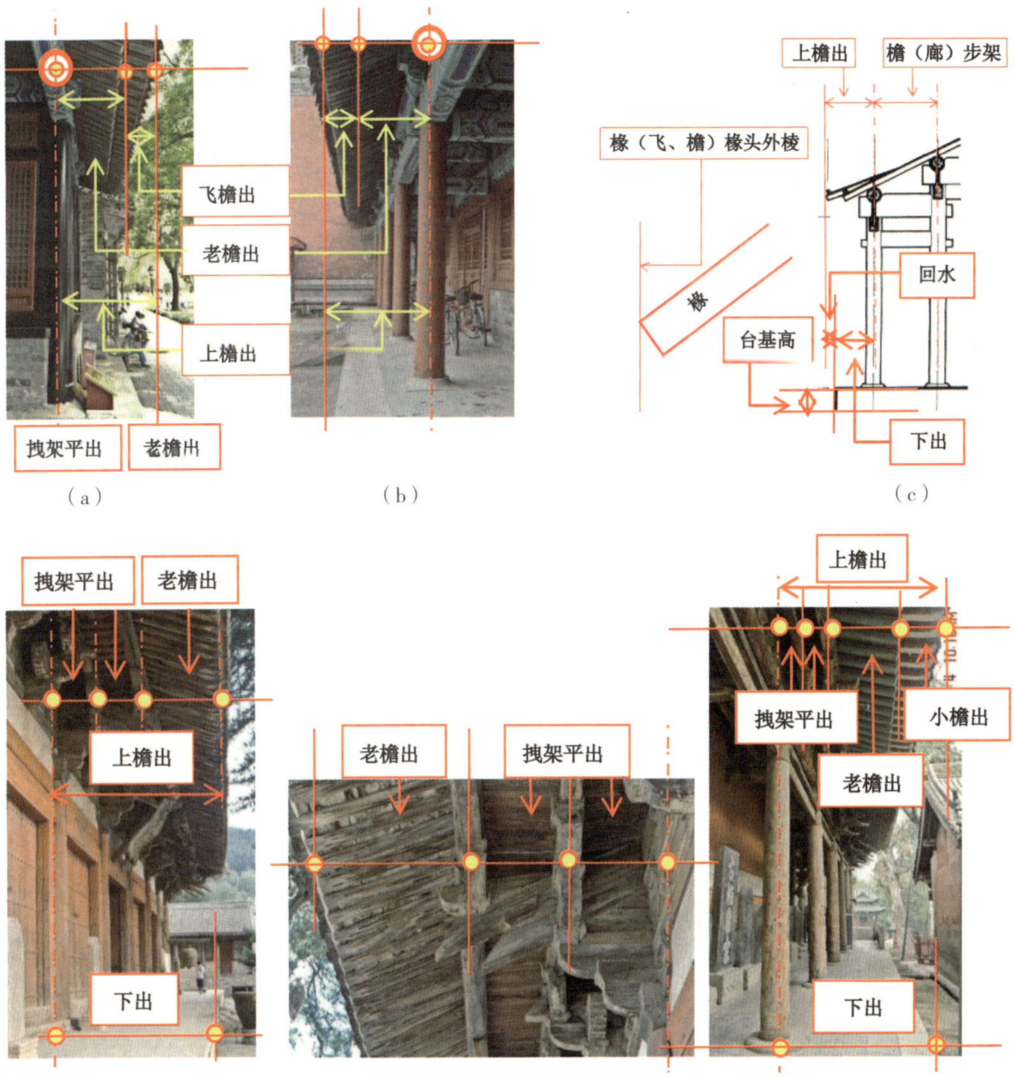

图 1-58

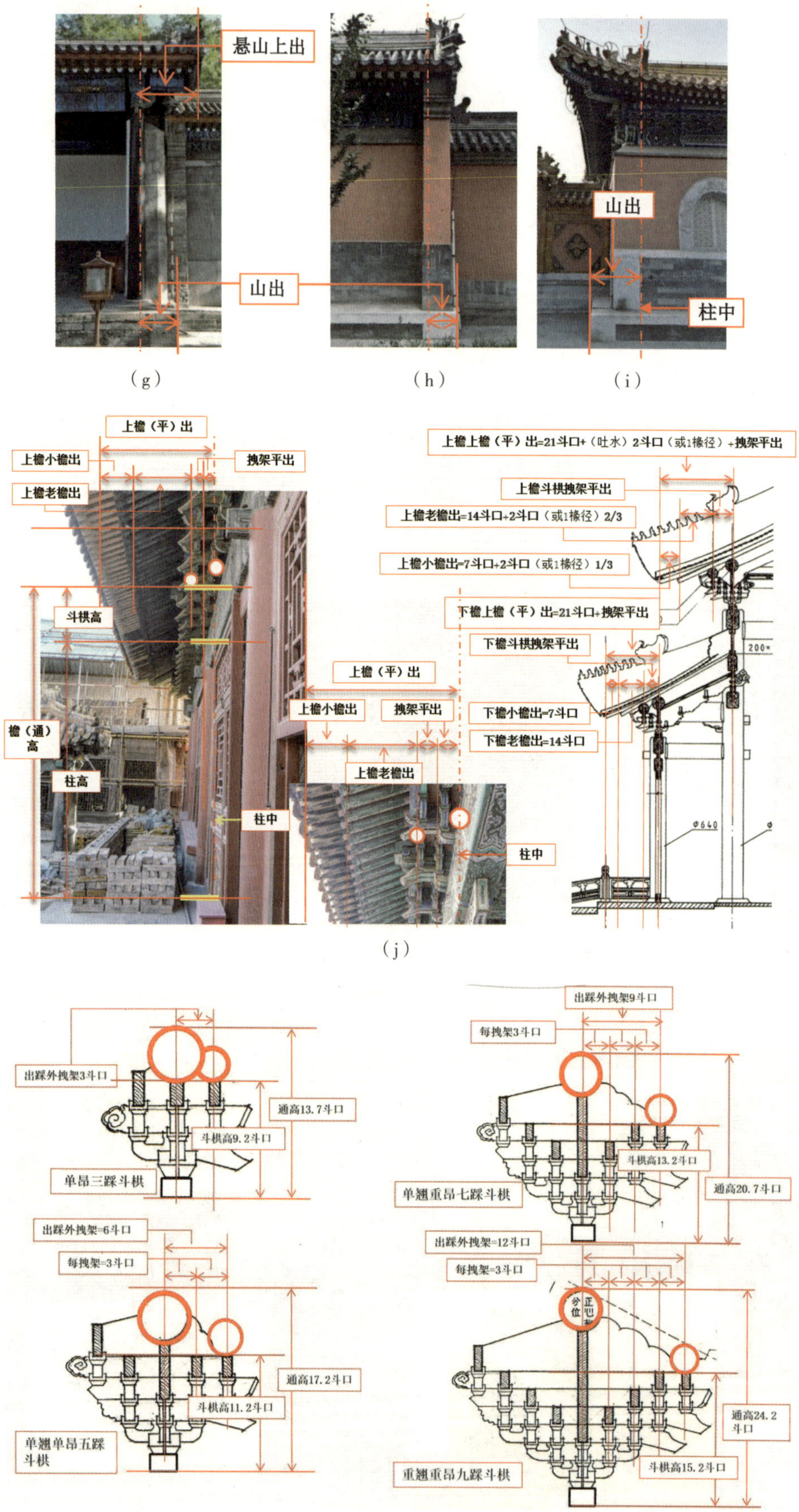

图 1-58　小式及大式不带斗栱、带斗栱建筑上檐出、老檐出、小檐出、拽架平出、下出、山出示意

第二章

清官式建筑木构架

第一节 木构架的认识及应用

一、木构架的认识

（一）构造方式

在清官式建筑中，木构架是结构主体，就像人的骨架支撑起人的整个身体一样支撑起整个房屋的重量，也是“墙倒屋不塌”这句俗语的由来。

然而这个木构架并不是一个坚固刚强、纹丝不动的框架整体，它是由成百上千个木构件用独特的榫卯连接方式构成若干个水平框架构造层，这些框架构造层之间又利用榫卯完成各框架的水平、叠压连接进而构成房屋的整体骨架。这种连接方式是柔性连接，就像人体脚骨、腿骨、脊椎之间既连接紧密又有伸缩移动的空间。这种连接方式的整体构架加上木构件自身压重、屋面荷载、墙身及装修门窗的围护支撑就在最大限度上为木构建筑提供了强大的抵御消弭外力的能力。

（二）构造的组合原理及组合方式

中国传统木构建筑的构造组成，是在根据等级和实际需要确定房屋的建筑形式后，由成百上千根木构件按照这种建筑造型配置组合而搭建起来的一个整体构架，如硬山、悬山、歇山、庑殿。各类不同形式建筑的构架各有不同，但其构造的组合原理是一样的。

1. 组合原理

房屋是用来给人们提供生活、工作空间的，所以首先它要安全可靠，能遮风挡雨，其次要保暖、美观，再就是要舒适等。即优先要安全，要满足使用功能，其次考虑其他。

从安全可靠这个要求入手，下面我们探讨一下传统木构建筑构造的组合原理。这个要求决定了木构架的构件配置：屋面为了防雨、保温和美观，需要铺设瓦片（琉璃瓦、青瓦）；瓦片需要构件承托，于是就有了望板；望板需要构件承托，于是就有了椽子；椽子需要承托，于是就有了檩；檩需要承托，于是就有了梁、枋；梁、枋需要承托，于是就有了柱（图 2–1）。

2. 组合方式

在中国传统木构建筑（抬梁式）中，柱、梁、枋、檩、板、椽六大类构件组合搭建出房屋的整个构架，也可以说是整体框架（从大木作来讲这个构架细分起来实际上分为三个部分，即下架、上架和木基层，这三部分组合成一个整体的木构架）。框架中的下架柱子靠柱根管脚榫与柱顶石海眼（卯口）之间的嵌合固定来控制下架水平方向不做移动（在一些大型的建筑中，柱根没有榫头，主要靠自重和墙体、木装修之间的支撑来保持稳定），而竖方向下架木柱的柱脚与台基没有任何的拉结，只是叠压（或称干摆浮搁），靠木构件自重和房屋的重量把整个木框架稳固在柱顶石——台基上；由下架、上架、木基层三部分组合成的整体木框架其实也由各层分体的构件层组合而成，比如下架柱、枋为一层，梁、垫板又是一层，檐檩再是一层……这些构件层与层之间与前面说的整体框架与柱顶石——台基之间仅是在水平方向有固定，竖向只是叠压，无拉结——俗称“不生根”，这就是传统木

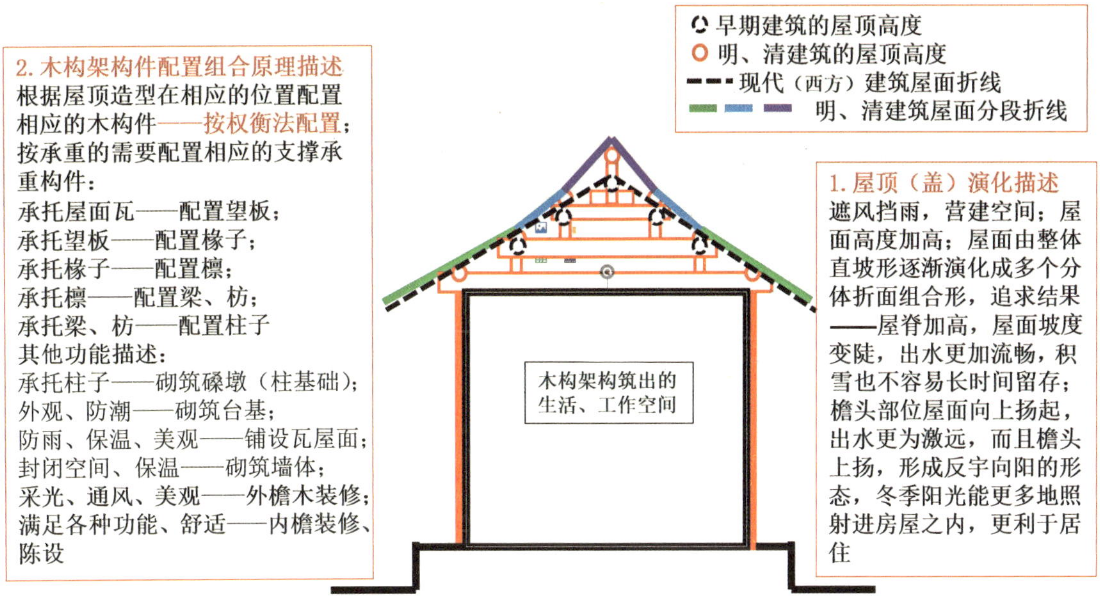

图 2-1　传统木构建筑构造的组合原理

构建筑（抬梁式）构架独特的组合方式。

中国传统木构建筑已有 7000 多年的建造历史，在这期间，房屋的色彩、外观比例、结构尺寸的大小都有了很大的变化，但唯独它的构造原理没有变，下面以现在的主流建筑——砖石、混凝土、钢结构与传统木结构进行对比（图 2-2）。

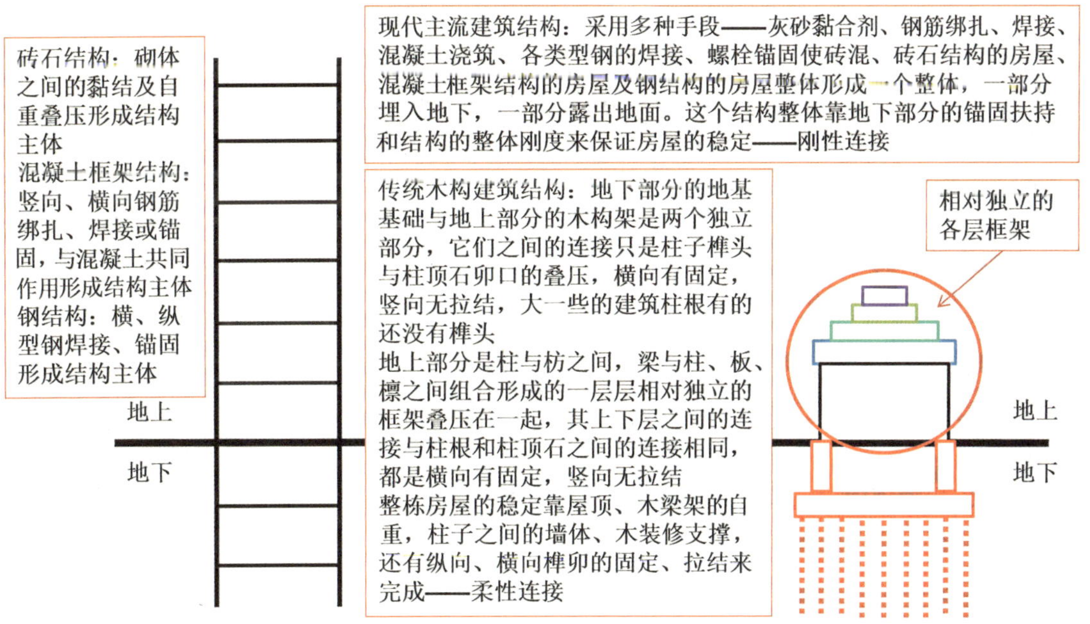

（a）砖石、混凝土、钢结构　　（b）传统木构建筑结构

图 2-2　木构架构造的组合方式

二、木构架的类型

清代官式建筑常见木构架类型如图 2-3 所示。

说明：在以上这些常见的木构架类型中，凡前后檐檐口不等高的为硬山、悬山建筑；凡前后檐檐口等高的为歇山、庑殿、攒尖建筑。

各式木构架类型参考如图 2-4 所示。

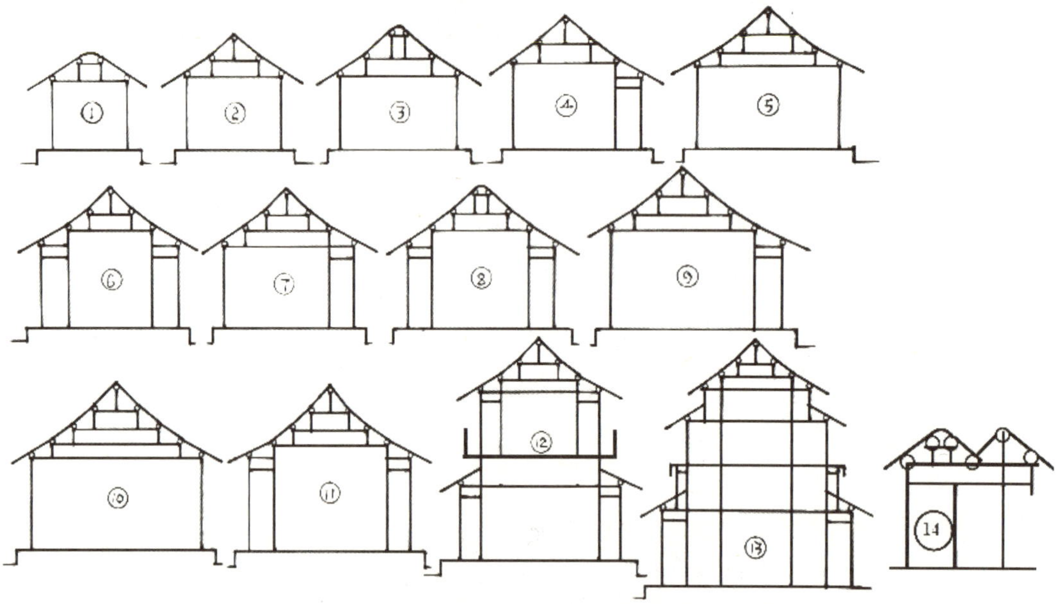

图 2-3　清代官式建筑常见木构架类型

1—四檩卷棚；2—五檩无廊；3—六檩卷棚；4—六檩前出廊；5—七檩无廊；6—七檩前后廊；7—七檩前廊（檐平脊正）；8—八檩前后廊卷棚；9—八檩前廊；10—九檩无廊；11—九檩前后廊；12—九檩前后廊楼房（上七檩、下两檩）；13—上檐七檩三滴水前后廊歇山楼房；14—六檩一殿一卷勾连搭悬山房

（a）四檩卷棚双脊檩构架

（b）四檩带斗栱卷棚双脊檩构架

（c）五檩无廊构架

（d）五檩前廊后无廊“檐平脊正”构架

（e）六檩卷棚双脊檩构架

（f）六檩前廊后无廊构架——撅尾巴房

（g）六檩带斗栱卷棚双脊檩构架

（h）七檩前后廊构架

（i）七檩带斗栱中柱门庑式构架

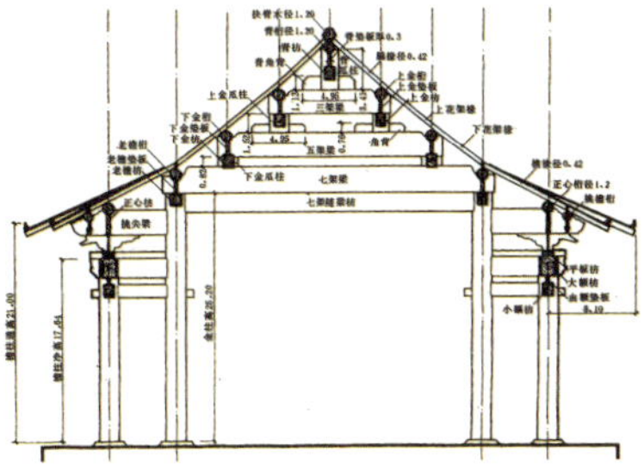

（j）九檩前后廊构架

（k）九檩前后廊门庑式减柱造构架

（l）三跨组合式构架

图 2-4　各式木构架类型参考

三、木构架的构成

（1）不带斗栱的大式房及小式房木构架由三部分构成：① 下架；② 上架；③ 木基层。

（2）带斗栱大式房的木构架由四部分构成：① 下架；② 斗栱；③ 上架；④ 木基层。图 2-5 为木构架中的下架、斗栱、上架、木基层示意。

（a）

（b）

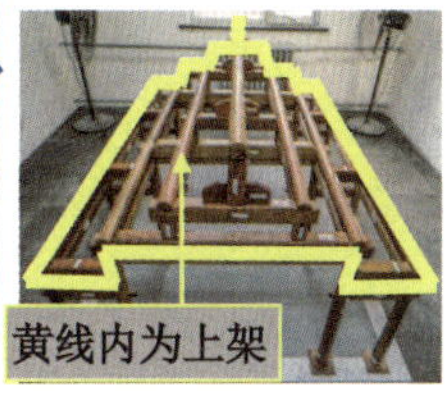

（c）

（d）

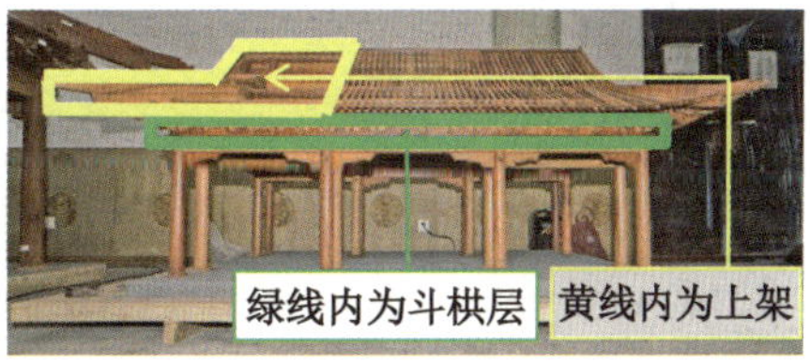

（e）

（f）

（g）

（h）

图 2-5　木构架中的下架、斗栱、上架、木基层示意

注：▬以下部分为下架；▬部分为斗栱层；▬以上部分为上架；▬以上部分为木基层。

四、木构架的应用

（一）硬山建筑木构架的应用

（1）五檩无廊：多用于无廊厢房、耳房、倒座房、后罩房，等级较低。

（2）六檩前出廊：多用于有廊厢房、配房。

（3）七檩前后廊：多用于有廊正房、过厅，等级较高。

（4）七檩无廊：多用于无廊正房。

（5）七檩前出廊（檐平脊正）：多用于有廊正房、过厅。

（二）悬山建筑木构架的应用

（1）五檩：多用于大或小式建筑。

（2）五檩带中柱：多用于大或小式门庑式建筑。

（3）七檩：多用于大式建筑。

（4）七檩带中柱：多用于大式门庑式建筑。

（5）八檩卷棚：多用于大式建筑及园林等杂式建筑。

（6）六檩卷棚：多用于大式建筑及园林等杂式建筑。

（7）四檩卷棚：多用于园林等杂式建筑。

（8）一殿一卷：多用于园林及四合院等杂或小式建筑。

（三）歇山建筑木构架的应用

（1）无廊：多用于庙宇、园林。

（2）前廊后无廊：多用于庙宇、王府、园林、祭祀性建筑。

（3）前后廊：多用于宫殿、庙宇、王府、园林、祭祀性建筑。

（4）周围廊：多用于宫殿、庙宇、王府、园林、祭祀性建筑。

（四）庑殿建筑木构架的应用

（1）无廊三排柱：多用于门庑。

（2）前后廊：多用于宫殿、庙宇、祭祀性建筑。

（3）周围廊：多用于宫殿、庙宇、祭祀性建筑。

（五）攒尖建筑木构架的应用

（1）单檐无廊单排柱：多用于园林、庭院、宫殿、庙宇、祭祀性建筑。

（2）重檐无廊单排柱：多用于庙宇、祭祀性建筑、园林。

（3）单、重檐双、三排柱：多用于宫殿、庙宇、祭祀性建筑。

第二节　木构件的种类、名称及定尺

一、木构件的种类

木构件共分六类，分别为柱、梁、枋、檩、板、椽。

下架构件主要有柱、枋、随梁等。

上架构件主要有梁、板、枋、檩、瓜柱、角背等。

木基层主要有椽、望板、连檐等。

二、木构件的名称

木构架中，木构件的名称都是通用的，只是根据构架的类型不同而有所增减（图 2-6～图 2-12）。

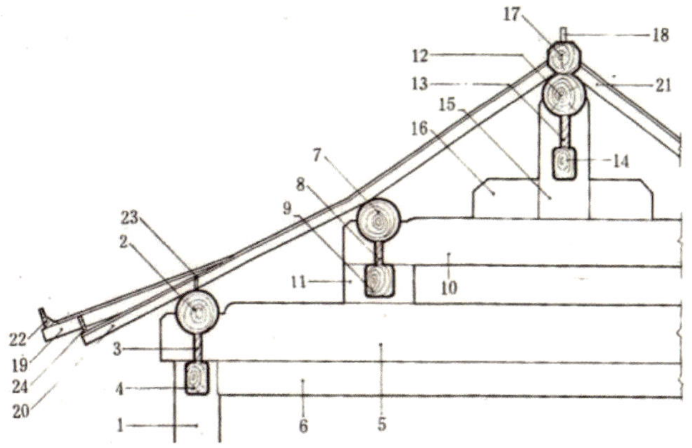

（a）

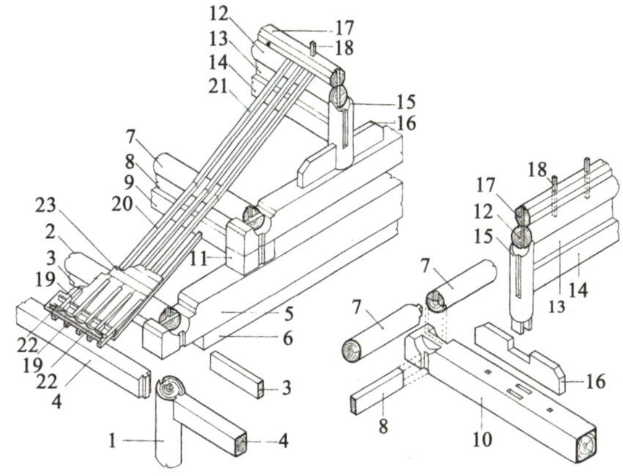

（b）

图 2-6 清五檩硬山建筑木构件名称

注：引自《中国古代建筑技术史》。

1—檐柱；2—檐檩；3—檐垫板；4—檐枋；5—五架梁；6—随梁枋；7—金檩；8—金垫板；9—金枋；10—三架梁；11—柁墩；12—脊檩；13—脊垫板；14—脊枋；15—脊瓜柱；16—角背；17—扶脊木（用六角形或八角形）脊桩；18—脊桩子；19—飞椽；20—檐椽；21—脑椽；22—瓦口、连檐；23—望板、椽椀；24—小连檐、闸档板

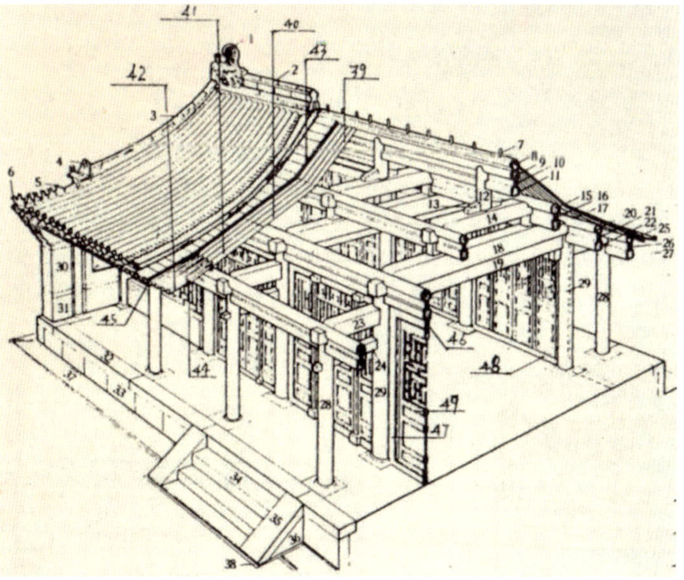

图 2-7 清七檩硬山前后廊大式建筑构件名称

注：引自《中国古代建筑技术史》。

1—吻兽；2—正脊；3—垂脊；4—垂兽；5—走兽五件；6—仙人；7—脊桩；8—扶脊木；9—脊檩；10—脊垫板；11—脊枋；12—脊瓜柱；13—角背；14—三架梁；15—上金檩；16—上金垫板；17—金枋；18—五架梁；19—随梁枋；20—老檐檩（下金檩）；21—老檐垫板；22—老檐枋；23—抱头梁；24—穿插枋；25—檐檩；26—檐垫板；27—檐枋；28—檐柱；29—老檐柱（金柱）；30—墀头上身；31—墀头腿子；32—阶条石；33—陡板石；34—踏跺；35—垂带石；36—象眼；37—散水；38—土衬金边；39—脑椽；40—花架椽；41—檐椽；42—飞椽；43—望板；44—小连檐；45—大连檐；46—上槛；47—抱框；48—下槛；49—隔扇

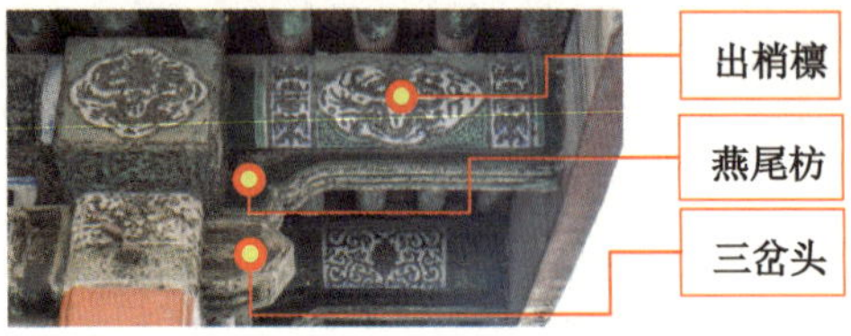

（a）

（b）

图 2-8 清悬山木构架特有构件名称

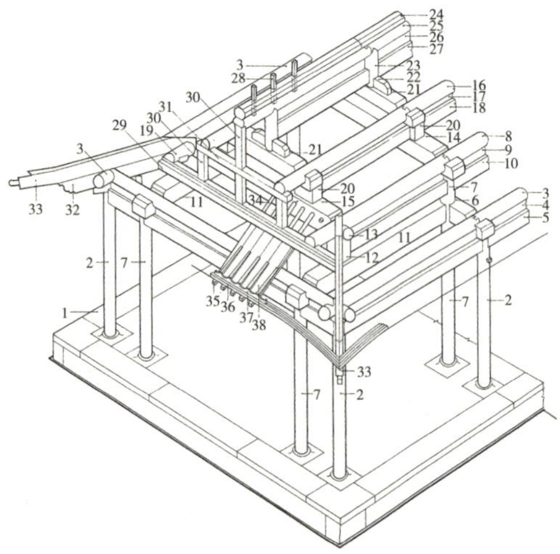

（a）

（b）

图 2-9 清七檩歇山前后廊带斗栱建筑（顺梁法）构件名称

注：图（a）引自《中国古代建筑技术史》。

1—台基（石）；2—檐柱；3—檐檩；4—檐垫板；5—檐枋；6—抱头梁；7—金柱；8—下金檩；9—下金垫板；10—下金枋；11—顺梁（顺趴梁）；12—交金墩；13—踩步金檩头；14—五架梁；15—踩步金；16—上金檩；17—上金垫板；18—上金枋；19—挑山檩；20—柁墩；21—三架梁；22—角背；23—脊瓜柱；24—扶脊木；25—脊檩；26—脊垫板；27—脊枋；28—脊桩；29—踏脚木；30—草架柱子；31—穿梁；32—老角梁；33—仔角梁；34—檐椽；35—飞檐椽；36—（大）连檐；37—瓦口；38—望板；39—小连檐；40—博缝板；41—山花板；42—平板枋；43—斗栱；44—挑檐檩；45—正心檩；46—穿插枋；47—桃尖梁

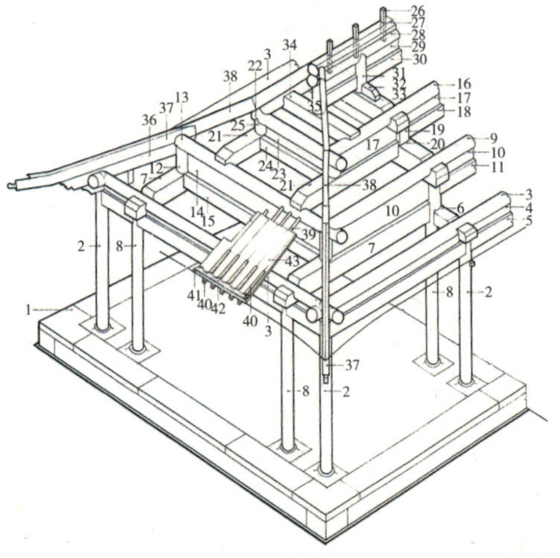

（a）

（b）

（c）

（d）

图 2-10　庑殿建筑木构架（顺梁法）构件名称

注：图（a）引自《中国古代建筑技术史》。

1—台基（石）；2—檐柱；3—檐檩；4—檐垫板；5—檐枋；6—抱头梁；7—下顺趴梁（下金顺梁）；8—金柱；9—下金檩；10—下金垫板；11—下金枋；12—下（金）交金瓜柱；13—两山下金檩；14—两山下金垫板；15—两山下金枋；16—上金檩；17—上金垫板；18—上金枋；19—柁墩；20—五架梁；21—上（金）顺趴梁；22—两山上金檩；23—两山上金垫板；24—两山上金枋；25—上（金）交金瓜柱；26—脊桩；27—扶脊木；28—脊檩；29—脊垫板；30—脊枋；31—脊瓜柱；32—角背；33—三架梁；34—太平梁；35—雷公柱；36—老角梁；37—仔角梁；38—由戗；39—檐椽；40—飞檐椽；41—连檐；42—瓦口；43—望板；44—挑檐檩；45—正心檩；46—桃尖梁；47—桃尖顺梁；48—斗栱；49—平板枋；50—穿插枋

（a）

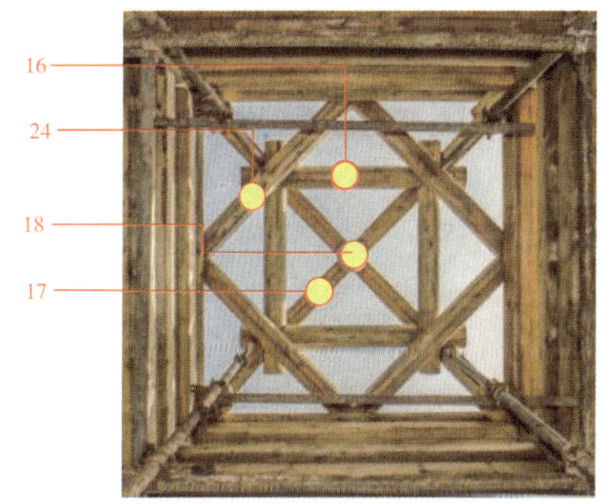

（b）

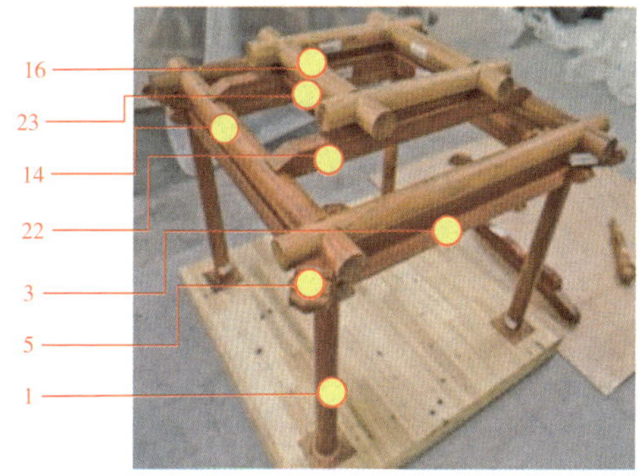

（c）

图 2-11　攒尖建筑木构架构件名称

1—檐柱；2—重檐金柱；3—下檐檐枋（或称箍头枋、额枋）；4—下檐檐垫板（带斗栱建筑此位置为斗栱）；5—下檐角云；6—下檐搭交檐檩（带斗栱建筑此位置为正心檩、挑檐檩）；7—下檐插金老、仔角梁（无金柱建筑为扣金或压金老、仔角梁）；8—承椽枋；9—围脊板；10—围脊枋；11—上檐檐枋（或称箍头枋、额枋）；12—上檐檐垫板（带斗栱建筑此位置为斗栱）；13—上檐角云；14—上檐搭交檐檩（带斗栱建筑此位置为正心檩、挑檐檩）；15—上檐压金（或扣金）老、仔角梁；16—上檐搭交金檩；17—由戗；18—雷公柱；19—坐凳楣子；20—吊挂楣子；21—围脊楣子；22—长趴梁；23—短趴梁；24—抹角梁清代大木构件名称见图 2-12。

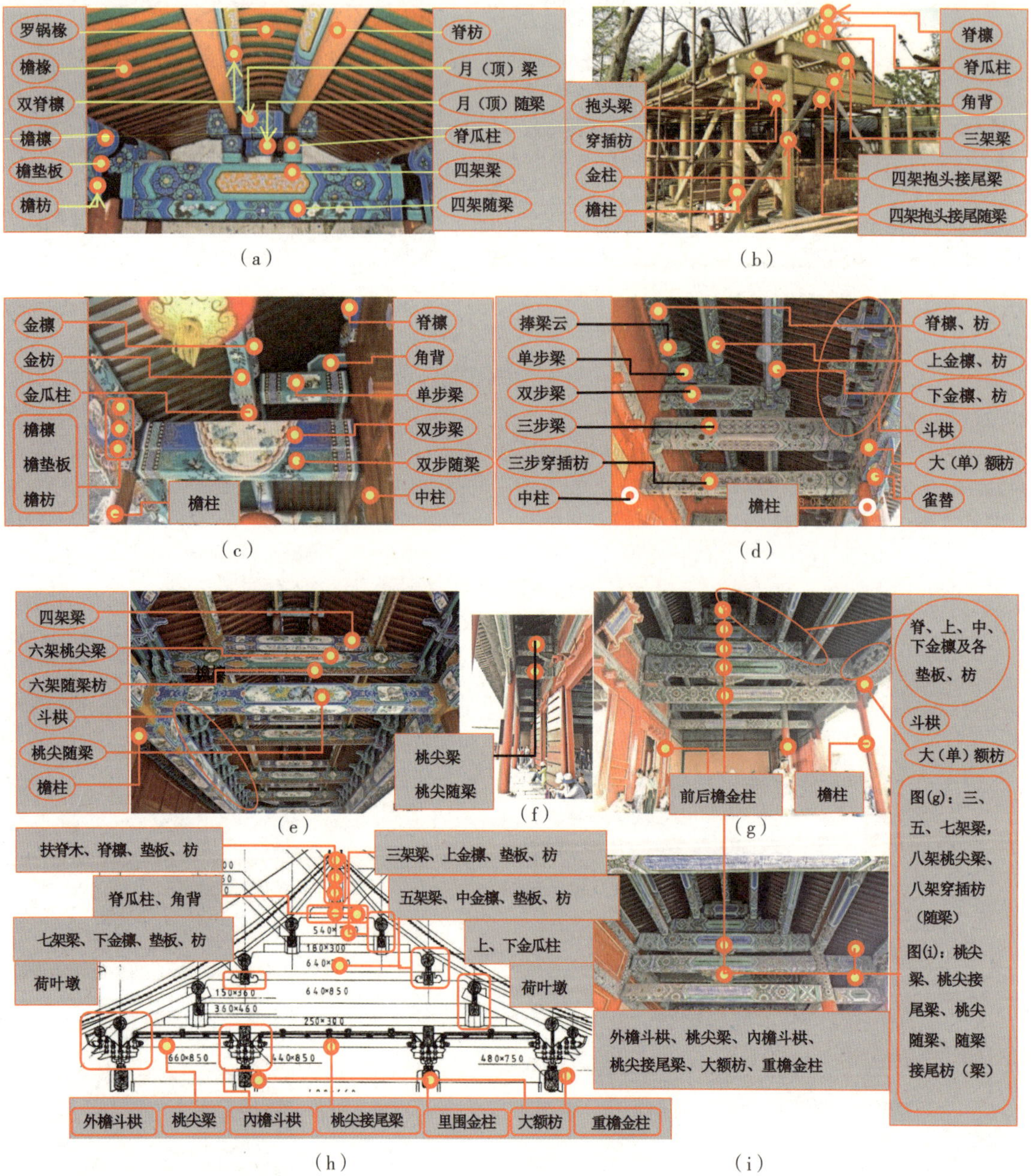

图 2-12　清代大木构件名称

三、木构件的定尺

在清工部《工程做法》中，对各式建筑构件的截面及部分长度做出了尺寸的权衡规定，特别是截面尺寸，它历经了几百年风雨天灾的考验，给后人的传承使用带来极大的方便和踏实的安全保证。

我们在使用这个权衡规定时应考虑到这是一个原则性的规定，不可能面面俱到，细致入微，这就需要我们在使用中充分考虑房屋的实际情况，特别是结构尺度与权衡规定的尺度是否有差异，有差异的话一定要随机应变，不拘泥于权衡中构件的尺寸规定，一切以保证安全为第一。

构件定尺详见表 2-1～表 2-6。

表 2-1 清官式建筑柱类构件权衡尺寸

<table>
<tr><th>类别</th><th>名称</th><th>形制</th><th>长</th><th>宽</th><th>高</th><th>厚</th><th>径</th><th>备注</th></tr>
<tr><td rowspan="8">柱类</td><td rowspan="2">檐柱</td><td>小式</td><td></td><td></td><td>4/5 明间面宽或 11D</td><td></td><td>D</td><td>含无斗栱大式建筑</td></tr>
<tr><td>大式</td><td></td><td></td><td>檐（通）高另减挑檐桁下皮至柱头高度或 6/7 明间面宽尺寸另加出榫尺寸定高</td><td></td><td>6 斗口</td><td>檐高约 70 斗口（台明上皮至挑檐桁下皮）</td></tr>
<tr><td rowspan="2">金柱</td><td>小式</td><td></td><td></td><td>檐柱高＋檐步举高另加出榫尺寸定高</td><td></td><td>D＋1 寸</td><td>含无斗栱大式建筑；柱高按檐、金檩同径；檐、金垫板同高计，如不同，另增或减檐、金两步对应构件的高差</td></tr>
<tr><td>大式</td><td></td><td></td><td>檐柱柱高＋檐柱柱头上皮至檐步正心檩上皮的高度尺寸＋檐步举高－金步正心檩上皮至金柱柱头上皮的高度尺寸另加出榫尺寸定高</td><td></td><td>6.6 斗口</td><td>柱高按檐、金檩同径；檐、金垫板同高计，如不同，另增或减檐、金两步对应构件的高差</td></tr>
<tr><td>重檐金柱</td><td>大式</td><td></td><td></td><td>一层檐高＋挑檐桁高＋檐步举高＋设计做法高度＋重檐大额枋高另加出榫尺寸定高
二层檐高为一层檐高＋檐步举高＋设计做法高度＋重檐大额枋高＋上檐柱头上皮斗栱至挑檐桁（檩）下皮全高</td><td></td><td>7.2 斗口</td><td>设计做法高度指：椽径、望板、瓦面做法厚度 × 举斜＋围脊高</td></tr>
<tr><td>里围金柱（攒金柱）</td><td>大式</td><td></td><td></td><td>①同金柱（重檐金柱）柱高（金箱斗底槽构造）
②金柱（重檐金柱）柱高＋金步正心桁（檩）上皮至金柱柱头之间各构件或斗栱的高度之和＋各步举高－里围金步正心桁（檩）上皮至里围金柱柱头之间各构件或斗栱的高度之和另加出榫尺寸</td><td></td><td>7～7.2 斗口或按金柱柱径 6.6 斗口自金（重檐金）柱以里算每多一步架柱径再加 1 寸定径</td><td></td></tr>
<tr><td>中柱（山柱）</td><td>小式</td><td></td><td></td><td>檐柱柱高＋檐垫板、檐檩高＋各步架举高－ 3/4 脊檩径</td><td></td><td>D＋（1～2 寸）</td><td></td></tr>
</table>

续表

类别	名称	形制	长	宽	高	厚	径	备注
柱类	中柱（山柱）	大式			檐柱柱高＋檐步正心桁（檩）上皮至檐柱柱头之间各构件或斗栱的高度之和＋各步举高－脊步正心桁（檩）上皮至中柱柱头之间十字隔架科斗栱的高度之和另加出榫尺寸		7 斗口	
	童柱	大式			重檐金柱高－檐柱高＋檐柱柱头上皮至所坐落抹角、桃尖、长趴、顺趴梁上墩斗上皮之间的尺寸另加出榫尺寸		金柱头径（约6斗口）＋所坐落抹角、桃尖、长趴、顺趴梁中至中跨度尺寸的 7/1000	
	擎檐柱				柱顶鼓镜上皮至檐椽下擎檐枋下皮另加出榫尺寸		（1/2～2/5）*D* 见方	亦称：封廊柱
	垂花门檐柱				参考房屋面宽柱中至中尺寸（近似或略低于面宽）另加出榫尺寸		1/15～1/14）面宽柱中至中尺寸	
	垂花门钻金柱				一殿一卷式：檐柱高＋荷叶墩、机枋、檩高＋举高－1/3 檩径另加出榫尺寸 五檩单卷棚式：檐柱高＋檐垫板、檐檩高＋举高－金檩、金垫板另加出榫尺寸		（1/15～1/14）面宽柱中至中尺寸	
	垂花门独立（中）柱				传统意义的柱高（麻叶抱头梁下皮至地面高）＋埋入地下部分套顶榫长（1/3～2/3 柱高）＋荷叶墩、机枋、檩高＋举高－3/4 檩高		1～1.3 垂花门檐柱径	
	垂花门垂（莲）柱				1/3 檐柱高或 4.5～5 檐柱径另加出榫尺寸 柱身：约 2/3 垂柱高 柱头：约 1/3 垂柱高		7/10 垂花门檐柱径	
	游廊梅花柱				0.8～1 廊间（主要开间）面宽另加出榫尺寸		7/100 廊间面宽	最小值：柱径不小于 140mm；柱高不小于 2400mm
	金瓜柱				举高（上下檩上皮之间的尺寸）－上檩檩径－垫板（平水）高＋下檩半径－下梁熊背高另加出榫尺寸		① 厚：8/10 上一层梁厚，宽：1.2 厚 ② 径：8/10 上一层梁厚	①指方形金瓜柱，②指圆形金瓜柱
	脊瓜柱				举高（上下檩上皮之间的尺寸）－1/3 脊檩檩径＋下檩半径－下梁熊背高另加出榫尺寸		① 厚：8/10 上一层梁厚，宽：1.2 厚 ② 径：8/10 上一层梁厚	①指方形金瓜柱，②指圆形金瓜柱

续表

类别	名称	形制	长	宽	高	厚	径	备注
柱类	雷公柱（庑殿）				举高（上下檩上皮之间的尺寸）－1/3 脊檩檩径－太平梁上皮到下檩上皮尺寸另加出榫尺寸		①厚：8/10 上一层梁厚，宽：1.2 厚 ②径：8/10 上一层梁厚	①指方形雷公柱，②指圆形雷公柱

注：1. 本表适用于清官式做法檐柱、金柱（老檐柱）、重檐金柱、里围金柱（攒金柱）、中柱、山柱、童柱、擎檐柱、垂花门独立柱（梅花柱）、游廊梅花柱、垂柱、瓜柱等常见种类柱子的制作。

2. 所列尺寸不带斗栱大式及小式建筑柱子以柱径 D 为模数；带斗栱大式建筑柱子以斗口为模数。

3. 柱径、柱高尺寸通常受面宽（阔）、进深、上出、下出、构造形式、建筑效果等因素影响，本表中未予考虑，仅按规制大致确定（附：柱径最小参考值——廊柱 140mm，房屋 180mm。柱高最小参考值为 2400mm）。

4. 柱子因建筑形式不同，结构不同，自身所处位置不同，与之相交的构件不同，所以柱子上的榫卯也会各不相同，本表仅按常见做法悉数列举，或增或减根据实际建筑结构确定。

5. 1 寸 =3.33cm，下同。

表 2-2　清官式建筑梁类构件权衡尺寸

类别	名称	形制	长	宽	高	厚	径	备注
梁类	七架梁	小式	六步架总和尺寸＋两端梁头长（梁头长为 $1D\times2$）		1.2 自身厚	（1.1～1.2）D		根据净跨度增或减熊背尺寸
		大式	六步架总和尺寸＋两端梁头长（梁头长为 6 斗口 ×2）			7 斗口或柱径 6 斗口＋2 寸		根据净跨度增或减熊背尺寸
	六架梁		五步架尺寸总和＋两(一)端梁头、出榫尺寸（梁头长为 $1D$）		1.2 自身厚	（1.1～1.2）D		根据净跨度增或减熊背尺寸
	五架梁		四步架尺寸总和＋两端梁头长（各 $1D$ 或 6 斗口）		1.2 自身厚	① 8/10 七架梁厚或 5.6 斗口 ②（1.1～1.2）D 或 8 斗口		①坐于七架梁之上的五架梁 ②直接坐于柱子上的五架梁
	四架梁		三步架尺寸总和＋两端梁头长（梁头长为 $1D$）		1.2 自身厚	8/10 六架梁厚		
	三架梁		各步架总和尺寸＋两端梁头长（各 $1D$ 或 6 斗口）		1.2 自身厚	8/10 五架梁厚或 4.5 斗口		
	顶(月)梁		顶步架尺寸＋两端梁头长（各 $1D$ 或 6 斗口）		1.2 自身厚	四架梁厚的 8/10		
	顺梁		次或梢或尽间面阔（宽）尺寸＋一端梁头、出榫尺寸（梁头长为 $1D$ 或 6 斗口）		1.2 自身厚	（1.1～1.2）D 或 8 斗口		根据净跨度增或减熊背尺寸
	三步梁		三步架尺寸总和＋一端梁头、出榫尺寸（梁头长为 $1D$ 或 6 斗口）		同七架梁	同七架梁		

续表

类别	名称	形制	长	宽	高	厚	径	备注
梁类	双步梁		两步架尺寸总和＋一端梁头、出榫尺寸（梁头长为1*D*或6斗口）		1.2自身厚	①8/10七架梁厚或5.6斗口 ②（1.1～1.2）*D*或8斗口		
	单步梁		一步架尺寸＋一端梁头、出榫尺寸（梁头长为1*D*或6斗口）		1.2自身厚	8/10五架梁厚或4.5斗口		
	抱头梁		一步架尺寸＋一端梁头、出榫尺寸（梁头长为1*D*或6斗口）		1.2自身厚	（1.1～1.2）*D*		
	麻叶抱头梁（担梁）		出挑檩中至中尺寸＋两端麻叶梁头长或一端麻叶梁头长＋一端梁头长（梁头长为1*D*另加出峰长）		1.2～1.3自身厚			
	桃尖梁	大式	廊步架尺寸＋斗栱出踩尺寸＋6斗口桃尖长＋出榫尺寸		斗栱构件蚂蚱头底皮至正心檩（桁）中另加熊背	6斗口		
	桃尖顺梁	大式	梢（次）面阔（宽）尺寸＋斗栱出踩尺寸＋6斗口桃尖长＋出榫尺寸		斗栱构件蚂蚱头底皮至正心檩（桁）中	6斗口		根据净跨度增或减熊背尺寸
	角云		3檩径尺寸×所处角度的加斜系数＋两端各1/4本身厚（出峰尺寸）		1.2自身厚	（1.1～1.2）*D*		
	随梁（枋）		两柱间净尺寸＋出榫尺寸定长		0.8*D*或4.8斗口	0.5*D*或4斗口		高、厚尺寸＋梁长尺寸的1/100（不按梁身尺寸最小参考值计算）定尺
	短趴梁		长趴梁中至中尺寸－各1/8长趴梁厚		1.2自身厚或5.2斗口	（0.9～1）*D*或4.5斗口		
	长趴梁		檩中至中尺寸＋金盘各1.5/10檩径		1.2自身厚或6.5斗口	（1.1～1.2）*D*或5.2斗口		大式长趴梁高、厚尺寸加梁长尺寸的1/100（不按梁身尺寸最小参考值计算）定尺

续表

类别	名称	形制	长	宽	高	厚	径	备注
梁类	抹角梁	小式	檩中至中加斜尺寸＋金盘各1.5/10檩径加斜及各1/2梁厚加斜		1.2自身厚	（1.1～1.2）D		
		大式	按檩中至中加斜尺寸＋金盘各1.5/10檩径加斜及各1/2梁厚加斜另加出榫尺寸		6.5斗口	5.2斗口		高、厚尺寸加梁长尺寸的1/100（不按梁身尺寸最小参考值计算）定尺
	顺趴梁		长按檩中至柱中尺寸＋金盘1.5/10檩径＋（或－）与五、七架梁搭接尺寸（或带柁墩或带袖榫）		1.2自身厚或6.5斗口	（1.1～1.2）D或5.2斗口		大式顺趴梁高、厚尺寸加梁长尺寸的1/100（不按梁身尺寸最小参考值计算）定尺
	踩步金		前后檐檩中至中尺寸＋两端檩头长		1.2～1.3自身厚	（1.1～1.2）D或6斗口		檩头长1.5D或6.75斗口
	踩步金随梁（枋）		前后檩中至中尺寸－交金瓜柱径、柁墩或趴梁厚另加出榫尺寸		4斗口	3.5斗口		高、厚尺寸加梁长尺寸的1/100（不按梁身尺寸最小参考值计算）定尺
	太平梁		檩中至中尺寸＋金盘各1.5/10檩径		1.2自身厚或5.2斗口	（0.9～1）D或4.5斗口		
	天花梁（枋）		进深或面阔（宽）两柱间净尺寸＋出榫尺寸		6斗口	4.8斗口		
	承重梁		前后柱中至中尺寸＋两端出挑尺寸		6.5斗口或6斗口＋2寸	5.2斗口或5.2斗口＋2寸		
	接尾梁		前后柱间净尺寸＋出榫尺寸		与所接梁同	与所接梁同		
	帽儿梁		面阔（宽）中至中尺寸－与天花梁搭接长度差		（4～4.5）斗口	4斗口		
	贴梁		面阔（宽）或进深净尺寸		2斗口	1.5斗口		
	递角梁		同对应的五或七架梁		同对应的五或七架梁	同对应的五或七架梁		

续表

类别	名称	形制	长	宽	高	厚	径	备注
梁类	递角随梁（枋）	大式	梁中至中－柱径＋出榫尺寸		4 斗口	3.5 斗口		高、厚尺寸需加梁长尺寸的 1/100（不按梁身尺寸最小参考值计算）定尺
	踏脚木		前后金檩或角梁间净尺寸		4.5 斗口	3.6 斗口		
	穿梁		前后草架柱间净宽另加出榫尺寸		2.3 斗口	1.8 斗口		
	扣金老角梁		檐或廊步架＋ 2/3 檐平出尺寸＋ 3 斗口 × 所处平面角度的加斜系数 × 所处立面角度的加斜系数＋尾饰尺寸		4.5 斗口	3 斗口		通常按所放实样定尺
	扣金仔角梁		檐或廊步架＋檐平出尺寸＋ 4.5 斗口 × 所处平面角度的加斜系数 × 所处立面角度的加斜系数＋头饰、出榫尺寸		4.5 斗口（成形后尺寸）	3 斗口		通常按所放实样定尺
	插金老角梁		檐或廊步架＋ 2/3 檐平出尺寸＋ 3 斗口 × 所处平面角度的加斜系数 × 所处立面角度的加斜系数＋出榫尺寸		4.5 斗口	3 斗口		通常按所放实样定尺
	插金仔角梁		檐或廊步架＋檐平出尺寸＋ 4.5 斗口 × 所处平面角度的加斜系数 × 所处立面角度的加斜系数＋头饰、出榫尺寸		4.5 斗口（成形后尺寸）	3 斗口		通常按所放实样定尺
	压金老角梁		檐或廊步架＋ 2/3 檐平出尺寸＋ 3 斗口 × 所处平面角度的加斜系数 × 所处立面角度的加斜系数＋出榫尺寸		4.5 斗口	3 斗口		通常按所放实样定尺
	压金仔角梁		1/3 檐平出尺寸＋ 3 斗口 ×2.5～3 倍（一飞二尾半或一飞三尾）× 所处平面角度的加斜系数 × 所处立面角度的加斜系数＋头饰尺寸		老角梁头以外出挑部分高 4.5 斗口，以内部分由厚渐薄按实样定	3 斗口		通常按所放实样定尺

续表

类别	名称	形制	长	宽	高	厚	径	备注
梁类	窝角老角梁	大式	檐或廊步架＋2/3 檐平出尺寸 × 所处平面角度的加斜系数 × 所处立面角度的加斜系数＋2.25 斗口（以梁中计）＋出榫尺寸		3 斗口	3 斗口		通常按所放实样定尺
	窝角仔角梁（角梁盖）		1/3 檐平出尺寸＋飞椽后尾长度尺寸 × 所处平面角度的加斜系数 × 所处立面角度的加斜系数＋2.25 斗口＋头饰尺寸		梁头高 3 斗口，至后尾由厚渐薄按实样定	3 斗口		通常按所放实样定尺

注：1. 本表适用于清官式做法七、六、五、四、三架梁，单、双、三步梁，顶（月）梁，抱头梁，桃尖梁，桃尖顺梁，角云，随梁（枋），长、短趴梁，抹角梁，顺梁，顺趴梁，踩步金，踩步金随梁（枋），天花梁，承重梁，接尾梁，太平梁，帽儿梁，贴梁，递角梁，递角随梁（枋），踏脚木，穿梁，插金、扣金、压金角梁等常见梁的制作。

2. 所列梁尺寸分大、小式建筑两种，小式建筑的梁以建筑物檐柱柱根直径 D 为模数，大式建筑的梁以斗栱斗口为模数。

3. 梁的断面尺寸通常受面宽、进深、步架、构造形式、建筑效果及所受荷载等因素的影响增大或减小，本表中未予考虑，仅按规制大致确定（附：梁厚最小参考值规定为不小于柱头直径＋梁厚的 1/5；梁高最小参考值为不小于梁跨空尺寸的 1/11）。

4. 梁的长短本款中未考虑榫长，下料时应予加出；梁因建筑物形式不同，结构不同，自身所处位置不同，与之相交的构件不同，所以梁上的榫卯也会各不相同，本表仅按常见做法悉数列举，或增或减，根据建筑物实际结构确定。

表 2-3 清官式建筑枋类构件权衡尺寸

类别	名称	形制	长	宽	高	厚	径	备注
枋类	大额枋	大式	两柱间净尺寸另加出榫尺寸		6.6 斗口	5.4 斗口		
	小额枋（由额枋）		两柱间净尺寸另加出榫尺寸		4 斗口	3.2 斗口		
	单额枋、老檐额枋		两柱间净尺寸另加出榫尺寸		6 斗口	4.8 斗口		
	檐枋（檐檩枋）、老檐枋	小式	两柱间净尺寸另加出榫尺寸		1D	0.8D		含不带斗栱大式建筑
	重檐大额枋	大式	两柱间净尺寸另加出榫尺寸		6.6 斗口	5.4 斗口		
	金、脊枋	大小式	两柱间净尺寸另加出榫尺寸		0.8D 或 $D-2$ 寸或 3.6 斗口	0.65D 或 4/5 高或 3 斗口		小式为柱径 D 大式为斗口面宽（阔）用
	承椽枋	大式	两柱间净尺寸另加出榫尺寸		6~7 斗口或 D＋2 寸	4.8 斗口或 1D		
	天花枋		两柱间净尺寸另加出榫尺寸		6 斗口	4.8 斗口		面宽（阔）用

续表

类别	名称	形制	长	宽	高	厚	径	备注
枋类	围脊枋	大式	两柱间净尺寸另加出榫尺寸		4.8 斗口或 1/2*D* + 2 寸	4 斗口或 1/2*D*		
	花台枋		两柱间净尺寸另加出榫尺寸		4 斗口	3.2 斗口		
	棋枋（关门枋）		两柱间净尺寸另加出榫尺寸		4.8 斗口	4 斗口		面宽（阔）用
	间枋		两柱间净尺寸另加出榫尺寸		6 斗口或 1*D*	4.8 斗口或 4/5*D*		面宽（阔）用
	跨空枋		两柱间净尺寸另加出榫尺寸		4 斗口			进深用
	平板枋		两柱中至中另加出榫及搭交出头尺寸		3 斗口	2 斗口		
	穿插枋	大小式	檐、金两柱中至中另加出头尺寸		1*D* 或 4 斗口	0.8*D* 或 3.2 斗口		小式为 *D* 大式为斗口
	随梁枋		两柱间净尺寸另加出榫尺寸		0.8*D* 或 4.8 斗口	0.5*D* 或 4 斗口		进深用；其高、厚尺寸＋梁长尺寸的 1/100
	帘拢枋		两垂柱间净尺寸另加出榫尺寸		0.75*D*	0.4*D*		*D* ＝垂花门檐柱径
	楞木	大小式	两梁间净尺寸另加各梁厚 1/4		承重梁高 6/10	本身高 8/10		

注：1. 本表中所列枋子为常见种类。

2. 所列枋子尺寸分大、小式建筑两种，小式建筑的枋子以建筑物檐柱柱子柱根直径 *D* 为模数，大式建筑的枋子以斗栱斗口为模数。

3. 枋子的断面尺寸通常受面宽、进深、步架、构造形式、建筑效果及所受荷载等因素的影响增大或减小，本表中未予考虑，仅按规制大致确定。

4. 枋子的长短本标准中未考虑榫长，下料时应予加出；枋子因建筑物形式不同，结构不同，自身所处位置不同，与之相交的构件不同，所以枋子上的榫卯也会各不相同，本表仅按常见做法悉数列举，或增或减，根据建筑物实际结构定。

表 2-4　清官式建筑檩类物件权衡尺寸

类别	名称	形制	长	宽	高	厚	径	备注
桁檩类	檐、金、脊檩（桁）	大小式	面宽中至中尺寸另加出榫、出梢或搭交檩（桁）头尺寸				（0.9～1）*D* 或 4.5 斗口	小式为 *D* 大式为斗口
	正心檩（桁）	大式	面宽中至中尺寸另加出榫、出梢或搭交檩（桁）头尺寸				4.5 斗口	
	挑檐檩（桁）		面宽中至中尺寸另加出榫、出梢或搭交檩（桁）头尺寸				3 斗口	

续表

类别	名称	形制	长	宽	高	厚	径	备注
桁檩类	扶脊木		面宽中至中尺寸另加出榫、出梢尺寸				4斗口	

注：1. 本表中所列檩（桁）为常见种类。

2. 所列尺寸分大、小式建筑两种，小式建筑的枋子以建筑物檐柱柱子柱根直径 D 为模数，大式建筑的枋子以斗栱斗口为模数。

3. 檩（桁）的断面尺寸通常受面宽、进深、步架、构造形式、建筑效果及所受荷载等因素的影响增大或减小，本表中未予考虑，仅按规制大致确定。

4. 檩（桁）因建筑物形式不同，结构不同，自身所处位置不同，与之相交的构件不同，所以檩（桁）上的榫卯也会各不相同，本表仅按常见做法悉数列举，或增或减，根据建筑物实际结构定。

表 2-5 清官式建筑椽类构件权衡尺寸

类别	名称	形制	长	宽	高	厚	径	备注
椽类	檐椽	小式	2/3 檐平出＋檐檩中至金檩外金盘水平尺寸×举斜系数				1/3D	长通常根据实际放样（圆或见方）
		大式	2/3 檐平出＋斗栱出踩＋正心檩（桁）中至金檩（桁）外金盘水平尺寸×举斜系数				1.5 斗口	
	花架椽、脑椽	大小式	步架中至中＋墩或压掌水平尺寸×举斜系数				1/3D 或 1.5 斗口	小式为 D 大式为斗口（圆或见方）
	飞椽		1/3 檐平出＋2.5～3 倍 1/3 檐平出尺寸×举斜系数				1/3D 或 1.5 斗口	
	翼角椽		檐椽长另加 2 椽径余量定备料长				1/3D 或 1.5 斗口	通常在安装当中定实长（圆或见方）
	翘飞椽		角梁上所放翘飞母另加 1 椽径余量定 1 翘椽备料长，其余翘长按翘飞母与正身飞椽头、尾长的差逐渐减短				椽头见方为 1.5 斗口，椽尾按实际放样定尺寸	①除单根添配外，翘飞椽通常为左右向对裁，其对裁板长为两头一尾＋2 椽径 ②翘长按翘飞长度定
	边椽		同檐椽、飞椽				1.5～2 倍正身部位檐椽、飞椽椽径	边椽含边檐椽、边飞椽，是悬山建筑两侧紧贴博缝板的檐椽、飞椽（圆或见方）
	蜈蚣椽		同檐椽				同檐椽	尺寸、做法均同檐椽，仅因所处位置不同其两端绞掌形式各不相同，一端做墩或压掌与下方椽尾连接，另一端按由戗实际角度绞掌与由戗贴附（圆或见方）

续表

类别	名称	形制	长	宽	高	厚	径	备注
椽类	牛耳椽	大小式	同檐椽				同檐椽	牛耳椽为歇山建筑两山钉附于前后金檩（桁）位置的檐椽，椽尾端按金檩（桁）圆径剔挖成内凹弧形，贴附于金檩（桁），其尺寸、做法均同檐椽（圆或见方）
	哑巴椽		同檐椽（不出头）				同檐椽	哑巴椽为硬山封护（后）檐建筑后檐封砌在墙内不出头的椽子，其尺寸、做法均同檐椽
	板椽（连瓣椽）		按实长定尺			1/9D 或 0.5 斗口		根据放样定长、宽

注：1. 本表中所列椽子为常见种类。

2. 所列尺寸分大、小式建筑两种，小式建筑的枋子以建筑物檐柱柱子柱根直径 D 为模数，大式建筑的枋子以斗栱斗口为模数。

3. 椽子的断面尺寸通常受面宽、进深、步架、构造形式、建筑效果及所受荷载等因素的影响增大或减小，本表中未予考虑，仅按规制大致确定，应根据房屋建筑的实际尺寸、用材等情况做出增减。

表 2-6　清宫式建筑板、连檐、瓦口类构件权衡尺寸

类别	名称	形制	长	宽	高	厚（深）	径	备注
板、连檐、瓦口类	博缝板	大小式	①檐平出托舌尺寸 × 举斜系数定 ②相邻两檩（桁）中托舌尺寸×举斜系数	（2～2.3）D 或 9～10 斗口或 6～7 椽径		（1/4～1/3）D 或 1.2～1.5 斗口		长、宽通常按放样定；小式为 D，大式为斗口
	滴珠板		按建筑实长		压面石底皮至斗栱坐斗底皮	1 斗口		
	山花板			山面实长	花架、脑椽椽上皮至踏脚木企口	1 斗口		
	围脊板		各柱间净尺寸		围脊空当	1 斗口或 1/10 自身高		
	走马板			各间净宽	门头枋空当	1/10D（不小于 1 寸）		
	由额垫板		柱间净尺寸另加榫长	2 斗口		1/4D 或 1 斗口		
	檐垫板		梁间净尺寸另加榫长	4/5D		1/4D 或 1 斗口		
	金、脊垫板		梁或瓜柱间净尺寸另加榫长	6.5/10D 或 4 斗口		1/4D 或 1 斗口		

续表

类别	名称	形制	长	宽	高	厚（深）	径	备注
板、连檐、瓦口类	楼板	大小式	按实长	不宜过窄		1.5～2寸		根据地面做法做增减
	横望板		椽当实长	不宜过窄		1/15D 或 0.3 斗口		
	竖（顺）望板		同椽长			1/9D 或 0.5 斗口		横向排列留出顶头抽涨缝
	大连檐		椽当实长		1/3D 或 1.5 斗口	0.4D 或 1.8 斗口		
	小连檐		椽当实长	1/3D 或 1.5 斗口		1.5 倍望板厚		
	椽中板		按实长	檩金盘至椽上皮垂直高		同望板厚		
	椽椀		椽当实长	檩金盘至椽上皮垂直高		同望板厚		
	瓦口		按实长	底瓦塄高另加底口尺寸				

注：1. 参考清《工程做法》《清式营造则例》整理。

2. 本表中所列各类板、连檐、瓦口为常见种类。

3. 所列尺寸分大、小式建筑两种，小式建筑的各类板、连檐、瓦口以建筑物檐柱柱子柱根直径 D 为模数，大式建筑的各类板、连檐、瓦口以斗栱斗口为模数。

4. 各类板、连檐、瓦口的断面尺寸通常受构造形式、建筑效果及所受荷载等因素的影响增大或减小，本表中未予考虑，仅按规制大致确定。

木构架、木构件的权衡定尺应参考以下原则：

① 凡受力构件下方都要有支点承托；

② 凡跨空步架的尺度都是在权衡规定范围之内；

③ 凡跨空梁、枋等受弯构件的尺寸都必须与净跨度大小、受力多少成正比，如在尺度权衡上满足不了要求，则在构件的下方选择安装其他辅助受力的构件；

④ 凡悬挑构件悬出部分的荷载重量必须小于构件的固定配（压）重部分的荷载重量，如客观情况满足不了这个要求，则必须考虑采取适当的加固措施；

⑤ 所有梁、柱的定尺、定高都应遵循不得小于最小值的原则；

⑥ 凡独立非组合的受弯构件，在传统权衡规定基础上都按净跨度的 1/100 增加截面高度，厚度可不做调整；

⑦ 由于以上权衡表中所列尺寸均根据当年正常生长的树木材质而定，如遇近年种植的速生林木材则应做材质检测，确认强度合格后方可使用，否则就要重新计算构件的断面尺寸。

第三节　木构架的组合特点及构造

一、硬山木构架的组合特点及构造

（一）硬山木构架的尺度法则

木构架的权衡尺度除《工程做法注释》中大木大、小式做法通例（间架结构定分通则）表（以下简称《通则》）中所列出的通用尺度外，不同的建筑形式又各自有着不同的尺度规定，在硬山建筑木构架中称“硬山法则”，如图 2-13 所示。

（a）　（b）　（c）　（d）　（e）

图 2-13　清代硬山法则示意

硬山法则是：桁檩两山端头与两山梁架外皮齐（另有说法“自山柱、瓜柱中至檩端头外延一檩径”，因近代山墙的厚度普遍减薄，檩长也应相应减短，故此说仅作参考）。

（二）硬山木构架的组合特点

1. 硬山木构架的通用性

硬山木构梁架是传统木构建筑中最基本的构架组合形式，无论是悬山、歇山还是庑殿建筑，它们正身主体梁架与硬山建筑木构架是相同的，区别只在于两山梁架组合的不同。在图 2-14（a）（b）硬山建筑木构架示意中，其正身梁架与两山梁架除榫卯外是一样的，而在图 2-14（c）～（f）歇山建筑木构架示意中，其正身梁架与两山梁架有很大的区别。可以看出，屋面造型的变化在于建筑两山梁架组合的变化，由不同的两山梁架组合构成不同造型的悬山、歇山、庑殿屋面，而它们的正身部分梁架与硬山建筑梁架一致，所以说硬山建筑木构梁架的组合形式是传统木构建筑中最基本的构架组合形式，通用于各式建筑的木构架，这是硬山建筑木构架的特点之一。

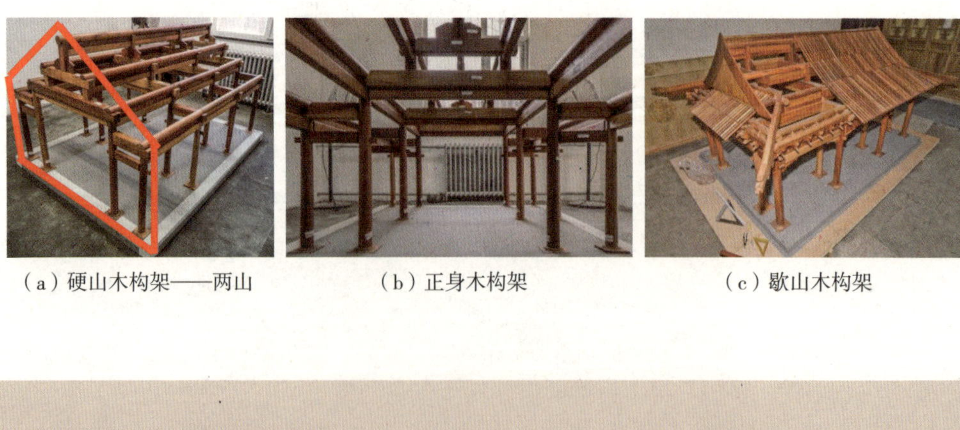

（a）硬山木构架——两山　（b）正身木构架　（c）歇山木构架

（d）两山木构架　　（e）歇山正身木构架　　（f）歇山两山木构架

图 2-14　硬山正身、两山构架与其他建筑结构正身、两山架的异同对比

2. 硬山木构架的可塑性

硬山建筑木构架的另一个特点同时也是中国传统木构建筑的特点就是它的可塑性。当木柱、木梁因材料原因不能满足使用的空间要求时，它可以以三、五、七架梁为主体梁架向前、后扩展加大进深；向两侧扩展，增加开间以满足使用空间。

木结构房屋的特点是：三、五、七架梁（少有九架梁）、檐柱、金柱构成房屋基本的独立空间，根据使用需要可以加装单、双、三步梁及重檐金柱、里围金柱来加大室内空间以满足使用需求。

图 2-15 中，七架梁是这两个建筑的主体梁架，当使用空间不够时，根据需要加装单、双或三步梁，以此来满足使用的需要，只是室内加装了相应的柱子，在使用上会影响视线等，略显不便。

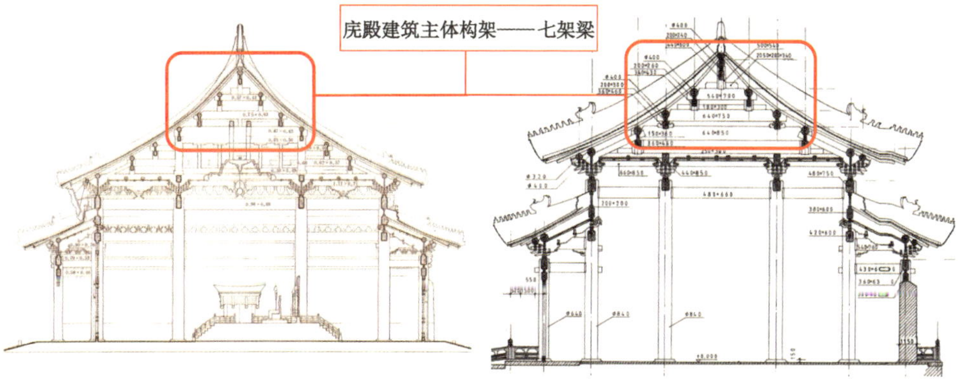

（a）北京故宫太和殿　　（b）历代帝王庙

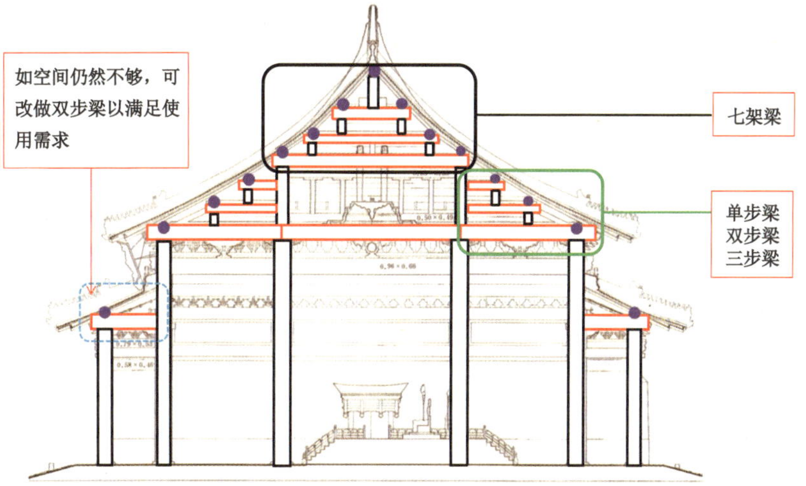

（c）北京故宫太和殿横断面图

图 2-15　传统梁架的组合特点

注：图（a）（c）引自《中国古代建筑技术史》。

（三）硬山木构架的构造

在清《工程做法》中，对硬山建筑大木构架大、小式做法有着详细的权衡尺度规定，下面以“间架结构定分通则”中七檩大木前后廊做法（图 2-16）为模本，对硬山木构架的构造进行解读。

<table>
<tr><th rowspan="3">建筑分类</th><th rowspan="3">斗口材分</th><th colspan="7">间架柱位平面布局（地盘）</th><th colspan="2">檐柱高</th></tr>
<tr><th colspan="4">面阔（横广）</th><th colspan="3">进深（纵深）</th><th rowspan="2">高度</th><th rowspan="2">直径</th></tr>
<tr><th>明间</th><th>两次间</th><th>两梢间</th><th>左右廊子</th><th>两山明间</th><th>两山次间</th><th>前后廊子</th></tr>
<tr><td rowspan="2">七檩大木前后廊做法</td><td rowspan="2"></td><td rowspan="2">12尺</td><td rowspan="2">酌定</td><td rowspan="2">酌定</td><td rowspan="2"></td><td>12尺</td><td></td><td>各3尺</td><td rowspan="2">0.8面阔9.6尺</td><td rowspan="2">7/100面阔0.84尺</td></tr>
<tr><td colspan="3">通进深18尺</td></tr>
</table>

<table>
<tr><th colspan="5">步架深</th><th colspan="5">举架高</th><th colspan="3">上檐出（上檐平出）</th></tr>
<tr><th rowspan="2">檐步或廊步</th><th colspan="3">金步</th><th rowspan="2">脊步</th><th rowspan="2">檐步或廊步</th><th colspan="3">金步</th><th rowspan="2">脊步</th><th rowspan="2">①平出基数</th><th rowspan="2">②斗科外拽架长</th><th rowspan="2">①+②通平出</th></tr>
<tr><th>下金步</th><th>中金步</th><th>上金步</th><th>下金步</th><th>中金步</th><th>上金步</th></tr>
<tr><td>3尺</td><td>1/4进深3尺</td><td></td><td></td><td>1/4进深3尺</td><td>0.5廊步深1.5尺</td><td>0.7金步深2.1尺</td><td></td><td></td><td>0.9脊步深2.7尺</td><td>0.3檐柱高</td><td>2.88尺</td><td></td></tr>
</table>

图 2-16　清《工程做法》“间架结构定分通则”——七檩大木前后廊做法

七檩前后廊木构架指承托七根檩子并带有前后廊的组合梁架（图 2-17）。

七架梁指承托七根檩子的单体梁。

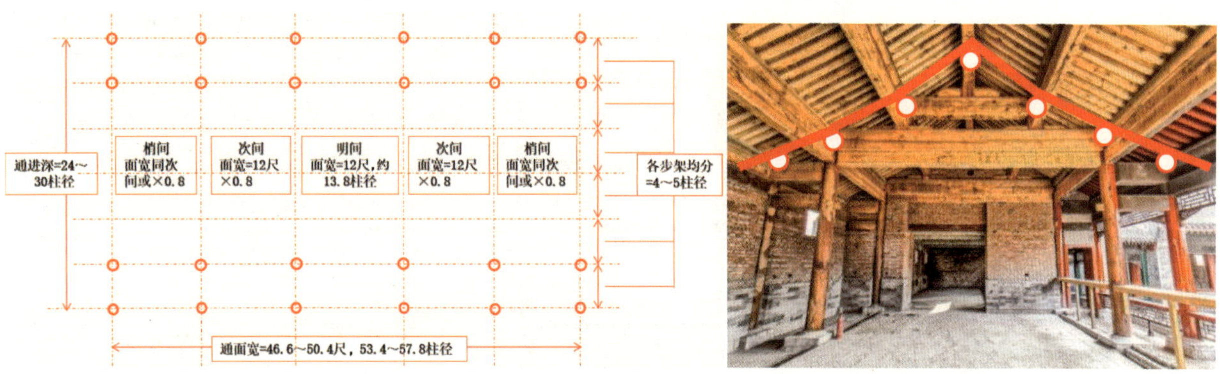

（a）　　（b）

图 2-17　七檩前后廊木构架平面、横剖面

七檩前后廊硬山木构架构造组合是：木构架以檐、金柱头为界，柱头以下为下架，柱头以上为上架，屋檩以上为木基层。

1. 下架

由柱（檐、金）、枋（檐、老檐、穿插）、梁（随梁）等构件构成，这些构件之间相互拉结，围合成一个整体的框架以支撑起木构架的上架。

2. 上架

由柱（金、脊瓜柱）、枋（金、脊枋）、梁（抱头，三、五架梁）、檩（檐、金、脊檩）、板（金、脊垫板，角背）等构件构成，它们之间组合成若干个水平框架，依靠构件自身的重量叠压在下架之上，形成相互拉接、相对固定的“上架”。

3. 木基层

椽（飞、檐、花架、脑椽）、板（望板）、大小连檐又将上架各檩连接在了一起，更加强了木构架之间的拉接和联系。

这三部分组成了一个完整的清式硬山建筑的木构梁架（图 2-18～图 2-22）。

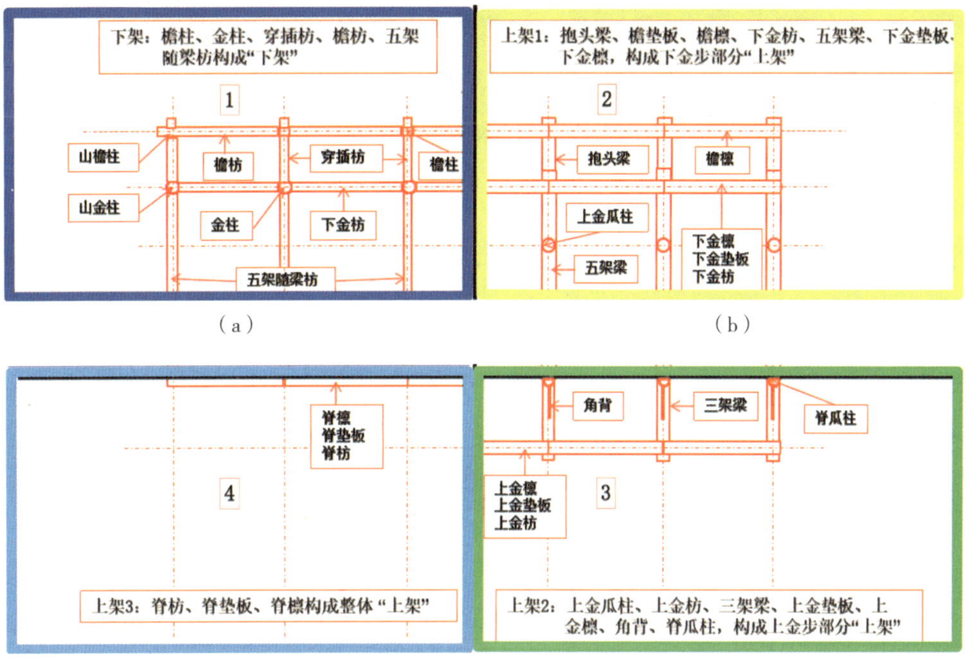

（a）（b）（c）（d）

图 2-18 七檩前后廊硬山建筑梁架构造组合——构造分层平面示意

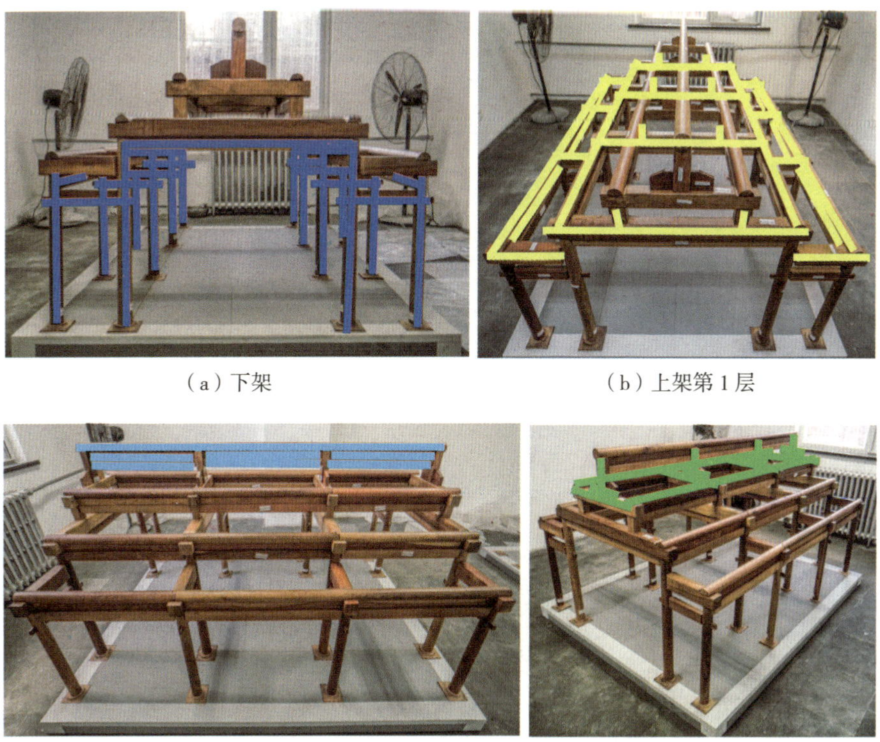

（a）下架 （b）上架第 1 层 （c）上架第 3 层 （d）上架第 2 层

图 2-19 七檩前后廊硬山建筑梁架构造组合——下架、上架第 1～3 层构造示意

图 2-20　下架

（a）

（b）

（c）

图 2-21　上架

（a）

（b）

图 2-22　木基层

二、悬山木构架的组合特点及构造

本部分案例采用的两山梁架形式为排山梁架。

（一）悬山木构架特有部位的尺度法则

木构架的权衡尺度除《通则》中所列出的通用尺度外，不同的建筑形式又各自在不同部位有着不同的尺度规定，在悬山建筑木构架中称“悬山法则”（图 2-23）。

悬山法则是：自两山檐柱柱中向外悬挑四椽四当尺寸（或与建筑物上出尺寸同）为两山博缝板里皮（图 2-24）。

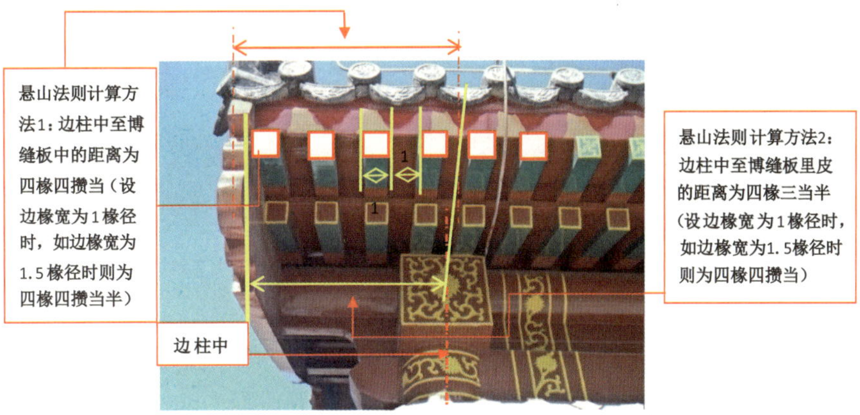

图 2-23　悬山法则

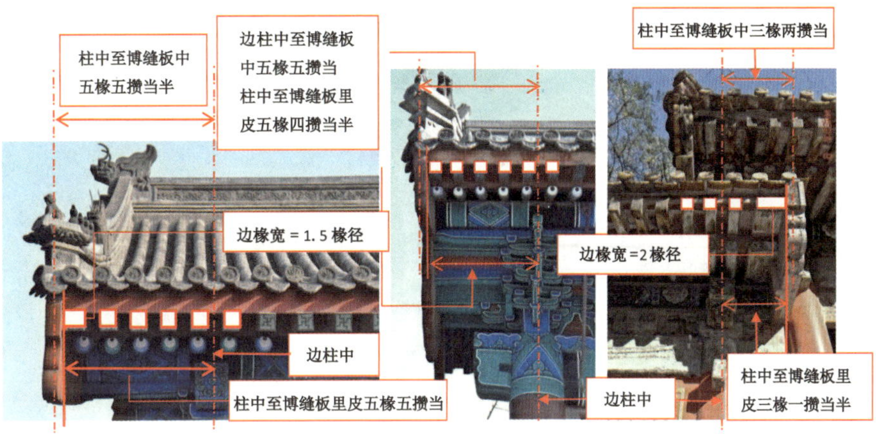

（a）　（b）　（c）

图 2-24　悬山建筑——不同尺寸的悬出

注：所标为悬山悬出的几种形式，与图 2-21“悬山法则”所规定的“悬出尺寸”有所不同，仅作参考。

（二）悬山木构架的组合特点及特有构件

1. 组合特点

悬山木构件的分类、名称与硬山木构件基本相同，它的组合特点就是在木构架的两尽端开间檐、金、脊檩及扶脊木需要加长连做，称“出梢檩”，并在出梢部位檩下安装燕尾枋和三岔头，同时，在出梢檩的端头安装博缝板（图 2-25～图 2-27）。

2. 特有构件

悬山木构件的特有构件为出梢檩、燕尾枋、三岔头、博缝板。

（a）　（b）

图 2-25

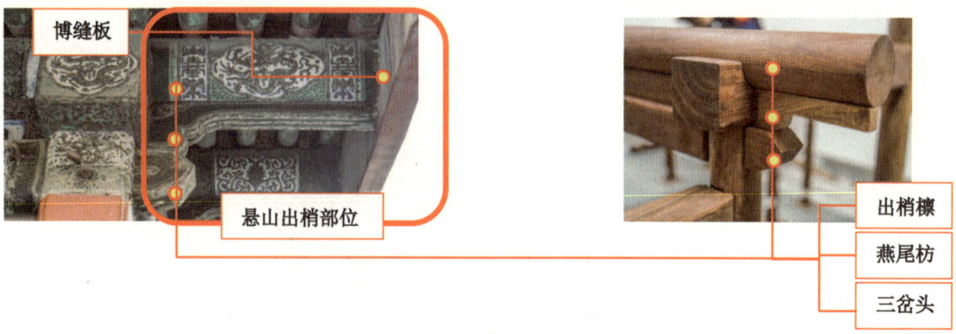

（c）　（d）

图 2-25　七檩前后廊悬山梁架特有构件名称

注：除上述构件外，其余构件名称与硬山建筑相同。

（a）　（b）　（c）

图 2-26　一殿一卷式垂花门梁架示意

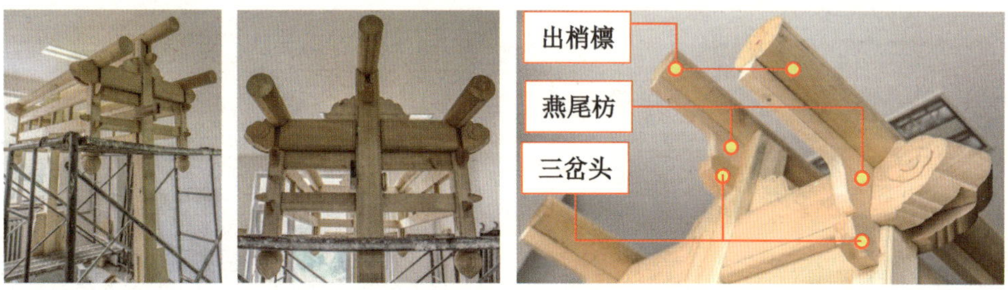

（a）　（b）　（c）

图 2-27　独立柱式垂花门梁架示意

（三）悬山木构架的构造

图 2-28～图 2-32 案例采用与硬山木构架基本相同的七檩大木前后廊构架，稍有不同的就是两山采用了排山梁架，这种梁架由于在居中的位置加了一根中（山）柱，使整体构架受力更为直接（中柱自柱顶石直达脊檩），又减短了两山梁的长度，更为经济，同时由于中柱砌筑在山墙内，不存在影响使用空间的问题，是一种经济实用的构架方式。

木构架以檐、金柱头为界，柱头以下为下架，柱头以上为上架，屋檩以上为木基层。

1. 下架

由柱（檐、金）、枋（檐、老檐、穿插）梁（随梁）等构件构成，这些构件之间相互拉结，围合成一个整体的框架以支撑起木构架的上架（图 2-33）。

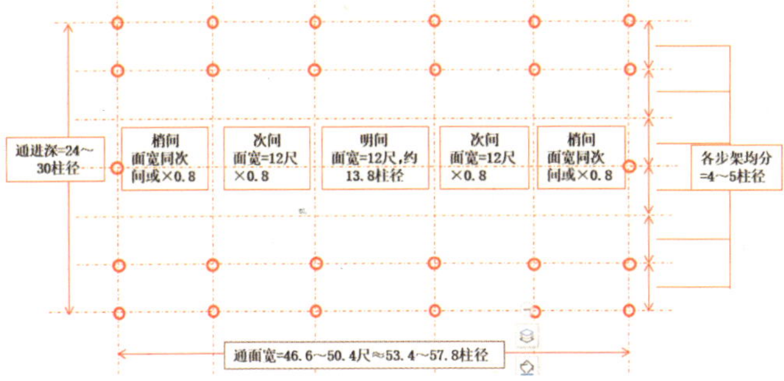

图 2-28　七檩前后廊悬山木构架平面

图 2-29　悬山带中柱梁架侧立面

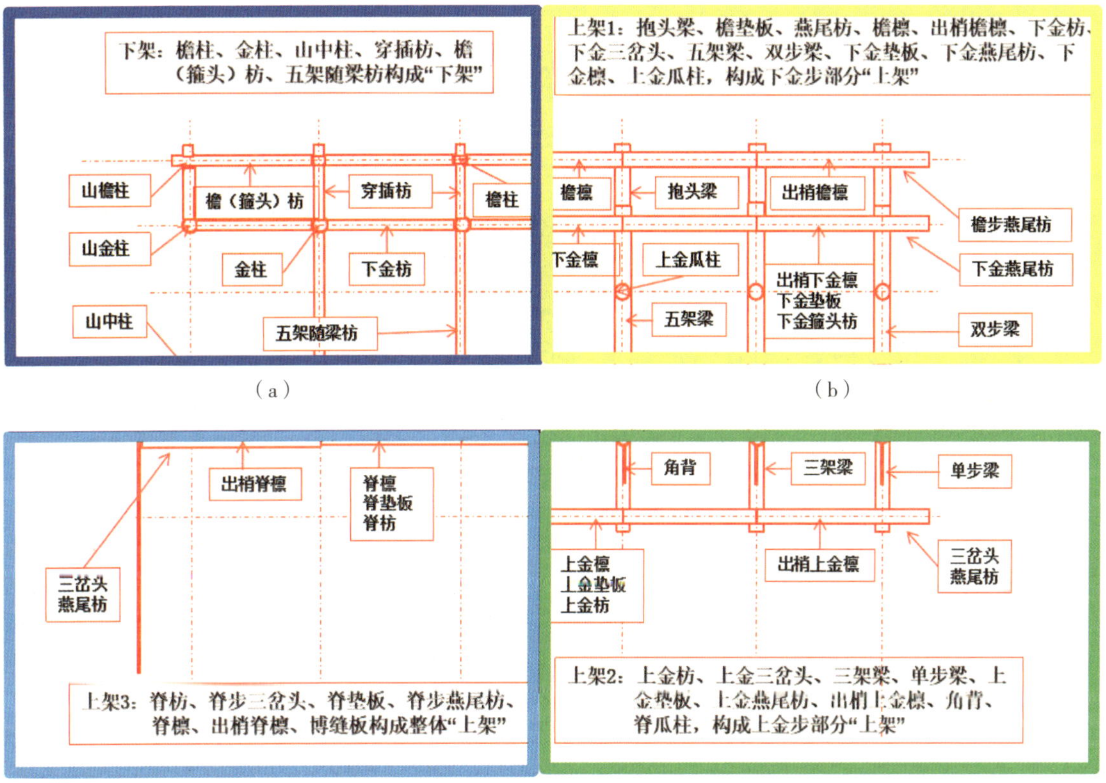

（a）　（b）

（c）　（d）

图 2-30　七檩前后廊悬山建筑梁架构造组合——构造分层平面示意

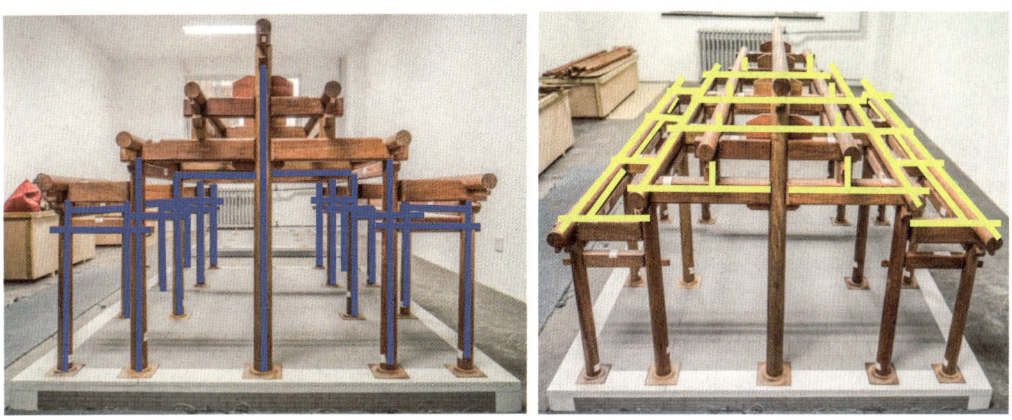

（a）下架　（b）上架第 1 层

图 2-31　七檩前后廊悬山建筑梁架构造组合——下架、上架第 1 层构造示意

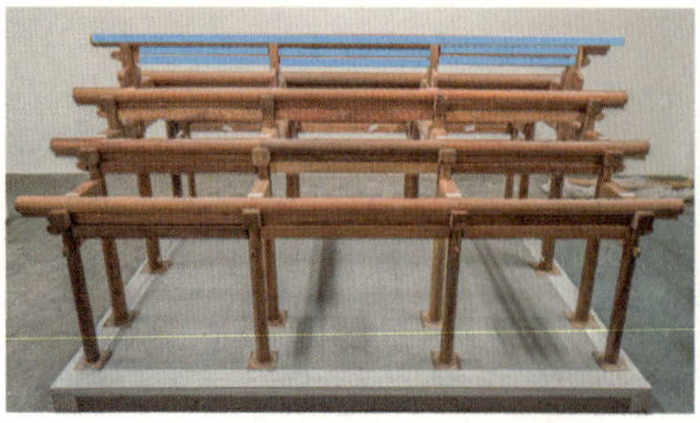

（a）上架第 3 层

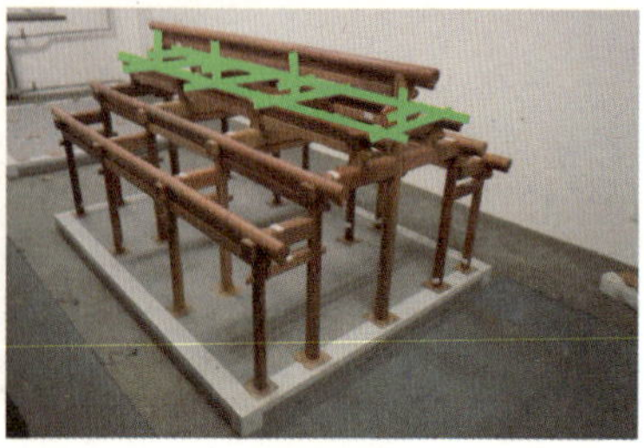

（b）上架第 2 层

图 2-32　七檩前后廊悬山建筑梁架构造组合——上架第 2 层、第 3 层构造示意

图 2-33　下架

2. 上架——正身

柱（金、脊瓜柱）、枋（金、脊、燕尾枋）、梁（抱头，三架梁、五架梁）、檩（檐、金、脊檩）、板（金垫板、脊垫板、角背），按悬出尺寸加长后与板（金垫板、脊垫板、角背）一同在下架上组合成若干个水平框架，依靠构件自身的重量叠压在一起，形成相互拉接的“上架”（详见图 2-34）。

（a）

（b）

（c）

图 2-34　正身上架

3. 上架——两山

建筑两梢（次）间的檩（檐檩、金檩、脊檩——按悬山法则规定的尺度另加博缝板的入榫长度定长）、箍头枋、燕尾枋、假箍头、博缝板共同构成悬出部分木构架（详见图 2-35）。

4. 木基层

椽（飞椽、檐椽、花架椽、脑椽、罗锅椽）、板（望板、博缝板）、大小连檐又将各檩连接在一起，更强化了木构架之间的整体拉接和联系，详见图 2-36、图 2-37。

图 2-35　两山上架

注：建筑两梢（次）间的檩（檐、金、脊檩按悬山法则规定的尺度另加博缝板的入榫长度定长）、箍头枋、燕尾枋、三岔头、博缝板共同构成悬出部分木构架。

图 2-36　木基层

注：椽（飞、檐、花架、椽）、板（望板）、大小连檐将各檩连接在一起，强化了木构架之间的相互连接。

（a） （b） （c）

图 2–37 悬山建筑两山梁架构造细节示意

三、歇山木构架的组合特点及构造

（一）歇山木构架的尺度法则

木构架的权衡尺度除《通则》中所列出的通用尺度外，不同的建筑形式又各自有着不同的尺度规定，在歇山建筑木构架中称为“收山（歇山）法则”。

收山（歇山）法则是：由山面檐檩（桁）向内返一檩（桁）径为山花板外皮，即博缝板里皮（图 2–38）。

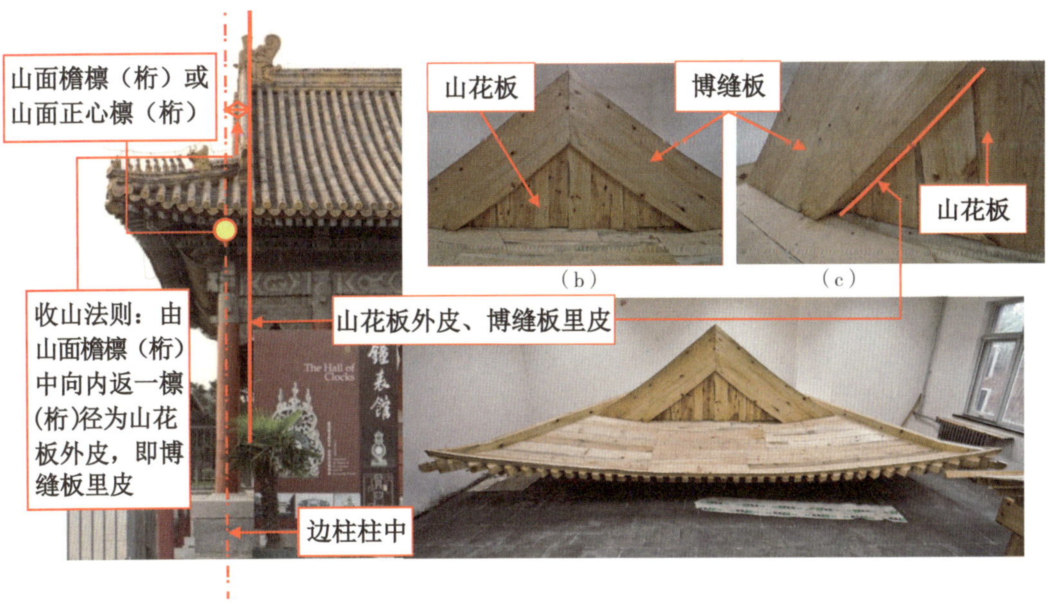

（a） （d）

图 2–38 歇山建筑：收山法则详解

在宋《营造法式》和清《工程做法》中，只是针对典型的中国传统建筑做出统一的权衡尺寸规定，在实际应用中往往受到年代背景、空间环境、相邻建筑、使用要求、主人（业主）、设计人的审美喜好及工匠的艺术修养等众多因素的影响而与权衡尺寸的规定有了一些差异。对待这些差异，不能简单地认定就是错误，而应客观地分析原因后再做出错与对、取与舍的结论。另外，从外观看，歇山建筑的收山尺度与房屋间数也有着一定的比例关系，三、五开间的建筑按一檩（桁）径收山较为适宜，七、九开间的建筑如果也按一檩（桁）径收山就显得屋檐大小与正脊长度不成比例了，这一点可在实践中加以体会。下面介绍几座收山尺度与权衡规定不符的歇山建筑供大家参考（图 2-39）。

图 2-39　与收山法则不同的收山尺度

（二）歇山木构架的组合特点及特有构件

1. 组合特点

歇山建筑木构架与硬山建筑木构架一样都是房屋结构的主体，最大的不同就是屋面不是前后两坡一坡到顶，而是屋面分成了上下两部分，上半段屋面前后两坡一坡到顶，下半段屋檐四坡相交，飞檐翘角。

作为木构架，首先要满足建筑物的这个造型要求，根据造型要求配置相应的构件才能搭建起歇山建筑的整体骨架，这与硬山等其他类型的建筑构架都是一样。从构造原理上说，歇山木构架也是由成百上千个构件用独特的榫卯连接方式组合构成一个个同层框架，利用榫卯、自重完成各框架的连接、叠压，进而完成建筑造型的整体骨架……它们的构造原理是相同的。

歇山木构架与硬山、悬山木构架还有一个不同是由于建筑等级高，建筑中使用斗栱的概率要远大于硬山、悬山建筑，所以，木构架与斗栱构件的组合也是歇山木构架的组合特点之一。

2. 特有构件

歇山建筑木构架中特有的构件有踩步金梁（柁、檩）、踏脚木、草架柱子、穿梁。

根据歇山建筑的外形需要，在它的山（两尽端）面构架中按（下）金檩位置加装两道桃尖顺梁（也可根据实际情况加装长趴梁），以承托前后檐（下）金檩、垫板、檩枋，并按前后檐步架尺寸（檐步方角不动）加装了一根（下）金檩与檐面（下）金檩相交的构件，这个构件既起着承托山面檐椽后尾（完成歇山屋面下半部分是庑殿四角翘起的四坡相交屋面）的作用，又起着承托上面梁架的作用，这就是歇山建筑构架中特有的构件"踩步金"。另外，为满足歇山建筑外形（歇山屋面上半段是悬山前后两坡屋面）需要，在按权衡规定的收山尺度位置上安装踏脚木、草架柱子和穿梁，以承托自踩步金梁架外挑的檩木，最后用山花板、博缝板封闭（图 2-40～图 2-42）。

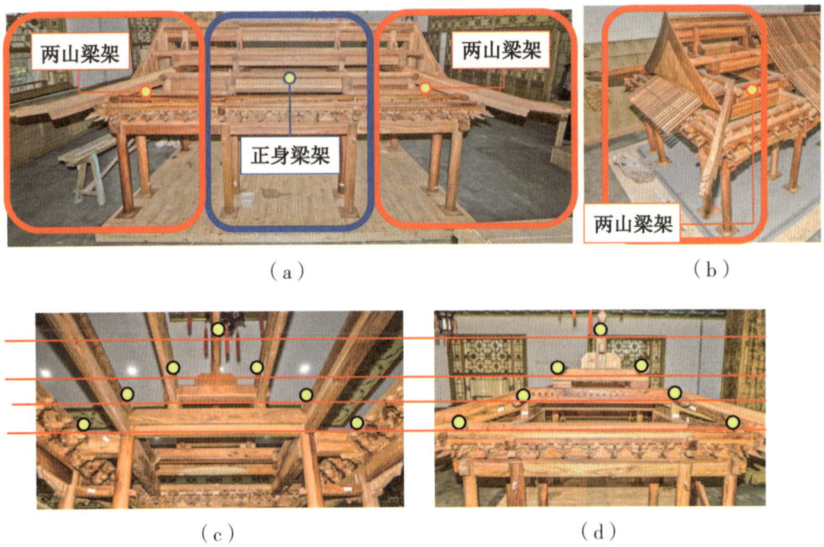

图 2-40　歇山建筑木构架

注：两山梁架与正身梁架示意及各檩（桁）标高对应。

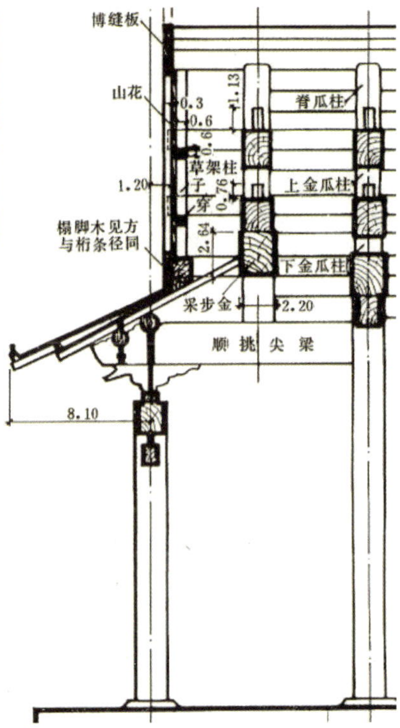

图 2-41　清官式建筑歇山木构架

注：引自《中国古代建筑技术史》。

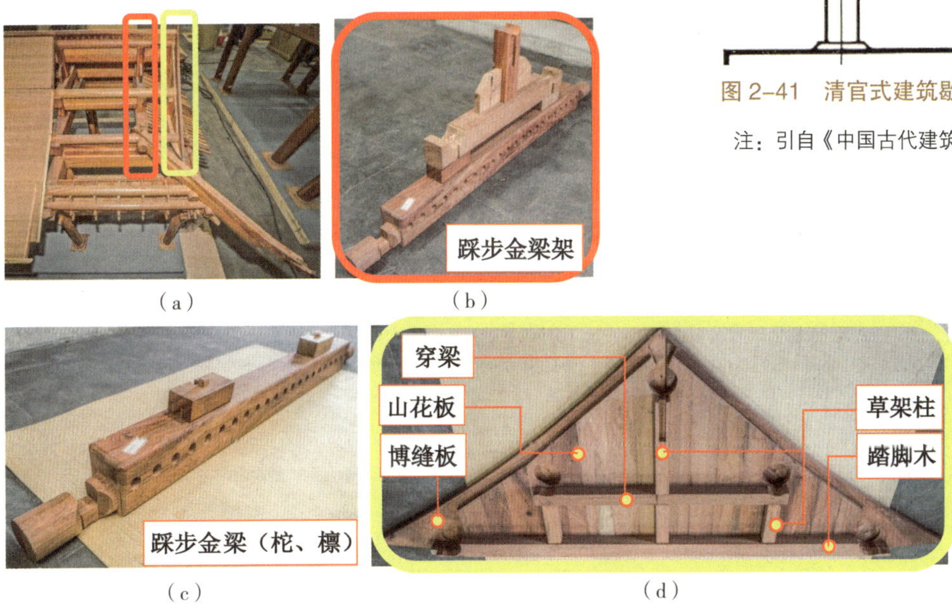

图 2-42　歇山木构架：两山梁架及特有构件

（三）歇山木构架的构造

传统木构建筑中所有的木构件都是为了满足建筑物的造型而进行配置、组合的，歇山建筑的木构架也是这样。

歇山建筑木构架在正身部位是与硬山建筑木构架一致的，只是在建筑的两尽端开间为满足歇山造型的需要，在木构架上做了一些变化：根据飞檐翘角的造型需要安装了角梁、翼角、翘飞椽；根据屋面造型的需要变换了尽端梁架的位置；根据结构的需求增加了踩步金、踏脚木、草架柱、穿梁、博缝板等歇山建筑特有的构件。

在清《工程做法》大木大、小式做法通例（间架结构定分通则）中，对歇山建筑木结构各部位的权衡尺度有着详细明确的规定，下面以七檩单檐歇山转角周围廊重昂斗口二寸五分大木做法为案例试做解读（图 2-43～图 2-45）。

建筑分类	斗口材分	间架柱位平面布局（地盘）							檐柱高	
		面阔（横广）				进深（纵深）			高度	直径
		明间	两次间	两梢间	左右廊子	两山明间	两山次间	前后廊子		
七檩单檐歇山转角周围廊重昂斗口二寸五分大木做法	斗口二寸五分	斗科七攒77斗口	各斗科六攒66斗口	各斗科六或五攒66斗口或55斗口	各斗科二攒22斗口	斗科九攒99斗口		各斗科二攒22斗口	通高70斗口，净高58.8斗口	6斗口
		通面阔385或363斗口				通进深143斗口				

（a）

步架深					举架高					上檐出（上檐平出）			附　注
檐步或廊步	金步			脊步	檐步或廊步	金步			脊步	①平出基数	②斗科外拽架长	①+②通平出	
	下金步	中金步	上金步			下金步	中金步	上金步					
廊步22斗口	金步24.75斗口			24.75斗口	0.5廊步深11斗口	金步0.7金步深17.325斗口			0.9脊步深22.275斗口	21斗口	6斗口	27斗口	按五开间示例。斗口重昂斗科（五材）通高9.2斗口，通宽11斗口
前坡各步合计71.5斗口后坡同					通高50.6斗口								

（b）

图 2-43　七檩单檐歇山转角周围廊重昂斗口二寸五分大木做法

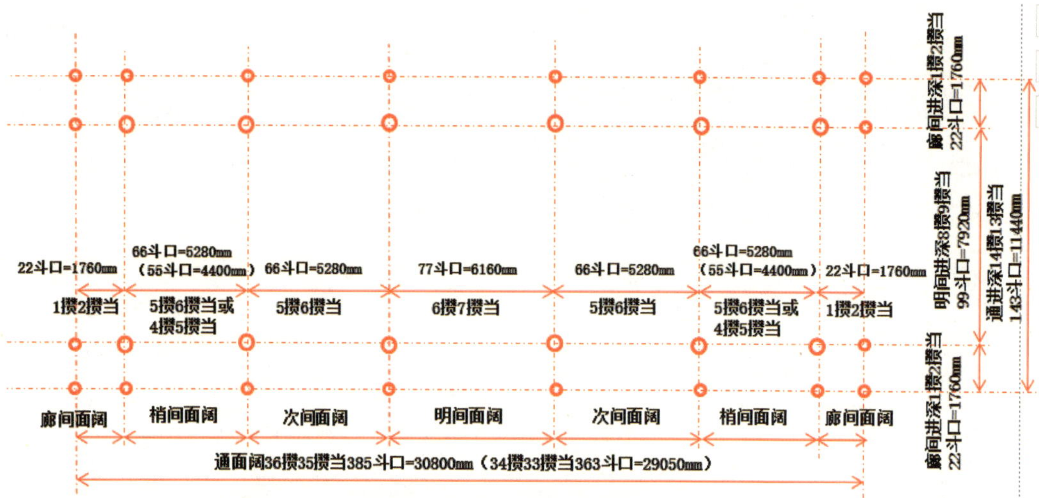

图 2-44　七檩单檐歇山转角周围廊带斗栱建筑平面

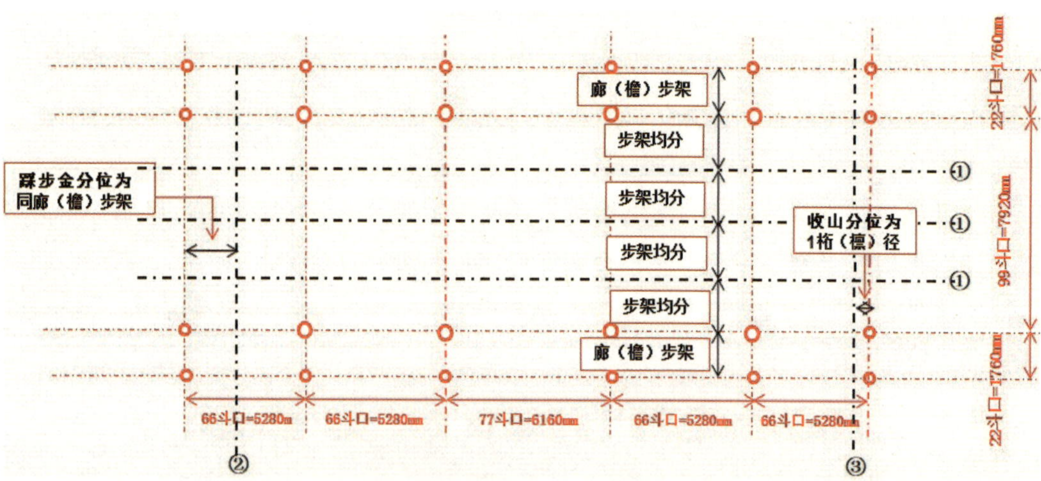

图 2-45　七檩单檐歇山前后廊建筑步架、踩步金、收山分位平面示意

歇山建筑分层木构架：木构架以檐、金柱头为界，柱头以下为下架；带斗栱建筑柱头以上为斗栱层；斗栱层以上为上架；屋檩以上为木基层。

1. 下架

由柱（檐柱、金柱）、枋（檐枋、老檐枋、穿插枋）、梁（随梁）等构件构成，这些构件之间相互拉结，围合成一个整体的框架，以支撑起整体木构架的斗栱层、上架（图 2-46～图 2-48）。

2. 斗栱层

由平板枋、正心枋、拽架枋及横、纵向斗栱构件构成，由这些构件相互拉结，在建筑平面的柱头上又形成若干个水平框架（图 2-46～图 2-48）。

3. 正身上架

柱（金柱、脊瓜柱等）、枋（金枋、脊枋等）、梁（抱头梁、桃尖梁、三架梁、五架梁等）、檩（檐檩、金檩、脊檩等）板（金垫板、脊垫板、角背等），在下架上又组合成若干个水平框架，依靠构件自身的重量叠压在一起，形成相互拉接的上架（图 2-46～图 2-48）。

4. 两尽端开间上架

两尽端开间根据建筑造型安装相应的顺梁或趴梁、踩步金、踏脚木、草架柱、穿梁、博缝板、角梁、搭交檩等构件，组合完成歇山木构架（图 2-46～图 2-48）。

5. 木基层

椽（飞椽、檐椽、花架椽、脑椽、牛耳椽等）将各檩连接在一起；板（横望板、顺望板、博缝板等）、大小连檐又将各椽连接在一起，更加强了木构架之间的整体拉接和联系；同时，建筑物两端通过角梁、翼角椽、翘飞椽的组合，又形成了传统建筑飞檐翘角的特有造型（图 2-46～图 2-48）。

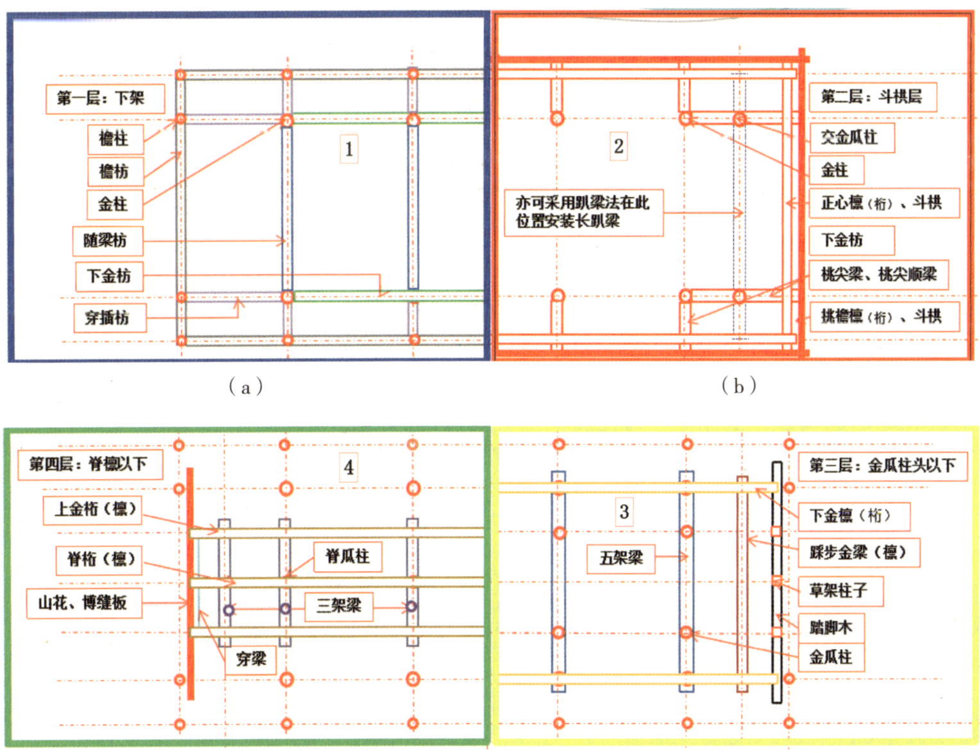

（a）（b）（c）（d）

图 2-46　歇山木构架构造组合——分层构造平面

(a)

(b)

(c)

图 2-47　歇山木构架构造组合——分层构造示意 1

木构下架；斗栱层；上金瓜柱柱头以下；脊檩（扶脊木）以下

(a) 木构架：下架

(b) 斗栱层 1

(c) 斗栱层 2

(d) 上架 1

(e) 上架 2

(f) 上架 3

(g) 上架 4

(h) 上架 5

(i) 上架 6

（j）上架 7

（k）上架 8

（l）上架 9

（m）两尽端上架 10

（n）木基层 11

（o）歇山木构架

图 2-48　歇山木构架构造组合——分层构造示意 2

歇山建筑木构架步架、踩步金、收山分位尺度规定如下。

（1）步架分位——4～4.5 桁径或 22 斗口（以斗栱攒当酌定）。

（2）踩步金分位——同廊（檐）步架（檐步方角不动）。

（3）收山分位——由山面檐檩（桁）中向内返 1 檩（桁）径为山花板外皮，即博缝板里皮。

四、庑殿木构架的组合特点及构造

（一）庑殿木构架的尺度法则

木构架的权衡尺度除《通则》中所列出的通用尺度外，不同的建筑形式又各自有着不同的尺度规定，在庑殿建筑木构架中称“推山法则”。

1. 推山做法

庑殿建筑的一大特色就是屋顶的四条垂脊从平面看不是一道 45°（方角建筑）的通长直线，而是由若干大于 45° 的分段直线组成的折线与正脊交汇，这时，与正脊的最终交汇点就会向两山推出；从立面看，这些除檐步段外（檐步方角不动）的每分段直线与对应高度的檩木相交，在屋顶前后檐和两山形成坡度不等的屋顶坡面，前后檐坡度和缓，两山坡度陡峻。这就是庑殿推山的外形特点：正脊加长，两山坡面陡峻，垂脊曲线弯折和缓。详见图 2-49、图 2-50。

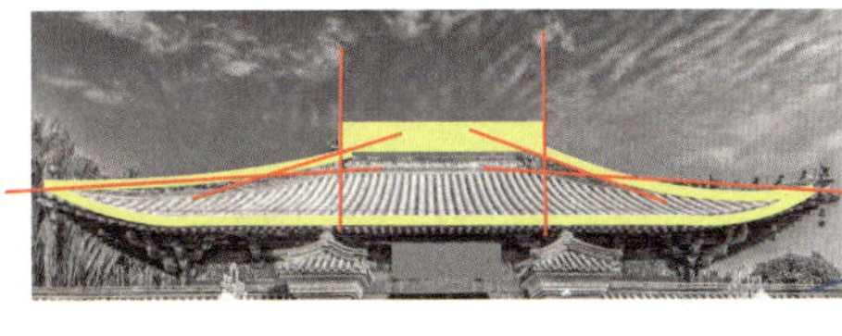

（a）

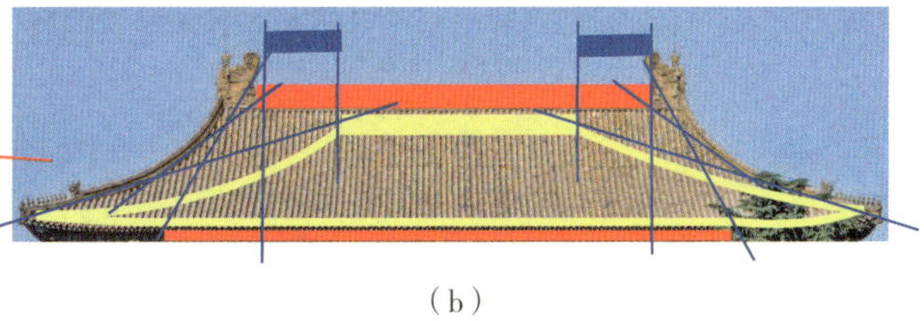

（b）

图 2-49　庑殿建筑——推山屋面与不推山屋面对比

不推山屋面；推山屋面；推山尺度

注：图片为顾准先生、吴世昌先生拍摄。

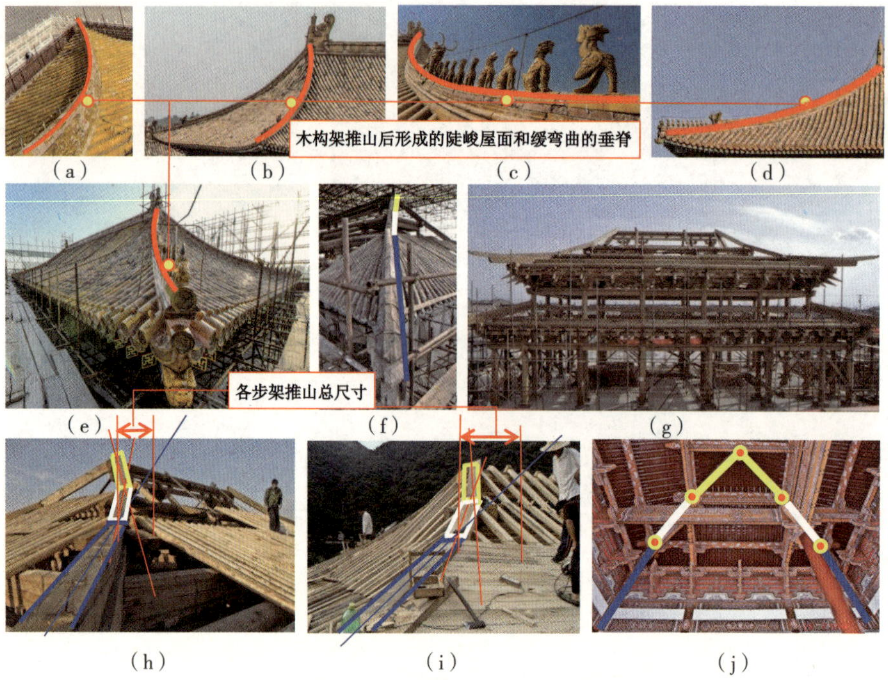

图 2-50　庑殿木构架推山示意及推山后形成的屋脊曲线

上段由戗；下段由戗；老、仔角梁

注：部分图片为顾准先生、吴世昌先生拍摄。

2. 推山法则

当每山面步架相同时，第一步（檐步）方角不动，从（下）金步起至脊步每步递减上一步架尺寸的一成（即 1/10）。

当每山面步架不相同时，第一步（檐步）方角不动，由（下）金步开始，递减自身步架尺寸的一成（即 1/10）；再依（下）金步推山后的中向上按中或上金步自身步架尺寸递减一成（即 1/10）；依此类推，直至脊步。详见图 2-51～图 2-54。

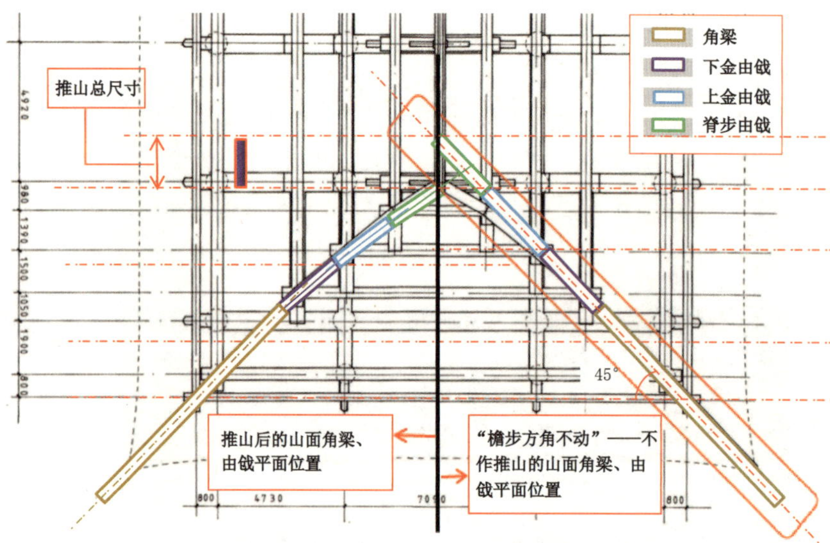

图 2-51　明庑殿建筑——景德崇圣殿上檐木构架实测平面图

注：本图为笔者于 1989 年实测绘制的“推山构架”平面图，图中▭部分为虚拟的不做推山的山面梁架平面位置，以做推山山面梁架位置对比之用。

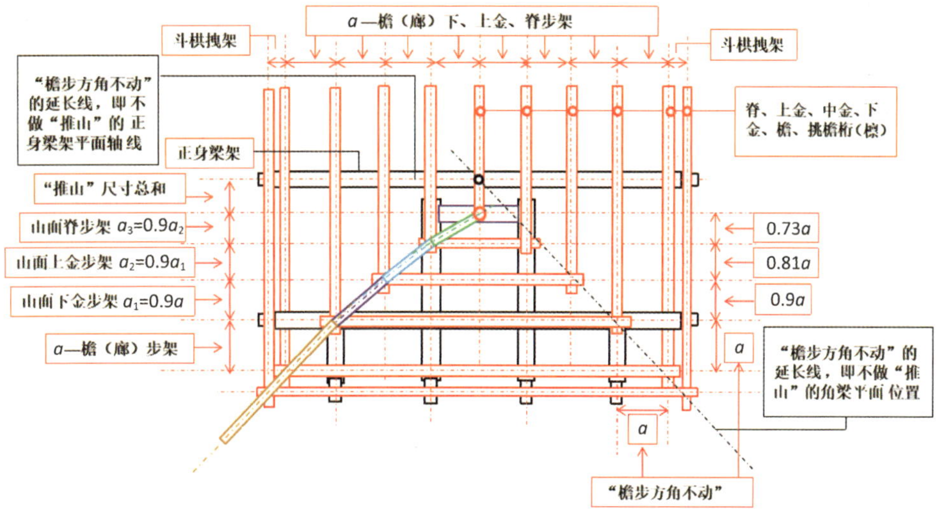

图 2-52　庑殿建筑推山方法 1——山面每步架相同时的推山方法

老、仔角梁；下金步由戗；上金步由戗；脊步由戗

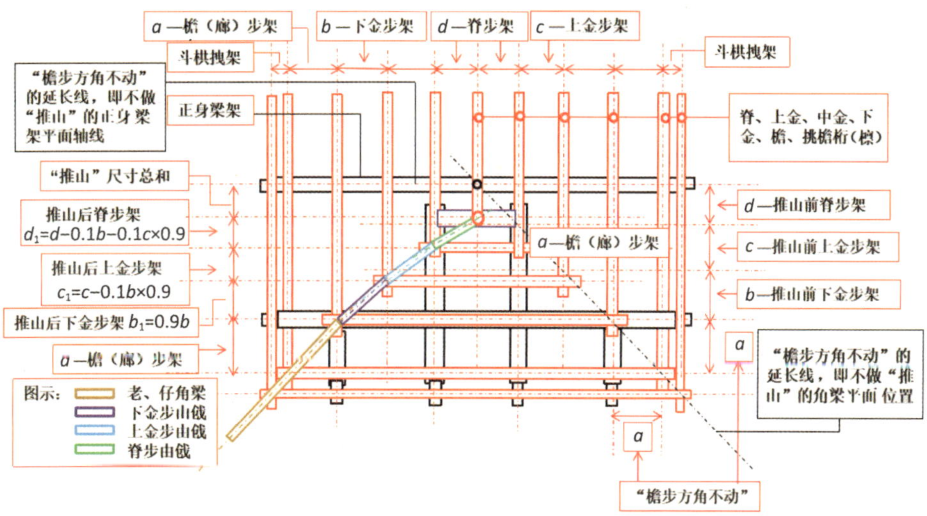

图 2-53　庑殿建筑推山方法 2——山面每步架不相同时的推山方法

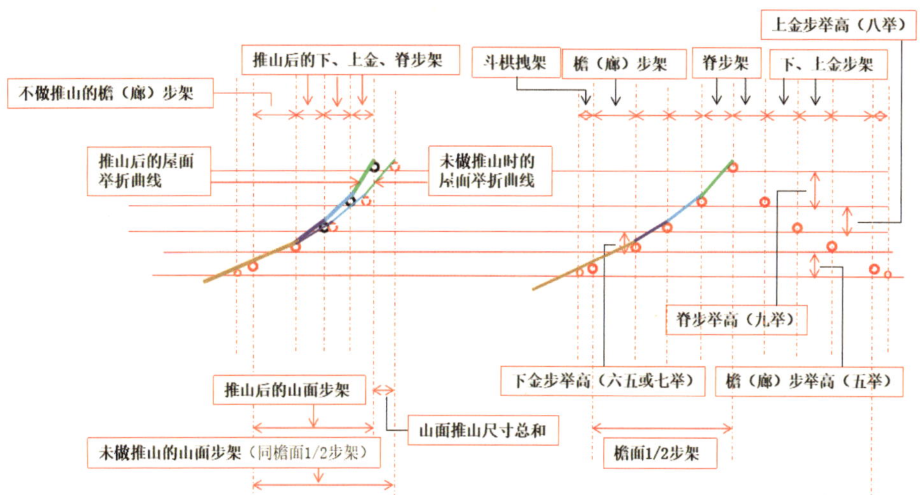

（a）推山后的山面梁架举折示意及对比　　（b）檐面梁架举折示意

图 2-54　庑殿建筑推山方法 3——檐面、山面推山举折定位方法

（二）庑殿木构架的组合特点及特有构件（以七檩单檐带斗栱庑殿木构架为例）

1. 组合特点

庑殿建筑木构架与歇山建筑木构架的组合特点在正身构架上没有区别，区别主要在两个山面木构架的构造上。由于庑殿建筑的屋面造型决定了它在山面木构架上也要一坡到顶，而且构架的举度、举架上也要按照权衡中推山法则的尺度要求与正身木构架有所区别。为了满足这个要求，庑殿两山木构架在构件的配置上做了一些增减（图 2-55～图 2-57）。

2. 特有的构件

庑殿木构架中特有的构件有由戗、太平梁、雷公柱（图 2-58）。

由于庑殿建筑两山木构架的四坡到顶的屋面造型决定了它要求两山面木构架中的檩、椽与正身前后坡木构架中檩、椽水平交圈，同时需要在山面檩木下据庑殿建筑推山的尺度要求配置相应的承托构件长趴梁、短趴梁或顺趴梁、顺梁等，还需要配置一些特有构件以满足庑殿建筑屋面的外形要求。

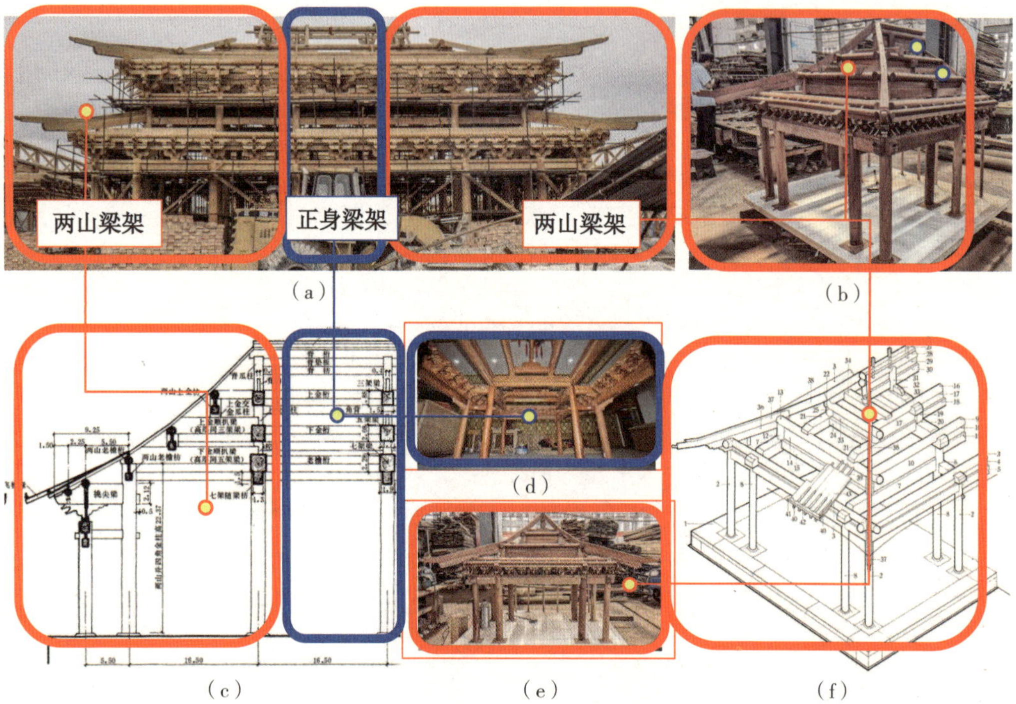

图 2-55　庑殿木构架：两山与正身梁架区分

注：图（c）（f）引自《中国古代建筑技术史》。

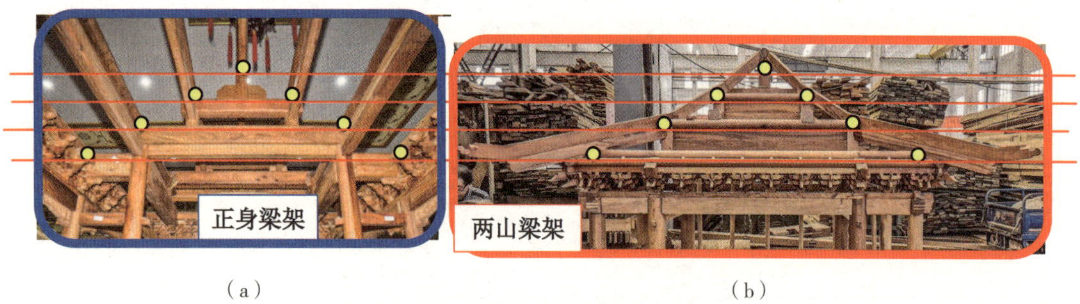

图 2-56　庑殿木构架：两山梁架与正身梁架各檩（桁）标高对应

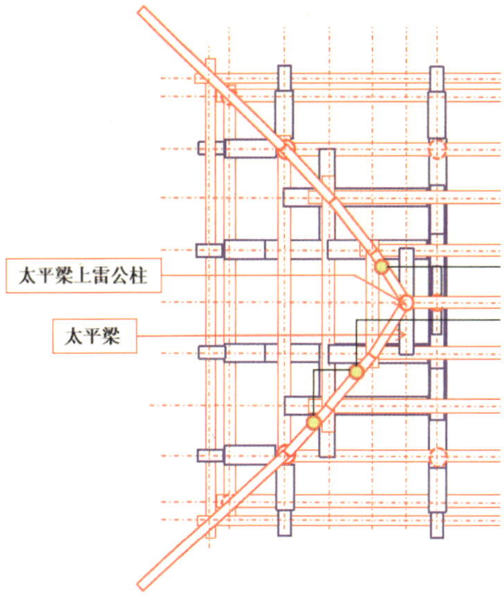

图 2-57　庑殿梁架（顺梁法）平面

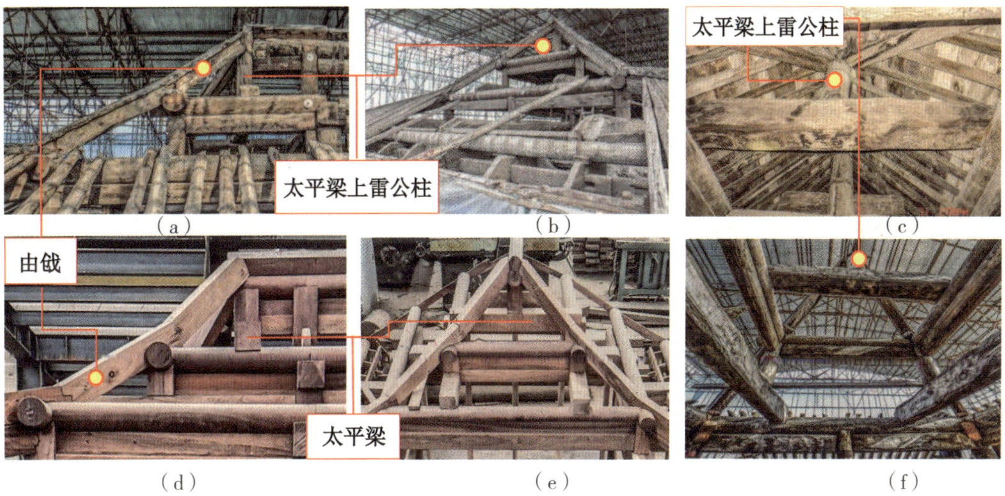

图 2-58　庑殿梁架特有构件：太平梁、太平梁上雷公柱

（三）庑殿木构架的构造

庑殿木构架也是根据屋顶造型要求搭建起来的建筑整体骨架。根据外形的需要，在它的山（两尽端）面构架中按前后檐面（下）金檩位置加装两道桃尖顺梁（也可根据实际情况加装顺趴梁或长趴梁）以承托前后檐（下）金檩、垫板、檩枋，并按前后檐步架尺寸（檐步方角不动）在山面加装了与檐面（下）金檩相交的一根（下）金檩，并在檩下方安装檩垫板、檩枋；有上金檩的木构架按同样的方法安装相应的构件；在（上）金檩相应的位置上安装太平梁、雷公柱以承托脊檩、扶脊木；需要注意的是（下）金檩以上至脊檩，山面各檩的平面定位需按照推山法规定的尺度进行调整。同时，在各檩的水平高度上一定要保证两山面与前后檐交圈一致，这样才能保证屋面的推山效果（图 2-56～图 2-58）。

在清《工程做法》大木大、小式做法通例（间架结构定分通则）中，对庑殿建筑木结构各部位的权衡尺度有着详细明确的规定，以“九檩单檐庑殿转角周围廊单翘重昂斗口二寸五分大木做法”（图 2-59、图 2-60）及“七檩单檐带斗栱庑殿前后廊建筑”（图 2-61）为例试做解读。

说明：由于庑殿建筑与歇山建筑在权衡尺度上有多处交集，本书仅对庑殿与歇山建筑不同之处做详解，相同的地方本书略。

建筑分类	斗口材分	间架柱位平面布局（地盘）							檐柱高	
		面阔（横广）				进深（纵深）			高度	直径
		明间	两次间	两梢间	左右廊子	两山明间	两山次间	前后廊子		
九檩单檐庑殿周围廊单翘重昂斗口二寸五分大木做法	斗口二寸五分	斗科七攒77斗口	各斗科六攒66斗口	各斗科六或五攒66或55斗口	各斗科二攒22斗口	斗科四攒44斗口	各斗科四攒44斗口	各斗科二攒22斗口	通高70斗口，净高58.8斗口	6斗口
		通面阔385斗口或363斗口				通进深176斗口				

（a）

步架深					举架高					上檐出（上檐平出）			附注
檐步或廊步	金步			脊步	檐步或廊步	金步			脊步	①平出基数	②斗科外拽架长	①+②通平出	
	下金步	中金步	上金步			下金步	中金步	上金步					
廊步22斗口	22斗口		22斗口	22斗口	0.5廊步深11斗口	0.7下金步深15.4斗口		0.8上金步深17.6斗口	0.9脊步深19.8斗口	0.3檐柱通高21斗口	9斗口	30斗口	原书未注明开间间数，本表按五开间示例，两山分三间（显三间做法，身里用七架通架承重，不分间，单翘重昂斗科（七材斗科），通高11.2斗口（大斗底至撑头木上皮一平水高度），每攒通宽规定按11斗口计算。以下二例同
前坡各步合计88斗口后坡同由檐平水至脊平水通高63.8 斗口													

（b）

图 2-59　清代九檩单檐庑殿周围廊单翘重昂斗口二寸五分大木做法各部权衡尺度表

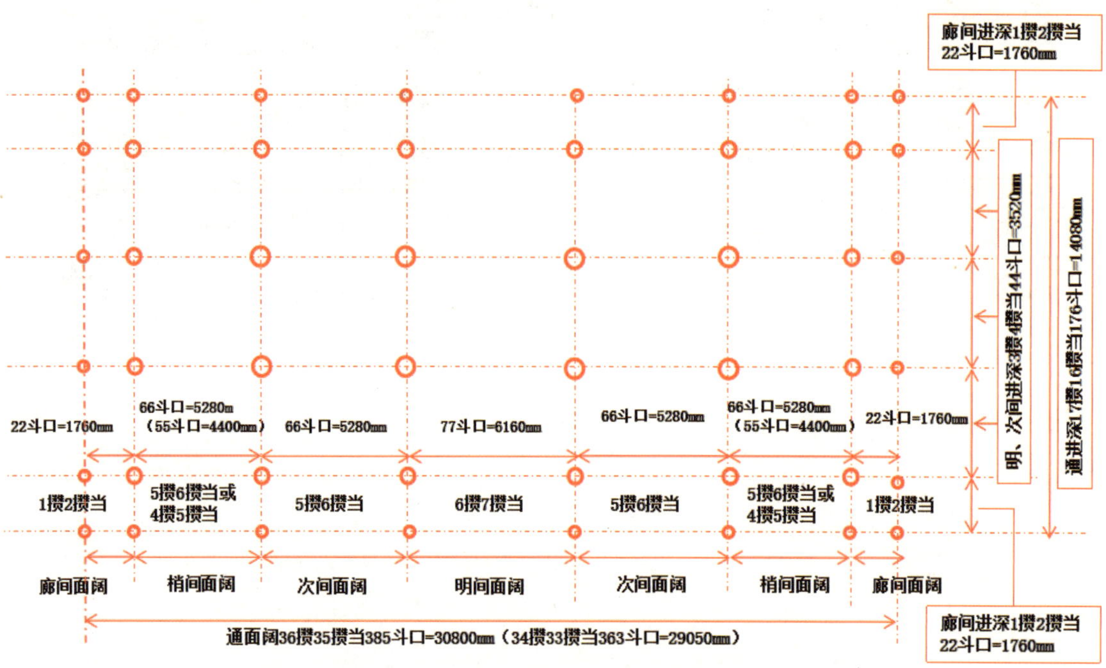

图 2-60　九檩单檐庑殿周围廊单翘重昂斗口二寸五分做法平面图

庑殿建筑分层木构架七檩单檐带斗栱庑殿前后廊建筑木构架平面为例。

木构架以檐、金柱头为界，柱头以下为下架；带斗栱建筑柱头以上为斗栱层；斗栱层以上为上架；屋檩以上为木基层。

1. 下架

由柱（檐柱、金柱等）、枋（檐枋、额枋、老檐枋、穿插枋等）、梁（随梁等）等构成，由这些构件相互拉结，在建筑平面的柱头上又形成了若干个水平框架。

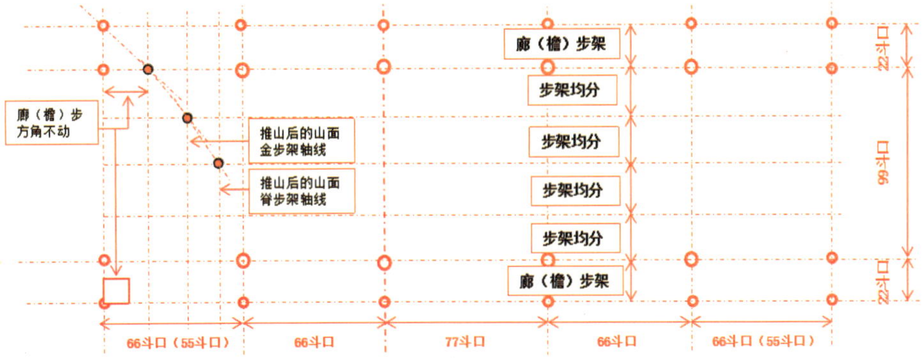

图 2-61　七檩单檐带斗栱庑殿前后廊建筑木构架平面图

2. 斗栱层

由平板枋、正心枋、拽架枋及横、纵向斗栱构件构成，由这些构件相互拉结，在建筑平面的柱头上又形成了若干个水平框架。

3. 正身上架

由柱（金柱、脊瓜柱等）、枋（金枋、脊枋等）、梁（抱头梁、桃尖梁、三架梁、五架梁等）、檩（檐檩、金檩、脊檩等）、板（金垫板、脊垫板、角背等）构成，在下架上又组合成若干个水平框架，依靠构件自身的重量叠压在一起，形成相互拉接的“上架”。

4. 两尽端上架

两尽端开间顺梁、长短趴梁、太平梁、雷公柱、角梁、搭交檩等构件组合成庑殿形式木构架（图 2-62～图 2-66）。

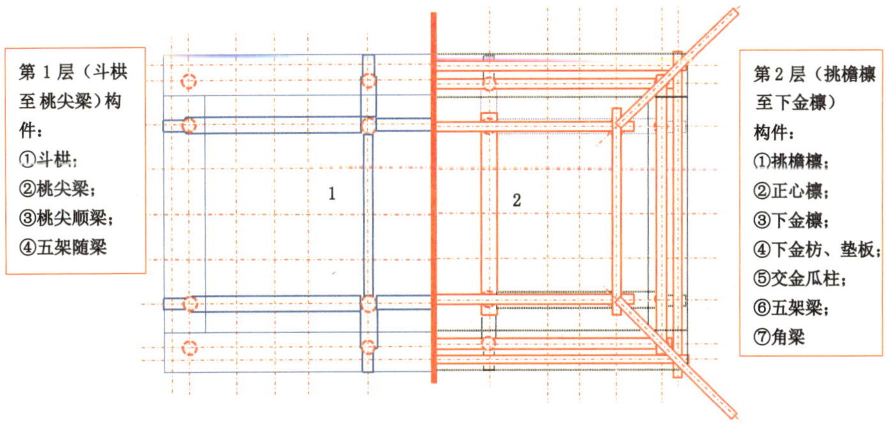

（a）第 1 层　　（b）第 2 层

图 2-62　七檩单檐带斗栱庑殿前后廊建筑两山木构架第 1、2 层平面示意

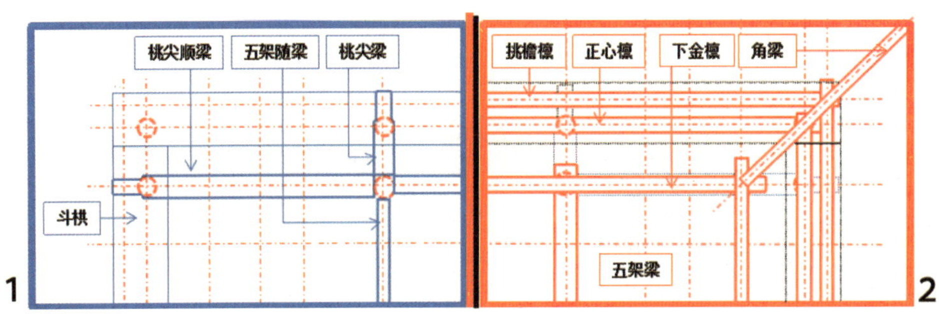

（a）第 1 层　　（b）第 2 层

图 2-63

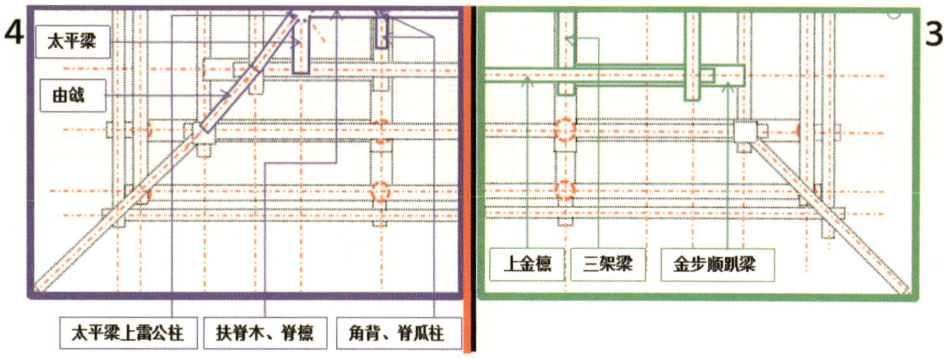

（c）第 4 层　　（d）第 3 层

图 2-63　七檩单檐带斗栱庑殿前后廊建筑两山木构架第 1～4 层平面示意

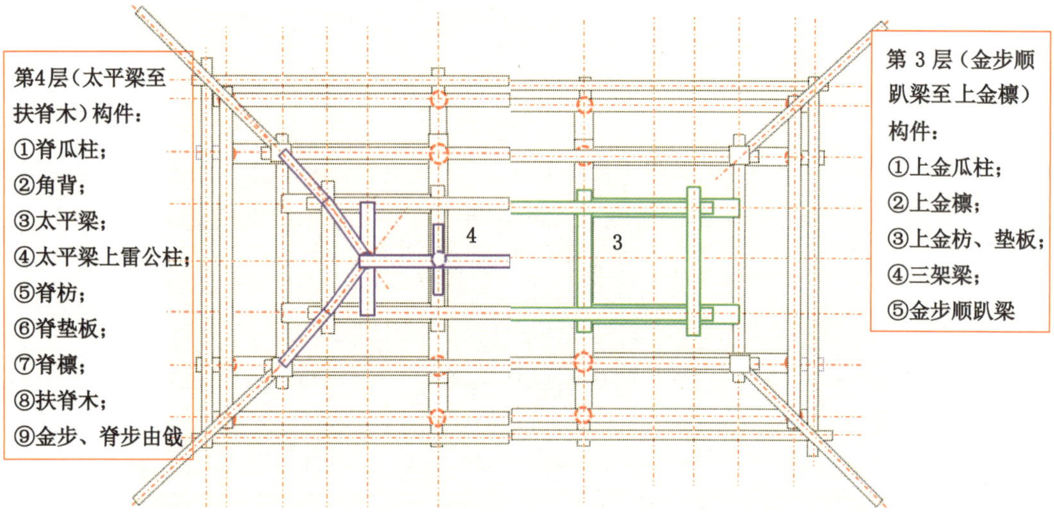

（a）第 4 层　　（b）第 3 层

图 2-64　七檩单檐带斗栱庑殿前后廊建筑两山木构上架第 3、4 层平面示意

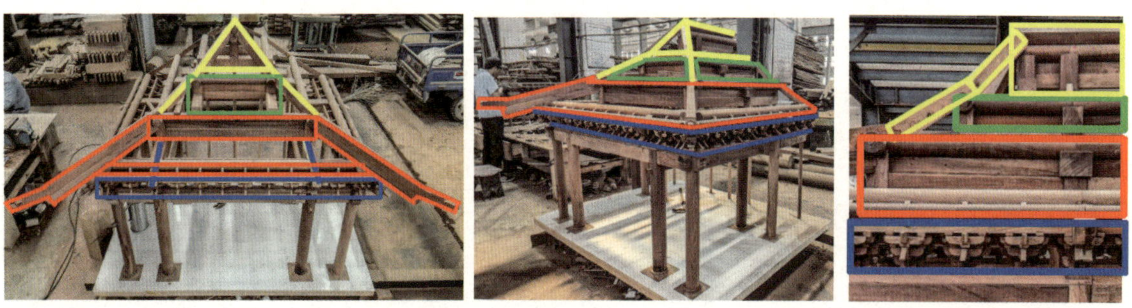

（a）　　（b）　　（c）

图 2-65　七檩单檐庑殿前后廊建筑两山木构上架第 1～4 层示意

注：图中 ▬ 线对应平面图中 ▬ 线。

（a）　　（b）　　（c）

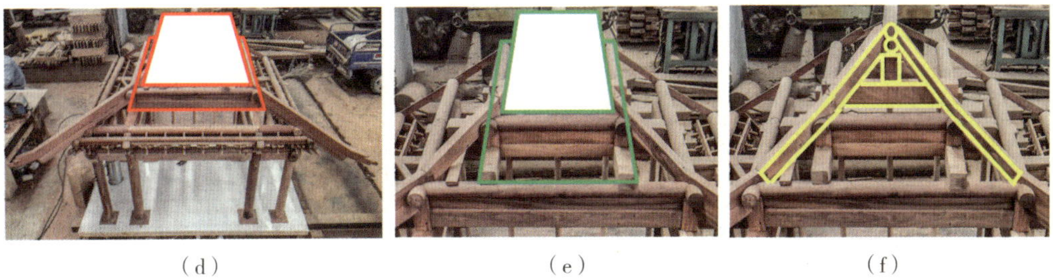

图 2-66　庑殿建筑两山木构架分层示意

注：图（a）（b）为两山木构上架第 1 层：斗栱、桃尖梁、桃尖顺梁；图（c）（d）为两山木构上架第 2 层：挑檐檩、正心檩、下金檩、下金枋、下金垫板、交金瓜柱、五架梁、角梁；图（e）为两山木构上架第 3 层：上金瓜柱、上金檩、上金枋、垫板、三架梁、金步顺趴梁；图（f）为两山木构上架第 4 层：脊瓜柱、角背、太平梁、太平梁上雷公柱、脊枋、脊垫板、脊檩、扶脊木、金步、脊步由戗。

5. 木基层

椽（檐椽、飞椽、花架椽、脑椽、翼角椽、翘飞椽、蜈蚣椽等）将各檩连接在一起，板（横望板、顺望板）、大小连檐又将各椽连接在一起，更加强了木构架之间的整体拉接和联系；同时，建筑物两端通过角梁、翼角椽、翘飞椽的组合，又形成了传统建筑飞檐翘角的特有造型（图 2-67）。

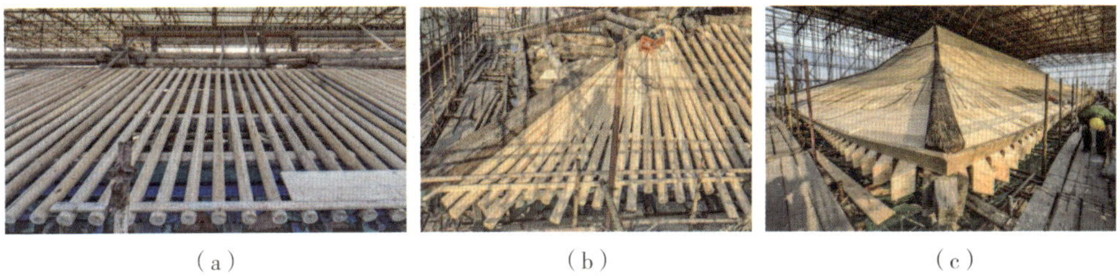

图 2-67　木基层：檐椽、飞椽、翼角椽、翘飞椽、大连檐、小连檐、望板

（四）参考案例

在《工程做法注释》中关于九檩单檐带斗栱庑殿周围廊建筑各部位的权衡尺度有着详细明确的规定（详见图 2-59），现对此类建筑的木构架平面及上架大木构造组合进行详解，详见图 2-68～图 2-70。

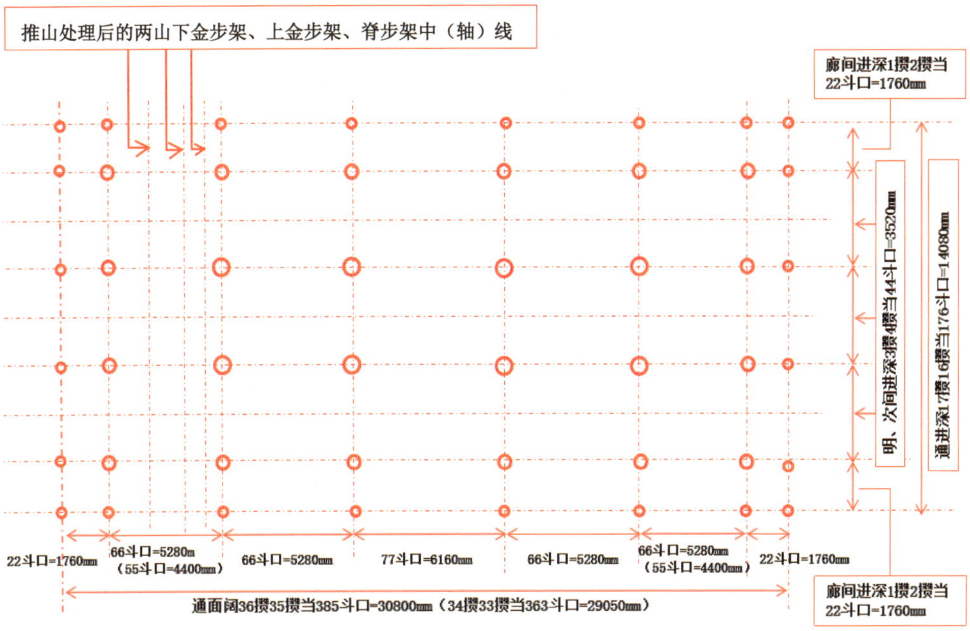

图 2-68　九檩单檐庑殿周围廊建筑木构架平面图

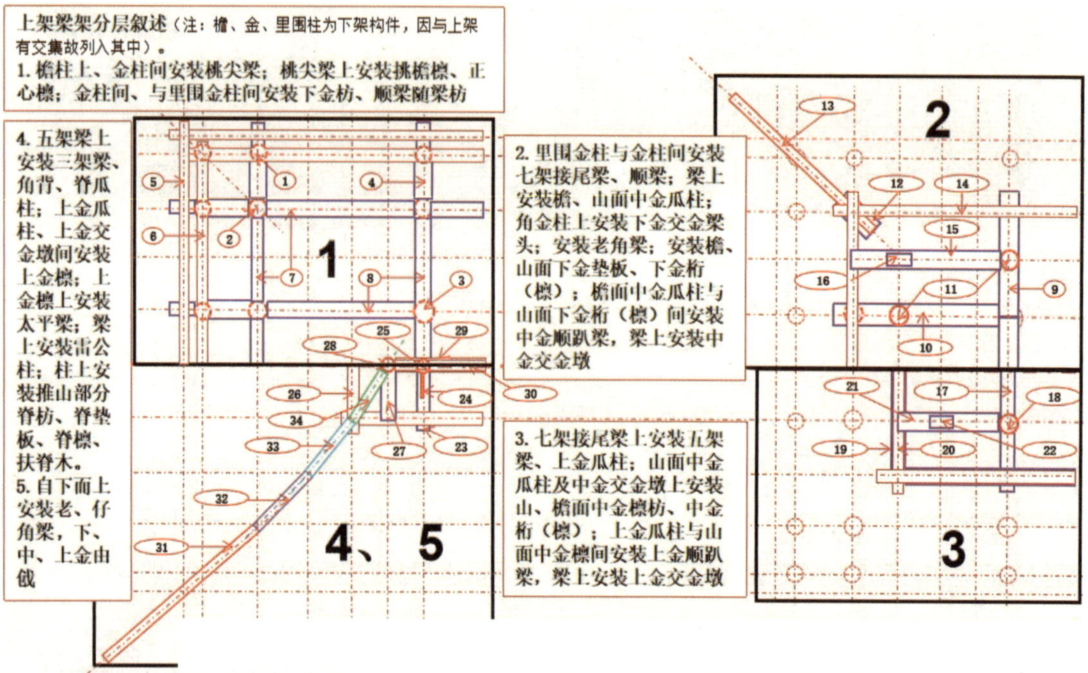

图 2-69　九檩庑殿木构架构造组合——构架推山、构件配置、组合示意 1

1—檐柱；2—金柱；3—里围金柱；4—桃尖梁；5—挑檐桁（檩）；6—正心桁（檩）；7—下金枋；8—接尾梁、顺梁随梁枋；9—七架（接尾）梁；10—顺梁；11—中金瓜柱；12—下金交金梁头；13—老角梁；14—下金桁（檩）；15—中金顺趴梁；16—中金交金墩；17—五架梁；18—上金瓜柱；19—中金檩枋；20—中金檩；21—上金顺趴梁；22—上金交金墩；23—三架梁；24—角背；25—脊瓜柱；26—上金檩；27—太平梁；28—雷公柱；29—脊檩；30—扶脊木；31—仔角梁；32—下金由戗；33—中金由戗；34—上金由戗

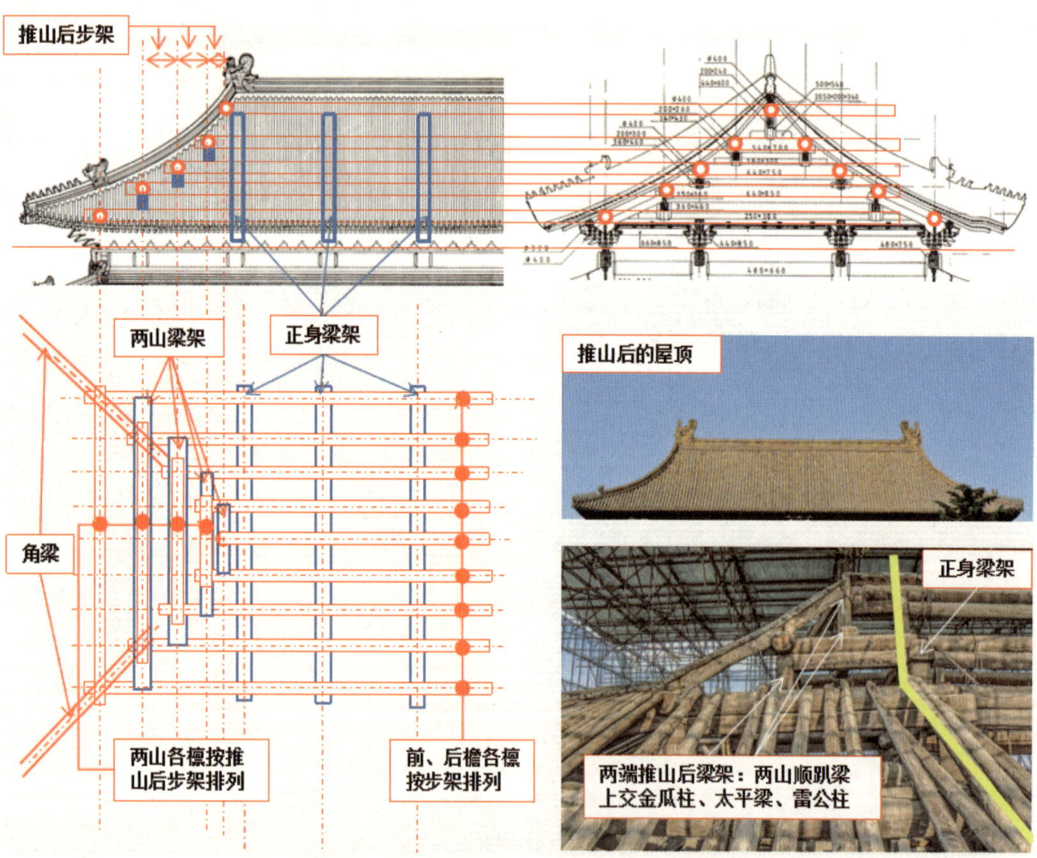

图 2-70　九檩庑殿木构架构造组合——构架推山、构件配置、组合示意 2

五、攒尖木构架的组合特点及构造

（一）攒尖木构架的尺度法则

攒尖木构架实际上是由三坡或多坡屋面木构架组合在一起形成的一个多边形的整体木构架。由于各坡木构架的举架相同，不存在类似庑殿两山木构架的“推山”要求，所以，木构架及木构件的权衡尺度、构件定尺与其他建筑类同，也没有类似“四大法则”的外形尺度控制，只是照搬通用的建筑屋面举折尺度即可。有所不同的是，攒尖建筑面宽与柱高的权衡比例应与其他建筑大致 10∶8 的明间宽高比有一些区别，特别是用在园林中作为缀景的亭子，其柱高可根据位置、周边环境及用途做适当调整。其他均参考对应的无斗栱、带斗栱建筑的权衡尺度及构件定尺。

（二）攒尖木构架的组合特点及特有构件

1. 组合特点

攒尖木构架就是把屋面前后檐面各步架的檩木复制到建筑的两侧山面，转角交圈，与庑殿木构架类似，只是不做推山，各坡面步架尺度、举折相同。

从组合上说，攒尖木构架就是由一个个方形或多边形檩木框架层层叠落在一起，最后与四角或多角中心设置的雷公柱交汇，形成一个各坡对称、宝顶凸起的攒尖坡屋面。

攒尖建筑木构架的组合特点是：一是利用长、短趴梁或抹角梁来完成各个檩木框架交点的支撑；二是转角角梁、各步架由戗直达中心，悬空榫托雷公柱（图 2–71）。

（a）

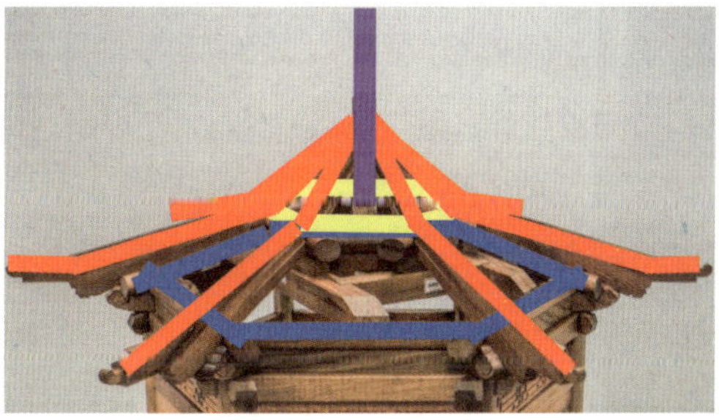

（b）

图 2–71 单步架四方、六方攒尖木构架组合示意

图中 ▬ 为第一层檩木框架；▬ 为第二层檩木框架；▬ 为角梁、由戗；▬ 为雷公柱

2. 特有的构件

攒尖木构架中多用的木构件：长趴梁、短趴梁；抹角梁；老角梁、仔角梁；太平梁；由戗；雷公（垂莲）柱（图 2–72～图 2–74）。

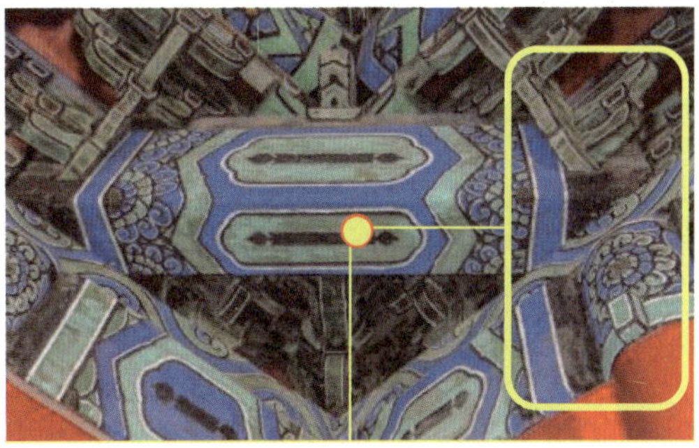

图 2–72 柱头梁做法：抹角梁

（a）　　（b）　　（c）

图 2-73　趴梁做法的抹角梁

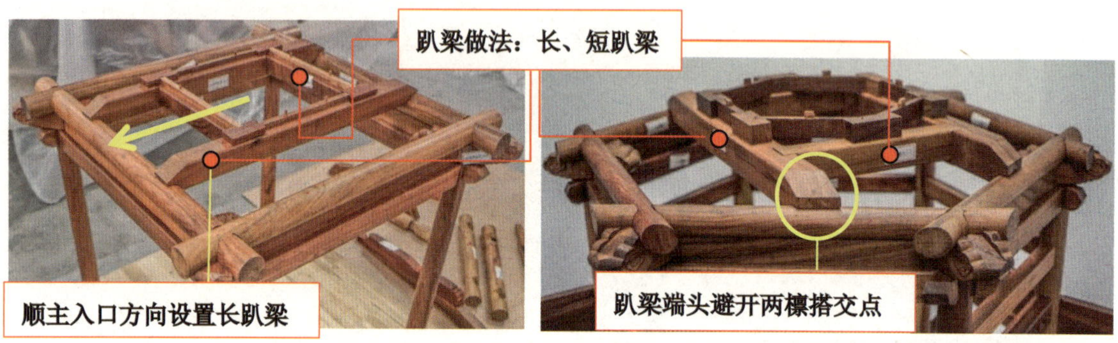

（a）　　（b）

图 2-74　长、短趴梁设置方向

（三）攒尖木构架的构造

攒尖木构架与其他类型木构架的构造有所不同，由于没有正脊，所以就没有正身木构架，完全是其他类型建筑物正身坡面木构架按多边形数量、角度的复制交圈；同时以承托宝顶的雷公柱为中心，根据建筑物造型按权衡规定的举折尺度以交圈檩木为分层构架向外、向下扩延；各檩木交接点下方跨度较小的建筑采用长、短趴梁承托；跨度较大的建筑采用抹角梁承托；按各边出角的角度平分线、数量安装角梁、由戗等翼角构件，最终与雷公柱榫接（亦可采用太平梁承托）（图 2-75）。

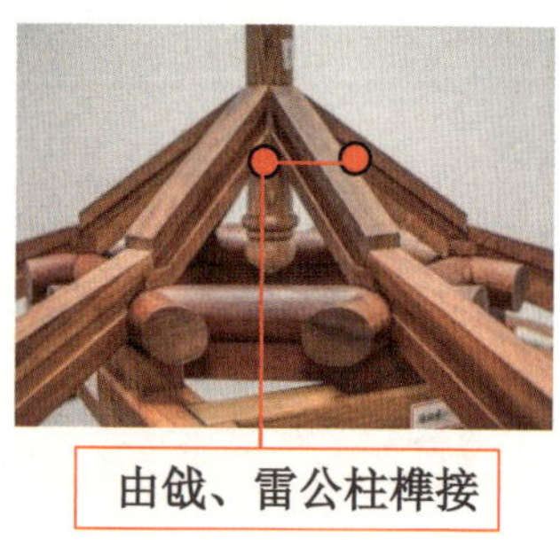

图 2-75　由戗、雷公柱榫接示意

构造做法描述如下。

攒尖木构架每一坡面的木构架构造相同，各坡檩木（檐檩、下金檩、中金檩、上金檩、檩枋等）水平交圈搭接，没有山面、檐面之分。

构架平面按自身体量参考权衡尺度分出檐、金步架（下金步架、上金步架）、脊步架，举折比例同其他屋面。各坡檩木搭交点设置承托构件；通常体量、跨度小的设置长、短趴梁，体量、跨度大的设置抹角梁，并在梁上设置交金墩、交金瓜柱或交金童柱以承托角梁、由戗。

各檩木转角交接点也就是各坡面转角相交部位安装角梁、由戗（下金由戗、上金由戗），各坡面脊步架由戗按举折高度交汇于建筑中心点，入榫悬空榫托雷公柱。雷公柱两种做法：一种是下脚悬空，靠建筑脊步架转角部位设置的四根或多根由戗（根据建筑平面造型定，四方形四根，六方形六根）做榫，插入雷公柱榫托屋顶宝顶；另一种是在雷公柱下脚安装一道趴梁，直接承托雷公柱，与庑殿木构架中的太平梁做法相仿，虽然不如雷公垂柱做法美观，但安全可靠，适用于大体量建筑安有琉璃宝顶的屋面。

四方形攒尖木构上架平面：趴梁做法与抹角梁做法如图 2-76 所示。

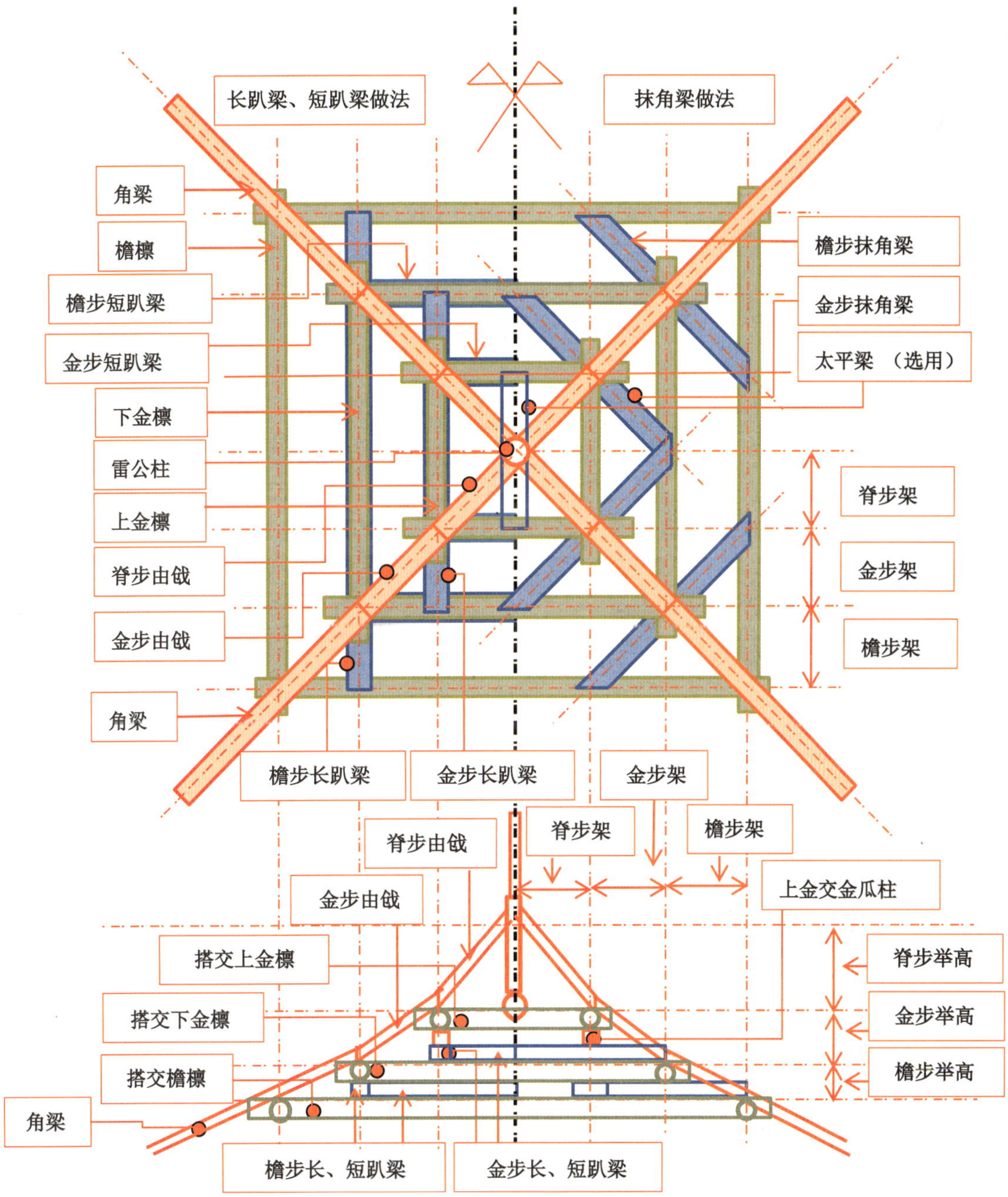

图 2-76 四方形攒尖木构上架平面：趴梁做法与抹角梁做法示意

攒尖建筑木构架中需要特别注意的几个部位做法。

① 长、短趴梁和抹角梁的选择确定。通常体量、跨度小的设置长、短趴梁；体量、跨度大的设置抹角梁。

② 趴梁做法和柱头梁做法的选择确定。通常情况下，梁头下方没有设置柱子的按趴梁做法做，有长趴梁、抹角梁；梁头下方有柱子按柱头梁做法做，有正身梁、顺梁、抹角梁。

③ 长、短趴梁的设置方向。通常情况下方形建筑长趴梁顺建筑物主方向设置，短趴梁垂直于长趴梁设置；多边形建筑长趴梁、短趴梁梁头以避开柱头、两檩搭接位置为好。

④ 由戗端头与垂柱必须榫接插入；下脚与下段由戗或角梁必须榫接（安装时打孔下铁钉与下方檩木固定）。

攒尖建筑分层木构架以图 2-77～图 2-80 为案例进行介绍。

（a）　（b）　（c）

图 2-77　攒尖木构架分层示意：下架、上架第 1 层

（a）　（b）　（c）

图 2-78　攒尖木构架分层示意：上架第 2～4 层

图 2-79　攒尖木构架：大木整体构架

图 2-80　攒尖木构架：木基层

木构架以檐、金柱头为界，柱头以下为下架；带斗栱建筑柱头以上为斗栱层；斗栱层以上为上架；屋檩以上为木基层。

下架：檐柱、箍头檐枋相互拉结构成下架水平框架（图 2-77）。

上架的第一层：角云、垫板（有斗栱建筑当中斗栱的安装位置）、搭交檐檩相互拉结形成第一层框架（图 2–77）。

上架的第二层：长趴梁、短趴梁或抹角梁与檐檩搭接形成第二层框架（图 2–78）。

上架的第三层：交金墩或交金瓜柱、金垫板及角梁、搭交金檩相互搭接、拉结形成第三层框架（图 2–78）。

上架的第四层：由戗榫入榫托雷公柱（或采用太平梁承托雷公柱）形成攒尖最上层框架（图 2–78）。

木基层：椽（檐椽、飞椽、花架椽、脑椽、翼角椽、翘飞椽、蜈蚣椽等椽）将各檩连接在一起，板（横望板、顺望板）、大小连檐又将各椽连接在一起，更加强了木构架之间的整体拉接和联系；同时，建筑物两端通过角梁、翼角椽、翘飞椽的组合，又形成了传统建筑飞檐翘角的特有造型（图 2–79 和图 2–80）。

（四）参考案例

六方形攒尖木构架分层构造见图 2–81。

五方形攒尖建筑梁架所用趴梁与其他多边形攒尖建筑有所不同，它一端趴于檩上，另一端与趴梁相交，这种做法俗称“驴赶驴”做法（图 2–82）。

（a）

（b）

（c）

（d）

图 2–81　六方形攒尖木构架分层构造示意

（a）

（b）

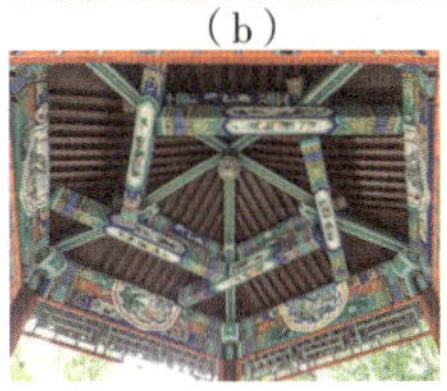

（c）

（d）

图 2–82　五方形攒尖建筑外形与梁架对应及做法示意

相关知识

下面对古建筑术语中的七水、八木、九把尺、十二种椽子做简要介绍。

（1）七水。七水包括披水、散水、砸水、泛水、出水、回水、吃水，属瓦作知识，本书不作详解。

（2）八木。八木包括扶脊木、踏脚木、替木、枕头木、沿边木、过木、菱角木、撑头木，详见图 2-83～图 2-90。此外，八木之外的“里口木”为明、清老做法名称，近代做法分解为两个构件，称为“小连檐、闸当板”；与“撑头木”相比其更应列在“八木”之内，如图 2-91 所示。

（3）九把尺。九把尺详见第六章第一节“原材加工及常用的量具、工具”。

（4）十二种椽子。十二种椽子包括檐椽、飞椽、花架椽、脑椽、哑巴椽、罗锅椽、边椽、板椽、翼角椽、翘飞椽、蜈蚣椽、牛耳椽，详见图 2-92～图 2-98。（注：还有一种椽子——软椽子：在钉脑椽之前固定脊瓜柱用的，现多不用了，故未列入其中。）

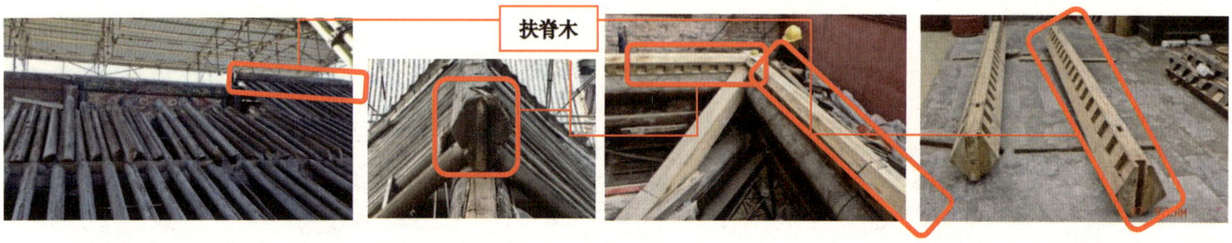

（a）（b）（c）（d）

图 2-83 扶脊木

（a）（b）

图 2-84 踏脚木

（a）（b）

图 2-85 替木

（a）（b）

图 2-86 枕头木

（a）（b）（c）（d）（e）

图 2-87 沿边木

（a）　（b）　（c）

图 2-88　过木

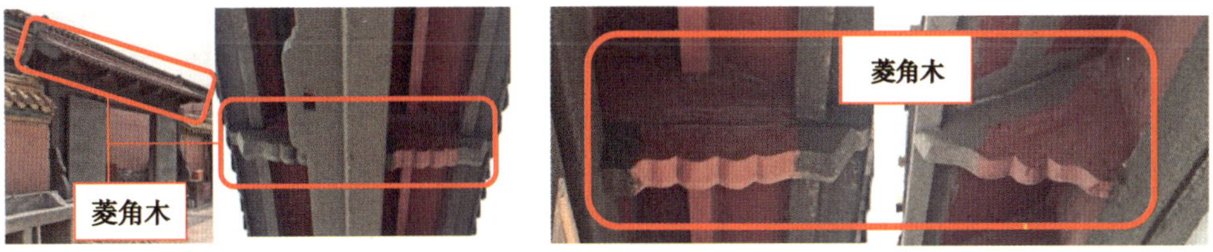

（a）　（b）　（c）　（d）

图 2-89　菱角木

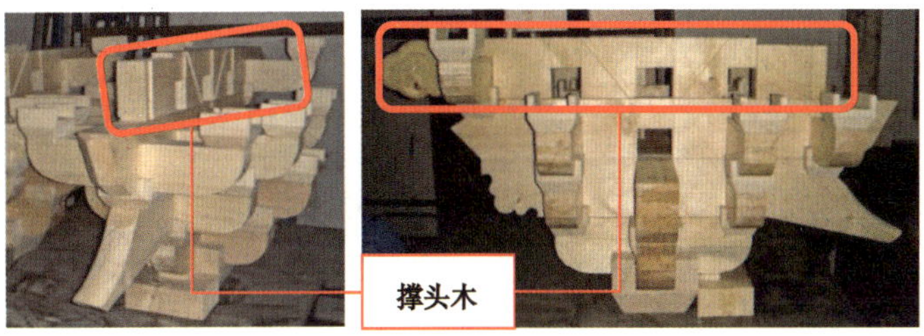

（a）　（b）

图 2-90　撑头木

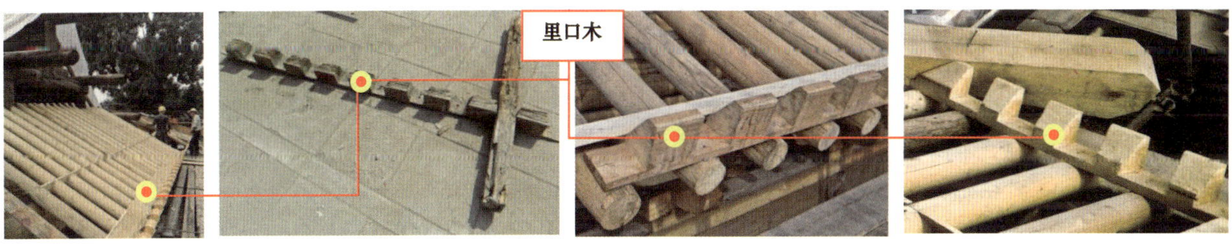

（a）　（b）　（c）　（d）

图 2-91　里口木

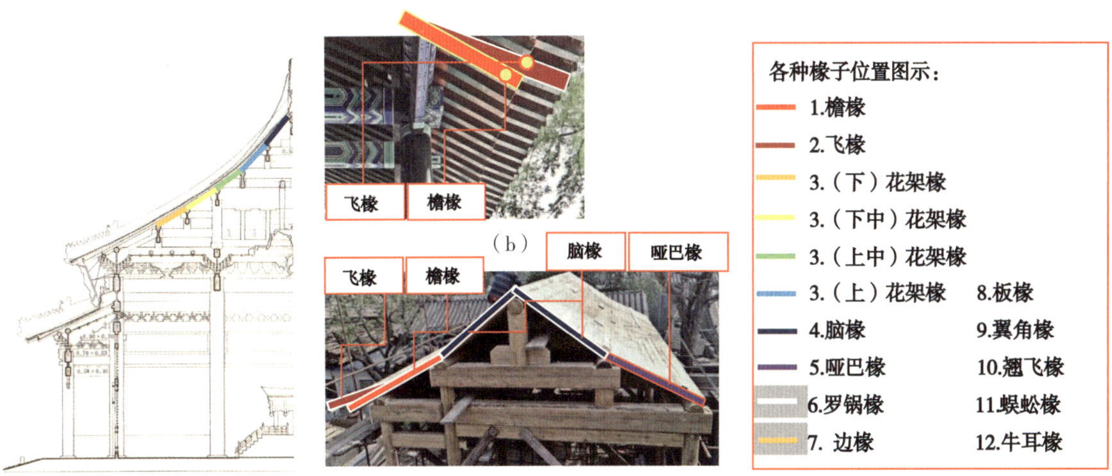

（a）　（c）

图 2-92　檐椽、飞椽、花架椽、脑椽、哑巴椽

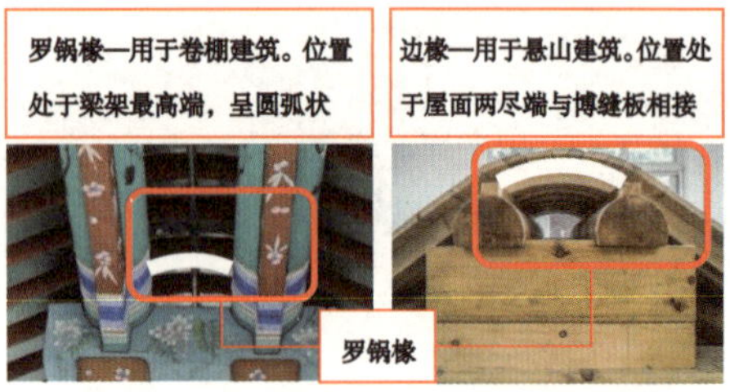

(a)　　(b)

图 2-93　罗锅椽

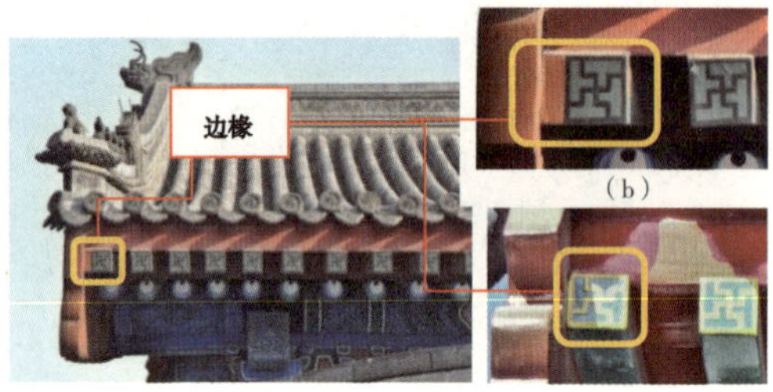

(a)　　(b)　　(c)

图 2-94　边椽

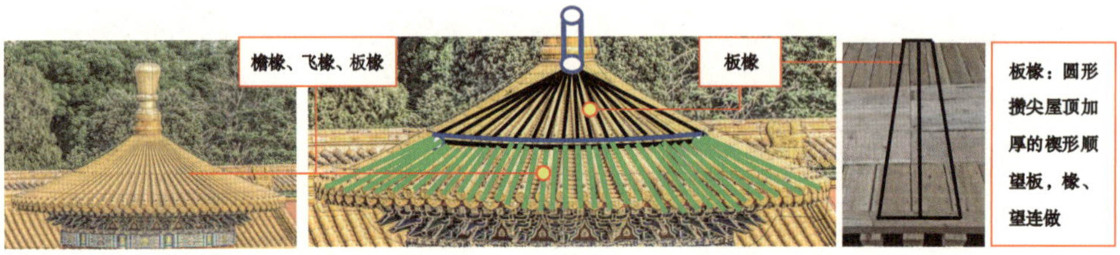

(a)　　(b)　　(c)

图 2-95　檐椽、飞椽、板椽

(a)　　(b)　　(c)

图 2-96　翼角：翼角椽、翘飞椽

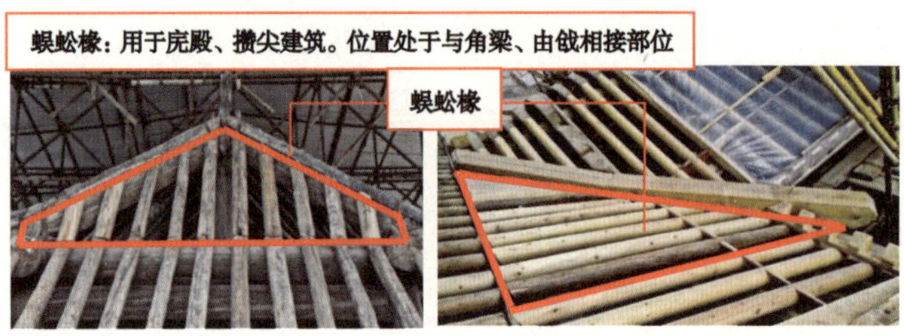

(a)　　(b)

图 2-97　蜈蚣椽

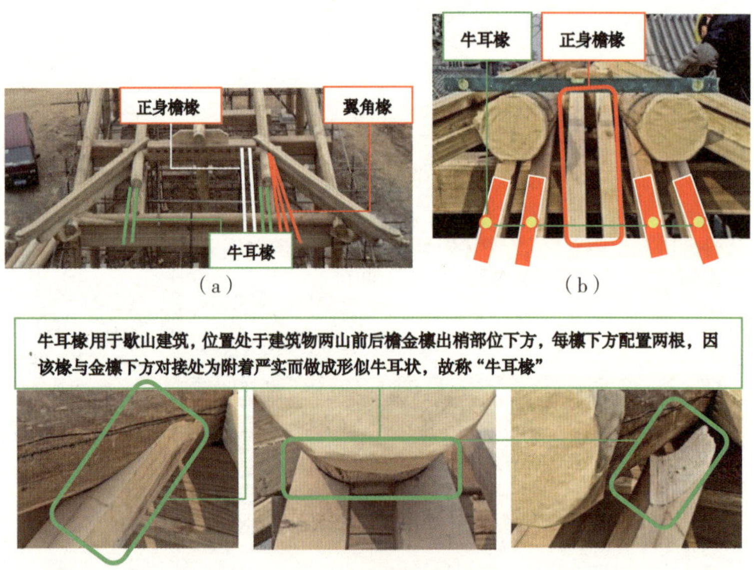

(a)　　(b)

(c)　　(d)　　(e)

图 2-98　牛耳椽

第三章

清官式建筑翼角

第一节 翼角的位置、构成与尺度

一、翼角的位置

在中国传统建筑中，最有辨识度的就是屋顶：出檐深远、曲线优美、反宇向阳，它四角昂扬翘起如鹏鸟展翅……被形象地称为“翼角”，详见图 3-1。

图 3-1 外转角（出角）、里掖角（窝角）示意

在清官式建筑中，翼角的构造是相对复杂的，构成它的每个构件都有着独特的形态和详细的制作方法与尺寸规定，相对木结构的其他部分来说，这部分的做法要更为繁杂，其技术含量更高。掌握它，对于专业人员特别是从事实际操作的人员来说代表着本人技术素质跃升到了更高的层次。

翼角是中国传统歇山、庑殿、攒尖建筑中屋檐转角部位的统称，从位置上区分为外转角，详见图 3-1（a）～（c）；里掖角，详见图 3-1（d）～（f）。它们的构成决定了各坡屋面檐口相交的独特形态，也造就了中国传统建筑极为灵动的优美外形。

外转角是歇山、庑殿、攒尖建筑中两个不同方向屋檐檐口外转相交的部位，亦称“出角”。

里掖角是歇山、庑殿、攒尖建筑中两个不同方向屋檐檐口内转相交的部位，亦称“窝角”。

平面位置指建筑物转角檐步架自金（或下金）檩中到出檐檐口这段距离，详见图 3-2～图 3-6；

立面位置指建筑物转角檐步架自金（或下金）檩上皮到出檐檐口这段高度，详见图 3-2～图 3-6。

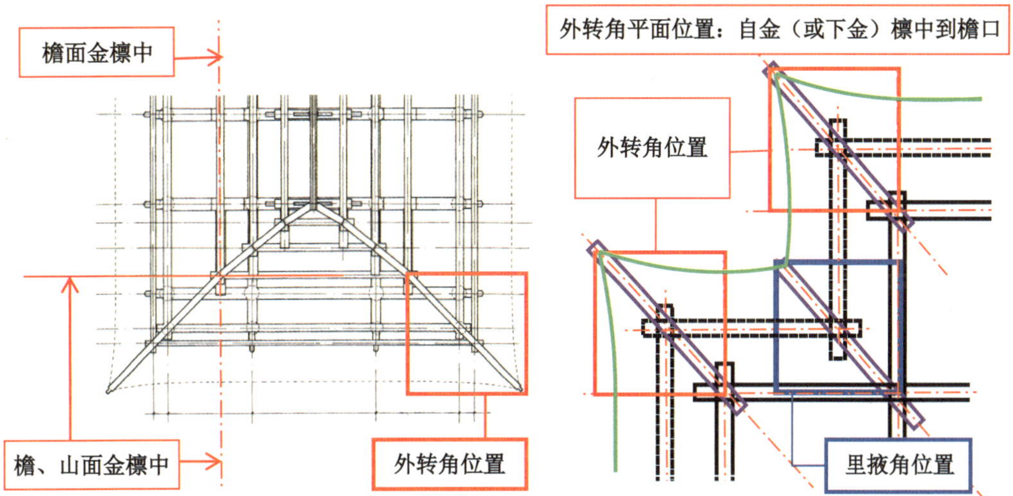

图 3-2 外转角、里掖角平面位置示意

外转角；里掖角；角梁；正心檩；金檩；檐口线

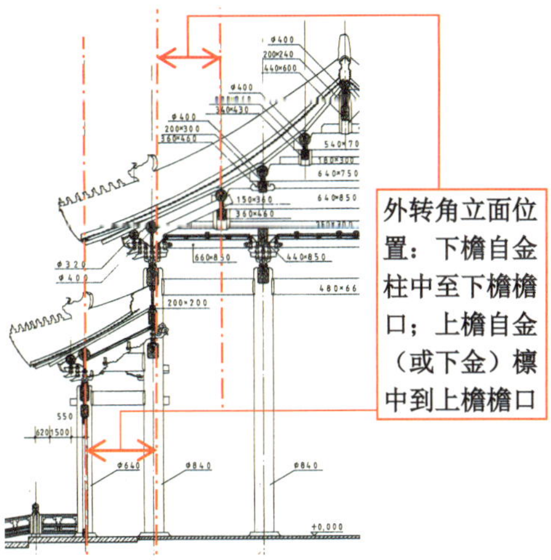

图 3-3 外转角的立面位置

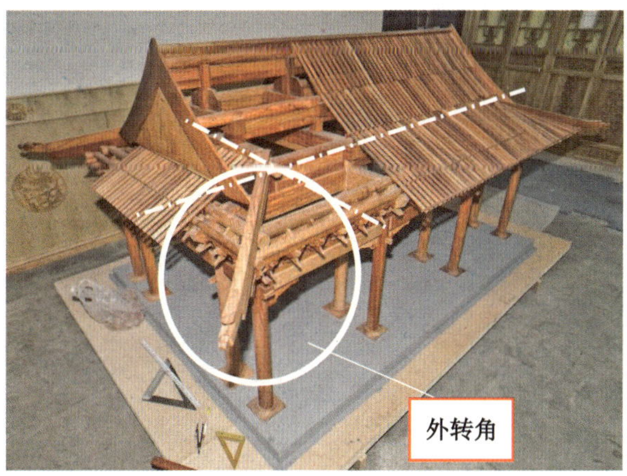

图 3-4 外转角位置示意

图 3-5 外转角

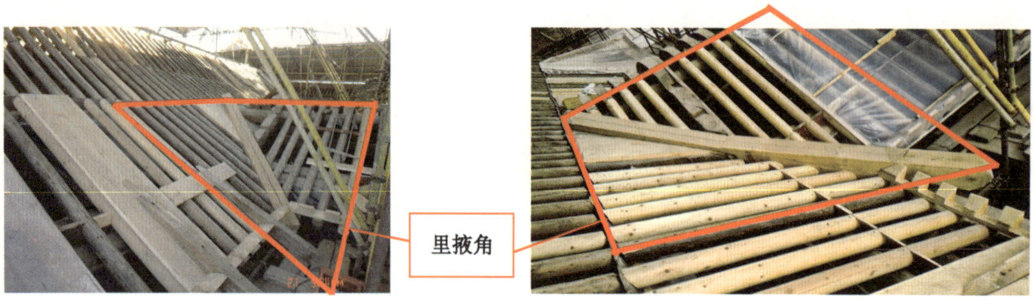

（a）　　（b）

图 3-6　里掖角

二、翼角的构成

（一）外转角

外转角由老角梁、仔角梁、翼角椽、翘飞椽、衬（枕）头木、大连檐、小连檐和望板构成，详见图 3-7～图 3-12。

图 3-7　外转角仰视

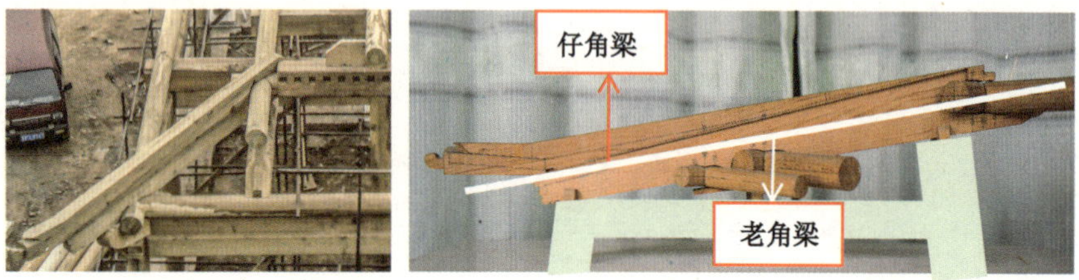

（a）　　（b）

图 3-8　外转角：角梁

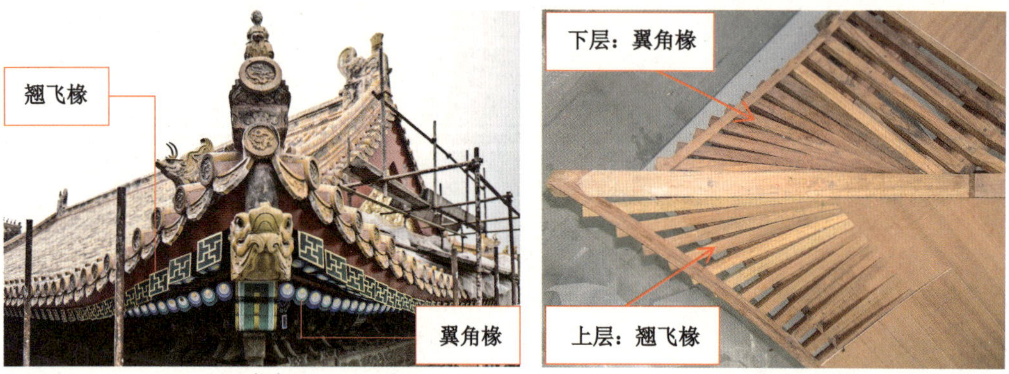

（a）　　（b）

图 3-9　外转角：翼角椽、翘飞椽

图 3-10　外转角：枕头木

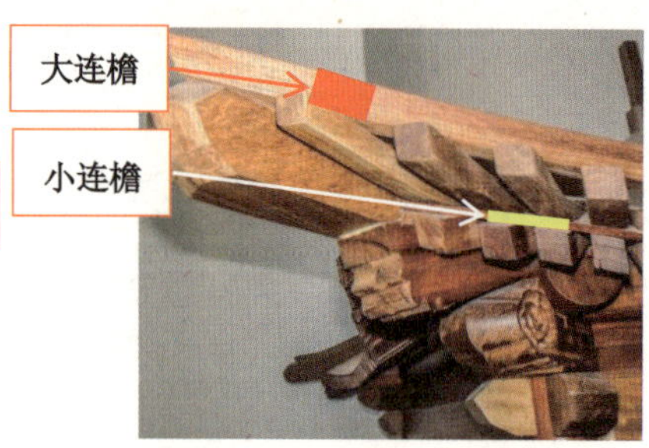

图 3-11　外转角：大小连檐

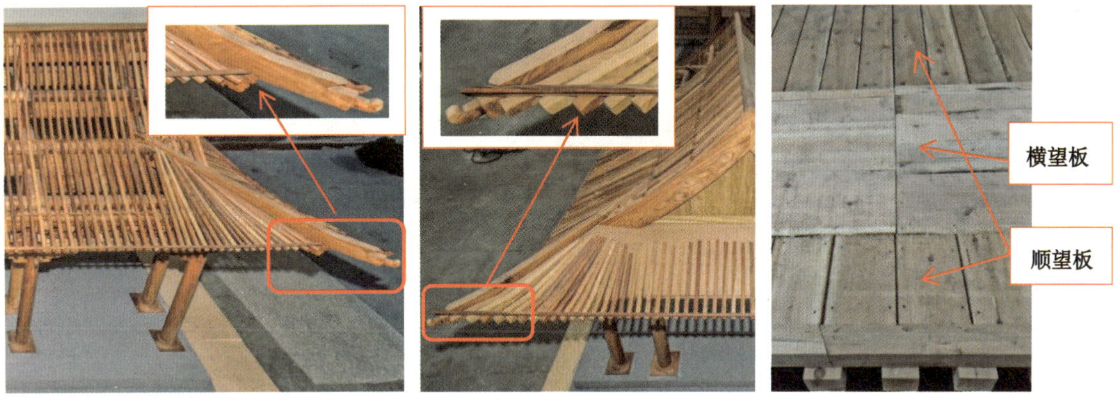

（a）（b）（c）

图 3–12 外转角：大小连檐、望板

（二）里掖角

里掖角由老角梁、仔角梁、蜈蚣檐椽、蜈蚣飞椽、大小连檐和望板构成，详见图 3–13、图 3–14。

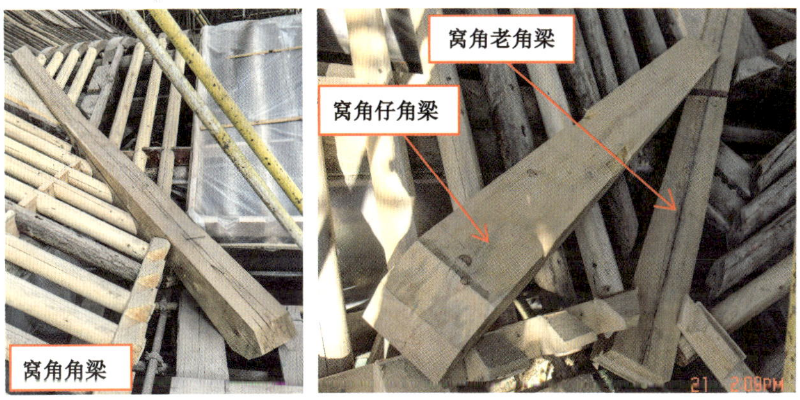

（a）（b）

图 3–13 里掖（窝角）老、仔角梁

图 3–14 蜈蚣檐椽、望板

三、翼角的尺度

这里讲的翼角尺度是指翼角檐口的平面、立面尺度，因为翼角檐口形成的空间曲线构成了中国传统建筑独有的“飞檐翘角”，直接影响到建筑的整体造型，非常重要。

注：下文中叙述的做法及尺度为多种做法之一，仅供参考。

（一）翼角檐口

木作中外转角的檐口，是指屋檐最外端的飞椽头及连接锁合它们的大连檐，由于屋檐通常是双层椽配置，所以它的檐口通常也是两道，根据各自的位置可分别称为翼角椽檐口、翘飞椽檐口，详见图 3–15。

与外转角不同，里掖角和两坡正身屋檐内凹水平相交，它的檐口与正身屋檐的檐口的高度、出进是一样的，不同的是它两道檐口的名称与外转角有所区别，分别称为蜈蚣檐椽檐口、蜈蚣飞椽檐口，对应正身部分的檐椽檐口和飞椽檐口。

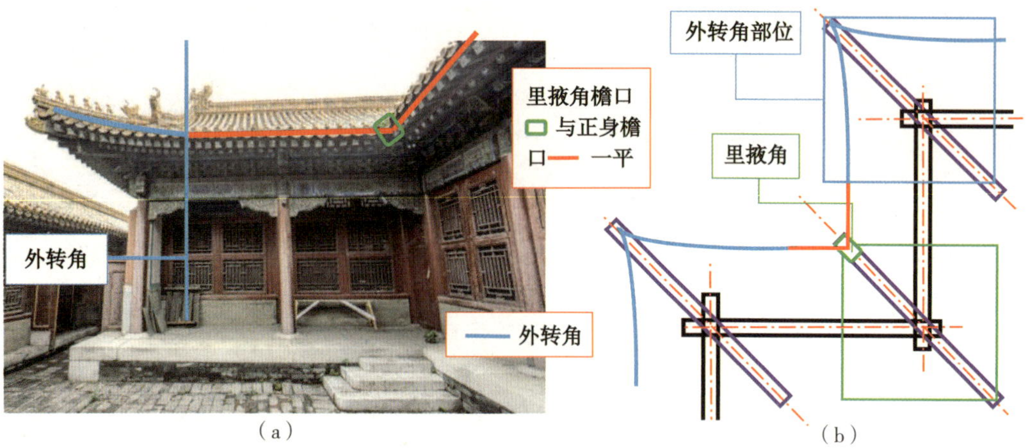

（a）　（b）

图 3–15　里掖角檐口立面、平面示意

（二）外转角（出角）平面、立面的尺度与形态

外转角中，各部位尺度与各构件形态有一整套较为复杂的规矩和一些特殊要求，这就是翼角部分在木作大木技艺中属于技术含量较高且较为复杂难学的原因。

1. 平面尺度与形态

（1）外转角两坡屋面的檐步步架要相同；这两坡屋面相交的终端构件——角梁，要处于这两坡屋面夹角的平分线上，这是构成外转角的必要条件，如果以上条件满足不了，则会给角梁的断面尺寸和形态带来变化，还会因两坡屋面举高不等而影响到屋面铺瓦、挑脊。

（2）“冲”是清官式歇山、庑殿、攒尖建筑中对外转角檐口平面形态的专有称呼，在官式做法中有如下规定。

① 翘飞椽檐口：自外转角起始点正身飞椽椽头端点至终端构件——仔角梁（不含头饰榫）梁头中心端点平面逐渐冲（探）出 3 椽径，详见图 3–16～图 3–19。

② 翼角椽檐口：自外转角起始点正身檐椽椽头端点至终端构件——老角梁梁头中心端点水平逐渐冲（探）出 2 椽径，详见图 3–16～图 3–19。

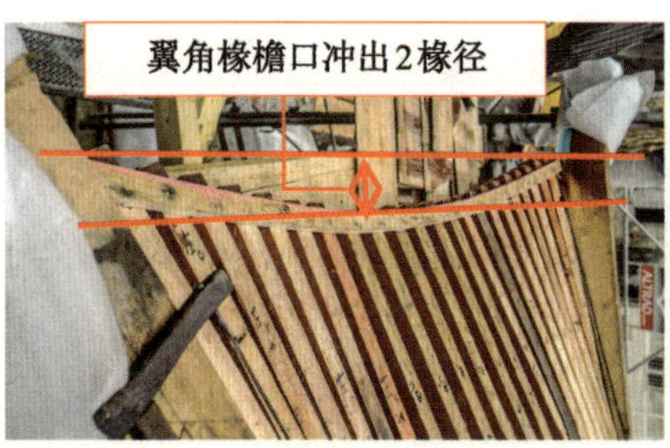

图 3–16　翼角椽檐口（小连檐）冲出

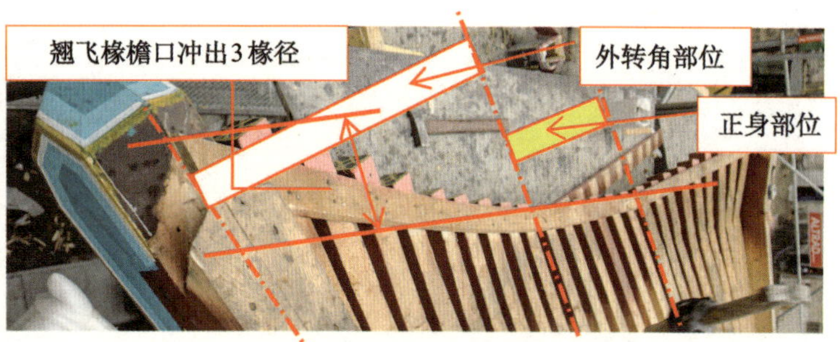

图 3–17　翘飞椽檐口（大连檐）冲出

2. 立面尺度与形态

（1）外转角两坡屋面的檐步举高也要相同，一旦不同，就不能形成规则的外转角，还会给角梁的断面尺寸和形态带来变化，也会因两坡屋面举高不等而影响到屋面铺瓦、调脊。

（2）“翘”是清官式歇山、庑殿、攒尖建筑中对外转角檐口立面形态的专有称呼，在官式做法中有如下规定。

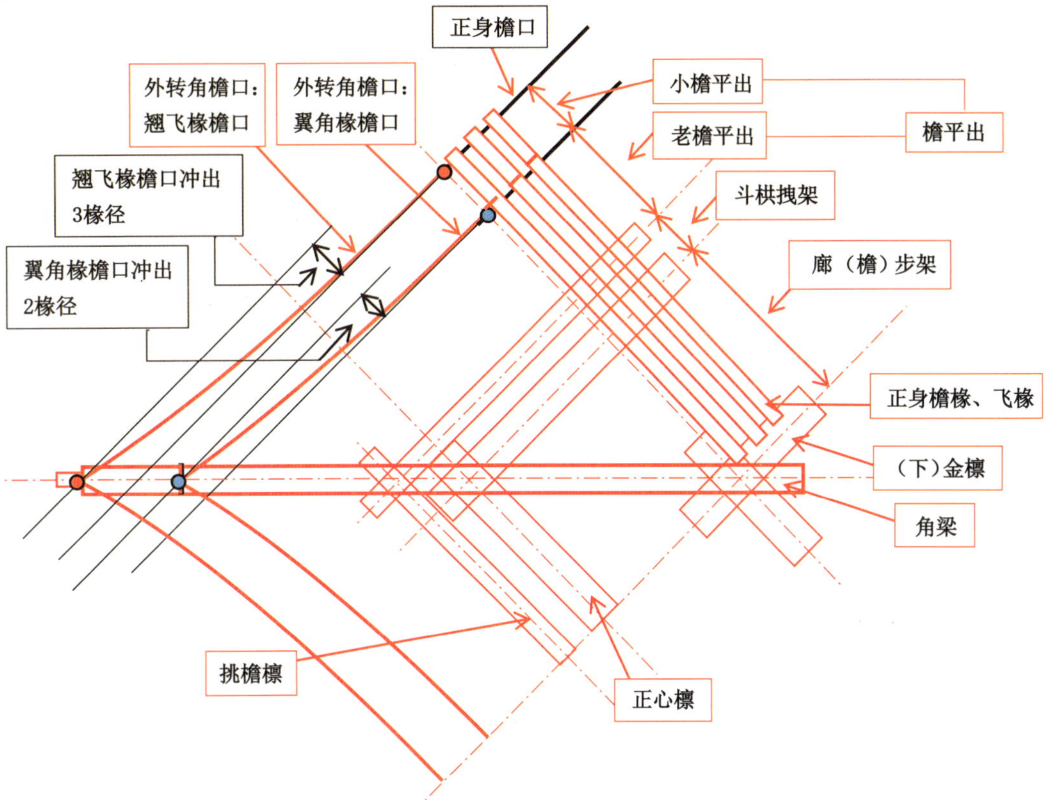

图 3-18　外转角平面冲出示意

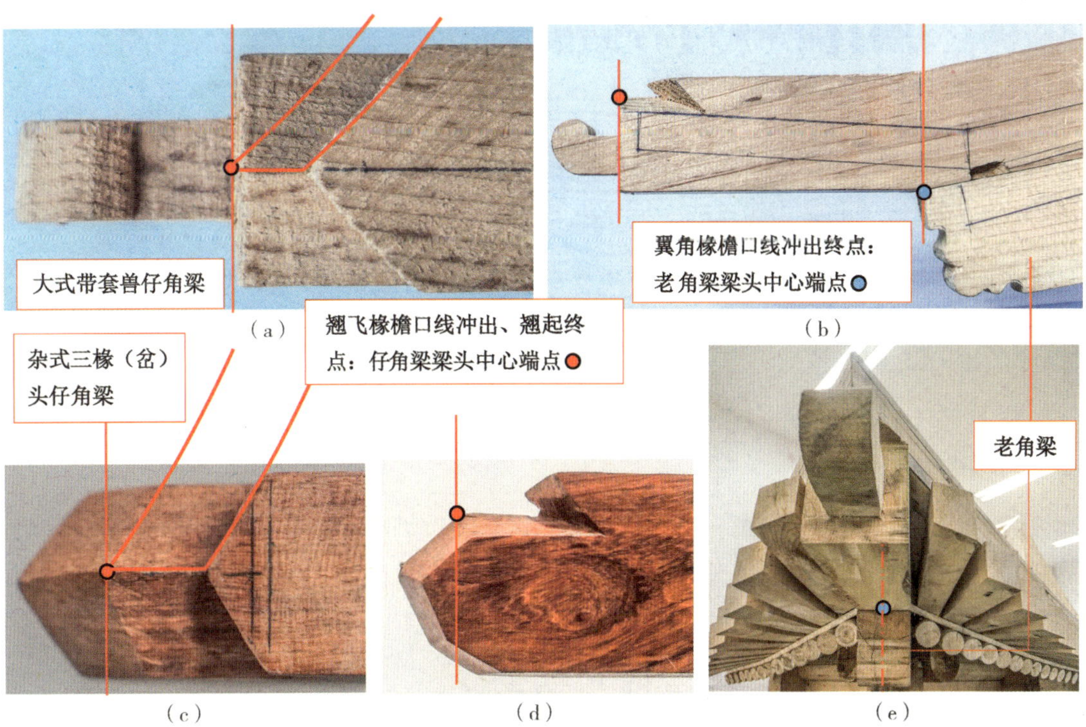

图 3-19　冲出、翘起终点位置示意

① 翘飞椽檐口。自外转角起始点正身飞椽椽头上皮端点至终端构件——仔角梁梁头中心上皮端点垂直逐渐翘起 4 椽径，详见图 3-19～图 3-22。

② 翼角椽檐口。自外转角起始点正身檐椽椽头上皮端点至终端构件——老角梁梁头中心上皮端

点垂直逐渐翘起，尺寸按角梁放样定，详见图 3-20～图 3-22。

图 3-20　翼角椽、翘飞椽檐口翘起

图 3-21　翘飞椽檐口翘起

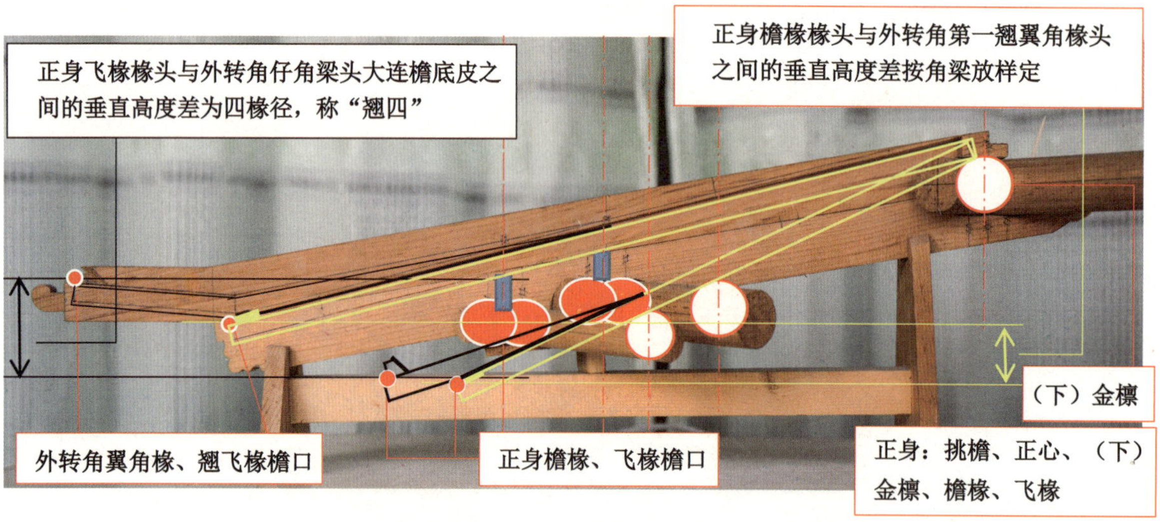

图 3-22　外转角立面翘起示意

图 3-22 为外转角立面翘起的尺度示意，图中 所示为正身部分的挑檐檩、正心檩、（下）金檩以及正身部分檐椽、飞椽的位置； 所示为正身檩子投影在角梁上的位置，檩子高度是一样的，没有变化，只是在外转角部位的檩上面安装了枕头木，使起翘后的翼角椽、翘飞椽有了承托衬垫，完成了各自的起翘过程。

（三）里掖角（窝角）平面、立面的尺度与形态

1. 平面尺度与形态

（1）里掖角内凹相交的两坡屋面檐步步架要相同；这两坡屋面相交的终端构件——角梁，要处于这两坡屋面夹角的平分线上，这是构成里掖角的必要条件，如果以上条件满足不了，会给角梁的断面尺寸和形态带来变化，还会因两坡屋面举高不等而影响到屋面铺瓦、调脊。

（2）里掖角（窝角）檐口平面尺度与正身屋檐相同，无冲出，详见图 3-15。

2. 立面尺度与形态

（1）里掖角内凹相交的两坡屋面檐步举高要相同，这是构成里掖角的必要条件，一旦不同，则会给角梁的断面尺寸和形态带来变化，还会因两坡屋面举高不等而影响到屋面铺瓦、调脊。

（2）里掖角（窝角）檐口立面尺度与正身屋檐相同，无翘起，详见图 3-15。

第二节　角梁

一、外转角角梁

（一）角梁的构成

角梁在宋《营造法式》中称为大角梁、子角梁；清《工程做法》中称为老角梁、仔角梁；地方上还称之为阳马、老戗、嫩戗……详见图 3–23～图 3–25。

清官式建筑角梁是由两层构件叠压在一起而组合成的构造部分。其中下层构件称为老角梁、上层构件称为仔角梁，详见图 3–25。

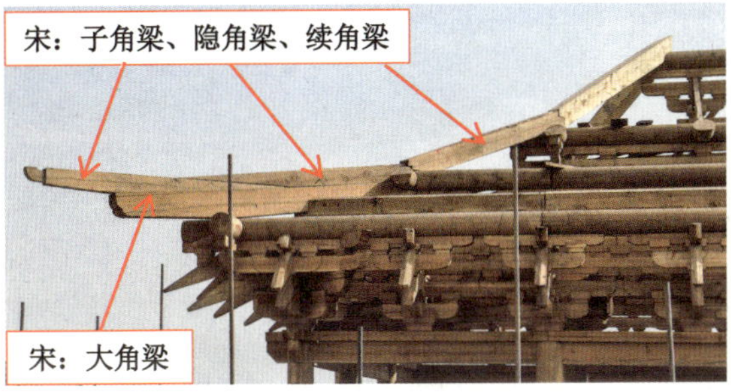

图 3–23　宋：外转角角梁

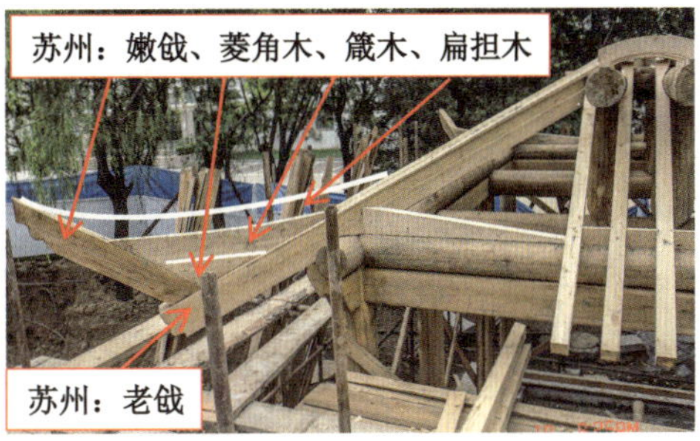

图 3–24　苏州：外转角角梁

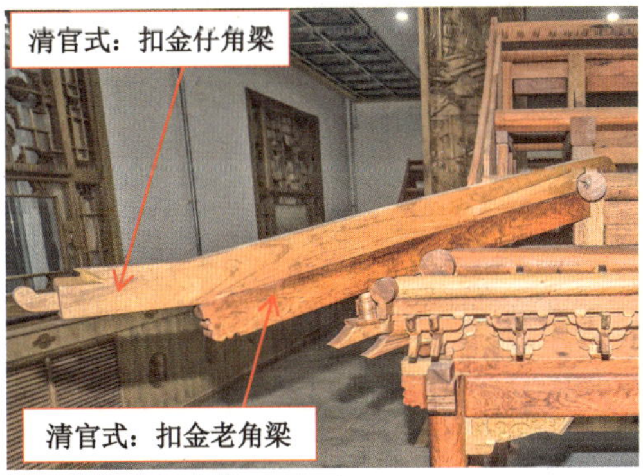

（a）

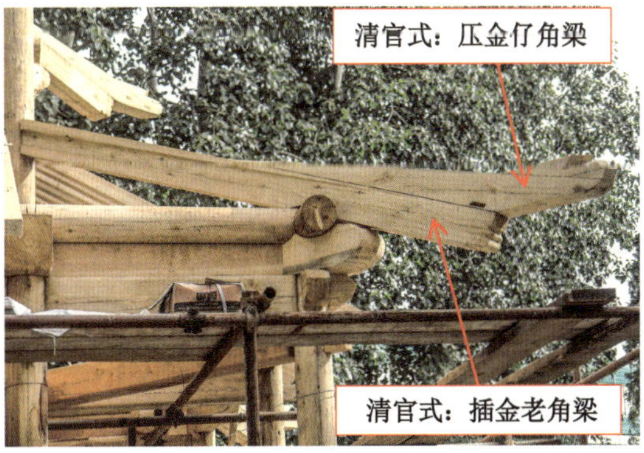

（b）

图 3–25　清官式：外转角角梁

（二）角梁的功能定位

在外转角中，角梁是外转两坡屋面椽子相交的终端构件，它的尺寸、形态和做法决定了整个翼角的尺度和形态，是翼角椽、翘飞椽等构件的尺寸依据，也是承托起整个建筑物翼角部分的荷载的骨干构件。老角梁是正身檐椽、翼角椽在翼角部分延续的终端构件；仔角梁是正身飞椽、翘飞椽在翼角部分延续的终端构件。

（三）角梁的几种不同构造做法

1. 扣金角梁

特征：通长有两层配置，老角梁在下，仔角梁在上；老角梁梁身扣在挑檐檩、正心檩之上，后尾在下，托住搭交（下）金檩；仔角梁梁身叠压在老角梁上，后尾扣在搭交（下）金檩上（图 3-26），用于大式或杂式建筑中。

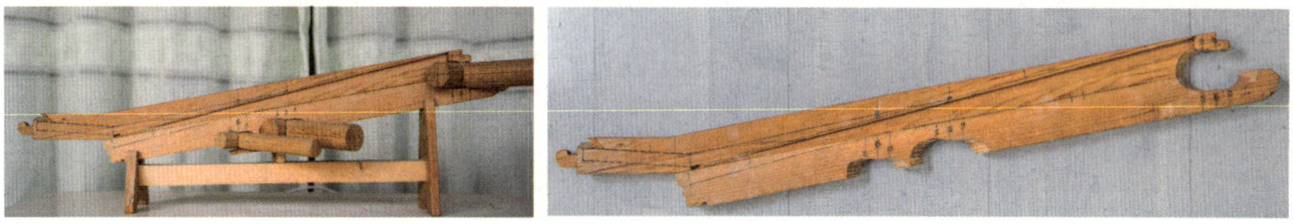

图 3-26　扣金老、仔角梁组合构造示意

2. 压金角梁

特征：前端由下层的老角梁和上层的仔角梁构成；下层老角梁梁身、梁尾均扣压在挑檐檩、正心檩，搭交金檩上；上层仔角梁叠压在老角梁前端，后尾渐次减薄呈楔形，形状与飞椽近似。多用于檐步架较小的杂式建筑，详见图 3-27。

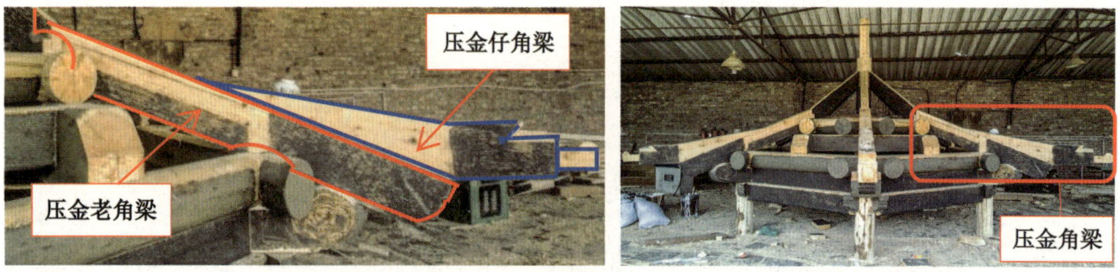

（a）　（b）

图 3-27　压金角梁组合构造示意

3. 插金角梁

特征：扣金做法的老、仔角梁后尾或压金做法的老角梁后尾做榫插入角金（童）柱的做法称为插金角梁。它用于重檐的庑殿、攒尖和歇山建筑，详见图 3-28。

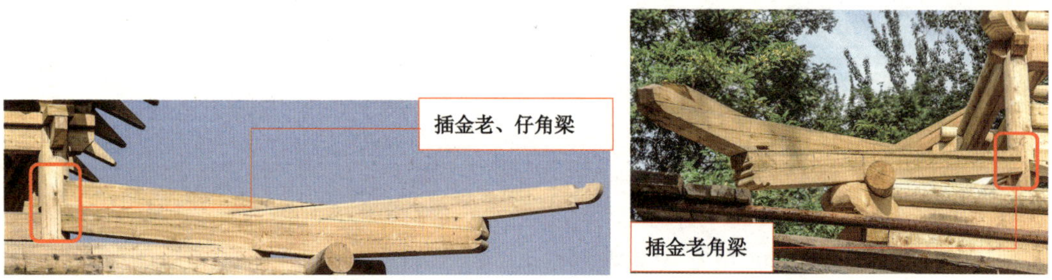

（a）　（b）

图 3-28　插金角梁组合构造示意

（四）扣金角梁的放样（划线）

以清《工程做法》大木大式做法通例：七檩单檐歇山（庑殿同）周围廊重昂斗口二寸五分（80mm）角梁（方角）为例。

在角梁的制作中，放样（划线）是最关键的工序。它需要根据檐（廊）步架、檐平出的平面尺寸、角度、冲出的尺度及头、尾饰的尺寸计算出老、仔角梁的平面长度；还需要根据檐（廊）步架的举高、翘起的尺寸划出老、仔角梁的立面形态和实际位置，还要划出老、仔角梁头尾饰的实样。这些虽然在纸上可以绘出小样图来，但在木工制作时仍然需要依照 1∶1 的比例放出样板，所以通常都是直接在制作现场的墙上或地面上放出 1∶1 的大样图（侧样），然后按大样图做出样板，再根据样板进行角梁制作。

1. 相关部位的认识

在放样之前，需要对一些在叙述中提到的术语进行“对号入座”，以便掌握：① 廊（檐）步架；② 斗栱拽架；③ 檐平出（上出）、老檐平出（老檐出）、小檐平出（小檐出）；④ 廊（檐）步（含斗栱）举高；⑤ 斗栱举高；⑥ 斜桁（注：桁同檩）椀；⑦ 金盘（附：金盘尺寸 =3/10 檩径）；⑧ 挑檐檩；⑨ 搭交正心檩；⑩ 搭交（下）金檩；⑪ 老角梁；⑫ 仔角梁；⑬ 老中；⑭ 外由中；⑮ 里由中。详见图 3-29～图 3-31。

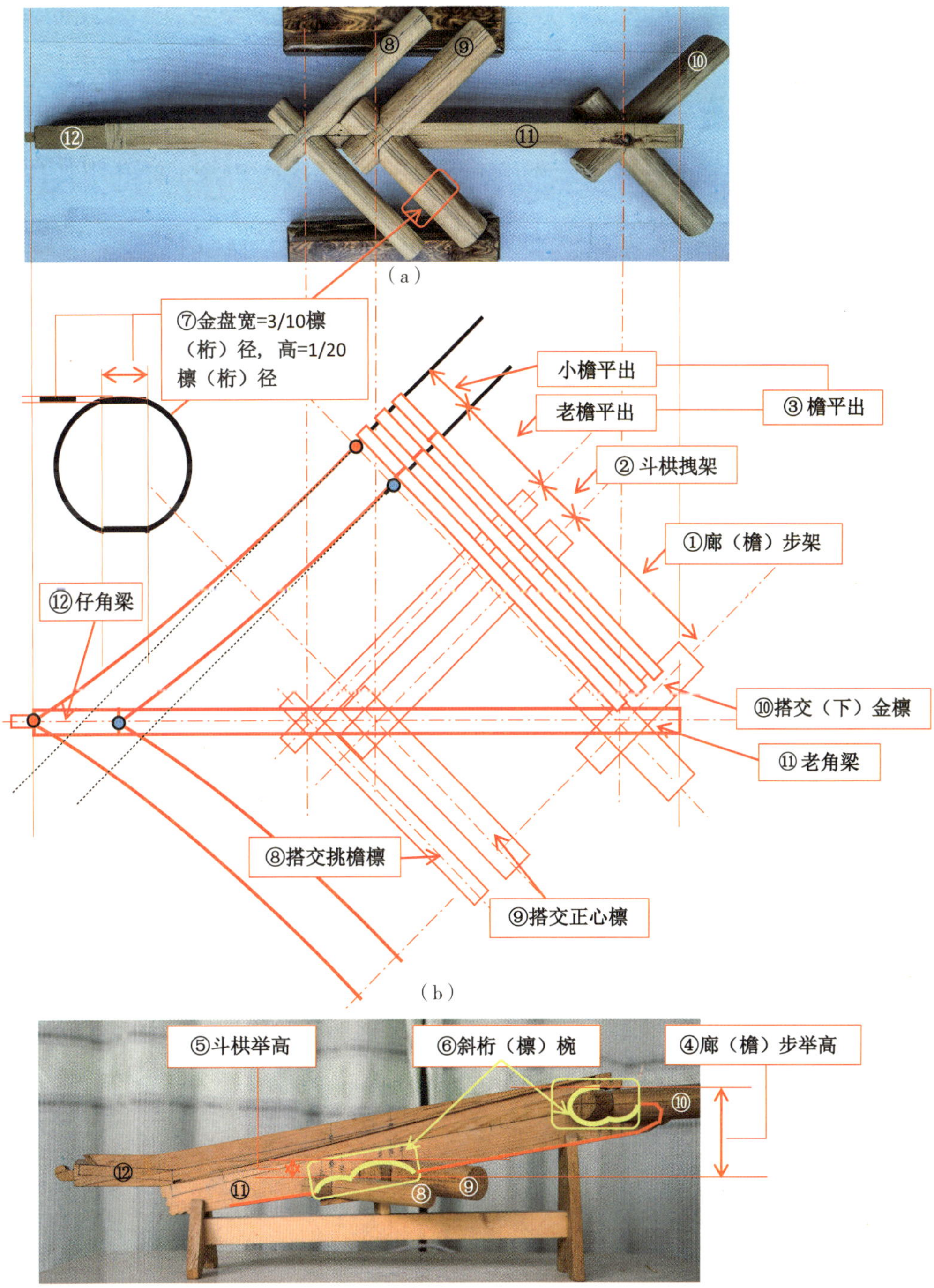

图 3-29 清大式带五踩斗栱歇山、庑殿建筑角梁相关各部位名称对照 1

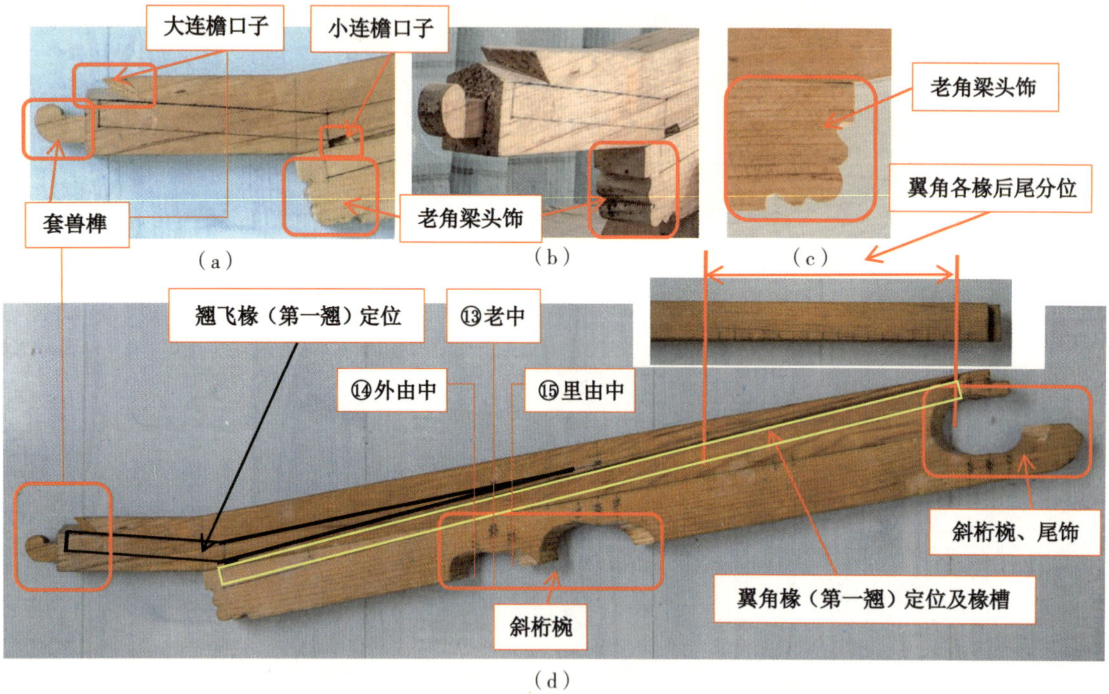

图 3-30　清大式带五踩斗栱歇山、庑殿建筑角梁相关各部位名称对照 2

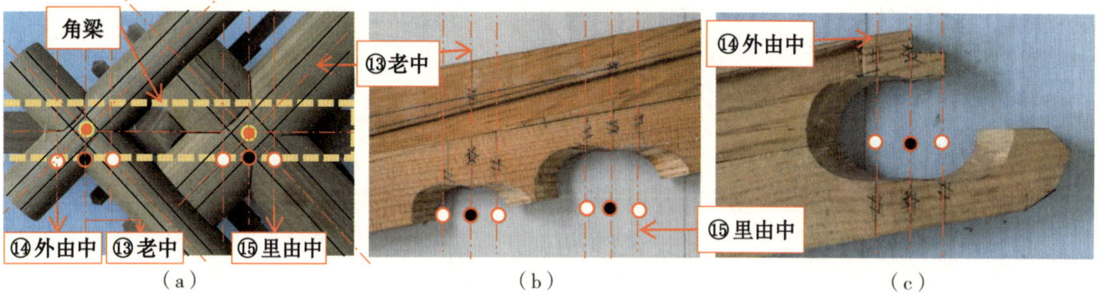

图 3-31　角梁老中、由中各线与各檩、斜桁（檩）椀之间的定位示意

注：图 3-31（a）中，老中●指各檩中线与角梁中线三方向相交点 ● 在角梁侧面上的定位；由中 ○ 指各檩中线与角梁侧面（帮）的相交点，搭交檩中线向室外一侧的称“外由中”，向室内一侧称“里由中”

2. 放样（放线）

按清《工程做法》大木大式做法通例“七檩单檐歇山（庑殿同）周围廊重昂斗口二寸五分（80mm）”相应的权衡尺寸施划角梁（方角）。

（1）定尺

① 斗口二寸五分（80mm）。

② 廊步架 22 斗口（=22×80mm=1760mm）；五踩斗栱拽架 6 斗口（=6×80mm=480mm）。

③ 平出檐 21 斗口（=21×80mm=1680mm）；老檐出 2/3=1120mm；小檐出 1/3=560mm。

④ 廊步五举举高880mm；斗栱拽架举高 240mm。

⑤ 角梁 3 斗口 ×4.5 斗口（=240mm×360mm）。

⑥ 挑檐檩径 3斗口（=3×80mm=240mm）。

⑦ 正心（金）檩径 4.5 斗口（=4.5×80mm=360mm）。

⑧ 椽（檐、翼角）径 1.5 斗口（=1.5×80mm=120mm）。

⑨ 飞椽（翘飞）1.5 斗口 × 1.5 斗口（=120mm × 120mm）。

⑩ 小连檐（0.45～0.5 斗口）×（1～1.5 斗口）（厚 × 宽）。

⑪ 望板 0.3 斗口（厚）（=0.3 × 80mm=24mm）。

⑫ 翼角、翘飞椽数量 = 廊步架 + 平出檐 + 斗栱拽架 / 1 椽 +1 攒当 =（1760mm+1680mm+480mm）/（120mm+120mm）≈ 17（根），详见图 3-32、图 3-33。

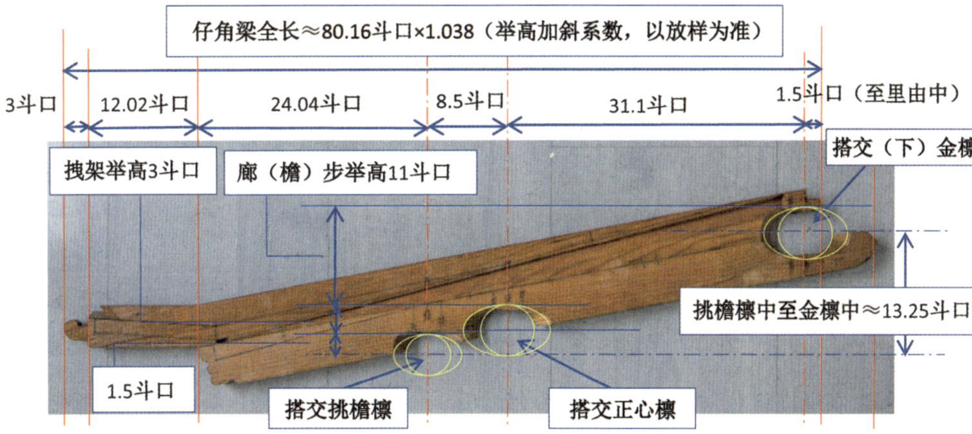

图 3-32 老、仔角梁平面和立面定尺对应示意 1

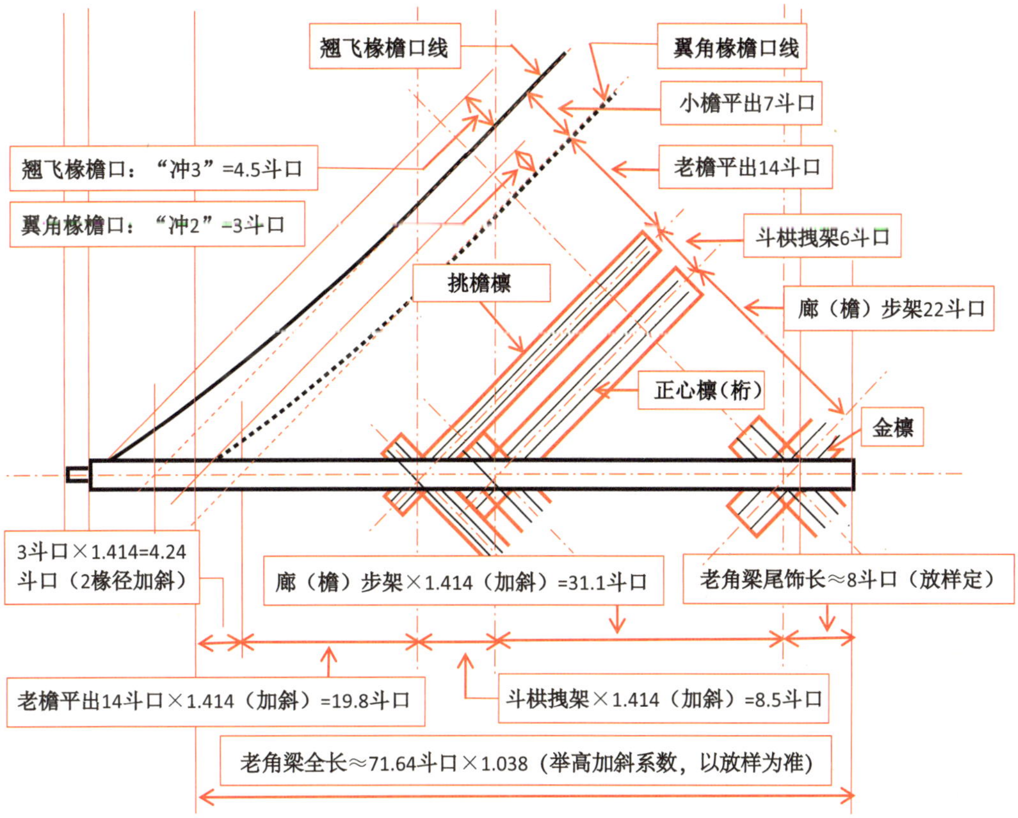

图 3-33 老、仔角梁平面和立面定尺对应示意 2

（2）定点。角梁放线（划线）最关键的是要确定点位，点位确定了，角梁的平面及空间尺度就不会出现偏差，下一步翼角椽、翘飞椽的制作、安装才能顺畅。

第 1 步：按 3 斗口（2 椽径）宽度弹划老、仔角梁平面图的中线、轮廓线。

第 2 步：尾端适当位置定出搭交（下）金檩老中（平面图中设为 a 点）。

a 点：搭交（下）金檩平面老中；搭交（下）金檩立面举高中老角梁后尾轮廓上皮控制点，详见图 3–34 和图 3–35。

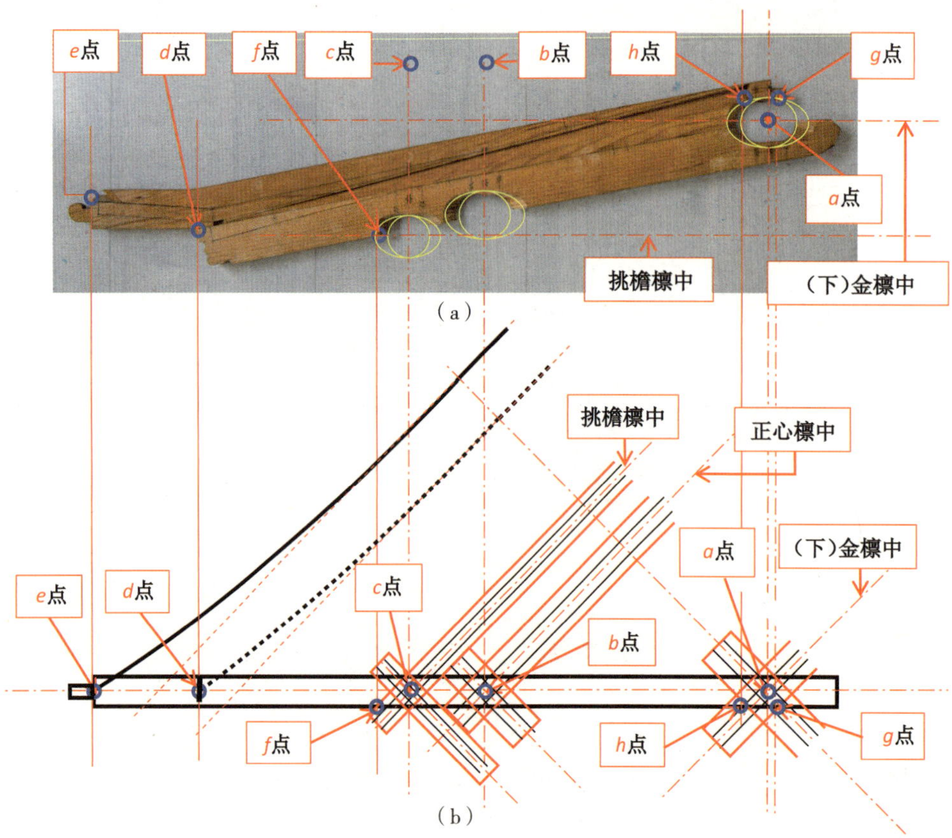

图 3–34　老、仔角梁 a～h 点平面和立面定位对应示意 1

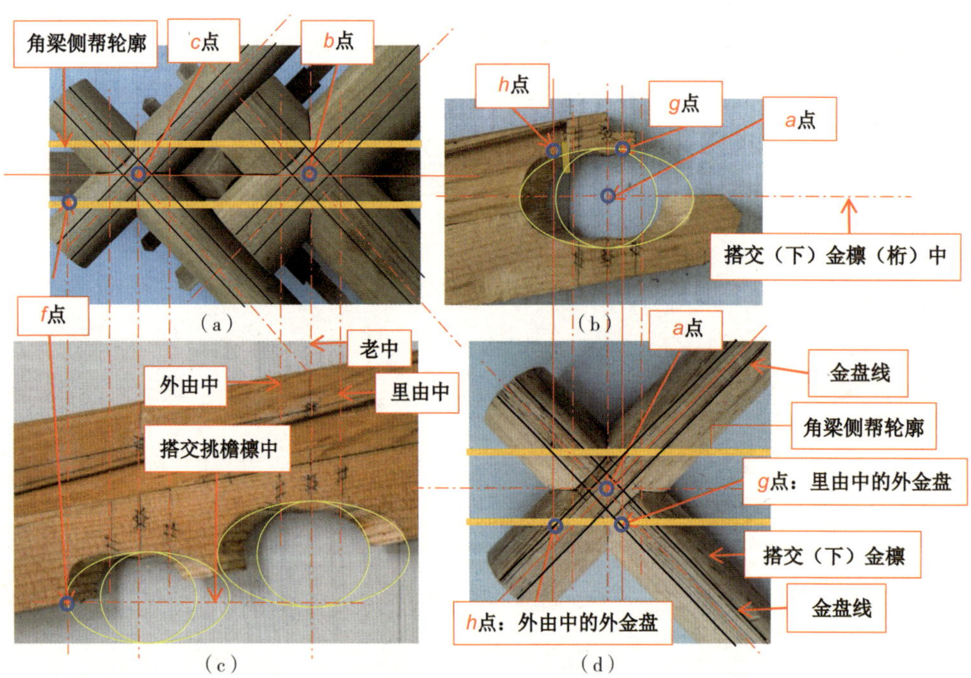

图 3–35　老、仔角梁 a～h 点平面和立面定位对应示意 2

第 3 步：自 a 点按廊（檐）步架尺寸加斜（乘以系数 1.4142）向前定搭交正心檩平面老中（图 3–34、图 3–35 中 b 点）。

b 点：搭交正心檩（桁）平面老中，详见图 3–34。

第 4 步：自 b 点向前按斗栱拽架尺寸加斜（乘以系数 1.4142）向前定搭交挑檐檩平面老中（图 3–34、图 3–35 中 c 点）。

c 点：搭交挑檐檩平面老中，详见图 3–34。

第 5 步：c 点向前按老檐平出尺寸加 3 斗口（2 椽径）尺寸加斜（乘以系数 1.4142）定老角梁平面端头线（图 3–34 中设为 d 点）。

d 点：老角梁端头控制点，也是仔角梁探出部分底皮水平基点——翼角椽檐口线端点，详见图 3–34。

第 6 步：自 d 点向前按小檐平出尺寸加 1.5 斗口（1 椽径）尺寸加斜（乘以系数 1.4142）定仔角梁平面端头线（图 3–34 中设为 e 点；不含套兽榫长）。

e 点：仔角梁端头控制点——翘飞椽檐口线端点，详见图 3–34。

第 7 步：a、b、c 点自老、仔角梁中线依次向后方两侧 45° 方向划搭交（下）金檩、搭交正心檩、搭交挑檐檩的平面中线，并按各檩径划出各檩的平面端头线、金盘线和轮廓线。

第 8 步：在搭交挑檐檩前外侧轮廓线与老角梁侧帮轮廓平面相交点设定出 f 点；搭交（下）金檩里由中的外金盘与老角梁侧帮轮廓平面相交点设定出 g 点；搭交（下）金檩外由中的外金盘与老角梁轮廓线平面相交点设定出 h 点。

f 点：平面搭交檐（挑檐）檩端头外轮廓与老角梁侧帮轮廓相交点；立面老角梁下皮与搭交檐（挑檐）檩中的交点——老角梁前端轮廓下皮控制点，详见图 3–34、图 3–35（a）和（c）。

g 点：搭交（下）金檩里由中外金盘线与老角梁侧帮轮廓平面相交点——角梁椽槽底皮控制点，详见图 3–34、图 3–35（b）和（c）。

h 点：搭交（下）金檩端头外由中外金盘线与老角梁侧帮轮廓平面相交点——角梁椽槽尾端终点，详见图 3–34、图 3–35（b）和（c）。

至此，角梁的定点完成。

第 9 步：自 a 点适当角度（因无基准线，只能斟酌初定，以老角梁底皮线与 a 点呈直角为准。）向下方按 4.5 斗口定老角梁底皮点，并与 f 点连线，老角梁底皮线完成，详见图 3–36。

第 10 步：依老角梁底皮线按 4.5 斗口上返划出老角梁上皮线（梁尾过 a 点）即仔角梁身底皮线，同法划出仔角梁身上皮线，详见图 3–36。

第 11 步：老角梁上皮线与平面 d 点延长线相交定出老角梁端头 d 点；自 d 点向前水平引线（见图 3–35）引仔角梁梁头底皮线并以此线为准按 4.5 斗口上返划出仔角梁梁头上皮线，详见图 3–35（c）。

至此，角梁的轮廓定位完成（图 3–36）。

（3）细部做法。角梁的划线，除去定位步骤非常关键外，细部详图的划线也很关键，下面把角梁分为 4 个部分进行详细的解析（图 3–37）。

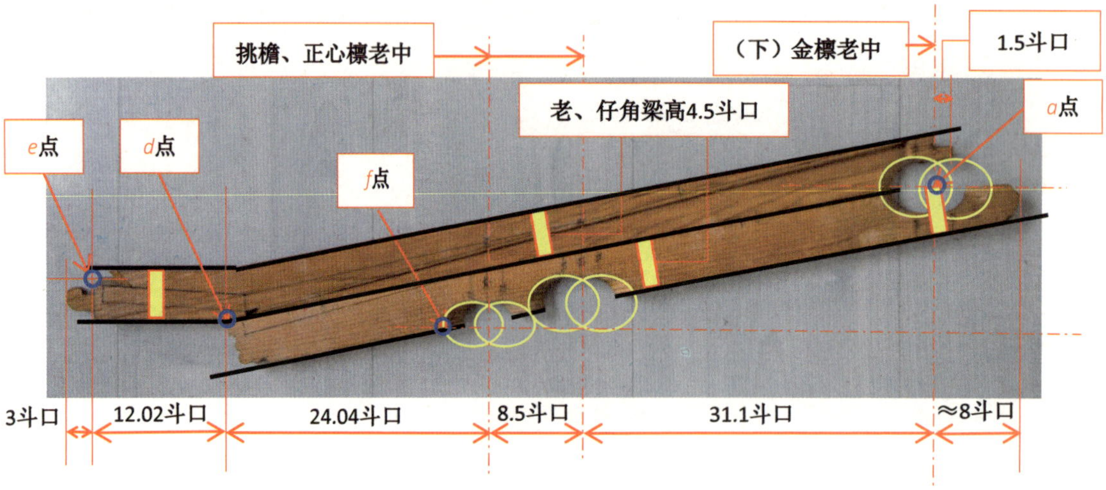

图 3-36　角梁放样（线）步骤示意

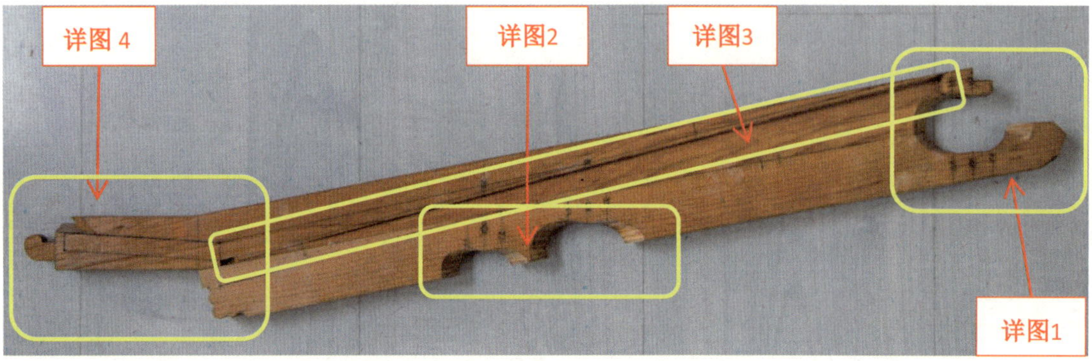

图 3-37　角梁放样（线）详图区域划分

① 图 3-37 中详图 1 划线方法

a. 搭交（下）金檩斜桁（檩）椀。注：为计算、标注简便，下列方法中檩径均按不加“泡”的 1 檩径计算与标注，如需檩径加“泡”，则按加“泡”后的 1.1 檩径计算。

ⓐ自斜桁（檩）椀平面上引老中线 ○、里由中线 ○、外由中线 ○ 至适当位置，详见图 3-38（a）和（c）。

ⓑ划搭交（下）金檩水平中线并上下各返 0.5 檩径划檩上、下皮轮廓线。

ⓒ以搭交（下）金檩老中 *a* 点 ○ 为圆心，按檩径加斜尺寸划出椭圆与搭交（下）金檩外皮及角梁水平中线交点 ○ 重合。

ⓓ以里、外由中与檩水平中线交点 ○ 为圆心，按檩径加斜尺寸划出椭圆与搭交（下）金檩外皮及角梁侧帮交点 ● 重合。

ⓔ自斜桁（檩）椀平面上引搭交（下）金檩里、外金盘线与角梁侧帮交点 ● 至檩上、下皮相应位置并划出金盘线，详见图 3-38（a）和（c）。

ⓕ按图 3-38（b）所示划出檩椀实际保留的轮廓线，搭交（下）金檩檩椀划线完成，详见图 3-38（a）。斜桁（檩）椀俯视及相应各点位示意见图 3-39。

b. 庑殿、攒尖建筑老角梁和仔角梁尾饰。仔角梁尾饰：仔角梁上皮线① 延伸至老中定长 ●；此点与搭交（下）金檩上金盘之间的高度一分为二做等口刻半等口榫，按里由中定长 ●，详见图 3-40。

图3-38～图3-40相应各点位示意及名称：
- 搭交（下）金檩老中（图3-36中a点）
- 搭交（下）金檩里、外由中
- 搭交（下）金檩里、外金盘线与角梁侧帮交点（图3-36中h、g点）
- 搭交（下）金檩外皮与角梁中交点
- 搭交（下）金檩外皮与角梁侧帮交点

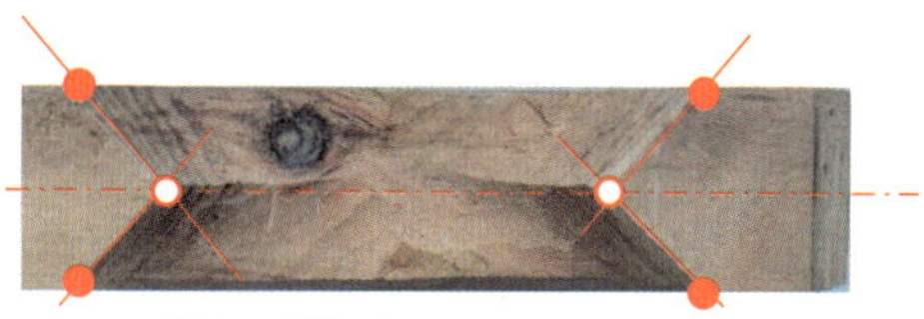

图 3-39　斜桁（檩）椀俯视及相应各点位示意

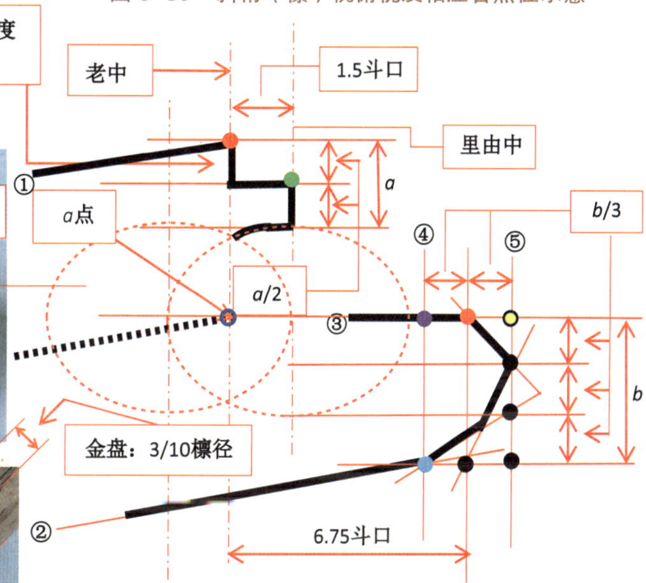

图 3-40　庑殿、攒尖建筑老角梁和仔角梁尾饰划线方法

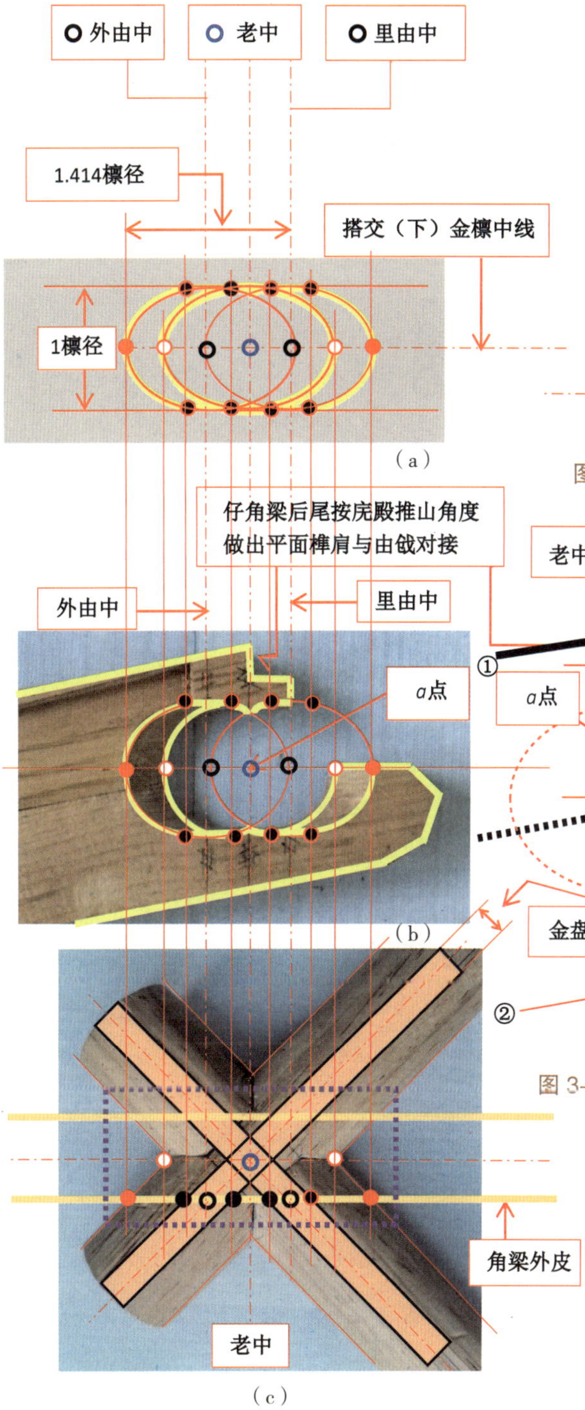

图 3-38　斜桁（檩）椀划线方法及点位对应示意

注：图（a）～（c）三图点位标识颜色相同。

老角梁底皮线②延伸至适当位置；自搭交（下）金檩老中后返 6.75 斗口（1.5 檩径）水平划线③定点 ●；自 ● 点向前约 1/3 高（1/3b）尺寸定点 ● 并下引垂直线④与老角梁底皮线相交 ● 点（注：● 与 ● 点间尺寸可综合调整，以调整为 ● 与 ● 点间净高 1/3 为宜）；● 与 ● 点之间净高均分三份；自 ● 点后返一份，向下垂直划线⑤；按图 3-40 划出辅助线、辅助点位，最后连接尾饰轮廓，完成。

c. 歇山建筑老、仔角梁尾饰。歇山建筑的角梁与庑殿、攒尖建筑角梁的做法基本相同，只是仔角梁后尾由于没有续接构件。由戗不用做出刻半等口榫，但需做出后尾扣檩（桁）椀，详见图 3-41

（a）和（b），划线方法如下（注：其他部位与庑殿、攒尖建筑角梁同，图略）。

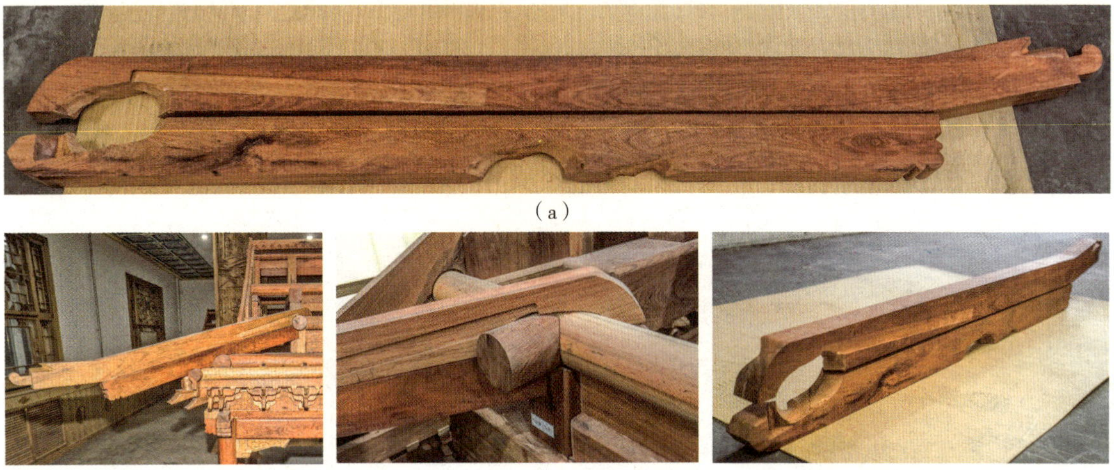

（a）

（b）（c）（d）

图 3–41　歇山建筑扣金角梁尾饰示意

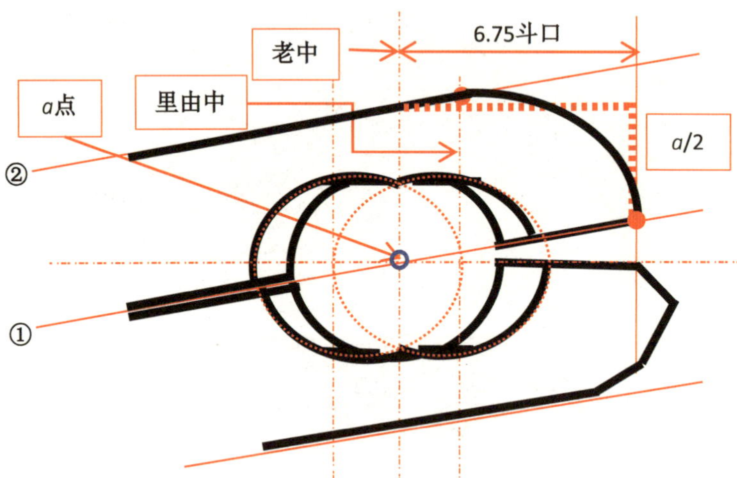

图 3–42　歇山建筑扣金角梁尾饰划线方法

注：---- 所示为歇山仔角梁后尾尾饰的另外一种做法。

仔角梁底皮线①延伸至适当位置；仔角梁上皮线②延伸至里由中定点 ●；自老中后返 6.75 斗口（1.5 檩径）与仔角梁底皮线①相交定点 ●，两 ● 连接划弧，后尾扣檩（桁）椀划线完成，详见图 3–42。

②图 3–37 中详图 2 划线方法。在角梁的放样（划线）过程中，斜桁椀的定点是非常重要的，其中挑檐、正心檩（桁）桁椀（无斗栱建筑为檐檩斜桁椀）的定点尤其关键，因为这个定点决定了角梁的起翘高度，它会影响到建筑的整体外观；再就是斜桁椀正处于悬挑构件的支点，刻口的深度对角梁的承载强度有着直接的影响。

常用的斜桁椀做法有三种。第一种是贯通斜桁椀：角梁做通桁椀，桁椀按檩（桁）径斜向做贯通桁椀口子，口内无榫，详见图 3–43～图 3–45。

这种做法是现在最常使用的方法，做法相对成熟，但这种做法对角梁的损伤过大，其中老角梁支点部位的有效断面只有本身断面的 1/2，加上这个部位还要凿出角梁钉的贯通卯口，再有就是角梁出挑，承托瓦作垂脊、岔脊、脊兽，荷载远比其他部位大，所以采用这种做法的角梁出现压折、弯垂现象的概率远比其他做法要多，建议尽量减少使用。

第二种是带槽齿（闸口）榫斜桁椀：角梁斜桁椀中心做出刻口榫，其余部位按贯通桁椀做法，详见图 3–46。

这种做法是贯通斜桁椀做法的一种改良强化，它在桁椀内留出了刻口榫，增大了老角梁的有效断面，也保留了老角梁斜桁椀的箍抱固定作用。

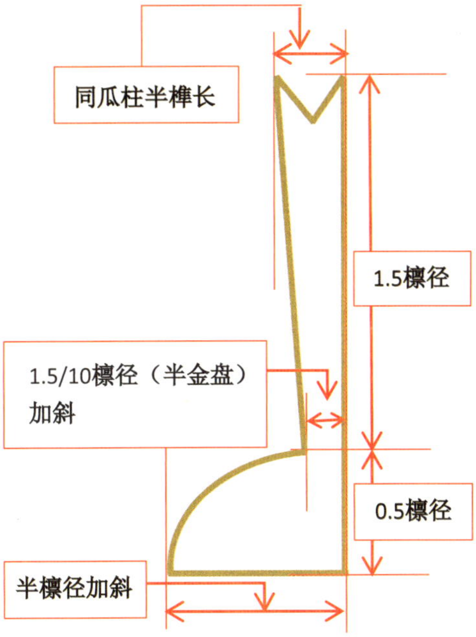

图 3-43 斜檩椀示意

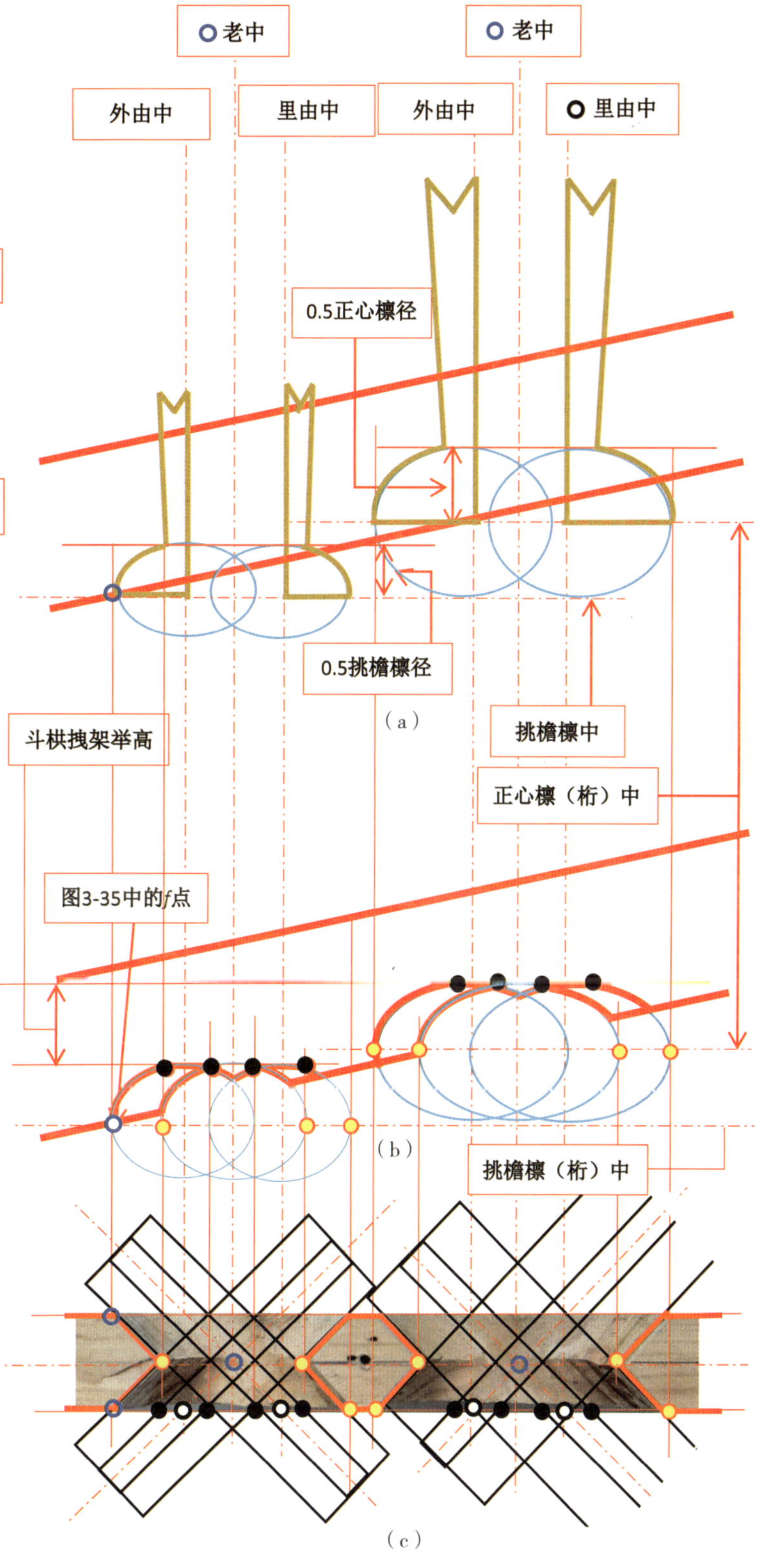

图 3-44 贯通斜桁椀放样（划线）平、立面各中线、各点位对应示意

第三种是无桁椀槽齿（闸口）榫：角梁不做斜桁椀，仅在挑檐部位或正心檩（桁）部位也可以这两个部位均做出槽齿（闸口）刻口，详见图 3-47～图 3-49。

这种做法对角梁的伤损最少，但相比前两种做法，对檩（桁）断面的伤损略显大了一些，好在檩（桁）在这个部位主要只起拉结作用，影响不大。

a. 贯通斜檩椀放样（划线）方法。檐檩或挑檐檩、正心檩部位贯通做法的斜檩椀与角梁后尾斜檩椀的做法相同，放样方法参照图 3-38。

在角梁实物上进行斜檩椀放样与上述方法有所不同，它需要根据斜檩椀 1/4 的划线实样摹划制作出斜檩椀样板，详见图 3-43，然后利用斜檩椀样板进行角梁实物的制作放样。具体方法如下。

ⓐ按檩径依尺寸制作斜檩椀样板，详见图 3-43。

ⓑ按角梁、搭交檩平面过划老中线、里由中、外由中线到角梁侧立面样板，详见图 3-44（a）。

ⓒ按举高过划各檩水平中线。

ⓓ各檩斜檩椀贴附里、外由中线，向外、内过划檩椀线并连接金盘线。

贯通斜檩椀样板划线完成。这里需要特别强调的是：在斜檩椀放样（划线）中 *f* 点 ○ 的定位非常重要，不能深过檩（桁）中，过深则对角梁的承载力产生严重影响，详见图 3–44（b）和（c）。

b. 带槽齿（闸口）榫斜檩椀放样（划线）方法

ⓐ按贯通斜桁椀放样（划线）相同步骤方法划线。

ⓑ角梁侧立面图搭交挑檐、正心檩上皮自各檩老中下返 1/4 檩径定点 ○，再按此点向后水平引线与角梁斜桁椀相交，此为斜桁椀槽齿（闸口）榫高；槽齿（闸口）榫宽为角梁宽（厚）的 1/2。

这里需要注意的是，如因举高原因导致老角梁留榫部分不足 1/4 檩（桁）径，则根据实际情况能留多少就保留多少，详见图 3–46。

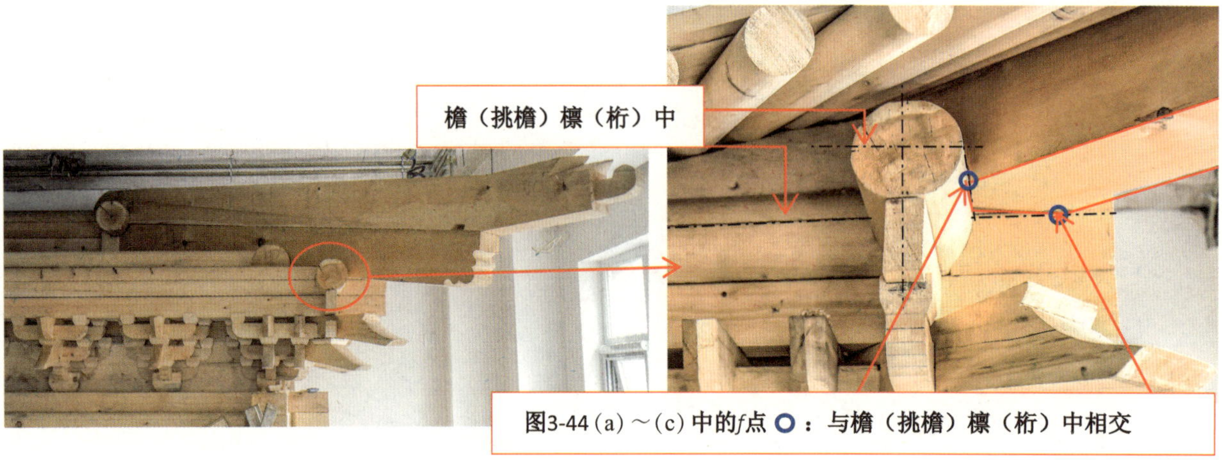

（a）　　　　（b）

图 3–45　贯通斜桁椀做法中角梁 *f* 点 ○ 对应位置示意

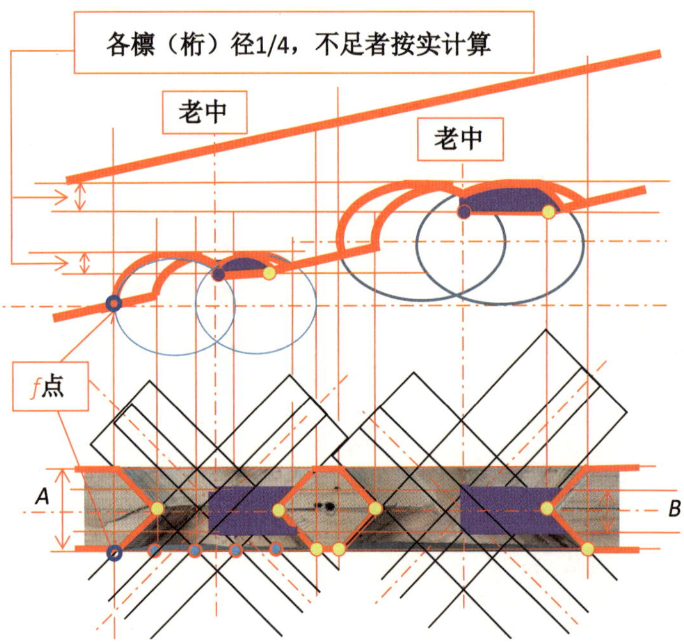

图 3–46　带槽齿（闸口）榫斜檩椀放样（划线）平、立面示意

A—角梁厚度；*B*—角梁槽尺榫的宽度，*B*=*A*/2

c. 无桁椀槽齿（闸口）榫放样（划线）方法。此种角梁做法较为简单，仅在老角梁底皮相应位置上做出刻口即可，详见图 3–47、图 3–48。但此种做法如果还是按照上述的定位方法定老角梁下皮与挑檐檩（桁）中相交，这时挑檐檩（桁）刻去部分过多，檩（桁）头的拉结作用会减弱很多，影响到结构的强度。通常情况下，在制作搭交檩（桁）时，可把檩（桁）十字卡腰榫的刻半高度做一下修改，按檩（桁）减去角梁刻口高度后的尺寸再做卡腰刻半，这样相对好一些。

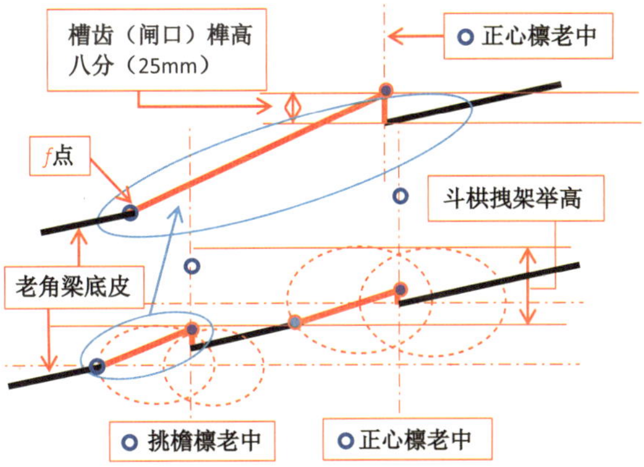

图 3–47 角梁无桁椀槽齿（闸口）榫放样（划线）方法示意

注：不做双檩，仅做挑檐檩或正心檩的槽齿（闸口）。

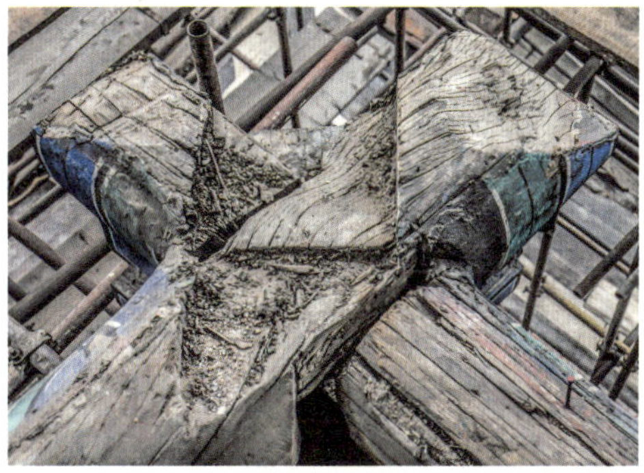

图 3–48 角梁无桁椀槽齿（闸口）榫对应的搭交檩（桁）刻口做法示意

ⓐ老角梁底皮线与各檩（桁）老中交点上返八分（25mm）左右定刻口深度点●。

ⓑ自搭交挑檐檩（桁）中（图中 *f* 点○）起与●点连线；自正心檩（桁）桁椀前端与老角梁下皮连接点（图中设为●点）起与正心檩（桁）老中点●连线［也可仅做挑檐或正心部位的槽齿（闸口）榫］。

无桁椀槽齿（闸口）榫放样（划线）完成，详见图 3–47 和图 3–48。

实例示意见图 3–49。

（a） （b） （c）

图 3–49 无桁椀槽齿（闸口）榫角梁实例示意

在角梁挑檐、正心部位斜桁椀的放样（划线）中，其 *f* 点○定位的步骤最为重要，它决定了角梁桁椀的刻口深度，直接影响到角梁的承载强度，也间接影响到翼角部分的起翘尺度，所以在放样（划线）中一定要根据出檐、起翘的尺度及角梁的材质等因素综合考虑确定做法。

③ 图 3–37 中详图 3 划线方法

a. 自老角梁头 *d* 点○后返 1.5 斗口定位小连檐口子，口子向前按（1/5～1/4）椽径“雀台”尺寸［通常为（1/5～1/3）椽径］定翼角椽端头；按平面 *g* 点○上返至立面（下）金檩（桁）上皮 *g* 点○划出角梁侧面翼角椽底皮线、轮廓线；自小连檐口子后返 9 斗口划线，椽槽以此位置起始由浅至椽槽终端 *h* 点○剔槽，终端槽深 0.75 斗口，详见图 3–50～图 3–54。

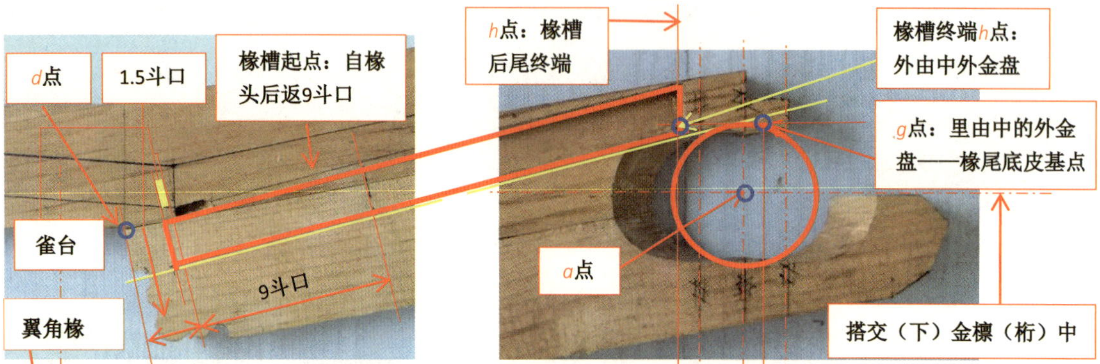

图 3-50　椽槽头、尾定位示意

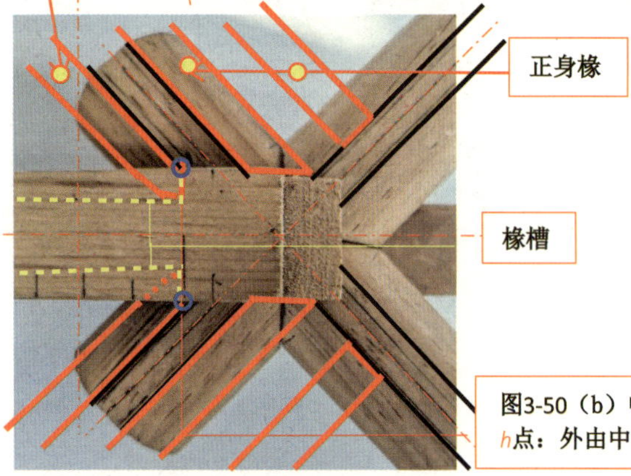

图 3-51　正身、翼角椽后尾定位示意

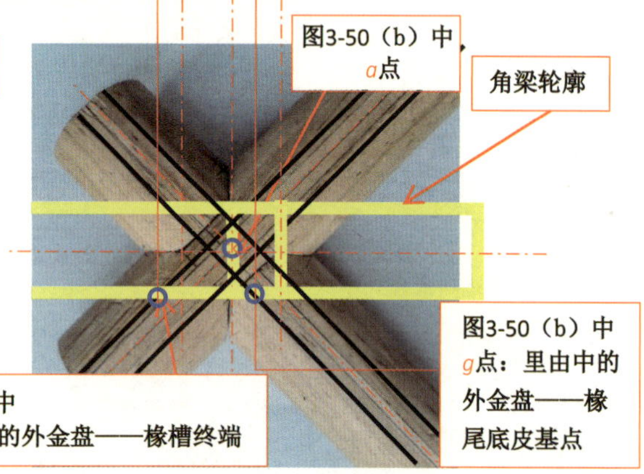

图 3-52　椽槽头、尾定位示意

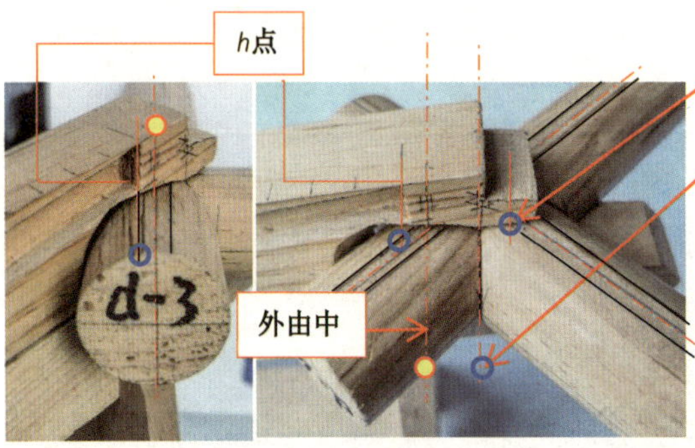

图 3-53　椽槽剔深及各檩（桁）中定位交集示意

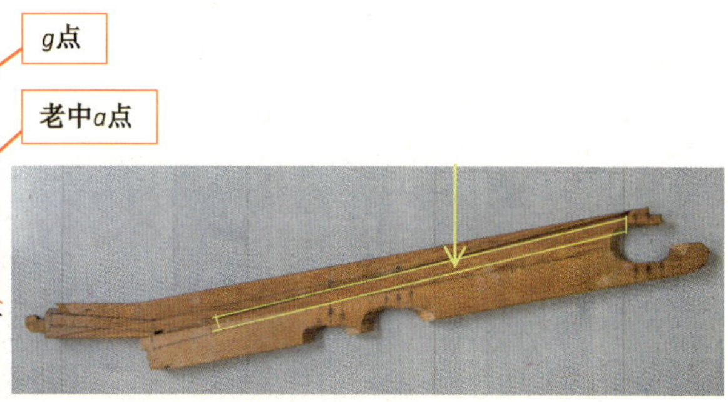

图 3-54　椽槽在老、仔角梁中的位置

b. 自 h 点 ○ 向前按“方八、八四、六方五”的规矩分点出椽尾椽花线，详见图 3-52 和图 3-53。

c. 方八：方角建筑为 0.8 椽径、1.2 斗口。八四：八方建筑为 0.4 椽径 0.6 斗口。六方五：六方建筑为 0.5 椽径 0.75 斗口。详见图 3-55。

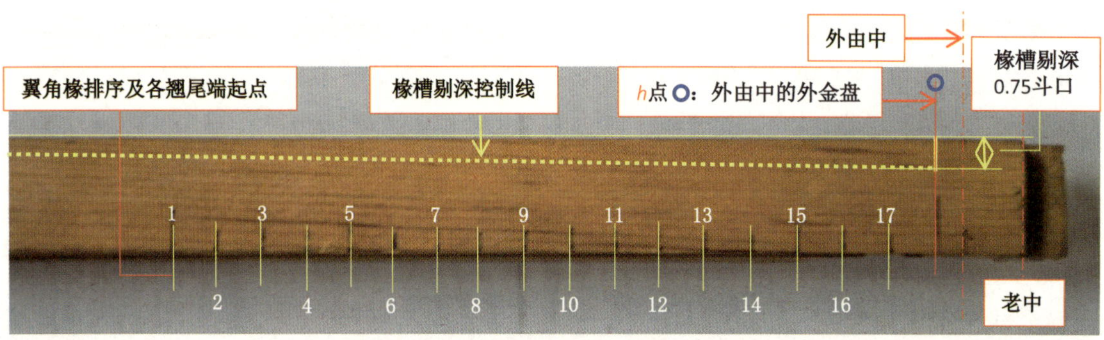

图 3-55　椽尾椽花分位示意（以 17 翘为例）

④ 图 3-37 中详图 4 划线方法

a. 老角梁头饰。划法 1 如下。

ⓐ老角梁头 *d* 点 ○（图 3-56）下返 1.5 斗口，下皮里返 3 斗口定 *A*、*B* 两点 ●，连线。

ⓑ此线段均分六份（6*a*），在线段的中心向外增出一份 *a* 定 *C* ● 点，连接 *AC*、*BC* 线段。

ⓒ自 *AB* 线段依次 1/6 位置作垂直线与 *AC*、*BC* 线段相交，各为 3 份。

ⓓ按图 3-56 所示由每份线段中按半径向内、外划半圆，中段按 2 份向外划半圆，划线完成。

划法 2 如下。

ⓐ老角梁头 *d* 点 ○（图 3-56）下返 1～1.5 斗口，下皮里返 1.5～1.75 斗口定 *A*、*B* 两点 ●，连线。

ⓑ此线段均分六份（6*a*）。

ⓒ按图 3-57 所示由每份线段中按半径向内、外划半圆，中段按 2 份向外划半圆，划线完成。

b. 大式建筑仔角梁头饰。通常情况下大式建筑的仔角梁头都安装套兽并在仔角梁端头做出套兽榫，这是仔角梁头饰的一部分，也是与杂式建筑的区别之一（图 3-58）。

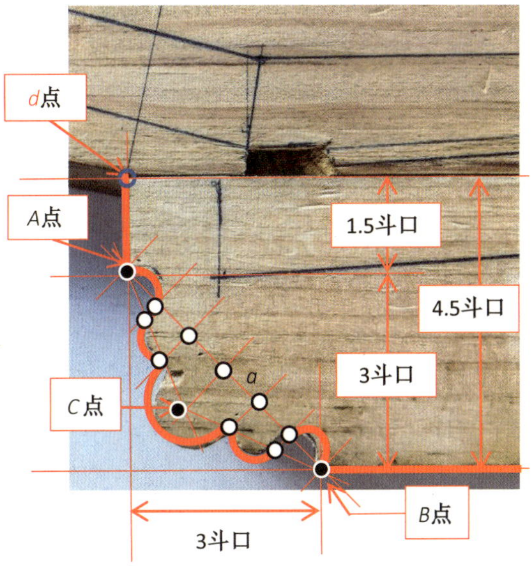

图 3-56　老角梁头饰划线方法 1

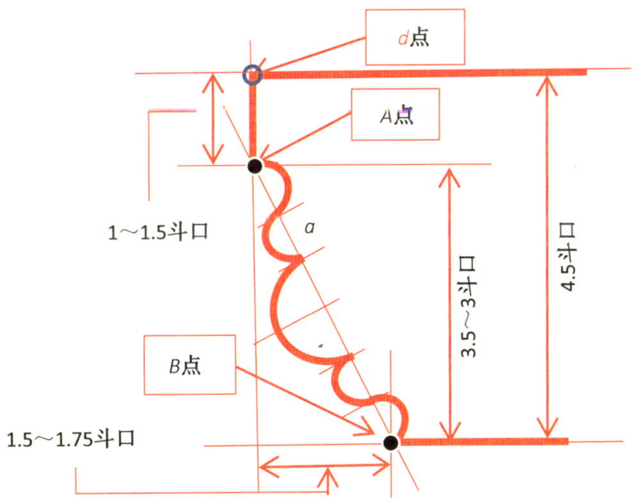

图 3-57　老角梁头饰划线方法 2

图 3-58　老、仔角梁头饰示意

仔角梁头饰的放样（划线）在整个角梁的放样（划线）中是最为重要的，通过头饰的定位，才能准确地完成翼角“冲三、翘四、撇五（0.5 椽）、扭八（0.8 椽）”的造型要求。

ⓐ确定仔角梁头部底皮线

ⅰ. 做法 1。自老角梁头 *d* 点 ○（图 3-35）向前水平划仔角梁头部底皮线与端头点 ● 连线，即为仔角梁头部底皮线。详见图 3-59 和图 3-60。

ⅱ. 做法 2。自老角梁头 *d* 点 ○（图 3-36）向前按水平划线，然后在端头位置上返 2 寸～1.5 斗口定点 ●，与 *d* 点 ○ 连线，即为仔角梁头部底皮线。

ⅲ. 做法 3。自老角梁上皮延长线与仔角梁端头线相交于 ● 点，再依此点上返 6 斗口（四椽径）定点 ○，然后按 3.75 斗口（2.5 椽径）向下定点 ●，● 点与 d 点 ○ 连线，即为仔角梁头部底皮线，详见图 3-61。

ⅳ. 做法 4。自（下）金檩老中按檐（廊）步架、举高定位挑檐檩、正心檩，按正身定位方法划出正身檐、飞椽；自正身飞椽椽头上皮上返四椽径定位仔角梁端头 e 点 ○；按做法 1 方法反向确定仔角梁头部底皮线，详见图 3-62。

这种做法是严格按照“翘四”的尺寸进行定位的，尺寸准确，但是由于要先划出正身檐、飞椽才能定位翘飞椽继而定位仔角梁头部，相比上述几种做法要麻烦一些，而且用这种方法定位的仔角梁头通常与第一种方法定位的仔角梁头相差不大，所以这种方法用得不是很多。

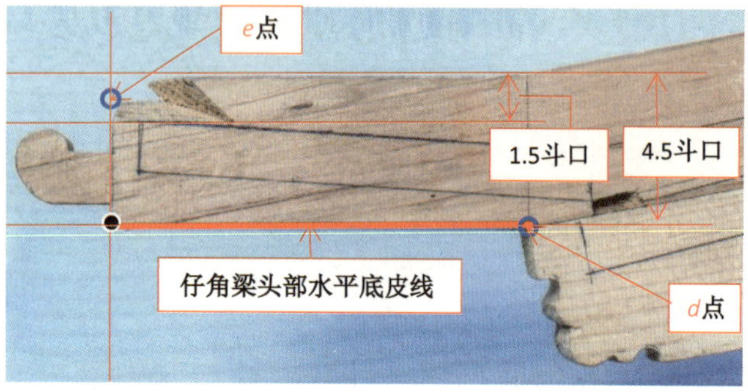

图 3-59　仔角梁头部底皮线确定做法 1

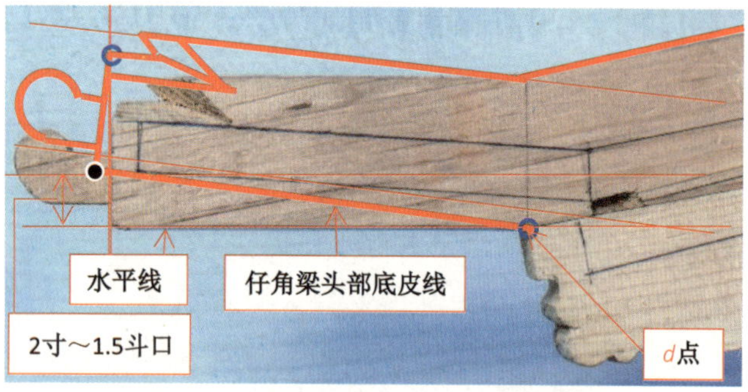

图 3-60　仔角梁头部底皮线确定做法 2

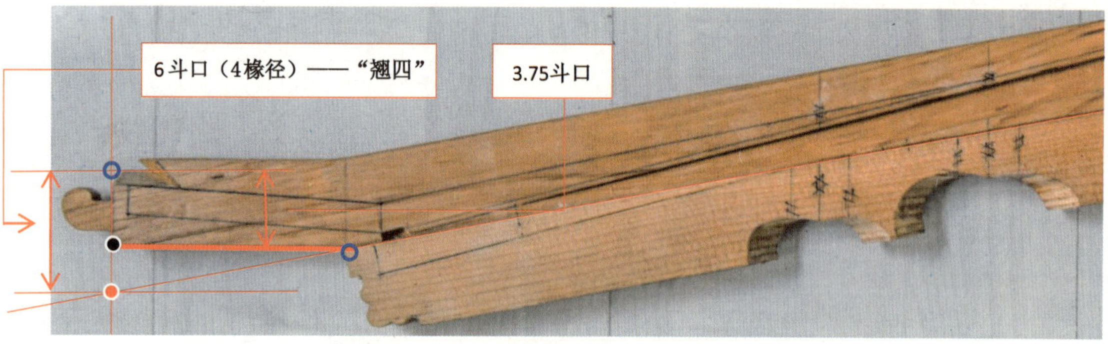

图 3-61　仔角梁头部底皮线确定做法 3

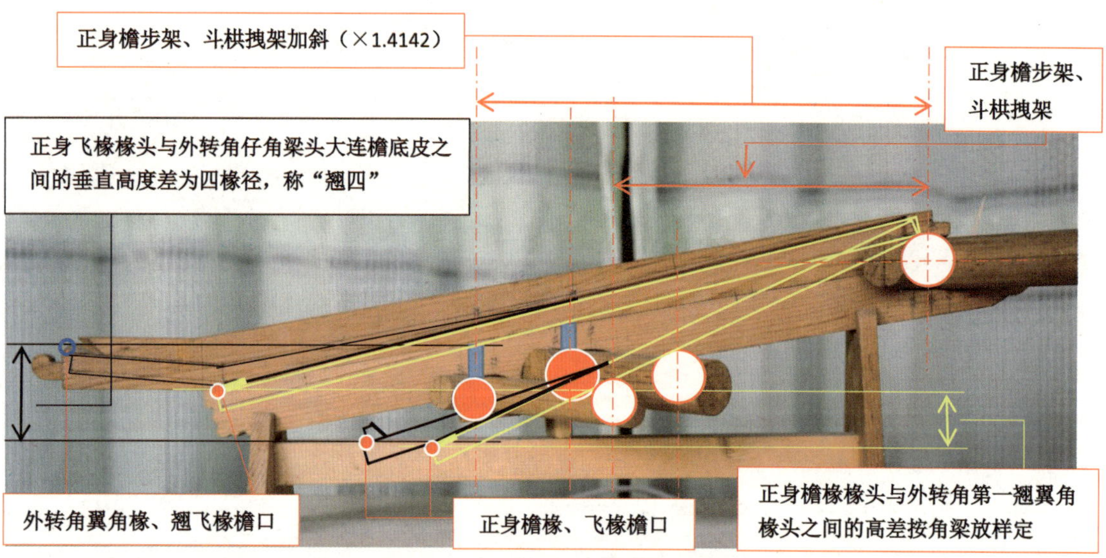

图 3-62　仔角梁头部底皮线确定做法 4

由于仔角梁底皮的定位直接关系到翘飞椽翘起高度的定位，所以非常关键。以上四种及实例中仔角梁底皮定位的做法都略有不同，其中有师传的原因，同时也有老角梁在檐檩或挑檐檩交点定位原因。由于这几种做法差别都不大，反映到空间如果不是有其他做法角梁的相邻比照一般是看不出来的，这也是这几种做法能传承下来的原因之一，各有千秋，无所谓对与不对。

所谓“冲三、翘四……”都是指正身飞椽与仔角梁端点（有的是第一翘翘飞椽上皮端点）之间的出进（冲）与高差（翘）（图 3-63 和图 3-64），特别是高差也就是翘，不管檐檩或挑檐檩交点如何变化，最终都要满足“翘四”的权衡规定，即从“翘四”的高度上往下返仔角梁底皮，这样就能在建筑外观的檐口曲线上遵循相对固定的尺度标准（图 3-64 和图 3-65）。至于“冲三、翘四……”的尺度能不能满足业主或设计人的使用要求和审美取向那就另做调整了，可以将“冲三、翘四……”改为“冲二、翘三……”，文物建筑需要按原做法补配、更换，不在可调范围之内。

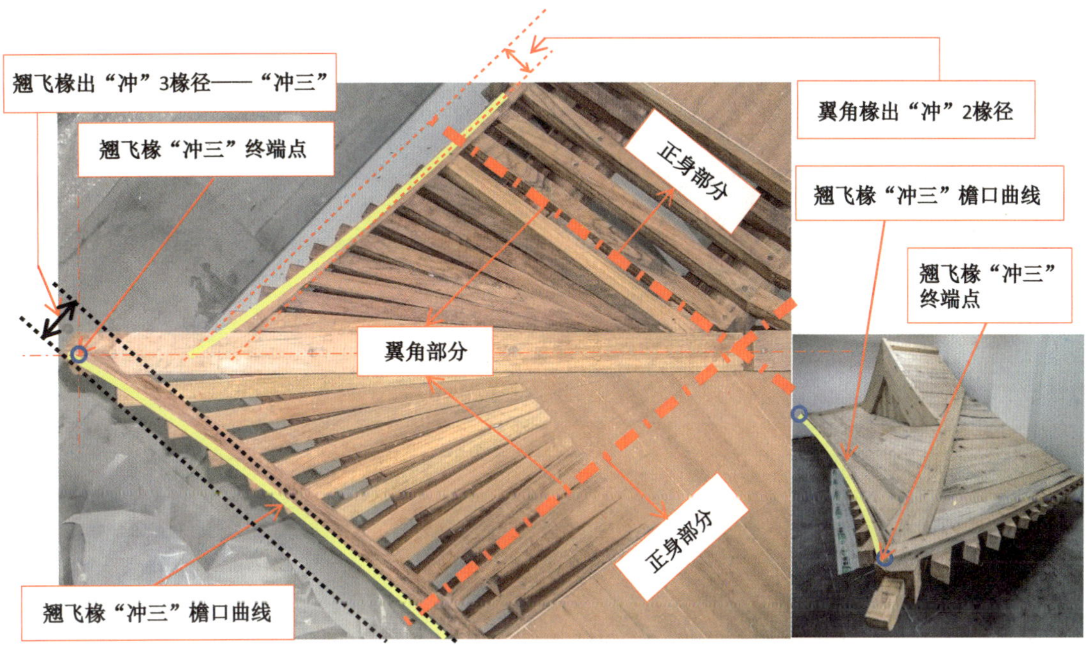

图 3-63 外转角平面“冲三”示意

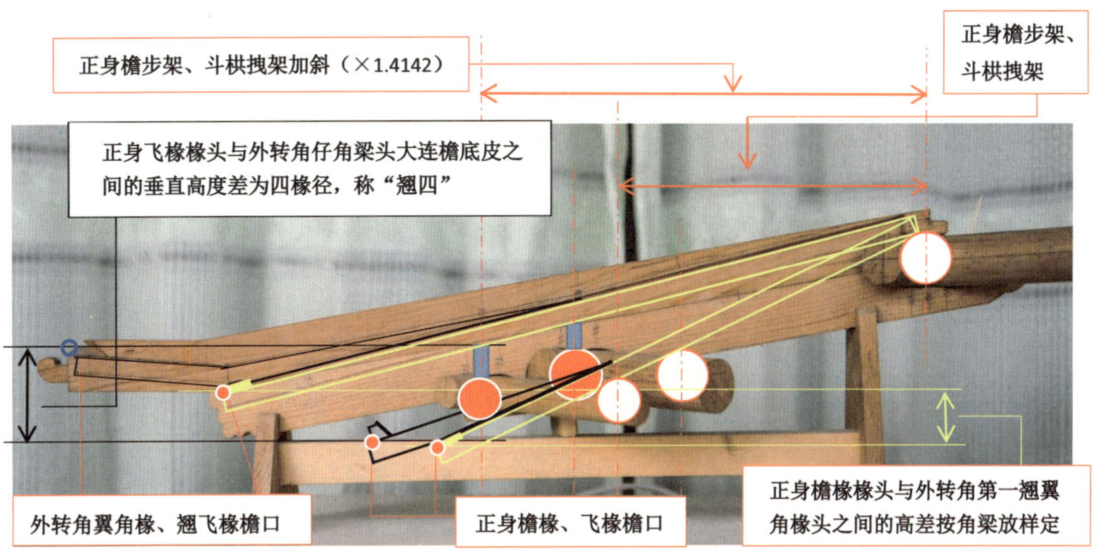

图 3-64 外转角立面“翘四”示意 1

⑮大连檐口子。大连檐口子位于仔角梁端头上部，是联系两坡檐口的构件——大连檐在仔角梁上的交集部位，详见图 3–66（a）和（b）。由于此部位在平面上有“冲”，立面上有“翘”，且大连檐又是不规则造型，再加上是两坡的大连檐相交，所以，大连檐口子的放样（划线）较为复杂，需要根据仔角梁头的平面、侧立面和正立（迎）面造型来确定。下面把仔角梁头饰的平、侧立、正立（迎）面之间的位置关系及各相关点位的解释做个详细的表述（以不带托舌仔角梁头饰为例），以利于读者能更直观、更快地理解和掌握这部分的知识。

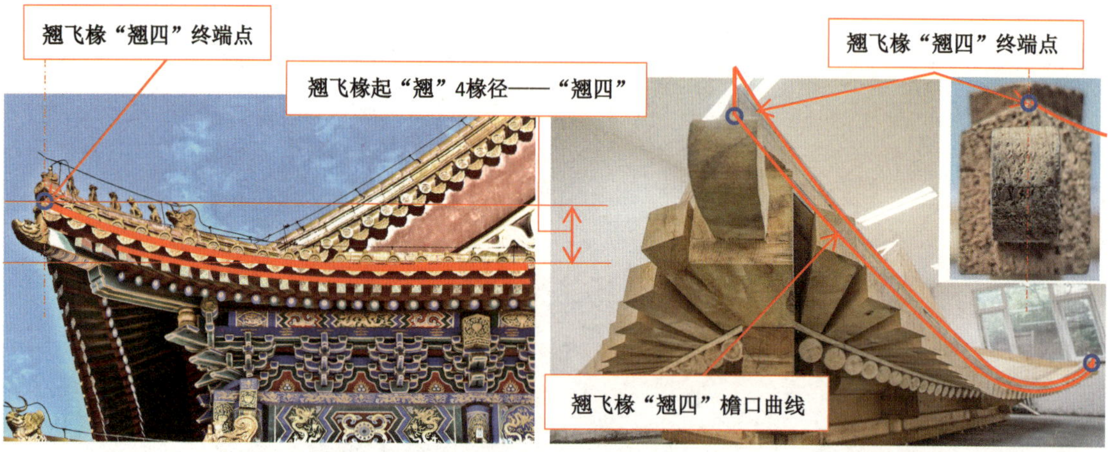

（a）　　（b）

图 3–65　外转角立面“翘四”示意 2

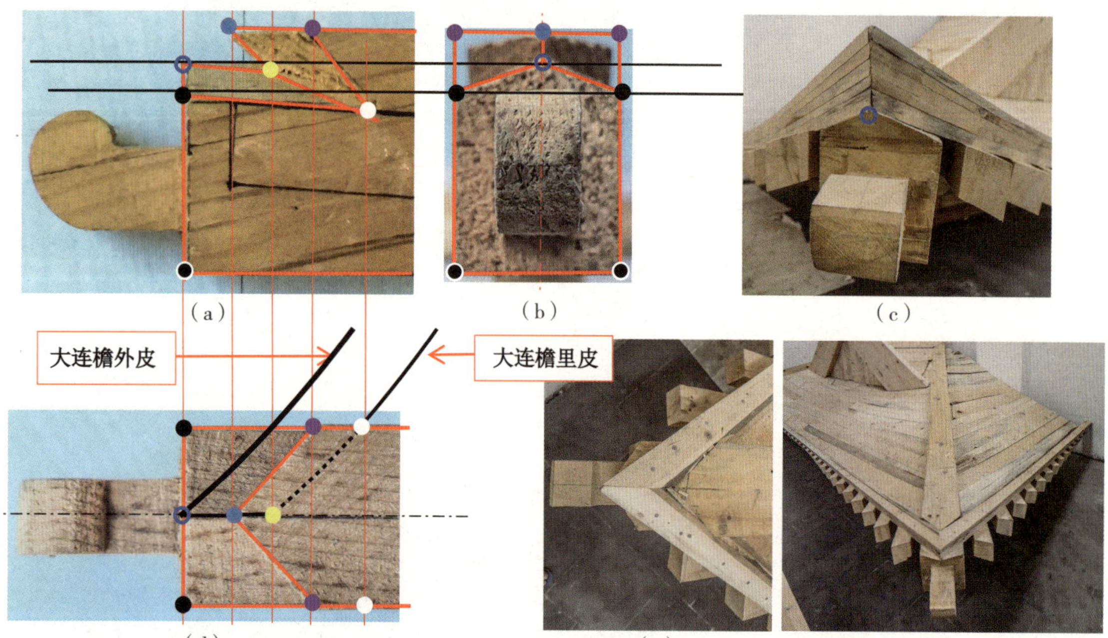

（a）　（b）　（c）　（d）　（e）　（f）

图 3–66　仔角梁大连檐口子位置及相关各点对应示意

○ 点：两坡翼角大连檐下皮在仔角梁终端中的交点，也是大连檐“冲三、翘四、撇半椽”的定位点。

● 点：仔角梁下皮终端点。

● 点：大连檐下皮在仔角梁终端外皮的交点，● 点与 ○ 点之间的高差称“撇半椽”。

🟡 点：大连檐下皮里口与仔角梁中的交集点。

⬜ 点：大连檐下皮里口与仔角梁外皮的交集点。

🔵 点：大连檐上皮里口与仔角梁中的交集点。

🟣 点：大连檐上皮里口与仔角梁外皮的交集点，详见图 3-66。

大连檐口子有三种不同的尺寸做法，可根据不同的建筑现状及建造方的要求确定。

ⅰ. 做法 1：不带托舌做法（图 3-66 中 所示）。该做法仔角梁端头和套兽榫探出略长，相应的滴水瓦遮挡的部分就略少，这样容易造成仔角梁头和套兽榫遇雨水而糟朽，但做法相对简单，比较容易操作。

· 自仔角梁底皮上返 4.5 斗口定仔角梁上皮线并下返 0.75 斗口（0.5 椽径）划线分位；根据图 3-34 所示，e 点 ○ 在图 3-66（a）～（c）中定点 ○，并与仔角梁下皮终端点 ⬛ 连接线段 ○ ⬛ 。

· 自 e 点 ○ 下返 0.75 斗口定点 ⬛；按图 3-66（a）（b）（c）所示，大连檐下皮里口与角梁平面外皮交点 ⬜ 上返至图 3-66（a）翘飞椽上皮线交点 ⬜，连接线段 ⬛ ⬜。

· 自 e 点 ○ 向后按 ⬛ ⬜ 线段上返平行线，再按图 3-66（d）所示，大连檐下皮里口与角梁平面“中”交点 🟡 上返至图 3-66（a）大连檐下皮与角梁平面“中”交点 🟡，连接线段 ○ 🟡。

· 按图 3-66（a）所示，大连檐上皮里口与角梁平面“中”交点 🔵 上返至图 3-66（a）大连檐上皮与角梁平面“中”交点 🔵。

· 按图 3-66（d）所示，大连檐上皮里口与角梁平面外皮交点 🟣 上返至图 3-66（a）大连檐上皮与角梁平面外皮交点 🟣。

· 连接线段 🔵 🟡 、🔵 🟣、🟣 ⬜、🟡 ⬜。

· 按图 3-67 所示尺寸划出套兽榫。

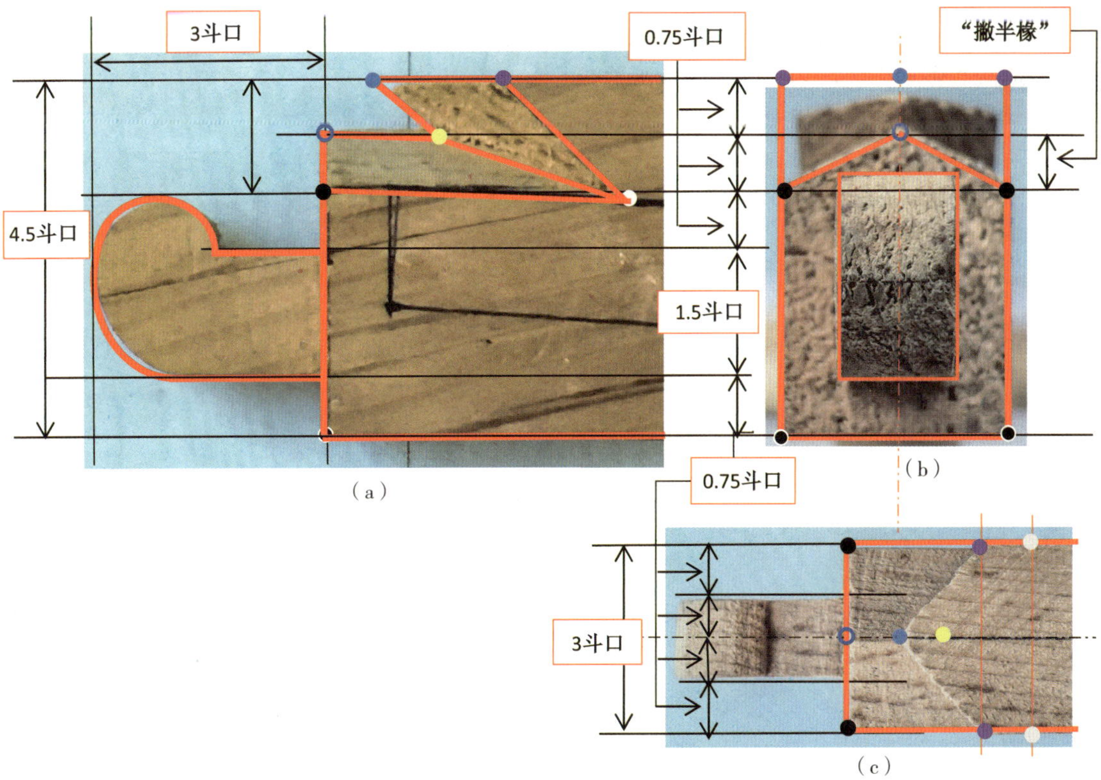

图 3-67　仔角梁不带托舌大连檐口子划线方法示意

ⅱ. 做法 2：带托舌做法（图 3-68 中 ━━ 所示）。该做法将仔角梁头回缩并做出托舌，使套兽与仔角梁头的接缝处处于托舌的遮挡下，有利于防止雨水内流侵蚀套兽木榫。

ⅲ. 做法 3：带托舌做法（图 3-68 中 ▪▪▪▪ 所示）。这种做法与第二种做法基本相同，只是仔角梁头在回缩的尺度和托舌的长度上加大了一些，更有利于减少套兽木榫糟朽的可能。两种做法对比详见图 3-69 和图 3-70。

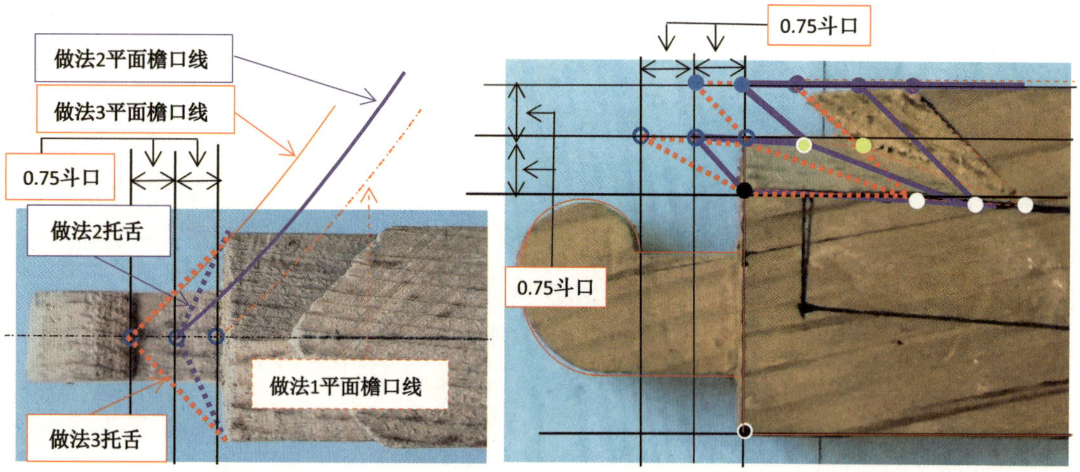

（a） （b）

图 3-68 仔角梁带托舌大连檐口子划线方法 2、3 示意

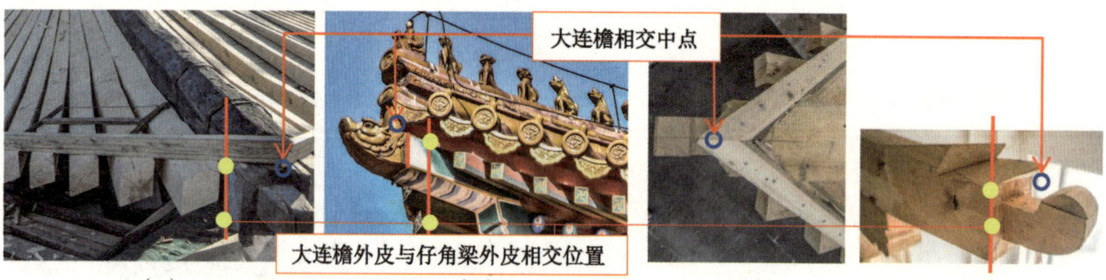

（a） （b） （a） （b）

图 3-69 不带托舌做法大连檐外皮、交点中与仔角梁之间的位置关系

图 3-70 带托舌做法大连檐外皮、交点中与仔角梁之间的位置关系

这三种做法除了遮挡雨水强弱的区别外，在外观上也有一些不同。第一种做法中套兽与翘飞椽头的距离过大，显得有些突兀；而第三种做法又过于内敛，不太能突出翼角部分的交点，所以笔者比较看好第二种做法，两相兼顾，长短适宜。

ⓒ套兽榫。大式建筑中，仔角梁头通常都安装套兽，都需要在仔角梁梁头做出套兽榫以备安装套兽之用。

按图 3-71（a）所示方法自仔角梁底皮 ● 向上按 0.75 斗口、1.5 斗口、0.75 斗口分位，向前按各 1.5 斗口分位；按图 3-71（b）所示方法，迎面按 0.75 斗口、1.5 斗口、0.75 斗口分位，按图示方法连接各线段，套兽榫放样（划线）完成。

c. 杂式建筑仔角梁头饰。杂式建筑通常用于园林、庭院，这种建筑的仔角梁多为压金做法，也有采用扣金做法的，但不管采用哪种做法，它们的头饰做法都是一样的，即梁头不安装套兽而是直接做出“三岔头”的造型，除去这个不同外其他部位的定位做法与大式老、仔角梁相同，只是由于杂式建筑体量通常不大且观赏需求强。为迎合这个特性，需要把翼角部分处理得更为灵动飘逸，也就是说“冲”出得稍多一些，“翘”起得稍大一些，这个处理不需要在角梁的放样尺度上再做出改变，只需要在以上所介绍的几种不同的老、仔角梁定位方法中加以选择即可。如果这样的尺度还满足不了要求，可在现有的基础上适当地加大一些，但需要注意的是，官式建筑的翼角与地方建筑的翼角构造不同，如果一味地追求类似南方建筑翼角高高翘起的外形效果，必然因材料的原因给结构带来安全上的隐患，也会因传统的官式瓦面做法不配套而造成屋面漏雨，所以一定要慎重。

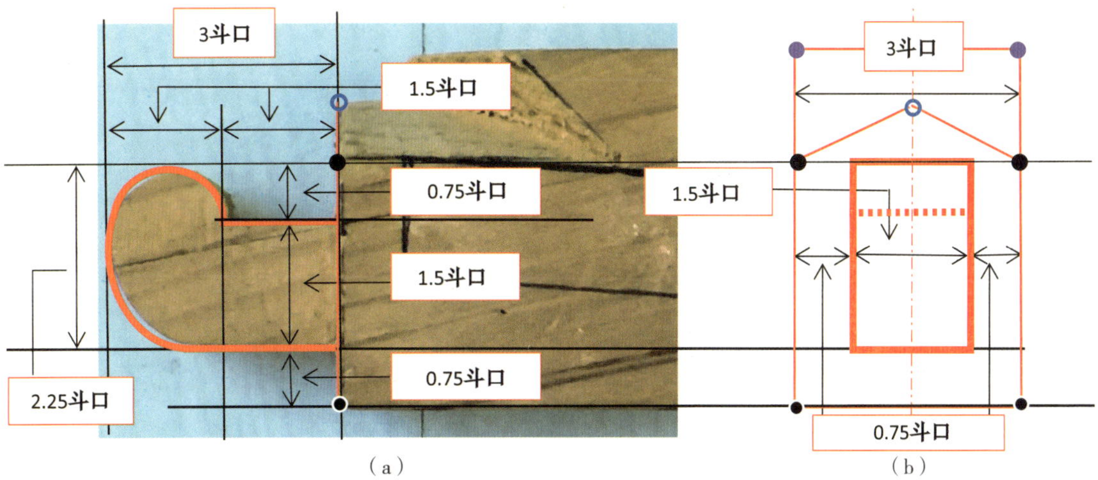

图 3-71 仔角梁套兽榫划线方法示意

ⓐ确定仔角梁头部底皮线。注：该做法与大式仔角梁头部底皮线的放样（划线）相同，此处略。

ⓑ大连檐口子。注：该做法与大式仔角梁头部底皮线的放样（划线）相同，此处略。

ⓒ三岔头头饰。图 3-72 所示为仔角梁出峰三岔头示意。

图 3-72 仔角梁出峰三岔头示意

仔角梁“出峰三岔头”头饰划法如下。

ⅰ. 按 3 斗口（厚）× 4.5 斗口（高）划出仔角梁头平面、侧立及迎面轮廓。

ⅱ. 仔角梁上皮下返 0.75 斗口与图 3-73（c）平面 ○ 点垂直上返相交定图 3-73（a）大连檐侧面端点 ○；自图 3-73（c）平面 ○ 点向后方两侧按 60° 划线、定点 ●，垂直上返与图 3-73（a）中翘飞椽侧面上皮延线相交定图 3-73（a）● 点，连接线段 ○ ●。（注：图 3-73 中 ○ 点源自图 3-34。）

ⅲ. 自图 3-73（c）平面 ○ 点划出大连檐轮廓曲线，定里皮与仔角梁外轮廓交点 ○；垂直上返至翘飞椽侧面定 ○ 点，与 ● 点连接线段 ●、○。

ⅳ. 按图 3-73（c）定大连檐里皮与仔角梁中平面交点 ○；自 ● ○ 线段上返平行线；平面 ○ 点垂直上返至平行线，定侧面 ○ 点，连接线段 ○ ○、○ ○。

ⅴ. 自图 3-73（a）侧立面 ● 点垂直下返均分三份，向前、向后各 1 斗口定点 ● ● ○ ●，

连接线段 ●●；在 ●●、●● 之间连线，定交点 ●，连接线段 ●●、●●。

ⅵ. 自 ○ 点作线段 ●● 平行线，过交点 ● 作线段 ●● 平行线，过交点 ● 作线段 ●● 平行线，三线段相交，分别定 ● 点、● 点，连接线段 ○●、●●、●●、●●、●●。

注：仔角梁出峰三岔头大连檐口子部分与套兽榫大连檐口子做法相同，详见图 3-73。

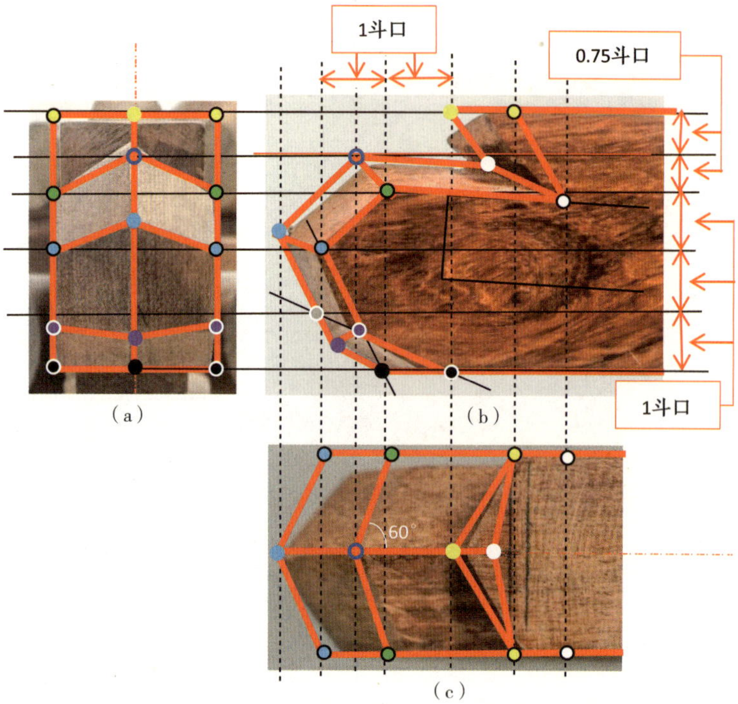

图 3-73　出峰三岔头放样（划线）方法及定点对应示意

至此，扣金角梁各部位的划线完成。

3. 扣金角梁划线掌握重点

上述划线方法步骤繁多，各点位对应不是一目了然，对于初学者来说不易熟练掌握，现将重点尺度、步骤提炼出来，便于记忆掌握，其余的细节再对照图 3-32～图 3-73 进行消化。

（1）步架、举高定位。步架尺寸加斜，加斜系数按建筑各自不同的转角平分角度；举高尺寸同正身。

（2）斜桁椀侧立面定位。自平面桁（檩）椀老中、里由中、外由中、加斜金盘、加斜半径等各点上引至各桁（檩）举高位置定位，按点位划出斜桁（檩）椀（图 3-43～图 3-49）。

（3）老、仔角梁侧立面定位。搭交（下）金檩（桁）立面举高中 *a* 点 ○ 下返老角梁高定点；搭交（挑）檐檩（桁）斜檩（桁）椀前端中 *f* 点 ○ 定点，两点连线，为老角梁底皮基线。

（4）翼角椽侧立面定位。椽尾端点交于搭交（下）金桁（檩）上皮 *g* 点 ○；椽槽终点交于搭交（下）金桁（檩）上皮 *h* 点 ○（图 3-50～图 3-55）。

注：以上各点的定位划线较为关键，应重点注意。

（五）压金角梁的放样（划线）

压金角梁从做法特征上说是下层老角梁后尾扣压在搭交（下）金檩（桁）上，上层仔角梁后尾做出与飞椽相同的楔形式样叠压在老角梁上，与搭交（下）金檩（桁）无交集。

在杂式建筑中，通常檐步架尺寸较小，如果还是按照扣金做法制作角梁会形成翼角部分翘起过高，不仅会影响整体造型还会给施工带来一定的难度，甚至影响到屋面的质量，所以在杂式建筑包括尺寸较小的其他建筑中，角梁通常采用压金做法。

1. 相关部位的认识

压金角梁各部位名称与扣金角梁基本相同，此处略（图 3–74、图 3–75）。

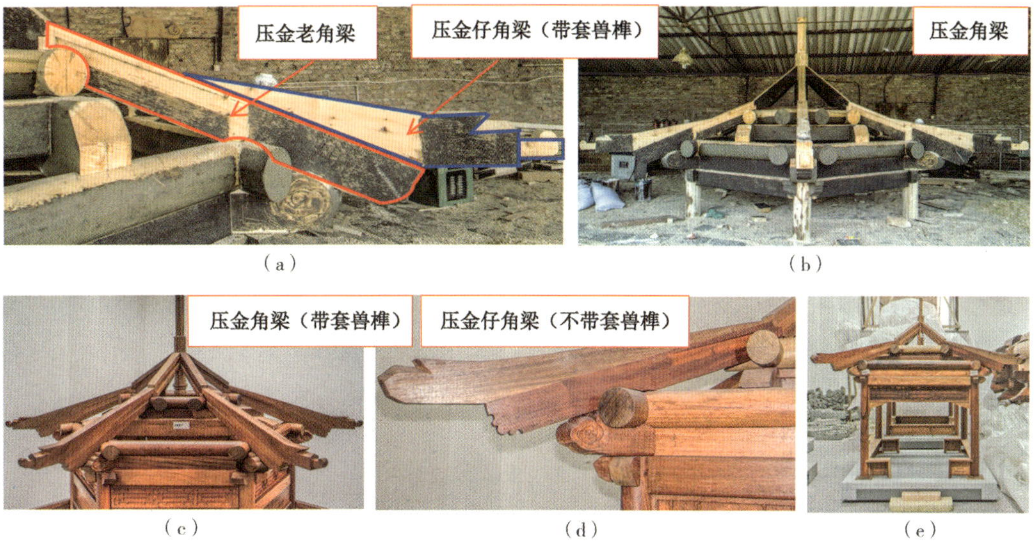

图 3–74　压金角梁组合构造示意

图 3–75　压金做法角梁示意

2. 压金角梁划线方法

（1）除图 3–76（a）另有标注外，其余各点位及详图均同扣金角梁。

（2）图 3–77 中 a、f ○ 两点连线并向上按 4.5 斗口平行划出老角梁上皮线。

（3）上皮线前端与 d 点 ○ 垂直线相交，依上皮线过 d 点向下按 90° 划出老角梁端头线。

（4）自 d 点 ○ 向前水平（可适当调整）划出仔角梁底皮线并按 4.5 斗口平行划出仔角梁上皮线并定出大连檐口子端点 e 点 ○。

（5）按仔角梁尾部底皮线垂直过 d 点 ○ 上返 4.5 斗口与仔角梁头部上皮线相交 d' 点 ● 并向后按正身飞椽一飞二尾半或一飞三尾同样比例定仔角梁尾长，按尾长划仔角梁后尾上皮线。

（6）图 3–76（a）中，老角梁金桁椀、尾端头饰部分、老角梁檐桁椀部分、老角梁、仔角梁头饰部分、翼角椽、翘飞椽基线部分及椽槽等均与扣金角梁做法同，图略。

至此，压金角梁放样（划线）完成，详见图 3-76。

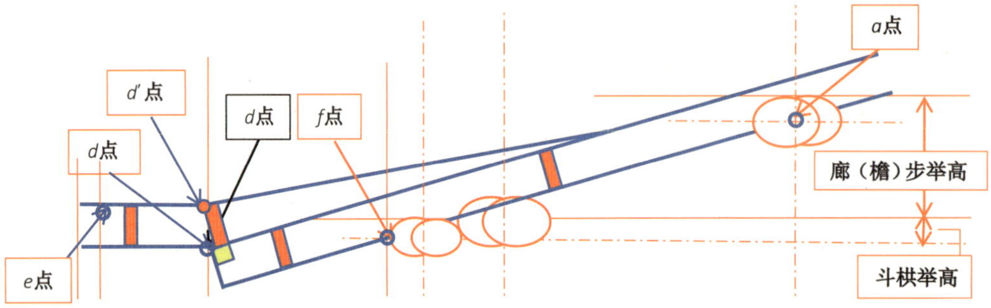

（a）

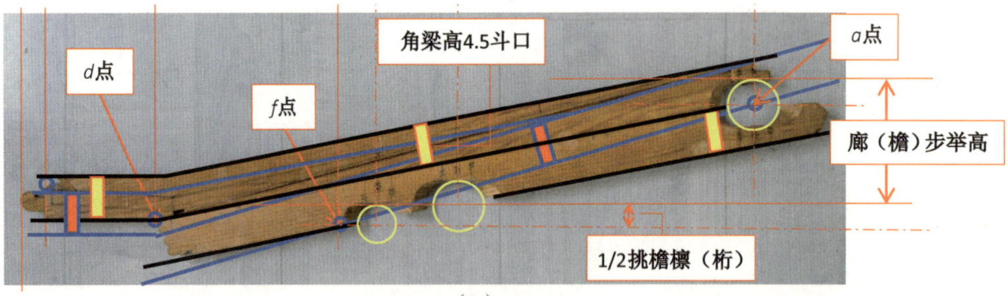

（b）

图 3-76　压金角梁放样（线）步骤及压金、扣金角梁对比示意

注：图中 ▬▬ 为压金角梁轮廓线；▬▬ 为扣金角梁轮廓线。

（六）插金角梁的放样（划线）

前面说的扣金和压金角梁后尾都是与金檩扣搭相交，而在重檐庑殿、重檐歇山或重檐攒尖建筑中，下层檐角梁的后尾是与角金（童）柱相交，需要角梁的后尾做出榫头插入角金（童）柱，这就是插金角梁的特征。

根据建筑物形式、规模的不同，角梁做法可以选择扣金或者压金，当这两种做法的角梁用在重檐建筑中时，下层角梁的后尾只能做榫插入角金（童）柱完成连接而不是与金檩扣搭相交，这也是插金角梁最直接的字面解释。

插金角梁除尾端做法与扣金、压金不同外，其他部位做法都相同，这里不另作介绍，只是把后尾入榫部分进行详解。

1. 相关部位认识

注：插金角梁各部位名称与扣金角梁基本相同，此处略。

扣金、压金角梁详见图 3-77～图 3-79。

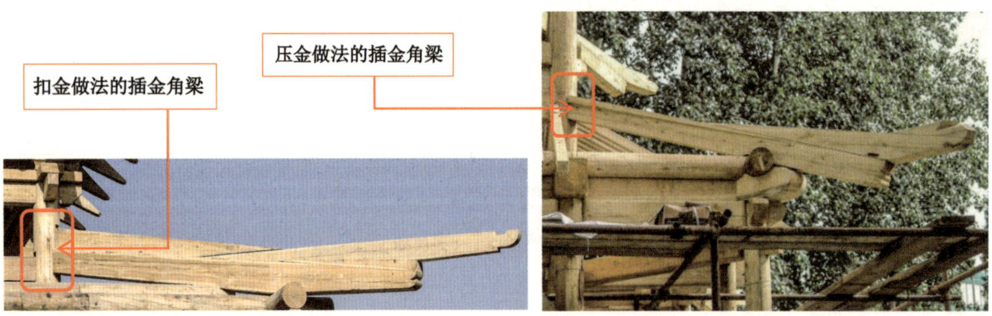

（a）　（b）

图 3-77　扣金、压金做法的插金角梁

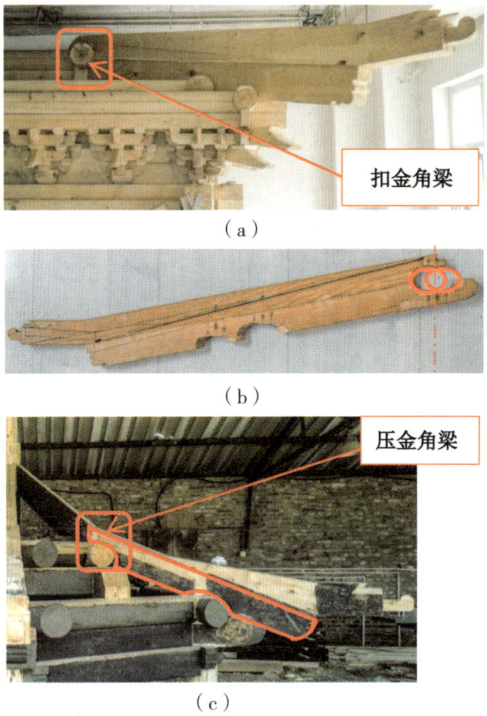

图 3-78 扣金、压金（檩）连接

图 3-79 扣金、压金角梁的插金（柱）连接

2. 插金角梁划线方法

（1）后尾插金（柱）位置按金檩定高，同金檩定高。

（2）扣金、压金角梁按前述划线方法定位、划线。

（3）扣金做法老角梁做大进小出入柱榫；头饰部分做麻叶云头或方头造型；仔角梁做单直半榫。

（4）压金做法老角梁做大进小出入柱榫；头饰部分做麻叶云头或方头造型。

插金角梁划线完成，详见图 3-80、图 3-81。

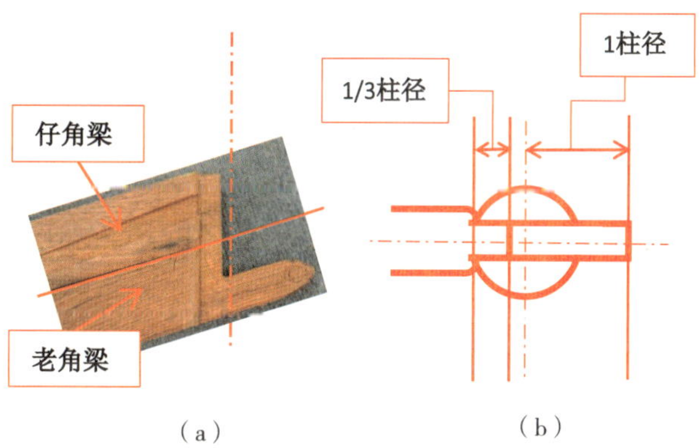

图 3-80 老、仔角梁插柱榫平立面示意

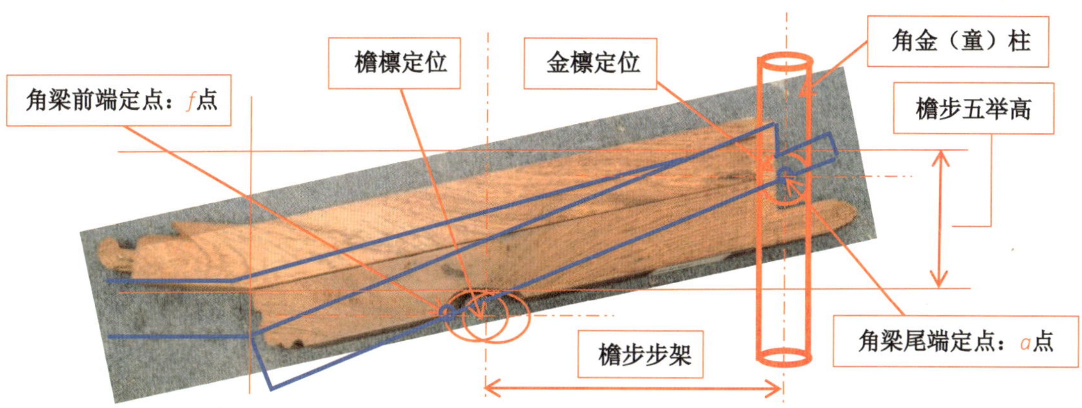

图 3-81 扣金、压金做法插金角梁位置对应示意

注：图中图片所示为扣金做法，▬ 为所示为压金做法。

二、里掖角角梁

（一）角梁的构成

里掖角通常称为窝角梁，它的外形与外转角压金角梁相似，下层为通长老角梁，上层为楔形仔角梁，两层构件叠压，组合成完整角梁。详见图 3-82。

图 3-82　里掖角（窝角）老、仔角梁

（二）角梁的功能定位

老角梁是建筑物里掖角两方向相交分界的构件，是承托两方向檐椽在里掖角部分对接终结的终端构件。

仔角梁是建筑物里掖角两方向相交分界的构件，是承托两方向飞椽在里掖角部分对接终结的终端构件，详见图 3-83。

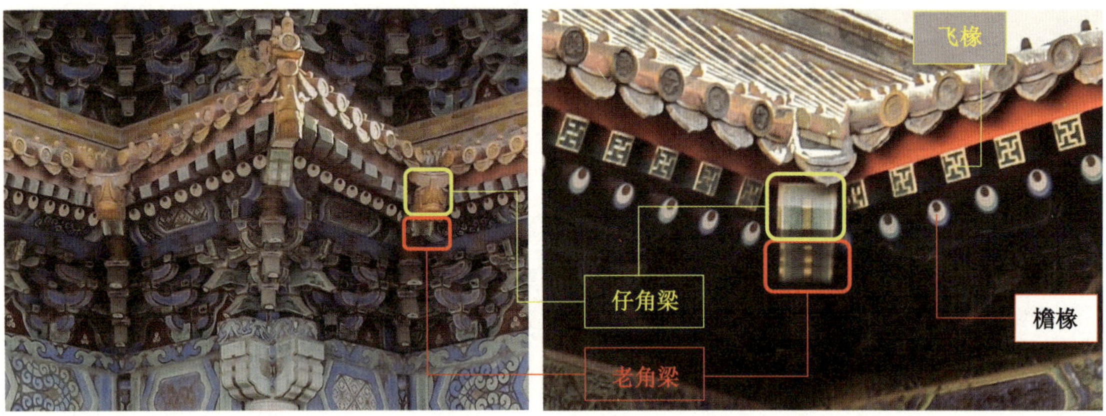

（a）　　　　（b）

图 3-83　里掖角（窝角）两方向檐椽、飞椽檐口对接终端：老、仔角梁

（三）角梁的种类

如果按外转角角梁中扣金、插金和压金的做法来区分种类的话，里掖角角梁的种类只有一种，只是由于所处建筑物转角部位的不同角度（四方、六方等）在尺寸上有一些不同，再就是根据建筑物的大小式类别在仔角梁梁头的头饰上有所区别，其他没有不同，详见图 3-84。

（四）里掖角角梁特殊的尺度指标

在里掖角中，通常是两个方向的檐口在同一个标高上，对于老角梁或仔角梁来说，只要保证它们的上皮标高与正身檐椽、飞椽的上皮标高一致，用行话说就是“交圈”就行了，其他没有特殊指标。如果碰到转角部位两个方向的檐口不在同一个标高上且差距不是很大时，就需要在角梁的断面尺寸上做出调整，两侧不等高，分别去追两边的檐口；如果两个方向的檐口标高差距很大，单靠调整角梁的断面尺寸来追两方向檐口的标高无法做到，这时就要考虑在两个方向中的某一面调整正身檐口的标高，否则就很难做到两个方向檐口的“交圈”，详见图 3-83。

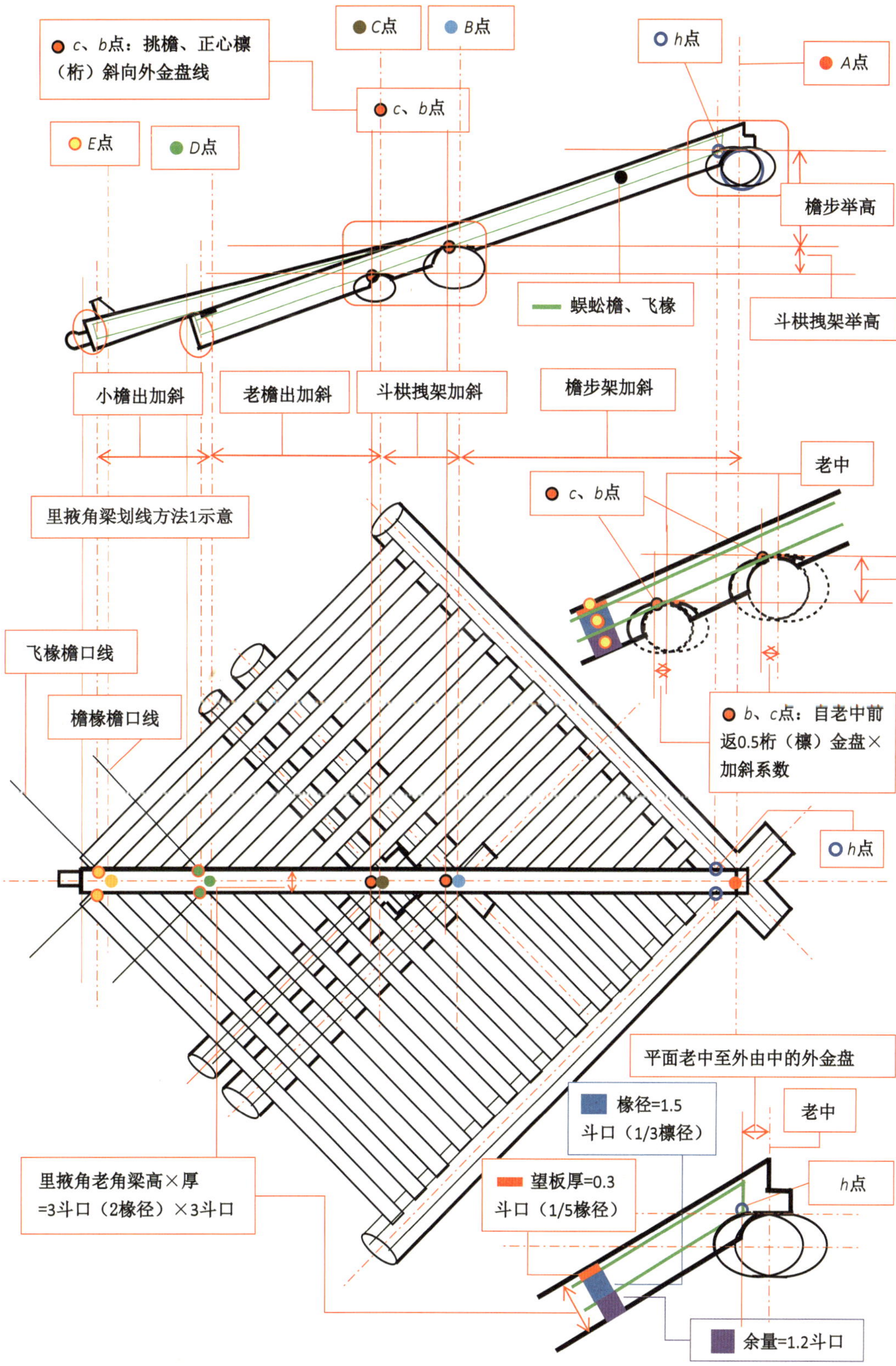

图 3-84　各桁（檩）、里掖角梁、蜈蚣椽、正身椽平面及各点位对应示意

（五）里掖角（窝角）角梁的定位、放样（划线）

1. 相关部位的认识

同外转角角梁，此处略。

2. 放样（划线）

有两种方法：方法 1 是按蜈蚣檐、飞椽的标高去决定里掖角老角梁、仔角梁的标高；方法 2 是按正心桁（檩）斜桁椀桁（檩）中定位的方法决定里掖角老角梁、仔角梁的标高。这两种方法各有千秋。第一种方法严谨准确，能保证蜈蚣檐、飞椽檐口的标高与正身檐、飞椽檐口的标高一致，只是在划线过程中要先划出蜈蚣檐、飞椽才能定位里掖角老角梁、仔角梁的标高，稍显烦琐。第二种方法可直接在正心檩（桁）斜桁椀檩（桁）举高中定位里掖角老角梁、仔角梁的标高。这种方法简单、省事，但不如第一种方法严谨、精准，虽然不会在后续的安装中带来太多的剔改操作，但不能精准到位，尤其是里掖角角梁，它是与正身檐口一平的，如果在高度上有了些许误差就只能在角梁头上进行剔凿或垫补调整，势必会影响到角梁头的造型，不像外转角，即使两种做法的高度有些不一致，也只是在空间上对翘起的高度产生一些变化，但影响不大。所以，笔者推荐方法 1 的放样方法，即便是稍费些事。

（1）方法 1。第一步：按 3 斗口宽度弹划老角梁、仔角梁仰视平面图的中线、宽（厚）度轮廓线。

第二步：尾端适当位置定点搭交（或合角）金檩（桁）平面老中 ● *A* 点；自 ● *A* 点按廊步架尺寸加斜向前定点正心檩（桁）平面老中 ● *B* 点；自 ● *B* 点按斗栱拽架尺寸加斜向前定点挑檐檩（桁）平面老中 ● *C* 点；自 ● *C* 点按老檐平出、小檐平出尺寸加斜向前定点檐椽、飞椽檐口线 ● *D* 点、● *E* 点详见图 3-84。

第三步：按里掖角角度自 ● *A* 点、● *B* 点、● *C* 点双方向划出金檩（桁）、正心檩（桁）、挑檐檩（桁）平面老中线及各檩（桁）平面轮廓线、金盘线。

第四步：按 ● *D* 点、● *E* 点划出檐椽、飞椽檐口线，此线与角梁两侧外皮交点定为 ● *D′* 点、● *E′* 点，依此两点向前各按 0.75 斗口（0.5 椽径）定老角梁头端点、仔角梁头端点。

第五步：自平面 ● *A* 点向上引线适当位置定点搭交（下）金檩（桁）侧立面老中；按檐步架、举高尺寸向前定位正身正心檩（桁）、挑檐檩（桁）侧立面老中。

第六步：平面 ● *B* 点、● *C* 点上引至与正身各桁（檩）同高位置划出（下）金、正心、挑檐。各桁（檩）斜桁椀，划法参考图 3-37、图 3-41、图 3-42。

第七步：按搭交（下）金桁（檩）平面外由中外金盘线与老角梁外皮轮廓线平面相交点 ○ *h* 点（图 3-84）向上引线与搭交（下）金桁（檩）侧立面斜桁椀上皮相交定 ○ *h* 点，此点为蜈蚣檐椽尾端底皮基点。

第八步：自平面 ● 点上引至侧立面挑檐、正心檩（桁）外金盘定 ● 点，● 点与 ○ *h* 点连线为翼角椽底皮线，向上返 1.5 斗口划出翼角椽上皮线；再按 0.3 斗口上返划出望板线。

第九步：自角梁平面 ● *D* 点向前 0.75 斗口上引至角梁侧立面，与翼角椽望板线相交，交点即为老角梁端头；同外转角方法定位小连檐、翼角椽头、尾。

第十步：自角梁平面 ● *E* 点向前 0.75 斗口上引至角梁侧立面；翼角椽望板延长线即为仔角梁头部底皮线，端头上返 3 斗口交点即为仔角梁端头。

第十一步：按一飞二尾（或一飞二尾半或一飞三尾，同正身）自仔角梁端头划出仔角梁上皮线；同外转角方法定位蜈蚣飞椽。

第十二步：参考图 3-57 方法划出老角梁头饰；老角梁后尾刻半等掌榫，划线方法同图 3-40；套兽榫或三岔（椽）头头饰另加尺寸同图 3-71～图 3-73。

至此，带斗栱里掖（窝角）角梁（方角）放线方法 1 完成，详见图 3-84 和图 3-85。

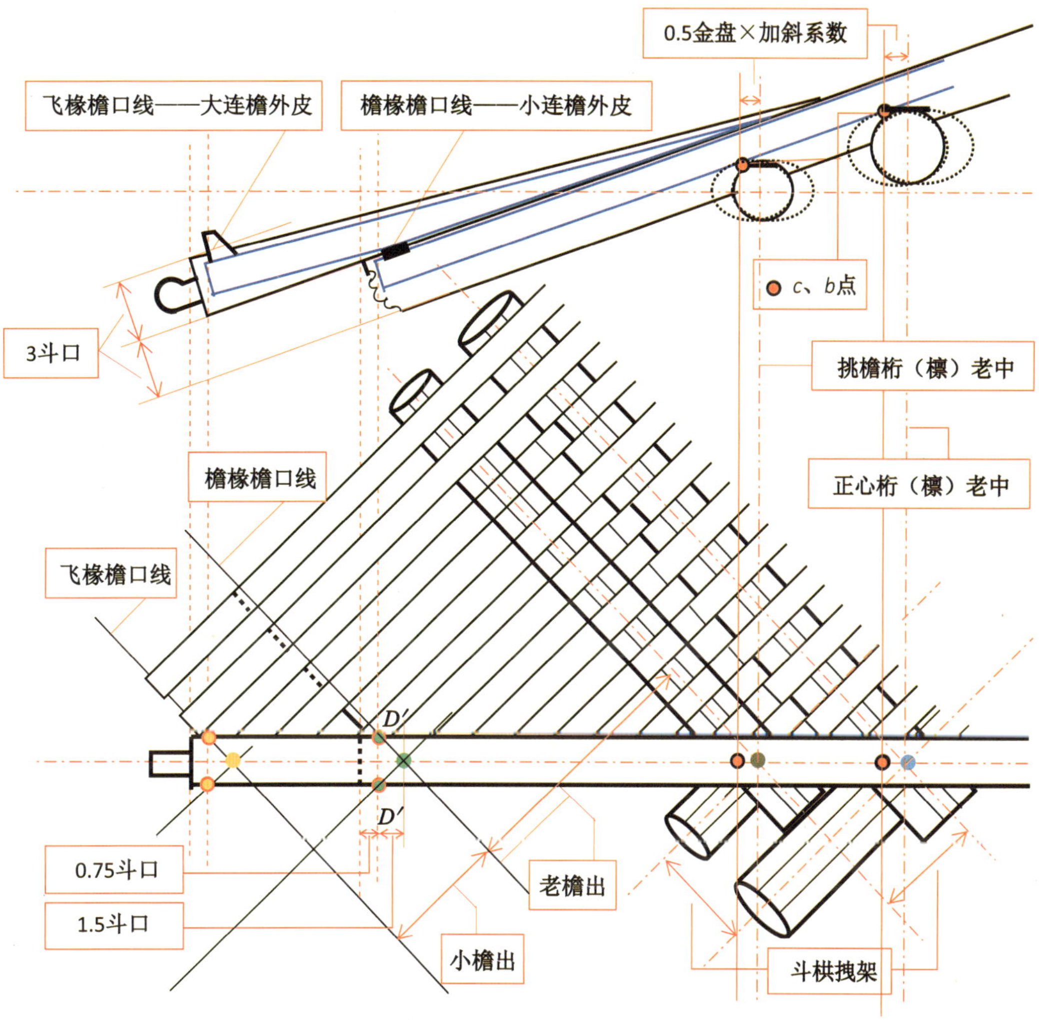

图 3-85 方法 1 里掖角老、仔角梁梁身、梁头定位示意

说明如下。

① 方法 1 中老角梁、仔角梁梁背的高度定位为望板上皮，详见图 3-83，这种方法抬高了角梁，使角梁腹（底）面檩（桁）椀刻口少刻了望板厚，加大了有效截面积，有利于角梁的受力，是科学的方法，只是在安装施工中需要在角梁背面两侧裁出仔口来承托住望板，稍显费工；还有一种做法是蜈蚣檐、飞椽上皮即老角梁、仔角梁上皮，这样安装时望板可以直接铺钉在角梁上，这样安装起来省工省力，只是角梁檩（桁）刻口要深一些，不利于角梁的受力。如果此建筑荷载不是很大，比如出檐小或不是琉璃屋面等，可以采用这种省力的做法，但一定要在保证角梁能满足受力的前提下才能使用。

② 本案例仔角梁为套兽榫头饰，实物中也多见三岔（椽）头头饰（图 3-86），其细节做法参考外转角角梁三岔（椽）头头饰。

（a）　　　　（b）

图 3-86　套兽榫、三岔（椽）头头饰示意

③ 蜈蚣檐、飞椽排列方向与正身椽同，与老角梁、仔角梁抹角钉接，不剔椽槽，亦不划椽当，安装时按正身椽当现场派划。

④ 大、小连檐刻口直接钉附在老角梁、仔角梁梁头上，两方向合角相交。

方法 1 的重点如下。上述划线方法步骤繁多，各点位对应不是一目了然，对于初学者来说不易熟练掌握，下面将重点尺度、步骤提炼出来，便于记忆掌握，其余的细节再对照图 3-84 和图 3-85 进行消化。

① 步架加斜，举高同正身。

② 斜桁椀各点引自平面。

③ 椽位定高：（下）金檩（桁）——外由中的外金盘加斜，图 3-84 和图 3-85 中 ○ 点；挑檐、正心檩（桁）——外金盘加斜，图 3-84 和图 3-85 中 ● 点。

④ 檐、飞椽檐口线撞角梁 ● *D*、● *E* 点，另加 0.75 斗口（半椽径）为老角梁、仔角梁端头。

图 3-84、图 3-85 和图 3-87、图 3-88 中的说明如下。

● *A* 点：平面（下）金檩（桁）老中。

● *B* 点：平面（檐）正心檩（桁）老中。

● *C* 点：平面挑檐檩（桁）老中。

● *D* 点：平面檐椽檐口线与角梁中交点。

● *D'* 点：平面檐椽檐口线与角梁两侧外皮交点。

● *E* 点：平面飞椽檐口线与角梁中交点。

● *E'* 点：平面飞椽檐口线与角梁两侧外皮交点。

○ *h* 点：平面，搭交（下）金檩（桁）外由中外金盘线与老角梁外皮轮廓线平面相交点；立面，平面点上引与搭交（下）金檩（桁）斜桁椀上皮相交点。

● *c* 点、*b* 点：立面挑檐、正心檩（桁）外由中的外金盘。

（2）方法 2。第一步至第四步同方法 1。

第五步：自平面 ● *A* 点上引至适当位置定点搭交（下）金檩（桁）举高中；自 ● *B* 点、● *C* 点上引至适当位置按檐步举高、斗栱拽架举高定正心檩（桁）、挑檐檩（桁）立面举高中。

第六步：老角梁平面外皮轮廓线与搭交（下）金檩（桁）外皮轮廓线交点定 ○ *a* 点；与正心檩（桁）外皮轮廓线交点定 ● *b* 点；与挑檐檩（桁）外皮轮廓线交点定 ● *c* 点；三点上引线与举高檩（桁）中相交定举高 ○ *a* 点、● *b* 点、● *c* 点，按各檩（桁）径划出（下）金、正心、挑檐檩（桁）斜桁椀，划法参考图 3-37。

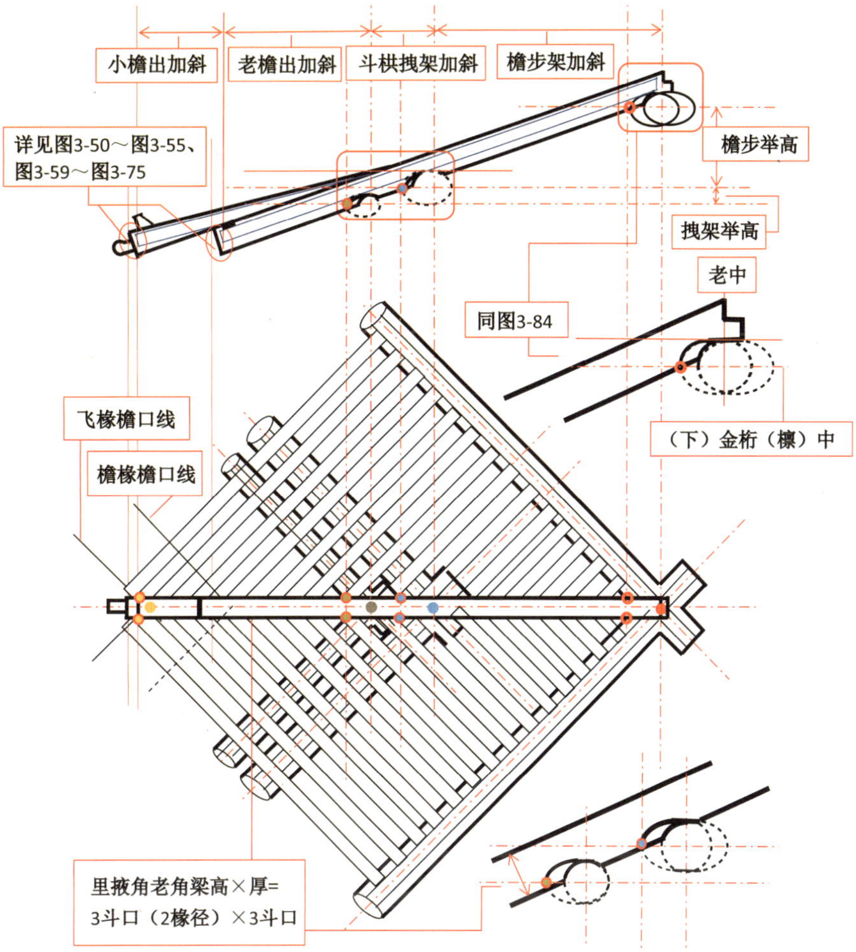

图 3-87 各桁（檩）、里掖角梁、蜈蚣椽、正身椽平面及各点位对应示意

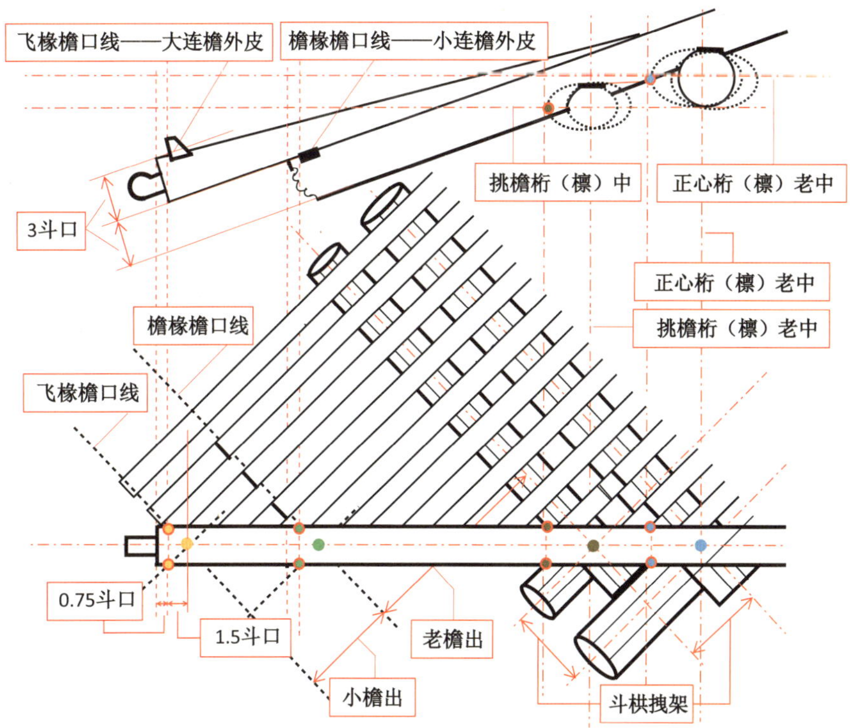

图 3-88 方法 2 里掖角老、仔角梁梁身、梁头定位示意

第七步：○ *a* 点与 ● *b* 点连线为老角梁底皮线，上返 3 斗口（2 椽径）划出老角梁上皮线；上皮线与平面老角梁头端点相交并依此线见方向下划出老角梁端头，头饰划法同图 3-57；尾饰刻半等掌榫划线方法同图 3-40。

第八步：按檐椽檐口线划出小连檐口子（厚 0.45 斗口或 1.5 倍望板厚，宽 1.5 斗口或 1 椽径），老角梁划线完成。

第九步：老角梁上皮划延长线为仔角梁底皮线，按底皮方角上返 3 斗口定仔角梁端头，出套兽榫或三岔（椽）头头饰另加尺寸，划法同图 3-71。

第十步：自仔角梁端头点按正身飞椽一飞二尾半或一飞三尾尺寸加斜定长，呈楔形，与端头点连线划出仔角梁上皮线，详见图 3-88。

至此，带斗栱里掖（窝角）角梁（方角）放线方法 2 完成。

上述划线方法步骤繁多，各点位对应不是一目了然，对于初学者来说不易熟练掌握，下面将重点尺度、步骤提炼出来，便于记忆掌握，其余的细节再对照图 3-84～图 3-88 进行消化。方法 2 的重点如下。

① 步架加斜，举高同正身。

② 斜桁椀各点引自平面。

③ 斜桁椀定高：金桁（檩）外轮廓线与角梁外轮廓线交点，图 3-88 中 ○ *a* 点；正心桁（檩）外轮廓线与角梁外轮廓线交点，图 3-88 中 ● *b* 点；两点为基准连线，为老角梁底皮线并依此线定挑檐檩（桁）椀 ● *c* 点。

④ 檐、飞椽檐口线撞角梁外皮，向前另加 0.75 斗口（半椽径）为老角梁、仔角梁端头。

第三节　翼角椽、翘飞椽及附件

一、外转角翼角椽、翘飞椽

“飞檐翘角”是中国传统建筑中最具特色的构造部分之一，飞檐是指建筑正身部分的屋面、屋檐，翘角则指的是建筑翼角部分的屋面、屋檐，这两部分的檐口线连接、延续在一起形成了建筑主体平直庄重、四角昂扬灵动的屋檐轮廓（图 3-89）。

通过前面对角梁的讲解我们可以知道，角梁作为屋面四角檐口的终端构件，掌控着翘起和冲出的尺度，下面介绍的翼角椽、翘飞椽是在这个尺度范围内自成体系的一整套做法标准和尺度规定，从操作层面上讲，翼角椽、翘飞椽相关的放线、制作和安装方法其技术含量是很高的。

（一）配置

中国传统建筑的屋檐多是双层椽子对应叠落配置。下层檐椽在殿堂、坛庙、府邸、衙署建筑中多为圆形椽，园林杂式及小式民居建筑中多为方形椽；上层是飞椽，方形椽；少有单层配置的，只是一层檐椽，没有飞椽；三层配置也有，一层檐椽，两层飞椽，更为少见，笔者仅在北京普渡寺见到过。

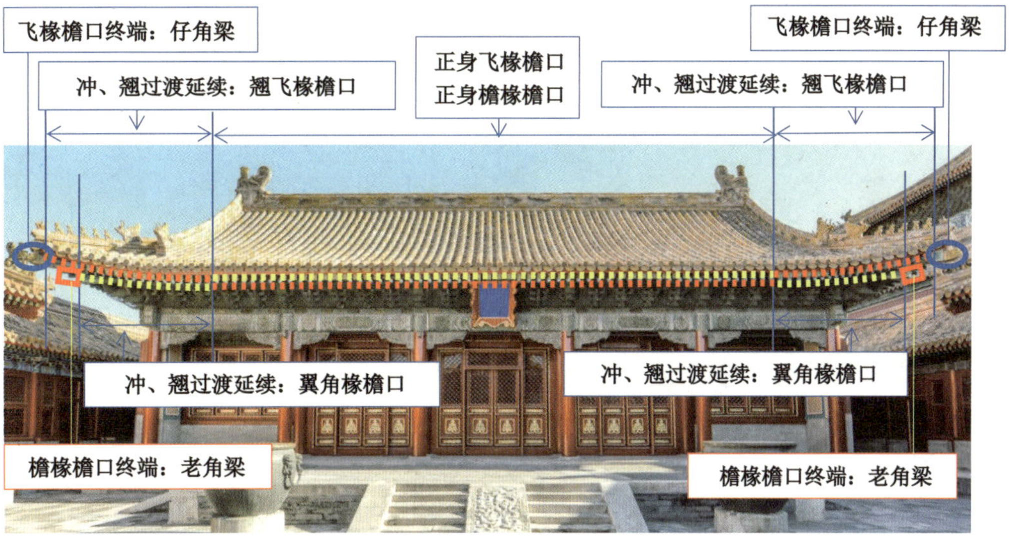

图 3-89　飞檐翘角与正身、翼角檐口示意

在翼角中，翼角椽对应檐椽，翘飞椽对应飞椽，配置与正身部分是一样的。详见图 3-90 和图 3-91。

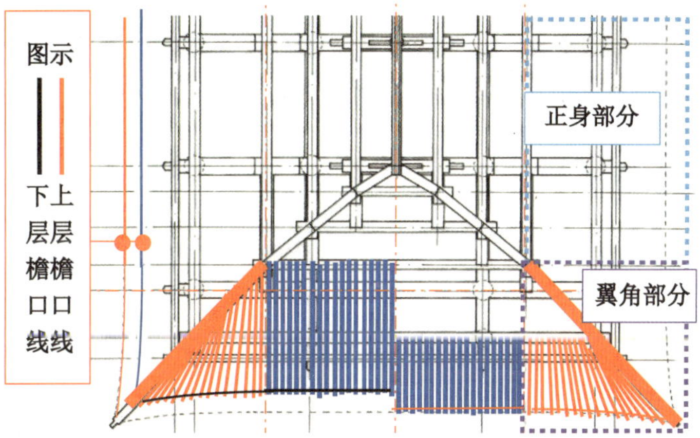

图 3-90　翘飞椽平面位置及排列示意

下层檐椽；翼角椽；上层飞椽

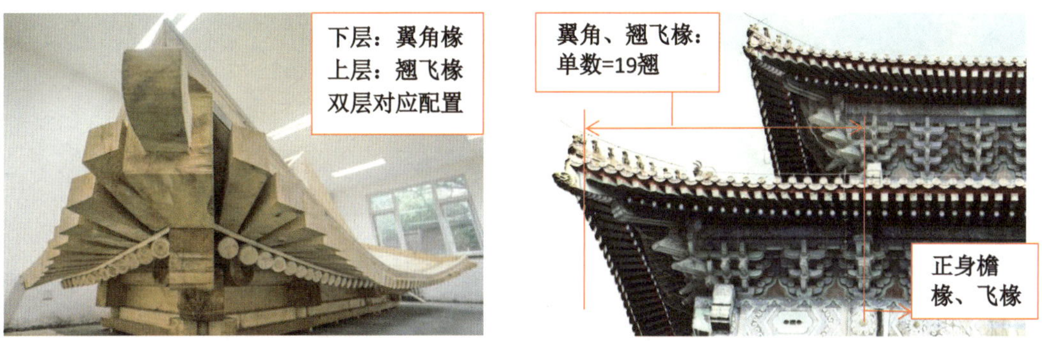

（a）　　（b）

图 3-91　翼角椽、翘飞椽的配置及根数控制

（二）排列方式

在清官式做法中，翼角椽、翘飞椽的排列方式都是放射状排列的（图 3-92～图 3-96），与中国南方及日本古（仿古）建筑中多见的平列状排列方式有所不同，详见图 3-97～图 3-99。

图 3-92　放射状排列：下层翼角椽

图 3-93　放射状排列：上层翘飞椽

图 3-94　放射状排列示意

（a）　（b）

图 3-95　放射状排列：双层椽

图 3-96　放射状排列：单层椽

（a）　（b）

图 3-97　平列状排列：双层椽、单层椽

图 3-98　平列状排列：翼角后尾

（a）　（b）　（c）

图 3-99　平列状排列：单层椽

（三）根数确定、编号及椽花分点方法

1. 单数配置

在清官式做法中，翼角椽配置的总根数不限，根据建筑物檐步架、斗栱拽架和平出檐的大小确定，只是通常都要求是单数配置“取单不取双”。需要说明的是，在我国现存古建筑中，翼角椽双数配置的也有不少，就像开间椽子的数量要取双数而实物建筑中也常见单数椽一样，都有特例。这样的数量配置是追求翼角椽当和正身椽当的一致而忽略了椽数的单、双。所以不能简单地凭着数量的单与双来认定做法的对错，只是我们在构建仿古建筑或没有实物、原始资料留存时尽量按“取单不取双”这个规矩做，因为在翼角中，老角梁、仔角梁被视为翼角椽、翘飞椽的终端构件，它们也位列椽数之中，而且在确定翼角尺度中，无论是冲还是翘的尺度，都源自于老角梁、仔角梁，可以说老角梁、仔角梁就是真正意义上的“第一翘”翼角椽、翘飞椽，单数翼角椽再加上这根“第一翘”就是双数，这样也就和建筑物其他开间椽为双数的规定契合了。

翼角椽、翘飞椽平面排列顺序详见图 3–100。

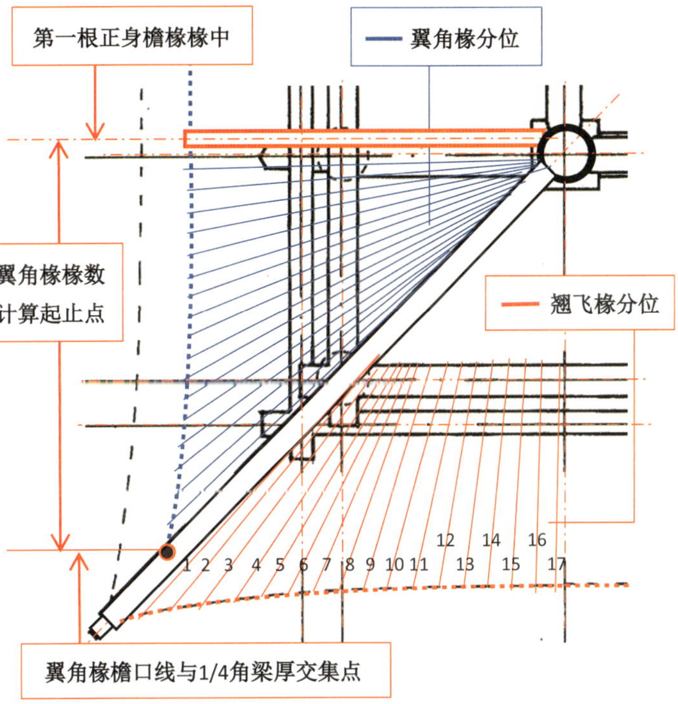

图 3–100　翼角椽、翘飞椽平面排列顺序（1 翘～17 翘）

2. 根数的确定

（1）大式带斗栱方角建筑:（廊（檐）步架 + 斗栱出踩尺寸 + 平出檐尺寸）÷（1 椽 +1 攒当尺寸），得数取整数并且取单数，如得数为双数则“宜密不宜稀，遇双数加一取单”。

（2）大式不带斗栱方角建筑:（廊（檐）步架 + 平出檐尺寸）÷（1 椽 +1 攒当尺寸），得数取整数，取单数。如得数为双数，则“宜密不宜稀，遇双数加一取单”。

关于翼角椽根数“宜密不宜稀，遇双数加一取单”的做法在清《工程做法》和《清式营造则例》中笔者没有查到，只是有“翼角翘椽以成单为率，如逢双数，应改成单”的记载。笔者在 20 世纪 70 年代参加工作初学翼角时老师傅传授的是“遇双减一”，后来在实践中学到了“遇双加一”的做法。通过实践笔者认识到：在大式建筑方角翼角中，由于建筑出檐大，翼角部分所含的面积也大，

这时，遇到上面的情况时就可以“遇双加一”，这样的好处一是翼角椽多了，荷载安全上加大了保险系数；再者，从地面看翼角没有了稀疏的感觉，变好看了，只是翼角椽多了，增加了木材用量，也增加了人工成本；如果建筑的出檐小，特别是遇到杂式的六方、八方亭子这类规模较小的建筑时，翼角椽的数量就可“遇双减一”，因为这类的建筑出檐小，安全上不会产生大的问题，对外观的影响也不大，而且还能降低成本。总之，翼角椽数是“加一”还是“减一”要综合建筑物的整体尺度来考虑，首先要保证的是翼角部分的安全，其次才是美观和成本。

还有一个需要考虑到的因素是椽子通常是双层配置，而翼角部分的椽子是自室内方向向外放射状排列，下层翼角椽靠近室内，排列密，椽头椽当小；当翘飞椽放射状排列到椽头时椽当就要比翼角椽的椽当大许多，所以，无论是加还是减，翼角部分的椽当都一定要小于正身椽的椽当，否则到了翘飞椽的檐口，翘飞椽的椽当就会大于正身飞椽的椽当。这一点在确定翼角椽数量时一定要考虑到。

大式带斗栱方角建筑翼角同尺寸翼角椽数增一、减一翘确定方法平面疏密对比如图3-101所示。

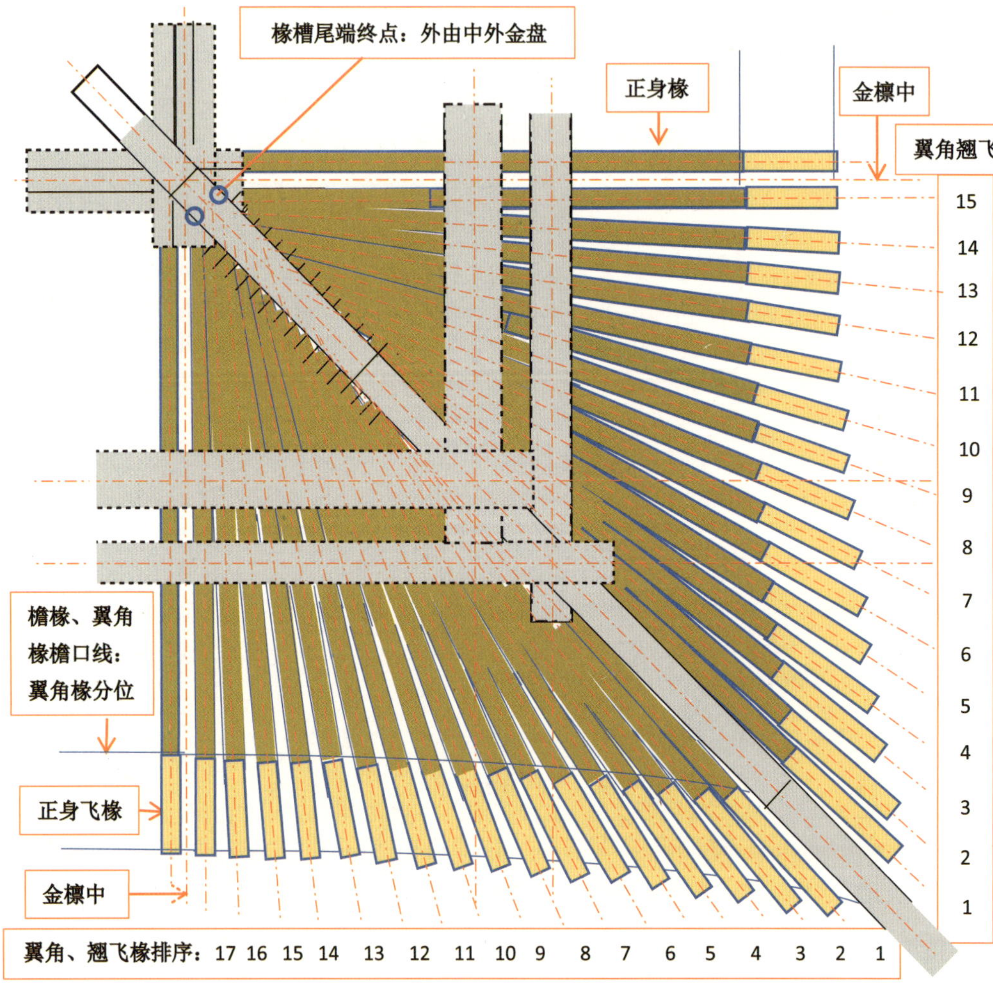

图3-101　翼角椽根数的确定——方角建筑平面排列疏密对比

3. 分点椽花（分位）

（1）翼角椽定位方法。自第一根正身檐椽椽中檐口线起始至翼角椽檐口与角梁厚1/4交接点●止，这段曲线为檐口线，在图3-102中设为A。

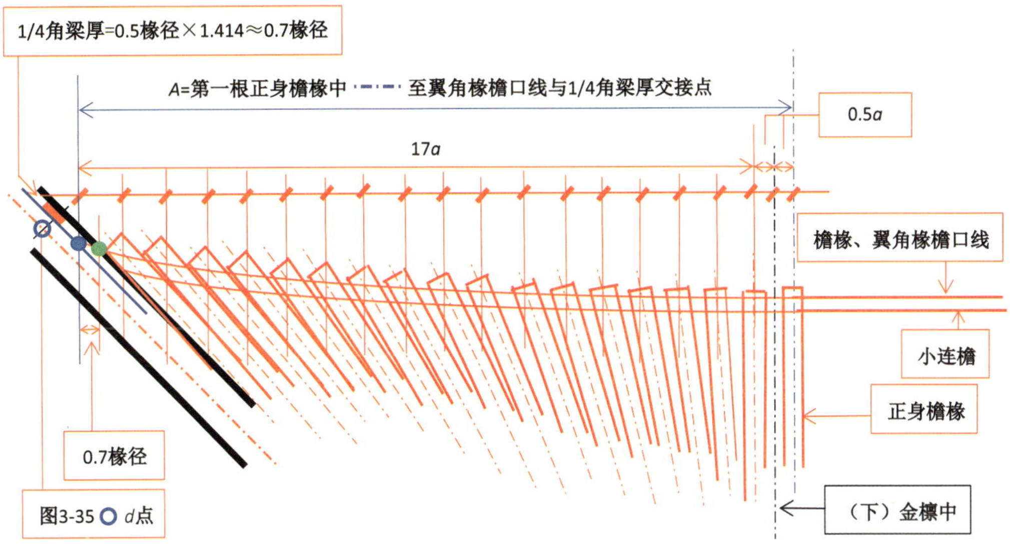

图 3-102　分点椽花方法示意

A 除以翼角椽椽数另加 1 根，这个尺寸就是每根翼角椽椽中至中的尺寸，设为 *a*。

自翼角椽檐口线与角梁交接点●向正身方向按 *a*－0.7 椽径在檐口小连檐上定点，此点为第一翘翼角椽椽中，然后自（下）金檩中向角梁端返 0.5*a* 定最后一翘翼角椽中线；按 *a* 尺寸依次在小连檐上划出各翼角椽椽中线。

（2）翘飞椽的定位方法。自翼角椽椽中线向翘飞椽檐口延伸，过划到翘飞椽檐口线（大连檐）上即可。

（3）小结。分点椽花计算公式为

$$a=A\div(\text{翼角椽椽数}+1)$$

式中，*a* 为翼角椽椽中至中的尺寸。

分点椽花方法是：自●向正身方向返 *a*－0.7 椽径定 1 翘中线；自（下）金檩中向角梁端返 0.5*a* 定最后一翘翼角椽中线；顺序按 *a* 尺寸定各翘中线。

4. 顺序编号

翼角、翘飞椽平面放射状排列，自角梁左右两侧起按 1、2、3……翘顺序向正身部分排列并编号，编号要求写明位置“左”或“右”翘，例如“左 2”“右 3”……

左翘、右翘区分方法为：面向角梁端头，左侧即为左翘，右侧即为右翘，详见图 3-103。

（a）

（b）

图 3-103　翼角椽、翘飞椽编号示意

（四）翼角椽、翘飞椽中的冲、翘、撇、扭及其他的认识

1. 冲与翘

在前面角梁中我们知道了翼角的造型之所以特殊，就在于它的冲与翘（图 3-104～图 3-106），而冲与翘的关键尺度都反映在角梁之上。

图 3-104　翼角椽、翘飞椽檐口翘起

图 3-105　翘飞椽檐口翘起

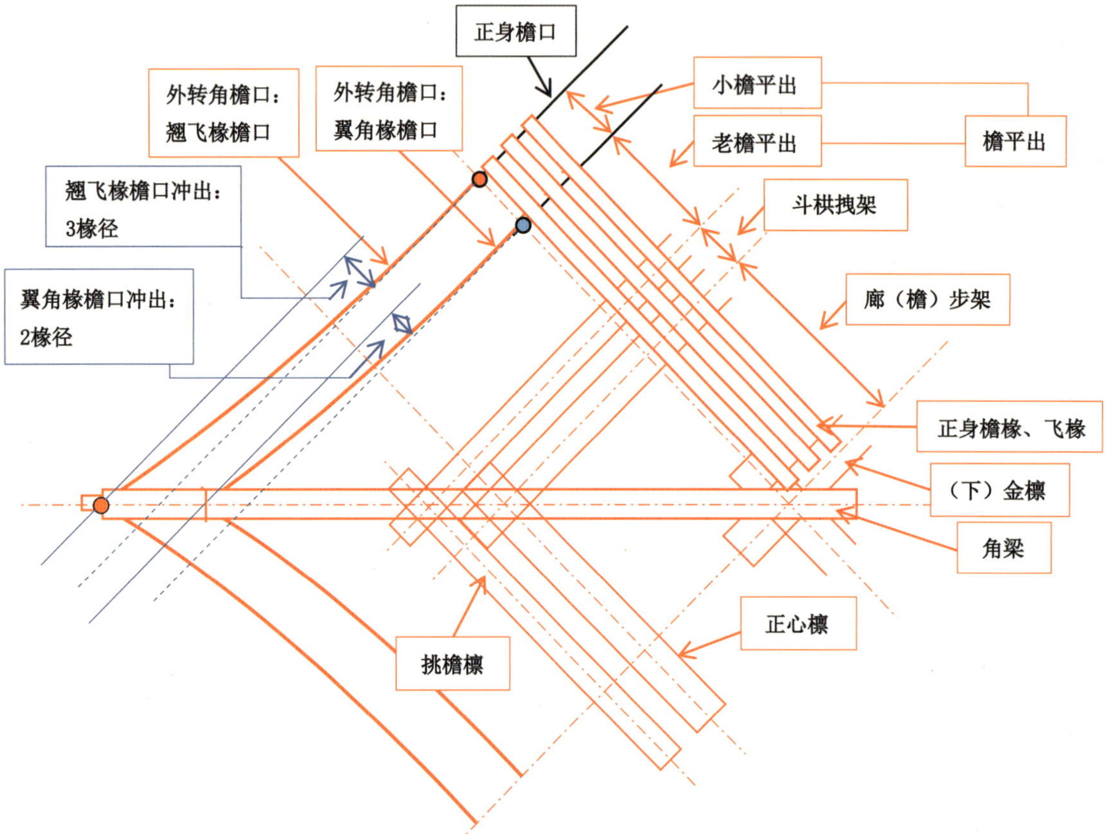

图 3-106　外转角平面冲出示意

作为翼角一部分的翼角椽、翘飞椽是翼角终端构件——角梁与正身构件檐椽、飞椽之间的过渡构件，通过它们的过渡，将冲与翘的尺度细化分配到每一根翼角椽、翘飞椽，使翼角的冲出、翘起曲线和缓自然，更具美感。

翼角椽、翘飞椽中的冲、翘尺度源自于角梁。

2. 撇与扭

在清官式做法中，撇向简称为“撇”，扭向简称为“扭”，都是官式建筑的特有名称，专指官式

建筑的翼角椽、翘飞椽在翼角部位的空间形态，也是区别多类非官式建筑翼角椽、翘飞椽（暂以官式名称冠之，下同）非常明显的特征。

（1）撇。清官式做法的撇向要求安装完的成品翘飞椽及方形翼角椽的腹、背两面与呈曲线状的大、小连檐底面平行附实；在圆形翼角椽中，要求椽背做出金盘并要求金盘与呈曲线状的小连檐底面平行附实；要求翘飞椽及方形翼角椽的两侧帮垂直，圆形翼角椽中，不存在侧帮垂直的问题，因此不要求。

在清官式做法撇向要求中，椽“两侧帮垂直”的规定最为重要，它的存在导致每一根翘飞椽因在翼角中所处的檐口曲线位置不一进而造成撇度不一，因而给放线和制作带来了一定的难度，这也就是官式建筑中翼角部分的技术含量较高的原因之一了。

我们先从实景照片（图 3–107 和图 3–108）中认识一下官式建筑中翼角椽、翘飞椽的撇向，然后对常见的非官式做法翼角椽、翘飞椽中的撇向加以比较，对这两种做法的不同之处会有更深刻的了解，也会更认同官式建筑翼角部分做法的难度了。翘飞椽、方、圆形翼角撇向示意见图 3–109。

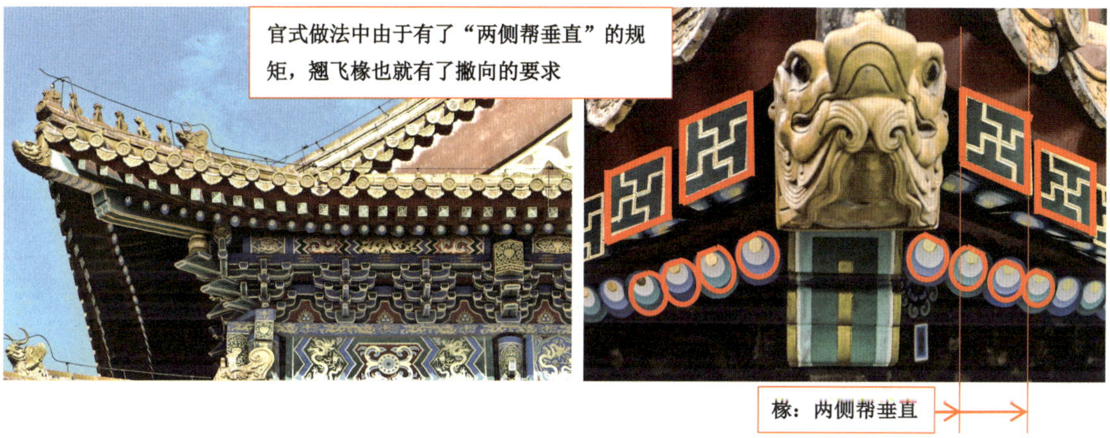

（a） （b）

图 3–107 官式建筑翼角椽、翘飞椽的空间形态

（a） （b） （c）

图 3–108 非官式建筑翼角椽、翘飞椽

注：暂以官式名称冠之的空间形态。

（2）扭。清官式做法的扭向仅在翘飞椽中有要求，翼角椽无论是方形椽还是圆形椽都没有扭向的要求。这是因为翼角椽腹、背面是平直的，而翘飞椽的腹、背面是折线状的，不在一条直线上。这道折线以翼角椽檐口线为界，前端探出部分称为翘飞椽的头部，檐口线以里部分称为翘飞椽尾，

这道折线称为翘飞母，因与椽侧帮不垂直也被俗称为“扭脖”（图 3-110）。

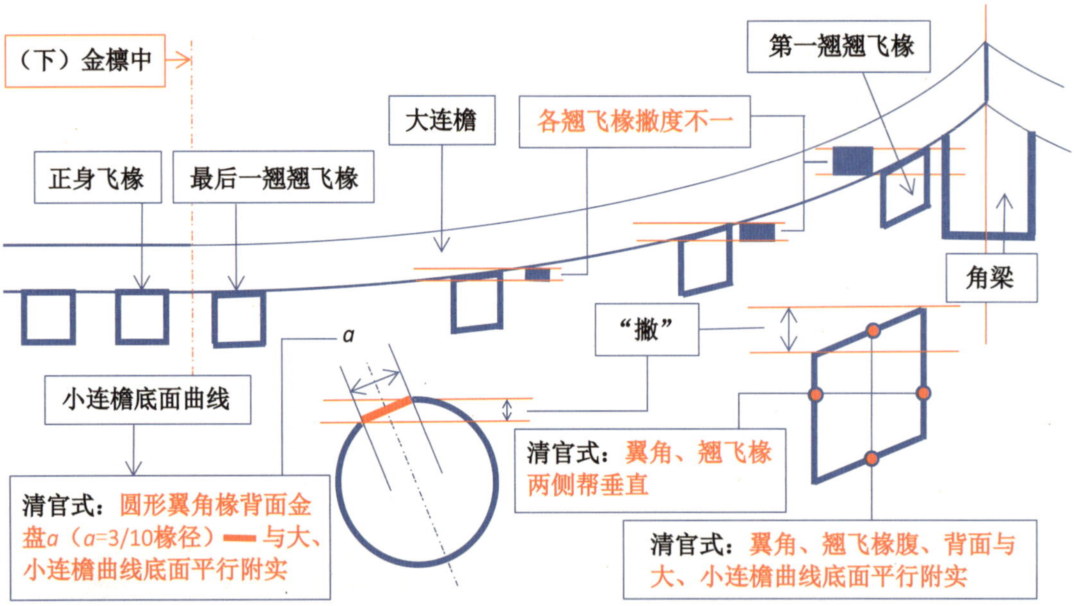

图 3-109　翘飞椽、方、圆形翼角椽撇向示意

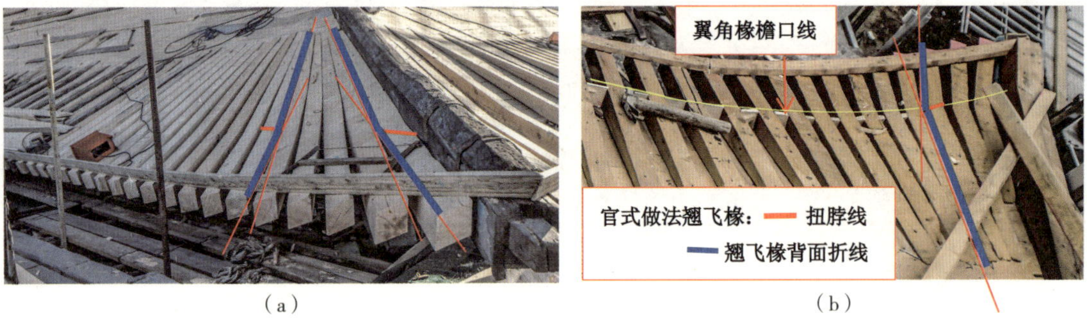

（a）　（b）

图 3-110　官式做法翘飞椽背面折线及扭脖示意

在官式建筑中，翼角“翘四”的檐口曲线是靠翼角椽檐口线和翘飞椽檐口线共同完成的，也就是说“翘四”的起翘尺度分解成两部分，一部分由翼角椽完成翘起，另一部分由翘飞椽完成翘起，详见图 3-111（a），而不是非官式做法中完全靠翼角椽完成翘起，一步到位，详见图 3-111（b）；翘飞椽则与正身飞椽一样椽背面是平直的，其制作、安装方法与正身飞椽大致相同，详见图 3-112。

正是由于官式做法的这些要求，导致了翘飞椽头部自翘飞母处要向上翘起，来完成分配给它的翼角檐口翘起尺度，这就是翘飞椽腹、背面在翘飞母处会有折线而不是平直的原因。

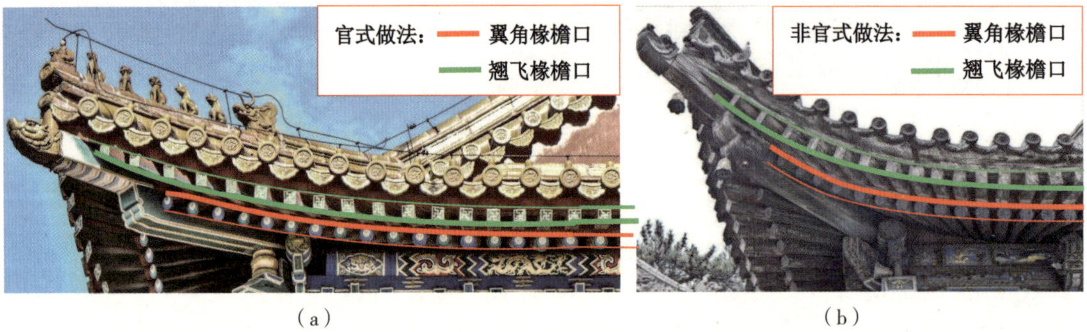

（a）　（b）

图 3-111　官式做法、非官式做法成品翼角椽和翘飞椽檐口线对比示意

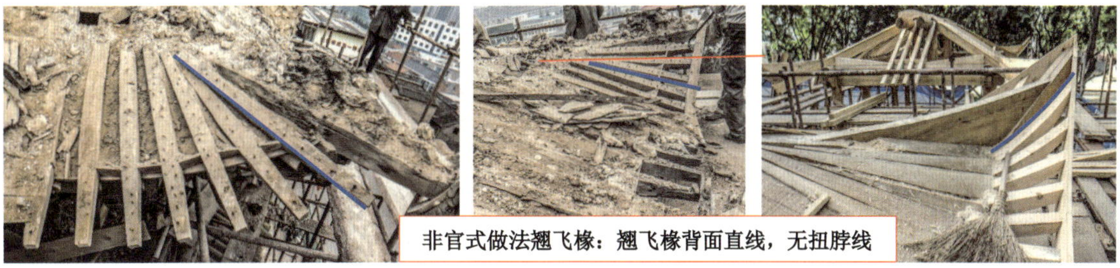

图 3–112　非官式做法翘飞椽背面平直示意

在图 3–111 中，通过官式做法和非官式做法的翼角椽檐口线与翘飞椽檐口线之间的对比可以看到，官式做法翼角椽檐口线与翘飞椽檐口线之间的高差是自正身檐椽与正身飞椽起逐渐增大，虽然照片因角度原因有失真变形的情况，但还是可以由此判断出翘飞椽与翼角椽翘起的高度不是平行的，与非官式做法二道檐口线基本平行有区别，说明翘飞椽本身也带了翘。在图 3–113 和图 3–114 中，通过对官式与非官式做法的成品翘飞椽的对比更是印证了这两种做法在翘飞椽上的这种区别。

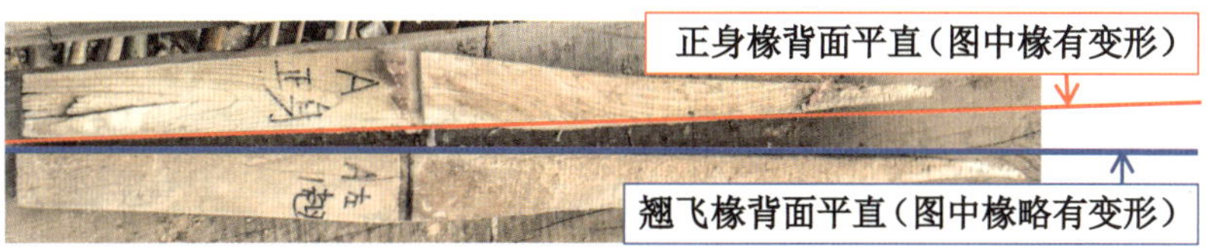

图 3–113　非官式做法正身椽与翘飞椽对比示意

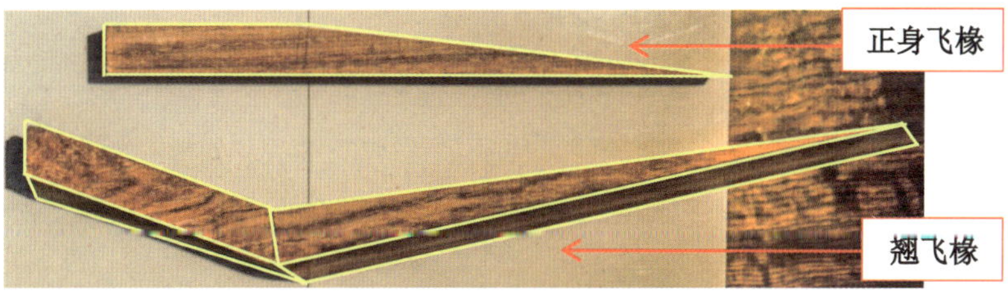

图 3–114　官式做法正身椽与翘飞椽对比示意

“翘飞椽起翘”的规矩让翘飞椽有了扭向的要求，下面再从图 3–115～图 3–117 中详细了解、认识一下扭向及它的一些细节要求。

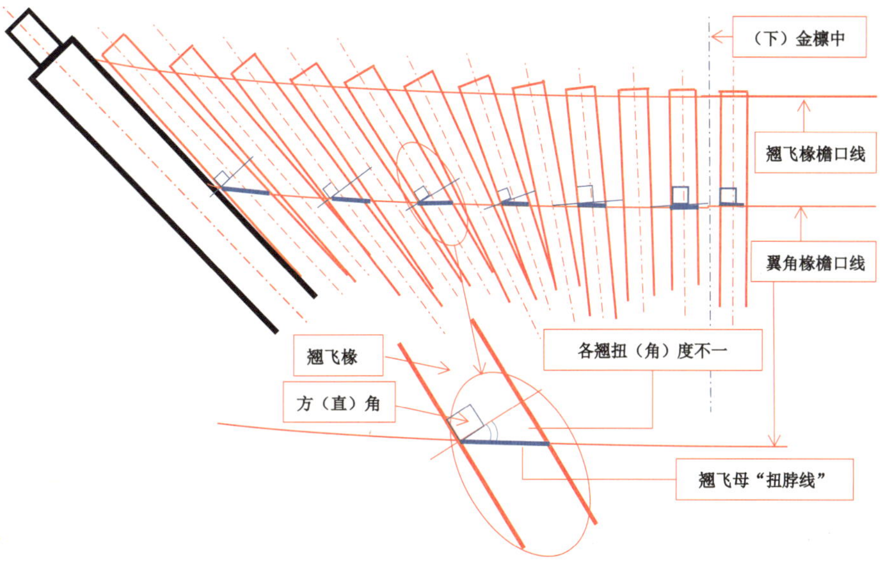

图 3–115　翘飞椽扭向示意

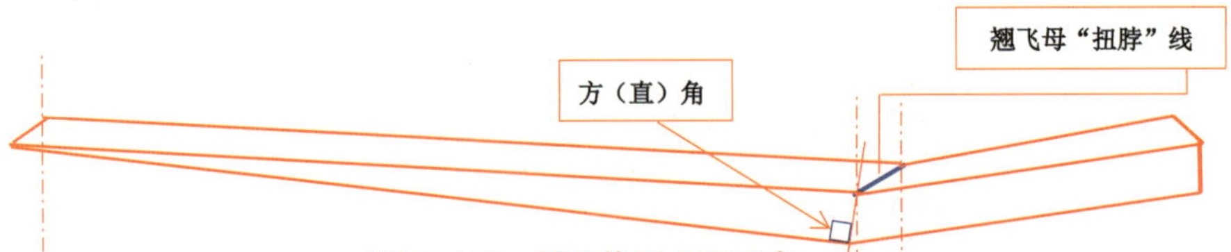

图 3-116　翘飞椽侧立面示意

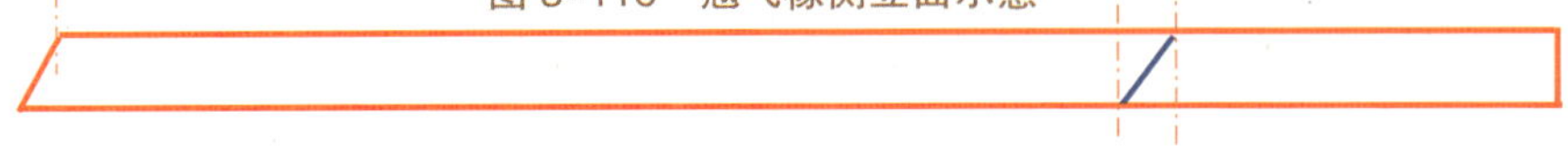

图 3-117　翘飞椽平（背）面示意

从图 3-115 中可以看出，翘飞椽的扭脖线实际上就是翼角椽檐口线在翘飞椽上的投影。我们知道，翼角椽的檐口线是自正身部位逐渐向角梁端平面冲出、立面翘起的一道平、立面曲线。这道檐口的立面曲线决定了自正身飞椽背面平直到每根翘飞椽背面折线翘起的高度，反映在翘飞椽"头"上的立面形态就是"撇"；而檐口的平面曲线则决定了每根翘飞椽背面折线冲出的角度，反映在翘飞椽"脖"上的平面形态就是"扭"。

通过以上内容我们试着梳理一下翘飞椽："椽侧帮垂直"和"翘飞椽起翘"这两个官式做法规矩，让翘飞椽有了撇和扭，也让翘飞椽成为一个既"皮楞—扭曲"又"窜角—不方正"的这样一个歪七扭八的特殊构件（图 3-118）。这在其他非官式建筑中是少见的，也是区分官式与非官式建筑的方法之一。

（a）　（b）　（c）

图 3-118　翘飞椽形态示意

"冲翘尺度源自于角梁，撇扭形态展现于翘飞。"这句话概括了官式建筑翼角中冲、翘、撇、扭的做法规矩，也体现出古人匠师的聪明才智、奇想妙招，所以才有了"从工匠角度讲，翼角这部分的技术含量与难度在木作技术中是相当高的"这个说法。

（3）其他。除去以上冲、翘、撇、扭外，在官式做法里还对翼角椽、翘飞椽的空间形态做出了一些其他规定。

① 椽当。翼角椽椽当遵循"一翘伸进手，二翘跟着走"的排当方法：第一翘翼角椽与角梁之间的空当尺寸控制在 20～30mm，其他几翘椽当尺寸顺序递增至正身时与正身椽当尺寸接近。以笔者的实操经验，这个尺寸还可以再小一些，10～20mm 都行，因为这个尺寸的翼角椽椽当放射延伸到翘飞椽就很大了，这一点仅供参考。

翘飞椽椽当尺寸的控制以翘飞椽与翼角椽上下对应为宜，第一翘若与翼角椽对应后与角梁之间空当过大可向角梁方向稍做调整，尽量使这个空当不要太大，否则会显得翘飞椽太散不好看。

无论是翼角椽还是翘飞椽，它们之间的空当一定要自第一翘起顺序递增至最后一翘，椽当与正身椽当接近，不能出现第一翘空当尺寸大于第二翘空当尺寸的现象。

② 盘头。盘头指椽头截面。清官式做法的翼角椽、翘飞椽在制作阶段不进行盘头，都留出余量，以备在安装过程中进行调整，待安装完成后统一进行盘头。盘头时，椽头截面与椽侧帮呈直角而不是与连檐平行截头，这也是官式做法与其他一些做法的区别之一。

③ 雀台。雀台是指椽头探出连檐的平台部分。在翼角中，指翼角椽或翘飞椽与连檐外皮之间的短角尺寸，通常在 1/5～1/3 椽径之间，可根据椽径大小做适当调整，椽径大比例就小一些，椽径小比例就大一些，详见图 3-119。

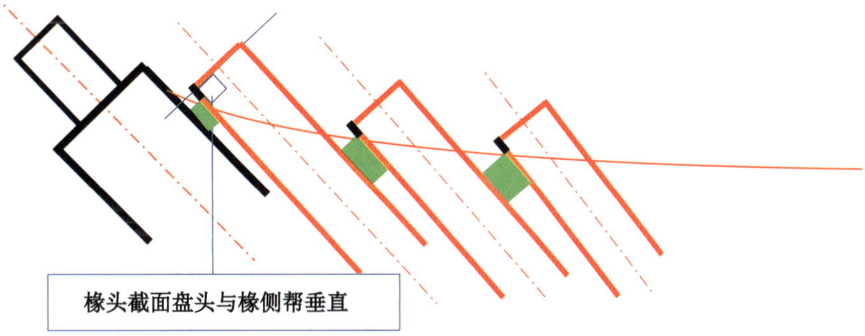

图 3-119 翘飞椽椽当、盘头、雀台示意

注：▬ 雀台：自连檐外皮至翘飞椽头为 1/5 ~ 1/3 椽径；▬ 翘飞椽椽当。

（五）翼角椽、翘飞椽的放线方法

1. 尺度

“冲三、翘四、撇半椽、扭 0.8”是前人总结出的翼角椽、翘飞椽放线、制作的尺度数据，为了记起来更容易，我们对它略作改动称为“冲三、翘四、撇五、扭八”。

（1）冲三。冲三是指正身飞椽椽头与仔角梁端点之间平面冲出的尺寸是 3 椽径，按斗口尺寸说是 4.5 斗口。详见图 3-16～图 3-18。

（2）翘四。翘四是指正身飞椽椽头上棱与仔角梁大连檐口子两坡面中心交点（图 3-34 中 *e* 点 ○）之间立面翘起的尺寸是 4 椽径，按斗口尺寸说是 6 斗口。

（3）撇五（撇半椽）。撇在翼角椽和翘飞椽中的尺度是不一样的，撇五（撇半椽）是指翘飞椽的撇向尺度，严格意义上说是指仔角梁（这时可将仔角梁视为第一翘翘飞椽）大连檐口子两坡面中心交点 *e* 点 ○ 至仔角梁侧帮交点 ● 的高差是 0.5 椽径（撇半椽），按斗口尺寸说是 0.75 斗口（图 3-120）。

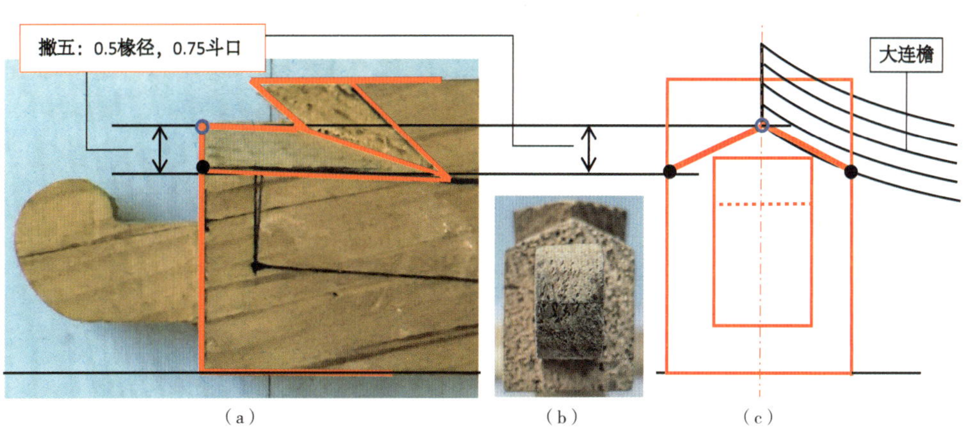

图 3-120 翘飞椽“撇五（撇半椽）”示意

在翼角椽中，第一翘的撇向尺度与翘飞椽第一翘（实际为仔角梁）有所不同，是1/3椽径。为什么不同呢？前面讲过官式建筑翼角做法的一个特征就是它把翼角翘起的尺度分解为两部分，翼角椽翘起一部分，在它之上的翘飞椽又翘起一部分，这就导致了翘飞椽翘起的尺度也就是撇度要大于翼角椽，再加上它们所处的平面位置也不一样，就有了翘飞椽撇五（撇半椽）与翼角椽撇1/3椽的区别了，详见图3-121和图3-122。

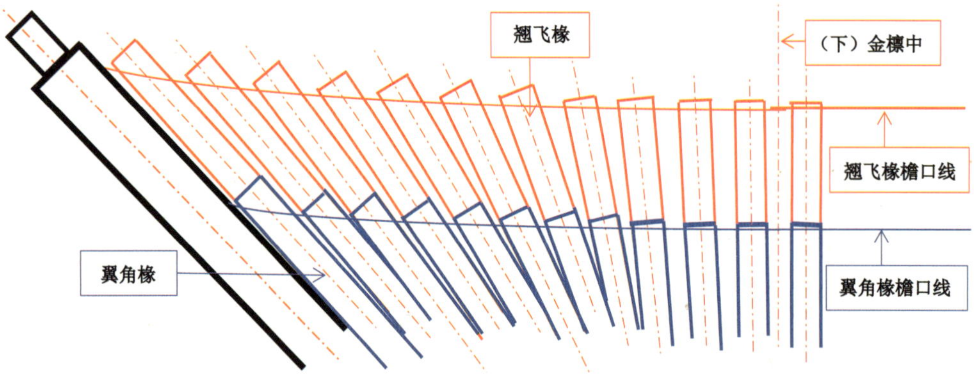

图3-121　翼角椽檐口与翘飞椽檐口平面位置示意

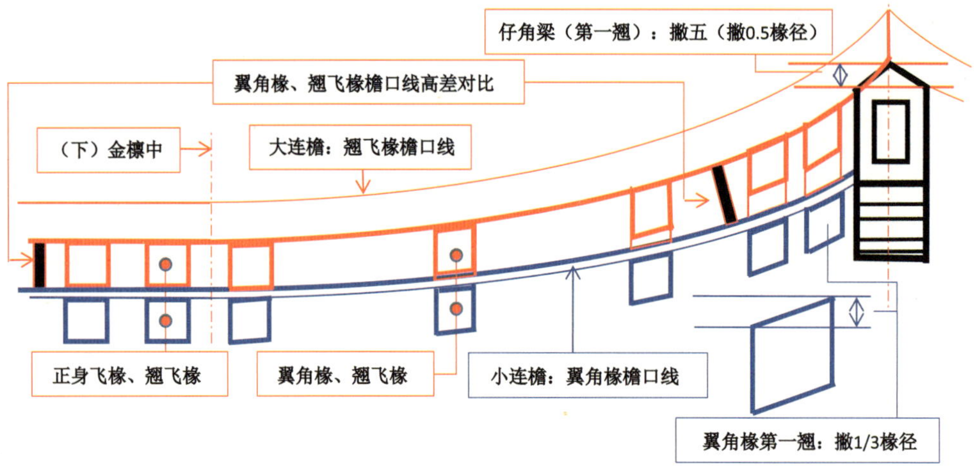

图3-122　翼角椽、翘飞椽檐口立面翘度（撇度）示意

（4）扭八（扭0.8椽径）。扭八是指翘飞椽扭脖的角度尺寸，第一翘翘飞椽扭0.8椽径，按斗口说是1.2斗口，详见图3-123。

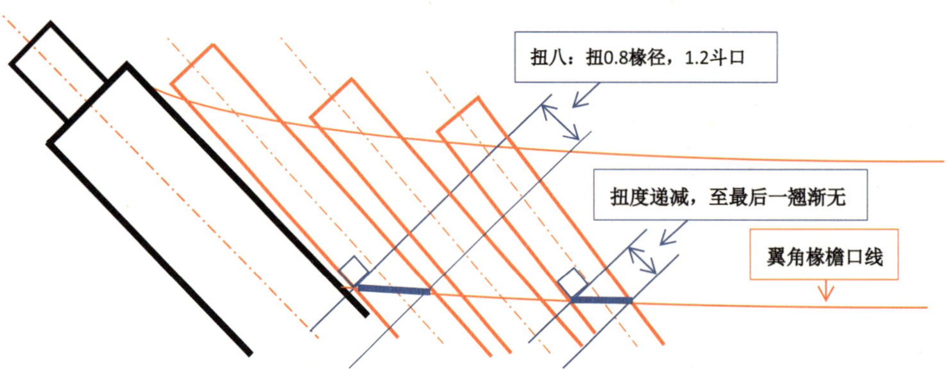

图3-123　翘飞母“扭脖线”示意

翘飞母“扭脖线”

2. 翼角椽的认识

（1）方形翼角椽

① 适用范围。方形翼角椽多用于园林建筑的亭、廊、轩、榭、阁等一些规模较小的建筑中。

② 外形特征。从平面看，由于翼角部分是呈放射状排列，出头部分空间大，翼角椽能保留出完整的椽身，而后尾部分则是空间不够，需要把每根翼角椽砍削掉减薄一部分才能挤在一起完成安装。这就形成了每根翼角椽椽身前半段尺寸完整而后半段被砍削呈楔形的状态。

③ 左右翘和翘数的区分。我们通常在翼角椽放线时在椽头标注“左一、左二……”或“右一、右二……”来进行区分；一旦翼角椽椽头标注的标号遭到污损看不清时也可采用以下方法进行区分：从椽身看，由于各翘翼角椽在翼角中所处的位置不同、角度不同所以每根翼角椽楔尾的形态也不一样，在图 3-124 和图 3-125 中可以看到翘数越小越靠近角梁的翼角椽楔尾的长度越长，也就是越瘦的翼角椽翘数越小；翼角椽楔形砍削的起止点在椽身左右侧也不一样，左翘是椽右侧砍削的长，左侧短；右翘则反之。从椽头看，左角高是右翘，右角高是左翘；翘度越高则翘数越小。

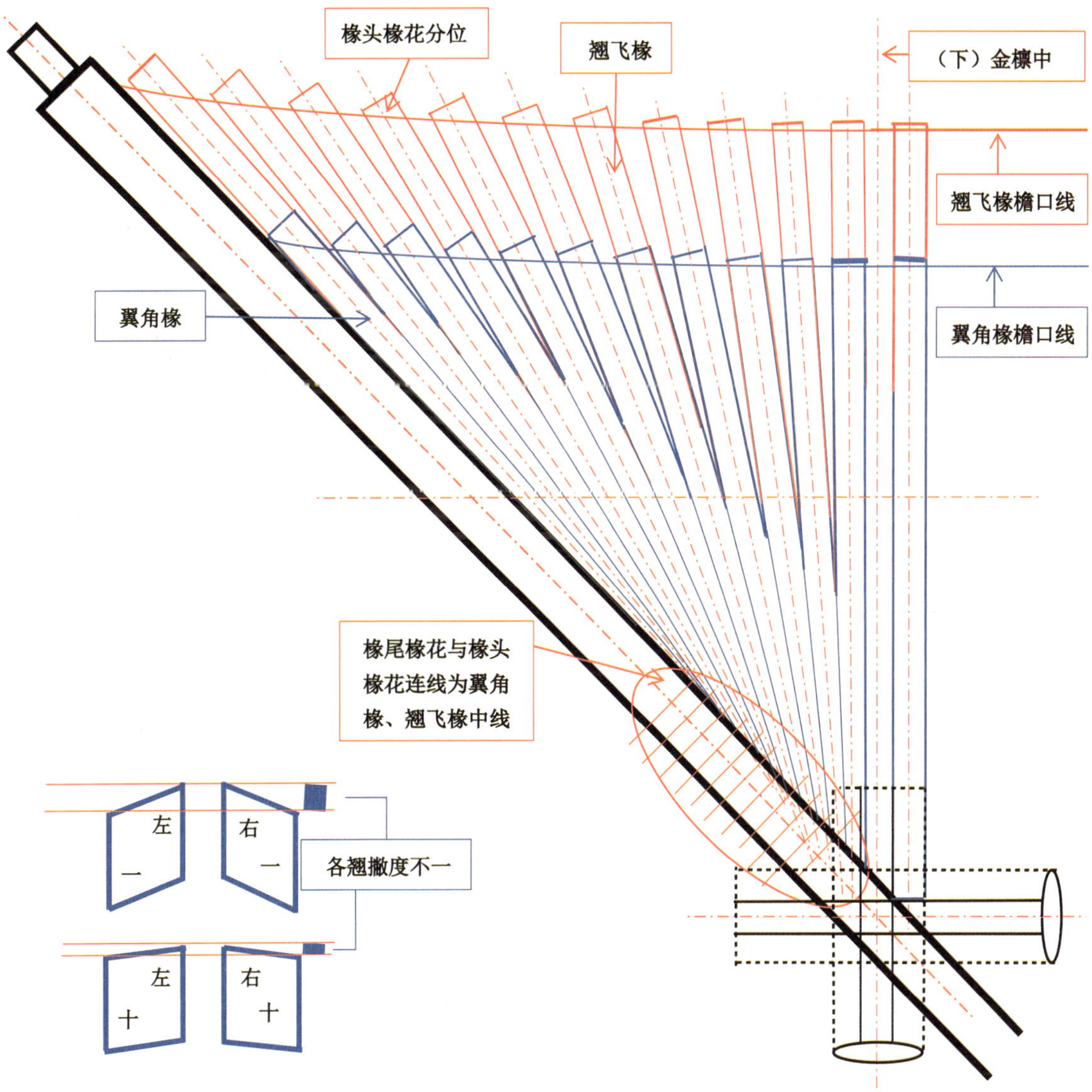

图 3-124 方形翼角椽左右翘椽头迎面形态示意

图 3-125 翼角椽檐口与翘飞椽檐口平面位置及翼角椽平面形态示意

（2）圆形翼角椽

① 适用范围。圆形翼角椽多用于宫殿、庙宇、衙署、府邸等大式建筑中。

② 外形特征。椽子背（上）面有金盘（3/10 椽径），其余与方形翼角椽相同。注：圆形翼角椽也有不做金盘的做法。

③ 左右翘的区分。由于是圆形椽，不存在侧帮垂直的问题，所以左右翘的区分除利用椽头标号外还可以利用椽上的金盘来进行判断：自椽头（金盘在上）迎面看：金盘偏左，右侧直边短、楔尾长，左侧直边长、楔尾短即为左翘；右翘反之。无论左右翘，椽直边越长翘数越大。详见图 3-126。

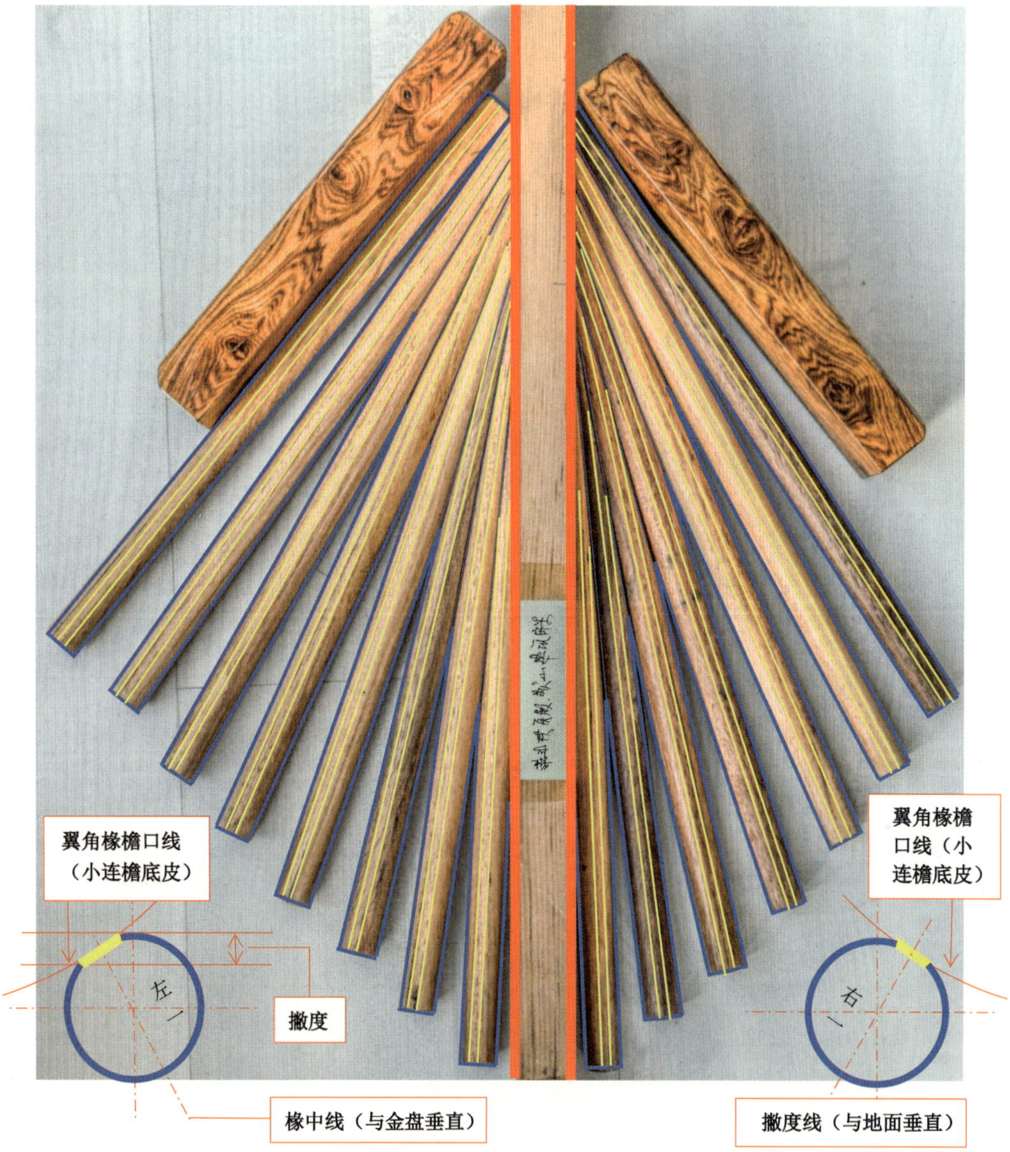

图 3-126 圆形翼角椽左右翘椽头迎面形态示意

3. 翼角椽的放线

（1）准备工作

① 备料。方翼角椽用料厚按椽厚度加刨光余量；宽按椽宽度加椽撇度、锯口、刨光量、同翘椽根数相加［非添配性质通常四角（根）同翘连做］再加出适当余量；长与正身椽长同，通常情况下，为避免在安装过程中发生误差，都要加出部分余量。按以上尺寸选取锯成板材以备放线。

圆翼角椽用料按椽径刮圆、刨光并在椽头、尾迎头划出对应中线；如有做金盘要求的则按放八卦线方法弹出头、尾迎头中线、金盘线并刮刨出金盘。

② 放线用具

a. 搬增板。掌握、控制各椽头立面撇度所用。宽约 1.2 椽径，长约 1.5 椽径，厚 8～10mm 实木板或五至七合板；翼角椽、翘飞椽通用。

b. 卡具。掌握、控制各椽身、尾平面宽度（肥、瘦）所用。

ⓐ方形翼角椽。头部用：宽约 2 椽径，长 4～5 椽径，厚 15～20mm 实木板。

尾部用：宽约 2.5 椽径，长 4～5 椽径，厚 15～20mm 实木板，详见图 3-127。

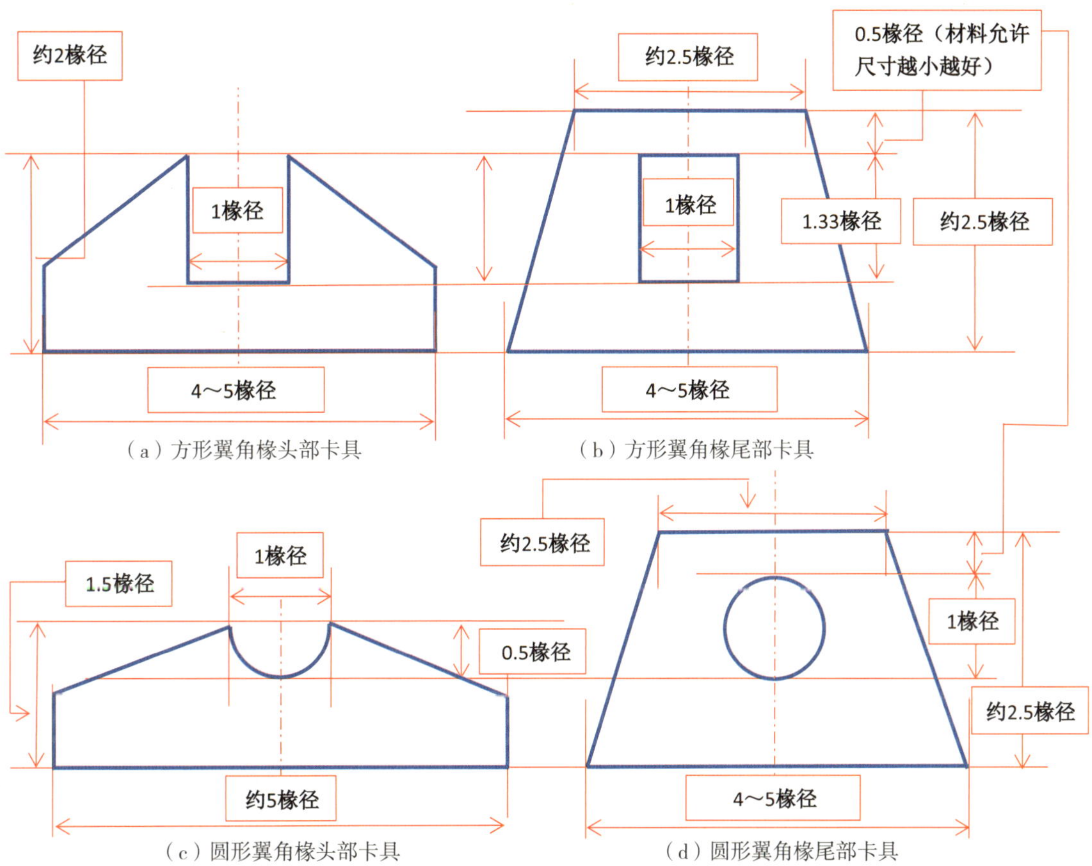

（a）方形翼角椽头部卡具　（b）方形翼角椽尾部卡具

（c）圆形翼角椽头部卡具　（d）圆形翼角椽尾部卡具

图 3-127　方形、圆形翼角椽头、尾卡具外形、尺寸示意

ⓑ圆形翼角椽。与方形翼角椽基本相同，此处略。

③ 尺度。翼角椽的尺度源于角梁的“冲三、翘四”，它把这个尺寸分解细化到每一根翼角椽当中，每一根翼角椽的形状和尺度都不一样，第一翘椽身平面尺寸最瘦，椽头撇度最大；最后一翘椽身平面尺寸最肥，椽头撇度最小，详见图 3-121 和图 3-126。

现在通常采用均分递减的排当方法来完成每一根翼角椽的放线，详见图 3-128～图 3-130。

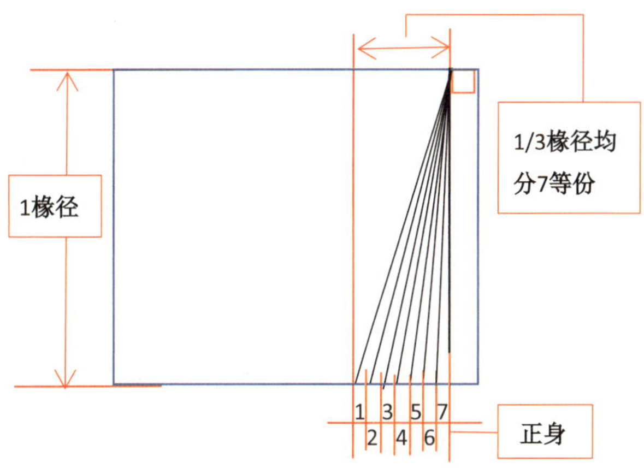

图 3-128　翼角椽头撇度搬增板定位方法

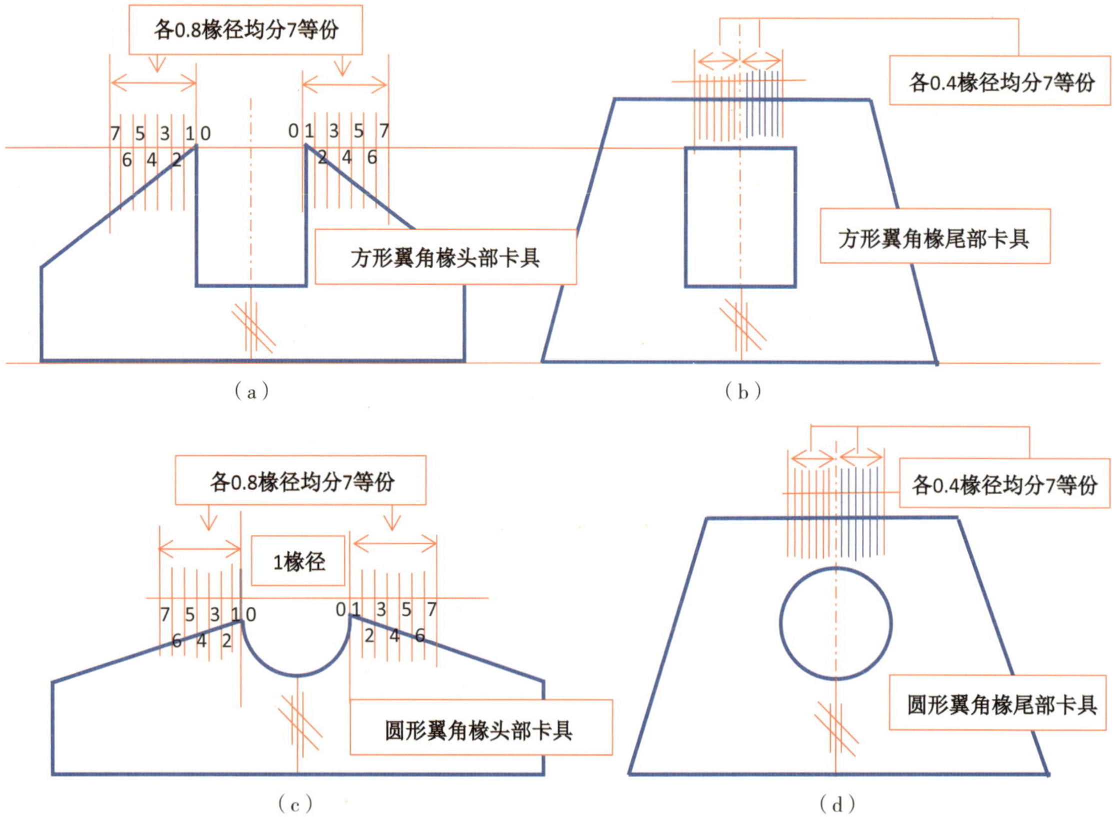

图 3-129　矩形建筑方、圆形翼角椽头和椽尾卡具定位方法

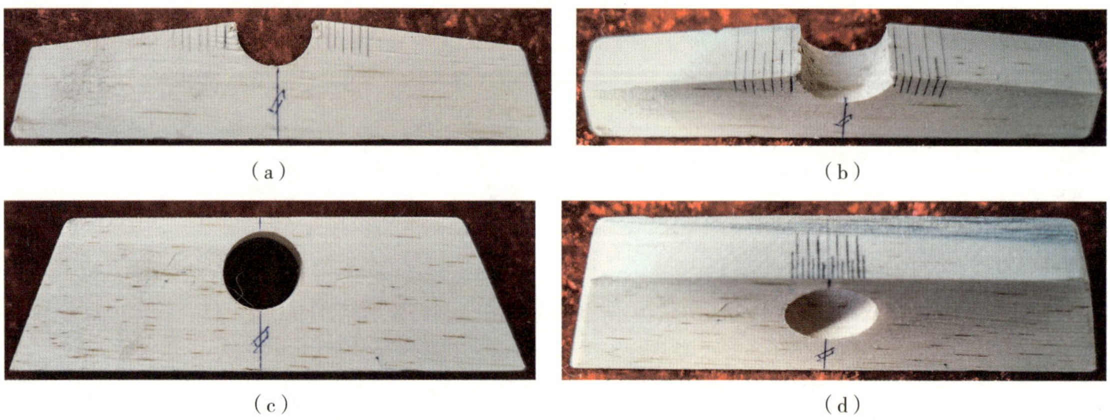

图 3-130　矩形建筑圆形翼角椽头、椽尾卡具示意

以上这种卡具分当方法是现在普遍使用的分当方法，这里再介绍一种撇度搬增板的排当方法（图 3-128）。这种方法是 1976 年迁建天坛公园方胜亭的施工中林伟生师傅（时任北京房修二公司古建队“七·二一”大学木作班副班长）带着笔者亲手划线、亲自参与安装验证的。安装时，翼角椽或翘飞椽放在对应的位置就基本合适，二次的刮刨量很少，效果很好。这里仅供读者参考，不作为规矩使用，由读者在实践中来体验决定取舍。

前面讲到翼角中的“翘”指的是翼角部分的立面檐口曲线，也就是大连檐、小连檐的底皮曲线，反映在每一翘翼角椽、翘飞椽椽头上皮就是它的撇度，详见图 3-131 和图 3-132。

从图 3-131 中能明显看出第一翘翘飞椽、翼角椽与最后一翘翘飞椽、翼角椽在椽头撇度上有很大的差异，不是均分递减而是呈几何状的递减。而在放线时，对撇度的分配却是均等分配，这就导致在安装翼角椽（翘飞椽也同样）时通常不能一步到位，都需要对椽头的撇度进行刮刨整修再加工，头几翘需要加大撇度，后几翘需要减小撇度。

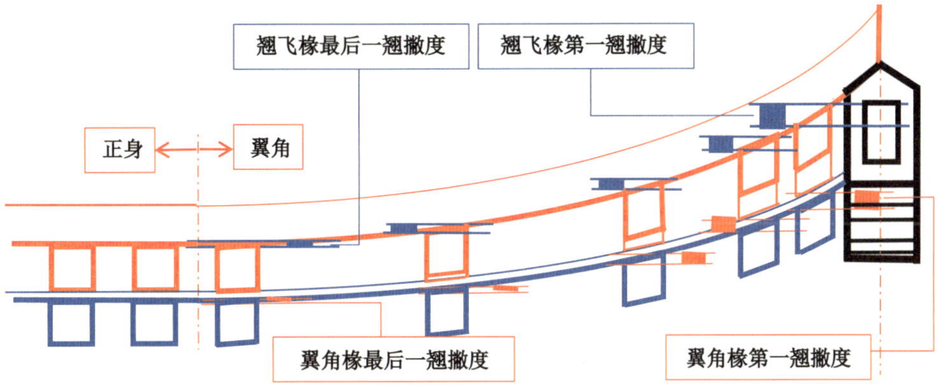

图 3–131　翼角椽、翘飞椽檐口立面翘度（撇度）差示意 1

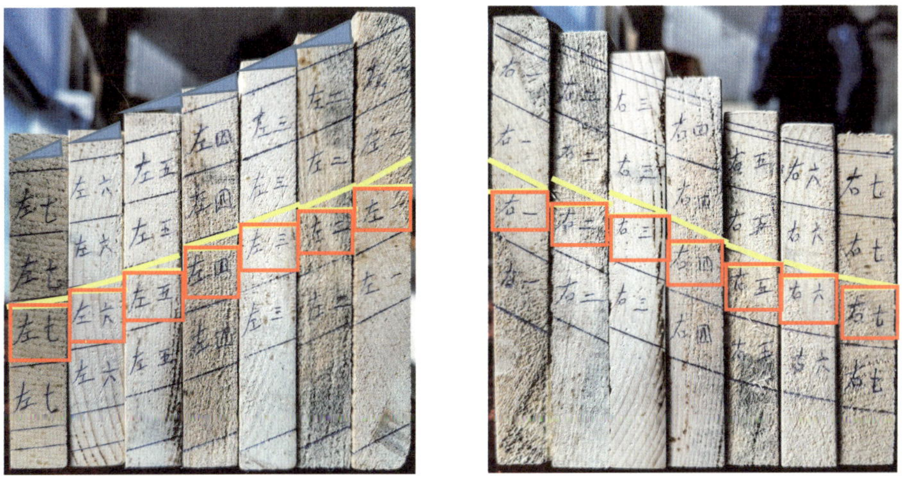

（a）　　　　（b）

图 3–132　翼角椽、翘飞椽各翘立面翘度（撇度）差示意 2

至于这种撇度均分的方法为什么能作为“规矩”延续至今，笔者认为有如下原因。一是翼角檐口部分的曲线是由大连檐、小连檐来完成的，而大连檐、小连檐的曲线形状的形成是靠安装工匠来完成的。由于这道曲线不是正圆中的一部分，它是一段弧度不规则的弧线，在图 3–130（a）中能看到，起始平缓，端头弧度加大，这就造成了翼角檐口曲线没有现成的丈量工具来测量大、小连檐，其安装也就是翼角檐口曲线的设置，全凭工匠师傅眼观掌握（图 3–133），而工匠师傅的艺术修养及个人喜好决定了翼角檐口各段曲线弧度的不同。虽然在翼角椽放线过程中是按照一定的规矩放线并制作，但在安装过程中各种因素造成翼角椽不可避免地要对撇度进行二次加工以求椽头与连檐附实，这就淡化了我们对翼角椽撇度均分法放线合理性的认知评判。另一个原因是翼角椽（也包括翘飞椽）檐口的曲线弧度在建筑物的空间外形中由于没有比照物，人们也没有严格的对与错的认定，只是以和缓、舒服为标准评判，所以就使这种撇度均分方法传续至今。

图 3–134 中翼角椽撇度搬增板是笔者凭记忆按林伟生师傅的分当方法还原的。图中各椽撇度不是均分而是渐进，1、2 翘之间的撇度差要远大于 6、7 翘。笔者曾经问过林伟生师傅撇度排当有没有什么可遵循的规律？比如倍数。他说“没有现成的规律，只是做得多了自己一次次试出来的，仅限于探索，谈不上规律”。他这种严谨务实、刻苦钻研的工作作风笔者至今记忆犹新。

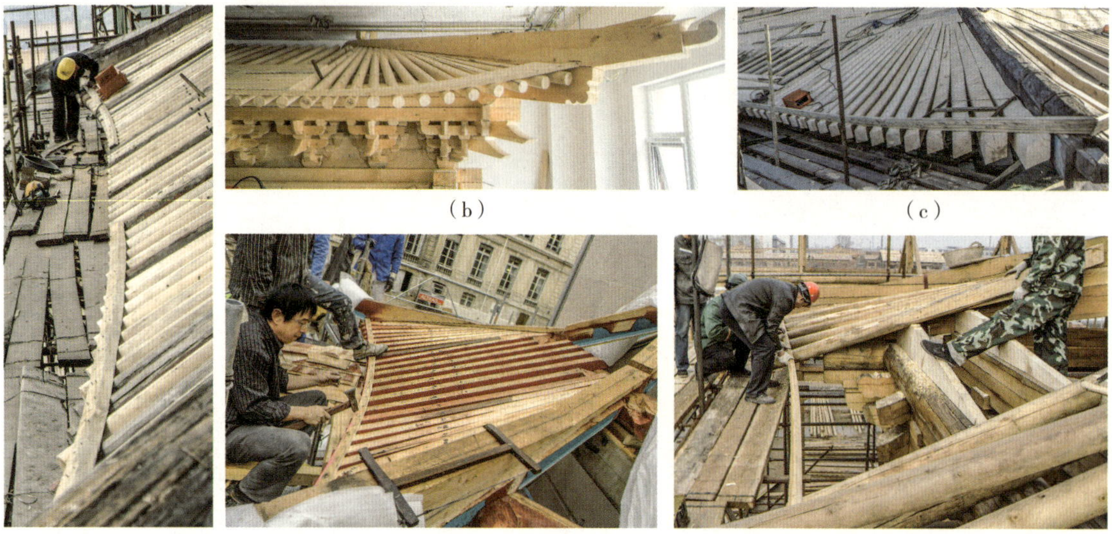

图 3-133 翼角安装中工匠师傅对檐口曲线的眼观掌控

笔者通过自己的实践经历及请教师弟王建平后得出一个结论：翼角椽（包含翘飞椽）的放线和安装是一个整体，最好是由一个工匠师傅带班负责完成，特别是放线和摽连檐这两道关键工序。如果由同一个人来同时掌握翼角椽撇度的渐进分当和翼角椽檐口的曲线控制（自己动手摽连檐或至少能有效掌控连檐曲线的弧度），就会最大限度减少在安装翼角椽时对撇度的二次加工。

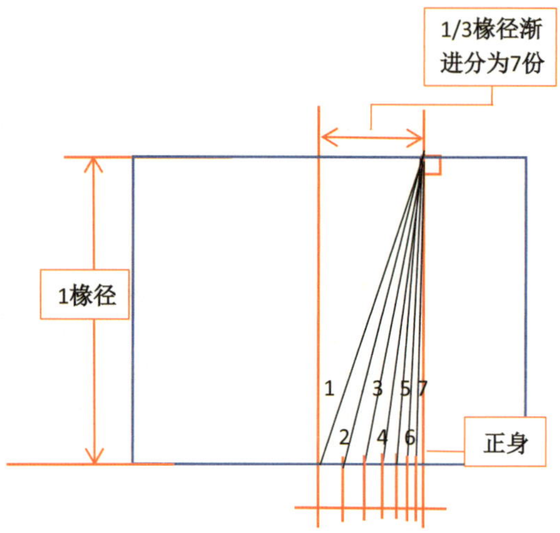

图 3-134 翼角椽头撇度搬增板定位方法——撇度渐进

图 3-135 是按同样的起翘尺寸划出的两种不同的檐口曲线，也就是连檐曲线。从图中可以看出，这两道曲线的弧度有明显的差别，但在传统规矩上并无对错之分，孰优孰劣基本上是靠工匠师傅自己掌握。这就说明翼角椽撇度放线与连檐曲线弧度之间的关系与重要性了。

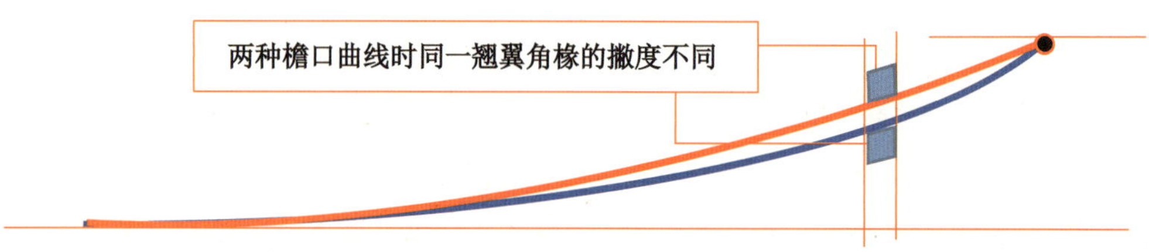

图 3-135 同翘度不同弧度的檐口曲线

（2）方形翼角椽的放线

① 撇度线。用木工活尺按所放翼角椽翘数自搬增板同翘数撇度线套取撇（角）度，然后在板材迎头施划撇度加工线并留足锯口、刨光余量并在椽头标出方向、位置；按同向撇度在椽尾划出撇度加工线，按线锯解各翘翼角椽。需要注意的是：翼角椽（包括翘飞椽）用板材通常都是毛边大板，为节约用材，坡棱方向与撇向保持一致，详见图 3-136。

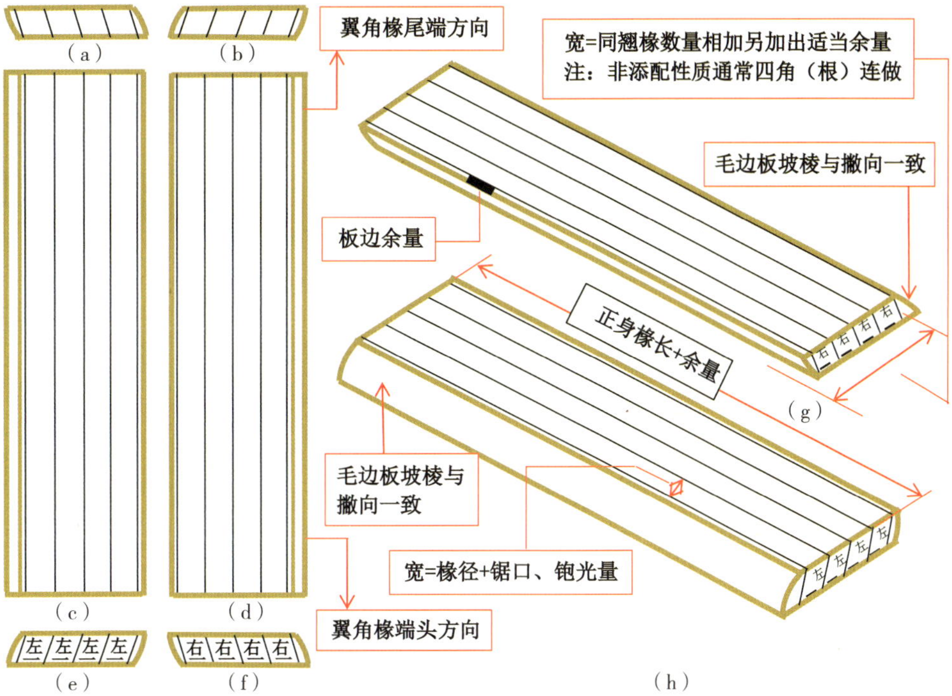

图 3-136　翼角椽椽身放线示意

② 绞尾线

a. 将头、尾卡具固定在工作台上，通常情况下四方形建筑翼角椽头、尾卡具之间的距离为 0.8 椽长，就是尾部卡具与椽尾端头摆齐，向前按 0.8 椽长摆放头部卡具，详见图 3-137。

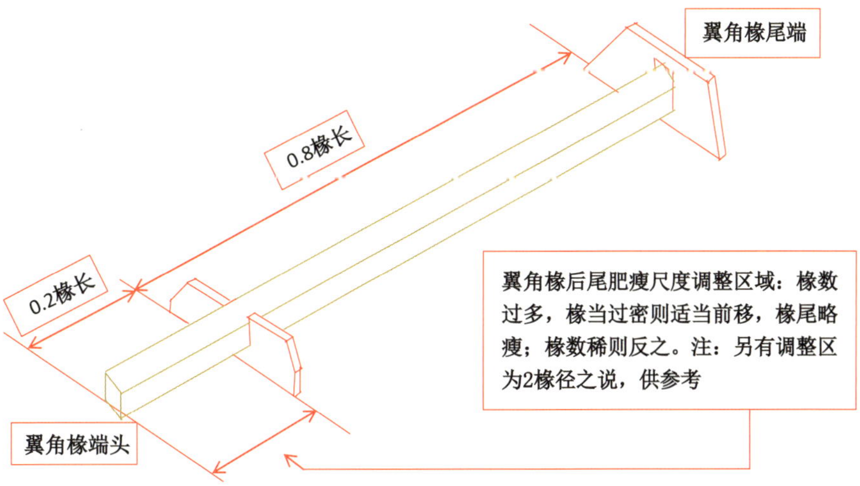

图 3-137　翼角椽绞尾放线卡具位置示意

在实践中如果遇到翼角椽根数定得过多，椽当过密（翼角椽根数的确定有一定的可调性）头部卡具就适当往前一些，不拘泥于 0.2∶0.8 的尺度，可改为 0.1∶0.9 或其他，这个尺度没有硬性规定，需要自行掌握。在没有十足的把握时，可以将椽尾留得稍大一些，这样虽然加大了一些二次加工的工作量，但能保证翼角椽安装的质量；再者，翼角椽长上也可多留出一些余量，一旦翼角椽尾子拔瘦了可以向后移位，不至于整根废掉。翼角椽头、尾平面形态示意见图 3-138。

总之，翼角椽的放线与安装工作环环相扣，关联紧密，操作人员一定要相互多沟通且遵循循序渐进的原则，在放线和安装中逐渐找出它们的特殊规律直至掌控自如。

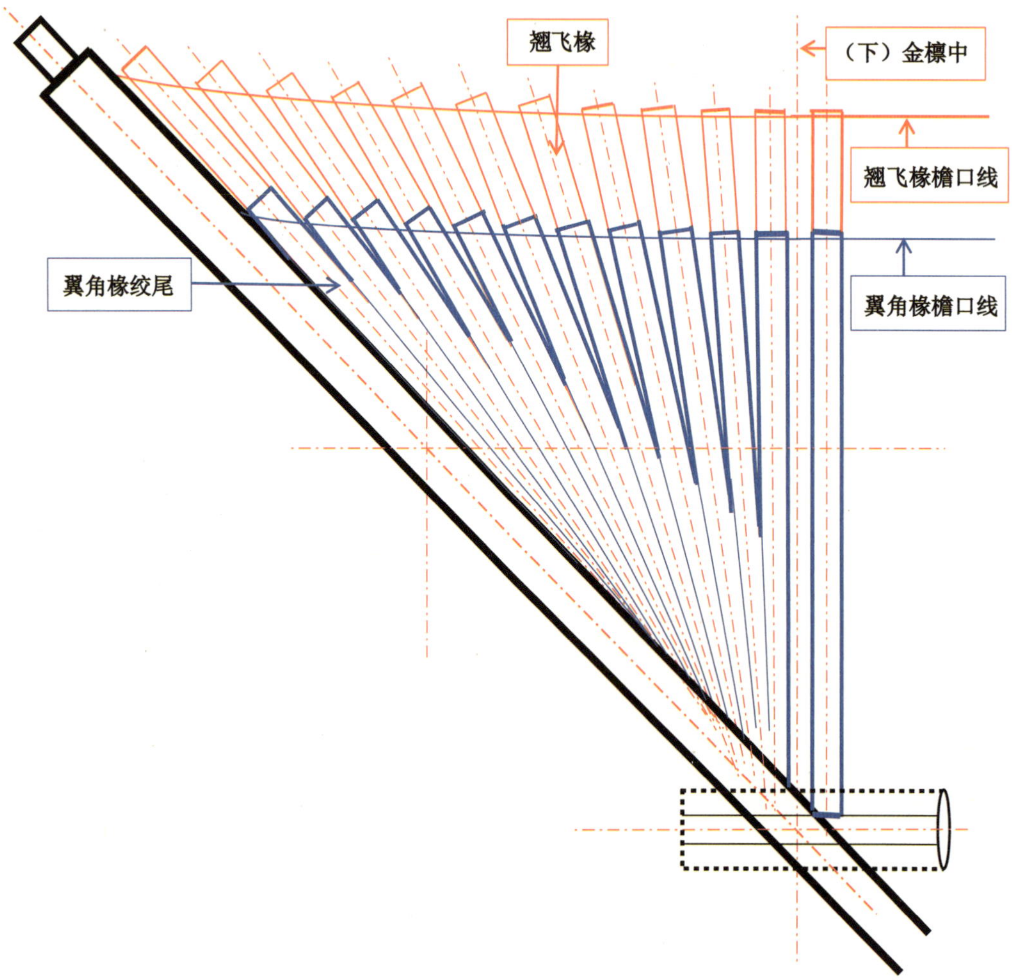

图 3–138　翼角椽头、尾平面形态示意

b. 将翼角椽后尾套入尾部卡具，平齐；前端坐入头部卡具。

c. 双人操作（以面向椽头的师傅为主方向描述）

ⅰ. 左 1 翘。背面向上，头、尾部按线于卡具右侧 0 翘（椽右侧贴附于角梁），弹线；头、尾部按线于卡具左侧 1 翘（椽左侧贴附于 2 翘），弹线。将椽的腹面向上，头、尾部按线于卡具右侧 1 翘（椽右侧贴附于 2 翘），弹线；头、尾部按线于卡具左侧 0 翘（椽左侧贴附于角梁），弹线，左 1 翘放线完成（图 3–139 和图 3–140）。

ⅱ. 左 2 翘。背面向上，头、尾部按线于卡具右侧 1 翘（椽右侧贴附于 1 翘），弹线；头、尾部按线于卡具左侧 2 翘（椽左侧贴附于 3 翘），弹线。将椽的腹面向上，头、尾部按线于卡具右侧 2 翘（椽右侧贴附于 3 翘），弹线；头、尾部按线于卡具左侧 1 翘（椽左侧贴附于 1 翘），弹线，左 2 翘放线完成（图 3–139 和图 3–140）。

ⅲ. 左 3 翘至左 6 翘：同左 2 翘。

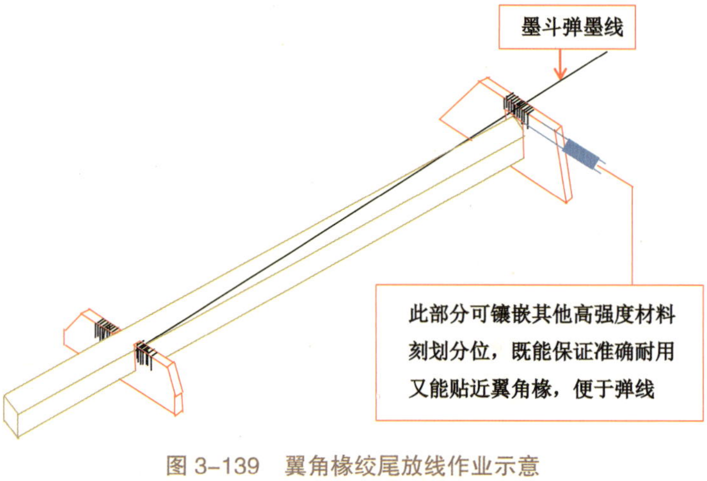

图 3–139　翼角椽绞尾放线作业示意

注：双人，一人站立椽头掌线定位，另一人站立椽尾配合按线定位、弹线。

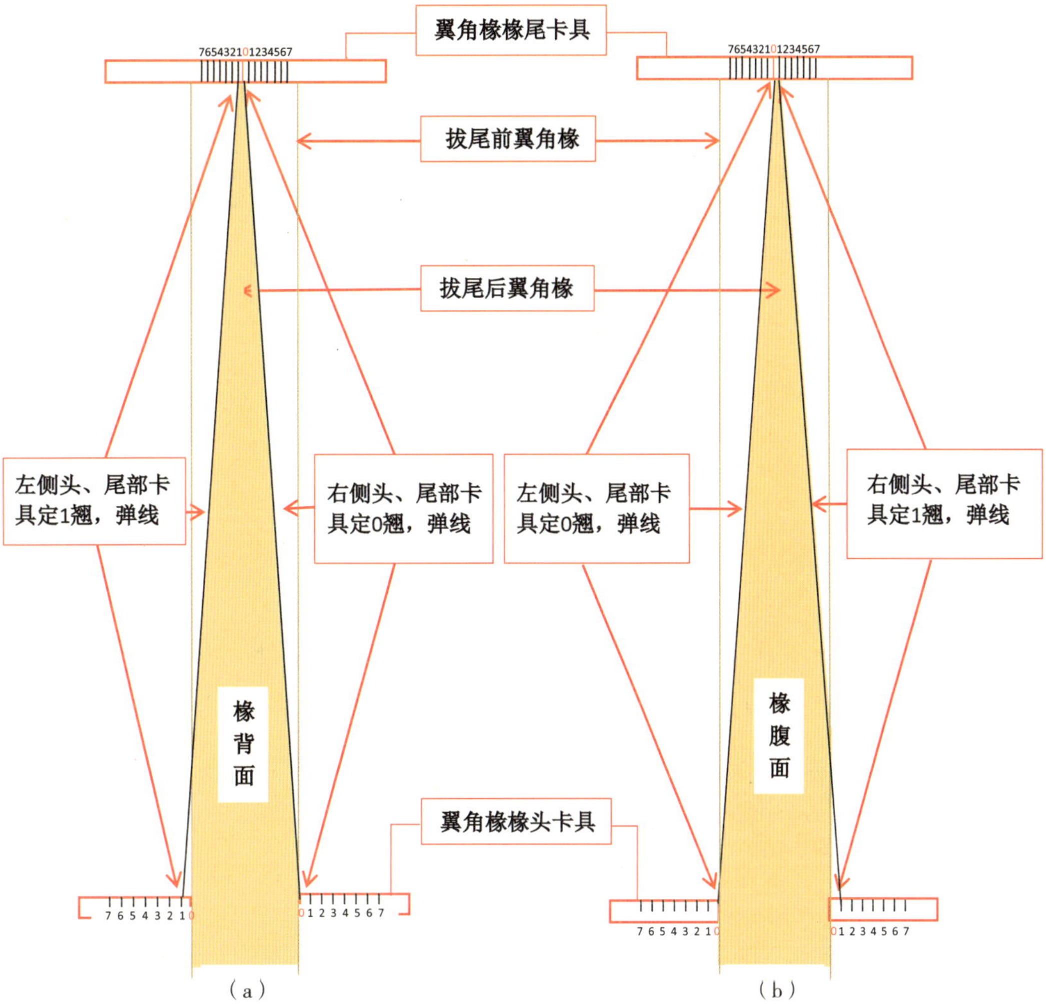

图 3-140　左 1 翘放线背、腹面示意

ⅳ. 左 7 翘。背面向上，头、尾部按线于卡具右侧 6 翘（椽右侧贴附于 6 翘），弹线；头、尾部按线于卡具左侧 7 翘（椽左侧为正身椽），弹线。将椽的腹面向上，头、尾部按线于卡具右侧 7 翘（椽右侧为正身椽），弹线；头、尾部按线于卡具左侧 6 翘（椽左侧贴附于 6 翘），弹线，左 7 翘放线完成（图 3-139 和图 3-140）。

ⅴ. 右 1 翘。背面向上，头、尾部按线于卡具左侧 0 翘（椽右侧贴附于角梁），弹线；头、尾部按线于卡具右侧 1 翘（椽左侧贴附于 2 翘），弹线。将椽的腹面向上，头、尾部按线于卡具左侧 1 翘（椽右侧贴附于 2 翘），弹线；头、尾部按线于卡具右侧 0 翘（椽左侧贴附于角梁），弹线，右 1 翘放线完成（图 3-139 和图 3-140）。

后续各翘放线同左翘，仅在方向上做调整即可，此处略。

ⅵ. 左 1 翘放线顺序（以椽头迎面方向叙述）。椽背面向上，头、尾部按线于卡具右侧 0 翘（椽右侧贴附于角梁），弹线；头、尾部按线于卡具左侧 1 翘（椽左侧贴附于 2 翘），弹线。将椽的腹面向上，头、尾部按线于卡具右侧 1 翘（椽右侧贴附于 2 翘），弹线；头、尾部按线于卡具左侧 0 翘（椽左侧贴附于角梁），弹线，左 1 翘放线完成（图 3-139 和图 3-140）。

其余各翘按此方法顺序放线，此处略。

（3）圆形翼角椽的放线——以左 1 翘、右 1 翘为例示意

① 撇度线

a. 按放线椽翘数的撇度扳活尺（木工放线专用工具）定撇度（图 3-141）。

b. 将椽尾插入椽尾卡具，椽头放入椽头卡具并将椽头中线卡具中线对准重合。

c. 使用活尺过椽中心点划出椽头撇度线，注意方向：撇度线在金盘或椽中线右侧的为左翘，在左侧的为右翘，详见图 3-142～图 3-145。

d. 放线完成后的椽头：撇度线垂直，椽中线与翼角椽檐口线垂直。椽头划线实例示意见图 3-146。

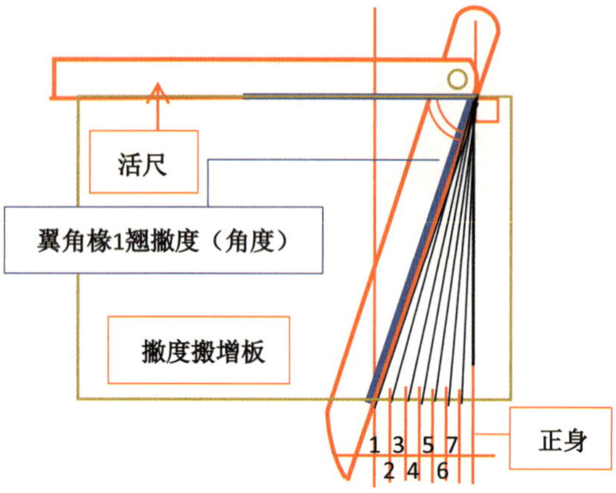

图 3-141　翼角椽头撇度搬增板使用方法

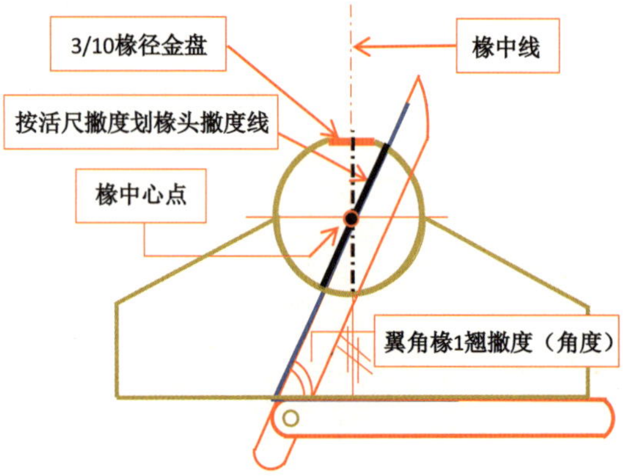

图 3-142　翼角椽头左翘撇度线划线方法 1-1

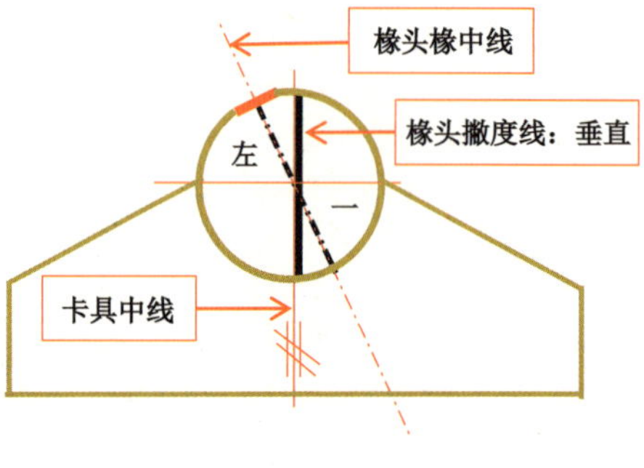

图 3-143　翼角椽头左翘撇度线划线方法 1-2

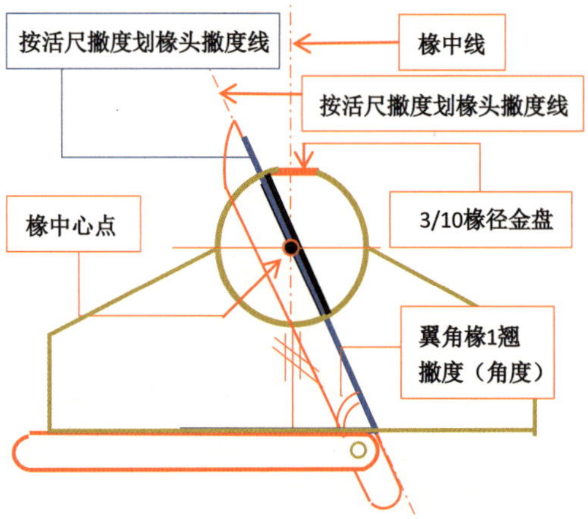

图 3-144　翼角椽头右翘撇度线划线方法 2-1

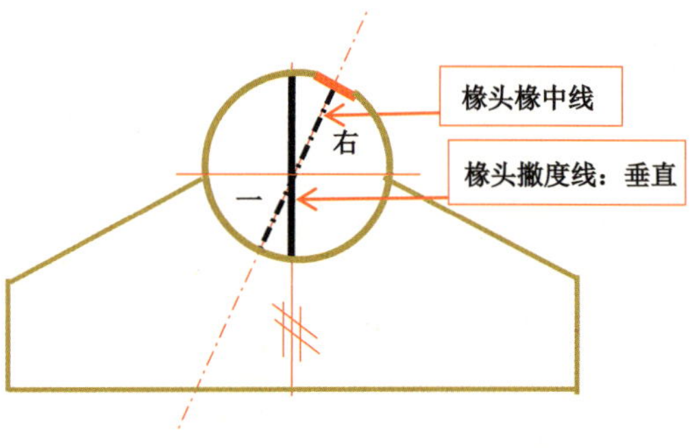

图 3-145　翼角椽头右翘撇度线划线方法 2-2

② 绞尾线。圆形翼角椽绞尾线的放线方法与方形翼角椽绞尾线基本相同，只是需要在放线的时候将椽头撇度线垂直并与卡具标划的中线对齐，详见图 3-147。

4. 翘飞椽的认识

（1）适用范围。凡双层椽（檐椽、飞椽）建筑均适用。

（2）外形特征。从平面看，也是呈放射状排列，与翼角椽类似，只是因为平面位置向外（前）延出不少，后尾所处的空间比翼角椽后尾所处的空间大了许多，这就使得翘飞椽的后尾不用像翼角椽后尾那样做成很极端的楔形，详见图 3-148 和图 3-149。

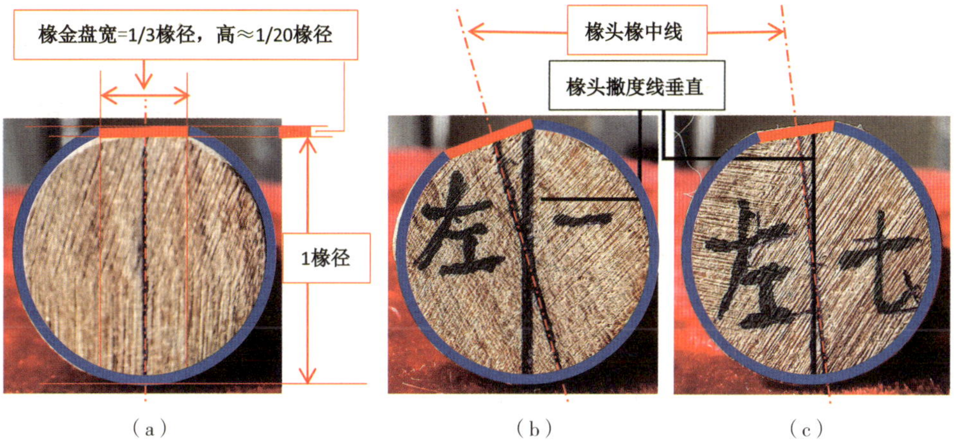

图 3-146　椽头划线实例示意

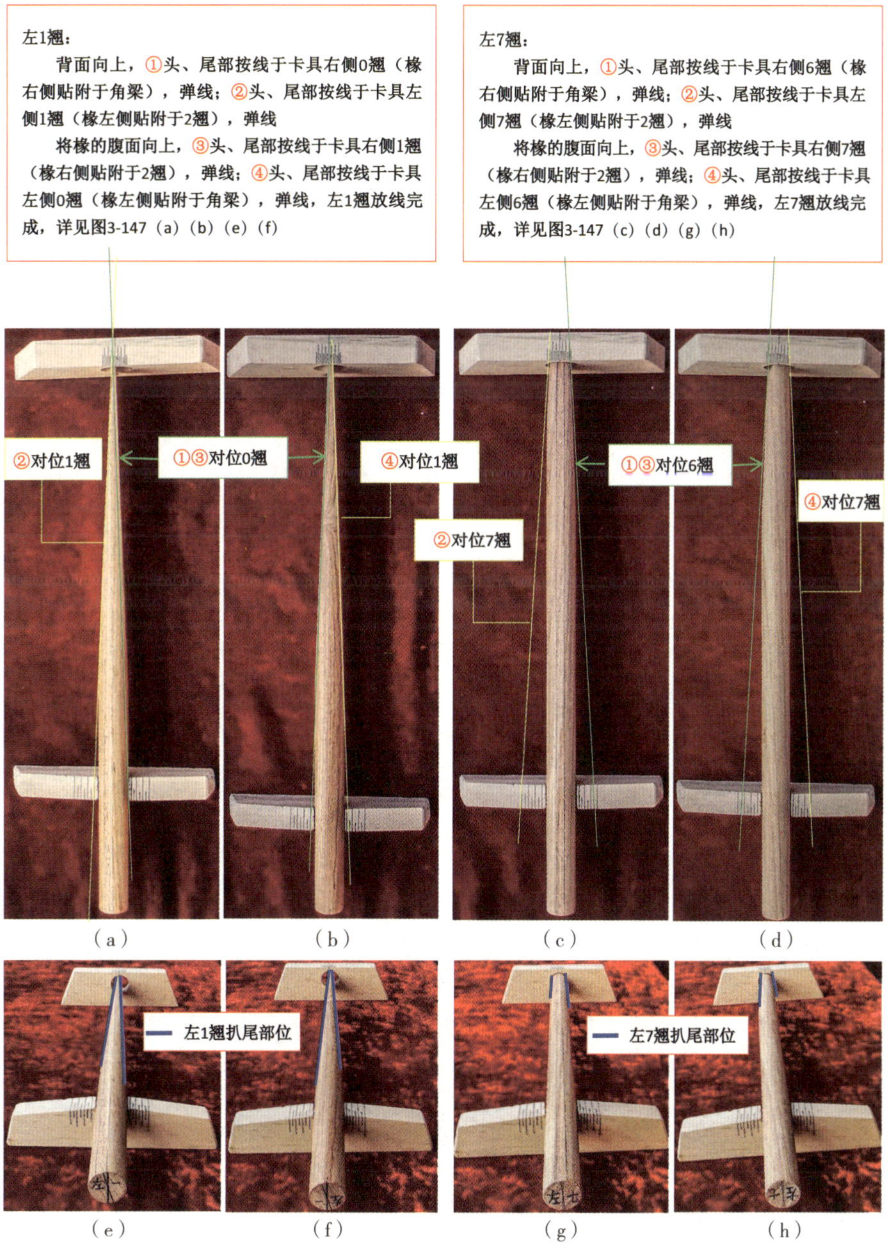

图 3-147　翼角椽弹划线实例示意

翘飞椽最大的特征就是它的不规则外形：后尾翘起，侧帮平直，椽头、椽尾的背腹面扭曲变形（俗称为“皮楞”），是一个非常不规则的构件，详见图 3-150 和图 3-151。

（3）左右翘和翘数的区分。翘飞椽左右翘的区分与方形翼角椽相同。

5. 翘飞椽的放线

（1）准备工作

① 备料。翘飞椽用料厚按椽宽度加刨光余量；宽按椽厚度加椽撇度、翘度（见翘度杆）、锯口、刨光量、同翘

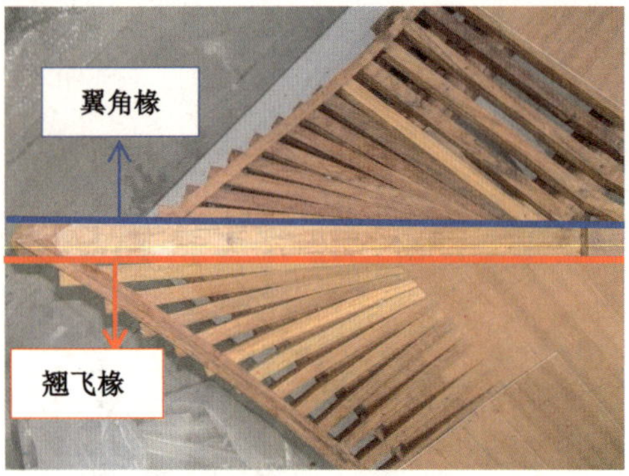

图 3-148 翼角椽、翘飞椽平面形态 1

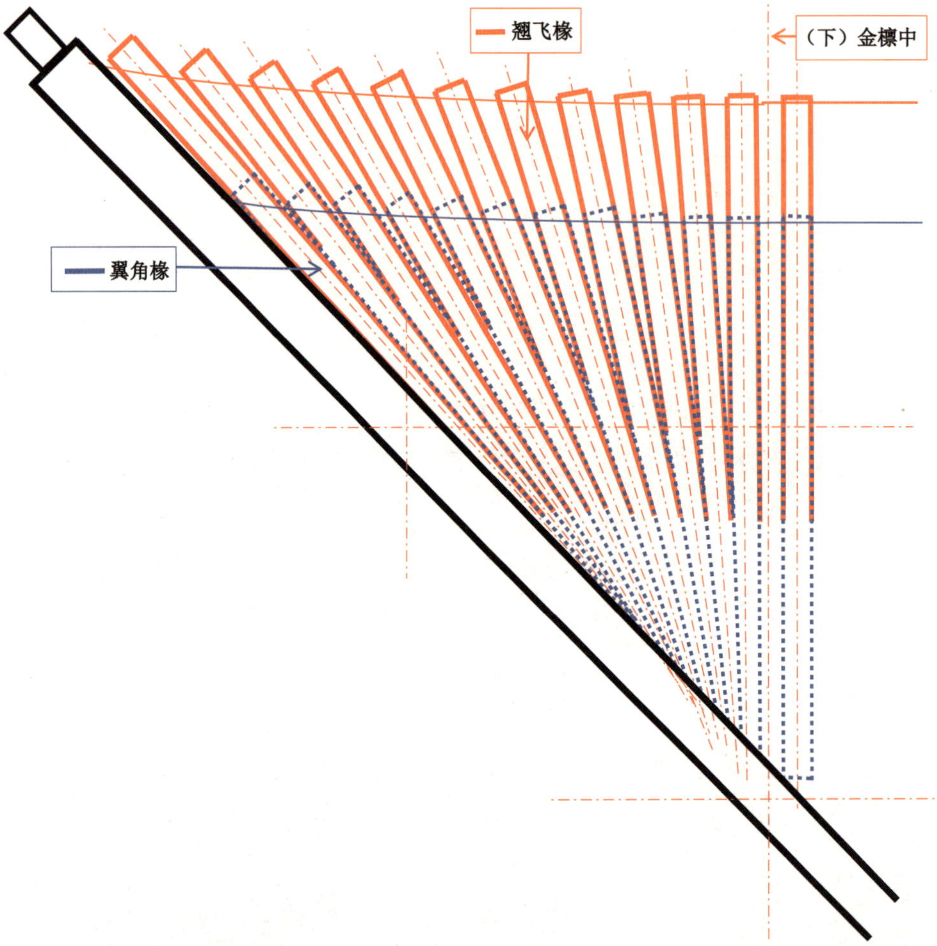

图 3-149 翼角椽、翘飞椽平面形态 2

图 3-150 翘飞椽形态 1

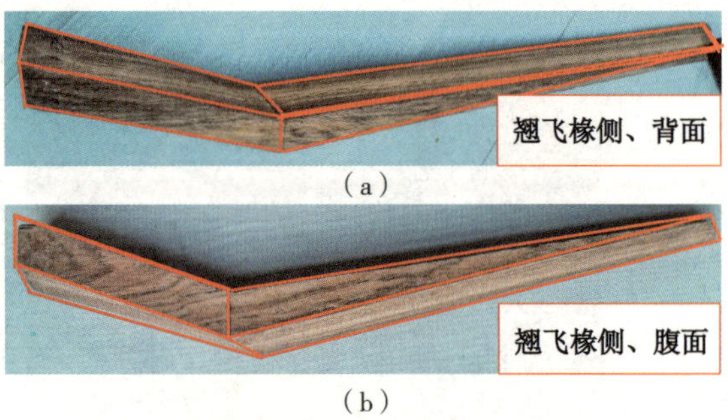

图 3-151 翘飞椽形态 2

椽根数相加（非添配性质通常四角（根）同翘连做）再加出适当余量；长按正身飞椽长加冲出长度（见长度杆）另加余量（加荒）；如果是左、右翘对称制作，通常采用对头连做，尾尾相交的方法，这样，用料长度就为两个翘飞头加一个翘飞尾长再加出总共约 2 椽径余量（加荒）；如使用坡棱板材，其用板方法同方形翼角椽，坡棱方向与椽撇向一致（图 3-136）。

② 放线用具

a. 撇度搬增板。掌握、控制各翘椽头立面撇度所用。尺寸同翼角椽搬增板，详见图 3-152（a）。

b. 扭度搬增板。掌握、控制各翘翘飞母（翼角椽檐口线）处平面扭向所用。尺寸同翼角椽搬增板，详见图 3-152（b）。

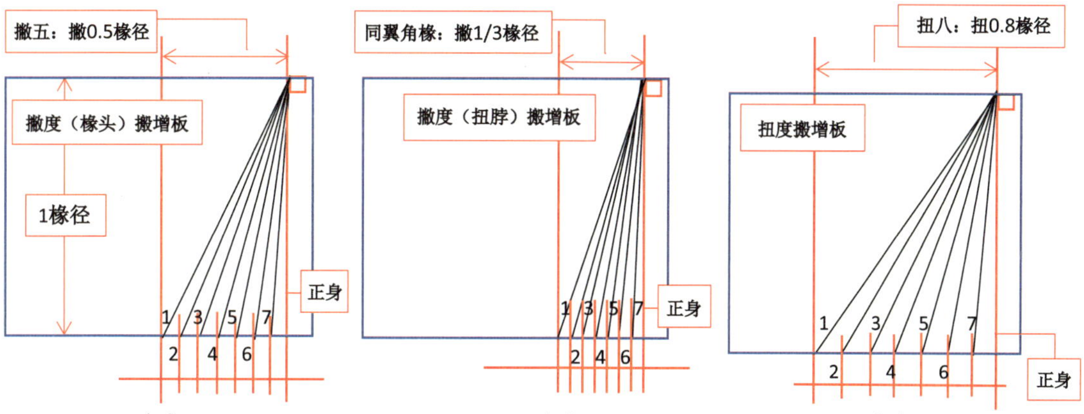

（a）　　（b）　　（c）

图 3-152　翘飞椽撇度、扭度搬增板（均分）定位方法

c. 翘度杆。掌握、控制各翘椽头、尾侧立面起翘高度所用。宽 25mm 左右，厚约 20mm，长为最大翘度尺寸另加约 100mm，详见图 3-153。

d. 长度杆。掌握、控制各翘头、尾长度所用。一椽尾加两椽头另加扭度及余量长。

③ 尺度

a. 撇度搬增板。翘飞椽的撇度为 0.5 椽径，在传统口诀“冲三、翘四、撇半椽”中有明确的记载。

b. 扭度搬增板。翘飞椽的扭度为 0.8 椽径，记录在口诀“冲三、翘四、撇五、扭八”中。

以上介绍的是翘飞椽撇度、扭度搬增板均分定位法，在翼角椽的撇度搬增板定位方法中还提及了撇度渐进的方法。这种渐进分位的定位方法也同样适用于翘飞椽的撇度和扭度，因为撇度对应的檐口立面曲线和扭度对应的檐口平面曲线是不规则的圆弧线，如果机械地采用均分定位的方法会增加安装时的二次加工工作量，也会使椽头产生不同程度的变形。

由于现在使用的方法多是均分定位法，所以本书只对该法进行详细叙述，渐进法定位不做详解，大家见仁见智，多在实践中加以验证，以求官式翼角做法更加完善、准确、好用。

c. 翘度杆。前面介绍了官式做法的翼角起翘不是只靠翼角椽来完成翘起，而是翘飞椽也参加，共同完成整个翼角的翘起。

在翼角椽翘起尺度的掌握上只需要在安装时按角梁上小连檐口子的定位再配合小连檐和枕头木的整修就可以完成，而翘飞椽则不然，它头、尾的上皮也就是椽的背面是折线状而不是翼角椽的平直状。这道折线根据各翘翘飞椽所处位置不同（1 翘或 2 翘或……）翘起的高度也就是翘度也不同，就像上面撇度、扭度搬增板一样，需要在一定的尺度内划分出各翘的高度差，这个尺度源自于角梁

（图 3–154）。

ⅰ. 以角梁第一翘翘飞椽实样头、尾点 ● 为基准线过翘飞椽扭脖点（翘飞母）划垂直线并量取第一翘翘飞椽椽头长度及第一翘翘飞椽翘度尺寸，详见图 3–153 和图 3–154。

ⅱ. 正身飞椽与第一翘翘飞椽翘度差按翘飞椽数均等分位（也可试用渐进分位法），翘度杆尺寸控制线完成（图 3–153）。

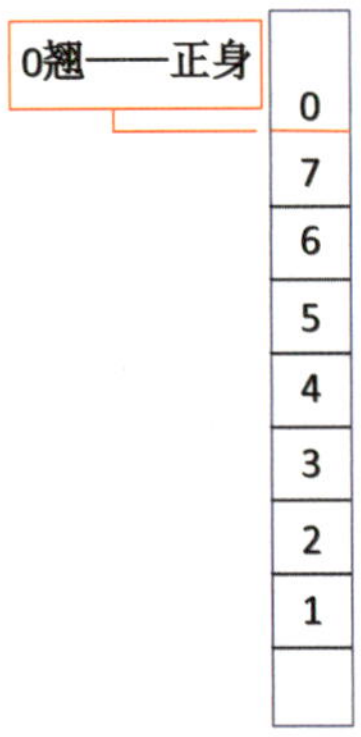

图 3–153　翘度杆

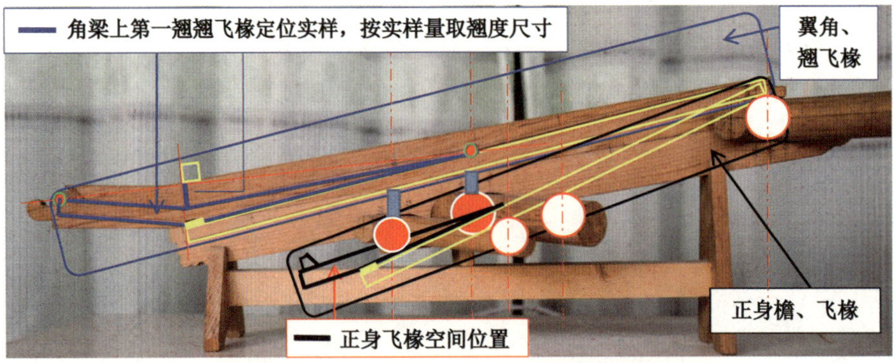

图 3–154　翘飞椽与正身飞椽空间位置示意

d. 长度杆

ⅰ. 在长度杆适当位置定点翘飞母；自翘飞母向前按正身飞椽椽头长定点正身分位；按第一翘翘飞椽椽头长度定第一翘分位，之间的长度差按翘飞椽数量均等分位（也可试用渐进分位法），还要留出一定尺寸的余量（加荒）；自后向前依次标注“正身、7、6……”翘标识，长度杆翘飞椽头部尺寸控制线完成。

ⅱ. 自翘飞母向后按正身飞椽尾长定点并标注正身标识；取角梁第一翘翘飞椽实样尾长定点并标识“1”翘，1 翘与正身间的长度差按翘飞椽数量均等分位（也可试用渐进分位法），同时标注翘数，长度杆翘飞椽尾部尺寸控制线完成。

ⅲ. 翘飞椽非零星添配时采用对头套裁的方式：在长度杆的另一面反向掉头按上述同样的方法划出反向翘飞椽的头、尾分位线。需要注意的是，反向翘飞椽的尾端 1 翘对准正向翘飞椽的翘飞母；反向椽的翘飞母对准正向椽的尾端 1 翘（图 3–155）。

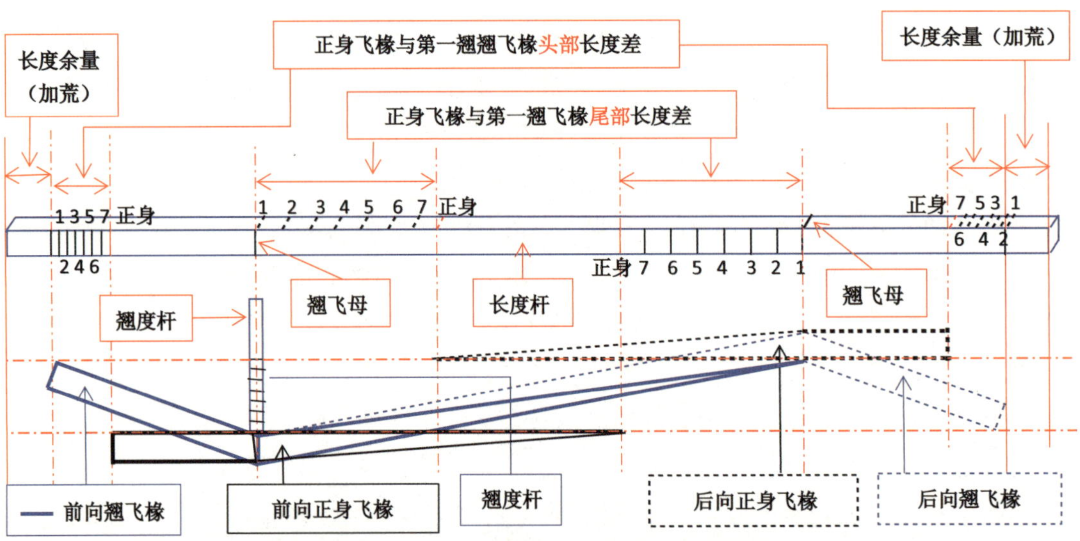

图 3–155　翘飞椽长度杆、翘度杆分位方法示意

（2）放线。翘飞椽放线有一定的难度，它除了要求操作人员掌握翘飞椽的各种尺度外，还需要操作人员有较强的方向辨别能力。如锯解翘飞椽所用大板，以通常对头套裁做法为例。板两端左右翘名称不一样；椽头腹、背面不一样；两端撇度方向不一样；两端扭向不一样，板的一面线放完翻转到另一面，所有线的方向又要有所变化，特别是当椽径过大，所用大板非常厚重，调向检验不易时，对撇向、扭向的辨别极易产生误差，造成返工。

① 用板方向的辨别。本书在介绍翼角椽的放线方法中没有刻意强调放线时的方向问题，因为翼角椽是单根、单向的放线，辨别方向很容易，描述起来也好理解，而翘飞椽则不然，不仅有对向套裁，而且椽腹、背面、撇向、扭向在大板翻转划线时容易产生方向性的误判。针对这个情况笔者试着用一个既简单又实用的方法来描述和展示，这样相互呼应对比参照，更利于读者理解和掌握翘飞椽放线方法。

a. 放线用板长向平放，掌线人员迎面方向为前，依次在大板的各个面标划出上、下、前、后、左、右的标识编号，详见图 3–156。

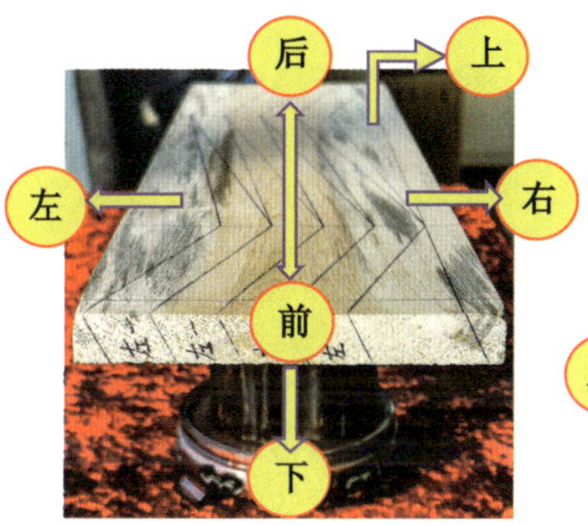

（a）

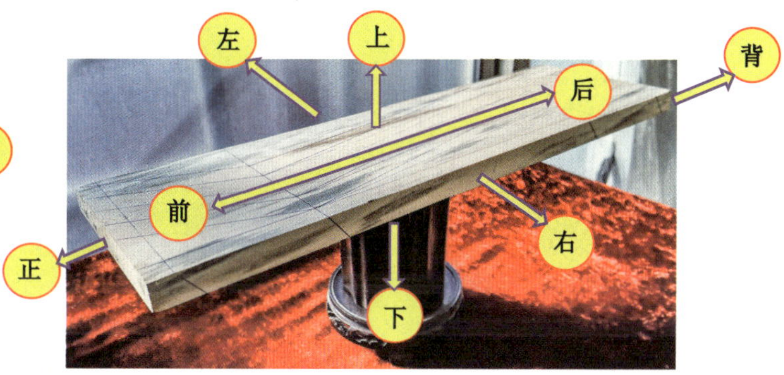

（b）

图 3–156 翘飞椽划（弹）线大板标识编号示意

b. 由于大直径的板材较为稀缺，为了有效地利用，通常不采用加工直边板而是使用毛边板材。放线时，使大板的毛边坡棱面向上。

c. 设大板前向为翘飞椽左翘，后向为右翘，详见图 3–157。

② 长度定位

a. 1 翘长度定位方法

ⓐ 右侧板边按所放翘飞椽翘飞母 1/3 撇度留足大板上、下面余量后弹划基准线（图 3–158）。

ⓑ 大板前向左翘、后向右翘分别留出 0.6～0.9 椽径、1.1～1.4 椽径（其他各翘根据各翘扭度不同下调）余量（加荒）定前向、后向 1 翘大板截头线。

ⓒ 分别在大板上标划左右翘飞椽翘飞母、尾点位。

ⓓ 与大板基准直线垂直过各点弹出各线，左、右 1 翘长度定位划线完成（图 3–159）。

b. 3 翘度定位方法。注：除 1 翘外其余各翘类同，此处略。

ⓐ 左翘

ⅰ. 沿板边弹基准直线，方法同 1 翘；

ⅱ. 大板端头余量同 1 翘方法定点（根据各翘扭度不同下调）划出左 2 翘椽头截线并与长度杆左 2 翘对位重合；

ⅲ. 按长度杆左翘翘飞母分位定点；

ⅳ. 按长度杆左 3 翘椽尾定点；

ⅴ. 与大板基准直线垂直过各点弹出各线，左 2 翘长度定位划线完成（图 3-160）。

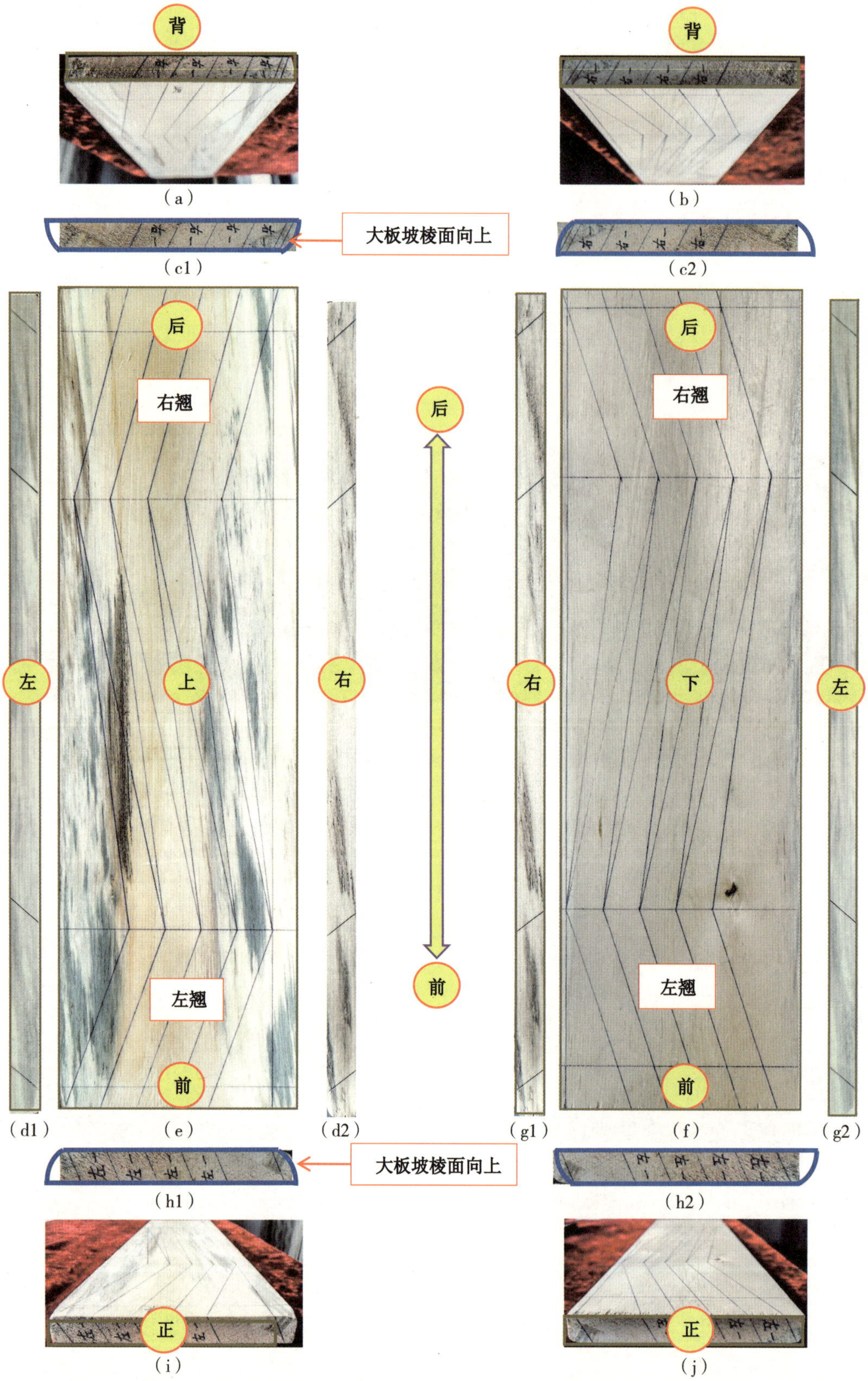

图 3-157　大板各面对应标识形态示意及左、右翘的确定

ⓑ 右翘

ⅰ. 长度杆前移，使右翘翘飞母对准左 2 翘椽尾定点；

ⅱ. 按长度杆右 2 翘端头截线定点；

ⅲ. 按长度杆右 2 翘椽尾定点；

ⅳ. 与大板基准直线垂直过各点弹出各线，右 2 翘长度定位划线完成（图 3–161）。

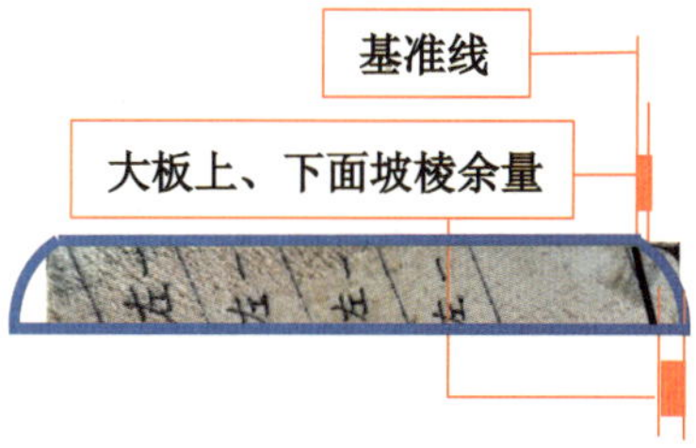

图 3–158 大板坡棱余量

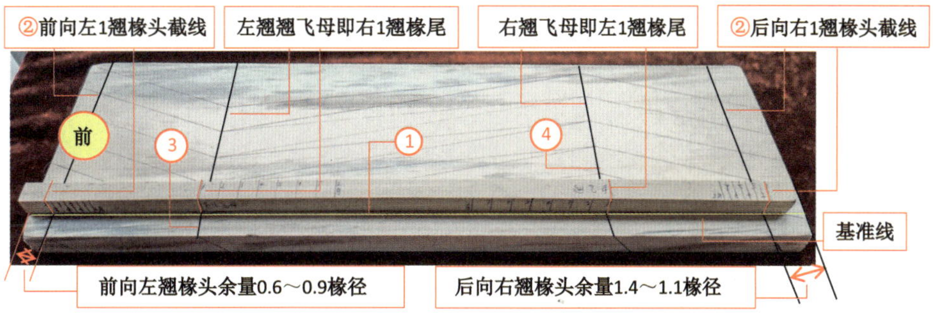

图 3–159 翘飞椽左、右 1 翘长度定位划线方法示意

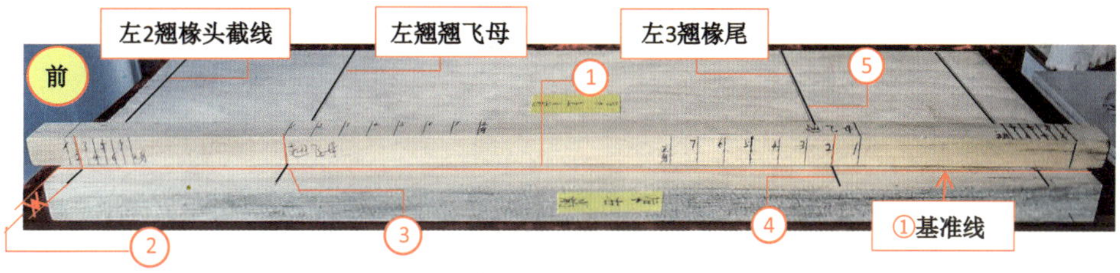

图 3–160 翘飞椽左 2 翘长度定位划线方法示意

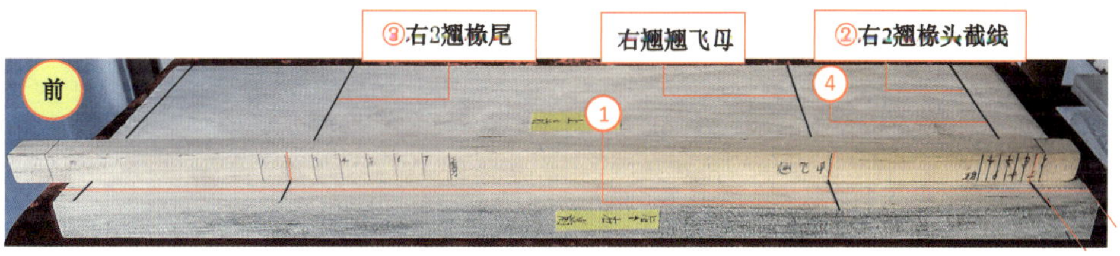

图 3–161 翘飞椽右 2 翘长度定位划线方法示意

③ 翘度定位（以 2 翘为例）

a. 左翘椽头腹面：翘度杆正身分位（0 翘）与基准线、左翘椽头截线重合，按 2 翘翘度定点 ● 并与基准线左翘翘飞母交点 ● 连线弹划出左翘头部腹面轮廓线，轮廓线延至大板端头。

b. 右翘椽头背面：翘度杆正身分位（0 翘）与基准线、右翘翘飞母线重合，按 2 翘翘度定点 ● 并与基准线右翘椽头截线交点 ● 连线弹划出右翘头部背面轮廓线，轮廓线延至大板端头（图 3–162）。

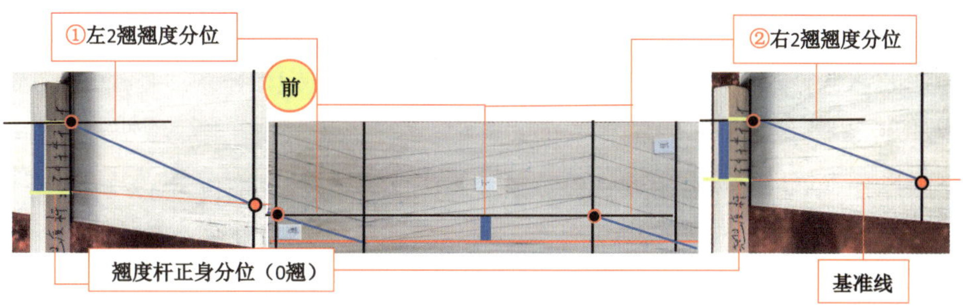

图 3–162 左、右 2 翘翘度定点方法示意

④ 撇度、扭度、翘飞椽轮廓定位（以2翘为例）。在翘飞椽放线中，这三个步骤交错进行（为理解方便，按部位顺序叙述，施工顺序另叙）。

a. 左翘椽头部定位。详见图3-163。

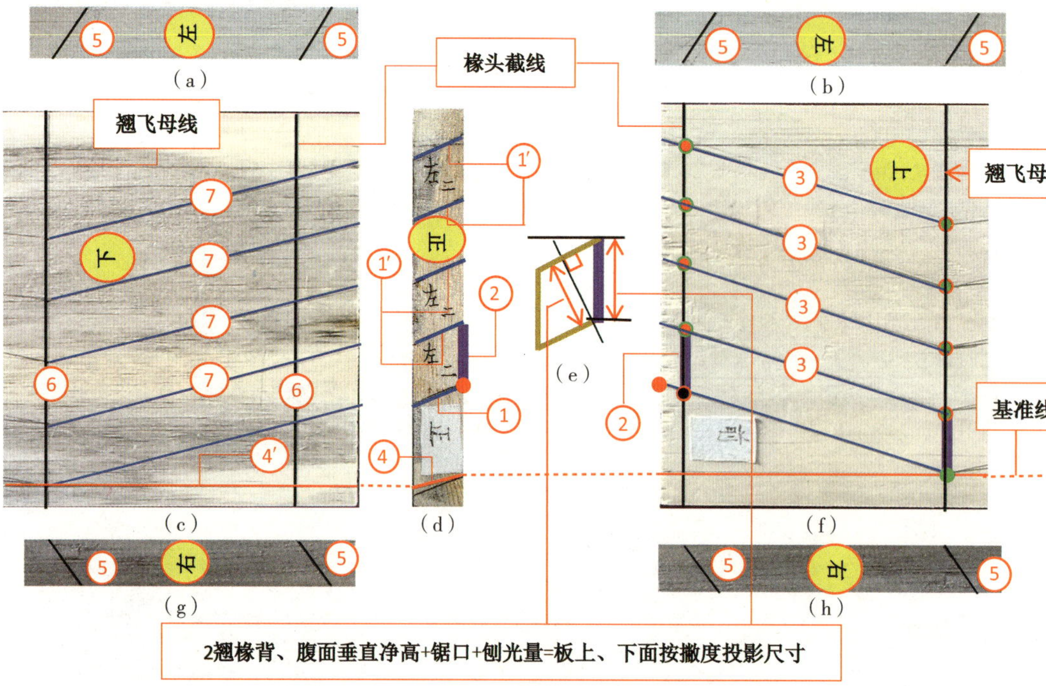

图3-163　翘分椽头部放线方法示意1

①大板正向截头面与左翘椽腹面轮廓线交点●按撇度搬增板过划左2翘椽头撇度基线。

②椽垂直净高+锯口+刨光量按撇度投影到大板截线边棱得出线段▬。

③按线段▬尺寸在大板截线、左翘翘飞母线上依次点划椽头部轮廓点●并连线延至大板截头边棱。

1′按椽头部轮廓延伸线依次过划左2翘椽头撇度线。

④大板正向截头面与基准线交点按翼角椽1/3撇度搬增板过划翘飞母撇度线。

4′大板下向面按翘飞母撇度线弹划基准线。

⑤大板左、右向面按扭度搬增板过划左2翘扭度线。

⑥依下向板面基准线按左、右扭度线过划椽头截线、翘飞母线至下向板面。

⑦按③相同方法弹划出下向板面左翘椽头部轮廓线。

b. 右翘椽头部定位。右2翘头部的定位方法与左2翘定位方法相同，只是方向相左，故本处不再赘述，用图3-164说明。

c. 翘飞椽尾的定位划线。翘飞椽后尾的定位放线比较容易，只需按照左右翘飞母处的椽脖定位点●直接连线即可，只是注意不能绞（串）线，左右翘椽一定要腹与腹面、背与背面连线，而不能左翘椽腹面与右翘椽背面连线，详见图3-165。翘飞椽放线完成正向面、背向面分别如图3-166和图3-167所示。

以上是翘飞椽各部位详细的放（弹）线方法，由于是为了让读者左右对照，看得明白，所以是按部位进行描述的，这与实际放线的顺序不同，因为实际放线中，翘飞椽大板因为椽径的原因非常厚重，翻转调头不易，所以通常都是一面的线一次划完，尽量少做翻转。如图3-168所示是按照通常的实际放（弹）线顺序做一个前后排序，读者在施工中可以参考借鉴。

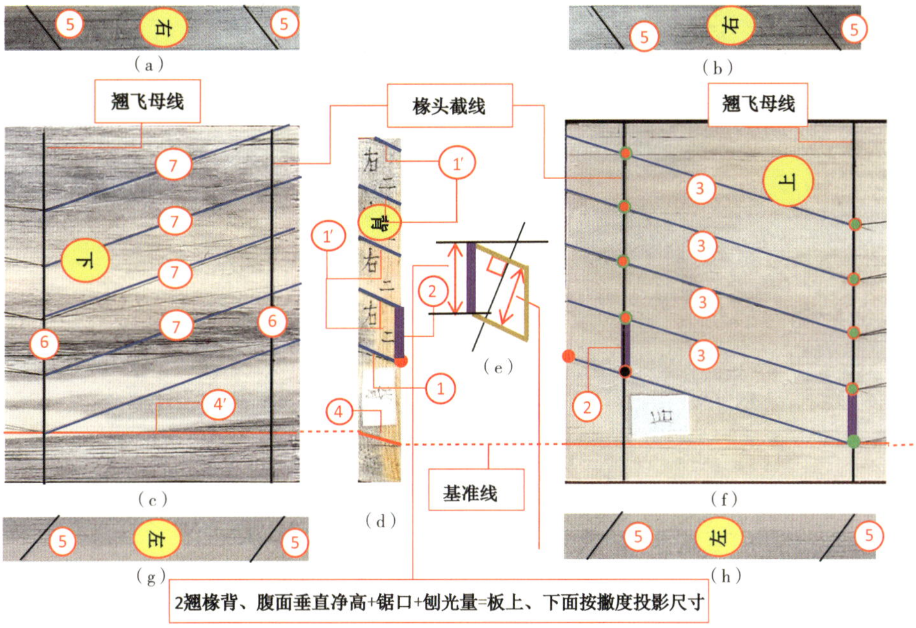

图 3-164　翘飞椽头部放线方法示意 2

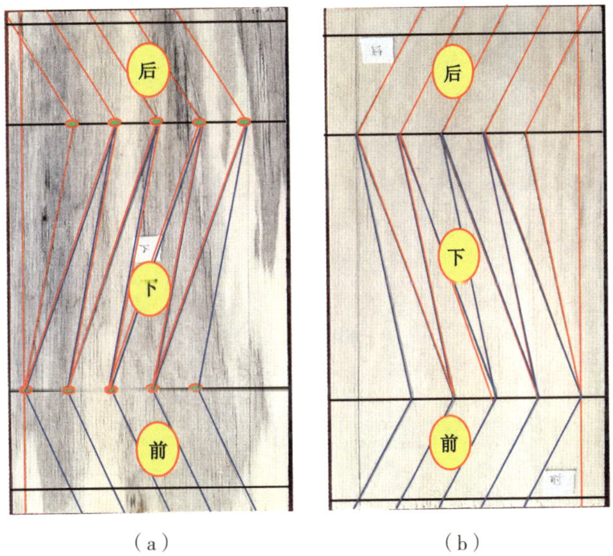

图 3-165　翘飞椽后尾放线方法示意

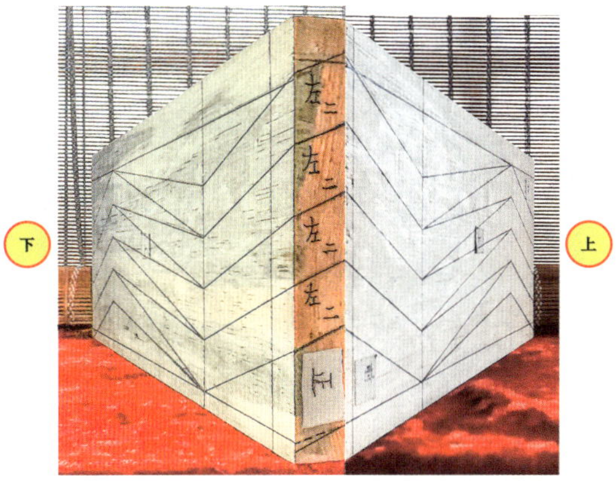

图 3-166　翘飞椽放线完成正向面示意

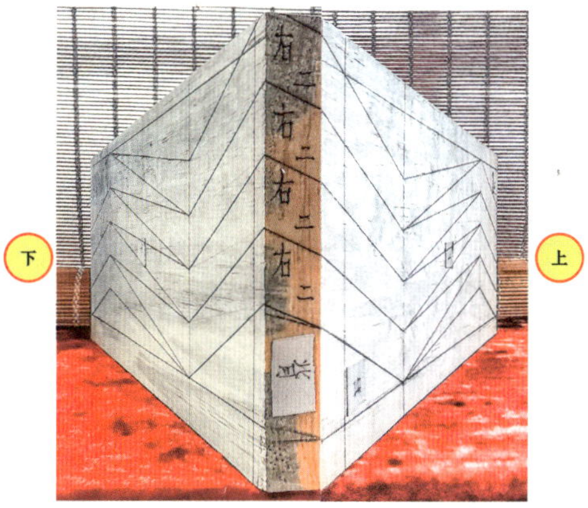

图 3-167　翘飞椽放线完成背向面示意

⑤翘飞椽放（弹）线顺序。图 3-168 为翘飞椽放（弹）线示意。

图中①根据要求施划长度杆、翘度杆，撇向、扭向搬增板。

②按长度杆、翘度杆对应尺寸备出翘飞椽大板。

③弹划基准线。

④按长度杆定位左右翘飞母、椽头截线、大板截线。

⑤按翘度杆定位头、脖（翘飞母）翘度。

⑥弹划椽头部腹、背面线并延至大板截头。

⑦自按搬增板过划大板正（迎）面椽头撇度线。

⑧按图 3-163（e）的方法找出线段尺寸，并依此尺寸过划左右翘椽头部腹、背面轮廓线，椽尾腹、背面轮廓线。

⑨同撇度过划椽头撇度线并标写标识号。

⑩自基准线过划翘飞母撇度线。

⑪按扭度搬增板过划扭脖线。

大板上、左、右、正、背向板面的弹划线完成，将大板翻转，下向面冲上。

⑫按大板左、右向扭度线过划大板下向面翘飞母线、翘飞椽椽头截线④′。

至此，翘飞椽大板放线完成。

需要说明的是，以上是放线步骤的顺序，具体的细节、方法在图 3-153～图 3-164 及对应的文字中有介绍。

还有一点需要说明，以上是按“翘飞椽迎头撇向 1/2 椽径，翘飞母（扭脖）撇度 1/3 椽径”尺度所讲的放线方法，在实际中还有一种尺度，这种尺度的翘飞椽头与翘飞母（扭脖）处的撇度都是 1/2 椽径，就是口诀“撇半椽”所指。笔者在 20 世纪 70 年代中期初学翘飞放线时就是按照这个尺度学的。80 年代后期，由马炳坚老师提出“翘飞母撇 1/3 椽径”的做法，笔者几番琢磨推敲后深以为然，并在日后的工程中亲自实践，感觉这种尺度更为准确、实用，效果很好，所以这里着重介绍了这种放线方法。

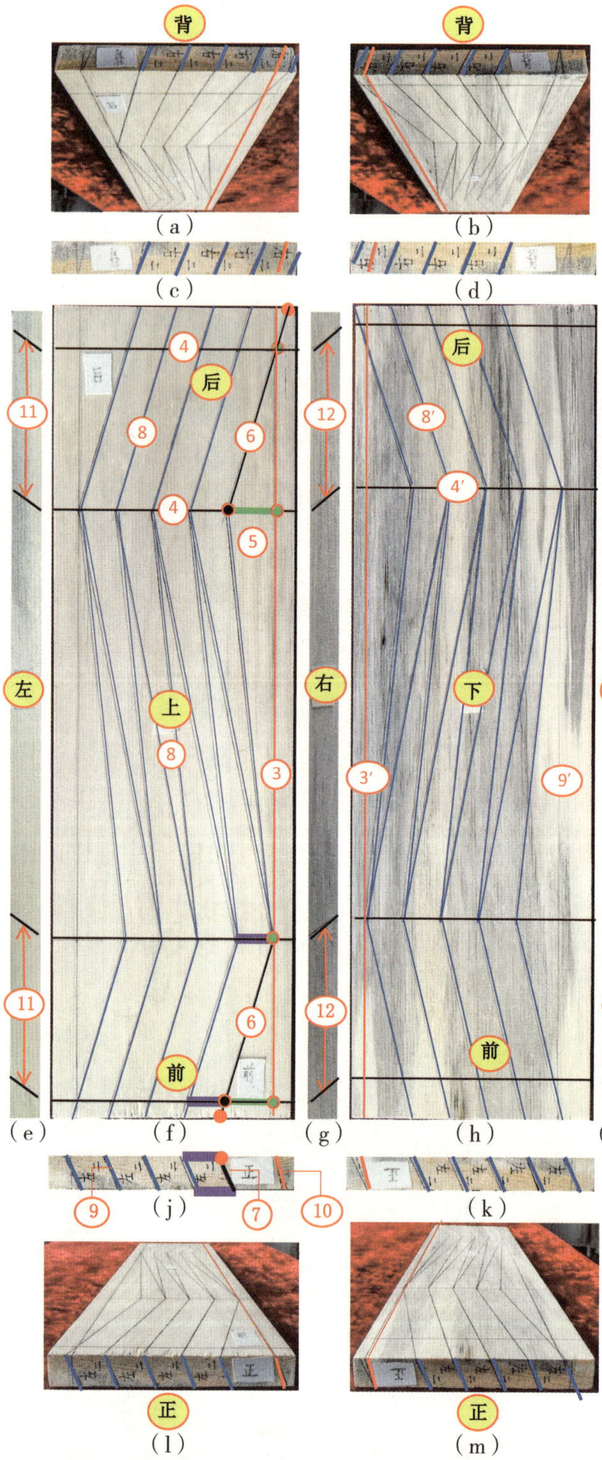

图 3-168　翘飞椽放（弹）线顺序示意

“撇半椽”的放线尺度沿用了多年，即使是现在，许多工匠师傅也仍在使用。究其原因，一个是师传如此，是使用习惯的原因；二是 1/3 与 1/2 的尺度本身就差别不大，再分配到各翘中差别就更小了。这个很小的差别，安装翘飞椽必须进行的二次加工工序中只是多刨几刨子的事情，甚至可以忽略不计；再就是翘飞母（扭脖）撇度 1/3 方法有些麻烦，椽迎头撇度是 1/2 椽径，翘飞母（扭脖）的撇度是 1/3 椽径，在不同的部位要按照不同的撇度来放线，用起来比较麻烦。所以本书在着重介绍前一种放线尺度时也对这两种放线方法的利弊进行了客观的评价。

如图 3-169 所示是这两种尺度放线的对比，这样可以对这两种尺度的翘飞椽有更直观的认识。

笔者推荐前一种尺度的划线方法，毕竟这个尺度更接近于现实，更准确。如果原始尺度就不准确，在后续的加工、安装工序中再出现些许误差，那反映到成品上一定会影响成品的外观和质量。

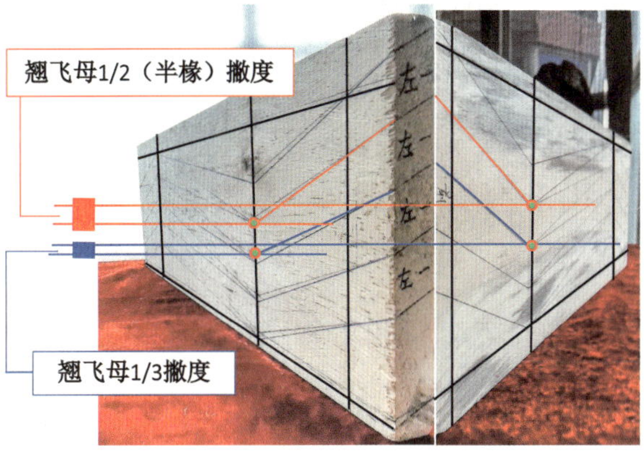

图 3-169　翘飞母两种撇度对比示意

二、里掖角蜈蚣椽

（一）配置

里掖角蜈蚣椽的配置根据所处部位决定，如果相邻正身部位是檐、飞椽双层配置，那蜈蚣椽也是双层配置，详见图 3-170～图 3-172。

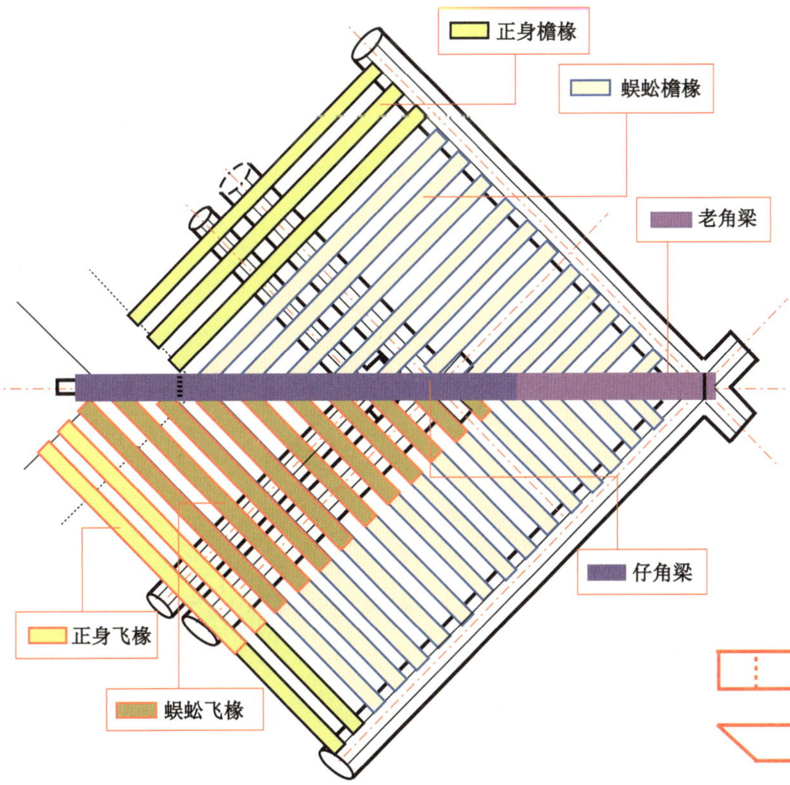

图 3-170　正身檐椽、飞椽与里掖角蜈蚣檐椽、飞椽位置示意

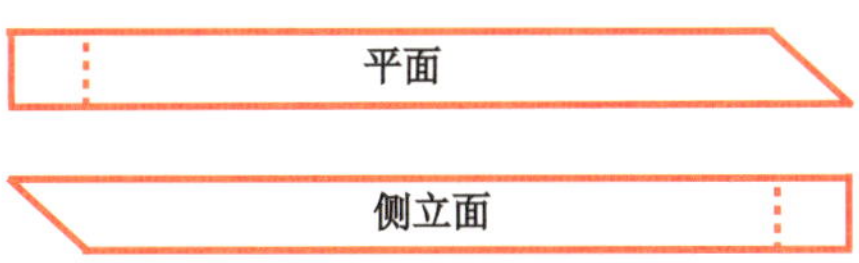

图 3-171　蜈蚣椽平、侧立面示意

（a）

（b）

图 3-172 里掖角蜈蚣檐椽、飞椽示意

（二）排列方式

蜈蚣椽呈平列状排列，与正身椽的排列方式相同。

（三）根数确定及分位方法

蜈蚣椽根数的确定以角梁定，凡椽头一端未出连檐并与角梁相撞的椽子都为蜈蚣椽。蜈蚣椽椽当分位按正身椽椽当分位顺序排列。

（四）蜈蚣椽的特征

蜈蚣椽的特征是一端坐于檩上，或墩掌或压掌，随正身椽做法；另一端与角梁相撞，按角梁的平面角度、举高斜度做异形截面与角梁贴附。

（五）蜈蚣椽的放线方法

蜈蚣椽的放线方法与正身椽相同，只是在做与角梁撞接部位的截面时需要实地摹划，这样更为准确且能避免人力和材料的浪费。

三、其他附件

（一）枕头木

1. 位置

枕头木是翼角椽翘起后与桁檩之间悬空部位的楔形衬垫构件。

2. 尺度

枕头木厚与椽径相同；长按自正身起至角梁侧帮；高点自角梁椽槽底皮至桁檩上皮净高另再加上约半椽径至正身低点半椽径，详见图 3-173。

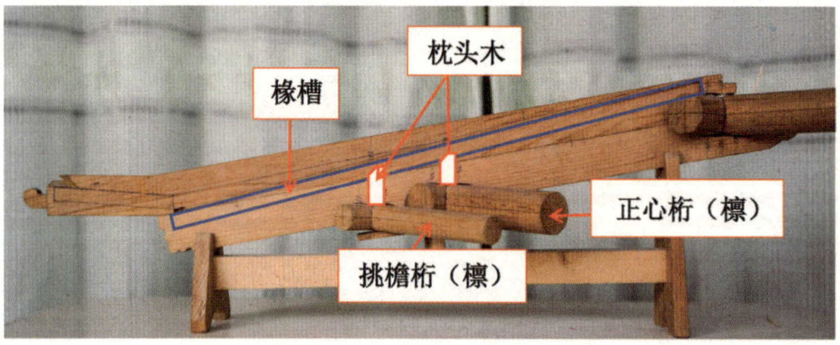

（a）

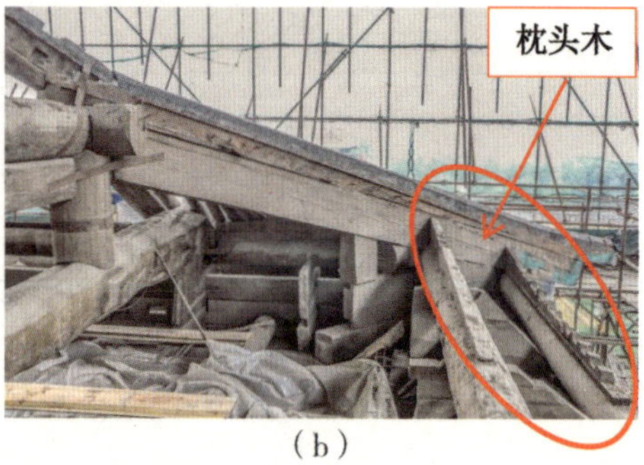

（b）

（c）

图 3–173　枕头木位置、尺度示意

（二）大连檐

翼角部分的大连檐与正身部分大连檐相同，外形、尺度和做法相同，详见图 3–174。

（三）小连檐

小连檐在外形、尺度和做法上与正身小连檐相同，详见图 3–175。

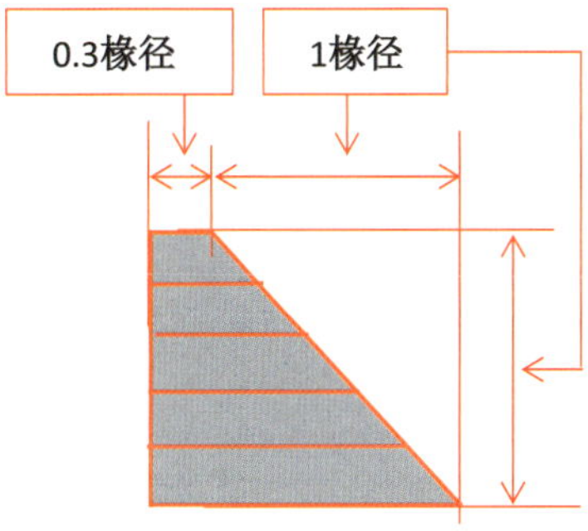

图 3–174　大连檐示意

（a）　（b）

图 3–175　小连檐示意

第四节　多边形建筑翼角的一些不同做法

在出角建筑中，除前面叙述的矩形、正方形的方角建筑外，多边形的建筑比比皆是，三方、五方、六方、八方……这其中有体量大的诸如大式带斗栱的八方楼阁式建筑——应县木塔；也有庭园最常见的杂式六方亭、八方亭……这些建筑木结构的步架、檐出与方角建筑近似类同，但角度原因造成翼角部分的檐口线长度要短于方角建筑，这时，在一些细节做法上多边形建筑的翼角就有了不同于方角建筑翼角特殊之处。

一、根数的确定

多边形建筑翼角椽在根数的确定上另有一套规矩，前面讲了在角梁椽槽后尾翼角椽分位上有一个口诀“方八、八四、六方五”，这里面就确定了方角建筑与八方、六方等多边形建筑的比例关系。如：按方角建筑“（步架 + 檐出）÷（1 椽 +1 攒当），得数取整，遇双加 1 取单”的计算方法计算出翼角椽的根数，再用这个根数除以方角与多边角之间“方八、八四、六方五”的倍数关系：八方 = 方角建筑翼角椽数×0.5；六方＝方角建筑翼角椽数×0.63…得数取整，遇双加1取单。

与方角建筑一样，多边形建筑翼角椽数的确定也有多种说法，如：廊（檐）步架＋平出檐（含搜架）尺寸÷（四方：2椽径；五方：2.5椽径；六方：3椽径；八方：4椽径）尺寸，得数取整，遇双减1取单（笔者对这个说法进行了一些比对，认为这里提到的几个数据与古人“方八、八四、六方五”的口诀基本暗合，按这种方法算出的翼角椽根数也与古人的算法基本一致，也只是在“加1或减1”上与现在的计算方法有些出入，有关“加1或减1”在方角建筑中已有论述），详见图3–176。

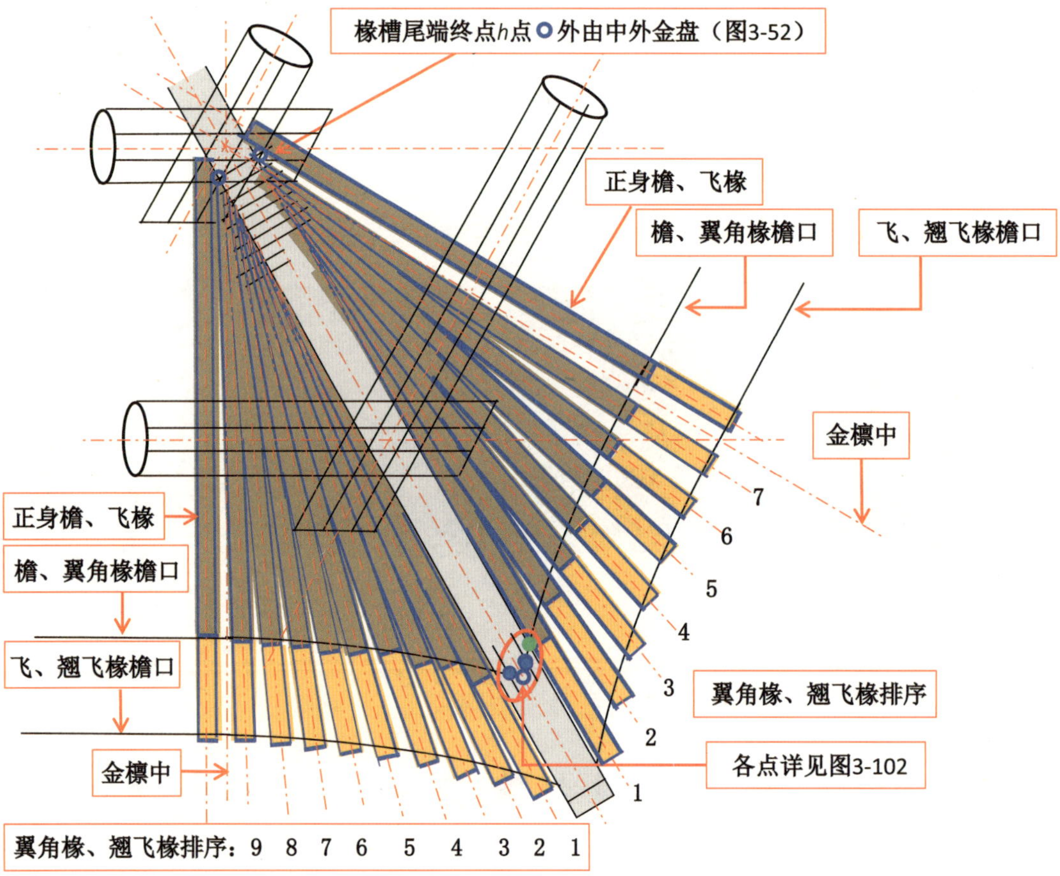

图3–176 多边形（六方）建筑翼角、翘飞椽“加1翘”或“减1翘”平面排列疏密对比

还有，前面讲的“按檐口线实量长度”计算出翼角椽根数的方法在多边形建筑中也适用。

以上所介绍的这些方法虽然源于不同师傅的传授，但大同小异各有短长，也没有硬性的规定。

二、冲、翘、撇、扭的尺度

方角建筑冲、翘、撇、扭的尺度规矩是“冲三、翘四、撇五、扭八”，而在常见的六方形、八方形建筑及少见的三角形、五方形等不规则形建筑中这些尺度就要有一些变化了，因为它的角度变了，翼角部分檐口线的长度也发生了变化。小于方角45°的檐口线就要长一些，大于方角45°的檐口线就要短一些，这时如果还是采用与方角建筑相同的冲、翘、撇、扭尺度，那角度小于45°的三角形等建筑由于檐口线长而显得出冲少起翘低，外观上少了些灵动感；而角度大于45°的多边形等建筑由于檐口线短而显得出冲大起翘高（详见图3–177～图3–179），虽然外观上更显轻灵，但如果按官式做法做不但会加大制作、安装的难度，而且在材料的使用上加大了成本，同时还增加了安全风险。我们知道，中国传统建筑讲究的是权衡对称，尤其是在官式建筑中更是循规蹈矩，所以在多边形建筑的翼角做法中以上的因素一定要考虑在其中。

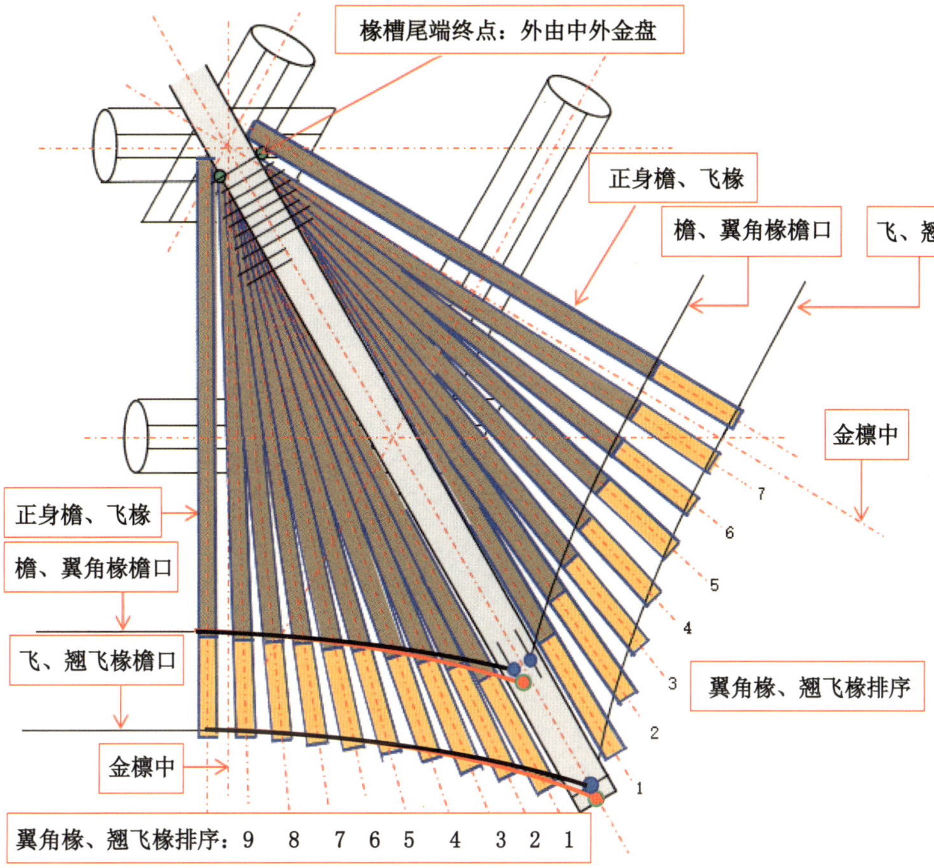

图 3-177 多边形（六方）建筑翼角、翘飞椽檐口线不同冲出尺度对比

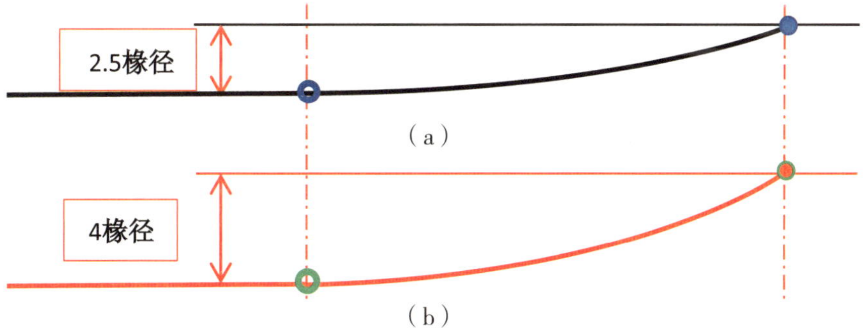

图 3-178 翘飞椽檐口线不同起翘尺度对比

以上主要介绍了多边形建筑翼角在冲和翘上与方角建筑的区别，至于撇与扭，因为撇与扭的尺度源于冲和翘，所以如果按照上面介绍的冲和翘的尺度进行制作、安装，那么，相应地也要把撇与扭的尺度按照比例进行变动，否则在翼角椽和翘飞椽的细节部位就会与整个翼角的尺度有冲突。

下面笔者根据自己的理解对多边形建筑翼角与方角建筑不同的一些做法进行相对细致的对比描述与尺寸计算，并在图中一一列出。需要强调说明的是，由于有关多边形翼角权威做法的文字资料不多，以下是笔者通过记忆及实践并求证实操经验极为丰富的师弟王建平得出的数据并记录下来的，希望对读者能有帮助。

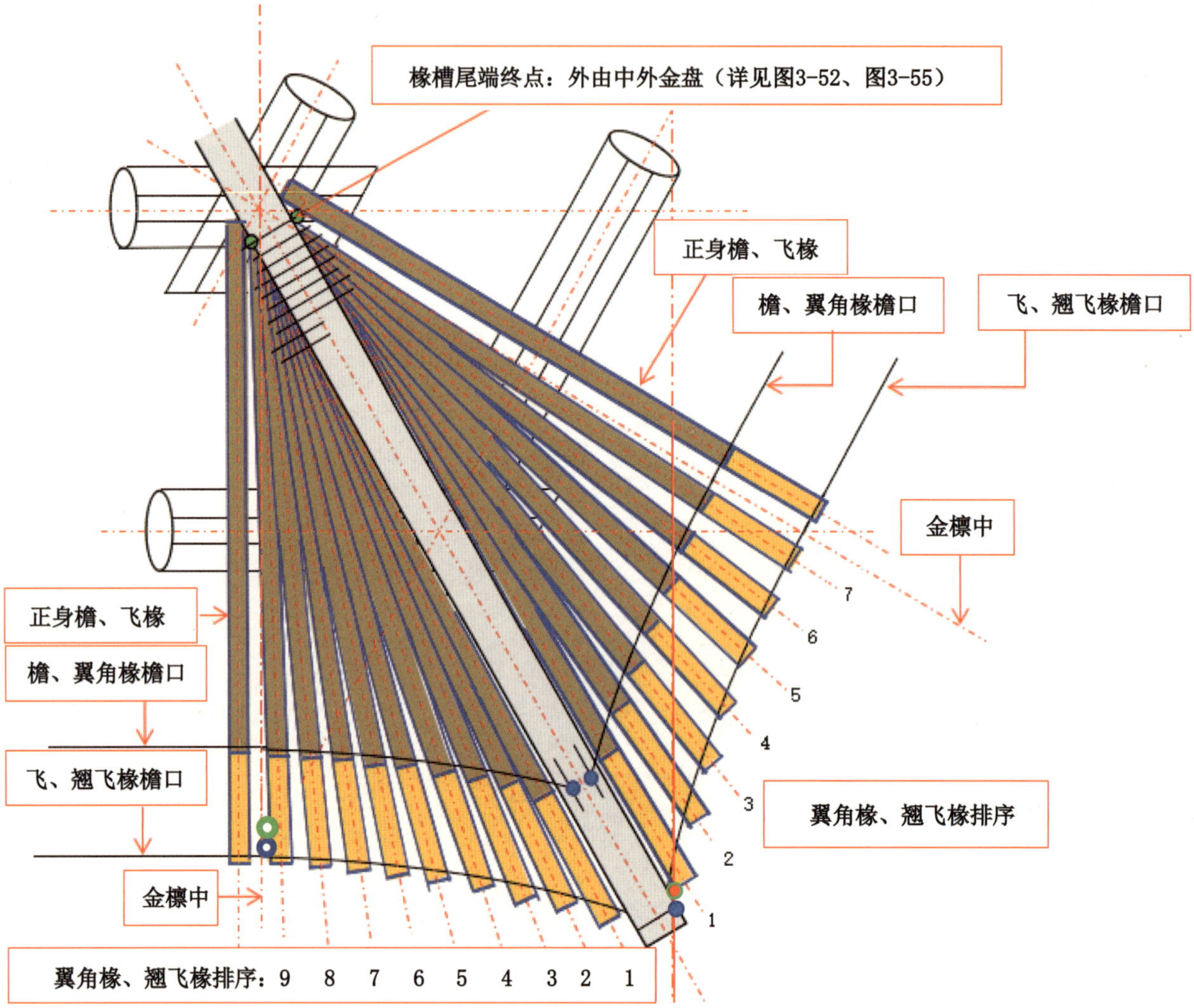

图 3-179 翘飞椽檐口线平、立面起翘起点 ○○、终点 ●● 对应示意及根数的疏密对比

（一）多边形建筑中的冲与翘

图 3-177 中 ▬ 所示为冲出 2.5 椽径时翘飞椽檐口线的冲出弧度，此尺寸是根据方角建筑与六方形建筑翼角椽比例关系即“冲 3”×0.63 ≈ “冲 2”而来，至于由“2”改为“2.5”是笔者认为从翼角曲线增加一些弧度会更显轻灵而人为增加的，可根据实际情况适当增减。图 3-177 中 ▬ 是按方角建筑“冲 3”椽径所划翘飞椽檐口冲出曲线，如按这个尺度安装大、小连檐则非常困难，不建议使用。

图 3-178（a）中 ▬ 所示为起翘 2.5 椽径时翘飞椽檐口线的起翘弧度，此尺度是根据方角建筑与六方形建筑翼角椽比例关系即“翘 4”×0.63 ≈ “翘 2.5”而来；图 3-178（b）中 ▬ 所示为方角建筑起翘 4 椽径时飞椽檐口线的起翘弧度曲线，如果按这个尺度安装大、小连檐不但操作非常困难而且费料、降低强度，不建议采用。

图 3-180 为多边形（六方）建筑压金角梁起翘尺度的确定方法，及翼角椽根数的确定——多边形（六方）建筑平面排列疏密对比。

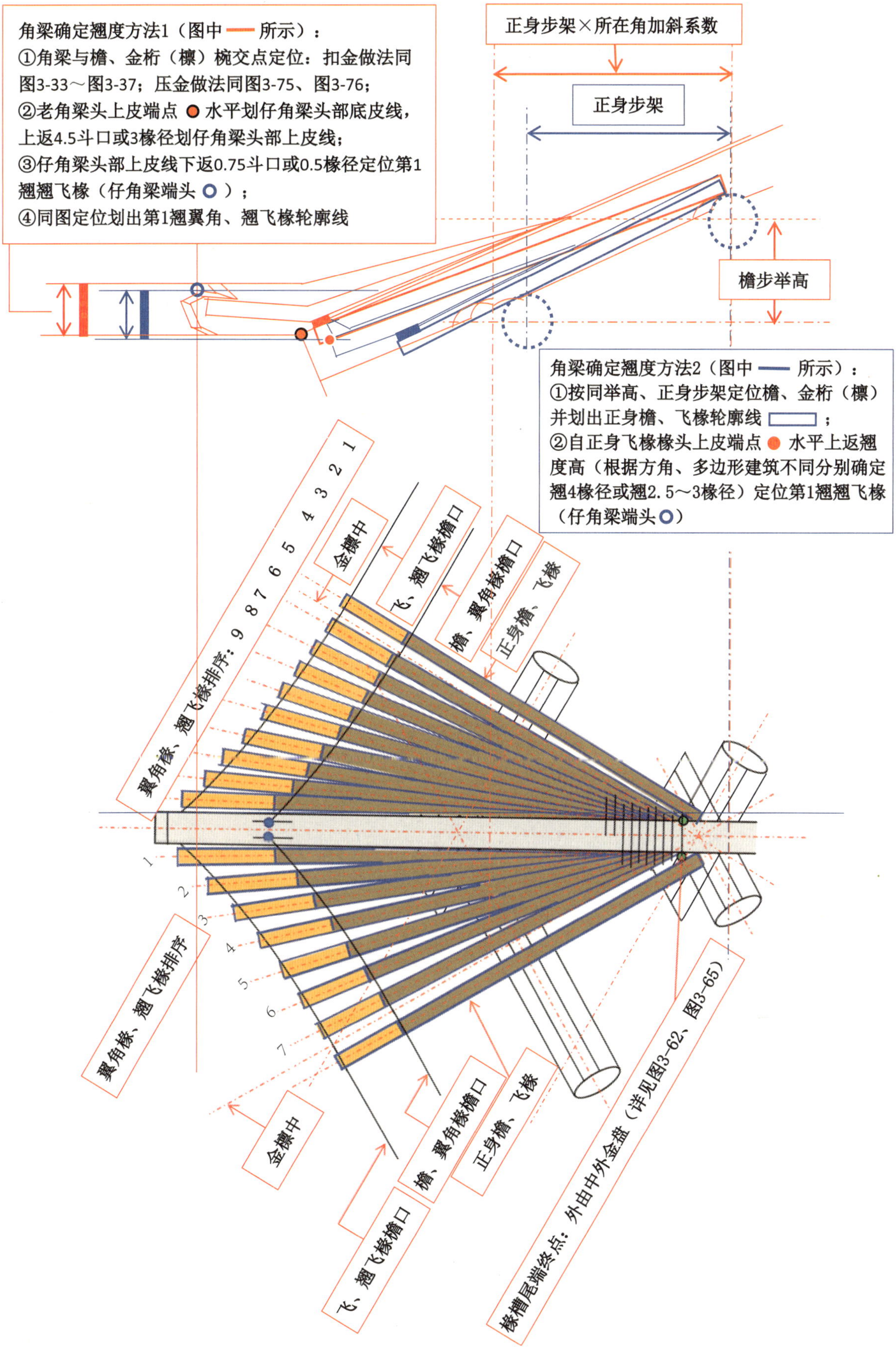

图 3-180　多边形（六方）建筑压金角梁起翘尺度的确定方法

（二）多边形建筑中的撇与扭

图 3-181 和图 3-182 分别为方角建筑与多边形建筑翘飞椽、方、圆形翼角椽撇向和扭向对比示意。

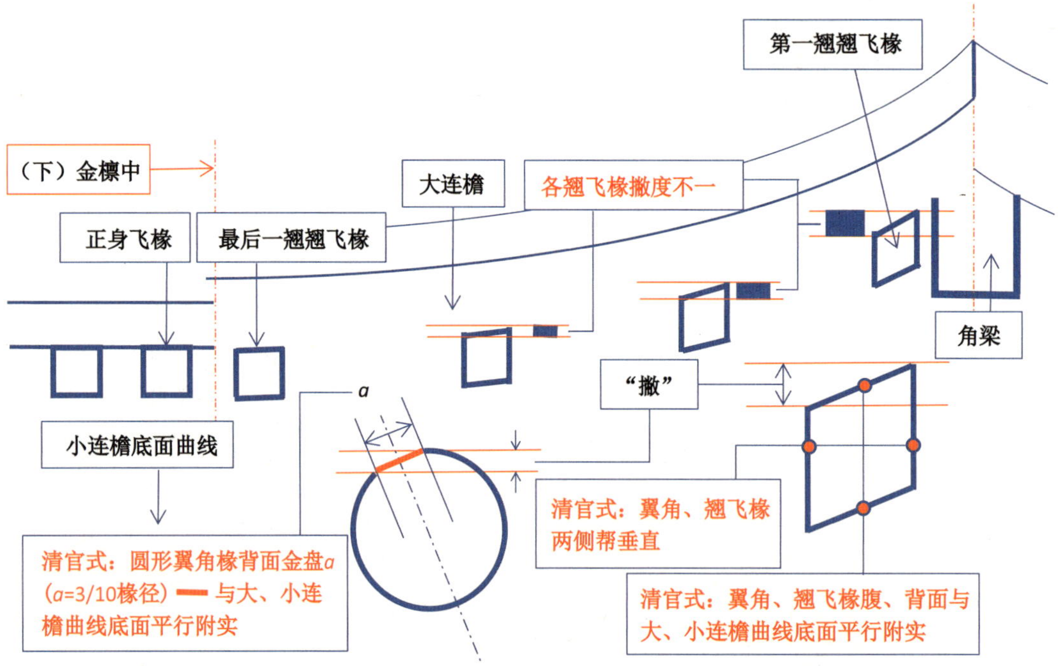

图 3-181　方角建筑与多边形建筑翘飞椽、方形和圆形翼角椽撇向对比示意

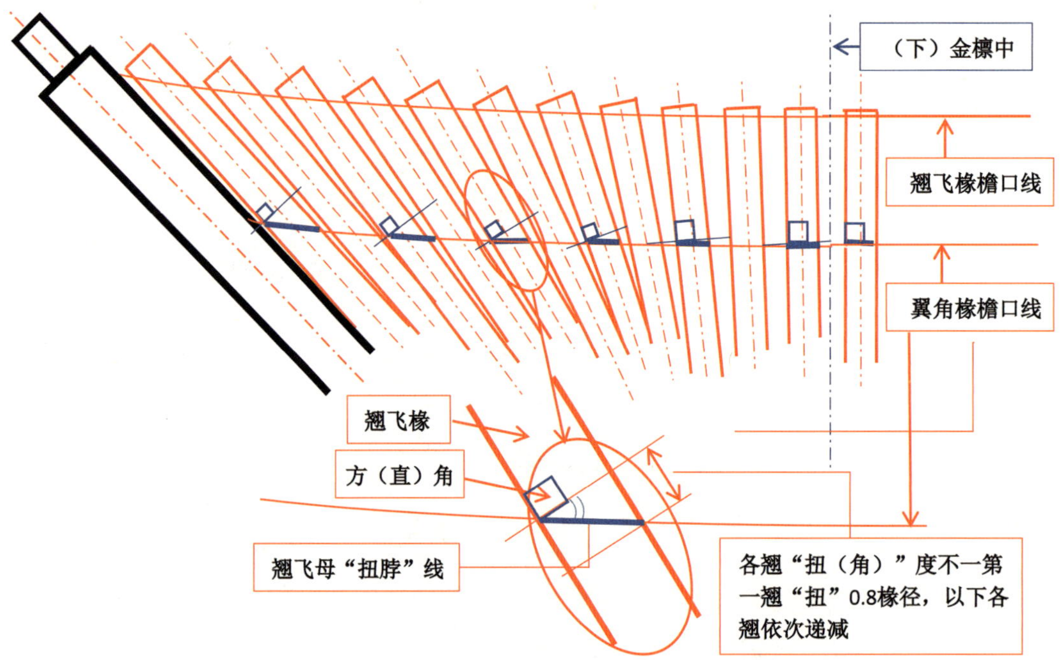

图 3-182　方角建筑与多边形建筑翘飞椽、方形和圆形翼角椽扭向对比示意

注：① 第一翘翘飞椽扭向：当方角建筑“冲 3”椽径时，“扭”为 0.8 椽径；当多边形建筑“冲 2.5”椽径时，“扭”约为 0.66 椽径；② 第一翘翘飞椽撇向：当方角建筑“翘 4”椽径时，“撇”为 0.5 椽径；当多边形建筑“翘 2.5”椽径时，“撇”约为 1/3 椽径；③ 第一翘翼角椽撇向：当方角建筑“翘 4”椽径时，“撇”为 1/3 椽径；当多边形建筑“翘 2.5”椽径时，“撇”约为 1/5～1/4 椽径；④ 上述多边形建筑尺寸为近似值，仅作参考，不作规矩使用。

（三）多边形建筑翼角椽放线（以翼角、翘飞椽数为7翘为例）

如图3-183为方角、多边形建筑方形和圆形翼角椽头、椽尾卡具定位方法对比。

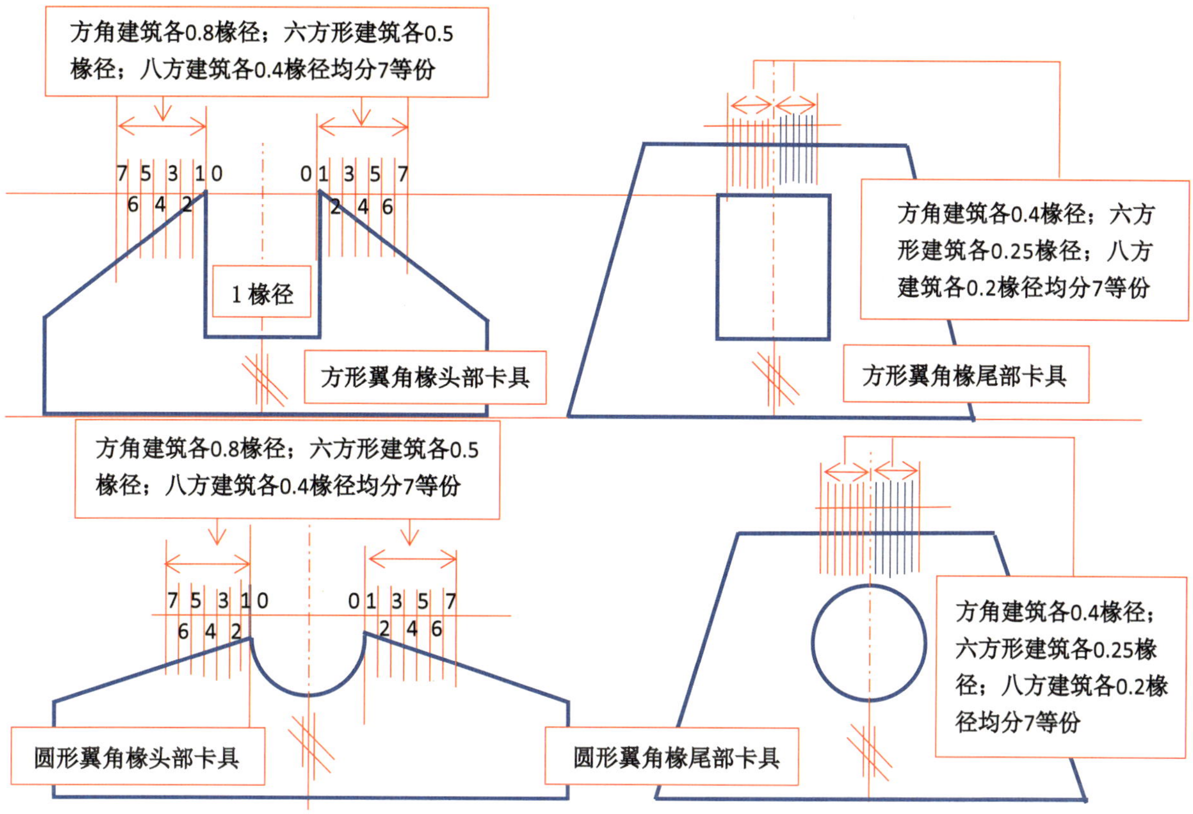

图3-183　方角、多边形建筑方、圆形翼角椽头、椽尾卡具定位方法对比

（四）多边形翘飞椽放线

如图3-184为方角、多边形建筑方形和圆形翘飞椽头、扭脖搬增板定位方法对比。

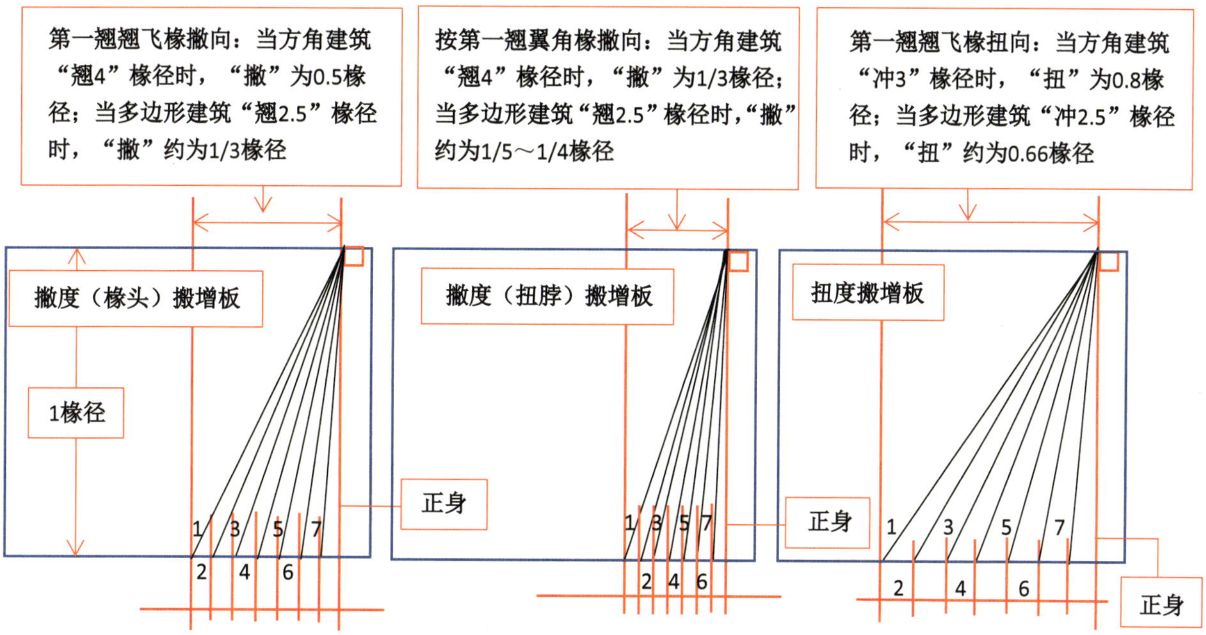

图3-184　方角、多边形建筑方、圆形翘飞椽头、扭脖搬增板定位方法对比

第五节　清官式建筑翼角做法与地方做法的主要区别

中国幅员辽阔，地理环境、习俗传统都有很大的不同，建筑也是一样，虽然都被冠以“中国传统建筑”之名，但细节做法差别很大，就像木结构就有抬梁式、穿斗式、井干式之分一样。作为中国传统建筑主要的外形特征之一的飞檐翘角——翼角，各地的造型、构造多种多样，认识、了解它对掌握官式建筑翼角的独特尺度、做法有着很大的借鉴作用。

各地不同做法、不同风格的建筑翼角详见图 3-185～图 3-188。

（a）　　（b）　　（c）

图 3-185　江浙一带建筑翼角

（a）　　（b）　　（c）

图 3-186　山西、河北一带建筑翼角

（a）　　（b）

图 3-187　北京官式建筑翼角

（a）　　（b）

图 3-188　山西建筑翼角

各地不同做法的翼角角梁详见图 3-189～图 3-191。

（a）　　（b）　　（c）

图 3-189　北京一带官式建筑翼角老、仔角梁

（a）　　（b）

（c）　　（d）　　（e）

图 3-190　山西、内蒙古一带建筑翼角大角梁和子角梁

注：名称引自《营造法式》。

（a）　　（b）　　（c）

图 3-191　江浙一带建筑翼角老戗、嫩戗

注：名称引自《营造法原》。

各地不同做法的翼角、翘飞椽详见图 3-192～图 3-198。

（a）　（b）　（c）

图 3-192　山西一带建筑翼角、翘飞椽

（a）　（b）　（c）

图 3-193　江浙一带建筑翼角摔网椽、立脚飞椽

注：名称引自《营造法原》。

（a）　（b）　（c）

图 3-194　北京一带官式建筑翼角、翘飞椽

图 3-195　官式做法正身飞椽与 1 翘翘飞椽翘度对比

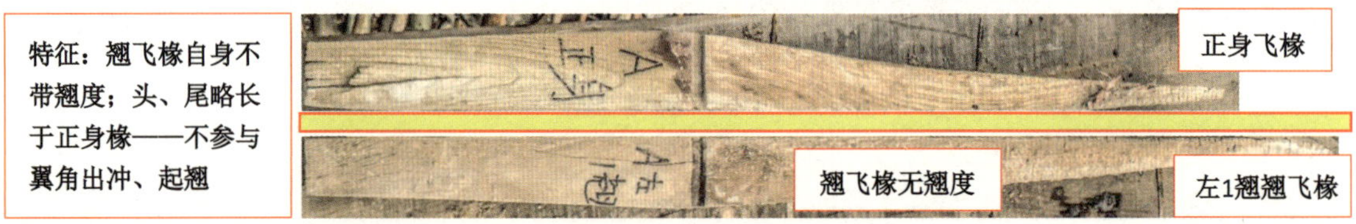

图 3-196　非官式做法正身飞椽与 1 翘翘飞椽翘度对比

（a）　　（b）　　（c）

图 3-197　官式做法翼角、翘飞椽椽头迎面示意

（a）　　（b）　　（c）

图 3-198　官式做法翼角、翘飞椽椽头迎面示意

以上图片展示的是各地不同翼角做法的外形和细节做法。从外形风格上看，江浙一带建筑的翼角，翘起夸张，曲线灵动，显示出极强的人文及地域特色；而北方建筑的翼角，出檐深远，低调翘起，尽显庄重。从做法上看，江浙一带建筑翼角的做法受人文环境、气候因素等影响与北方做法有着明显的不同。笔者选择的是外形相近、做法交集点众多的山西等多地翼角做法来与官式翼角做法加以对比分析，以强化读者对官式翼角做法特征的认识。

通过以上图片的展示对比及前面所讲的官式建筑翼角的特征，我们能体会到尽管各地建筑的“飞檐翘角”风格各异，各有千秋，但殊途同归，都是在建筑物转角部位高高扬起，与正身部分相连而形成的檐口曲线随习俗做法或高或低。但仔细分析一下，它们之间在细节做法上有几处明显的不同。

一是官式建筑翼角角梁前端梁身叠压在挑檐、正心桁（檩）上，后尾与金桁（檩）相接，斜状安装。非官式建筑翼角角梁则不仅有斜状安装的，也有水平安装的，详见图 3-189 和图 3-190。

二是官式建筑飞檐翘角的尺度是分解到老、仔角梁当中，由翼角椽、翘飞椽共同分担来完成翼角部分檐口曲线，而其他非官式建筑飞檐翘角的尺度仅是由老（大）角梁、翼角椽来完成，这在两种做法的翘飞椽与正身飞椽之间的长度、翘度对比中一目了然。官式做法的翘飞椽自身带有翘度，长度也比正身飞椽要长得多；而图 3-196 中所示做法的翘飞椽无翘度；因为是斜向安装，要乘以加斜系数，所以长度上只是比正身飞椽略加长了一些，这些都足以说明这两种做法的不同。详见图 3-191～图 3-202。

再一个不同就是官式翼角做法中的方形翼角椽和翘飞椽都要求椽两侧椽帮垂直地面，椽头迎面呈不同角度的规则菱形（图 3-197），而图 3-198 中所示做法的翘飞椽中则不然，椽头迎面与正身飞椽一样呈方或矩形，安装方法也与正身飞椽一样，基本与连檐垂直；还有在非官式做法的椽头截面（盘头）上，有与椽帮垂直也有与连檐平行的做法，而官式做法的椽头截面（盘头）都与椽帮垂直，这也是它们之间的区别之一。

以上几处不同就是官式翼角做法最大的特点，也是区别于其他做法的明显特征，我们在做官式建筑的翼角时，一定要掌握这几点，避免做成“四不像”。

以上作为案例分析的这些做法各不相同，又各有千秋。像角梁，随举高安装的和水平安装的只要能满足翼角的翘起高度就可以，无所谓做法对与不对。当然，如果是明确了做法要求的必须按照要求去做，还要尊重当地的习惯做法。再比如翼角椽、翘飞椽如果不是明确要求采用官式做法，而当地习惯做法也不是官式做法就可以采用当地的做法，这样可以节省很大一部分人工和材料。

最后介绍一种翼角椽的铺钉方法，这是2009年笔者在宁夏施工时看到的旧有做法，这种做法简单易学，融汇了通俗的杠杆原理，显示出民间工匠们的智慧才能。前面介绍的几种翼角椽做法都是以后尾平面顺序安装来作为基础后续展开的，它的翘起全靠枕头木的衬垫；而宁夏的这种做法是翼角椽后尾没有采用平面顺序而是采用了高低顺序安装的方法，它的翘起完全靠椽尾的高低掌控，通过檐檩这个支点将檐口自正身逐渐向角梁翘起，详见图3-199～图3-203。

图3-199　翼角椽后尾平面顺序安装

图3-200　翼角椽后尾高低顺序安装

（a）　（b）

图3-201　宁夏某翼角椽安装方法示意

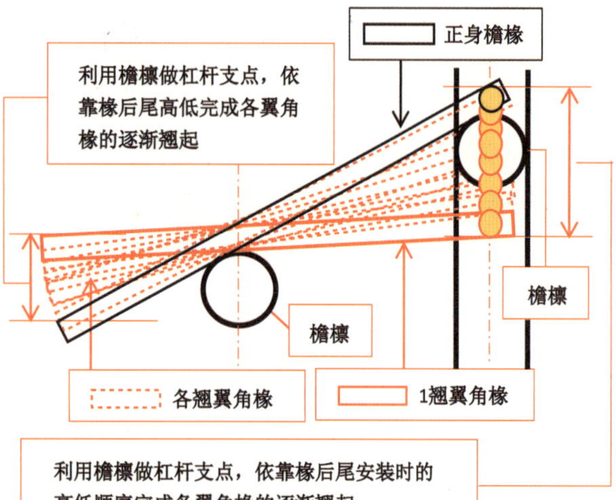

图3-202　翼角椽后尾高低顺序安装示意

（a）　（b）

图3-203　某地翼角椽安装方法示意

注：本图由中国遗产研究院查群老师提供。

第四章

清官式建筑斗栱

在中国传统木构建筑中斗栱自成体系，与之相关的制作、安装等工作都被归纳进“作”的范围，称为“斗栱作”。本章以北京地区清官式建筑斗栱为例，介绍有关“斗栱作”技能的基础知识。

第一节　斗栱的起源

斗栱（汉称：欂栌）在汉代（公元前 206 年～公元 220 年）已具雏形，虽无实物留存，但在保存下来的汉代石刻像中可以见到（图 4-1～图 4-4）。

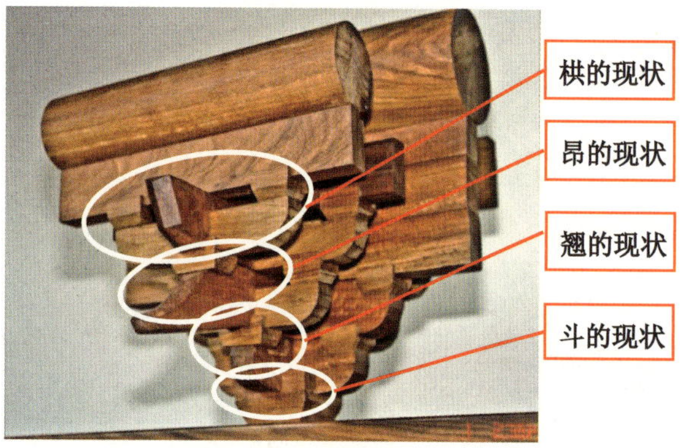

图 4-1　清代斗栱

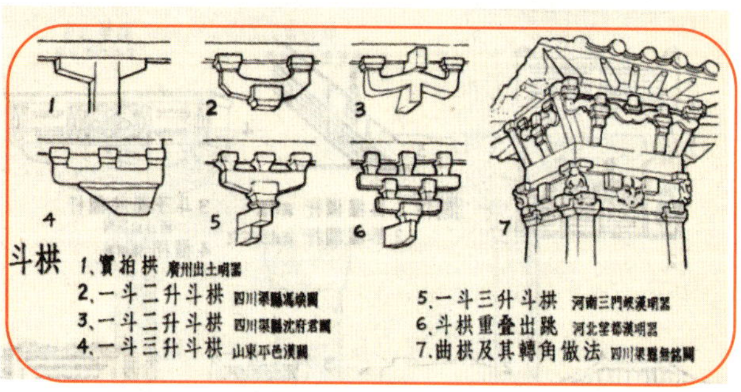

（a）

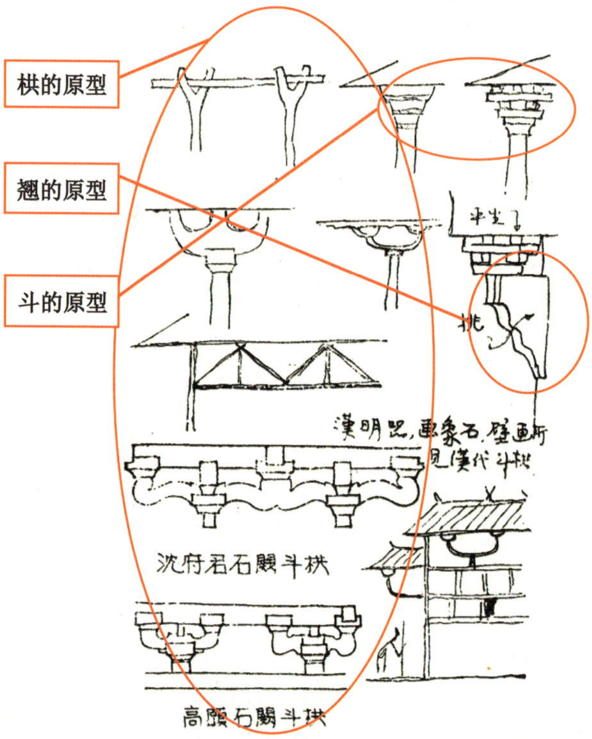

（b）

图 4-2　汉代石刻像上的斗栱原型

注：引自《中国建筑类型及结构》和《中国古代建筑史》

从以上图片中可以看出斗（汉称栌）的原型是一块块垫木叠落在一起，自下而上，由小渐大；栱（汉直栱称欂；曲栱称栾）的原型是树杈、是替木；而昂等悬挑出檐屋面的构件原型则是直通屋脊的斜梁（椽）或称为大叉手屋架（昂的解释源自于刘致平著《中国建筑类型及结构》,《中国古代建筑技术史》中对此持不同见解）。

通过这些的图片我们能大致地梳理出这样一个脉络：柱、枋上的垫木进化为现今的斗、升；树杈、替木进化为现今的栱、枋；而斜梁（椽）等则进化为现今的昂；至于斗栱其他的纵向构件，如翘（宋称：华栱）等构件则与图 4-4 中的撑栱、软挑、硬挑异曲同工。在图 4-4 中，我们也能清楚地体会出斗栱最重要的“出跳”功能。

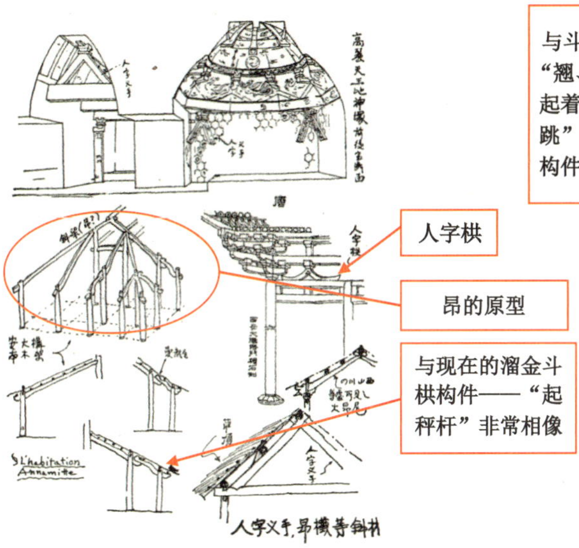

图 4-3　斗栱原型

注：引自《中国建筑类型及结构》

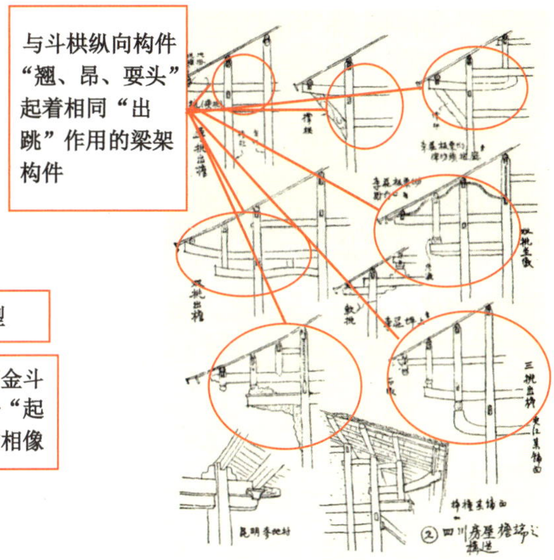

图 4-4　斗栱与梁架

注：引自《中国建筑类型及结构》

第二节　斗栱的发展与演变

在介绍下面内容前，我们先从照片中简单认识一下斗栱，还有所涉及的一些简单术语（图 4-5、图 4-6）。

（a）南禅寺（唐），建于公元 782 年　　（b）佛光寺（唐），建于公元 857 年

图 4-5　斗栱——科属位置、名称 1

1—补间铺作；2—柱头铺作；3—转角铺作（宋《营造法式》）

一、斗栱的发展

斗栱自汉代成型以来，历经三国、晋、南北朝、隋、唐、五代十国、宋、辽、金、元、明、清各朝计 2000 余年，在这漫长的过程中，斗栱由唐的雄伟简练到宋、辽、金、元的繁华富丽，到了明、清，斗栱则变得愈加装饰化了，除去柱头和角科外，斗栱还具备一些结构功能，数量明显增多

的平身科斗栱的结构功能几近于无。

（a）　（b）

图 4–6　斗栱——科属位置、名称 2

1—平身科；2—柱头科；3—角科（清《工程做法》）

下面，通过各朝代典型建筑实景照片的展示和分析，介绍一下斗栱的发展与演变（图 4–7～图 4–25）。

（1）斗栱的补间铺作由唐代南禅寺不出跺的“隐刻 – 影栱”装饰构件，逐渐发展为清代出跺构件，做工由简渐繁。

（2）斗栱的补间铺作由唐代佛光寺的纵向“出跺”构件与柱头铺作、转角铺作的纵向“出跺”构件厚度相同，逐渐发展为清代纵向“出跺”构件的厚度减薄为柱头铺作、转角铺作的 1/2～2/3，显见补间斗栱的受力在向柱头、转角铺作转移。

（3）斗栱的补间铺作由唐代南禅寺的明间“配置一朵”逐渐发展为清代明间配置“双、四、六、八……攒”，造型更为华丽繁复，装饰效果更为显著。

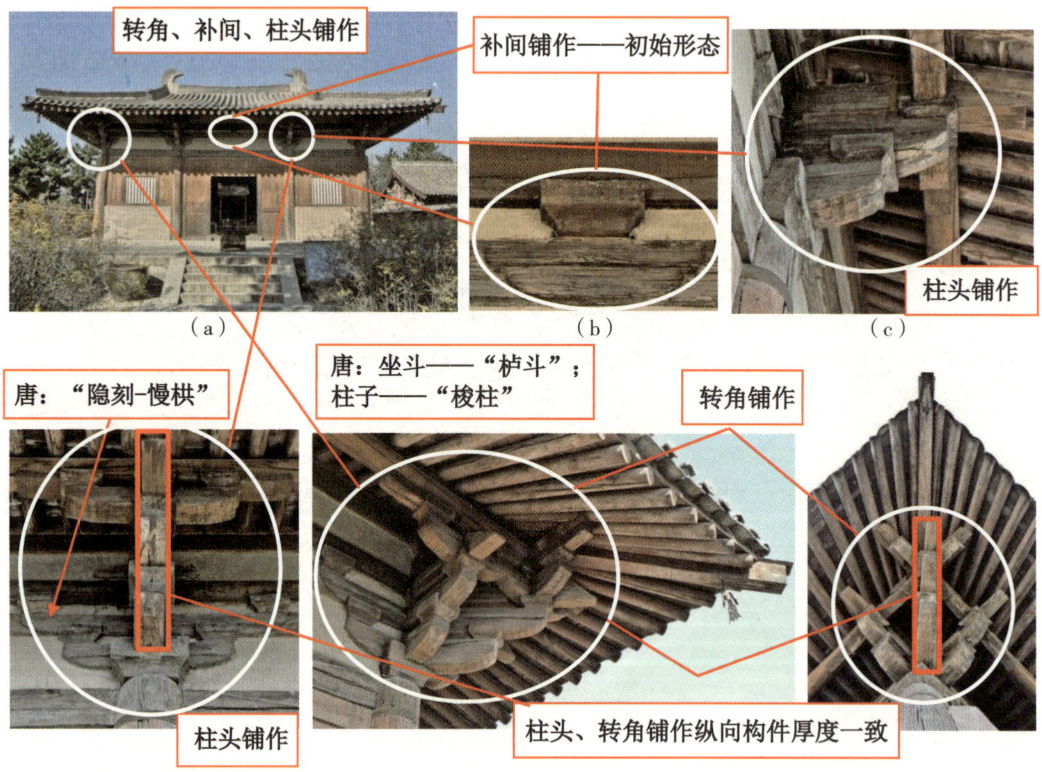

（a）　（b）　（c）

（d）　（e）　（f）

图 4–7　斗栱的演变 1——南禅寺（唐）（柱头、补间、转角铺作斗栱）

（a）　　（b）

图 4-8　斗栱的演变 2——仿唐建筑补间铺作蜀柱、人字栱

（a）　　（b）

图 4-9　斗栱的演变 3——佛光寺（唐）（柱头、补间、转角铺作斗栱）

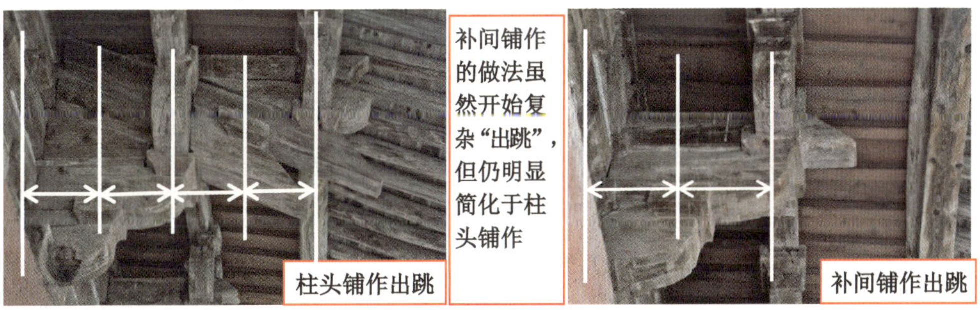

（a）　　（b）

图 4-10　斗栱的演变 4——佛光寺（唐）（柱头、补间铺作斗栱出跳对比）

唐代斗栱以影栱、人字栱、蜀柱构成的补间铺作，不出跳，完全依靠柱头铺作、转角铺作支撑出跳屋檐；唐以后，补间铺作逐渐开始出跳，虽不及柱头、转角铺作作用显著，也能起到辅助的功效。

（a）　　（b）

图 4-11　斗栱的演变 5——晋祠圣母殿（宋）（建于公元 1023 年，柱头、补间、转角铺作斗栱）

(a)　(b)　(c)

图 4-12　斗栱的演变 6——晋祠圣母殿（柱头、补间铺作斗栱）

(a)　(b)

图 4-13　斗栱的演变 7——太原晋祠圣母殿（宋）（建于公元 1023 年的转角铺作斗栱）

(a)　(b)

图 4-14　斗栱的演变 8——朔州崇福寺观音殿（金）（建于公元 1150 年的柱头、转角、补间铺作斗栱）

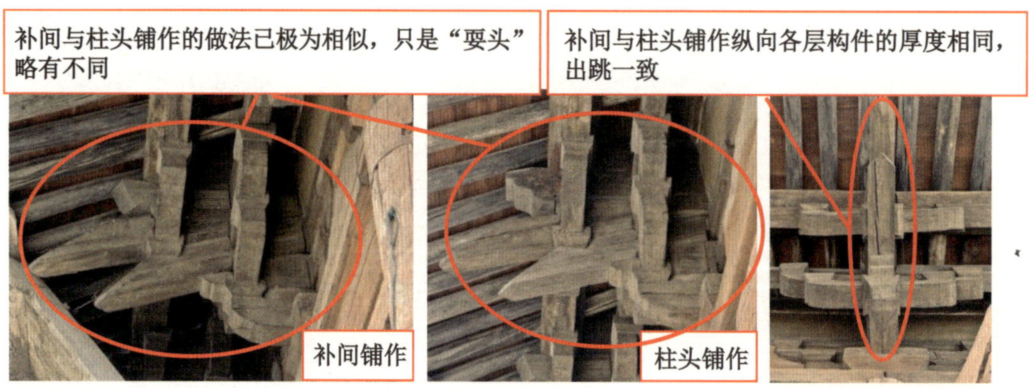

(a)　(b)　(c)

图 4-15　斗栱的演变 9——朔州崇福寺观音殿（金）（建于公元 1150 年的柱头、补间、转角铺作斗栱）

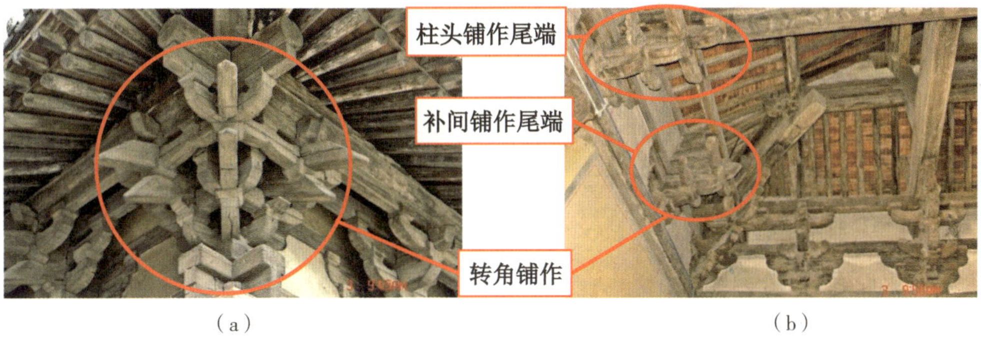

图 4-16　斗栱的演变 10——朔州崇福寺观音殿（金）（建于公元 1150 年的转角铺作斗栱）

宋、辽、金代斗栱——补间铺作出跳构件的尺寸、做法和柱头、转角铺作基本一致，能与柱头、转角铺作共同支撑出跳屋檐；开始出现斜栱这种繁杂、华丽做法的斗栱。

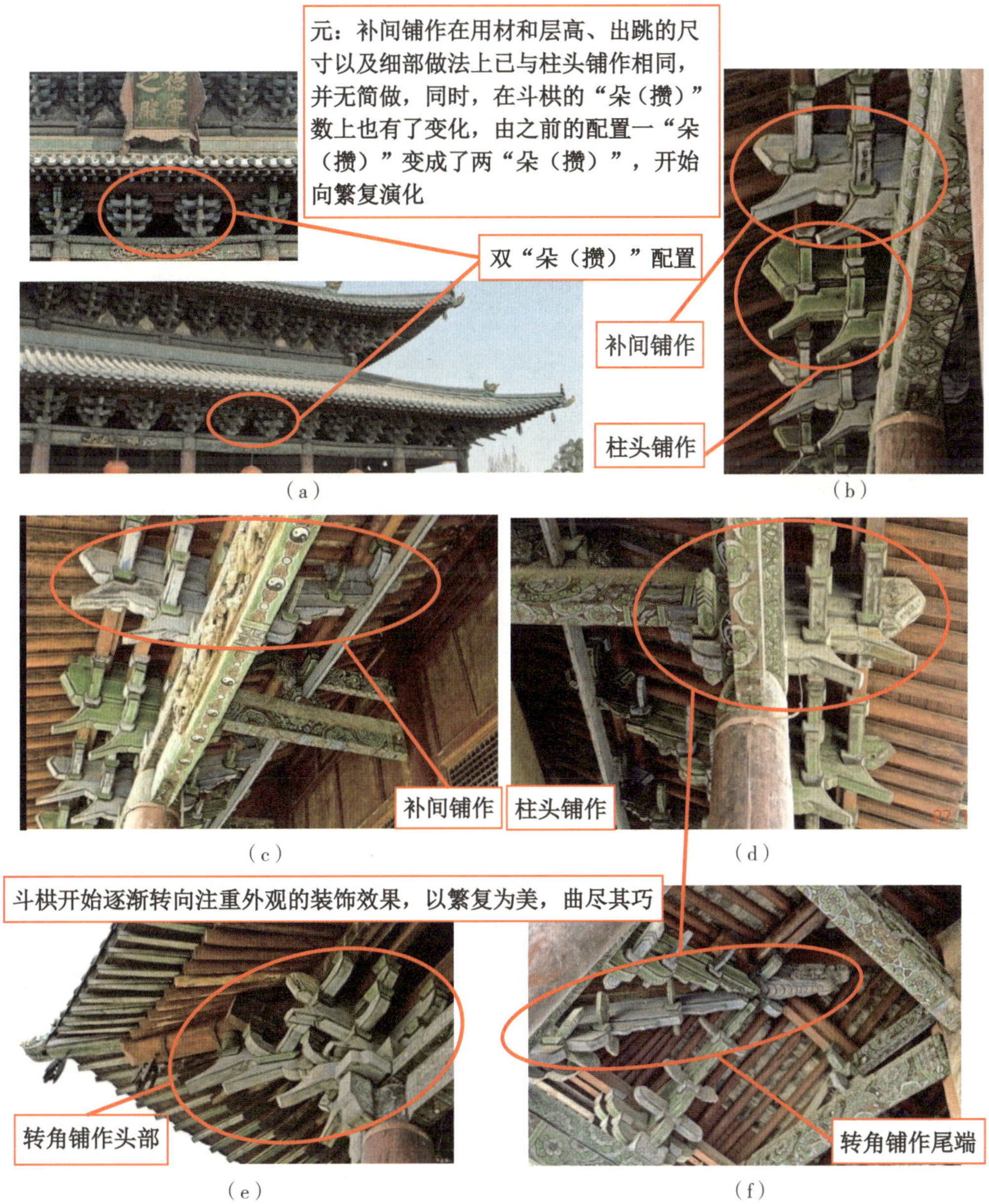

图 4-17　斗栱的演变 11——曲阳北岳庙德宁殿（元）（建于公元 1270 年，补间、柱头、转角铺作斗栱）

（a）（b）

图 4-18　斗栱的演变 12——元至清：山西璐安府城隍庙、高平定林寺补间铺作——斜栱

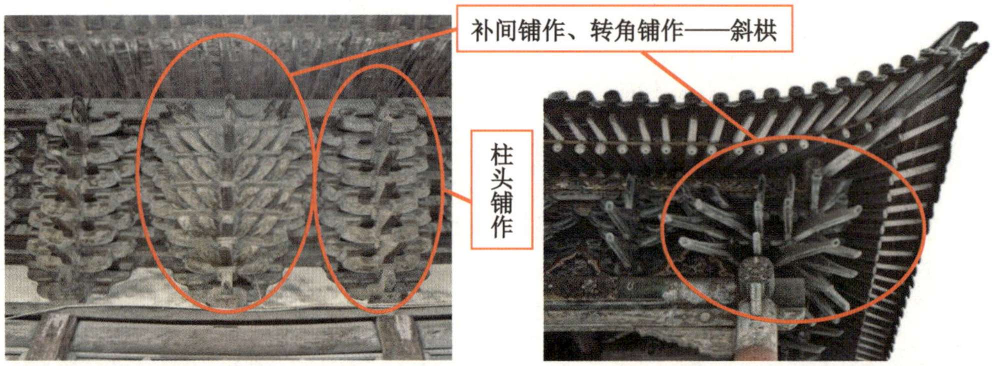

图 4-19　斗栱的演变 13——元：晋城玉皇观斜栱　图 4-20　斗栱的演变 14——元至清：璐安府城隍庙转角铺作

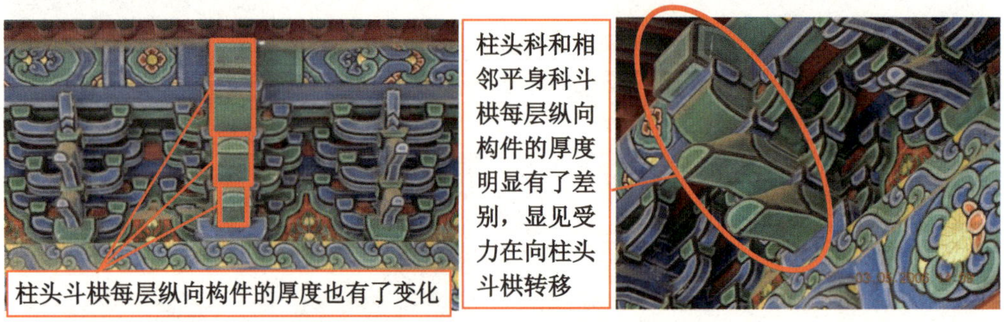

（a）（b）

图 4-21　斗栱的演变 15——明、清柱头科、平身科、斗栱

各科属斗栱纵向构件的厚度开始有了变化；同科属斗栱纵向构件每层的厚度也有了变化

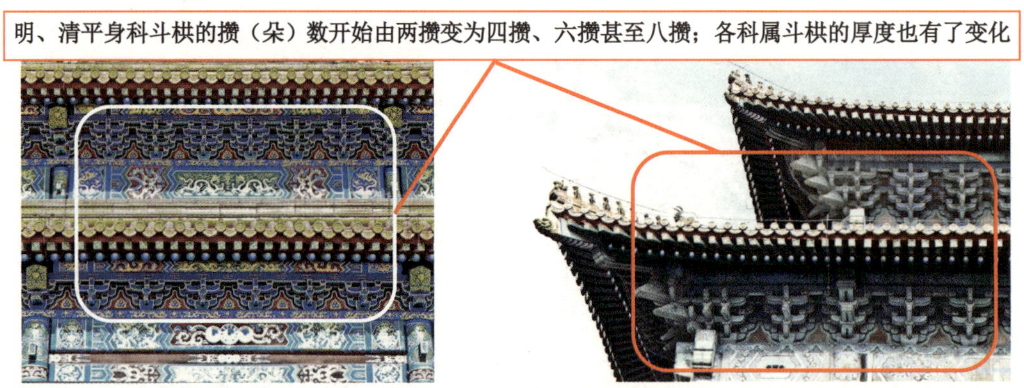

（a）（b）

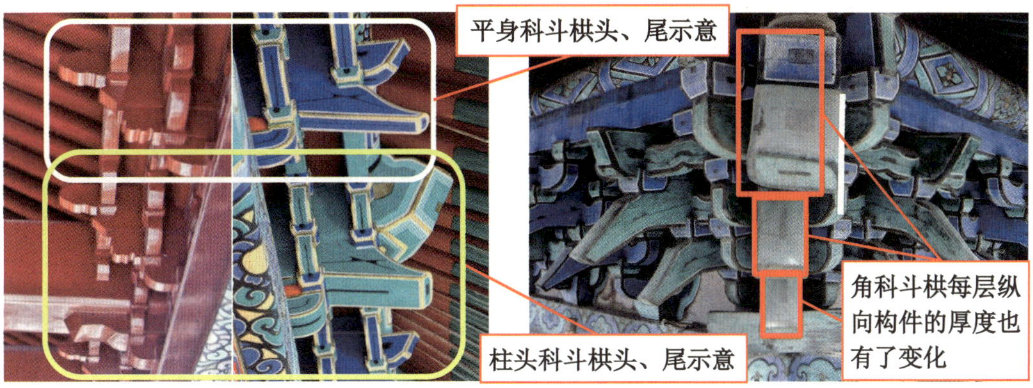

（c） （d）

图 4-22 斗栱的演变 16——明、清平身科（补间铺作）、柱头科（柱头铺作）、角科斗栱（转角铺作）

元代斗栱补间铺作的分布数量上有了增加，开始由疏朗往繁密转化；各铺作斗栱的雕饰及造型更为精美；辽代兴起的斜栱技术被发挥到了极致；在曲阳北岳庙德宁殿（元）柱头铺作中，开始出现纵向出跳构件梁头厚度不一的现象，但补间铺作纵向出跳构件的厚度仍与柱头、转角铺作的厚度一致。

明、清平身科（补间铺作）斗栱的装饰功能被进一步确立，攒（朵）数增加，变得更为繁密；纵向出跳构件的厚度减薄至柱头科（柱头铺作）、角科（转角铺作）相同构件的 1/2～2/3；甚至在明、清两代的斗栱中，也有着结构向装饰转化的明显倾向。笔者在 1989 年测绘历代帝王庙景德崇圣殿［始建于明嘉靖十年（1513 年）］时，就曾实测到景德崇圣殿上下檐的溜金斗栱与清式溜金斗栱明显的不同（图 4-24），尤其是上檐斗栱，虽然后尾为了与天花交圈改做了斗栱的后尾，但为了保证其的结构功能，仍保留了前朝斗栱中受力最直接的构件——“起秤杆”（图 4-23），这就与清代斗栱单纯为了“整齐划一”而改变了原“起秤杆”（图 4-25）的做法，变得纯为装饰而用了。

（a） （b）

图 4-23 斗栱的演变 17——宋：补间铺作“挑杆”

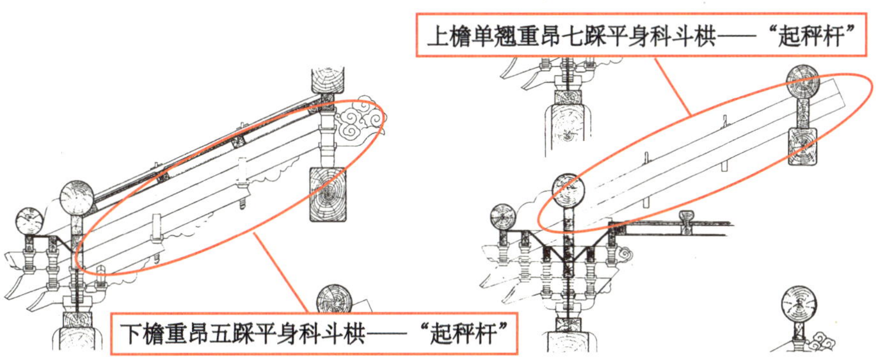

（a） （b）

图 4-24 斗栱的演变 18——明：景德崇圣殿下檐重昂五踩溜金、上檐单翘重昂七踩平身科斗栱

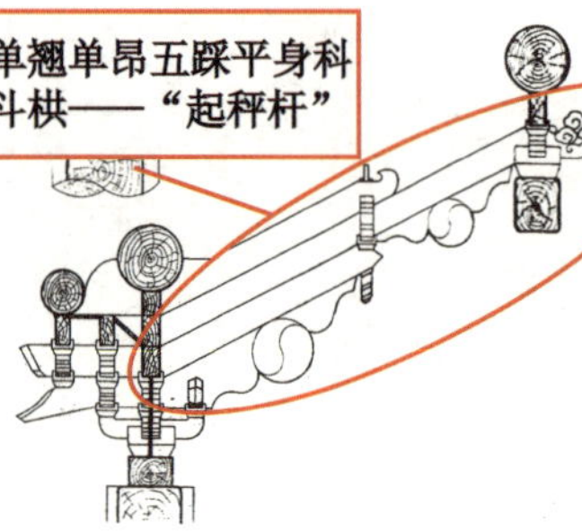

（a）

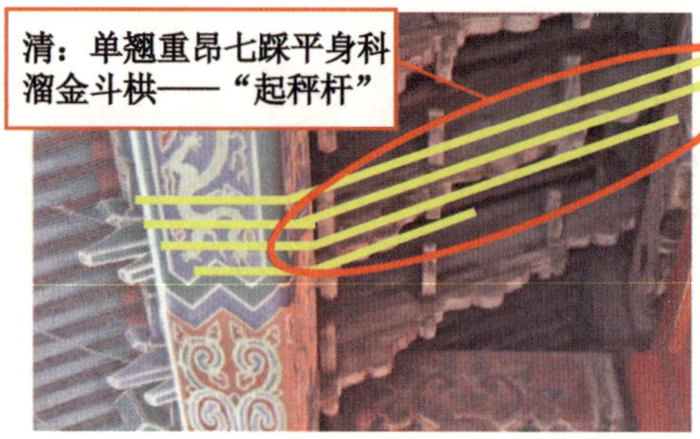

（b）

图 4-25　斗栱的演变 19——清：平身科溜金斗栱“起秤杆”

二、斗栱的演变

在以上图片的展示和分析中，我们可以看出建筑外檐不同科属的斗栱从唐代到清代演变的大致过程，也看出在这个过程中变化最大的是补间铺作，也就是后来的平身科。

下面笔者从三个方面总结补间铺作演化到平身科的过程。

（1）补间铺作由唐代不出踩的隐刻影栱、人字栱、蜀柱装饰构件逐渐发展为出踩结构构件，分件配置与做法由简渐繁，直至与柱头铺作相当；此时的补间铺作具备结构功能，与柱头铺作共同支撑出挑屋檐。

（2）补间铺作由唐代纵向出踩构件与柱头铺作、转角铺作的纵向出踩构件厚度相同，逐渐发展为清代平身科——纵向出踩构件的厚度减薄为柱头科、角科的 1/2～2/3，显见平身科斗栱的受力在向柱头、角科斗栱转移，特别是构件“挑杆”演化为“起秤杆”的功能性变化，更显示出唐代补间铺作注重结构向清代平身科注重装饰的转化。

（3）补间铺作由唐代明间“配置一朵”逐渐发展为清代明间配置“双、四、六、八……攒”；还有，在其间出现的斜栱，使得补间铺作的造型更为华丽繁复，装饰效果更为显著。

通过以上总结可以得出以下结论：斗栱是一个既有结构功能又有装饰功能的构件；唐宋时期的斗栱结构功能明显大于装饰功能；明代后，装饰功能逐渐要大于结构功能。

第三节　斗栱的构成、功能与作用

一、斗栱的构成

下面以清代官式五踩单翘单昂、七踩单翘重昂平身科斗栱为例进行介绍（图 4-26～图 4-30）。

（一）构成

斗栱是安装在古建筑柱头、额枋之上，屋檐檩、椽之下的一个构造层，由多根纵横交错的构件组成为一组（宋称朵，清称攒）。这个整体的构造层——斗栱，是中国传统木结构建筑中所特有的一种构件，除受中国文化影响较深的亚洲几个周边国家外，其他国家的建筑上是没有这个构件的。所以说斗栱是中国传统木构建筑体系中的一个重要的组成部分。

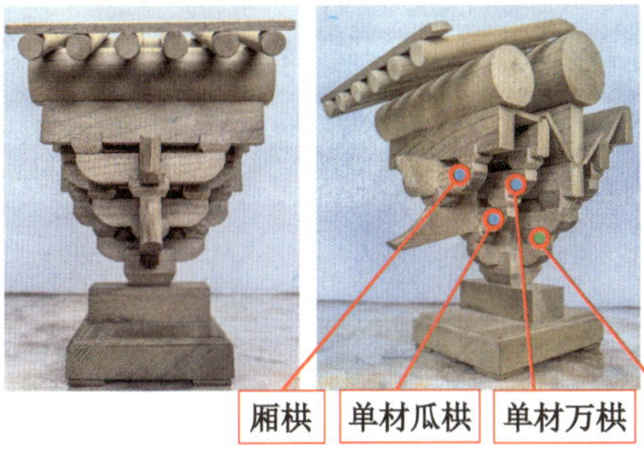

（a）　（b）

图 4-26　五踩单翘单昂平身科斗栱

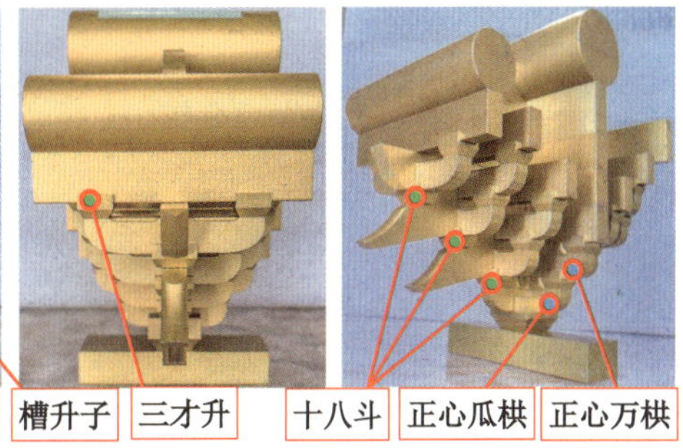

（a）　（b）

图 4-27　七踩单翘重昂平身科斗栱

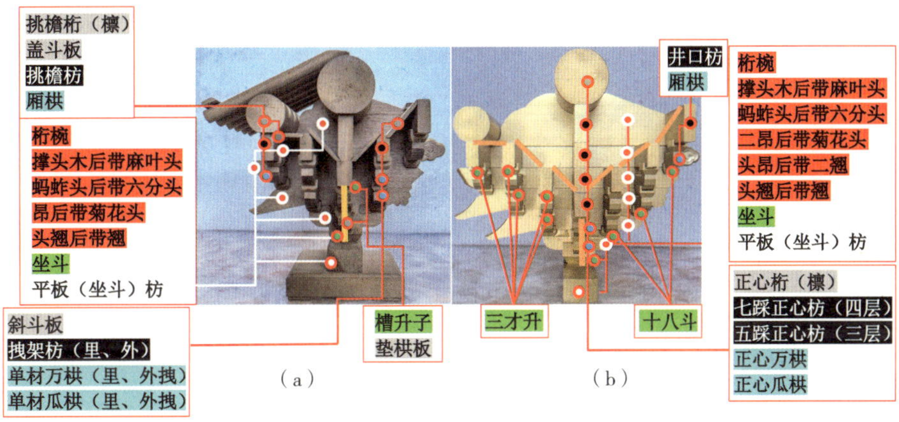

（a）　（b）

图 4-28　清代官式五踩单翘单昂、七踩单翘重昂平身科斗栱构成及构件名称、位置示意 1

●斗类构件 ● 栱类构件 ● 枋类构件 ● 昂类构件 ● 其他类构件

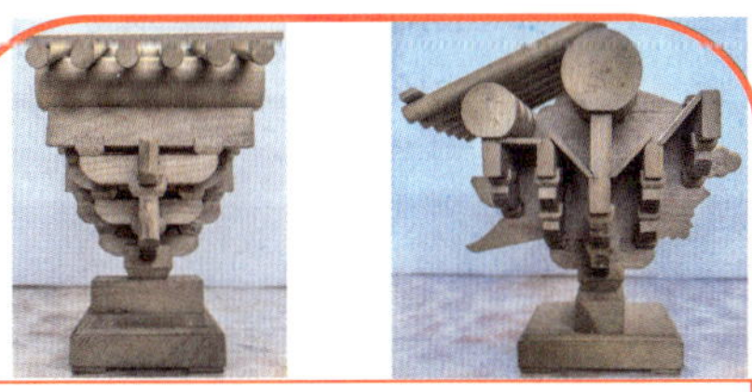

清代官式五踩单翘单昂斗栱构件名称

斗类构件：1. 坐斗；2. 十八斗；3. 槽升子；4. 三才升

栱类构件：1. 正心瓜栱；2. 正心万栱；3. 单材瓜栱；4. 单材万栱；5. 厢栱

枋类构件：1. 正心枋；2. 拽架枋；3. 挑檐枋；4. 井口枋

昂类构件：1. 翘；2. 昂后带菊花头；3. 蚂蚱头后带六分头；4. 撑头木后带麻叶头；5. 桁椀

其他类构件：1. 挑檐桁；2. 正心桁；3. 垫栱板；4. 斜斗板；5. 盖斗板

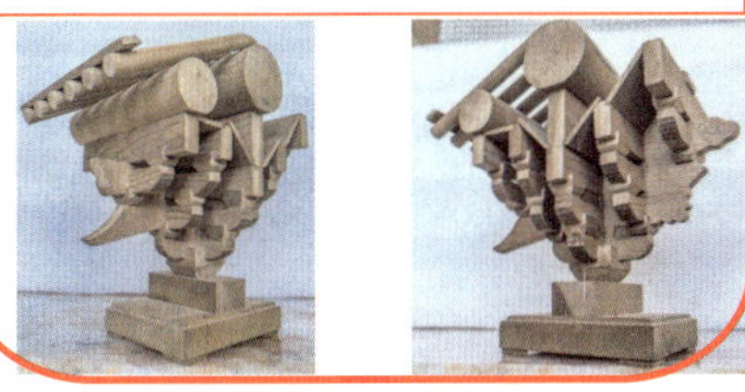

（a）

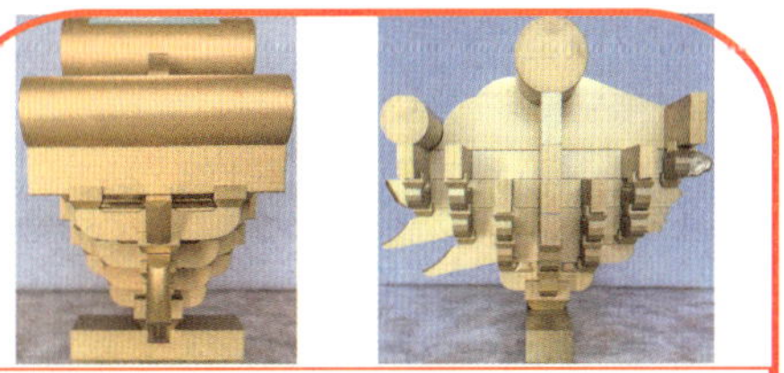

清代官式七踩单翘重昂斗栱构件名称

斗类构件：1. 坐斗；2. 十八斗；3. 槽升子；4. 三才升

栱类构件：1. 正心瓜栱；2. 正心万栱；3. 单材瓜栱；4. 单材万栱；5. 厢栱

枋类构件：1. 正心枋；2. 拽架枋；3. 挑檐枋；4. 井口枋

昂类构件：1. 翘；2. 头昂后带二翘；3. 二昂后带菊花头；4. 蚂蚱头后带六分头；5. 撑头木后带麻叶头；6. 桁椀

其他类构件：1. 挑檐桁；2. 正心桁；3. 垫栱板；4. 斜斗板；5. 盖斗板

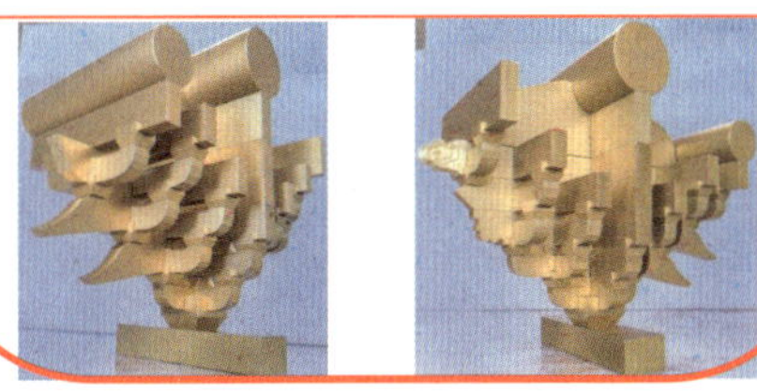

（b）

图 4-29　清代官式五踩单翘单昂、七踩单翘重昂平身科斗栱构成及构件名称、位置示意 2

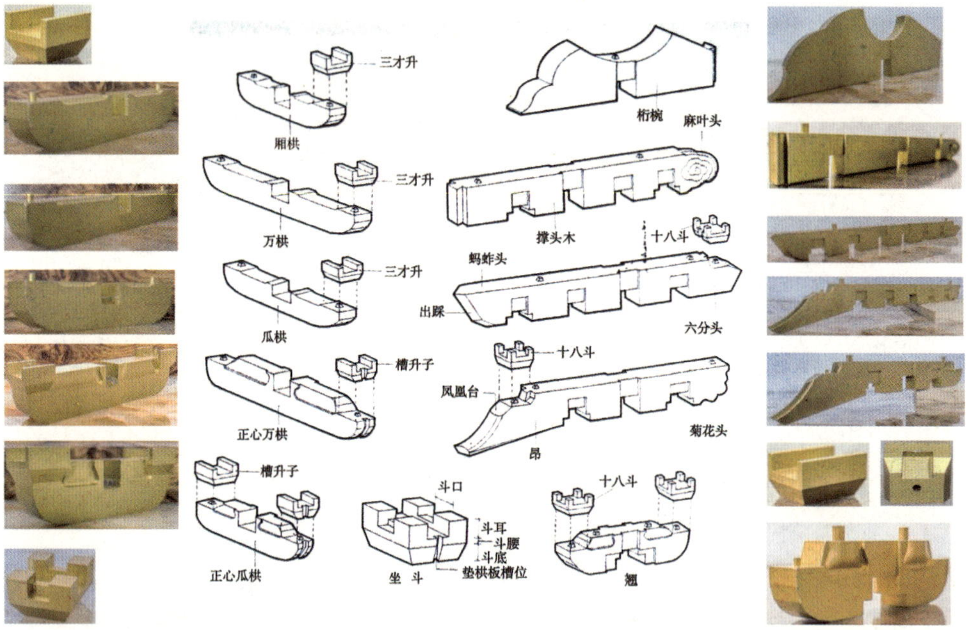

（a）　　　　　　　　（b）　　　　　　　　（c）

图 4-30　清代官式五踩单翘单昂、七踩单翘重昂平身科斗栱构成及构件名称、位置示意 3

（二）斗栱构件名称

清代官式斗栱由五部分构成：斗类、栱类、枋类、昂类、其他类构件。

斗类：栱枋之间的斗形垫木，起传递荷载及装饰作用，包括坐斗、十八斗、槽升子、三才升等。

栱类：斗栱中的横向构件，形似人双手托举，起传递荷载及装饰作用，包括正心瓜栱、正心万栱、单材瓜栱、单材万栱、厢栱等。

枋类：斗栱中的横向构件，起传递荷载及相互拉结作用，包括正心枋、里拽架枋、外拽架枋、挑檐枋、井口枋等。

昂类：斗栱中的纵向构件，起加大屋檐出挑、传递荷载及装饰作用，包括翘、昂、蚂蚱头（耍头）、撑头木、桁椀等。

其他类构件：包括挑檐桁、正心桁、盖斗板、斜斗板、垫栱板等。

二、斗栱的功能与作用

（一）传递荷载

在大型或较大型建筑（大式建筑及部分杂式建筑）中是柱子与木构架（下架与上架）之间的承接过渡部分，将所承受的木梁架、屋面的荷载传递到柱子，再由柱子传递到基础，具有承上启下、传递荷载的功能（图 4-31）。

（二）加大屋檐出跳

用于建筑物屋檐下，向外出跳，可以使出檐更加深远，而深远的出檐对保护建筑物的柱础、墙身、台明等免受雨水侵蚀有着重要的作用（图 4-32）。

（三）缩短梁枋净跨度

用于向室内两端挑出，能起到缩短梁枋净跨度，分散梁枋节点处剪力的作用（图 4-33）。

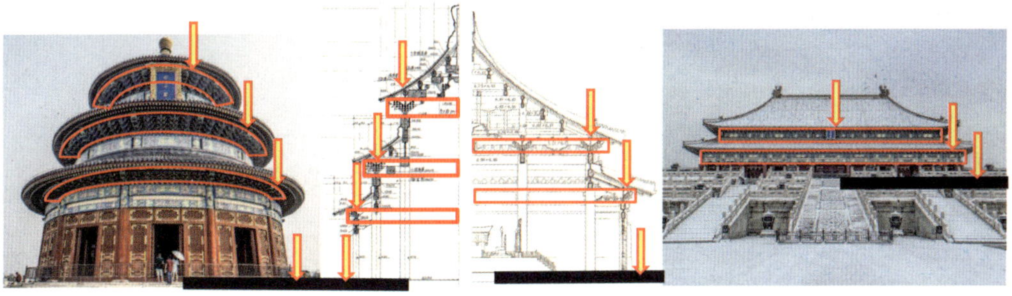

（a） （b） （c） （d）

图 4–31 斗栱功能：传递荷载

注：斗栱层将屋面、木构架重量传递至下层构架直至地面。

（a） （b） （c） （d）

图 4–32 斗栱功能：加大屋檐出跳

注：斗栱层将屋檐挑出更加深远，以减少雨水对柱础、墙身、台基的侵蚀。

（四）柔性连接，消弭外力

斗栱用在屋檐下（包括室内梁架之下），在建筑物上下架构架之间形成了一层由纵横构件、方形升斗组合形成的整体构架，这个整体构架穿插交错、层层叠落，相互之间都是榫卯连接，也就是柔性连接，这种连接有着一定的弹性，所以整体的斗栱层就像在上下架之间安装了一个巨大的弹簧垫层，这个垫层足以把来自地震的横纵震波、来自风的外力破坏化解、吸收至最低。这就是在中国和日本等多地震的国家能有 1000 多年前的建筑留存至今的原因（图 4–34）。

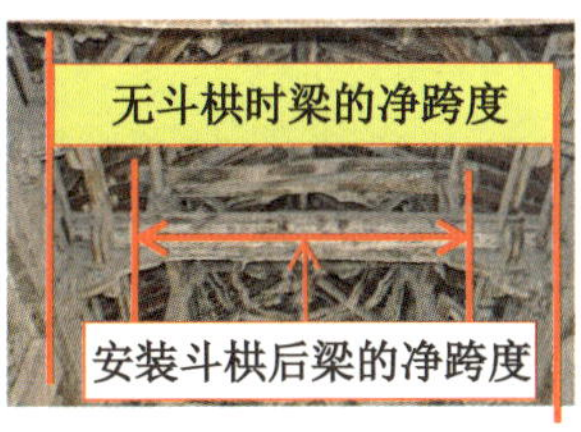

图 4–33 斗栱功能：缩短梁枋净跨度

注：分散梁枋节点处剪力，提高梁、枋受力强度。

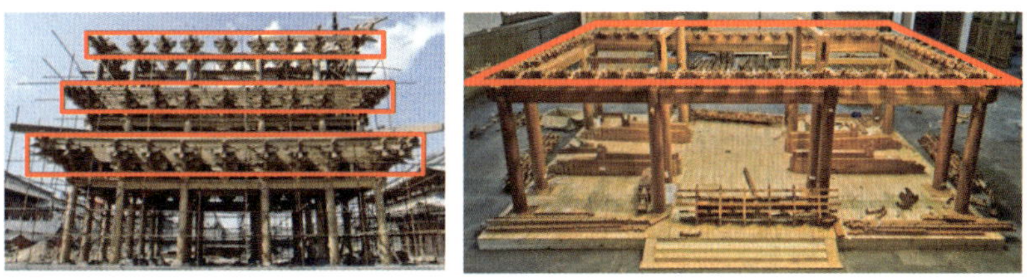

（a） （b）

图 4–34 斗栱功能：吸收横纵震波的空间网架

注：梁架之间组成一层榫卯相接的柔性框架。

（五）丰富建筑外形、色彩

经过造型加工和彩画饰金的斗栱对整个建筑物的色彩搭配、造型雄奇起到了锦上添花的作用（图 4–35）。

（六）彰显建筑等级

根据建筑物的等级，配置不同类型、不同规格的斗栱，可以彰显出森严的等级制度（图

4-36～图 4-40）。

（a）

（b）

（c）

（d）

（e）

图 4-35　斗栱功能：丰富建筑外形、色彩

注：造型加工和彩画饰金的斗栱对整个建筑物起到了锦上添花的作用。

图 4-36　北京现存明、清建筑中等级最高的两座建筑之一的太庙享殿

（a）下檐——单翘重昂七踩

（b）上檐——重翘重昂九踩

图 4-37　享殿斗栱

（a）

（b）

（c）

（d）

图 4-38　太庙享殿——西配房斗栱：五踩重翘五踩

（a）

（b）

图 4-39　左翼门斗栱：单昂三踩（后尾变通做法）

（a）

（b）

图 4-40　门房斗栱：一斗三升

以上图片形象地反映出斗栱作为建筑构件的传递荷载、加大屋檐出挑、缩短梁枋跨度、吸收横纵震波、美化立面造型和彰显建筑等级的六大作用，同时也说明斗栱是一个在建筑中既起着结构作用又起着装饰作用的重要建筑构件。

第四节　斗栱的种类

斗栱分为两大类，即外檐斗栱和内檐斗栱。

一、外檐斗栱

外檐斗栱是位置处于建筑物室外及室内外分隔部位的斗栱（图 4–41）。

（一）外檐斗栱的科属

外檐斗栱根据坐落的部位区分为平身科、柱头科、角科（图 4–42）。

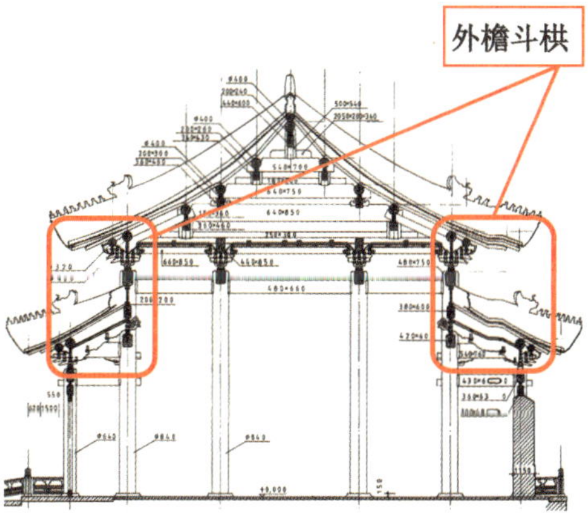

图 4–41　外檐斗栱

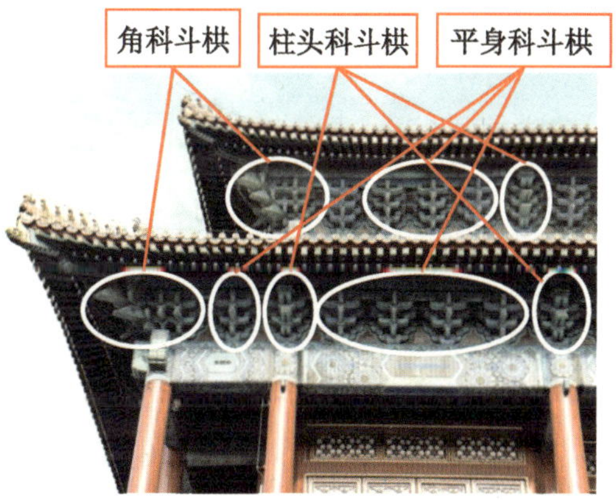

图 4–42　平身科、柱头科、角科斗栱

（二）外檐斗栱的品种

外檐斗栱可分为昂翘斗栱、溜金斗栱、平坐斗栱、一斗三升及麻叶类斗栱、牌楼斗栱，如图 4–43～图 4–48 所示。

（a）　　（b）

图 4–43　昂翘斗栱

图 4–44　溜金斗栱 1

（a）　　（b）

图 4-45　溜金斗栱 2

图 4-46　平坐斗栱

（a）　　（b）

图 4-47　一斗三升、一斗二升交麻叶斗栱

（a）　　（b）

图 4-48　牌楼斗栱

（三）外檐斗栱的等级

1. 昂翘、溜金、牌楼斗栱的等级

（1）昂翘斗栱。昂翘斗栱按等级由低至高分别为单昂三踩、单翘单昂五踩、重昂五踩、单翘重昂七踩、单翘三昂九踩、重翘三昂十一踩，如图 4-49 所示。

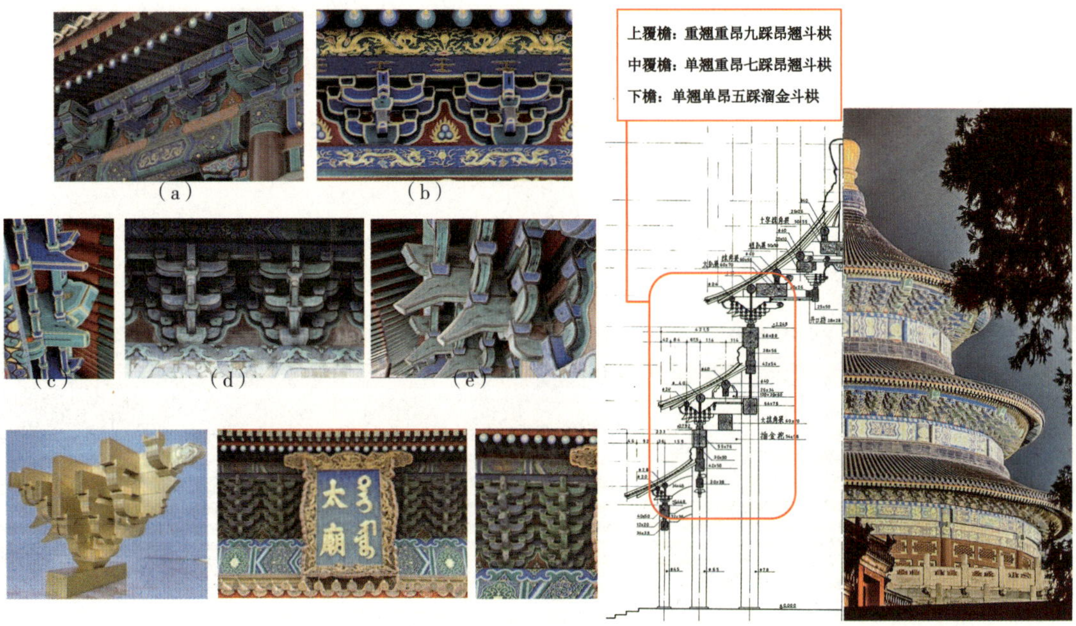

（a）（b）（c）（d）（e）（f）（g）（h）（i）

图 4-49　三、五、七、九踩昂翘斗栱

注：图（i）为刘畅先生拍摄。

（2）溜金斗栱。溜金斗栱按等级由低至高分别为单昂三踩、单翘单昂五踩、重昂五踩、单翘重昂七踩、单翘三昂九踩，如图 4–50 所示。

（a）　　（b）　　（c）　　（d）

图 4–50　五、七、九踩溜金斗栱

（3）牌楼斗栱。牌楼斗栱按等级由低至高分别为单昂三踩、单翘单昂五踩、单翘重昂七踩、单翘三昂九踩、重翘三昂十一踩，如图 4–51 所示。

（a）次楼：单翘重昂七踩牌楼斗栱　　（b）边楼、夹楼：单翘单昂五踩牌楼斗栱　　（c）四昂九踩牌楼斗栱

图 4–51　五、七、九踩牌楼斗栱

2. 平坐斗栱的等级

平坐斗栱按等级由低至高分别为单翘三踩、重翘五踩、三翘七踩、四翘九踩，如图 4–52 所示。

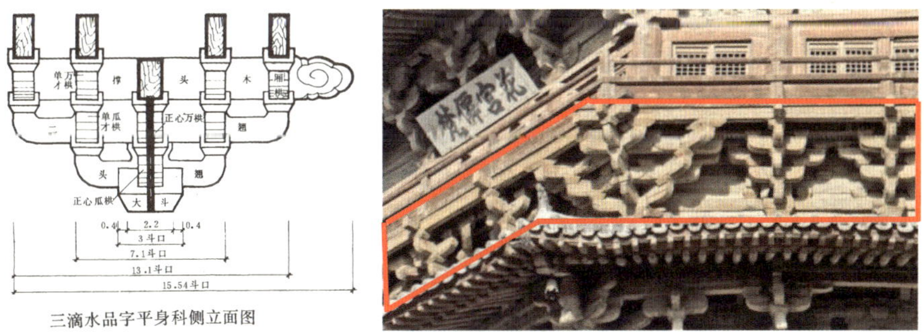

三滴水品字平身科侧立面图

（a）　　（b）

图 4–52　重翘五踩、三翘七踩平坐斗栱

3. 一斗三升及麻叶类（不出踩）斗栱的等级

一斗三升及麻叶类（不出踩）斗栱按等级由低至高分别为一斗三升、一斗二升交麻叶、单翘云栱交麻叶，如图 4–53 所示。

（a）　　（b）　　（c）　　（d）

图 4–53　一斗三升、一斗二升交麻叶（后出踩）、单翘云栱交麻叶斗栱

4. 外檐斗栱的配置

外檐斗栱的配置各有不同，反映在纵向构件上是构件翘和昂数量的选择不同，比如单翘单昂五踩可以改为重昂五踩；重翘重昂九踩可以改为单翘三昂九踩……而昂嘴亦可由普通琴面昂更改为云头或其他吉祥纹样……这全凭权衡规定中等级的概念和建造方的喜好而定。在通常观念上人们认为翘的等级和造型美感都要略逊于昂，而造型更为华丽美观的昂嘴造型，显然要更容易受到人们的喜爱。

反映在横向构件上是栱头的式样选择，是选择普通的瓜栱、万栱、厢栱，还是选择造型更为漂亮的麻叶云栱、三幅云栱……，这和选择纵向构件一样，也全凭权衡规定中等级的概念和建造方的喜好而定。在权衡规定中，没有更为详细的具体规定（图 4-54）。

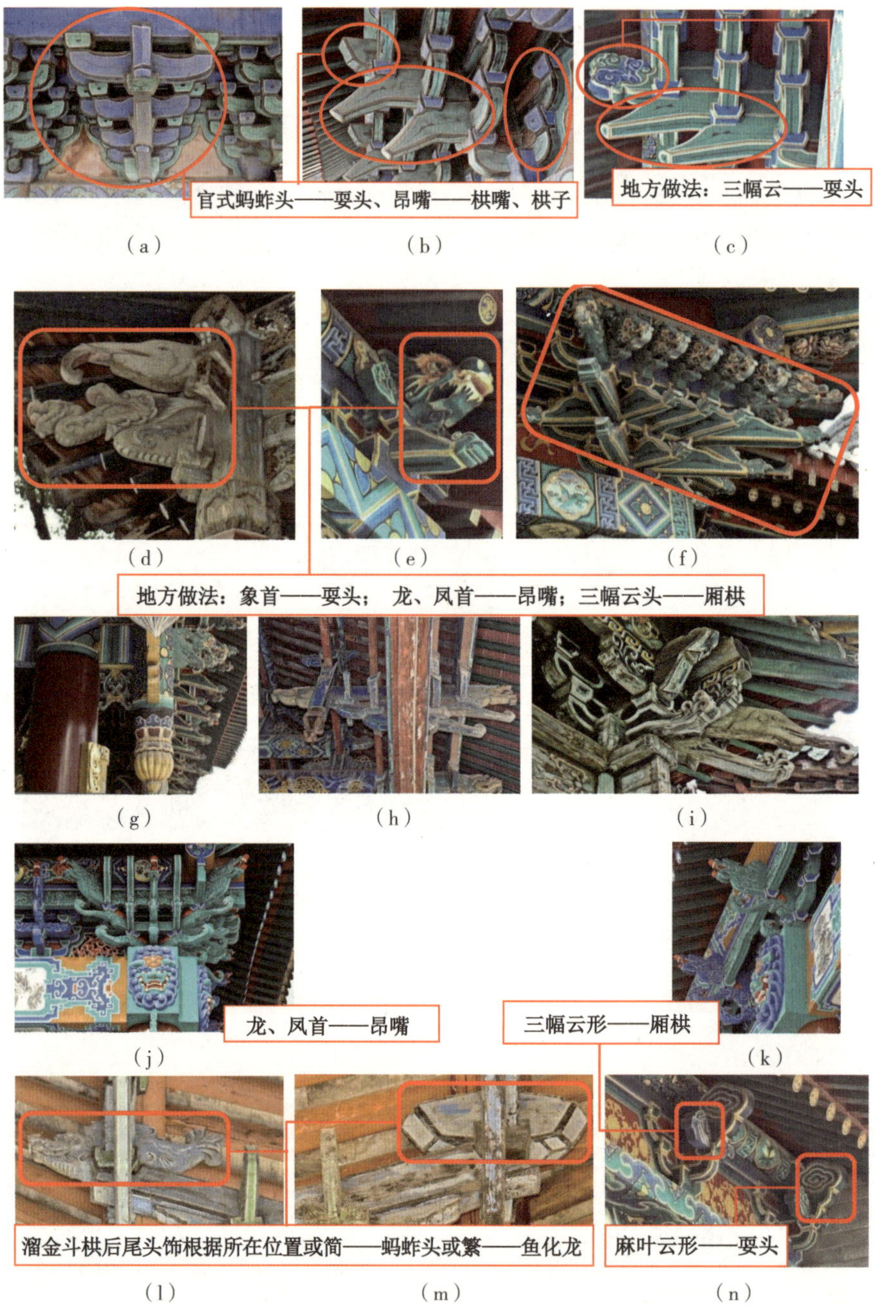

图 4-54　外檐斗栱的配置——官式及地方做法：各形昂嘴、耍头、栱子

二、内檐斗栱

内檐斗栱是位置处于建筑物室内的斗栱。

（一）内檐斗栱的科属

内檐斗栱根据坐落的部位区分为平身科、柱头科、角科，如图 4–55 所示。

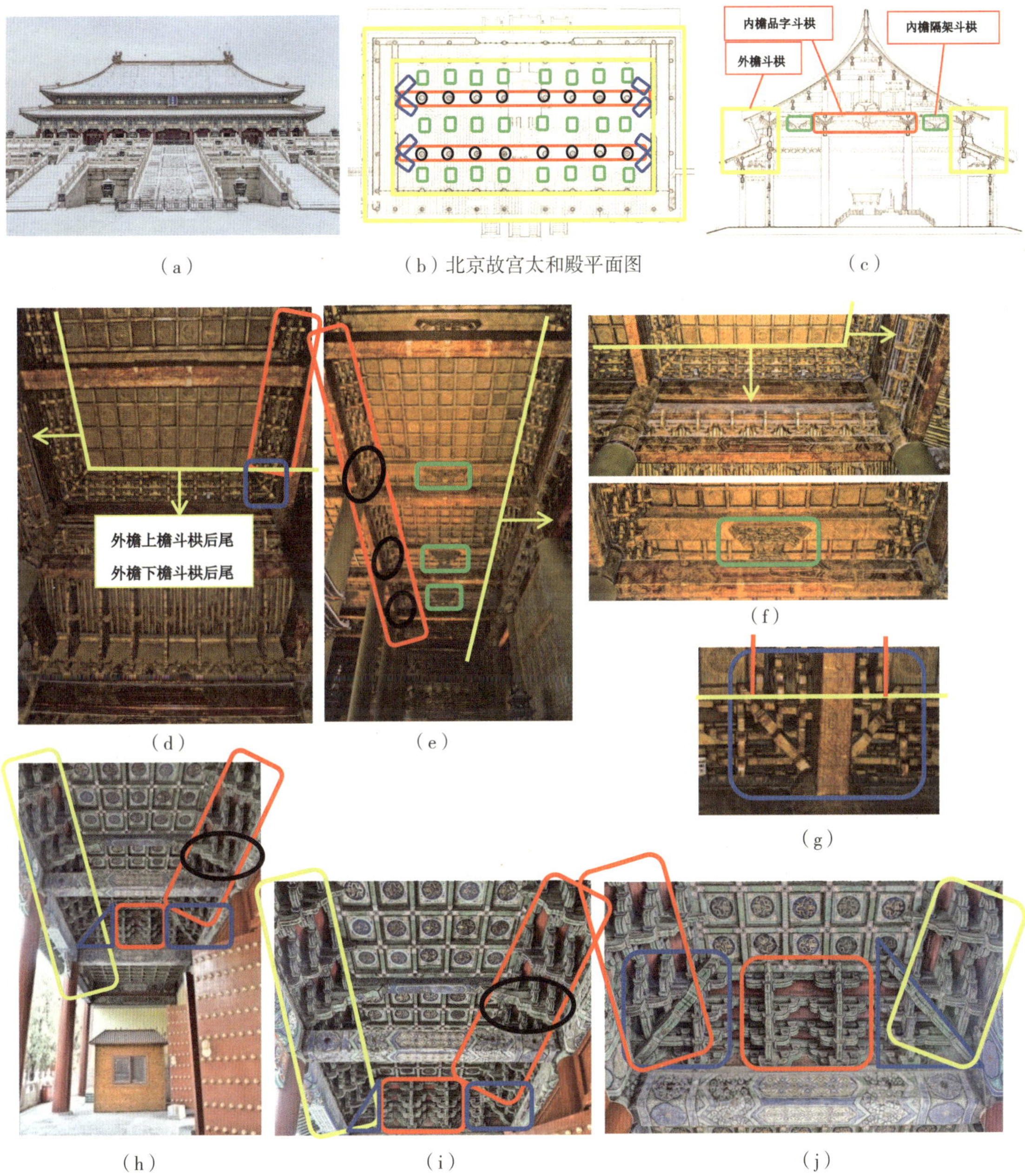

图 4–55　内檐斗栱的科属及各科斗栱所处位置示意

内檐品字科平身斗栱；内檐品字科柱头斗栱；内檐品字科角科斗栱；内檐隔架科斗栱；外檐斗栱

（二）内檐斗栱的品种

内檐斗栱可分为品字斗栱、隔架斗栱、藻井斗栱，如图 4–56 所示。

（a）内檐品字斗栱　　（b）隔架斗栱　　（c）藻井斗栱

图 4-56　品字斗栱、隔架斗栱、藻井斗栱

（三）内檐斗栱的等级

1. 品字斗栱的等级

品字斗栱按等级由低至高分别为三踩品字科斗栱、五踩品字科斗栱、七踩品字科斗栱、九踩品字科斗栱，如图 4-57 所示。

（a）　（b）　（c）　（d）　（e）

图 4-57　品字科五踩、七踩斗栱

2. 隔架斗栱的等级

隔架斗栱按等级由低至高分别为一斗二升重栱荷叶雀替隔架斗栱、一斗三升单栱荷叶雀替隔架斗栱、十字隔架斗栱，如图 4-58、图 4-59 所示。

（a）　（b）　（c）

图 4-58　一斗三升单栱荷叶雀替隔架斗栱

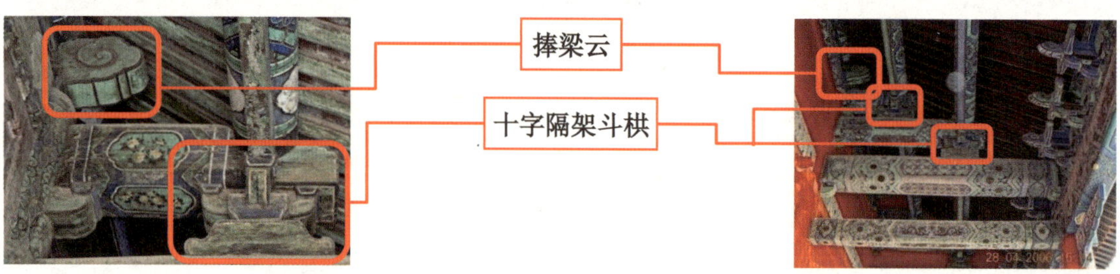

（a）　（b）

图 4-59　内檐斗栱的等级——十字隔架斗栱、捧梁云

3. 藻井斗栱的等级

藻井斗栱按等级由低至高分别为单翘三踩、重翘五踩、三翘七踩、四翘九踩等，如图 4-60 所示。

（a）重翘五踩　（b）三翘七踩 1　（c）三翘七踩 2　（d）五翘十一踩

图 4-60　藻井斗栱（仅供参考）

（四）内檐斗栱的配置

内檐斗栱的配置也各有不同，在品字斗栱中，由于位置与外檐斗栱等高，需要与外檐斗栱交圈，所以配置要与外檐斗栱的后尾分件相同。在昂翘斗栱的纵向分件中，通常是翘、菊花头、六分头、麻叶头配置，而在横向分件中，通常是瓜、万、厢栱配置；在藻井斗栱的纵向分件中，通常是单、重、三、四、五……翘配置；在隔架斗栱中，则根据梁架之间的空当高度，通常是荷叶墩、单栱、重栱、雀替按需配置。

上述内檐斗栱的分件配搭，也和外檐斗栱一样，凭权衡规定中等级的概念和建造方的喜好而定，在权衡规定中，没有更为详细的具体规定。

第五节　斗栱的权衡尺度

一、斗口特指的部位。

清式建筑中，无论是什么形式的建筑，它的外形尺度、构件的大小都来自清代建立的模数权衡制度，在大式建筑权衡制度中这个模数称为“斗口”。

斗口源自斗栱，它是平身科斗栱构件——坐斗的正面刻口，专称“斗口”，而刻口的宽度尺寸设定为“1”，称“1 斗口”，这个“1 斗口”就是清代带斗栱大式建筑中所有尺寸的模数单位（就像人民币单位“1 元”一样——0.5 元、0.8 元、10 元、100 元……）。这里需要特别强调的是，在明清做法中的“斗口”特指平身科斗栱坐斗的正面刻口宽度，其他柱头科和角科坐斗的正面刻口宽度都不算是“斗口”，只能算是“刻口”，这些“刻口”的尺寸与平身科斗栱坐斗的正面刻口的尺寸是不一样的（图 4-61）。

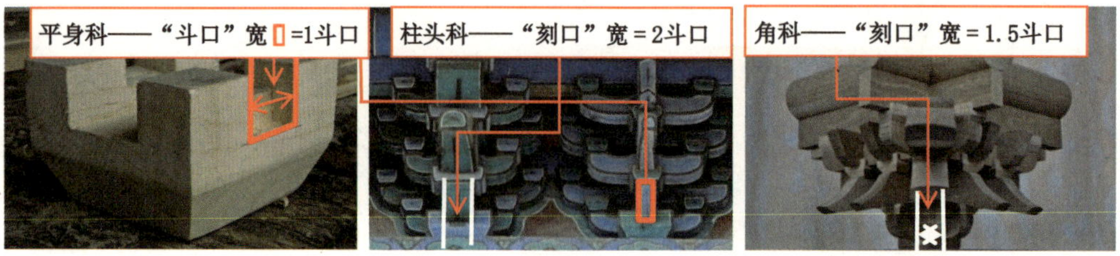

（a）　　（b）　　（c）

图 4-61　斗口与刻口

二、斗口的等级规定及作用

斗口是中国传统大式建筑尺度中的一个模数单位，根据权衡制度可以计算出中国传统建筑中带斗栱的清官式、大式建筑中各部位及各构件的详细尺寸。

清代官方将中国传统清式建筑中官式、大式建筑划分为十一个等（材）级：6 寸、5.5 寸、5 寸、4.5 寸、4 寸、3.5 寸、3 寸、2.5 寸、2 寸、1.5 寸、1 寸，每半寸为一个等级。在这个规定中，根据建筑物的形式、等级、规模确定了相应的斗口尺寸，而这个斗口尺寸框定了与建筑物的形式、等级、规模相对应的各部位尺寸及木构件的断面大小（表 4-1）。

表 4-1　大式建筑结构做法

建筑分类	结构做法				附注
	屋顶形制	出廊	斗科	斗口材分（营造尺）	
大木大式建筑	九檩单檐庑殿	周围廊	单翘重昂	二寸五分	
	九檩歇山转角	前后廊	单翘单昂	三寸	
	七檩歇山转角	周围廊	斗口重昂	二寸五分	
	九檩楼房（硬山造）	前后廊			
	七檩转角房				
	六檩转角房	前出廊			
	九檩大木（硬山或悬山造）				室内隔井天花 宽布瓦
	八檩卷棚（硬山或悬山造）	前出廊			宽布瓦
	七檩大木（硬山造）	前后廊			两山山柱式做法 宽布瓦
	六檩大木（硬山或悬山造）	前出廊			两山山柱式做法 宽布瓦
	五檩大木（硬山或悬山造）				两山山柱式做法 宽布瓦
	四檩卷棚（硬山或悬山造）				宽布瓦
	五檩川堂（随前后房掖山或歇山造）				宽布瓦
	七檩三滴水歇山正楼	下檐：周围廊 平台：周围廊	下檐：斗口单昂 平台：五材品字科	四寸 四寸	用于城门正楼平台以上重檐造，连下檐合计三重檐室内上顶海漫天花

续表

建筑分类	结构做法				附注
	屋顶形制	出廊	斗科	斗口材分（营造尺）	
大木大式建筑			中覆檐：斗口单昂 上覆檐：斗口重昂	四寸 四寸五分	
	七檩重檐歇山转角楼前接檐一檩转角雨搭，雨搭前接檐三檩转角庑座		下檐：一斗三升 上檐：单翘单昂	四寸 四寸	用于城角楼
	七檩歇山箭楼前接檐二檩雨搭，雨搭前接檐四檩庑座		下檐：一斗三升 上檐：斗口单昂	四寸 四寸	用于瓮城正门楼
	五檩歇山转角闸楼				用于瓮城侧门楼 中柱式做法
	五檩硬山闸楼				用于瓮城侧门楼
	十一檩挑山仓房				用于粮仓
	七檩硬山封护檐库房				
	三檩垂花门（悬山造）		（檩缝）一斗三升	一寸五分	中柱式做法
	方亭大木（四角攒尖方亭）		斗科		
	圆亭大木（六柱圆亭）		斗科		

注：引自《工程做法注释》。

三、斗口的权衡尺度

在斗口尺寸确定之后，作为整体建筑一部分的斗栱，在分布配置、形制等级、整体尺度、构件大小、样式选择、变通搭配等中，也有着一套完整的权衡制度。

（一）攒数

攒是斗栱的计量单位：以坐斗为中心，由横纵（斜）穿插、层层叠落的单体构件构成的整体组合。

在建筑物中，斗栱的布排列是有章可循的，除在柱头部位安放柱头、角科斗栱外，在两柱之间还要安放若干攒平身科斗栱。在权衡规定中，建筑物面宽的明间按双数安放平身科斗栱，视建筑物的规模，分别安放四攒、六攒或八攒……；在相邻的次间，递减一攒；梢间再递减一攒；廊间安放一攒；建筑物进深的明间根据建筑物的形式按单数或双数安放平身科斗栱，攒数根据建筑物进深尺寸定，以攒当尽量接近面宽攒当为宜；廊间安放一攒。

这里需要说明的是，以上攒数的规定在通常情况下是这样的，一旦建筑物的实际情况有了特殊的变化，还是可以做出相应的变通决定，但“明间双攒”的规定还是不能变动的（图 4-62）。

（二）攒当

攒当是指相邻两攒斗栱中至中的距离。

1. 攒当的尺寸规定

在权衡规定中，攒当的尺寸根据斗栱的种类分别规定如下。

厅堂不出踩斗栱：一斗三升及麻叶类斗栱——8 斗口。

殿堂等出踩斗栱：昂翘、溜金、平坐、品字科、牌楼斗栱——11 斗口。

城阙、角楼（高台建筑口分较其他建筑要大）的斗栱——12 斗口（图 4-63）。

图 4-62　建筑物面宽、进深斗栱攒数的配置

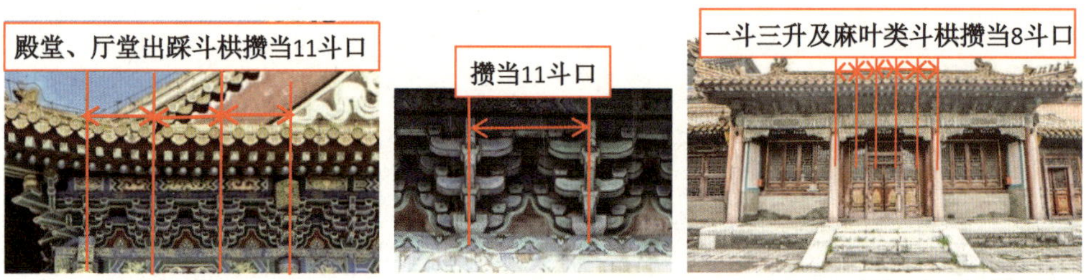

（a）　（b）　（c）

（d）　（e）　（f）

图 4-63　厅堂、殿堂、高台建筑各类斗栱攒当尺度示意

2. 攒当尺寸的由来

斗栱的攒当尺寸是根据斗栱中横向栱子的长度计算出来的，在昂翘、溜金、平坐、品字科、牌楼斗栱中，横向栱子都是双层配置，既有瓜栱也有万栱，瓜栱短，万栱长，万栱的栱长尺寸 9.2 斗口，加上升子的斗耳各 0.2 斗口厚，总长就达到了 9.6 斗口，再加上升子与升子之间还要留出一个升子的空当 1.4 斗口，正好就是 11 斗口。在一斗三升及麻叶类斗栱中，它们的横向栱子是单层配置，仅有瓜栱，而瓜栱的栱长是 6.2 斗口，加上斗耳、空当是 8 斗口。而高台、城阙建筑，由于位置高、距离远，攒当尺寸适当加大从视觉上考虑会舒服一些，所以就变成了 12 斗口，这就是攒当尺寸的由来（图 4-64）。

3. 攒当尺寸的变通

由于在实际当中，建筑物的平面尺寸受到多方面（如使用要求、地盘大小、材料长短、业主的喜好、整数尺寸等）的影响，造成了实际的攒当尺寸与权衡尺寸的误差，这也是在现存的建筑物的斗栱攒当中很少能有与权衡尺寸分毫不差的原因。

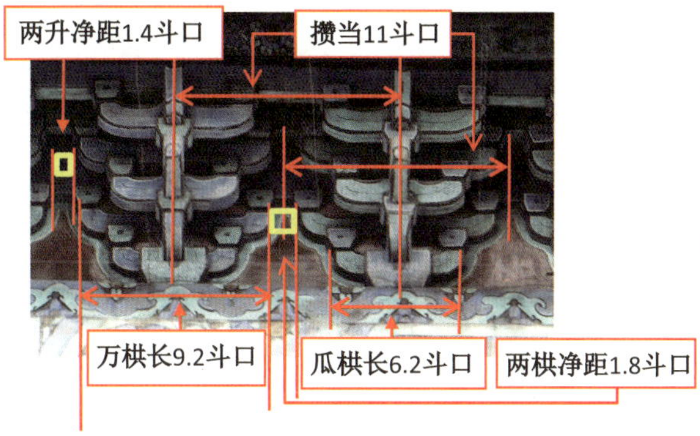

（a）　　（b）

图 4-64　攒当尺寸的由来

为了解决这些矛盾，古人想出了很多非常切实可行的变通办法，下面介绍几种变通的方法。

（1）斗栱的攒数不变，栱长不变，斗栱的攒当尺寸根据实际尺寸有多少算多少。这种方法的优点是简单易行，缺点是美观不足。以建筑物明间为例：受到斗栱攒数权衡规定的制约，斗栱的攒数不能随意地做增减，如果明间的面宽尺寸过大，那么均分到每个攒当的尺寸就会大于规定的 11 斗口；反之，就会小于 11 斗口。这时，如果斗栱的栱长不做变化的话，两栱之间的空当也就是油作称为“灶火门”的部位势必要加大或减小，特别是在尺寸过小的情况时，瓜栱两端置放的槽升子会挨得很紧，会使人感觉局促，略显少许比例失调（图 4-65）。

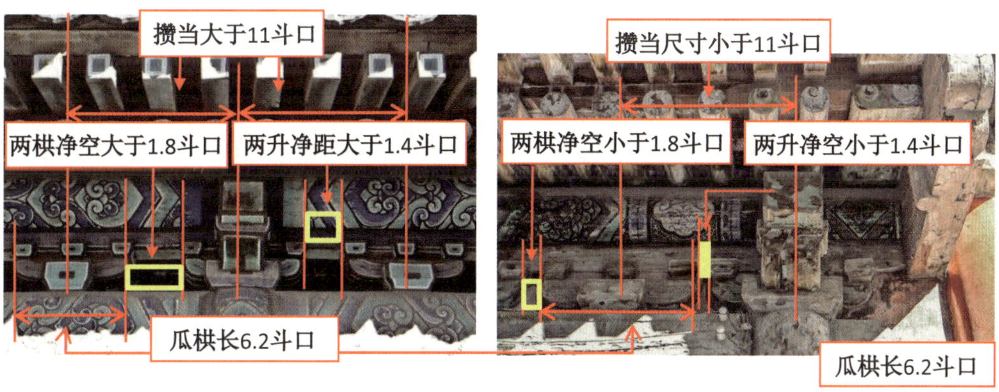

（a）　　（b）

图 4-65　权衡尺度——攒当尺寸的变通法 1

（2）斗栱的攒数不变，斗栱的栱长和攒当根据开间的实际尺寸按比例做相应的调整。这种方法的优点是比例协调美观，缺点是尺寸的计算较为复杂。按照权衡规定的攒数布置斗栱，如果攒当的尺寸大于或小于 11 斗口，那就把这个尺寸折合成 11 斗口，然后按权衡的尺度规定分摊到斗栱各构件当中，这样，栱长和空当同时做出了增或减的调整，这就保证了斗栱分布的比例协调与美观（图 4-66）。

（3）斗栱的栱长和攒当不变，斗栱的攒数做改变。这种方法主要用在建筑物有角科斗栱的尽端开间。这种方法的优点非常明显。在斗栱所有尺寸都不做变动的情况下，在角科斗栱的正心位置向里侧做角科斗栱的连体部分称为“连瓣斗栱”，也就是在角科斗栱中加出 1 道或 2 道纵向构件，人为地加大角科斗栱的栱长用来调整攒当尺寸；在攒当调整的同时，由于增加了角科斗栱中的纵向构件，使建筑物转角部分斗栱的受力更为合理，最大限度避免了角科斗栱压沉劈裂，坏损程度甚于其他科斗栱的通病，只是在造价上有所加大（图 4-67）。

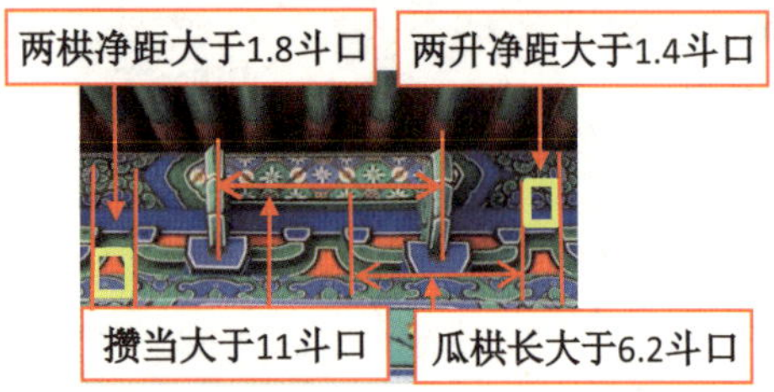

图 4-66　权衡尺度——攒当尺寸的变通法 2

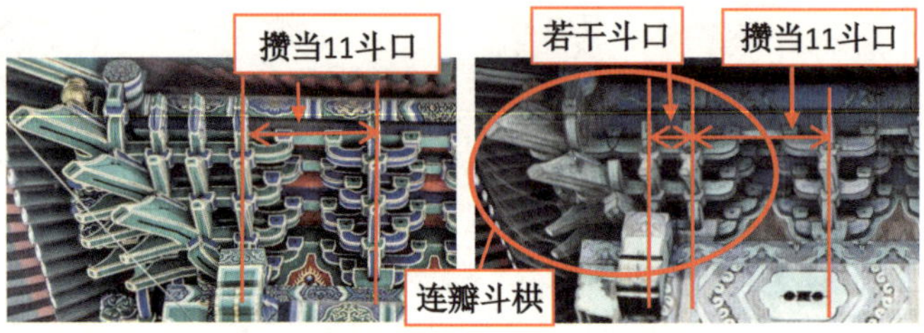

（a）　（b）

图 4-67　权衡尺度——攒当尺寸的变通法 3

（三）拽架

斗栱前后相邻两栱中至中的距离（出跳）称为拽架（1 拽架）。

1. 拽架的尺寸——3 斗口

在清做法中，拽架的尺寸等于 3 斗口，且每一拽架的尺寸都相同，不管是第一跳还是第二跳、第三跳等（图 4-68），与宋《营造法式》中的规定都会有一些不同；在明式斗栱中，也有第一跳尺寸与第二跳或第三跳尺寸不同的现象存在。这里不做探讨，只是告诉大家：清式斗栱的拽架尺寸均是 3 斗口，明式和宋、唐式斗栱的拽架尺寸有全是 3 斗口的，也有不同的（图 4-69）。

2. 拽架的数量

清做法中，外拽和里拽拽架的数量是相同的——减踩造或增踩造除外，见本章第六节五，前后对应；同时，拽架数量也是斗栱踩数确定的标准之一。

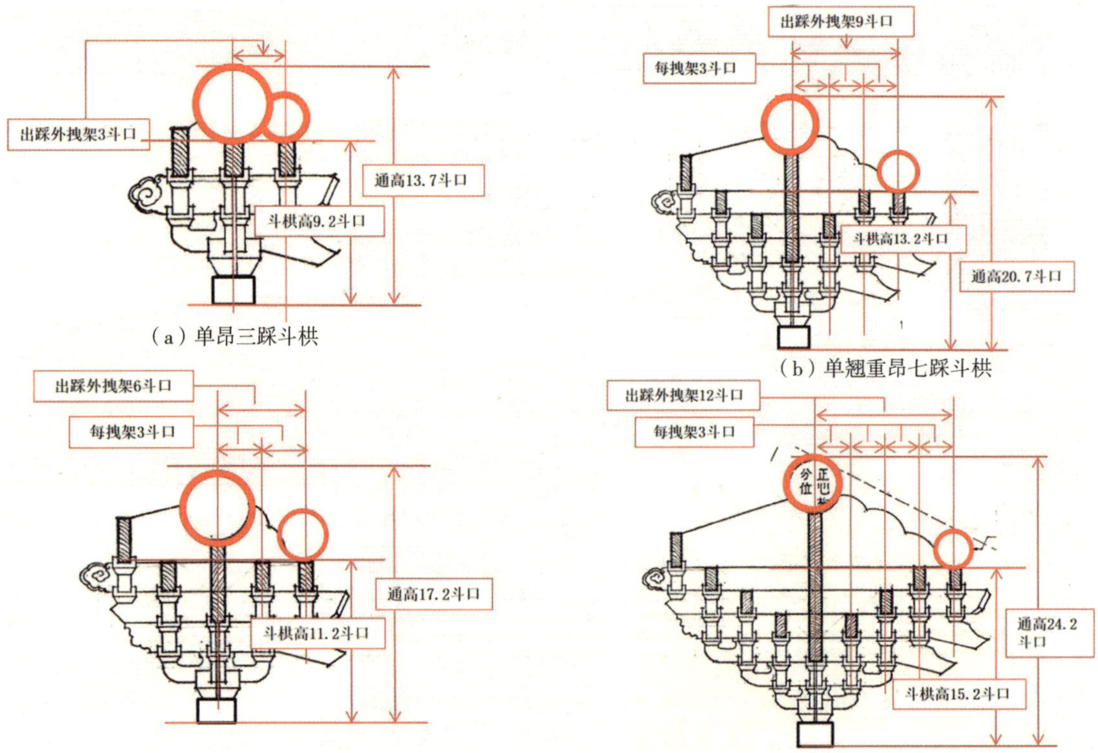

（a）单昂三踩斗栱　（b）单翘重昂七踩斗栱

（c）单翘单昂五踩斗栱　（d）重翘重昂九踩斗栱

图 4-68　拽架的尺寸、数量

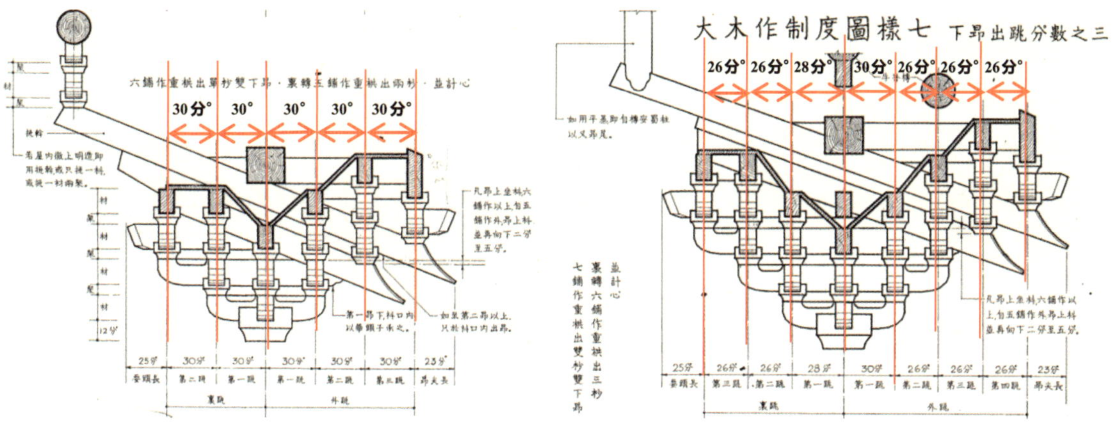

（a）　　　　　　　　　　　　（b）

图 4-69　宋出跳及出跳尺寸尺寸、数量参考

（四）踩

同品种出踩斗栱的等级规格，踩数越多即拽架越多，出跳越大，层数越高。

1. 踩的分级

“踩”是清代对斗栱规格的称呼，源自宋代的“铺作”。

前面讲到斗栱的等级，从品种上说最低等级是一斗三升不出踩斗栱，最高等级是溜金出踩斗栱。而从同品种出踩斗栱来说，则三踩最低，九、十一……踩最高。在清代官式斗栱中，无论在殿阁建筑上还是牌楼上，规格超过十一踩的斗栱基本见不到，而在地方做法中，不但在牌楼上常见有十三踩的斗栱，而且在殿阁建筑中也能见到十三踩的斗栱。

在斗栱中，斗栱的出踩与斗栱的拽架是相对应的，只是拽架纯指斗栱向外或向里出跳（探出）的尺寸，踩则是根据拽架的数量，按权衡规定的层数配置组合出来的一种规格，它除了框定斗栱的出跳——拽架数量，也框定了斗栱的层数高度，进而框定了整攒斗栱的整体尺寸。

2. 踩数的确定

清代踩数取单数，常见的有三踩、五踩、七踩、九踩、十一踩 5 个等级，与宋《营造法式》中列出的斗栱铺作为四、五、六、七、八 5 个等级略有不同。

清代斗栱踩数的确定有三种方法。

（1）数层数。这种方法是自坐斗上第一层构件起至挑檐桁下皮止数层数，三层构件为三踩；四层构件为五踩；五层构件为七踩；六层构件为九踩；七层构件为十一踩……即层数顺序递增，踩数单数递增（图 4-70）。

（2）数拽架。这种方法是自正心起向外数拽架，拽架数乘 2 后再加 1，得数即是斗栱踩数（图 4-71）。

（3）数栱子（非偷心造斗栱用）。这种方法是自正心（柱中）栱子起向外数，有多少个栱子就是多少踩数（图 4-72）。

图 4-73 为斗栱踩数两种方法的综合确定。

（五）足材与单材

斗栱是由若干层横、纵分件叠落组合的整体构件，这些分件的尺寸在权衡尺度中都有规定，宋《营造法式》中规定：材厚十分°，高十五分°，栔高六分°，一材加上一栔谓之“足材”，高厚比为 2.1 ∶ 1。

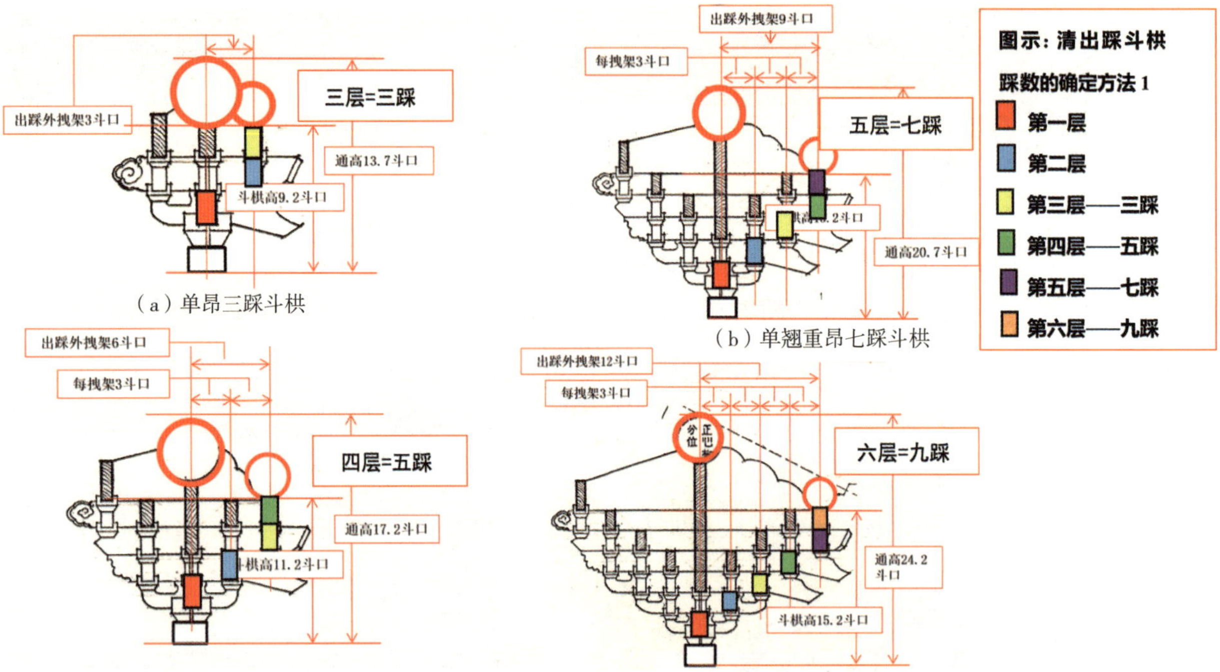

（a）单昂三踩斗栱

（b）单翘重昂七踩斗栱

（c）单翘单昂五踩斗栱

（d）重翘重昂九踩斗栱

图 4-70　斗栱踩数的确定方法 1——层数定

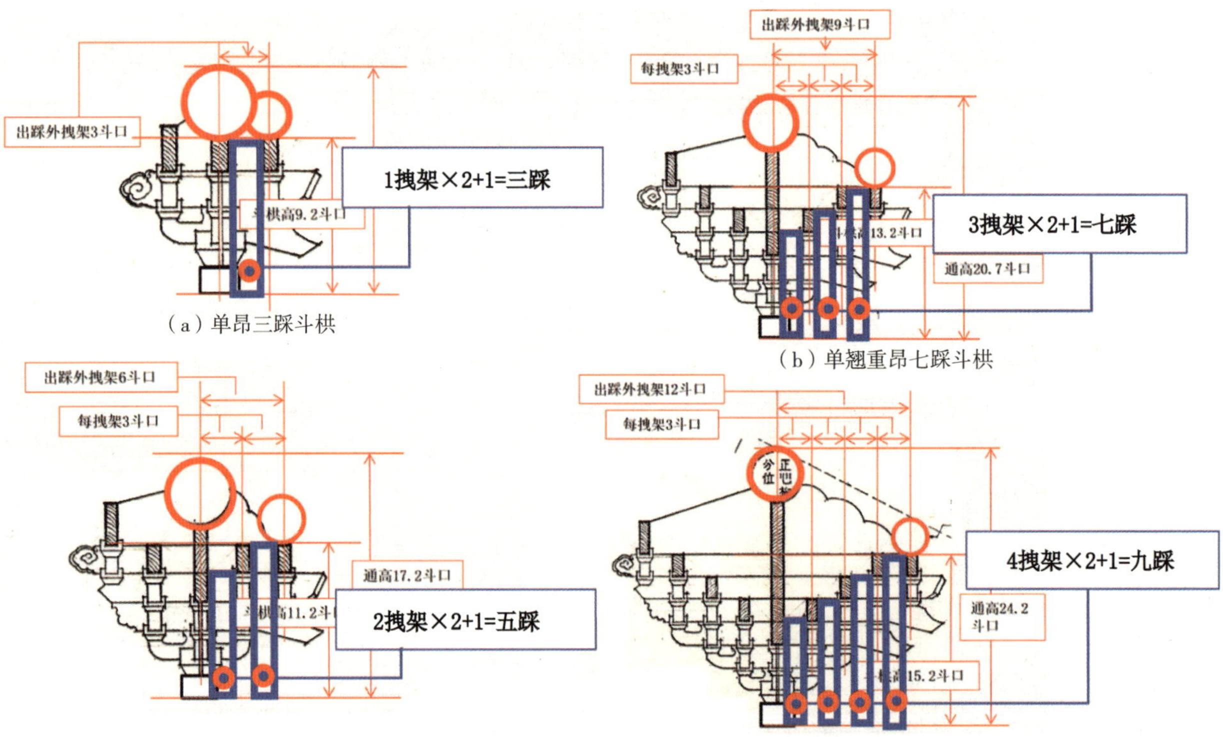

（a）单昂三踩斗栱

（b）单翘重昂七踩斗栱

（c）单翘单昂五踩斗栱

（d）重翘重昂九踩斗栱

图 4-71　斗栱踩数的确定方法 2——拽架数定

清代关于斗口的规定是：单材厚为 1 斗口，高为 1.4 斗口；足材厚为 1 斗口，高为 2 斗口，高厚比为 2 : 1，由此可看出宋与清的区别。

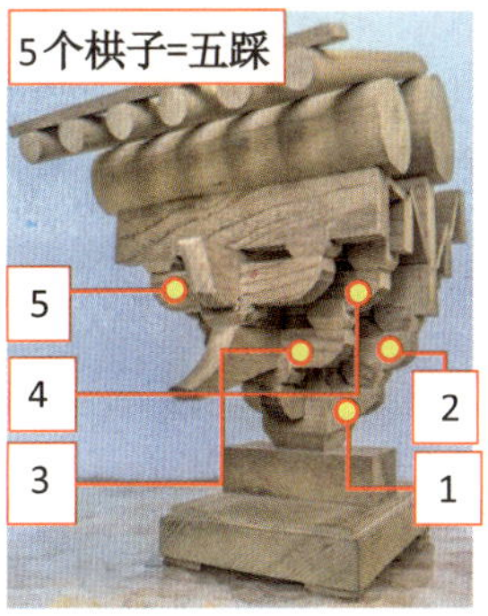

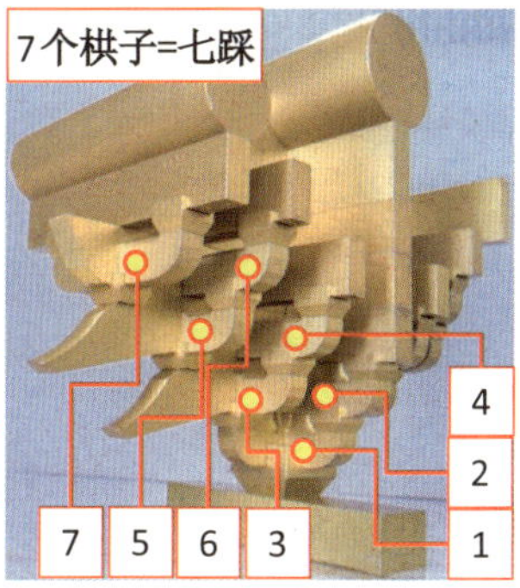

（a）　　（b）

图 4-72　斗栱踩数的确定方法 3——栱子数定

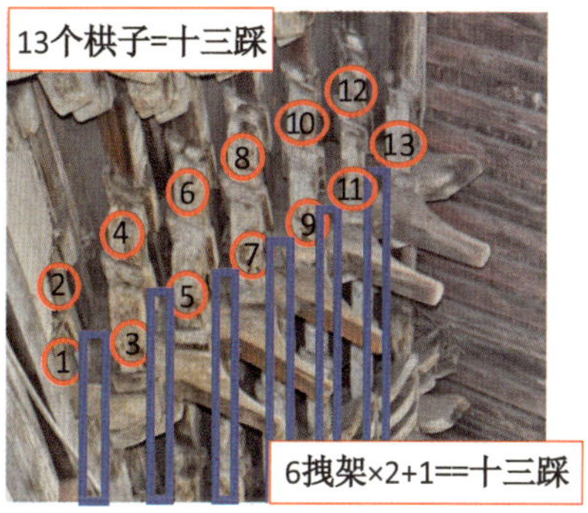

图 4-73　斗栱踩数两种方法的综合确定

在清代斗栱中，栱子分为两种，一种是单材栱，另一种是足材栱。单材栱高 1.4 斗口，厚 1 斗口；足材栱高 2 斗口，厚 1 斗口。处于柱中位置的栱子为足材，2 斗口高，由于要直接将屋面通过檩子传递下来的重量过渡到枋子、柱子上，所以其厚度要较其他位置的分件厚一些，通常为 1.25 斗口。这个位置还有一个专属名称叫“正心”，这个位置的瓜、万栱和枋子也都叫正心瓜、万栱和正心枋。在斗栱其他位置的横向栱由于受力的传递较为间接且偏重，考虑到玲珑剔透的美观效果，把栱高定为 1.4 斗口，厚度为 1 斗口，称为单材瓜、万栱，而厢栱虽没有冠以“单材”之名，只是由于在斗栱分件中没有正心厢栱这个分件，不用特意标出“单材”以示区分，厢栱的厚度、高度同样是“单材”，与单材瓜、万栱相同（图 4-74）。

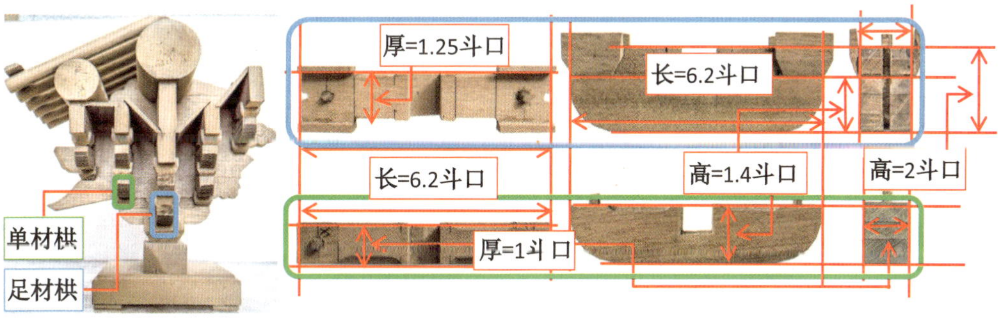

（a）　　（b）

图 4-74　足材栱与单材栱

（六）分件的权衡尺寸

下面以清代单翘单昂五踩斗栱为例介绍斗栱分件的权衡尺寸。

1. 平身科斗栱

（1）斗类构件

① 坐斗。尺寸（斗口）：3 × 3.25 × 2［长 × 宽（深）× 高］。

② 十八斗。尺寸（斗口）：1.8 × 1.4 × 1［长 × 宽（深）× 高］。

③ 槽升子。尺寸（斗口）：1.4 × 1.65 × 1［长 × 宽（深）× 高］。

④ 三才升。尺寸（斗口）：1.4 × 1.4 × 1［长 × 宽（深）× 高］。

（2）栱类构件

① 正心瓜栱。尺寸（斗口）：6.2 × 1.25 × 2（长 × 厚 × 高）。

② 正心万栱。尺寸（斗口）：9.2 × 1.25 × 2（长 × 厚 × 高）。

③ 单材瓜栱。尺寸（斗口）：6.2×1×1.4（长×厚×高）。

④ 单材万栱。尺寸（斗口）：9.2×1×1.4（长×厚×高）。

⑤ 厢栱。尺寸（斗口）：7.2×1×1.4（长×厚×高）。

（3）枋类构件

① 正心枋。尺寸（斗口）：2×1.25（高× 厚，长随面宽）。

注：正心枋高度随斗栱踩数变化而做调整。

② 拽架（里、外）枋。尺寸（斗口）：2×1（高×厚，长随面宽）。

③ 挑檐枋。尺寸（斗口）：2×1（高×厚，长随面宽）。

④ 井口枋。尺寸（斗口）：3×1（高×厚，长随面宽）。

（4）昂类构件

① 翘。尺寸（斗口）：7×1×2［长×宽（厚）×高］。

② 昂后带菊花头。尺寸（斗口）：15.3×1×3（长×厚×高）。

③ 蚂蚱后带六分头。尺寸（斗口）：16.1×1×2（长×厚×高）。

④ 撑头木后带麻叶头。尺寸（斗口）：15.3×1×2（长×厚×高）。

⑤ 桁椀。尺寸（斗口）：12×1×3.75（长×厚×高）。

（5）其他类构件

① 正心桁（檩）。尺寸（斗口）：按间实长＋榫长×ϕ4.5（长×径）。

② 挑檐桁（檩）。尺寸（斗口）：按间实长＋榫长×ϕ3（长×径）。

③ 垫栱板。尺寸（斗口）：攒当实长＋榫长×5.2+ 榫长×0.3（不小于25mm）［长×高（宽）×厚］。

④ 盖斗板、斜斗板。尺寸（斗口）：攒当实长＋榫长×拽架实长＋榫长×0.25［长×宽（深）×厚］。

2. 柱头科斗栱

（1）斗类构件

① 坐斗。尺寸（斗口）：4×3.25×2［长×宽（深）×高］。

② 翘（头昂）上十八斗（桶子十八斗）。尺寸（斗口）：3.4×1.4×1［长×宽（深）×高］。

③ 昂上十八斗。尺寸（斗口）：4.4×1.4×1［长×宽（深）×高］。

注：以五踩计，凡遇踩数者柱头“翘”或“昂”上十八斗宽度比上层构件的厚度宽出0.8。

④ 槽升子。尺寸（斗口）：1.4×1.65×1［长×宽（深）×高］。

⑤ 三才升。尺寸（斗口）：1.4×1.4×1［长×宽（深）×高］。

（2）栱类构件

① 正心瓜栱。尺寸（斗口）：6.2×1.25×2（长×厚×高）。

② 正心万栱。尺寸（斗口）：9.2×1.25×2（长×厚×高）。

③ 单材瓜栱。尺寸（斗口）：6.2×1×1.4（长×厚×高）。

④ 单材万栱。尺寸（斗口）：9.2×1×1.4（长×厚×高）。

⑤ 厢栱。尺寸（斗口）：7.2×1×1.4（长×厚×高）。

⑥ 里拽厢栱头。尺寸（斗口）：7.2×1×1.4（长×厚×高）。

（3）枋类构件

① 正心枋。尺寸（斗口）：2×1.25（高×厚，长随面宽）。

注：正心枋高度随斗栱踩数变化而做调整。

② 拽架（里、外）枋。尺寸（斗口）：2×1（高×厚，长随面宽）。

③ 挑檐枋。尺寸（斗口）：2×1（高×厚，长随面宽）。

④ 井口枋。尺寸（斗口）：3×1（高×厚，长随面宽）。

（4）昂类构件

① 翘。尺寸（斗口）：7×2×2［长×宽（厚）×高］。

② 昂后带雀替。尺寸（斗口）：18.3×3×3（长×厚×高）。

③ 桃尖梁。尺寸（梁头部分）：12×4×7.75（长×厚×高）（梁身部分按大木尺寸定）。

（5）其他类构件

① 正心桁（檩）。尺寸（斗口）：按间实长 + 榫长 × ϕ4.5（长×径）。

② 挑檐桁（檩）。尺寸（斗口）：按间实长 + 榫长 × ϕ3（长×径）。

③ 垫栱板。尺寸（斗口）：攒当实长 + 榫长 ×5.2+ 榫长 ×0.3（不小于 25mm）［长×高（宽）×厚］

④ 盖斗板、斜斗板。尺寸（斗口）：攒当实长 + 榫长 × 拽架实长 + 榫长 ×0.25［长×宽（深）×厚］。

3. 角科斗栱

（1）斗类构件

① 坐斗。尺寸（斗口）：3.25×3.25×2［长×宽（深）×高］。

② 十八斗。尺寸（斗口）：1.48×1.4×1［长×宽（深）×高］。

③ 槽升子。尺寸（斗口）：1.4×1.65×1［长×宽（深）×高］。

④ 三才升。尺寸：1.4×1.4×1［长×宽（深）×高］。

⑤ 斜头翘（斜头昂）上平盘斗。尺寸：2.3×2.3×0.6（以第一层计，凡遇踩数变化，平盘斗的宽度按其上层构件的厚度加出 0.8）。

注：平盘斗通常采用与斜向构件连做另贴斗耳的做法。

（2）栱类构件。正心瓜栱、正心万栱、单材瓜栱、单材万栱并入昂类构件。

① 里连头合角单材瓜栱（鸳鸯交首栱）。尺寸：1×1.4（厚×高）。

注：该构件通常与相邻平身科里拽单材瓜栱连做，长度以实际尺寸计。

② 里连头合角单材万栱（鸳鸯交首栱）。尺寸：1×1.4（厚×高）。

注：该构件通常与相邻平身科里拽单材万栱连做，长度以实际尺寸计。

③ 把臂厢栱。尺寸：1×1.4×13.2（厚×高×长）。

（3）枋类构件。正心枋、拽架（里、外）枋并入昂类构件。

① 挑檐枋。尺寸（斗口）：2×1（高×厚，长随面宽）。

② 井口枋。尺寸（斗口）：3×1（高×厚，长随面宽）。

（4）昂类构件（注：凡构件中后带“××构件”者，均纳入昂类构件）

① 正头翘后带正心瓜栱。尺寸：6.6×1.25×2（长×厚×高）。

② 正头昂后带正心万栱。尺寸：13.9×1.25×3（长×厚×高）。

③ 正蚂蚱头（耍头）后带正心枋。尺寸：9（至正心中）×1.25×2（长×厚×高）。

④ 正撑头木后带正心枋。尺寸：6（至正心中）×1.25×2（长×厚×高）。

⑤ 闹头昂后带单材瓜栱。尺寸：12.4×1×3（长×厚×高）。

⑥ 闹蚂蚱头后带单材万栱。尺寸：13.6×1×2（长×厚×高）。

⑦ 闹撑头木后带外拽枋。尺寸：6（至正心中）×1×2（长×厚×高）。

⑧ 斜头翘。尺寸：7× 角度系数 ×1.5×2（长×厚×高）。

⑨ 斜头昂后带斜菊花头。尺寸：15.3× 角度系数 ×2×2（长×厚×高）。

⑩ 由昂后带斜六分头。尺寸：19.4× 角度系数 ×2.5×3（长×厚×高）。

⑪ 斜撑头木后带斜麻叶头。尺寸：15.6（以挑檐枋中计）× 角度系数 ×2.5×2（长×厚×高）。

⑫ 斜桁椀。尺寸：12（挑檐桁中至井口枋中）× 角度系数 ×2.5×3.75（长×厚×高）。

（5）其他类构件

① 正心桁（檩）。尺寸（斗口）：按间实长 + 榫长 × ϕ4.5（长×径）。

② 挑檐桁（檩）。尺寸（斗口）：按间实长 + 榫长 × ϕ3（长×径）。

③ 垫拱板。尺寸（斗口）：攒当实长 + 榫长 ×5.2+ 榫长 ×0.3（不小于 25mm）[长 × 高（宽）× 厚]。

④ 盖斗板、斜斗板。尺寸（斗口）：攒当实长 + 榫长 × 拽架实长 + 榫长 ×0.25 [长 × 宽（深）× 厚]。

4. 定宋式斗栱铺作的方法

自华栱起数，华头子和各层下昂、耍头、衬方头（撩檐枋）总共多少层就是多少铺作（图 4-75～图 4-80）。

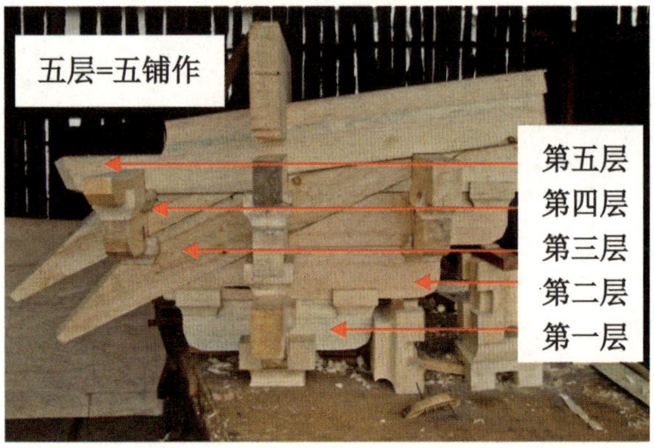

图 4-75　山西宋、辽、金做法——单栱五铺作一杪两昂

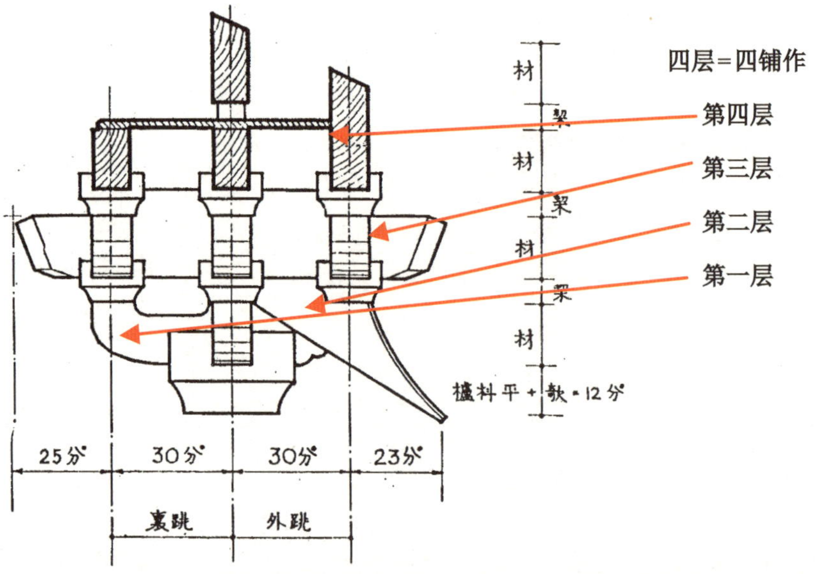

图 4-76　宋《营造法式》中四铺作外插昂；四铺作里外并一杪卷头栱，壁内用重栱

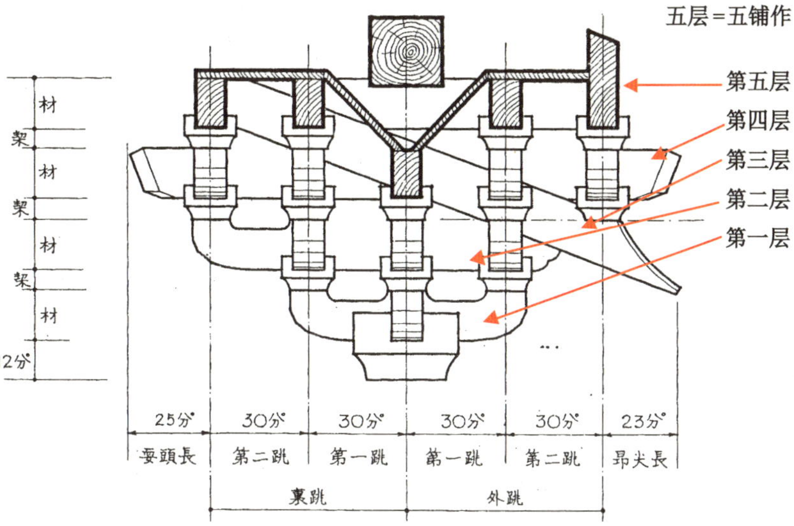

图 4-77 宋《营造法式》中五铺作重栱出单杪单下昂，里转五铺作重栱出两杪并计心

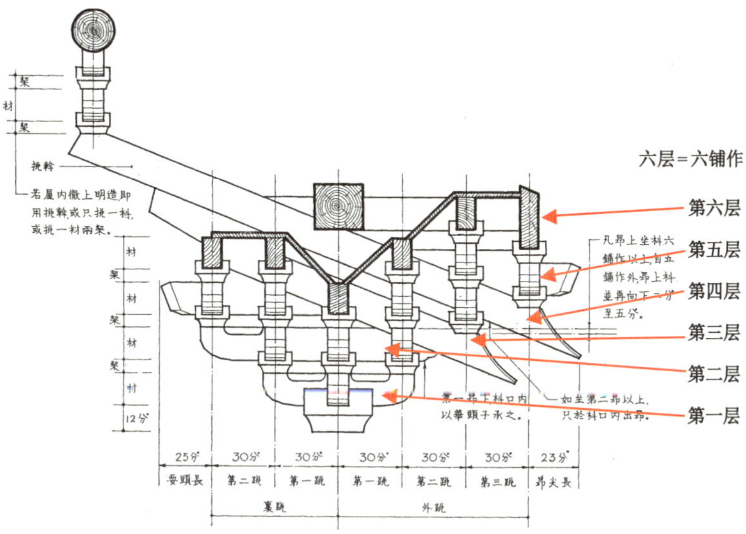

图 4-78 宋《营造法式》中六铺作重栱出单杪双下昂，里转五铺作重栱出两杪并计心

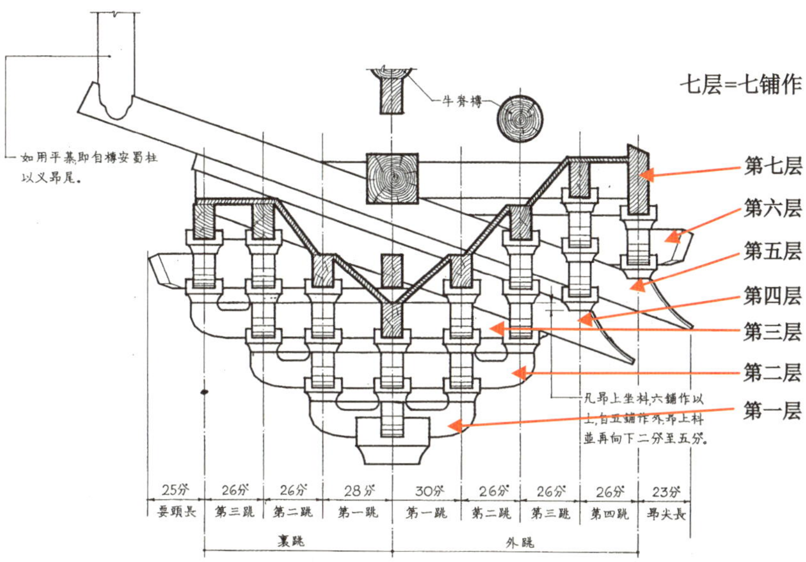

图 4-79 宋《营造法式》中七铺作重栱出双杪双下昂，里转六铺作重栱出三杪并计心

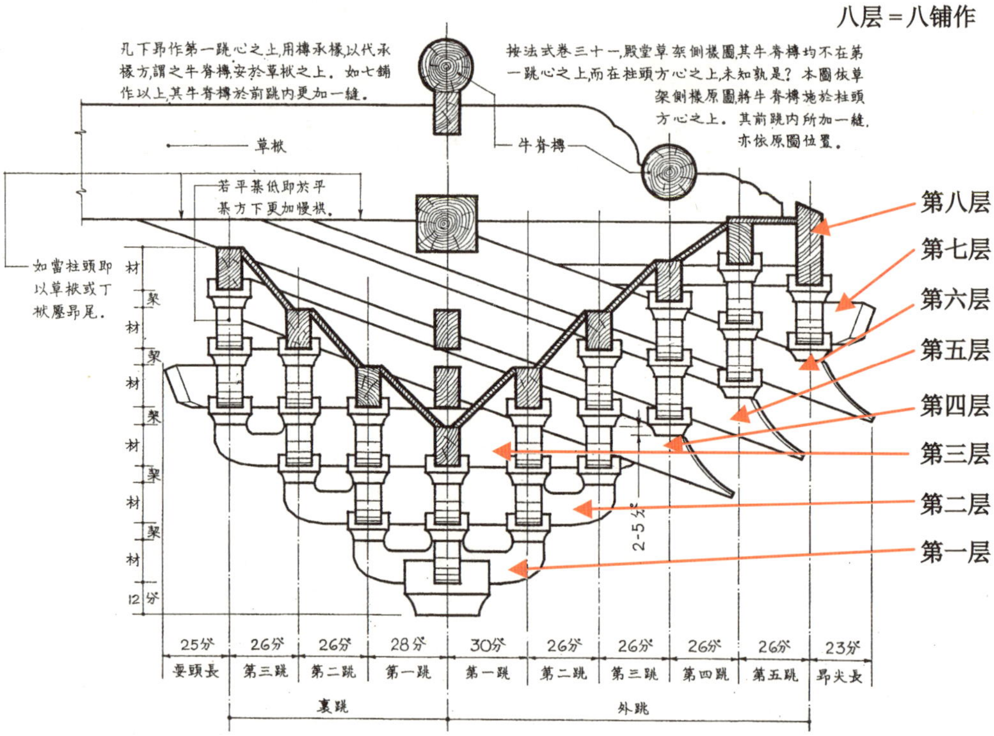

图 4-80　宋《营造法式》中八铺作重栱出双杪三下昂里转六铺作重栱出三杪并计心

第六节　昂翘斗栱的构造

本节以清式单翘单昂五踩斗栱为例进行介绍。

一、平身科斗栱

平身科斗栱是建筑物两柱之间分布的斗栱，如图 4-81 和图 4-82 所示。

图 4-81　清代五踩平身科斗栱

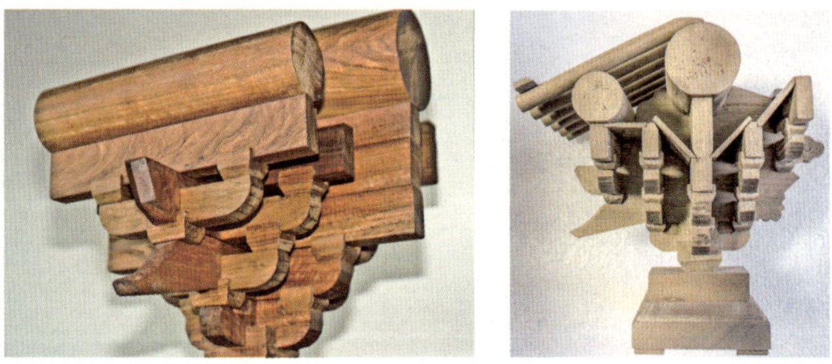

（a）　　（b）

图 4-82　清代单翘单昂五踩平身科斗栱

（一）分件名称及数量

表 4-2 是平身科斗栱的分件名称及数量。

表 4-2 平身科斗栱的分件名称及数量

类别	名称	数量 / 件	备注
斗类构件	坐斗	1	坐斗亦称大斗
	十八斗	4	
	槽升子	4	
	三才升	12	
栱类构件	正心瓜栱	1	正心瓜栱亦称足材瓜栱
	正心万栱	1	正心万栱亦称足材万栱
	单材瓜栱	2	
	单材万栱	2	
	厢栱	2	
枋类构件	正心枋	3	
	挑檐枋	1	
	里、外拽架枋	2	各 1 件
	井口枋	1	
昂类构件	头翘	1	
	昂后带菊花头	1	
	蚂蚱头后带六分头	1	蚂蚱头亦称耍头
	撑头木后带麻叶头	1	
	桁椀	1	
其他类构件	正心桁	1	正心桁或正心檩
	挑檐桁	1	挑檐桁或挑檐檩
	垫拱板	2	
	盖斗板	2	
	斜斗板	6	
合计	23	53	

（二）分件尺寸及划线方法

1. 斗类构件

（1）坐斗。尺寸（斗口）：3×3.25×2［长×宽（深）×高］，坐斗尺寸及划线方法，如图 4-83～图 4-85 所示。

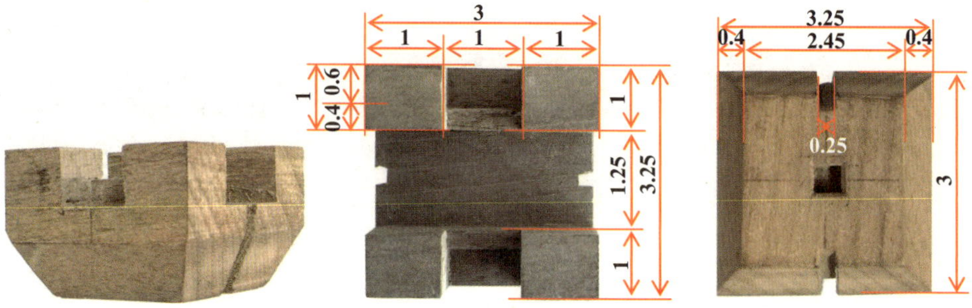

（a）轴测图 （b）正面俯视平面 （c）侧面仰视平面图

图 4-83 坐斗尺寸及划线方法

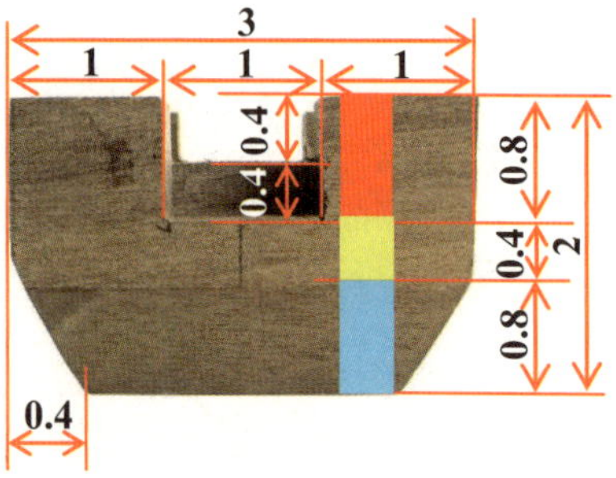

图 4-84 坐斗正立面图

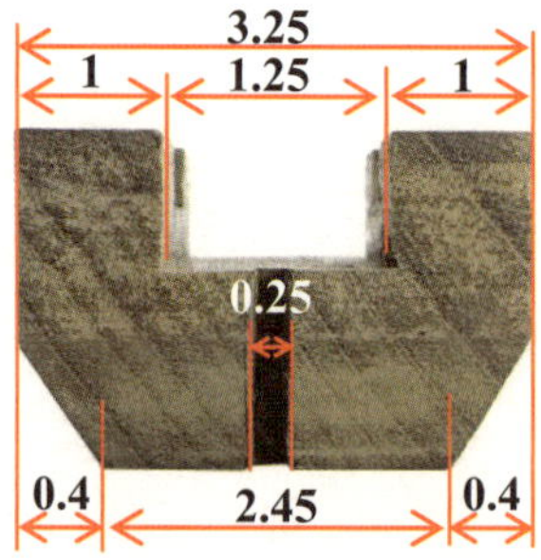

图 4-85 坐斗侧立面图

斗耳；斗腰；斗底

（2）十八斗。尺寸（斗口）：1.8×1.4×1［长×宽（深）×高］，十八斗尺寸及划线方法如图 4-86～图 4-88 所示。

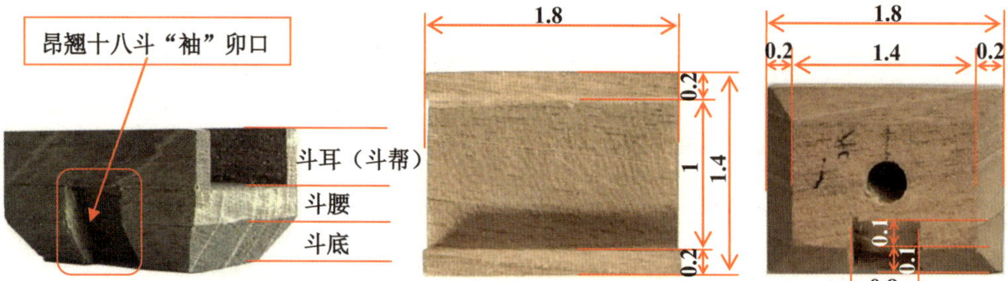

（a）轴测图 （b）俯视 （c）仰视平面图

图 4-86 十八斗分件尺寸及划线方法

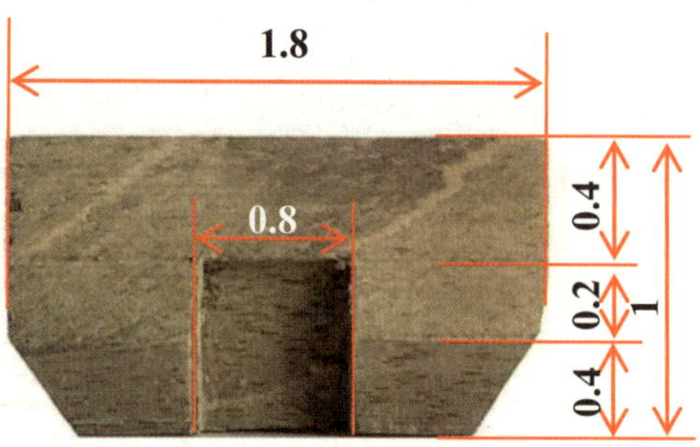

图 4-87 十八斗背立面图

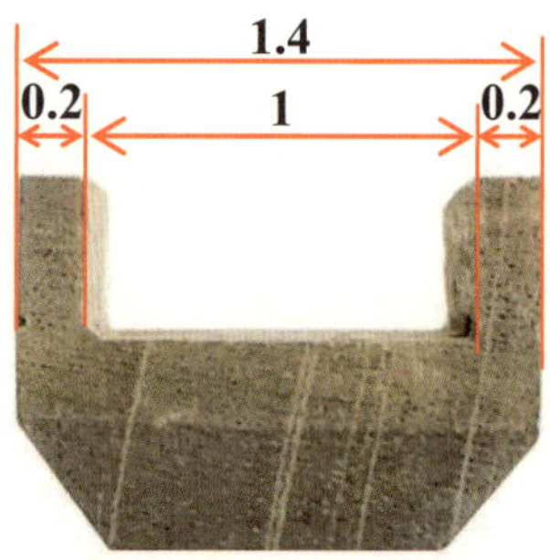

图 4-88 十八斗侧立面图

（3）槽升子。尺寸（斗口）：1.4×1.65×1［长×宽（深）×高］。

注：与正心瓜栱连做，详见下面栱类构件中的正心瓜栱。

（4）三才升。尺寸（斗口）：1.4×1.4×1［长×宽（深）×高］，三才升尺寸及划线方法如图4–89～图4–91所示。

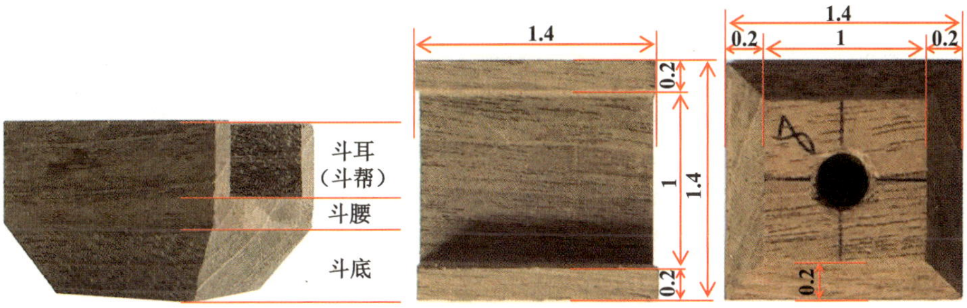

（a）轴测图　　（b）俯视　　（c）仰视平面图

图4–89　三才升分件尺寸及划线方法

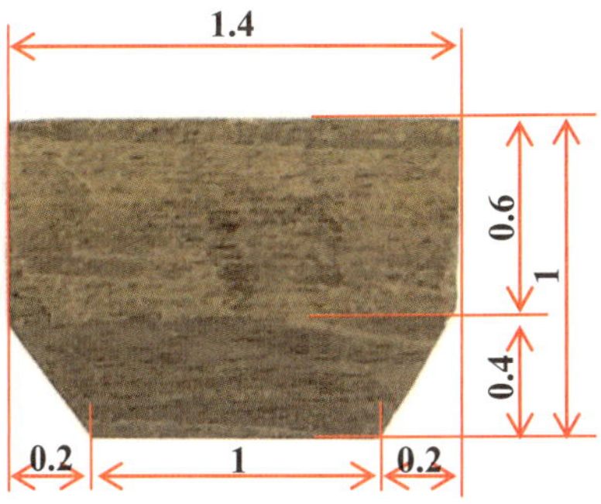

图4–90　三才升正立面图

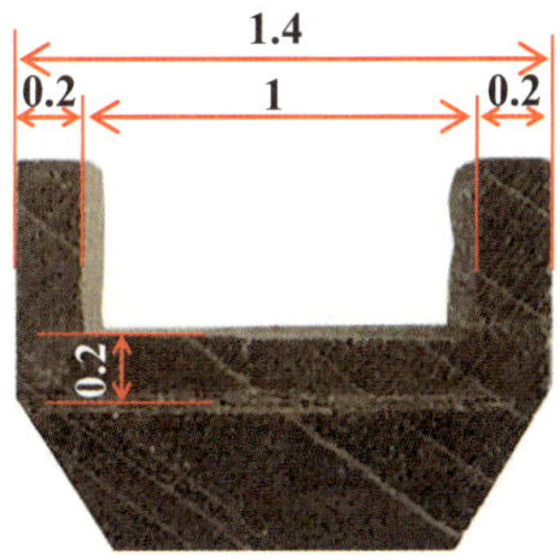

图4–91　三才升侧立面图

2. 栱类构件

（1）正心瓜栱。尺寸（斗口）：6.2×1.25×2（长×厚×高），正心瓜栱尺寸及划线方法如图4–92～图4–95所示。

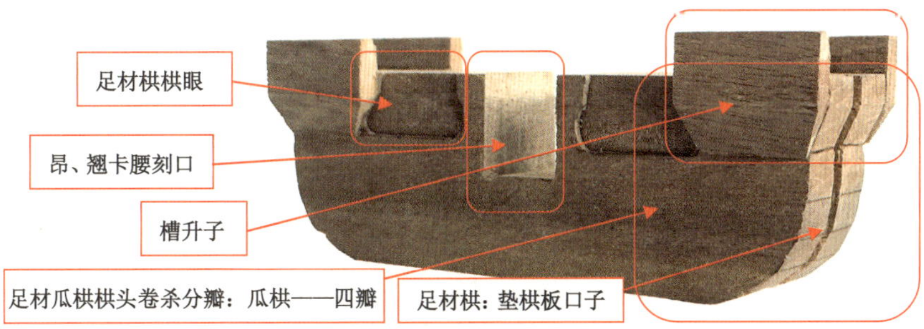

图4–92　正心瓜栱轴测图

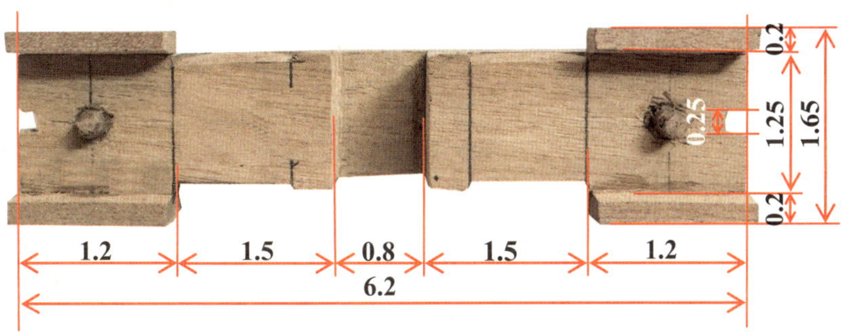

图4–93　正心瓜栱俯视平面图

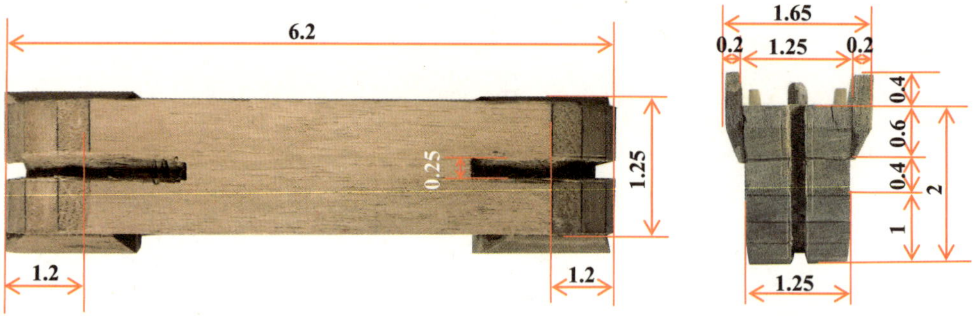

(a) 仰视平面图　　(b) 侧立面图

图 4–94　正心瓜栱分件尺寸及划线方法

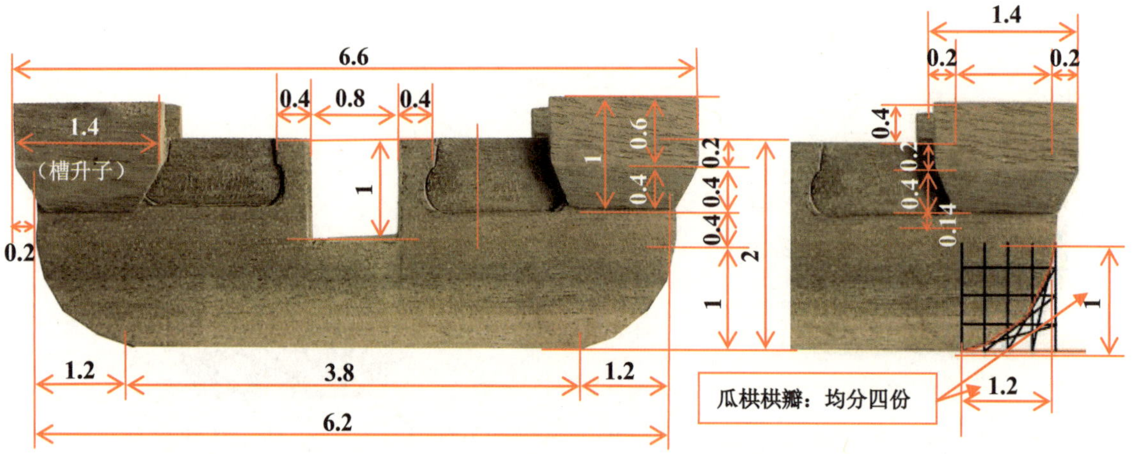

图 4–95　正心瓜栱、槽升子正立面及栱眼、栱瓣卷杀图

（2）正心万栱。尺寸（斗口）：9.2×1.25×2（长 × 厚 × 高），正心万栱尺寸及划线方法如图 4–96～图 4–99。

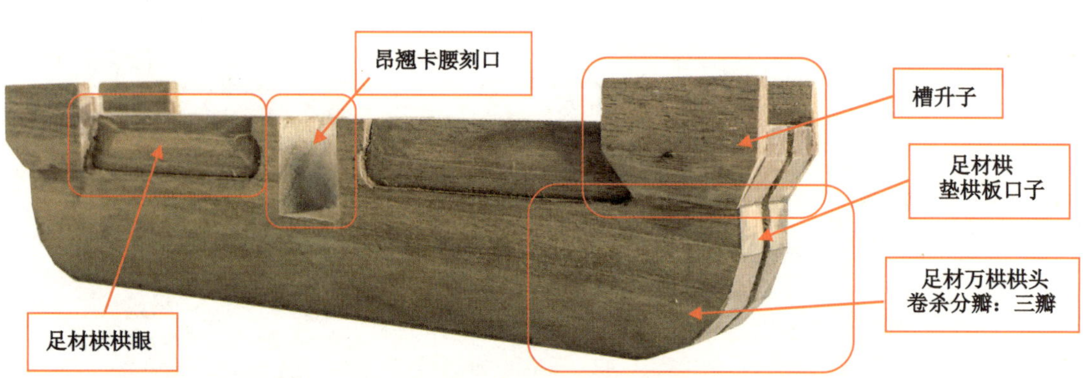

图 4–96　分件尺寸及划线方法——正心万栱轴测图

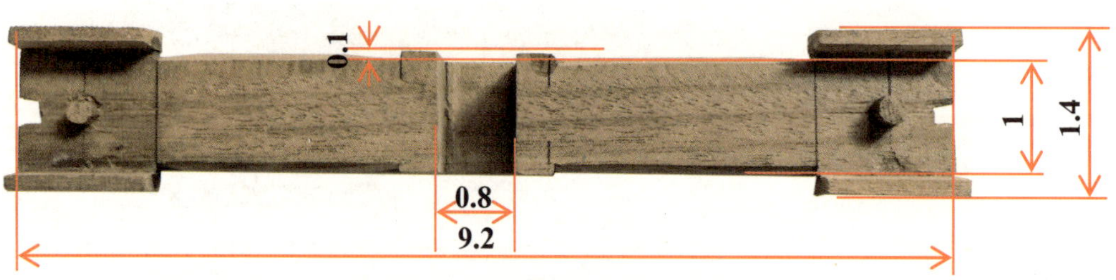

图 4–97　正心万栱俯视平面图

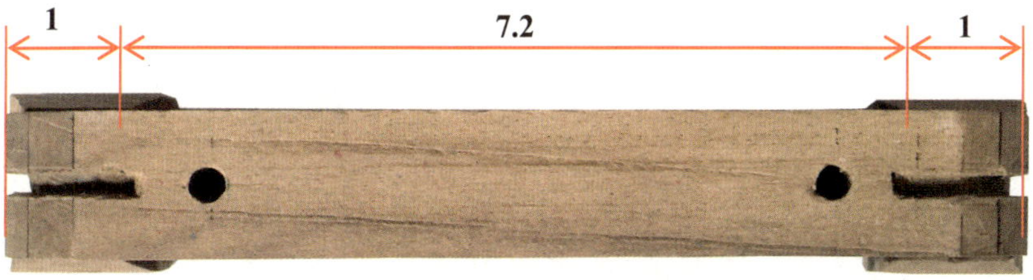

图 4-98　正心万栱仰视平面图

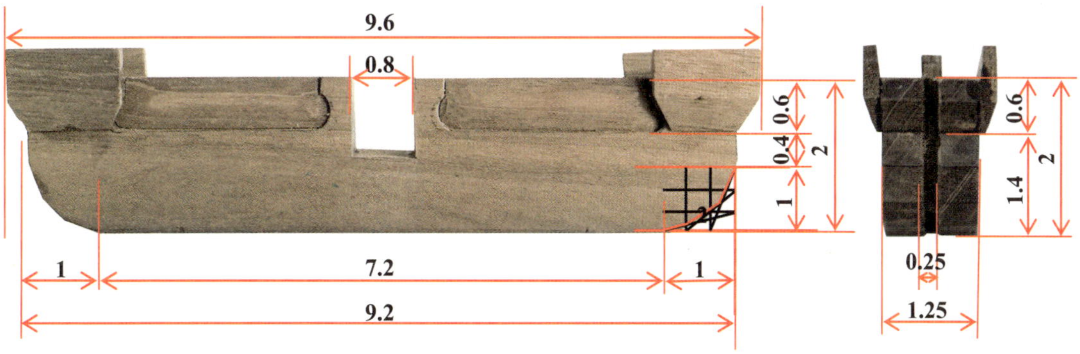

（a）正立面图　　（b）侧立面图

图 4-99　正心万栱尺寸及划线方法

（3）单材瓜栱。尺寸（斗口）：6.2×1×1.4（长×厚×高），单材瓜栱尺寸及划线方法如图 4-100～图 4-103 所示。

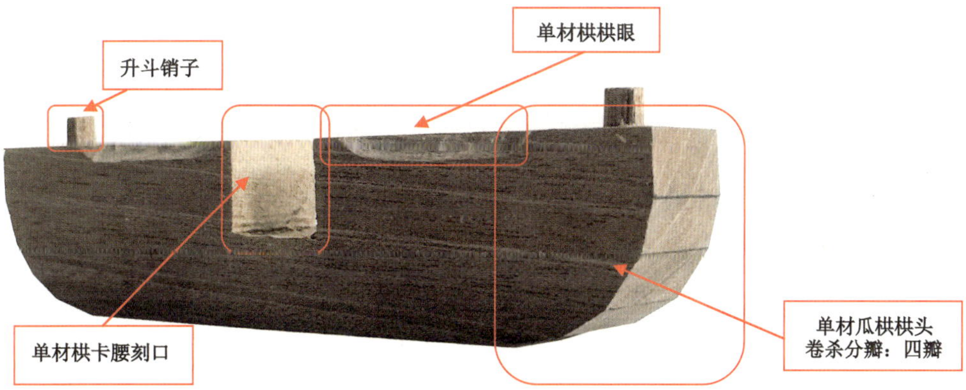

图 4-100　单材瓜栱轴测图

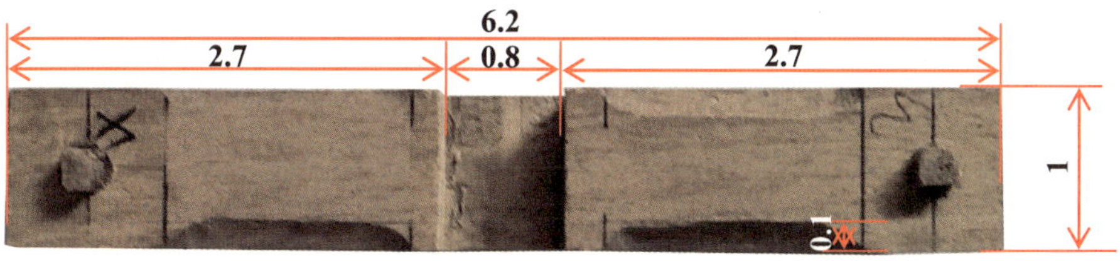

图 4-101　单材瓜栱俯视平面图

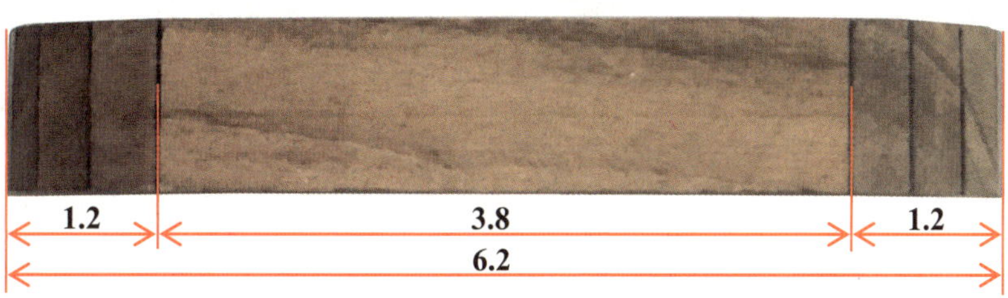

图 4-102　单材瓜栱仰视平面图

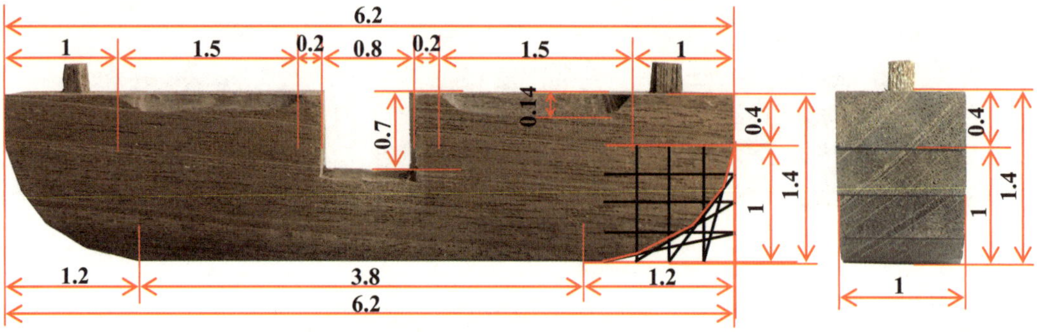

（a）正立面图　　（b）侧立面图

图 4-103　单材瓜栱尺寸及划线方法

（4）单材万栱。尺寸（斗口）：9.2×1×1.4（长×厚×高），单材万栱尺寸及划线方法如图 4-104～图 4-107 所示。

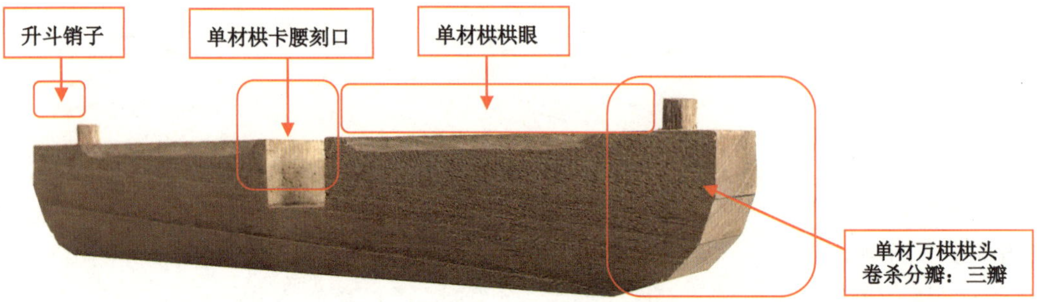

图 4-104　单材万栱轴测图

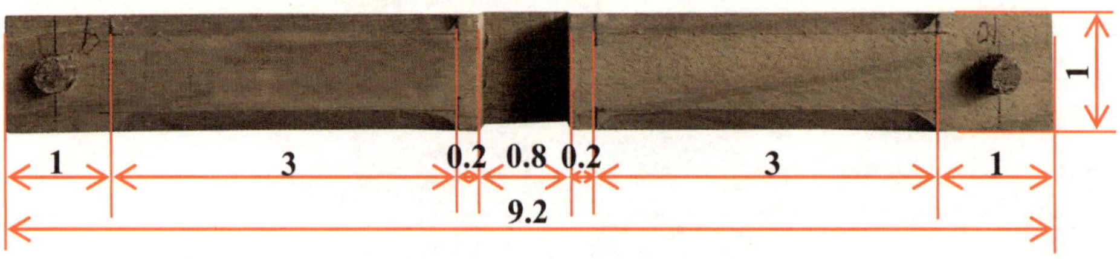

图 4-105　单材万栱俯视平面图

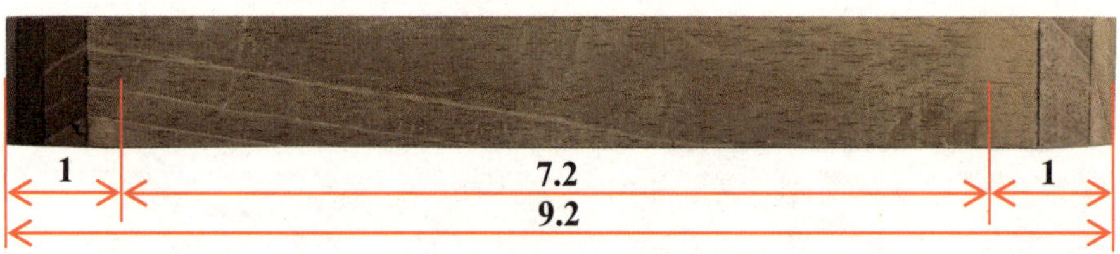

图 4-106　单材万栱仰视平面图

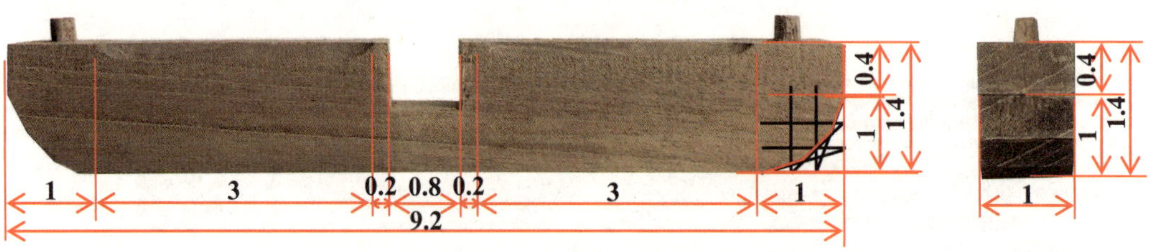

（a）正立面图　　（b）侧立面图

图 4-107　单材万栱尺寸及划线方法

（5）厢栱。尺寸（斗口）：7.2×1×1.4（长×厚×高），厢栱尺寸及划线方法如图 4-108～图 4-111 所示。

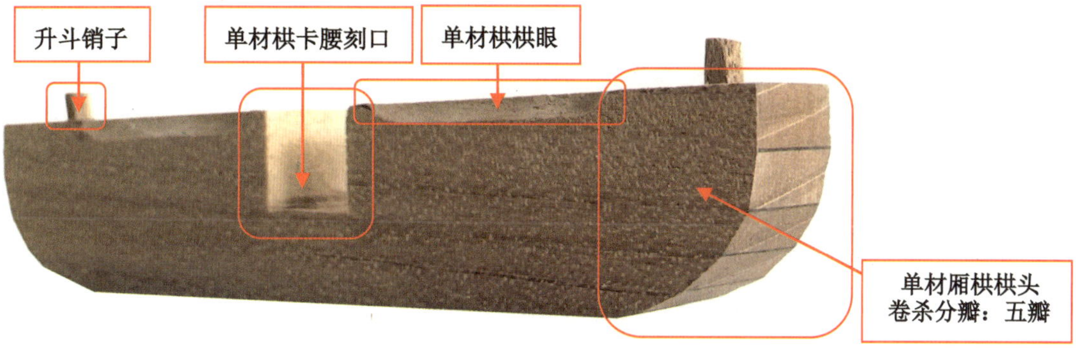

图 4-108 厢栱轴测图

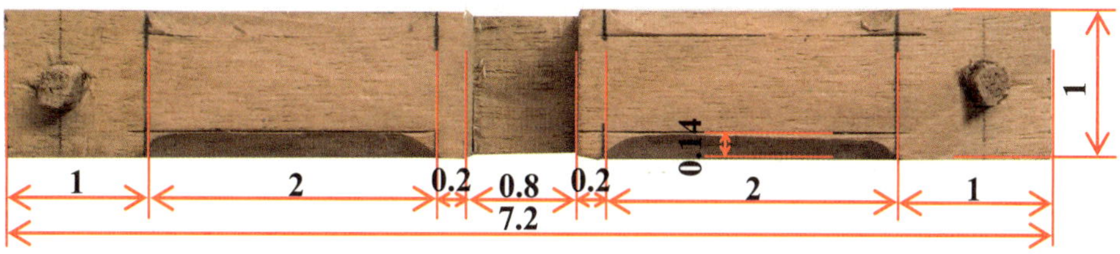

图 4-109 厢栱俯视平面图

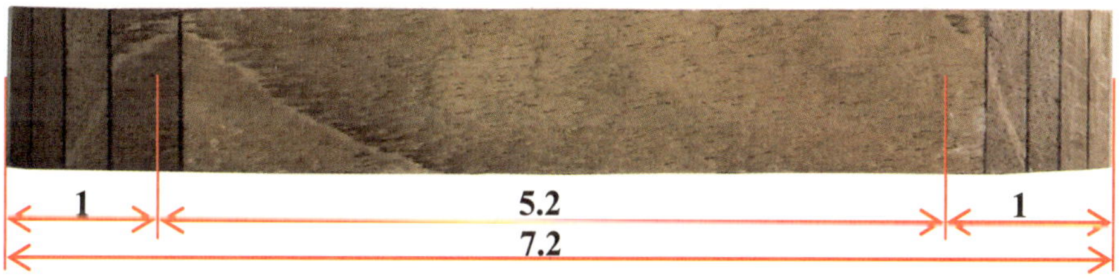

图 4-110 厢栱仰视平面图

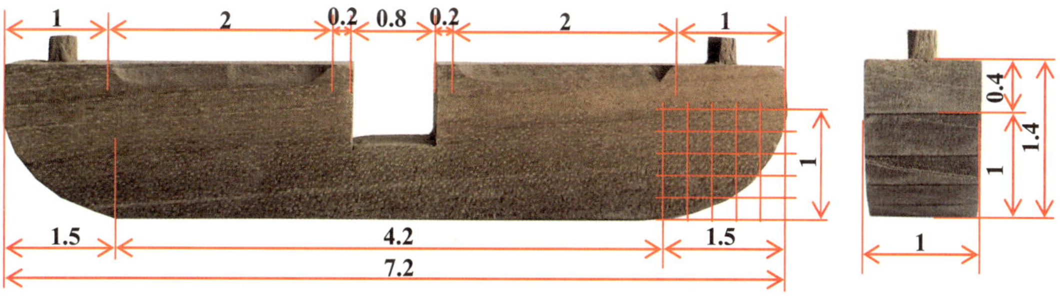

（a）正立面图　　（b）侧立面图

图 4-111 厢栱尺寸及划线方法

3. 枋类构件

（1）正心枋。尺寸（斗口）：2×1.25（高×厚，长随面宽）。

（2）拽架（里、外）枋。尺寸（斗口）：2×1（高×厚，长随面宽）。

（3）挑檐枋。尺寸（斗口）：2×1（高×厚，长随面宽）。

（4）井口枋。尺寸（斗口）：3×1（高×厚，长随面宽）。

注：以上各枋除挑檐、外拽枋需做出盖斗板裁口、正心枋做出斜斗板口子（坡棱）外，其余部

位不做加工，详图略。

4. 昂类构件

（1）翘。尺寸（斗口）：7×1×2［长×宽（深）×高］，翘尺寸及划线方法如图 4-112～图 4-115 所示。

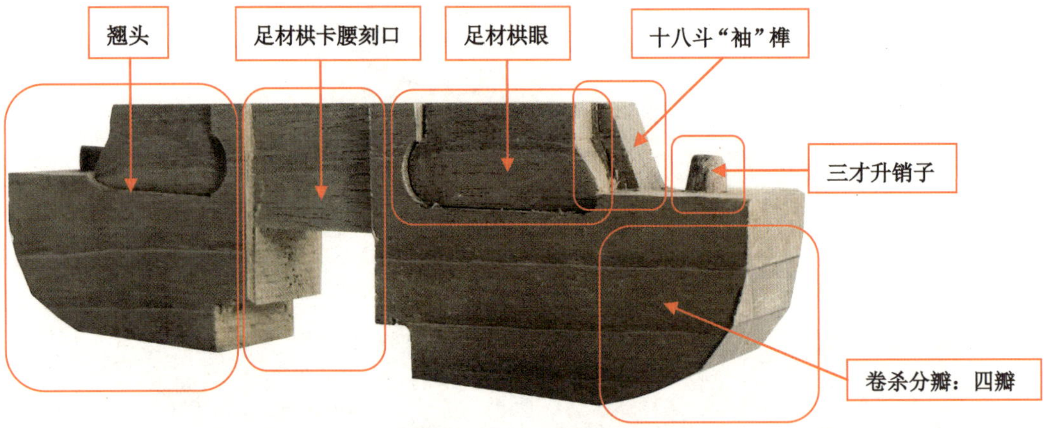

图 4-112　翘轴测图

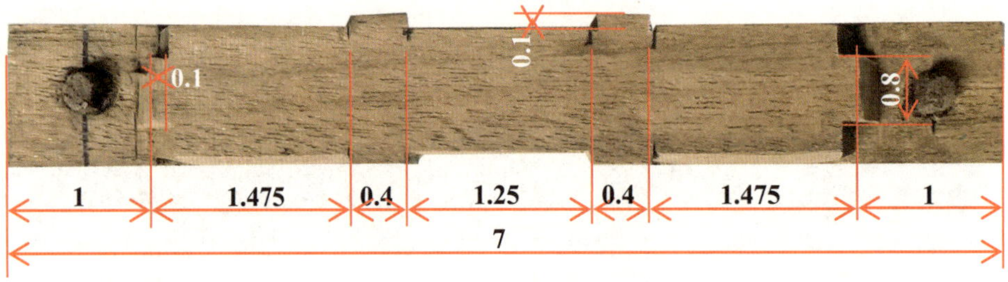

图 4-113　翘俯视平面图

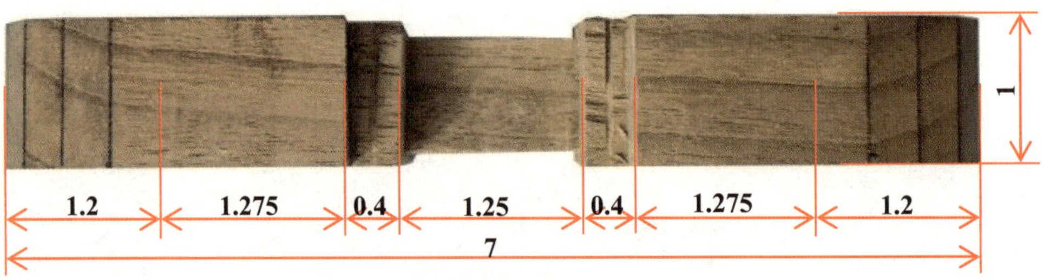

图 4-114　翘仰视平面图

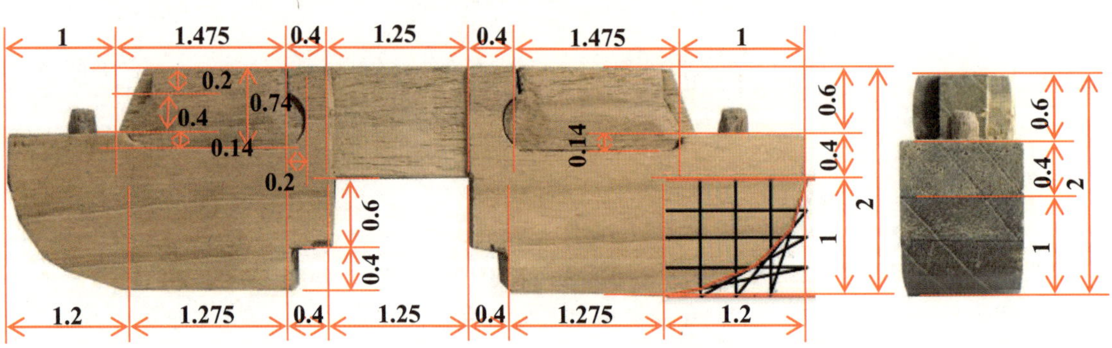

（a）正立面图　　（b）侧立面图

图 4-115　翘尺寸及划线方法

（2）昂后带菊花头。尺寸（斗口）：15.3×1×3（长×厚×高），昂后带菊花头尺寸及划线方法如图 4-116～图 4-121 所示。

（a）

（b）

图 4-116 昂后带菊花头轴测图

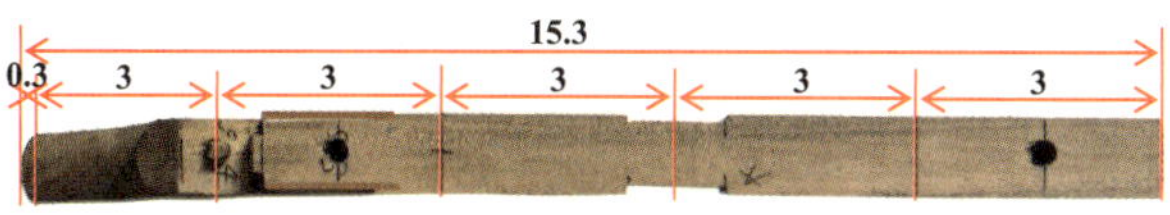

图 4-117 昂后带菊花头俯视平面图

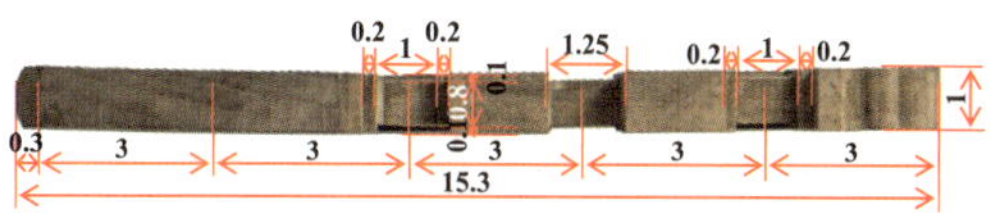

图 4-118 昂后带菊花头仰视平面图

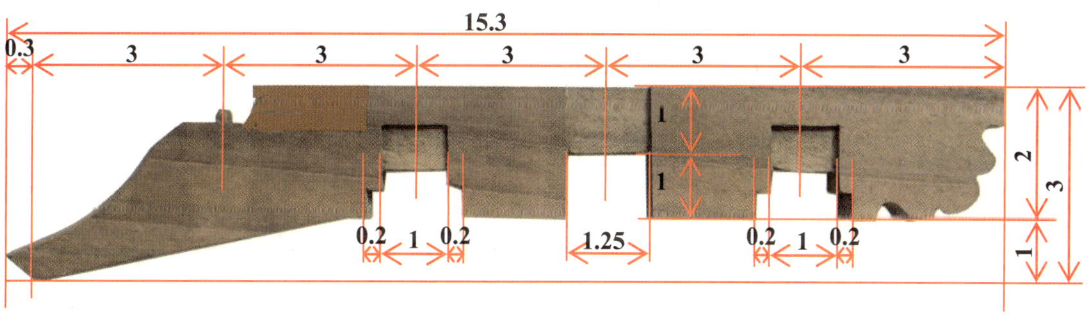

图 4-119 昂后带菊花头正立面图

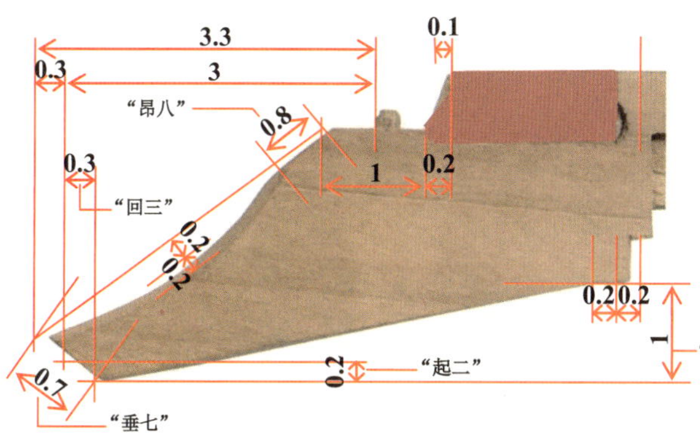

（a）

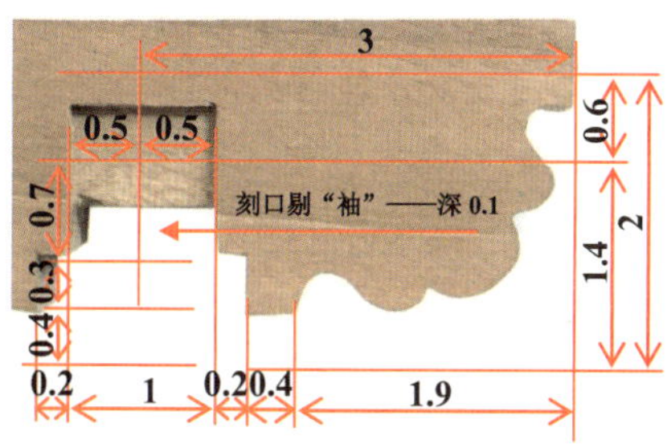

（b）

图 4-120 昂后带菊花头细部详图

昂嘴划线口诀：“起二、回三、垂七、昂八、耷拉十”

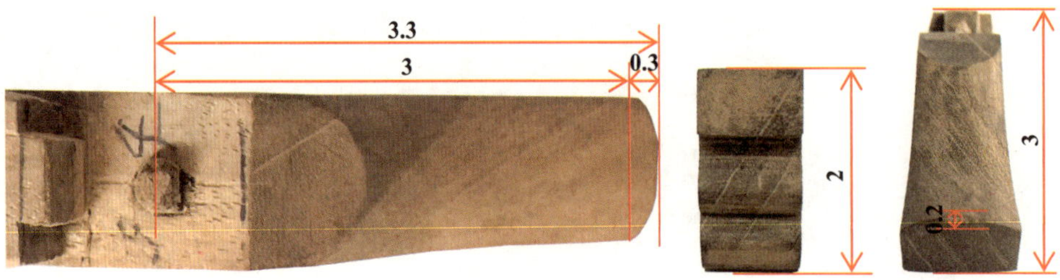

（a）　（b）　（c）

图 4-121　昂后带菊花头侧立面图、细部详图

（3）蚂蚱后带六分头。尺寸（斗口）：16.1×1×2（长×厚×高），分件尺寸及划线方法如图4-122～图4-127所示。

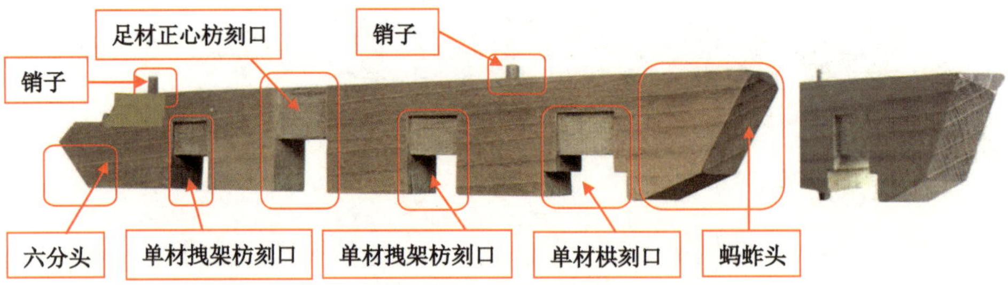

图 4-122　蚂蚱头后带六分头轴测图、蚂蚱头头饰

图 4-123　蚂蚱头后带六分头轴测图、六分头头饰

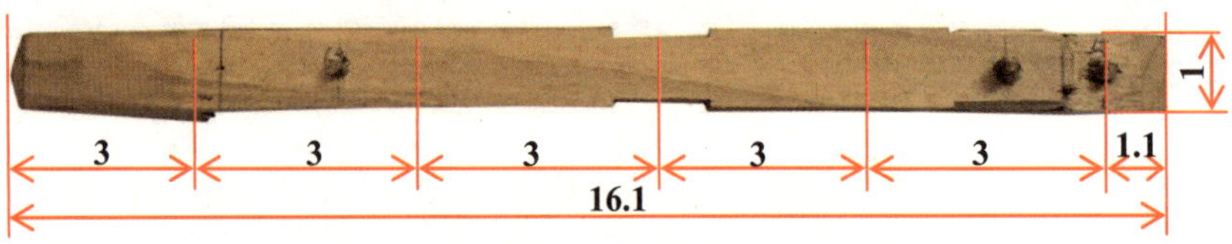

图 4-124　蚂蚱头后带六分头俯视平面图

图 4-125　蚂蚱头后带六分头仰视平面图

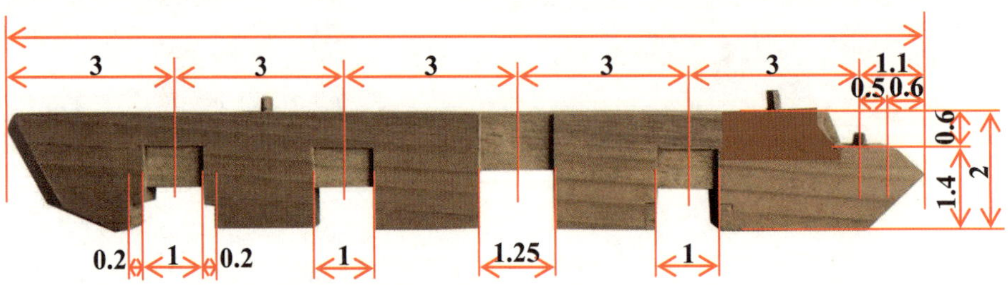

图 4-126　蚂蚱头后带六分头正立面图

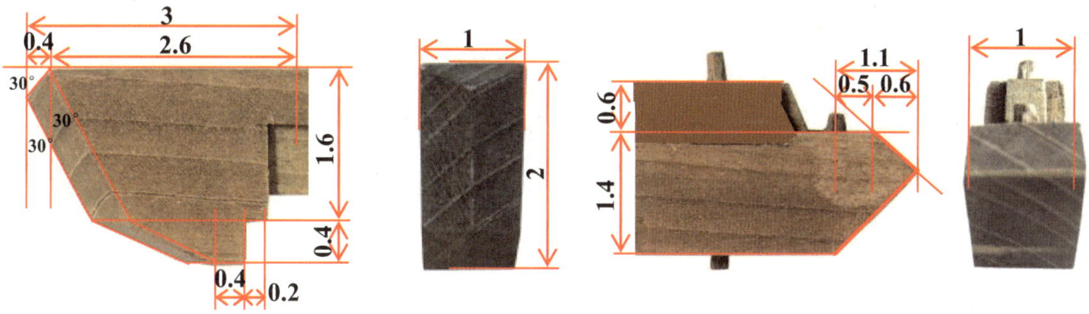

（a）　　（b）　　（c）　　（d）

图 4-127　蚂蚱头后带六分头侧立面图、细部详图

（4）撑头木后带麻叶头。尺寸（斗口）：15.3×1×2（长×厚×高），撑头木后带麻叶头尺寸及划线方法如图 4-128～图 4-131 所示。

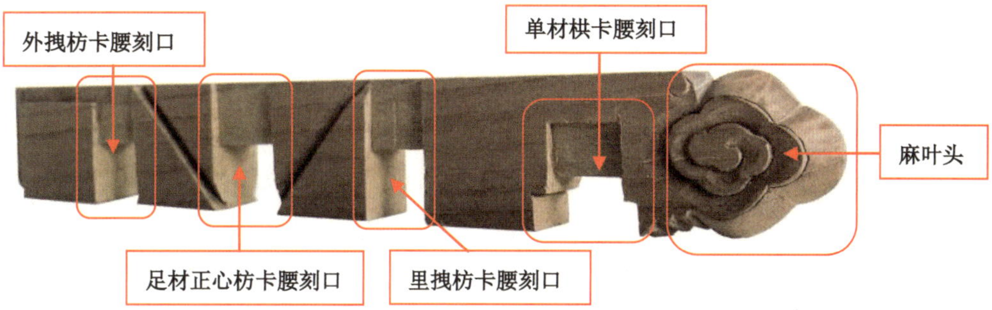

（a）

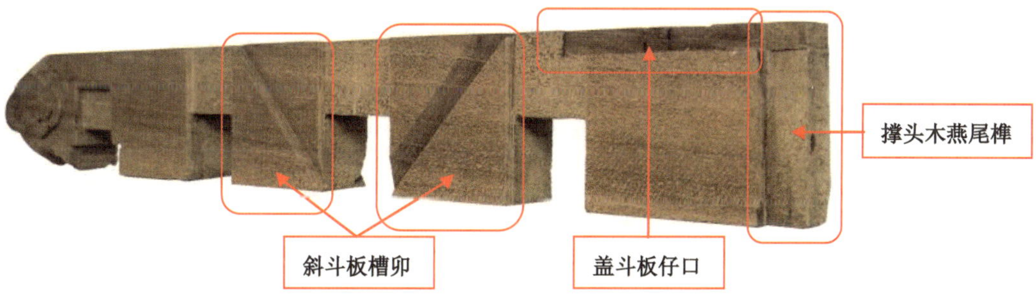

（b）

图 4-128　撑头木后带麻叶头轴测图

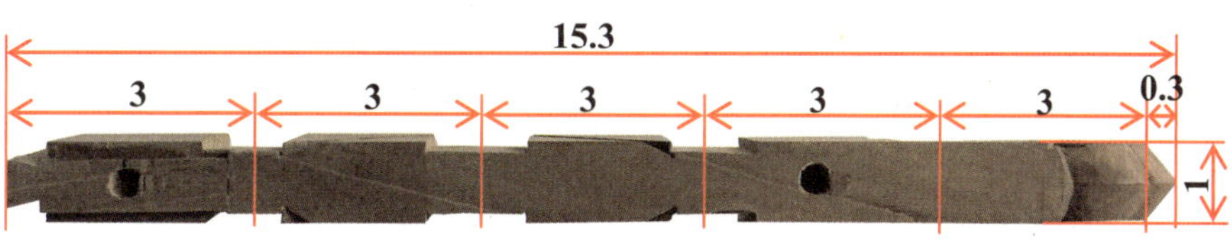

图 4-129　撑头木后带麻叶头俯视平面图

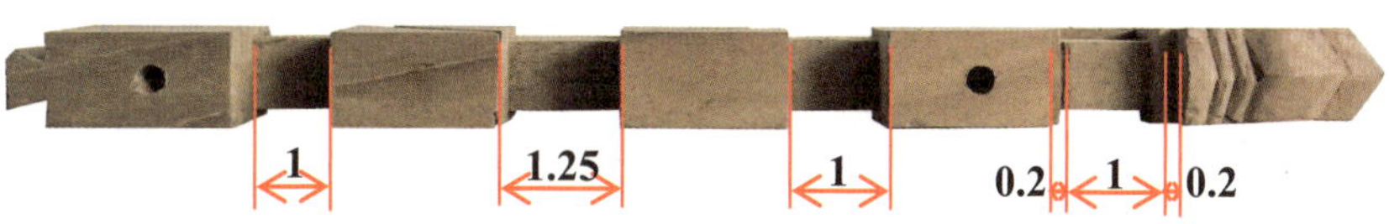

图 4-130　撑头木后带麻叶头仰视平面图

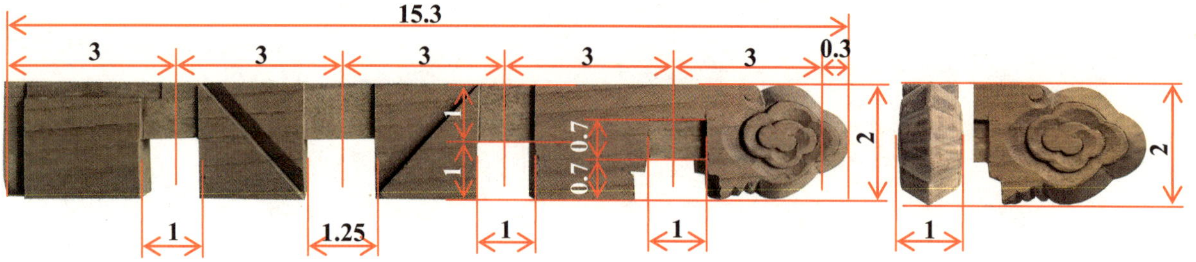

（a）　　（b）　　（c）

图 4-131　撑头木后带麻叶头立面图、细部详图

（5）桁椀正心桁桁椀。尺寸（斗口）：12×1×3.75（长×厚×高），桁椀尺寸及划线方法如图 4-132～图 4-135 所示。

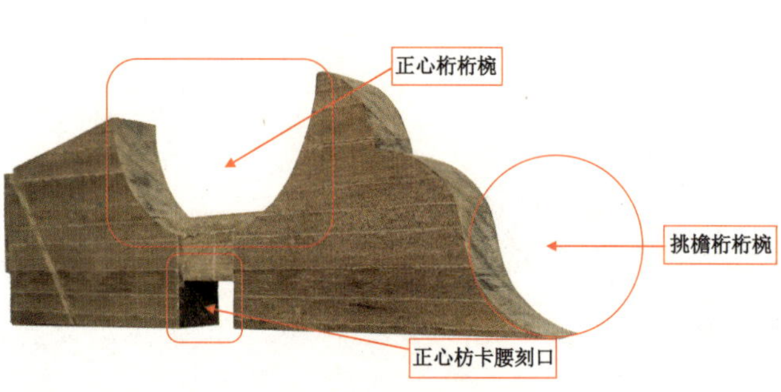

图 4-132　桁椀轴测图

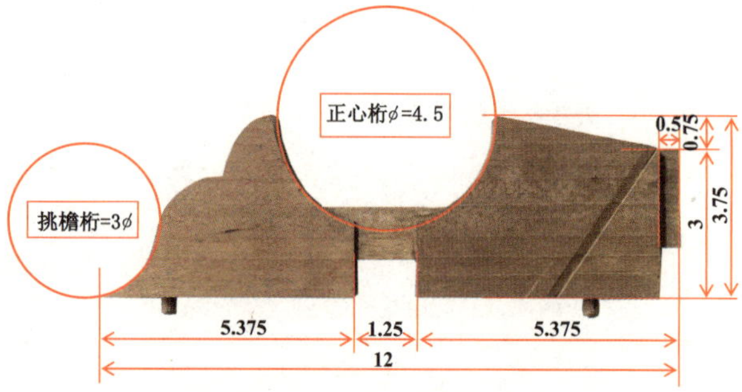

图 4-133　桁椀立面图

图 4-134　桁椀细部详图 1

图 4-135　桁椀细部详图 2

5. 其他类构件

（1）正心桁（檩）。尺寸（斗口）：按间实长+榫长×ϕ4.5（长×径）。

（2）挑檐桁（檩）。尺寸（斗口）：按间实长+榫长×ϕ3（长×径）。

（3）垫栱板。尺寸（斗口）：攒当实长+榫长×5.2+榫长×0.3（不小于 25mm）[长×高（宽）×厚]。

（4）盖斗板、斜斗板。尺寸（斗口）：攒当实长+榫长×拽架实长+榫长×0.25[长×高（宽）×厚]。

（三）构造组合

像大木结构的构件一样，斗栱每层的分件水平（横、纵、斜等）方向都有榫卯来拉结，使同层各分件连为一体；而各层与各层之间虽然也有榫卯拉结，但这种榫卯不同于前种榫卯，它是销子榫（卯），这种榫卯只能固定构件的水平方向也就是前后左右方向，而构件的垂直方向也就是上下方向则不能固定，这就是前面所讲斗栱六大功能之“形成吸收横纵震波的空间网架”功能的所致原因。

在清官式的平身科斗栱中，我们通常所见到的都是分件横纵直交的，很少见到横、纵、斜三方向甚至多方向分件相交的斗栱，这种斗栱发源于金、辽时代，山西尤为多见，这里不再详细介绍，详见图 4-136～图 4-141。

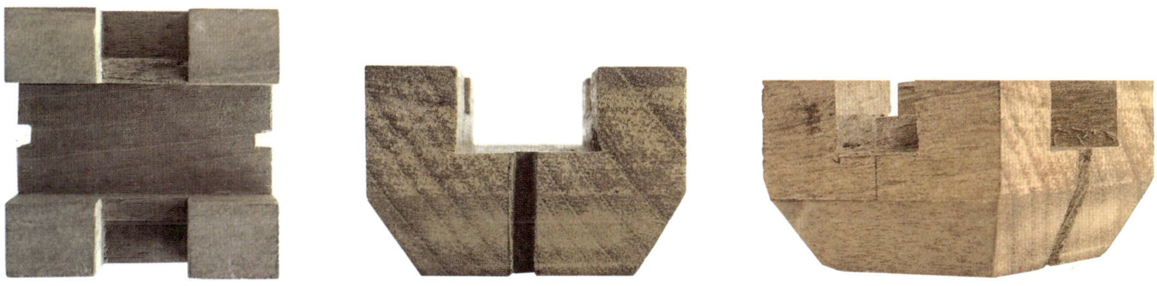

（a） （b） （c）

图 4-136 构件组合：第一层——坐斗

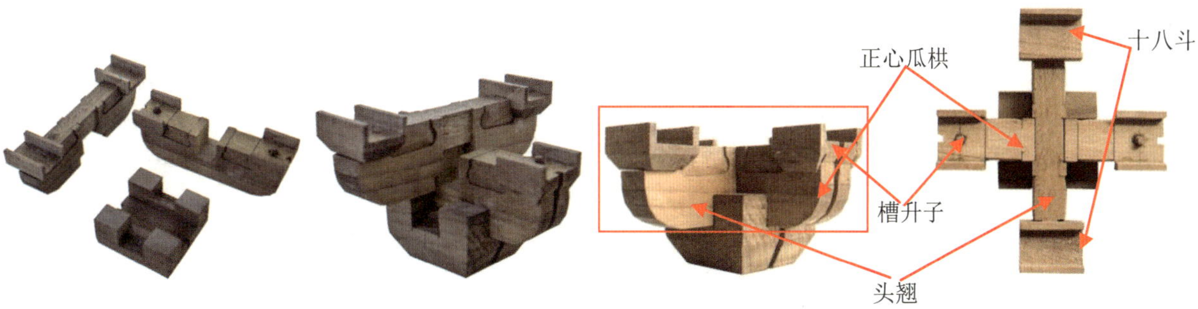

（a） （b） （c） （d）

图 4-137 构件组合：第二层——正心瓜栱、槽升子、头翘、十八斗

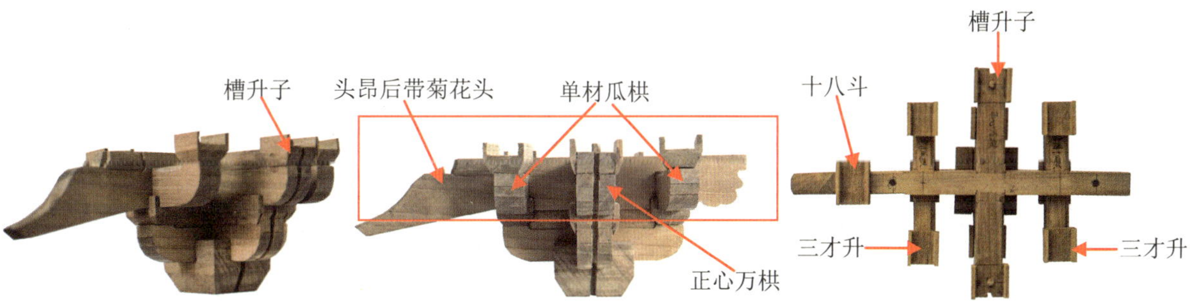

（a） （b） （c）

图 4-138 构件组合：第三层——正心万栱、槽升子、单材瓜栱、三才升、头昂后带菊花头、十八斗

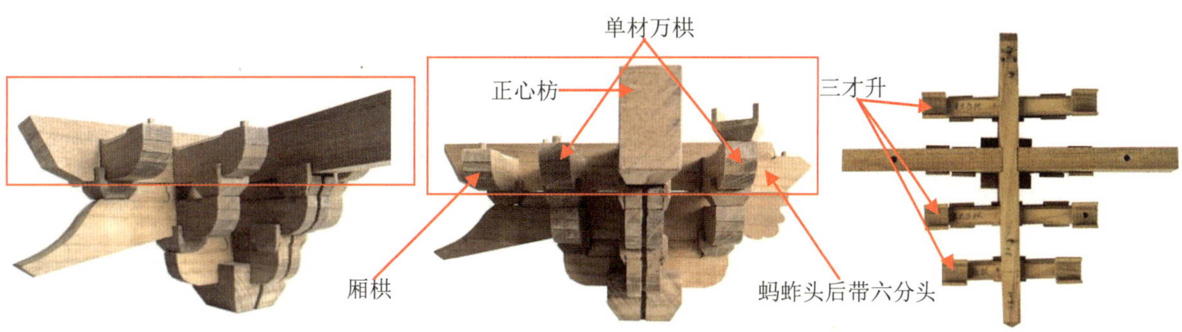

（a） （b） （c）

图 4-139 构件组合：第四层——正心枋、单材万栱、厢栱、三才升、蚂蚱头后带六分头

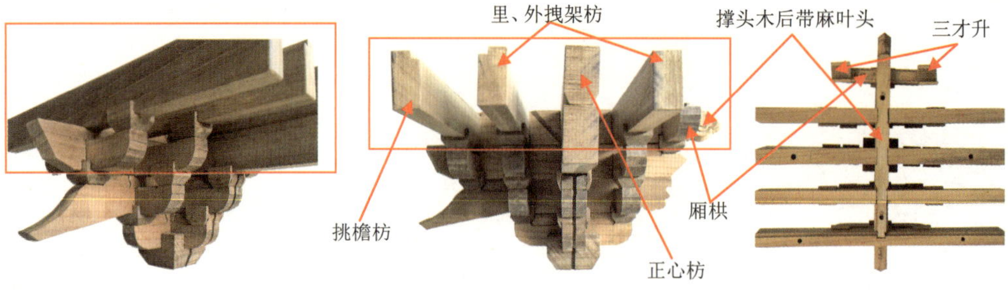

（a）　　（b）　　（c）

图 4-140　构件组合：第五层——正心枋、里外拽架枋、厢栱、三才升、挑檐枋、撑头木后带麻叶头

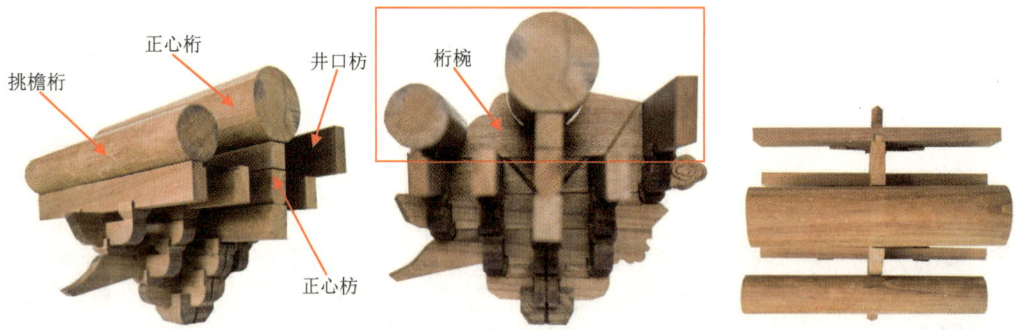

（a）　　（b）　　（c）

图 4-141　构件组合：第六层——正心枋、正心桁、挑檐桁、井口枋、桁椀

二、柱头科斗栱

柱头科斗栱是建筑物除角柱以外柱头上安放的斗栱，如图 4-142 和图 4-143 所示。

图 4-142　清代昂翘五踩柱头科斗栱

（a）　　（b）

图 4-143　清代单翘单昂五踩柱头科斗栱

（一）分件名称及数量

表 4-3 是柱头科斗栱的分件名称及数量。

表 4-3　柱头科斗栱的分件名称及数量

类别	名称	数量 / 件	备注
斗类构件	桶子大斗	1	
	翘上十八斗	2	
	昂上十八斗	1	
	槽升子	4	
	三才升	12	

续表

类别	名称	数量 / 件	备注
栱类构件	正心瓜栱	1	正心瓜栱亦称足材瓜栱
	正心万栱	1	正心万栱亦称足材万栱
	单材瓜栱	2	
	单材万栱	2	
	厢栱	1	
	厢栱头	2	
枋类构件	正心枋	6	
	挑檐枋	2	
	里、外拽架枋	4	各 2 件
	井口枋	2	
昂类构件	翘	1	
	昂后带雀替	1	
	桃尖梁	1	
其他类构件	正心桁	1	正心桁或正心檩
	挑檐桁	1	挑檐桁或挑檐檩
	垫拱板	2	
	盖斗板	2	
	斜斗板	6	
合计	23	58	

（二）分件尺寸及划线方法

1. 斗类构件

（1）桶子大斗。尺寸（斗口）：4×3.25×2［长×宽（深）×高］，桶子大斗尺寸及划线方法如图 4-144～图 4-146 所示。

图 4-144　桶子大斗轴测图

（2）翘（昂）上十八斗

① 翘（昂）上十八斗。尺寸（斗口）：3.4×1.4×1［长×宽（深）×高］。

② 昂上十八斗。尺寸（斗口）：4.4×1.4×1［长×宽（深）×高］。

分件尺寸及划线方法如图 4-147～图 4-149 所示。

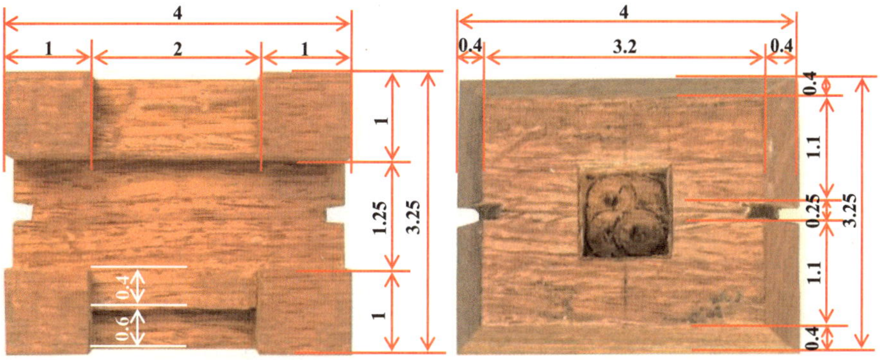

（a）正面俯视平面图　　（b）侧面仰视平面图

图 4-145　桶子大斗尺寸及划线方法 1

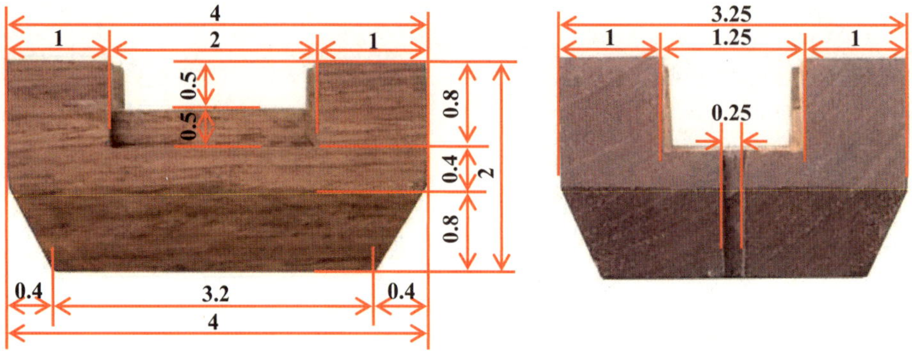

（a）正立面图　　（b）侧立面图

图 4-146　桶子大斗尺寸及划线方法 2

（a）　　（b）

图 4-147　翘、昂上十八斗轴测图

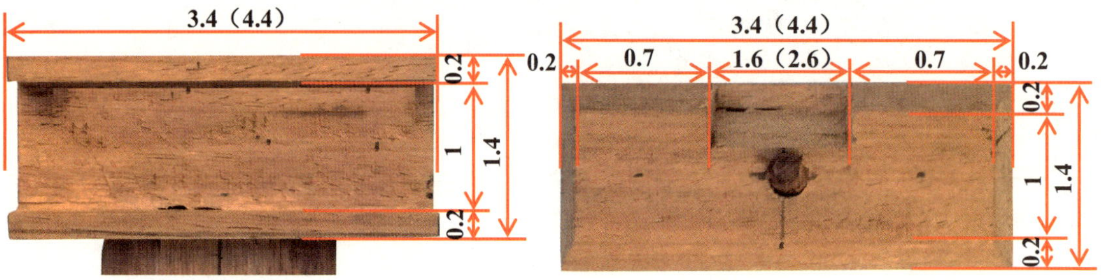

（a）　　（b）

图 4-148　翘、昂上十八斗俯视、仰视平面图

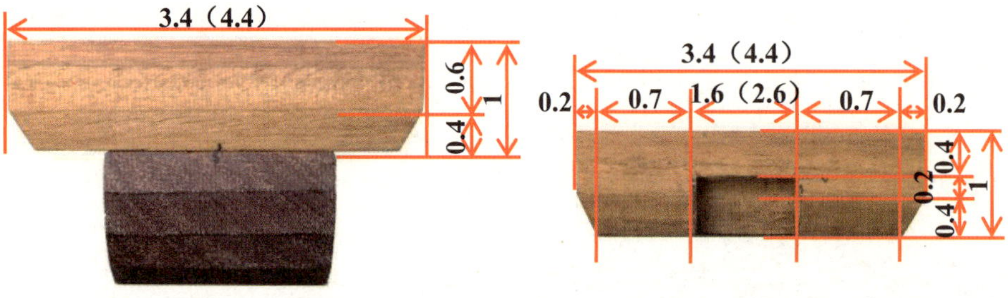

（a）　　（b）

图 4-149　翘上十八斗正立面图、背立面图

注：1. 图中括号内所标尺寸为昂上十八斗的尺寸，其余尺寸通用；

2. 翘、昂上十八斗侧立面同平身科十八斗（图 4-91），本图略。

（3）槽升子。尺寸（斗口）：1.4 × 1.65 × 1［长 × 宽（深）× 高］。

（4）三才升。尺寸（斗口）：1.4 × 1.4 × 1［长 × 宽（深）× 高］。

注：槽升子、三才升尺寸、做法同平身科图 4-89～图 4-91 及图 4-95，本处略。

2. 栱类构件

（1）正心瓜栱。尺寸（斗口）：6.2×1.25×2（长×厚×高）。

（2）正心万栱。尺寸（斗口）：9.2×1.25×2（长×厚×高）。

（3）单材瓜栱。尺寸（斗口）：6.2×1×1.4（长×厚×高）。

（4）单材万栱。尺寸（斗口）：9.2×1×1.4（长×厚×高）。

（5）厢栱。尺寸（斗口）：7.2×1×1.4（长×厚×高）。

注：上述构件尺寸、做法同平身科（图 4–92～图 4–111），本处略。

（6）里拽厢栱头。尺寸（斗口）7.2（见下注释）×1×1.4（长×厚×高）。厢栱头尺寸及划线方法见图 4–150。

（a）

（b）

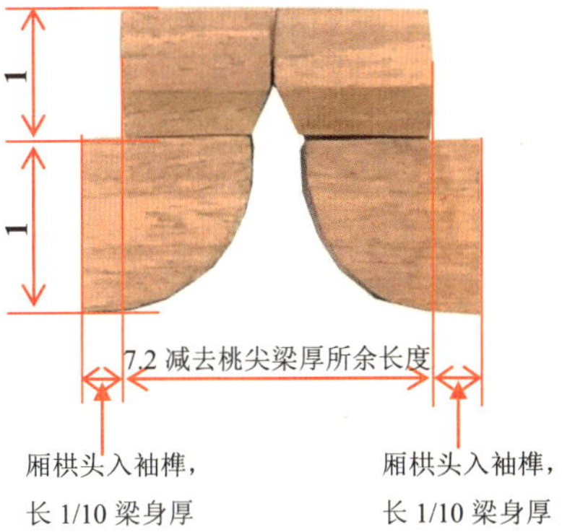

（c）

图 4–150　厢栱头尺寸及划线方法

注：里拽厢栱头同平身科斗栱所处位置与桃尖梁梁身相交，由于受力原因，梁身不做刻口，仅剔出各内侧 1/10 梁身厚度的栱头袖卯，栽入栱头。栱头实长按厢栱总长 7.2 斗口控制，减去桃尖梁梁身栱头袖卯剔凿后的实落尺寸的一半即为厢栱头长度尺寸。

3. 枋类构件

（1）正心枋。尺寸（斗口）：2×1.25（高×厚，长随面宽）。

（2）拽架（里、外）枋。尺寸（斗口）：2×1（高×厚，长随面宽）。

（3）挑檐枋。尺寸（斗口）：2×1（高×厚，长随面宽）。

（4）井口枋。尺寸（斗口）：3×1（高×厚，长随面宽）。

注：以上各枋除挑檐、外拽枋需做出盖斗板裁口、正心枋做出斜斗板坡棱外，其余部位不做加工，详图略。

4. 昂类构件

（1）翘。尺寸（斗口）：7×2×2（长×厚×高），翘尺寸及划线方法如图 4–151～图 4–154 所示。图中除注明尺寸部位外，其余部位的尺寸与平身科翘尺寸相同，参见图 4–112～图 4–115。

图 4–151　翘轴测图

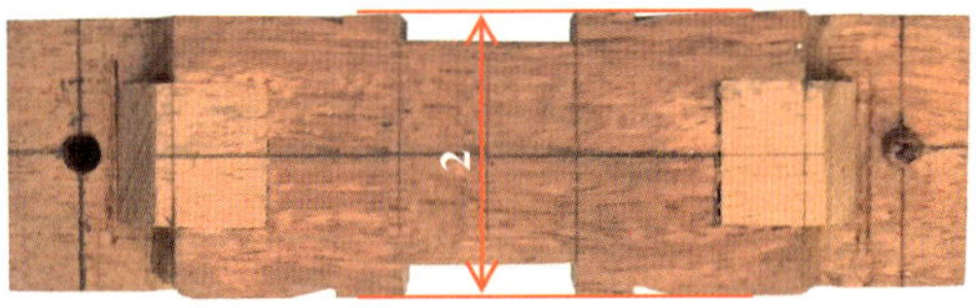

图 4–152　翘俯视平面图

图 4–153　翘正立面图

图 4–154　翘侧立面图

（2）昂后带雀替。尺寸（斗口）：18.3×3×3（长×厚×高），昂后带雀替尺寸及划线方法如图 4–155～图 4–158 所示。

图 4–155　昂后带雀替轴测图

注：构件中除标注的名称外，其余部位的名称与平身科昂后带菊花头相同，参见图 4–116。

图 4–156　昂后带雀替俯视平面图

图 4–157　昂后带雀替仰视平面图

注：构件中除标注的名称外，其余部位的名称与平身科昂后带菊花头相同，参见图 4–117 和图 4–118。

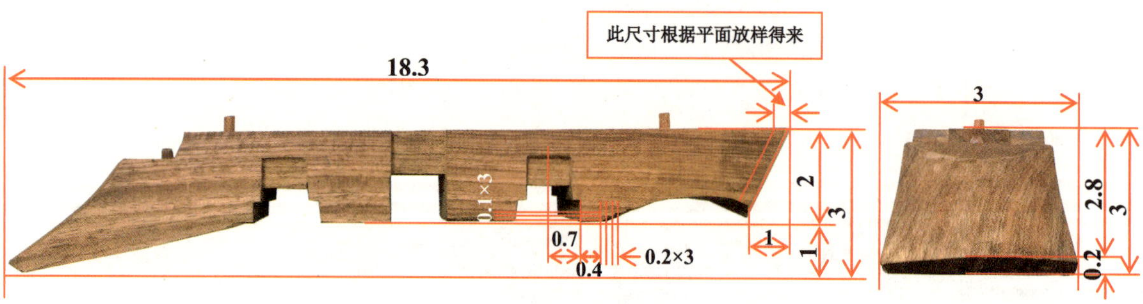

图 4–158　昂后带雀替正立面图、侧立面图

注：构件中除标注的名称外，其余部位的名称与平身科昂后带菊花头相同，参见图 4–116。

（3）桃尖梁。尺寸（梁头部分斗口）：12×4×7.75（长×厚×高，梁身部分按大木尺寸定），桃尖梁尺寸及划线方法如图 4-159～图 4-164 所示。

图 4-159 桃尖梁轴测图

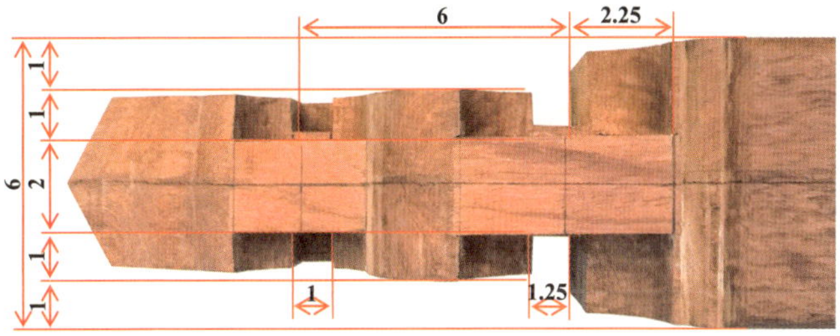

图 4-160 桃尖梁俯视平面图

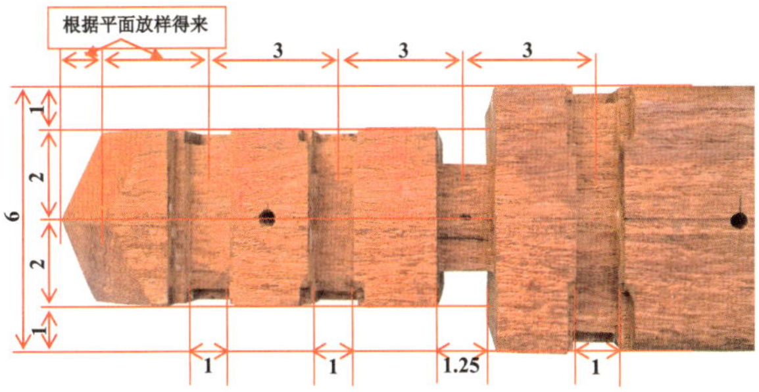

图 4-161 桃尖梁仰视平面图

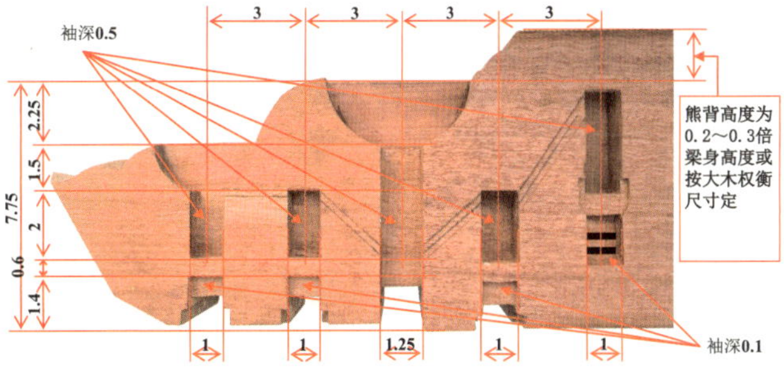

图 4-162 桃尖梁侧立面图

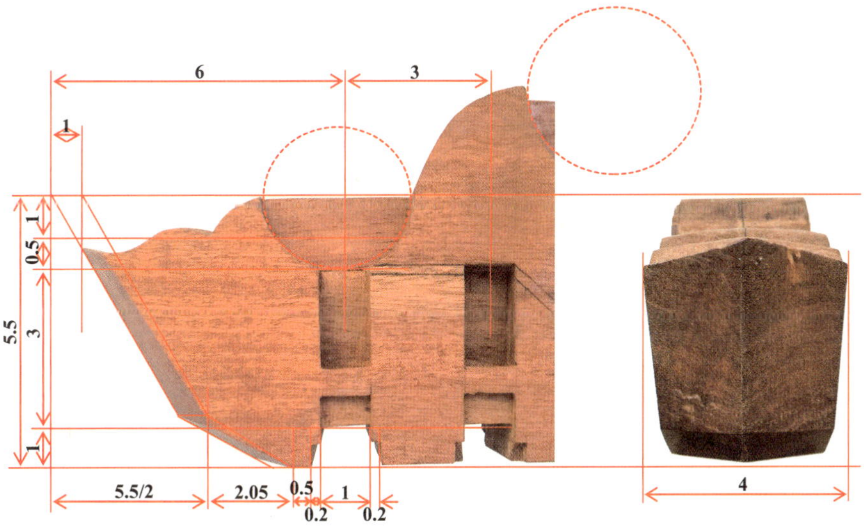

（a） （b）

图 4-163 桃尖梁梁头详图

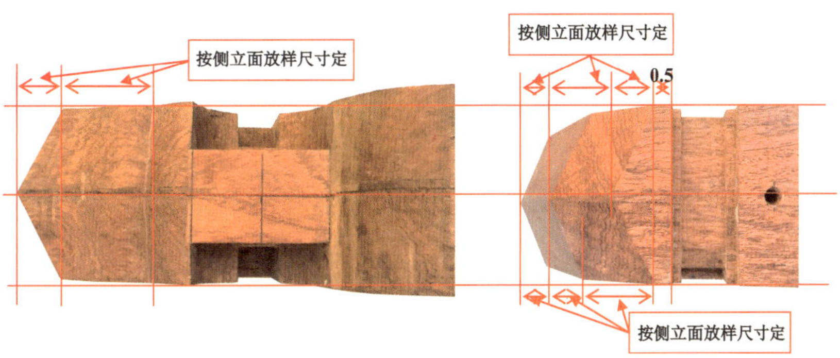

（a） （b）

图 4-164 桃尖梁头俯、仰视详图

（三）构造组合

柱头科斗栱与平身科斗栱都是横纵两方向直交的结构，所不同的是：①柱头科斗栱纵向分件的厚度与平身科不同；②柱头斗栱的纵向分件自平身科蚂蚱头后带六分头这一层起直至桁椀共三层分件合并为一个整体分件桃尖梁。

由于桃尖梁是连（拉）接檐（廊）、金步构架的结构构件，受力上不允许做出像平身科分件那样的刻口卡腰，它有着不同于平身科斗栱的独特做法，详见图 4-165～图 4-168。

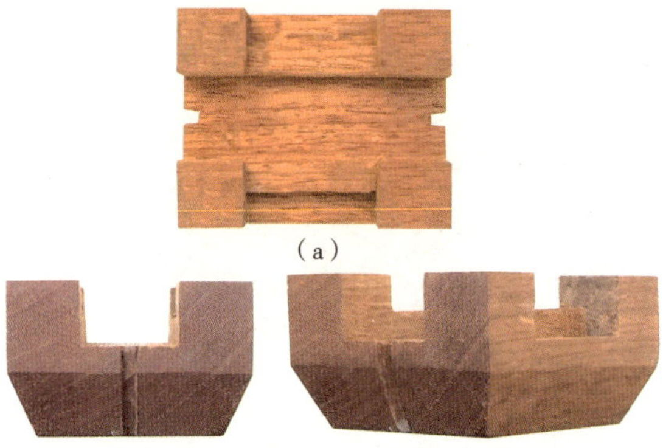

（a）（b）（c）

图 4-165　构件组合：第一层——桶子大斗

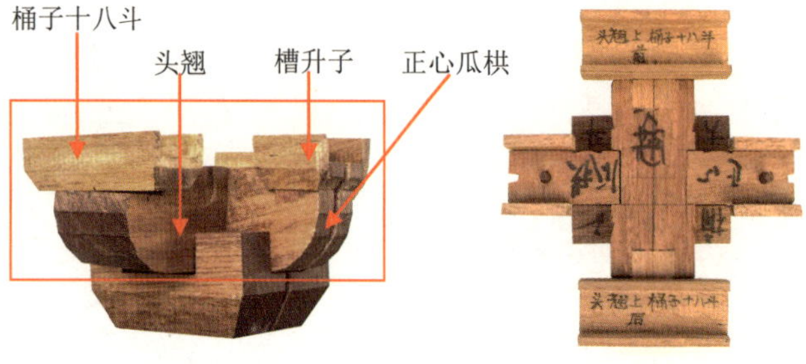

（a）（b）

图 4-166　构件组合：第二层——正心瓜栱、槽升子、头翘、翘上桶子十八斗

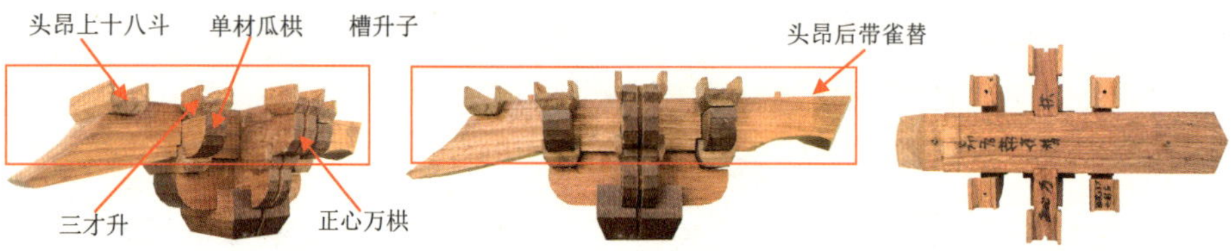

（a）（b）（c）

图 4-167　第三层——正心万栱、槽升子、单材瓜栱、三才升、头昂后带雀替、昂上桶子十八斗

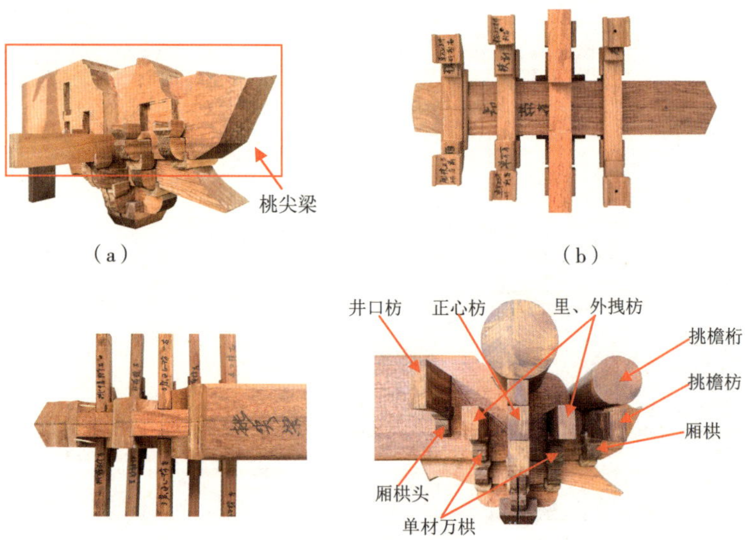

（a）（b）（c）（d）

图 4-168　构件组合：第四至六层——桃尖梁、正心枋、单材万栱、厢栱、三才升、里、外拽枋、挑檐枋、井口枋、厢栱头、挑檐桁、正心桁

（四）与平身科斗栱的区别

（1）斗栱的纵向构件要厚于平身科，平身科斗栱的纵向构件厚都是 1 斗口，而柱头科纵向构件却是最下一层头翘或头昂厚 2 斗口，最上一层桃尖梁厚 4 斗口，中间几层的厚度按斗栱不同踩数的不同层数由下而上做级差递增。

由于柱头科所处位置正好是每榀梁架与柱子之间，它传承的荷载最为直接，要远大于平身科斗栱，所以它纵向构件的尺寸要加厚，这就显现出唐、宋材分制的传承；为体现明、清朝自认在技术上、艺术上要高于前朝，明、清两朝又在斗栱上做足了文章，首先是平身科斗栱：为了渲染建筑立面，增加了它的攒数；由于增加了攒数，又由于传承的荷载相对间接，所以它的纵向构件减薄了尺寸。其次是柱头科斗栱，它把纵向构件做成了阶梯状，既丰富了层次，又尽可能少地影响直接传递荷载构件的断面强度。在斗栱的演变上，明清做法也是独具匠心的，尽管它的这种演变饱受后人争议。

（2）平身科斗栱的纵向构件是独立的，与金步构件没什么联系，只起传递荷载及装饰作用，而柱头科则不然，它的构件桃尖梁与结构梁是一体，是同一个构件，既起传递荷载及装饰作用，又起到与金步柱网、梁架拉结作用。

（3）柱头科的纵向构件自要头层起改为桃尖梁做法，厚度、头、尾均与平身科不同；要头层以下的构件厚度加厚，尾饰做变化；而柱头科的横向构件则与平身科相同，只是随着纵向构件的加厚而长度减短而已。

三、角科斗栱

角科斗栱是建筑物角柱柱头上安放的斗栱，如图 4-169 和图 4-170 所示。

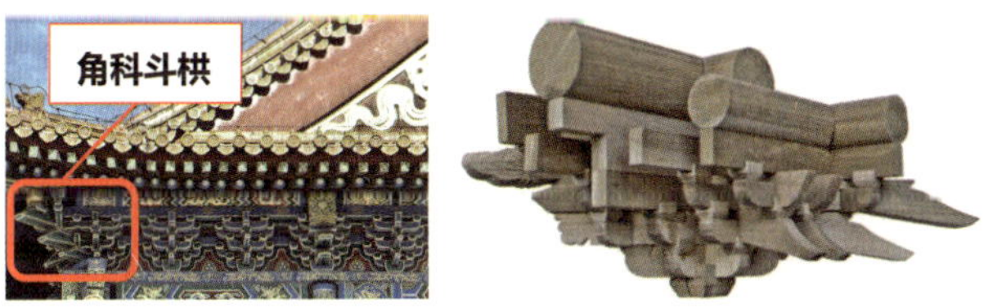

（a）　（b）

图 4-169　清代昂翘五踩角科斗栱

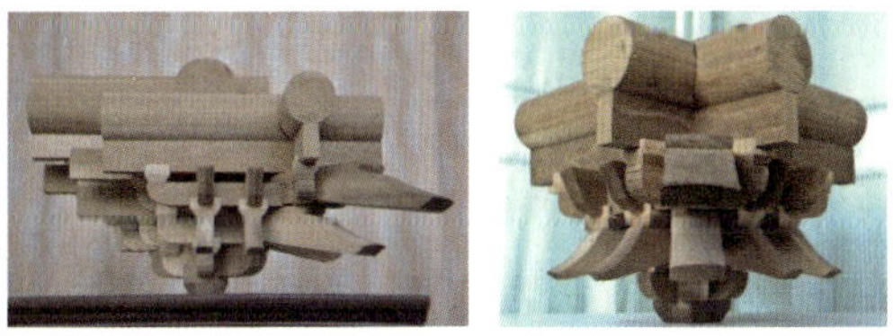

（a）　（b）

图 4-170　清代单翘单昂五踩角科斗栱

（一）分件名称及数量

表 4-4 是角科斗栱的分件名称及数量。

表 4-4　角科斗栱的分件名称及数量

类别	名称	数量 / 件	备注
斗类构件	坐斗	1	
	正头翘上十八斗	2	
	正头昂上十八斗	2	
	闹头昂上十八斗	2	
	槽升子	4	
	三才升	14	
	斜头翘上平盘斗	1	
	斜头昂上平盘斗	1	
	由昂上平盘斗	1	

续表

类别	名称	数量/件	备注
栱类构件	正心瓜栱	—	纳入昂类构件
	正心万栱	—	纳入昂类构件
	单材瓜栱	—	纳入昂类构件
	单材万栱	—	纳入昂类构件
	里连头合角单材瓜栱	2	亦称鸳鸯交首栱
	里连头合角单材万栱	2	亦称鸳鸯交首栱
	把臂厢栱	2	
枋类构件	正心枋	—	纳入昂类构件
	挑檐枋	2	
	里、外拽架枋	—	纳入昂类构件
	井口枋	2	
昂类构件	正头翘后带正心瓜栱	2	
	正头昂后带正心万栱	2	
	正蚂蚱头后带正心枋	2	
	正撑头木后带正心枋	2	
	闹头昂后带单材瓜栱	2	
	闹蚂蚱头后带单材万栱	2	蚂蚱头亦称耍头
	闹撑头木后带外拽枋	2	
	斜头翘	1	
	斜头昂后带斜菊花头	1	
	由昂后带斜六分头	1	
	斜撑头木后带斜麻叶头	1	通常与由昂连做
	斜桁椀	1	
其他类构件	正心桁	1	正心桁或正心檩
	挑檐桁	1	挑檐桁或挑檐檩
	垫拱板	2	
	盖斗板	4	
	斜斗板	6	
合计	37	71	

（二）分件尺寸及划线方法

1. 斗类构件

注：十八斗、槽升子、三才升同平身科；平盘斗与昂类构件连做，此处略。

坐斗尺寸（斗口）：3.25×3.25×2［长×宽（深）×高］，坐斗尺寸及划线方法如图4-171～图4-175所示。

（a）　（b）

图 4-171　坐斗轴测图

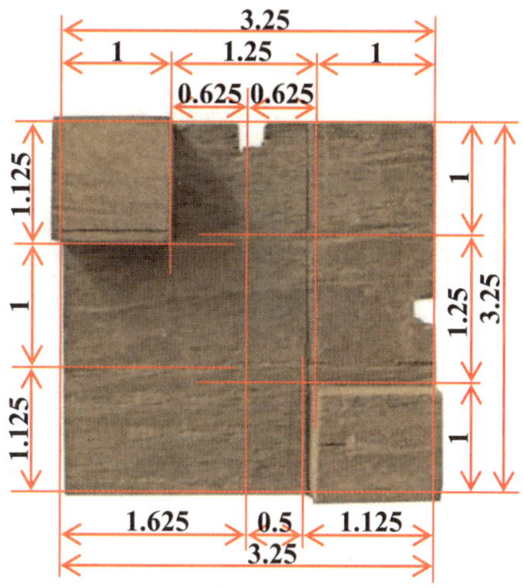

图 4-172　坐斗俯视平面图

图 4-173　坐斗仰视平面图

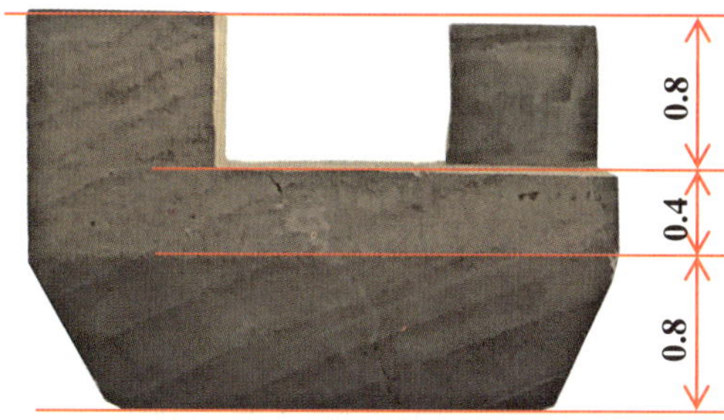

图 4-174　坐斗正立面图

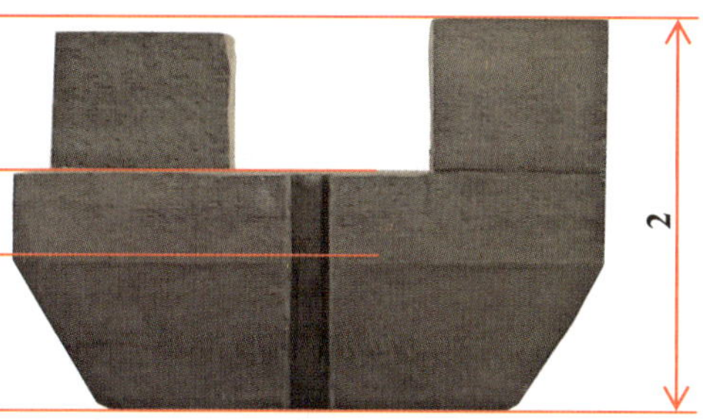

图 4-175　坐斗侧立面图

2. 栱类构件

注：正心、单材瓜、万栱及厢栱同平身科，此处略。

（1）里连头合角单材瓜、万栱（鸳鸯交首栱）。尺寸（斗口）：1×1.4（厚×高），其尺寸及划线方法如图 4-176 和图 4-178 所示。

（a）　　（b）

图 4-176　里连头合角单材瓜、万栱（鸳鸯交首栱）轴测图

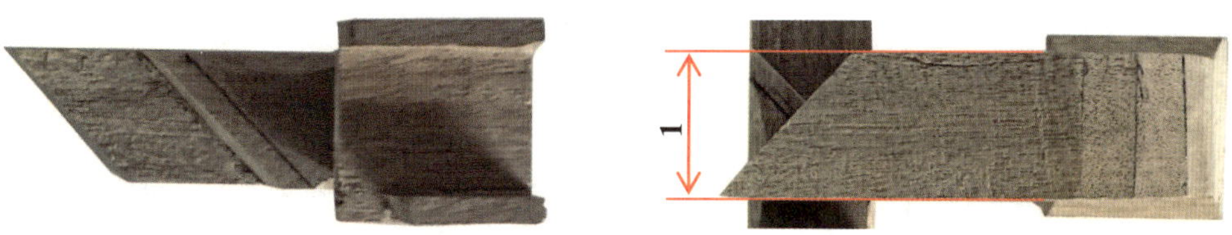

（a）　　（b）

图 4-177　里连头合角单材瓜、万栱（鸳鸯交首栱）俯视、仰视平面图

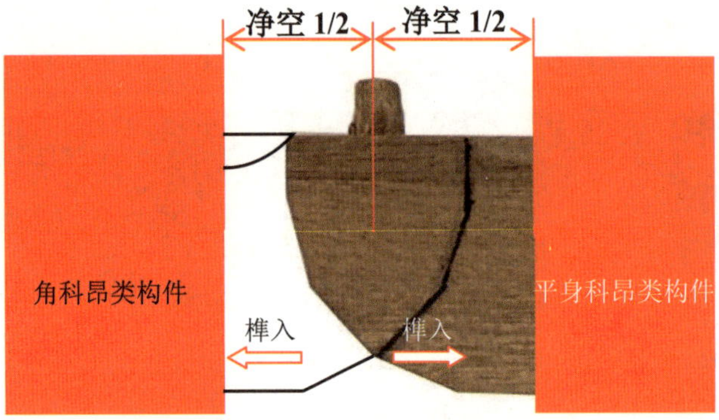

交首栱栱头连做方法：按相邻角科与平身科昂类构件的净空尺寸居中定为交首栱（三才升）中；按栱头划线方法向两侧分划栱头，并在栱头外侧刻出斜棱

图 4-178　里连头合角单材瓜、万栱（鸳鸯交首栱）栱头连做

注：该构件通常与相邻平身科里拽单材瓜栱连做，长度以实际尺寸计，确定长度的一般方法为：根据平面攒当实际尺寸放出相邻平身科斗栱里拽瓜、万栱平面实样，与角科合角瓜、万栱连为一体定长。

构件中的栱头、栱眼、袖榫等均按平身科斗栱相同构件做法制作，三卡腰刻口按本书第六章做法制作。

（2）把臂厢栱。尺寸（斗口）：1×1.4×13.2（厚×高×长），其尺寸及划线方法如图 4-179～图 4-182 所示。

图 4-179　把臂厢栱轴测图

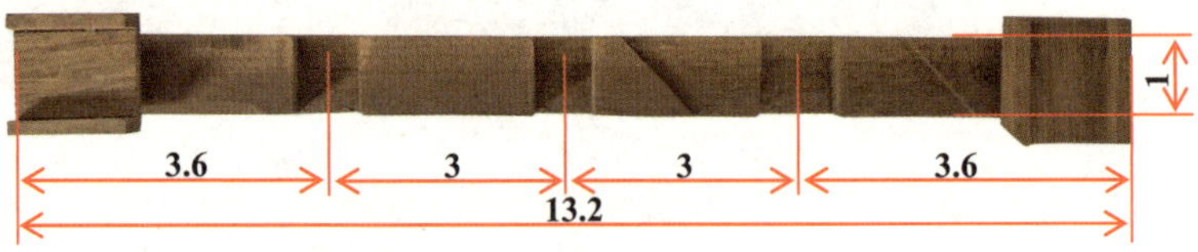

图 4-180　把臂厢栱俯视平面图

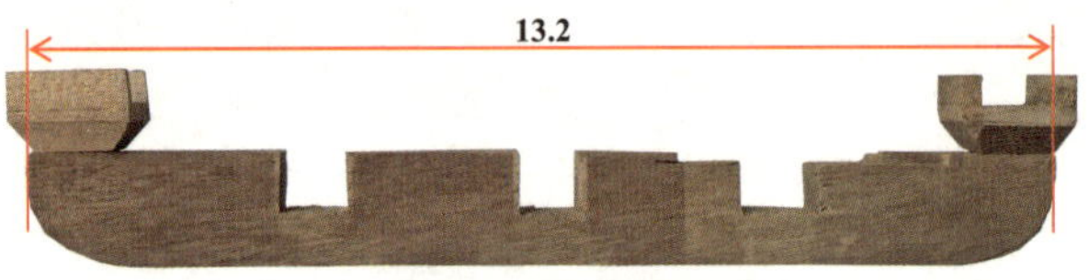

图 4-181　把臂厢栱立面图 1

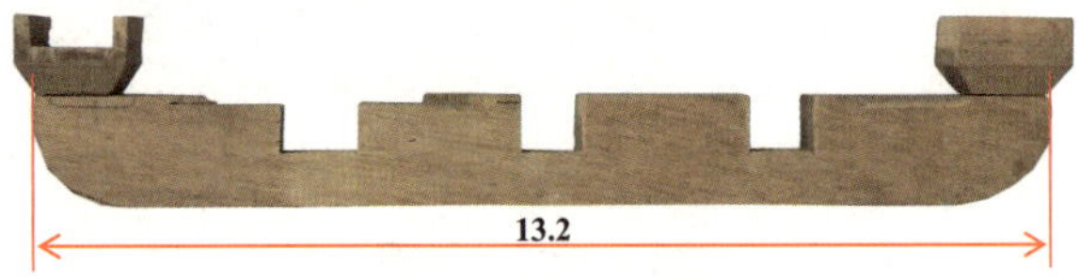

图 4-182　把臂厢栱立面图 2

注：构件中的栱头、栱眼、袖榫等均按平身科斗栱相同构件做法制作，三卡腰刻口按本书第六章做法制作。

3. 枋类构件

正心枋、拽架（里、外）枋纳入昂类构件，此处略。挑檐枋、井口枋同平身科，此处略。

4. 昂类构件

（1）正头翘后带正心瓜栱。尺寸（斗口）：6.6×1.25×2（长×厚×高），其尺寸及划线方法如图 4-183～图 4-188 所示。

图 4-183　正头翘后带正心瓜栱轴测图 1

图 4-184　正头翘后带正心瓜栱轴测图 2

图 4-185　正头翘后带正心瓜栱俯视平面图

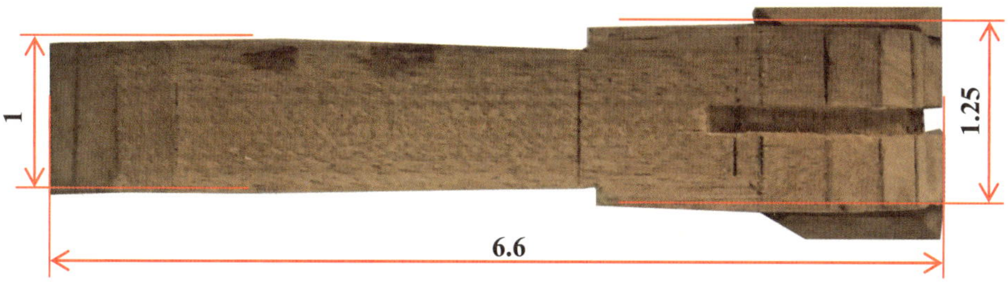

图 4-186　正头翘后带正心瓜栱仰视平面图

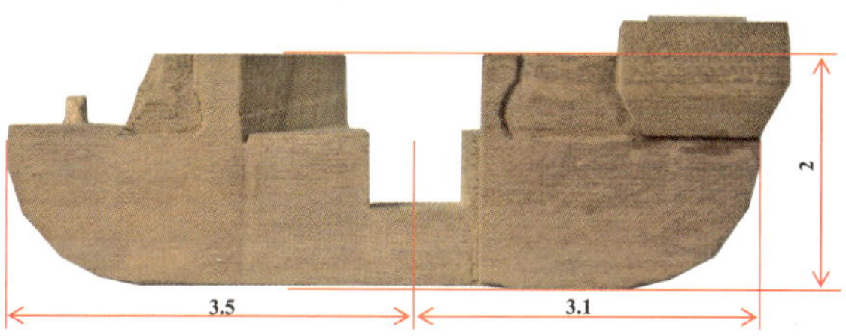

图 4-187　正头翘后带正心瓜栱正立面图 1

图 4-188　正头翘后带正心瓜栱正立面图 2

注：构件中的栱头、栱眼、袖榫等按平身科斗栱相同构件做法制作，三卡腰刻口按本书第八章做法制作。

（2）正头昂后带正心万栱。尺寸（斗口）：13.9×1.25×3（长×厚×高），其尺寸及划线方法如图 4-189～图 4-192 所示。

注：构件中的栱头、栱眼、袖榫、昂头等均按平身科斗栱相同构件做法制作，三卡腰刻口按本书第六章做法制作。

图 4-189　正头昂后带正心万栱轴测图 1

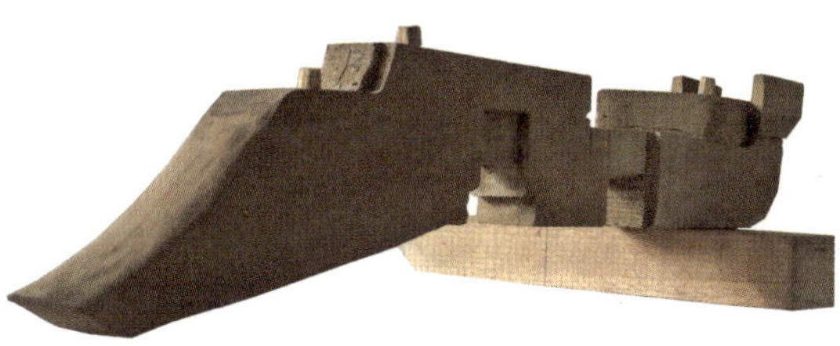

图 4-190　正头昂后带正心万栱轴测图 2

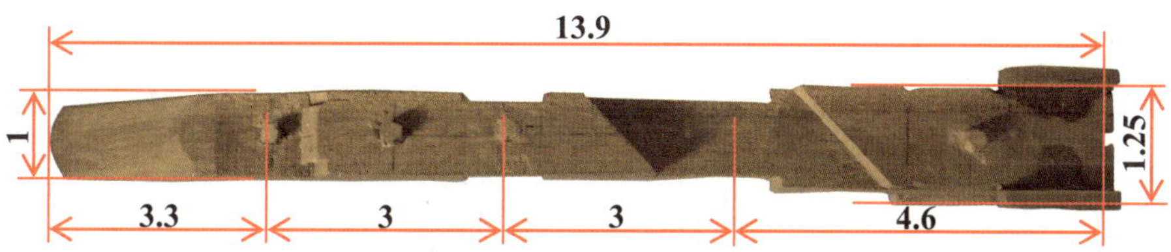

图 4-191　正头昂后带正心万栱俯视平面图

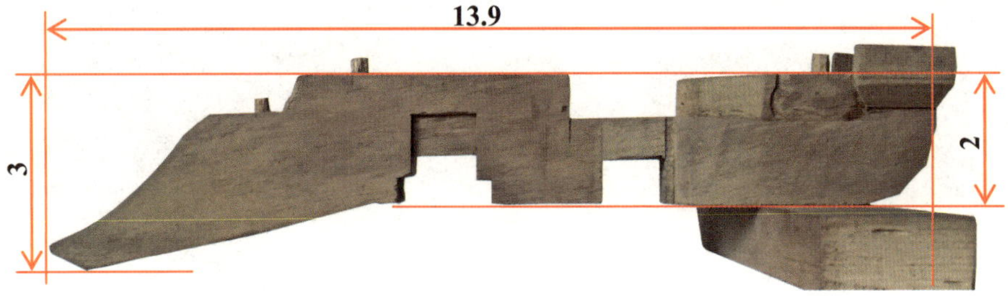

图 4-192　正头昂后带正心万栱立面图

（3）正蚂蚱头（耍头）后带正心枋。尺寸（斗口）：9（至正心中）×1.25×2（长×厚×高），其尺寸及划线方法如图 4-193～图 4-196 所示。

图 4-193　正蚂蚱头后带正心枋轴测图 1

图 4-194　正蚂蚱头后带正心枋轴测图 2

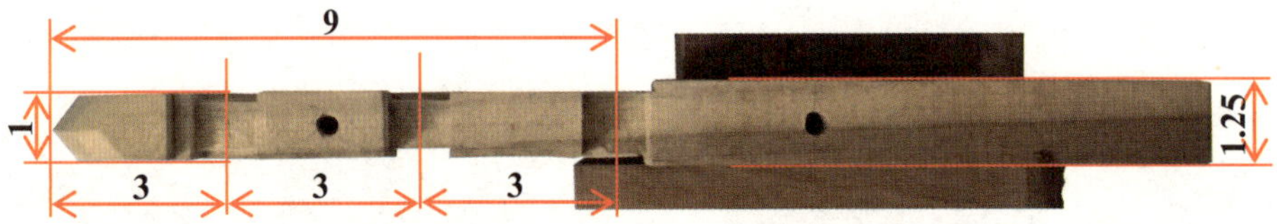

图 4-195　正蚂蚱头后带正心枋俯视平面图

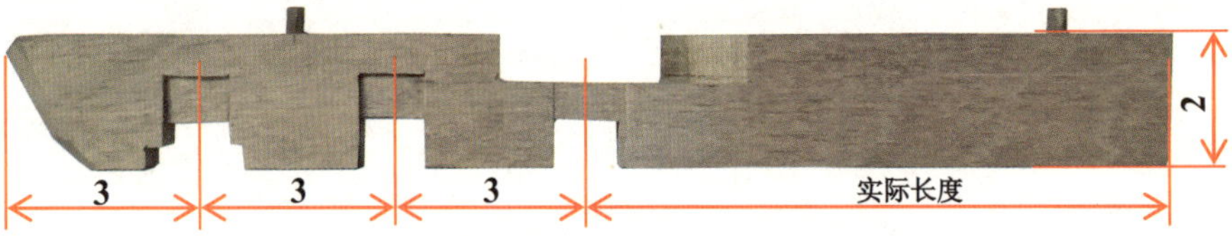

图 4-196　正蚂蚱头后带正心枋立面图

注：构件中的袖榫、出峰等均按平身科斗栱相同构件做法制作，三卡腰刻口按本书第六章做法制作。

（4）正撑头木后带正心枋。尺寸（斗口）：6（至正心中）×1.25×2（长×厚×高），其尺寸及划线方法如图 4-197 所示。

注：构件中的栱头、栱眼、袖榫、出峰等均按平身科斗栱相同构件做法制作，三卡腰刻口按本书第六章做法制作。

（5）闹头昂后带单材瓜栱。尺寸（斗口）：12.4×1×3（长×厚×高），其尺寸及划线方法如图 4-198～图 4-202 所示。

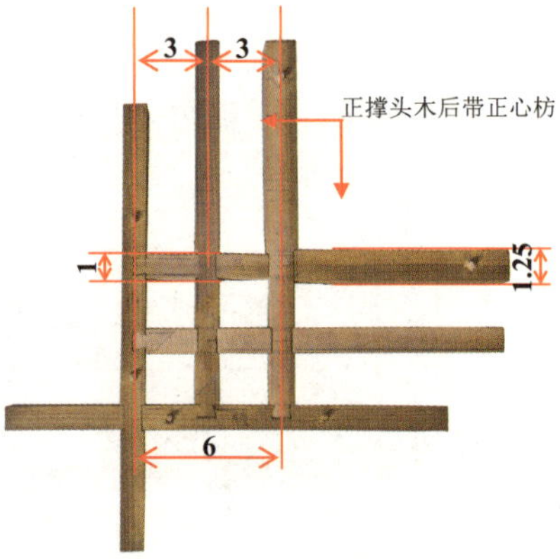

图 4-197　正撑头木头木后带正心枋

图 4-198　闹头昂后带单材瓜栱轴测图 1

图 4-199　闹头昂后带单材瓜栱轴测图 2

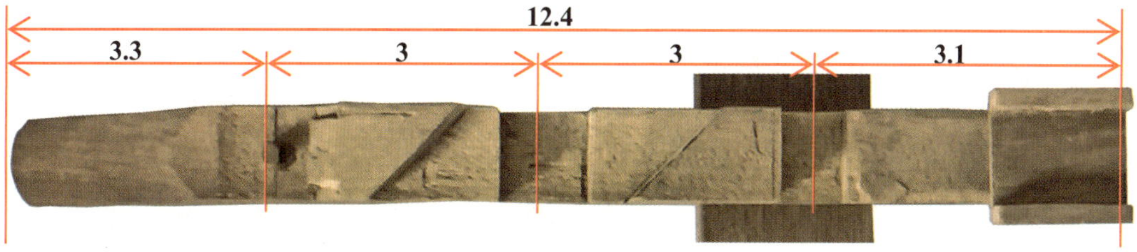

图 4-200　闹头昂后带单材瓜栱俯视平面图

图 4-201　闹头昂后带单材瓜栱仰视平面图

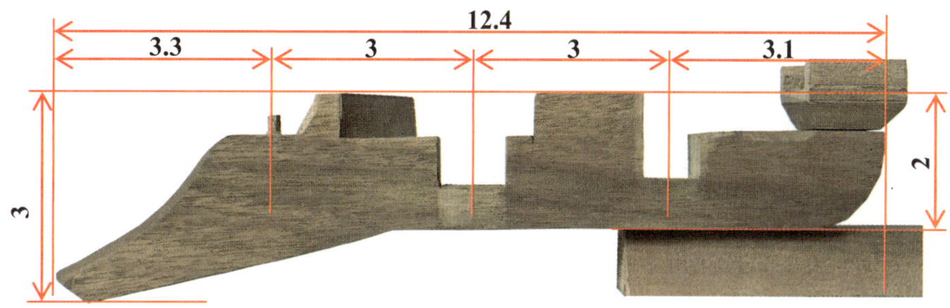

图 4-202　闹头昂后带单材瓜栱立面图

（6）闹蚂蚱头后带单材万栱。尺寸（斗口）：13.6×1×2（长×厚×高），其尺寸及划线方法如图 4-203～图 4-207 所示。

注：构件中的栱头、栱眼、袖榫、出峰等均按平身科斗栱相同构件做法制作，三卡腰刻口按本书第六章做法制作。

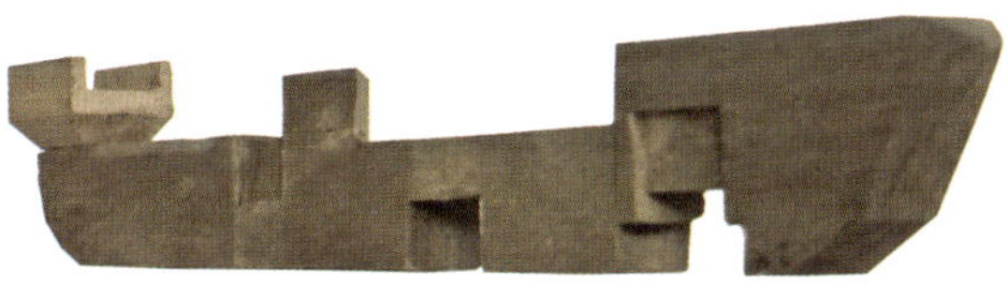

图 4-203　闹蚂蚱头后带单材万栱轴测图 1

图 4-204　闹蚂蚱头后带单材万栱轴测图 2

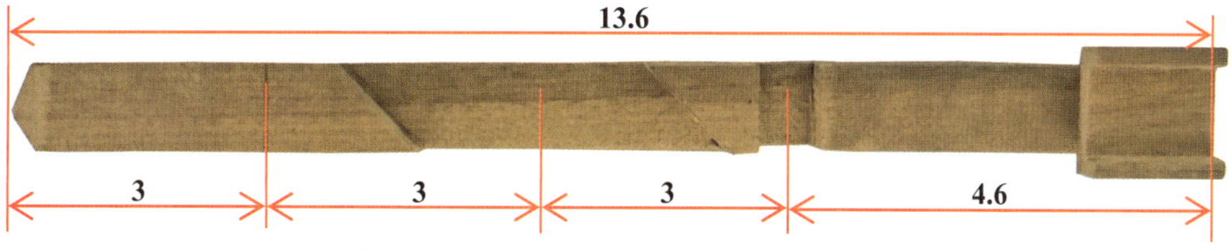

图 4-205　闹蚂蚱头后带单材万栱俯视平面图

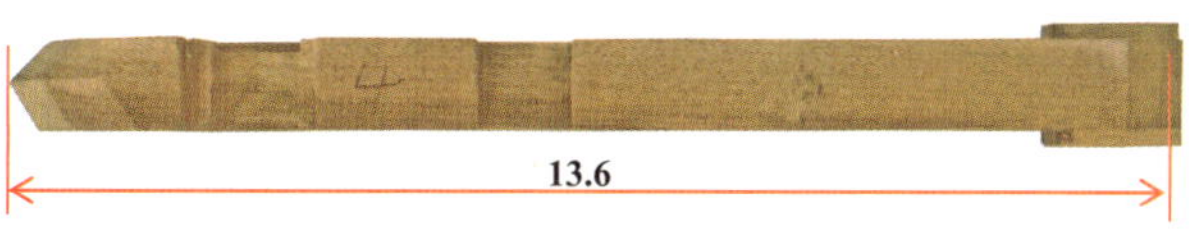

图 4-206　闹蚂蚱头后带单材万栱仰视平面图

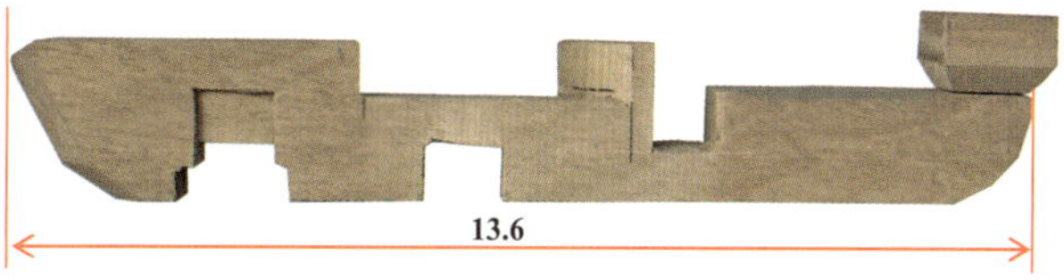

图 4-207　闹蚂蚱头后带单材万栱立面图

（7）闹撑头木后带外拽枋。尺寸（斗口）：6（至正心中）×1×2（长×厚×高），其尺寸及划线方法如图 4–208 所示。

注：构件中的栱头、栱眼、袖榫、出峰等均按平身科斗栱相同构件做法制作，三卡腰刻口按本书第六章做法制作。

（8）斜头翘。尺寸（斗口）：7× 角度系数 ×1.5×2（长×厚×高），其尺寸及划线方法如图 4–209～图 4–212 所示。

注：构件中的栱头、栱眼、袖榫等均按平身科斗栱相同构件做法制作，三卡腰刻口按本书第六章做法制作。

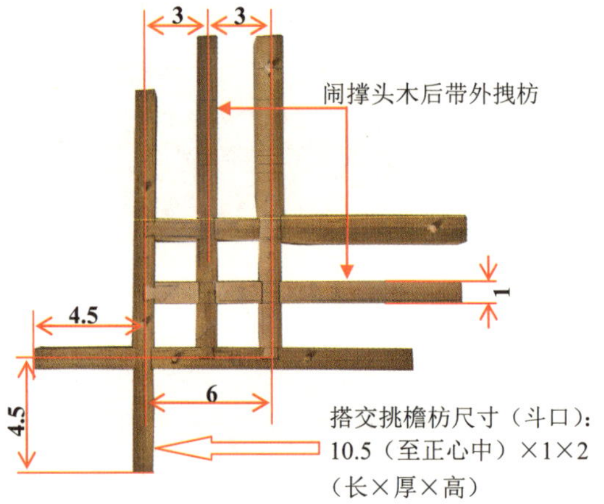

图 4–208　闹撑头木后带外拽枋、搭交挑檐枋

凡斜向构件其长向细部尺寸均乘所处夹角的加斜系数，高度尺寸同平身科斗栱。

图 4–209　斜头翘轴测图

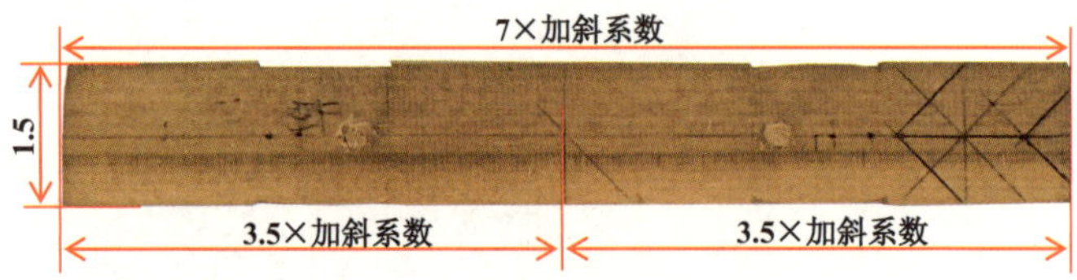

图 4–210　斜头翘俯视平面图

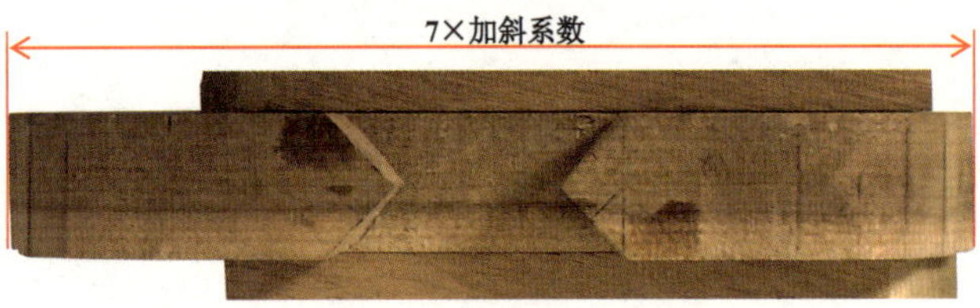

图 4–211　斜头翘仰视平面图

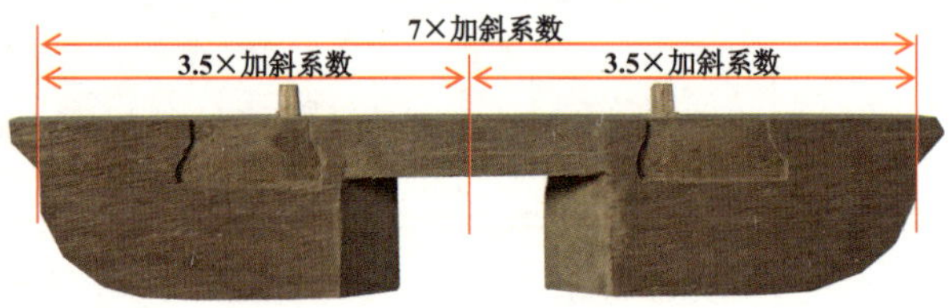

图 4–212　斜头翘正立面图

（9）斜头昂后带斜菊花头。尺寸（斗口）：15.3 × 角度系数×2×2（长×厚×高），其尺寸及划线方法如图 4–213～图 4–217 所示。

注：构件中的昂头、菊花头、袖榫等均按平身科相同构件做法制作，三卡腰刻口按本书第六章做法制作。

凡斜向构件其长向细部尺寸均乘所处夹角的加斜系数，高度尺寸同平身科斗栱。

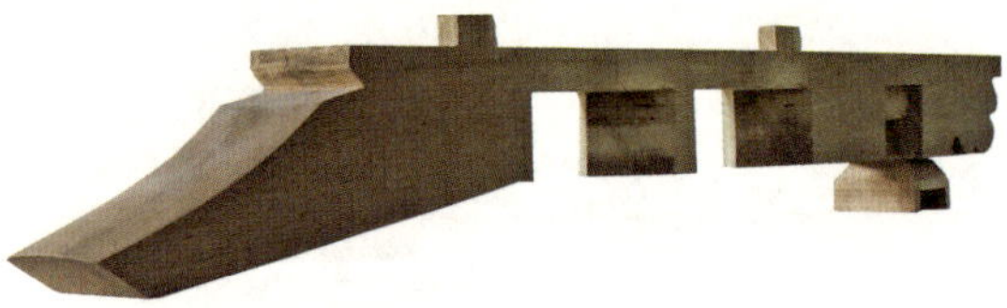
图 4–213　斜头昂后带菊花头轴测图 1

图 4–214　斜头昂后带菊花头轴测图 2

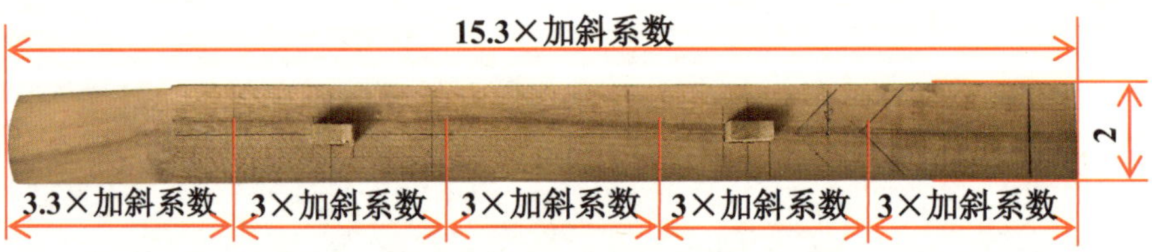

图 4–215　斜头昂后带菊花头俯视平面图

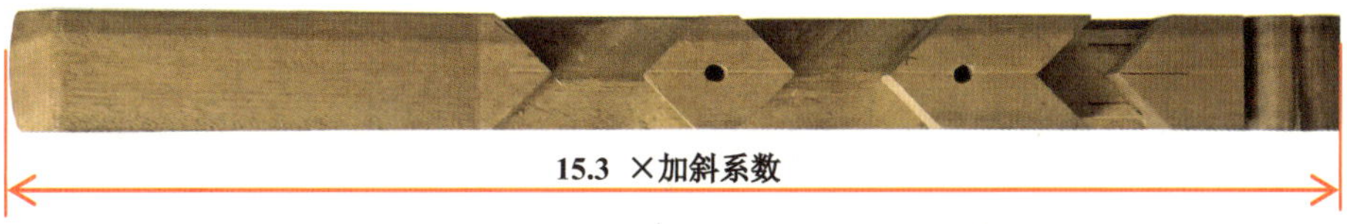

图 4–216　斜头昂后带菊花头仰视平面图

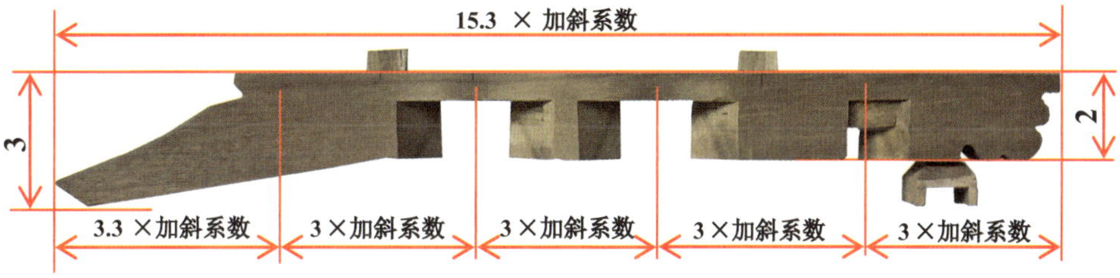

图 4–217　斜头昂后带菊花头立面图

（10）由昂后带斜六分头。尺寸（斗口）：19.4 × 角度系数 × 2.5 × 3（长 × 厚 × 高）。

（11）斜撑头木后带斜麻叶头。尺寸（斗口）：15.6（以挑檐枋中计）× 角度系数 × 2.5 × 2（长 × 厚 × 高）。

由昂后带斜六分头、斜撑头木后带斜麻叶头及寸及划线方法如图 4–218～图 4–221 所示。

注：以上两构件通常连做，总尺寸 21.6 × 2.5 × 5（长 × 厚 × 高）。

构件中的昂头、麻叶头、六分头、袖榫等均按平身科斗栱相同构件做法制作，三卡腰刻口按本书第六章做法制作。

凡斜向构件其长向细部尺寸均乘所处夹角的加斜系数，高度尺寸同平身科斗栱。

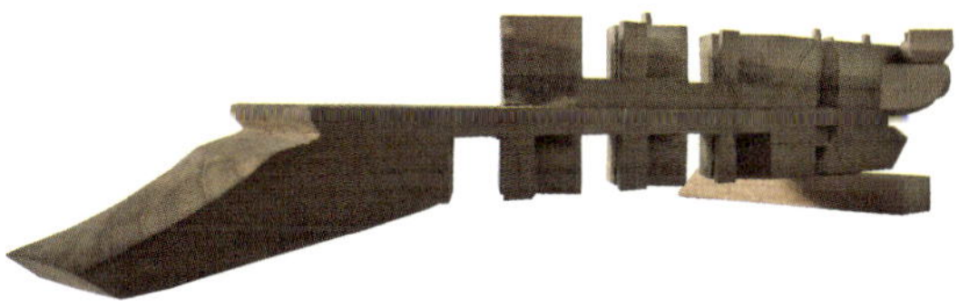

（a）

（b）

图 4–218　由昂后带斜六分头、斜撑头木后带斜麻叶头轴测图

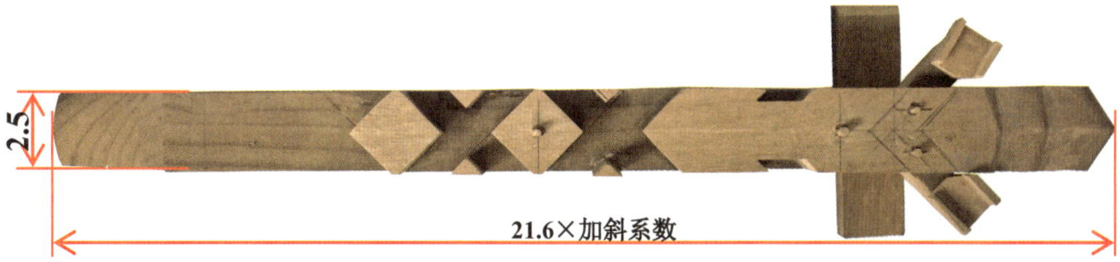

图 4–219　由昂后带斜六分头、斜撑头木后带斜麻叶头俯视平面图

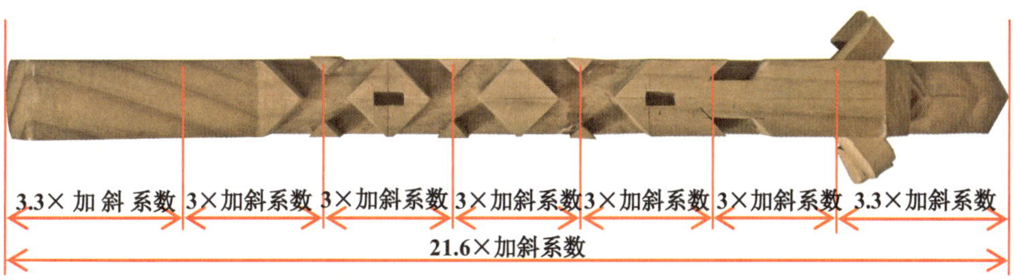

图 4–220　由昂后带斜六分头、斜撑头木后带斜麻叶头仰视平面图

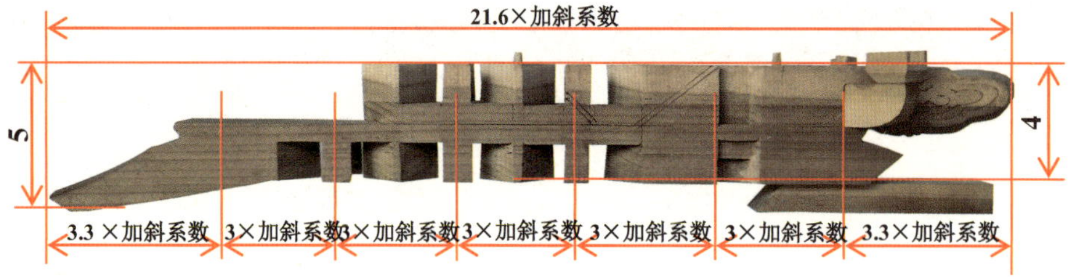

图 4-221　由昂后带斜六分头、斜撑头木后带斜麻叶头立面图

（12）斜桁椀。尺寸（斗口）：12（挑檐桁中至井口枋中）× 角度系数 × 2.5 × 3.75（长 × 厚 × 高），其尺寸及划线方法如图 4-222～图 4-225 所示。

图 4-222　斜桁椀轴测图 1

图 4-223　斜桁椀轴测图 2

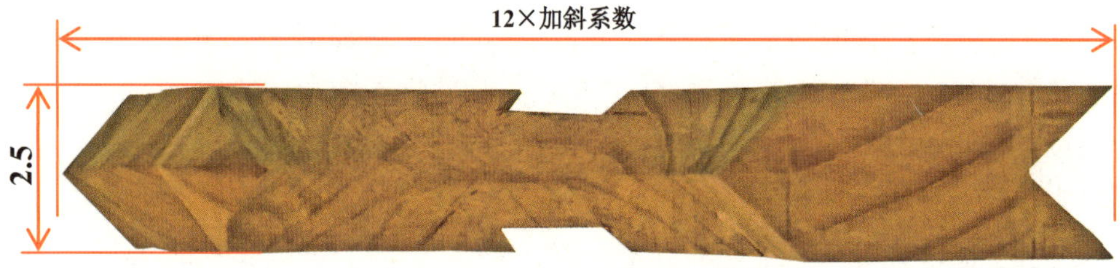

图 4-224　斜桁椀俯视平面图

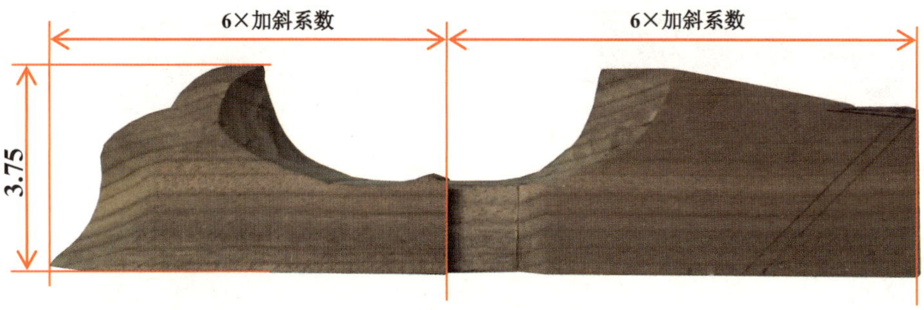

图 4-225　斜桁椀侧立面图

注：斜桁椀与正心枋可做刻半相交，枋头延出与正心桁端头齐。

（三）构造组合

角科斗栱的组合与平身科斗栱不太一致，它以斜向转角的平分线为界，整体的正身分件在转角平分线的一侧为纵向布置，而在转角平分线的另一侧则为横向布置，所以，角科斗栱中各分件的前、后头饰及名称与平身科斗栱有所不同，尺寸、做法也有所不同；它的斜向分件与平身科斗栱也有所不同，一个是体现在分件的厚度上，再一个不同是分件中第四、五层通常为连做，这就需要根据实际情况做出分件细部的变化。

角科斗栱的构造与平身科斗栱和柱头科斗栱的构造大致相同，各层分件都是采用“刻口卡腰”的方法连接在一起的，所不同的是角科斗栱每层分件不是仅有横、纵两个方向且加上了斜方向总共有三个方向的分件交集在一起，这样，除了在分件的加工上要更为精细，还要在各方向分件的搭接上分出顺序来，详见图 4-226～图 4-230。

（a）　（b）　（c）

图 4-226　构件组合：第一层——坐斗

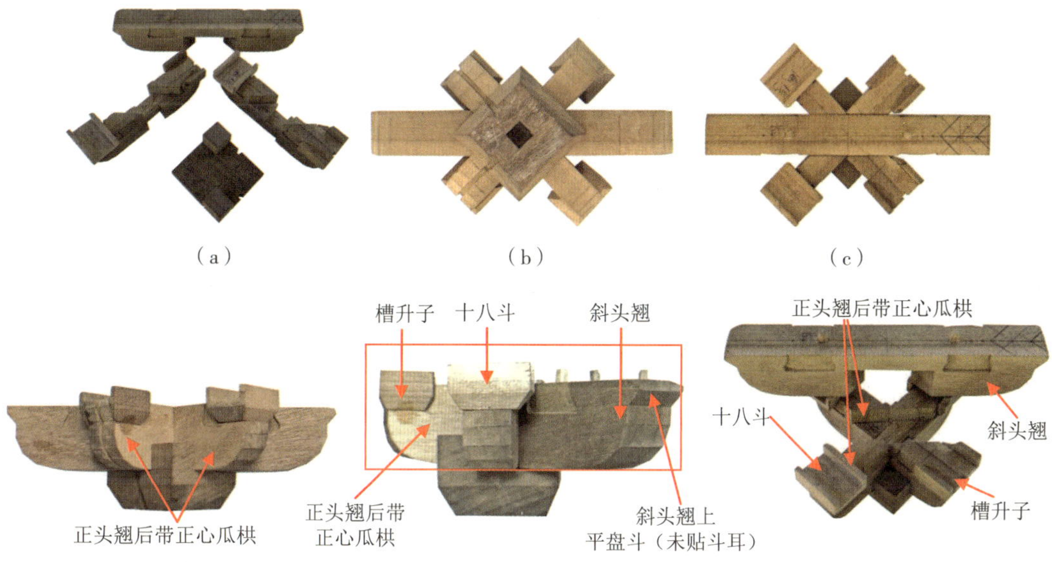

图 4-227　构件组合：第二层——正头翘后带正心瓜栱、斜头翘、十八斗、槽升子、斜头翘上平盘斗（斜斗盘）

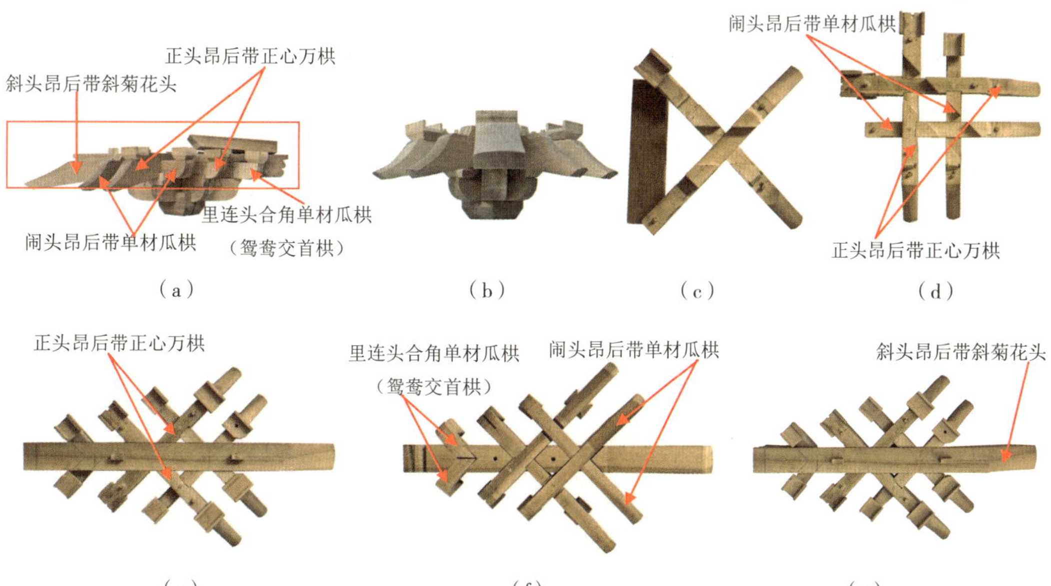

图 4-228　构件组合：第三层——正头昂后带正心万栱、闹头昂后带单材瓜栱、斜头昂后带斜菊花头、十八斗、三才升、槽升子、斜头昂上平盘斗（斜斗盘）、里连头合角单材瓜栱（鸳鸯交首栱）

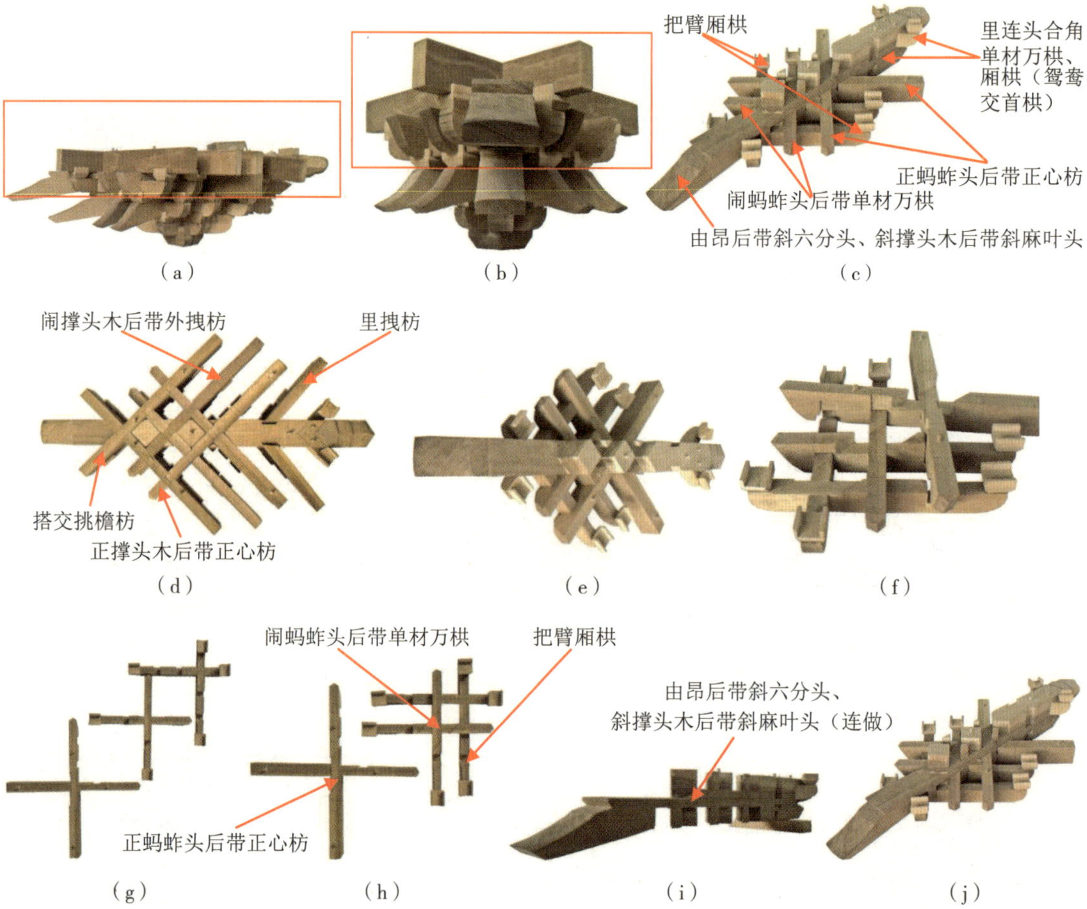

图 4-229　构件组合：第四、五层——正蚂蚱头后带正心枋、闹蚂蚱头后带单材万栱、正撑头木后带正心枋、闹撑头木后带外拽枋、里拽枋、由昂后带斜六分头、斜撑头木后带斜麻叶头、三才升、由昂上平盘斗、（斜斗盘）里连头合角单材万栱、厢栱（鸳鸯交首栱）、把臂厢栱、搭交挑檐枋

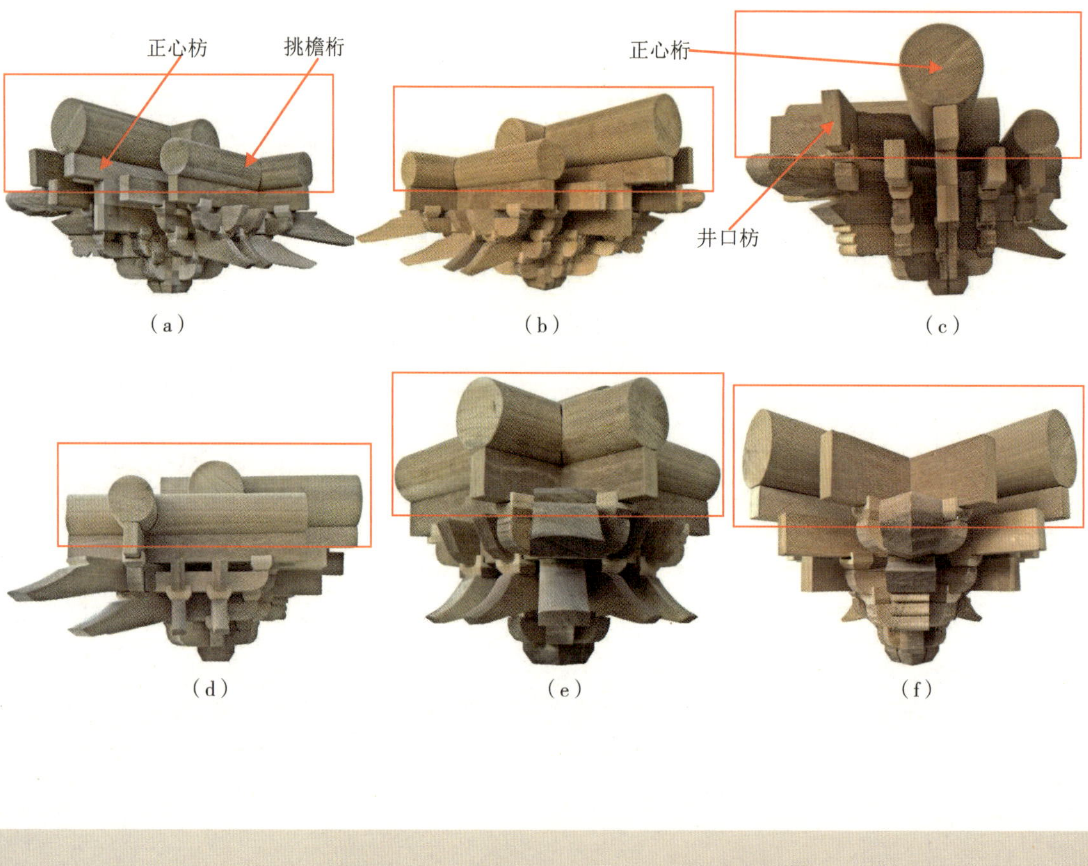

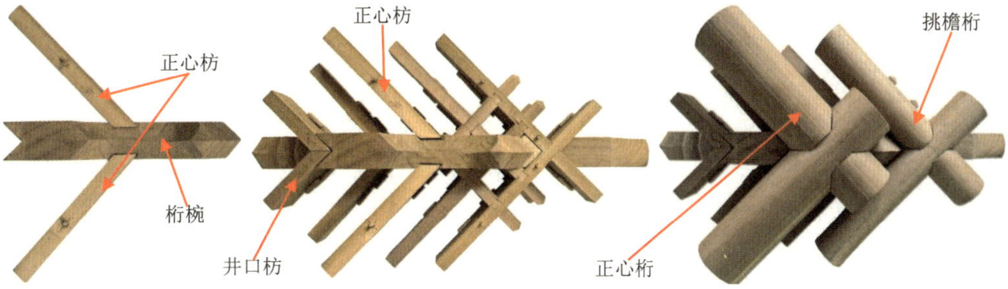

图 4-230　构件组合：第六层——挑檐桁、正心桁、正心枋、井口枋、桁椀

（四）与平身科、柱头科斗栱的区别

（1）由于其所处的位置是建筑物的转角，建筑的面宽、进深及出角（转角平分线）三个方向的斗栱构件在此重合交汇，所以，实际上角科斗栱是把面宽、进深及出角三个方向的斗栱组合成一体的组合斗栱。

（2）由于它所处位置的特殊，所以它的构件的尺寸随着所处位置的不同而厚薄不一。

① 出角方向构件与柱头科斗栱纵向构件厚薄近似，柱头科第一层头翘或头昂厚 2 斗口，最上层桃尖梁厚 4 斗口；而角科斗栱第一层头翘或头昂厚 1.5 斗口，最上层老角梁厚 3 斗口；中间几层的厚度与柱头科斗栱相同是按斗栱不同踩数的不同层数由下而上做级差递增。

② 面宽（进深相同）方向的构件随位置薄厚不一，且同一构件也有出现前后两端薄厚不一的现象：正心位置——厚 1.25 斗口；出踩（跳）位置——厚 1 斗口。

（3）平身科斗栱中的耍头在角科中变成了由昂；角科斗栱上方的老角梁则与柱头科斗栱的桃尖梁近似，起着与金步构架相互拉结的作用。

（4）角科斗栱中榫卯由平身科的等、盖口两方向相交变为等、盖、总盖口三方向相交。

（五）角科斗栱的特点

在古建木作技术中，角科斗栱的技术含量是相当高的。由于是面宽、进深及出角三个方向斗栱的组合，所以构件繁多，结构复杂，特别是许多构件的两端造型不对称，两端尺寸不相同，更受卡腰榫卯、方向位置的限制，极易出错组合规律——以角柱面宽或进深方向的中为界，以里部分的构件按相邻平身科斗栱横向栱、枋配置，柱中以外部分的构件按相邻平身科斗栱纵向翘、昂配置。

名称（按位置区分）：角柱正向柱中以里部分的横向栱、枋名称与平身科对应的构件同；正向柱中以外，位置处于柱子正中的构件称“正 × ×”；依次向外称“闹 1、闹 2 …… × ×”，组合到一起就称为“正 × × 后带 × ×”；“闹 1 …… × × 后带 × ×”；斜向构件都统称为“斜 × × 后带 × ×”。

要想更好地掌握角科斗栱的结构规律，首先要做到对平身科斗栱构件的配置及头饰组合了然于心；其次要做到对构件的叠压顺序及榫卯结构了然于心；再就是对各构件的空间位置了然于心。只要掌握了以上这些，掌握角科斗栱的结构就不难了。

（六）角科斗栱在结构上的不足

（1）与柱头科斗栱相比，位置要重要于柱头科，荷载要大于柱头科，而本身斜向构件的用料尺寸却小于柱头科。

（2）角科斗栱各构件与角梁的连接要弱于柱头科斗栱构件与桃尖梁之间的连接。

（3）由于角科斗栱构件是三方向相交刻口，其损伤程度要大于柱头科斗栱。

以上几点都会影响到斗栱的整体强度。

（七）角科斗栱中的一些特殊做法

1. 连瓣做法

这是斗栱攒当尺寸派分调整的一种优化方法，它通过加大角科坐斗和增加横纵构件的数量来减小和分散整个翼角部分重量对每根构件的荷载，对重要的建筑而言，是一种强化整体结构的好方法。

2. 不采取三卡腰做法

斗栱的斜向构件独立负担起承托翼角部分的全部荷载，横、纵两向的构件交于它；基本不参与受力；它自身不做卡腰榫，仅做插榫卯口、袖肩刻口；横、纵两向的构件分成前后两段制作，插榫与斜向构件连接。这样做的好处就是尽量少的伤及斜向受力构件，让它更好地起到承托荷载的作用，这种做法北京地区较为少见。

3. 第三种做法

坐斗甚至所有斜向构件均采用强度、硬度高于平身、柱头斗栱材质的木材。这样做的好处就是通过材质的提高来加强整攒角科斗栱承受远超出其他种类斗栱荷载的能力。

四、凹角斗栱

凹角斗栱里拽角（窝角）斗栱是位于组合建筑（凸字形或十字形等）的内转角部位的斗栱。

其特点是：除头、尾饰外，凹角斗栱外檐出踩（外拽）部分的构造及与各构件连接的方法与出角斗栱的内檐出踩（内拽）部分相同；而凹角斗栱内檐出踩（内拽）部分的构造及与各构件连接的方法则与出角斗栱的外檐出踩（外拽）部分相同——反向采用。

五、斗栱的变通做法

（一）计心造

斗栱中各部位构件齐全完整的做法，见图 4–231（a）、图 4–232（a）、图 4–233（a）。

（二）偷心造

斗栱中部分部位构件省略简作的做法，见图 4–231（b）、图 4–232（b）、图 4–233（b）。

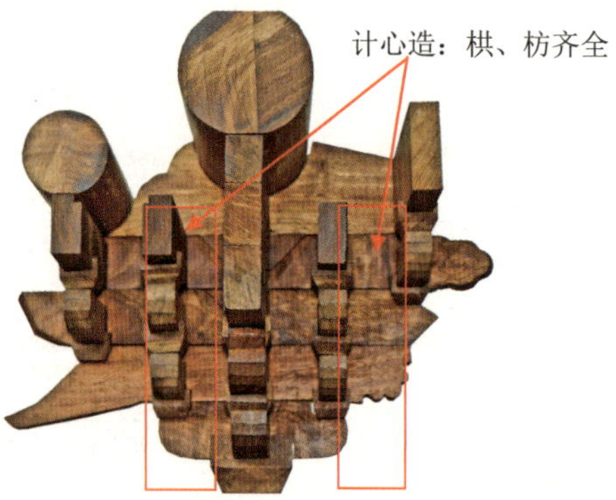

（a）计心造：栱、枋齐全

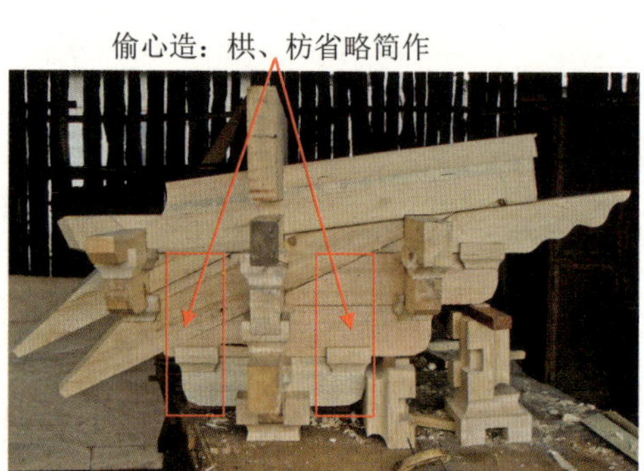

（b）偷心造：栱、枋省略简作

图 4–231　斗栱的变通做法 1

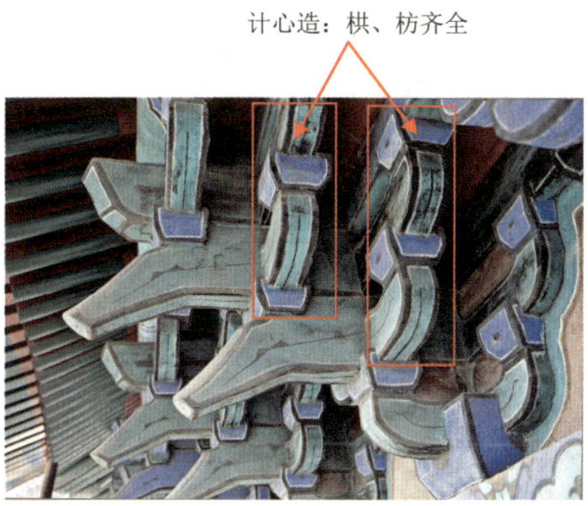

（a）计心造：栱、枋齐全

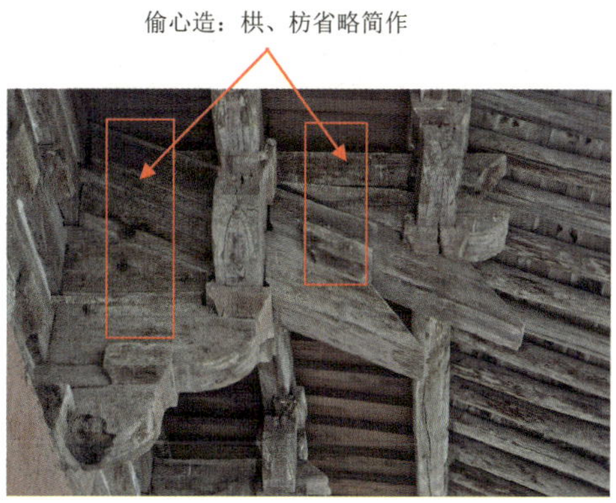

（b）偷心造：栱、枋省略简作

图 4-232　斗栱的变通做法 2

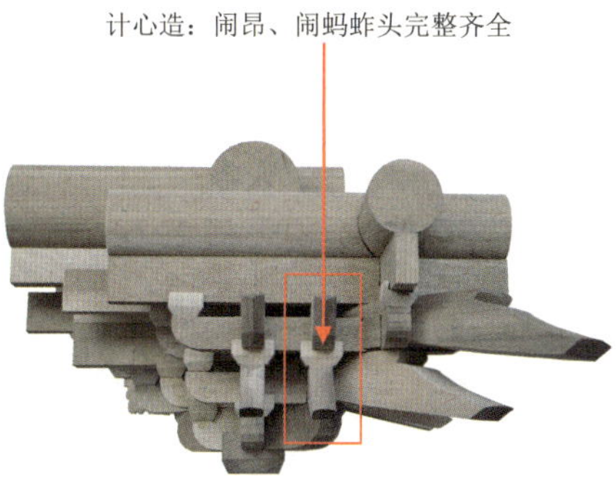

（a）计心造：昂类构件完整齐全

（b）偷心造：昂类构件省略简作

图 4-233　斗栱的变通做法 3

（三）减踩造

减踩造是斗栱中一种省略简做的做法，见图 4-234。这种做法里拽架数量少于外拽架数量，使斗栱内檐部分的高度、出挑尺寸经济适用，但这种做法也有它不足的地方——前后配重不对等，后尾的压重不够，容易造成斗栱前倾。

（a）

（b）

图 4-234　斗栱的变通做法 4——减踩造：外七踩内五踩

（四）增踩造

增踩造是斗栱中一种调整室内使用空间高度的做法，见图 4-235。这种做法斗栱的里拽架数量多于外拽架数量，不但使室内净高度增高，而且能在室内形成类似藻井穹顶隆起的空间效果，尤其适合于碑亭类建筑。

（a）（b）（c）

图 4-235　斗栱的变通做法 5——增踩造：外三内五（偷心做法）

（五）连瓣造

连瓣造是斗栱攒当尺寸派分调整的一种优化方法，见图 4-236。它除了可以调整斗栱攒当尺寸的功能［详见本章第五节三、（二）中的“3. 攒当的变通”］外，它还通过加大角科坐斗和增加纵向构件的数量来减小和分散整个翼角部分重量对每根构件的荷载，对重要的建筑而言，是一种强化整体结构的好方法，与“角科坐斗用材材质的强度宜高于平身科坐斗”的这种说法异曲同工。

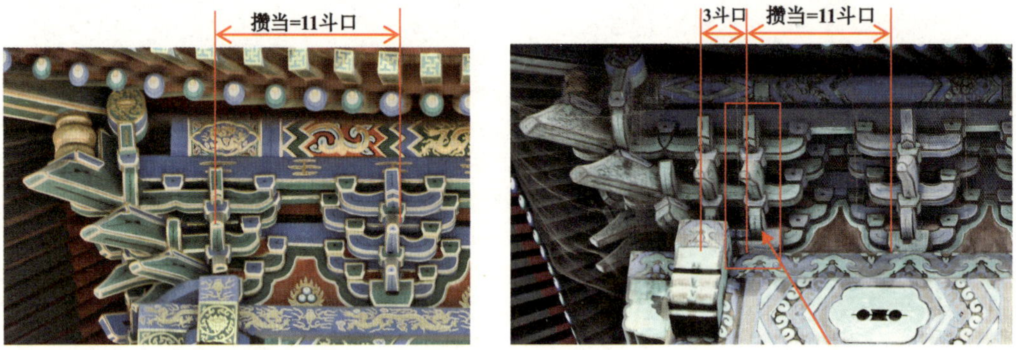

（a）昂翘角科斗栱　　（b）昂翘角科斗栱——连瓣造

图 4-236　斗栱的变通做法 6——连瓣造

第五章

清官式建筑木装修

在中国传统木构建筑中，木装修自成体系，与它相关的制作、安装等活动都被归纳进“作”的范围，称为“小木作”或“小器作”。本章以北京地区清官式建筑木装修为例，讲解“小木作”技艺基础知识。

第一节　木装修的起源、发展与演变

在传统建筑中，“木装修”的提法较为笼统，它其实涵盖了门窗、天花、花罩等各式为建筑主体配套的功能性构件。只要一提到“木装修”，大多数人首先想到的就是建筑中的门与窗，所以本节主要对门窗进行简单的叙述。

目前我国有实物留存的年代最早的建筑是唐代的南禅寺，唐代以前的建筑只是在出土的石刻像上有所展现，而石刻像中的门窗也能说明建筑与装修的一体性、密不可分性，所以说木装修的起源年代与传统木构房屋的起源年代应该是大致相当的。

从这些石刻像中可以看出，西汉时期至唐代千余年的木装修的式样比较简单，基本没有太大的变化，门主要是单扇或双扇板门，窗则主要是直棂窗（破子棂窗）；唐末至五代期间，出现了格子门，也就是现在的“隔扇”；到了辽、宋、金、元代，有了横披窗、槛窗等的组合，有了“双腰串——四抹隔扇”“单腰串——三抹隔扇”等做法定制，有了四斜毬纹格眼、四直方格眼、斜方格眼、龟背纹、十字纹等多种门窗格心的花纹式样。从明代到清代，门窗及室内其他装修的功能更加全面，分类愈加细化，花纹式样更为复杂，做工更为精细，用材更为高档。可以这样理解：随着建筑技术、艺术的发展，随着社会的不断进步，人们生活得愈加富足，人们的审美水平、观念和对美的要求也在不断变化，反映在木装修上出现了棂条图案由简渐繁，做工由粗糙变精细，雕刻由少变多，色彩由单调变艳丽等变化。特别是在清代，人们将书法、绘画以及刺绣、镶嵌等技艺融入木装修中，又逐步赋予了各种图案美好的寓意，使木装修同时呈现出绚丽的艺术色彩和人文色彩（图 5-1～图 5-4）。

（a）　　（b）

图 5-1　东汉陶器、石刻像中的装修门窗

（a）　　（b）　　（c）

图 5-2　唐代木装修：板门、直棂窗（破子棂窗）

（a）　（b）　（c）

图 5–3　辽、宋、金、元木装修：双腰串（四抹隔扇）、单腰串（三抹隔扇）

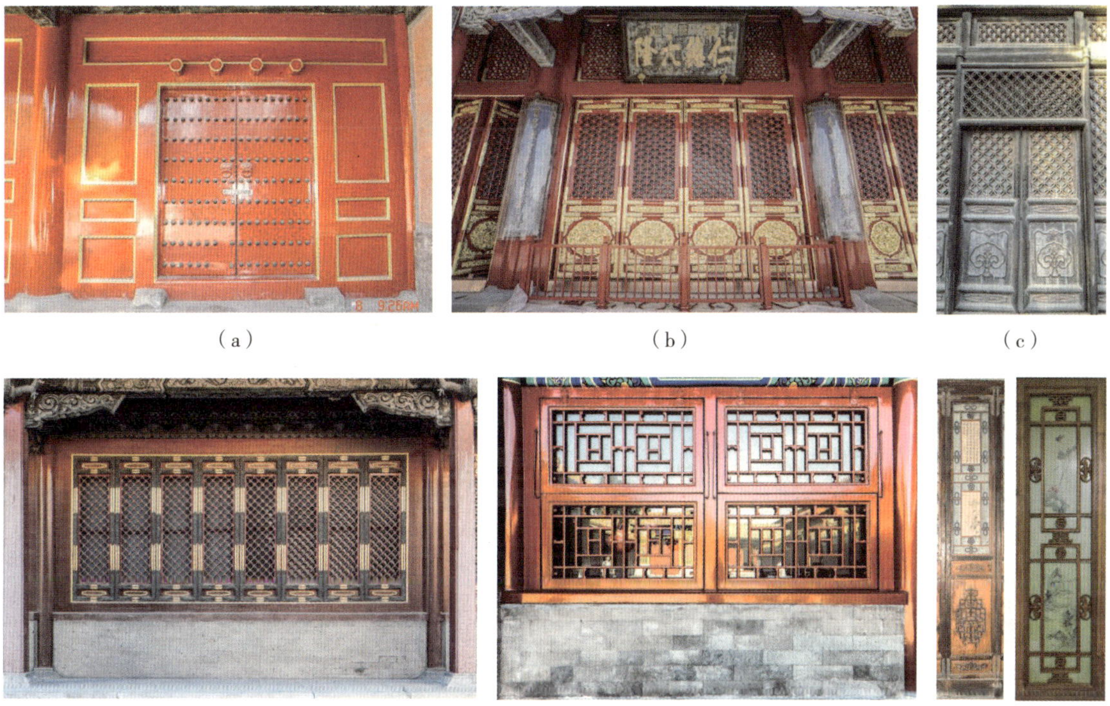

（a）　（b）　（c）

（d）　（e）　（f）

图 5–4　明、清木装修：大门、隔扇、槛窗、支摘窗、碧纱橱

第二节　木装修的功能与特点

中国传统建筑是由多部分组合而构成的，包括建筑主体、院落环境、景观绿化……同样，一个建筑主体也是由多部分组合而构成的，木装修就是其中的构成之一。

一、木装修的功能

木装修的功能如下（图 5–5）。

（1）分隔室内外空间。

（2）分隔室内使用空间（中堂、起居室、书房、卧室等）。

（3）采光——老做法是窗棂上糊纸，后逐渐让位于玻璃。

（4）通风——冷（纱）布、金属窗纱的使用，门、窗扇的开启，以及支摘窗的支起、摘除都可以保证建筑物的通风。

（5）保温——安装门窗帘架，通过门、窗帘的挡风隔温功能实现室内保温。

（6）防护——通过门（窗）闩（栓杆）、门杠、五金铜、铁件等完成门窗的封闭，从而起到防护的功能。

（7）装饰——成百上千精美的雕刻图案和千差万别的棂条造型为中国传统建筑赋予了极深厚、极富想象力的文化内涵和极美、极灵动的美感。

（a）门、窗——分隔室内外空间、采光、通风、保温、防护、装饰

（b）花罩——分隔室内空间、功能分区、装饰

（c）吊顶装饰、家具、用具摆设、文玩字画、装饰

图 5-5　木装修的功能

二、木装修的特点

（一）装饰性——装修式样及棂心图案的多样化

在木装修式样上，如隔扇、槛窗、支摘窗，还有花罩中落地花罩、栏杆罩、圆光罩等都是根据房屋的等级、主人的喜好及使用功能做出选择；再就是通过构件中的心板雕刻和棂条造型中的戏文情节、人物典故、吉祥灵兽、奇珍花草和福字、寿字、万字、盘长、龟背、回纹（长寿、长久）、步步锦（步步高）、灯笼框……这些极富吉祥寓意的图案把主人自己对美好生活的向往、祈愿展现在其中，既体现了房屋主人的艺术修养，又把古代匠人们的聪明才智、精巧技艺淋漓尽致地施展出来，为人们创造一个既充满文化内涵又赏心悦目的生活环境，也给后人留下一份宝贵的文化遗产（图 5-6～图 5-26）。

（a）

（b）

图 5-6　直棂纹

图 5-7　正方格（正搭正交、豆腐块）

图 5-8　斜方格（正搭斜交）

图 5-9　码三箭

（a）　（b）

图 5-10　卧蚕打围单、双顶心灯笼锦

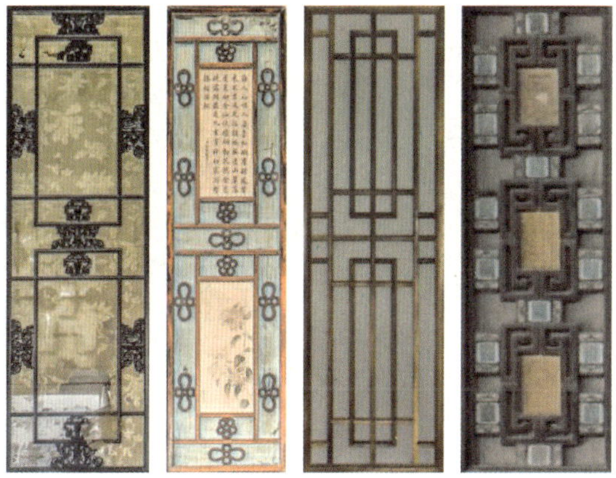

（a）　（b）　（c）　（d）

图 5-11　灯笼框、灯笼锦

图 5-12　龟背锦

图 5-13　双笔管纹

（a）　（b）

图 5-14　花边纹

图 5-15　冰裂纹

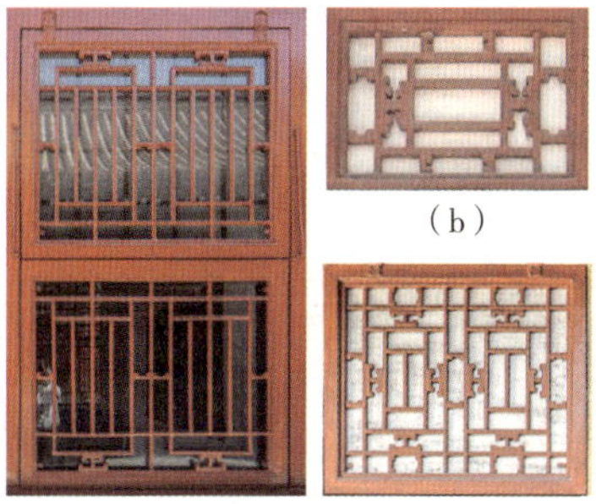

（a）　（b）　（c）

图 5-16　各式步步锦纹

图 5-17　轱辘钱

图 5-18　万字锦福寿纹

图 5-19　人字纹

图 5-20　万寿花边纹

（a）　（b）

图 5-21　双交四椀正交、斜交菱花

图 5-22　双交四椀毬纹

（a）　（b）　（c）

图 5-23　三交六椀菱花

图 5-24　卧蚕打围夹杆条

图 5-25　无心板、心屉隔扇

图 5-26　无心屉隔扇、风门

（二）可移动性——特有的安装方法决定了木装修的可移动性

传统木装修是安装在建筑物柱、枋之间的一个整体构件，根据业主的使用要求可以在前、后檐和山墙两柱之间任意安装，同时，可以在内、外檐柱子间任意地拆安改位，比如檐柱（檐里）装修可改位到金柱，这样建筑就有了廊子，庭院的使用和景观就有了很大的改善；而同样，金柱（金里）装修也可改位到檐柱，这样室内面积会增加不少，改善了业主的居住条件……这种特有的安装方法给人们提供了极大的选择空间来决定取与舍（图 5-27）。

（a）　　（b）

图 5-27　檐柱装修与金（里）柱装修

（三）灵活性——中国传统建筑特有的构造方式为门窗式样的选择带来极大的灵活性

中国传统建筑墙体不承重，是靠木结构来承重的，所以有“墙倒屋不塌”一说。这样的承重方式为门窗式样、位置的选择带来极大的方便，可以在柱间任意的位置安装各式各样的门窗，如高窗（图 5-28）、牖窗（图 5-29）、什锦花窗（图 5-30）或满装修（图 5-31）等。

图 5-28　后墙高窗

图 5-29　山墙牖窗

图 5-30　柱间什锦花窗

图 5-31　柱间满装修

第三节 木装修的分类与使用部位

一、木装修的分类

（一）位置类别

木装修根据位置可分为外檐装修和内檐装修（图 5-32）。

（二）种类类别

木装修根据使用部位大致分为以下八类。

（1）大门类——实榻大门、攒边门、撒带门、屏门。

（2）隔扇、风门类——内、外檐隔扇、风门、碧纱橱、帘架。

（3）槛窗、支摘窗类——槛窗、支摘窗、横披窗、牖窗、什锦花窗。

（4）栏杆类——寻杖栏杆、花栏杆。

（5）楣子及其他构件类——坐凳楣子、倒挂楣子、雀替、挂檐板。

（6）花罩、博古架、板壁类——落地罩、落地花罩、几腿罩、几腿花罩、栏杆罩、圆光罩、八方罩、炕罩、博古架（多宝格）、太师壁、板壁。

（7）天花类——井口天花、海墁天花。

（8）楼梯类。

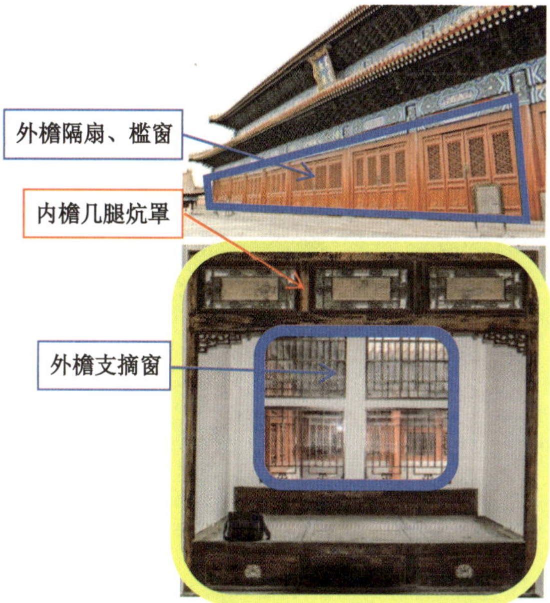

图 5-32 传统建筑中的外、内檐装修

二、木装修的使用部位

（一）大门类

（1）实榻大门：多用于城门、宫殿（图 5-33）。

（2）攒边门：多用于宫殿、庙宇、府邸、民居、街门、垂花门（图 5-34）。

（3）撒带门：多用于庙宇、民居、街门（图 5-35）。注：图中所示无单门边做法的撒带门为地方做法，仅供参考。

（4）屏门：多用于随墙门、垂花门等（图 5-36）。

图 5-33　实榻大门

图 5-34　攒边门

图 5-35　撒带门

图 5-36　屏门

（二）隔扇、风门类

（1）隔扇、帘架：多用于宫殿、庙宇、府邸、民居、园林建筑（图 5-37 和图 5-38）。

（2）风门：多用于民居、园林、宫殿等建筑（图 5-39 和图 5-40）。

图 5-37　带帘架、带横披窗隔扇

图 5-38　无帘架、横披窗隔扇

图 5-39　带帘架风门

图 5-40 无帘架风门

（三）槛窗、支摘窗类

（1）槛窗、横披窗：多用于宫殿、庙宇、府邸、民居等建筑（图 5-41 和图 5-42）。

（2）支摘窗：多用于府邸、民居等建筑（图 5-43）。

（3）什锦窗：多用于府邸、园林等建筑（图 5-44）。

图 5-41　槛窗

图 5-42　带横披槛窗

图 5-43　支摘窗

图 5-44　什锦窗

（四）栏杆类

（1）杩杖栏杆：多用于宫殿、府邸、民居、园林等建筑（图 5-45）。

（2）花栏杆、朝天栏杆：多用于府邸、民居、园林等建筑（图 5-46 和图 5-47）。

图 5-45　杩杖栏杆

图 5-46　花栏杆

图 5-47　朝天栏杆

（五）楣子及其他类

（1）坐凳、倒（吊）挂楣子、花牙子、挂檐板：多用于府邸、民居、园林等建筑。

（2）雀替：多用于、宫殿、庙宇、府邸、园林等建筑。

坐凳、倒（吊）挂楣子如图 5-48 所示。花牙子、挂檐板、雀替如图 5-49 所示。

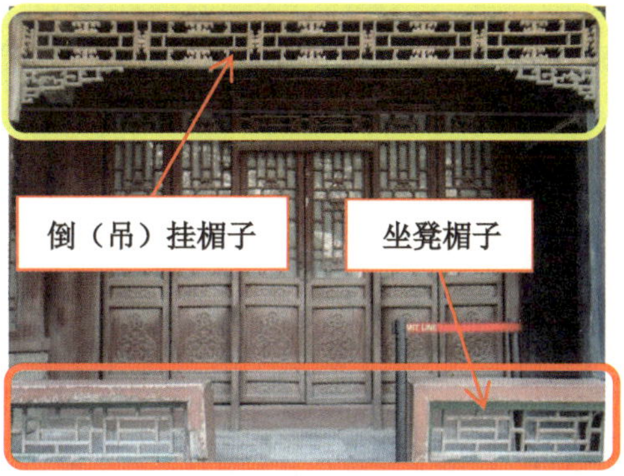

图 5-48　坐凳、倒（吊）挂楣子

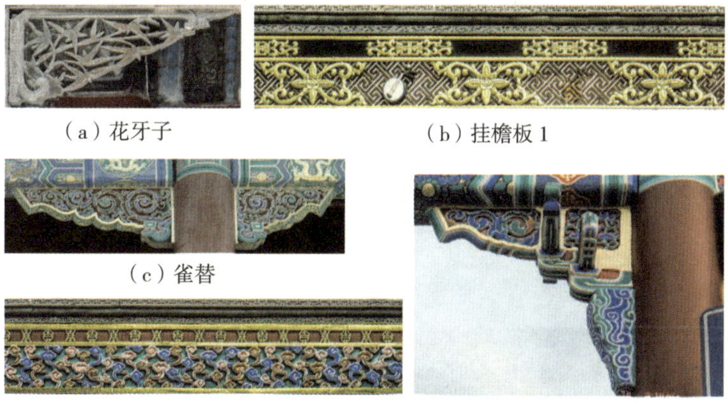

（a）花牙子　（b）挂檐板 1　（c）雀替　（d）挂檐板 2　（e）云墩雀替

图 5-49　花牙子、挂檐板、雀替

（六）碧纱橱、花罩、博古架、板壁类

碧纱橱、花罩等多用于宫殿、府邸、民居建筑（图 5-50～图 5-56）。

（a）　（b）

图 5-50　碧纱橱

图 5-51　栏杆罩

图 5-52　几腿罩

图 5-53　落地花罩

图 5-54　炕罩

（a）　（b）

图 5-55　博古架

图 5-56　书架

（七）天花

井口天花、海墁天花多用于宫殿、庙宇、府邸、园林、民居建筑（图 5-57 和图 5-58）。

（a）（b）

图 5-57　井口天花

（a）（b）

图 5-58　海墁天花

（八）楼梯

楼梯多用于庙宇、宫殿、园林、民居建筑（图 5-59）。

（a）（b）（c）

图 5-59　楼梯

第四节　木装修的构造

一、槛框类

（一）槛框及附件的功能与认识

槛框是槛与框的总称，横向称槛，竖向称框。槛框附件是安装在槛框上面用于固定门、窗并兼具装饰性的构件。槛框是中国传统建筑中安装在房屋柱、梁、枋与门、窗、花罩等装修构件之间的过渡、连接构件，是中国传统建筑木装修中不可或缺的构件。

1. 大门类槛框

图 5-60 为大门槛框、附件示意及名称。图中槛包括上槛、中槛（中枋、挂空槛）、腰槛（枋）、下槛；框包括短抱框、长抱框、门框；板包括门头（走马）板、余塞板、绦环板；附件包括连楹、门簪、门闩（杠）、铁闩环（闩襻）、门枕、栓眼石、钩搭钉锦。

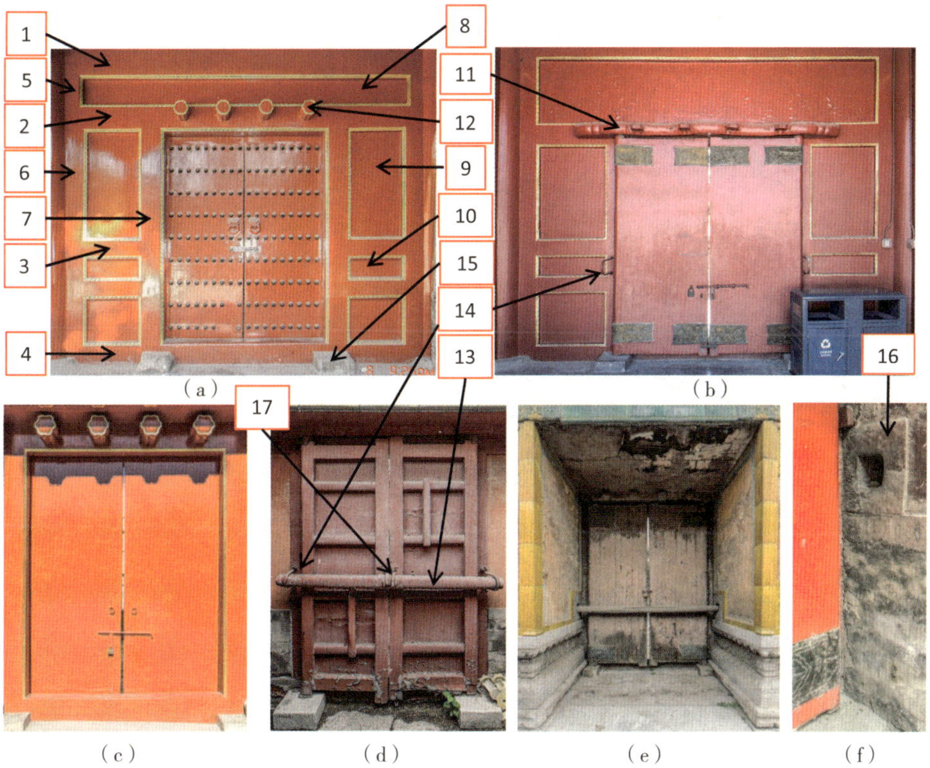

图 5-60　大门槛框、附件示意及名称

1—上槛；2—中槛（中枋、挂空槛）；3—腰槛（枋）；4—下槛；5—短抱框；6—长抱框；7—门框；8—门头（走马）板；9—余塞板；10—绦环板；11—连楹；12—门簪；13—门闩（杠）；14—铁闩环（闩襻）；15—门枕；16—栓眼石；17—钩搭钌铞

2. 隔扇、槛窗、支摘窗类槛框及附件

图 5-61 为隔扇、槛窗类槛框示意及名称。图中槛包括上槛、中槛（中枋、挂空槛）、风槛、下槛、榻板；框包括长抱框、风门门框、间框（柱）；附件包括单楹、双（连二）楹、栓杆、门枕。

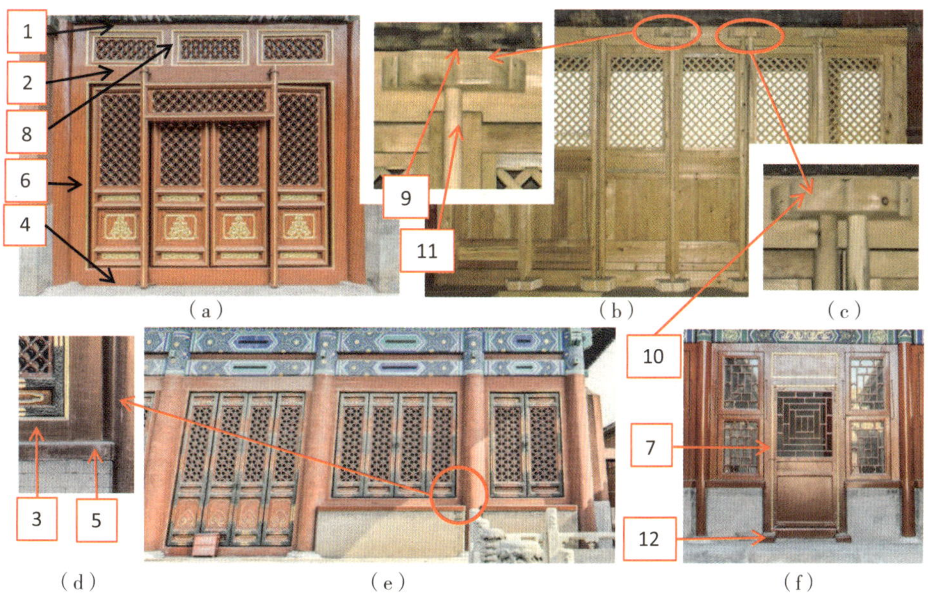

图 5-61　隔扇、槛窗类槛框示意及名称

1—上槛；2—中槛（中枋、挂空槛）；3—风槛；4—下槛；5—榻板；6—长抱框；7—风门门框；8—间框（柱）；9—单楹；10—双（连二）楹；11—栓杆；12—门枕

（二）槛框及附件的构造与连接

（1）中国传统建筑木装修具有可拆卸、可移动的特性，木装修中的槛框依靠榫卯与柱、枋连接固定，一旦需要改位安装，只要按安装的顺序反向拆卸榫卯即可，并不会对槛框构件造成破坏性的损伤，稍做修补即可二次应用。

（2）槛、框与柱子之间，槛与框之间，槛框附件与槛框之间必须用榫卯连接（详见本书第七章）。

（3）槛框向门口、余塞一侧的外立面均做抱框线（下槛门口部位不做）；内立面可做八字线角，也可不做（图 5-62 和图 5-63）。

（a）　（b）

图 5-62　大门框线部位示意（图中黄线部位）

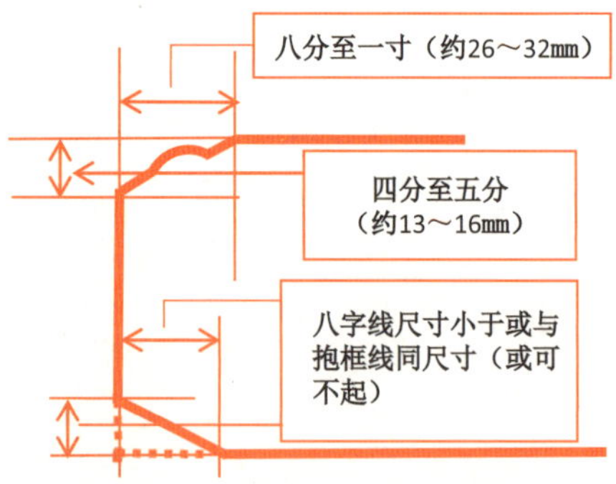

图 5-63　大门抱框线、八字线断面示意

（三）槛框及附件的工艺做法

清官式槛框构件权衡尺寸见表 5-1。

表 5-1　清官式槛框构件权衡尺寸

槛框	宽	厚（径）	长	备注
下槛	0.8*D*	0.3*D*	面宽减柱径 *D* 另加 0.25*D* 入榫长	
上槛（替桩）	0.5*D*	0.3*D*	面宽减柱径 *D* 另加 0.25*D* 入榫长	
中槛（中枋、挂空槛）	0.64*D*	0.3*D*	面宽减柱径 *D* 另加 0.25*D* 入榫长	
风槛	（0.5～0.64）*D*	0.3*D*	面宽减柱径另加 0.25*D* 入榫长	
榻板	1.5*D*（或槛墙厚加 2 倍金边）	3/8*D*	方法 1：按柱门尺寸在榻板边缘定点，外返 120° 至柱外皮实际尺寸。方法 2：柱门尺寸加 1/4 柱径在柱外皮定点，回返 60° 至榻板边缘	
抱框	0.64*D*	0.3*D*	下槛至上（中）槛净距 + 框线宽	
门框	（0.64～0.8）*D*	0.3*D*	下槛至上（中）槛净距 + 框线宽	
间框	0.64*D*	0.3*D*	中槛至上槛净距 + 框线宽	
腰枋	0.64*D*	0.3*D*		
转轴	0.3*D*	0.3*D*	门枕海窝至连楹净高 + 连楹厚	
连楹	0.45*D*	0.2*D*	净面宽 +0.9*D*	参考造型酌定
门簪	4/5 中槛高	出头长 1/7 门口宽	出头长 + 中槛厚 + 连楹宽 + 出榫长	出头长或为 1/10 门口高

续表

槛框	宽	厚(径)	长	备注
门枕	0.8*D*	0.5*D*	1.9*D*	
横栓(闩)		0.6*D*	门口径+“掩缝”+1.2*D*[参考栓(闩)眼石尺寸定]	根据长度酌定径尺
余塞、绦环板	0.8*D*	0.1*D*	含裁口的净尺寸	
走马板		0.1*D*		

1. 下槛

(1)定尺:宽 0.8*D*(*D* 为柱径,下同),厚 0.3*D*,长按面宽减柱径 *D*(如做榫另加入柱榫长)定。

(2)工艺做法

① 圆柱做抱肩、方柱做直肩;做柱顶石入袖榫。

② 按门枕石外形做“袖肩刻口”。

③ 剔凿长抱框、门框单直半榫卯口。

④ 余塞部位向外一面起抱框线,向内一面或起或可不起八字线(图 5-63)。门口部位两面都不起。

⑤ 余塞部位向内一面做裁口或不做直接钉压条安装余塞板。

⑥ 活动下槛通常按门枕石位置做出斜肩,活动部分做单直通榫,固定部分(金刚墙)剔凿卯口(图 5-64)。

(a)

(b)

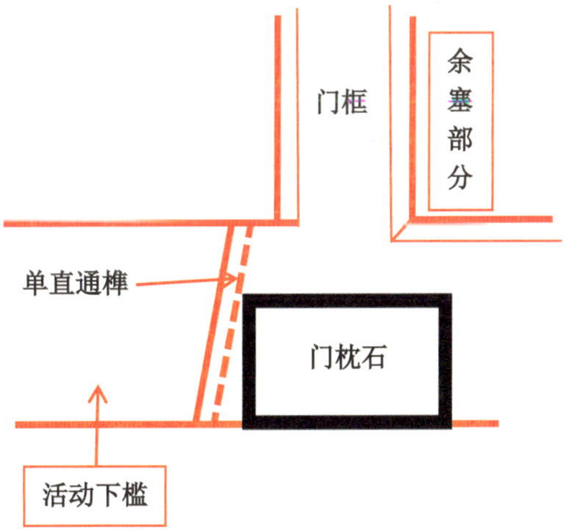

(c)

图 5-64 活动下槛示意

2. 中槛(中枋、挂空槛)

(1)定尺:宽 0.64*D*,厚 0.3*D*,长按面宽减柱径 *D* 另加入柱榫长定。

(2)工艺做法

① 两端头做倒退(倒脱靴)榫卯。

② 剔凿长抱框单直半透榫卯口;钉短抱框、门框、间框(柱)溜销榫。

③ 余塞部位起线、裁口均同下槛;门口部位向外一面起抱框线,向内一面或起或可不起八字线。

④ 按门簪数量分位(图 5-65、图 5-66)。

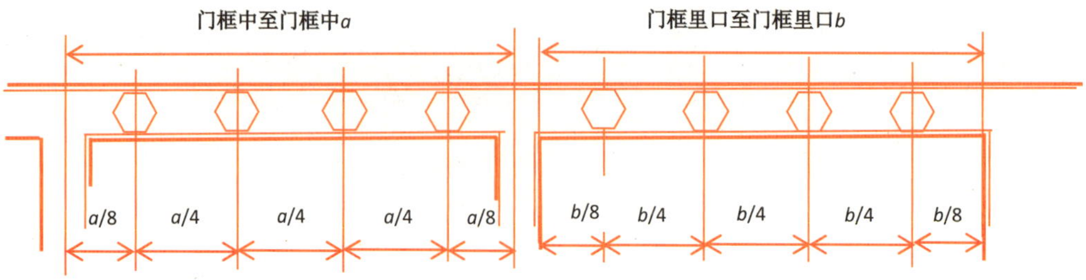

（a）　　（b）

图 5–65　四门簪分位方法 1、2

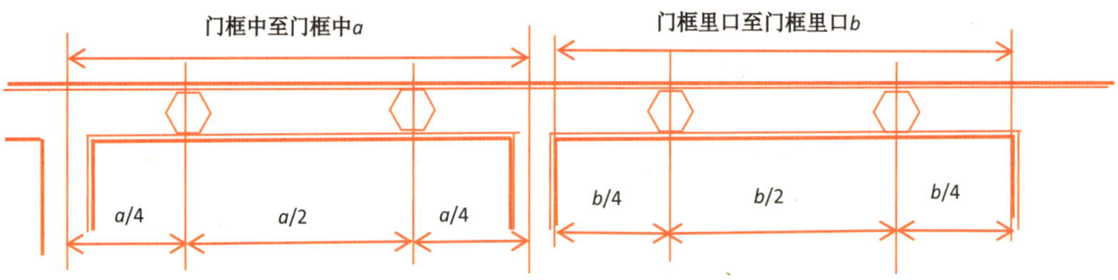

（a）　　（b）

图 5–66　双门簪分位方法 1、2

a. 四门簪安装：方法 1，门簪中为门框中至中尺寸均分 4 份，两侧各 1/2 份，中间分 3 份；方法 2，门簪中为门框里口至里口净尺寸均分 4 份，两侧各 1/2 份，中间分 3 份。

b. 双门簪安装：方法 1，门簪中为门框中至中尺寸均分 2 份，两侧各 1/2 份，中间分 1 份；方法 2：门簪中为门框里口至里口净尺寸均分 2 份，两侧各 1/2 份，中间分 1 份。

⑤ 按门簪数量、尺寸、外形剔凿门簪单直通透榫卯眼、袖窝。

3. 上槛（替桩）

（1）定尺：宽 0.5*D*，厚 0.3*D*，长按面宽减柱径 *D* 另加入柱榫长定。

（2）工艺做法

① 两端头做倒退（倒脱靴）榫卯。

② 剔凿长抱框单直半透榫卯口；钉短抱框、间框（柱）溜销榫。

③ 余塞部位起线、裁口均同下槛；门口部位向外一面起抱框线，向内一面或起或可不起八字线；走马板部位向外一面起抱框线，向内一面或做裁口或不做，直接钉双面压条，安装走马板。

④ 无中槛配置的上槛如安装门簪，其安装方法同中槛。

4. 长抱框

（1）定尺：宽 0.64*D*，厚 0.3*D*，长按下槛至上（中）槛净距 + 框线宽定。

（2）工艺做法

① 长抱框两端头做单直半榫、飘（实）肩。

② 长抱框外侧与柱子相交部位剔（砍）出抱豁，与柱附实，内侧垂直于地面。

③ 长抱框外侧做销子榫（掳子榫）卯口，不少于 2 个；内侧剔凿腰枋单直半榫卯口，飘肩。

④ 余塞部位起线、裁口同上槛。

5. 短抱框、间框（柱）

（1）定尺：宽 0.64*D*，厚 0.3*D*，长按中槛（枋）至上槛净距 + 框线宽定。

（2）工艺做法

① 短抱框两端做溜销榫卯口、飘肩。

② 短抱框外侧与柱子相交部位剔（砍）出抱豁，与柱附实，内侧垂直于地面。

③ 走马板部位起线、裁口同上槛部位。

6. 门框

（1）定尺：宽（0.64～0.8）*D*，厚 0.3*D*，长按下槛至中槛（枋）净距 + 框线宽定。

（2）工艺做法

① 门框上、下端头做单直半榫、飘（实）肩。

② 外侧剔凿腰枋单直半榫卯口，飘（实）肩。

③ 余塞部位裁口、起线同长抱框。

7. 腰槛（枋）

（1）定尺：宽 0.64*D*，厚 0.3*D*，抱框至门框净距 + 框线宽。

（2）工艺做法

① 腰枋两端做单直半榫、实肩。

② 余塞部位裁口、起线同长抱框。

8. 余塞、绦环板、走马板

（1）定尺：厚 0.1*D*，宽、长按净空尺寸另加裁口量定。

（2）工艺做法

① 余塞板、绦环板满裁口尺寸嵌入框内，圈条钉实；走马板做企口榫，按顺序逐块安装，圈条钉实。

② 余塞板、绦环板根据要求选择起地浮雕云盘线、海棠池或素板做法。

9. 连楹

（1）定尺：宽 0.45*D*，厚 0.2*D*，长按两柱间净尺寸 +0.9*D* 定。

补充定尺参考如下。

① 连楹长度根据余塞情况定：无余塞门口的连楹按通长做，两端头与墙、柱相交（图 5-67）。

（a）　（b）　（c）

图 5-67　连楹通长做，端头与墙、柱相交

有余塞但余塞宽度较小的门口连楹长度也按通长做，两端头与墙、柱相交（图 5-68）；余塞较宽的门口连楹长度按以下方法确定：门口两侧门簪空当中至门轴中尺寸外返，即为连楹端头长度（图 5-69～图 5-71）。

图 5-68　连楹通长做，端头与柱相交

（a）　（b）

图 5–69　连楹独立做，端头做装饰

注：a= 门轴中至 $\frac{1}{2}$ 门簪空当的距离，= 门轴中至连楹端头门轴中的距离。

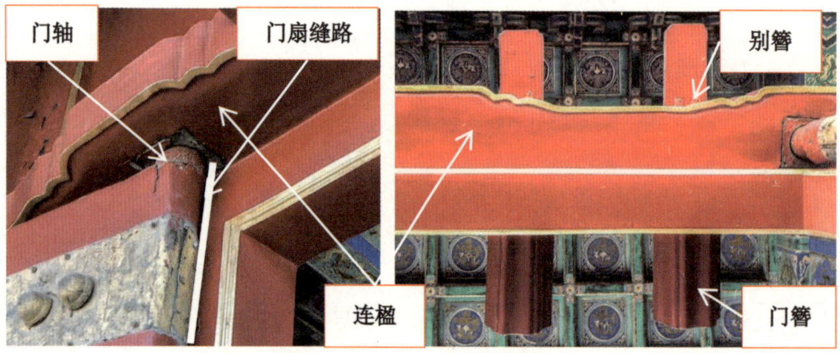

（a）　（b）

图 5–70　门轴、缝路、连楹、门簪、别簪示意

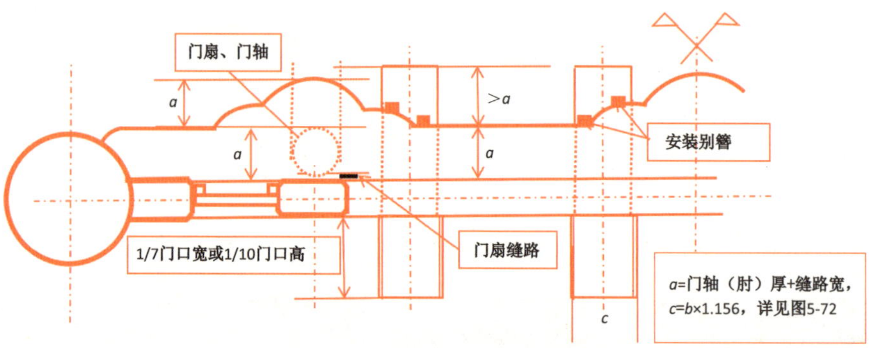

图 5–71　连楹、门簪平面详图

② 连楹的外形、纹样无特殊要求，图 5–72 仅作参考。

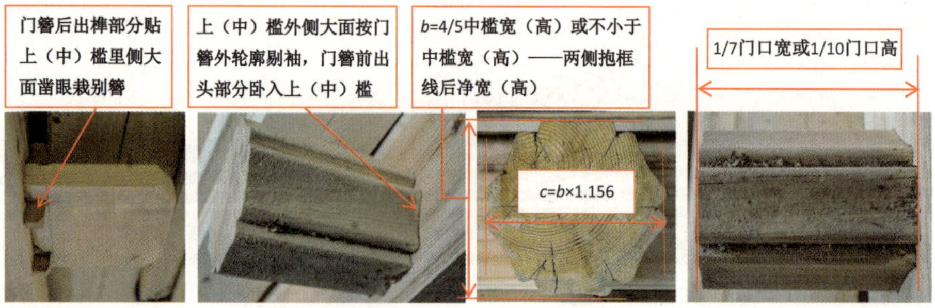

（a）　（b）　（c）　（d）

图 5–72　门簪细部示意

（2）工艺做法

① 连楹剔凿门轴通透卯口安装门扇；剔凿单直通透卯口安装门簪；与柱、中槛采用榫卯、铁钉固定的方式。

② 连楹向下一面起装饰线，式样参见图 5-67～图 5-71。

10. 门簪

门簪外形如图 5-73 所示，构造如图 5-74 所示。

（a）

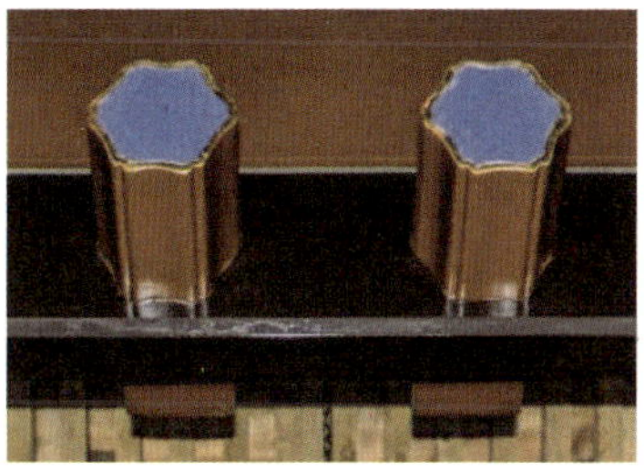

（b）

图 5-73　门簪外形示意

注：门簪高详见图 5-72（c），迎面可做“起线”“素面”或贴雕花草、文字等纹饰。

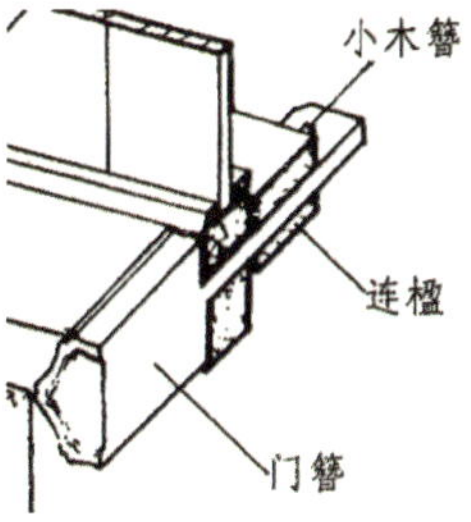

图 5-74　门簪构造

注：引自《中国古建筑木作营造技术》。

（1）定尺：面至面 =4/5 中槛宽（高）或不小于中槛宽（高）——两侧抱框线后净宽（高）；角至角尺寸 = 面至面尺寸 × 六方加斜系数 1.156；出头长 =1/7 门口宽或 1/10 门口高；出榫长详见图 5-72（a）。

（2）工艺做法

① 六方外形，各面为平直折面或内凹曲面，折角或梅花线角相交。

② 贴连楹外侧剔凿销子（别簪）卯口；按二分尺寸留出中槛袖榫。

③ 门簪迎面通常做“起线”“贴脸”或雕刻文字，详见图 5-73。

11. 木门枕

木门枕构造如图 5-75 所示。

（1）定尺：宽 0.8D，厚 0.5D，长 1.9D。

（2）工艺做法

① 剔凿下槛袖榫刻口；剔凿铁质海窝（福海）卯口。

② 向上一面做四面八字倒（压）棱。

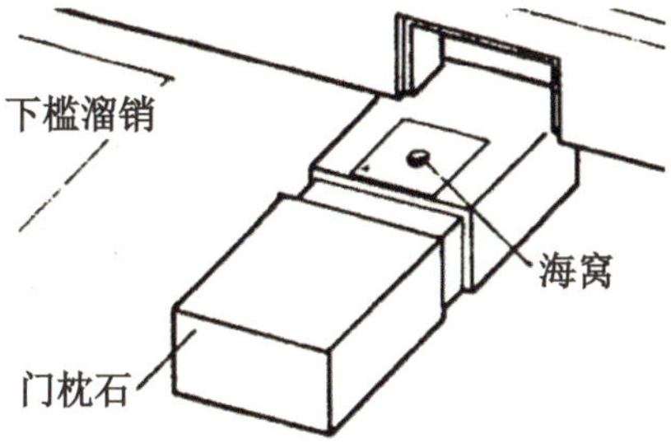

图 5-75　木门枕构造示意

注：引自《中国古建筑木作营造技术》。

12. 横栓（闩）

横栓（闩）、铁栓环、栓眼石如图 5-76 所示。

（1）定尺：厚（径）0.6D，长按门口净尺寸 +“掩缝”+1.2D［酌定或参考栓（闩）眼石尺寸定］。

（2）工艺做法

① 横栓（闩）裹两面圆棱呈半圆形。

② 安装锁定五金件。

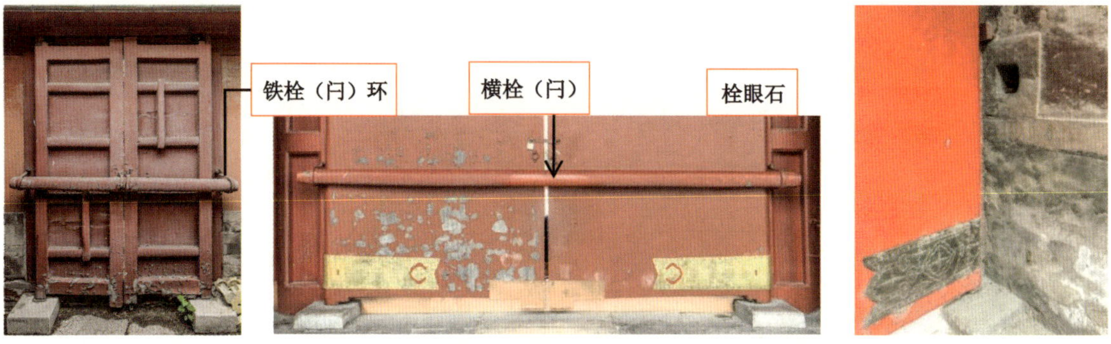

（a）　（b）　（c）

图 5-76　横栓（闩）、铁栓环、栓眼石示意

13. 榻板

（1）定尺。详见附表 1。

（2）工艺做法

① 榻板两端在底面“穿带”，间距≤300mm；需要拼接的榻板，应安装银锭榫（扣）或铁扒锔，间距≤200mm。

② 在榻板与柱子相交部位做“圈口”、抹“八字”（图 5-77）。

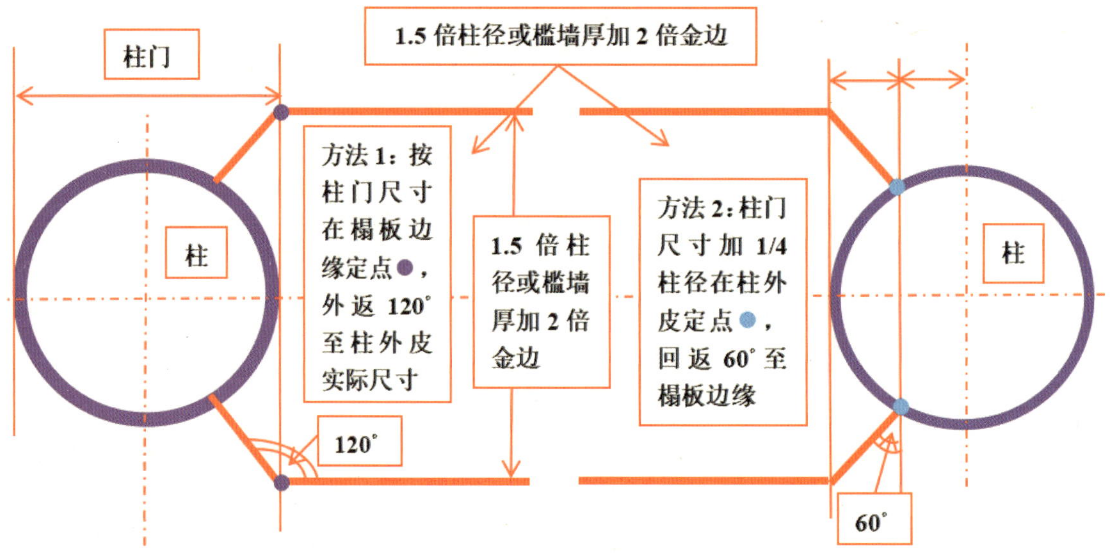

图 5-77　榻板“圈口”“八字”做法示意

二、大门类

（一）大门的权衡定尺

1. 大门门口的权衡定尺

在中国传统建筑木作中，除了木结构和斗栱遵循着一套完整的权衡尺度规定外，木装修也有着自成一体的权衡尺度规定，比如大门的门口、门边、抹头、门心板等尺寸都在权衡尺度的框定内。

在大门的权衡规定中，首先是门口的定尺，没有门口的定尺，就没有门扇的定尺，更没有其他分构件的定尺。

关于门口的定尺，在清工部《工程做法》卷四十一“各项装修做法”中是这样规定的：“凡棋盘门大边（注：即门边），按门诀之吉庆尺寸定长（注：即门高）……凡抹头以吉门口定长（注：即门宽）……”在这段描述中可以清楚地得知门口尺寸是按照“吉庆尺寸”确定的，那么什么是吉庆尺寸？什么又是吉门呢？

提到吉门和吉庆尺寸，首先要先了解“门光尺”。在前面介绍木工用传统量具“九把尺”中提到了“门光尺”，门光尺又称门尺、鲁班尺、鲁班真尺、门公尺。在尺子的正面、背面和侧面上都标有各种门的尺寸、时辰、禁忌、传说中星宿的名称和凡人一生中有可能遇到的各种际遇等（图5-78～图5-80）。

清工部营造词制门光尺表

良星 亥丁	添财 进益 福禄 富贵 进入	贵人门	高六尺六寸 宽四尺二寸 高五尺七寸 宽二尺三寸	官禄 武开 子孙 诗礼 才能	一酉月亥 二亥月日	福绵长富贵荣华	时时进田产牛马	木曲一 贪狼星	外财狼大门招进	最吉昌门造财星
癸巳年占大门	花酒 暧昧 争斗 十恶 自缢	疾病门	高五尺三寸 宽三尺二寸	官葬 囚歃 瘟殃 妖邪 疯疾	三巳月日 五酉月未己日	发瘟役十八人九	末克破大绒形冲	土黑二 禄存星	卧病床难连绵绵	大不祥病开门者
壬寅庚申年占房门	走失 损身 招讼 跌打 政争	离别门	高五尺二寸 宽三尺三寸	禄欲 失财 离散 路亡 忤逆	六寅月申辰亥	要无存机关用尽	终须破家宅不保	水碧三 文曲星	乱人伦离乡背井	造大门若是离星
丁巳年占前门	添禄 进入 招财 和美 横财	义顺门	高六尺五寸八分 宽三尺一寸六分 高五尺七寸 宽二尺三寸	文魁 忠义 天保 致宁 妻子	七巳月日 八亥月日子	当僧尼定招淫妇	如住宅庶人用此	土禄四 巨门星	产麟儿公居衙门	最为奇大门义学
丁卯年占后门	加官 进禄 美味 孝弟 进财	官禄门	高七尺八寸 宽五尺八寸 高六尺四寸 宽二尺六寸	增禄 进爵 须糯 才子 进宝	九戌月日午 十水月日午	悟抢场争讼无休	礼官事庶人用此	金黄五 武曲星	更相对若是阀阅	大吉星官居衙门
春不开西门 夏不开南门	麻衣 盗贼 行凶 疾病 生育	劫盗门	高五尺六寸 宽三尺六寸	梵子 退产 瘟疫 天灾 横死	十寅一日月	在法场更添人命	末冲克若遇流年	火白六 廉贞星	正难当遭逢劫掠	有祸殃劫字安门
春不开西门 夏不开北门	争竞 浓血 瘟疫 孝服 失财	伤害门	高五尺七寸 宽三尺七寸	长病 害灾 不孝 退人 耗散	十寅二申月戌	不来侵小人日夜	年年有灾殃疾死	金赤七 破军星	若伶仃田园卖尽	不可忍害字安门
造司制 工部管	智慧 交益 进口 仁孝 礼仁	福本门	高七尺三寸 宽五尺八寸 高五尺八寸 宽二尺八寸	秀才 发福 生贵 忠孝 诗书	造门忌 庚寅己	永财源增加福禄	人丁旺田园六畜	水白八 辅弼星	病绵缠财源大发	进庄田木屋造门

图5-78 清工部门光尺表

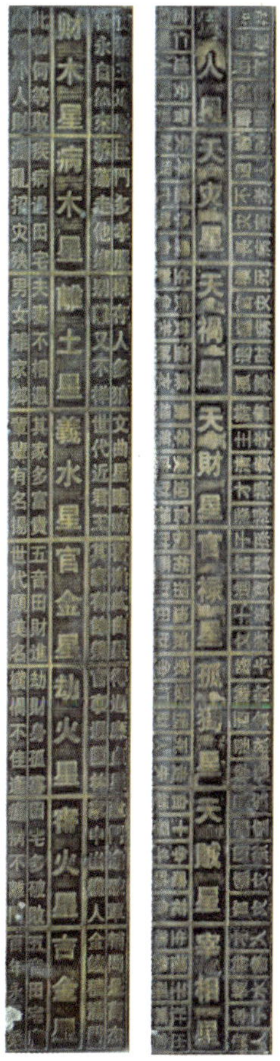

（a） （b）

图5-79 门光尺正、背面

注：引自陕西师范大学出版社出版的明代午荣汇编，易金木译注《图解鲁班经》。

图5-80 现代卷尺版鲁班尺

相传鲁班尺是鲁班（公元前507年～公元前444年）发明的，它主要被用于住宅、大门等建造的测算度量。近年来，鲁班尺的使用日渐普遍，不仅用于房屋、大门，在家具制作等方面也有使用。

现在常见的鲁班尺有两种：一种是图5-79所示的门光尺，在北京故宫博物院收藏，长460mm、宽55mm、厚135mm；另一种是现下流行使用的图5-80现代卷尺版鲁班尺。这两种尺的长度不同。第一种门光尺的1尺=1.44营造尺（又称曲尺），每一门光尺分为8寸，按明清每营造尺等于

320mm 计，门光尺的 1 尺=460.6mm（与北京故宫博物院收藏的门光尺实物极接近），门光尺的 1 寸=57.6mm；而现代卷尺版鲁班尺的 1 尺也分为 8 寸，1 尺=429mm，1 寸=53.6mm；据说还有一种鲁班尺的 1 尺=504mm，由于没能见到实物，在此不妄加揣测。

门诀开后

［财门］

二尺七寸二分	二尺七寸五
二尺七寸九分	二尺八寸二
二尺八寸五分	四尺一寸六
四尺一寸九分	四尺二寸二
四尺二寸六分	四尺二寸九
五尺一寸六分	五尺一寸九
五尺五寸	五尺六寸一
五尺六寸三分	五尺六寸七
五尺七寸	五尺七寸一
七尺四分	七尺七分
七尺一寸一分	七尺一寸六
八尺四寸七分	五尺五寸三分
八尺五寸一分	八尺六寸
九尺九寸八分	九尺六寸五分
九尺九寸一分	一丈二分
一丈五分	

［义顺门］

二尺一寸八分	二尺二寸二分
二尺二寸五分	二尺三寸
二尺三寸三分	三尺六寸二分
三尺七寸三分	三尺七寸六分
五尺五分	五尺九分
五尺一寸二分	六尺五寸
六尺五寸三分	六尺五寸七分
六尺五寸一分	六尺六寸一分
六尺六寸四分	七尺九寸三分
七尺九寸六分	八尺一分
八尺四分	八尺七分
九尺三寸七分	九尺四寸七分
九尺五寸	九尺四寸
九尺四寸四分	一丈八寸二分
一丈八寸四分	一丈八寸七分
一丈九寸五分	

［官禄门］

二尺一分	二尺四分
二尺八分	二尺一寸一分
二尺一寸四分	二尺四寸四分
三尺四寸五分	三尺五寸六分
三尺四寸八分	三尺五寸二分
三尺五寸九分	四尺八寸九分
四尺九寸二分	四尺九寸五分
四尺九寸八分	五尺一分
六尺三寸三分	六尺三寸六分
六尺四分	七尺七寸六分
七尺七寸九分	七尺八寸三分
九尺八寸六分	九尺一寸九分
九尺二寸二分	九尺二寸六分
一丈六寸四分	九尺三寸三分
九尺二寸九分	一丈六寸七分
一丈七寸	一丈七寸三分
一丈七寸六分	

［福德门］

二尺九寸	二尺九寸四分	五尺八寸四分	五尺八寸八分	八尺七寸五分	八尺七寸一分
二尺一分	二尺九寸七分	五尺九寸一分	七尺二寸一分	一丈八分	八尺七寸八分
三尺四分	三尺四寸四分	七尺二寸八分	七尺二寸四分	一丈一寸二分	一丈七分
四尺三寸四分	四尺四寸五分	七尺三寸四分	七尺三寸一分	一丈一寸九分	一丈一尺六寸
四尺四寸一分	五尺七寸七分	八尺六寸八分	八尺六寸五分	一丈二寸三分	

图 5-81　门诀

注：引自《工程做法注释》。

在古人的“权衡规定”中我们知道了房屋的柱高、面宽尺寸与大门的高、宽尺寸有很大的关系，而大门的高、宽定尺又源于门光尺。笔者在 1992 年曾亲耳听已故北京故宫博物院老木匠赵崇茂先生说过“故宫所有的大门尺寸都是按照门尺排出来的。”足见这种说法的可信度。

以北方地区多用的门光尺为例：门光尺长为 1 尺，八进制，每 8 寸为 1 尺。在这 8 寸中，每一寸都有按一定的顺序排列出对应的八个字，分别为“财”“病”“离”“义”“官”“劫”“害”“吉（本）”，这八个字分别代表了每寸尺寸所涵盖的“吉”或“凶”的预示；为了更为细化“吉”或“凶”的预示，门光尺在每一寸当中又划分为 5 个等份，给每个等份冠以“富贵”“出官”或“离散”“退财”等更为直白的预示。

门光尺的使用与我们通常的米尺不一样，门光尺要与营造尺共同来使用。它是根据房屋的定位、主人的身份、喜好、祈盼、避讳、禁忌等有关的信息和需求在门光尺中找到相对应的文字、尺寸，再按照门光尺与营造尺的换算方法确定大门的营造尺宽度和高度尺寸，详见表 5–2。这个尺寸是指大门框与框、槛与槛之间的净尺寸，并不是指大门门扇的净尺寸，至于大门门扇及各分构件的尺寸则可按照等清权衡尺寸进行确定。

在《图解鲁班经》中列出一份古代吉门尺寸表（表 5–3），在清工部《工程做法》卷四十一“各项装修做法”中也列出了一份门诀表，详见图 5–81。

表 5–2 营造尺与门光尺尺寸对照

营造尺与门光尺尺寸对照表				
营造尺	紫白	门光尺	尺尾数	八字
2.8	八白	15.56	7.56	吉
3.6	六白	20.00	4.00	义
7.1	一白	39.44	7.44	吉
7.8	八白	43.33	3.33	义
8.8	八白	48.89	0.89	财
10.1	一白	56.11	0.11	财

注：引自陕西师范大学出版社—明代午荣汇编，易金木译注《图解鲁班经》。

表 5–3 古代吉门尺寸

古代吉门的尺寸表				
门名称	营造尺	折合门光尺	所余尾数	合何八字
小单扇门	2.10	11.67	3.67	义
大单扇门	2.80	7.56	7.56	吉
小双扇门	4.20 4.31 4.38	23.33 23.94 24.33	7.33 7.94 0.33	吉 吉 财
大双扇门	5.60 5.66	31.11 31.44	7.11 7.44	吉 吉

注：引自陕西师范大学出版社—明代午荣汇编，易金木译注《图解鲁班经》。

在表 5–2 和表 5–3 中，古人把他们认为的大门、宅门吉庆尺寸等列出来，这给了人们极大的方便，只要在以上的尺寸中找到需要的就不会出现大的错误。

在对门光尺的初探中，笔者试着用计算方法对 2.1 营造尺的小单扇门进行核验：2.1 营造尺 ÷ 0.18=11.67 门光寸，这个数减去 8 门光寸（即 1 门光尺）还剩余 3.67 门光寸，3.67 门光寸在门尺上顺序排列落在第三寸义顺门的第四格“致宁”上，合八字为“义”，与古代吉门尺寸表吻合；其余表中大单扇门、小双扇门、大双扇门的尺寸笔者也进行了核验，结果都与表 5–2 和表 5–3 中的八字相合。随后，笔者又按相同的方法对清工部《工程做法》卷四十一中所列出的“门诀”进行了核验，核验的结果是“财门”的 31 个尺寸中有 3 个与吉门八字不符，分别是五尺五寸、五尺五寸三、九尺六寸五分；“义顺门”的 31 个尺寸都与吉门八字相符；“官禄门”的 33 个尺寸中有 3 个与吉门八字不符，分别是二尺四寸四分、六尺四分、九尺八寸六分；“福德门”的 29 个尺寸都与吉门八字相符。“门诀”所列 124 个尺寸中除 6 个尺寸外其余都与吉门八字相符。为了更客观地了解古人“门诀”的使用情况，笔者对北京故宫博物院内的部分大门、风门、屏门门口进行了丈量，在丈量过的 30 余座门口中，经按同样的计算方法核验出有 20 座门口与吉庆尺寸相吻合，其余 10 余座门口尺寸或高或宽再或高与宽同时与吉庆尺寸不符。

在这里需要说明一下，以上所用的核验方法中，0.18 的系数实际上是由古代营造尺和门光尺之间的换算而来的，前面说了，每门光尺等于 1.44 营造尺，门光尺是八进位，营造尺是十进位，合 0.1 门光尺为 0.18 营造尺，这个 0.18 就是上面所用的系数。

对以上古人“门诀”尺寸的核验，不能简单地以“对”或“不准确”来判定，因为门光尺中的学问讲究太深了。比如，在笔者所存“门光尺”的侧面注有“春不做东门，夏不做南门，秋不做西门，冬不做北门（注：图 5-78 中清工部“门光尺”中所标有误）”，还有“大月从下数上，小月从上数下”“癸巳年占大门，庚申、壬寅年占房（主）门，丁巳年占前门，丁卯年占后门”等，甚至在《图解鲁班经》一书中还有这样的描述“但吉字寸上并非都是吉，凶字寸上并非都是凶，还要看安门的户主是什么身份。如“义”字门，安在廊门和都门上一般为凶；庶民百姓安“官”字门，也为凶。相反，“病”字门虽凶，但安在厕所门上，却能化凶为吉”种种解释众多，此处不一一列举。

中国传统文化博大精深，对于门光尺的理解，不能简单地用对或错来判定，因为这里面受影响的因素太多了，首先是文字传承的谬误，其次不同匠师添枝加叶地口传心授，再有就是融入了太多各地区的风俗习惯和禁忌等，还有众多种类不同、用法不同的子房、玄女、丁兰尺等，极易混淆。所以，在没有对门光尺充分了解透彻前不要贸然进行推广使用，否则一旦使用有误或张冠李戴，就可能给业主带来莫名的心理伤害，造成经济损失。

2. 大门门扇的权衡定尺

大门门扇的权衡定尺根据门光尺尺寸（设计尺寸）及单扇或对开双扇确定（注：门光尺尺寸的确定见本节二、（一）1. 大门门口的权衡定尺）。

大门门扇尺寸与门光尺尺寸是不同的概念，大门门扇尺寸是由传统大门的安装方法所决定的。在传统木装修中，大门是安在大门槛框室内或院内一侧，贴附在槛框上而不是像隔扇、槛窗或现代的大门安装在框心里侧，见图 5-82～图 5-85，这就决定了在门扇的定尺上对这种特殊的安装方式要另做考虑。

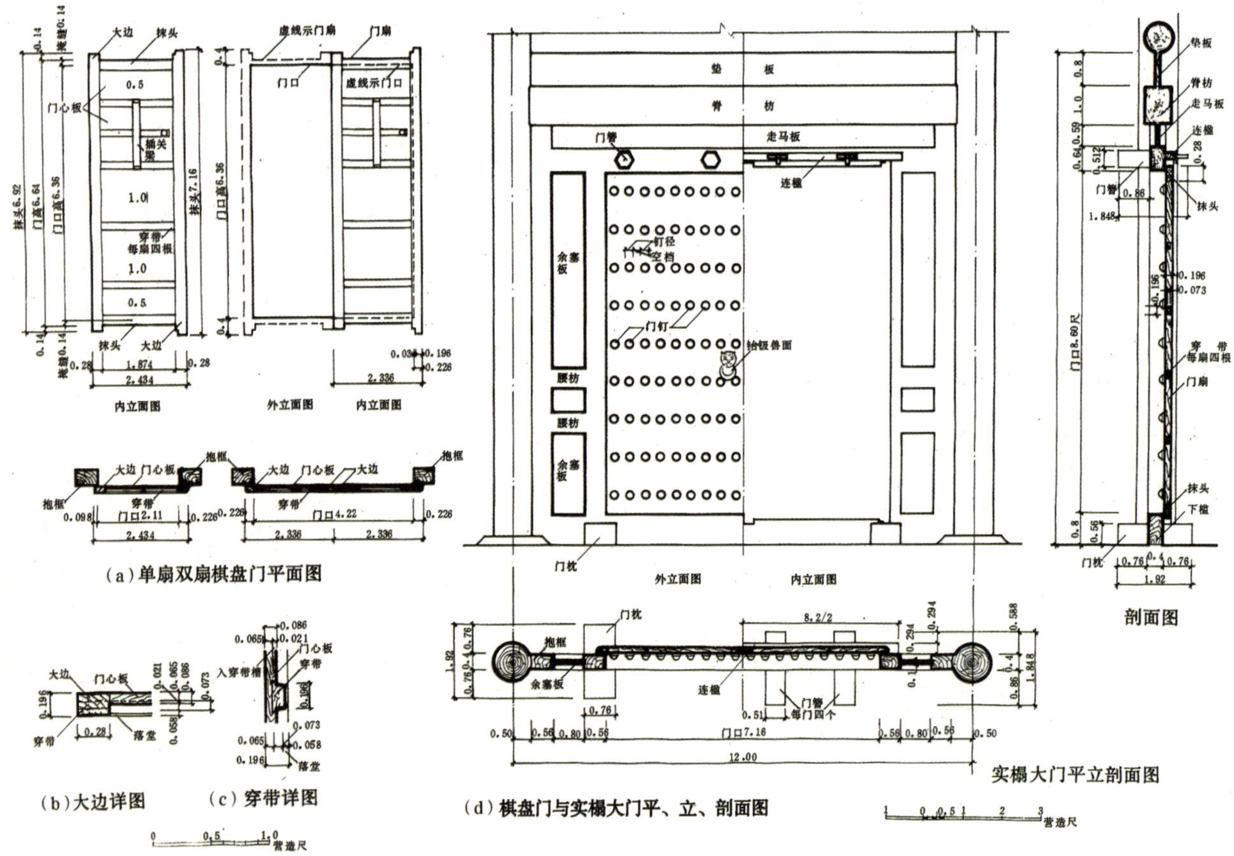

图 5-82　清式棋盘大门、实榻大门平、立、剖面参考图

注：引自《工程做法注释》。

图 5-83 大门槛框与门扇位置

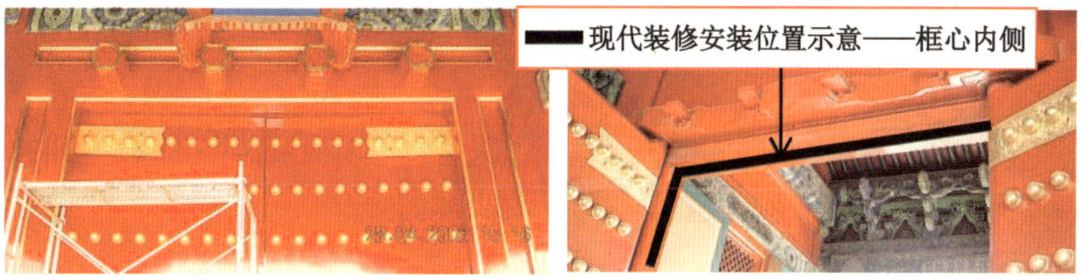

（a） （b）

图 5-84 大门安装位置、方式对比示意

注：图（b）中大门门扇与槛框不在一个平面上，大门门扇是贴附在槛框（院内）一侧安装的。

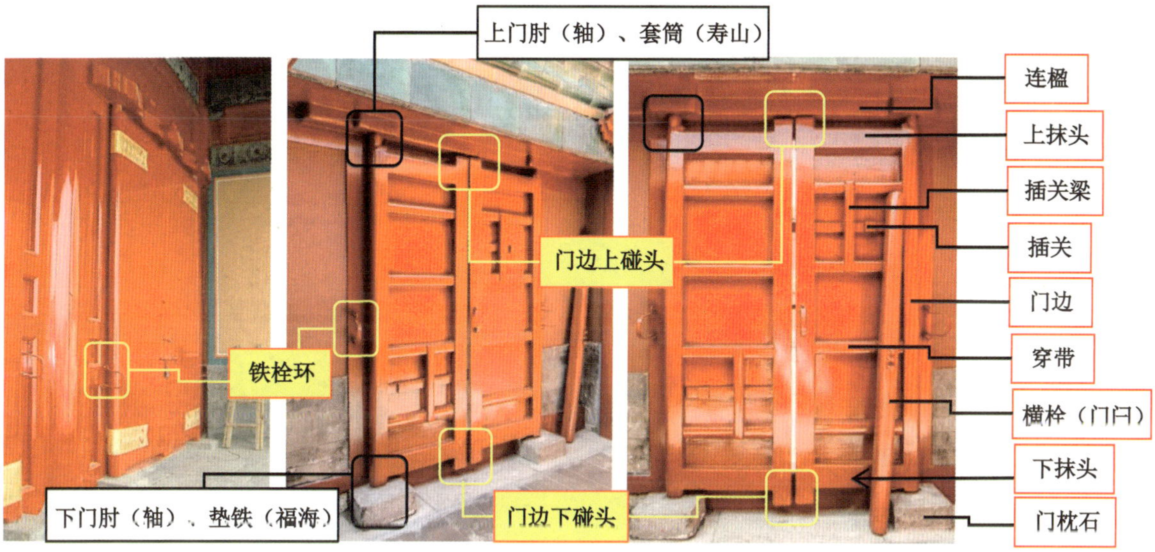

图 5-85 大门安装位置、方式及组成构件名称

由于这种独特的安装方法和安全功能的需要，大门门扇的定尺有一定的权衡规定，在解析这些规定前，需要先认识一下与门扇定尺相关的构件的名称和所处部位，下面以常见的攒边门为例进行介绍。

（1）掩缝尺寸。由于大门功能的需要，门扇的高度尺寸要比门口净高尺寸略大一些，这样才能避免门扇与门口之间露出缝隙，在一定程度上保证了大门的安全性和院落的私密性；在大门的门轴（也称门肘）一侧，为避免门扇在开启后门边“吃”进门口，影响到门口净宽度，也需要留出余量，在传统工艺中，这段大出来的部位称为掩缝（也称掩扇）。掩缝尺寸：实榻大门为门边厚的1/3；攒边门和撒带门为门上、左或右侧为七分（约 22mm），俗称“掩七不掩八”，门的下部为八分（约 25mm）；屏门由于安装方法与上述三种大门的安装方法不同，没有掩缝之说，详见图 5-86～图 5-89。

（2）缝路尺寸。由于传统大门需要用油饰地仗来作保护和装饰，所以在门扇的定尺中要考虑适当减去地仗的厚度，以避免在安装时增加二次加工的工作量，同时也能避免浪费材料。需要注意的是，地仗的厚度根据做法的不同而不一，在定尺时需要问清做法后再予确定，详见图 5-86～图 5-89。

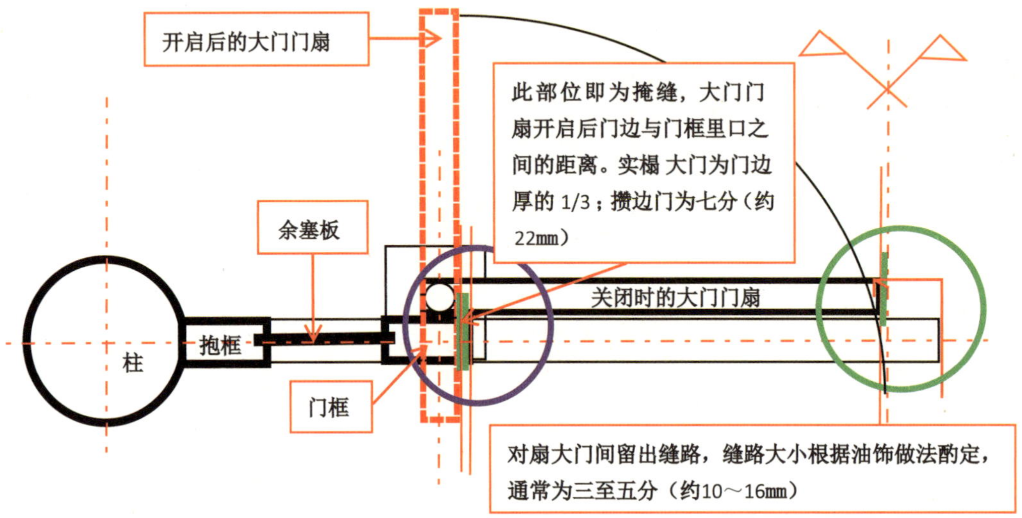

图 5-86　门扇定尺 1：大门平剖面

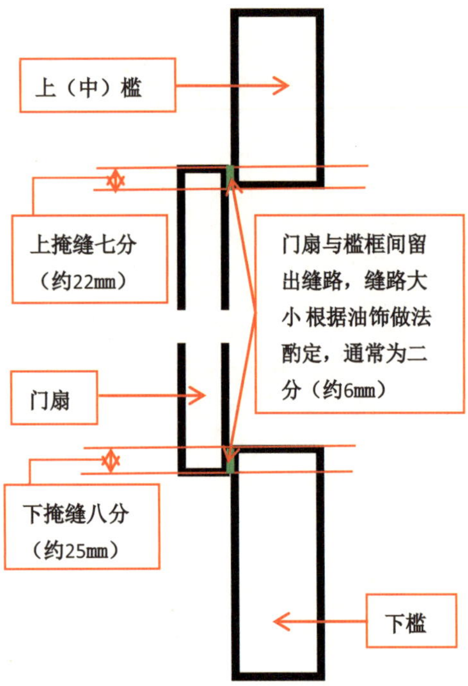

图 5-87　门扇定尺 2：大门侧立剖面

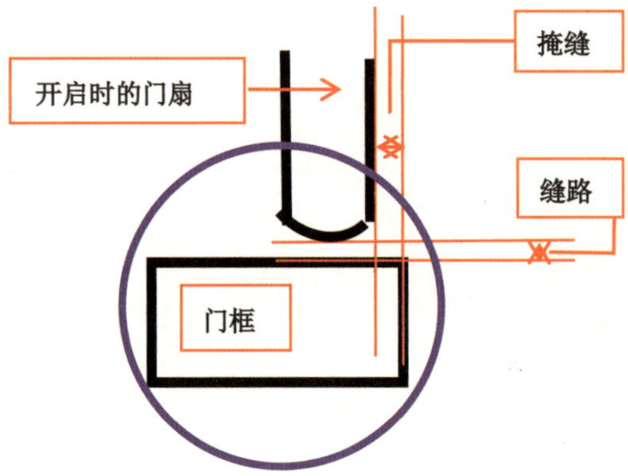

图 5-88　门扇定尺 3：掩缝、缝路

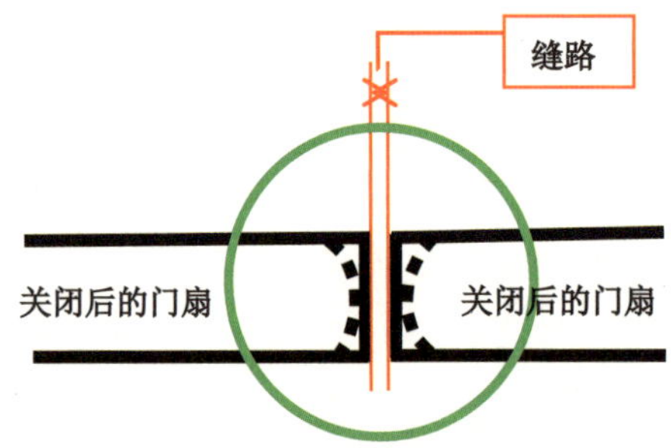

图 5-89　门扇定尺 4：缝路

（3）内、外门边（轴），刻头，碰头尺寸。由大门传统的安装、开启、关闭、锁合方式决定，门扇在内外门边（轴）、刻头、碰头部位的尺寸有一些特殊的要求。

① 门扇摘除方便。这个要求相对简单，采用上起下落的方式将内门边（轴）下端套筒的踩钉抬离门枕石上的海窝，再挪至门枕石外下落，就可以将内门边（轴）上端套筒退出连楹，完成门扇摘除。完成这个要求在尺寸上仅是要求门枕石厚度尺寸要大于连楹厚度，否则，门扇落在地面上而上端套筒未退出连楹，会造成无法摘除门扇的情况。

② 内门边（轴）上端套筒处的刻头与连楹之间的距离除要大于踩钉入海窝的高度外，还要留出一定的余量以保证门扇的摘除自如。

③ 为保证大门的安全，要求在门扇关闭的情况下，从院外不能将门扇摘除。这就需要门扇的外

门边上端碰头的端头与连楹之间的距离不能大于内门边（轴）下端的踩钉入海窝的高度，否则，如果在院外将门扇撬起，用外力将内门边（轴）的踩钉脱离海窝，门扇就会不受连楹的管束而失去防范的功能，详见图 5-90～图 5-92。

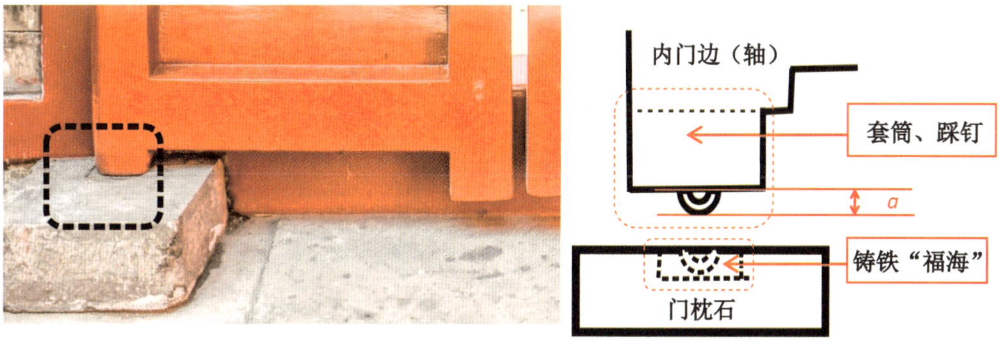

（a） （b）

图 5-90 门扇定尺 5、6：内门边（轴）、套筒、福海、门枕石示意

a—踩钉高度

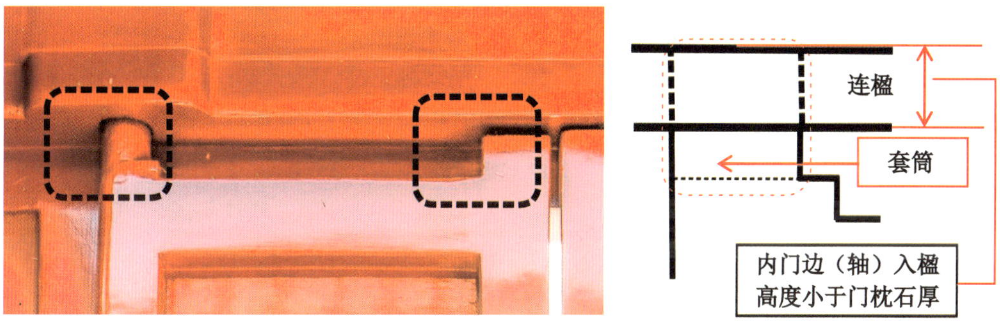

（a） （b）

图 5-91 门扇定尺 7、8：内门边（轴）套筒、寿山、刻头及外门边碰头

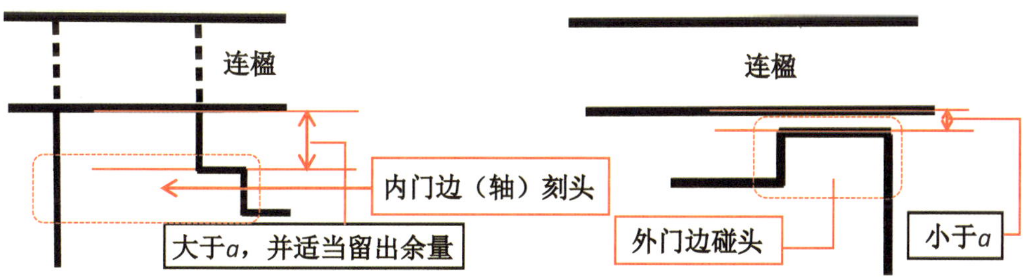

（a） （b）

图 5-92 门扇定尺 9、10：内门边（轴）套筒、寿山、刻头及外门边碰头

（二）大门的工艺做法

1. 实榻大门

（1）满外尺寸 = 门口尺寸 + 上下左右掩缝尺寸 — 缝路尺寸 + 门轴（肘）入楹、碰头尺寸，详见本节“大门门扇的定尺”。

（2）分件尺寸详见附表 2。

（3）榫接穿带

① 门钉、穿带定位方法（见图 5-93）

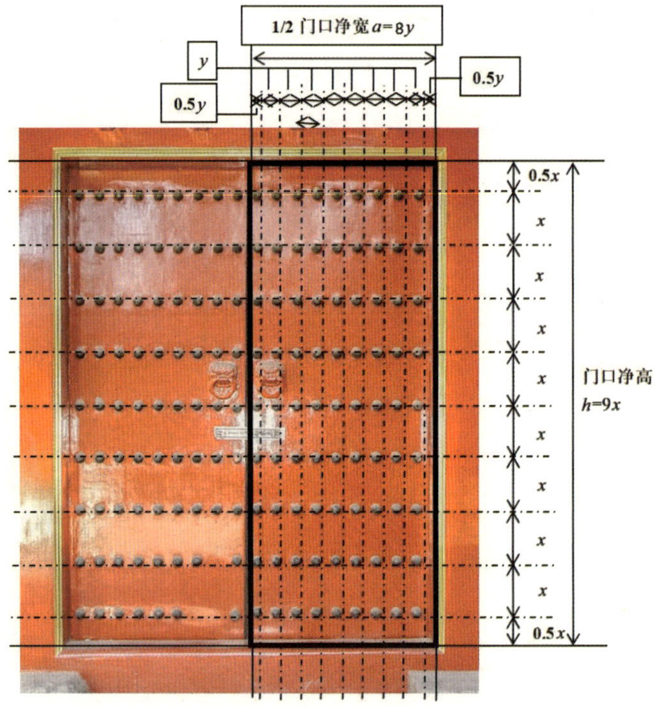

图 5-93 门钉、穿带定位方法

▬内所示为实榻大门 1/2 净门口尺寸

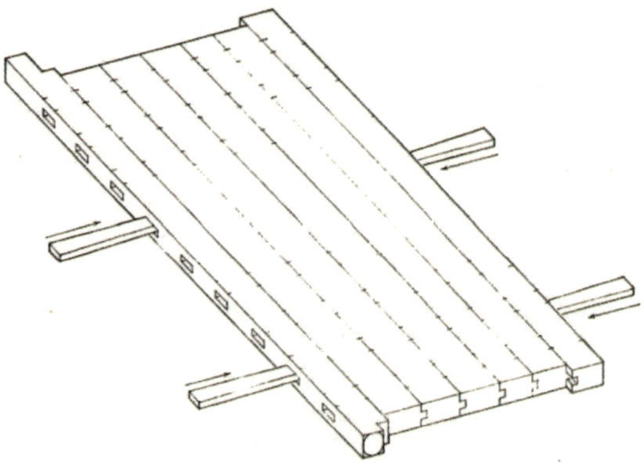

（a）穿暗带（抄手带）做法

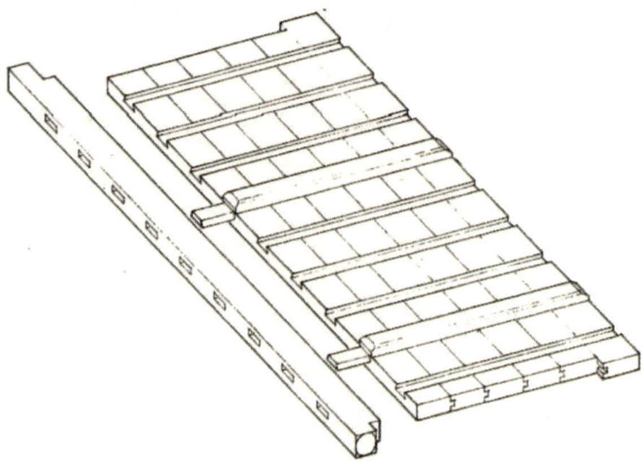

（b）穿明带做法

图 5-94 实榻大门穿暗带、明带示意

注：引自《中国古建筑木作营造技术》，马炳坚著。

a. 门口净高 h 除以门钉路数得分当尺寸 x；门口上下方内返半当尺寸 0.5x，其余按尺寸 x 分当。

b. 门口净宽 a 除以门钉路数得分当尺寸 y；1/2 门口左右向内返半当尺寸 0.5y，其余按尺寸 y 分当。

② 门板之间采用龙凤榫卯连接，详见第七章第二节。

③ 穿暗带（对穿抄手榫），详见图 5-94；暗带数量根据门钉排数设置详见图 5-95。

④ 穿明带，详见图 5-94。

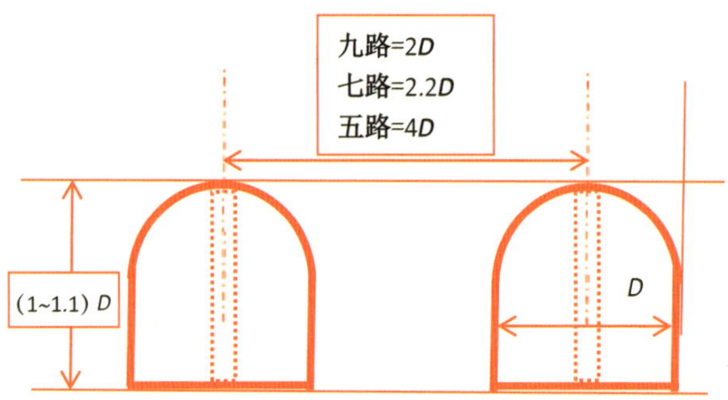

图 5-95 门钉直径与排当定尺示意

⑤ 门钉。各式门钉见图 5–96。

（a）（b）（c）（d）

图 5–96 各式门钉

a. 门钉径随门钉排当：九路门钉中至中 2 倍门钉径；七路门钉中至中 2.2 倍门钉径；五路门钉中至中 4 倍门钉径。

b. 木门钉打眼，铁钉穿透，门板与穿带固定。

⑥ 横栓（闩）。做半圆，端头按栓（闩）眼石或铁栓环尺寸定。

2. 攒边大门

攒边大门及其构造如图 5–97、图 5–98 所示。

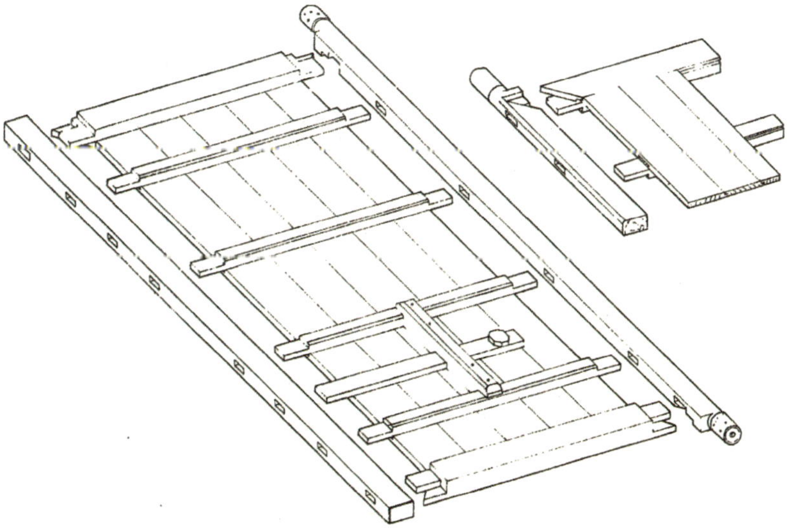

图 5–97 攒边大门构造示意

（a）（b）

图 5–98 攒边大门

注：引自《中国古建筑木作营造技术》，马炳坚著。

（1）满外尺寸 = 门口尺寸 + 上下左右掩缝尺寸 – 缝路尺寸 + 门轴（肘）入楹、碰头尺寸。详见本节二、（一）2. 大门门扇的定尺。

（2）分件尺寸。详见附表 2。

（3）榫接穿带

① 穿带分当方法：门扇高减去抹头 $2a$、穿带宽 $4b$，余尺寸均分 4 份（$4c$），上下各半份（$0.5c$），中间均分 3 份（$3c$）。

② 门板之间采用龙凤榫卯连接；门板四边头缝榫与门边榫槽相交入位，详见第七章第二节。

③ 穿明带，详见图 5-99。

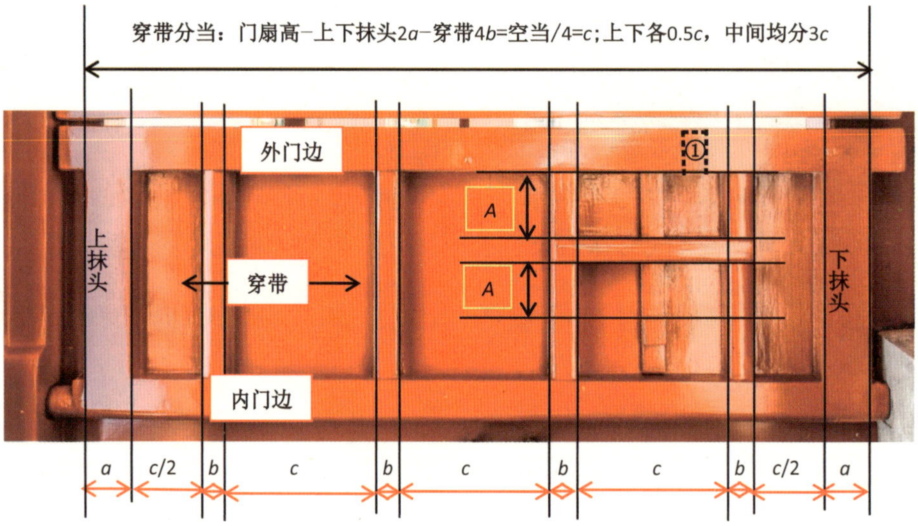

图 5-99 清式棋盘门（攒边门）穿带分当示意

A—插关梁两侧与外门边，插关挡头之间的净空尺寸；a—抹头宽；b—穿带宽；c—穿带空当

注：①所示为大门开启时门闩（插关）的位置。

④ 门插关定位

a. 用图 5-99 中 A 尺寸控制插关出头长度，以关闭后不在另一门边出头为准，即 A 尺寸小于图 5-100 中 C 尺寸。

b. 用图 5-100 中 B 尺寸控制插关开启后插关端头能隐入门边，以不影响使用为准，即 B 尺寸大于 C 尺寸。

c. 图 5-100 中 B 尺寸小于 D 尺寸，以保证开启后插关不从门边脱落。

插关梁的定位：插关梁的定位根据门扇、门边宽、满足上述要求及插关挡头做法综合确定。

d. 材质宜选用落叶松或硬杂木。

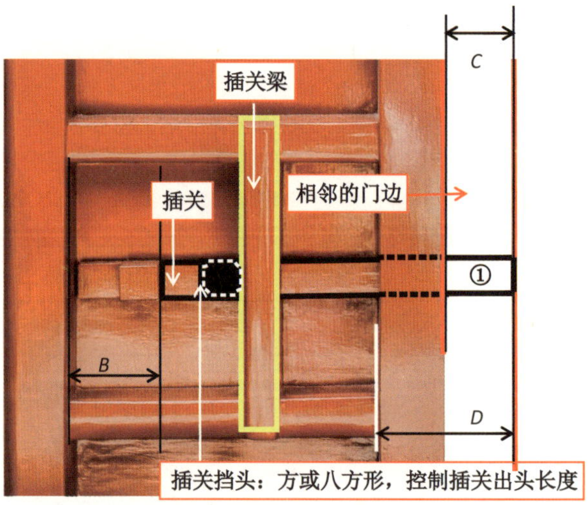

图 5-100 清式棋盘门（攒边门）插关梁、插关定位示意

B—控制插关开启后插关端头能隐入外门边，不影响门的开启；C—另一扇外门边的宽度；D—双扇两外门边的宽度

注：①所示为大门关闭后门闩（插关）的位置。

3. 撒带门

撒带门如图 5-101、图 5-102 所示，撒带门构造如图 5-103 所示。

（1）满外尺寸 = 门口尺寸 + 上下左右掩缝尺寸 − 缝路尺寸 + 门轴（肘）入楹尺寸，详见本节大门门扇的定尺。

（2）分件尺寸。详见附表 2。

（3）榫接穿带。

① 穿带分当方法。门扇高减去穿带宽 5b，余尺寸均分 5 份（5c），上下各半份（0.5c），中间均分 4 份（4c）。

② 门板之间采用龙凤或企口榫卯连接，详见第七章第二节。

③ 穿明带，详见图 5-103。

④ 插关梁，根据门扇大小通长或分段设置，与穿带做袖榫相交，铁钉与穿带固定。

⑤ 插关，定位参考攒边门。

（a） （b）

图 5-101 各式撒带大门 1

（a） （b） （c）

图 5-102 各式撒带大门 2

注：本图所示撒带大门与图 5-101 略有不同，仅供参考。

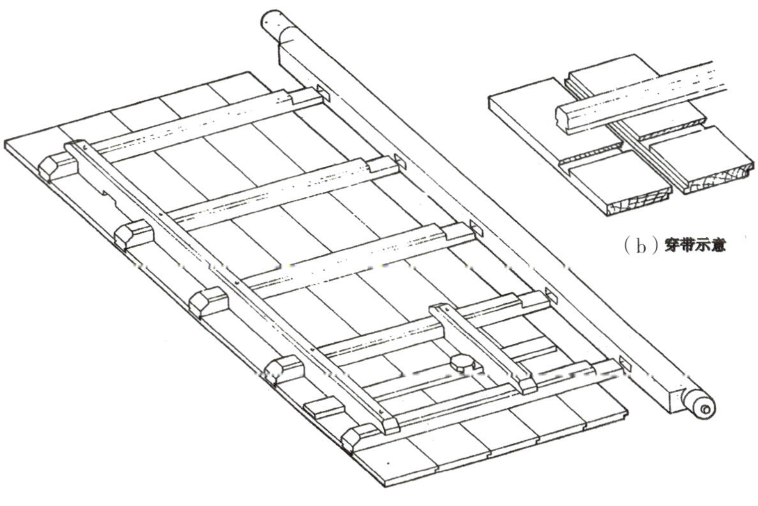

（b）穿带示意

（a）

图 5-103 撒带大门构造示意

注：引自《中国古建筑木作营造技术》。

4. 屏门

屏门及其构造如图 5-104、图 5-105 所示。

（1）槛框。屏门槛框的宽和厚度都要小于其他大门的槛框，略有差异。

（2）门扇满外尺寸 = 门口净尺寸（或裁口净尺寸）—缝路尺寸。

（3）分件尺寸。详见附表 2。

（4）门扇榫接穿带

① 穿抄手平带，间距在 300～400mm 之间。

② 门板之间采用企口榫接或平接连接。

③ 门板端头单直透榫、割角肩对接。

图 5-104　屏门

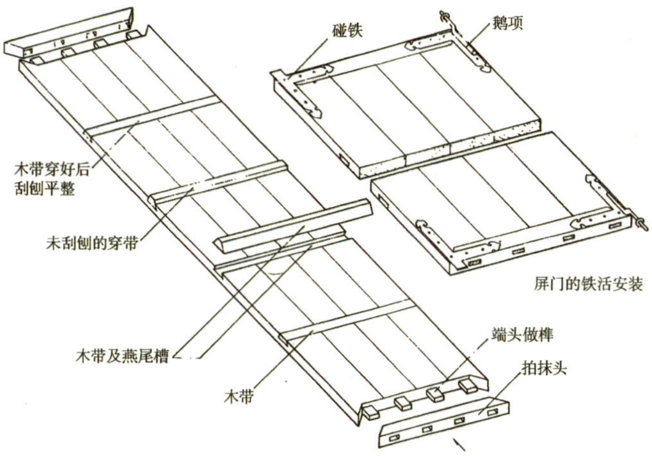

图 5-105　屏门构造

注：引自《中国古建筑木作营造技术》。

三、隔扇、风门、帘架类

（一）隔扇、风门、帘架、棂心的权衡定尺

1. 隔扇门口的权衡定尺

隔扇门口的定尺与大门门口略有不同，这是由它的开启、关闭、锁合方式决定的（图 5-106）。在清官式装修做法中，明间中间两扇开启的隔扇尺寸即上（中）、下槛、门框（或相邻隔扇边）间的净空尺寸就是隔扇的门口尺寸，按吉门口定尺（图 5-107）。

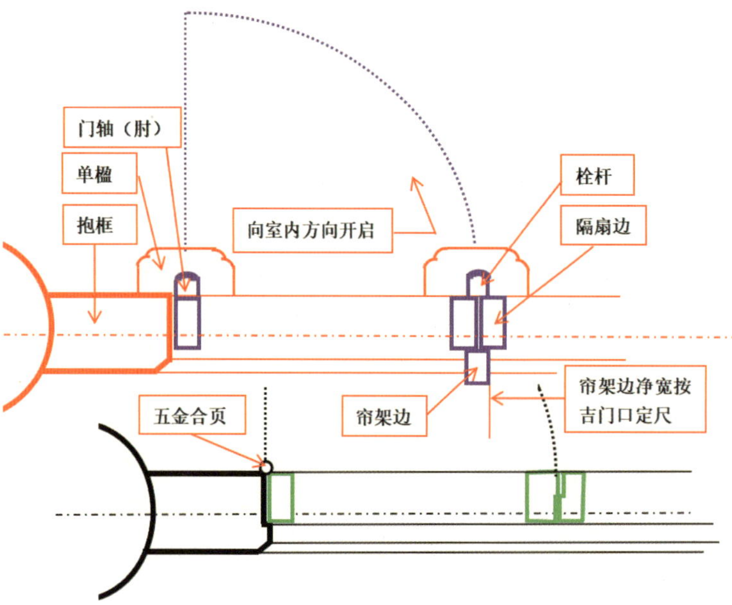

图 5-106　近代五金合页开启方式（槛框、隔扇边均做企口）

2. 帘架、风门门口的权衡定尺

清官式建筑中，许多隔扇装修都因保暖等原因安装有帘架，这时，帘架的两边与帘架的腰抹头之间的净空尺寸就是帘架的门口尺寸，按吉门口定尺（图 5-107）。在装有风门的帘架中，帘架的门口尺寸就是风门的门口尺寸（图 5-108）。

（a）　（b）

图 5-107　隔扇门口定尺位置

图中 线框定范围即为门口定尺。

（a）　（b）

图 5-108　风门门口定尺位置

图中 线框定范围即为门口定尺。

在隔扇的定尺中，除按“门光尺”的定尺方法外，清工部《工程做法》卷四十一中又给出了一个大的高度控制尺寸，即“隔扇通高定分方法：檐里装修大式做法，明间隔扇安装以飞檐椽为标准，上槛（中槛、挂空槛）上皮与飞檐椽下皮取平，槛下安隔扇，槛上安横披、替桩（上槛）；小式做法如无飞檐椽则以檐椽为准，或自檐枋以下按高一丈为度，即系安装隔扇上槛分位，檐枋下皮至槛上皮高一尺分位安装横披、替桩。金里安装隔扇则以廊步挑（桃）尖随梁访（小式称穿插枋）为标准，上槛（中槛、挂空槛）下皮与随梁枋下皮取平，槛下安隔扇，槛上安横披、替桩……”（图 5-109 和图 5-110）。

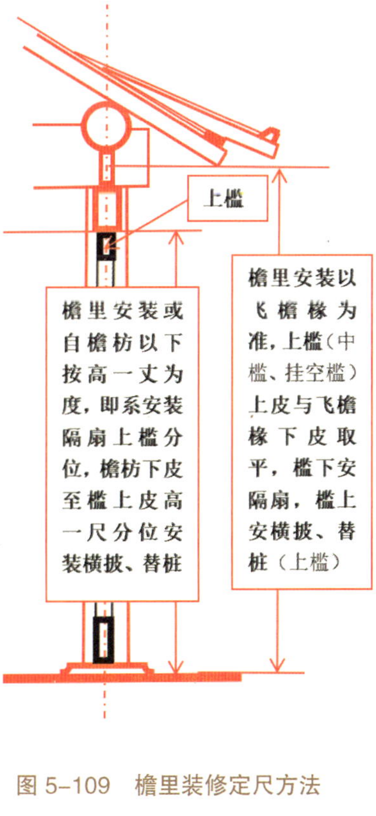

图 5-109　檐里装修定尺方法

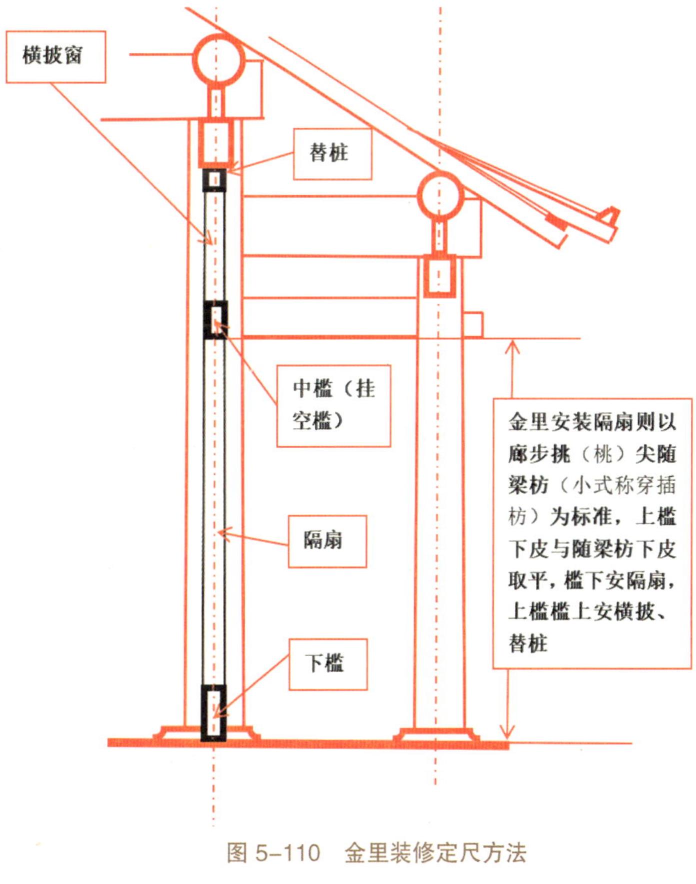

图 5-110　金里装修定尺方法

在以上清工部《工程做法》卷四十一中给出的定尺方法中，金里装修的定尺方法现在还在沿用，而檐里装修的定尺方法、尺度有待考证，仅供参考。

总体来说，隔扇、风门门口的定尺与大门门口的定尺大同小异，除同样遵循“门光尺”的定尺方法外也参考了柱高、面阔、构件位置及日照等因素的影响，相对大门门口的定尺较为综合，这也给了我们一个启示：不要机械、死板地套用古人的方法，在大的尺度上尽量不与古“门光尺”发生大的冲突，在其他尺寸上可以做出适当的调整，以满足使用的要求为准。

（二）隔扇、风门门扇的定尺

与隔扇、风门、帘架定尺相关构件的名称和所处部位，如图 5-111～图 5～114 所示。

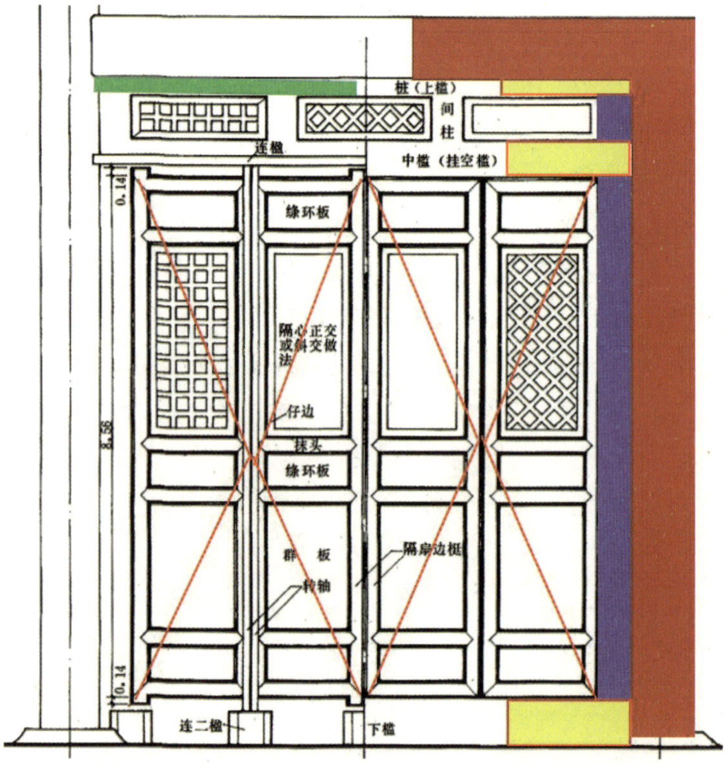

图 5-111　隔扇、风门类槛框及附件名称及开启示意

柱、枋；长、短抱框；上槛（替桩）、中槛（中枋）、下槛；连楹

注：引自《工程做法注释》。

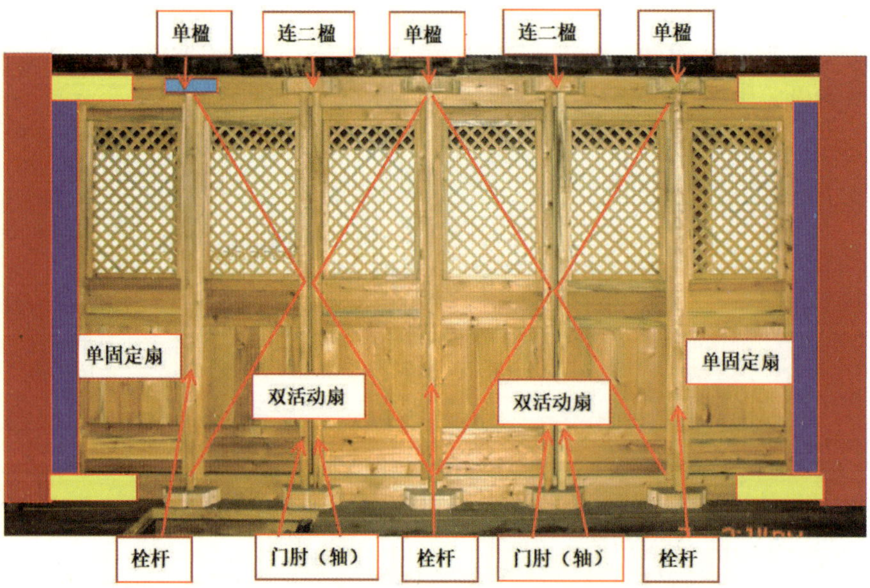

图 5-112　隔扇、风门开启示意及相关附件名称

上、下槛；抱框；柱；单、双楹

图 5-113 隔扇各分构件名称及示意

边梃；上、下、腰抹头；裙板、绦环板；仔边；棂条

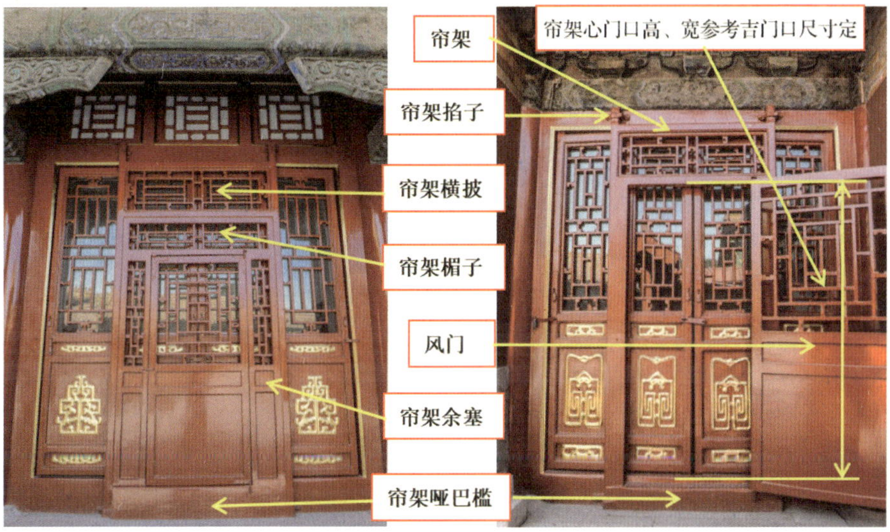

图 5-114 帘架、风门各分构件名称及示意

1. 门扇定尺

隔扇、风门门扇的定尺参考以下因素确定。

（1）隔扇的数量及参考吉门口尺寸确定。通常每间 4～6 扇，参考开间尺寸定，双数配置。

（2）隔扇抹头。隔扇抹头有两抹、三抹、四抹、五抹和六抹之分，其中两抹、三抹隔扇又称"落地明造"，多用于南方宅院花厅、轩、榭；四抹隔扇多用于一般的寺院和体量较小的民居建筑；五抹、六抹隔扇多用于宫殿、坛庙等大体量建筑。

（3）门尺尺寸。隔扇、风门的安装方式与大门有所不同，它是指门扇直接安装在槛框框心内侧，和现在新式门窗的安装位置是一样的，也就是说隔扇、风门的定尺与门口的定尺是一样的。

（4）满外比例。隔扇满外宽与高按清代通常比例为：外檐 1∶3～1∶4，内檐 1∶5～1∶6；风门的比例通常为 1∶（1.8～2）。

（5）棂心、裙板比例。隔扇、风门与大门门扇不同，它的下半部是实心门心板，上半部是漏空花格棂心，这上下半部的定尺在清代隔扇的权衡尺寸中是这样规定的："……绦环板每块按 2 边挺看面定宽，隔心与群（裙）板随隔扇六抹、五抹或四抹不同做法，由通高分数内减去所用抹头与绦环板块数，所余尺寸按四六成分之，槅心用六成，群（裙）板用四成，分别定高……"（图 5-115）；

在《中国古建筑木作营造技术》一书中又介绍了与前一种十分近似的清代定尺方法（图 5-116），不管这两种方法哪种更符合现代人的审美观，它们都是有着各自的传承和尺度规定的。如图 5-117 所示是清代风门定尺方法，这个在清代权衡尺度中没有明确的记载，只是笔者在测量若干个风门后得出的大致比例范围，仅供读者参考。

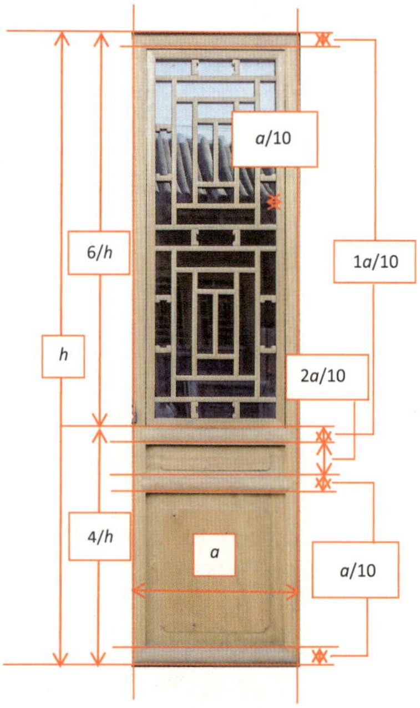

图 5-115　清代隔扇定尺方法 1

注：根据《中国古建筑木作营造技术》整理。

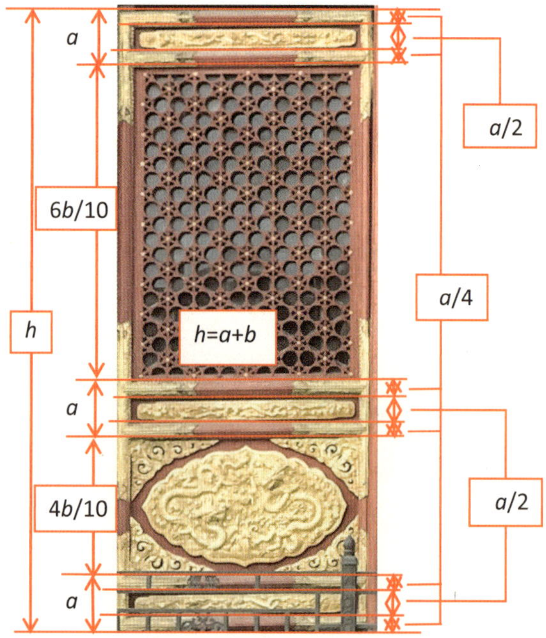

图 5-116　清代隔扇定尺方法 2

注：根据《工程做法注释》整理。

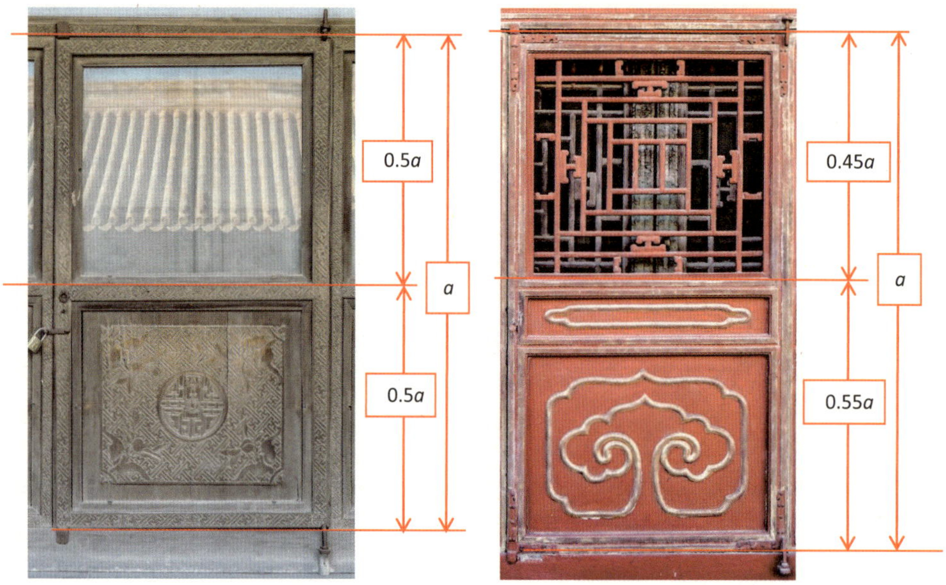

图 5-117　清代风门定尺方法（仅供参考）

一扇隔扇、风门包括棂心、裙板，是一个完整的整体，虽然它们都有着各自不同的比例关系需要遵循，但这个比例关系还是要以整体效果为准，在细节上可以做出一些适当的调整，比如棂心、裙板的比例要适当地照顾到图案的完整性，甚至要综合考虑到瓦作、槛墙高度等因素，所以需要从建筑整体来进行综合权衡。

（6）碰头及其他尺寸。活动开启的隔扇、风门门扇在关闭时需要在槛框上有一个定位，这个定位就要靠门扇自带的碰头或安装上的铁质碰头来完成；在近代出现的“企口（裁口）”做法中，由于有了“企口（裁口）”，碰头可以取消。详见图 5-118、图 5-119。

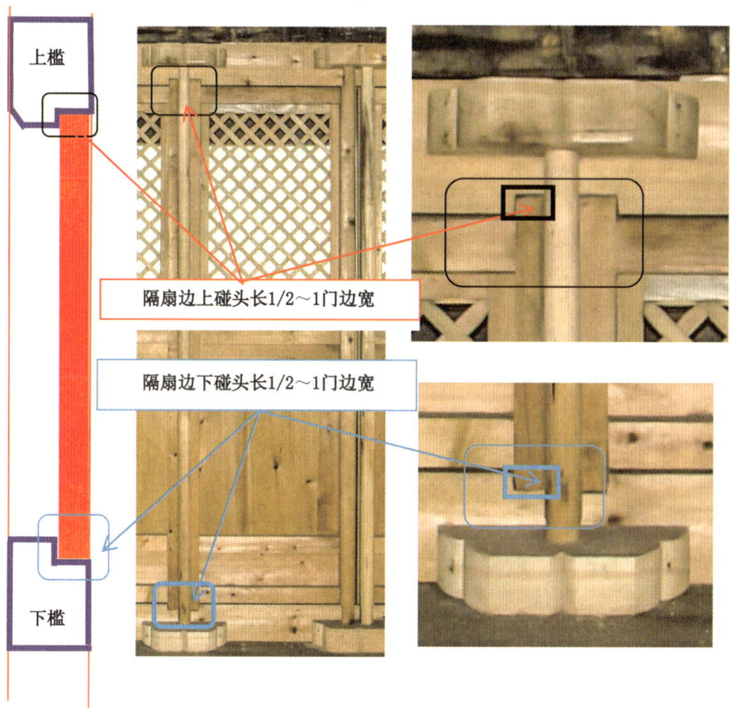

图 5-118　上下槛及门扇上下碰头位置示意

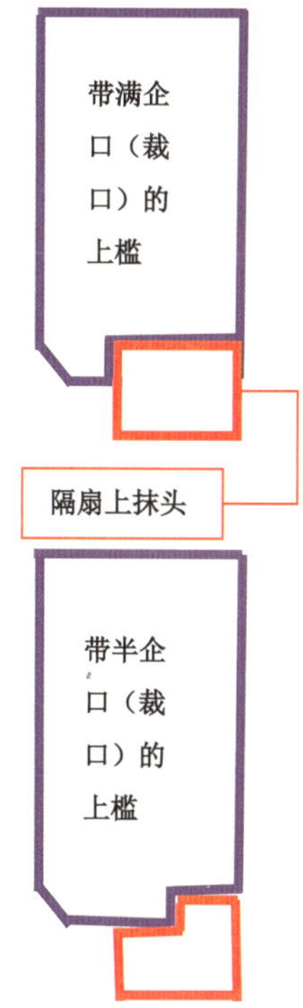

图 5-119　隔扇边抹企口（裁口）两种做法示意

2. 构件定尺

在隔扇、风门包括槛窗、支摘窗各分构件的定尺中，古人虽然有了一定的制式规定，但毕竟那个年代的使用要求包括条件有限，与现今有着很大的区别，所以不能全盘照搬，而应是在使用中根据业主的特殊需要及隔扇、风门高宽尺寸的大小来对分构件的尺寸进行适当的调整，如门扇过高、过宽或配装玻璃等配件就需要把门扇的边抹尺寸适当加大，否则就会影响到门扇的强度。

在仔边、棂条的定尺中，同样也应根据业主的特殊需要、门扇配件、单双面做法的不同以及棂心图案和棂条材质的不同来对棂条的定尺进行调整（图 5-120、图 5-121）。

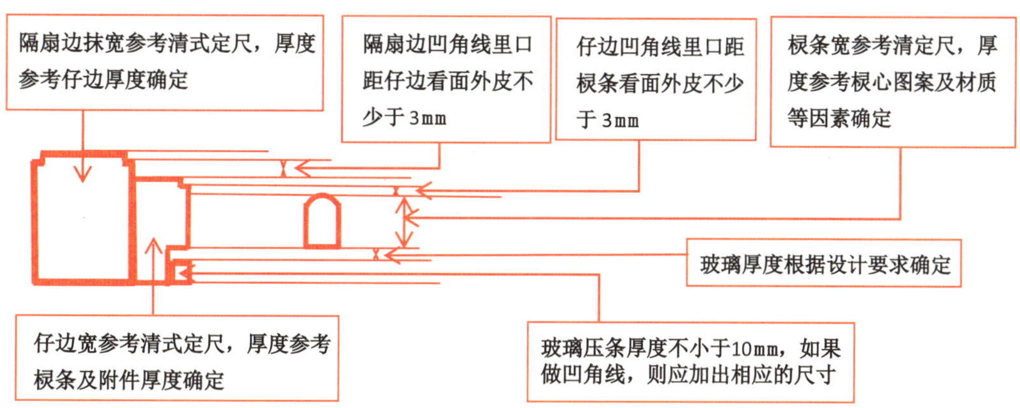

图 5-120　外檐隔扇单面做法边抹、仔边、棂条相互关系示意

3. 棂心图案的放样定尺

（1）通用规则

① 首先确定建筑物明间隔扇棂心图案的分当定尺，两侧次、梢间隔扇及槛窗棂心图案横向高度的分当定尺与明间一平（图 5–122）。

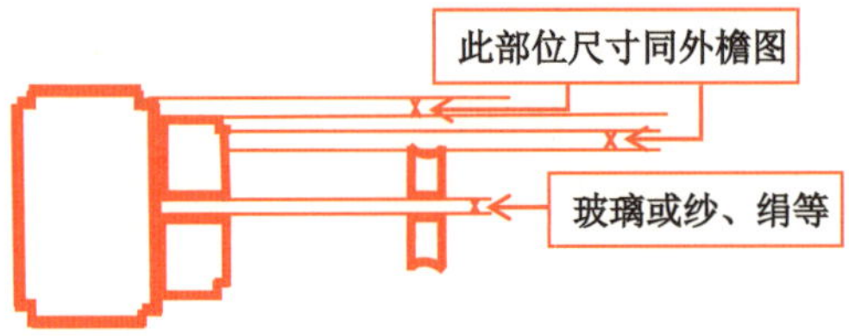

图 5–121　内檐隔扇双面做法边抹、仔边、棂条相互关系示意

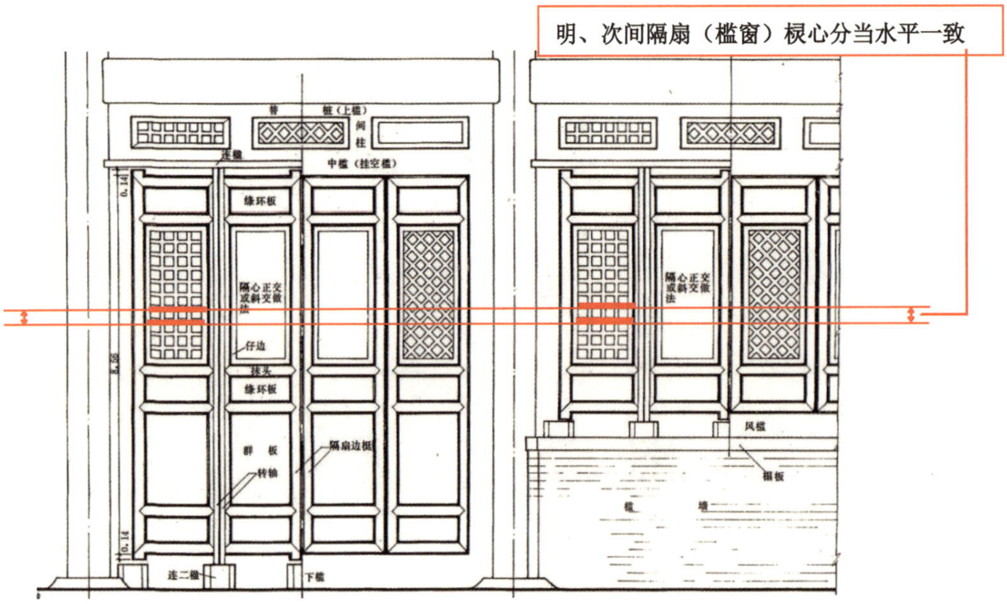

图 5–122　明、次间棂心定位

注：引自《工程做法注释》。

② 棂心中步步锦、灯笼框、正搭正（斜）交、套方、万字、盘肠、拐子锦、龟背锦、冰裂纹等图案的仔屉芯中，棂条与空当的比例多为 1：（3～5），即俗称“一空三棂”；菱花等图案中的内空部分通常在 80～150mm 之间，可根据棂心的实际尺寸及业主采光、安全、审美及图案的要求做出适当调整（图 5–123）。

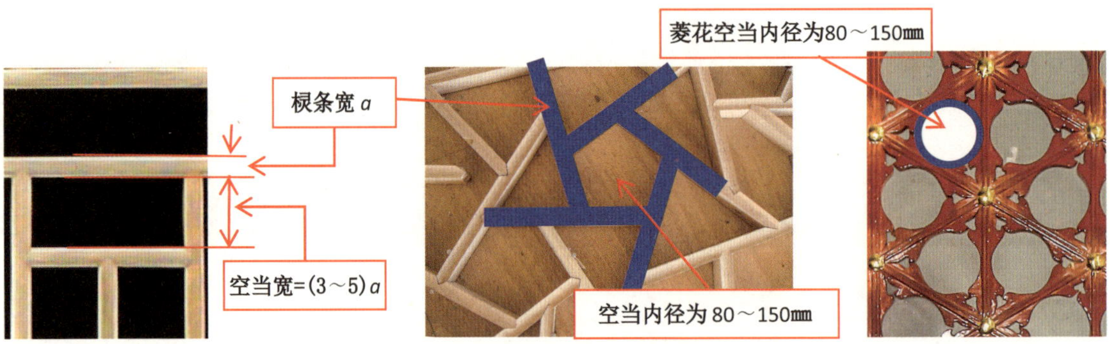

图 5–123　棂条、空当的定尺

（2）步步锦棂心

① 仔边、棂条定尺，详见附表 3。

② 分当定尺。原则上按“一空（空当）三棂”的方法计算出棂条竖向分布的数量，空当不宜过小，否则影响采光，也不宜过大，否则影响安全，通常为棂条的 3～5 倍。可根据棂心的实际尺寸及

业主的采光要求和图案要求做出调整，如图 5–124 和图 5–125 中就有单顶心和双顶心图案的范围选择，再加上空当尺寸 3～5 倍棂条宽度的范围选择，在竖向空当定尺时就比较容易了。竖向分当尺寸确定后，根据这个尺寸进行横向排当，横竖空当尺寸一致，由棂心中心向外辐射排列，也就有了步步锦图案的另一层含义——“步步紧”了。

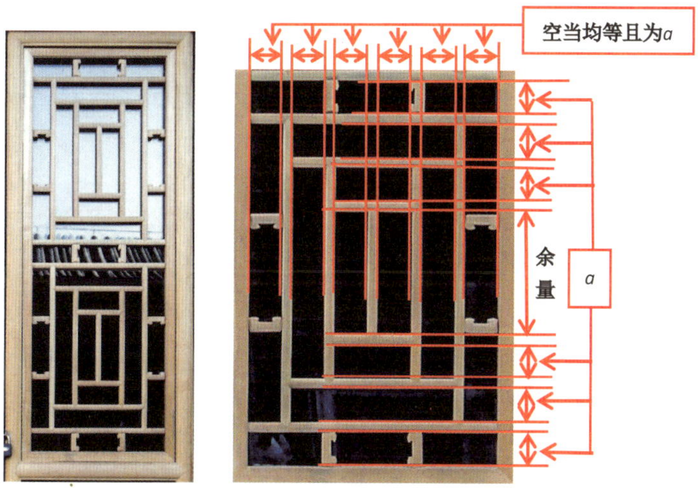

图 5–124　步步锦（单顶心）棂心示意及分当定尺

图 5–125　步步锦（双顶心）棂心示意

（3）灯笼框棂心［图 5–126（a）］

① 仔边、棂条定尺，详见附表 3。

② 分当定尺。

a. 自四周棂心仔边内返空当，横竖向空当尺寸相同。

b. 棂心长向居中各返 1/2 空当，此为棂心方框的尺度及位置。

c. 按空当尺寸向各棂心方框中心排通长（贯通两侧仔边）棂条，方向与棂心方框垂直。

（4）正搭正交棂心［图 5–126（b）］

① 仔边、棂条定尺，详见附表 3。

② 分当定尺

a. 根据棂条横向空当的尺寸要求计算出竖向棂条的根数，要求横当不能出现半当，同时使两侧竖向仔边的宽度尺寸尽量与定尺规定接近。

b. 按横当尺寸（见方）排列横向棂条，按竖向仔边的宽度定尺横向仔边。

c. 当横当、竖当数量没有赶在尺寸的整倍数（通常情况下赶上整倍数的时候不多）的情况时，可以通过以下方法确保棂心空当的完整而不是赶上半当。

ⓐ 保证空当方正，用调整横、竖向仔边宽度的方法来保证空当尺寸与整当尺寸的倍数吻合。

ⓑ 综合调整仔边、空当尺寸，尽量使空当接尺寸近方正（可以不见方），以此来保证空当尺寸与整当尺寸的倍数吻合。

（5）正搭斜交棂心［图 5–126（c）］

① 仔边、棂条定尺，详见附表 3。参考下节中“隔扇、风门各分构件的定尺”，根据棂心排当尺寸定。

② 分当定尺

a. 根据棂条斜向空当的尺寸要求计算出棂条在横向仔边上的根数及斜向空当分位（正角度加斜系数为 1.4142），此时的斜向空当可以是整当也可以是半当，在分当的同时尽量使两侧竖向仔边的宽度尺寸与定尺规定接近。

b. 按横向仔边上的棂条斜向空当尺寸在竖向仔边上进行分位，保证空当方正，方法同上。

c. 当横竖仔边上空当数量没有赶在半当倍数（通常情况下都有误差）的情况时，可以通过以下方法确保棂心空当赶上半当的倍数。

ⓐ 保证空当方正，用调整横、竖向仔边宽度的方法来保证空当尺寸与半当尺寸的倍数吻合。

ⓑ 综合调整仔边、空当尺寸，尽量使空当尺寸接近方正，以此来保证空当尺寸与半当尺寸的倍数吻合。

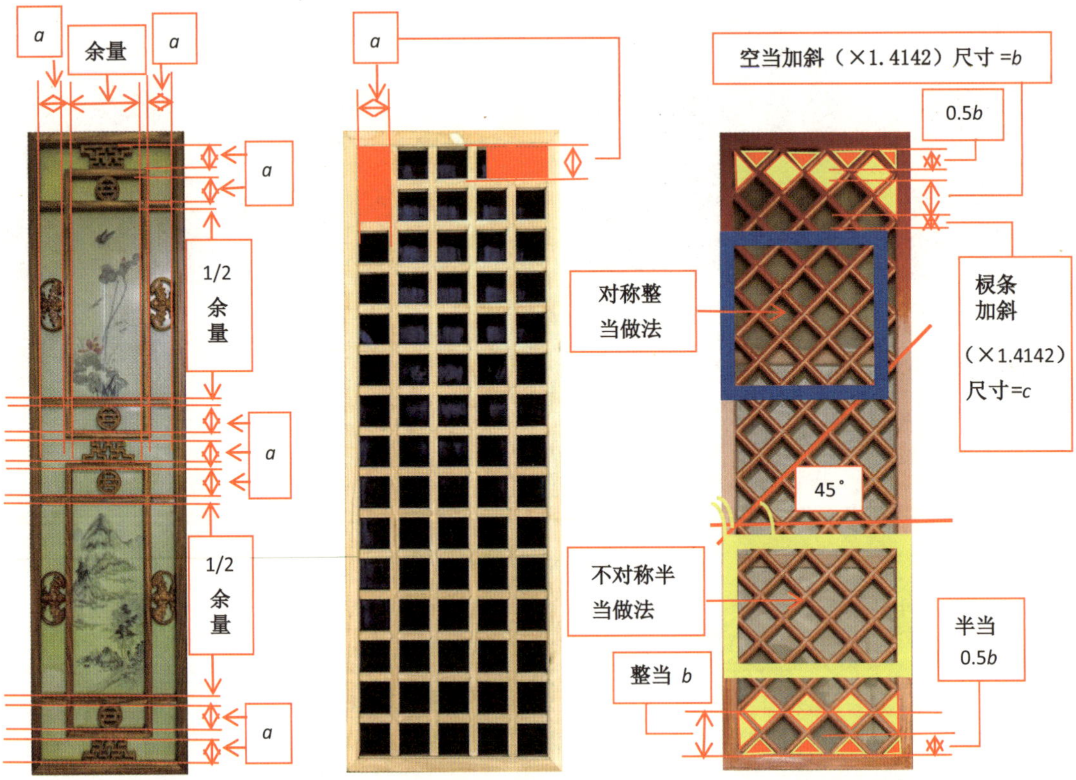

（a）灯笼框棂心　（b）正搭正交棂心　（c）正搭斜交棂心

图 5-126　各种棂心的放样方法 1

（6）斜搭斜交棂心［图 5-127（a）］

① 仔边、棂条定尺，详见附表 3。

② 分当定尺。根据仔边横竖净空尺寸按空当定尺决定棂条的排列根数，如果对棂条图形的角度无特殊要求，则横竖排当不要出现半当的情况。

（7）码三箭棂心［图 5-127（b）］

① 仔边、棂条定尺，详见附表 3。

② 分当定尺

a. 根据仔边横向净空尺寸按空当定尺确定竖向棂条的排列根数。

b. 按横向空当尺寸自上、下仔边向棂心排当，放置两根横向棂条；自棂心高 1/2 按横向空当尺寸放置横向棂条三根，棂条坐中。

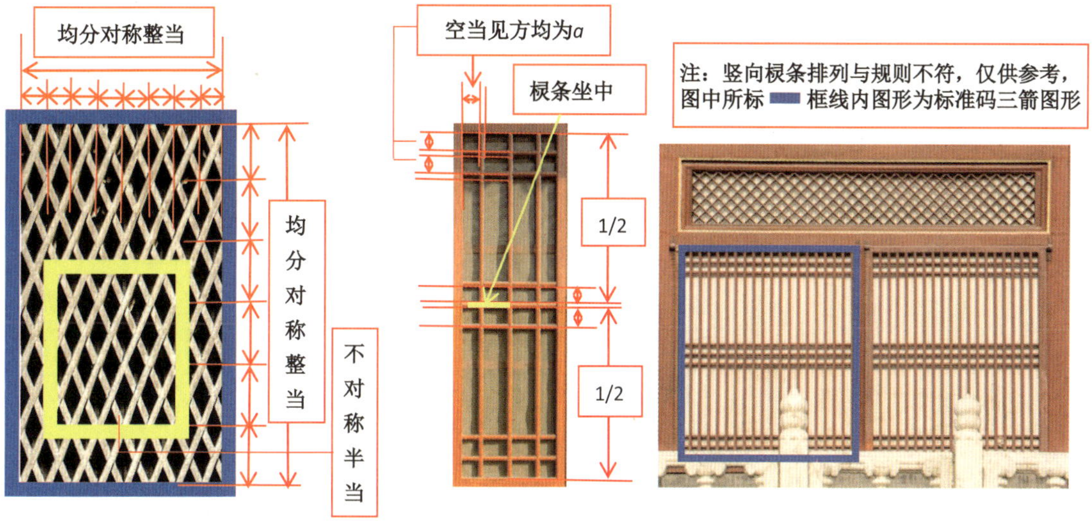

（a）斜搭斜交棂心　（b）码三箭棂心

图 5-127　各种棂心的放样方法 2

（8）万字锦棂心（图 5-128）

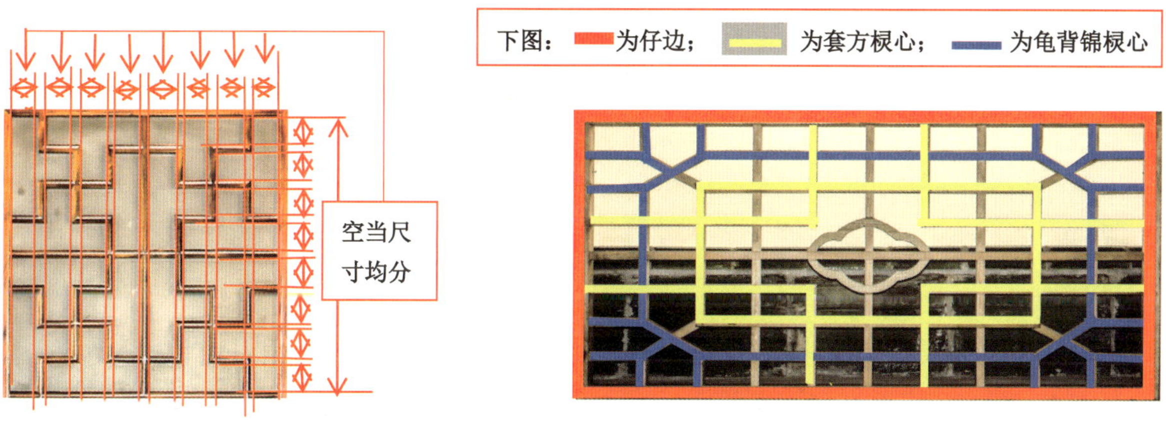

（a）万字锦棂心　（b）套方龟背锦棂心

图 5-128　各种棂心的放样方法 3

① 仔边、棂条定尺，详见附表 3。

② 分当定尺

a. 根据仔边横向净空尺寸，参考空当定尺和图案要求，决定竖向棂条的排列根数，以图案完整为准。

b. 横向棂条的排列同竖向，同样以图案完整为准，棂心空当方正与否均可。

（9）套方、龟背锦棂心（图 5-129）

① 仔边、棂条定尺，详见附表 3。

② 分当定尺

a. 根据仔边横向净空尺寸，参考空当定尺和图案要求，决定竖向棂条的排列根数，或空当均分或以图案完整为准。

b. 横向棂条的排列同竖向，同样以图案完整为准，棂心空当方正与否均可。

（a）套方、龟背锦棂心　　（b）龟背锦棂心

图 5-129　各种棂心的放样方法 4

（10）盘长（肠）棂心［图 5-130（a）］

① 仔边、棂条定尺，详见附表 3。

② 分当定尺

a. 根据仔边横向净空尺寸，参考空当定尺和图案要求，决定竖向棂条的排列根数，如果对棂条图形的角度无特殊要求，则横竖排当不要出现半当，以图案美观完整为准。

b. 横向棂条的排列方法同竖向。

（11）拐子锦棂心［图 5-130（b）］

① 仔边、棂条定尺，详见附表 3。

② 分当定尺

a. 根据仔边横向净空尺寸，参考空当定尺和图案要求，决定竖向棂条的排列根数，以图案完整为准，棂心空当方正与否均可。

b. 横向棂条的排列方法同竖向，参考万字锦等棂心分当方法。

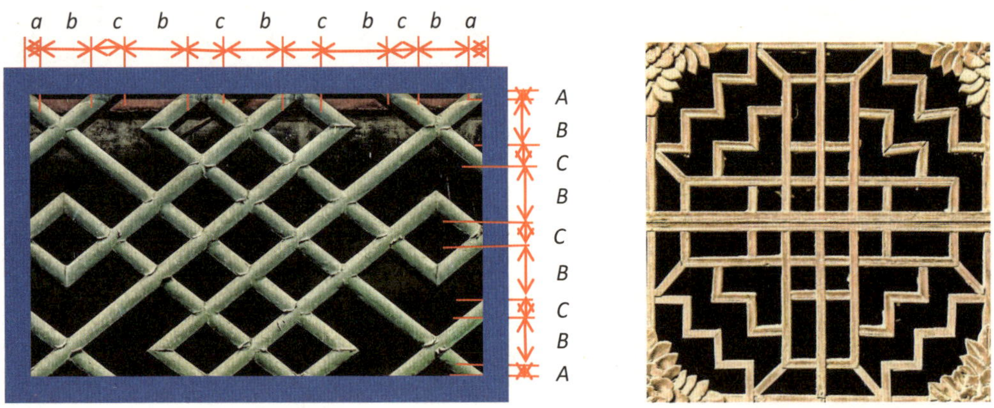

（a）盘长（肠）棂心　　（b）拐子锦棂心

图 5-130　各种棂心的放样方法 5

a=0.5×棂条宽×自身角度系数；b= 空当尺寸×自身角度系数；c= 棂条宽×自身角度系数

（12）冰裂纹棂心（图 5-131～图 5-134）

① 仔边、棂条定尺，详见附表 3。

② 分当定尺

a. 图案多以正角度或任意角五方图形居中，向外延伸做内空尺寸相近的各种图形。

b. 图形要求不宜呈正四方、正三角、矩形、平行四边形（即俗称“棺材头”）及圆形。

c. 组成各种图案的棂条，不宜有榫无眼（俗称“光棍条”）。

d. 棂条的一侧不宜出现两个卯眼（即一根棂条上不宜同时有三根相交的棂条）。

e. 棂条两侧的卯眼应错位，不宜相通。

f. 同侧棂条端头不宜相交。

③ 分当方法（参考）

a. 按 1∶1 比例在五、七合板上划出棂心仔边。

b. 选取长短不一的竹签（如放小样可使用火柴），在棂心内随意遍撒。

c. 按分当定尺的要求对形成的图案进行调整。

d. 将调整好的图案摹画在板上并将其完善。

图 5-131 正角度五方图形居中并且向外延伸做内空尺寸相近的各种图形

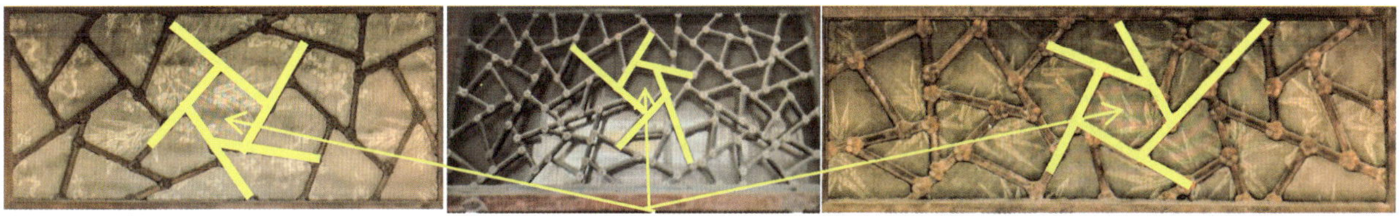

（a） （b） （c）

图 5-132 任意角五方图形居中并且向外延伸做内空尺寸相近的各种图形

（a）

图 5-133 适宜的图形、棂条

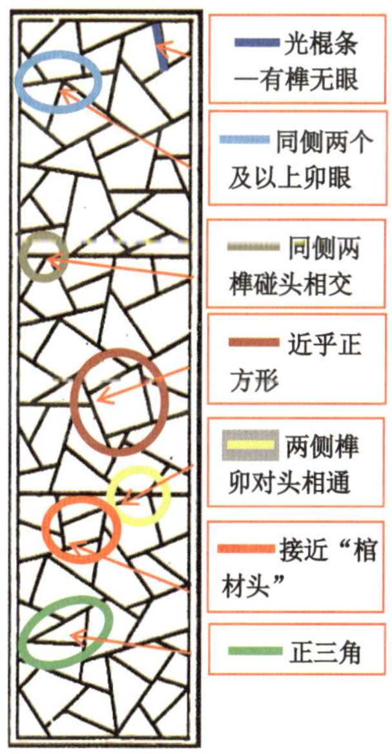

图 5-134 不宜出现的图形、棂条

（13）双交四椀菱花棂心

① 仔边、棂条定尺，详见附表 3。

② 分当定尺

a. 棂条以双方向 45° 排列（图 5-135）。

b. 根据权衡规定及使用要求定出棂心内空圆心直径，再加出棂条“两炷香”线宽（四至五分即约 13～16mm）乘以 45° 加斜系数 1.4142 后得出尺寸 a。

c. 根据 a 尺寸在仔屉边抹上排当：排当以图案对称、整当，横（抹）竖（边），宽度尺寸相近为宜；尽量避免半当（图 5-135 中□框线内棂条图案）。

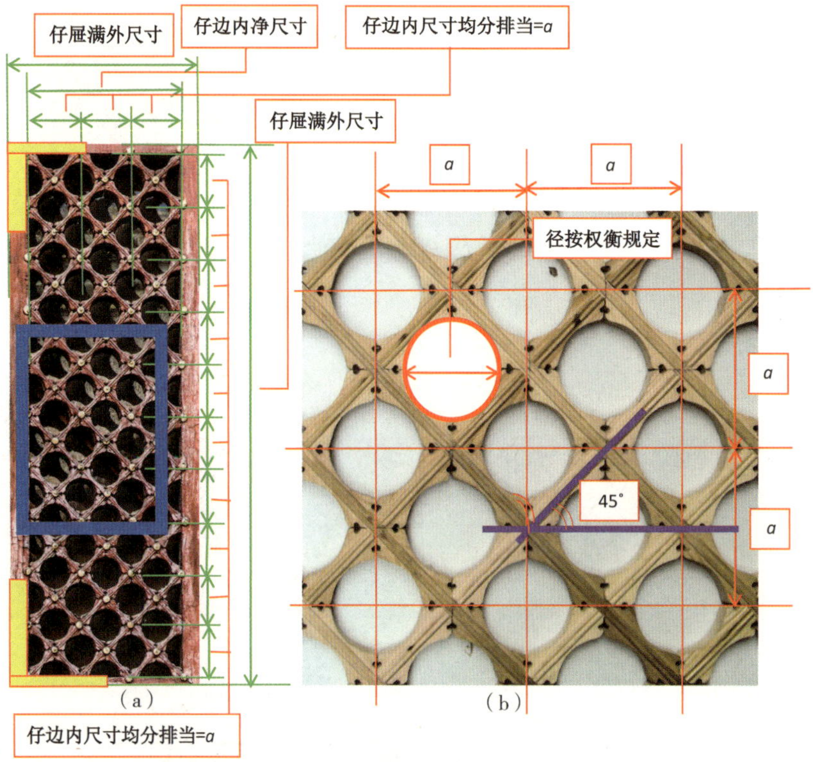

图 5-135　双交四椀菱花棂心分当定尺方法示意

注：▭所示为仔屉边、抹，其宽度以相近为宜，综合权衡。

d. 如果排当尺寸、边抹宽度的调整均不能满足上述要求，可在隔扇（槛窗）整体高度内做适当调整（隔扇上下段比例及绦环板宽度）；如果建筑物明间与次或梢间棂心图案的分当因追求高度一致而造成边抹宽相差过大，以致影响到使用和美观，可在明、次间棂心分当高度上稍做调整，以相邻间棂心图案的变化不易察觉为宜。

e. 按图 5-136 方法划出棂条花饰纹样，定出棂条宽，顺序如下：

ⓐ 根据权衡规定及使用要求定出棂心内空圆心直径，划圆；

ⓑ 划出棂条“两炷香”线宽（或适当增加线条两侧花边余量）；

ⓒ 在每段（当）棂条端头划出如图 5-136 所示纹样，使两棂条花瓣空当呈桃形纹样；

ⓓ 按棂条花瓣最宽处定棂条宽。

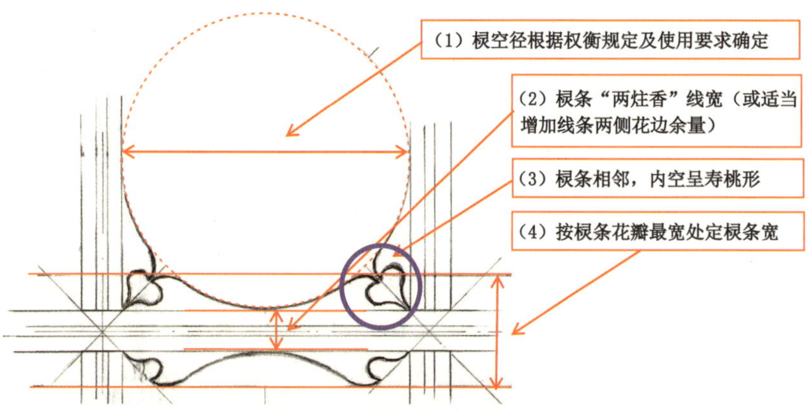

图 5-136　双交四椀菱花棂条放样方法

（14）三交六椀菱花棂心

① 仔边、棂条定尺，详见附表 3。

② 分当定尺

a. 棂条以三方向 60° 排列，详见图 5–136。

b. 根据权衡规定及使用要求定出棂心内空圆心直径；竖向及左右各 60° 划出三方向棂条（棂条划法参考图 5–136），棂条相交中至中尺寸即为竖向分当尺寸 a；a 乘以 0.866（加斜系数）即为横向分当尺寸 b（或先分横当尺寸 b，乘以 1.156 系数即为竖当尺寸 a）。

c. 按 a 尺寸在仔屉边上排竖向分当；按 b 尺寸在仔屉边上排横向分当。排当以图案对称、整当，横（抹）竖（边），宽度尺寸相近为宜；尽量避免出现半当（图 5–137 中□框线内棂条图案）。

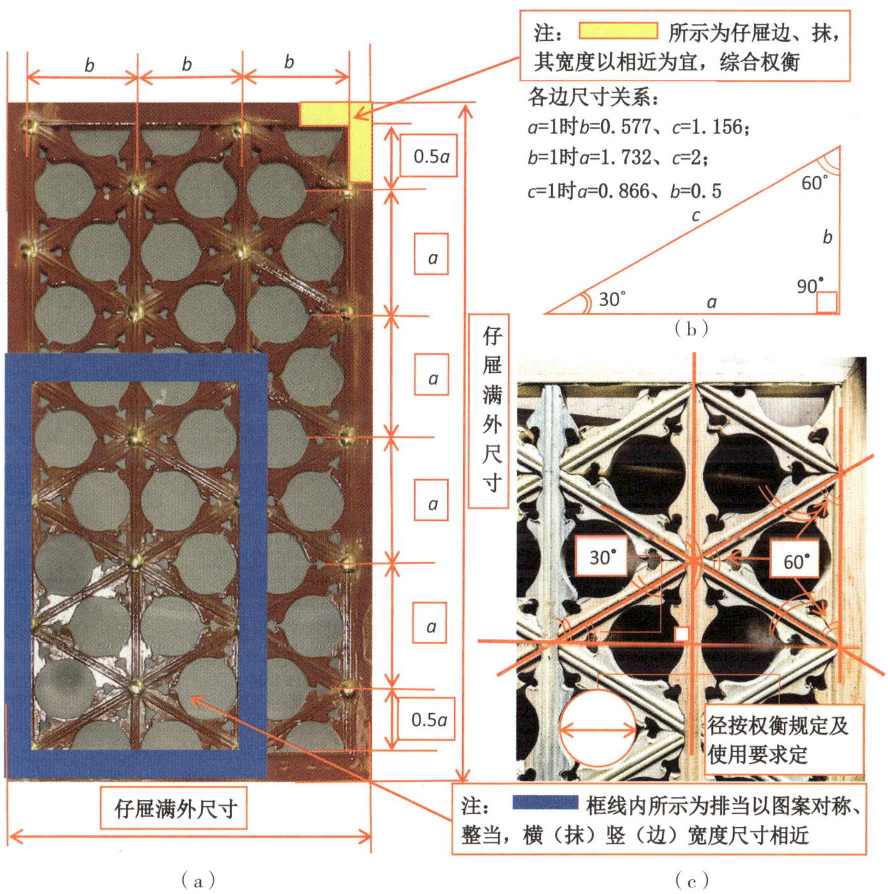

（a）（b）（c）

图 5–137 三交六椀菱花棂心分当定尺方法示意

d. 如果排当尺寸、边抹宽度的调整均不能满足上述要求，可在隔扇（槛窗）整体高度内做适当调整（隔扇上下段比例及绦环板宽度）；如果建筑物明间与次或梢间棂心图案的分当因追求高度一致而造成边抹宽相差过大，以致影响到使用和美观，可在明、次间棂心分当高度上稍做调整，以相邻间棂心图案的变化不易察觉为宜。

e. 棂条花饰纹样的放样定宽参考双交四椀棂条放样，详见图 5–136。

（三）隔扇、风门、帘架、棂心的工艺做法

1. 隔扇、风门

（1）满外尺寸：门口尺寸（或加企口尺寸）—缝路尺寸＋上下碰头尺寸，详见本部分 3. 门扇

定尺。

（2）分件尺寸：详见附表 3。

（3）边抹、仔边、棂条、裙板起线成形（图 5-138～图 5-144）。

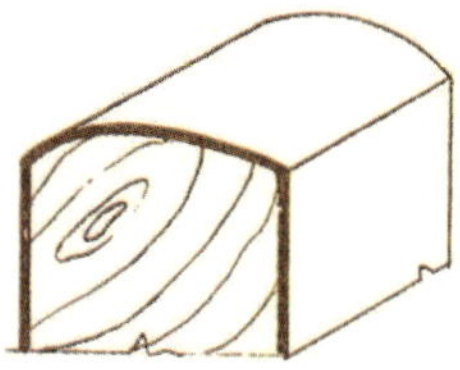

图 5-138　素通混

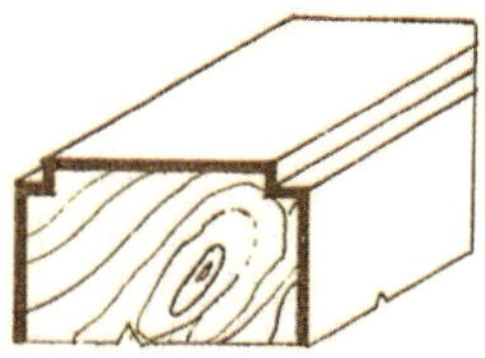

图 5-139　方直破瓣

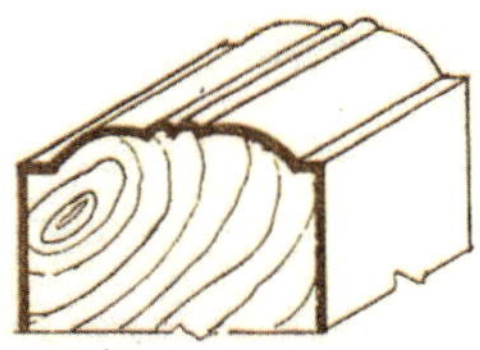

图 5-140　通混出双线

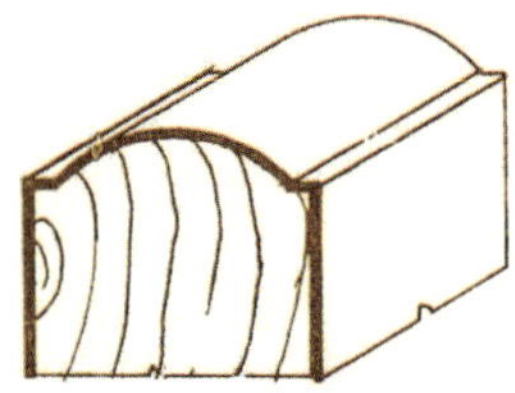

图 5-141　通混压边线

图 5-142　四混中心出双线

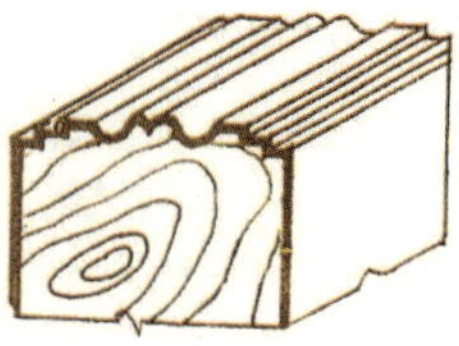

图 5-143　破瓣双混平地出双线

（a）　（b）

图 5-144　方直双破瓣线

隔扇边抹的起线和断面造型与建筑物的等级形式都有关系。北京地区民居隔扇、风门通常采用图 5-139 所示宋《营造法式》中“方直破瓣”的做法，也就是现在称为“起凹角线”的做法；而在宫殿、庙宇等大式建筑中，经常用的是图 5-140，宋称“通混出双线”，现在称“盖面两炷香”做法；以及宋称“通混压边线”，现在称“素盖面”做法（图 5-141）。其他边抹各式线角及断面造型见图 5-145～图 5-147。

① 边抹、仔边、棂条凹角线做法。通常看面两侧按边抹、仔边、棂条宽 1/10（近似值）做凹角线，深同宽［图 5-145（a）］。

② 边抹素盖面做法详见图 5-145（b）。

③ 边抹盖面两炷香线角做法详见图 5-145（c）。

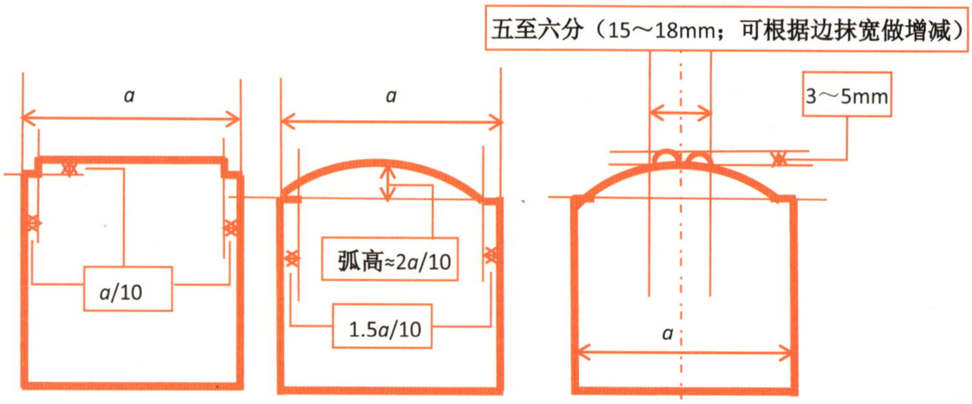

（a）　（b）　（c）

图 5-145　边抹线角、造型示意

④ 边抹眼珠线做法，通常用于非传统做法边抹，详见图 5–146（a）。

⑤ 仔边一炷香线角做法详见图 5–146（b）。

⑥ 棂条两炷香做法详见图 5–146（c）。

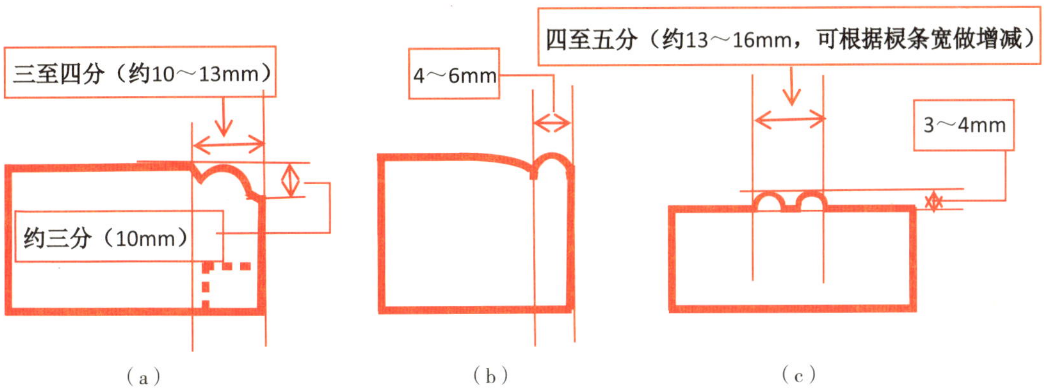

图 5–146 边抹、仔边、棂条线角、造型示意 1

⑦ 棂条盖面（凸面）做法详见图 5–147（a）。

⑧ 棂条凹面做法详见图 5–147（b）。

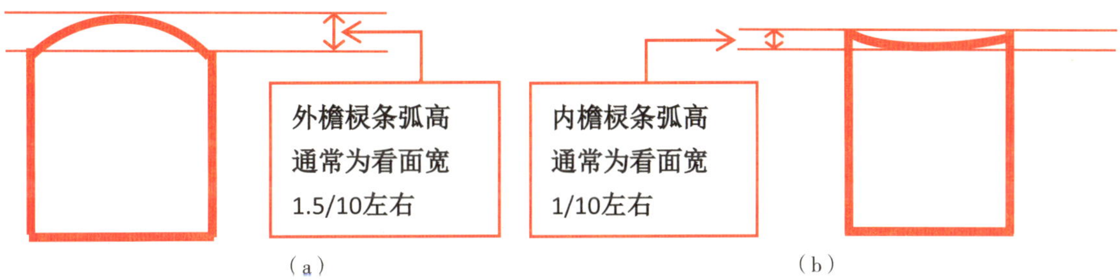

图 5–147 边抹、仔边、棂条线角、造型示意 2

⑨ 裙（门心）板、绦环板做法。裙（门心）板、绦环板做入槽龙凤榫与边抹相交；板面根据要求做“素心”“海棠池”“云盘线”等雕刻造型，分单、双面做法（图 5–148～图 5–151）。

图 5–148 “素心”裙（门心）板、绦环板

图 5–149 “云盘线”裙（门心）板、绦环板

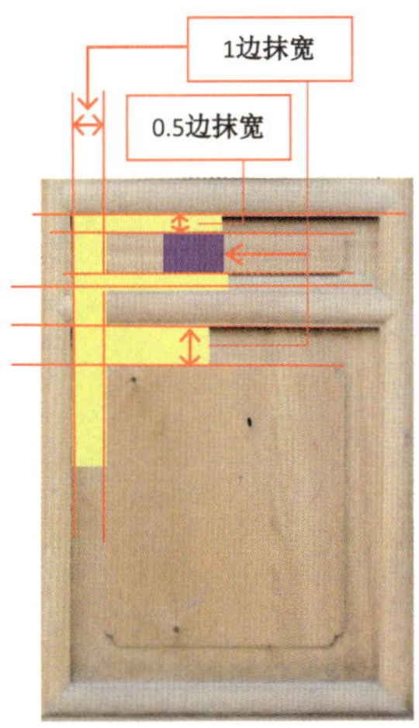

图 5–150 “海棠池”裙（门心）板、绦环板

（4）边抹、仔边销榫。仔边做头缝榫、销子榫与边抹入位相交。

（5）棂条

① 外檐装修中，棂条的断面多为外凸弧形，俗称为“盖面”；内檐装修的棂条断面多为内凹弧形，俗称为“凹面”（图 5-147）。

图 5-151　裙（门心）板、绦环板入槽边抹示意

② 棂条（边抹）中凡出现“卡腰”做法时，必须遵循以下原则：看面（外檐装修向室外一面；内檐装修向主方向一面）的竖向棂条（边抹）为“盖口”，不得见断茬（即“断横不断竖”）；水平棂条（边抹）为“等口”（图 5-152～图 5-154）。

图 5-152　棂条“卡腰”

图 5-153　棂条“断横不断竖”

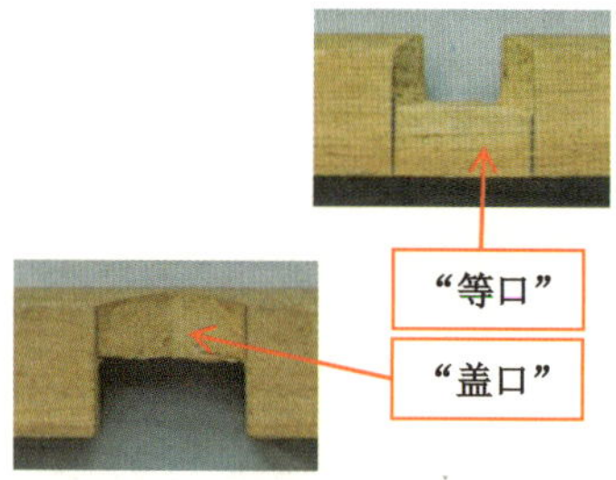

图 5-154　棂条“等口”“盖口”

2. 棂心

（1）卧蚕（握拳）

① 折面（图 5-155 中 ▬ 部位）：卧蚕（握拳）内侧“拳”头部按图 5-155 所示尺寸横铲 4 刀，呈 5 个折面；卧蚕（握拳）看（弧）面榫肩部位横铲 1 刀呈弧形折面，深与凸面棂条外棱一平；卧蚕（握拳）外侧榫肩处横铲 1 刀呈折面。

② 耳朵眼儿：按图 5-155 所示尺寸圆凿铲出通透多半圆形“耳朵眼儿”，亦可斜铲不通透。

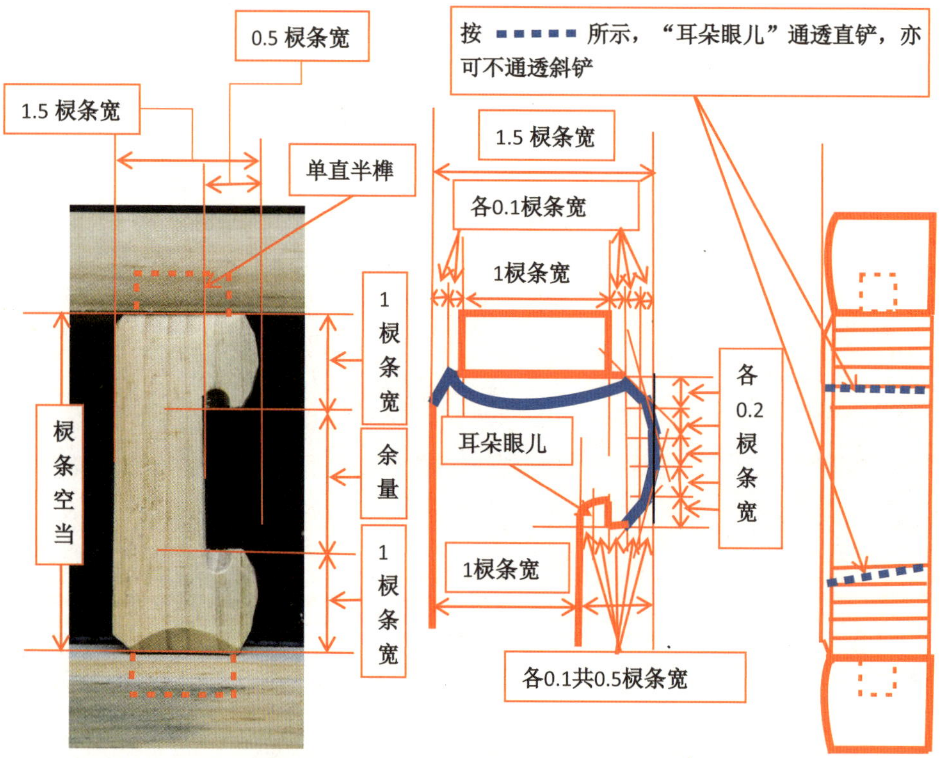

图 5-155　卧蚕（握拳）正立面、细节局部、侧立面

卧蚕（握拳）是棂心附件中比较具有代表性的构件，它以象形而命名。在握拳部位是折线分瓣而不是圆弧，这一点一定要注意分清。

（2）工字。工字通常多与卧蚕（握拳）配套使用（图 5-156），除长短尺寸与卧蚕（握拳）有所不同外，其他部位的尺寸、做法与卧蚕（握拳）相同。

① 工字由长短两个卧蚕（握拳）组成，其长度通常为“五、七条”，即短卧蚕（握拳）为 5 倍的棂条宽，长卧蚕（握拳）为 7 倍的棂条宽，除去卧蚕（握拳）看（弧）面两端头不铲凿出弧形折面外，其余部位的做法同卧蚕（握拳）。

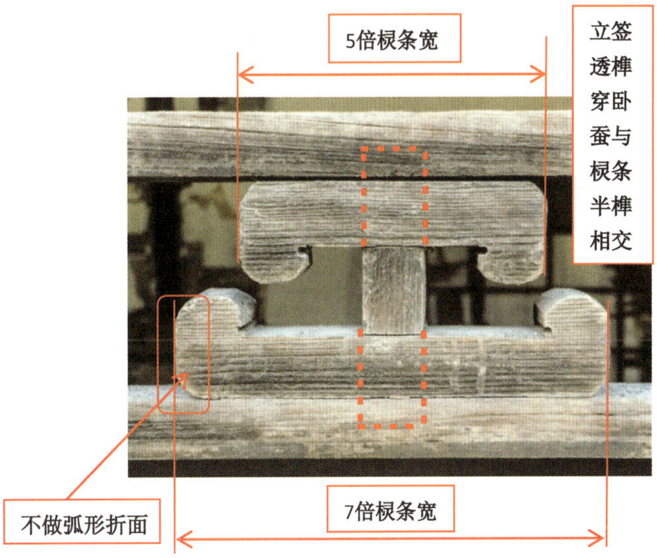

图 5-156　工字示意

② 卧蚕（握拳）凿单直通透卯眼，安装立签。

③ 立签出榫穿透卧蚕（握拳）做单直半透榫与棂条相交。

（3）乃老（矮佬）。乃老（矮佬）即是棂心中的一个空当长的短棂条，做法与棂条的做法相同（图 5-157）。

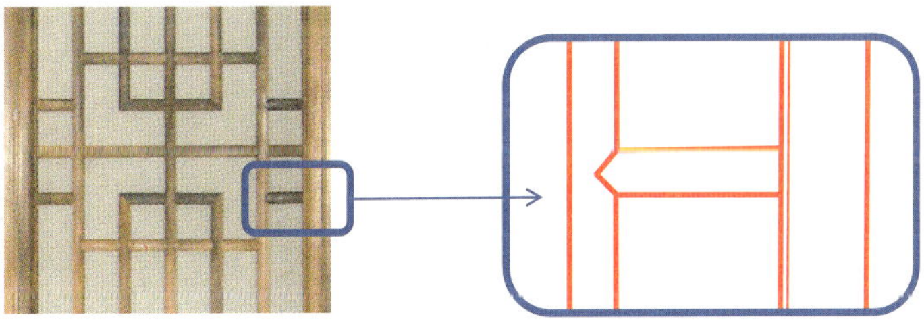

图 5-157　乃老（矮佬）示意

（4）卡子花、团花。卡子花、团花是棂心花格图案中的构成部分，通常作为“搭档”同时出现（图 5-158）。

（a）　（b）　（c）

图 5-158　卡子花、团花示意

其中团花的直径与棂心空当尺寸同；卡子花高同棂心空当，长为高度的 2 倍左右，根据卡子花的图案做适当调整。

3. 隔扇、风门榫卯种类的认识

隔扇、风门边抹、棂条榫卯相交（图 5-159），做法详见第七章第四节。

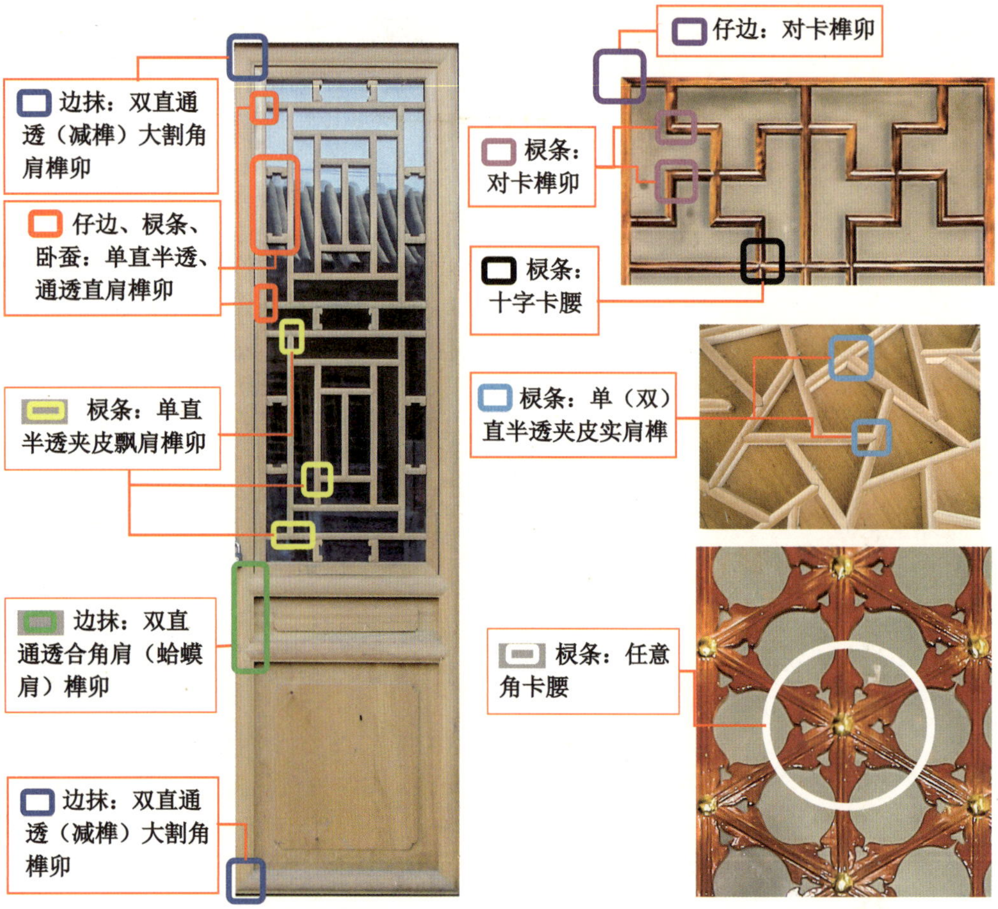

图 5-159　隔扇、风门榫卯种类、部位

四、槛窗、支摘窗类

（一）槛窗、横披窗、支摘窗、什锦窗、圜窗、牖窗的权衡定尺

在清官式做法中，对于槛窗、支摘窗窗口的宽度没有做出类似门口的“门尺”定尺要求，只是根据建筑物的等级、用途不同而窗口分格略有不同；槛窗窗口的高度定尺根据相邻隔扇的高度而定；支摘窗窗口的高度可以按槛窗的高度定，也可以根据房屋高度、采光要求、槛墙砖的层数及风门的尺度等综合确定。

清官式做法中，对于槛窗、支摘窗有这样的要求：“……次梢间槛窗安装边抹槛框，规格尺寸与明间隔扇相同，槛窗上替桩、横披、上槛等，具与明间隔扇取齐。槛窗上抹头与隔扇上抹头取平，下抹头与隔扇群（裙）板上抹头取平。槛窗下面即风槛、榻板与砖墙分位高，隔扇与槛窗定高总以通风纳光，便于出入为主，在立面设计，尽管左右间广不匀，分扇宽窄不一，通体高度必须保持一致，局部层次分界要求横向取齐，分别处于同一水平线上，收到整齐美观的效果。支窗定高方法与槛窗基本相同，合间成做或分两扇安装……”（引自《工程做法注释》）。

在官式建筑中，槛窗的式样有带横披窗的，也有不带横披窗的；有带帘架的，也有不带帘架的。

支摘窗也是一样，只是支摘窗通常都不带帘架。

各式槛窗如图 5-160 所示，各式支摘窗如图 5-161 所示。

（a）不带横披槛窗　（b）带横披槛窗　（c）带帘架槛窗

图 5-160　各式槛窗

（a）支摘窗　（b）夹门窗

图 5-161　各式支摘窗

1. 槛窗

（1）窗口的权衡定尺。不带横披窗的槛窗上槛、带横披窗槛窗替桩、横披、中槛等与明间相同构件取平；槛窗上抹头与隔扇上抹头取平；下抹头与隔扇群（裙）板上抹头取平即槛窗窗口高；开间净宽减抱框宽即为槛窗窗口宽，详见图 5-162～图 5-164。

（2）窗扇的权衡定尺

① 槛窗窗扇的数量配置。通常每间 4～6 扇，参考开间尺寸定，双数配置，宜与隔扇宽度近似。

② 槛窗窗扇抹头数量。槛窗窗扇抹头有为两抹、三抹、四抹之分，根据隔扇抹头数量定。

③ 槛窗窗扇棂心、绦环板比例。参考同建筑隔扇棂心比例。

图 5-162　槛窗窗口、窗扇定尺方法 1

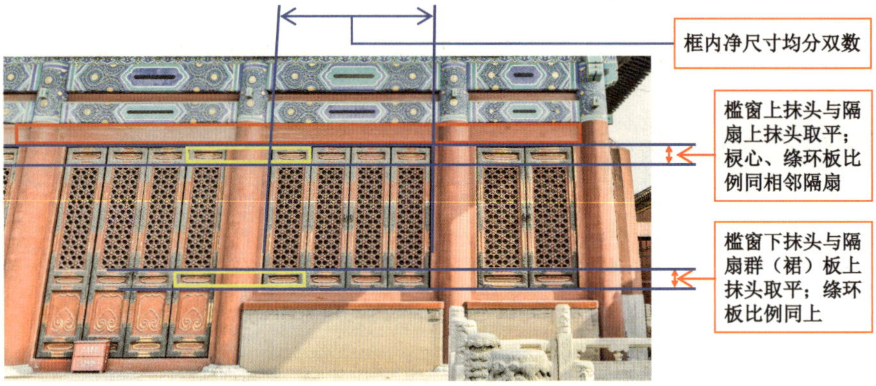

图 5-163　槛窗窗口、窗扇定尺方法 2

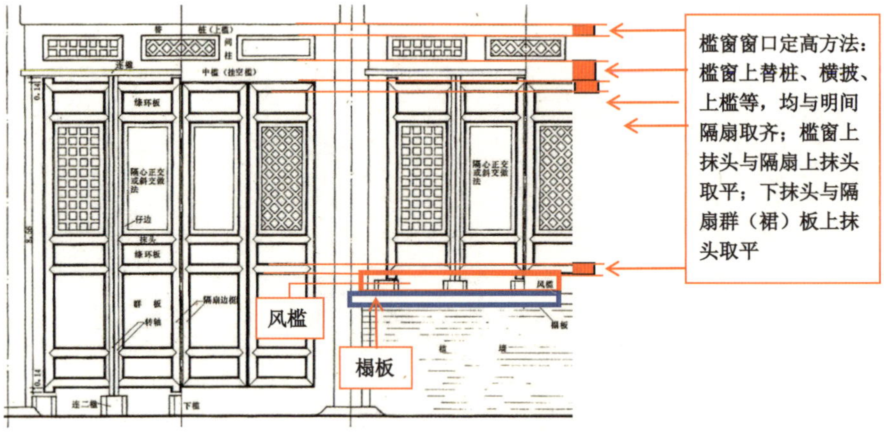

图 5-164　槛窗窗口、窗扇定尺方法 3

注：引自《工程做法注释》。

2. 横披窗

（1）窗口的权衡定尺

① 横披窗窗口按隔扇以及上、中、下槛高相加后框内余量定高。

② 按各框宽相加后框内余量按单数均分定宽。

（2）窗扇的权衡定尺。按横披窗窗口尺寸定尺，每窗口一扇。

3. 支摘窗

（1）窗口的权衡定尺

① 通常每开间按双樘布置，中间用间框（柱）分隔，开间过大的可以分为三樘。

② 夹门窗分布按门的位置调整。

（2）窗扇的权衡定尺

① 支摘窗宽按窗口尺寸，高按窗口高均分，各半为支窗、摘窗详见图 5-165～图 5-167。

② 不带横披窗的支摘窗上槛、带横披窗的支摘窗替桩、横披、中槛等与明间相同构件取平。

③ 支窗上抹头与隔扇上抹头取平。

④ 根据采光要求及有无风槛，榻板、槛墙砖规格、层数等定窗口高。

4. 什锦窗

（1）窗口的权衡定尺

① 游廊通常每间布置一樘；围墙、走道等根据实际现状酌情布置。

图 5-165　支摘窗窗口、窗扇定尺方法 1

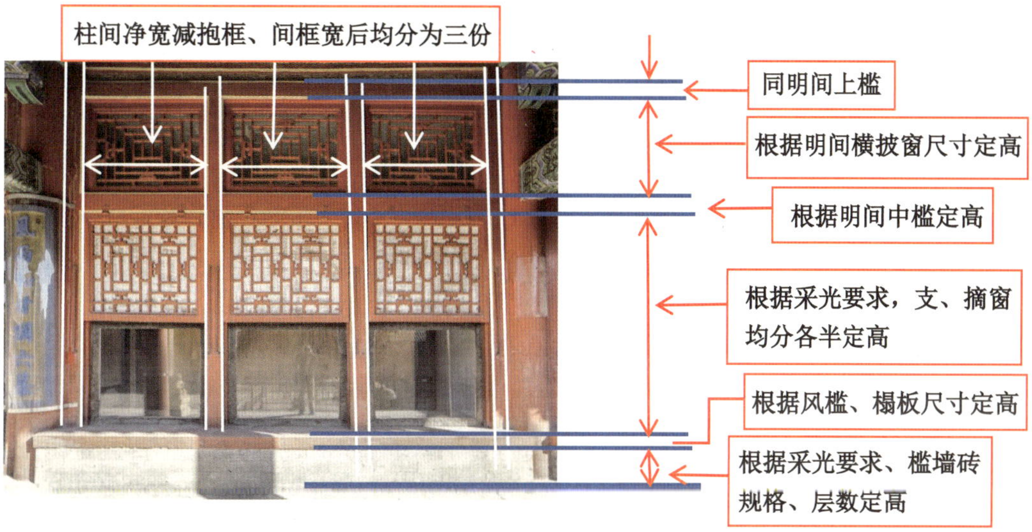

图 5-166　支摘窗窗口、窗扇定尺方法 2

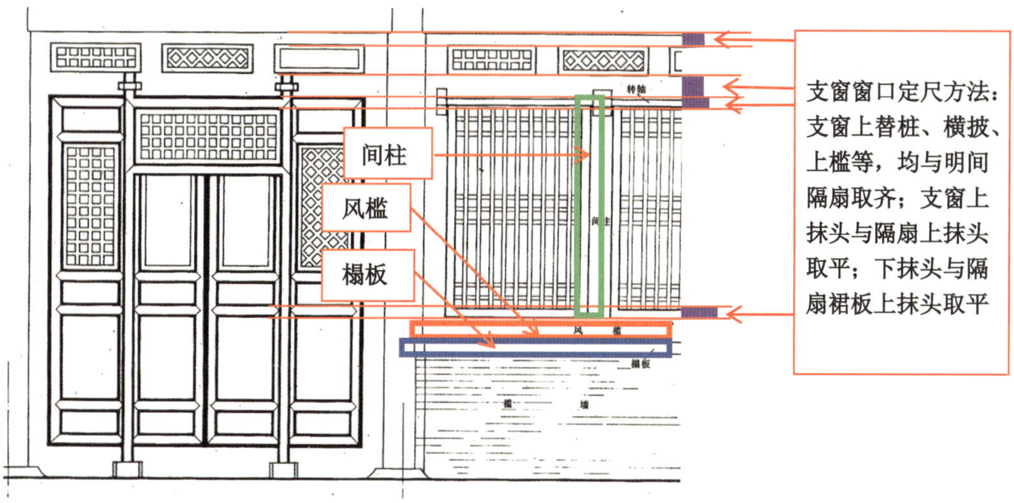

图 5-167　支窗窗口、窗扇定尺方法 3

注：引自《工程做法注释》。

② 什锦窗的宽窄尺寸通常控制在 2～3 尺（约 640～960mm）。

③ 什锦窗的中心线距地面高度通常控制在 1.5～1.7m（视线高）左右，详见图 5-168、图 5-169。

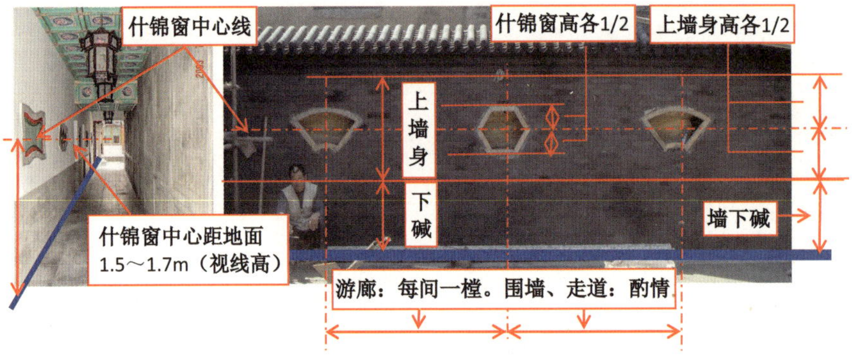

（a）（b）

图 5-168　什锦窗定尺 1

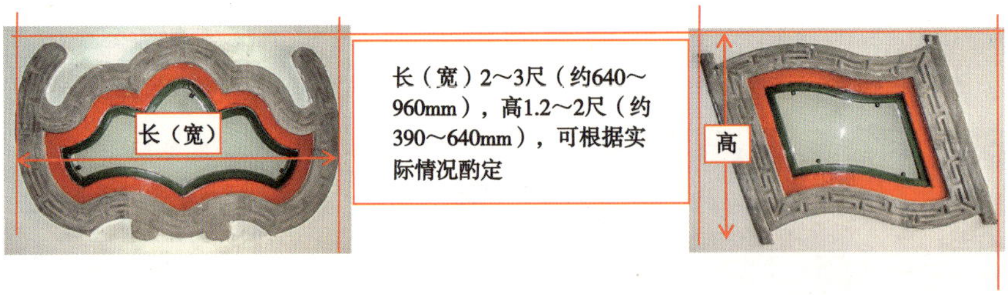

（a）蝠　（b）卷书

图 5-169　什锦窗定尺 2

（2）窗扇的权衡定尺。根据窗口尺寸确定。

5. 圜窗

（1）窗口的定尺。圜窗的高宽定尺参考槛窗的定尺及室内采光、布置、安防等要求综合酌定，详见图 5-170。

（a）（b）

图 5-170　圜窗定尺

注：①、②、③、④圜窗尺寸根据槛窗定尺及室内采光、布置、安防等要求综合确定。

（2）窗扇的权衡定尺。根据窗口尺寸确定。

6. 牖窗

（1）窗口的定尺。牖窗高、宽根据室内采光、布置、安防等要求综合酌定，详见图 5-171。

（2）窗扇的权衡定尺。根据窗口尺寸确定。

7. 槛窗、横披窗、支摘窗、什锦窗等分构件的定尺

详见附表 3。

8. 槛窗、横披窗、支摘窗、什锦窗棂心图案的分当定尺

同本部分隔扇、风门的定尺。

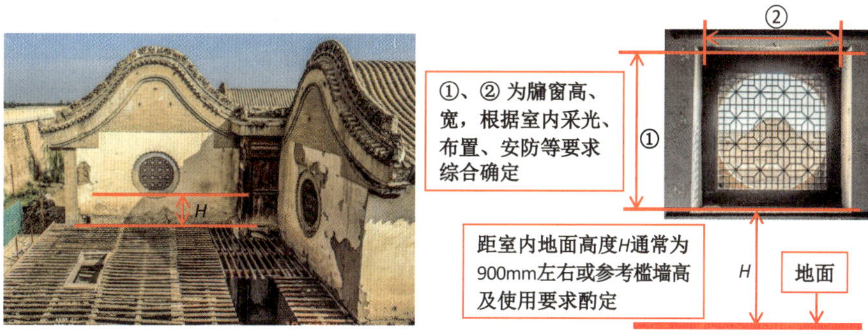

（a）　　（b）

图 5-171　牖窗的定尺

（二）槛窗、横披窗、支摘窗、什锦窗、圜窗、牖窗的工艺做法

1. 槛窗

内容同隔扇、风门，略。

2. 横披窗

内容同隔扇、风门，略。

3. 支摘窗

（1）支摘窗窗扇通常有上下双层、内外两层配置。上支窗外层扇做花格棂心，糊纸（近代改用玻璃）从室外向上支起，以便室内通风；上支窗内层扇钉纱（冷）布（近代改用金属窗纱），栽销固定于槛框。

下摘窗外层扇或做或可不做花格棂心（根据采光要求定），糊纸（近代改用玻璃），活销固定。需要通风时，打开销子将其摘除，不用时归位，销子固定；下摘窗内层扇同上支窗。

由于通风手段的不断完善，下摘窗现在通常只做单层玻璃扇，仅存采光和安防功能；上支窗也有改为外纱内玻做法，更有现代金属窗仿传统做法等，根据建筑的文物属性酌情选定即可。

（2）支摘窗因开启方式与隔扇、槛窗不同而配置、做法不同。

① 支摘窗的配置、做法。详见图 5-172～图 5-175。

a. 上翻外支窗：边抹、仔边起凹角线，背面裁口安装玻璃（或明糊纸），钉压条；棂条盖圆。

b. 固定纱扇：边抹起凹角线；背面明（或裁口）钉纱（金属纱）。

c. 下摘窗：边抹栽活动销子；边抹、仔边起凹角线，背面裁口安装玻璃（或明糊纸），钉压条，压条起凹角线。

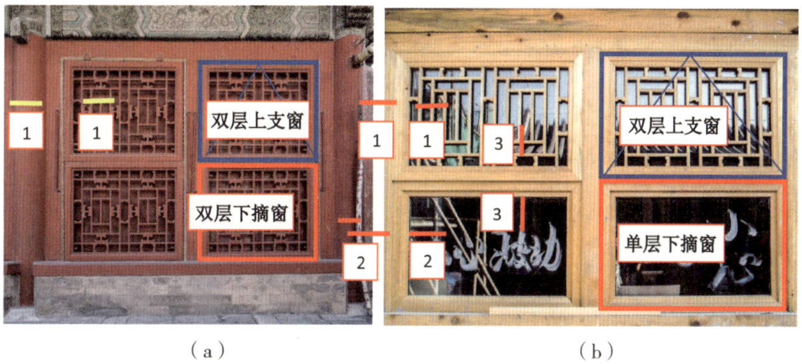

（a）　　（b）

图 5-172　支摘窗做法示意

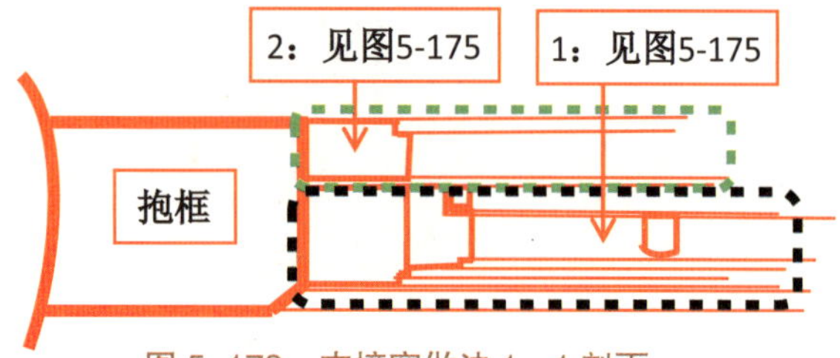

图 5-173　支摘窗做法 1—1 剖面

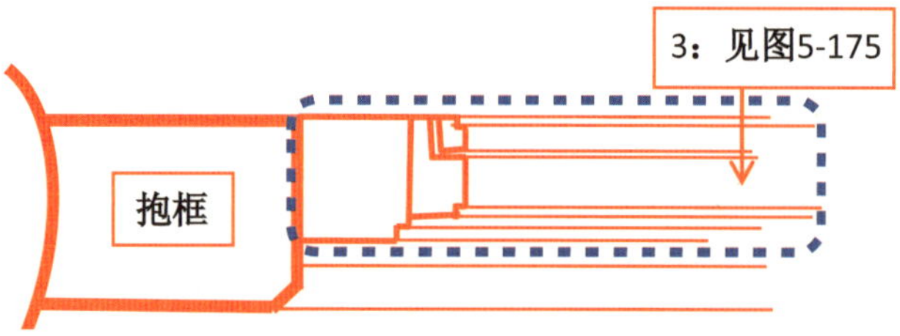

图 5-174　支摘窗做法 2—2 剖面

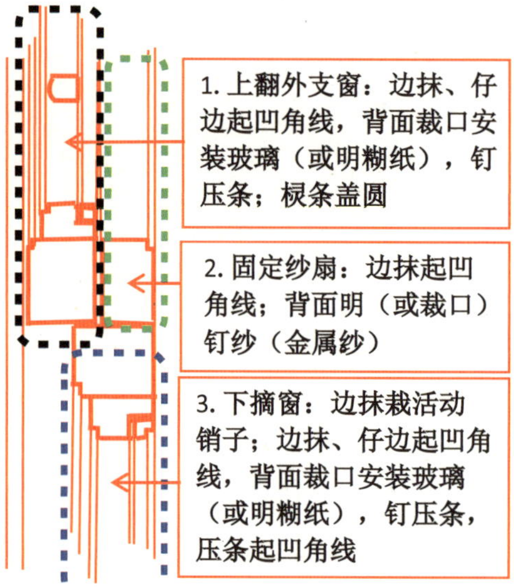

图 5-175　支摘窗做法 3—3 剖面

注：①本图及图 5-172 中所示上支窗开启方式为通常做法，可根据使用要求做出调整；②本图及图 5-172 中所示上支窗外玻内纱方式为通常做法，可根据使用要求做出调整；③本图及图 5-172 中所示均为带仔屉窗，可根据棂条制作的难易程度取消仔屉，棂条直接做在边框上；④本图及图 5-172 中所示“糊纸”“钉纱（冷布）”均为老做法，已不采用。

② 支摘窗边抹、棂条、棂心图案及榫卯等工艺做法均同隔扇、槛窗，略。

（3）什锦窗

① 种类与做法。什锦窗的种类有三种，其种类与做法如下。

a. 镶嵌什锦窗（盲窗）。镶嵌在墙上，无采光、通风作用，仅用于装饰墙面的各式花窗（图 5-176）。

ⓐ 边框通常宽 50～80mm、厚 20～30mm，根据墙面的尺寸做调整。

ⓑ 边框随花窗洞口形状锯出造型，分段榫接随图形，详见图 5-177。

b. 单层什锦窗（漏窗）。安装在庭院、游廊围（隔）墙上，起框景、装饰墙面、点缀环境作用的各式花窗（图 5-178）。

ⓐ 边框、仔边、棂条双面做法，断面尺寸参考槛窗，根据花窗洞口尺寸可做调整。

ⓑ 边框、仔边随花窗洞口形状锯出造型，分段榫接随图形，详见图 5-177。

c. 夹樘什锦窗（灯窗）：双层内空，窗内安装灯具，除起装饰墙面作用外，也起了照明作用，通过镶嵌玻璃上的绘画题诗加深了庭院的文化意境，详见图 5-179。

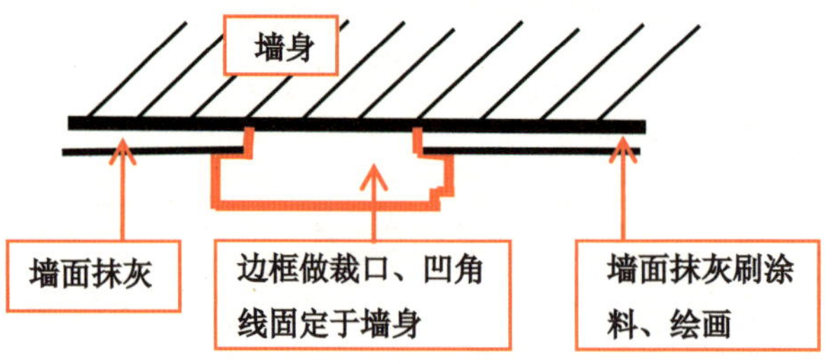

图 5-176　镶嵌什锦窗（盲窗）做法示意

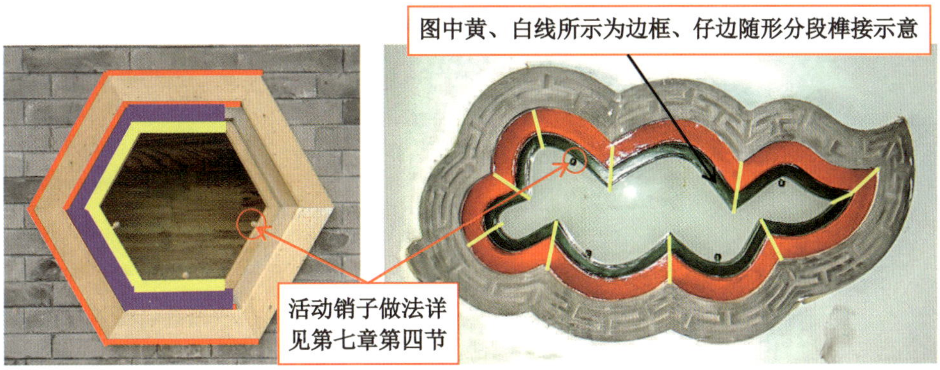

（a）　　（b）

图 5-177　什锦窗做法示意

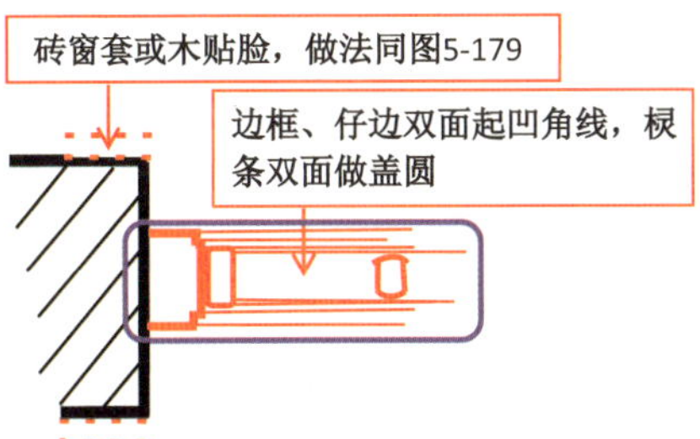

图 5-178　单层什锦窗（漏窗）做法示意

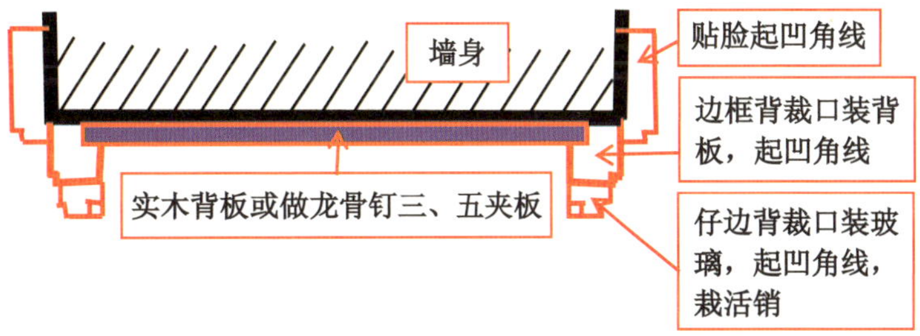

图 5-179　夹樘什锦窗（灯窗）做法示意

ⓐ贴脸通常宽 50～80mm、厚 20～30mm，根据墙面的尺寸做调整。

ⓑ边框、仔边、棂条单面做法，断面尺寸参考槛窗，根据花窗洞口尺寸可做调整。

ⓒ 边框背面裁口装背板，背板厚度通常为 15～20mm，宽度根据花饰图形确定，以随形拼接严实为准，或以背板为龙骨，再内衬一层三、五夹板。

ⓓ贴脸、边框、仔边随花窗洞口形状锯出造型，分段榫接随图形。

ⓔ仔屉做活销安装于边框，详见图 5-177。

② 什锦窗边抹、棂条、棂心图案及榫卯等工艺做法均同隔扇、槛窗，略。

（5）圜窗。圜窗窗扇做法（可根据使用要求做调整）如图 5-180 所示。

（a）　　（b）

图 5-180　圜窗做法示意

配置形式——单层。

开启方式——内开。

安装方式 1——随圜窗口外形做窗扇，嵌入板框内安装，方法参考槛窗。

安装方式 2——板壁内侧贴附安装，方法参考大门（图 5-181）。

圜窗边抹、棂条、棂心图案及榫卯等工艺做法均同隔扇、槛窗，略。

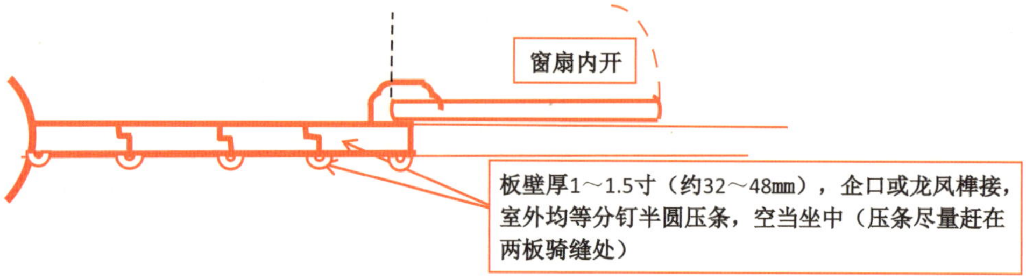

图 5-181　圜窗做法剖面示意

注：本节其他内容同“隔扇、风门”，略。

4. 牖窗

牖窗示意如图 5-182 所示。

(a)　(b)　(c)　(d)

图 5-182　牖窗示意

牖窗做法（可根据使用要求做调整）如下。

槛框做法——同支摘窗做法。

窗扇配置形式——双层。

窗扇开启方式——外层固定；内层内开。

窗扇安装方式——同圜窗窗扇

牖窗边抹、棂条、棂心图案及榫卯等工艺做法均同隔扇、槛窗，略。

五、楣子类

楣子类有坐凳楣子、倒（吊）挂楣子、挂檐板、雀替、花牙子，如图 5-183、图 5-184 所示。

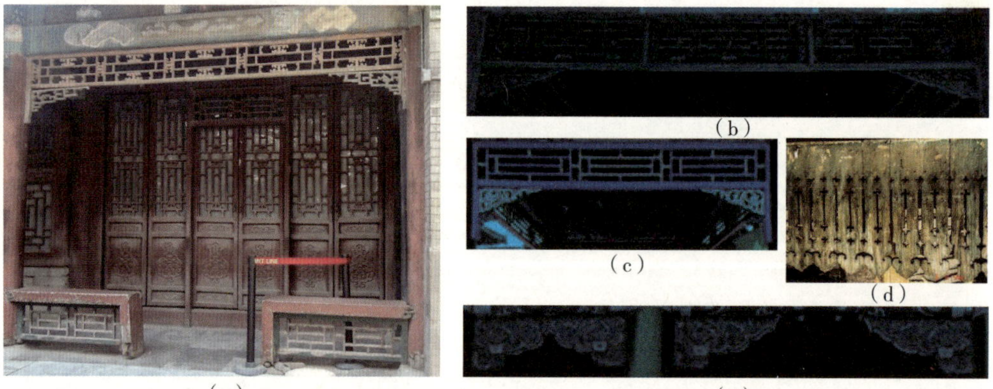

(a)　(b)　(c)　(d)　(e)

图 5-183　倒（吊）挂楣子、坐凳楣子、挂檐板、雀替示意

（a）（b）（c）

图 5-184 朝天栏杆、挂檐板、花罩、花牙子示意

（一）楣子类的权衡定尺

1. 倒（吊）挂楣子

倒（吊）挂楣子长度按柱间净尺寸定；宽（高）度通常在 300～500mm 之间，以花牙子最低处不碰头为宜。

2. 坐凳楣子

坐凳楣子长度同倒（吊）挂楣子；高度通常在 500mm 左右；坐凳面尺寸详见图 5-185。

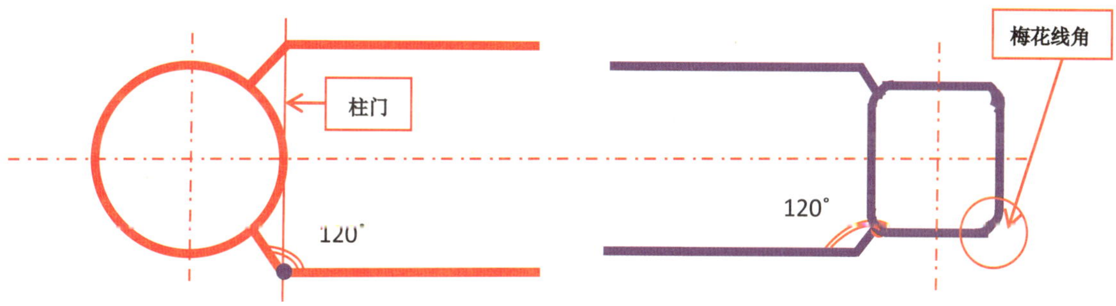

图 5-185 坐凳面与圆、方柱相交示意

3. 雀替

雀替长通常为开间净宽 1/4；骑马雀替长按廊间净宽；高同额枋宽。

4. 花牙子

花牙子长通常在 350～600mm 之间，视楣子两边间净长确定。

5. 挂檐板

挂檐板宽通常在 350～500mm 之间，厚度通常在 40～60mm 之间，根据板面做法增减酌定。

6. 楣子类分构件定尺

详见附表 4。

（二）楣子类的工艺做法

1. 坐凳面

（1）按如图 5-185 所示做出坐凳面抱柱肩。

（2）坐凳面向下一面起凹角线，线角宽为坐凳面厚的 1/10，线角深同。

（3）折角坐凳（俗称“胳膊绊”）面相交部位做大割角燕尾暗榫，详见第七章第四节。

2. 边（腿子）、抹

（1）自下而上，依次下端头雕刻白菜头凿花牙子入槽卯眼（图 5-186）。

（2）其余抹头、棂条同隔扇边抹做法，略。

3. 棂条

工艺做法同隔扇棂条做法，略。

4. 雀替

（1）按图 5-187 所示外形、角度锯出轮廓、出峰。

（2）贴柱一侧做倒脱靴双榫。

（3）双面落地浮雕卷草纹饰。

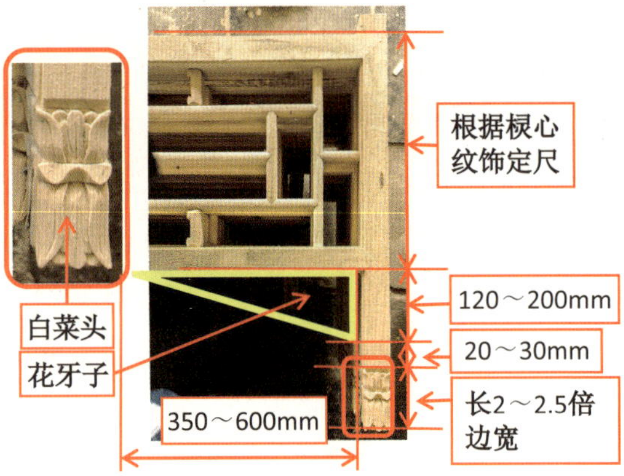

图 5-186　楣子边做法示意

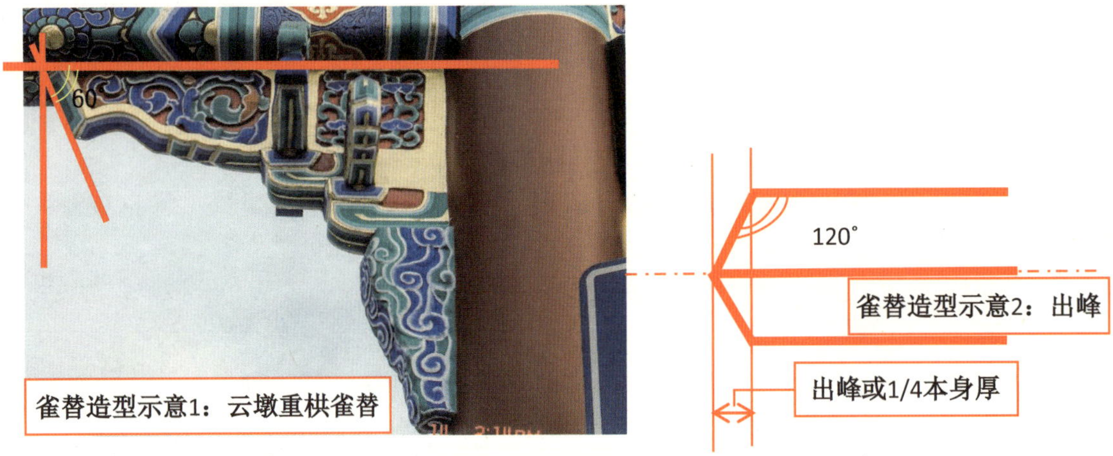

图 5-187　雀替做法示意

5. 花牙子

花牙子做法如图 5-188 所示。

图 5-188　花牙子做法示意

（1）按选定纹饰图形锯出轮廓。

（2）贴近楣子边一侧出单直入槽榫。

（3）所选纹饰做双面透雕。

6. 挂檐板

挂檐板做法如图 5-189 所示。

图 5-189 挂檐板做法示意

（1）挂檐板背面穿带详见第七章第二节。

（2）挂檐板对接采用龙凤榫接方式。

（3）按选定图形纹饰做落地浮雕或贴雕。

六、栏杆类

栏杆的功能首先是防护，其次是兼顾分割空间和装饰作用。

栏杆有桪杖栏杆、花（朝天）栏杆、楼梯栏杆几种，见图 5-190～图 5-193。

图 5-190 桪杖栏杆

（a） （b）

图 5-191 花栏杆

图 5-192 朝天栏杆

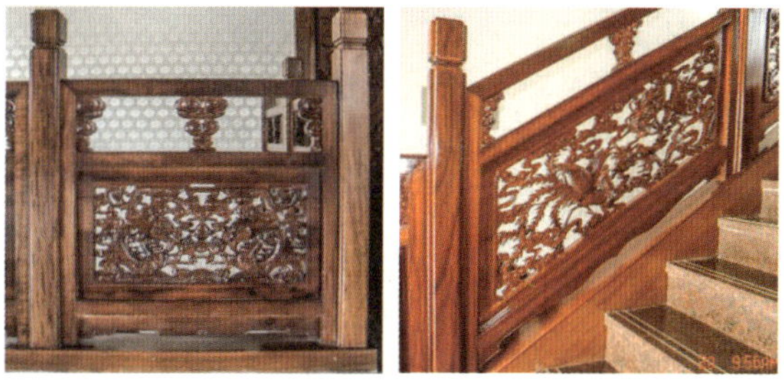

图 5-193 楼梯栏杆

（一）栏杆的权衡定尺

1. 桪杖栏杆

桪杖栏杆安装在两檐（廊）柱之间。栏杆扶手通常距地面的高度不能低于 900～950mm；长度以两柱间净距离为满外尺寸（图 5-194）。

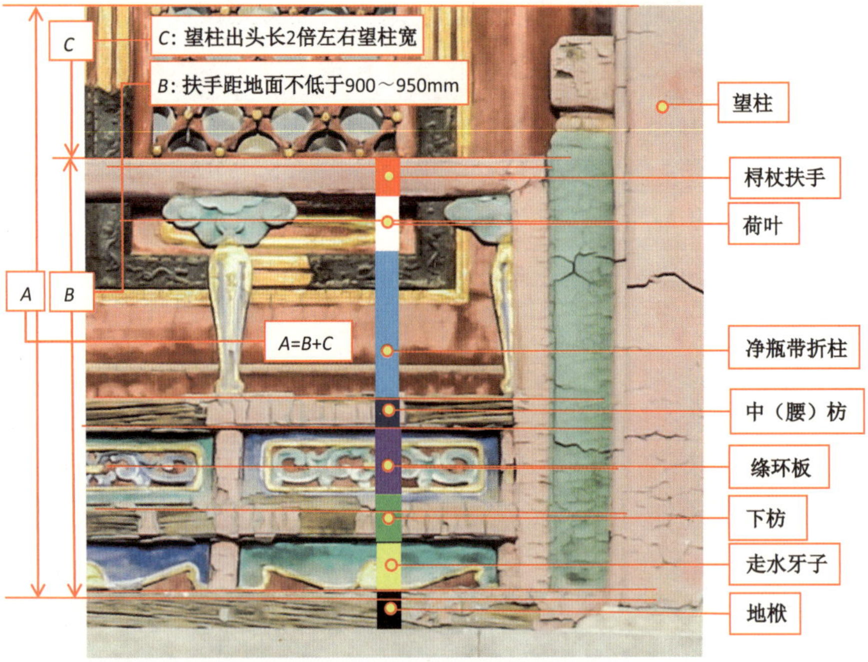

图 5-194　桪杖栏杆及各分件名称

2. 朝天栏杆

朝天栏杆安装在两檐（廊）柱之间及平顶房屋顶（图 5-195），其高度根据所在位置及使用需要确定。

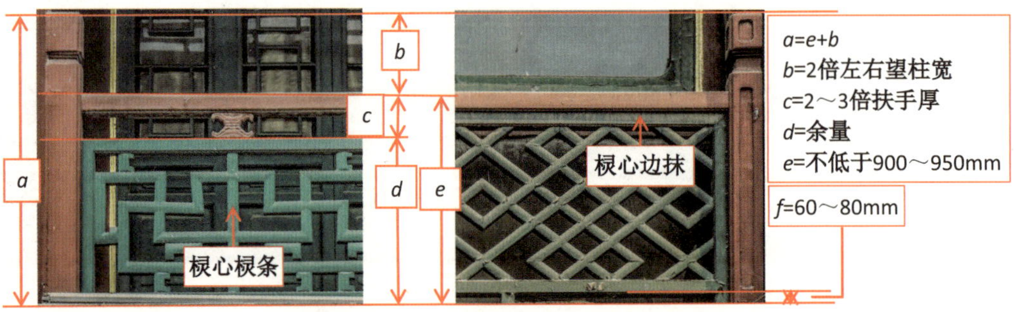

图 5-195　花（朝天）栏杆及各分件名称

（二）栏杆的工艺做法（通常做法，供参考）

1. 望柱

（1）定尺，详见附表 5。

（2）工艺做法

① 柱身做法：a. 四角各按柱身宽约 0.8/10 起梅花线；

b. 四角裹圆，详见图 5-196。

② 柱身做法：a. 锓阳雕“海棠池”，详见图 5-196；

b. 落地阴雕“海棠池”，详见图 5-196。

③ 柱头做“束腰”，详见图 5-196。

④ 柱根做双直半透榫，与地栿固定或做套顶榫，栽入地面固定。

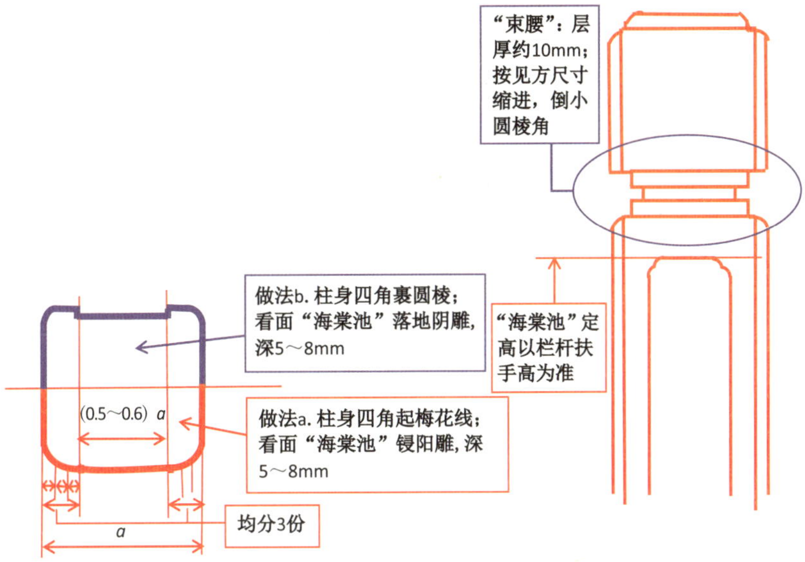

（a）　　（b）

图 5-196　望柱横剖面及细部做法示意

2. 地栿

地栿剖面及细部做法详见图 5-197。

（1）定尺，详见附表 5。

（2）工艺做法

① 四角见方，向上一面或做倒角圆棱。

② 向下一面做雨水口。

③ 望柱安装位置凿双直半透卯口、剔袖，或做套顶榫卯，栽入地面固定。

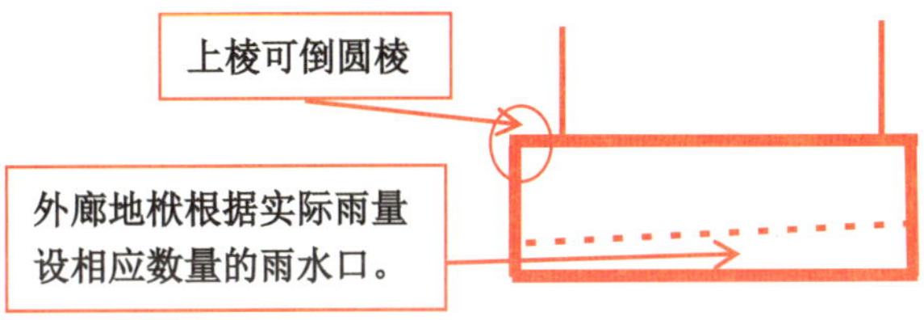

图 5-197　地栿剖面及细部做法示意

3. 牙子板

（1）定尺，详见附表 5。

（2）工艺做法

① 按传统纹饰锯解成形，详见图 5-198、图 5-199。

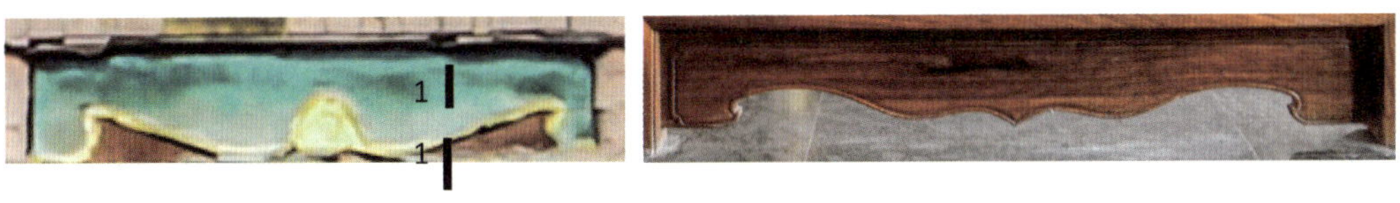

（a）　　（b）

图 5-198　牙子板外形纹饰参考示意

② 牙子板下口随外形起一炷香线角。

③ 牙子板两端、上口做入槽榫。

图 5-199　牙子板1—1断面图

4. 中、下枋

（1）定尺，详见附表 5。

（2）工艺做法。中、下枋的制作工艺同隔扇边抹，略。

5. 绦环板

（1）定尺，详见附表 5。

（2）工艺做法

① 参考隔扇绦环板确定细部尺寸。

② 按传统纹饰双面透雕、起线（图 5-200）。

图 5-200　绦环板外形纹饰参考示意

③ 绦环板四周做入槽榫。

6. 扶手

（1）定尺，详见附表 5。

（2）工艺做法

① 断面造型参考图 5-201，下口双面可做凹角线角。

② 按折柱分位凿出单直透眼卯口，与折柱固定。

7. 净瓶

（1）定尺，详见附表 5。

（2）工艺做法

① 造型参考图 5-201，厚度按通榫厚。

② 按纹饰做双面落地浮雕。

8. 荷叶

（1）定尺，详见附表 5。

（2）工艺做法

① 造型参考图 5-201。

② 按纹饰做双面落地浮雕。

③ 凿单直通透卯口。

9. 折柱（带净瓶）

（1）定尺，详见附表 5。

（2）工艺做法

① 通长制作：自净瓶瓶底以下做双直通榫与中枋、下枋、地栿固定。

② 自净瓶瓶口以上做单直透榫，穿透荷叶与扶手透榫固定。

③ 断面同隔扇边抹，起四面凹角线。

④ 净瓶参考图 5-201 纹样做双面落地浮雕。

10. 棂条

（1）定尺，详见附表 5。

（2）工艺做法。类同隔扇棂条做法，略。

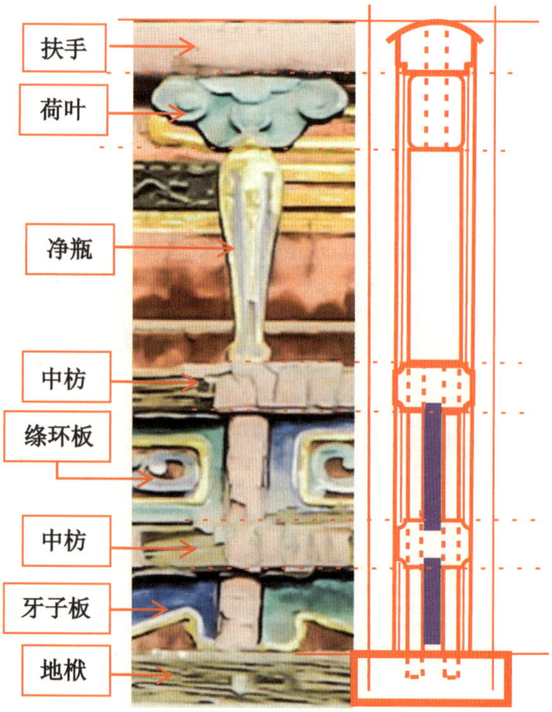

图 5-201　荷叶、折柱（带净瓶）立面、剖面示意

折柱与净瓶连做，下端与地栿固定，上端与扶手固定

七、碧纱橱、花罩、博古架、板壁类

碧纱橱、花罩、博古架、板壁类属于内檐装修，它主要的功能首先是划分使用空间和家居装饰。各式碧纱橱、花罩、博古架、板壁详见图 5-202～图 5-215。

图 5-202　带帘架碧纱橱

图 5-203　栏杆罩

图 5-204　几腿花罩

图 5-205　落地花罩

图 5-206　落地罩

图 5-207　几腿炕罩（□）和碧纱橱（□）

图 5-208　带毗卢帽炕罩

图 5-209　几腿炕罩（□）和栏杆炕罩（□）

图 5-210　落地炕罩

（a）　（b）

图 5-211　博古架（多宝格）

图 5-212　北京故宫室内博古架（多宝格）

图 5-213　太师壁

图 5-214　书架

图 5-215　墙面板壁

（一）碧纱橱、花罩、博古架、板壁类的权衡定尺

碧纱橱、花罩、博古架、板壁类的满外定尺按安装部位的实际尺寸确定。

1. 碧纱橱（内檐隔扇）

（1）碧纱橱的满外定尺按安装部位的实际尺寸确定。

（2）碧纱橱宽：宽高比通常为 1：（5～6），上、下分段比例参考外檐隔扇。

2. 花罩、博古架、板壁类的满外定尺

按安装部位的实际尺寸确定。

（二）碧纱橱、花罩、博古架、板壁类的工艺做法

1. 碧纱橱

图 5-216 为碧纱橱双面夹纱（玻璃）做法剖面示意。

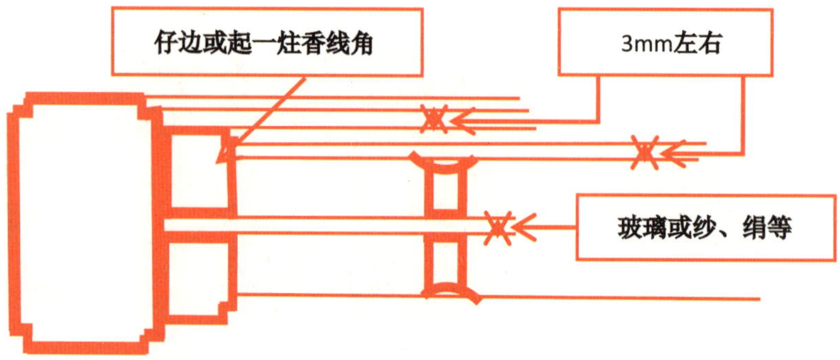

图 5-216　碧纱橱双面夹纱（玻璃）做法剖面示意

注：由于碧纱橱通常使用的材质要好于外檐隔扇，其边抹、仔边宽、厚度的尺寸相比外檐要小，棂条宽参考清定尺，厚度参考棂心图案及材质等因素确定后，按图示尺寸定仔边、边抹厚度，最后再加上玻璃或纱、绢等附件的厚度即可。

（1）定尺

① 碧纱橱即内檐隔扇，其宽度尺寸、用料的断面尺寸都要小于外檐隔扇。

② 碧纱橱宽：高比通常为 1：（5～6），上、下分段比例参考外檐隔扇。

③ 碧纱橱分件尺寸详见附表 6。

（2）工艺做法

① 槛框：除尺寸要小于外檐槛框，改外檐槛框起抱框线为内檐起凹角线外，其余做法与外檐槛框同，略。

② 边抹：看面宽要小于外檐边抹，多为双面做法，起双面凹角线，其余同外檐，略。

③ 仔边：看面宽要小于外檐仔边，多为双面夹纱做法，起双面凹角线或一炷香线，凿固定、活动销子眼，其余同外檐，略。

④ 棂条：看面宽要小于外檐棂条，多为双面夹纱做法，断面为凹面，其余同外檐，略。

⑤ 活动销子：做法详见第七章第四节。

2. 花罩

（1）定尺。花罩按实际安装部位确定满外尺寸，分件尺寸见附表 6。

（2）工艺做法。花罩分为两类，其一为花板类，其二为棂条类。种类不同，其配置也有所不同。

① 槛框。同碧纱橱，略。

② 花板花罩边（腿）框。看面向内一侧起双面一炷香或凹角线，宽度参考碧纱橱边抹，可根据花板尺寸做调整；边（腿）做入槽榫；凿销子眼。

③ 棂条花罩边抹。起线同上，双面做法，起两侧双面凹角线；圆光（八方）等异形花罩边抹需要分段连接的根据边抹厚度采用单或双榫对接，其余做法同外檐隔扇，略。

④ 花板。根据雕刻做法定厚度；与边（腿）框槽榫相交；按要求确定雕刻做法及纹样。

花板局部立面、剖面如图 5-217 所示，花板花罩做法如图 5-218、图 5-219 所示。

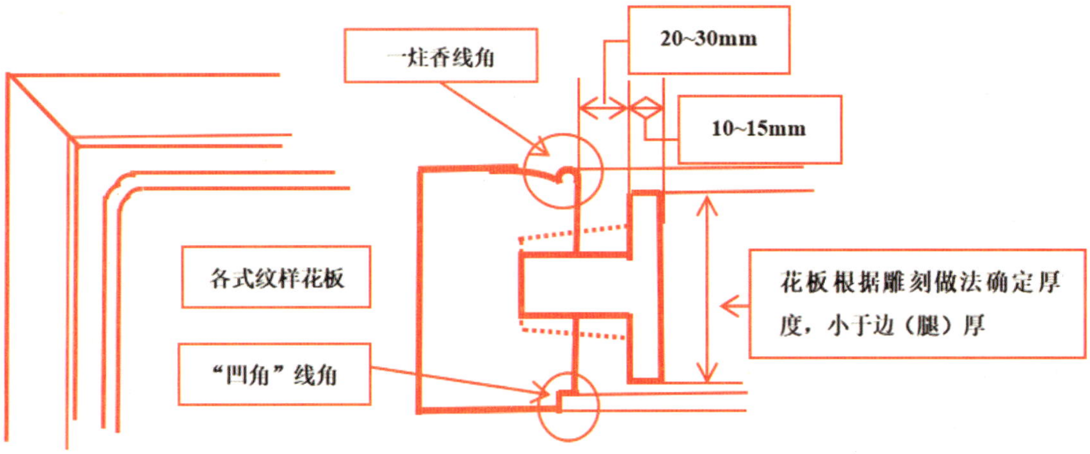

图 5-217 花板局部立面、剖面示意

注：花板做法：按图示做龙凤榫入边（腿）槽，榫厚根据花板厚度酌定（图中虚、实线所示）。

花罩式样各异，本图中做法仅作参考。

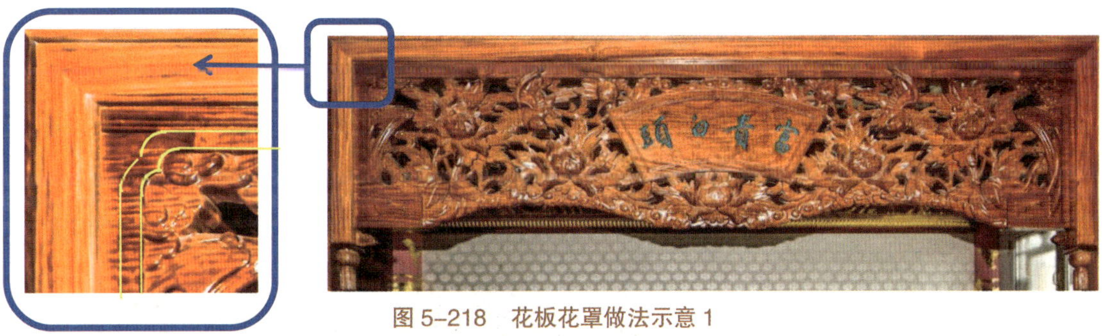

图 5-218 花板花罩做法示意 1

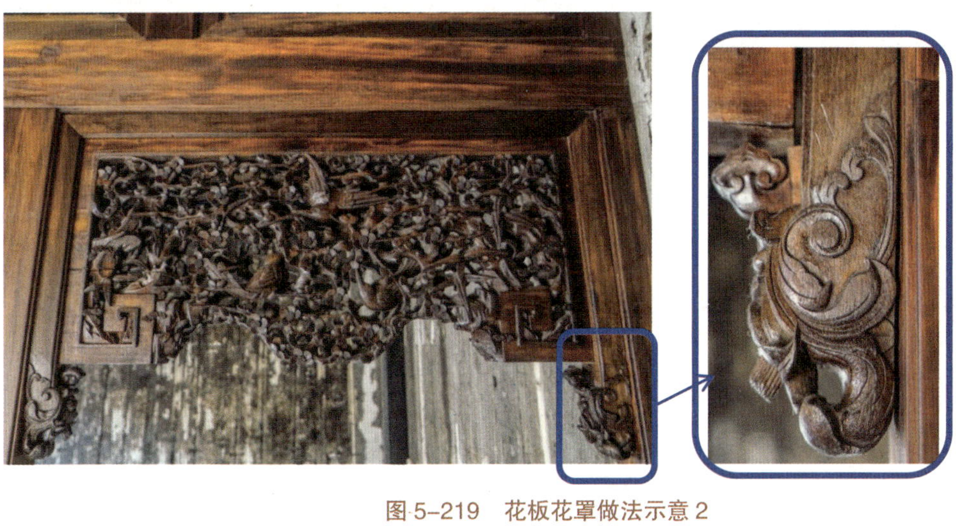

图 5-219 花板花罩做法示意 2

⑤ 棂条花罩仔边：看面宽参考碧纱橱仔边，厚度根据棂条厚度定；起双面凹角线或一炷香线，凿固定、活动销子眼，其余同外檐隔扇，略。

⑥ 棂条：看面宽、厚详见附表 5，双面做法，断面多为平直起四面凹角线，凸、凹面，其余纹饰放样等同外檐，略。

⑦ 活动销子：见图 5-220 及第七章第四节。

⑧ 须弥座：通常高 120～200mm，可分层制作；厚度根据花罩边抹厚度定，每边出台 20～30mm；通常浮雕仰覆莲、卷草纹饰，或素面不做雕饰。须弥座式样见图 5-221。

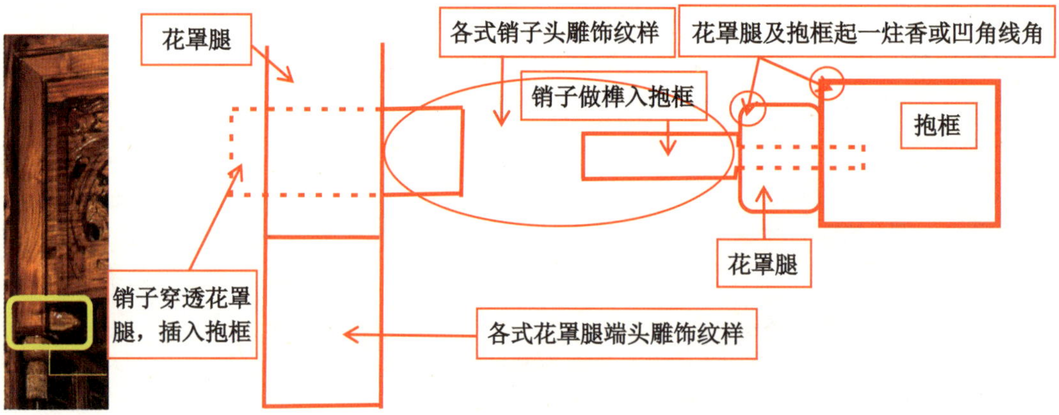

图 5-220　花板花罩活动销子做法示意

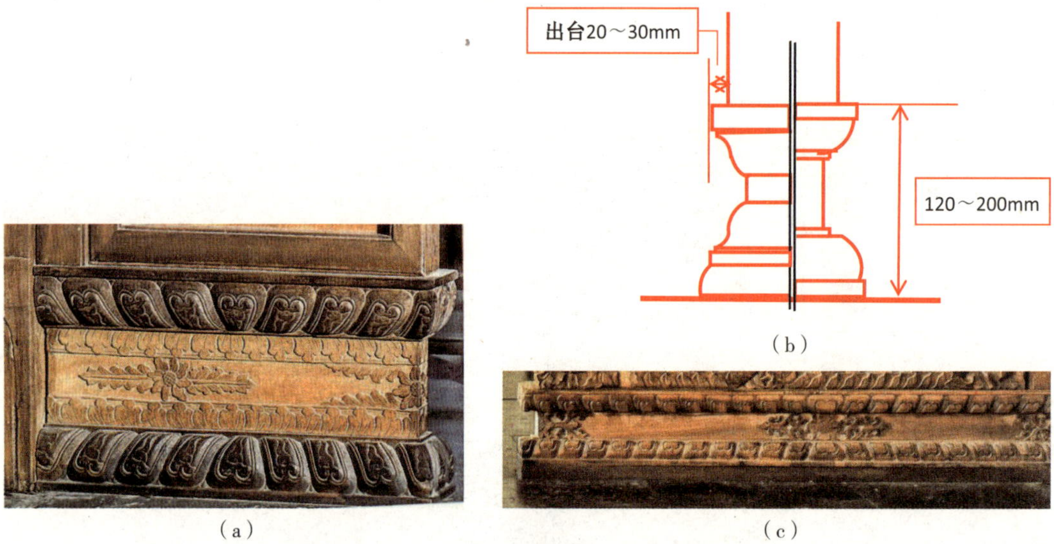

图 5-221　各式须弥座式样（供参考）

3. 博古架、书架

（1）定尺。博古架、书架按安装部位确定满外尺寸，分件尺寸见附表 6。

（2）工艺做法。博古架、书架有两种做法：其一，无框架，侧帮板、搁板、挡板均为实木厚板；其二，有框架，侧帮板、搁板、挡板均为木框嵌实木薄板。

① 无框架侧帮板、搁板、挡板

a. 按博古架、书架进深厚度定板宽，板宽不够需要拼接，拼接方法采用平接或榫接方式。

b. 板的小面（迎面）一或两侧起一炷香线或凹角线。

c. 板与板之间榫卯相接，详见第七章第四节。

② 有框架侧帮板、搁板、挡板。根据实际需要确定厚度，裁口或打槽与框架相交，详见图 5-222。

③ 边（心）框（详见图 5-222）

a. 边框起一侧、心框起两侧一炷香线或凹角线；

b. 根据需要打槽或裁口备装侧帮、搁板、挡板。

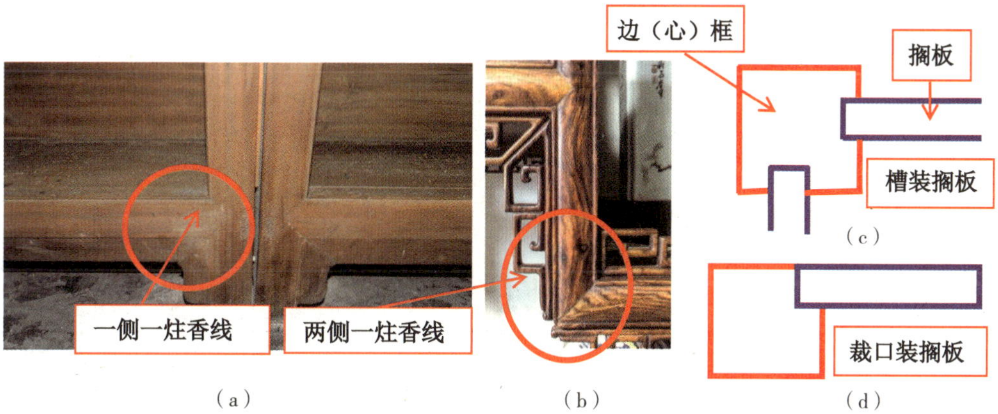

图 5-222　博古架、书架细部做法示意

4. 太师壁、板壁

太师壁做法除壁板安装类同走马板外，其余做法同花罩，略。

板壁做法如图 5-223 所示。

图 5-223　板壁做法示意

（1）定尺。按檐枋下皮至下碱墙身或地面通高（满墙板壁），分件尺寸见附表 6。

（2）工艺做法

① 龙骨

a. 边龙骨。四圈分布；两端头与柱子榫（或钉）接，外皮与柱外皮一平。

b. 板壁龙骨。按图 5-224 所示分布；燕尾形（楔形），两端头与边龙骨榫（或钉）接，外皮与柱外皮一平。

② 壁板

a. 板上端头做头缝榫入上端边龙骨，下端落入下端边龙骨

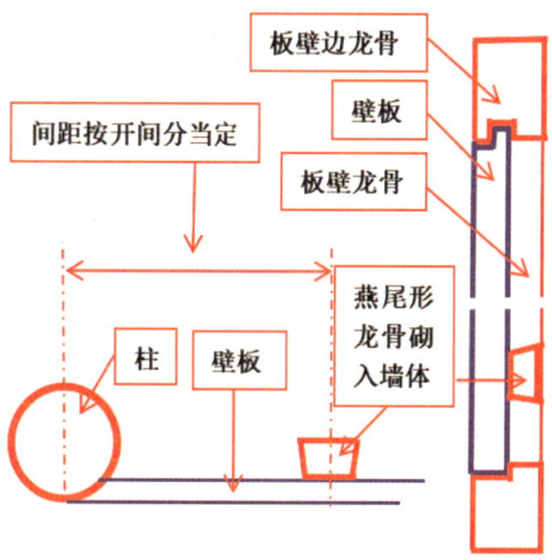

图 5-224　板壁平面、剖面示意

裁口内，钉接。

b. 板壁之间直缝平接或企口榫接，与板壁龙骨钉接。

八、天花类

天花的种类有多种，包括井口天花、海墁天花、糊纸、堆塑天花和仿古井口天花等（图 5-225～图 5-228）。

(a)　(b)　(c)

图 5-225　井口天花

(a)　(b)　(c)　(d)

图 5-226　糊纸、堆塑、海墁井口（木顶格）天花

图 5-227　仿古井口天花

(a)　(b)　(c)

图 5-228　仿古井口、海墁天花

（一）井口天花的定尺和工艺做法

1. 定尺

（1）明间面宽方向分井数量按单数取，空当坐中，支条与井口空当之比为 1∶（6～7）；进深方向分井可按见方，误差部分在贴梁或天花梁上做适当调整，也可酌情在井口方正上做少许调整，尽量不要出现半当。

（2）余间进深方向分井随明间；面宽方向按近似明间尺寸分井，无单、双数要求，尺寸调整方法同①，详见图 5-225。

2. 工艺做法

天花梁、贴梁、支条、天花板横剖面如图 5-229 所示，帽儿梁、通支条断面如图 5-230 所示。

（1）贴梁、支条

① 支条间单直半透榫卯相交。

② 榫肩做实肩（小割角线肩），详见第七章第二节。

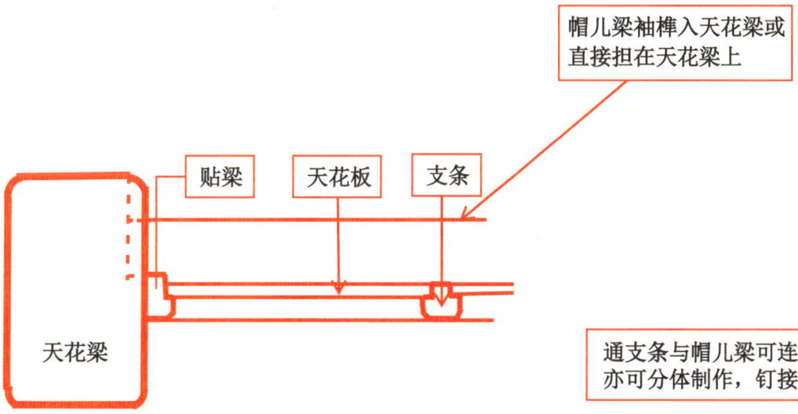

图 5-229 天花梁、贴梁、支条、天花板横剖面

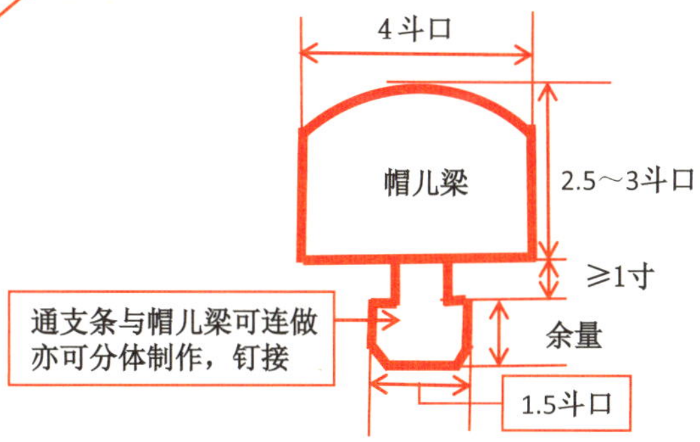

图 5-230 帽儿梁、通支条断面示意

③ 起七分线（类似抱框线）贴梁向内侧起单面线，支条起双面线。

④ 按天花板厚裁口，裁口宽 15mm 左右。

（2）天花板

① 每井天花穿带两根（对穿），略呈八字形布置。

② 穿带的断面尺寸厚同天花板厚，宽为厚的 1.2 倍，做法同攒边门穿带。

（二）木顶格（白樘箅子）的定尺和工艺做法

1. 定尺

详见附表 7。

2. 工艺做法

（1）边框

① 单直透榫（卯眼）、直肩相交。

② 按棂条分位凿单直半卯眼；按销子分位凿单直透卯眼。

（2）棂条

① 棂条断面为平直形。

② 棂条刻半相交。

九、楼梯类

各类楼梯及剖面图如图 5-231～图 5-233 所示。

（a）（b）（c）（d）

图 5-231　各类楼梯

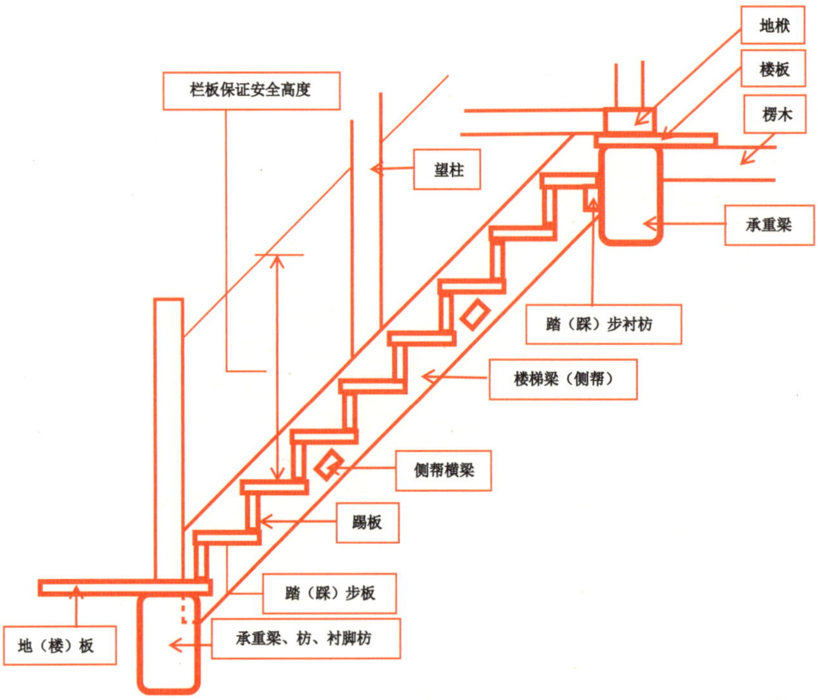

图 5-232　楼梯剖面

注：楼梯梁（侧帮）与承重梁、枋的对接位置根据实际可做调整，上端高度可做调整，下脚亦可直接坐在承重梁、枋或衬脚木枋上，但必须保证榫接牢固，必要时加装固定木枋或铁件。本图所示方法仅供参考。

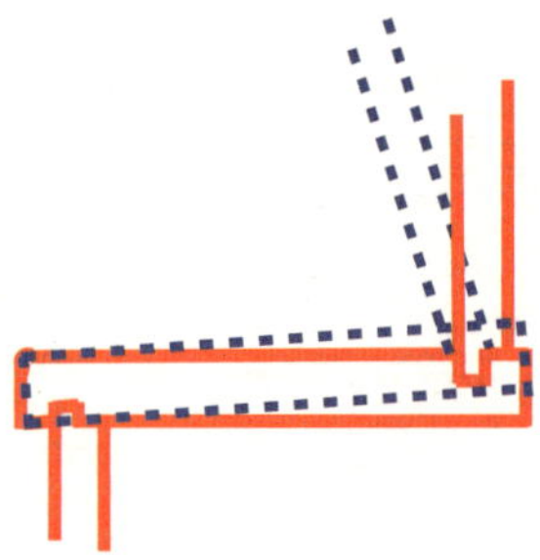

图 5-233　踏（踩）步板、踢板剖面

注：踏（踩）步板水平、踢板垂直安装，如实际尺寸不能满足要求，可适当调整角度以尽量满足舒适度的要求，如本图中虚线所示方法。

（一）楼梯类的定尺

（1）楼梯类的满外定尺按安装部位的实际尺寸放样确定，其角度尽量以人适宜上下为准。

（2）传统建筑中的楼梯角度通常都大，这是由室内空间、平面尺寸所决定的，我们只能在踏（踩）步的宽度和踢步的高度上做一些不太合理的调整，牺牲一些舒适度以满足使用的要求，但必须安装相应配套并具有安全高度的栏杆（板），以保证使用人员的安全。

（3）楼梯分构件定尺详见附表 8。

（二）楼梯类的工艺做法

1. 楼梯梁（侧帮）

① 按实际位置的尺寸放样，其角度尽量以人适宜上下为准。

② 上下端头做榫、袖肩与承重梁、枋剔袖卯口搭接。

③ 根据长度确定横梁（穿带）数量，通常配置 2～3 道，按数量凿单直透榫卯口。

④ 内侧根据放样角度确定踏（踩）步板位置，凿踏（踩）步板双直半透榫卯口；剔踏（踩）步板入袖榫槽。

⑤ 内侧根据放样角度确定踢板位置，凿踢板企口榫槽。

⑥ 向上小边按望柱分位剔凿双直半透卯口，备安望柱。

⑦ 下端如与望柱对接，则于望柱梅花线角处做抱肩。

2. 踏（踩）板

① 两端头做单直半透榫，榫头数量根据板宽确定 3～4 个，并做通长入袖榫。

② 根据上下踢板位置，踏（踩）板上下面各凿出踢板榫槽。

③ 踏（踩）板向外一侧的上棱裹出圆棱。

3. 踢板

① 两端头做通长入袖榫。

② 踢板两小面做踏（踩）板企口榫。

4. 侧帮横梁

可根据楼梯的宽度、长度确定是否配置。

① 两端做单直透榫固定楼梯梁（侧帮）。

② 四面裹圆棱。

第五节　五金件

一、大门五金件

（一）大门五金件的认识

大门五金件的认识如图 5-234 所示。

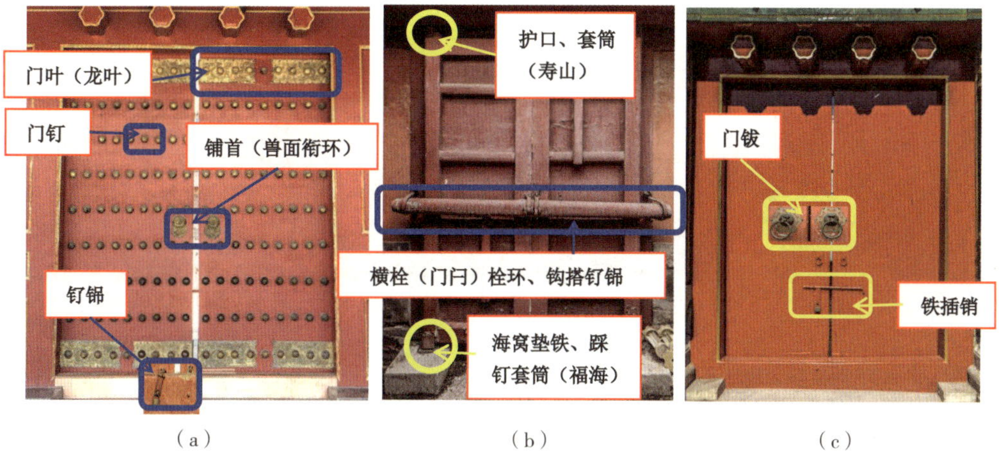

（a）　（b）　（c）

图 5-234　大门五金件的认识

（二）大门五金件的功能、定尺与材质、外形

1. 兽面（铺首、铺首衔环）

各式兽面见图 5-235。

（1）功能：装饰及叩门功能。

（2）定尺：直径约为门钉直径的 2 倍。

（3）材质：铜、铁质。

（4）外形：表面錾刻、铸轧饕餮、狮、虎、螭、龟、蛇等兽纹；鎏金或本色；兽口衔“仰月千年锦”。

2. 门钹

各式门钹、门环、门坠见图 5-236。

（a）（b）（c）

图 5-235　各式兽面（铺首、铺首衔环）

（a）（b）（c）

图 5-236　各式门钹、门环、门坠

（1）功能：叩门及装饰功能。

（2）定尺：直径参考门边宽。

（3）材质：铜、铁质。

（4）外形：六方形，门钹做镂空如意、蝙蝠等纹饰；起鼓表面通常不做錾花而做素活；打眼固定门钹、安装门环。

3. 门环

门环通常与铺首、门钹配套使用，除装饰大门外，还通过拍打门环撞击门上铜（铁）钉的响声来起到叫门的作用（图 5-236）。

其尺寸根据铺首、门钹的尺寸酌定；材质与铺首、门钹的材质相同，形状圆条、錾花酌定。

4. 门叶（龙叶）

门叶、门钉见图 5-237。

（1）功能：加固门板及装饰作用。

（a）（b）

图 5-237　门叶（龙叶）、门钉

（2）定尺：按门边宽 8/10 定宽，按门边宽 4 倍定长（单面）。

（3）材质：铜质。

图 5-238　门钉

（4）外形：表面錾刻蟒龙（大门正面）、流云（大门背面）图案；鎏金或贴金；与大门铜泡钉固定，约每五分（16mm）宽钉一个。

5. 门钉

门钉见图 5-237、图 5-238。

（1）功能：加固门板、穿带及装饰作用。

（2）定尺：详见本节二、大门类。

（3）材质：门钉的材质分铜质、木质两种。

（4）外形、做法

① 木质门钉居中打出钉孔，用镊头铁钉直接钉接固定在门板及穿带上；木质门钉表面做地仗、贴金箔。

② 对于铜质门钉，将镊头铁钉焊接在门钉内钉入大门；铜质门钉做鎏金。

6. 海窝垫铁、踩钉套筒（福海）和护口、套筒（寿山）

图 5-239 为海窝垫铁、踩钉套筒（福海），图 5-240 为护口、套筒（寿山）。

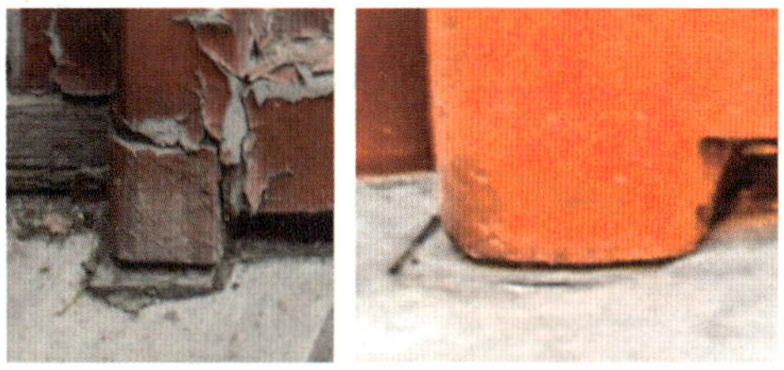

（a）　（b）

图 5-239　海窝垫铁、踩钉套筒（福海）

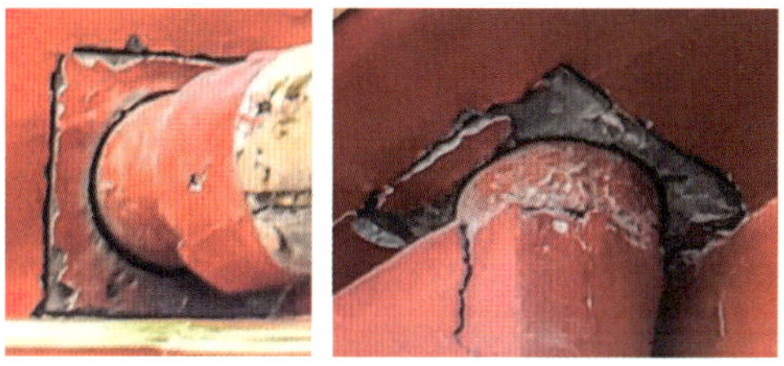

（a）　（b）

图 5-240　护口、套筒（寿山）

（1）功能

① 护口用于大门连楹，为门轴（肘）在入楹部位的定位、转动保护装置；套筒用于门扇门轴（肘）上端，套入门轴（肘），与护口为配套装置，统称“护口、套筒（寿山）”。

② 海窝垫铁安装于石或木质门枕上，垫铁上打出踩钉凹眼，称为“海窝”；踩钉套筒安装于门扇门轴（肘）下端，套入门轴（肘），与海窝垫铁为配套装置，统称“海窝垫铁、踩钉套筒（福海）”。

（2）定尺，详见本章第四节二、大门类。

（3）材质：多为铁质，少有铜质。

（4）外形、做法，详见图 5-239、图 5-240。

7. 横栓（门闩）栓环、钩搭钌铞

（1）功能

① 横栓（门闩）栓环安装于大门扇两侧的抱（门）框或柱子上，为无栓眼石建筑横栓（门闩）的固定装置。

② 钩搭钌铞安装于大门门扇、横栓（门闩）及槛框部位，是门扇的固定锁合装置。

（2）定尺

① 栓环定尺参考横栓（门闩）尺寸。

② 钩搭钌铞定尺参考槛框尺寸。

（3）材质：锻铁

（4）外形、做法：参见图 5-241 和图 5-242。

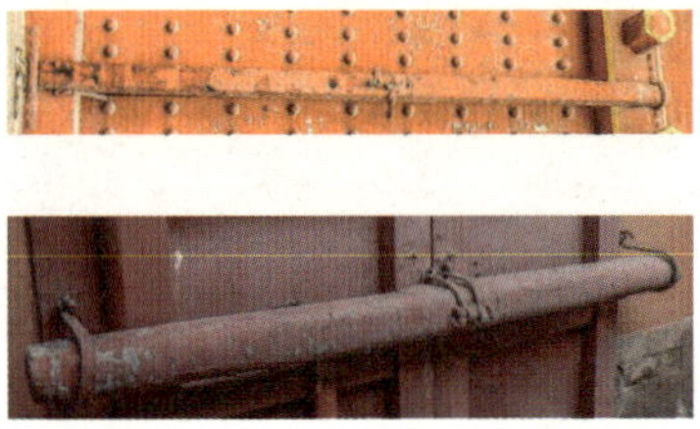

图 5-241　院（室）内、外使用的横（竖）栓（闩）栓环、钩搭钉锅

（a）　　（b）

图 5-242　锁合、固定门扇与下槛的钩搭钉锅

8. 铁插关（插销）、铜质下槛、门扇包叶

（1）功能：大门的锁合、耐磨加固、装饰构件。

（2）定尺参见图 5-243。

（3）材质：近代所制插销为铁质；下槛、门扇包叶为铜质。

（4）外形、做法参见图 5-243。

（a）　（b）　（c）　（d）

图 5-243　铁插关（插销）、铜质下槛、门扇包叶示意

二、外檐隔扇、风门、槛窗五金件

（一）外檐隔扇、风门、槛窗五金件

外檐隔扇、风门、槛窗五金件如图 5-244 所示。

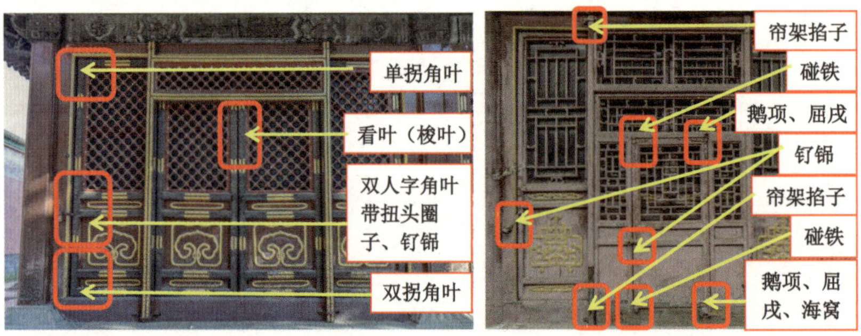

（a）　（b）

图 5-244　外檐隔扇、风门、槛窗五金件

（二）隔扇、风门、槛窗五金件的功能、定尺与材质、外形

1. 看叶、人字、单、双拐角叶、扭头圈子（图 5-245）

（1）功能：门窗榫卯加固、便于开启、装饰、美观。

（2）定尺：隔扇看（梭）叶宽同隔扇、槛窗边抹；风门看（梭）叶宽通常为 30～35mm，长度见图 5-245。

（3）材质：铜质（黄铜）。

（4）外形、做法

① 外形：随隔扇、槛窗边抹断面造型。

② 做法：隔扇看（梭）叶通常錾刻雕镌云龙、翔凤、两炷香等纹饰，风门通常做素面，称“素梭叶”；端头做云头纹饰称“云头梭叶”。

（a）（b）（c）（d）（e）（f）（g）（h）

图 5-245　云头錾刻雕镌（素面）看（梭）叶、双拐角叶、扭头圈子、云头门坠示意

2. 帘架掐子

（1）功能：固定帘架。

（2）定尺：根据帘架边框尺寸确定。

（3）材质：多为锻铁。

（4）外形、做法：见图 5-246。

（a）（b）（c）（d）

图 5-246　各式帘架掐子

3. 鹅项、碰铁、屈戌、海窝垫铁

（1）功能

① 鹅项：隔扇、风门、槛窗上下的转动铁轴，有定位、转动的功能。

② 屈戌：固定鹅项铁轴的铁质套圈，与鹅项配套使用。

③ 海窝垫铁：承托隔扇、风门、槛窗下方鹅项的铁（铜）质板件，板件按鹅项直径打出圆形凹槽，保证鹅项铁轴转动自如。

④ 碰铁：即隔扇、风门、槛窗上关闭门窗扇的挡头，与鹅项配套使用。

（2）定尺：鹅项、碰铁长度通常为 200～250mm，宽度为 30mm（根据门窗扇的尺寸可做适当调整）；其余见图 5-247～图 5-250。

（3）材质：通常为铁质。

（4）外形：见图 5-247～图 5-250。

(a)　(b)　(c)　(d)

图 5-247　各式鹅项

(a)　(b)

图 5-248　各式碰铁

(a)　(b)

图 5-249　各式碰铁

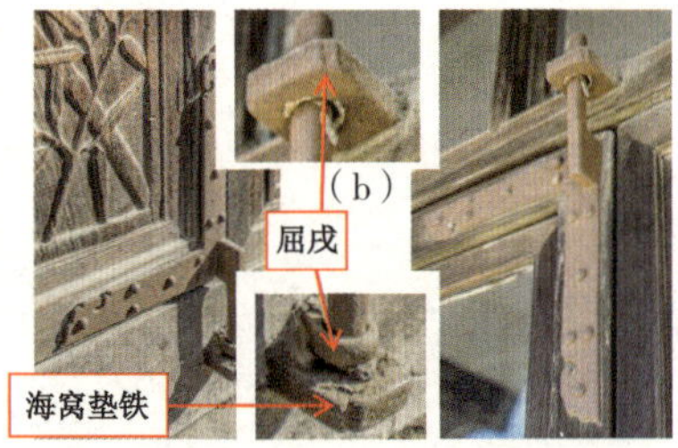

(a)　(c)　(d)

图 5-250　屈戌、海窝垫铁

4. 钩搭钉锦

图 5-251 为各式钩搭钉锦。

(a)　(b)　(c)　(d)　(e)　(f)

图 5-251　各式钩搭钉锦

（1）功能：用于隔扇、风门、槛窗上的锁合关闭。

（2）定尺：根据隔扇、风门、槛窗尺寸确定。

（3）材质：通常为铁质。

（4）外形、做法：见图 5-251。

（三）支摘窗五金件

1. 支摘窗五金件的认识

支摘窗五金件的名称如图 5-252 所示。

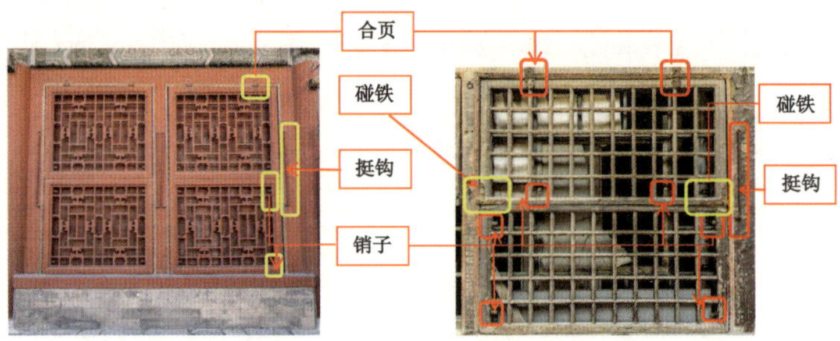

(a)　(b)

图 5-252　支摘窗五金件的名称

2. 支摘窗五金件的功能、定尺与材质、外形

（1）合页（图 5-252 和图 5-253）

① 功能：上支窗的活动装置。

② 定尺：根据窗边框尺寸确定。

③ 材质：2～3mm 厚锻铁。

④ 外形、做法：如意云头、平头海棠角、素方头外形；做法详见图 5-253。

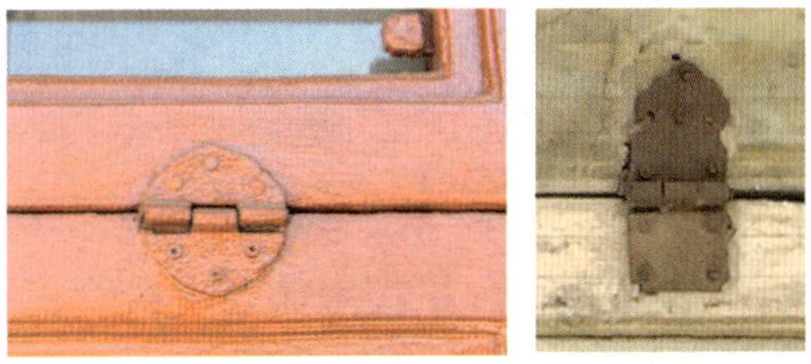

（a） （b）

图 5-253 云头合页示意

（2）挺钩

① 功能：上支窗的固定装置。

② 定尺：直径 6～8mm，可根据上支窗的寸、重量做调整。

③ 材质：铁质。

④ 外形、做法：详见图 5-254。

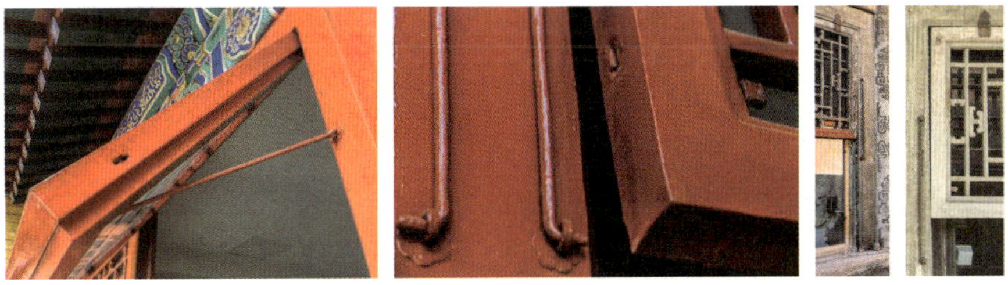

（a） （b） （c） （d）

图 5-254 挺钩示意

（3）销子

① 功能：活动窗的固定装置。

② 定尺：宽 20～30mm，厚 2～3mm，长度根据窗边框尺寸定；木质销子详见第七章第四节。

③ 材质：铁质。

④ 外形、做法：详见图 5-255。

（a） （b）

图 5-255 销子示意

（4）碰铁。支摘窗碰铁与风门碰铁类同，此处略。

（四）匾额五金件

1. 匾额五金件的认识

图 5-256 为各式匾托，图 5-257 为匾额挺钩。

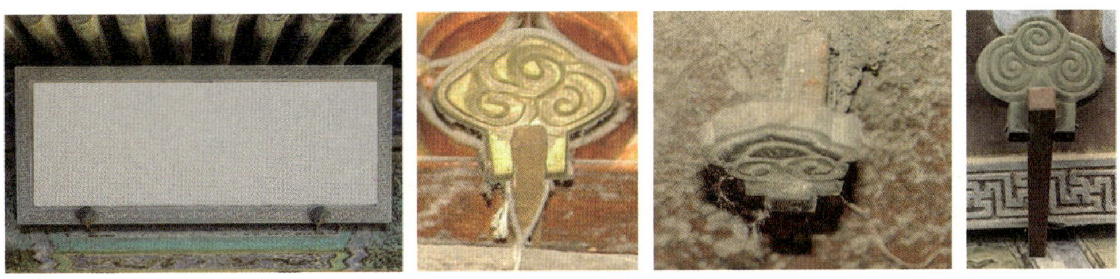

（a） （b） （c） （d）

图 5-256 各式匾托

2. 匾额五金件的功能、定尺、材质、外形

（1）匾托

① 功能：承托、固定匾额的装置。

② 定尺：根据匾额尺寸按比例做适当调整。

③ 材质：铜质，鎏金或贴金箔。

④ 外形、做法：详见图 5-256。

（2）挺钩。匾额挺钩与支摘窗挺钩类似，此处略。

图 5-257 匾额挺钩

（五）内檐碧纱橱五金件

1. 内檐碧纱橱五金件的认识

内檐碧纱橱五金件的名称见图 5-258，各式内檐五金件见图 5-259。

2. 碧纱橱五金件的功能、定尺、材质、外形

① 功能：开启、关闭、锁合门扇。注：与外檐隔扇、风门类同的五金件功能相同，略。

② 定尺：参考碧纱橱边抹尺寸确定。

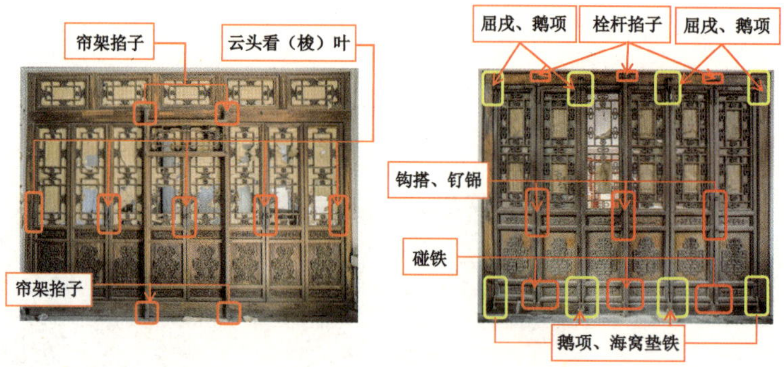

（a）（b）

图 5-258 内檐碧纱橱五金件的名称

③ 材质：铜质、铁质均有。

④ 外形、做法：参考外檐五金件，表面錾刻各种纹饰或做素面，详见图 5-260～图 5-262。

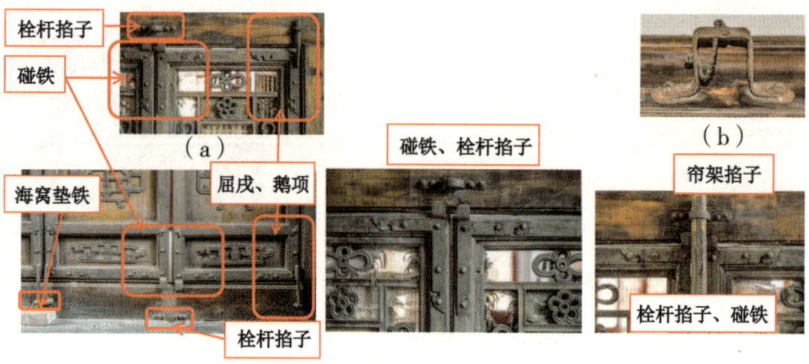

（a）（b）（c）（d）（e）

图 5-259 各式内檐五金件

（a）（b）

图 5-260 碧纱橱隔扇外立面 图 5-261 碧纱橱隔扇内侧钩搭（上）和钌铞（下）

（a）（b）

图 5-262 钩搭工作原理

注：扭转拉钩，门扇开启；回转拉钩，门扇关闭锁合。

第六章

清官式建筑木作的制作与安装

第一节 原材加工及常用的量具、工具

一、原材的选择及用材标准

（一）材种选择

北方官式建筑中常用的木材多为松木类的软杂材，有油松（老黄松）、红松（国产、进口）、鱼鳞云杉（鱼鳞松、白松、东北松）、樟子松（蒙古赤松）、落叶松（黄花松）、杉木（川杉、广杉、建杉）等，详见图 6-1～图 6-8。在等级更高的宫殿建筑中，还使用归类于硬杂材的楠木（图 6-9）。随着国家的口岸开放，更多物美价廉的进口原材大量入关，使传统木结构建筑有了更多的原材选择，特别是在气候条件适宜、交通便利的南方地区，详见图 6-10。

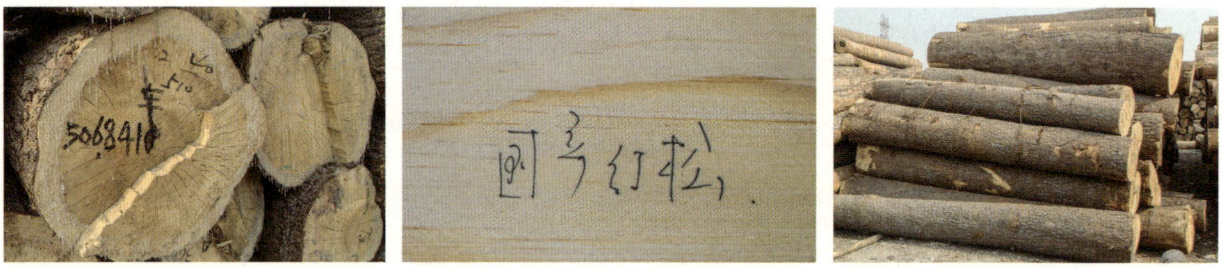

（a） （b） （c）

图 6-1 木构架用材辨识——国产红松

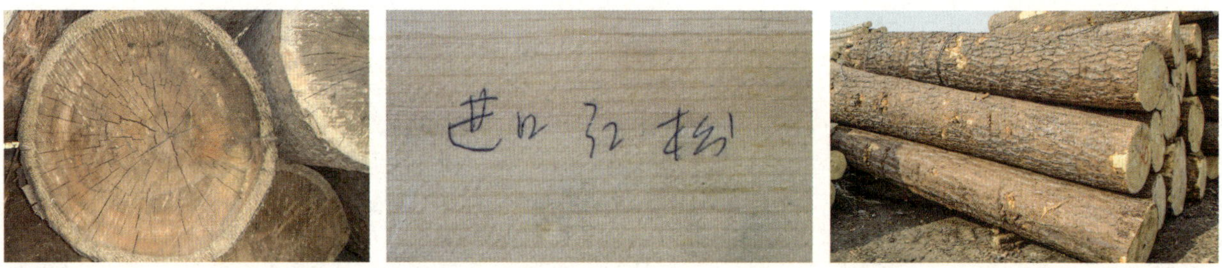

（a） （b） （c）

图 6-2 木构架用材辨识——进口红松

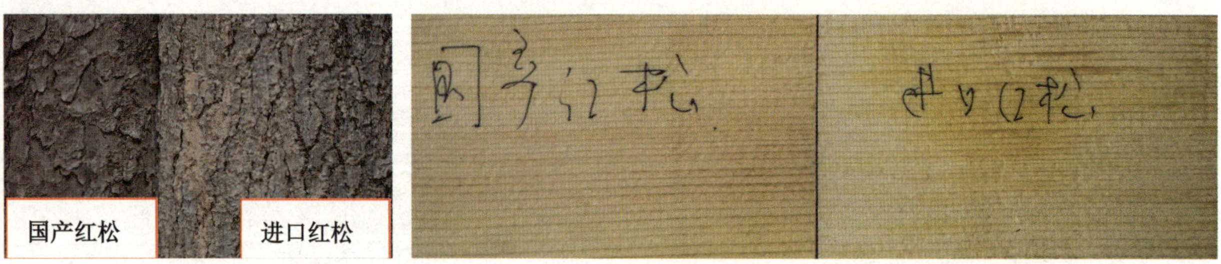

（a） （b） （c）

图 6-3 木构架用材辨识——国产、进口红松对比

（a）　　（b）　　（c）

图 6-4　木构架用材辨识——落叶松（黄花松）

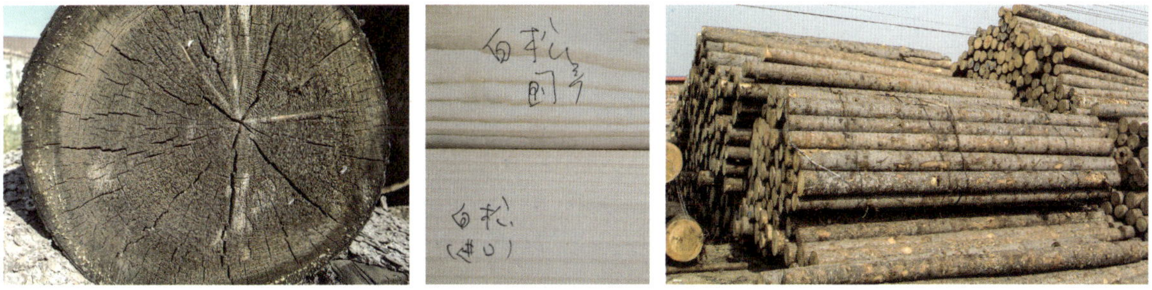

（a）　　（b）　　（c）

图 6-5　木构架用材辨识——白松

（a）　　（b）　　（c）

图 6-6　木构架用材辨识——樟松

图 6-7　木构架用材辨识——油松

（a）　（b）　（c）　（d）

图 6-8　木构架用材辨识——杉木（北方多用于椽材）

（a）　（b）　（c）　（d）

图 6-9　木构架用材辨识——楠木（桢楠）

（a）　（b）　（c）

图 6-10　木构架用材辨识——进口硬杂材：山樟、菠萝格

根据近年来的使用经验，樟子松材性较脆，宜用作结构中柱类等受压构件，梁、枋等受弯、受拉构件慎用，装修不限，提示仅供参考。

（二）原材疵病

树木是在大自然环境中自然生长的，不可避免地要受到外来因素的影响，树木分叉产生节疤；细菌造成腐朽；虫害形成虫蛀；生长环境恶劣带来树木的斜纹、拧丝。在传统建筑中常见的木材缺陷（疵病）有腐朽、虫蛀、节疤、裂缝、斜纹、髓心六种。

1. 腐朽

空气中散布着大量的真菌孢子，当树木的树皮被弄伤后，真菌便侵入伤口，发芽生长，由孢子变为菌丝。这时，木材的边材开始变为青色，称青变（青皮）。这种由变色菌侵入而造成的变色一般来讲不会造成木材强度的降低，不影响使用。

真菌侵入木材内部，使木材结构逐渐变得松软脆弱，同时改变材色，这种现象称腐朽。通常情况下这种腐朽呈现出的颜色分为两种：一种表面出现白色斑点，同时出现许多小蜂窝或筛孔，木质变得很松软，像海绵一样，用手去捏很容易剥落，俗语称为“蚂蚁蛸（扫）”；另一种是木质表面呈现红褐色，表面有纵横交错的裂隙，用手搓捻，很容易碾成粉末，俗语称为“红糖包”，详见图6-11。在传统建筑用材的标准中，对“腐朽”的要求是最为严格的，只要有腐朽现象就不允许使用，这一点一定要注意。

（a）木材边材青变　（b）木材白色腐朽——蚂蚁蛸　（c）木材褐色腐朽——红糖包

图6-11　木材的缺陷（疵病）——腐朽

2. 虫蛀

木材在生长过程中常遭受到虫害的侵扰，这种虫害对木材的材质影响非常大，直接影响到木材在传统建筑中的使用。

虫害主要分为两种。一种是隐藏在树皮与木质部之间的小蠹虫造成的。这种小蠹虫只吃木材表面组织，造成木材表面形成虫沟，但不会深入到木材深部，这样的虫蛀痕迹在锯、刨加工时会很容易去掉，也不会有蠹虫残留在木质内部，这种虫蛀不会影响木材的质量。另一种是天牛和吉丁虫的幼虫，它们钻进木材深处，专吃木质部。这两种害虫不仅隐藏在正在生长中的树木中，而且在砍伐加工后的成材料中也有隐藏，这对于木构架是一个极大的危害，所以在选材时一定要仔细检查，严格杜绝有这种虫蛀现象的木材混入到成品构件中。详见图6-12（a）和（b）。

在木材的虫害中，还有一些诸如白蚁、番死虫、粉蛀虫等的害虫，特别以白蚁的危害为最大，它可以把木构件的内部吃空而外表完好，这在北方不太常见，详见图6-12（c）和（d）。

（a）天牛或吉丁虫幼虫咬蚀的虫眼　（b）小蠹虫咬蚀木材形成的虫沟　（c）白蚁蛀蚀的现状：表皮残留，木质部分蛀空　（d）白蚁蛀蚀的现状：表皮残留，木质部分蛀空

图6-12　木材的缺陷（疵病）——虫蛀

3. 节疤

树木从一棵幼苗到成材，不断地从髓心生出小的枝丫，随着树干的逐渐加粗，生出的枝丫被包裹起来，在这个部位就形成了节疤。节疤的形状大致分为三种：圆形节、条状节、掌状节（图6-13）。

节疤的种类细分为三种：活节、死节、脱落节，其中脱落节通常被归于死节，所以节疤的种类又分为活节和死节两种。

节疤是一种缺陷，它破坏了木材的均匀性，特别是处在受弯大梁底部的节疤，降低了木材的强度，直接影响到建筑物的安全；而当节疤所处位置位于横纹受压和顺纹受剪区域时，其强度反而会增加；节疤造成局部木纹变形，使加工困难，木材表面易起毛刺即“戗茬、拧丝”，影响到木材表面的美观……但如果处理得当，节疤的存在反而会给木材表面带来形状各异的美丽图案，最典型的就是生长在海南的黄花梨木上最被人们称道的“鬼脸”，它实际上是木材的节疤，而这种节疤使木材身价倍增。

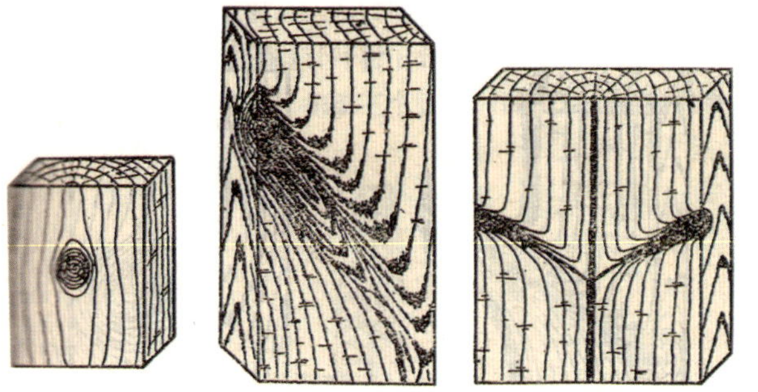

（a）圆形节　（b）条状节　（c）掌状节

图 6-13　木材的缺陷（疵病）——节疤形状

注：引自《木材知识》，张景良编著

所以在加工选料过程中一定注意要根据木构件的受力情况，把节疤尽量甩到影响小的部位以保证木结构的安全。节疤种类详见图 6-14。

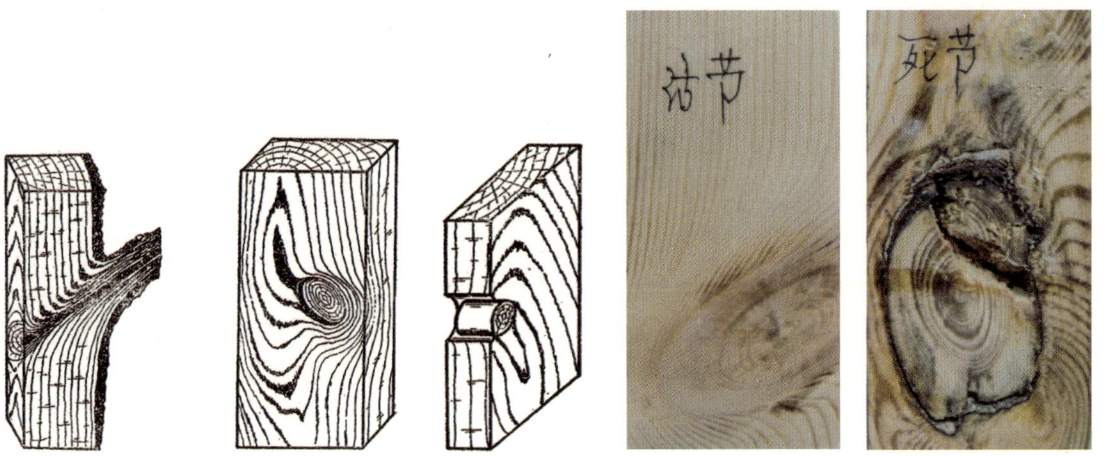

（a）活节 1　（b）死节 1　（c）脱落节　（d）活节 2　（e）死节 2

图 6-14　木材的缺陷（疵病）——节疤种类

注：引自《木材知识》，张景良编著

4. 裂缝

木材在不均匀干燥过程中产生的裂隙称开裂。开裂的形式分径裂、轮裂两种（人为的断裂不在其中），而径裂又细分为端裂、表面裂、心裂、蜂窝裂几种。

（1）径裂——端裂。木材的两头发生开裂并由表皮边材向心材扩展，称为端裂，详见图 6-15。

（2）径裂——表面裂。原木或板材表面发生开裂称为表面裂，详见图 6-16。

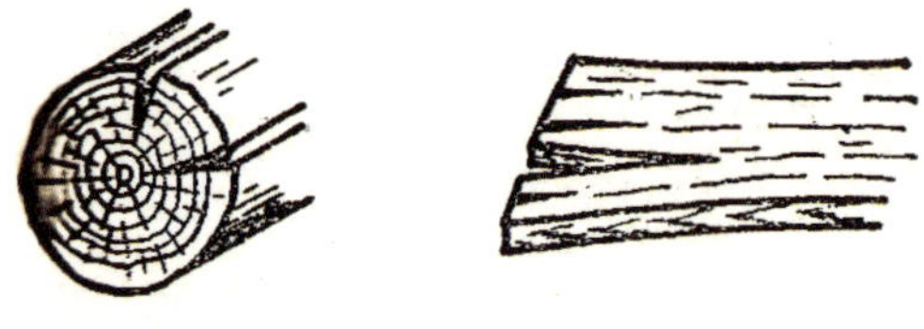

（a）　（b）

图 6-15　端裂

图 6-16　表面裂

（3）径裂——心裂。木材髓心开裂并向边材扩展称为心裂，详见图 6-17。

（4）径裂——蜂窝裂。原木或板材内部产生裂隙称为蜂窝裂，详见图 6-18。

（5）轮裂 。木材沿年轮开裂称为轮裂，详见图 6-19。

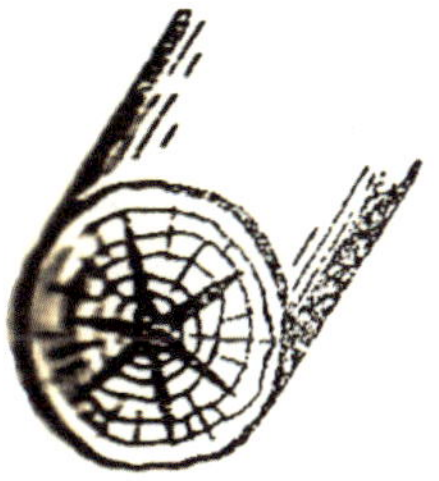

图 6-17　心裂

注：摘自《木材知识》，张景良编著。

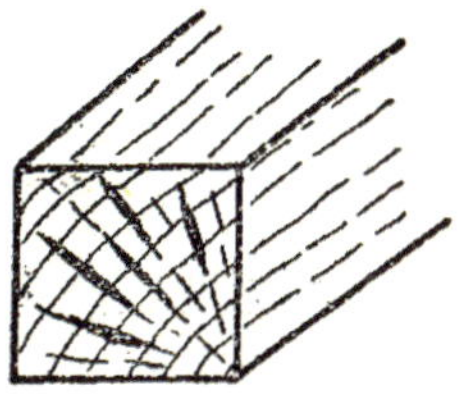

图 6-18　蜂窝裂

注：摘自《木材知识》。

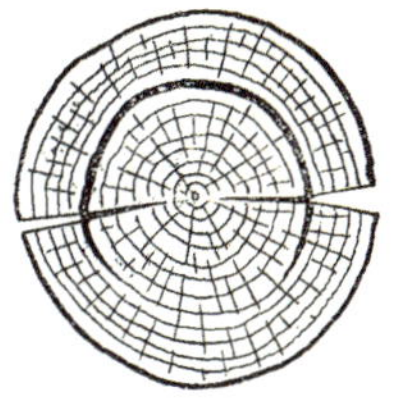

图 6-19　轮裂

注：摘自《木材知识》。

其他常见木材缺陷见图 6-20 和图 6-21。

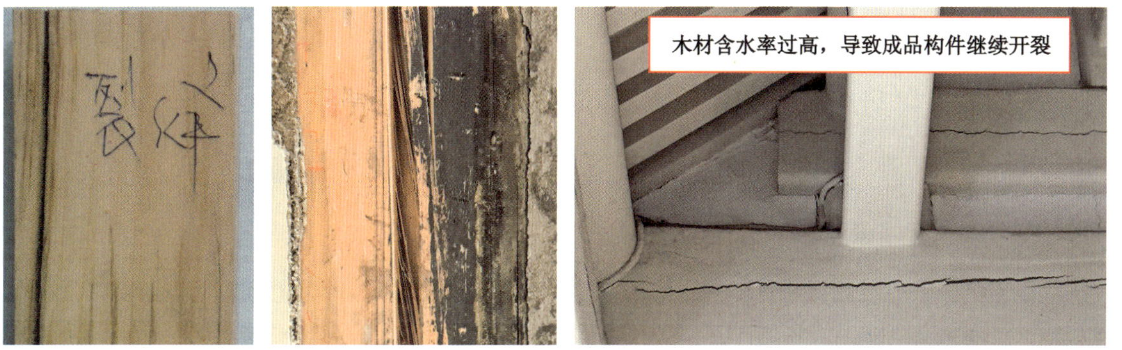

（a）　　（b）　　（c）

图 6-20　木材的缺陷（疵病）——裂缝

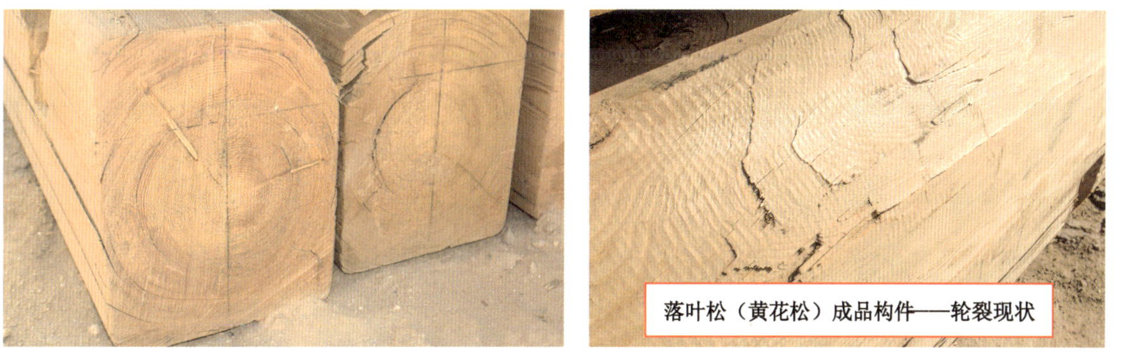

（a）　　（b）

图 6-21　木材的缺陷（疵病）——轮裂

5. 斜纹

木材斜纹主要是树木在生长过程中受外力影响或因材种不同形成弯曲状而产生的，这种现象不仅影响到木材的出材率，还影响到木材的强度，详见图 6-22。

6. 髓心

髓心就是树木的树心。通常情况下，这部分的木质较其他部位的木质强度要低一些，也易糟朽一些，但由于传统建筑中的木构件尺寸都比较大，髓心的影响也相对较小，详见图 6-23。

（三）构件用材标准

木构架中的各类构件因类别不同、位置不同、功能不同，所负担的荷载也不同，这就决定了对木材材质的要求也各不相同。对以上列举的木材的几种疵病以及其他几种如含水率、强度、防腐、防火、防虫蛀的指标，对各类构件的要求分别如下。

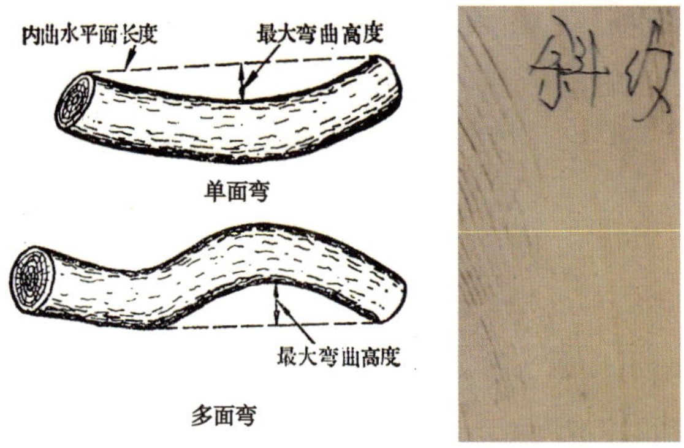

（a）　　（b）

图 6-22　木材的缺陷（疵病）——斜纹

注：图（a）引自《木材知识》，张景良编著。

（a）　　（b）　　（c）

图 6-23　木材的缺陷（疵病）——髓心

1. 柱

（1）腐朽——不允许。

（2）木节——在构件任何一面、任何 150mm 长度内，所有木节（死节和活节）尺寸的总和不得大于所在面宽的 2/5。

（3）斜纹——斜率≤12%。

（4）虫蛀——不允许（允许表层有轻微虫眼）。

（5）裂缝——外部裂缝深度不超过柱直径的 1/3；径裂深度不大于直径的 1/3；轮裂不允许。

（6）髓心——不限。

（7）含水率——≤25%。

（8）强度——根据用途、荷载等不同要求计算而定。

（9）防虫蛀、防腐、防火——根据使用环境、使用位置、防火等级要求而定。

2. 梁

（1）腐朽——不允许。

（2）木节——在构件任何一面、任何 150mm 长度内，所有木节尺寸的总和不得大于所在面宽的 1/3。

（3）斜纹——斜率≤8%。

（4）虫蛀——不允许。

（5）裂缝——外部裂缝深度不超过材宽（厚）的 1/3；径裂深度不大于材宽（厚）的 1/3；轮裂不允许。

（6）髓心——不限。

（7）含水率——≤25%。

（8）强度——根据用途、荷载等不同要求计算而定。

（9）防虫蛀、防腐、防火——根据使用环境、使用位置、防火等级要求而定。

3. 枋

（1）腐朽——不允许。

（2）木节——在构件任何一面、任何 150mm 长度内，所有活节尺寸的总和不得大于所在面宽的 1/3；榫卯部分不得大于所在面宽的 1/4。死节面积不得大于截面积的 5%；榫卯处不允许。

（3）斜纹——斜率≤8%。

（4）虫蛀——不允许。

（5）裂缝——外部裂缝深度不超过材宽（厚）1/3；径裂深度不大于材宽（厚）的 1/3；轮裂不允许；榫卯处裂缝不允许。

（6）髓心——不限。

（7）含水率——≤20%。

（8）强度——根据用途、荷载等不同要求计算而定。

（9）防虫蛀、防腐、防火——根据使用环境、使用位置、防火等级要求而定。

4. 檩

（1）腐朽——不允许。

（2）木节——在构件任何一面、任何 150mm 长度内，所有活节尺寸的总和不得大于圆周长的 1/3；单个活节的直径不得大于檩径的 1/6。死节不允许。

（3）斜纹——斜率≤8%。

（4）虫蛀——不允许。

（5）裂缝——裂缝及径裂深度不超过直径 1/3；轮裂不允许；榫卯处裂缝不允许。

（6）髓心——不限。

（7）含水率——≤20%。

（8）强度——根据用途、荷载等不同要求计算而定。

（9）防虫蛀、防腐、防火——根据使用环境、使用位置、防火等级要求而定。

5. 板类

（1）腐朽——不允许。

（2）木节——面积的总和不得大于截面面积的 1/3。望板，在任一板内，活节面积总和不得大于板宽的 2/5；允许有少量死节。连檐，正身连檐活节截面积不得大于截面面积的 1/3；翼角连檐活节截面积不得大于截面面积的 1/5；死节不允许。

（3）斜纹——望板斜率≤12%；板斜率≤10%；正身连檐斜率≤8%；翼角连檐斜率≤5%。

（4）虫蛀——望板允许有轻微虫眼；其余不允许。

（5）裂缝——板：不超过板厚的 1/4，轮裂不允许；正身连檐同板，翼角连檐不允许；顺望板不超过板厚的 1/3；横望板不限。

（6）髓心——连檐不允许，其余不限。

（7）含水率——≤20%。

（8）强度——根据用途、荷载等不同要求计算而定。

（9）防虫蛀、防腐、防火——根据使用环境、使用位置、防火等级要求而定。

6. 椽

（1）腐朽——不允许。

（2）木节——在构件任何一面、任何 150mm 长度内，所有活节尺寸的总和不得大于圆周长的 1/3；单个活节的直径不得大于椽径的 1/6 。死节不允许。

（3）斜纹——斜率≤8%。

（4）虫蛀——不允许。

（5）裂缝——外部裂缝及径裂深度不超过直径的1/4；轮裂不允许。

（6）髓心——不限。

（7）含水率——≤18%。

（8）强度——根据用途、荷载等不同要求计算而定。

（9）防虫蛀、防腐、防火——根据使用环境、使用位置、防火等级要求而定。

传统建筑木构架除去以上对材质要求的标准外还要求采用天然生长的优质风干木材，不得使用烘干木材，这是由于木材随温度升高，其强度会变低。当温度由25℃升到50℃时，木材本身强度会降低10%～15%。当温度超过140℃时，木材中的纤维素发生热裂解，色渐变黑，强度会明显下降，所以在传统建筑的结构用材中不得使用经明火烘干的木材。对于其他蒸干法、化学法进行处理的结构用材一定要慎用，处理后的木材要经强度检测合格后方可使用。

二、规格用材的加工方法

（一）选材

1. 根据构件的种类及加工尺寸选择原木

传统建筑中的木构件长短不同，尺寸各异，在选料过程中一定不能长料短用、优材劣用，在保证加工尺寸的前提下，还要考虑各种尺寸构件的套裁及弯曲原木的合理使用，最大限度地合理利用木材，减少浪费。

2. 检查原木是否有人为的损伤

树木在砍伐和运输当中，由于方法不当，会造成原木的隐形断裂，这就是俗称的“暗裂”。这种断裂由于树皮的包掩在选材时不易被发现，有经验的木工师傅在树皮剥光后通过斧子的敲击或手工锛砍能发现“暗裂”的存在，现在这种手工锛砍多半已被机械旋床、刨床所替代，如果不仔细检查，这种带有“暗裂”的构件使用在木结构中，会给建筑物的安全带来极大的隐患。

3. 根据加工构件的种类选择原木

根据加工构件的力学性质（受压、受拉或受弯）及各类木构件对材质的要求来选择相应的原木，比如：在符合用材标准前提下，原木中节疤相对多些的可以挑选出来用作受压柱子；受弯大梁用料中，节疤略多的一侧可用于大梁的上（背）面等。

（二）打截料

1. 根据构件的成品尺寸进行打截

打截时尽量使构件的榫卯部位避开原木的节疤。

2. 根据长短、粗细搭配的原则

根据此原则决定是否打截料在先、粗加工在后或是相反，以提高利用率。

（三）原材粗加工

1. 柱材加工

柱材在加工数量少，加工机械不到位的情况下通常采用先放八卦线后利用手工及电动工具进行加工的方法；批量加工通常采用圆木旋床机械加工的方法。

（1）确定原木的柱头、柱脚朝向。树根为柱脚，树梢为柱头。附：确定圆木、原材根、梢方向的方法——同样的直径或截面尺寸中，年轮数量少的即为树的根部，年轮多的即为树的梢部。

（2）原木架空按尺找中定圆心，用线坠（或水平尺）过圆心划垂直线中线。

（3）丁字尺沿垂直线过圆心划水平十字线，划线使用墨线。

（4）垂直线为基准按柱径划出正方形；再以柱径尺寸乘以 0.4142，自垂直中线向两侧各按 1/2 在正方形上定点，对角相连呈正八方形并过圆心划出对角线。

（5）八方每边长分为四份，自八方交角向两侧各点一份，连线，即为十六方。同此方法划出三十二方、六十四方……直至呈正圆形柱材。

（6）尺板贴柱中垂直线向上延伸出柱脚截面；对面柱头截面定中心点，并同样将尺板过中心点向上延伸，靠目力将柱头尺板与柱脚尺板对齐划垂直线，再以相同方法划十字线、八方、十六方、三十二方……直至呈正圆形柱材，只是柱头直径需要减去收分尺寸。

（7）两端头八方线划完后即可弹（连）线进行柱身八方、十六方……顺序加工。

木材的使用、划线及加工示意，详见图 6-24～图 6-28。

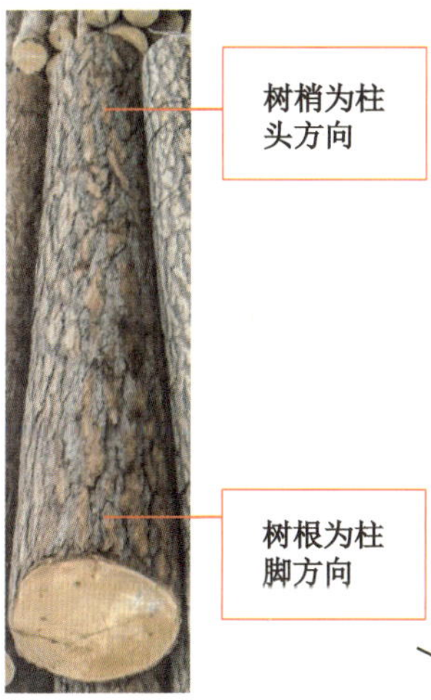

图 6-24 原木使用方向

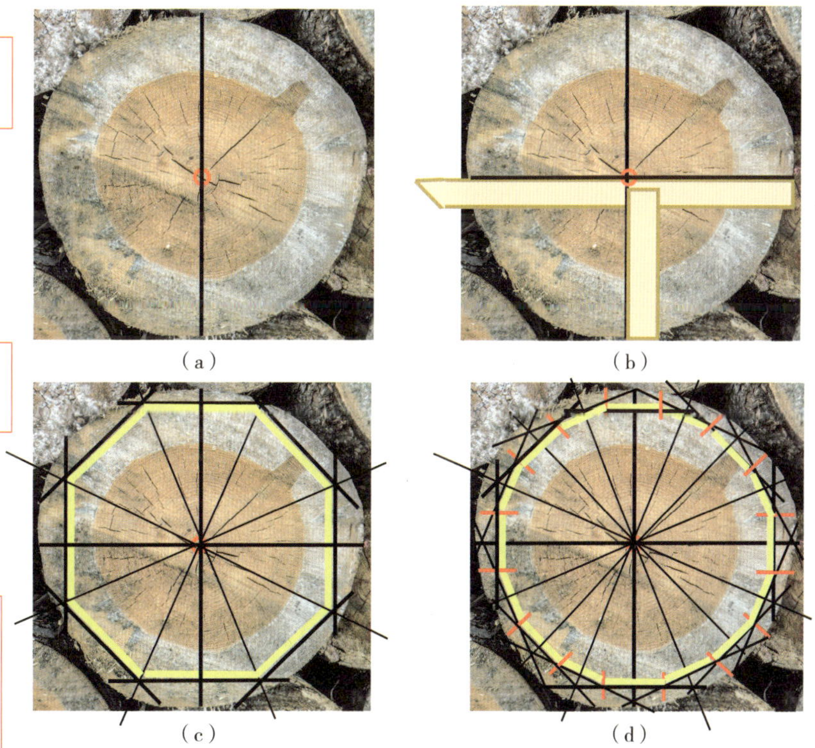
（a） （b） （c） （d）
图 6-25 柱子八卦线的划（弹）线方法 1

图 6-26 柱子八卦线的划（弹）线方法 2

图 6-27 圆柱手工加工示意

（a）　　（b）

图 6–28　圆柱机械加工示意

2. 圆形檩材加工

檩材加工的方法与柱材加工的方法相同，都是根据工地的需求数量及机械到位的实际情况决定使用手工或机械方法，只是其划线的方法除了圆柱材的“八卦线”外还有一种方法称“三破棱”，它们之间有一些差异。

（1）传统檩材的直径是以刮完金盘（金平）后的净高度计算的，这就需要加工后的檩材直径要大于成品圆檩，通常在 1.1 倍左右。成品加工完成后，圆檩实际为椭圆，俗称“加泡”。这种做法一是为了圆檩上下有平面，利于垫板、檩枋或斗栱正心枋及隔椽板、椽椀的安装；另外也保证了檩径的有效尺寸，不会影响结构强度。

（2）原木架空按尺找中定圆心，用线坠（或水平尺）过圆心划垂直线中线；丁字尺沿垂直线过圆心划水平十字线，划线使用墨线。

（3）中线向上下按 0.5 檩径定高；向两侧按 0.55 檩径定宽，划矩形轮廓线。

（4）自垂直中线向两侧各返 0.15 檩径垂直划线，此为檩金盘（金平）宽；自水平中线上下各返 0.1 檩径水平划线，两线与轮廓线相交定点 ●。

（5）● 点至矩形端点均分三份定点 ●，各点连线 ▬ 呈不规则八方；按八卦线八方变十六方的方法在檩金盘（金平）线两侧划十六方 ●、三十二方线等。

（6）用划八卦线相同方法在檩另一端定位，再以相同方法划金盘（金平）、八方、十六方、三十二方……直至成品 ▬ 完成，详见图 6–29。

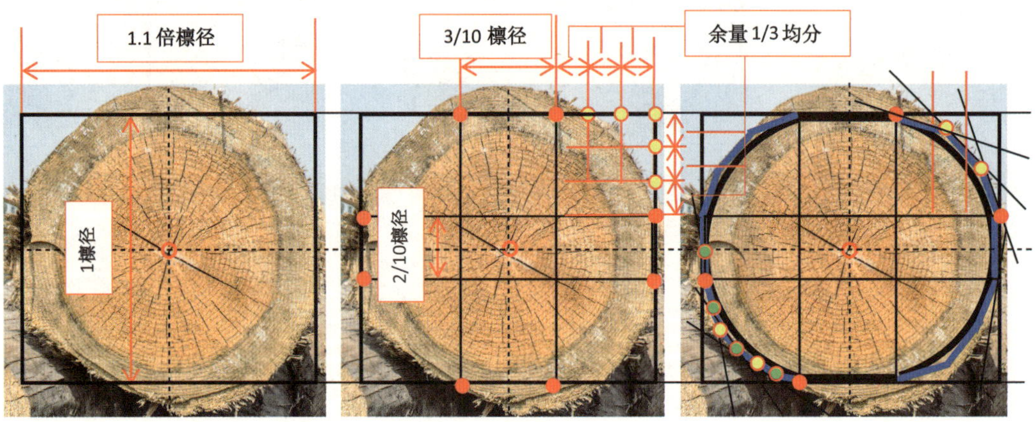

（a）　　（b）　　（c）

图 6–29　圆檩“三破棱”划线方法

（7）两端头各线划完后即可弹（连）线进行柱身八方、十六方……顺序加工。需要注意的是，檩两端使用方向不在檩材加工时考虑。

檩材如果是采用旋床机械加工应按 1.1 檩径正圆加工，最后按 3/10 檩径刮出上下金盘（金平），保证上下金盘净高不小于 1 檩径，详见图 6–30。

（a）（b）（c）

图 6–30 圆形檩材加工

3. 圆形椽材加工

椽材加工方法同檩材，只是椽子上方与望板接触面才有金盘（金平），下面不做，此处略。

4. 方材加工

方材由原木加工而来，通常情况下只需按照方材所需尺寸留足锯口、刨光量加工即可。需要注意的是，如果是加工梁材，可根据实际情况加工三面即可，梁背一面作为梁身“熊背”不做见方处理，而是随形刨光。这样处理既可节省木料又能增大一些梁身高度，使梁身受力更为合理。通常情况下，方材加工使用机械，偶有人工斧砍刨刮，详见图 6–31。

（a）（b）（c）（d）（e）

图 6–31 方材机械、手工加工

5. 板材加工

板材的加工相对方材来说较为复杂，因为板材薄且宽，如果含水率不达标的话，极易造成板面干缩开裂、扭曲变形，影响使用，特别是室内装修用料尤其如此。

在板材的加工中，一定要认清什么是径切板，什么是弦切板，也就是木材的弦切面和径切面，因为木材弦切面的干缩度也就是变形的概率要高于径切面 1 倍，所以在加工过程中应尽量使成品板材保持在径切状态，这样就能最大限度地减少板材变形的程度。

（四）径切面与弦切面的区别和定义

沿着树木生长方向通过髓心锯割的切面就是俗称的“直纹面”，干缩约 3%～6%。

板材两边做板厚的中心线，再做年轮的切线，两直线所形成的夹角大于 60°，称为径切面。径切面的板材收缩小，不易变形翘曲。

沿着树木生长方向通过年轮锯割的切面就是俗称的“山纹面”，干缩 6%～12%。

板材两边做板厚的中心线，再做年轮的切线，两直线所形成的夹角小于 30°，称为弦切面。弦切面的板材花纹美丽但易变形翘曲，详见图 6–32。

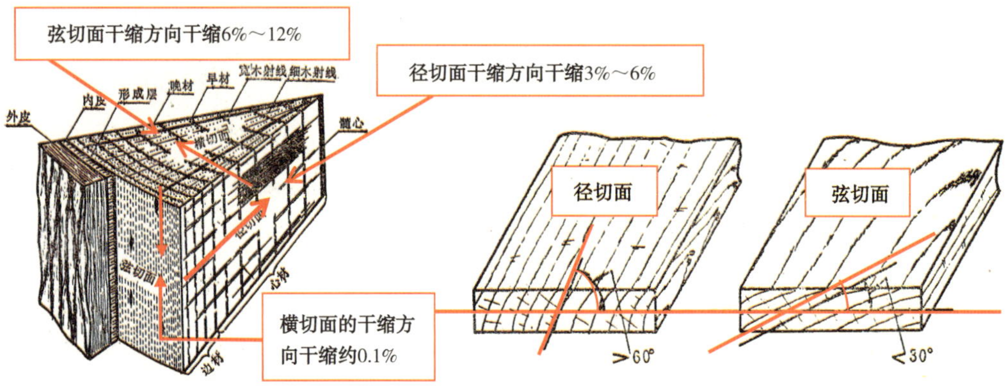

（a）　（b）　（c）

图 6-32　木材的加工——横切面、径切面、弦切面的干缩方向及数值

注：引自《木材知识》，张景良编著。

由于原木的形状近乎为圆形，它加工出的板材不可能都是标准的径切或弦切面，可根据板材的用途及使用部位加工下锯，尽量减少成材的变形，同时尽量满足美观的需要。下面介绍一些加工下锯的方法供参考，详见图 6-33 和图 6-34。

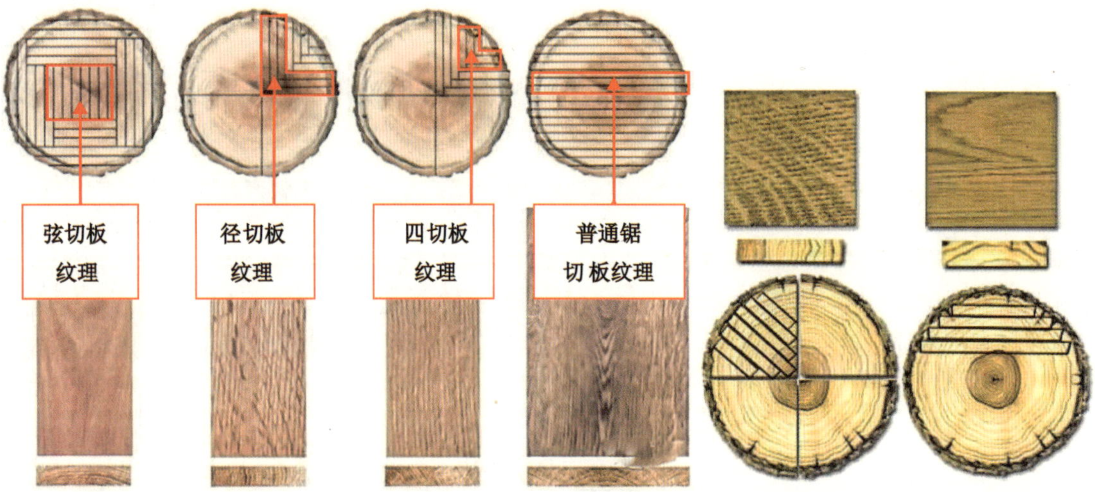

（a）弦切锯　（b）径切锯　（c）四切锯　（d）普通锯　（e）锯解方法：径切——板面花纹　（f）锯解方法：弦切——板面花纹

图 6-33　各种板材的锯解方法与板面纹理效果

（a）　（b）　（c）

图 6-34　木材的加工——各种板材的锯解方法

三、木工常用的量具与工具

（一）量具

在古建行当里，有一种说法是："七水、八木、九把尺"。其中提到的九把尺就是木作中用的量具。

1. 九把尺

（1）手尺：竹板，一尺长，后演变成木折尺，现已绝迹。

（2）五尺：五尺长，八分至一寸二见方的木枋，上有尺、寸、分刻度。

（3）丈尺：丈杆是长一丈、供丈量尺寸的尺子。丈杆是古时木构建筑建造时工匠使用的一种尺寸标注工具，类似于现今使用的工程图纸。简单地说就是在一根木杆上标注出房屋各部位的尺寸，虽然落后简陋，但实用方便。

（4）勾尺：尺墩一尺，尺苗一尺五，现常称作方尺。

（5）方尺：三角尺，现常叫割（隔）角尺。

（6）活尺：可以定成任何角度的尺子。

（7）规尺：划圆的工具，类似圆规。

（8）耙尺：瓦木两用，基础丈量放线、找中找方用，丁字形，用宽 2 寸、厚 1 寸的木料做成，在尺子的大面上按 90° 划横纵中线。

（9）门尺：长度 1 尺 4 寸 4，分 8 个格，每格分 5 个小格。

2. 三板一椀

（1）样板：与实物大小比例相同的划线参照物。

（2）抽板：讨退活时用的工具。

（3）增板：放翘飞用的工具，或称"搬增板"。

（4）檩椀：依 1/4 檩子外形做成的样板，在梁（柱）上划线所用。

（二）工具

木工常用的手工工具有锛子、直线锯（大锯、二锯、小锯）、曲线锯、手推平刨（大刨、二刨）、手推净刨（小刨）、曲线刨、扁铲、平凿、圆凿、刻刀、木锉、斧子、钉锤、墨斗、画签、线坠、方尺、割（隔）角尺、活动角尺、线坠，详见图 6-35～图 6-49。

（a）北方用　　（b）南方用

图 6-35　木工量具——丈杆

图 6-36　木工量具——割角尺、方尺

图 6-37　木工量具——活尺

图 6-38　木工量具——门尺

（a）　（b）　（c）

图 6-39　木工量具、工具——墨斗、方尺、划签

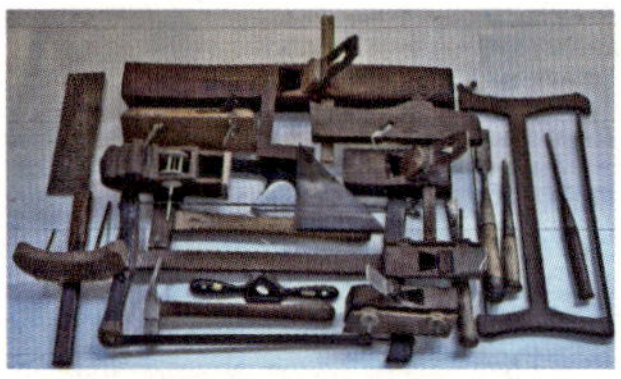

图 6-40　部分木工手工工具

注：笔者 40 多年前所用自制工具。

（a）　（b）

图 6-41　木工手工工具——锛子

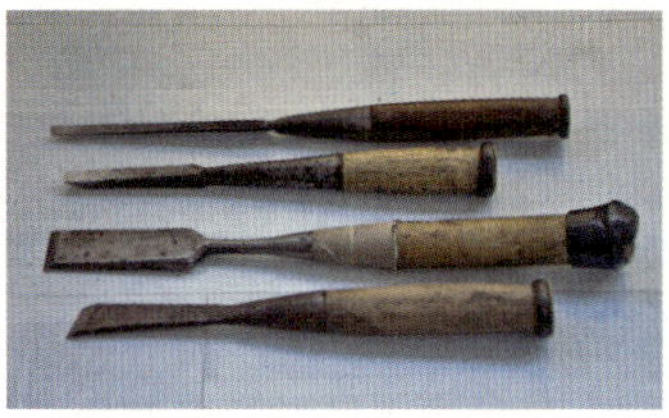

图 6-42　木工手工工具——凿子、扁铲

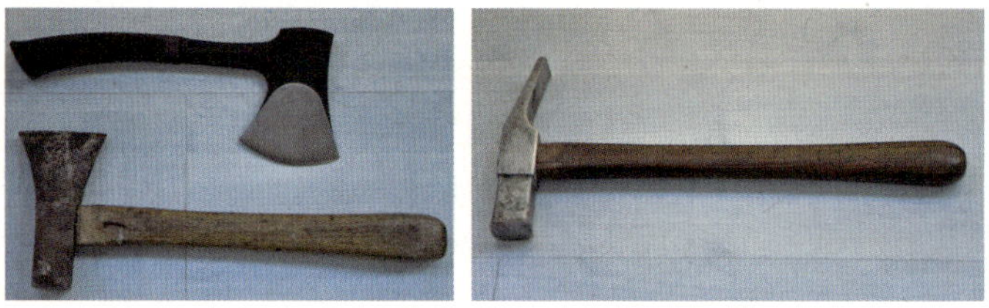

（a）　（b）

图 6-43　木工手工工具——斧子、钉锤

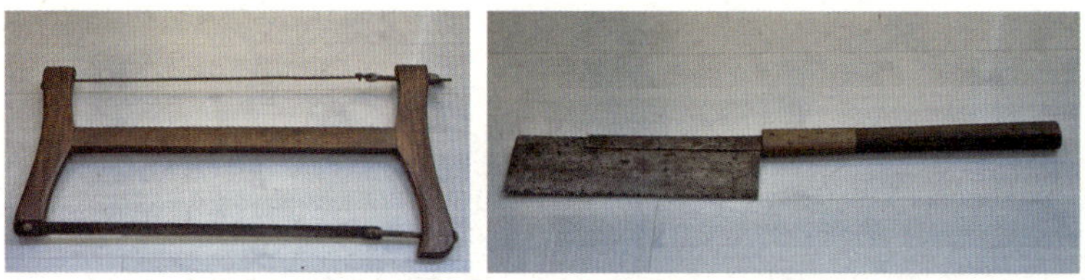

（a）　（b）

图 6-44　木工手工工具——小锯、刀锯

图 6-45　木工手工工具——盖面刨、凹面刨

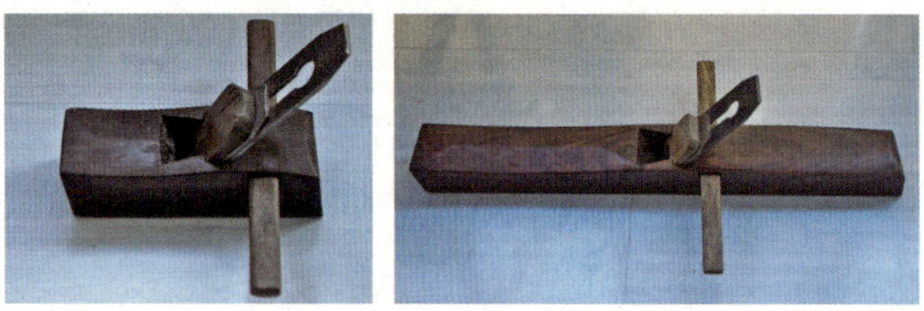

（a）　（b）

图 6-46　木工手工工具——净刨（小刨）、大刨

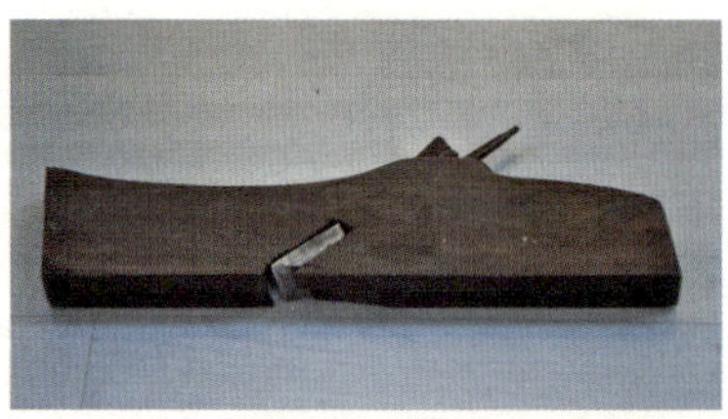

图 6-47　木工手工工具——单线刨

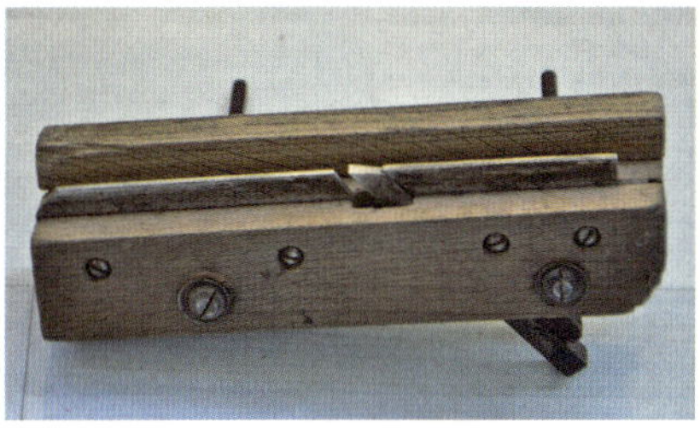

图 6-48　木工手工工具——槽刨

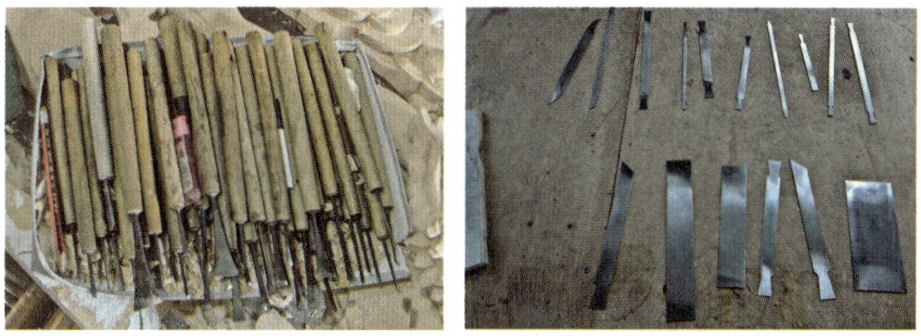

（a）　（b）

图 6-49　木工手工工具——各式雕刻刀、异形凿、家具制作用刮刀

第二节　大木构件制作与安装

一、大木构件标识号及线型符号、丈量

（一）位置标识

中国传统木构建筑是由成百上千甚至上万个木构件组合构成的，由于这些构件形状各异，榫卯线肩不同而且即使相同的构件，相同的榫卯线肩也由于是手工制作，每个都会各有不同，特别是在地方做法中多见因地制宜的不规则木料形状，所以，构件非常有专属性，东间构件用到西间，前檐构件用到后檐……都会造成尺寸错误、肩膀不严的现象。为了避免出现这种现象，千百年来一直沿用在构件上标注编号也就是位置号的方法，详见图 6-50～图 6-58。

图 6-50　构件标识号及线型——“由戗”标识号

（a）　（b）

图 6-51　大木构件标识号及线型——枋、檩标识号

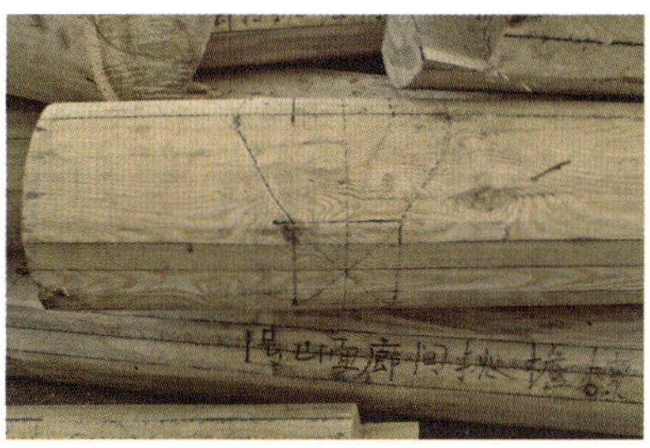

图 6-52　大木构件标识号及线型——“檩子”标识号

图 6-53　大木构件标识号及线型——“翘飞”标识号

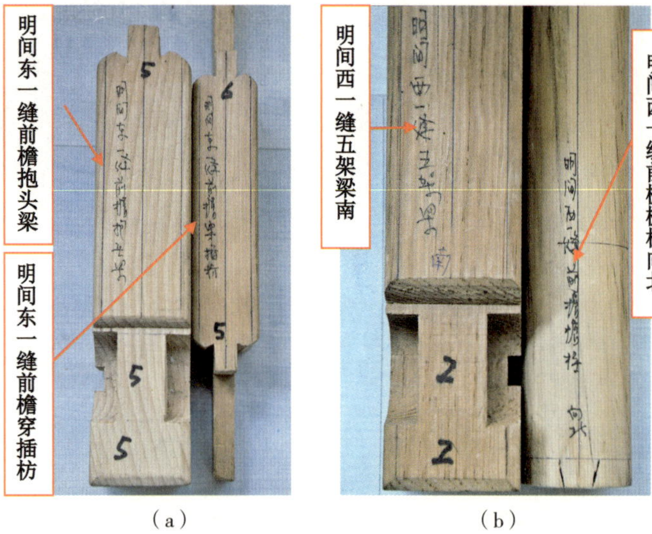

图 6–54　大木构件标识号及线型——梁、枋、柱标识号

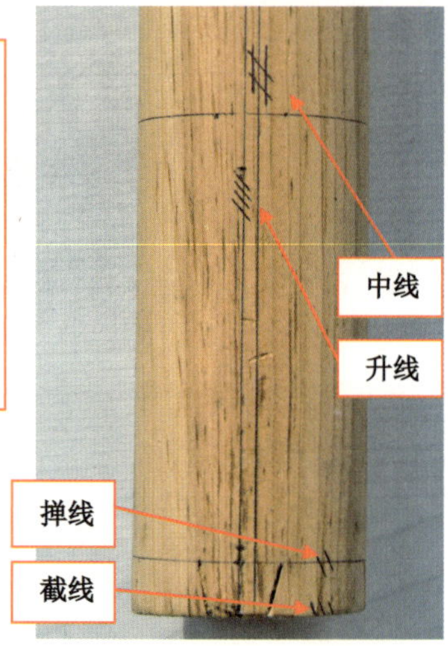

图 6–55　大木构件线型——中、升、截、掸线

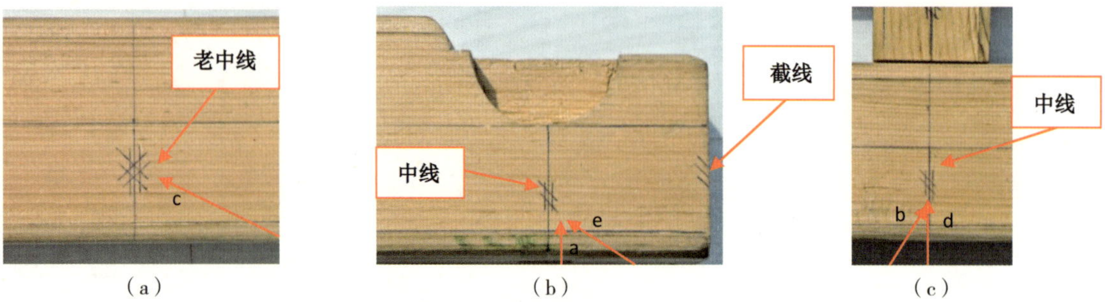

图 6–56　大木构件标识号及线型——老中、中线、截线

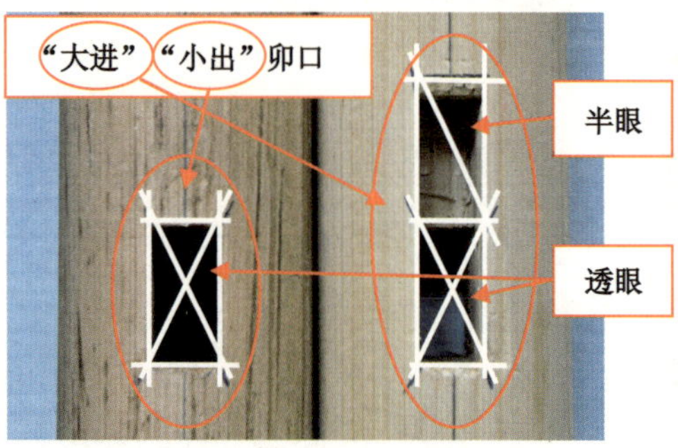

图 6–57　大木构件标识号及线型——“大进小出”卯口线

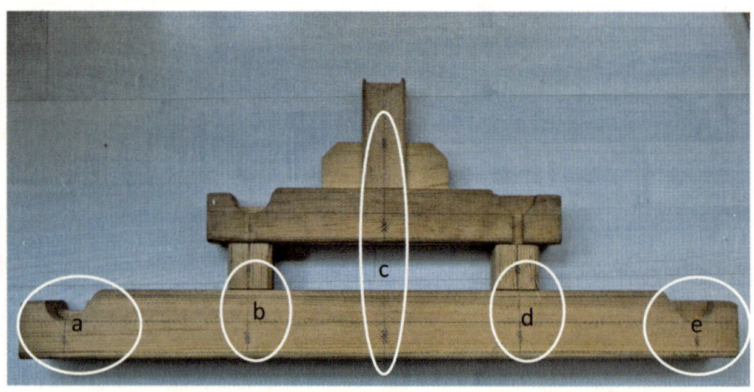

图 6–58　大木构件标识号及线型——梁身线型

注：梁架大木符号 a～e 对应图 6–56 中 a～e。

（二）标识号的标注方法

1. 内容

口诀：东西南北向、上下金脊枋、前后老檐柱、穿插抱头梁。

（1）所处位置（开间、前后檐、两山或东西南北坡）。

（2）构件名称。

（3）构件端头或标号面的朝向（上、下、东、西、南、北或前、后檐）。

2. 方法及位置

（1）柱子的标识名称必须是在柱子向室内方向标写，位于进深两山的柱子也向室内（面宽）方向标写；名称的最后一字距地面200～300mm；瓜柱的标识名称根据自身位置标写：前檐方向的瓜柱写在向前檐方向一面，后檐方向的瓜柱写在向后檐方向一面；脊瓜柱标识名称写在向前檐方向一面。

开关号：以建筑物的明间为起始，向东、西或南、北顺序编号，如北房标写："北房明间东（西）一缝、前（后）檐檐（金）柱向北（南）、北房明间东（西）二缝……北房东北（东南）角檐（金）柱、北房西北（西南）角檐（金）柱、北房东（西）山柱"。

排关号：以建筑物的左侧方向为起始，向右顺序编号。如北房标写：前（后）檐1号檐（金）柱、前（后）檐2号檐（金）柱……

（2）梁的标识名称必须在梁向上一面（熊背）上标写（上青下白）；名称标写自梁头方向起始。标识名称要求写明梁所处位置、名称；位置标识同样分开关、排关，与柱子的位置标识一致（同位置的柱、梁统称为"缝"）。

（3）枋子的标识名称必须在枋子向上一面上标写（上青下白）；名称标写在枋子中心位置。标识名称要求写明在枋子所处位置、名称；位置标识同样分开关、排关，与柱子的位置标识一致。

（4）檩（桁）的标识名称必须在檩（桁）向上一面标写（上青下白）；名称标写在檩（桁）中心位置。标识名称要求写明在檩（桁）所处位置、名称及端头朝向；位置标识同样分开关、排关，与柱子的位置标识一致。

（5）翼角椽、翘飞椽的标识号必须在椽的迎头一面标写，要求写明所处某角的左右位置及顺序编号；其他椽、飞椽不用标写标识号。

（6）垫板的标识号写在向上一面的小面上。

（三）线型符号

大木构件在加工制作和安装过程中，除需要有以上所说的标写标识号外，还要在构件上标划各种线型符号来作为加工操作的依据。

1. 种类

常用线型符号见图6-59。

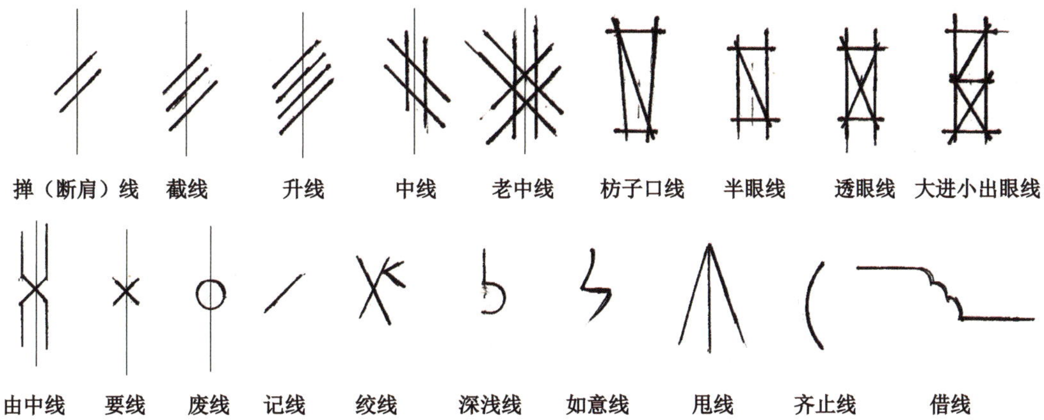

图6-59 常用线型符号

2. 线型符号的标划方法

（1）在大木构件上标划线型符号通常使用墨线（墨线操作方便，清晰且不易掉色）。

（2）卯口符号的标划要求相交出头，这样便于查验。

（3）榫肩、截头线的标划必须有部分留存在成品构件上，便于查验。

悬山构架的大木构件标识号参考示意，如图 6-60～图 6-63 所示。

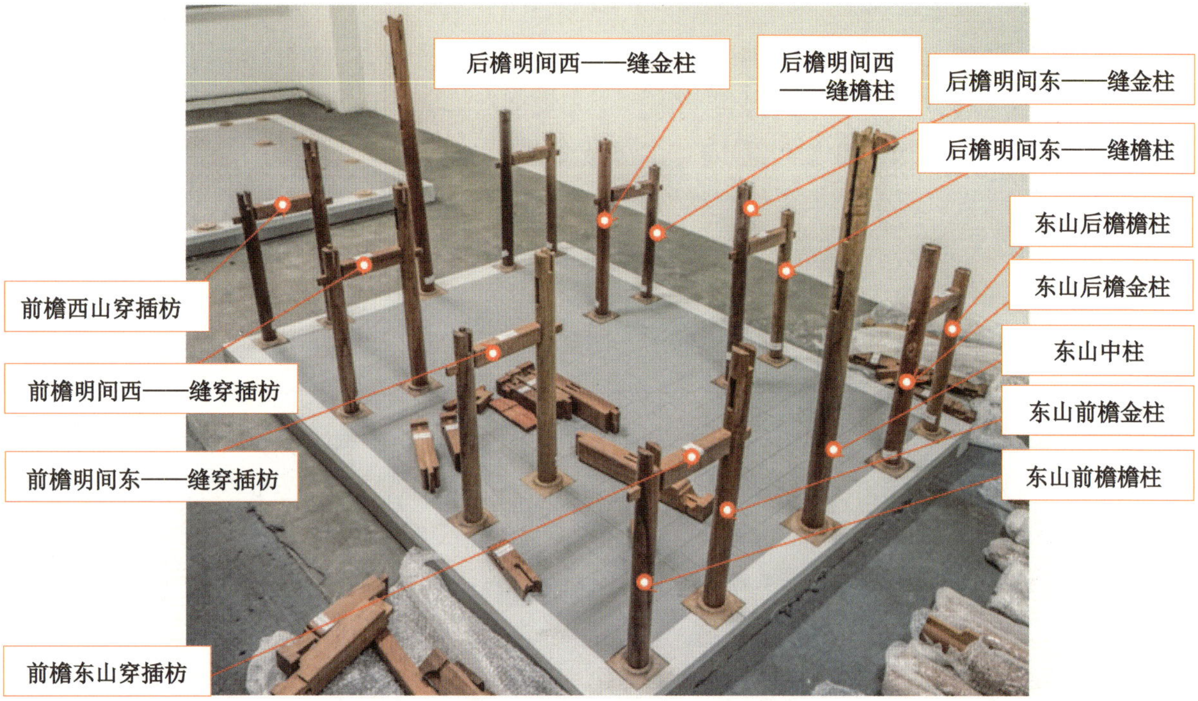

图 6-60　大木构件标识号示意：悬山构架 1

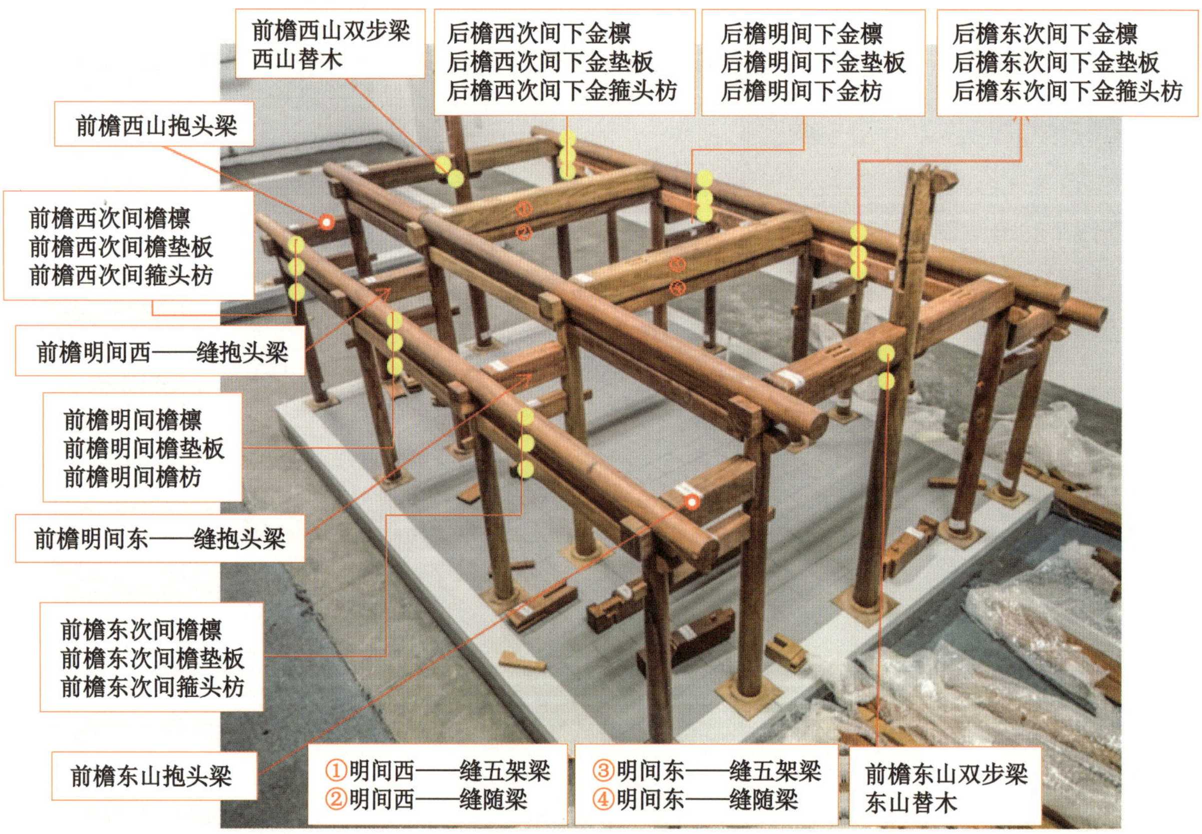

图 6-61　大木构件标识号示意：悬山构架 2

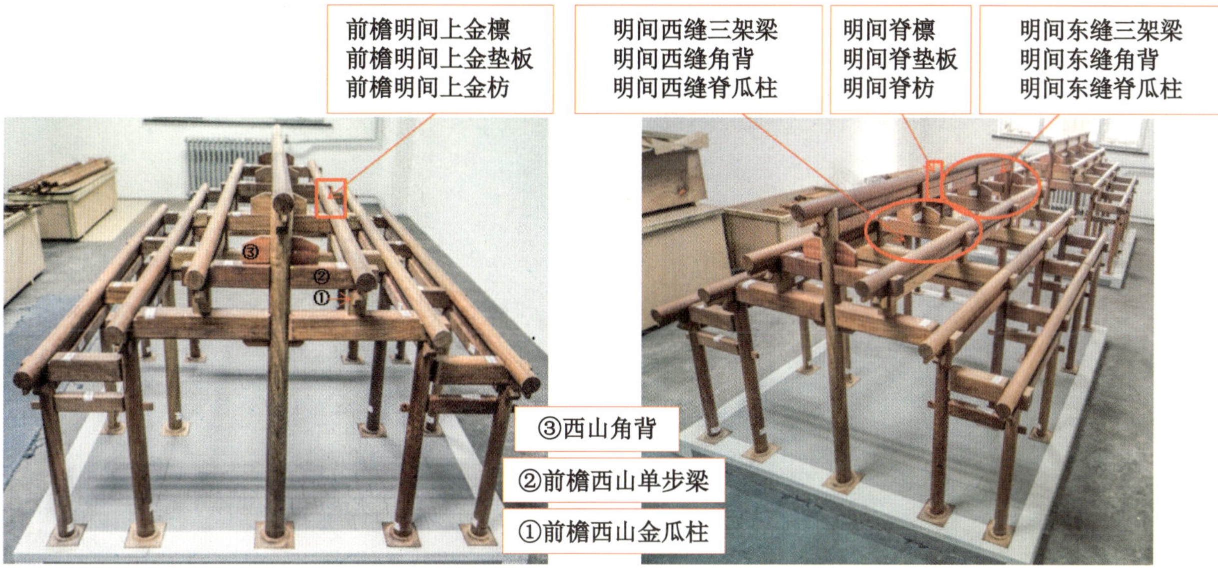

图 6–62　大木构件标识号示意：悬山构架 3

（a）　　（b）

图 6–63　大木构件标识号示意：悬山构架 4

（四）放划丈杆

按设计图示尺寸配出建筑物大木总丈杆。总丈杆断面尺寸不小于 40mm × 60mm；长度以建筑物进深梁架尺寸（如小于建筑物明间面阔尺寸，则以建筑物明间面阔尺寸为准）另增适度放量为准；如面宽左右、进深前后对称，则可自老中减半放划，丈杆长度可减。

（1）按设计图示及传统清官式做法尺寸在大木总丈杆的四个面分别划出建筑物明、次、梢间面阔中～中尺寸及两端榫长线，即面阔总丈杆；建筑物各柱柱高及上下榫高线，即柱高总丈杆；建筑物各梁架中～中尺寸及梁头线，即进深总丈杆；建筑物檐平出尺寸线，即檐平出丈杆。

（2）面宽总丈杆要求分别划出建筑物明、次、梢间面宽中～中尺寸线、檩两端榫长线、两山出梢尺寸线；各间椽花线；并清晰标识编号。

（3）柱高总丈杆要求分别划出建筑物中各种柱子的盘头、馒头榫、管脚榫、（大、小、由）额（檐檩）枋卯口、穿插枋卯口等线，并标识清晰。

（4）进深总丈杆要求分别划出建筑物进深各轴线、各"中"的中线——廊步、檐步、金步、上下金步、脊步等中线；桃尖、抱头梁，穿插枋，七、六、五、四、三架梁，三、双、单步梁，月（顶）梁等的梁头截线；并标识清晰。

（5）檐平出丈杆要求分别划出檐平出、老檐平出、小檐平出、拽架等线，并标识清晰。

（6）总丈杆划好后，应及时通知相关部门检查复核、签字验收并设专人妥善保管，同时采取相应的措施来防止坏损丢失，以备在制作、安装施工时随时对照检验，详见图 6–64 和图 6–65。

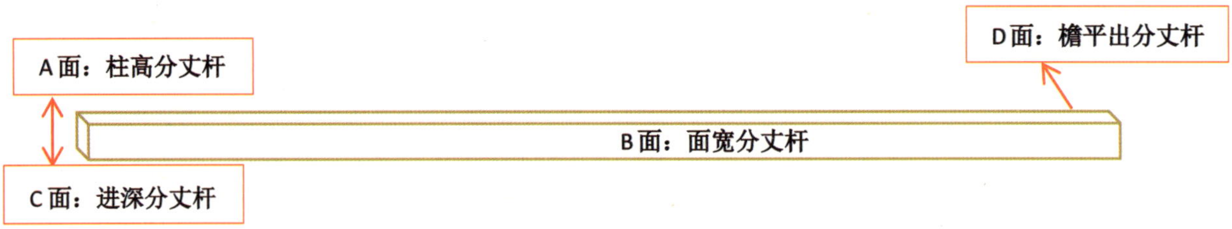

图 6–64　总丈杆各面标划分项示意

注：为清晰识别，下图中各线均使用黑（墨）线标划；线型符号使用红线标划。

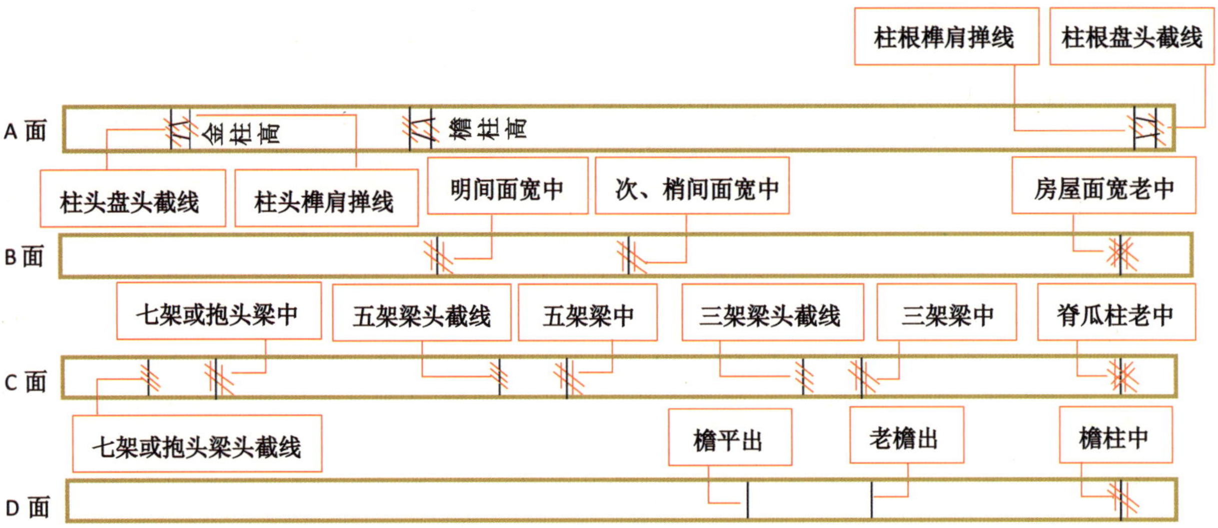

图 6–65　总丈杆各面划线、标识号示意

二、大木构件制作的技术要求及操作方法

中国传统建筑中木构架是由成百上千个木构件构成的，木构件种类繁多，统分为六大类：柱、梁、枋、檩、板、椽，详见第二章。

（一）柱类

1. 柱类构件制作的技术要求

（1）柱类构件在制作前应首先根据圆木（树）的自然生长方向来确定构件的用材方向：圆木（树）根部用于柱根，圆木（树）梢部用于柱头。

（2）柱类构件的直径尺寸根据传统权衡模数而定（图纸标有尺寸的按设计尺寸）。

小式建筑根据建筑物前檐柱柱径（柱根直径）而定，以柱径（D）为计算单位。

大式建筑根据建筑物中斗栱的斗口而定，以斗口为计算单位。

（3）建筑物最外圈檐柱必须向室内方向倾斜，即带“升”，或称“侧脚”；前、后檐柱、两山柱只向一个方向倾斜，角柱同时向两个方向倾斜。

升（侧脚）的尺寸根据柱子的高度而定：大式建筑为柱子本身高的7‰；小式建筑为柱子本身高的1%。

（4）各种柱子（除瓜柱、交金瓜柱、垂柱、雷公柱外）必须有溜（收分），下大上小。

溜（收分）的尺寸根据柱子的高度而定：大式建筑为柱子本身高的7‰；小式建筑为柱子本身高的1%。

（5）坐落于柱顶石上的柱类构件，其高度应减去石鼓径的高度。

（6）建筑物两山中柱同高度上升线的尺寸需与建筑物前后檐柱子的升线尺寸保持一致。

（7）建筑物柱子与各种枋、梁相交，必须采用榫卯连接的方法。

（8）柱子的线型符号及标识符号必须标写准确，清晰齐全。

2. 柱类构件制作的操作方法

（1）工序。摹划、制作分丈杆、榫肩样板⟶柱子划线⟶凿卯、开榫、盘头⟶标写构件标号。

（2）操作

① 制作柱子分丈杆（详见图 6-66）。

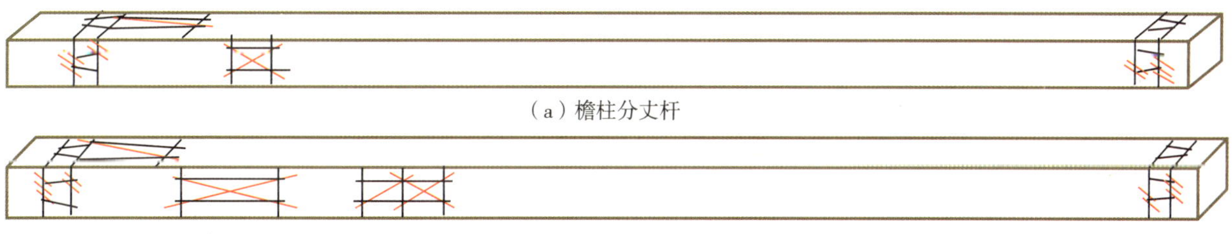

（a）檐柱分丈杆

（b）金柱分丈杆

图 6-66　柱子分丈杆划线示意

a. 自柱高总丈杆上摹划下各柱的高度尺寸。

b. 柱子分丈杆断面尺寸不小于 30mm × 40mm；长度按柱高总丈杆所示建筑物中最长柱子尺寸（也可分别制作檐、金、里围金柱分丈杆）另增榫长及以适度放量为准。

c. 用三、五合板制作柱子馒头榫、管脚榫样板；制作（大小）额（檩）枋卯口［额（檩）枋榫头］、穿插枋卯口样板，并做出明确标识。

② 按丈杆、样板弹、划线

a. 柱子划线使用墨线，并标注大木符号。

b. 柱子四面弹放中线；外檐柱、山柱两面弹放升线；角柱四面弹放升线，并在中线、升线上标划中、升线标识符号，详见图 6-67。

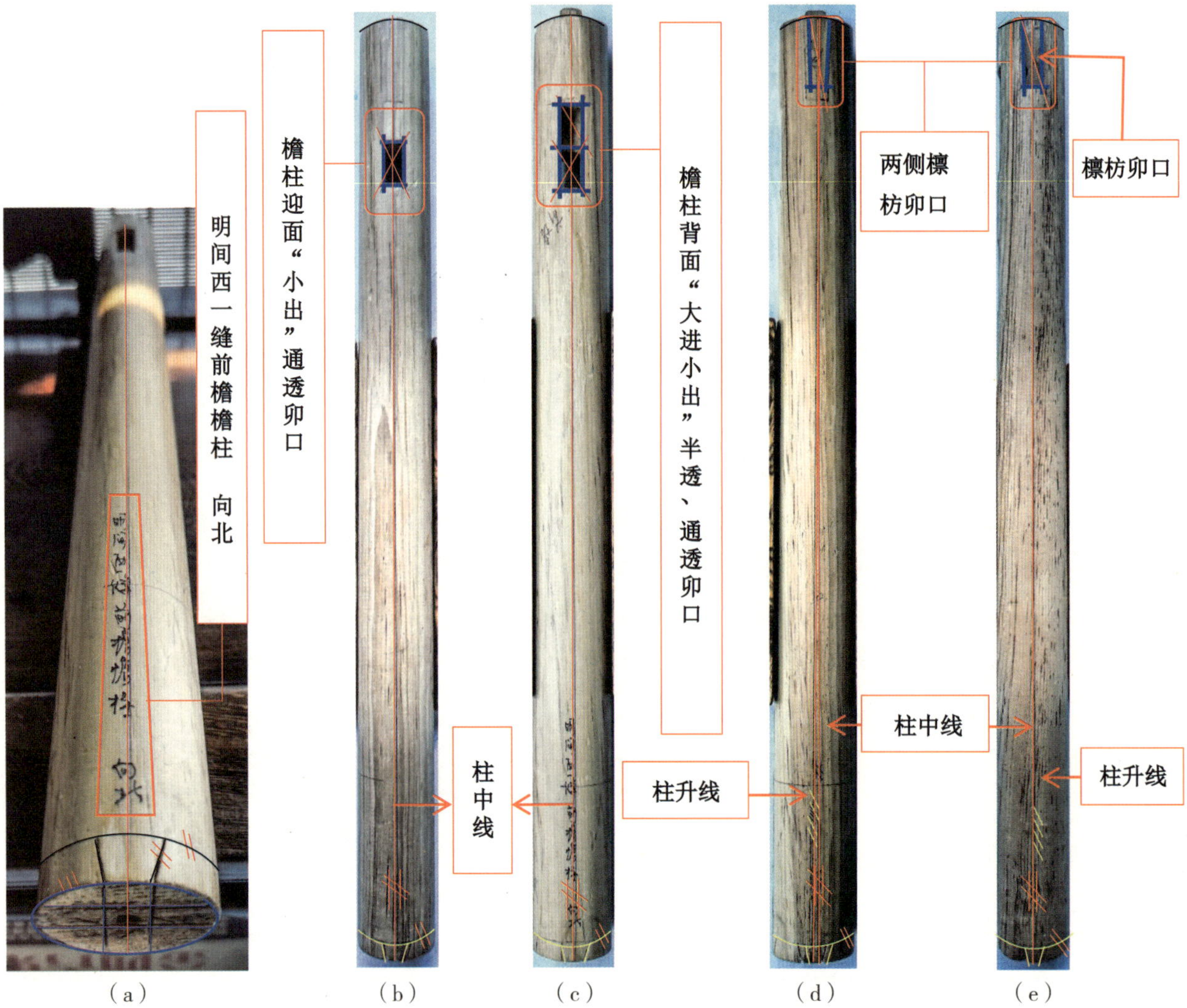

图 6-67　檐柱四面划线示意

注：1. 实物划线均应使用墨线，图中多色线仅为便于识别；2. 柱头截线图中未能全部标出，实物以图（a）为准。

c. 使用柱子分丈杆和榫头、卯口样板划线。带升柱升线一侧以升线为基准，中线一侧以中线为基准；无升柱以中线为基准在柱子上垂直标划柱头、柱脚盘头线、榫肩线并按相同方法标划各枋、梁卯口，并在上述各线上标划各线标识符号，要求各枋、梁垂直。

d. 瓜柱榫肩的划线应将瓜柱垂直架立在摆放水平的梁身相应部位上，使瓜柱、梁四面中线重合，然后用梁头檩椀样板中标示瓜柱榫长的燕尾岔口一端按梁背与瓜柱相交部位的实际形状为基准移动，一端蘸墨在瓜柱四面摹画出榫肩的实际轮廓线（类似大木装修中抱框的“刹活”）。

e. 榫卯划线应交错出头，以备查验。

f. 柱头、柱脚盘头线必须有一部分留存在成品柱子上，以备查验。

③ 盘头断肩、榫卯制作

a. 柱子盘头要求三锯盘齐；截面平直无错台；盘头里口略高于外口（外肩略虚）。

b. 柱子榫头尺寸、收“溜”准确无误；榫头平直无错台；枋、梁卯口内出“乍”尺寸准确、方正直顺、深浅一致无错台；卯口底面外肩略高于里口。

c. 柱脚四面避开柱中线剔出“撬眼”，详见图 6-68～图 6-73。

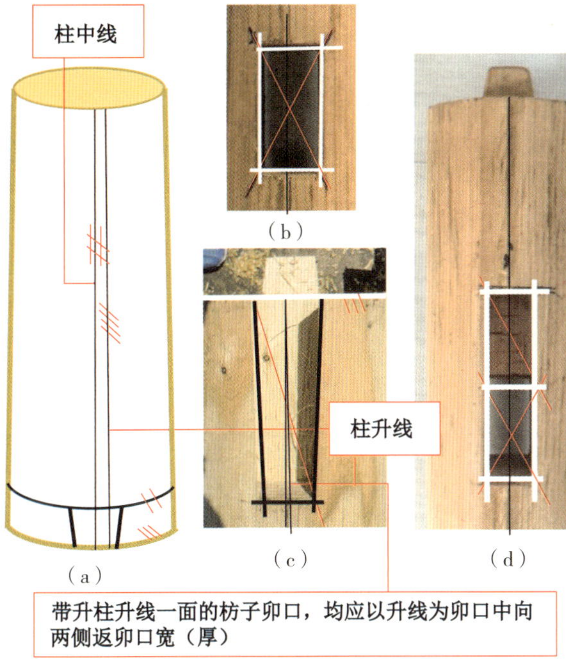

图 6-68　柱子线标符号示意

图 6-69　瓜柱榫肩划线方法示意

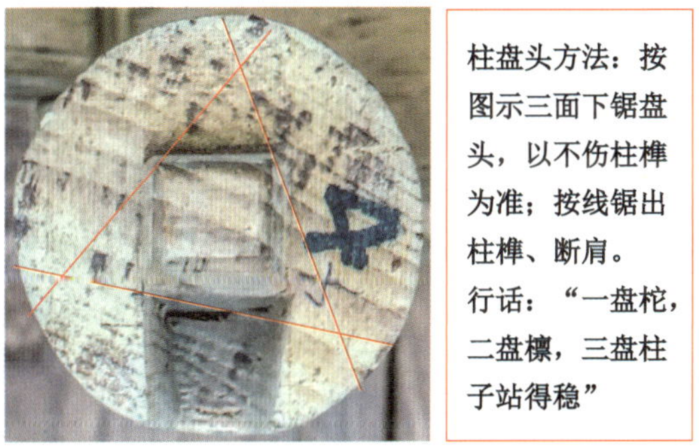

图 6-70　柱子盘头做法示意

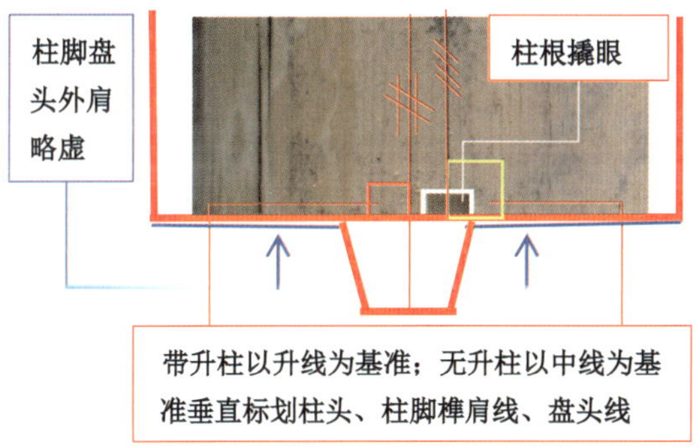

图 6-71　柱根盘头、撬眼做法示意

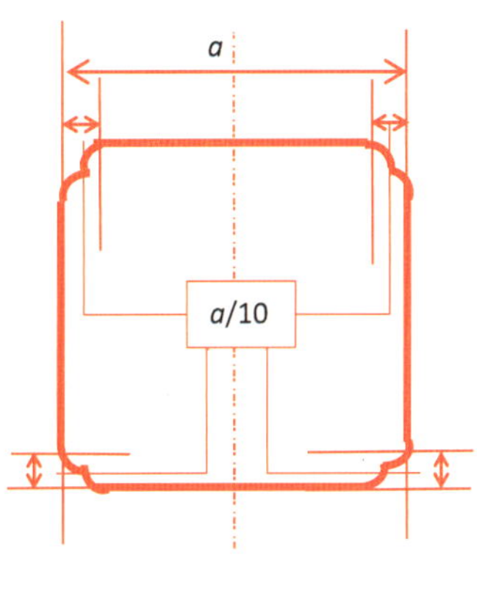

图 6-72　廊柱、垂柱梅花线做法示意

a—垂柱径

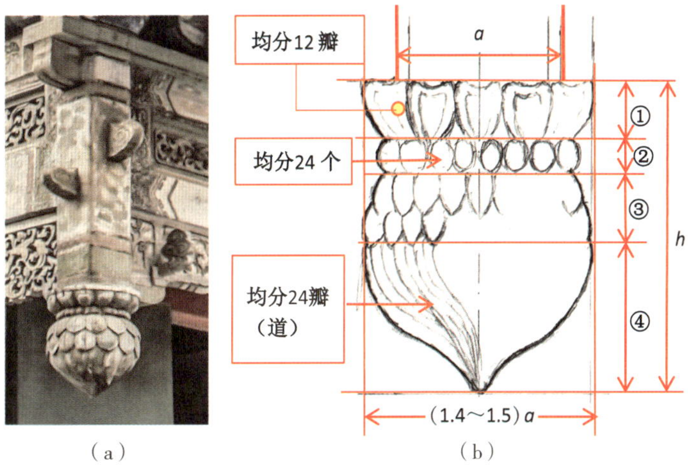

图 6-73　垂柱（风摆柳）头饰细部尺寸示意

注：1. a= 垂柱径，h=（1.8~2）a；①=（0.3~0.35）a；②=0.2a；③=（0.45~0.5）a；④=（0.85~0.95）a。

2. 垂柱头饰多种式样，本书仅就其中一种进行详解，图中的尺寸、文字说明仅供参考。

④ 标写编号

a. 柱子要求在向室内一侧标写柱子的位置编号，其编号的最后一字要求距地 300mm 左右。

b. 柱子编号要求按传统叫法标明柱子的名称，标明柱子所在建筑物的具体位置。

（二）梁类

1. 梁类构件制作的技术要求

（1）梁类构件在制作前应首先根据圆木（树）的自然生长方向来确定构件的用材方向：原材（树）根部用于梁头，安装于单体建筑中朝主方向（迎面）一面；原材（树）梢部用于梁尾，安装于单体建筑中朝次方向（背面）一面。

（2）梁类构件的截面尺寸根据传统权衡模数而定（图纸标有尺寸的按设计尺寸）。

小式建筑根据建筑物前檐柱柱径（柱根直径）而定，以柱径（D）为计算单位。

大式建筑根据建筑物中斗栱的斗口而定，以斗口为计算单位。

（3）梁类构件在制作前，必须先核对柱网尺寸，确定是“下架掰升”还是“上架收升”，以免造成尺寸误差（通常大木构架是“下架掰升”，即设计图示平面尺寸为柱头尺寸）。

（4）梁与各种柱、檩、梁、枋相交，必须采用榫卯连接的方法。

（5）梁的线型及标识符号必须标写准确，清晰齐全。

（6）趴（抹角）梁与檩相接，梁的底皮必须高于檩中线 1/8 檩径；梁头部分长度必须搭至檩的外金盘线。

2. 梁类构件制作的操作方法

（1）工序。摹划、制作分丈杆、榫肩、檩椀样板 ⟶ 梁身弹划线 ⟶ 凿各种卯眼、开榫、断肩、回肩、盘头、裹棱刮圆、擦棱扫眉 ⟶ 标写构件标号。

（2）操作

① 制作梁分丈杆

a. 自进深总丈杆上摹划下各梁的长度尺寸。

b. 梁分丈杆断面尺寸不小于 30mm × 40mm；长度按进深总丈杆所示建筑物中最外侧轴线加梁头长尺寸（也可分别制作各梁分丈杆）另增适度放量为准。

c. 用三、五合板制作檩椀样板；制作（上、下、金、脊）枋卯口（即上、下、金、脊枋榫头）样板，并做出明确标识。

② 梁身弹、划线

a. 梁划线使用墨线。

b. 梁弹放中线、平水线、抬头线、裹（滚）棱线、熊背线。

c. 使用梁分丈杆和檩椀样板在梁上点划出各步架中线；点划出各梁的梁头截线；点划出各瓜柱卯口线；划出各梁梁头檩椀，并在檩椀做好后根据檩、枋榫头样板标划出檩、枋、板卯口线；划出梁头盘头线。

d. 榫卯划线应交错出头，以备查验。

e. 梁头、梁尾盘头线、标识符号必须有部分留存在成品梁上，以备查验。

③ 榫卯、榫肩、檩椀制作、裹（滚）棱、盘头、扫眉擦棱

a. 梁榫卯制作要求：榫头平直无错台；枋、板、柱卯口尺寸准确、方正平直、深浅一致无错台。

b. 檩椀制作要求：圆顺跟线、方正无错台；檩椀底面外肩略高于里口。

c. 裹（滚）棱制作要求：平直圆顺留线影。

d. 实（平）肩要求：平直跟线；撞、回肩弧度和缓直顺留线影；与带“溜”柱相交的抱肩上口留线影，下口吃线影，根据柱“溜”尺寸适度掌握；与带“升”柱相交的抱肩根据柱“升、溜”尺寸适度掌握，也可“升、溜”相抵。

e. 盘头要求：一锯盘齐，截面无错茬（一盘柁、二盘檩、三盘柱子站得稳）。

④ 标写编号

a. 梁的编号要求在梁向上一面（熊背）上（上青下白）自前檐梁头方向开始标写。

b. 标识名称要求写明梁所处位置、名称。

c. 位置标识同样分开关、排关，与柱子的位置标识一致（同位置的柱、梁统称为“缝”）。

⑤ 试装草验

a. 制作好的梁、瓜柱（柁墩）、角背等梁架构件，在安装前应按“缝”进行试装草验。

b. 将每缝梁架中最下一层的梁在制作现场水平码放并垫实，依次向上安装各梁瓜柱（柁墩）、各梁。每缝梁架试装好后，应在梁迎头、梁身瓜柱位置吊正检查梁架两方向中线是否垂直。

常见梁的做法详见图 6-74～图 6-86。

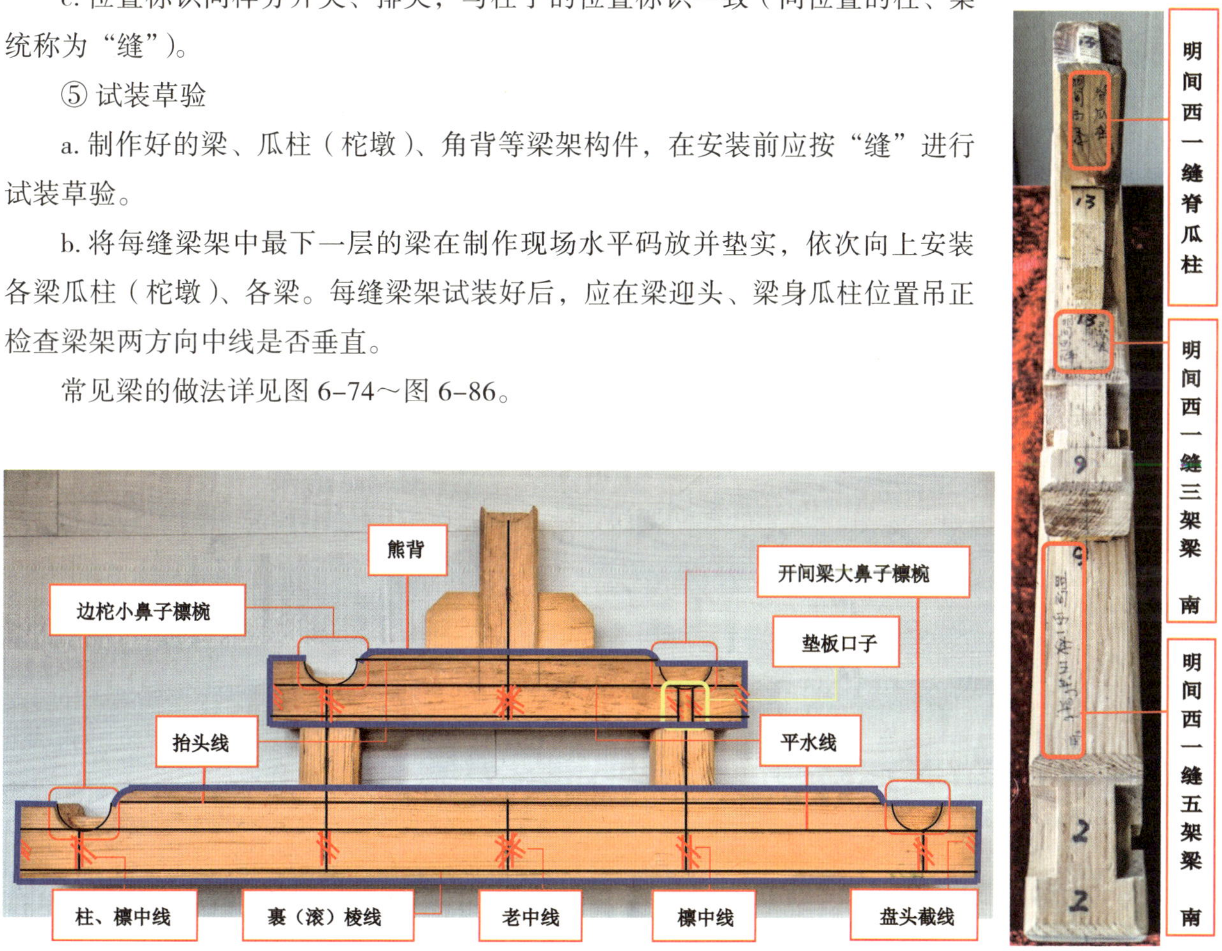

（a）　（b）

图 6-74　常见梁身线型、编号标划示意

注：本图梁头榫卯两种做法，为分别展示所用。

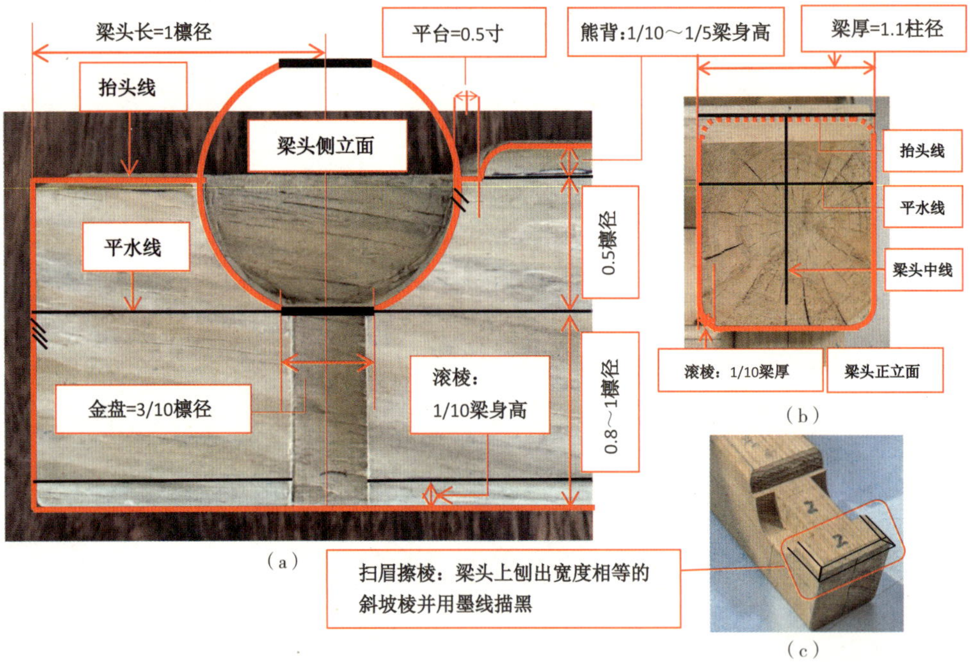

图 6–75　梁头细部做法示意

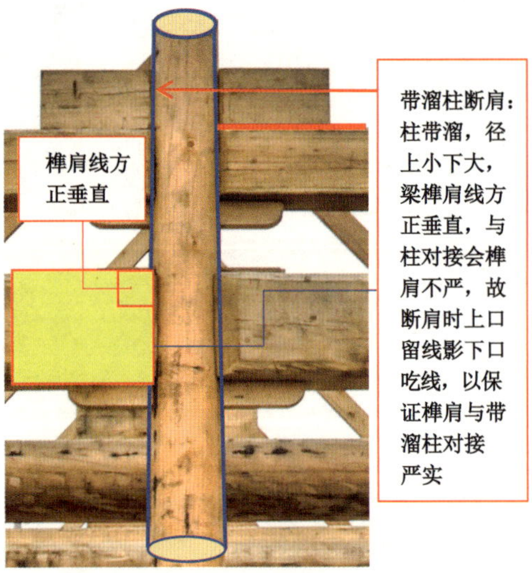

图 6–76　带溜柱断肩示意

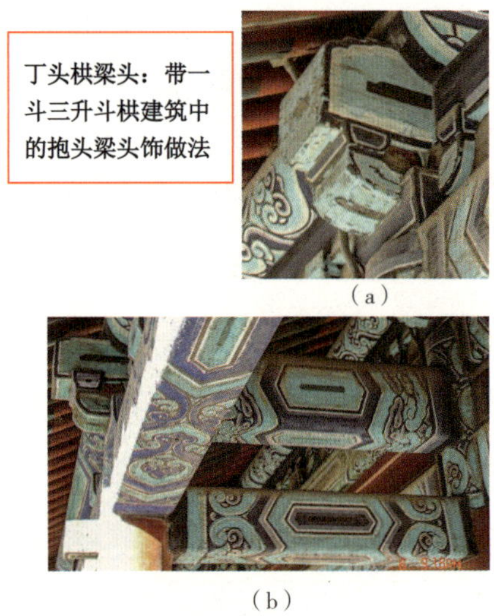

图 6–77　丁头栱抱头梁头饰做法示意 1

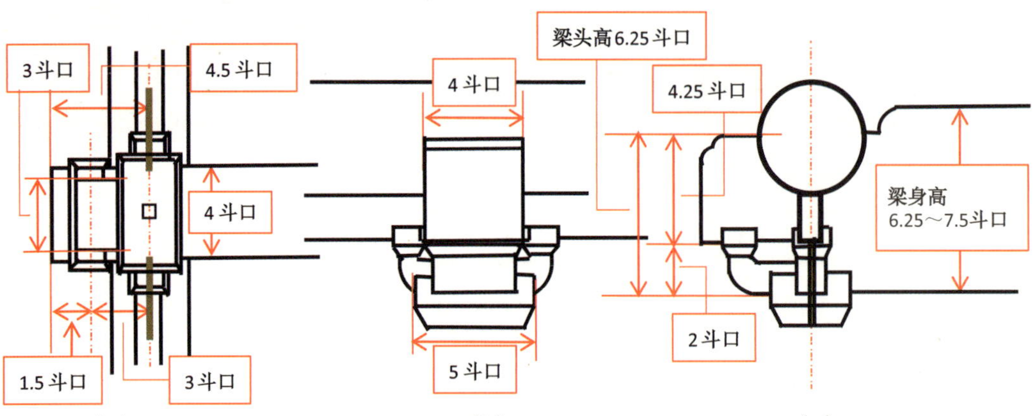

图 6–78　丁头栱抱头梁头饰做法示意 2

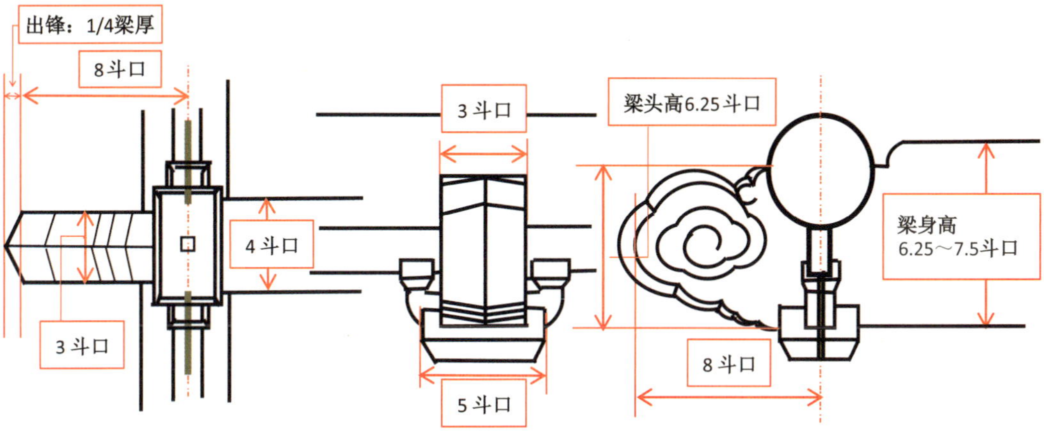

（a）（b）（c）

图 6-79 麻叶抱头梁头饰做法示意

（a）（b）（c）

图 6-80 桃尖梁

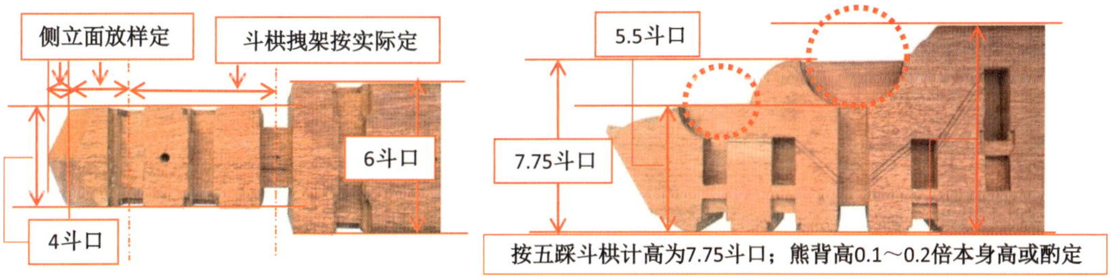

（a）（b）

图 6-81 桃尖梁做法示意

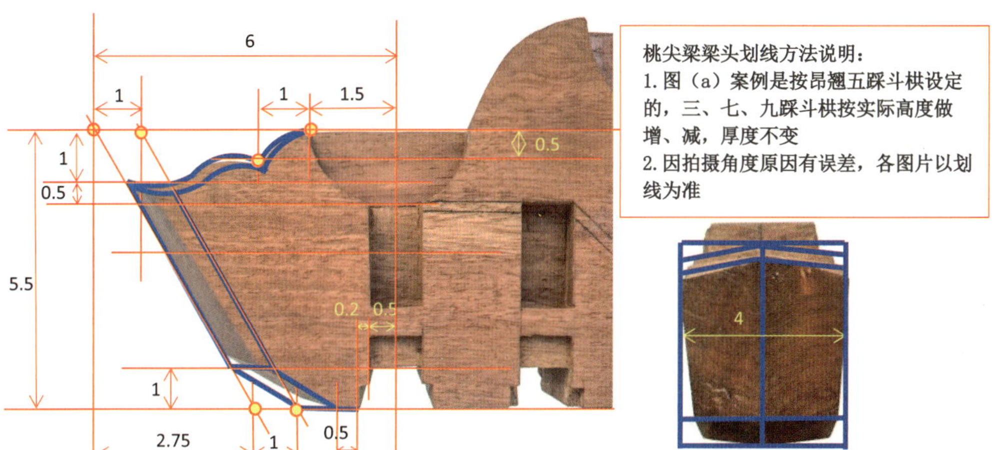

（a）（b）

图 6-82

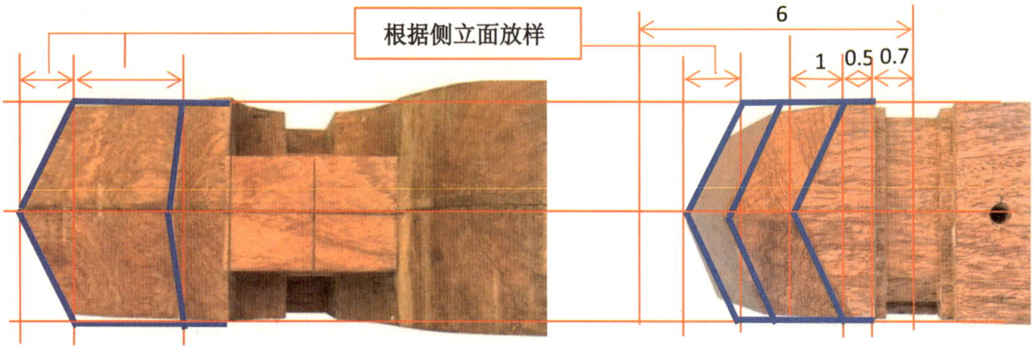

（c）　　（d）

图 6-82　桃尖梁头饰划线方法——侧立、正（迎）立、俯、仰视详图

注：图中数字单位均为斗口。

（a）　　（b）　　（c）

图 6-83　角云（花梁头）头饰示意

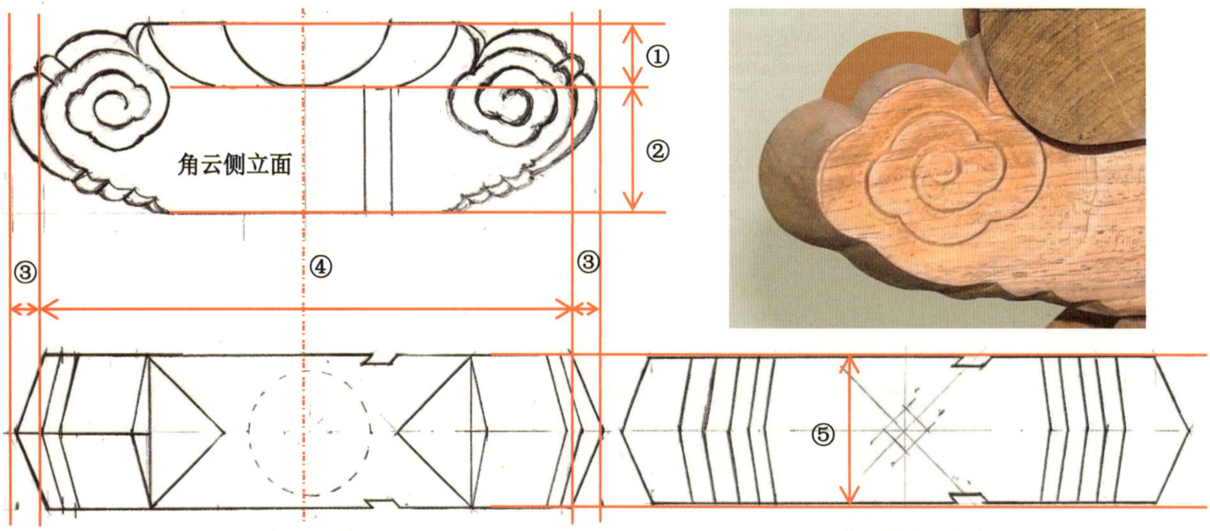

角云俯视平面　　角云仰视平面

图 6-84　角云（花梁头）划线方法——侧立、俯、仰视详图

①—1/2 檩；②—垫板高；③—起峰 1/5 角云厚；④—3 檩径 × 加斜系数；⑤—1.1～1.2 柱径

（a） （b）

图 6-85 趴梁、抹角梁头饰做法示意

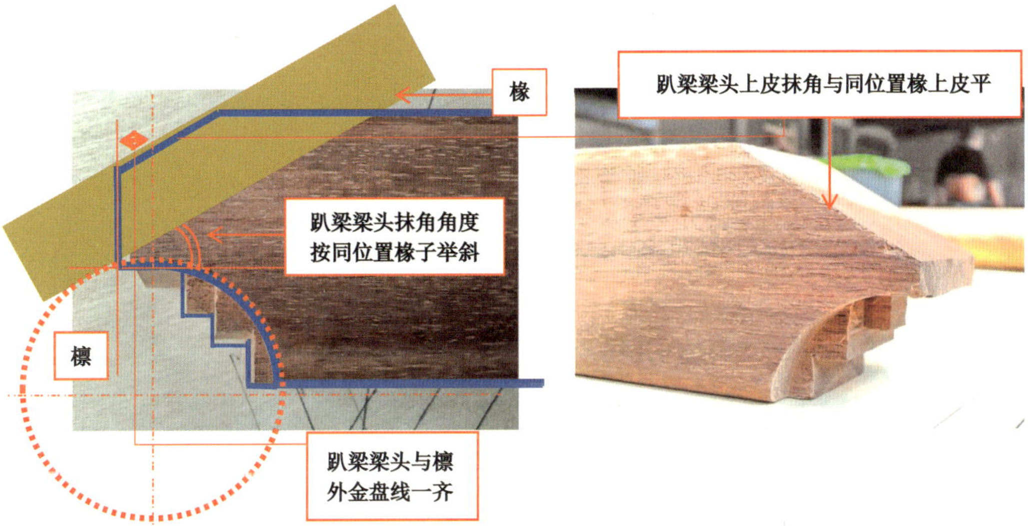

图 6-86 趴梁（抹角梁）梁头做法示意

注：抹角梁做法与趴梁做法相同，只是按所在建筑角度抹角或对接制作榫肩。

（三）枋类

1. 枋类构件制作的技术要求

（1）枋类构件在制作前应首先根据圆木（树）的自然生长方向来确定构件的用材方向：原材（树）根部安装在单体建筑中向西或向北的方向；原材（树）梢部安装在单体建筑中向东或向南的方向。

（2）枋类构件的截面尺寸根据传统权衡模数而定（图纸标有尺寸的按设计尺寸）。

小式建筑根据建筑物前檐柱柱径（柱根直径）而定，以柱径（D）为计算单位。

大式建筑根据建筑物中斗栱的斗口而定，以斗口为计算单位。

（3）枋类构件在制作前，必须先核对柱网尺寸，确定掰升尺寸，以免造成尺寸误差（通常大木构架是“下架掰升”，即设计图示平面尺寸为柱头尺寸）。

（4）枋与各种柱、梁、枋相交，必须采用榫卯连接的方法。

（5）枋子的线型及标识符号必须标写准确，清晰齐全。枋子线型的种类有：中线、裹（滚）棱线、截线、掸线、椽窝线、枋子（燕尾）榫、销子卯口、大进小出榫、半榫等。

（6）枋子在制作前，必须先核对柱子榫卯处的直径尺寸，如有圆弧不匀或直径不一等现象，必须按（讨）柱子实际直径尺寸“让（退）”榫肩，即“讨退（柱讨直径，枋退榫肩）”。

2. 枋类构件制作的操作方法

（1）工序。摹划、制作分丈杆、榫肩样板 ⟶ 枋身弹、划线 ⟶ 凿销子卯眼、开榫、断肩、回肩、盘头、裹棱刮圆 ⟶ 标注构件编号。

（2）操作

① 制作枋子分丈杆

a. 自面宽总丈杆上摹划下各枋的长度尺寸。

b. 枋子分丈杆断面尺寸不小于 30mm × 40mm；长度按面宽总丈杆所示建筑物明间面宽中至中尺寸另加悬山建筑中山面“出梢”长度尺寸另增适度放量为准。

c. 用三合板、五合板弹划并制作出各枋榫卯样板、枋头造型样板，并做出明确标识。

d. 分丈杆及榫卯样板及枋头造型样板划好后应及时通知相关部门检查复核、签字验收。

e. 分丈杆、榫卯样板及枋头造型样板应设专人妥善保管，可采取相应的措施来防止坏损丢失，以备在制作、安装施工时随时对照检验。

② 枋身弹、划线

a. 枋子划线宜使用墨线。

b. 弹放中线、裹（滚）棱线。

c. 枋子使用面宽分丈杆在枋子上点划出各开间中至中尺寸线；讨划出各柱的柱头轮廓线，即枋子的榫肩线；划出枋子的榫头、抱肩线；点划出承椽枋的椽窝线；划出枋头造型；划出枋子截头线。

d. 榫卯划线应交错出头，以备查验。

e. 枋子榫头、抱肩线的标识符号必须有部分留存在成品梁上，以备查验。

③ 榫卯、枋头等制作、裹（滚）棱断肩

a. 枋子榫卯制作要求：榫头平直无错台；销子卯口尺寸准确、方正平直、深浅一致无错台。

b. 裹（滚）棱制作要求：平直圆顺留线影；抱肩，实（平）肩平直跟线；撞、回肩弧度和缓直顺留线影。

c. 枋头制作要求：造型准确，与样板无误差；折线面水平不“皮楞”，平直无“错台”；曲线凸凹面圆润和缓，两面对应一致不走形。

④ 标写编号

a. 枋子要求在向上一面（枋子背）标写枋子的位置编号。

b. 枋子的编号要求按传统叫法标明枋子的名称，标明枋子在建筑物中所处的具体位置。

（四）檩类

1. 檩类构件制作的技术要求

（1）檩类构件。树梢部用于榫头，安装于单体建筑中向东或向南的方向；树根部用于卯口，安装于单体建筑中向西或向北的方向，即所谓“晒公不晒母，晒梢不晒根”。

（2）檩（桁）类构件的直径尺寸根据传统权衡模数而定（图纸标有尺寸的按设计尺寸）。

小式建筑根据建筑物檐柱柱径而定，以柱径（D）为计算单位。

大式建筑根据建筑物中斗栱的斗口而定，以斗口为计算单位。

（3）檩（桁）径尺寸专指檩（桁）的垂直净高，而不是水平净宽。有金盘的檩子按刮掉金盘后的净高尺寸计，在檩料加工时应根据放样适当加出涨（“泡”）量（约 1/10 檩径）。

（4）檩（桁）与檩（桁）之间交叉搭接的顺序原则：建筑物的山面压檐面。

檩（桁）与踩步金柁（梁）交叉搭接的顺序原则：建筑物的檐面压山面。

（5）中柱建筑梢、尽间的梢檩（桁）在制作前，必须先核对两山梁架掰升后的面宽尺寸，确定檐、金（下、中、上）脊檩各自不同的面宽及出梢尺寸，以免造成尺寸误差。

（6）建筑物中檩（桁）与各种柱、梁、枋、檩（桁）相交，必须采用榫卯连接的方法。

（7）檩（桁）与趴（抹角）梁相接，檩（桁）阶梯卯口的底皮必须高于檩（桁）水平中线 0.6～1 寸或 1/8 檩（桁）径；卯口部分长度不得长过檩（桁）垂直中线。

（8）根据受力大小综合考虑搭交檩（桁）与角梁相交部分的刻口深，避免过多伤及受力部分。

（9）檩（桁）的金盘根据檩（桁）上下是否有叠压构件而定：有叠压构件的必须有金盘，无叠压构件的可以取消金盘。金盘尺寸、位置分别为居中宽 3/10 檩（桁）自身直径，高在 5% 檩（桁）径左右。

（10）弧形檩（桁）的制作必须根据放实样而定，以保证上下构件的弧度一致。

（11）檩（桁）与各种柱、梁、枋、檩（桁）相交，必须采用榫卯连接的方法。

（12）檩（桁）的线型及标识符号必须标写准确，清晰齐全（檩子线型的种类有中线、上下金盘线、截线、掸线、椽花分位线等）。

2. 檩类构件制作的操作方法

（1）工序。摹划、制作分丈杆、榫肩样板──►弹划檩榫肩、盘头、椽花等线──►凿卯、开榫、盘头、刨刮金盘──►标注构件编号（晒梢不晒根，晒公不晒母）。

（2）操作

① 制作檩了分丈杆

a. 自面宽总丈杆上摹划下各檩的长度尺寸。

b. 檩子分丈杆要求分别划出建筑物明、次、梢、尽间面宽中至中尺寸线、檩两端榫长线、两山出梢尺寸线；各间椽花线；并标识编号。

c. 檩子分丈杆断面尺寸不小于 30mm × 40mm；长度按面宽总丈杆所示建筑物明间面宽中至中尺寸另加悬山建筑中山面出梢长度尺寸另增适度放量为准。

d. 用三合板、五合板弹划并制作出檩榫卯样板；用厚纸板弹划并制作出搭交檩十字卡腰榫造型样板，并做出明确标识。

e. 分丈杆及榫卯样板划好后应及时通知相关部门检查复核、签字验收。

f. 分丈杆、榫卯样板样板应设专人妥善保管，可采取相应的措施来防止坏损丢失，以备在制作、安装施工时随时对照检验。

② 按丈杆、样板弹、划线

a. 檩（桁）划线宜使用墨线。

b. 檩（桁）弹放十字中线、金盘线。

c. 使用面宽分丈杆和榫卯样板在檩（桁）上点划出各檩中线、榫头卯口线、各檩（桁）盘头截线、各檩（桁）椽花线。

d. 榫卯划线应交错出头，以备查验。

e. 檩（桁）端盘头线、榫卯标识符号必须有部分留存在成品檩（桁）上，以备查验。

③ 榫卯、金盘制作、断肩盘（截）头

a. 檩（桁）的榫卯制作要求：榫头平直无错台，刻半、卯口尺寸准确、方正平直无错台。

b. 金盘宽窄、高低一致，平齐直顺留线影。

c. 断肩要求：平直方正。

d. 檩（桁）盘头要求：自檩上下面按盘头线两锯盘齐（一盘柁，二盘檩，三盘柱子站得稳）；截面平直方正无错台。

④ 标写编号

a. 檩（桁）要求在向上一面标写檩（桁）的位置编号。

b. 檩（桁）的编号要求按传统叫法标明檩（桁）的名称，标明檩（桁）在建筑物中所处的具体位置。

（五）板类

1. 板类构件制作的技术要求

（1）板类构件通常不作用材方向的要求。

（2）板、连檐、瓦口的截面尺寸根据传统权衡模数而定（图纸标有尺寸的按设计尺寸）。

① 小式建筑根据建筑物檐柱柱径而定，以柱径（D）为计算单位。

② 大式建筑根据建筑物中斗栱的斗口而定，以斗口为计算单位。

③ 各板之间接缝形式的确定：横望板⟶柳叶缝顺望板⟶企口榫滴珠板⟶企口榫博缝板⟶龙凤榫（带托舌）山花板⟶企口榫走马板⟶企口榫。

（3）博缝板

① 宽窄向拼接数量不宜过多，以不超过 3 块为宜；且必须在板的向内一侧穿带，穿带间距为 600～800mm，每块板不少于两根；两板拼缝处嵌装银锭榫，间距错开穿带。

② 长向对接接头必须赶在檩中；接头缝垂直于地面；双脊檩罗锅博缝脊步博缝板接头缝垂直于博缝板。

③ 板对接必须使用龙凤榫卯，且必须带托舌。

④ 板的曲线弧度（囊向）应与梁架的举、步架相等对应；并按檩的实际位置剔挖檩椀。

（4）滴珠板

① 如意云头数量的确定：双数，云头坐中，两端头各半。

② 由多块竖向拼接板企口榫接而成。每块拼接板宽宜在 800mm 左右，由 3～4 块竖向板组合拼接（视板宽定），每块拼接板横向穿带 2～3 根。

（5）山花板、走马板、围脊板。多块竖向板企口榫接组合。

（6）椽（闯）中板。长向对接接头必须赶在椽中；接头缝垂直于地面；板上口刮成坡面，角度随举架。

（7）椽椀

① 整体通长做。通长板按椽径加斜（举）挖圆；上口刮成坡面；长向对接接头必须赶在椽中；接头缝垂直于地面。

② 整体单个做。单块板按椽径加斜（举）两侧各挖半圆；上口刮成坡面。

③ 分体做。板高各半，各出龙凤榫卯；按椽径加斜（举）挖半圆；上板上口刮成坡面；长向对接接头必须赶在椽中，上下对接接头错缝安装；接头缝垂直于地面。

（8）望板

① 望板按是否露明做刨光或不刨光处理。

② 横望板板两侧做坡棱，俗称“柳叶缝”。柳叶缝角度在 45° ～60° 之间。

③ 顺望板板两侧做企口榫。

（9）大连檐

① 大连檐向望板一面做出“坡面”，角度同望板柳叶缝。

② 翼角部分的大连檐必须做分层锯解处理，且不少于三层。

③ 锯解长度最下一层至正身椽，向上每层依次递减 300～400mm。

④ 大连檐必须使用手工锯锯解，以免影响大连檐的立面高度。

⑤ 大连檐可以采用“套裁”的方法进行加工。

（10）小连檐。小连檐向望板一面做出坡面，角度同望板柳叶缝。

（11）瓦口

① 瓦口根据底瓦实样及“排当”尺寸进行加工。

② 瓦口的弧度必须与底瓦“合墁”。

③ 瓦口可以采用“套裁”的方法进行加工。

④ 安装前按照屋面的坡度在瓦口底面刮出斜面，以保证安装后的瓦口垂直于地面。

2. 操作方法

（1）工序。按样板摹划外形──→弹划长短宽窄尺寸线──→穿带、凿销子卯眼，锯解、刨光成形──→标注人木编号。

（2）操作

① 制作丈杆、样板

a. 利用建筑物大木面宽分丈杆来控制各开间、各位置垫板的长度尺寸。

b. 博缝板放样可根据设计图示及大木进深分丈杆，所标尺寸将建筑物大木上架（纵向）剖面（可仅划出各檩的实际位置）按 1∶1 比例弹放、过划到五合板、七合板或 10～20mm 厚木板上（或按传统“三拐尺”方法直接弹放），并按图形制作出博缝板样板，同时标识编号。

c. 滴珠板的放样可根据传统规矩定尺在三合板、五合板上直接放样并制作成形。

d. 山花板根据大木构架实样直接定尺制作；瓦口根据屋面用瓦的实样放划样板；大小连檐根据传统尺寸、做法直接定尺制作。

e. 博缝板样板、滴珠板、瓦口样板划好后，应及时通知相关部门检查复核、签字验收。

f. 博缝板样板、滴珠板、瓦口样板等应设专人妥善保管，可采取相应的措施来防止坏损丢失，以备在制作、安装施工时随时对照检验。

② 按各丈杆、各样板弹线和划线

a. 板、连檐、瓦口弹线和划线宜使用墨线。

b. 根据面宽分丈杆所示各开间中至中尺寸，分别减去各梁除口子外的实际厚度，点划垫板盘（截）头线。根据样板在加工好的规格材上摹划滴珠板、博缝板、……、轮廓线。根据安装位置的实际尺寸量划山花板、走马板、围脊板、椽中板、椽椀……根据屋面实际尺寸和用瓦实样计算、摹划瓦口。根据传统规矩、做法弹划出大小连檐、里口木断面及口子锯解线。根据传统规矩、做法在各板上划出相应的榫卯线。

c. 各板轮廓线两面对应，不得“绞线”。

d. 各板盘（截）头线应有部分留存在成品板上备查。

e. 各板应将废线及时刮去，以免造成误差。

③ 榫卯加工、锯解成形

a. 各种板榫卯的加工，要求按线在榫卯线里、线外锯解，保证榫卯不亏不撑，松紧适度。

b. 各种板的外形加工要求折线面盘（截）头面方正平直无错台；曲线面方正平顺，曲度和缓，线条流畅。

④ 标写编号。各式垫板的标识编号应写在垫板向上的小面上；博缝等板可直接写在板向外一侧的大面上。

（六）椽类

1. 椽类构件制作的技术要求

（1）椽类构件通常不作用材方向的要求。

（2）椽、飞椽的直径尺寸根据传统权衡模数而定（图纸标有尺寸的按设计尺寸）。

小式建筑根据建筑物檐柱柱径而定，以柱径（D）为计算单位。

大式建筑根据建筑物中斗栱的斗口而定，以斗口为计算单位。

（3）椽子数量的确定。建筑物每开间正身椽子数量取双数，椽档坐中。

椽子与椽当之比为 1 :（1～1.5）（根据每根椽子的自身尺寸及荷载定）。

翼角椽数量通常取单数（偶有双数椽，以取飞椽与翘飞椽椽当一致），按建筑物廊（檐）步架尺寸加檐平出尺寸（大式有斗栱建筑另加斗栱出踩尺寸）总和除以 1 椽径另加 1 椽当尺寸，得数以“宜密不宜稀”的原则取单数得翼角椽数量。

（4）椽径尺寸专指椽子的垂直净高，而不是水平净宽。有金盘的圆椽按刮掉金盘后的净高尺寸计。故在椽料加工时应根据放样适当加出涨（“泡”）量。

（5）正身椽、飞椽的线型必须弹划准确，清晰齐全。椽子的线型种类有：金盘线、盘头线、绞掌线、闸挡板口子线、飞椽绞尾线等。

（6）正身椽、飞椽的盘头线以上直边为基准向下垂直过线；绞掌线以椽飞的上下直边为基准垂直或水平过线；飞椽口子线以椽尾底皮为基准垂直过线。翼角、翘飞椽的盘头必须以椽头短边侧帮为基准垂直过线，不得以大小连檐外皮为基准平行过线。

（7）正身椽、飞椽绞掌的形式根据建筑物的功能、做法而定：椽尾处需要做（室内外）分隔的采用墩掌形式，截面垂直于地面，椽尾安装椽（闯）中板；椽尾处不需要做（室内外）分隔的采用压掌形式，截面水平于地面。

（8）正身飞椽头、尾的比例通常为 1 : 2.5（一飞二尾半）或 1 : 3（一飞三尾）。

（9）圆椽与望板相接面居中做金盘。金盘尺寸为 3/10 椽本身直径。

（10）方椽及飞椽应在椽头两侧面及下面做扫棱，上棱可以不扫，但不得有锯毛。

（11）椽长根据椽尾绞掌的形式而定：墩掌，椽尾长至檩的外金盘线；压掌，椽尾长至檩的里金盘线。

（12）飞椽的制作可采用尾部套叠的方法下料。

2. 椽飞制作的操作方法

（1）工序

圆椽弹中线、金盘线——→按样板画盘头、绞掌、闸档板、飞椽后尾线——→盘头、绞掌、锯闸档板口子、锯解飞椽后尾。

（2）操作

① 制作檐平出分丈杆、椽子分位分丈杆、椽飞样板。

a. 自檐出总丈杆上摹划下檐平出、老檐平出、小檐平出的尺寸。

b. 利用檩子分丈杆分别排划出各间的椽子分位——椽花线。

c. 根据分丈杆所标檐平出尺寸将建筑物大木上架（纵向）剖面（可仅划出各檩的实际位置）按 1∶1 比例过划到地面或墙面上，再用 10～20mm 厚木板弹划并制作出各种椽子样板，并标识编号。

d. 椽花分丈杆、椽飞样板、翼角翘飞分丈杆、样板划好后，应及时通知相关部门检查复核、签字验收。

e. 椽花分丈杆、椽飞样板、翼角翘飞分丈杆、样板应设专人妥善保管，可采取相应的措施来防止坏损丢失，以备在制作、安装施工时随时对照检验。

② 按各丈杆、样板弹线和划线

a. 椽飞弹、划线宜使用墨线。

b. 使用椽飞样板在椽材上点划出椽子盘头线、绞掌线，飞椽盘头线、绞尾线、闸档板口子线。

③ 锯解成形、绞掌绞尾、盘（截）头擦（扫）棱、锯闸挡板口子

a. 椽飞加工一定要求两面跟线，锯解盘（截）头面不凸不凹，方正平直无错台。

b. 檐椽、飞椽头擦（扫）棱加工三面，椽头上棱不做。

c. 闸档板口子要求锯解宽、深一致，口子只锯不剔，留待安装。木工操作工序见图 6-87。

（a）划线　（b）锯解榫肩　（c）卯眼剔凿　（d）枋口剔凿

（e）锯解翘飞椽　（f）梁、枋刨光　（g）构件加工制作

图 6-87　木工操作工序

三、大木及木基层安装的技术要求及操作方法

（一）大木安装

1. 技术要求

（1）大木的立架安装必须从建筑物的明间开始，按“先内后外，先下后上”的顺序进行施工。

（2）遇有丁字、十字、拐角等组合形建筑物时，应从中心点或中心部分开始依次向外组装。

（3）大木构件必须按所标位置号入位安装，不得错位混装。

（4）大木立架安装必须在下架立架完成并经“核尺掩卡口、拨正吊直、支搭戗杆”工序后，方可进行上架木构件的立架安装。

（5）安装大木下架柱子时，柱脚十字中线对正柱顶石十字中线；拨正时，有升（侧脚）线的柱子依升（侧脚）线吊垂直、无升（侧脚）线的柱子依中线吊垂直。

（6）大木立架安装中，应严格控制大木构架的平面轴线、立面柱高、举架及掰升尺寸，随时校核尺寸，如有误差及时修正，避免影响下一构件的安装。

（7）大木立架安装，除构件老、仔角梁、由戗可辅以铁钉加固外，其余构件，除设计要求安装的加固铁件外，一律不得使用铁钉进行加固拉结。

（8）木构架的戗杆在支搭完后必须采用“打撞板”等方法作为技术保障措施，随时检查施工中戗杆是否有受撞击而造成木构架歪闪的情况，以便及时做出处理。

（9）大木立架安装中应特别注意不得损伤构件的榫头、角梁的檩椀等受力部位。

2. 操作方法

（1）工序。运输码放──→制定整体安装顺序──→柱顶平面、标高尺寸复核──→支搭大木下架立架架子──→架子复验──→柱、枋到位──→下架安装──→尺寸校正（拨正吊直）──→背实榫卯涨眼、掩卡口──→支戗固定──→支搭大木上架立架架子──→安装位置水平、方正尺寸复验──→梁、枋、板、檩、瓜柱到位──→上架安装──→尺寸校正（拨正吊直）──→背实榫卯涨眼、掩卡口──→拉结固定──→擢檐──→钉椽望。

（2）操作要求

① 运输码放

a. 将制作完成的大木构件分类运至安装现场。在运输当中注意成品保护，可采用木枋支顶或填充材料铺垫的措施，避免发生磕碰现象。特别要注意不得伤损柱子的榫头。

b. 运至现场后的成品构件，应分类、分位置就近码放在相应部位，以方便安装。

② 柱顶平面、标高尺寸复核

a. 根据设计图纸对现场已安装完毕的柱顶石面宽、进深尺寸拉线进行核对，特别要注意的是建筑物最外圈柱子的掰升尺寸是否留出。

b. 用仪器对现场已安装完毕的柱顶石进行标高核对。

③ 支搭下架大木立架架子

a. 在建筑物的每“间”内，顺建筑物纵向支搭平台架子，架子的边缘距柱子应留有一定的空间，原则上要求柱中两侧架子净空当在1000～1500mm，以方便向上搬运其他构件。

b. 在每根柱子柱头四周的适当高度上应有架管或木枋支搭，以方便柱子的临时固定。

c. 平台架子的支搭高度应控制不影响檐枋（大小额枋）和随梁安装的高度，并便于头层梁架安装的高度。

d. 各种架管、支撑及临时用作固定的枋子均不得影响大木构件的上下搬运和安装。

e. 平台架子应保证其稳定性和牢固性；除供构件上下搬运的洞口空间外，其余部分应满铺脚手架；平台架子支搭的各项技术指标应符合国家相关标准。

④ 立下架大木

a. 安装工序：制定整体安装顺序⟶大木立架架子复验⟶柱、枋到位⟶立架安装⟶核尺掩卡口⟶拨正吊直⟶支搭戗杆。

b. 安装工艺要求

ⓐ 制定整体安装顺序

ⅰ. 根据传统工艺顺序，建筑物的立架安装应从建筑物的明间开始。

ⅱ. 根据施工现场的实际情况及人力、运输、机械等诸因素的影响制定安装顺序，由明间向一侧或同时由明间向两侧延续安装。

ⓑ 大木立架架子复验。在下架安装前，应对安装所用架子进行位置、高度及牢固程度的检查，合格后方可开始立架安装。

ⓒ 柱、枋到位。将柱、枋运至相应的安装部位，以利于安装、不影响从事施工活动为宜。

ⓓ 立架安装

ⅰ. 安装顺序："由明向次，由内向外，先下后上"。立架安装自建筑物明间内柱（金柱、重檐金柱、里围金柱）开始，依次向前、后檐安装"外"柱；明间两柱间安装各式枋子（随梁）；安装两次、梢、尽间各柱、枋（随梁）。

ⅱ. 柱子各就各位，并用"浪荡绳"拴拢在大木立架架子上。

ⅲ. 各式枋、梁入位。

ⓔ 核尺掩卡口。用建筑物面宽、进深分丈杆自明间起校核建筑物相应尺寸，如有误差，及时整修。校核无误后，柱、枋榫卯用木楔掩卡口。

ⓕ 拨正吊直

ⅰ. 柱子拨正使下脚的四面中线与柱顶石上的中线相交吻合。

ⅱ. 有"升"的柱子依升线吊垂直，无"升"的柱子依中线吊垂直。

ⓖ 支搭戗杆。在吊垂直的同时支搭柱子戗杆，横（面宽）向两柱之间支搭龙（罗）门戗；纵（进深）向两柱之间支搭迎门戗；建筑物外圈柱子支搭野戗。

⑤ 支搭上架大木立架架子

a. 在原平台架子上根据第二、三层梁的标高向上延续支搭上架立架架子。

b. 上架立架架子的支搭高度应控制在不影响金、脊等各枋及各檩安装的高度，并便于各层梁架安装的高度。

c. 各种架管、支撑及临时用作固定的枋子均不得影响大木构件的上下搬运和安装。

d. 立架架子应保证其稳定性和牢固性；除供构件上下搬运的洞口空间外，其余部分应满铺脚手架；平台架子支搭的各项技术指标应符合国家相关标准。

⑥ 立上架大木

a. 安装工序：安装位置水平、方正尺寸复验──→大木立架架子复验──→梁、枋、板、檩、瓜柱到位──→立架安装──→核尺吊正──→构件入位──→背实榫卯涨眼、卡口。

b. 安装工艺要求

ⓐ安装位置水平、方正尺寸复验。安装前，应使用柱高分丈杆、进深分丈杆对已安装好柱子的柱头进行水平高程、平面尺寸的复核，尺寸无误后方可进行下一步的安装。

ⓑ上架大木立架架子复验。在上架安装前，要对架子的牢固程度进行检查，合格后方可开始立架安装。

ⓒ梁、枋、板、檩、瓜柱到位。将柱、枋、板、檩、瓜柱运至相应的安装部位，以利于安装、不影响从事施工活动为宜。

ⓓ立架安装。安装顺序（以七开间七檩前后廊硬山建筑为例）："由明向次，自内向外，先下后上"。

立架安装自建筑物明间向次、梢、尽间顺序开始，依次安装五架梁、双步梁──→下金垫板──→校核尺寸──→下金檩──→校核尺寸──→背卡口──→三架梁、单步梁瓜柱（柁墩）──→上金檩枋──→三架梁、单步梁──→上金垫板──→上金檩──→校核尺寸──→背卡口──→角背──→脊瓜柱──→脊檩枋──→脊垫板──→校核尺寸──→脊檩──→校核尺寸──→背卡口；依次安装前后抱头梁──→檐垫板──→校核尺寸──→檐檩──→校核尺寸──→背卡口──→背涨眼。

（二）木基层安装

1. 技术要求

（1）椽子的材质根据所处部位挑选使用：受压椽下部不宜有节疤；受弯椽上部不宜有节疤。

（2）木基层的安装应按"先正身后翼角，先檐步后金、脊步"的顺序进行施工。

（3）椽子数量的确定：椽子数量以房屋开间为单位，每间数量为双数；每开间、每柱中椽当均坐中。

（4）椽间空当不宜过大或过小，以一椽一当为宜。

（5）檐出尺寸的确定：有出踩斗栱的建筑自挑檐檩中起至檐椽、飞椽头上棱；无出踩斗栱的建筑自檐（正心）檩中起至檐椽、飞椽头上棱。

（6）各步架椽子对接时，应采用压掌或墩掌的对接形式。

（7）椽子采用"乱插头"做法时，其上下头尾搭接长度不少于 3 倍的椽径。

（8）椽头与连檐之间必须留雀台，雀台尺寸为 1/5～1/4 椽径。

（9）木基层的安装，除设计另有要求外，可使用符合国家规范要求的铁钉，其用钉的具体要求分别如下。

① 椽用钉长≥1.5 椽径；望板用钉长≥2 望板厚；翼角椽椽尾用钉长必须保证至少穿透上一翘翼角椽椽尾。

② 檐椽椽身用钉不少于 1 个；椽尾用钉不少于 2 个，且应斜向交插钉进；花架、脑椽的椽头椽尾用钉不少于 1 个，且使用墩掌做法者应先用钻打出钉孔后再行钉进；飞椽压飞尾用钉不少于 1 个，老檐用钉不少于 1 个；连檐与椽头固定每椽不少于 2 个；望板用钉按每椽位一钉，吊角错位布置。

（10）横望板应采用柳叶缝上下顺序铺钉的方式；铺钉每 800mm 宽必须错缝窜当；横望板的顶头对接必须留缝，其缝隙不小于 5mm。顺望板应采用企口榫或龙凤榫横向顺序铺钉的方式；顺望板的顶头对接必须留缝，其缝隙不小于 5mm。

（11）大小连檐、里口木的对接其接缝必须赶在椽中，且接缝留有一定的斜度，不得齐头直墩。

（12）木基层正身部分的安装必须保证不伤及各椽的受力部位，保证受力截面；必须保证各椽的钉装牢固；必须保证大小连檐的平整顺直；必须保证各椽的椽当一致。

2. 操作方法

（1）工序。运输码放⟶支搭木基层安装架子⟶檩平面、标高尺寸复核⟶木基层安装⟶出檐椽飞标高复核（擢檐）。

（2）操作要求

① 运输码放

a. 将制作完成的椽、望等构件分类运至安装现场。在运输过程中注意成品保护，可采用填充材料铺垫的措施，避免发生磕碰现象。特别要注意不得伤损飞椽、翼角翘飞椽的尾子。

b. 运至现场后的成品构件，应分类、分位置就近码放在相应部位，以方便安装。

② 支搭木基层安装架子

a. 在建筑物木构架外侧支搭木基层安装架子。木基层安装架子可与屋面铺瓦架子混同搭设，同时也应考虑油彩工序架子的尺寸要求，相互兼顾。

木基层安装架子距离柱子的宽度应考虑油彩工序架子的尺寸要求；架子本身的宽度应考虑檐椽老檐出、小檐出及冲出的尺寸，另加上架子上人员施工活动的空间宽度。

b. 木基层安装架子的支搭高度应控制在：便于檐椽、飞椽安装工序施工的高度；便于屋面铺瓦工序施工的高度。

c. 各种架管、支撑均不得影响椽、望等构件的上下搬运和安装。

d. 木基层安装架子应保证其稳定性和牢固性，如与屋面铺瓦架子混用，则应按承重架子考虑。架子除供构件上下搬运的洞口空间外，其余部分应满铺脚手板；木基层安装架子支搭的各项技术指标应符合国家相关标准。

③ 檩平面、标高尺寸复核：根据设计图纸对现场大木构架的举、步架尺寸及各檩的标高进行核对。

④ 木基层安装

a. 安装工序。制定整体安装顺序⟶木基层安装架子复验⟶椽飞、望板到位⟶木基层安装。

b. 安装工艺要求

ⓐ 制定整体安装顺序

ⅰ. 根据传统工艺顺序，木基层应先安装建筑物正身部分，再安装建筑物翼角部分。

ⅱ. 根据施工现场的实际情况及人力、运输、机械等诸因素的影响制作安装顺序，依次由建筑物一面的两端头正身部分向建筑物中心顺序安装，或同时在建筑物几个面按此方法同时进行安装。

ⓑ 木基层安装架子复验。在木基层安装前，应对安装所用架子进行位置、高度及牢固程度的检查，合格后方可开始进行安装。

ⓒ 椽飞、望板到位。将椽飞、望板运至相应安装部位的架子上（或随用随运），以利于安装、不影响从事施工活动为宜。

ⓓ 木基层安装

ⅰ.安装顺序。先安装正身部分，再安装翼角部分；先安装檐椽，然后依次安装下、中、上金、脑椽，椽望板，飞椽、飞椽望板。

ⅱ.正身部分的安装

·在建筑物正身两端头根据老檐出尺寸各安装一根尺寸控制檐椽（可根据拉线下垂的实际情况在每间各增加一根，以保持椽头拉线的平直），在安装的同时，用木杆在建筑物台明上丈量各椽头上棱的高度是否水平一致（擢檐），确定尺寸无误后，老檐固定并在其上棱拉通线作为其他檐椽安装的出进依据。

·根据檐、金檩上所标椽花分位线和椽头控制拉线来安装檐椽。在安装中，根据实际情况整修檩、椽，以保证椽头、椽身的高低一致。

·椽尾钉实后，在以老檐固定的尺寸控制檐椽上钉小连檐，并在小连檐上按檐、金檩上所标椽花分位线派点椽花，根据椽花线钉实檐椽椽头并在檐檩位置的椽身上老檐固定。

·向上依次钉下、中、上花架椽、脑椽。

·按飞椽尾长尺寸在檐椽上铺钉望板。

·在望板上按檐椽分位弹墨线，以控制飞椽的铺钉。

·按檐椽铺钉的顺序铺钉飞椽。

大木安装顺序操作以硬山七檩前后廊木构架模型、五、七檩前廊后无廊“檐平脊正”梁架、五架梁及杂式六方亭木构架为例，详见图 6-88～图 6-93。

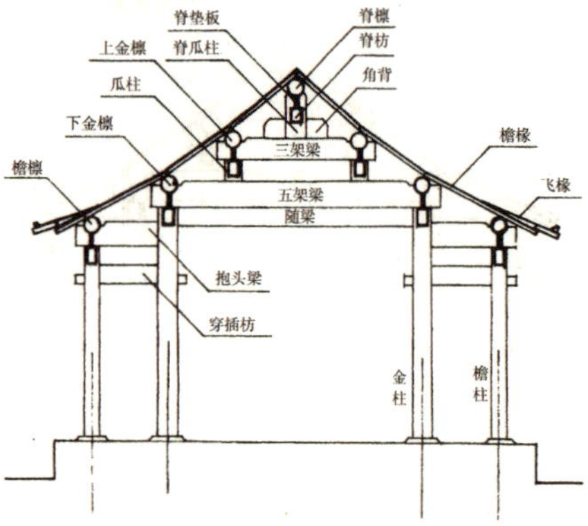

图 6-88 硬山七檩前后廊木构架

注：引自《中国古建筑木作营造技术》。

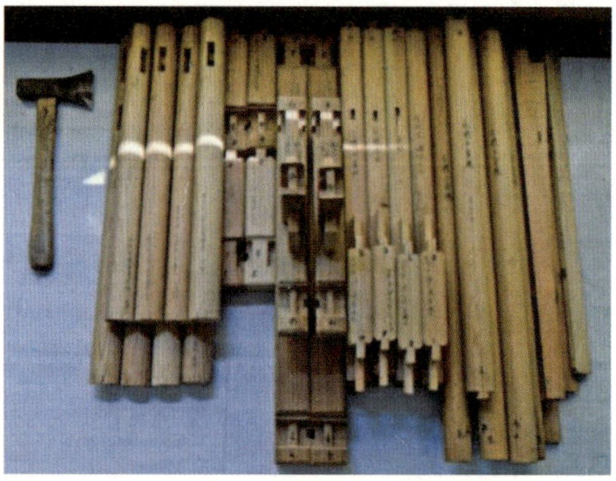

图 6-89 大木安装——构件到位

（a） （b）

图 6-90 大木安装（立架）——下架：自内向外

（a）　（b）

图 6-91　大木安装（立架）——上架：先下后上

图 6-92　安装（立架）完成

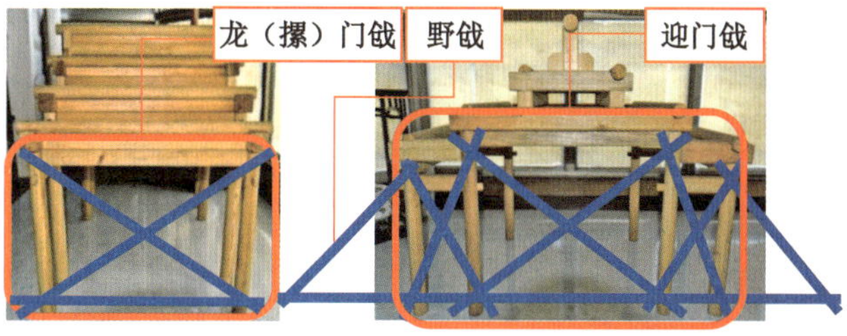

（a）　（b）

图 6-93　大木安装（立架）：龙门戗、迎门戗、野戗

七檩前廊后无廊“檐平脊正”梁架安装（立架）实例如图 6-94～图 6-100 所示。

（a）　（b）　（c）

图 6-94　大木安装（立架）：下架安装檐、金柱，檐、金枋、穿插枋

（a）　（b）

图 6-95　大木安装（立架）：下架安装檐、金柱，檐、金枋、穿插枋、随梁

（a）　（b）

图 6-96　大木安装（立架）：上架吊装六架接尾梁、四架接尾梁

（a）　（b）

图 6-97　大木安装（立架）：上架安装脊瓜柱、脊檩

（a）　（b）　（c）

图 6-98　大木安装（立架）：明间脊檩安装——上梁

（a）　（b）　（c）　（d）

图 6-99　大木立架——“大木不离中”与“晒公不晒母”

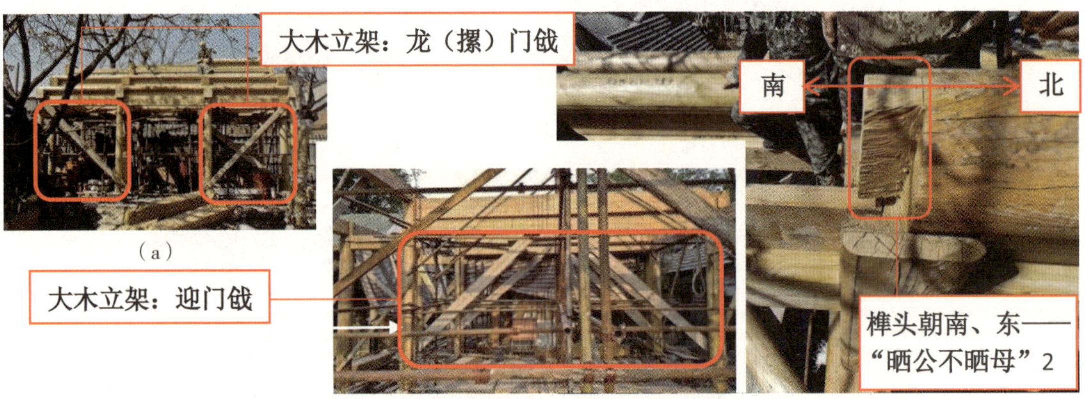

（a）　（b）　（c）

图 6-100　大木立架——龙（摞）门戗、迎门戗与“晒公不晒母”

木构架及木基层模型安装如图 6-101～图 6-105 所示。

（a）贴墙廊步梁架：下架核尺立柱，安装额枋；上架安装抱头梁

（b）贴墙廊步梁架：上架安装垫板

（c）五架梁：柱、枋、梁、檩安装 1

（d）五架梁：柱、枋、梁、檩安装 2

（e）五架梁：角背、脊瓜柱安装

（f）五架梁：角背、脊瓜柱安装

（g）五架梁：脊檩安装

图 6-101　木构模型下架柱、枋，上架梁、檩安装示意

（a）

（b）

（c）

图 6-102　木基层安装工序 1

（a）（b）（c）

图 6-103　木基层安装工序 2

（a）（b）（c）

图 6-104　木基层安装工序 3

（a）（b）（c）

图 6-105　木基层安装工序 4

第三节　翼角构件的制作与安装

一、角梁制作

（一）外转角角梁制作

1. 制作流程

放、制样板——→选材、梁材加工——→梁身划线——→榫卯、头尾饰加工制作——→组装摆验。

2. 操作工艺

（1）准备 10～20mm 厚实木板，按放样（见前）尺寸、轮廓分别做出老角梁、仔角梁样板，所有的老中、里外由中线、檩（桁）中线、梁头、梁尾饰轮廓线及销子卯眼、大小连檐口、椽槽线、挑檐檩、正心檩、檐檩、金各檩檩椀、角梁等掌刻半榫头、套兽榫头等均应清晰标注，并在样板上需要过线的部位刻出齿口，以便于制作时在梁身划线。详见图 6-106。

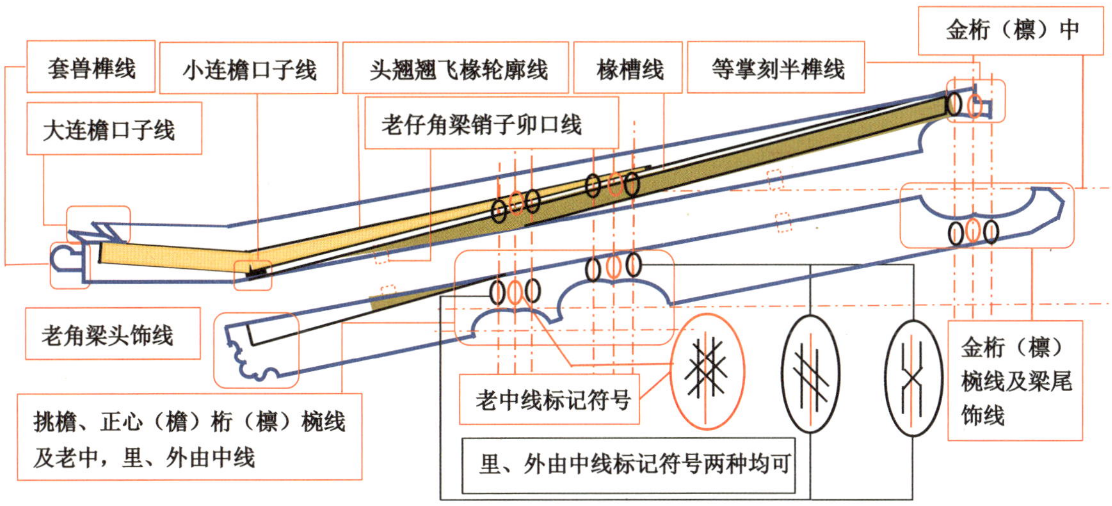

图 6–106 老仔角梁样板及标注线段、符号示意

（2）准备五合板，按各檩直径乘以所在建筑转角平分线的加斜系数（四方：1.4142，六方：1.156）做出半斜檩椀的样板（图 6–107）。

注：檩如按加“泡”做法制作则径按 1.1 檩径宽，高 1 檩径，即去金盘后净高。

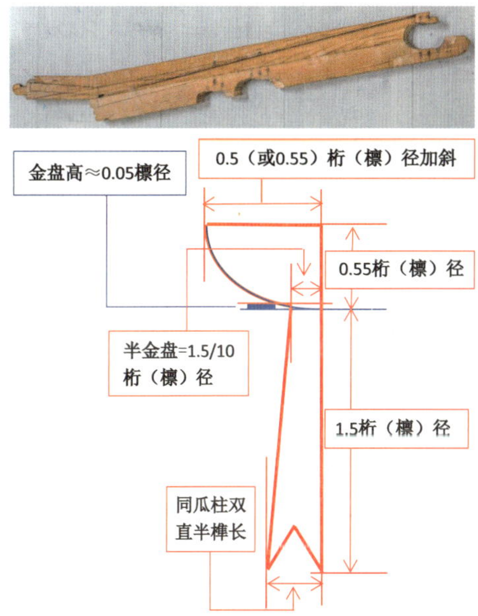

图 6–107 檩椀样板

（3）按表 6–1 选材、加工配料。

① 采用天然生长的优质风干木材为制作原材料，用材的标准应符合表 6–1 的规定。

② 梁的用材北方多用松木类软杂材，南方软、硬杂材均用。

③ 梁的用材通常使用无拼攒、无包镶的完整方材，因特殊原因必须使用拼攒、包镶或以短接长的方法来制作梁的，必须有精准可靠的计算数据和切实可行的施工加固方法；扣金做法的仔角梁用材可在梁头部位采用拼接的方法。

④ 按各式角梁的定尺加工规格方材，要求方正平直，尺寸准确，长短留出适当余量。

表 6–1 角梁用材标准

构件类别	各类木材的缺陷及指标							备注
	腐朽	木节	斜纹	虫蛀	裂缝	髓心	含水率	
梁类构件	不允许	在构件任何一面、任何 150mm 长度内，所有木节尺寸的总和不应大于所在构件面宽的 1/3；老角梁檐桁（檩）椀局部梁背不应有死节	斜率≤8%	不允许虫蛀	外部裂缝深度不应大于材宽（厚）的 1/3；径裂深度不应大于材宽（厚）1/3；轮裂不允许	不应有中空腐蚀，其他不限	≤25%	

（4）梁身划线

① 通常使用墨线划线、标注线标符号及书写名称。

② 各部榫卯尺寸。

③ 按样板标划截线、掸线、中线、头饰、榫卯等各线，要求双面线头方正对应不错线，各线线头交错出头。

④ 依梁身老中线标划各桁（檩）椀线。

⑤ 按“上青下白”规矩在梁背标划构件所处建筑物的方位、上或下檐及自身名称。

附：大木线标符号、名称，见图 6-108。

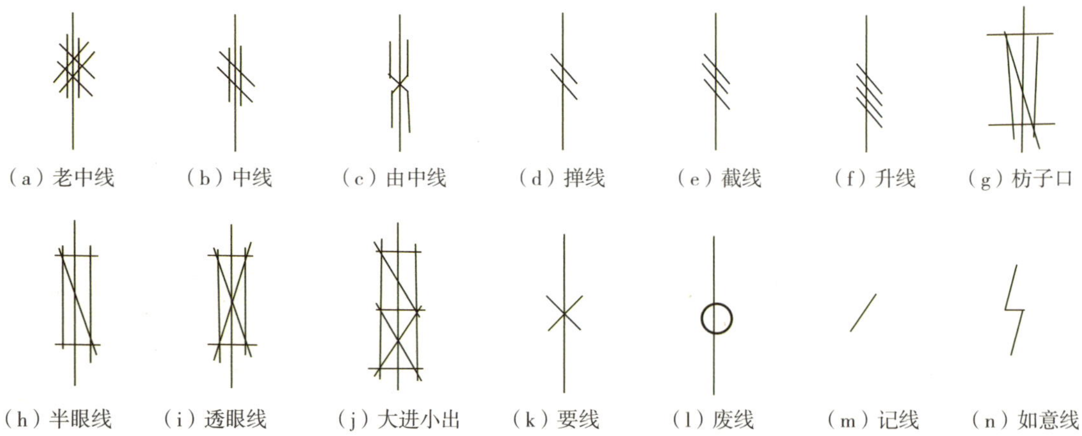

图 6-108　角梁划线常用线标符号、名称

（5）榫卯、头尾饰加工制作

① 按前面所示式样、尺寸、方法进行加工制作。

② 各梁端头完成面按“一盘柁”规矩盘头，不得出现阶梯错茬。

③ 卯眼齿槽剔凿垂直方正、深浅一致、松紧适宜。

④ 头饰、尾饰造型准确、曲线和缓、折线面平直，表面光洁无明显刨痕。

（6）组装摆验。制作完成的成品老、仔角梁应扣搭在一起进行组装摆验，重点核实各中线的标划，步架、举高的尺寸及头、尾饰造型，无误后方可运至现场进行正式安装。

角梁制作案例见图 6-109～图 6-126。

（a）　（b）

图 6-109　方材加工

图 6-110　样板划线

图 6-111　角梁制作：样板划线

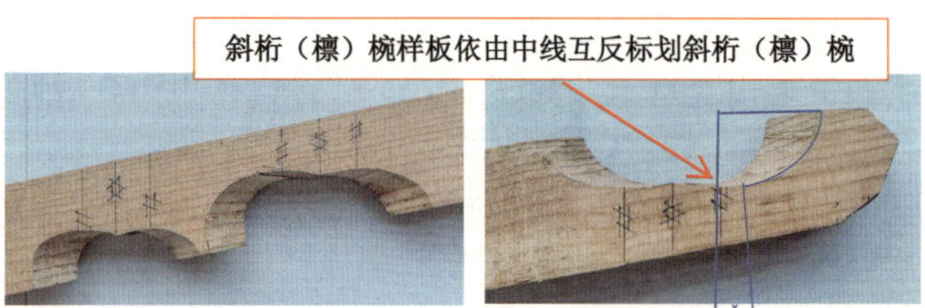

（a）　（b）

图 6-112　梁身、梁尾标划中线、桁（檩）椀线

（a）　（b）　（c）

图 6-113　角梁制作：锛、凿、锯加工槽口、榫卯

（a）　（b）

图 6-114　角梁制作

图 6-115　梁身、梁尾斜桁（檩）椀

（a）　（b）

图 6-116　梁身斜桁（檩）椀

图 6-117　角梁交金瓜柱：小鼻子榫

（a）　（b）　（c）

图 6-118　仔角梁梁尾桁（檩）椀入位交金瓜柱

（a）　（b）

图 6-119　老角梁、仔角梁后尾构件扣搭和交接组合

图 6-120　老角梁、仔角梁头饰和榫口

图 6-121　成品仔角梁

图 6-122　老角梁、仔角梁安装完成

图 6-123　老角梁、仔角梁安装完成

（a）

（b）

图 6-124　钉角梁钉

（a）

（b）

图 6-125　钉角梁

图 6-126　角梁砍圆棱

（二）里掖角梁制作

里掖角角梁的制作与外转角角梁的制作流程、用材标准基本相同，只是仔角梁头大连檐口子的做法与外转角仔角梁大连檐口子有所不同，里掖角仔角梁上不用做出大连檐口子，两方向大连檐直接钉在仔角梁梁头上，合角相交。其余做法与外转角角梁的制作方法基本相同，可作参考，此处略。

二、翼角椽、翘飞椽的制作

1. 翼角椽的加工制作

（1）加工工序：椽材打截加工、金盘制作──►弹划线、标写编号──►绞尾（锯解、刨光）初加工──►成品码放。

（2）椽材加工

① 根据翼角椽的尺寸、数量加工椽材。

② 圆椽材常使用“杉圆”。圆椽材加工要求按传统弹放八卦线（或按样板）刮圆，有金盘要求的，

直径应加出“泡”量，表面平直圆顺、尺寸准确，“金盘”宽窄均匀一致；方椽按尺寸下料，要求表面方正直顺、尺寸准确，各种指标符合国家标准规定。

③ 椽材长短应留出适当余量，以便在安装中进行调整。

（3）弹划线、标写编号（详见前文）

① 翼角椽的弹划线使用墨线，其他除按前文所述方法进行外还应注意不得绞线、串线。

② 椽头盘头截线应保留，以备安装时参考。

（4）绞尾（锯解、刨光）初加工

① 椽尾绞尾加工时，必须两面跟线，保证两侧加工面垂直。

② 加工时应留出线影，给安装时的二次加工留出余量。

③ 加工好的椽材要求分类码放待用。详见图 6–127。

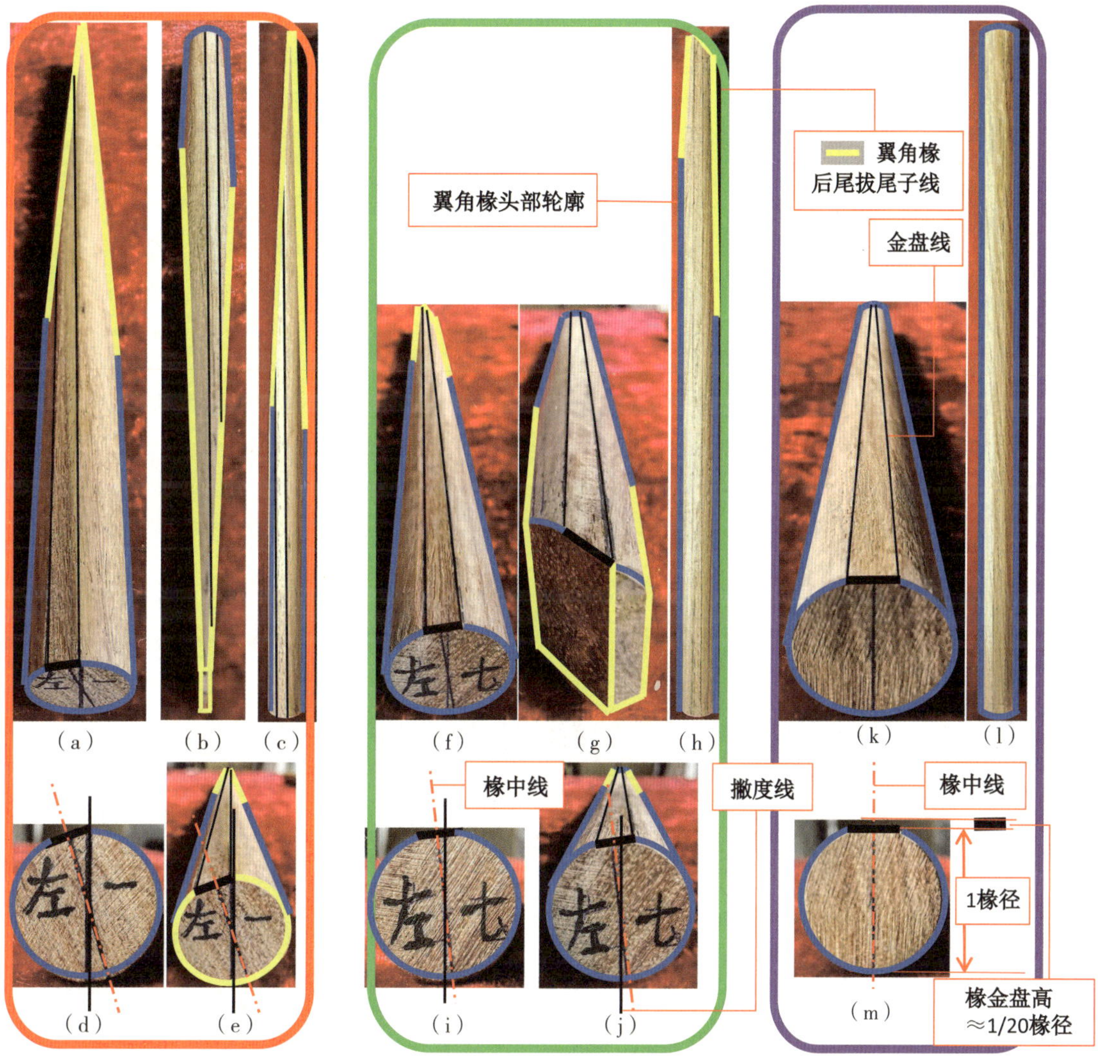

图 6–127 翼角椽 1 翘、7 翘及正身椽认识及对比示意

注：图（a）～（e）是左 1 翘示意，图（f）～（j）是左 7 翘示意。

2. 翘飞椽的加工制作

（1）加工工序：椽板材打截⟶弹划线、标写编号⟶锯解、刨光初加工⟶成品码放。

（2）板材打截备料

① 根据翘飞椽的套裁形式决定大板的长度并留出适当的余（荒）量。

② 根据翘飞椽的翘度及连做数量决定大板的宽度，通常情况下，非维修添配性工程多是四角连做，即一块大板做出左、右翘共八根翘飞椽。

③ 大板长短应留出适当余（荒）量，厚度留出刨光量。

（3）弹划线、标写编号（详见前文）

① 弹划线使用墨线，其他除按前文所述方法进行外还应注意不得绞线、串线。

② 椽头盘头截线应保留，以备安装时参考。

（4）锯解、刨光初加工

① 锯解翘飞椽需使用木工架子锯，两人对面手工操作，保证大板两面按线锯解，不得偏移。

② 椽头腹面使用木工推刨，手工刨光。

③ 加工好的翘飞椽要求分类码放待用。

（5）锯解翘飞椽方法（供参考）

① 制作工作台。工作台宽 800～1000mm，高度根据大板宽、锯口高及操作人员习惯综合确定；在锯解过程中，可随着锯解进度采用垫高大板的方法来调整锯口的高度，以利于操作。

② 翘飞大板立在工作台上，翘飞椽锯口水平，用拉杆双面固定。详见图 6-128。

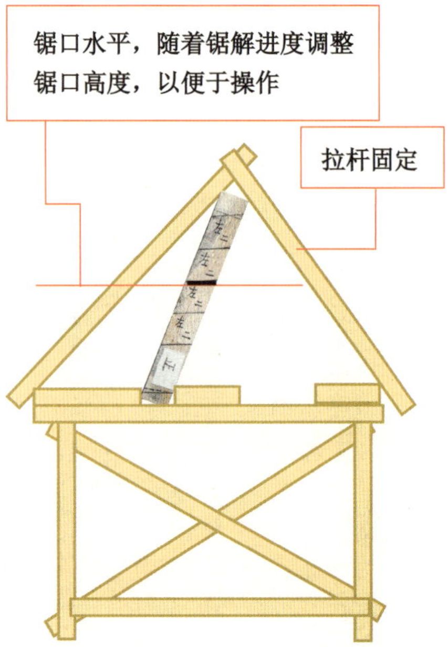

图 6-128　翘飞椽锯解操作工作台示意

③ 操作师傅两面一定追线锯解，保证成品椽头部锯解面呈扭曲（俗称“皮楞”）状。

翘飞椽锯解操作、成品码放示意见图 6-129。

（a）　（b）　（c）　（d）　（e）

图 6-129　翘飞椽锯解操作、成品码放示意

成品翘飞椽识别对比以总翘数 7 翘为例，详见图 6-130～图 6-133。

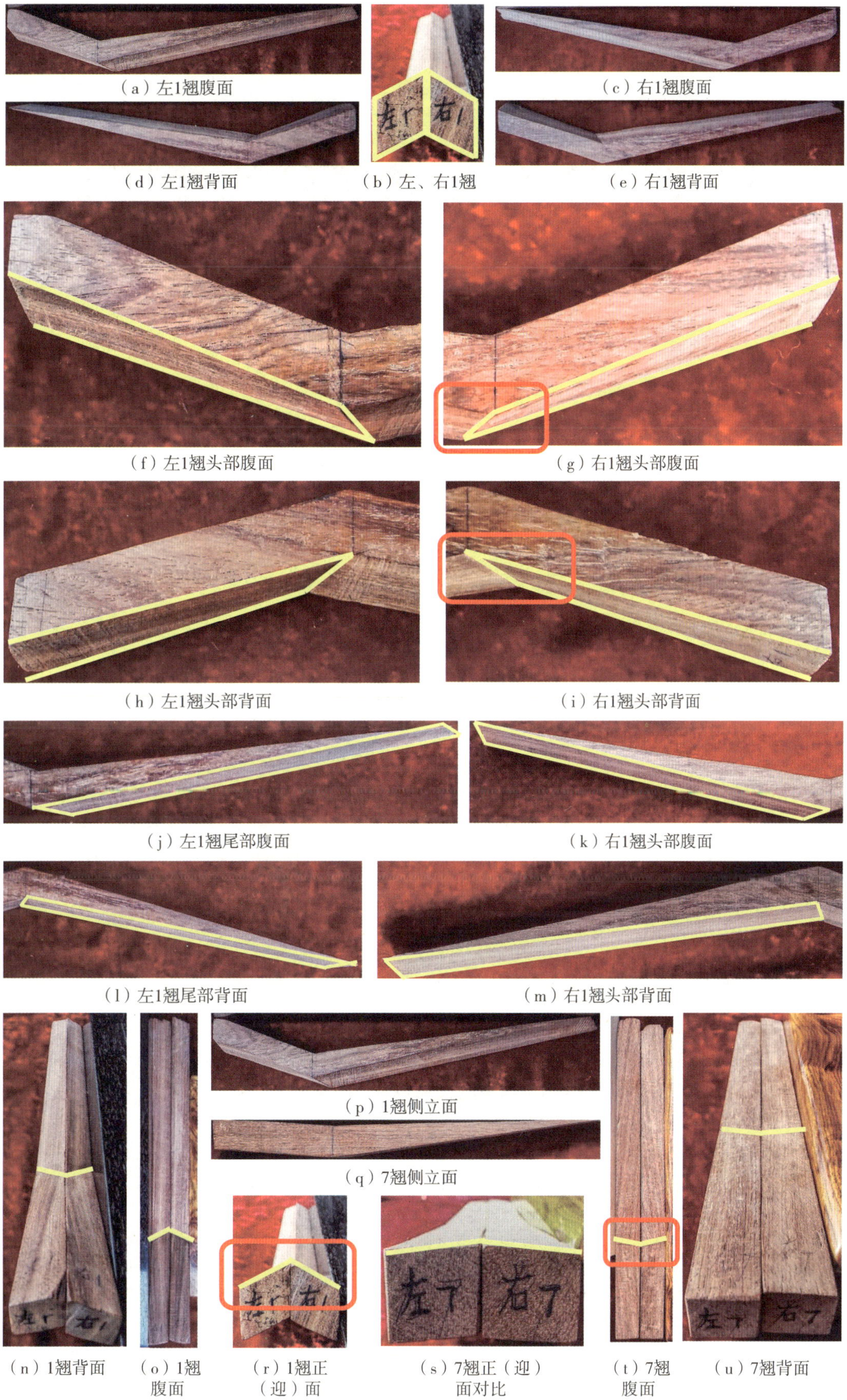

（a）左1翘腹面　（b）左、右1翘　（c）右1翘腹面　（d）左1翘背面　（e）右1翘背面

（f）左1翘头部腹面　（g）右1翘头部腹面

（h）左1翘头部背面　（i）右1翘头部背面

（j）左1翘尾部腹面　（k）右1翘头部腹面

（l）左1翘尾部背面　（m）右1翘头部背面

（n）1翘背面　（o）1翘腹面　（p）1翘侧立面　（q）7翘侧立面　（r）1翘正（迎）面　（s）7翘正（迎）面对比　（t）7翘腹面　（u）7翘背面

图 6-130　1 翘与 7 翘各投影面对比示意

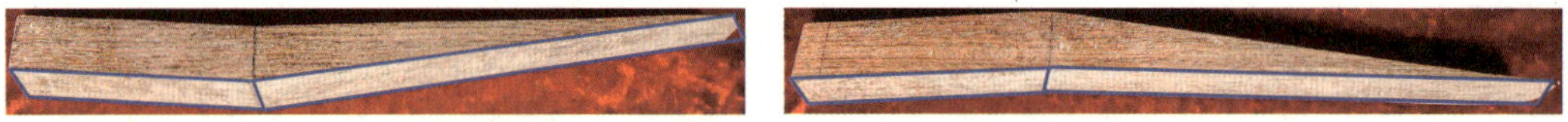

（a）　　　　　　（b）

图 6-131　左 7 翘头、尾腹背面示意

（a）　　　　　　（b）

图 6-132　右 7 翘头、尾腹背面示意

（a）　　　　（b）　　　　（c）

图 6-133　正身飞椽与翘飞椽各翘椽起翘度、冲出长度、扭度对比示意

在图 6-130～图 6-133 中能看到成品翘飞椽各个锯解面的形态，特别是 1 翘，扭曲变形（皮楞）非常厉害，这就是前面反复强调的“椽头撇度 1/2，翘飞母撇度 1/3”造成的。这给施工人员带来了一定的操作难度，它需要在锯解时两个人拧着劲儿地按线走锯，所以在操作中一定要谨慎操作避免误差。

3. 蜈蚣椽的加工制作

同正身椽的制作，此处略。

4. 大连檐的制作

大连檐的制作需要根据翼角部位的长短及翘度的高低在大连檐断面横向锯出 2～4 道锯口，以便于大连檐按翘起尺度摽出适宜的囊弯。它要求使用木工手锯人工锯解，避免因锯口过大使翼角部分的大连檐高度与正身部分大连檐高度相差过大；锯解的长度最下层锯口直达正身，其余锯口按 200～500mm 向角梁方向递减，详见图 6-134、图 6-135。锯解完成的大连檐用绳子捆绑浸泡在水池中待安装，没有条件的可采用地面挖坑，铺墁塑料布以达到浸泡的效果。

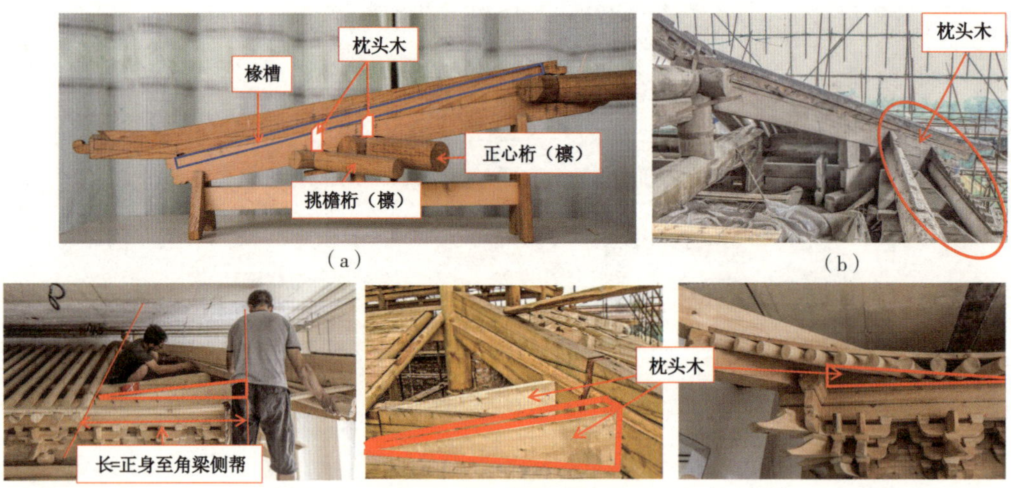

（a）　　　　（b）

（c）　　　　（d）　　　　（e）

图 6-134　枕头木位置、尺度示意

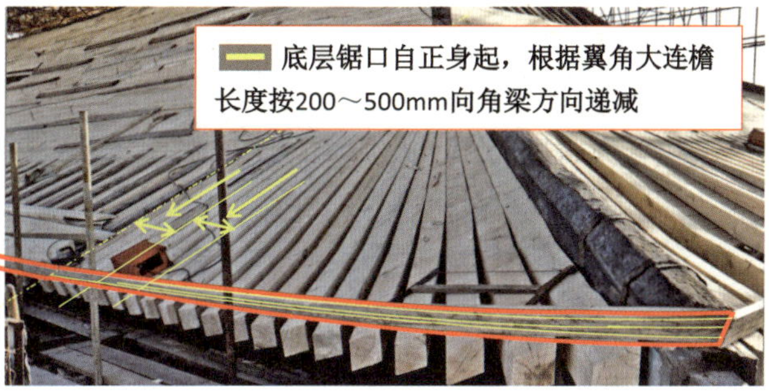

（a）

（b）

（c）

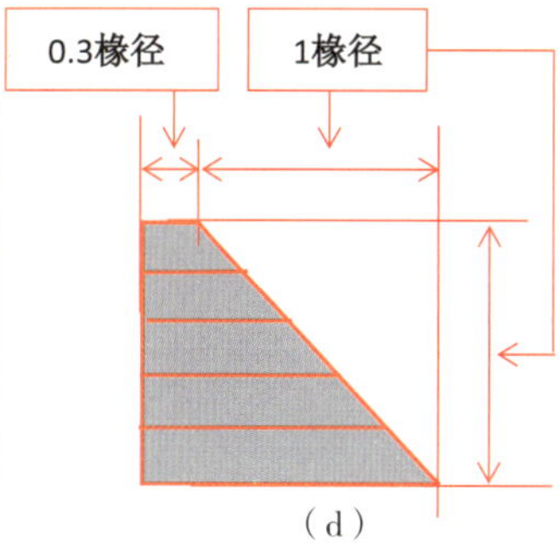

（d）

图 6–135　大连檐及锯口示意

5. 小连檐的制作

由于起翘和出冲的原因对用材的要求高一些，不得有节疤，特别是死节，如果有的话极易在节疤部位发生断裂，形成死弯。小连檐示意见图 6–136。

（a）

（b）

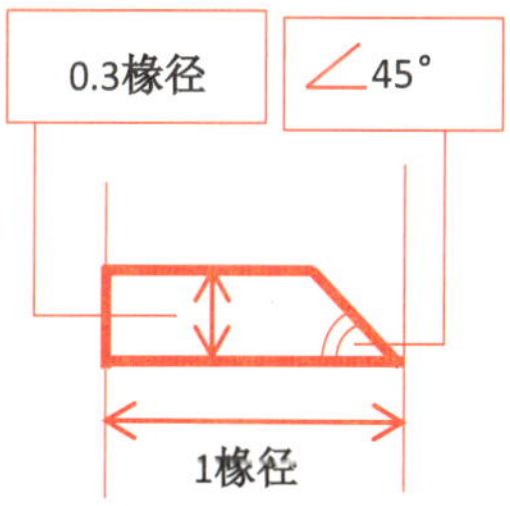

（c）

图 6–136　小连檐示意

三、角梁、翼角椽、翘飞椽、蜈蚣椽及附件的安装

（一）角梁的安装

角梁安装与上架大木安装同时穿插进行。

1. 安装工序

安装位置水平、方正尺寸、构件榫卯复验──→安装老角梁──→安装金桁（檩）──→安装仔角梁──→尺寸校核──→角梁钉固定。

2. 安装方法

（1）在安装前，对挑檐、正心（檐）桁（檩）及金步交金墩或交金瓜柱的水平标高和平面夹角方正进行复验；对上述构件的各卯口、榫头进行复验，确保准确无误。

（2）老角梁入位。角梁两侧面老中、里外由中线与挑檐、正心（檐）桁（檩）线线对齐；对前端桁（檩）椀进行二次整修加工，保证贴附严实，受力均匀。整修桁（檩）椀时需注意循序渐进，不要追求一次到位，保证不损伤保留部位。

（3）安装金桁（檩），按大木安装规程操作。

（4）仔角梁入位，与老角梁榫卯对位准确，老角梁、仔角梁叠压严实；后尾桁（檩）椀二次整修加工同前端。

（5）校核角梁的平面方正及水平高度。

（6）用角梁钉固定老角梁、仔角梁。详见图 6-137～图 6-143。

图 6-137　老、仔角梁叠合面刮刨整修

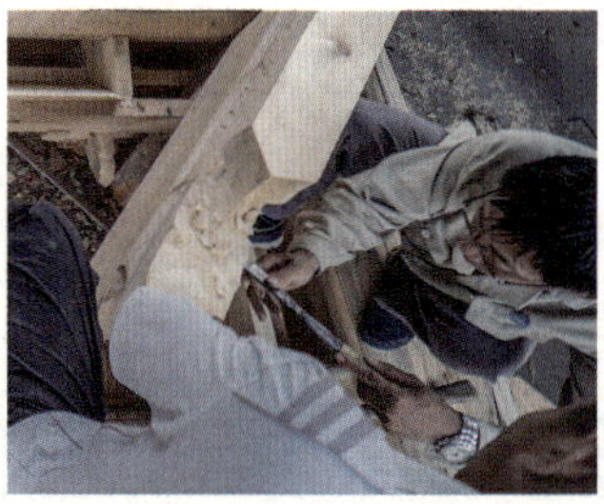

图 6-138　桁（檩）椀二次整修铲削

图 6-139　桁（檩）椀整修入位

图 6-140　老角梁后尾与交金瓜柱、金桁（檩）相交

图 6-141　桁（檩）椀整修入位，与桁（檩）叠压

图 6-142　角梁钉固定

图 6-143　安装完成的老角梁、仔角梁

（二）翼角椽、翘飞椽、蜈蚣椽及附件的安装

1. 翼角椽及附件的安装

（1）安装工序：安装小连檐⟶排椽花⟶安装枕头木⟶钉翼角椽⟶牢檐、盘头、钉望板。

（2）安装方法

① 在翼角的中间部位先按位置预钉 1～2 根翼角椽，然后根据此点、正身椽头点和老角梁头小连檐口子点安装小连檐。安装小连檐，使用麻绳打摽的方法以眼观的方式随时调整小连檐的曲线尺度，保证小连檐冲、翘的曲度和缓、囊向一致，不得出现死弯、鸡脖囊等现象。

② 在小连檐上派点翼角椽椽花线。

③ 贴附角梁在桁（檩）金盘位置安装枕头木。

④ 钉翼角椽

a. 翼角椽头按小连檐空间位置，椽花线、椽尾按老角梁椽尾分位线入椽槽安装。

b. 翼角椽头与小连檐临时固定，待最后调整确定后再加固钉牢。

c. 圆椽枕头木按椽形状剔出椽椀并留出椀口山，不得一抹砍平。

d. 翼角椽椽当按“一翘伸进手，二翘跟着走”的传统规矩，自 1 翘起逐渐加大至与正身椽当接近。

e. 每椽安装完成，与下一翘翼角椽的贴附面要求垂直。

f. 翼角椽与角梁、各椽相互贴附严实，并用铁钉固定。

g. 对安装完成的整体翼角进行囊向曲度、椽当当距及椽尾高低等复验，合格后，对椽头进行牢檐，对椽尾进行加固。

h. 椽头盘头：椽头以椽身做直角盘头并要求留出雀台，尺寸为 1/5～1/3 椽径，同时做出“擦棱”“扫眉”。

⑤ 钉望板。

至此翼角椽的安装完成。图 6-144 为翼角椽安装工序示意。

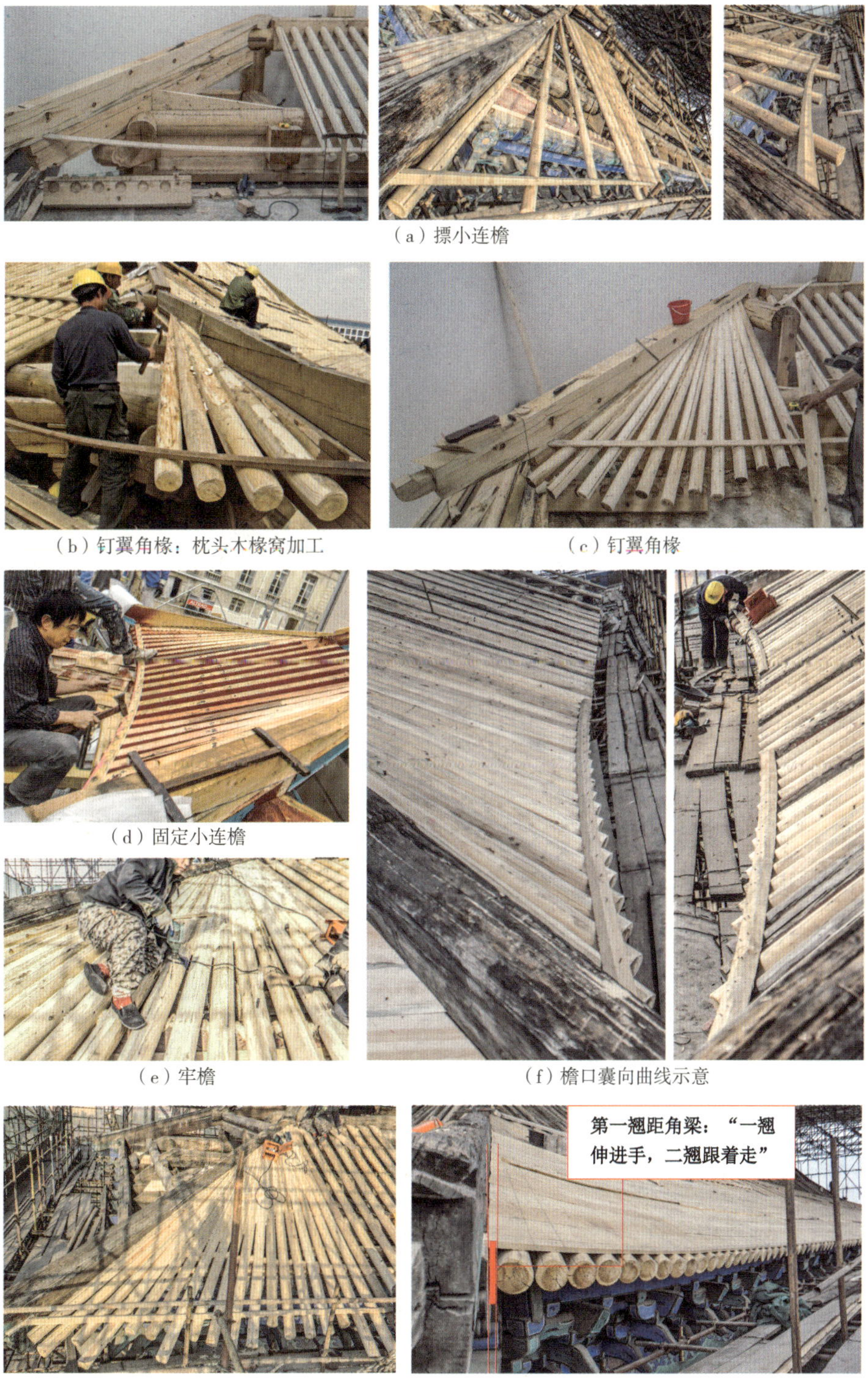

（a）摽小连檐

（b）钉翼角椽：枕头木椽窝加工

（c）钉翼角椽

（d）固定小连檐

（e）牢檐

（f）檐口囊向曲线示意

（g）钉翼角椽

（h）盘椽头、钉望板

图 6-144　翼角椽安装工序示意

2. 翘飞椽及附件的安装

（1）安装工序：翘飞椽分位⟶安装大连檐⟶排椽花⟶钉翘飞椽⟶牢檐、盘头、钉闸挡板、望板。

（2）安装方法

① 在翼角椽望板上按翼角椽外棱（正心方向）弹划翘飞椽外棱控制线。

② 按小连檐安装方法安装大连檐；要求大连檐的接口一定要过正身 800～1000mm。

③ 将翘飞椽外棱线引至大连檐上，并做适当调整使椽头当距符合要求。

④ 钉翘飞椽

a. 按控制线钉翘飞椽，椽头、椽尾临时固定；要求翘飞椽与下层翼角椽顺向延伸，不错位。

b. 翘飞椽头为正菱形，侧帮垂直。

c. 翘飞椽椽当自 1 翘起渐进加大。

d. 翘飞母不得探出小连檐。

e. 对初装完成的整体翼角进行囊向曲度、椽当当距及椽尾高低等复验，合格后，对椽头、椽尾牢檐加固。

f. 钉闸挡板、望板。

⑤ 椽头盘头：椽头以椽身做直角盘头并要求留出雀台，尺寸为 1/5～1/4 椽径，同时做出“擦棱”“扫眉”。

图 6-145 为翘飞椽安装工序示意。

（a）弹划翘飞椽分位线

（b）摽大连檐

（c）钉翘飞椽

（d）盘头、牢檐　（e）檐口囊向曲线示意　（f）铺钉望板、闸挡板、盘头

图 6-145　翘飞椽安装工序示意

3. 蜈蚣椽及附件的安装

蜈蚣椽的安装方法同正身椽，只是绞掌的方向与正身椽不同，此处略。

第四节　斗栱构件的制作与安装

一、斗栱构件的制作

1. 加工工序

构件的加工工序如下：放大样⟶制作样板⟶加工规格料⟶依照样板放线⟶分件制作。

（1）放大样。根据设计图纸及传统清官式做法尺寸在墙面、地面或木板上按 1∶1 足尺画出昂翘斗栱各构件的侧立面及各类栱子的正立面图；画出刻口、袖卯的平面详图并详细标注细部尺寸，角科斗栱需画出每层平面，以详细标明角科各构件的位置、尺寸、叠合关系及头、尾两端的组合。

（2）制作样板。用三合板、五合板依照大样把斗栱各分件的外形套画下来，制作成形并依划线要求刻出口子。

（3）加工规格料。根据构件的尺寸、数量加工规格木料，各类规格料的加工其数量及长短应留出适当余量。

（4）依照样板放线。

① 将样板贴附于规格料大面，用画签沿样板外轮廓在规格料准确划线，随后用方尺将线过到规格料的另一面，同样随样板准确画出外轮廓线。

② 划线宜使用墨线；用方尺过线必须将方尺尺墩贴附于规格料相邻两个平直方正的“好面”，以保证线头交圈；榫卯相交的线，应交错出头，以备查验。

（5）分件制作。按顺序首先剔凿各构件的销子卯眼；各种头饰、栱眼的加工、雕饰成形；构件的刻口卡腰、剔槽做袖，最后净活待装。

2. 技术要点及工艺做法

（1）凡斗栱构件相叠，必须栽木销。

① 纵向及斜向构件相叠，每层用于固定的销子不少于 2 个。

② 升、斗销子每件 1 个。

③ 挑檐枋及正心枋栽销间距不大于 1.5m。

（2）昂翘斗栱中各方向构件相交均需做刻口卡腰扣搭，刻口卡腰应遵循以下原则：进深构件在上，面宽构件在下，即“进深压面宽”；遇有斜向构件，则斜向构件在最上层。

① 平身科。横向（面宽方向）构件为“等口”，刻口向上；纵向（进深方向）构件为“盖口”，刻口向下，各留 1/2；遇有连做构件，则可根据安装顺序灵活掌握。详见图 6-146～图 6-152。

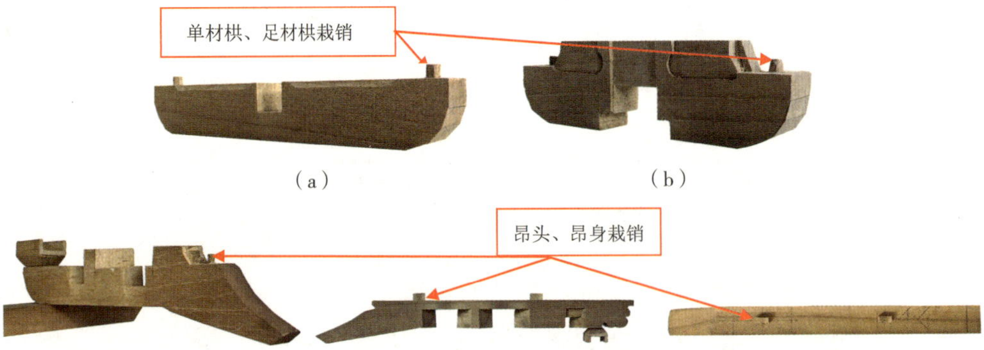

（a）（b）

（c）（d）（e）

图 6-146　栽销

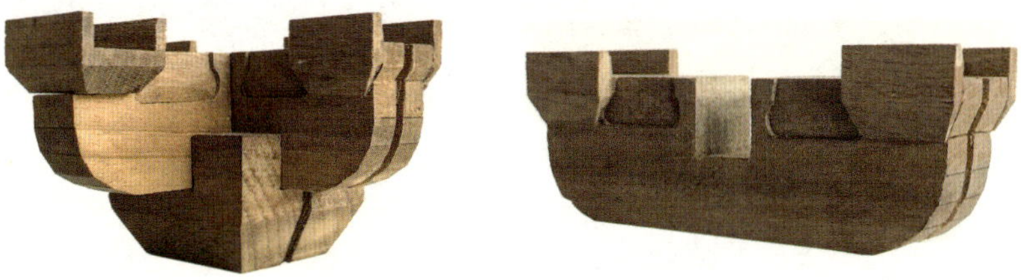

（a）平身科昂翘斗栱——横、纵向构件相交　（b）横向（面宽）构件刻口——等口

图 6-147　构件加工——平身科“刻口卡腰”与剔袖

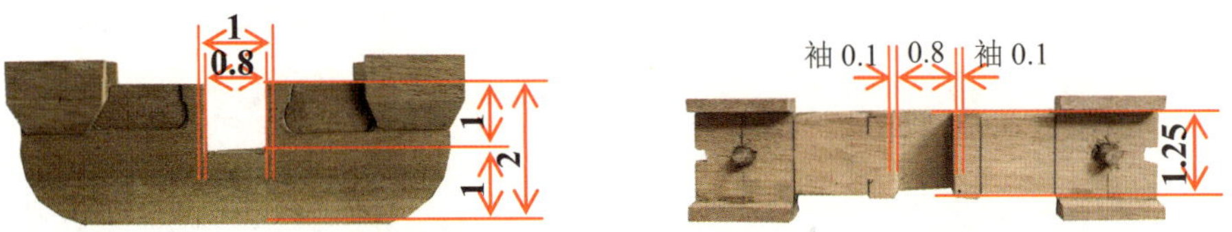

（a）（b）

图 6-148　平身科刻口卡腰与剔袖 1

注：横向（面宽）栱类构件——等口“刻口”尺寸。

（a）横向栱类构件——等口　（b）纵向昂类构件——盖口

图 6-149　平身科刻口卡腰与剔袖 2

注：平身科斗栱刻口卡腰原则：纵向构件压横向构件。

（a）　　（b）　　（c）

图 6-150　平身科刻口卡腰与剔袖 3

注：纵向（面宽）昂类构件——盖口刻口、剔袖尺寸。

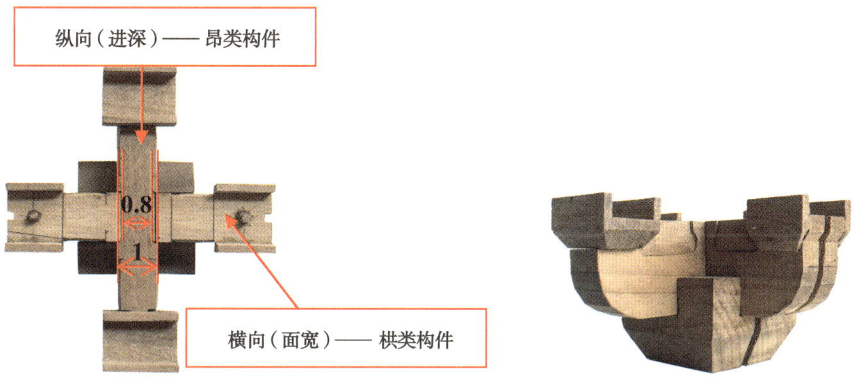

（a）　　（b）

图 6-151　平身科刻口卡腰与剔袖 4

注：刻口卡腰原则：进深压面宽。

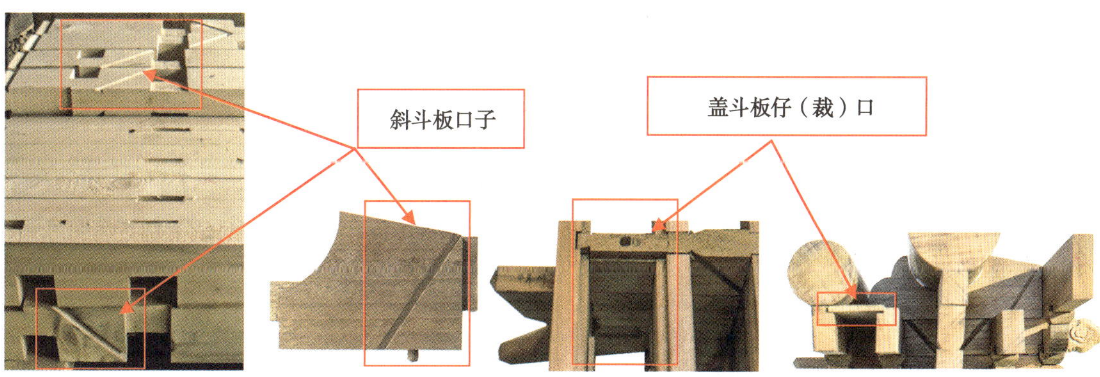

（a）　　（b）　　（c）　　（d）

图 6-152　平身科盖斗板、斜斗板口子

② 柱头科。位置处于桃尖梁下皮本层及以下层的构件，横向（面宽）、纵向（进深）相交，均需做刻口卡腰扣搭。位置处于桃尖梁下皮本层以上层的正心、拽架枋不做刻口卡腰，仅在桃尖梁相应部位按枋子尺寸剔袖（卯口），枋子与其直交；与桃尖梁相交的里拽厢拱头与桃尖梁榫卯（双榫）相交。横向（面宽方向）构件为“等口”，刻口向上；纵向（进深方向）构件为“盖口”，刻口向下（即进深压面宽），刻口高为横向构件高的 1/2。详见图 6-153 和图 6-154。

（a）平身科——“翘”　　（b）柱头科——“翘”

图 6-153　柱头科刻口卡腰与剔袖 1

注：柱头科刻口卡腰与剔袖除构件桃尖梁与平身科有所区别外，其余构件与平身科相同，图略。

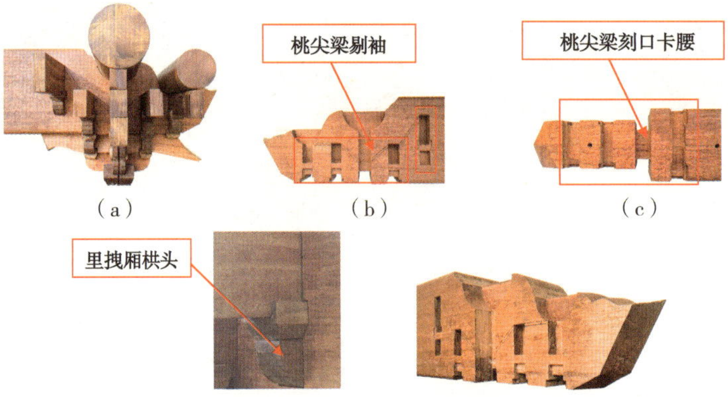

（a）　（b）　（c）

（d）　（e）

图 6–154　柱头科刻口卡腰与剔袖 2

③ 角科。横纵两方向构件相交的构件，刻口卡腰与平身科做法相同；与斜向构件三方向重合相交的斜向构件刻口为“总盖口”，刻口向下，上部留 1/3；纵向（进深方向）构件为“盖口”（或称“腰枋”），上下刻口，中部留 1/3；横向（面宽方向）构件为“等口”刻口向上，下部留 1/3。

（3）凡刻口卡腰构件，应按以下原则留袖：正向相交构件刻口卡腰部位均需双面做剔袖，袖深各 0.1 斗口；角科斜向构件及与之三（多）重相交的正交构件其刻口卡腰部位不做剔袖。详见图 6–155。

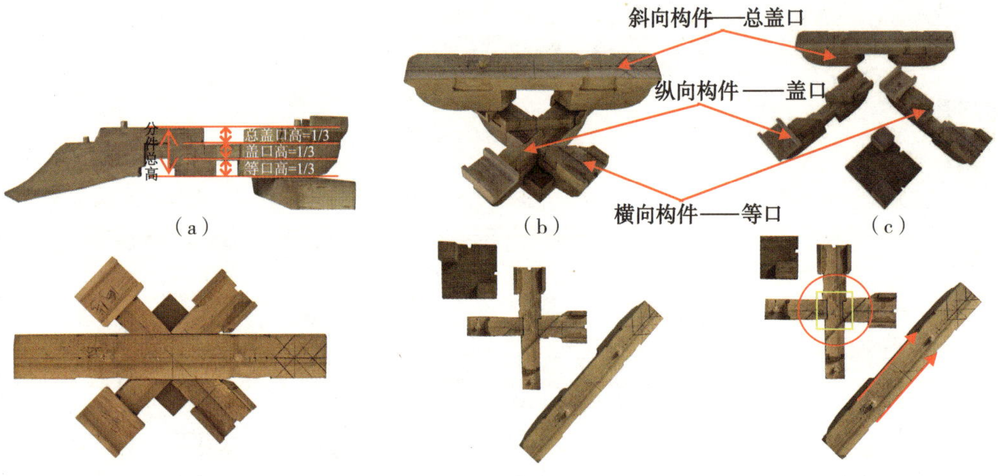

（a）　（b）　（c）

（d）　（e）　（f）

图 6–155　角科刻口卡腰与剔袖

角科斗栱刻口卡腰原则是：正向山面构件压檐面构件；斜向构件压正向构件。

角科斗栱剔袖原则是：正向相交构件刻口卡腰部位均需双面做剔袖；斜向构件及与之三（多）重相交的正交构件其刻口卡腰部位不做剔袖。

角科斗栱中，正交构件相交：做刻口卡腰并剔袖。

角科斗栱中，正交与斜向构件相交：做刻口卡腰，但不做剔袖。

二、斗栱试装摆验

斗栱试装摆验详见图 6–156、图 6–157。

1. 工序

坐斗⟶各层横向栱、枋试装⟶栽销⟶各层纵向构件试装⟶各层斜向构件试装⟶栽销⟶

各层升、斗试装⟶标写编号。

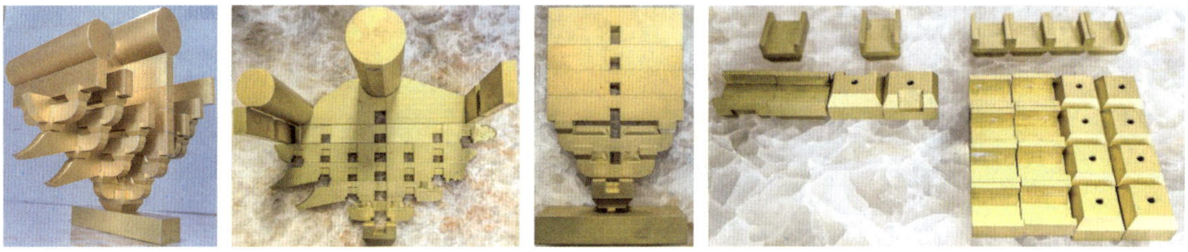

（a） （b） （c） （d） （e）

图 6–156 试装前准备工作：构件齐全

（a） （b） （c） （d） （e） （f）

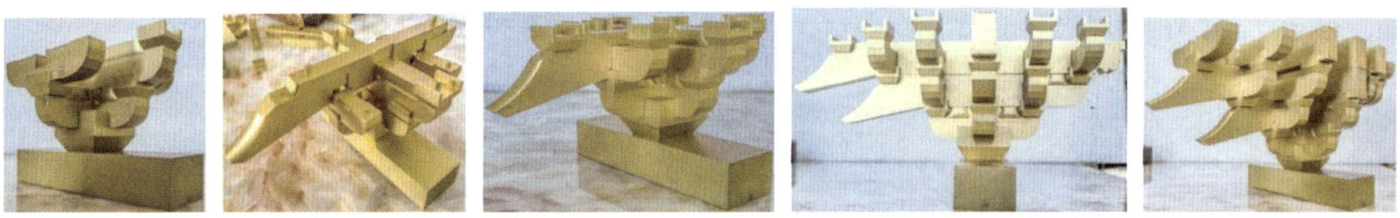

（g） （h） （i） （j） （k）

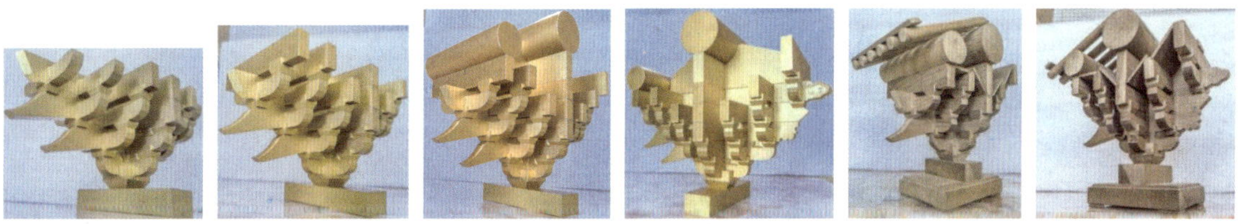

（l） （m） （n） （o） （p） （q）

图 6–157 斗栱逐层组装示意

注：图（a）（b）为第 1 层，图（c）～（e）为第 2 层，图（f）～（i）为第 3 层，图（j）（k）为第 4 层，图（l）为第 5 层，图（m）为第 6 层，图（n）（o）为单翘单昂五踩平身科斗栱，图（p）（q）为单翘单昂五踩平身科斗栱。

2. 技术要点及工艺做法

（1）横向栱子的升、斗台位置栽槽升子木销；在栱身位置栽固定销子，木销尺寸略涨于卯眼尺寸，抹适量乳胶楔入固定，销子出头长度适宜，并于端头做四面“压棱”。

（2）安装各层纵向构件，除注意松紧适宜，水平高低位置准确，与横向构件“隔方”外，还应随时保证构件的出进尺寸及前后拽架尺寸与大样保持一致，避免在整体安装时加大误差。

（3）除承托正心、拽架各枋的升、斗暂不安装外，其余槽升子、十八斗均安装入位。安装时需特别注意斗腰的高度不虚不涨，斗耳刻口不紧不松，斗底与升、斗台平稳附实，入袖榫、卯紧凑严密。

（4）成攒斗栱每层构件安装后，依大样核对尺寸，各构件找方，确认无误后在每层构件的背（上）部标写斗栱编号。编号内容包括位置、层数、名称、序号等。

三、斗栱安装

斗栱逐层安装详见图 6–158。

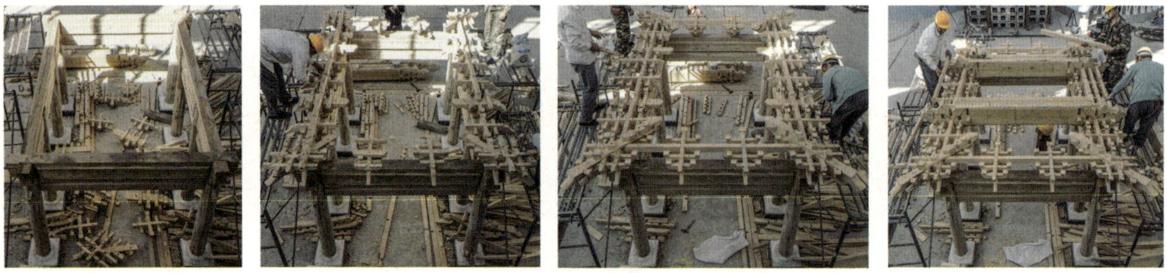

（a）第一至四层安装

（b）第五、六层及木基层安装

（c）斗栱安装

（d）斗栱安装局部示意

图 6-158　斗栱逐层安装示意

1. 工序

坐斗⟶垫栱板⟶各层横、纵、斜向构件⟶各层升斗⟶桃尖梁⟶梁上栽横向构件⟶枋类安装⟶斜、盖斗板。

2. 技术要点及工艺做法

（1）安装工序：要求斗栱按号入位、顺序安装，不得混用及工序颠倒。

（2）逐层验线，保证斗栱的水平方正及出进一致；刻口卡腰、栱板入槽要求松紧适宜，不“扛”不“涨”；长向构件（枋子）的接茬必须处在斗栱的纵向构件位置上。

（3）坐斗（桶子大斗、角科坐斗）按顺序安装于坐斗枋上，大斗底棱十字线与坐斗枋十字线吻合；拉通线尺量检查各相邻坐斗刻口的高度是否一致；斗栱外棱是否一致。

（4）按顺序安装垫栱板，并注意栱板入槽尺度适宜，不“扛”栱子不透亮；松紧适宜，不“撑”栱子不晃荡。

（5）安装横向构件时需拉通线，通线要求必须与建筑物的横轴保持水平，横向构件的外棱贴附于通线，要求“似挨似不挨”，不得“扛”线。横向正心枋、拽架枋的“接茬”必须做“刻半”榫，且长度不短于2倍的本身厚，同时位置必须置于斗栱的纵向构件之上。

（6）安装纵、斜向构件时也需拉通线，通线控制各攒斗栱纵向构件的出进尺度；纵向构件安装时必须保证与横向构件的“割方”；斜向构件安装时必须保证与横向构件的夹角角度；必须保证拽架尺寸的准确；必须保证各刻口卡腰部分的松紧适宜，严禁过多伤及斜、纵向构件的盖口部分。

（7）在安装斗栱横、纵、斜向构件的同时，安装各层升、斗。升、斗的安装应随时检查“斗腰”的高度尺寸，以免造成升、斗上方构件逐层高度的“亏”“涨”，同时注意斗耳之间净空尺寸，避免在安装上方构件时将斗耳撑胀劈裂或缝隙过大造成松动。

（8）斗栱各件检查调正后安装斜、盖斗板，斜斗板要求长（横）向两端依构件上板槽形状做出榫头，入位板槽，短（进深向）依本身角度刮出“坡棱”与枋子上口找平，盖斗板按枋子裁口尺寸截出长短宽窄，坐于裁口内。

第五节　木装修构件的制作与安装

一、大门槛框及槛框附件制作的工序流程及技术要点

（一）工序流程

加工规格料⟶安装位置划（弹）线⟶安装位置凿卯栽销⟶槛框找直、找平（岔抱豁）⟶槛框、附件划线⟶制作榫卯、框线⟶净活⟶核尺标号⟶待安装。

（二）技术要点

（1）抱框、上下槛可加工三面，靠近柱子及枋子、地面的一面不用加工，以备岔抱豁。

（2）在安装槛框位置的柱、枋上，水平、垂直画（弹）出槛框外皮线、框心控制线及卯口尺寸线。

（3）在柱子上依卯口尺寸线凿出各槛的卯口、栽好抱框的销子（掳子榫）。

（4）沿柱、枋上所画框心控制线，用叉子板顺着柱、枋摹画出槛框外侧的形状，依照此线进行槛框外侧的再加工，这样既保证槛框框心尺寸的方正垂直，又能保证槛框与柱、枋之间紧密附实。

（5）根据框心控制线画出槛框的卯口、榫头、榫肩、裁口及造型等线并分别做出卯口、榫头、榫肩、裁口、框线及构件的造形、简单雕饰等。

（6）加工完成的槛框进行净活，将无用的墨线刮净。

（7）成品槛框要求将名称标写在隐蔽位置并分类码放待安装。

二、大门槛框及槛框附件的安装工艺、工序流程及技术要点

（一）安装工艺

槛框及附件安装方法如图6-159所示。

1. 有中槛的槛框

下槛利用倒退榫或溜销榫方式与柱子连接安装后背紧涨眼或溜销卯口；抱框利用销子榫（捞子榫）与柱子连接安装后下落至下槛，单直半透榫卯连接；门框与下槛单直半透榫卯连接；中槛利用倒退榫方式与柱子连接安装后，下落并背紧涨眼，使抱框、门框榫头入卯；上槛利用倒退榫方式与柱子连接安装后，背紧涨眼；短抱框利用溜销榫方式与上、中槛连接；间框（间柱）利用溜销榫方式与上、中槛连接；木引（压）条固定余塞板、走马板；铁钉固定连楹于中槛上；门簪出榫穿透中槛、连楹后用别簪（销子）固定。

2. 无中槛的槛框

下槛利用倒退榫或溜销榫与柱子连接安装后背紧涨眼或溜销卯口；上槛利用倒退榫方式与柱子连接安装后，背紧涨眼；抱框利用溜销榫与上、下槛连接安装后，可在抱框小面用铁钉固定；门框利用溜销榫与上、下槛连接安装后，可在门框小面用铁钉固定；木引（压）条固定余塞板；铁钉固定连楹于上槛上；门簪出榫穿透上槛、连楹后用别簪（销子）固定。

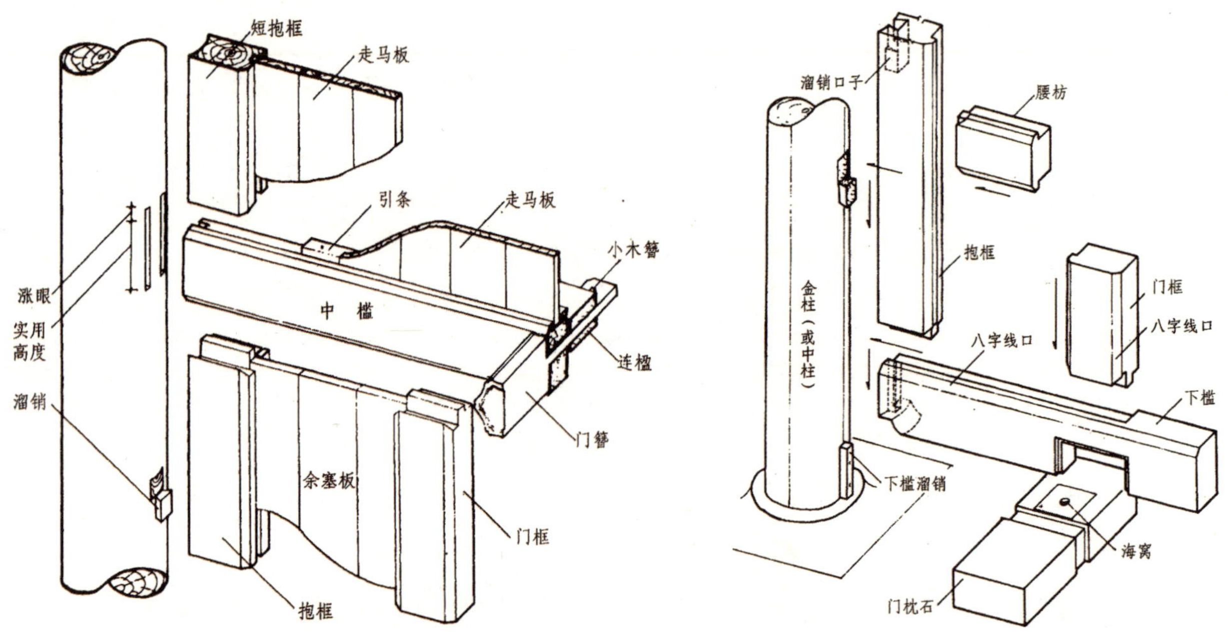

（a）中槛、门框、门簪构造示意　　（b）下槛、门枕、抱框构造示意

图 6-159　槛框及附件安装方法示意

注：引自《中国古建筑木作营造技术》；槛框榫卯可与装修榫卯同时参考使用。

（二）工序流程

1. 有中槛的槛框

下槛⟶抱框⟶门框⟶中槛⟶上槛⟶短抱框⟶间框（间柱）⟶余塞、走马板⟶连楹⟶门簪。

2. 无中槛的槛框

下槛⟶上槛⟶抱框⟶门框⟶余塞板⟶连楹⟶门簪。

（三）技术要点

（1）槛框与木柱、槛与框及大门附件与槛框之间的连接，除安装无中槛的槛框可在抱框、间框小面使用铁钉钉牢外，其余槛框均使用榫卯连接的方式（可根据设计要求适当加装铁件、铁螺栓等辅助加固）。

（2）槛框大面及内侧小面（向门口方向）垂直，偏差部分在槛框的外口（与柱、枋及地面相接处），详见图 6-160 和图 6-161。

（3）槛框向门口、余塞一侧的外立面均做抱框线角（下槛门口部位不做）；内立面可做八字线角也可不做，详见图 6-162 和图 6-163。

（4）下槛的安装在地面铺墁工序完成后进行。

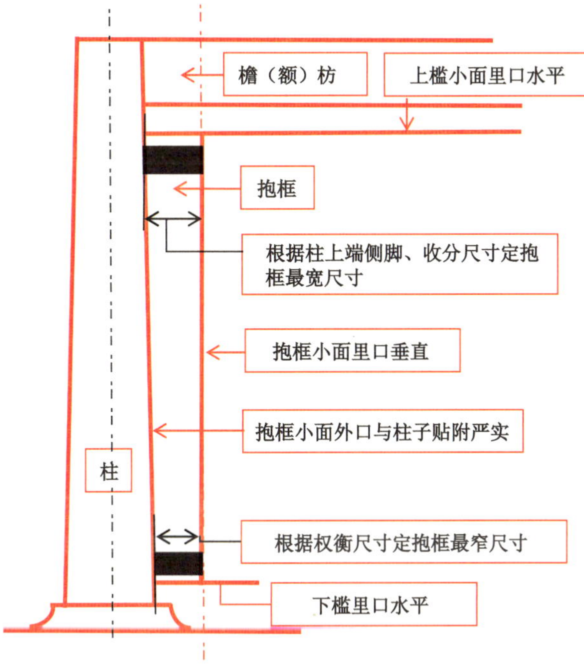

图 6-160 槛框定宽部位示意

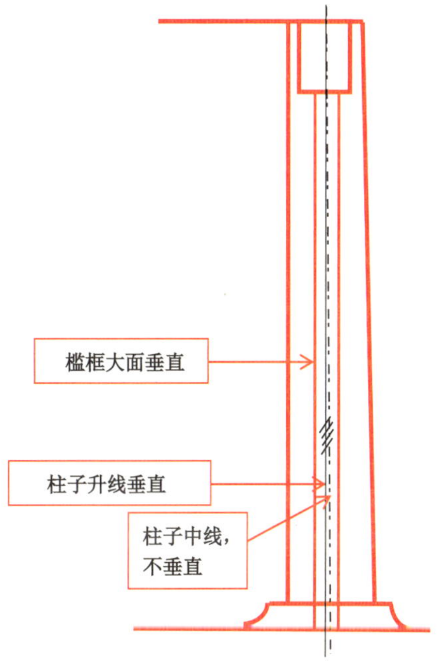

图 6-161 槛框安装部位示意

（a）（b）

图 6-162 大门框线部位示意（图中黄线部位）

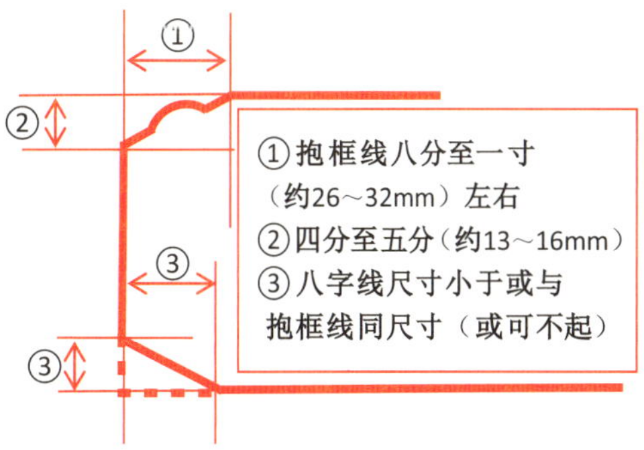

图 6-163 大门抱框线、八字线断面示意

三、大门门扇制作、安装的工序流程及技术要点

（一）工序流程

加工规格料——→放制样板——→划线——→制作——→组装成型——→核尺编号——→码放待装——→成品安装。

（二）技术要点

1. 加工规格料

根据大门的尺寸、数量加工规格木料。配料要求方正直顺、尺寸准确，不得长材短用，在边、抹的榫卯处尽量避免木节，同时，木料长度及数量应留出适当的余量，配好的木料要求分类码放待用。

2. 放制样板

大门制作中其门簪、连楹等异形构件在制作前需按 1∶1 足尺画出大样，并用三合板、五合板依照大样把构件的外形套画下来，制作成形并画出榫卯口子，同时在样板上写明构件名称、尺寸、数量。对画好后的大样及样板，应妥善保管，不得污损丢失，以备在制、安施工时随时对照检验。

3. 划线

根据调整后的实际尺寸及样板用方尺在规格木料上画卯口、榫肩、裁口及造型线，要求准确、方正、不走形。

4. 制作

（1）按门口尺寸加出刻头、碰头余量（保头）。

（2）门扇的边抹必须榫接；门心板拼接必须榫接；各种榫卯使用准确。

（3）按线进行加工操作，其分工序依次为：开榫凿卯──→裁口成形──→起线断肩──→简单雕饰──→成品净活──→码放待装。

5. 组装成形

将净活后的分构件按部位组装成形。其分工序依次为：试装（根据实际情况或可省略）──→榫卯抹胶──→组装成形──→找平找方──→背楔严实──→成品净活。

6. 核尺编号

除在划线工序中应反复核对尺寸外，在成品净活后还需依照图纸核对成品尺寸，同时在成品的隐蔽部位进行编号。

7. 码放待装

选择干燥通风的场地码放成品，成品底部用木枋垫平、垫稳，码放高度不宜超过 2m。

8. 成品安装

（1）大门扇的安装根据所处位置及设计要求决定采用传统（门轴类）或新式装修（合页类）的安装方法。其分工序为：门扇样活（准确尺寸的再加工）──→裁口、起线、裹圆成形──→寿山福海、兽面门钹、包叶门钉、鹅项碰铁（或合页五金）、屈戌海窝等安装──→门扇安装。

（2）大门的开启、关闭、锁合方式

① 贴结构柱、枋一侧安装槛框。

② 门扇贴附在槛框向院内一侧安装。

③ 门轴（轴）上端插入连楹（寿山），下端落入门枕海窝（福海）。

④ 门扇向内开启，向外闭合。

⑤ 门闩或其他锁合装置从院内锁合关闭门扇。

门扇关闭如图 6-164 所示。

（3）按传统方式安装的大门门扇必须保证在关闭的情况下不能从院（室）外将其摘除。

（4）门扇的刻头、碰头尺寸准确留置，确保满足使用中的特殊要求。刻头、碰头尺寸详见大门门扇的权衡尺寸。

（5）活动开启的门扇与框、门扇与门扇之间应留出缝路，详见大门门扇的权衡尺寸。缝路的宽度除门扇自身开启需要外，还应根据油漆地仗做法及施工季节不同留出所需的厚度（油漆地仗的厚度通常为 3～5mm），以保证门扇开启自如。

（a）　（b）

图 6-164　门扇关闭示意

四、隔扇、风门门扇制作、安装的工序流程及技术要点

（一）工序流程

加工规格料——→划线——→制作——→组装成形——→核尺编号——→码放待装——→成品安装。

（二）技术要点

1. 加工规格料

根据隔扇、门的尺寸、数量加工规格木料。配料要求方正直顺、尺寸准确，不得长材短用，在边、抹的榫卯处尽量避免木节，同时，木料长度应留出适当的余量，配好的木料要求分类码放待用。

2. 放制样板

复杂的棂心图案在制作前应按 1∶1 足尺划出大样，按其实际角度进行断肩、开榫；复杂的花饰宜用三合板、五合板把大样套划下来制作成形并划出榫卯口子。对划好后的大样及样板应妥善保管，不得污损丢失。

3. 划线

根据实际尺寸及样板用方尺、角尺、活尺在规格木料上划卯口、榫肩、裁口及造形线，要求准确、方正、不走形。

4. 制作

（1）按隔扇、风门门扇的满外定尺、棂心图案的排当要求、图形要求进行加工。

（2）隔扇、风门类的边抹、仔屉、棂条、心板均应按规定榫接，并符合相关要求。

（3）边抹、仔屉、棂条的断面应符合本部分相关的规定。

（4）按线进行加工，分别开榫凿卯、起线断肩、裁口成形及简单雕饰等。净活后待组装。

5. 组装成形

将净活后的散件按部位组装成形，其顺序依次为：榫卯抹胶——→组装成形——→背楔严实——→找平找方——→成品净活。

6. 核尺编号

除在划线工序中应反复核对尺寸外，在成品净活后还需依照图纸核对成品尺寸，同时在成品的隐蔽部位进行编号。

7. 码放待装

选择干燥通风的场地码放成品，成品底部用木枋垫平、垫稳，码放高度不宜超过 2m。

8. 成品安装

按照传统的开启、关闭方式安装（或根据使用要求采用近代合页类开启、关闭方式）。

（1）贴结构柱、枋一侧安装槛框。

（2）按框心尺寸确定隔扇数量及隔扇的高与宽。

（3）隔扇在框心内安装，背面（室内一侧）与槛框里皮一平。

（4）按设计要求确定固定扇、活动扇的位置。

（5）活动扇轴心边位置安装门肘（轴）插入双楹（或通长连楹），带动隔扇向内开启、闭合。

（6）活动扇闭合边位置用栓杆插入单楹（根据不同配置或用双楹）从室内锁合关闭隔扇，必须保证在关闭的情况下不能从室外将其摘除。

（7）留出门扇的缝路，缝路应根据油饰做法确定。

（8）安装顺序为：门扇样活（准确尺寸的再加工）⟶裁口、起线⟶门轴安装⟶鹅项碰铁等（或合页五金等）安装⟶门扇安装。

五、槛窗、支摘窗槛框及槛框附件制作的工序流程及技术要点

注：本部分制作工艺与大门槛框及槛框附件的制作工艺基本相同，此处略。

六、隔扇、风门类槛框及槛框附件的安装工艺、工序流程及技术要点

安装工艺如下。

（1）榻板的安装宜在槛墙砌筑工序完成后进行。

（2）榻板安装应向室外一侧做出 0.5% 泛水。

注：本部分其他内容同隔扇、风门，此处略。

七、槛窗、支摘窗窗扇制作、安装的工序流程及技术要点

注：本部分内容同隔扇、风门，此处略。

八、栏杆制作、安装的工序流程及技术要点

（一）工序流程

加工规格料⟶放制样板⟶划线⟶制作⟶组装成形⟶核尺编号⟶码放待装⟶成品安装。

（二）技术要点

1. 加工规格料

根据栏杆的尺寸、数量加工规格木料。配料要求方正直顺、尺寸准确，不得长材短用，在边、

抹的榫卯处尽量避免木节，同时，木料长度应留出适当的余量，配好的木料要求分类码放待用。

2. 放制样板

复杂的棂心图案在制作前应按 1：1 足尺划出大样，按其实际角度进行断肩、开榫；复杂的花饰宜用三合板、五合板把大样套划下来制作成形并划出榫卯口子。对划好后的大样及样板应妥善保管，不得污损丢失。

3. 划线

根据实际尺寸及样板用方尺、角尺、活尺在规格木料上划卯口、榫肩、裁口及造形线，要求准确、方正、不走形。

4. 制作

（1）栏杆望柱的四角通常起梅花线（贴墙、柱一面不起），梅花线宽为望柱本面宽的 1/10～4/5，经盖圆后呈梅花瓣形。

（2）望柱大面（不安框心、不贴墙、柱一面）通常落地雕刻海棠池，望柱头部分海棠池除贴墙、柱一面不做外，其余三（四）面均做；望柱头做出束腰，束腰的留置方向与柱头海棠池的留置方向一致。

（3）栏杆边框向框心（棂条）方向起双面凹角线，反向不起，框心棂条断面多为平直、弧形（盖圆），凡断面为平直形棂条通常要求四面起凹角线（由设计定）。

（4）花栏杆框心中步步锦、灯笼框、套方、万字、盘肠、拐子锦、龟背锦等图案的仔屉芯中，棂条与空当的比多为 1：（2～4）（根据栏杆本身的长度及牢固程度做调整）。

（5）按线进行加工，分别开榫凿卯、起线断肩、裁口成形及简单雕饰等，净活后待组装。

5. 组装成形

将净活后的散件按部位组装成形，其顺序依次为：榫卯抹胶⟶组装成形⟶背楔严实⟶找平找方⟶成品净活。

6. 核尺编号

除在划线工序中应反复核对尺寸外，在成品净活后还需依照图纸核对成品尺寸，同时在成品的隐蔽部位进行编号。

7. 码放待装

选择干燥通风的场地码放成品，成品底部用木枋垫平、垫稳，码放高度不宜超过 2m。

8. 成品安装

（1）栏杆垂直于地面安装。

（2）安装后的栏杆框心应方正平直，误差部分在望柱的外侧（贴墙、柱一侧）找齐。

（3）望柱与木柱之间的连接采用“砍抱豁”及榫卯连接（参考抱框）的方式（可根据使用和设计要求适当加装五金固定件来辅助加固）。

（4）栏杆框心与望柱之间的连接采用销子连接固定的方式。

（5）栏杆与屋顶、墙体之间的连接，采用铁活连接固定的方式（做法按设计要求）。

九、槅子类制作、安装的工序流程及技术要点

（一）工序流程

加工规格料⟶放制样板⟶划线⟶制作⟶组装成形⟶核尺编号⟶码放待装⟶成品安装。

（二）技术要点

1. 加工规格料

根据槅子类分构件的尺寸、数量加工规格木料。配料要求方正直顺、尺寸准确，不得长材短用，在边、抹的榫卯处尽量避免木节，同时，木料长度应留出适当的余量，配好的木料要求分类码放待用。

2. 放制样板

复杂的棂心图案在制作前应按 1∶1 足尺划出大样，按其实际角度进行断肩、开榫；复杂的棂心花饰及雀替、花牙子宜用三合板、五合板把大样套划下来制作成形并划出榫卯口子；对划好后的大样及样板应妥善保管，不得污损丢失。

3. 划线

根据实际尺寸及样板用方尺、角尺、活尺在规格木料上划卯口、榫肩、裁口及造形线，要求准确、方正、不走形。

4. 制作

（1）槅子分构件的连接方式必须榫接。

（2）槅子边（腿子）向棂条方向起双面凹角线，向柱子方向不起。

（3）外檐槅子棂条断面多为双面外凸弧形（盖面）；内檐槅子棂条断面有双面盖面、双面起洼面（凹面）及平直四面起凹角线多种。

（4）棂条分当同外檐隔扇。

（5）挂檐板对接部位采用龙凤榫接方式；板必须穿带。

（6）按线进行加工，分别开榫凿卯、起线断肩、裁口成形及简单雕饰等，净活后待组装。

5. 组装成形

将净活后的散件按部位组装成形，其顺序依次为：榫卯抹胶⟶组装成形⟶背楔严实⟶找平找方⟶成品净活。

6. 核尺编号

除在划线工序中应反复核对尺寸外，在成品净活后还需依照图纸核对成品尺寸，同时在成品的隐蔽部位进行编号。

7. 码放待装

选择干燥通风的场地码放成品，成品底部用木枋垫平、垫稳，码放高度不宜超过 2m。

8. 成品安装

（1）槅子安装垂直于地面。

（2）槅子框心方正平直，误差部分在槅子边抹的外口（柱、枋一侧）找齐。

（3）雀替与柱子榫接，迎头处铁钉固定。

十、碧纱橱、花罩、博古架、板壁类制作、安装的工序流程及技术要点

（一）工序流程

加工规格料⟶放制样板⟶划线⟶制作⟶组装成形⟶核尺编号⟶码放待装⟶成品安装。

（二）技术要点

1. 加工规格料

根据槅子类分构件的尺寸、数量加工规格木料。配料要求方正直顺、尺寸准确，不得长材短用，在边、抹的榫卯处尽量避免木节，同时，木料长度应留出适当的余量，配好的木料要求分类码放待用。

2. 放制样板

复杂的异形花罩边框在制作前应按 1∶1 足尺划出大样，按其实际角度进行断肩、开榫；复杂的棂心花饰宜用三合板、五合板把大样套划下来制作成形并划出榫卯口子；对划好后的大样及样板应妥善保管，不得污损丢失。

3. 划线

根据实际尺寸及样板用方尺、角尺、活尺在规格木料上划卯口、榫肩、裁口及造形线，要求准确、方正、不走形。

4. 制作

（1）碧纱橱花罩、博古架分构件的连接方式必须榫接，凡露明榫卯在保证牢固的前提下，尽量使用半透榫卯（不见木材立茬）；碧纱橱花罩贯通棂条凡处于隐蔽部位的，均要求做通透榫卯。花罩边框端头交角处做单或双直通透（半透、减榫）榫卯及燕尾榫卯；碧纱橱花罩、博古架棂条及隔板端头交角处做燕尾或对卡榫卯；花罩、博古架棂条及隔板交叉处做单直半榫。

（2）花罩、博古架边框向花板、棂心一侧起双面一炷香或凹角线，棂心边框两侧均起双面一炷香或凹角线，做实肩［或割（斜）角肩、合角肩］。

（3）棂条看面多为平直面、凸、洼面（凹面），双面做法；凡棂条看面为平面的，均起四面凹角线，做实肩；凹凸形看面做割（斜）角肩及合角肩。

（4）博古架、书架无框架搁板、侧帮板、挡板必须穿带。

（5）按线进行加工，分别开榫凿卯、起线断肩、裁口成形及简单雕饰等。净活后待组装。

5. 组装成形

将净活后的散件按部位组装成形，其顺序依次为：榫卯抹胶⟶组装成形⟶背楔严实⟶找平找方⟶成品净活。

6. 核尺编号

除在划线工序中应反复核对尺寸外，在成品净活后还需依照图纸核对成品尺寸，同时在成品的隐蔽部位进行编号。

7. 码放待装

选择干燥通风的场地码放成品，成品底部用木枋垫平、垫稳，如竖立存放，应有相应的拉接固定措施。

8. 成品安装

碧纱橱的安装方法与外檐隔扇的安装方法类似，只是开启转动的装置有所不同，改外檐木质门肘（轴）、单、双楹为铁质鹅项、碰铁，屈戌、海窝，详见第五章第五节（五），再就是碧纱橱除转动开启外，还有推拉开启的方式，详见图 6–165 和图 6–166。

图 6–165　碧纱橱转动开启方式示意

图 6–166　碧纱橱推拉开启方式示意

（1）碧纱橱、花罩槛框的安装同隔扇，此处略。

（2）碧纱橱固定扇的安装采用头缝榫上起下落的方式；开启扇采用栓杆、鹅项、碰铁、屈戌、海窝等传统转动开启方式。

（3）博古架、书架垂直于地面安装。

（4）需要固定安装的博古架、书架应与墙体、柱子拉结牢固。

（5）板壁龙骨、边龙骨与柱子、墙体拉结牢固。

（6）壁板与龙骨钉接牢固。

十一、天花类制作、安装的工序流程及技术要点

（一）工序流程

加工规格料──→划线──→制作──→组装成形──→核尺编号──→码放待装──→成品安装。

（二）技术要点

1. 加工规格料

根据天花类分构件的尺寸、数量加工规格木料。配料要求方正直顺、尺寸准确，不得长材短用，在边、抹的榫卯处尽量避免木节，同时，木料长度应留出适当的余量，配好的木料要求分类码放待用。

2. 划线

根据实际尺寸及样板用方尺、角尺在规格木料上划卯口、榫肩、裁口及七分线，要求准确、方正、不走形。

3. 制作

（1）天花支条榫接，起线，拼板、穿带预加工，现场安装。

（2）木顶格加工同门窗。

4. 成品安装

（1）帽儿梁

① 根据天花的高度位置确定直接架放在天花梁上或做榫刻入天花梁。

② 每根帽儿梁安装不少于两根铁吊杆（根据开间尺寸适当增加）。

（2）支条

① 通支条：随帽儿梁沿面宽方向每两井通长布置一根，可与帽儿梁连做也可分体做钉接。

② 连二支条：通支条之间顺进深方向每井通长布置一根。

③ 单支条：连二支条之间沿面宽方向每井布置一根。

（3）海墁天花（木顶格）

① 每扇木顶格安装铁吊杆或木吊挂不少于 4 根（根据单扇尺寸可适当增加），详见图 6-167。

（a）　（b）　（c）　（d）　（e）

图 6-167　檩枋、天花梁上安装铁吊杆拉结帽儿梁；帽儿梁与天花梁榫接；铁吊杆与帽儿梁连接

② 木顶格销子连接，每扇不少于 4 个。

如图 6-168 所示为木顶格分位排当；铁吊杆、木吊挂与木顶格拉结；木顶格之间活动销子连接等示意。

（a）　（b）　（c）

图 6-168

（d）　（e）　（f）

图 6-168　木顶格分位排当；铁吊杆、木吊挂与木顶格拉结；木顶格之间活动销子连接等示意

十二、楼梯类制作、安装的工序流程及技术要点

（一）工序流程

加工规格料——►划线——►制作——►组装成形——►核尺编号——►码放待装——►成品安装。

（二）技术要点

1. 加工规格料

根据天花类分构件的尺寸、数量加工规格木料。配料要求方正直顺、尺寸准确，不得长材短用，在边、抹的榫卯处尽量避免木节，同时，木料长度应留出适当的余量，配好的木料要求分类码放待用。

2. 划线

根据楼梯的实际尺寸及角度用方尺在规格木料上画出卯口榫肩线，要求准确、方正、不走形。

3. 制作

（1）楼梯梁（侧帮）上踢、踏板的榫槽深度一定要严格控制，不得超出设计规定的深度，以保证楼梯梁（侧帮）的强度。

（2）楼梯踢板可垂直于地面，亦可根据所处位置的现状做成倾斜状；踏板可水平于地面，亦可适当做出泛水。

（3）按线进行加工，分别开榫凿卯、企口断肩、裹棱成形等，净活后待组装。

4. 组装成形（或分件安装）

（1）侧帮内侧安装踏（踩）板、踢板、侧帮横梁。

（2）核尺调整方正后加楔锁死侧帮横梁，并用木枋临时固定成形楼梯，待安装。

5. 成品安装

（1）根据楼梯安装的实际位置安装楼梯梁（帮）底脚衬脚木枋或底脚固定铁件并剔凿楼梯梁（帮）底脚及望柱底脚卯口等。

（2）在楼梯梁（侧帮）上端头安装位置上的楼梯承重梁上剔出楼梯梁（帮）卯口及袖榫榫槽。

（3）成品楼梯与楼梯上端承重梁、下端衬脚枋（承重梁）榫接安装，根据需要加装加固衬枋或加固铁件。

（4）楼梯梁（侧帮）上按位置剔凿卯口安装望柱。

第七章

清官式建筑榫卯

中国传统木构建筑是由成百上千根造型各异、功能不同的木构件组合而成的，这些构件纵横交错、层层叠落，构建起有着独特造型并极具美感、在世界建筑史上占有一席之地的伟大建筑。在这些建筑中，众多木构件的连接、固定至关重要，而完成这些木构件的关键就是榫卯。

第一节　榫卯的认识

一、榫卯的起源

中国传统木构建筑中榫卯成形的准确年代不详，但在浙江余姚河姆渡村出土的河姆渡建筑遗址的板、柱、梁中就有了榫卯，所以榫卯的起源年代至少距今 5000～7000 年，见图 7–1 和图 7–2。

（a）浙江余姚河姆渡遗址晚期木柱残段及木板柱脚　（b）浙江余姚县河姆渡第四期遗址的木构残件

图 7–1　河姆渡遗址木构残件中的榫卯 1

注：引自《中国古代建筑技术史》。

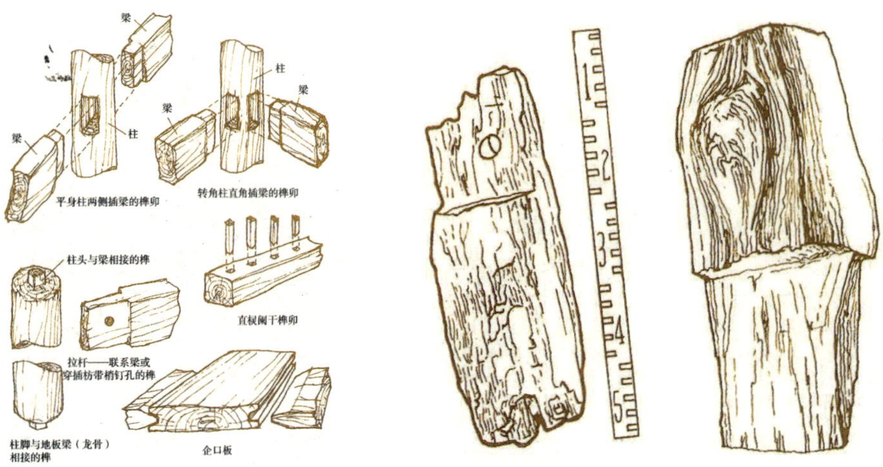

（a）　（b）带梢钉孔的梁头榫　（c）梁头榫

图 7–2　河姆渡遗址木构残件中的榫卯 2

注：引自《中国古代建筑技术史》。

二、榫卯的形成原理、作用及分类

（一）榫卯的形成原理、作用

当木结构建筑中各种横向、竖向构件相互搭接时，需要用一种方法来让这个搭接点连接牢固，使整个木构架成为一体。在未出现榫卯之前的木构建筑中，柱与檩、柱与横梁（也称“栋”）的连接通常是在连接处用藤葛类扎结（绑扎）的方法（图 7–3）。

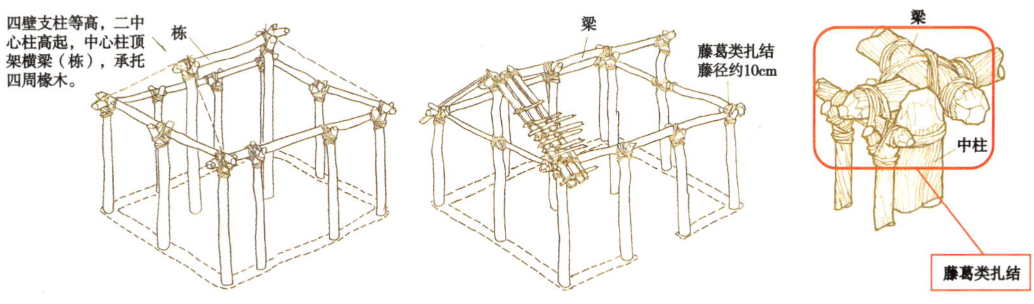

（a）　（b）　（c）

图 7–3　榫卯未成形时木构件的连接方法——藤葛类扎结

注：引自《中国古代建筑技术史》。

这种方法首先在结实程度上就不尽如人意，因为它受到藤葛类绑扎材料的限制，不可能任意弯曲，与木构件也不易附实且不延年，并且受到人力的限制，不可能绑扎得很紧固；其次就是不美观。于是，聪明的人类在生活实践中就想出了利用木材材质的特性及易加工的特点，在一个构件上凿出一个卯眼，又按卯眼的尺寸在另一个构件上做出榫头来，当榫头入位卯眼后，榫头的锚固长度及断面尺寸使构件自身与另一构件连成一体并足以承托自身荷载；再采取于榫卯处垫木、备楔（卡口）等方法；加之继而出现的燕尾、箍头、银锭等各式榫卯的进化，使同方向的构件任意加长，不同方向的构件任意组合，这样，就能把一个比较完整且相对牢固的木构房屋建造出来，这就是榫卯的形成原理和作用（图 7–4）。

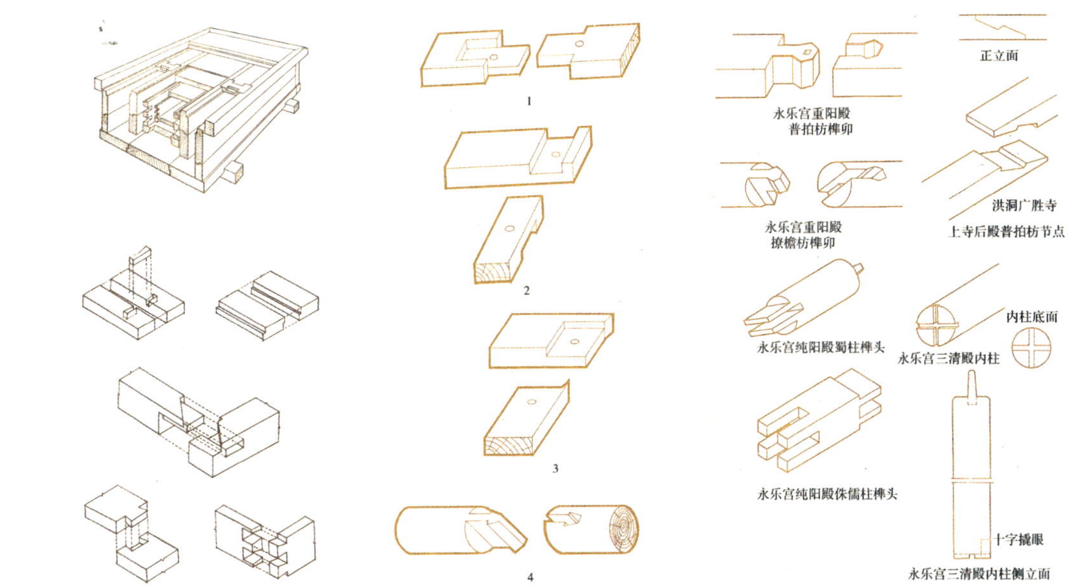

（a）战国时期木椁中的木构榫卯做法　（b）宋代木结构榫卯做法　（c）元代木结构榫卯做法

图 7–4

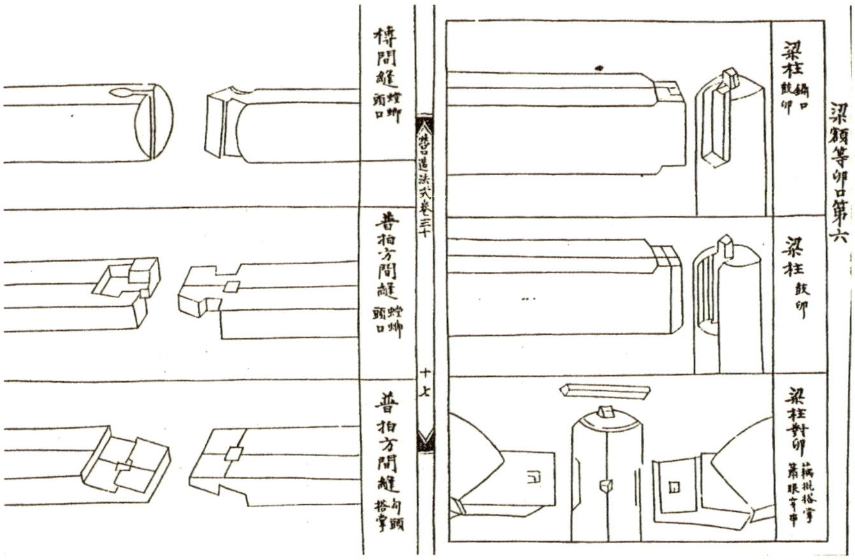

（d）宋《营造法式》图示

图 7–4　历代木构建筑榫卯

注：引自《中国古代建筑技术史》。

（二）榫卯的分类

在中国传统木构建筑中，榫卯无处不在。按榫卯在木作中的分类可分为结构（大木）榫卯、斗栱榫卯和装修榫卯。

第二节　结构（大木）榫卯

中国传统建筑最大的结构特点是采用了木结构的形式，这种木结构建筑是靠成百上千根不同尺寸、不同形状、不同功能的木构件组合起来的，而这种组合又是靠榫卯结合的方法来完成的（常说古建筑不用钉即为此，但只是指大木结构，木基层还是得用钉），见图 7–5。

（a）　（b）　（c）　（d）

图 7–5　各类木构件组合构成的中国传统建筑木构架

一、结构（大木）榫卯的功能及特性

（一）功能

由于木结构中的木构件受到树木自然生长的限制不可能无限长，而建造的房屋尺寸也不可能因

此而受到尺寸上的限制需要连接加长；再有就是房屋结构是靠成百上千根木构件按使用位置、方向组合到一起才能满足要求，这些木构件之间也需要相互连接固定，于是在木结构中就出现了榫卯连接的这种方式。

这样的连接方式细大致分为两种，一种是构件的横向连接，另一种是构件的纵向固定。

1. 横向连接

图 7-6 中展示的是传统木构建筑中相邻两间（根）屋檩相接的部位，左侧屋檩端头的凸出部分即为榫头，右侧屋檩端头的内凹部分即为卯口，合称为榫卯。

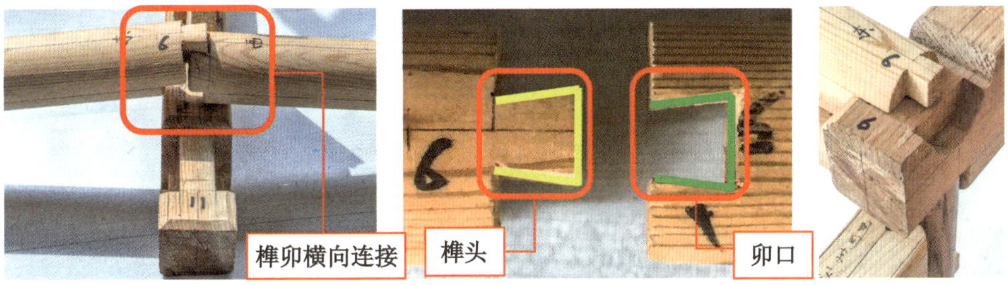

（a）　（b）　（c）

图 7-6　同向两檩榫卯横向对接

两根同方向的构件靠榫与卯对接即可加长连接（图 7-6）；不同方向的两（多）根构件也可利用榫卯进行连接组合［图 7-7（a）和（b）］，这就是构件的横向连接。

在木构架中，横向构件的榫与卯起的是构件拉结、连接的作用。当构件组合成构架整体时，榫与卯就能让构件连为一体，前后左右不做移动而保证构架的整体稳固。

（a）　（b）　（c）

图 7-7　不同向檩枋、穿插枋、柱、梁榫卯横向连接

2. 纵向固定

在木构架中，构件的纵向榫与卯主要是起固定的作用，这是与官式建筑木构架的构造原理分不开的。在构架中，构件横向相互拉结组合形成一层层框架；而这一层层框架采用叠落组合方式构成一个整体，框架纵向之间只有相互位置的固定，拉结、连接功能几乎没有。在图 7-8 中可以看到构件的纵向榫卯没有纵向拉结、连接的作用。

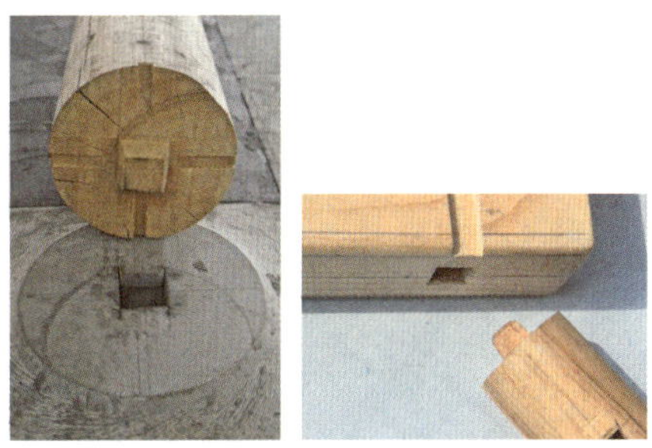

（a）　（b）

图 7-8　柱、梁纵向固定

（二）特性

在前面介绍的中国传统木构建筑（抬梁式）的结构知识中，能总结出这样一个特性，这个特性与榫卯息息相关，同时，也是由于榫卯的存在，才构成了中国传统木构建筑（抬梁式）的一个结构特性。

中国传统木构建筑（抬梁式）的结构是由成百上千个木构件（柱、梁、枋、檩、椽、板）分成下架、上架、木基层三部分并组合成一个整体的木框架，这个整体的木框架直接坐于台基之上，框架中的下架柱子靠柱根管脚榫与柱顶石海眼（卯口）之间的嵌合来控制下架前后左右横方向不做移动，而竖方向下架木柱的柱脚则与台基没有任何的拉结，只是干摆浮搁，靠木构件自重和房屋的重量把整个木框架稳固在柱顶石——台基上；而由下架、上架、木基层三部分组合成的整体木框架其实也是由各层分体的构件层组合而成，比如下架柱、枋为一层，一层梁、垫板又是一层，檐檩再是一层……这些构件层与层之间与前面说的整体框架与柱顶石——台基之间仅是在前后左右的横向有拉结，竖向只是叠压，是干摆浮搁（俗称“不生根”）的说法相同，这就是传统建筑木结构（抬梁式）。

下面通过对两组梁架模型的分层、分件的组装过程和结构榫卯连接、固定的细节展示，让人们对榫卯在木构架中所起的作用以及它独特的抗震原理和功能有一个更直观的认识，详见图 7-9～图 7-11。

以下：第一层框架（下架）
柱、枋、随梁
以内：第二层框架（上架）
梁、板、枋、檩
以内：第三层框架（上架）
柱、梁、板、枋、檩
以内：第四层框架（上架）
柱、板、枋、檩
：第五层框架（木基层）
椽、望板、连檐

图 7-9　传统木构建筑（抬梁式）结构特征——分层框架 1

图 7-10　传统木构建筑（抬梁式）结构特征——分层框架 2

（a）第一层框架

（b）第二层框架　（c）第三层框架　（d）第四层框架

图 7-11　传统木构建筑（抬梁式）结构特征——分层框架 3

从图 7-9～图 7-11 中可以看到，由木构件组成的框架层层叠摞在一起，组合构成了整体木构架，而每层框架构件之间的相互连接则是靠水平横向和垂直竖向的榫与卯来完成，详见图 7-12～图 7-26。其中水平横向的是图 7-13～图 7-21，垂直竖向的是图 7-22～图 7-26。

图 7-12　柱、枋水平横向榫卯拉结

图 7-13　梁、柱榫卯水平横向固定

图 7-14　梁、垫板水平横向榫卯拉结

图 7-15　柱、枋、梁、板水平横向榫卯拉结

（a）　（b）

图 7-16　檩、梁水平横向榫卯拉结

（a）　（b）

图 7-17　梁、柁墩榫卯水平横向固定

图 7-18　梁、枋水平横向榫卯拉结

图 7-19　梁、枋水平横向榫卯拉结

（a）　（b）　（c）

图 7-20　梁、角背、瓜柱榫卯水平横向固定

（a）　（b）　（c）

图 7-21　枋、瓜柱、檩水平横向榫卯拉结

图 7-22　柱脚、柱顶石垂直竖向榫卯叠压、固定

（a）　（b）　（c）

图 7-23　柱头、梁垂直竖向榫卯叠压、固定

（a）　（b）　（c）

图 7-24　梁、柁墩垂直竖向榫卯叠压、固定

（a）　（b）　（c）　（d）　（e）

图 7-25　梁、角背、瓜柱垂直竖向榫卯叠压、固定

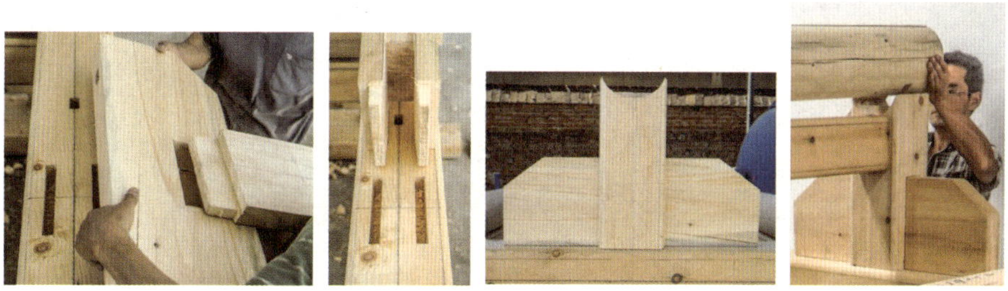

（a）（b）（c）（d）

图 7-26 梁、角背、瓜柱、檩垂直竖向榫卯叠压、固定

以上内容点评如下。

（1）在现代混凝土框架建筑中，框架柱都生根在混凝土基础里的混凝土地梁中，并与逐层所有的混凝土框架梁、板的钢筋都通过焊接或绑扎的形式而连接成为一个整体，相对来说，底面积越大、埋深越深则建筑物就越稳固。这种钢筋与钢筋或钢梁、柱与钢梁、柱之间的绑扎、焊接、浇筑，称为刚性连接。

而中国传统木构建筑的柱、梁、枋、檩之间都是靠榫卯来连接的，这种连接称为柔性连接。传统木结构的这种柔性连接形成了中国传统建筑的一个最大的特点——具有极好的抗震性能。在幸运地躲避开火灾后，保留下来有 1200 多年历史的五台山南禅寺大殿（建于公元 782 年）等精美的文物建筑，这些建筑不仅是中国人民的宝贵财富，也是全人类的宝贵财富。

为什么说柔性连接在中国传统木构建筑中有着极好的抗震作用呢？在中国传统木构建筑中，每个构件与其他构件的连接点都有榫卯，而每个榫与卯之间均有缝隙，可以伸缩。在地震发生时，每个榫卯都起了卸力的作用。什么是卸力呢？就像一个弹簧，地震来了，每个弹簧都可以左右摇摆，上下起伏，而每个木构件连接点的榫与卯也可以在不大的缝隙中稍做移动和伸缩，抵消掉一部分地震的横向震波；而传统木构建筑的木构件包括整体木框架的竖向连接都是采用叠压方式，这就更增加了抵消地震纵向震波的伸缩空间。中国传统太极“以柔克刚”和现代汽车“吸能区”的理念都是源于这个道理。

所以说，中国传统木构建筑抵抗地震力的关键在于构件的榫与卯，而榫与卯抵消地震力的关键在于它们之间的缝隙与拉结，是榫卯的缝隙和拉结成就了中国传统木构建筑独特的抗震能力。

在图 7-27～图 7-29 中可以清楚地看到构件榫卯之间横向与竖向的拉结和缝隙，也可以让人们对传统木构建筑中的榫卯有了更深一步的认识。

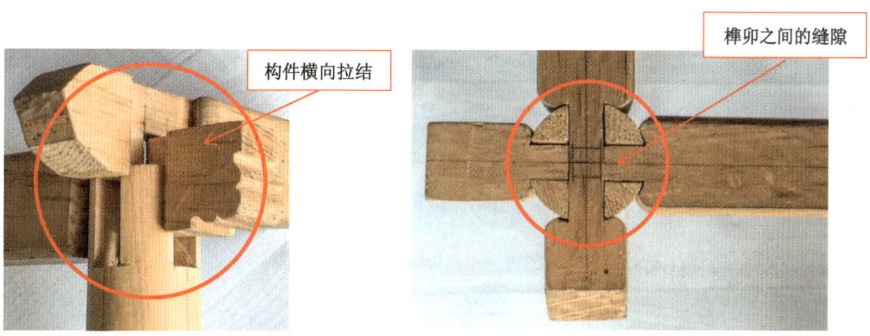

（a）（b）

图 7-27 下架柱、箍头枋之间的榫卯柔性拉结

注：图中所示箍头枋为两种不同头饰做法的展示，仅作参考，实际同栋建筑的构件头饰是一致的。

图 7–28　上架桁檩之间的榫卯柔性拉结

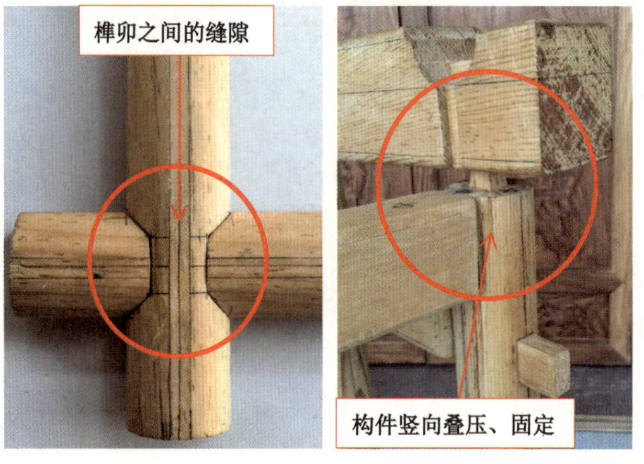

（a）　　（b）

图 7–29　上、下架梁、柱榫卯叠压、固定

我们已经知道了缝隙在榫与卯之间起的作用，那榫与卯之间的缝隙是如何形成的呢？首先是手工操作的合理误差，其次是木材本身的干缩，再就是木材材质的软硬和其他外力作用，这些都是决定构件榫卯缝隙大小的影响因素。

（2）这里再介绍一下中国传统木构建筑屋面重量的问题。中国传统建筑的屋面做法是很复杂的，也是很厚重的，泥、灰背、铺瓦泥加起来要有几十厘米厚，这个重量再加上瓦的重量是很可观的。试想一下，如果通过改进做法，比如加做新型材料的防水层以替代灰背；轻体填充材料替代泥背；屋面土（矸）质材质的瓦改做其他新型材料，这样就把屋面重量减轻了，那木构件的尺寸就可以减小，既节省了屋面的施工材料，又节省了木材的用量，一举两得，何乐而不为呢？其实不是这样的。中国传统木构建筑单体木构件之所以体形硕大（已超出它本身的承重要求），一个原因是与它的视觉效果有关，也就是说构件大小与建筑物要成比例，这样让人看了才协调，才舒服；另一个原因是与它要承担的荷载也就是负重有关，这个负重主要就是屋面的重量（当然还有风、雪、雨、施工等的荷载）。如果单纯地为了节省材料而减轻屋面的重量，那么就像一把椅子，没坐人的时候一推就倒了，而当坐上人后，想要推倒就难了，这就是“压重”。再结合前面说过“中国传统木构建筑的柱与基础，柱与梁，梁与檩都没有竖向的拉接，只是干摆浮搁，靠上层的重量使其紧密连接”，试想一下，如果把这个重量减轻了，没有了压重，不但保温的效果大大降低，甚至还有可能出现大风将屋顶刮飞、木构散架等现象。所以说中国传统木构建筑的方方面面都是相互连带、一环套一环的，没有一定的合理性是不会流传、延续到现在的。

二、结构（大木）榫卯的种类、名称

对应木结构构件的种类，把榫卯也定为六大类，即柱类榫卯、梁类榫卯、枋类榫卯、檩类榫卯、板类榫卯和椽类榫卯。

（一）常见柱类榫卯

包括:（1）管脚榫;（2）撬眼口子;（3）柱脚套顶榫;（4）瓜柱管脚榫;（5）馒头榫;（6）燕尾榫卯口;（7）单直通透（大进小出）榫卯口;（8）单直半透榫卯口;（9）箍头榫卯口;（10）柱头檩椀小鼻子榫;（11）涨眼卯口;（12）垂莲柱头饰。

（二）常见梁类榫卯

包括:（1）大进小出榫;（2）燕尾榫;（3）半榫;（4）透榫;（5）鼻子榫;（6）老（仔）角梁桁（檩）椀;（7）老角梁槽齿（闸口）榫;（8）老（仔）角梁等掌刻半榫;（9）老角梁后尾三岔头头饰;（10）仔角梁后尾扣桁（檩）椀头饰;（11）仔角梁套兽榫;（12）仔角梁头大连檐口子;（13）仔角梁小连檐口子;（14）椽槽;（15）老角梁霸王拳头饰;（16）仔角梁出峰三岔头头饰;（17）角梁销子榫;（18）趴梁（阶梯）榫;（19）腰子榫;（20）销子榫;（21）馒头榫卯口（海眼）;（22）瓜柱双直半榫卯口;（23）垫板卯口;（24）椽窝;（25）楞木卯口;（26）裹（滚）棱;（27）拔腮榫;（28）梁（檩）头十字卡腰榫卯;（29）实（平）肩;（30）抱肩;（31）担梁挂柱卯口;（32）角云（花梁头）头饰。

（三）常见枋类榫卯

包括:（1）大进小出榫;（2）燕尾榫;（3）半榫;（4）箍头榫;（5）十字刻半口子;（6）实（平）肩;（7）抱肩;（8）销子卯口;（9）椽椀（窝）;（10）裹（滚）棱。

（四）常见檩类榫卯

包括:（1）燕尾榫;（2）十字卡腰榫;（3）趴（抹角）梁（阶梯）卯口;（4）小鼻子卯（刻）口;（5）角梁槽齿卯（刻）口;（6）燕尾榫卯口;（7）销子卯口;（8）椽椀。

（五）常见板类榫卯

包括:（1）企口榫;（2）柳叶缝;（3）龙凤榫;（4）头缝榫;（5）穿带;（6）银锭扣;（7）抄手带。

（六）常见椽类榫卯

包括:（1）墩掌;（2）压掌;（3）闸挡板口子;（4）擦棱。

三、结构（大木）榫卯的使用部位、功能及尺寸做法

（一）常见柱类榫卯

1. 管脚榫

管脚榫用于柱根（脚）以固定柱根（脚），防止水平移动，见图 7-30。

榫根见方尺寸：通常为柱径的 1/4～3/10，长同榫根见方尺寸；榫头部分收“溜”，尺寸为榫根尺寸的 1/10。

（a）

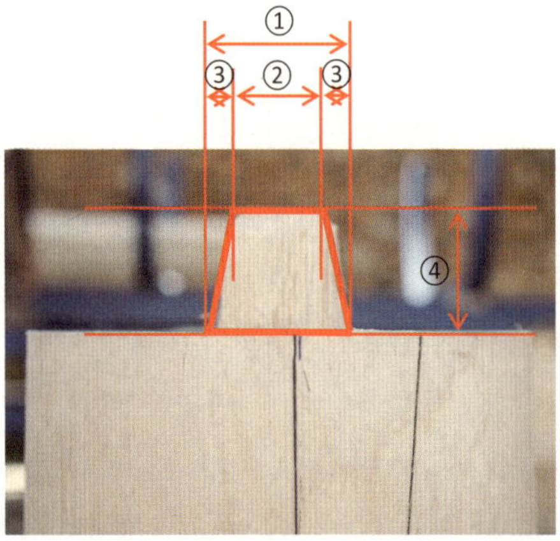

（b）

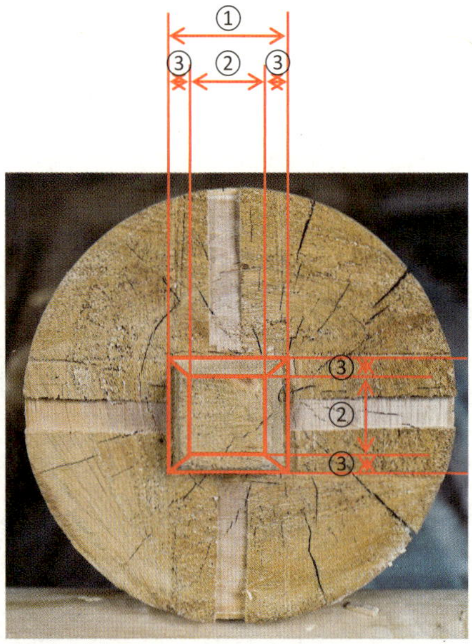

（c）

图 7-30　柱类榫卯：管脚榫

注：① 1/4～3/10 柱径；② 8/10 榫根径；③ “溜” =1/10 榫根径；④ 1/4～3/10 柱径。

2. 撬眼

撬眼是柱脚四面柱中线一侧剔凿出的口子，见图 7-31。

（a）

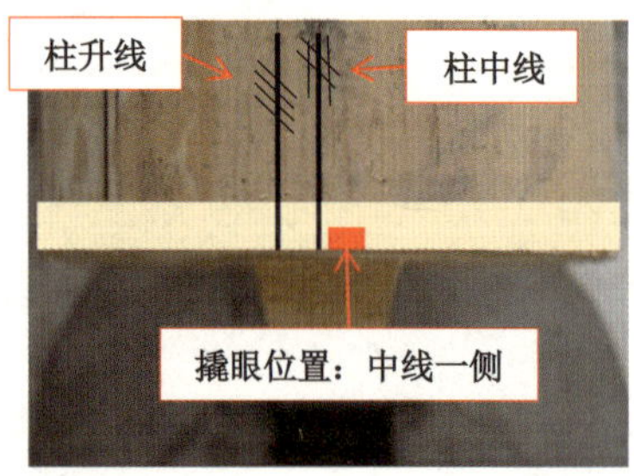

（b）

图 7-31　柱类榫卯：撬眼

注：图（a）撬眼位置有误，图（b）正确。

（1）撬眼的作用。撬眼的作用是：① 柱子安装移位时撬棍的撬入点；② 柱子在做油漆地仗前能蒸发出一部分水分，利于干燥。

（2）尺寸。宽六至八分（约 20～26mm）；外口深二分半至四分（约 8～13mm），至管脚榫由深渐浅到无。

3. 柱脚套顶榫

柱脚套顶榫用于独立柱式垂花门中柱、游廊柱子及木结构牌楼柱，见图 7-32。

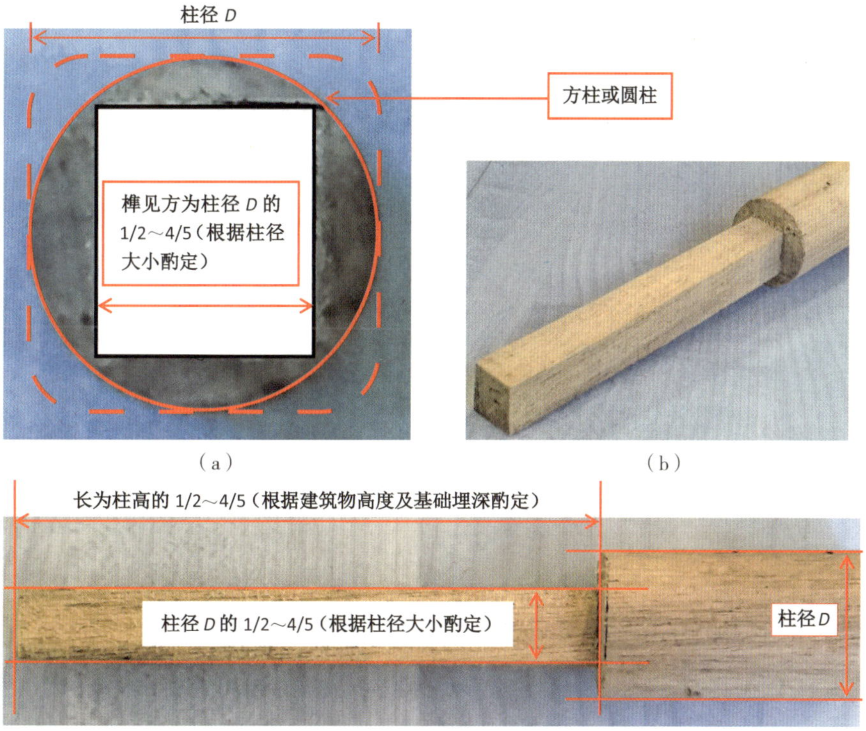

（a） （b）

（c）

图 7-32 柱类榫卯：柱脚套顶榫

当用在连续平廊中，每间隔几根采用一根套顶榫柱子，以增强连续平廊的稳定性；用在爬山斜廊中，每根均采用套顶榫柱子，以防止滑坡倾斜。当用在木结构牌楼中时，可根据夹杆石、套顶石的实际情况做出套顶榫或可不做，圆柱直接埋入地下。

榫见方尺寸：通常为柱径的 1/2～4/5（根据建筑物柱径大小酌定），长为柱子露明部分尺寸的 1/5～1/3（根据建筑物高度及基础埋深酌定）。

4. 瓜柱管脚榫

瓜柱管脚榫用于各式瓜柱柱脚与各梁连接部位，见图 7-33。

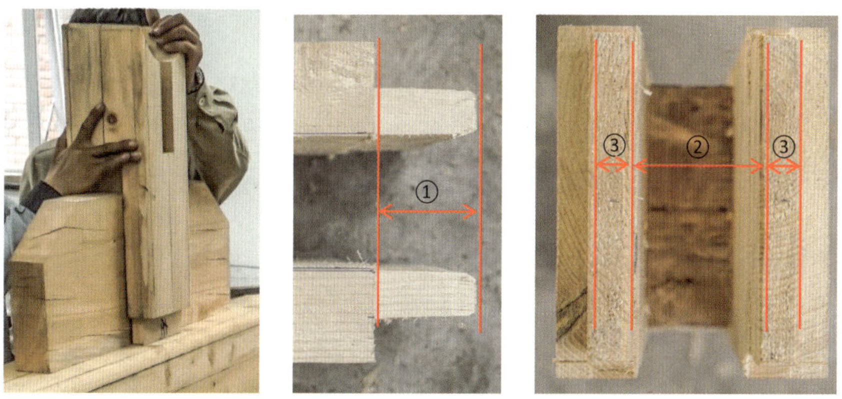

（a） （b） （c）

图 7-33 柱类榫卯：瓜柱管脚榫

注：①榫长为 1 寸至 1 寸半（约 32～48mm）；②角背袖榫厚 4/5 椽径；③榫厚八分（约 26mm）。

（1）作用。用于金、脊瓜柱柱根；固定金、脊瓜柱不做水平移动。

（2）尺寸。瓜柱管脚榫常见的多为双榫，榫厚通常在八分（约为26mm）。

（3）左右。榫长1寸至1寸半（约32～48mm），榫宽同瓜柱宽（径）。

5. 馒头榫

馒头榫用于各柱柱头与各梁的连接部位，尺寸同管脚榫，见图7-34。

图 7-34 柱类榫卯：馒头榫

6. 燕尾榫卯口

燕尾榫卯口用于柱子与（大、小）额枋、檐、金（檩）枋、随梁（枋）、围脊枋、管脚枋相连接的部位，见图7-35。

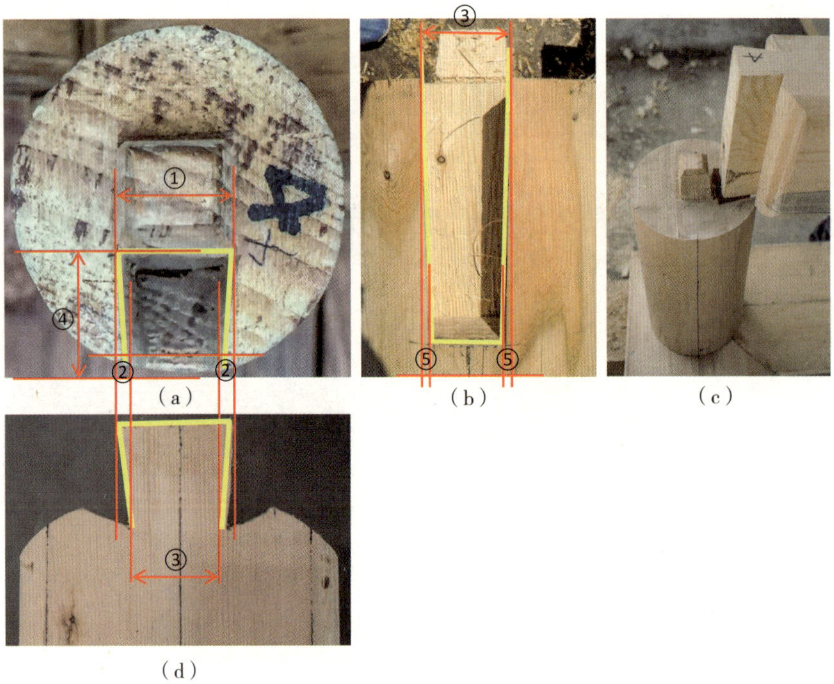

图 7-35 柱类榫卯：燕尾（大头）榫卯口

注：① A=1/4～3/10柱径；②“乍”=1/10A；③ a=4/5A；④卯口深1/4～3/10柱径；⑤“溜”=1/10a。

卯口尺寸（同榫头尺寸）：燕尾榫头上端头部宽为柱径的1/4～3/10，上端根部按头部宽1/10各向两侧收“乍”，榫头长同榫头上端头部宽；枋子榫头下端除长同上端外，榫宽由上端榫两侧各按1/10向内收“溜”；榫头高同枋子高。带袖肩燕尾榫其袖肩部分长按1/8柱径，宽按榫头上端头部宽，高同榫头高。

7. 单直通透（大进小出）卯口

单直通透卯口用于柱子与穿插枋、抱头梁、桃尖梁、插金角梁、递角梁、递角穿插枋相连接的部位，如图7-36所示。

卯口尺寸（同榫头尺寸）：透（大进小出）榫头厚，圆柱通常为1/4柱径或1/3枋（梁）厚，方柱通常为1/4～3/10柱径；榫头大进部分高按枋（梁）全高另加1/10高涨眼，长至柱中；小出部分高按枋（梁）1/2高，长按本身柱径（含半柱径出头）另加1/10高涨眼，或1/2本身柱径另加1/2枋（梁）高（出头部分见方）。

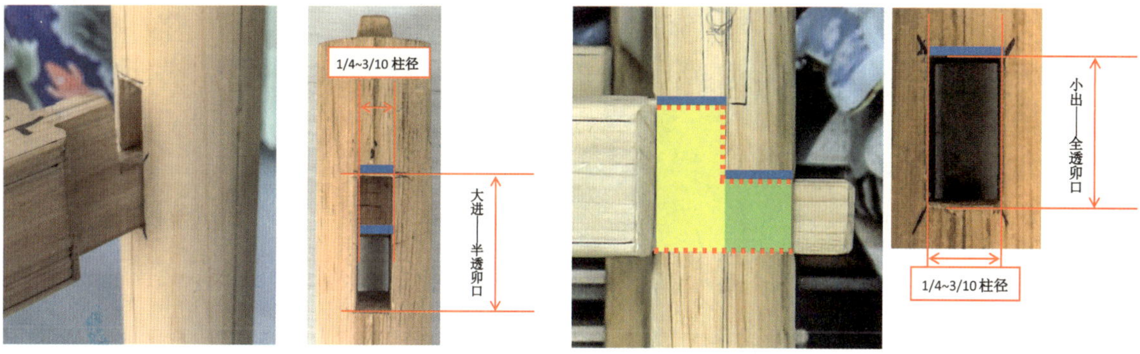

（a） （b） （c） （d）

图 7-36 柱类榫卯：单直大进小出卯口

涨眼——1/10 枋（梁）高；大进部分——半透；小出部分——全透

8. 单直半透榫卯口

单直半透榫卯口用于柱子与承椽枋、围脊枋、间枋、棋枋、关门枋、花台枋、天花枋、抱头梁、单、双、三步梁、替木、由额垫板相连接的部位，如图 7-37 和图 7-38 所示。

（a） （b）

图 7-37 柱类榫卯：单直半透榫卯口 1

注：① 1/2 金柱径；② 1/3 中柱径。

（a） （b）

图 7-38 柱类榫卯：单直半透榫卯口 2

卯口尺寸：透（半透）卯口厚通常为 1/4 柱径或 1/3 枋、梁（木）厚；高按各枋、梁（木）全高另加 1/10 涨眼，深按本身柱径的 1/3～1/2。用于由额垫板的卯口，宽、高均按由额垫板的相应尺寸，卯口深随本身厚。

9. 箍头榫卯口

箍头榫卯口用于角檐、金柱与额（檐、檐檩）枋相连接的部位，如图 7-39 和图 7-40 所示。

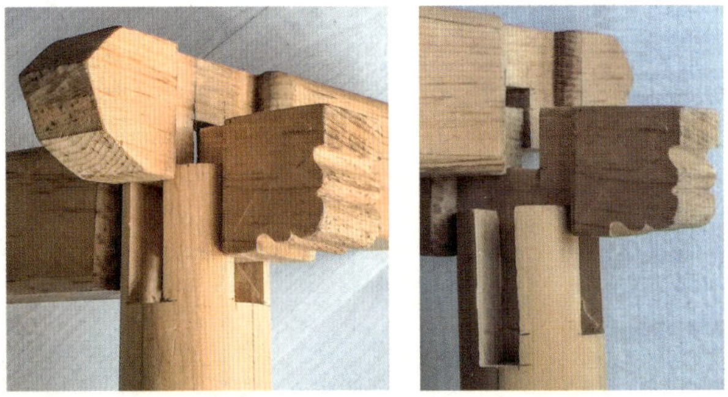

（a）　（b）

图 7-39　柱类榫卯：箍头榫卯口

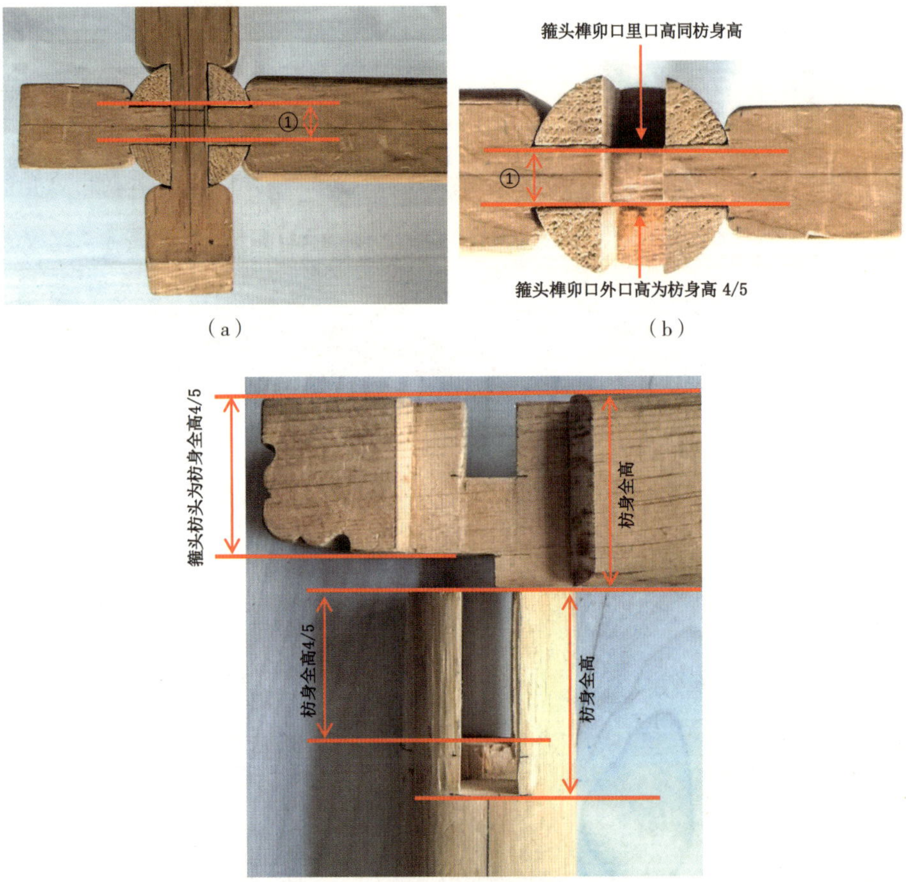

（a）　（b）

（c）

图 7-40　结构榫卯：柱——箍头榫卯口

注：①箍头榫卯口宽为 1/4～3/10 柱径。

尺寸：箍头榫卯口宽为 1/4～3/10 柱径；高分里、外口，以相交枋子箍头榫里皮为界，以里部分为里口，高按枋子全高；以外部分为外口，高按枋子高的 4/5。

10. 柱头檩椀

柱头檩椀用于中柱、山柱、瓜柱柱头与檩搭接部位，如图 7–41 所示。

（a）

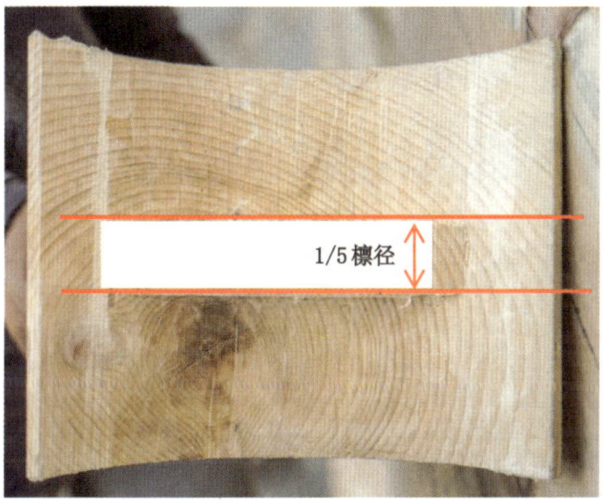

（b）

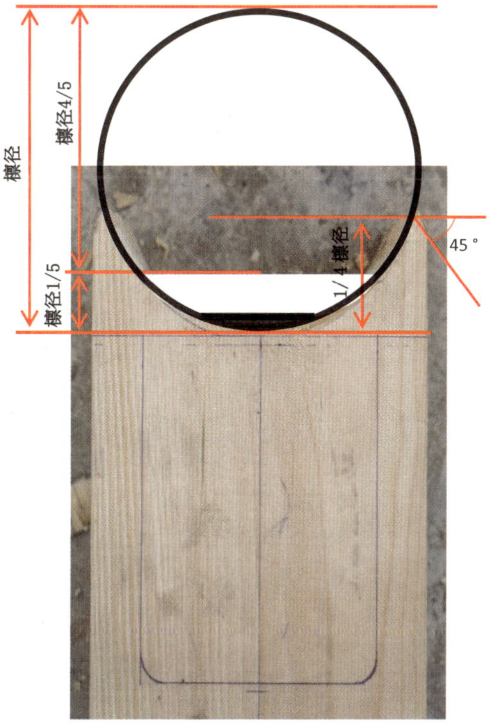

（c）

图 7–41 柱类榫卯：柱头檩椀小鼻子榫

尺寸：柱头檩椀尺寸自檩下皮上返 1/4 檩径（圆）定檩椀高，并按此向两侧按 45° 抹角；在檩椀底皮的中心位置做鼻子榫，鼻子榫尺寸高、宽同为 1/5 檩径。

11. 涨眼卯口

涨眼卯口用于柱子与直榫（大进小出、半透）枋、梁连接部位，如图 7–42 和图 7–43 所示。

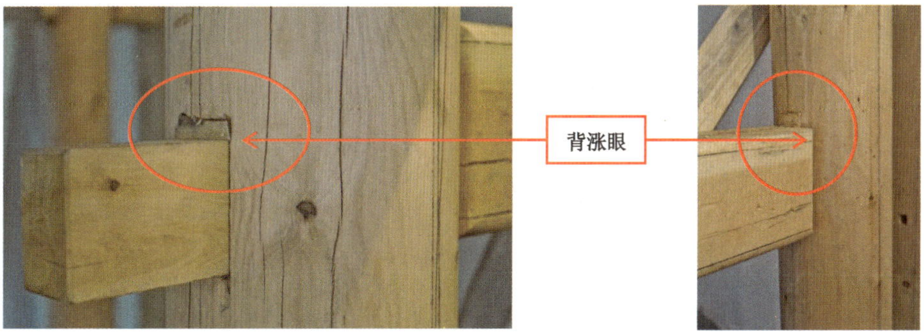

（a） （b）

图 7–42

（c）　　（d）　　（e）

图 7-42　柱类榫卯：涨眼卯口

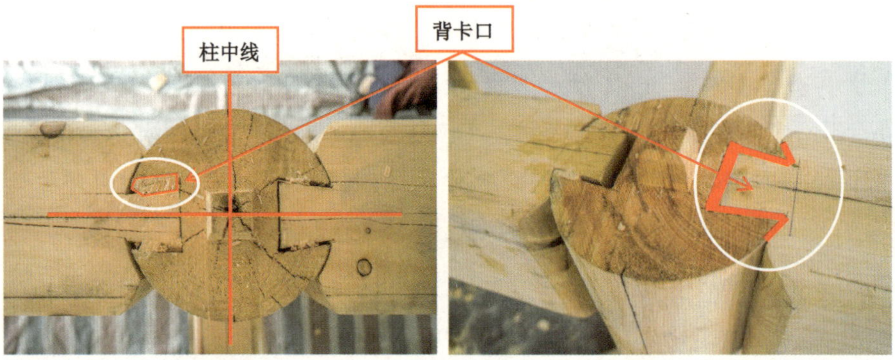

（a）　　（b）

图 7-43　结构榫卯：柱（枋）——卡口

尺寸：涨眼高为自身构件高的 1/10，宽同榫宽。

12. 挂柱榫

挂柱榫用于垂莲柱与麻叶担梁连接部位，垂莲柱做燕尾榫嵌入担梁，挂在担梁下方，如图 7-44 所示。

尺寸：挂榫尺寸同图 7-35 燕尾榫卯口尺寸。

13. 垂莲柱（风摆柳）头饰

垂莲柱头饰及细部尺寸分别如图 7-45 和图 7-46 所示。

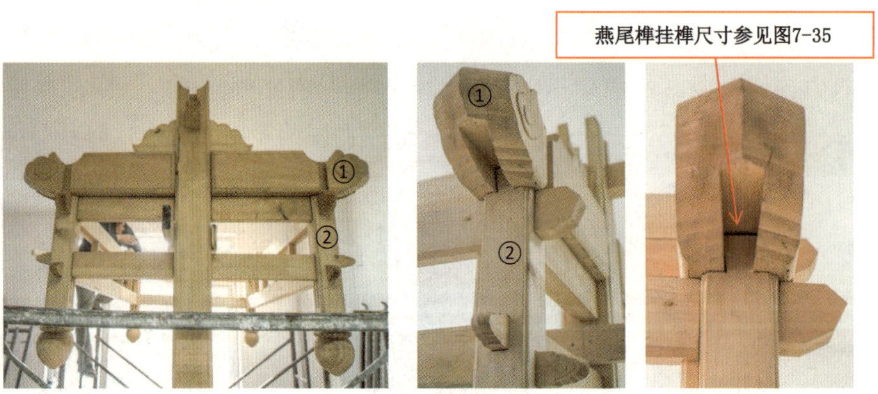

（a）　　（b）　　（c）

图 7-44　柱类榫卯：挂柱榫

①—担梁；②—垂莲柱

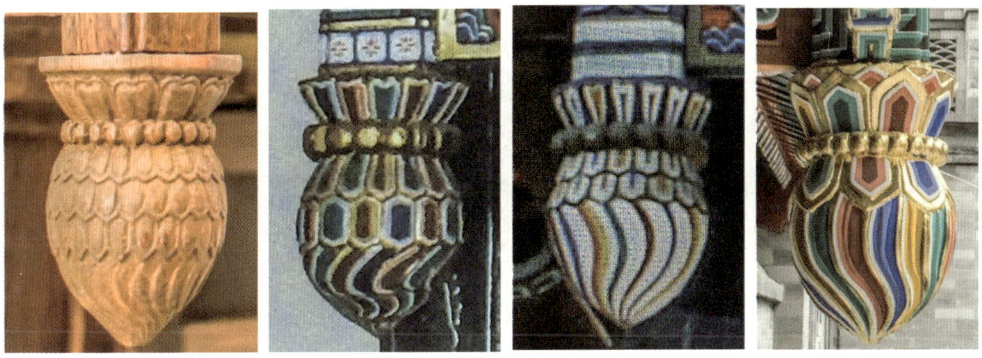

（a）　（b）　（c）　（d）

图 7–45　柱类榫卯：各式垂莲柱（风摆柳）头饰

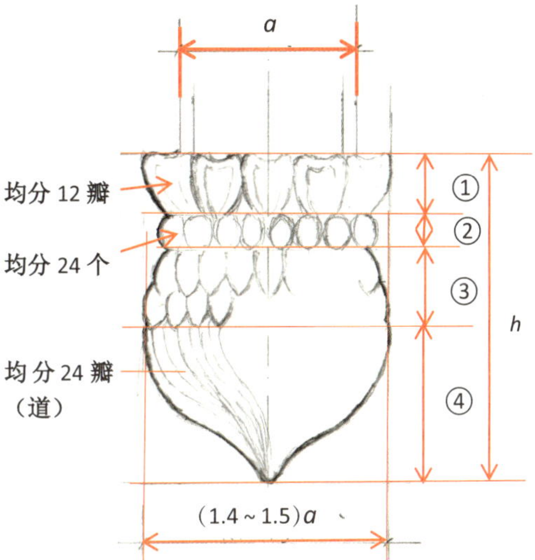

图 7–46　柱类榫卯：垂莲柱（风摆柳）头饰细部尺寸示意

注：1　a=垂柱径；h=（1.8～2）a；①=（0.3～0.35）a；②=0.2a；③=（0.45～0.5）a；④=（0.85～0.95）a。

2. 垂莲柱头饰多种式样，本书仅就其中一种进行详解，图中的尺寸、文字说明仅作参考。

（二）常见梁类榫卯

1. 大进小出榫

用于抱头梁、桃尖梁、插金角梁、递角梁与柱连接部位，见图 7–47。

榫头尺寸：透（大进小出）榫头厚：圆柱通常为 1/4 柱径，方柱通常为 1/4～3/10 柱径；榫头大进部分高按梁全高，长至柱中；小出部分高按梁 1/2 高，长按本身柱径（含半柱径出头）或 1/2 本身柱径另加 1/2 梁（枋）高（出头部分见方）。

（a）梁（枋）大进小出榫示意

图 7–47

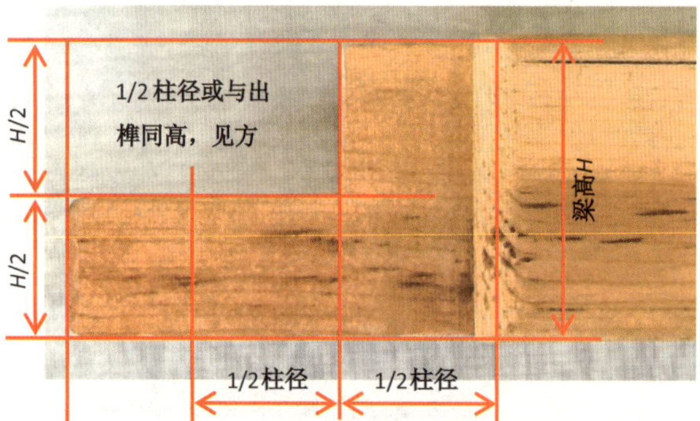

（b）大进小出榫侧立面

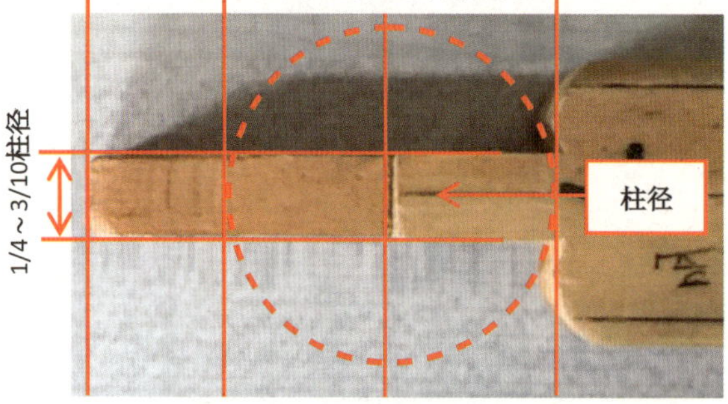

（c）大进小出榫俯视平面

图 7–47　梁（枋）类榫卯：大进小出榫

2. 燕尾榫

燕尾榫用于随梁与柱子、梁与梁相连接的部位，见图 7–48。

（a）　（b）　（c）

图 7–48　梁（枋）类榫卯：燕尾（大头）榫 1

注：A=1/4～3/10 柱径；a=0.8A；① =1/4～3/10 柱径。

（1）榫头尺寸。燕尾榫头上端头部宽为柱径的 1/4～3/10，上端根部按头部宽 1/10 各向两侧收“乍”，榫头长同榫头上端头部宽；枋子榫头下端除长同上端外，榫宽由上端榫两侧各按 1/10 向内收“溜”；榫头高同枋子高。带袖肩燕尾榫其袖肩部分长按 1/8 柱径，宽按榫头上端头部宽，高同榫头高。

（2）榫肩做法。有两种做法：一种为撞肩做法，常用；另一种为回肩做法，不常用。

（3）撞肩做法。设燕尾榫榫根至梁（枋）外皮的距离为 H，分为三份；一份随柱径做抱圆，另两份按正圆向枋子外皮做回肩（俗称：撞三回七、撞一回二，另有“三开一等肩”之说，与“撞三回七”类同），详见图 7–49。

（4）回肩做法。自燕尾榫榫根按 H 尺寸向枋子外皮做回肩，详见图 7–49。

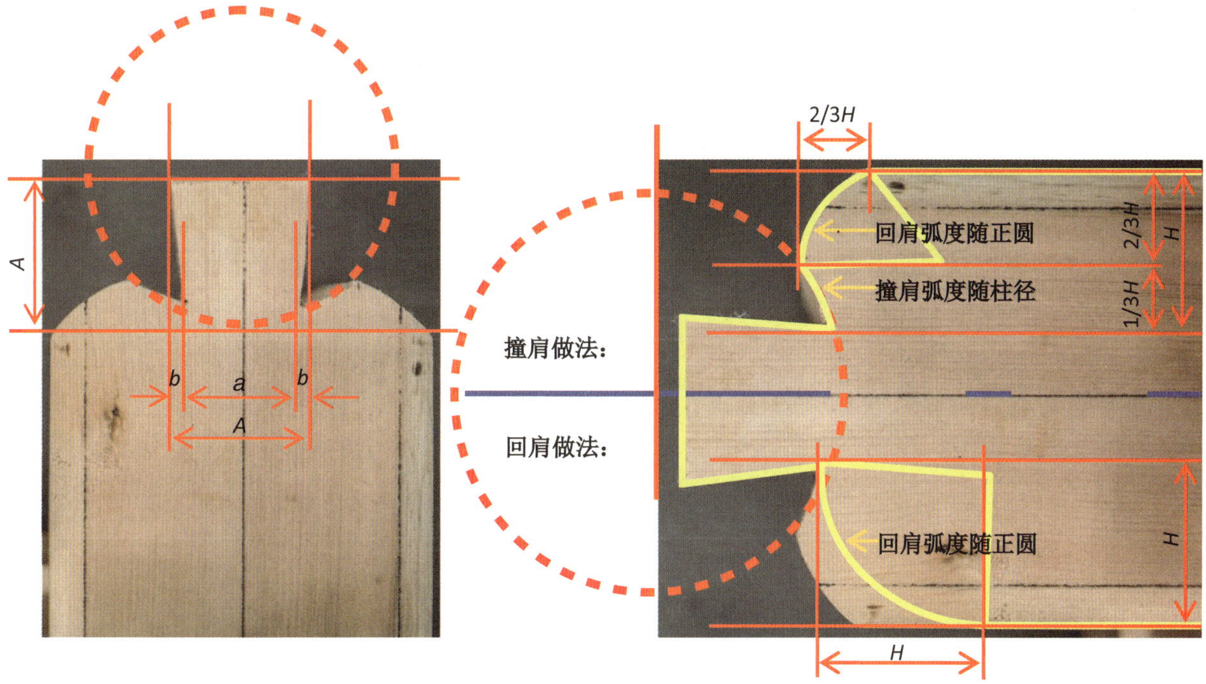

（a）燕尾榫俯视平面　　（b）撞肩、回肩做法示意

图 7–49　梁（枋）类榫卯：燕尾（大头）榫 2

注：A=1/4～3/10 柱径；a=0.8A；b=0.1A（b 即称为“乍”）。

3. 半榫

半榫用于抱头梁、桃尖梁、单、双步梁、插金角梁、递角梁与柱连接部位，见图 7–50 和图 7–51。

榫头尺寸：用于与圆柱相交的榫通常厚为 1/4 柱径或 1/3 梁厚；用于与方柱相交的榫通常为 1/4～3/10 柱径；榫头高按梁全高，长至入榫位置柱柱中。

（a）　　（b）

图 7–50　梁类榫卯：单直半透榫 1

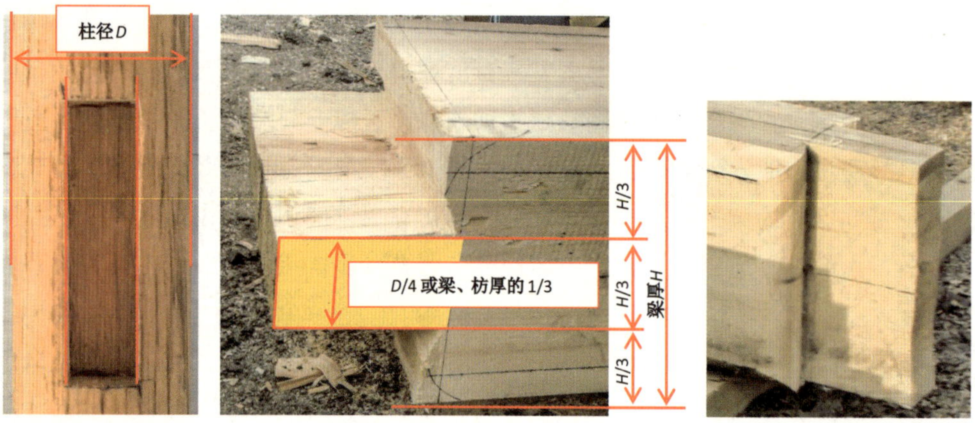

（a）　（b）　（c）

图 7-51　梁类榫卯：单直半透榫 2

4. 透榫

用于承重梁头与沿边木连接部位等，见图 7-52 和图 7-53。

（a）　（b）

图 7-52　梁类榫卯：透榫 1

①—承重梁；②—沿边木

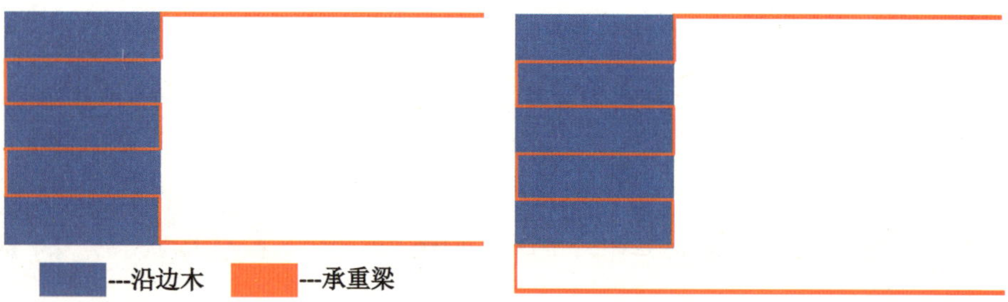

（a）不带等肩承重梁与沿边木榫接示意　（b）带等肩承重梁与沿边木榫接示意

图 7-53　梁类榫卯：透榫 2

尺寸：自承重梁头上皮下返沿边木高，均分五份出通透双榫，如沿边木与承重梁不等高则沿边木下跨部分出等肩承托沿边木。

5. 鼻子榫

梁头鼻子榫、檩椀分为三种，如图 7-54 所示。

（1）用于正身梁与檩相接部位的大鼻子榫、檩椀，梁居中留大鼻子榫，如图 7-55～图 7-57 所示。

尺寸：其榫宽为 1/2 梁宽；自榫向梁两侧各 1/4 梁宽做檩椀刻口，檩椀刻口高为半檩径，宽 1/4

梁厚，外形为（檩）半圆。

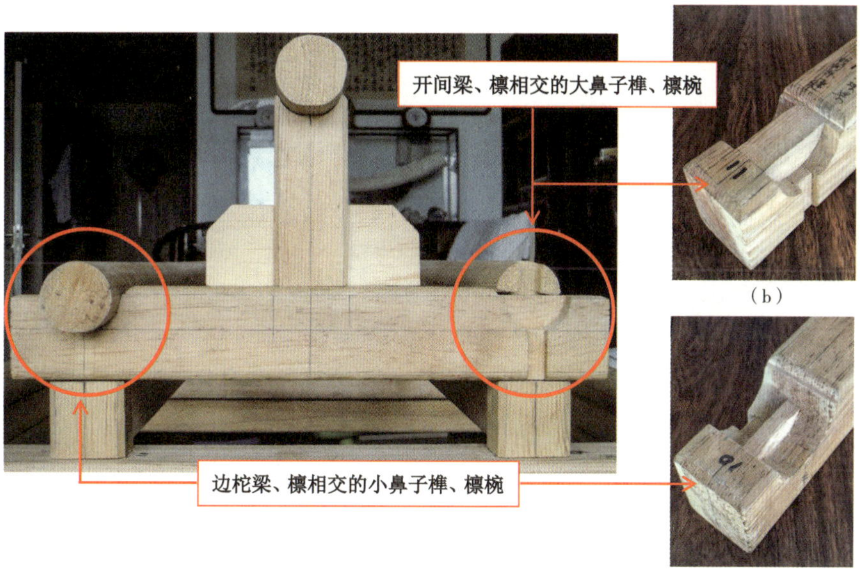

（a）　　（b）　　（c）

图 7-54　梁类榫卯：梁头榫、檩椀种类

（a）　　（b）

图 7-55　梁类榫卯：梁头大鼻子檩椀 1

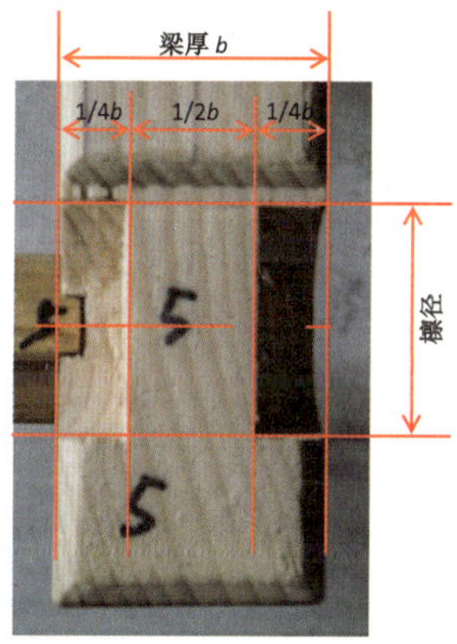

图 7-56　梁类榫卯：梁头大鼻子檩椀 2

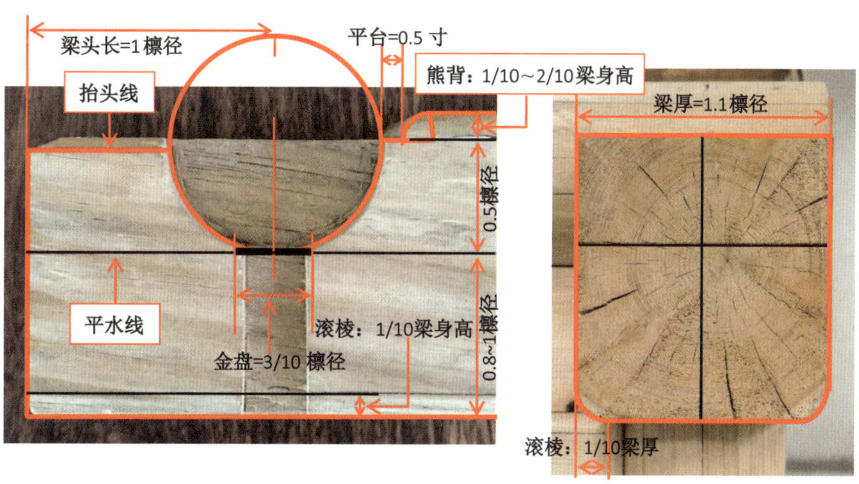

（a）梁头侧立面　　（b）梁头正立面

图 7-57　梁类榫卯：梁头大鼻子檩椀 3

（2）用于边桁（梁）与檩相交部位的小鼻子榫、檩椀。由于对檩伤损较小，通常用于悬山出梢檩，如图 7-58 所示。

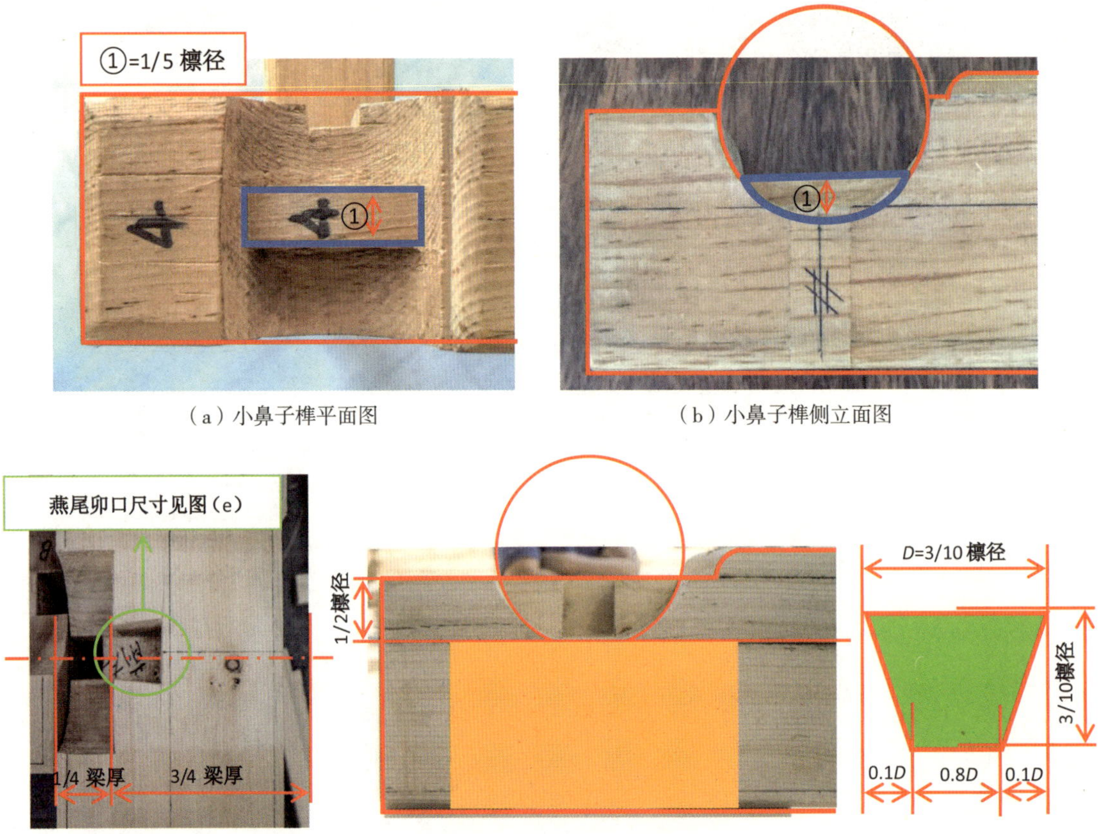

（a）小鼻子榫平面图　（b）小鼻子榫侧立面图

（c）大鼻子檩椀（带暗榫）平面详图　（d）边桁大鼻子檩椀（带暗榫）侧立详图　（e）详图 1（随檩榫尺寸）

图 7-58　梁类榫卯：梁头檩椀

尺寸：榫高自通檩椀底皮上返 1/5 檩径；榫宽同高；榫长为檩椀实际位置通长。檩椀刻口同（1）。

（3）用于边桁（梁）与檩相交部位的大鼻子榫、檩椀，通常用于做法较为讲究的建筑，如图 7-59 所示。

（a）　（b）　（c）　（d）

图 7-59　梁类榫卯：梁头檩椀卯口种类——边桁大鼻子檩椀（带暗榫）示意

尺寸：自边桁（梁）外侧向内留宽为 3/4 梁宽的偏中大鼻子榫，榫内按端头檩大头（燕尾）榫尺寸做出相应的卯口；自榫向桁（梁）内侧按 1/4 梁厚、半檩径高做檩椀刻口，外形为（檩）半圆。

6. 角梁桁（檩）椀

角梁各部位榫卯名称如图 7-60 所示。带斗栱和不带斗栱角梁的区分如图 7-61 所示。

角梁桁（檩）椀用于老角梁与挑檐（正心、金）桁（檩）相交部位。根据图 7-62～图 7-64 中所示方法定位后，按相应不同方向桁（檩）的平面投影尺寸在角梁上标划出不同方向的椭圆形桁（檩）椀，如图 7-63 所示。

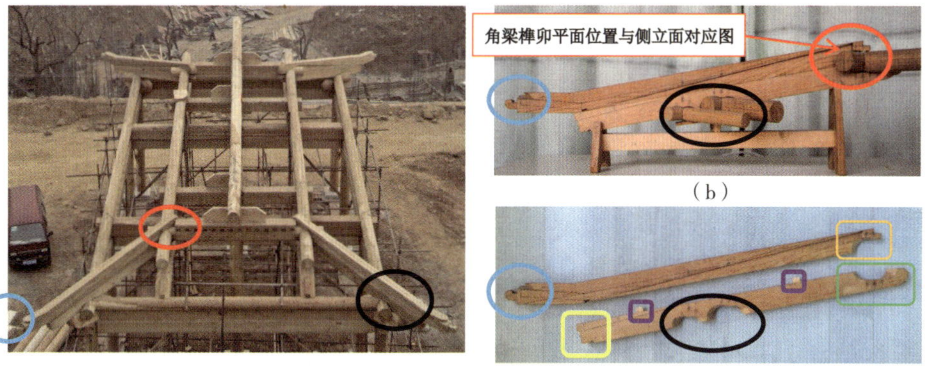

（a）　（b）　（c）

图 7-60　梁类榫卯：角梁各部位榫卯名称

仔角梁头大连檐托舌榫；仔角梁套兽榫；老角梁挑檐、正心桁桁（檩）椀；销子榫；老角梁梁头霸王拳头饰；老角梁后尾桁（檩）椀及三岔头头饰；仔角梁后尾桁（檩）椀及等掌刻半榫

（a）不带斗栱建筑角梁　（b）带斗栱建筑角梁

图 7-61　梁类榫卯：带斗栱和不带斗栱角梁的区分

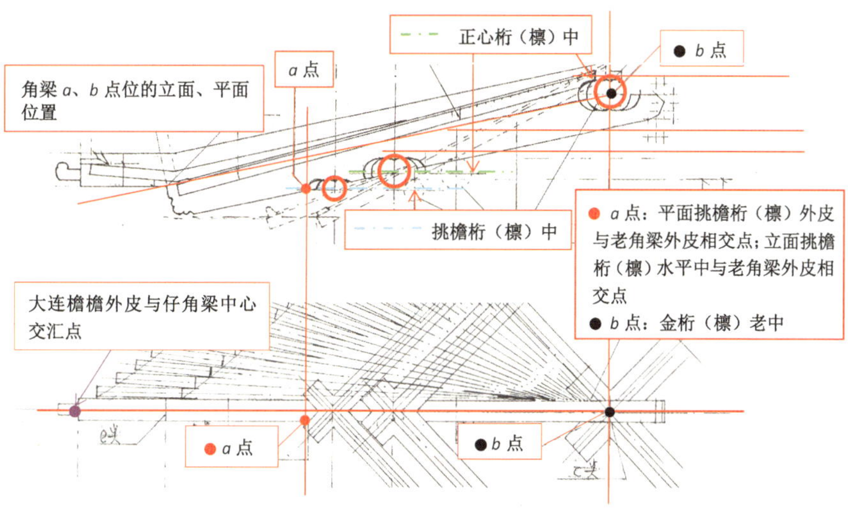

图 7-62　角梁榫卯：老、仔角梁通檩椀平、立面位置的定位 1
——a、b 点位的平、立面关系、位置

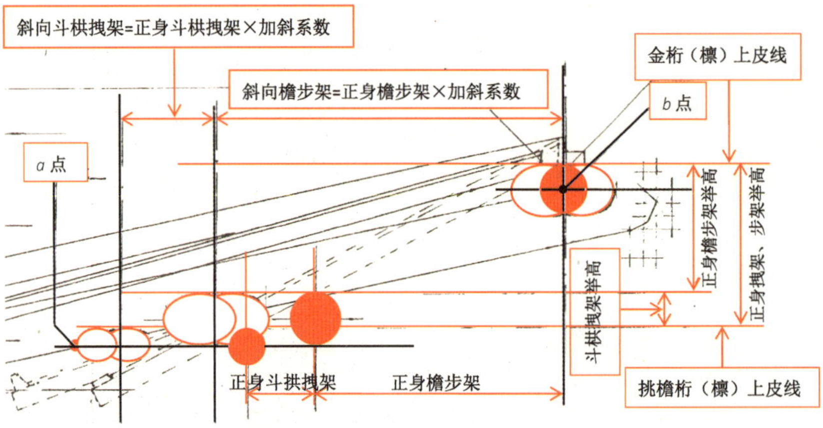

图 7-63　角梁榫卯：老、仔角梁通檩椀平、立面位置的定位 2
——正身檐步架与斜向檐步架相互关系

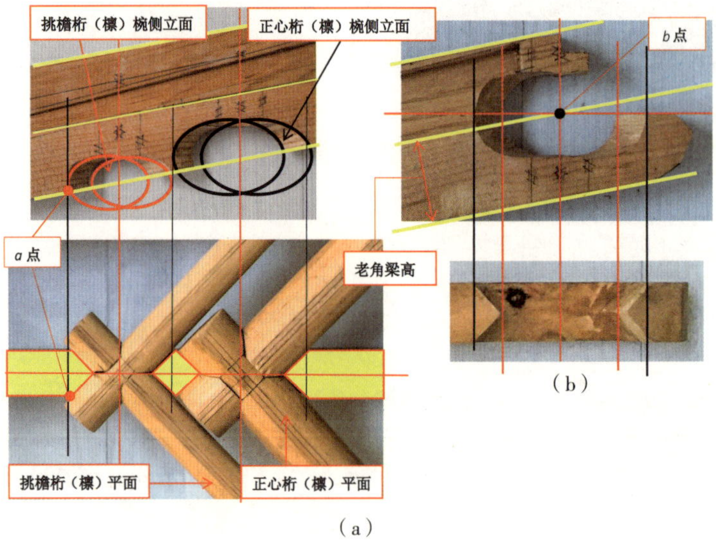

图 7-64　角梁榫卯：老、仔角梁桁（檩）椀平、立面位置的定位 3
——檩椀定位的平、立面关系

角梁桁（檩）椀放样方法如下。

（1）定 *a* 点（详见图 7-62）。

（2）按步、举架尺寸定 *b* 点（详见图 7-62）。

（3）*b* 点下返老角梁高与 *a* 点连线为老角梁下皮并依次上返划出老角梁上皮，即仔角梁下皮线及仔角梁上皮线。

（4）以 *a* 点、*b* 点为基准点从搭交檩平面位置图中上引各檩椀相关轮廓控制点并按各桁（檩）的实际尺寸依次划出檩椀加工线，角梁桁（檩）椀放样完成。

图 7-65 是老、仔角梁通桁（檩）椀划线方法。

7. 角梁槽齿（闸口）榫

（1）用于有桁（檩）椀做法的角梁与挑檐、正心（檐）、金桁（檩）相接部位。如图 7-66 所示，老角梁由挑檐桁（檩）或正心（檐）桁（檩）平面老中垂直向上引线，与角梁下皮相交一点，此点向前为檩椀刻去部分，向后，为留榫部分。槽齿（闸口）榫宽为角梁宽的 1/2，自桁（檩）上皮向下返桁（檩）径 1/4 定榫高。

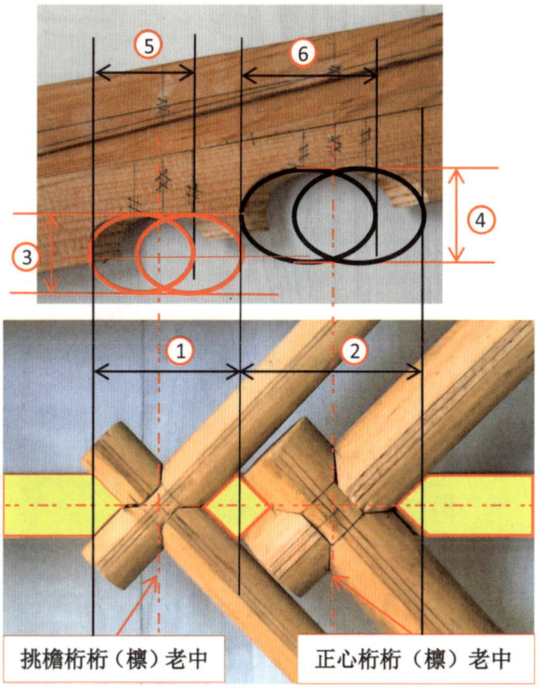

图 7-65 角梁榫卯：老、仔角梁通桁（檩）椀划线方法

挑檐桁（檩）斜桁（檩）椀；正心桁（檩）斜桁（檩）椀；①—挑檐桁（檩）与角梁外皮平面相交点即挑檐桁桁（檩）椀的立面轮廓控制点；②—正心桁（檩）与角梁外皮平面相交点即正心桁桁（檩）椀的立面轮廓控制点；③—挑檐桁（檩）高（径）；④—正心桁（檩）高（径）；⑤—挑檐桁桁（檩）径乘以加斜系数；⑥—正心桁桁（檩）径乘以加斜系数

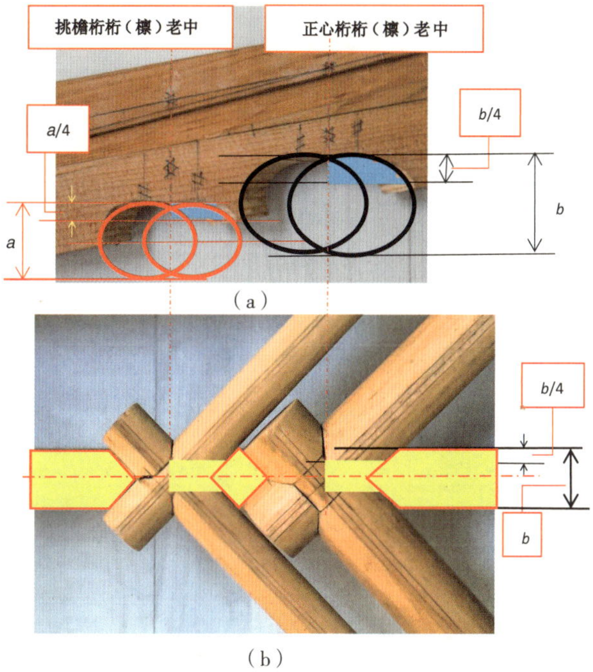

图 7-66 角梁榫卯：老角梁有桁（檩）椀槽齿（闸口）榫划线方法

注：涂 部分为老角梁槽齿（闸口）榫留榫部分。

做法说明：此种做法对于搭交桁（檩）来说损伤最小，做法相对简单；但对于角梁而言伤损过大，从大木结构来说不太合理，且由于角梁需要做出桁（檩）椀，做法略显复杂。

（2）用于无桁（檩）椀做法的角梁与挑檐、正心（檐）、金桁（檩）相接部位。如图 7-67 所示，老角梁由挑檐桁（檩）或正心（檐）桁（檩）平面老中垂直向上引线，与角梁下皮相交一点，此点向前为檩椀刻去部分，向后，为保留部分。槽齿（闸口）榫宽即角梁宽，自角梁下皮按七至八分（约 22～26mm）定榫高。

做法说明：此种做法于角梁来说做法简单且损伤最小，从大木结构来说也最为合理，只是相对搭交桁（檩）来讲槽卯刻去部分的损伤较大，在制作搭交桁（檩）的十字卡腰榫时，需要按老角梁刻槽后的实际保留高度的 1/2 做

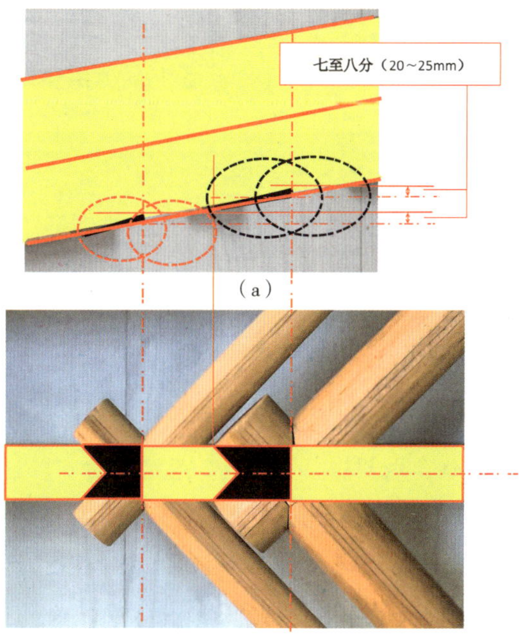

图 7-67 角梁榫卯：老角梁无桁（檩）椀槽齿（闸口）榫划线方法

注：图中涂 部分为老角梁槽齿（闸口）榫刻去部分。

十字卡腰，做法略显复杂。

8. 老（仔）角梁等掌刻半榫

用于扣金角梁中仔角梁后尾与由戗相接部位，详见图 7–68。

用于压金角梁中老角梁后尾与由戗相接部位，详见图 7–69。

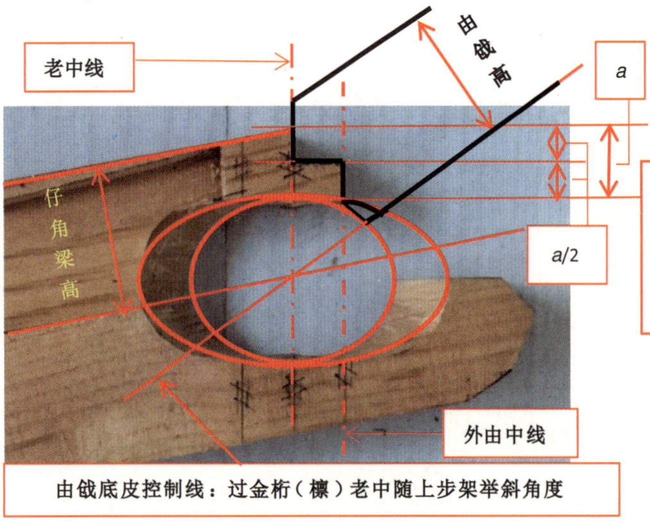

图 7–68 角梁榫卯：扣金仔角梁等掌刻半榫示意及划线方法

图 7–69 角梁榫卯：压金老角梁等掌刻半榫示意

扣金仔角梁（压金老角梁）后尾等掌刻半榫（用于角梁后尾与由戗相接部位）划法如下。

榫宽同角梁，榫长自金檩老中至里由中距离，榫高按仔（老）角梁后尾出金檩上皮全高的 1/2，详见图 7–68。

9. 老角梁后尾三岔头头饰

用于扣金老角梁后尾端头。老角梁后尾“三岔头”头饰划法如下（见图 7–70）。

（1）自金桁（檩）老中 ● 后返 1.5 檩（桁）径定 ● *A* 点。

（2）自 ● *A* 点垂直线下返与老角梁下皮相交 ● *B* 点。

（3）● *A*、● *B* 两点间尺寸均分三份 *a*/3。

（4）● *A* 点向后、向下 *a*/3 定点 ●●。

（5）● *B* 点向前 *a*/3 定点 ●。

（6）连接 ●● 线段；连接 ●● 线段；连接 ●● 线段，三岔头头饰划线完成。

10. 仔角梁后尾扣桁（檩）椀头饰

用于歇山建筑（无由戗）仔角梁后尾端头的头饰。仔角梁后尾扣桁（檩）椀头饰划法如下

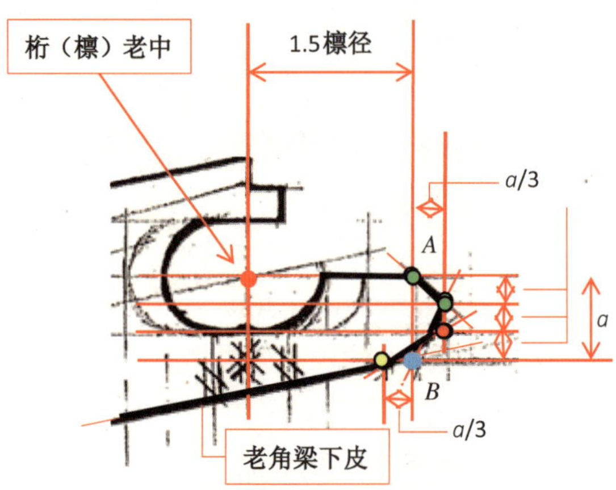

图 7–70 角梁榫卯：老角梁后尾三岔头头饰划线方法

（图 7-71）。

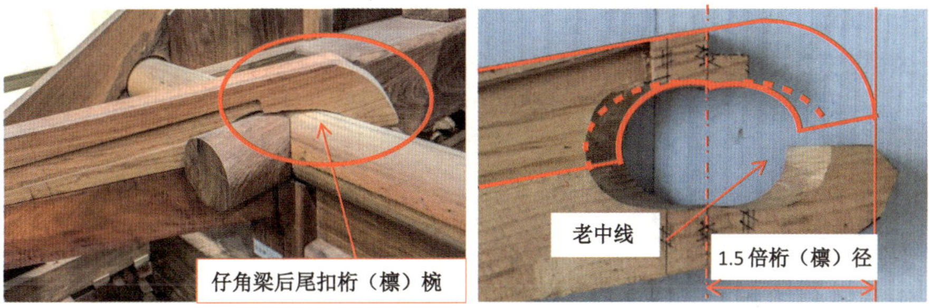

（a）　　（b）

图 7-71　角梁榫卯：仔角梁后尾头饰划线方法

自金桁（檩）老中后返 1.5 倍金桁（檩）径定仔角梁后尾下皮端点，过此点与仔角梁上皮线划圆造型，“扣桁（檩）”头饰划线完成。

11. 套兽榫

用于仔角梁头挂套兽用，详见图 7-72。

套兽榫划法如下：榫长 3 斗口，榫高、厚同为 1.5 斗口，端头做成拳头状，详见图 7-73。

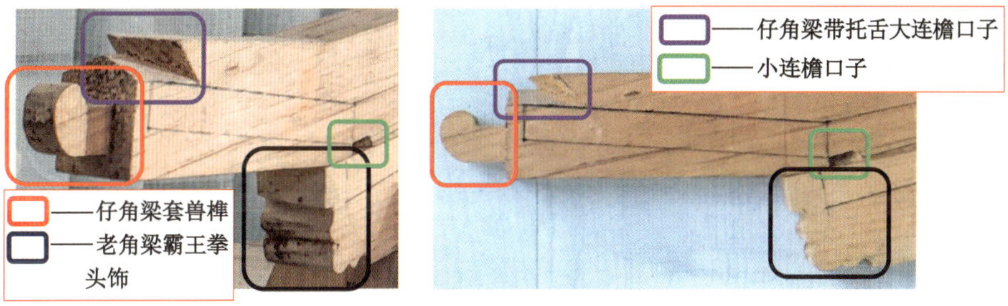

（a）　　（b）

图 7-72　仔角梁套兽榫及老、仔角梁头部榫卯、头饰示意

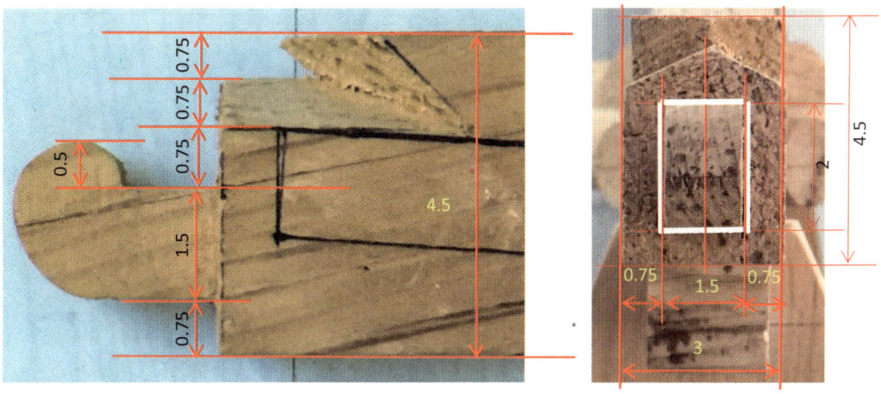

（a）　　（b）

图 7-73　角梁榫卯：仔角梁头套兽榫划线方法

注：图中单位为斗口。

12. 仔角梁头大连檐口子

用于仔角梁端头安装大连檐的榫卯。仔角梁头大连檐口子的做法有三种，其划线方法如下。

（1）方法 1，无托舌大连檐口子（图 7-74）。

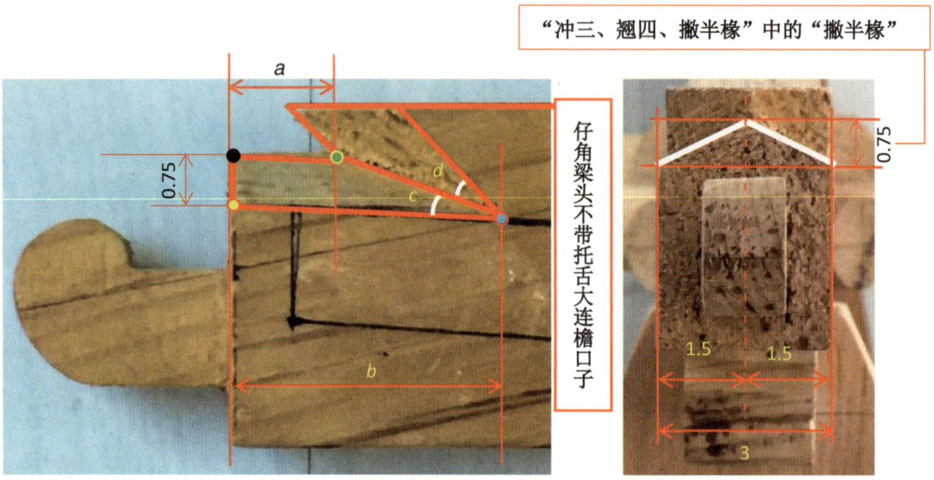

（a）　（b）

图 7–74　角梁榫卯：仔角梁头大连檐口子划线方法 1——无托舌大连檐口子

注：图中单位为斗口。

① 定点 ●，为平面冲出后大连檐外皮（檐口线）在仔角梁中的交汇点，详见图 7–62。

② 按此点向后按 1 翘翘飞在角梁上的上皮投影线后返大连檐宽（深）度加斜尺寸 a 定点🟢，加斜角度约为 40°，加斜系数约等于 1.29，连接 ●🟢 线段。

③ 按此点下返 0.75 斗口定点 🟡，再平行于 ●🟢 线段后返若干尺寸 b 定点 🔵［此尺寸根据平面冲出檐口线与仔角梁外皮交点后返大连檐宽（深）定］，连接 🟡🔵 线段。

④ 口子此处夹角 c、d 根据大连檐坡口角度加斜尺寸定（通常现场以实物摹划确定，以与大连檐附实为准）。

（2）方法 2、3，有托舌大连檐口子（图 7–75 和图 7–76）。

定点 ●，为平面冲出后大连檐外皮（檐口线）在仔角梁中的交汇点。方法 2 的交汇点自仔角梁端头外出 0.75 斗口，方法 3 的交汇点为 1.5 斗口，为托舌探出部分。

其余各部位做法、划线方法均同图 7–74，此处略。

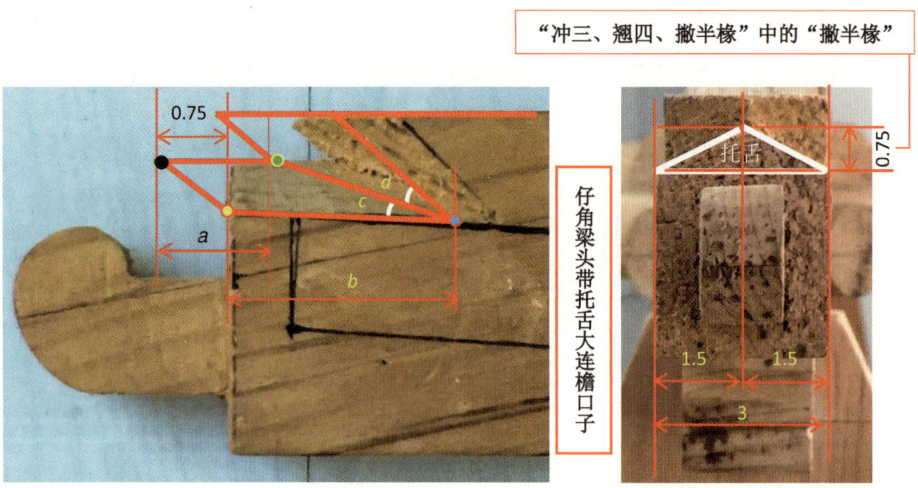

（a）　（b）

图 7–75　角梁榫卯：仔角梁头大连檐口子划线方法 2——有托舌大连檐口子

注：图中单位为斗口。

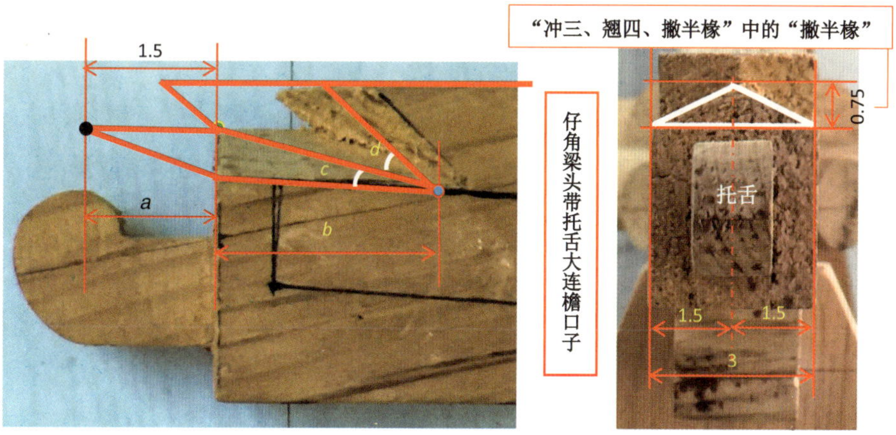

（a）　　　　（b）

图 7–76　角梁榫卯：仔角梁头大连檐口子划线方法 3——有托舌大连檐口子

注：图中单位为斗口。

13. 小连檐口子

用于在仔角梁上安装小连檐的卯口。其做法及划线方法如下（图 7–77）。

卯口长按小连檐加斜后尺寸定；厚度同小连檐并做出加斜后的小连檐坡口；卯口深八分至一寸（约 26～30mm）。

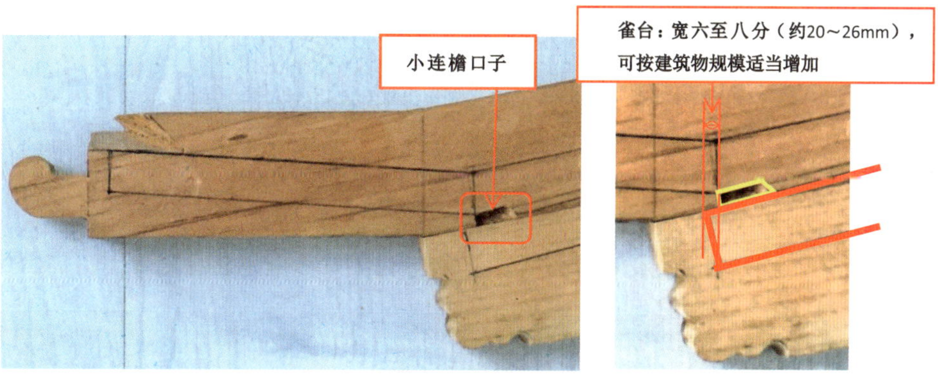

（a）　　　　（b）

图 7–77　角梁榫卯：仔角梁小连檐口子

14. 椽槽

用于翼角椽与角梁贴附安装部位，如图 7–78 所示。

做法、划线方法如下（图 7–79）。

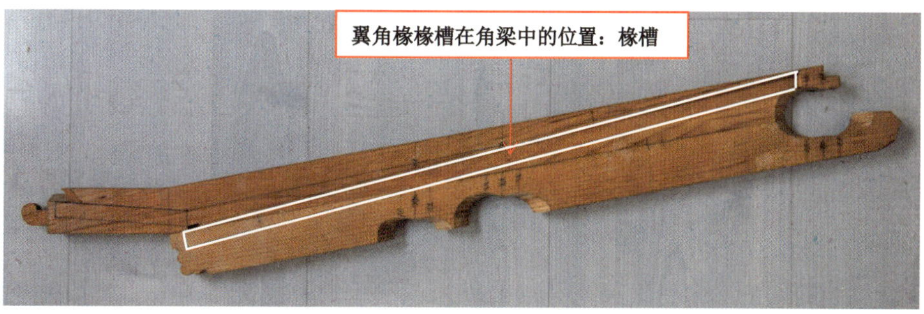

图 7–78　角梁榫卯：翼角椽椽槽 1

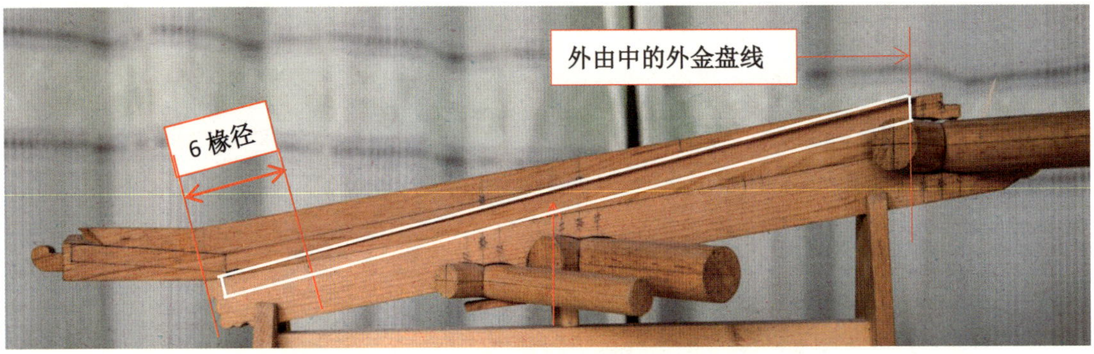

图 7-79　角梁榫卯：翼角椽椽槽 2

根据角梁实样确定椽槽在老、仔角梁中实际位置。椽槽高按椽径，长按老角梁头后返 6 椽径起至金桁（檩）外由中的外金盘线，由浅至深，后端最深处为半椽径，前端浅至无。

15. 老角梁霸王拳头饰

（1）老角梁前端端头的头饰的做法、划线方法如下（图 7-80）。

① 老角梁上皮、端头、下皮连线，交汇于 *A*、*C*、*D* 点。

② 自 *A* 点下返 1.5 斗口得 *B* 点，*C* 点里返 3 斗口得 *D* 点，*BD* 连线。

③ 将 *BD* 均分 6 份，每份为 *a*，在线段的中心 *E* 点向外增出一份 *a* 得 *F* 点，连接 *BF*、*DF* 线段。

④ 自 *BD* 线段依次 1/6 位置作垂直线与 *BF*、*DF* 线段相交，各为 3 份。

⑤ 按图 7-80 示由每份线段中按半径向内、外划半圆，中段按 2 份向外划半圆，划线完成。

（2）老角梁梁头霸王拳头饰的划线方法如下（图 7-81）。

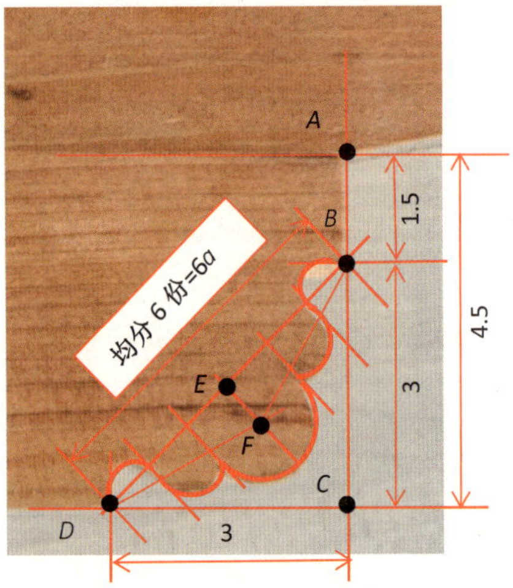

图 7-80　老角梁霸王拳头饰划线方法 1

注：图中单位为斗口。

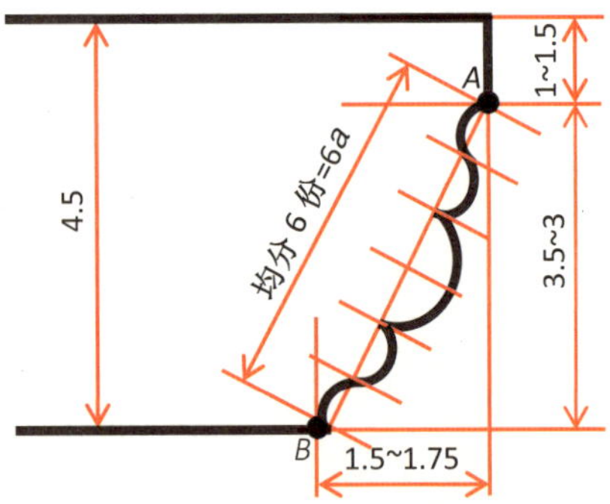

图 7-81　老角梁霸王拳头饰划线方法 2

注：图中单位为斗口。

① 自老角梁前端端头上皮下返 1～1.5 斗口，下皮里返 1.75～1.5 斗口定 *A*、*B* 两点，*AB* 连线。

② 将线段 *AB* 均分 6 份，每份为 *a*。

③ 按图 7-81 示由每份线段中按半径向内、外划半圆，中段按 2 份向外划半圆，划线完成。

16. 仔角梁出峰三岔（椽）头头饰

用于不安装套兽的仔角梁端头头饰。仔角梁出峰三岔（椽）头头饰划法如图 7-82 所示。

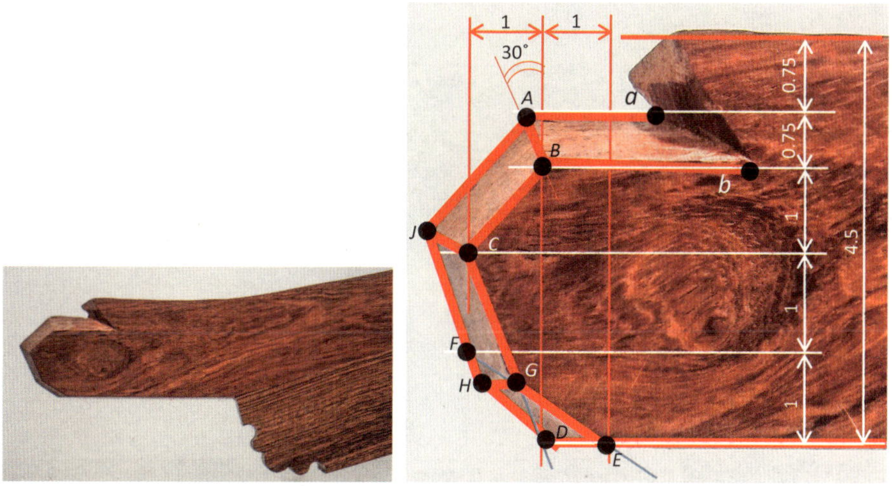

图 7-82　角梁榫卯：仔角梁出峰三岔头头饰划线方法

注：图中单位为斗口。

（1）仔角梁大连檐平面端点（图 7-62）按图 7-74 所示定立面 *A* 点，连接三岔（椽）头上皮水平线至 *a* 点（*a* 点定位见图 7-74）。

（2）按图 7-82 所示角度、尺寸定 *B* 点并连接 *AB* 线段。

（3）平行 *Aa* 连接 *Bb*（*b* 点定位见图 7-74）线段。

（4）按图 7-82 所示尺寸定 *C* 点，连接 *BC* 线段。

（5）按图 7-82 所示尺寸定 *D* 点，连接 *CD* 线段。

（6）按图 7-82 所示尺寸定 *E* 点、*F* 点，连接 *EF* 线段。

（7）*CD*、*EF* 两线相交定 *G* 点。

（8）做 *BC*、*CG*、*GE* 线段的平行线；线段相交定 *H* 点、*J* 点，连接线段 *ED*、*DH*、*HG*、*HJ*、*JA* 线段。

注：仔角梁出峰三岔（椽）头大连檐口子部分与套兽榫大连檐口子做法相同，详见图 7-83，本处略。

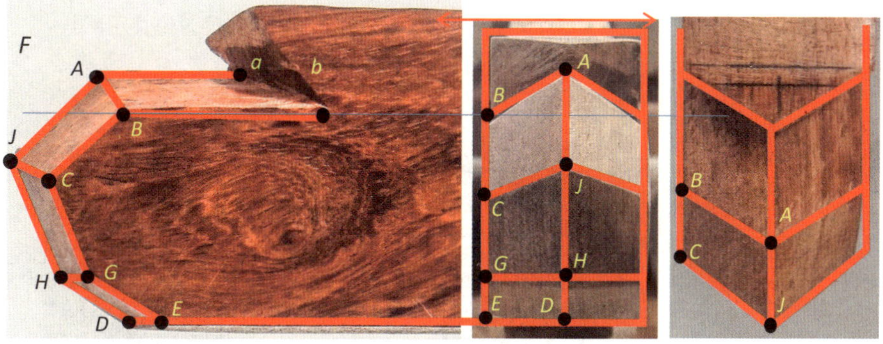

（a）　　（b）　　（c）

图 7-83　角梁榫卯：仔角梁出峰三岔头侧立、正立、俯视平面各点位对应图

17. 角梁销子榫

角梁销子榫用于老仔角梁叠压部分的固定榫卯，通常在前檩与老角梁端头、正心与金檩居中位置安装，见图 7-84。

做法及划线方法如下：榫厚六至八分（约 20～26mm），宽一寸半至二寸（约 48～64mm），长各入老仔角梁六至八分（约 20～26mm）。

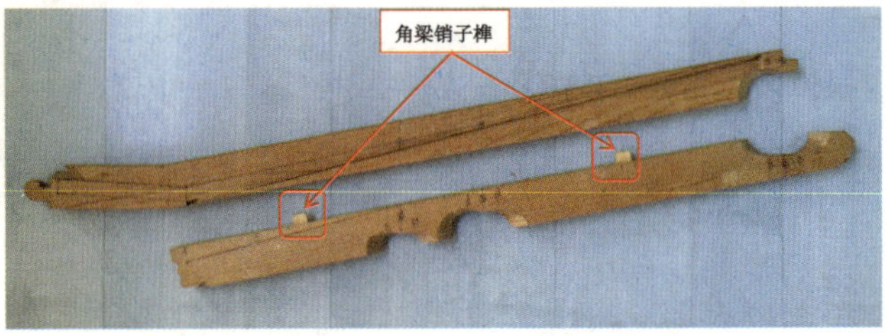

图 7-84　角梁榫卯：角梁销子榫

18. 趴梁（阶梯）榫

趴梁（阶梯）榫用于趴梁（抹角）与檩、长、短趴梁相接部位，如图 7-85～图 7-88 所示。

（a）　（b）　（c）　（d）

图 7-85　梁类榫卯：趴梁（阶梯）榫（带燕尾榫做法）1

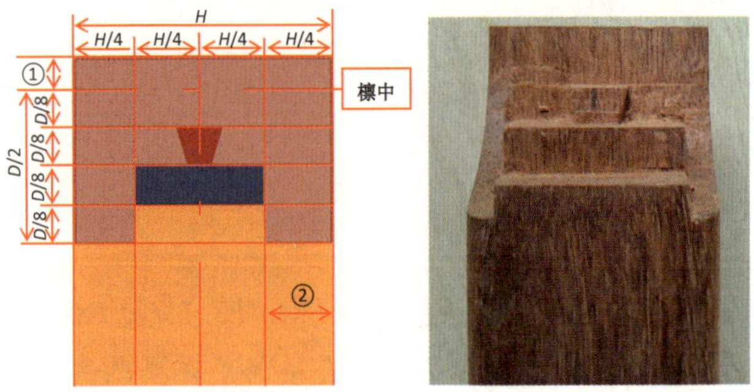

（a）　（b）

图 7-86　梁类榫卯：趴梁（阶梯）榫（带燕尾榫做法）2

注：H 为梁厚，即 1.1～1.2 柱径或 5.2 斗口；D 为檩径；① 1/2 檩金盘；②趴梁榫包掩即 1/4 梁厚。

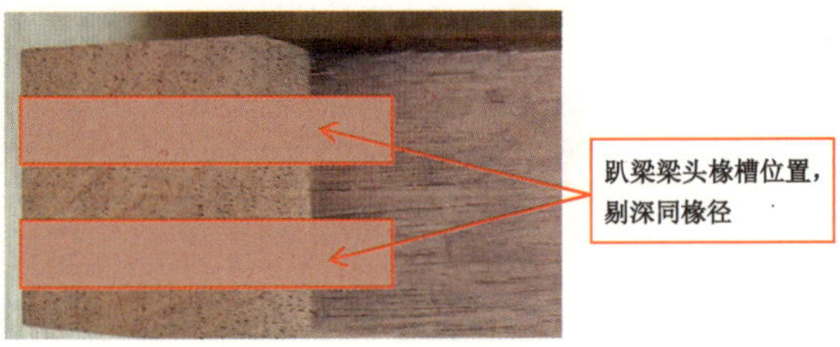

图 7-87　梁类榫卯：趴梁梁头椽槽平面位置俯视图

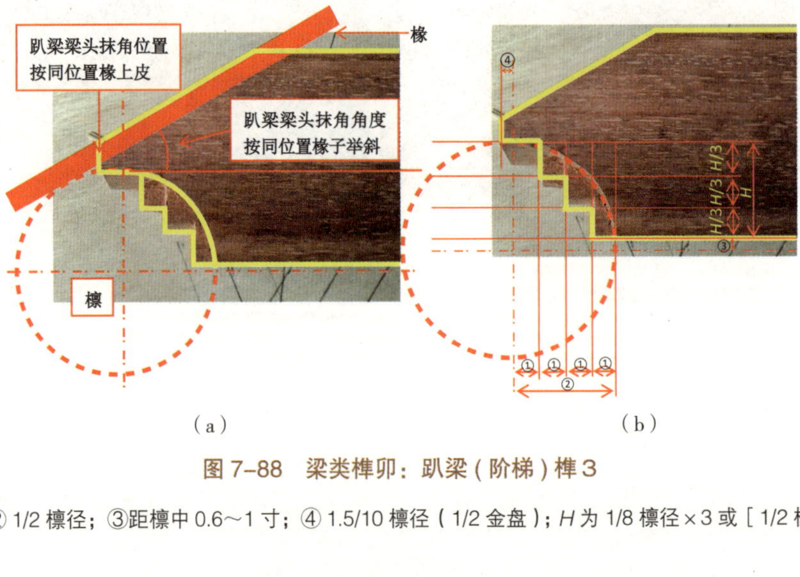

（a）　（b）

图 7-88　梁类榫卯：趴梁（阶梯）榫 3

注：① 1/8 檩径；② 1/2 檩径；③距檩中 0.6～1 寸；④ 1.5/10 檩径（1/2 金盘）；H 为 1/8 檩径 ×3 或［1/2 檩径 -（0.6～1 寸）］。

做法及划线方法如下。与檩相接部位的趴梁榫做成三层阶梯，第一层榫入檩长度为檩半径1/4，袖入檩内；第二层榫长同为檩半径1/4；第三层可做直榫也可做燕尾榫，长可同第一、二层也可略长但不得长过檩中。各层高同长；第一、二层直榫宽1/2～4/5趴梁（抹角）厚（宽），在榫两侧按檩圆弧做1/5～1/4趴梁（抹角）厚（宽）的“包掩（肩）”。长、短趴梁相接部位的趴梁榫可做成三层阶梯榫或入袖燕尾榫。阶梯榫三层总长至趴梁中，各层榫长按总长均分；榫总高按短趴梁本身高，各层榫高按总高均分；入袖燕尾榫总长至趴梁中，其入袖部分为趴梁厚（宽）的1/5，其余为榫长；入袖燕尾榫总高按短趴梁本身高，其入袖和燕尾榫部分各为总高的1/2；榫宽按短趴梁本身宽。

19. 腰子榫

腰子榫用于垂花门麻叶担子梁等两端梁身，中间做榫落入柱中的梁。榫厚1/3柱径（或梁厚），高按梁全高，榫宽按柱径，如图7-89所示。

（a）　（b）　（c）

图7-89　梁类榫卯：担梁腰子榫

20. 销子榫卯

销子榫卯用于梁与其他构件之间的叠压相接。

尺寸：榫厚15～20mm（视构件尺寸可酌情加大），宽约50mm，栽深、出头各20～30mm，详见图7-84。

21. 馒头榫卯口（海眼）

馒头榫卯口（海眼）用于与柱头相接部分。

卯口（海眼）见方尺寸：通常为柱径的1/4～3/10，深同见方尺寸，参见图7-30。

22. 瓜柱双直半榫卯口

瓜柱双直半榫卯口用于梁与瓜柱连接部位。

卯口尺寸：卯口宽厚通常在六至八分（约20～26mm）；卯口深1寸至1寸半（约32～48mm），卯口长同瓜柱宽（径）。参见图7-33。

23. 垫板口子

垫板口子用于各层垫板与各梁连接部位。

尺寸：口子宽同垫板厚；深同口子宽；高同垫板高（宽）。参见图 7–57。

24. 椽窝

椽窝用于椽子与踩步柁（梁）连接部位，根据梁身的高度分别做整椽窝或半椽窝。整椽窝根据加斜后的椽径及角度在踩步柁（梁）向外一侧按椽子外形剔出椭圆形或长方形椽窝，椽窝下口应随椽子的角度剔平并与椽附实；椽窝宽随椽径，高按椽径加斜后的尺寸；深 1/3～1/2 椽径。半椽窝根据檩上皮标高在踩步金梁向外一侧刻出，半椽窝宽随椽径；高随梁身高；半椽窝下口应随椽子的角度剔平并与椽附实，椽窝所处位置见图 7–90。

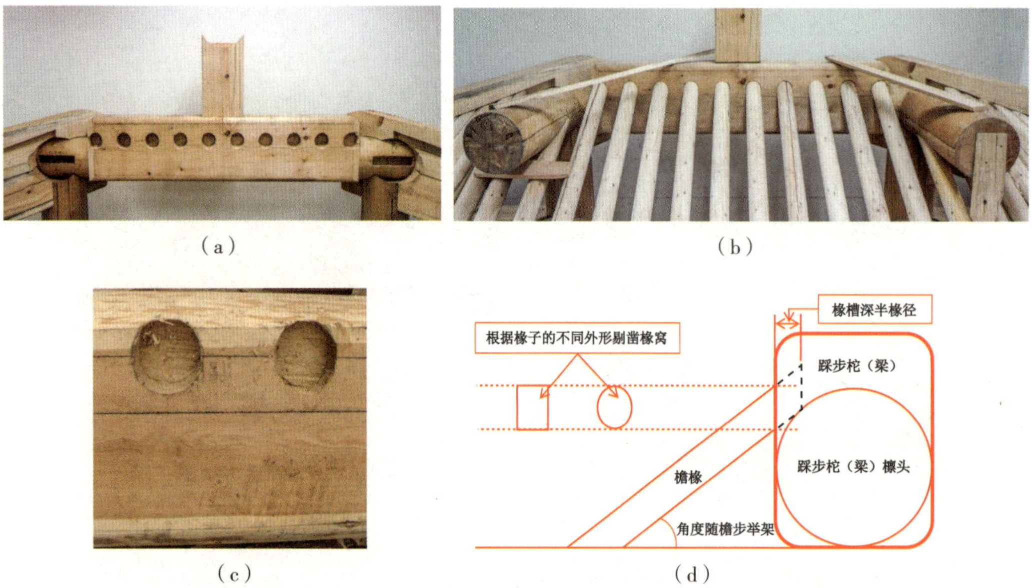

图 7–90　梁类榫卯：椽窝

注：图（a）中踩步柁（梁）头做法属个例，仅供参考。

25. 楞木卯口

楞木卯口用于承重梁与楞木、沿边木等构件的连接部位，如图 7–91 所示。

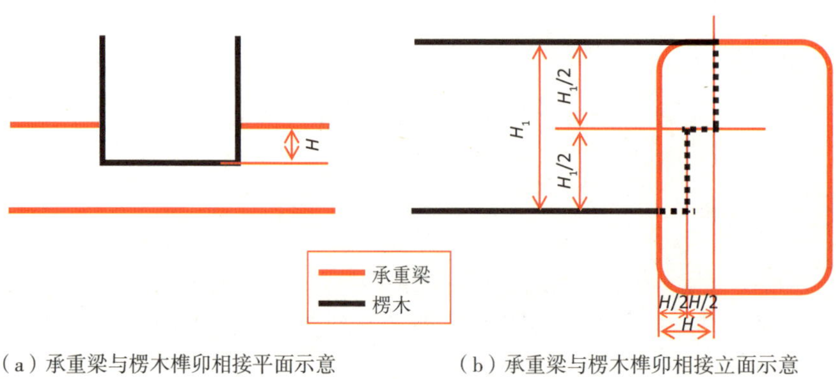

图 7–91　梁类榫卯：楞木卯口

H—承重梁厚的 1/5～1/4；H_1—楞木高

尺寸：楞木口子宽同楞木宽；高按楞木全高；深按梁厚的 1/5～1/4，并做出阶梯形卯口。

26. 滚（裹）棱

滚（裹）棱用在梁身四角边棱部位。

尺寸：按梁各面宽 1/10 起止刨出圆弧。详见图 7-57。

27. 拔腮榫

拔腮榫用于一端做榫出挑柱外，后将出挑柱外的榫恢复到原梁外形（俗称“钉腮帮”）的随梁、承重梁等，如图 7-92 所示。

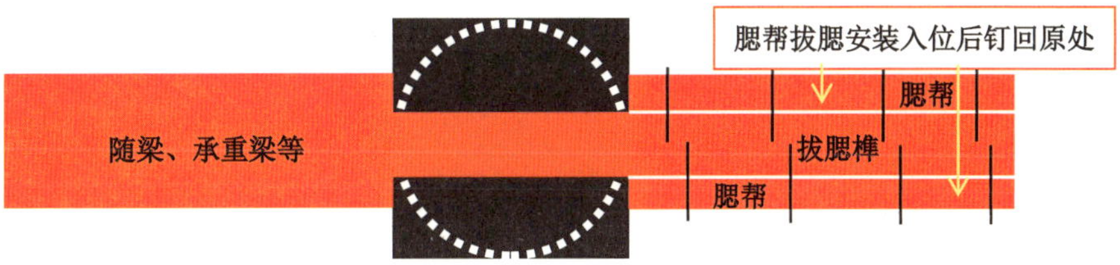

图 7-92　随梁、承重梁等与方、圆柱拔腮榫榫接平面示意

尺寸：出榫厚按柱径 1/3，高按梁全高；“腮帮”各厚为梁厚—榫厚 × 1/2。

28. 柁（檩）头十字卡腰榫卯

柁（檩）头十字卡腰榫卯用于踩步金柁（檩）头与檩相交部位，如图 7-93 和图 7-94 所示。

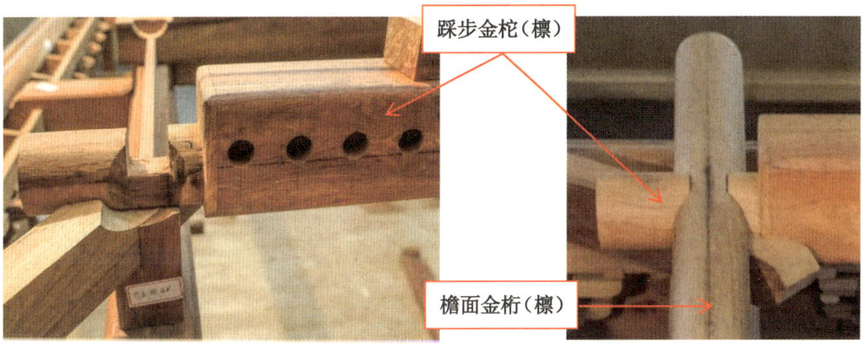

图 7-93　梁类榫卯：柁（檩）头十字卡腰榫卯

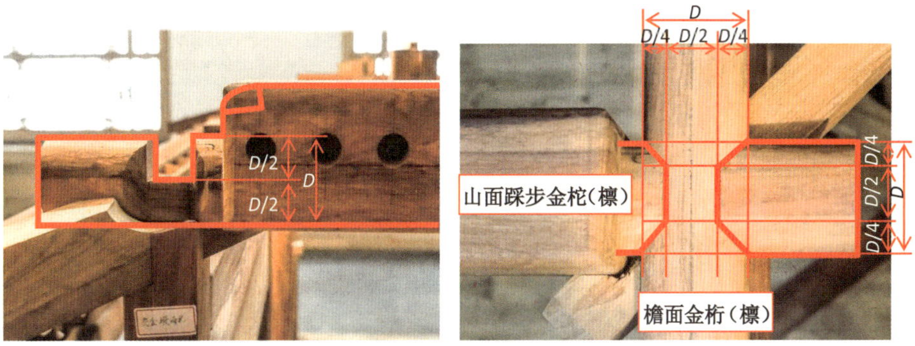

（a）踩步金柁（檩）头十字卡腰榫卯侧立面示意　　（b）平面示意

图 7-94　梁类榫卯：踩步金柁（檩）

D—桁（檩）径

尺寸：榫卯依搭接角度按檩径在柁（檩）头侧面四角向内返刻去卯口，卯口两面各深 1/4 檩径，高同檩径；柁（檩）头中心留榫部分分等、盖口，按中刻半，等口柁（檩）头上面刻去卯口，盖口桁（檩）上面留榫搭交。

29. 实（平）肩

实（平）肩用于梁头与沿边木，帽儿梁、贴梁与天花支条等榫肩满撞的部位，详见图 7-53。

30. 抱肩

抱肩用于梁与圆柱、梁、方柱、柁墩等构件的相接部位。梁榫头两侧部分为榫肩，与圆柱相接的榫肩起点按“收溜”柱径上下不等；榫肩分 3 份，与圆柱相接的里侧 1/3 按圆柱上下段圆径向前做内圆撞肩；与梁、方柱、柁墩相接的里侧 1/3 做实（平）肩；外侧 2/3 由此点向外、后侧裹圆做外圆回肩，回肩参见图 7–49。

31. 担梁挂柱卯口

担梁挂柱卯口用于担梁与垂莲柱连接部位，如图 7–95 所示。卯口外形、尺寸同垂莲柱燕尾挂榫。垂莲柱安装后，用同燕尾挂榫外形、尺寸的木枋堵严担梁卯口空余部分。

32. 角云（花梁头）头饰

角云（花梁头）用于角柱柱头部位，当用于非角柱部位时称花梁头或麻叶抱头梁等，如图 7–96 和图 7–97 所示。

（a）　　（b）　　（c）

图 7–95　梁类榫卯：担梁挂柱燕尾卯口

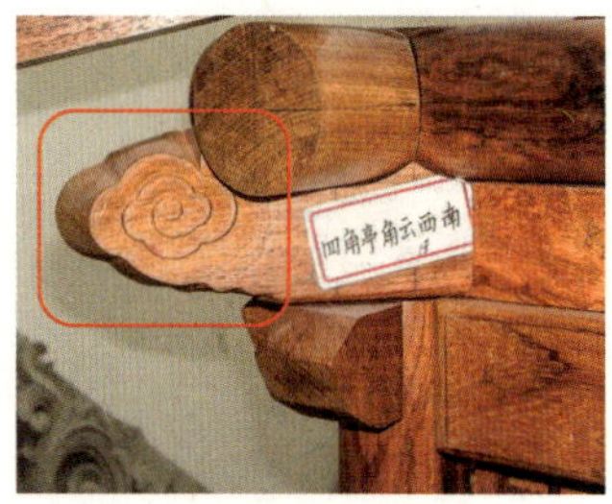

图 7–96　梁类榫卯：角云（花梁头）头饰 1

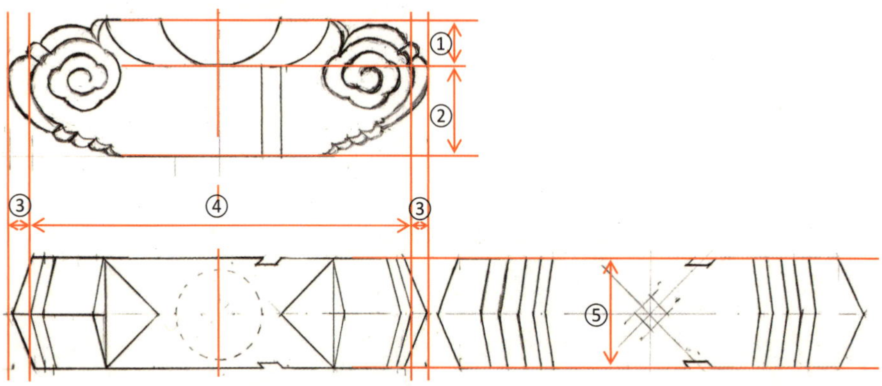

（a）角云俯视平面　　（b）角云仰视平面

图 7–97　梁类榫卯：角云（花梁头）头饰 2

① 1/2 檩径；②垫板高；③起峰 1/5 角云厚；④ 3 檩径 × 加斜系数；⑤ 1.1～1.2 柱径

注：1. 本图所示为角云头饰划线方法，花梁头头饰划法除长度略有不同外，其余同此划线方法。

2. 角云（花梁头）划法另有“三弯九转”划法，本图仅为诸多划线方法其中之一，供参考。

（三）常见枋类榫卯

1. 大进小出榫

大进小出榫用于穿插枋与柱连接部位。

榫头尺寸：透（大进小出）榫头厚：圆柱通常为 1/4 柱径或 1/3 枋厚，方柱通常为 1/4～3/10 柱径；榫头大进部分高按枋全高，长至柱中；小出部分高按枋 1/2 高，长按本身柱径（含半柱径出头）或 1/2 本身柱径另加 1/2 枋高（出头部分见方）。单直大进小出榫卯见图 7-98。

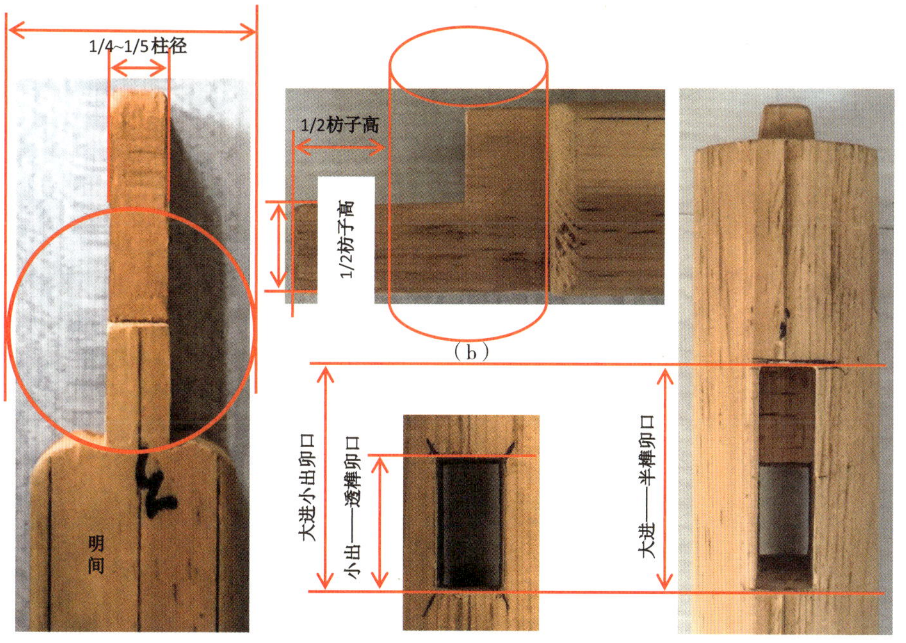

（a） （b） （c） （d）

图 7-98 枋类榫卯：单直大进小出榫卯

2. 燕尾榫

燕尾榫用于枋子与柱子相连接的部位。

榫头尺寸：燕尾榫头上端头部宽为柱径的 1/4～3/10，下端根部按头部宽 1/10 各向两侧收“乍”，榫头长同榫头上端头部宽；枋子榫头下端除长同上端外，榫宽由上端榫两侧各按 1/10 向内收“溜”；榫头高同枋子高。带袖肩燕尾榫其袖肩部分长按 1/8 柱径，宽按榫头上端头部宽，高同榫头高。详见图 7-48 和图 7-49。

3. 半榫

半榫用于承椽枋、围脊枋、间枋、棋枋、门头枋与柱连接部位。

榫头尺寸：圆柱通常厚为 1/4 柱径或 1/3 枋厚，方柱通常为 1/4～3/10 柱径；榫头高按枋全高，长至柱中。详见图 7-50 和图 7-51。

4. 箍头榫

箍头榫用于额（檐、金）枋与角檐柱、角金柱相连接的部位。

尺寸：箍头榫宽为 1/4～1/3 柱径；高分里、外口，以相交枋子箍头榫里皮为界，以里部分为里口，高按枋子全高；以外部分为外口，高按枋子高 4/5；按此高度相交箍头枋上下各分别做刻口（即等、盖口），刻深一半，刻口宽同榫厚尺寸。详见图 7-39 和图 7-40。

5. 十字刻半卡腰榫

十字刻半卡腰榫用于平板枋与枋之间的相互连接上。

尺寸：刻口深为平板枋厚的 1/2，宽（长）按平板枋宽（长）尺寸在两侧向内各做枋宽 1/10 的隔角袖肩，所余的 4/5 枋宽即为刻口的宽（长）。详见图 7-99。

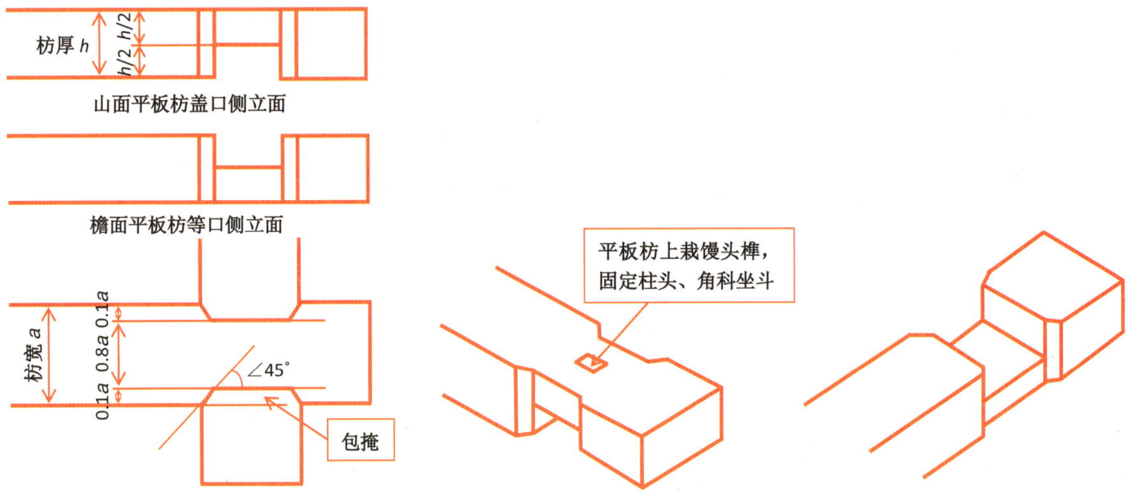

（a）双向平板枋相交平面　（b）山面平板枋　（c）檐面平板枋

图 7–99　枋类榫卯：十字刻半卡腰榫

6. 实（平）肩

实（平）肩用于枋子与梁、方柱、柁墩相接撞肩部位。

7. 抱肩

抱肩用于枋子与柱、梁、柁墩等构件的连接部位。

尺寸：枋子榫头两侧部分为榫肩，榫肩起点按“收溜”柱径上下不等；榫肩分 3 份，里侧 1/3 按圆柱上下段圆径向前做内圆撞肩；与梁、方柱、柁墩相接的里侧 1/3 做实（平）肩；外侧 2/3 由此点向外、后侧裹圆做外圆回肩，回肩见方。详见图 7–49。

8. 销子卯口

销子卯口用于枋子与板、与枋之间的迭压连接部位。

尺寸：销子卯口通常宽 20～30mm，长 50mm 左右，深 30～40mm。详见图 7–84。

9. 椽椀（窝）

椽椀（窝）用于承椽枋与椽子连接部位，椽椀根据加斜后的椽径及角度在承椽枋向外一侧剔出椭圆形或长方形椽窝，椽窝下口应随椽子的角度剔平并与椽附实。

尺寸：椽椀宽随椽径，高按椽径加斜后的尺寸；深约 1 寸（32mm）。详见图 7–90 和图 7–100。

（a）　（b）

图 7–100　枋类榫卯：椽槽（窝）

10. 滚（裹）棱

滚（裹）棱用于枋身四角边棱部位。

尺寸：按枋子各面宽 1/10 起止刮刨出圆棱。详见图 7–57。

（四）常见檩（桁）类榫卯

1. 燕尾榫

燕尾榫用于檩与檩之间的连接。

榫头尺寸：燕尾榫端头宽为檩（桁）本身直径的 3/10，榫根部按榫头宽 1/10 各向两内侧收“乍”，榫长同榫端头宽，榫高按部位不同分别做梁头刻半榫或脊檩（桁）通榫。详见图 7–48、图 7–49、图 7–101。

（a）　　（b）

（c）　　（d）　　（e）

图 7–101　檩（桁）类榫卯：燕尾榫

注：图（a）~图（d）为梁头刻半燕尾榫；图（e）为通脊檩燕尾榫。

2. 十字卡腰榫

十字卡腰榫用于檩（桁）与檩（桁）之间交叉相交部位，如图 7–102 和图 7–103 所示，由三部分组成。

（a）檩（桁）十字卡腰榫

图 7–102

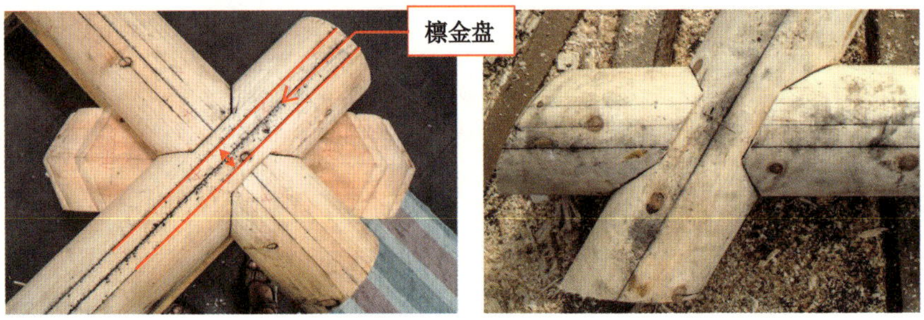

（b）正角度十字搭交檩（桁）　（c）多角度十字搭交檩（桁）

图 7-102　檩（桁）类榫卯：十字卡腰榫 1

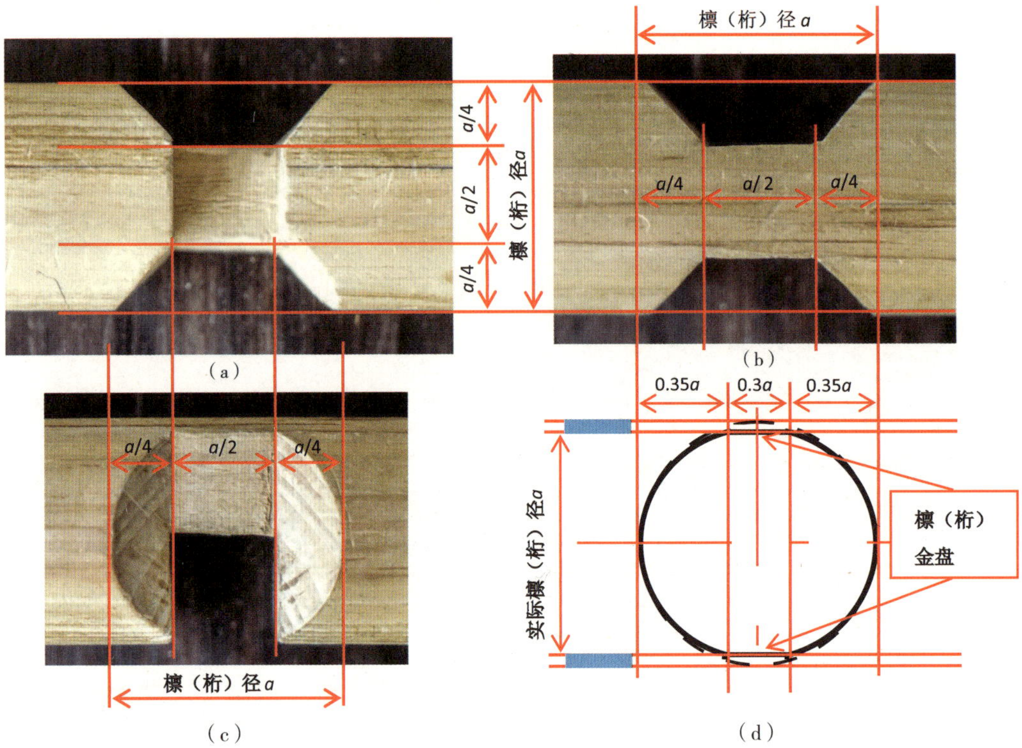

图 7-103　檩（桁）类榫卯：十字卡腰榫 2

注：图（d）中 ▬ 檩（桁）金盘砍刮部分，高约为檩（桁）5%，俗称“泡”。

（1）割角刻口。两檩（桁）外皮相交点交叉连线，呈割角状，刻口深（宽）各 1/4 檩（桁）径，高按檩（桁）径。

（2）等口刻口。刻口坐于轴线中，刻口长（宽）、厚 1/2 檩（桁）径，高同宽。

（3）盖口榫。留榫部分尺寸同等口刻口部分。十字卡腰榫等、盖刻口的上下设制根据檩（桁）所处山、檐面的不同分别设置，等口檩（桁）是刻口在上，留榫在下；盖口檩（桁）是留榫在上，刻口在下。

檩（桁）的金盘根据檩（桁）上下是否有叠压构件而定：有叠压构件的必须有金盘，无叠压构件的可以取消金盘。

3. 趴（抹角）梁（阶梯）卯口

趴（抹角）梁（阶梯）卯口用于檩（桁）与趴梁（抹角梁）相接部位。

尺寸做法：与梁相接部位的趴梁卯口做成三层阶梯形状，第一层趴梁榫入檩（桁）刻口长度为檩半径 1/4，高同长；第二层刻口长、高同第一层；第三层可做直卯口也可做燕尾卯口，长、高可同第一、二层，也可略长，但不得长过檩（桁）中。各层直卯口宽 1/2～4/5 趴梁（抹角梁）厚（宽），燕尾卯口尺寸同燕尾榫头尺寸。详见图 7–85～图 7–88。

4. 小鼻子卯（刻）口

小鼻子卯（刻）口用于檩与边柁（梁）和檩（桁）与有檩（桁）椀做法的角梁相接部位。

檩（桁）与边柁（梁）相接部位：卯（刻）口高自檩（桁）底皮上返 1/5 檩（桁）径；卯（刻）口宽同高；卯（刻）口长以深定。详见图 7–41。

5. 角梁槽齿卯（闸）口

角梁槽齿卯（闸）口用于檩（桁）与角梁相接部位。

（1）带檩（桁）椀槽齿（闸口）榫。角梁由挑檐檩（桁）或檐（正心）檩（桁）老中向下引线，与角梁下皮相交一点，此点向前为檩（桁）条保留部分，向后，为卯（刻）口部分。小鼻子卯（刻）口宽为角梁宽的 1/2，深随角梁鼻子榫高。详见图 7–66。

（2）不带檩（桁）椀槽齿卯（闸口）口榫。角梁由挑檐桁（檩）或正心（檐）桁（檩）平面老中垂直向上引线，与角梁下皮相交一点，此点向前为檩椀刻去部分，向后，为保留部分。槽齿（闸口）榫宽即角梁宽，自角梁下皮按七至八分（约 22～26mm）定榫高。详见图 7–67。

6. 销子卯口

销子卯口用于檩（桁）与垫板之间的连接。卯口厚 15～20mm，宽约 50mm，长 20～30mm。详见图 7–84。

（五）常见板类榫卯

1. 企口榫

用于顺望板、滴珠板、山花板、走马板等，详见图 7–104。

板两侧分别配制等、盖口榫，以便依次安装。

2. 柳叶缝

柳叶缝用于横望板等，详见图 7–105。

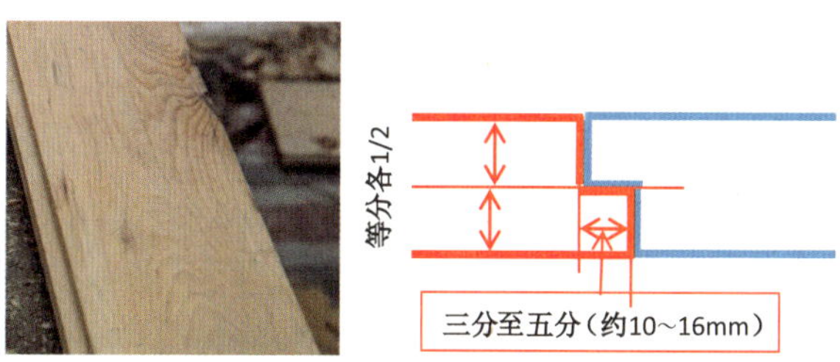

（a）企口榫示意　（b）企口榫断面示意

图 7–104　板类榫卯：企口榫

（a）望板柳叶缝示意　（b）柳叶缝断面示意

图 7–105　板类榫卯：柳叶缝

板两侧同方向按 45°～60° 刮刨出斜面。

3. 龙凤榫

龙凤榫用于博缝板、实榻大门门板等。

板两侧分别做出榫头、卯口，做法详见图 7–106 和图 7–107。

（a）　（b）　（c）　（d）龙凤榫断面示意

图 7-106　板类榫卯：龙凤榫

注：①榫头长六至八分（约 20～26mm）；②榫头厚四分至一寸（约 13～32mm）。

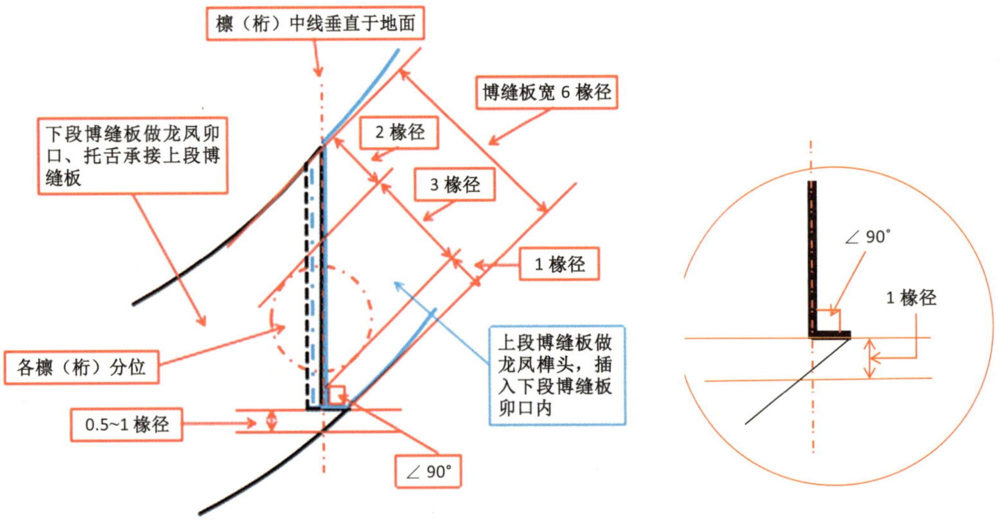

（a）　（b）托舌榫详图

图 7-107　板类榫卯：博缝板龙凤榫托舌

▬ 下段博缝板；▬ 上段博缝板

4. 头缝榫

头缝榫用于攒边门门板、活动门窗扇安装。头缝榫见图 7-108。

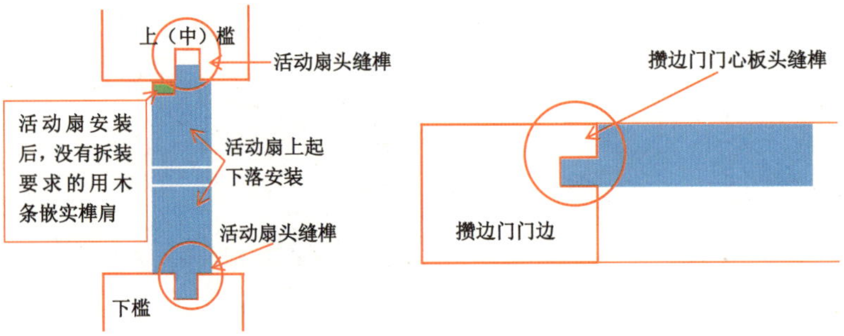

（a）活动扇门窗头缝榫断面　（b）攒边门门边头缝榫断面示意

图 7-108　板类榫卯：头缝榫

榫厚四至六分（约 13～20mm），长约四分（约 13mm）；活动扇上端榫长双倍于下榫。

5. 抄手榫（带）

抄手榫（带）用于榻板、坐凳面、挂落（檐）板、博缝板、门板等制作。各种抄手榫（带）见图 7-109～图 7-114。

（a）　（b）

图 7-109　撒带门门心板穿带抄手榫

图 7-110　撒带门、攒边门门心板穿带抄手榫断面示意

注：虚线所示为攒边门穿带抄手榫。

图 7-111　板类榫卯：抄平榫（穿带）——门心板抄平榫卯（穿带）

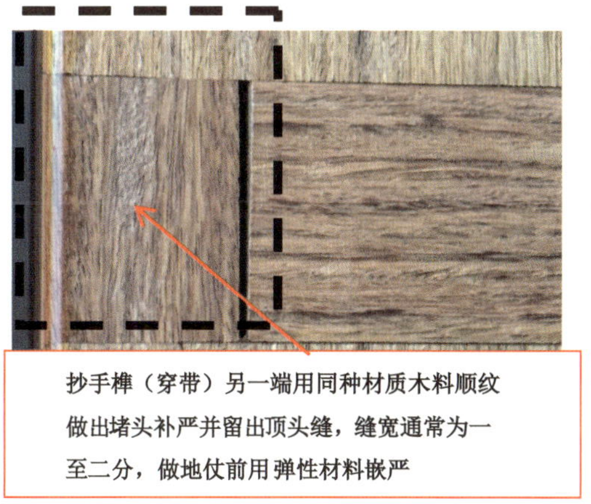

（a）

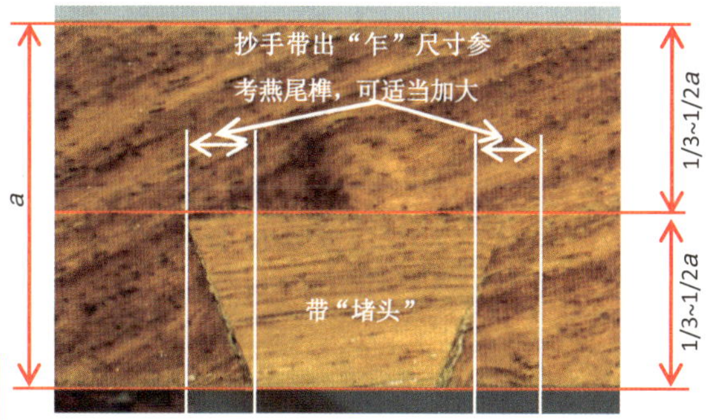

（b）

（c）

图 7-112　板类榫卯：抄手榫（带）——榻板抄平榫（穿带）

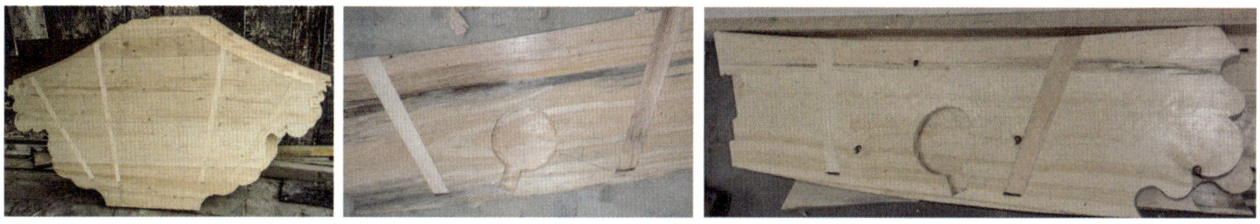

（a）坠山花板抄手榫（带）示意　（b）博缝板抄手榫（带）　（c）博缝板抄手榫（带）

图 7-113　板类榫卯：抄手榫（带）——山花、博缝板抄平榫（穿带）

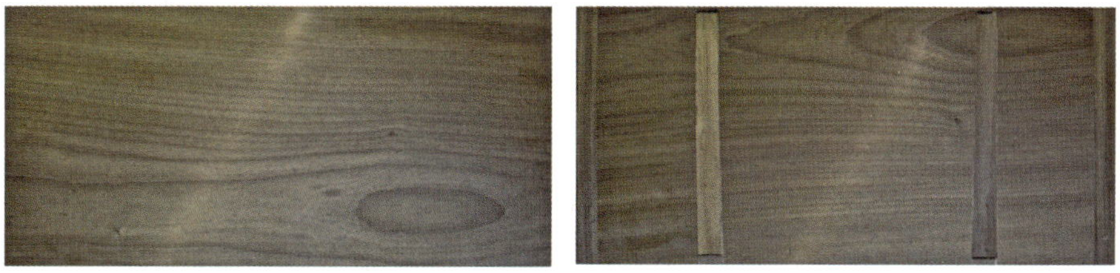

（a）匾额正面无接缝封边带　（b）匾额背面抄手榫（八字形穿带）、封边带

图 7-114

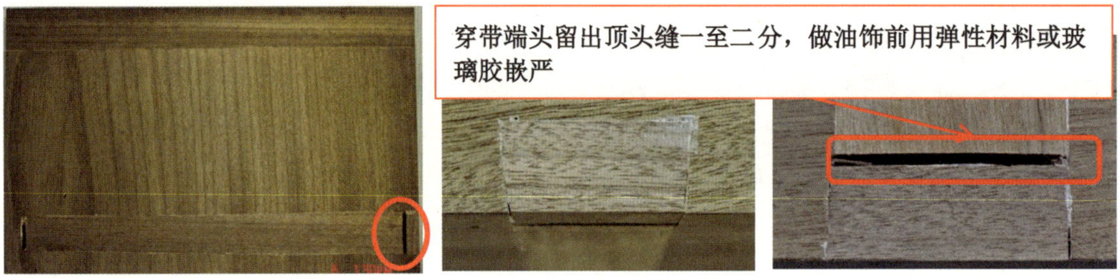

（c）匾额背面抄手榫（八字形穿带）端头顶头缝及顺纹同材嵌补

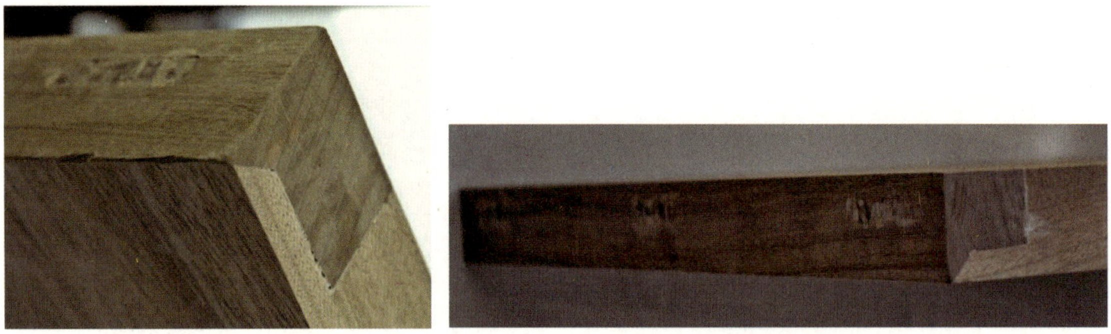

（d）

图 7-114　板类榫卯：抄手榫（穿带）——硬木匾额抄手榫（穿带）、封边带示意

注：图（d）中匾额封边带做法示意：（1）与正面板割角相交，板面不见接缝；（2）封边带与边抹单直透榫固定。

（1）门板（实榻大门用）抄手榫（带）。根据门钉数量、位置确定抄手带的数量、位置；抄手带做出“溜（大小头）”，呈楔形，双向对穿；厚度为 1/3 门板厚，宽度 2 寸（64mm）左右，可根据门扇的尺寸做调整。

（2）门心板（攒边、撒带门用）抄手榫（带）。根据大门穿带分当的要求确定穿带数量，穿带榫尺寸，要求做出“溜（大小头）”，尺寸在二至四分（约 6～13mm）之间，可根据实际情况酌定。

（3）其他各板抄手榫（穿带）。根据拼接板的宽度、拼接块数及使用要求确定单、或双向穿带。通常独板单向穿带即可，多块板拼接则需要双向对穿即：抄手带大小头相邻调向并呈八字形布置。穿带板如有不露立茬的要求，可在端头用同种材质木料顺纹做出堵头补严，同时留出顶头缝，缝宽通常为一至二分（约 3～6mm），做地仗之前用弹性材料或玻璃胶嵌严。

6. 银锭榫卯（扣）

银锭榫卯（扣）用于各类板拼（接）缝部位的加强连接，见图 7-115。

（a）　（b）　（c）　（d）

图 7-115　板类榫卯：银锭榫卯

尺寸：银锭榫卯（扣）长度和厚度根据所用部位及板厚酌情定，榫头出“乍”尺寸参考燕尾榫。

7. 齿接榫卯

齿接榫卯是板类的新型拼接方式，可用于走马板及板面不做雕刻的门心板、绦环板等，见图7–116。

（a）

（b）

图 7–116 板类榫卯：齿接榫卯

注：此榫卯为现代新工艺，需要用胶并需要加压，仅作参考。

（六）常见椽类榫卯

1. 墩掌、压掌

墩掌、压掌用于各种椽子的对接部位，见图 7–117。

（a）

（b）

（c）

（d）

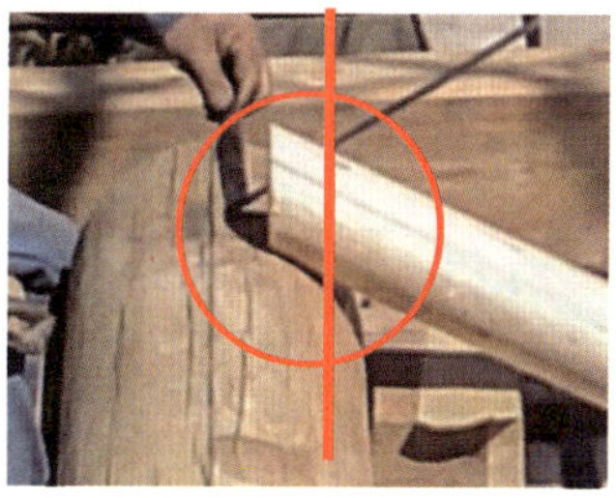

（e）

图 7–117 椽类榫卯：墩、压掌

○—墩掌：对接面垂直于地面；○—压掌：对接面水平于地面

（1）墩掌。椽头对接面垂直于地面，直接坐于檩（桁）上。

（2）压掌。椽头对接面水平于地面，上端椽头直接坐于檩（桁）上，下端椽头与下段椽子压掌相接。

2. 异形掌

异形掌用于椽子与木构件的对接部位，椽子端头与构件对接部位随形附实，见图 7–118。

（a）异形掌——蜈蚣椽与窝角梁、由戗对接

（b）异形掌——牛耳椽与檩（桁）贴附对接

（c）脑椽错当搭接

图 7-118 椽类榫卯：异形掌

注：图（c）中做法多为地方采用，官式草栿做法中有采用。

3. 闸挡板口子

闸挡板口子用于飞椽之间安装闸挡板，见图 7-119。

尺寸：口子通常宽四至六分（约 13～20mm），深三分（约 10mm），高随飞椽。

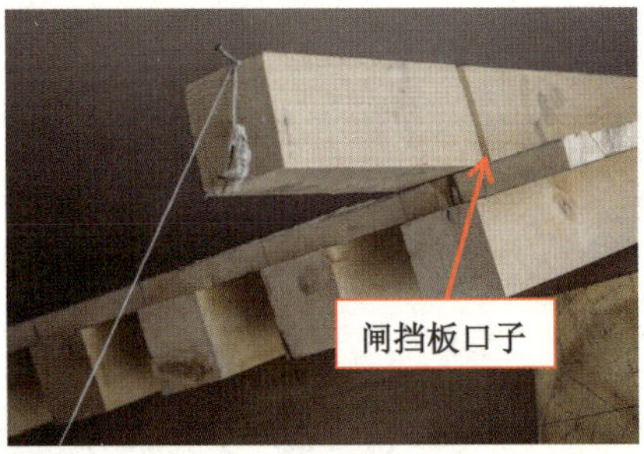

（a）

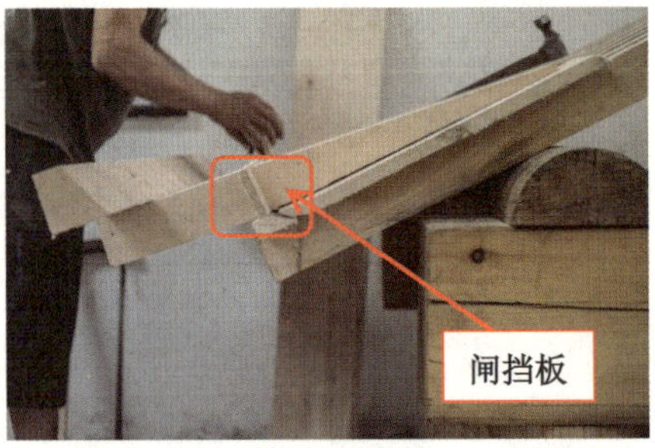

（b）

（c）

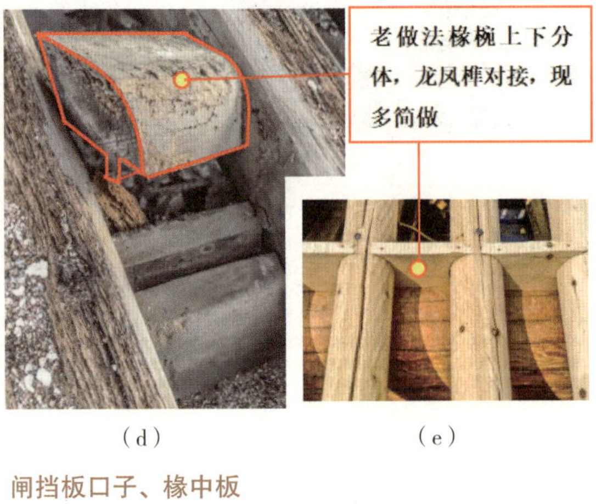

（d） （e）

图 7-119 椽类榫卯：闸挡板口子、椽中板

注：图（c）（d）为清早期椽椀做法，图（e）为近代椽中板椽椀做法。

第三节 斗栱榫卯

斗栱是中国传统建筑中一个重要的组成部分，它和曲线屋面一同构成了中国传统建筑中最具特色的“斗栱飞檐”，成为顶级传统建筑中不可或缺的标志性构件。

一、斗栱榫卯的功能及特性

和传统建筑中的大木结构一样，斗栱的结构也是靠斗栱中成百上千根不同尺寸、不同形状、不同功能的构件组合起来的，这种组合和大木结构一样也是靠榫卯结合的方法来完成的。斗栱的构成见图 7–120。

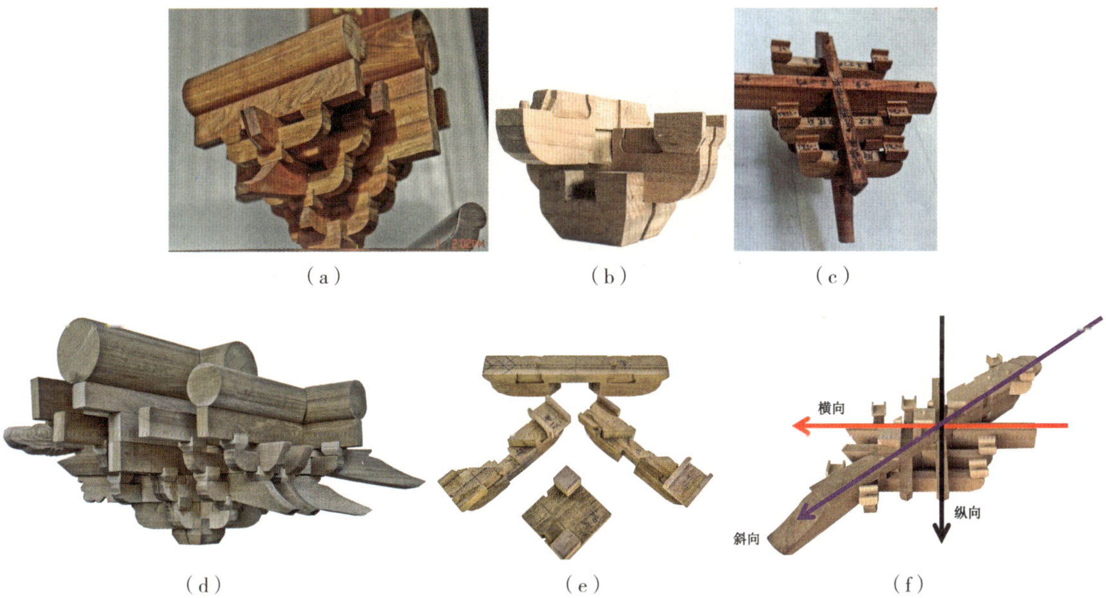

图 7–120 斗栱榫卯的构成

斗栱榫卯与木结构榫卯一样，只是有着把各分构件前后左右水平拉结在一起的功能，而垂直方向虽然各分构件间也有榫卯（销子榫），但也仅能保证相接两层的构件相对不移位动、不错位而已，没有垂直拉结的功能。

所以说，虽然斗栱在传统木结构建筑中特别是明、清后的结构功能逐渐弱化于装饰功能，但它的构造原理和特性则与大木结构的构造原理和特性一脉相承，都是柔性连接，用以柔克刚的方式来抵消各种外力给建筑物带来的伤害，同时也能完成传递屋面荷载的任务。

二、斗栱榫卯的种类及名称

斗栱分件众多，榫卯众多，但榫卯的种类和名称归纳下来只有以下几种：（1）刻半榫卯；（2）剔

（入）袖榫卯；（3）半透带袖直榫（卯）；（4）销子榫卯；（5）燕尾榫卯；（6）盖斗板、斜斗板口子；（7）桁（檩）椀。斗栱榫卯所处位置如图 7-121 和图 7-122 所示。

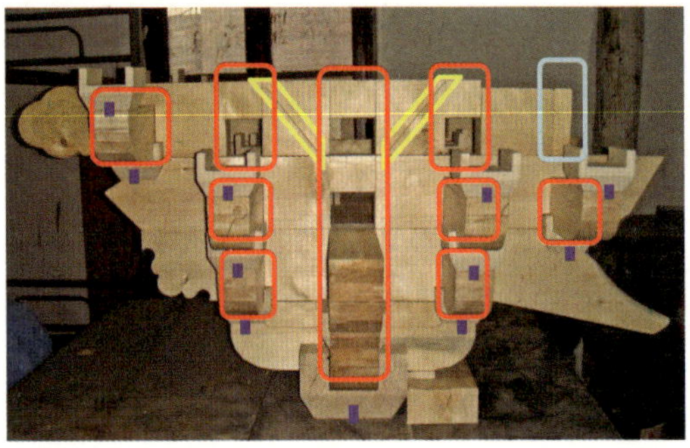

（a）

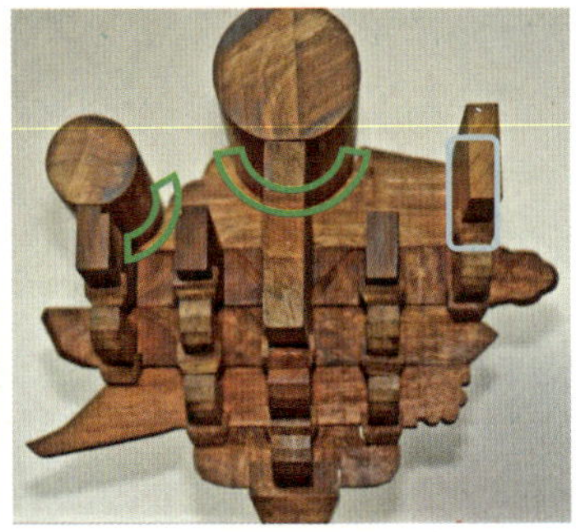

（b）

图 7-121　斗栱榫卯所处位置示意 1

——斜斗板、盖斗板口子
——销子榫卯
——檩（桁）椀
——刻半、剔袖榫卯
——燕尾榫卯
——剔袖口子

（a）

（b）

图 7-122　斗栱榫卯所处位置示意 2

三、斗栱榫卯的使用部位、功能及尺寸做法

（一）刻半榫卯

刻半榫卯如图 7-123 和图 7-124 所示。

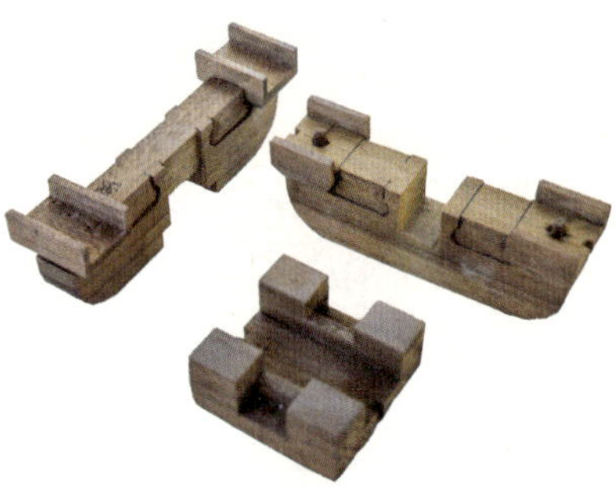

（a）坐斗刻半榫卯（口子）示意

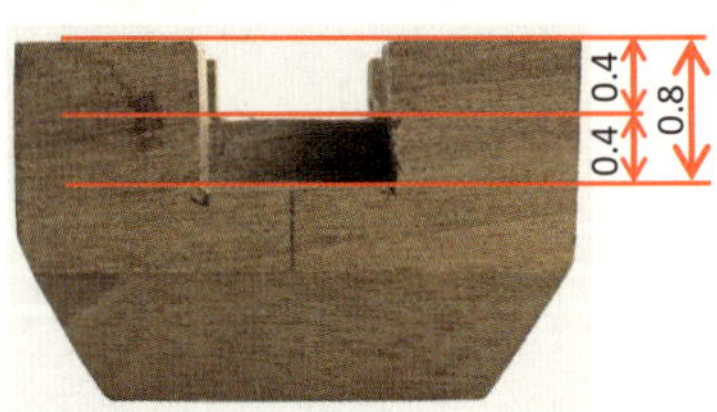

（b）坐斗刻半榫卯（口子）立面
（图中所标尺寸单位为斗口）

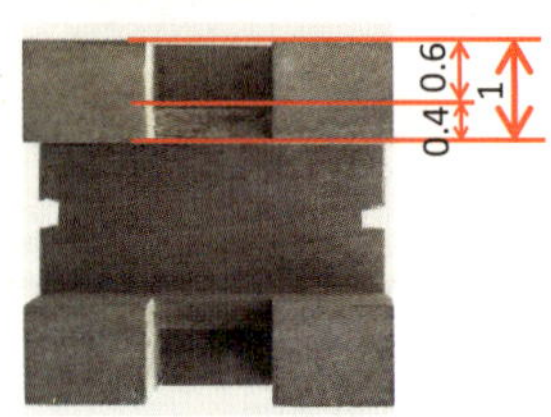

（c）坐斗刻半榫卯
（口子）平面

图 7-123　斗栱榫卯：刻半榫卯 1

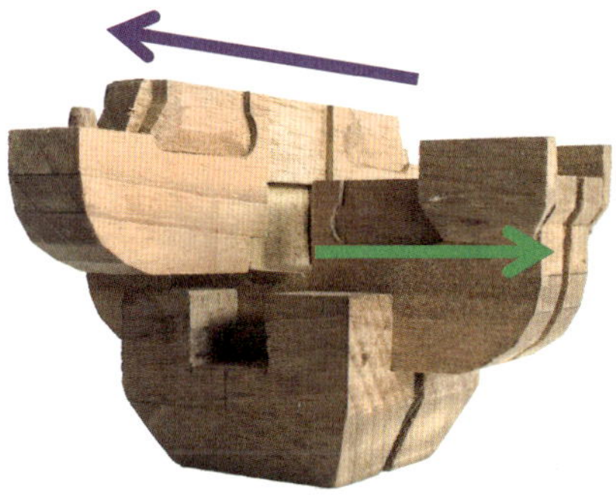

（a）双向相交叠压顺序

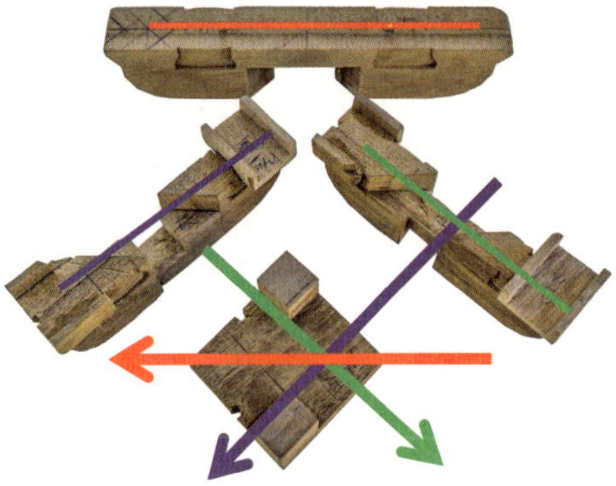

（b）多向相交叠压顺序

图 7-124 斗栱榫卯：刻半榫卯双向、多向相交叠压顺序

面宽（檐面）方向——等口；进深（山面）方向——盖口；
斜方向——盖口；进深（山面）方向——腰枋

（1）坐斗刻半榫卯（口子）。坐斗面宽（檐面）方向做刻半榫卯（口子），尺寸如图 7-123 所示；进深（山面）方向不做刻半榫卯，仅做刻口。

刻半榫卯（口子）双向、多向相交叠压原则是：“山面压檐面”，即山面（进深）压檐面（面宽），即盖口压等口；“斜面压正面”，即盖口压腰枋，腰枋压等口。如图 7-124 所示。

（2）栱、枋刻半榫卯（口子）。榫卯（口子）按“山压檐、斜压正”的规矩分别在正身分件上刻出等口、盖口，在角科分件上刻出等口、腰枋、盖口。

尺寸：正身横栱按足材（正心）、单材 1/2 高做刻半榫卯（口子）；角科与斜向相交的 1/3 高做刻口；刻口宽随相交分件的厚度及有无袖榫的要求定。如图 7-125 所示。

（a）横栱（枋）刻半榫卯（等口）示意

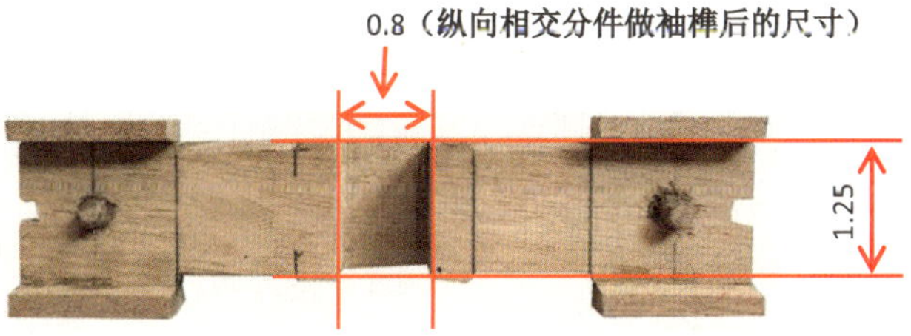

（b）横栱刻半榫卯（口子）平面

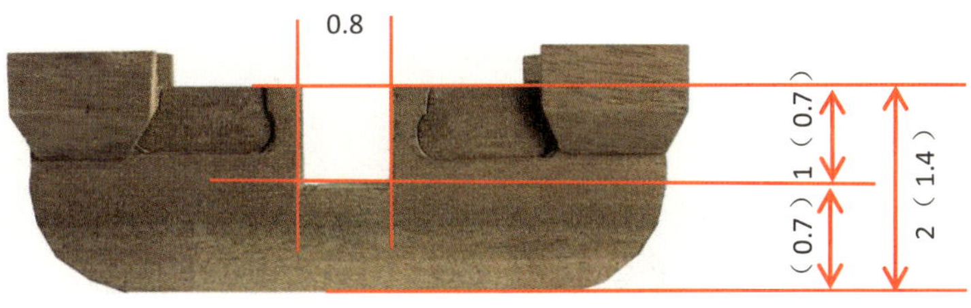

（c）横栱（枋）刻半榫卯（等口）立面

图 7-125 斗栱榫卯：刻半榫卯 2

注：单位为斗口，标注括号内尺寸为单材栱尺寸。

（3）昂类构件刻半榫卯。昂类构件均为纵向出跳，与横栱相交做剔袖刻半榫卯（口子），与斜向构件相交不做剔袖；相交叠压顺序同栱、枋。正头翘横栱刻半榫卯（盖口）做法规矩同横栱，如图 7-126 所示。

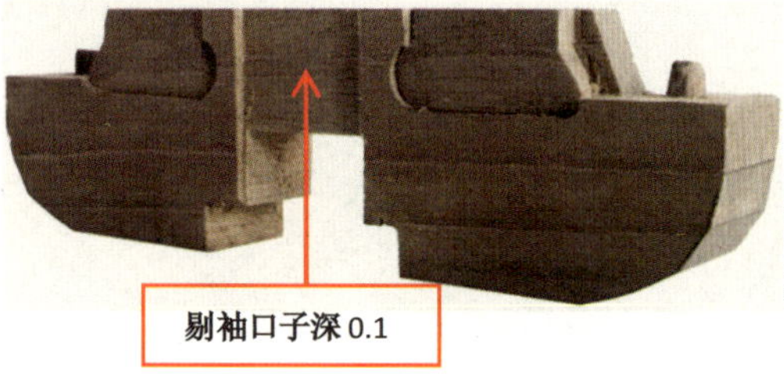

（a）正头翘刻半榫卯（盖口）示意

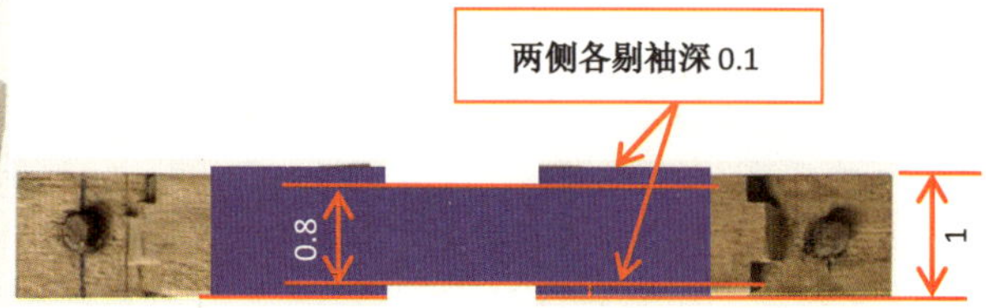

（b）正头翘刻半榫卯（盖口）平面

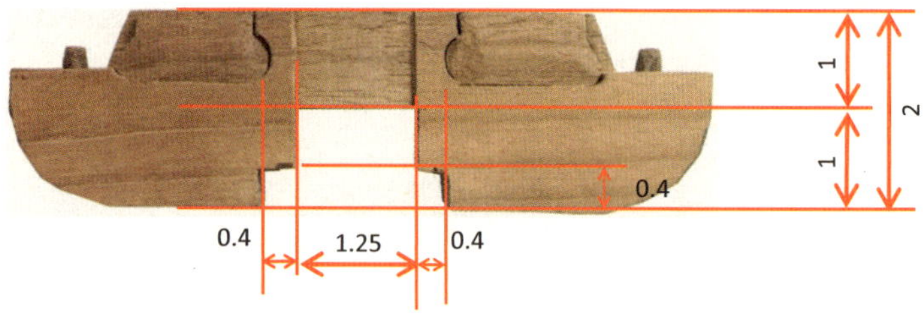

（c）正头翘刻半榫卯（盖口）侧立面

图 7-126　斗栱榫卯：刻半榫卯 3

注：单位为斗口。

（二）剔（入）袖榫卯

入袖榫卯在构件中起遮挡操作误差，防止栱子等构件前后倾斜、两侧移动的作用。

（1）栱头、升斗剔（入）袖榫卯。尺寸：槽升子、十八斗剔（入）袖榫卯深 0.1 斗口，宽 0.8 斗口。槽升子如与正心栱连做则不做此榫，如图 7-127 所示。

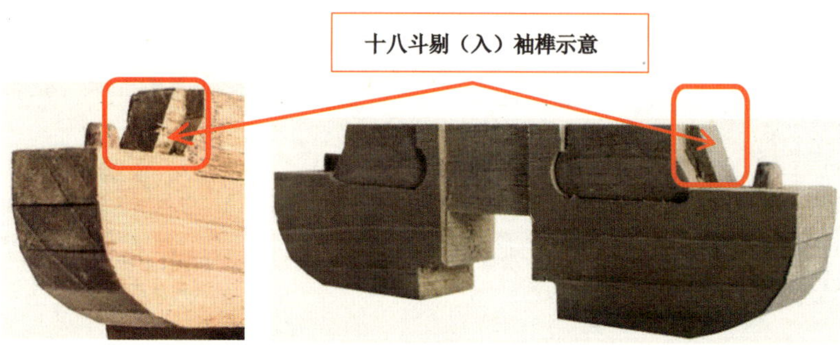

（a）　　（b）

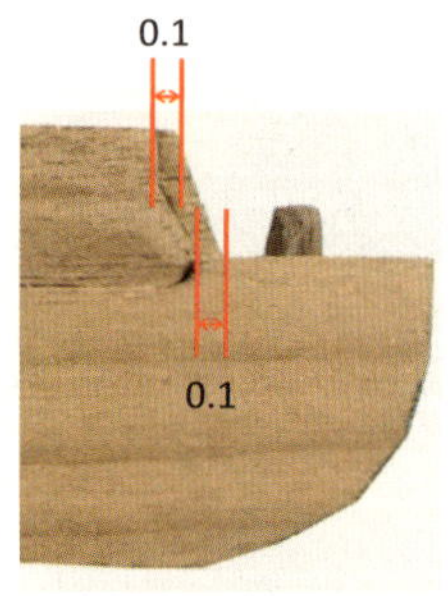

（c）

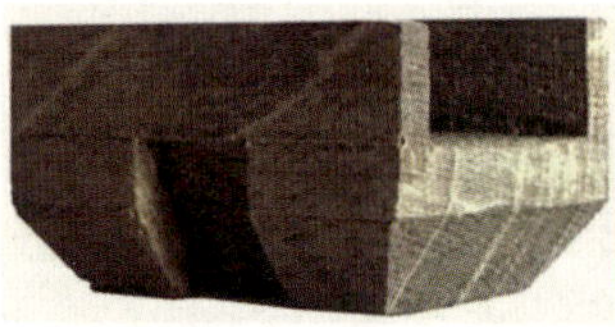

（d）十八斗剔（入）袖榫示意

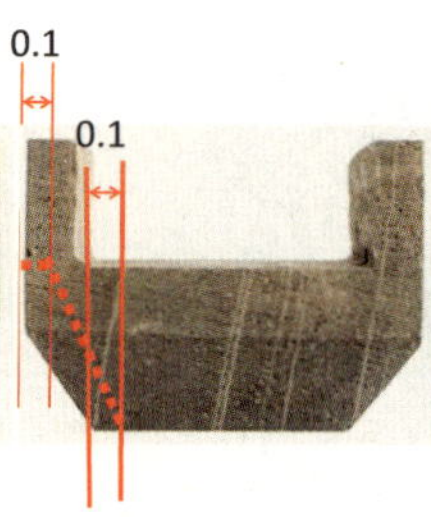

（e）侧立面

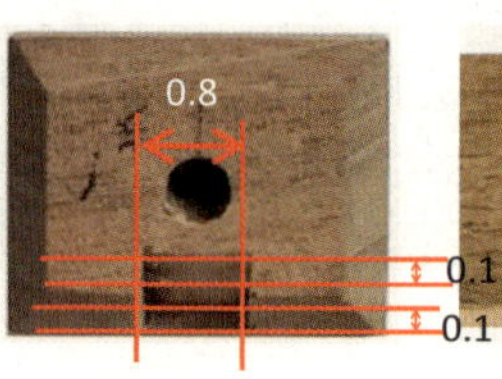

（f）仰视平面

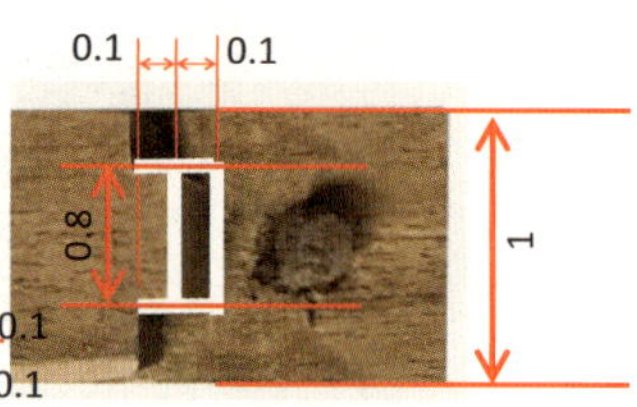

（g）俯视平面

图 7-127　斗栱榫卯：剔（入）袖榫卯 1

注：单位为斗口。

（2）昂类（纵向）分件剔袖卯口。尺寸：昂类（纵向）分件剔袖卯口深 0.1 斗口，高度随相交构件。详见图 7-128。

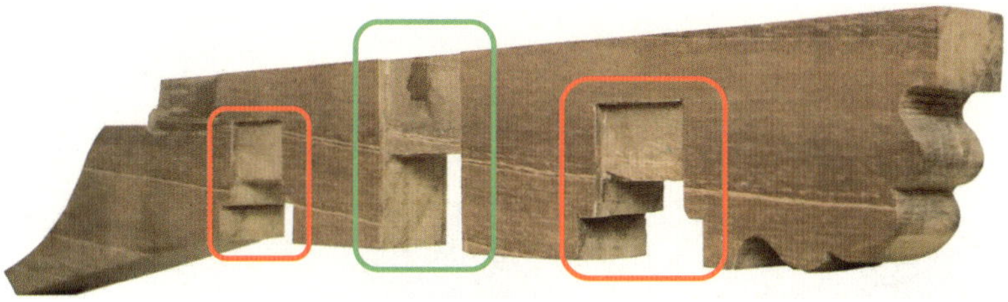

（a）

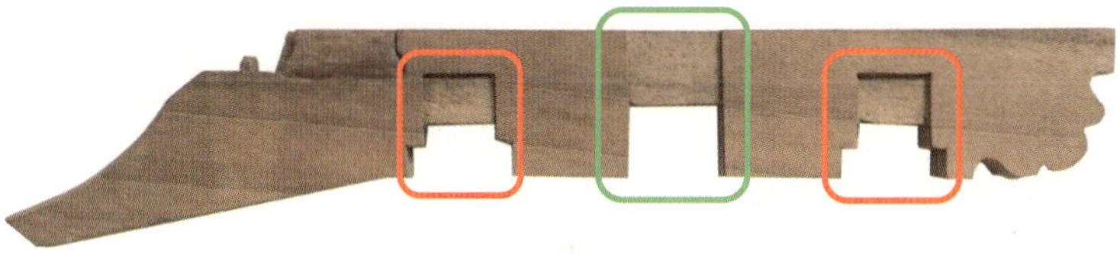

（b）

图 7-128 斗栱榫卯：剔（入）袖榫卯口 2

单材栱剔袖卯口；正心枋剔袖卯口

（3）梁身剔（入）袖卯口。尺寸：梁身按相交枋子尺寸剔凿出剔（入）袖卯口，卯口深 0.5 斗口。

（三）半透带袖榫卯

剔（入）袖榫卯口及半透带袖直榫（卯）如图 7-129 所示。

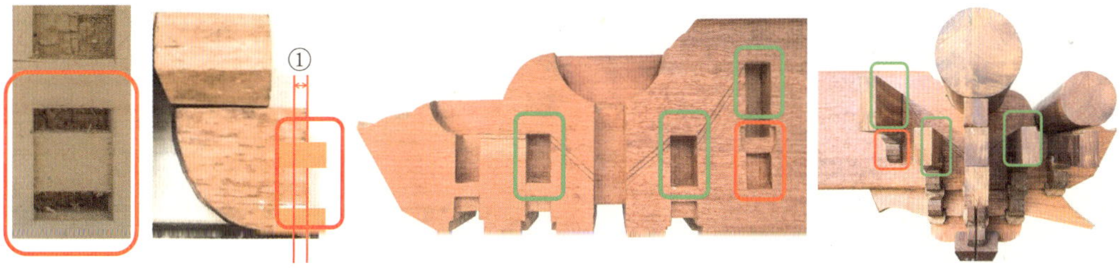

（a）（b）（c）（d）

图 7-129 斗栱榫卯：剔（入）袖榫卯口及半透带袖直榫（卯）

双直半透榫厚根据单材栱高定三至五分（约 10～16mm），宽同栱厚，长不大于 20mm；梁身剔（入）袖卯口

①—入梁“袖”深 0.1 斗口

尺寸：梁身剔凿单材栱头剔（入）袖卯口，袖深 0.1 斗口，双直半透榫；梁身按相交升斗轮廓剔凿出升斗剔（入）袖卯口，袖深 0.1 斗口。

（四）销子榫卯

销子榫卯如图 7-130 所示。

（1）昂、枋类销子。尺寸：通常 3 分至 1 寸（约 10～32mm）厚，宽 1.2～2 寸（约 39～64mm），长（出榫或入榫）8 分至 1.5 寸（约 26～48mm），视构件尺寸酌定。成品销子端头四面压棱。

（2）升斗销子。尺寸：通常 0.2～0.3 斗口见方，出榫长 0.3～0.35 斗口。成品销子端头四面压棱。

图 7-130 斗栱榫卯：销子榫卯

升斗销子；昂、枋类销子

（五）撑头木、桁椀燕尾榫卯

斗栱燕尾榫卯同大木柱、枋燕尾榫，上大下小，如

图 7-131 所示。

尺寸：榫长 0.3～0.4 斗口，上口 0.8 斗口，下口 0.6 斗口，各收“乍”0.1 斗口。

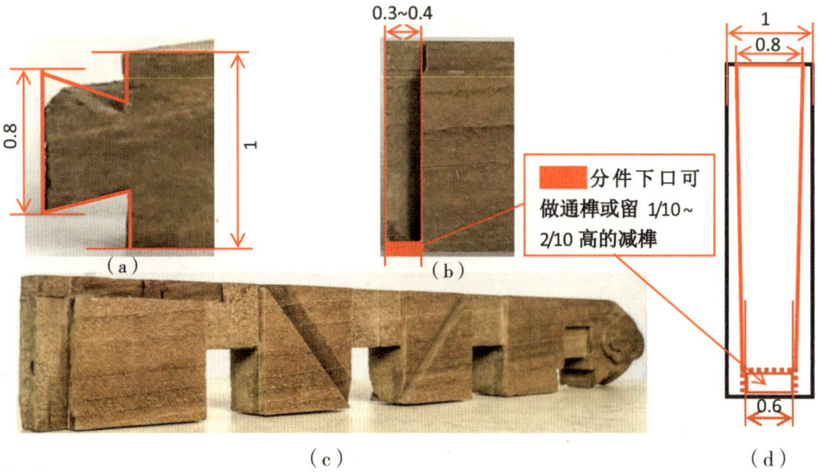

图 7-131　斗栱榫卯：燕尾榫卯

注：单位为斗口。

（六）盖斗板、斜斗板榫卯

斗栱昂（纵向）类分件两侧剔凿三角形斜斗板口子，挑檐枋、拽架枋上口剔凿盖斗板企口口子。详见图 7-132 和图 7-133。

斜斗板与昂类分件搭交方式：斗栱昂（纵向）类分件两侧做出三角形坡口，斜斗板与之搭交一侧做出坡棱，嵌入口内，相交断面如图 7-133（c）所示。

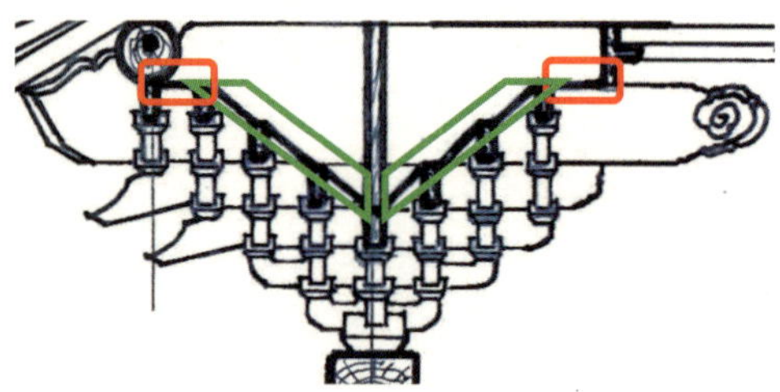

图 7-132　斗栱榫卯：盖斗板、斜斗板口子 1

盖斗板；斜斗板

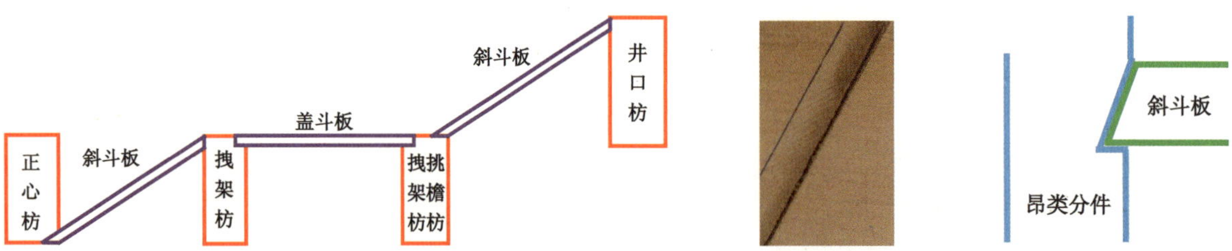

（a）盖斗板、斜斗板与正心枋、拽架枋、挑檐枋、井口枋搭交方式示意

（b）昂（纵向）类分件斜斗板坡口示意

（c）斜斗板与昂类分件搭交断面示意

图 7-133　斗栱榫卯：盖斗板、斜斗板口子 2

（七）桁（檩）椀

（1）平身科桁（檩）椀。桁（檩）椀按桁（檩）径做圆，挑檐桁（檩）无榫卯；正心桁（檩）做小鼻子榫，榫宽 0.8 斗口，高 0.5 斗口。如图 7-134～图 7-136 所示。

（2）柱头科桁（檩）椀。如图 7-137～图 7-139 所示。

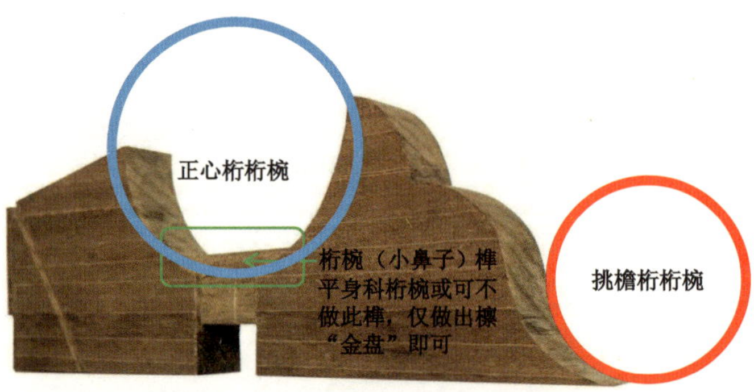

图 7-134　斗栱榫卯：桁（檩）椀 1

尺寸：桁（檩）椀按桁（檩）径做圆，做桁（檩）大鼻子榫，榫宽 2 斗口，高按相应桁（檩）径的 1/2。

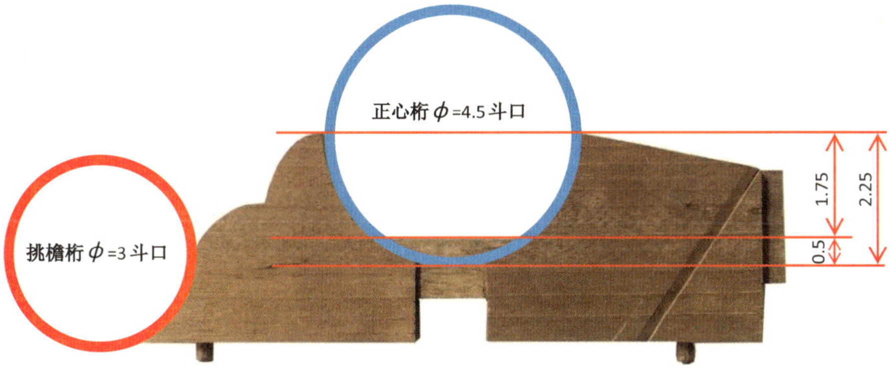

图 7-135　斗栱榫卯：桁（檩）椀 2

注：单位为斗口。

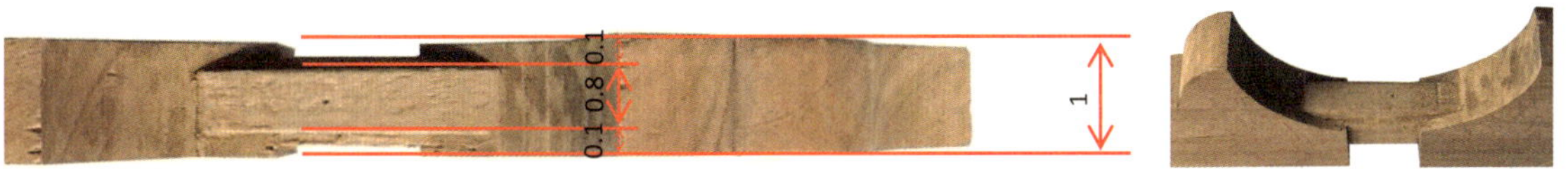

（a）　（b）

图 7-136　斗栱榫卯：桁（檩）椀 3

注：单位为斗口。

图 7-137　斗栱榫卯：桁（檩）——桃尖梁示意

正心桁桁椀；挑檐桁桁椀；桁椀（小鼻子）榫

图 7-138　斗栱榫卯：桁（檩）椀——桃尖梁侧立示意

正心桁桁椀；挑檐桁桁椀；桁椀（小鼻子）榫

图 7-139 斗栱榫卯：桁（檩）椀——桃尖梁俯视示意

注：单位为斗口。

第四节 装修榫卯

装修是中国传统建筑中一个重要的组成部分，它集建筑物的装饰、分隔空间、采光、通风、保温、防护六大功能于一身，不可或缺，它有内、外檐之分，是大门、隔扇、槛窗等构件的统称。

一、装修榫卯的功能及特征

和传统建筑中的大木结构和斗栱相比，装修榫卯有它的相同之处也有所不同。相同的是，它也是靠榫头和卯口将各分件连接在一起形成一个完整的整体构件。不同的是，大木结构和斗栱榫卯是让各构件、分件相对紧固地连接在一起，也就是柔性连接在一起，共同参加整体结构的传递受力和抵抗、消弭外力的工作；而装修榫卯只是用于装修构件各分件之间的连接，让它们形成一个紧固的整体，就像一扇大门、一樘花罩……它们基本不参与到主体结构受力当中，只是间接地辅助结构受力，这就是装修榫卯的功能及特性。

二、装修榫卯的种类与名称

中国传统建筑装修有大门、隔扇、槛窗、栏杆、楣子、花罩、天花等众多分类，虽然分类多，但分件榫卯的种类和做法大同小异，本书按槛框榫卯、边抹榫卯、棂条榫卯、面（隔、心）板榫卯四种进行分类归纳（图 7-140）。

（一）槛框榫卯

槛框榫卯包括：（1）倒退榫卯；（2）溜销榫卯；（3）单直半透榫卯；（4）销子（抟子榫）榫卯；（5）直肩；（6）飘肩；（7）实肩（小割角）。

（二）边抹榫卯

边抹榫卯包括：（1）单直通透（半透、减榫）榫卯；（2）双直通透（半透、减榫）榫卯；（3）对卡榫卯；（4）企口（头缝）榫卯；（5）仔屉销子榫卯；（6）燕尾榫卯；（7）溜销榫卯；（8）十字、任意角卡腰；（9）实肩（小割角）卡腰；（10）直肩；（11）割（斜）角肩、任意角割角肩；（12）合角（蛤蟆）肩；（13）实肩（小割角）；（14）龙凤榫卯。

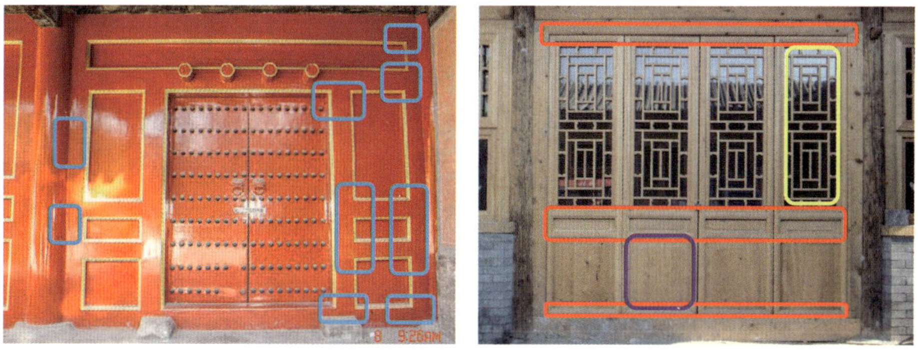

（a）（b）

图 7–140 装修榫卯分类

槛框榫卯；面（心）板榫卯；边抹榫卯；棂条榫卯

（三）棂条榫卯

棂条榫卯包括：（1）单直通透（半透、减榫）榫卯；（2）对卡榫卯；（3）单直夹皮半透飘肩榫卯；（4）单（双）直夹皮半透实肩榫卯；（5）飘肩；（6）实肩（小割角）；（7）十字（直角、任意角）卡腰（马蜂腰）。

（四）面（隔、心）板榫卯

面（隔、心）板榫卯包括：（1）企口榫卯；（2）抄手榫卯；（3）银锭榫卯；（4）通透、半透直榫；（5）割（斜）角肩；（6）任意角割角肩；（7）合角（蛤蟆）肩；（8）实肩（小割角）。

三、装修榫卯的使用部位、功能及尺寸做法

（一）槛框榫卯

图 7–141 为槛框榫卯示意。

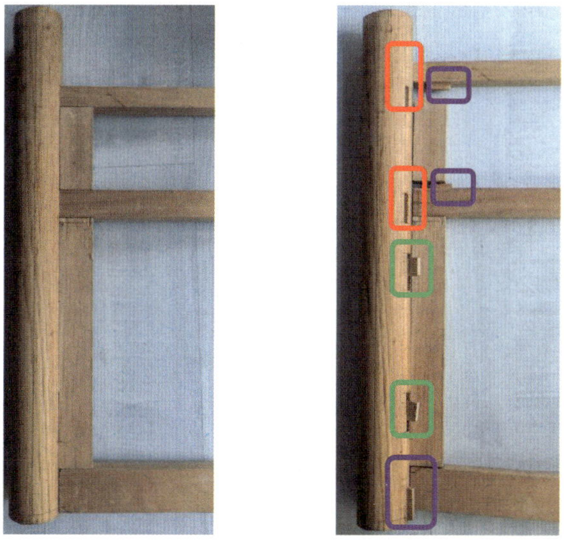

（a）（b）

图 7–141 装修榫卯：槛框榫卯

倒退（倒脱靴）榫卯；销子（捋子榫）榫卯；溜销榫卯

（1）倒退（倒脱靴）榫卯。如图 7-142 所示，用于横（上、中）槛与柱连接部位。

（a）

（b）

图 7-142　倒退（倒脱靴）榫卯

榫槽部位木枋背实

注：①卯口深 1/4 柱径；②卯口深 1/8 柱径；③八分至一寸（约 26～32㎜）；④ 3/10 柱径。

尺寸：榫厚通常八分至一寸（约 26～32mm），宽同槛框，两端榫长度不同，长榫长 1/4 柱径，短榫长 1/8 柱径。

倒退（倒脱靴）榫卯的安装方法是：长榫一端榫头首先入位，后短榫一端榫头入位，入位后的长榫榫槽部位用木枋背实，安装完成。

（2）溜销榫卯。如图 7-143 所示，用于下槛与柱连接部位，抱框与横（上、中）槛连接部位。

（a）

（b）

（c）

图 7-143　溜销榫卯

尺寸：通常厚≤槛框厚的 1/3（20～30mm），宽同槛框，榫长 20～40mm。

（3）掙子榫卯。如图 7-144 和图 7-145 所示，用于抱框与柱子连接部位。

尺寸：通常宽、厚≤槛框厚的 1/2。

槛框榫卯的安装顺序如下。① 柱子剔凿下槛溜销榫、抱框掙子榫卯口、带涨眼中枋倒退（倒脱靴）卯口、上槛倒退（倒脱靴）卯口。② 依次安装下槛、带销子（掙子榫）长抱框、中枋、短抱框、上槛。

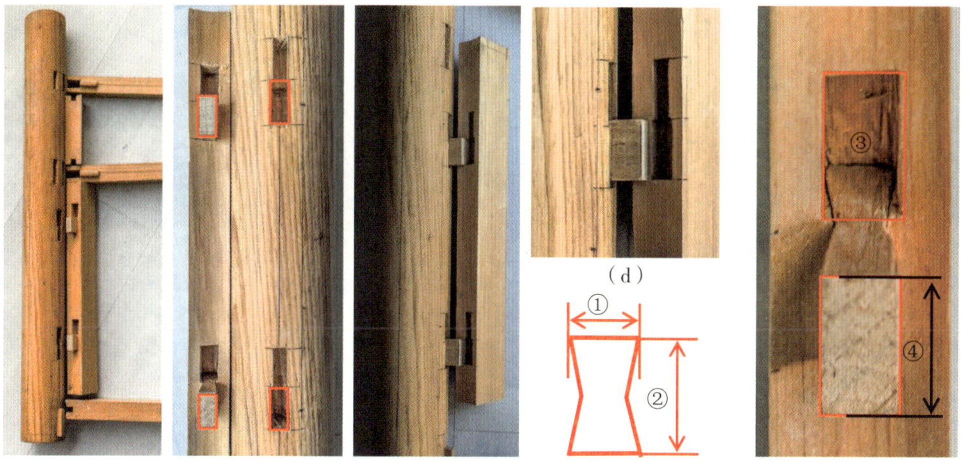

（a）　（b）　（c）　（e）搯子榫卯示意　（f）

图 7-144　搯子榫卯 1

注：①≤抱框厚 1/2；②≤抱框宽；③尺寸同榫头尺寸；④≤抱框宽。

（4）直肩。用于无线角槛与框的连接部位。

（5）飘肩。用于有八字或抱框线角槛与框的连接部位。

（6）实肩（小割角）。用于有抱框线角槛与框的连接部位。

直肩、飘肩和实肩（小割角）见图 7-146。

（二）边抹榫卯

边抹榫卯见图 7-147。

（1）单直通透（半透、减榫）夹皮榫卯。如图 7-148 所示，用于厚度小于 50mm 的边抹。

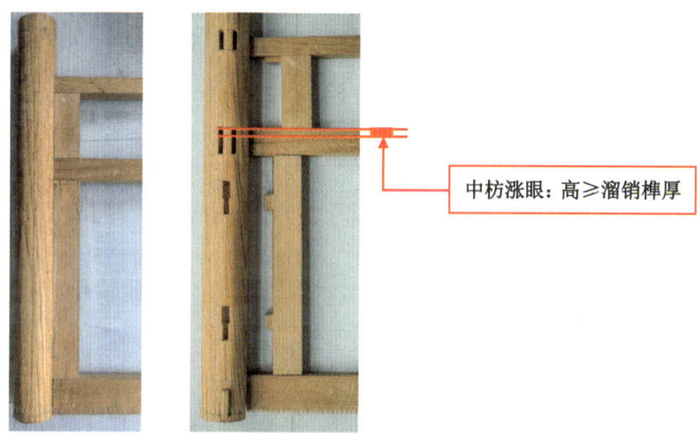

（a）　（b）

图 7-145　搯子榫卯 2

尺寸：其榫宽、长同边抹宽，榫厚小于边抹厚的 1/3、大于边抹厚的 1/4，半透榫长为 1/2 边抹宽，减榫留置部分不小于 2/3 边抹宽；榫肩做大割角肩、直肩。

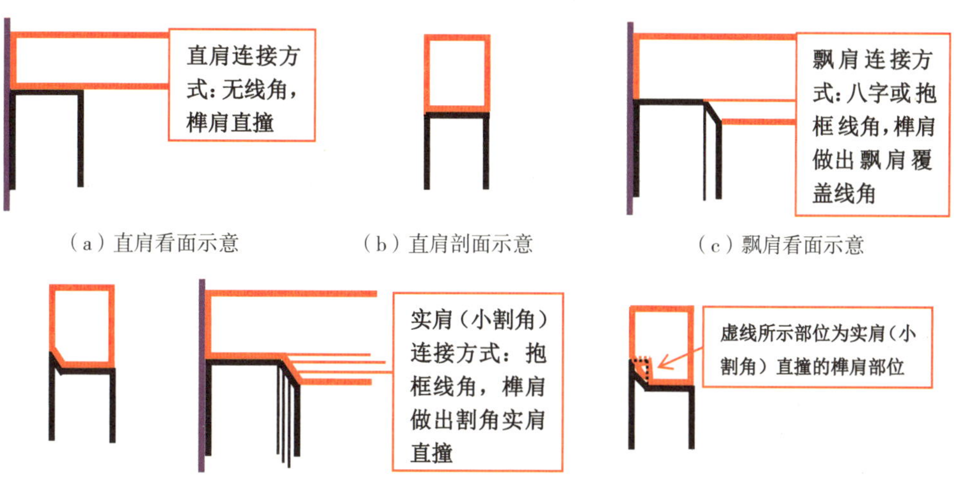

（a）直肩看面示意　（b）直肩剖面示意　（c）飘肩看面示意

（d）飘肩剖面示意　（e）实肩（小割角）看面示意　（f）实肩（小割角）剖面示意

图 7-146　直肩、飘肩和实肩（小割角）

柱外皮；抱框；上槛；八字线

(a)　(b)　(c)　(d)

图 7-147　装修榫卯：边抹榫卯

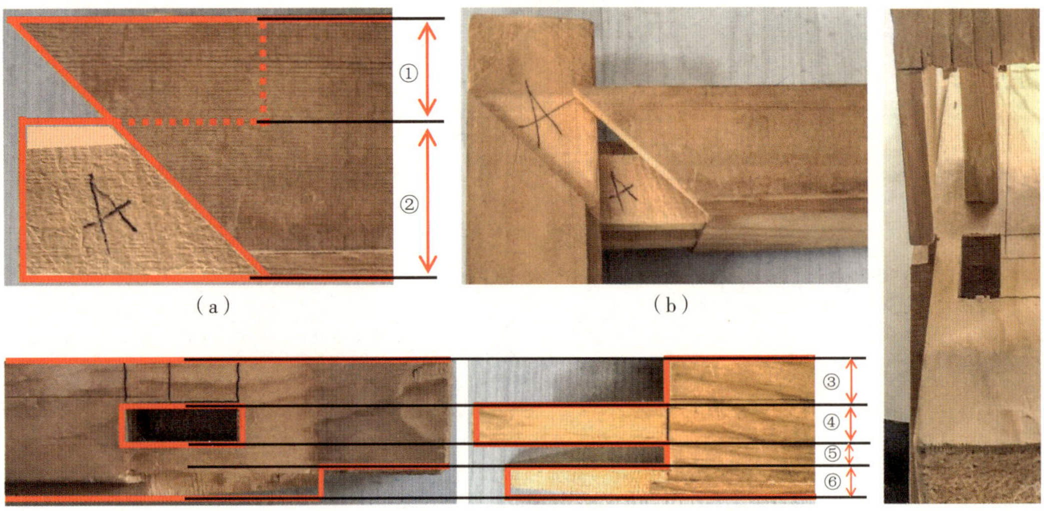

(a)　(b)　(d)　(e)　(c)

图 7-148　单直通透（半透、减榫）榫卯连接方式及细部尺寸示意

注：①减榫宽通常≤边抹宽 1/3；②榫头宽通常≥边抹宽 2/3；③榫肩厚度参考榫头厚度定，通常≥三分（约 10mm）；④榫头厚为边抹厚度的 1/4～1/3（参考凿子规格确定）；⑤夹皮厚度通常≤二分（约 6mm）（参考凿子规格确定）；⑥割角肩厚度参考边抹厚度定，通常≤三分（约 10mm）。

（2）双直通透（半透、减榫）夹皮榫卯。如图 7-149 和图 7-150 所示，用于边抹厚度大于 50mm 的隔扇、风门、碧纱橱。

尺寸：其榫宽、长同边抹宽，榫厚小于边抹厚的 1/5、大于本身厚的 1/4，半透榫长为 1/2 边抹宽，减榫留置部分不小于 2/3 边抹宽；榫肩做大割角肩、蛤蟆肩或直肩。

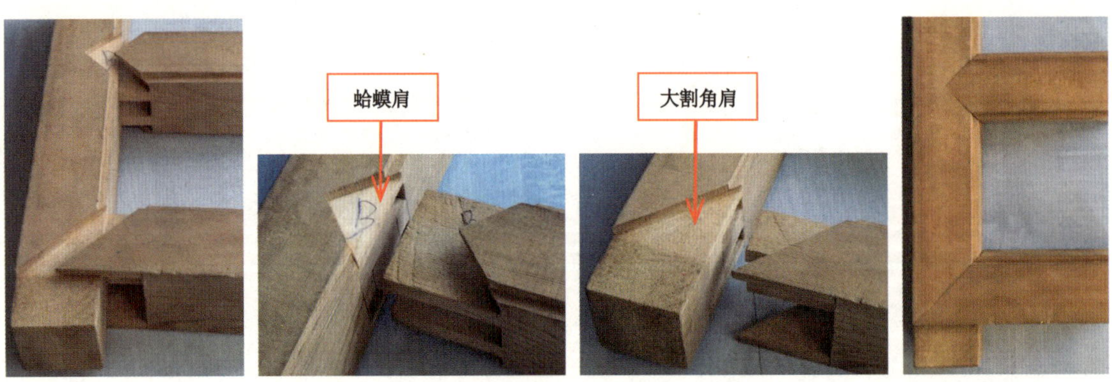

(a)　(b)　(c)　(d)

图 7-149　双直通透（半透、减榫）夹皮榫卯 1

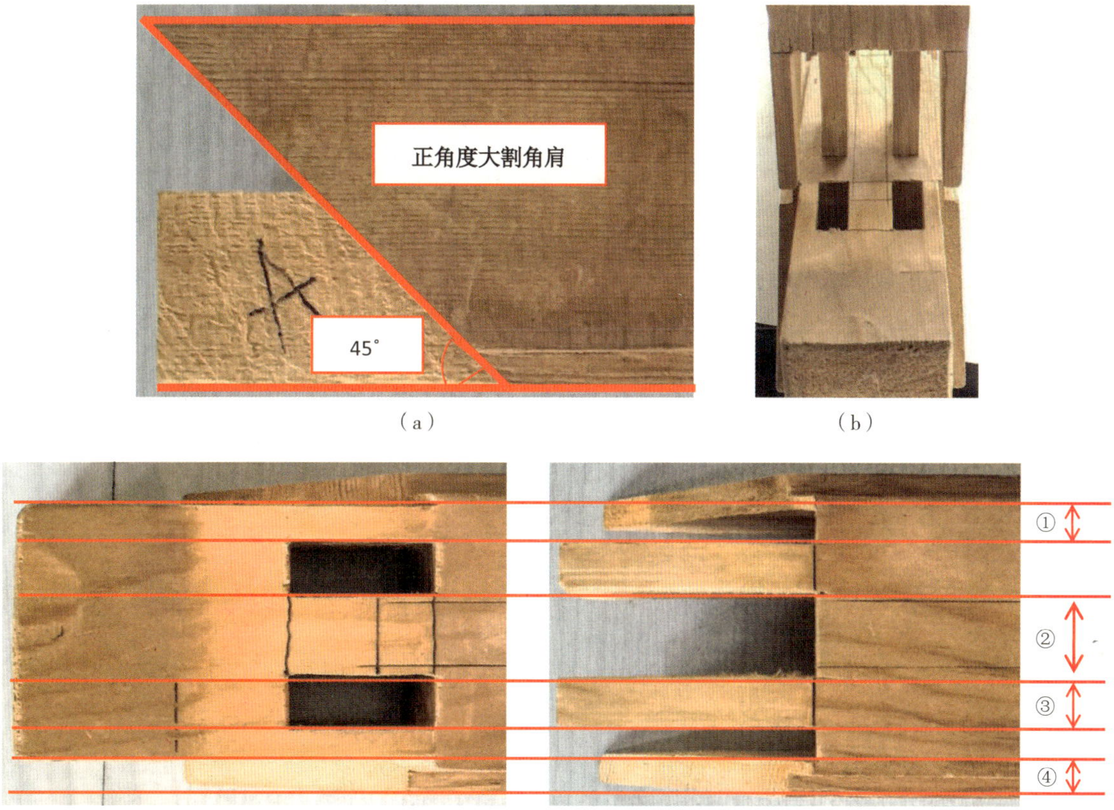

（a）　（b）

（c）　（d）

图 7-150　双直通透（半透、减榫）夹皮榫卯 2

注：1. ①夹皮厚度通常≤二分（约 6mm）（参考凿子规格确定）；②榫夹厚度与榫头厚度近似；③榫卯厚为边抹厚度的 1/5 左右（参考凿子规格确定）；④割角肩厚度参考边抹厚度定，通常≤三分（约 10mm）。

2. 减榫尺寸同图 7-145。

（3）对卡榫卯。如图 7-151 所示，用于仔屉边框。

尺寸：对卡榫卯的厚度按边框厚度均分，榫卯、卡肩厚度基本相同。

（4）仔屉头缝（企口）榫卯。如图 7-152 所示，用于仔屉安装。

尺寸：头缝（企口）榫卯厚度通常 10～15mm；长度，上榫长 10mm 左右，下榫长 5mm 左右。

（a）对卡榫卯连接及正、背立面示意

图 7-151

（b）　　（c）

图 7-151　对卡榫卯

注：①割角肩厚度参考边抹厚度定，通常≥ 5mm；②榫头厚度与榫肩厚度近似；
③夹皮厚度通常≥一分（3.2mm）（参考凿子规格确定）。

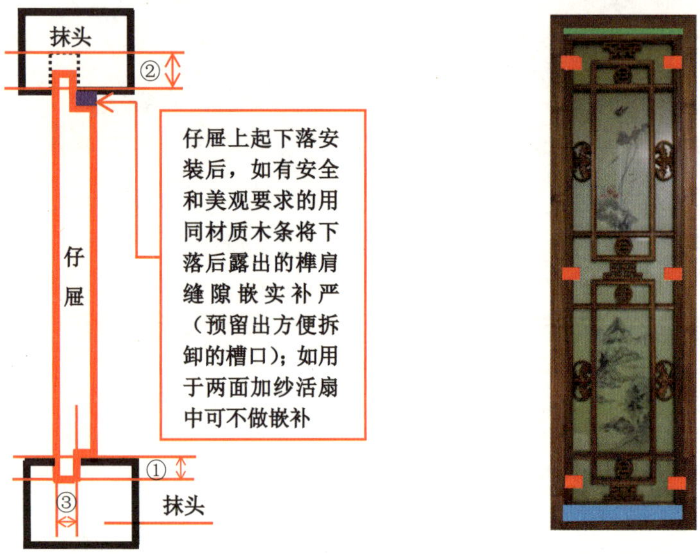

（a）　　（b）

图 7-152　仔屉头缝（企口）榫卯

注：1. 图（a）中①仔屉头缝榫（下）长通常三分（约 10mm）；②仔屉头缝榫（上）榫长为下榫长的 2 倍；
③仔屉头缝榫（下）厚通常二至三分（约 6～10mm），上榫同厚。

2. 图（b）中 ▬ 仔屉头缝榫（上）；▬ 仔屉头缝榫（下）；■ 头缝榫卯通常与仔屉销子榫卯共同使用，详见（5）仔屉销子榫卯。

（5）仔屉销子榫卯。用于仔屉安装仔屉销子榫分固定与活动两种，配置位置详见图 7-153（b）。

① 固定销子尺寸。通常厚度二至三分（约 6～10mm），榫宽八分至一寸（约 26～32mm），榫栽深五至六分（约 16～20mm），出头长三至四分（约 10～13mm），固定于边抹内侧。固定销子如图 7-153 所示。

② 活动销子尺寸。通常厚度二至三分（约 6～10mm），榫宽六分至一寸（约 20～32mm），榫长按仔边宽另加边抹栽深三至四分（约 10～13mm）。因仔边线角不同外形各异，用于固定仔屉。活动销子如图 7-154 和图 7-155 所示。

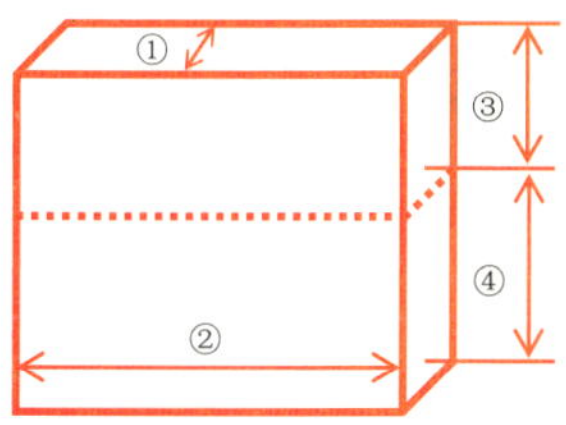

（a）

（b）

图 7–153　固定销子示意

注：1. ①二至三分（约 6～10mm）；②八分至一寸（约 26～32mm）；③榫入边抹深三至四分（约 10～13mm）；④栽入仔边深五至六分（约 16～20mm）。

2. 固定销子；活动销子。

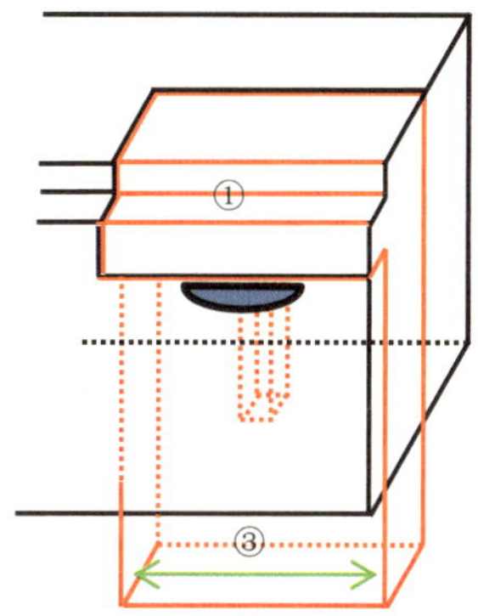

（a）带凹角线仔边与活动销子示意

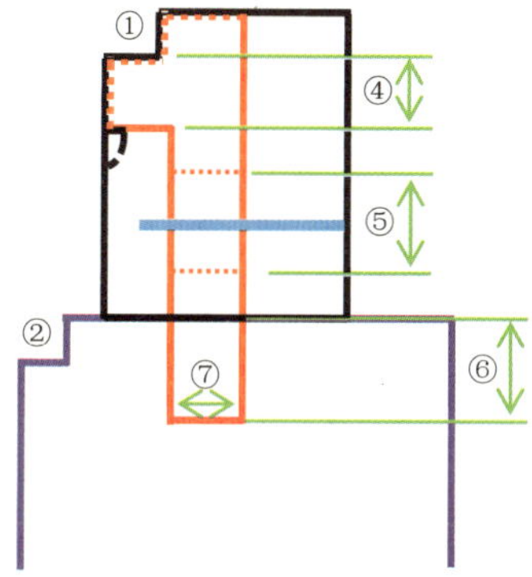

（b）带凹角线边抹、仔边活动销子断面示意

图 7–154　活动销子示意 1

注：1. ①仔边通常凹角线一分见方（3.2mm×3.2mm）；②边抹凹角线通常 1/10 边抹宽见方；③六分至一寸（约 20～32mm）；④二至三分（约 6～10mm）；⑤销钉孔槽宽略大于销钉直径，高以销子入边抹深度定；⑥三至四分（约 10～13mm）；⑦ 榫厚二至三分（约 6～10mm）。

2. 仔边；边抹；仔边销子；仔边在与活动销子接缝处做出“指甲”圆形凹槽，以便上提销子；在仔边背面钉销钉以固定销子。

（a）带凹角、一炷香线角及不带线角仔边与活动销子示意

（b）仔边与边抹销子榫连接

（c）方便抽插活动销子的“指甲”圆形凹槽

图 7–155　活动销子示意 2

（6）燕尾榫卯

① 明榫。如图 7–156 所示，用于仔屉边框及棂条。

尺寸：榫厚（根部）小于仔边厚（深）的 1/3，出“乍”通常 5～10mm，根据仔边实际看面宽度定。

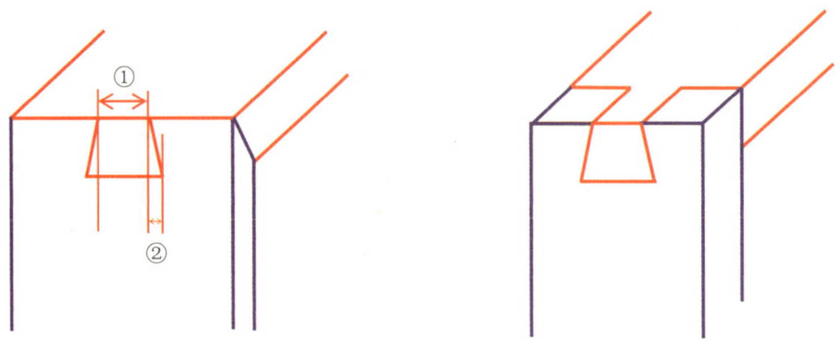

（a）带割角肩仔边燕尾榫示意　（b）直肩仔边燕尾榫示意

图 7-156　燕尾（明）榫

注：①≤仔边厚（深）的 1/3；②通常为 5～10mm。

② 暗榫。如图 7-157 和图 7-158 所示，用于有不见木材立茬要求的仔屉边框及棂条。

尺寸：根据实际需要确定使用单或双榫，榫厚（根部）小于仔边或棂条厚（深）的 1/3，出“乍”通常 3～5mm，根据仔边实际看面宽度定。

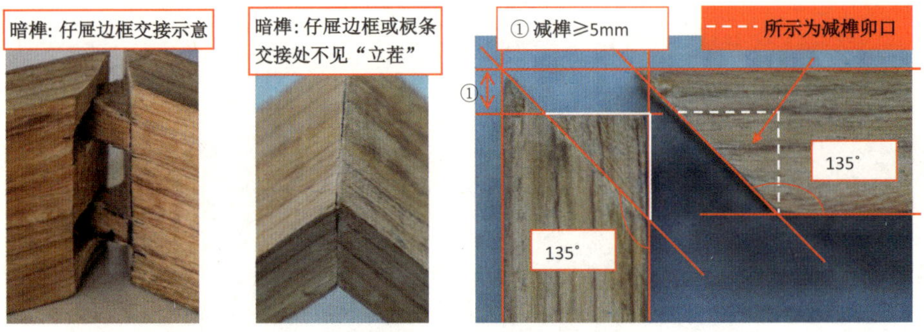

（a）　（b）　（c）

图 7-157　燕尾（暗）榫 1

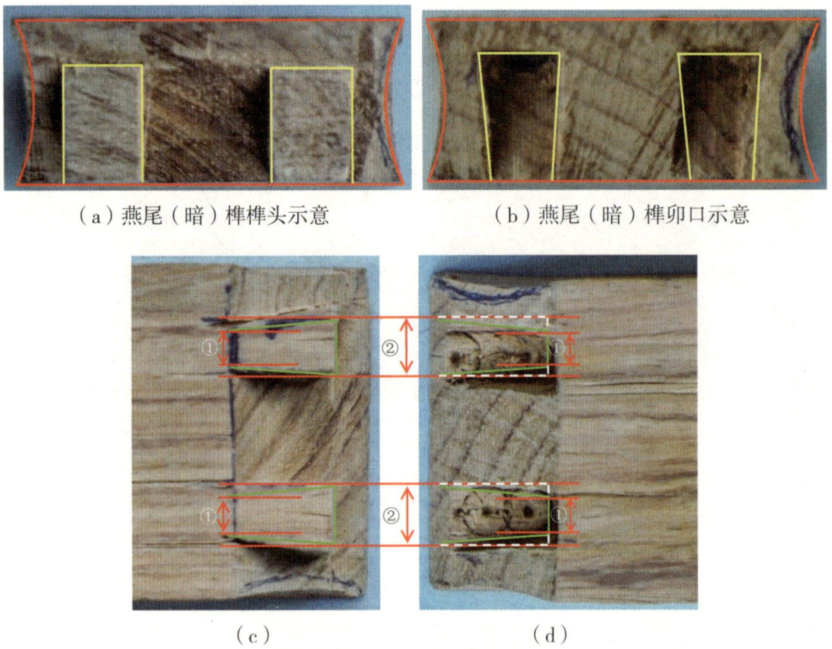

（a）燕尾（暗）榫榫头示意　（b）燕尾（暗）榫卯口示意

（c）　（d）

图 7-158　燕尾（暗）榫 2

注：①小于仔边或棂条厚（深）的 1/3；②榫根宽另加出“乍”，每边≥3mm。

（7）溜销榫卯。如图 7–159 所示，用于碧纱橱隔扇、花罩、楣子的安装。

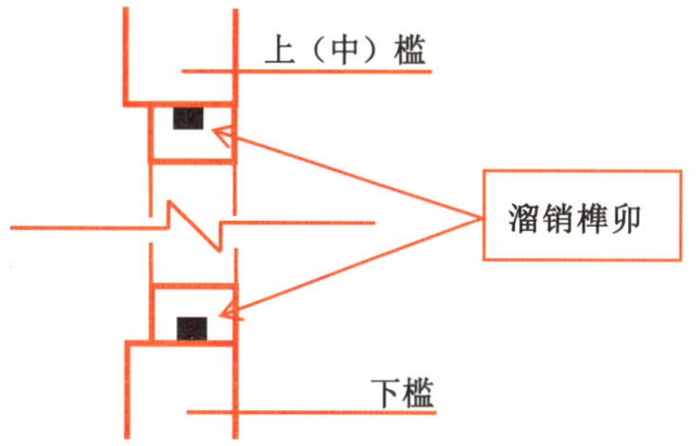

图 7–159 溜销榫卯

■ 槛上钉 10～15mm 见方通长溜销榫卯

注：隔扇上、下抹头按溜销榫尺寸打槽，依次安装隔扇。

尺寸：榫卯通常 10～15mm 见方，长度按通长。

（8）十字、任意角卡腰。如图 7–160 所示，用于边抹。

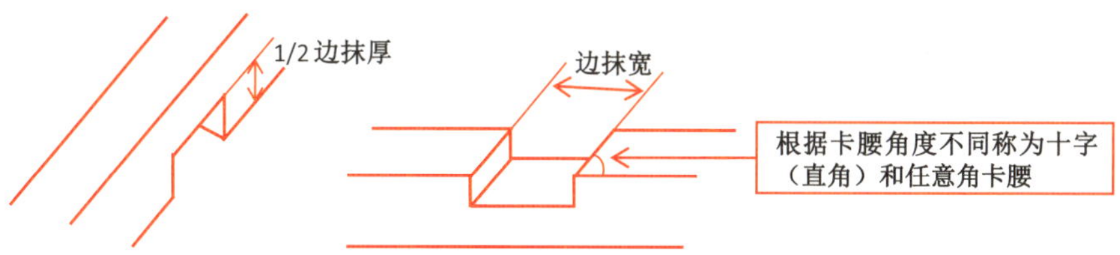

（a）　　　　（b）

图 7–160 十字、任意角卡腰

尺寸：卡腰卯口宽同边抹，口深为 1/2 边抹厚。

（9）实肩（小割角）卡腰。如图 7–161 所示，用于边抹及枨条。

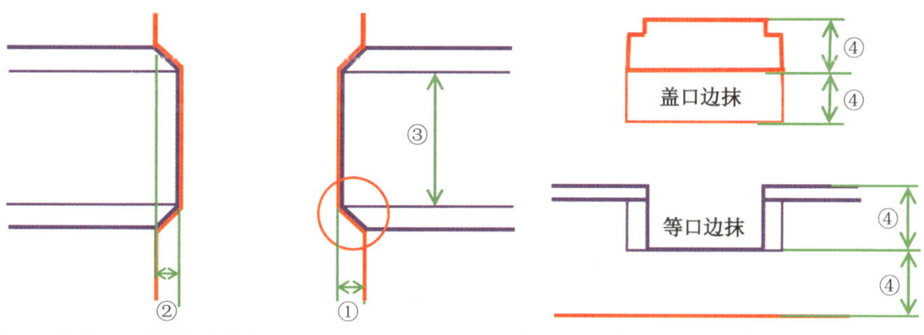

（a）实肩（小割角）卡腰平面示意　　（b）实肩（小割角）卡腰等、盖口边抹立面示意

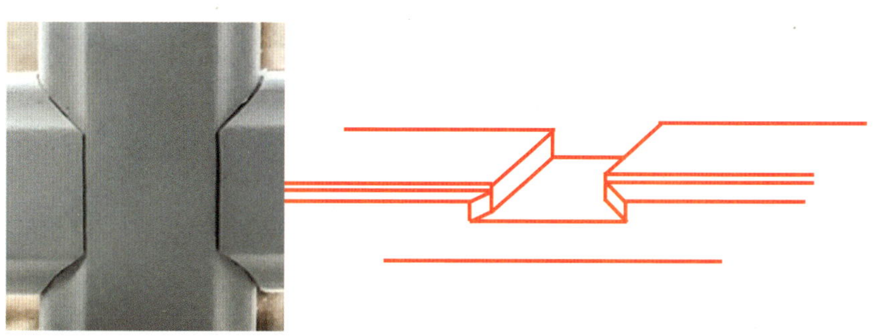

（c）实肩（小割角）卡腰等口边抹立面示意

图 7–161 实肩（小割角）卡腰示意

注：①凹角、八字、眼珠线；②与凹角、八字、眼珠线等同宽；③边抹宽减去两边线角宽；④ 1/2 边抹厚。

尺寸做法如下。实肩（小割角）卡腰根据线角（凹角、八字、眼珠线等）宽度按割角角度一根刻出榫槽，另一根做出榫肩，相交。正角度相交按 45° 作角平分线；任意角相交按任意角角度作角平分线。

（10）直肩。用于边抹及无线角平直的棂条，如图 7–162 所示。

（a）边抹及无线角平直棂条直肩示意

（b）

图 7–162　直肩示意

（11）割（斜）角肩、合角（蛤蟆）肩。用于边抹，如图 7–163 所示。

图 7–163　割（斜）角肩、合角（蛤蟆）肩示意

直角度（45° ）割角肩；直角度（45° ）合角（蛤蟆）肩

（12）割（斜）角肩、任意角割角肩。用于边抹端头，如图 7–164 所示。

（a） （b） （c）
（d） （e） （f）

图 7–164 割（斜）角肩、任意角割角肩示意

注：图（a）（d）（e）（f）为直角度割角肩；图（b）（c）为任意角割角肩。

（13）合角（蛤蟆）肩。用于边抹非端头（腰间）部位，如图 7–165 所示。

（a）合角（蛤蟆）肩示意

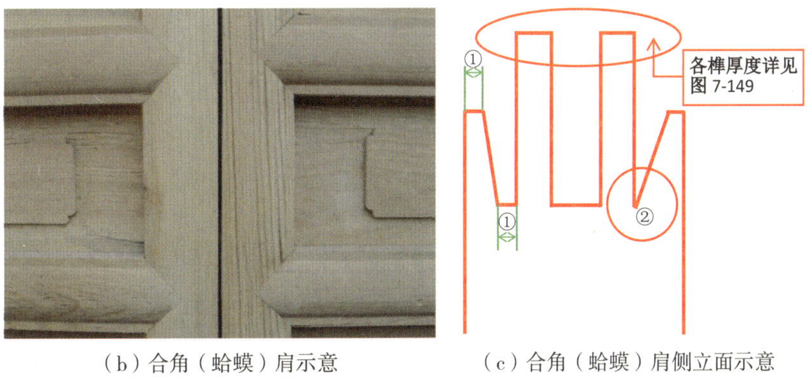

（b）合角（蛤蟆）肩示意 （c）合角（蛤蟆）肩侧立面示意

图 7–165 合角（蛤蟆）肩示意

注：①一分（3.2mm）左右；②如遇此种做法，榫夹做相应变化。

（14）实肩（小割角）。实肩（小割角）根据线角（凹角、八字、眼珠线等）宽度按割角角度一根刻出榫槽，另一根做出榫肩相交，如图 7-166 所示。

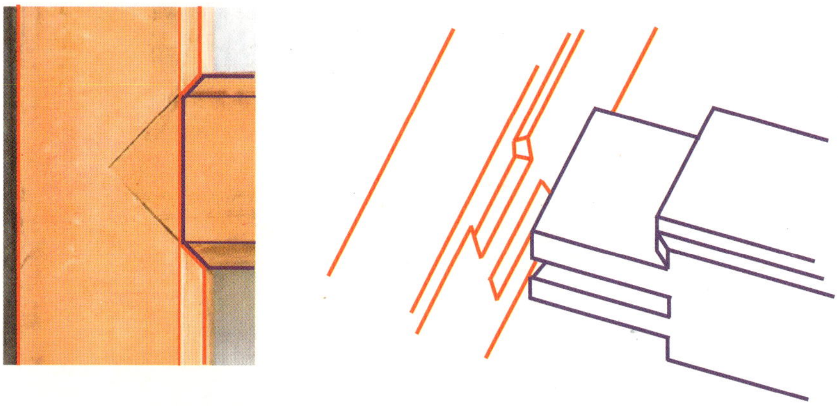

（a）实肩（小割角）卡腰平面示意　　（b）实肩（小割角）榫槽、榫肩相交示意

图 7-166　实肩（小割角）示意

（15）龙凤榫卯。用于碧纱橱隔扇、花罩、楣子的安装，形式、尺寸等均与溜销榫卯类似。参见图 7-106。

（三）棂条榫卯

（1）单直通透（半透、减榫）榫卯。用于棂条，做法同边抹单直通透（半透、减榫）榫卯，参见图 7-147、图 7-148 和图 7-167。

（a）　（b）　（c）

图 7-167　单直通透（半透、减榫）榫卯示意

（2）对卡榫卯。用于棂条，做法同边抹对卡榫卯，参见图 7-151。

（3）单直夹皮半透飘肩榫卯。用于断面为凸圆形（盖面）棂条榫卯相交部位，如图 7-168 和图 7-169 所示。

直角度飘肩榫卯、榫肩做法如下。棂条 90° 相交，边棱相交于 a、b 点，按 45°（135°）划线相交于 c 点，连线，即为直角度榫肩线。榫宽同棂条宽，长为 1/2 棂条宽。

任意角飘肩定位划线方法同任意角实肩做法。

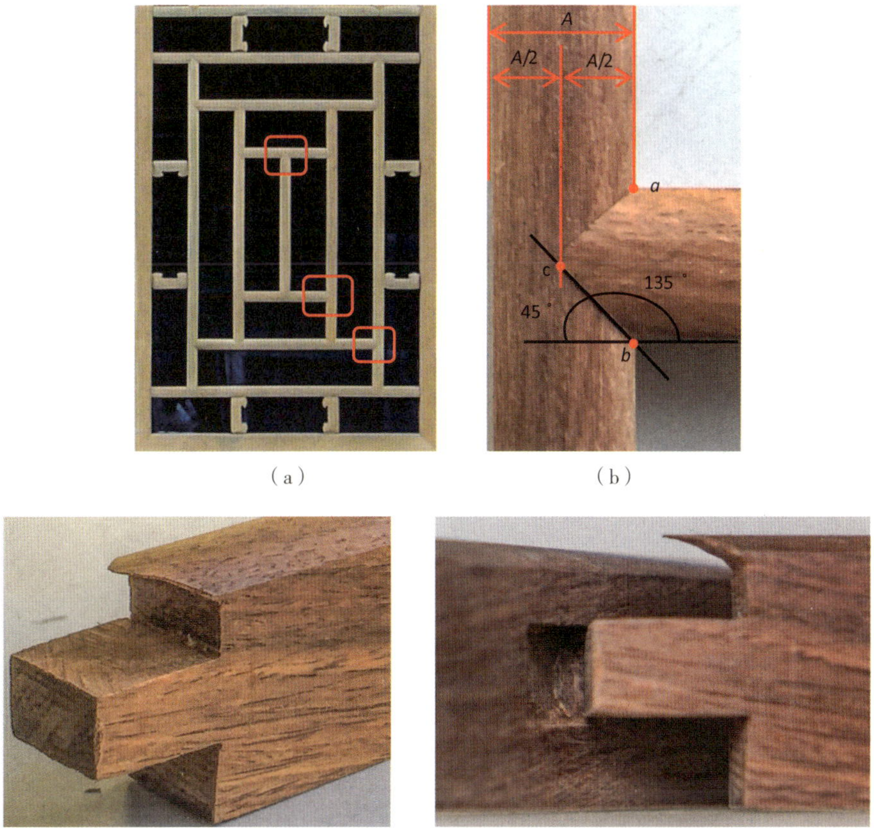

（a） （b）

（c） （d）

图 7-168 单直夹皮半透飘肩榫卯位置、细部形状示意

A—棂条宽度，通常为六分（约 20mm）

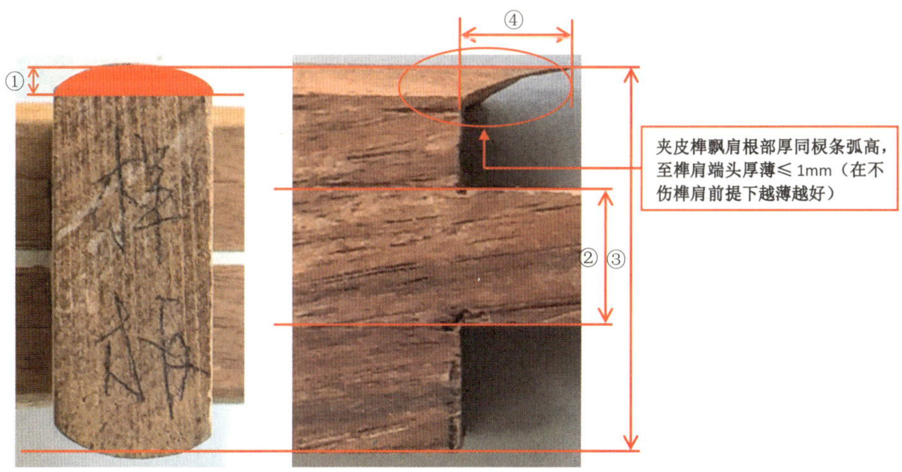

（a） （b）

图 7-169 棂条榫卯 1

注：①外檐装修棂条断面通常为凸圆形（盖面），棂条弧高通常为看面宽的 1.5/10 左右；②榫头厚度通常为棂条厚的 1/3 左右，参考凿子规格定；③外檐装修棂条厚度通常为八分（25.6mm）左右，可根据使用要求做适当调整；④夹皮榫飘肩长度：棂条看面宽 1/2。

（4）单（双）直夹皮半透实肩榫卯。用于断面为内凹形（凹面）棂条榫卯相交部位，如图 7-170 和图 7-171 所示。

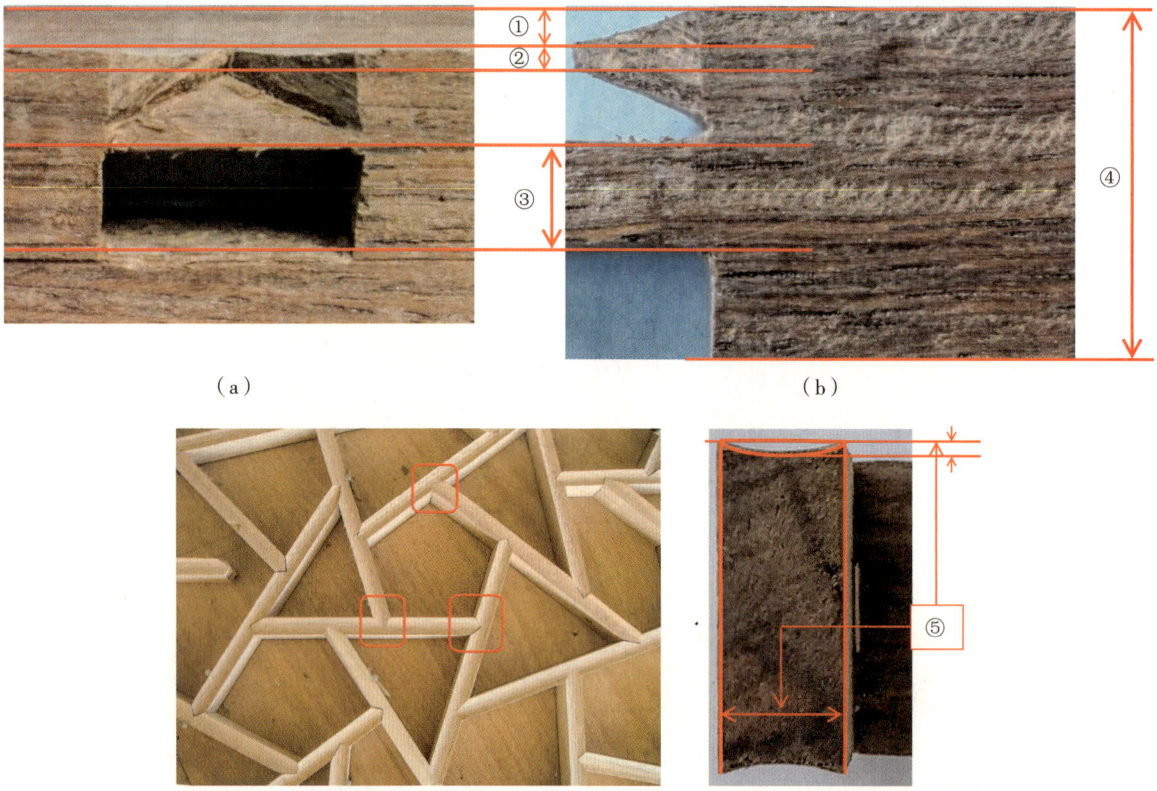

（a）（b）（c）（d）

图 7-170 单（双）直夹皮半透实肩榫卯

注：①棂条内凹高度通常为看面宽的 1/10 左右；②榫肩端头厚度≥2mm；③榫头厚度通常为棂条厚的 1/3 左右，参考凿子规格定；④内檐装修棂条厚度通常为六分（约 20mm）左右，可根据使用要求做适当调整；⑤内檐装修棂条断面通常宽为四至五分（约 13～16mm）左右，表面为内凹形（凹面），棂条内凹高度通常为看面宽的 1/10 左右。

（a）单（双）直夹皮半透榫卯正角度、任意角度实肩做法示意

（b）

（c）

------ 棂条中心线；——— 棂条轮廓线

图 7-171 棂条榫卯 2

A—内檐棂条看面宽度，通常为四至五分（约 13～16mm）

任意角实肩榫卯做法如下。按棂条摆放角度两棂条相交，边棱相交于 *a*、*b* 点；两棂条定中心线，相交于 *c* 点，连线，即为任意角榫肩线。榫宽同棂条宽，长为 1/2 棂条宽。

直角度实肩榫卯做法如下。棂条 90° 相交，边棱相交于 *a*、*b* 点，按 45°（135°）划线相交于 *c* 点，连线，即为直角度榫肩线。榫宽同棂条宽，长为 1/2 棂条宽。

（5）飘肩。用于断面为凸圆形（盖面）枨条榫卯相交部位，详见图 7-168。

（6）实肩（小割角）。用于枨条，详见图 7-166。

（7）十字（直角、任意角）卡腰（马蜂腰）

① 用于圆凸面（盖面）及内凹面（凹面）枨条，如图 7-172 所示。

② 用于凸面（盖面）及内凹面（凹面）枨条，如图 7-173 所示。

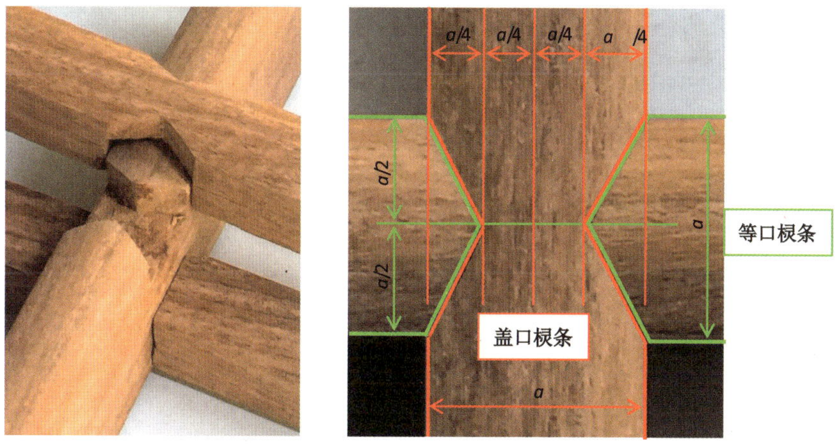

（a）直角十字卡腰（马蜂腰）示意

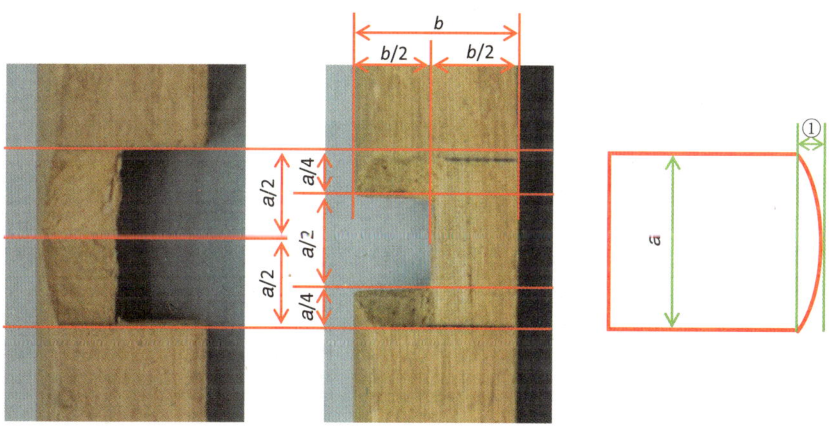

（b）　　（c）　　（d）

图 7-172　枨条榫卯 3

a—外檐枨条看面宽度，通常为六分（约 20mm）

注：①外檐装修枨条断面通常为凸圆形（盖面），枨条弧高通常为看面宽的 1.5/10 左右。

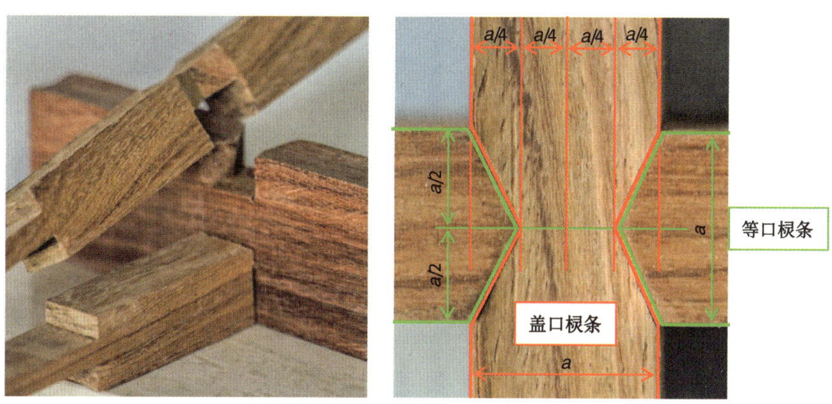

（a）　　（b）

图 7-173

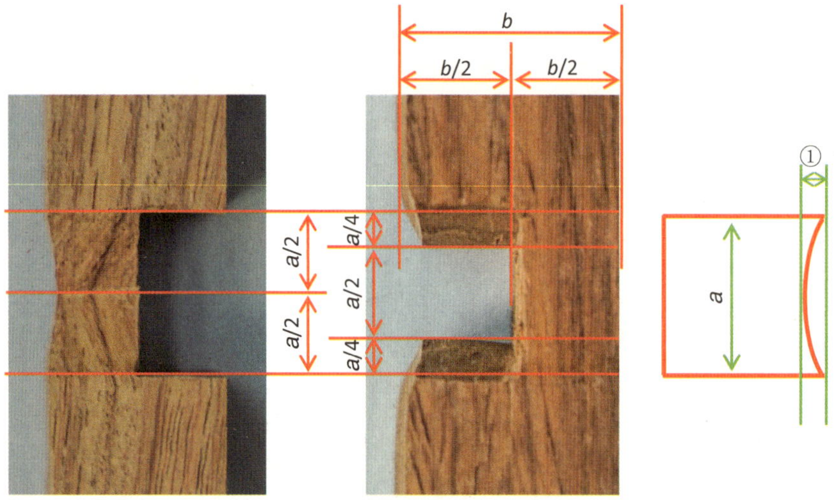

（c）　　（d）

图 7–173　棂条榫卯 4

a—内檐棂条看面宽度，通常为四至五分（约 13～16mm）

注：1. ①内檐棂条断面通常为内凹形（凹面），棂条内凹弧高通常为看面宽的 1/10 左右。

2. 内檐棂条厚度通常为六分（约 20mm）左右，根据单、双向做法调整。

③ 用于带线条（一炷香、两炷香等）棂条，如图 7–174 所示。细部做法除榫肩为直肩外，其刻半做法参见图 7–172、图 7–173。

（a）　　（b）　　（c）

（d）　　（e）　　（f）

图 7–174　棂条榫卯 5

任意角卡腰（马蜂腰）划线方法如下。盖口条宽分为 4 份，等口条宽分为两份，自 a 点连线 b 点；自 c 点连线 b 点，卡腰榫肩线施划完成，如图 7–175 所示。卡腰刻半部分做法同直角卡腰，详见图 7–172、图 7–173。

（四）面（隔、心）板榫卯

（1）企口榫卯。详见图 7–104。

（2）抄手榫卯。详见图 7–109～图 7–114。

（3）银锭榫卯。详见图 7–115。

（4）通透、半透直榫。详见图 7–147～图 7–150。

（5）割（斜）角肩。详见图 7–164。

（6）封边榫卯（又称“拍抹头”）。用于屏门、博古架、匾额等面（隔、心）板相交部位。

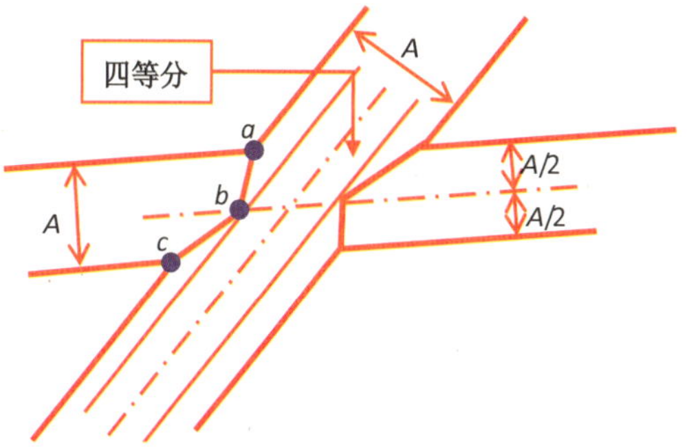

图 7–175 任意角十字卡腰（马蜂腰）划线方法

① 屏门封边榫。屏门门板端头通常用顺纹木料封边（即成品不见立茬），封边木料与门板做单直透榫卯连接，数量根据板面宽度定；板端两侧做割（斜）角肩与门板对接。详见图 7–176。

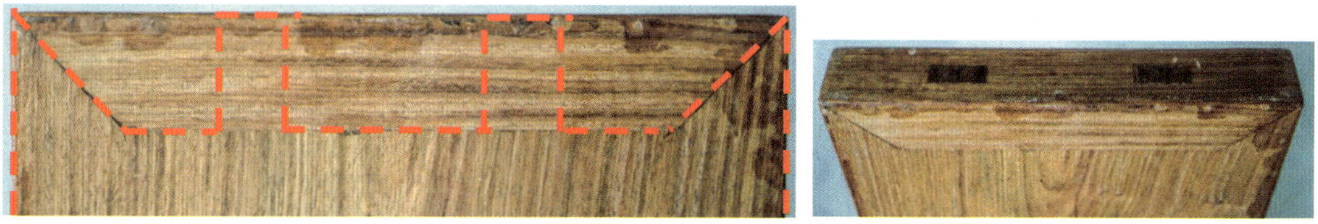

图 7–176 装修榫卯：面（隔、心）板榫卯 1——门板封边示意

② 匾额面（隔、心）板封边榫。使用软杂材的博古架、匾额面板封边榫做法与屏门相同。

使用硬杂材或做法要求更为讲究的博古架、匾额面板其封边榫做法与屏门封边榫做法大致相同，不同的地方是为避免木材横竖纹理湿涨干缩不同易造成接缝部位开裂变形，在面板的看面要求满见木材的顺纹，不留接缝，这样就杜绝了日后板面开裂的隐患。详见图 7–174、图 7–175、图 7–177、图 7–178。

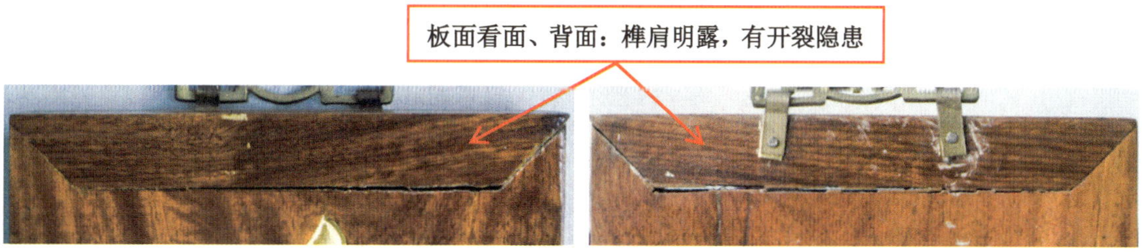

（a） （b）

图 7–177 装修榫卯：面（隔、心）板榫卯 2

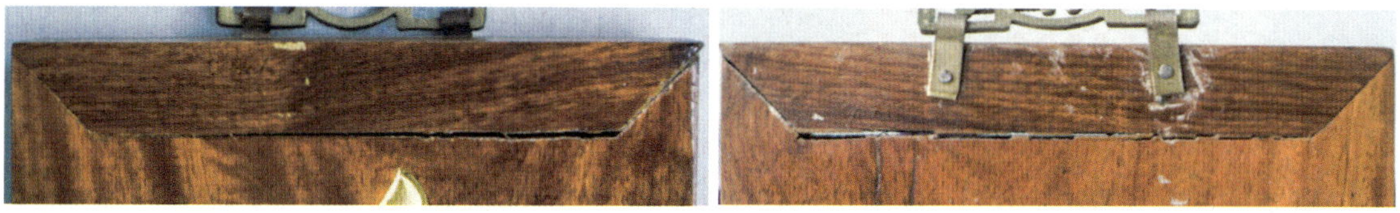

（a）做法 1

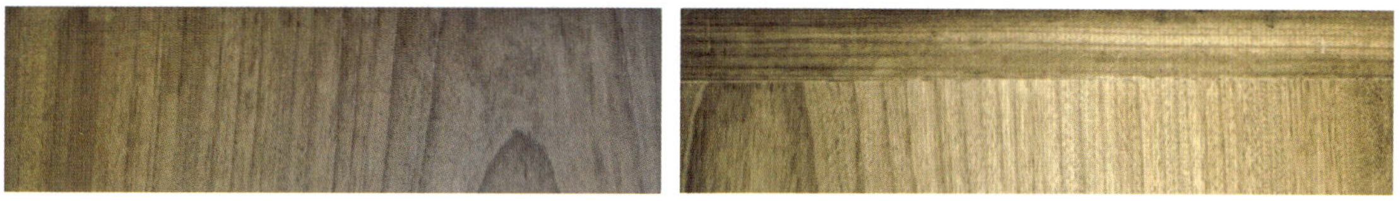

（b）做法 2

图 7–178

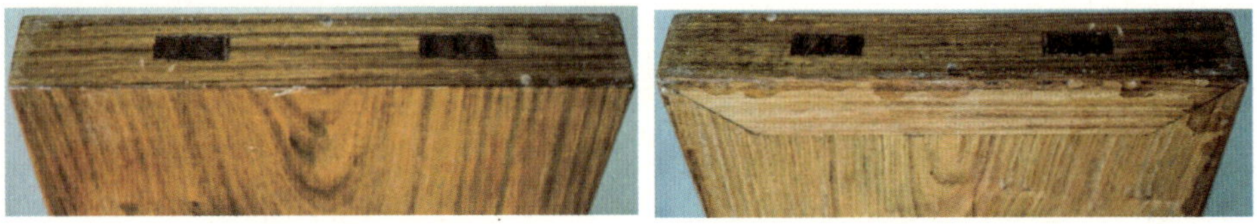

（c）做法 3

图 7–178　装修榫卯：面（隔、心）板榫卯 3

注：1. 图（a）板面看面、背面榫肩明露，有开裂隐患。

2. 图（b）、图（c）板看面榫肩内藏，无开裂隐患，板背面榫肩明露，有开裂隐患，对外观影响不大。

匾额面（隔、心）板封边榫做法见图 7–179 和图 7–180。

板看面：端头做割（斜）角肩与封边带割（斜）角肩对接；封边带两端头除表层外其余部分露立茬。

板端头做单直透榫，与封边带连接固定；看面做割（斜）角肩，背面做直肩与封边带割（斜）角肩、直肩对接。

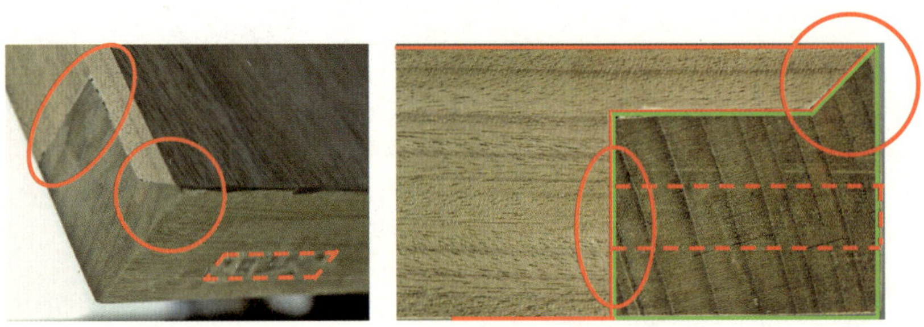

（a）　　　　　　　　（b）

图 7–179　匾额面（隔、心）板封边榫做法 1

割（斜）角肩；直肩；单直透榫

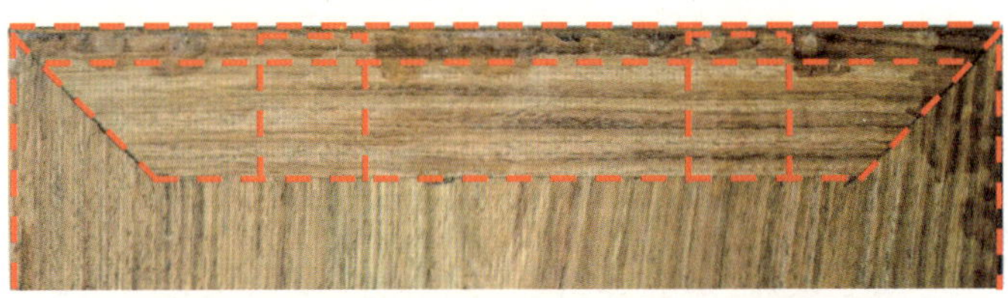

（a）面（隔、心）板轮廓示意［封边带、面（隔、心）板背面不同纹理］

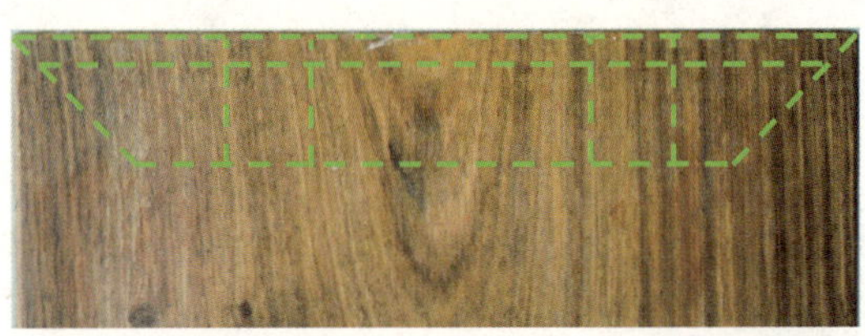

（b）封边带轮廓示意［面（隔、心）板看面同一纹理］

（c）　　　　（d）　　　　（e）

图 7–180　匾额面（隔、心）板封边榫做法 2

注：1. 图（c）～（e）中板看面：端头做割（斜）角肩与封边带割（斜）角肩对接。

2. 封边带：两端头同样做割（斜）角肩与板端头割（斜）角肩对接，四面不露立茬。

③ 博古架面（隔、心）板榫做法

a. 做法 1：用于博古架隔板对接部位——采用燕尾明榫直肩做法。详见图 7-156。

b. 做法 2：用于博古架隔板对接部位——采用燕尾明榫割（斜）角肩做法。详见图 7-156。

c. 做法 3：用于博古架隔板对接部位——采用燕尾暗榫割（斜）角肩做法。详见图 7-157、图 7-158。

四、榫卯参考实例

本书前面按类别介绍了一些较为典型的常用榫卯，在实际当中我们所见到的榫卯要远多于此，为增加一些知识点，也为带来一些方便，现整理出一部分有特色的榫卯实例加上一些自己的见解来供参考借鉴，希望能对大家有所帮助。需要说明的是这些榫卯实例多为地方做法，在清官式建筑中很少使用，仅作参考。

1. 榫卯实例 1：柱、枋榫卯——源于《营造法式》中“箫眼穿串”的榫卯

图 7-181 中展示的这种榫卯固定方式与宋《营造法式》中记载的“箫眼穿串”方法相同，这种方式是枋、梁与柱子榫卯相互连接后再使用销钉将其锁定，以起到将各不同方向的木构件组合成一个相对稳固整体的作用。

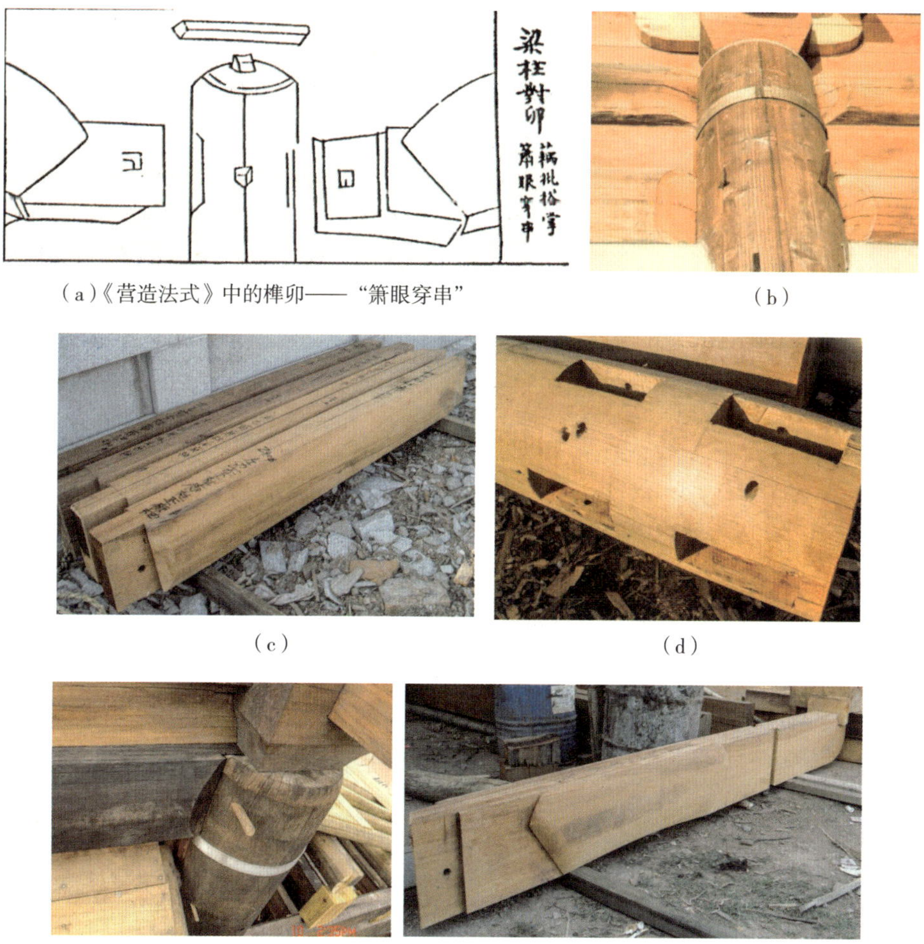

（a）《营造法式》中的榫卯——“箫眼穿串”

（b）

（c）

（d）

（e）

（f）

图 7-181

（g）　（h）　（i）　（j）　（k）

图 7-181　榫卯实例 1——源于《营造法式》的榫卯

单从销钉看，它与清官式大木榫卯做法中卡口的固定功能近似，但由于销钉的锁定功能更为直接，所以在实际工程中就采用了强度更高、韧性更好并经过特殊处理（大约是桐油浸泡）的某种木材（笔者未能做更深一步的确认）来满足这个功能的需要，尽管如此，由于本身的材质和直径所限再加上因木材干缩造成脱落及裸露表面影响美观的风险，销钉还是会成为这种榫卯连接方式中的一个弱项。

2. 榫卯实例 2——阑额（额枋）榫卯

如图 7-182 和图 7-183 所示，在同一组建筑中，阑额（额枋）与柱子的连接榫卯与宋《营造法式》中的做法有所不同，它没有使用燕尾榫而是使用直榫，导致柱与额（枋）之间无拉结，这从构造上讲是不合理的，但它采用了一种用分体的燕尾长榫来固定柱子及两侧阑额（额枋）的补充加固方法，加上配套使用的“箫眼穿串”的榫卯连接方法这就保证了阑额（额枋）与柱子的牢固连接，同时因阑额（额枋）榫根部断面增加（相对燕尾榫而言）即榫卯的强度也有了增加，所以这也是一种值得借鉴的榫卯连接方式，只是在做法上较燕尾榫稍显复杂。

（a）使用单直半榫的阑额（额枋）

（b）分体反燕尾长榫样板

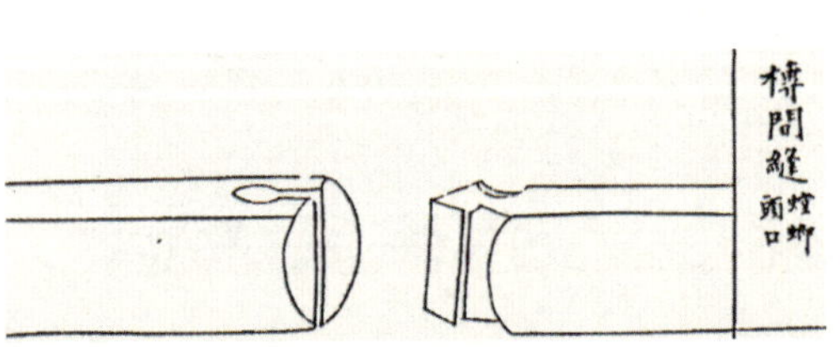

（c）与《营造法式》做法有所不同的阑额（额枋）榫卯做法

（d）阑额（额枋）上的分体反燕尾长榫卯口

（e）

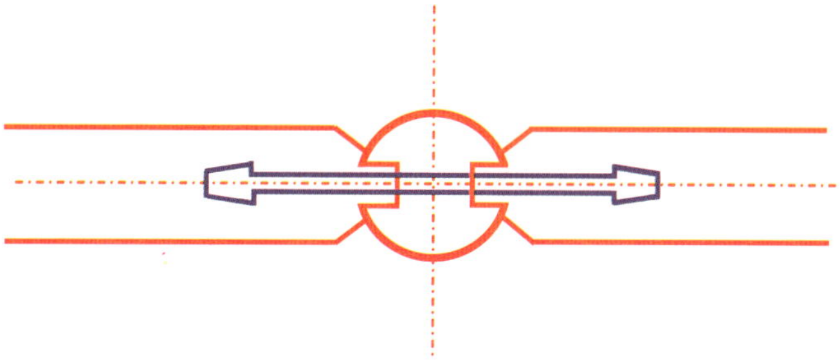

（f）柱子、阑额（额枋）与分体反燕尾长榫的平面位置

图 7-182　榫卯实例 2——阑额（额枋）榫卯 1

3. 榫卯实例 3——单、双步梁榫卯

通常情况下，单、双步梁等同尺寸构件接尾对接时都是做单直半透榫，这种榫最大的不足是两个对接构件之间没有拉结，不能形成一个整体，详见图 7-184。

在图 7-185 和图 7-186 中，虽然同样是单直半透榫，但是在构件上面，加做一个燕尾榫卯，这样两个构件之间就有了拉结，就能形成一个整体，的确是一种不错的办法，只是由于榫头突兀，在运输搬运中容易受到损伤。再有，这种做法增加了榫的长度，或多或少地会在用料上增加一些费用，可斟酌使用。

图 7-183　榫卯实例 2——阑额（额枋）榫卯 2

在单、双步梁的对接中，还有一种做法既能起到拉结作用又能相对省料还能做到与历代大木做法有序传承，这个做法就是在对接的梁架下方加装“替木”（详见图 7-187）。替木本身能减轻梁头榫卯的剪切力，又通过在替木上安装的销子榫将分体的两个梁拉结固定在一起，而且这种做法在宋《营造法式》中有明确记载，传承有序，所以建议在施工中，如果不是有明确要求不允许使用替木时，尽量加装替木。

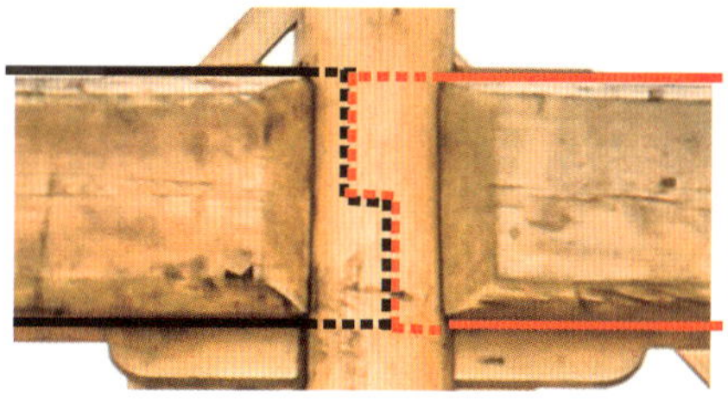

图 7-184　榫卯实例 3——单、双步梁接尾对接做法 1

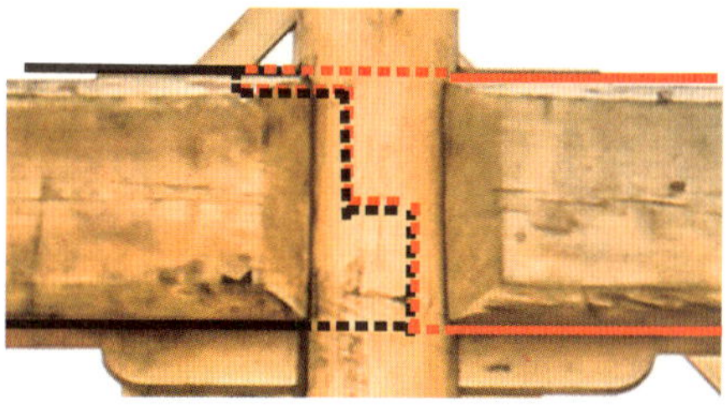

（a）

（b）

（c）

图 7-185　榫卯实例 3——单、双步梁接尾对接做法 2

图 7-186　榫卯实例 3——单、双步梁榫卯

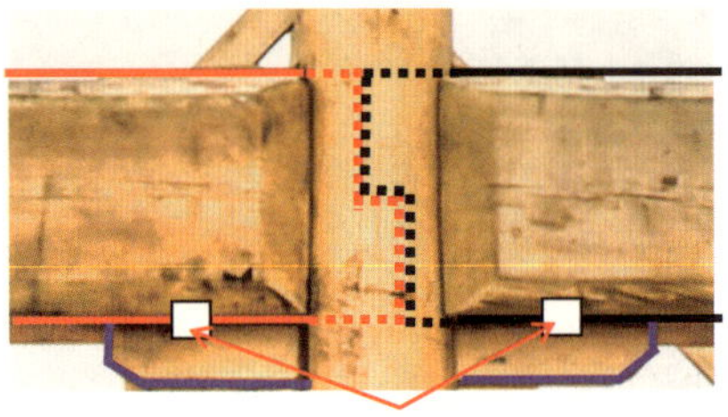

图 7-187　榫卯实例 3——单、双步梁接尾对接做法 3

4. 榫卯实例 4——檩枋带袖榫卯

如图 7-188 所示，此种榫卯做法不同于通常做法之处即檩枋整体做“袖”嵌入相交构件中。此种做法的优点就是榫肩“袖”入相交构件中，外表美观也就是通常木匠所说的“不露脏”；如果再在榫卯局部做出一些改动，那么受力会更为合理；还有，这种做法虽然会伤及相交构件的一些断面，但由于现在构件 3∶2 或 10∶8 的高宽比不合理，所以只要不是伤及到构件的高度是不会影响构件受力的。

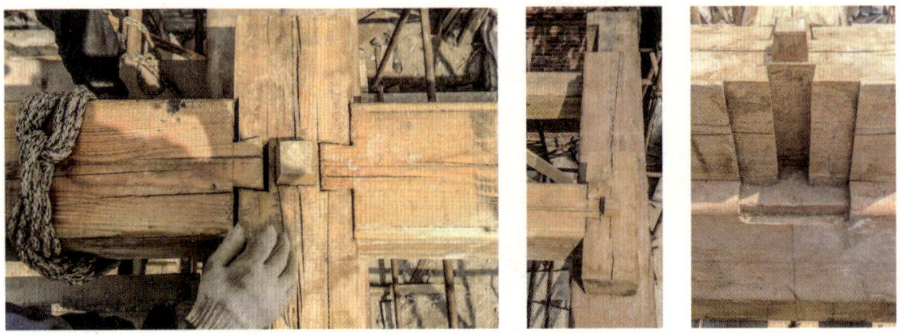

（a）　（b）　（c）

图 7-188　榫卯实例 4——檩枋带袖榫卯 1

图 7-189 中做法 1 是《营造法式》中的镊口鼓卯做法（详见图 7-190），与常见的枋子榫头、柱子卯口相反，这种做法较为复杂，且枋与柱的拉结效果并不比做法 2、3 的拉结效果显著，故现今多不采用；较现在最常见的做法 3 来说，榫头与卯口的拉结效果虽然不差，但其榫根部位的断面（图 7-189 中涂 ▬▬ 部位）被伤及很多，使木构件的承重强度大打折扣；相比较起来，做法 2 就明显合理得多，同样的枋子断面，基本相同的燕尾榫卯，只是在榫根部位加大了断面，这就使构件榫卯的抗剪能力大大加强，做法上也费不了太多的工，值得在施工实践中大力推广。

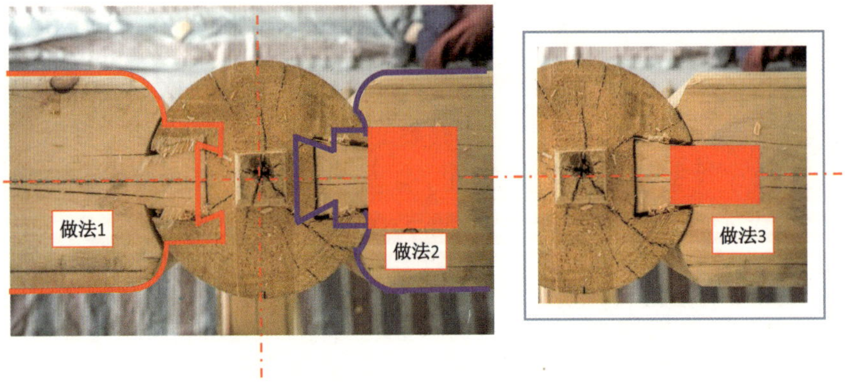

（a）　（b）

图 7-189　榫卯实例 4——檩枋带袖榫卯 2

5. 榫卯实例 5——角梁榫卯

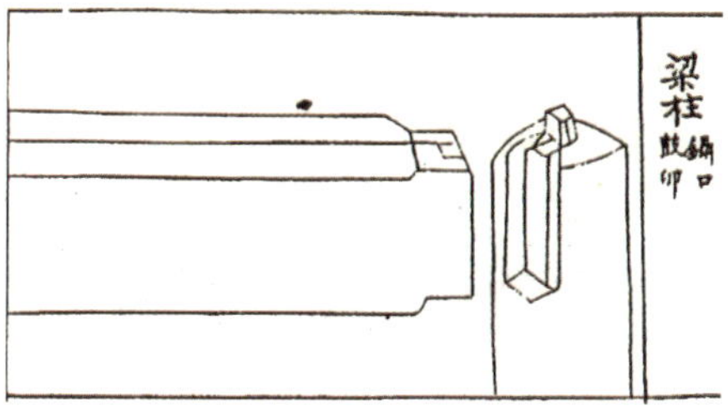

图 7-190 《营造法式》上记载的梁、柱“镊口鼓卯”

图 7-191（a）（b）所示为角梁槽齿（闸口）榫，此种做法角梁仅做槽齿（闸口）榫，不做桁（檩）椀，较图 7-191（c）（d）做法更为合理，既保证了角梁的断面尺寸和强度，又防止了角梁的下滑错位，只是由于各朝代翼角起翘尺度、规矩的不同要求，在角梁、翼角椽、翘飞椽没能统一形成完整做法前不要轻易做改动。图 7-191（e）（f）是清官式做法，就角梁而言，特别是老角梁，其榫卯——桁（檩）椀伤及断面太多，严重影响到角梁的强度，虽然桁（檩）的断面没有伤及，但相比较而言，伤及角梁远比损伤桁（檩）的危害要大得多，所以在施工中应尽量采用桁（檩）椀做法（与现行的翼角放线规矩统一）与角梁槽齿（闸口）榫（最少伤及角梁）相结合的方法来保证结构的强度。

（a）

（b）

（c）

（d）

（e）

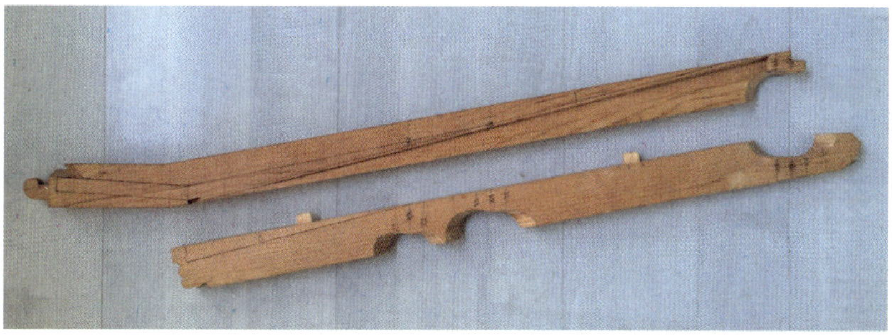

（f）

图 7-191　榫卯实例 5——角梁榫卯

6. 榫卯实例 6——檩（桁）燕尾榫卯

如图 7-192 所示，此种榫卯在官式做法中较为少见，其榫头的受力部位由于相对远地避开了构件易开裂的端头，所以应该说是较现在通常用的燕尾榫合理一些，只是如果长度尺寸与木材长度尺寸不合的话，会有一些浪费。

图 7-192　榫卯实例 6——檩（桁）燕尾榫卯

7. 榫卯实例 7——椽子榫卯

如图 7-193 所示，这种椽子榫卯对接的方法较为少见，相对本体建筑大木的做法，在椽子上做出这样的榫卯来对接，在用工上显得较为奢侈。从效果上看，比起通常采用的钉接方式也并无优势。

(a)

(b)

(c)

(d)

(e)

(f)

图 7-193　榫卯实例 7——椽子榫卯对接

8. 榫卯实例 8——普拍枋（平板枋）榫卯

图 7-194 是记录在宋《营造法式》中的用在普拍枋（平板枋）上面的勾头搭掌榫卯，由于做法

较为复杂，且拉结的功能并不显著突出而逐渐地让位于后代更为简单直接的做法。

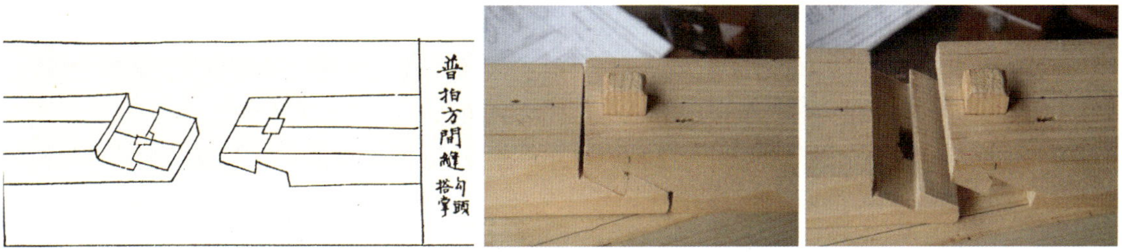

（a）　　（b）　　（c）

图 7-194　榫卯实例 8——普拍枋（平板枋）榫卯做法 1

图 7-195 中普拍枋（平板枋）榫卯做法如下。两枋斜掌相交于柱头，斜掌端头做直肩；两枋按上下面分别做燕尾榫、燕尾卯；枋按柱中剔出或通透海眼，柱头管脚榫穿透普拍枋（平板枋）以固定柱头桶子大斗或在普拍枋（平板枋）上剔凿半透口子栽柱头管脚榫。

图 7-196（a）中普拍枋（平板枋）榫卯做法如下。两枋平掌相交于柱头，平掌端头做直肩，可做或不做燕尾榫卯；枋按柱中剔出或通透海眼，柱头管脚榫穿透普拍枋（平板枋）以固定柱头桶子大斗或在普拍枋（平板枋）上剔凿半透口子栽柱头管脚榫。

图 7-196（b）中普拍枋（平板枋）榫卯做法如下。两枋平肩相交于柱中，分别做（或可不做）通透燕尾榫卯；在榫头上剔凿半透口子栽柱头管脚榫以固定柱头桶子大斗，不做通透燕尾榫卯不栽柱头管脚榫。

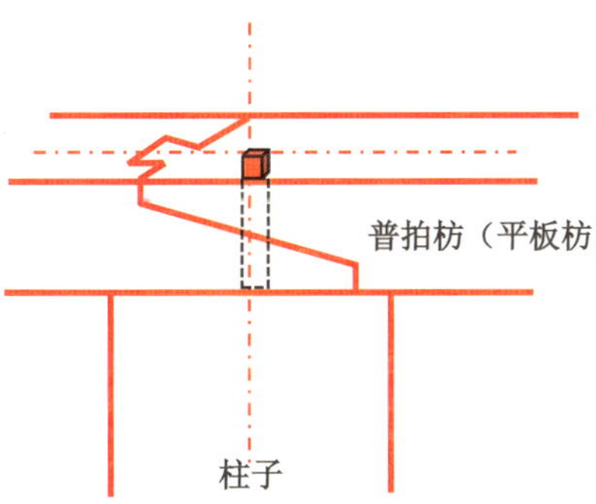

图 7-195　榫卯实例 8——普拍枋（平板枋）榫卯做法 2

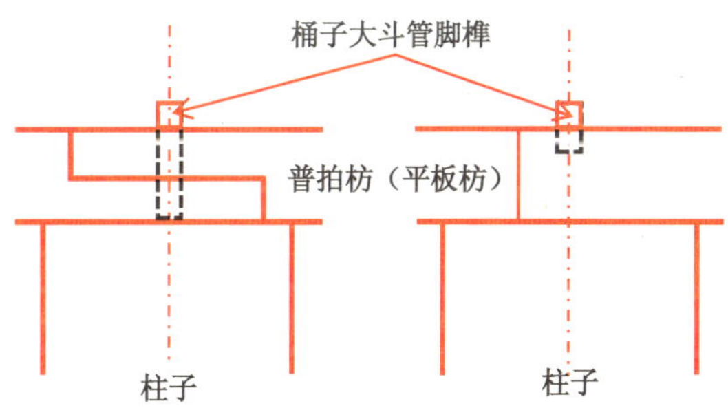

（a）　　（b）

图 7-196　榫卯实例 8——普拍枋（平板枋）榫卯做法 3

图 7-197 中普拍枋（平板枋）榫卯做法如下。两枋分别做反燕尾榫，直肩对接于柱中。为避开柱头上安装的构件卯口，将榫身加长，构造合理但用料略费一些。

（a）　　（b）

图 7-197　榫卯实例 8——普拍枋（平板枋）榫卯做法 4

9. 榫卯实例 9——斗栱榫卯

图 7-198（a）～（c）为清官式做法中柱头科斗栱桃尖梁上开间檩（桁）对接做法——开间檩（桁）与斗栱纵向构件桃尖梁之间没有拉结，只是刻半叠压在其上方，两开间檩（桁）之间采用燕尾榫完成拉结。图 7-198（d）为某建筑中斗栱柱头铺作纵向构件与开间檩（桁）之间的又一种对接做法——两开间檩（桁）之间没有相互拉结，而与纵向构件之间通过燕尾榫完成拉结。

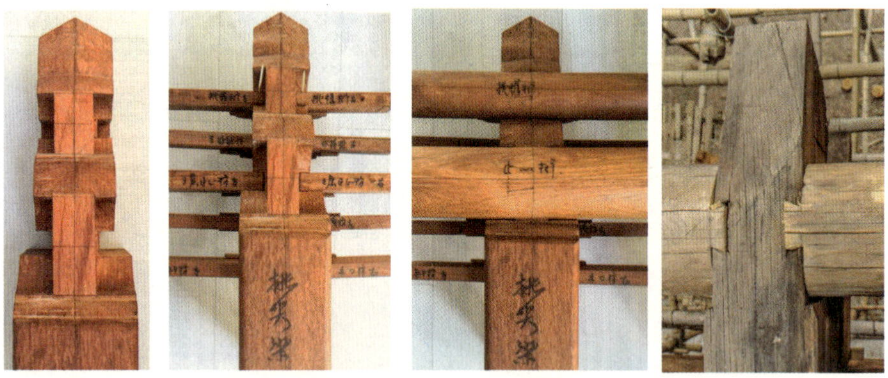

（a）　（b）　（c）　（d）

图 7-198　榫卯实例 9——斗栱榫卯：挑檐桁、正心桁榫卯

以上两种檩（桁）连接方法各有千秋，供读者评判取舍。

图 7-199 和图 7-200 是角科（转角铺作）斗栱采用的两种不同榫卯做法的对比图，图 7-199 是在一栋仿唐建筑中采用的，图 7-200 是清官式做法。

（a）　（b）　（c）

图 7-199　榫卯实例 9——斗栱榫卯：转角铺作刻口榫卯

（a）　（b）　（c）

图 7-200　榫卯实例 9——斗栱榫卯：角科斗栱刻口榫卯

这两种做法最大的区别就是：图 7-199 做法的斜向构件不做刻半卡腰，其正向构件分为两段，做燕尾榫与斜向构件连接；而图 7-200 中的斜向构件与正向构件则分别被刻去 1/3。

我们知道，在中国传统建筑中，翼角部分的出檐受力要远大于正身出檐，所以，图 7-199 中斜向构件的断面被伤及的最少，从受力的角度上讲，这种做法要优于清官式做法。

附录 清官式建筑木装修构件权衡尺寸表

本附录根据清工部《工程做法》卷四十一及《清式营造则例》整理。

附表 1 槛框构件权衡尺寸

槛 框	宽	厚（径）	长	备 注
下 槛	0.8D	0.3D	面宽减柱径 D 另加 0.25D 入榫长	
上槛（替桩）	0.5D	0.3D	面宽减柱径 D 另加 0.25D 入榫长	
中槛（中枋、挂空槛）	0.64D	0.3D	面宽减柱径 D 另加 0.25D 入榫长	
风 槛	（0.5~0.64）D	0.3D	面宽减柱径另加 0.25D 入榫长	
榻 板	1.5D（或槛墙厚加2倍金边）	3/8D	方法 1：按柱门尺寸在榻板边缘定点，外返 120° 至柱外皮实际尺寸。方法 2：柱门尺寸加 1/4 柱径在柱外皮定点，回返 60° 至榻板边缘	
抱 框	0.64D	0.3D	下槛至上（中）槛净距 + 框线宽	
门 框	（0.64~0.8）D	0.3D	下槛至上（中）槛净距 + 框线宽	
间 框	0.64D	0.3D	中槛至上槛净距 + 框线宽	
腰 枋	0.64D	0.3D		
转 轴	0.3D	0.3D	门枕海窝至连楹净高 + 连楹厚	
连 楹	0.45D	0.2D	净面宽 +0.9D	参考造型酌定
门 簪	4/5 中槛高	出头长 1/7 门口宽	出头长 + 中槛厚 + 连楹宽 + 出榫长	出头长或为 1/10 门口高
门 枕	0.8D	0.5D	1.9D	
横栓（闩）		0.6D	门口径 + “掩缝” +1.2D［参考栓（闩）眼石尺寸定］	根据长度酌定径尺
余塞、绦环板	0.8D	0.1D	含裁口的净尺寸	
走马板		0.1D		

附表 2 大门构件权衡尺寸

门 扇	宽	厚（径）	长	备 注
门 边	（0.32～0.4）D	（0.22～0.28）D	外：门扇高 + 上下碰头； 内：门枕上皮至连楹上皮	长度含门轴全尺寸
抹 头	（0.32～0.4）D	（0.22～0.28）D	门扇全长加适当余量	
门心板	净空尺寸 + 入槽榫尺寸	门边厚 1/3		棋盘（攒边）门、撒带门
门心板		（0.22～0.28）D		实榻大门

续表

门　扇	宽	厚（径）	长	备　注
穿　带	（0.22～0.28）*D*	（0.13～0.16）*D*	门扇全长加适当余量	
插关梁	（0.22～0.28）*D*	（0.22～0.28）*D*	穿带空当 +2 穿带宽	
插　关	（0.22～0.28）*D*	（0.22～0.28）*D*		
栓　杆	（0.22～0.28）*D*	（0.22～0.28）*D*		

注：1. 根据清工部《工程做法》卷四十一及《清式营造则例》整理。

2. *D* 为柱径。

附表 3　隔扇、风门构件权衡尺寸

隔扇、风门	宽	厚（深）	长
边梃、抹头	1/10 隔扇宽或 1/5 柱径（1/2 抱框宽）	1.5/10 柱径或 3/10 柱径（1.2 看面宽）	
仔　边	2/3 边梃宽（或 0.5 边梃宽）	2/3 边梃厚（7/10 边梃厚）	
棂　条	外檐：4/5 仔边宽（六分或 0.7 仔边宽） 内檐：四至五分	9/10 仔边厚（八分或 7/10 仔边厚）内檐	
裙板、绦环板	1/3 边梃厚（根据单双面做法适当做调整）		
门轴（肘）	1/2～4/5 边梃宽	1～1.1 本身宽	
单　楹	高 7/10 下槛高	1/2 本身长	4～5 门轴（肘）宽
双楹（连二楹）	高 7/10 下槛高	1/2 本身长	5～6 门轴（肘）宽
栓　斗	高 7/10 下槛高	1.5～2 边梃厚	4～5 边梃宽
荷叶墩	高 7/10 下槛高	1.5～2 边梃厚	4～5 边梃宽
栓　杆	1/10 隔扇宽或 1/5 柱径（1/2 抱框宽）	1.5/10 柱径或 3/10 柱径（1.2 看面宽）或 1.1 边梃	

注：清：一分 =32mm。

附表 4　楣子类分件权衡尺寸

名　称	宽	厚	长	备　注
坐凳面	1～1.2 柱径	45～70mm	两柱净长另加柱门尺寸	通常距地面高 500mm 左右
边、抹	45～55mm	55～65mm	按开间净尺寸	
棂　条	18～20mm	25～30mm		
雀　替	（高）同额枋宽	1/4～3/10 柱径	开间净宽 1/4	宽（高）不含云墩、栱头
花牙子	120～200mm	20～30mm	350～600mm	
挂檐板	350～500mm	40～60mm	按实际尺寸定	

附表 5　栏杆分件权衡尺寸表

名　称	宽	厚	长	备　注
望　柱	3/10 柱径	1～1.2 本身宽		
地　栿	1.2 望柱径	1/2～2/3 望柱径		
牙子板	2 倍中、下枋宽	六分（约 20mm）		
中、下 枋	1/2 望柱径	1.2～1.4 宽		

续表

名　称	宽	厚	长	备　注
绦环板	3 倍左右中、下枋宽	1 寸（约 30mm）		
折　柱	1/2 望柱径	1.2～1.4 宽		与净瓶连做
净　瓶	1.4～1.5 折柱宽	同折柱通榫厚		
荷　叶	5～6 枋宽	7/10 中、下枋厚		
扶　手	1/2 望柱径	1.2～1.4 宽		
棂　条	1～1.2 寸	1.2～1.5 寸		花栏杆

附表 6　花罩类分件权衡尺寸表

名　称	宽	厚	长	备　注
槛　框	尺寸通常小于外檐槛框，可根据整樘宽度做适当调整			断面改起凹角线
边、抹	边、抹宽度小于外檐隔扇，通常 40～60mm，厚度根据做法确定			
仔　边	1/2 边抹宽	实际尺寸		厚度定尺根据实际情况确定
碧纱橱棂条	四至五分（约 13～16mm）	≥本身宽		棂条断面多为洼面（凹面）
花罩棂条	六分至一寸（约 20～32mm）	参考棂心图案、材质、单双面做法确定		
花　板	根据长宽比例、图案及使用要求定	根据雕刻做法确定		浮、透、单、双面及穿枝过梗雕法不同，其厚度要求不同
壁　板	实际尺寸	40～60mm，可根据安装部位的实际情况做调整		
板壁边龙骨	100～150mm	80～100mm	实际尺寸	
板壁龙骨	100～150mm	40～60mm	实际尺寸	
侧帮、搁板	实际尺寸	10～30mm，根据做法及用途做调整		

附表 7　天花类分件权衡尺寸表

名　称	宽	厚（高）	长	备　注
帽儿梁	4 斗口	4～4.5 斗口（连做）		面宽方向每两井一根布置
贴　梁	1.5 斗口	2 斗口		沿梁、枋布置
支　条	1.5 斗口	1.5 斗口		裁口、起七分线
天花板		1 寸（32mm）	井口净尺寸加裁口尺寸；每井穿带二道	
木顶格贴梁	0.25 柱径	0.25 柱径		
木顶格边框	0.2 柱径	0.16 柱径		
木顶格棂条	0.1 柱径	0.16 柱径		

附表 8　楼梯类分件权衡尺寸表

名　称	宽	厚	长	备　注
侧　帮	3 厚（高）	1.1～1.2 望柱径（厚）	实长	宽（高）度根据跨度增减
侧帮横梁（穿带）	80～100mm	60～80mm	实长	
踏（踩）步板	8 寸（256mm）左右，酌定	1 寸（32mm）左右	实长	宽度根据实际尺寸定
踢　板	5 寸（160mm）左右，酌定	八分（约 26mm）左右	实长	宽度根据实际尺寸定

参考文献

[1] 梁思成著. 清式营造则例. 北京：中国建筑工业出版社，1981.

[2] 陈明达著. 营造法式大木作研究. 北京：文物出版社，1981.

[3] 刘敦桢主编. 中国古代建筑史. 2版. 北京：中国建筑工业出版社，1984.

[4] 姚承祖原著，张至刚增编，刘敦桢校阅. 营造法原. 北京：中国建筑工业出版社，1986.

[5] 刘致平著. 中国建筑类型及结构. 北京：中国建筑工业出版社，1987.

[6] 刘致平著，王其明增补. 中国居住建筑简史. 北京：中国建筑工业出版社，1990.

[7] 中国科学院自然科学史研究所主编. 中国古代建筑技术史. 2版. 北京：科学出版社，1990.

[8] 故宫博物院古建部编. 王璞子主编. 工程做法注释. 北京：中国建筑工业出版社，1995.

[9] 马炳坚著. 中国古建筑木作营造技术. 2版. 北京：科学出版社，2003.

[10]（宋）李诫编修. 营造法式（上、下）. 北京：中国书店出版社，2006.

[11] 故宫博物院古建筑管理部编. 故宫建筑内檐装修. 北京：紫禁城出版社，2007.

[12]（明）午荣汇编. 图解鲁班经. 易金木译注. 西安：陕西师范大学出版社，2007.

[13] 汤崇平编著. 中国传统建筑木作知识入门——传统建筑基本知识及北京地区清官式建筑木结构、斗栱知识. 北京：化学工业出版社，2016.

[14] 汤崇平编著. 中国传统建筑木作知识入门——木装修、榫卯、木材. 北京：化学工业出版社，2018.

[15] 汤崇平编著. 中国传统建筑木作知识入门——北京地区清官式建筑木构架、翼角. 北京：化学工业出版社，2022.